U0270859

动物疾病病理诊断学

高　丰　贺文琦　主编

科学出版社

北京

内 容 简 介

本书重点介绍了动物疾病的病理解剖学诊断的科学技术及方法，以主要篇幅对各种动物具体疾病的病理剖检特征进行了描述，并增加了许多动物疾病的试验研究性病理发展过程特征的描述，不但为广大动物疾病临床工作者提供了动物疾病的病理诊断依据，而且为动物疾病病理研究者提供了科学研究方法。

本书共 15 章，第一～四章为动物疾病的基本病理变化，尽量具体地列举出各种病变常见的疾病，并以此为病理诊断及研究工作者提供了一个"病理诊断索引"。第五～十章分章重点讲述了各类动物共 250 余种传染性疾病及侵袭病的病理学诊断要点。我们将近年来新发现的动物疾病、在我国已少见或不见的疾病或还未传入我国的疾病作了尽量全面的收集，使这部分内容不但有前瞻性而且有全面性。第十一～十五章包括动物营养及代谢性疾病，应激性、遗传性及中毒性疾病和动物肿瘤的病理学特征，从而使本书在对动物疾病的病理学诊断及病理学研究上具有更全面的指导意义。

本书文字简明扼要，图文并茂，插入了 233 幅图片，具有较大的临床应用及科学研究参考价值，适用于动物临床医学、畜牧兽医及相关学科的师生及科研工作者。

图书在版编目 (CIP) 数据

动物疾病病理诊断学/高丰，贺文琦主编. —北京：科学出版社，2010.1
ISBN 978-7-03-026653-8

Ⅰ. ①动… Ⅱ. ①高…②贺… Ⅲ. ①动物疾病-病理学：诊断学-高等学校-教材 Ⅳ. ①S854.4

中国版本图书馆 CIP 数据核字（2010）第 019474 号

责任编辑：单冉东 刘 晶 / 责任校对：宋玲玲
责任印制：张克忠 / 封面设计：耕者设计工作室

科 学 出 版 社 出版
北京东黄城根北街16号
邮政编码：100717
http://www.sciencep.com

双青印刷厂 印刷

科学出版社发行 各地新华书店经销

*

2010 年 1 月第 一 版 开本：787×1092 1/16
2010 年 1 月第一次印刷 印张：37 1/4 插页：20
印数：1—2 500 字数：880 000

定价：75.00 元
（如有印装质量问题，我社负责调换）

《动物疾病病理诊断学》编委会名单

主　编　高　丰　贺文琦

副主编　于　录　王玉平　任文陟　宋德光　李小兵　韩红卫　雷连成

顾　问　王水琴　夏咸柱　韩文瑜　陈启军　赵德明

编著者（按姓氏笔画排序）

于　录　王水琴　王大成　王玉平　王龙涛　王　玮　王　哲

王铁东　邓旭明　邓彦宏　冯海华　母连志　申海清　成　军

任文陟　刘　波　刘立国　刘国文　孙博兴　陆慧君　宋　宇

宋德光　李子义　李小兵　李志萍　李　赫　杜崇涛　杨振国

张巧灵　张学明　张明军　陈启军　陈克研　岳占碰　周铁忠

周晓菲　赵德明　赵　魁　柳巨雄　贺文琦　唐　博　夏咸柱

夏志平　高　丰　高　巍　常灵竹　崔国有　曾凡勤　韩文瑜

韩红卫　韩春田　谢光洪　靳　朝　葛宝伟　雷连成

序　一

　　《动物疾病病理诊断学》是一部着重于动物临床疾病病理诊断的实用性专著。首先，其内容编排方式与一般病理学专著不同，即在重点阐述基本病理过程的同时，介绍各种病变的常见疾病，为病理诊断及研究工作者提供了一个"病理诊断索引"；然后按照动物分类，详细阐述每个常见疾病的病理变化特征及诊断要点，这不但便于对剖检病例的病理进行诊断查证，更有利于对不同疾病病理学进行比较研究。

　　另外，该书的作者具有多年高等院校的教学、科研及临床病理诊断经验，了解掌握国内外动物疾病的研究动态，所以，该书不但在内容的收集上比较全面翔实，而且增添了许多当前在其他著作中尚未收集的新报道的动物疾病，如猪脑心肌炎、猪圆环病毒病及猪血凝性脑脊髓炎等的病理学诊断，全书内容系统、新颖且具有较高实用价值，是一部极具出版价值的优秀著作。

赵绪明

（中国畜牧兽医学会兽医病理学分会理事长）

2009 年 5 月 1 日

序　二

在动物疾病诊断及研究过程中，病理形态学历来是一门重要的科学，它在动物疾病性质的确定、治疗和防控等方面具有不可替代的地位。但在动物疾病的临床病理诊断及研究过程中，常遇见难于查找参考依据的困境。

《动物疾病病理诊断学》这一专著突破了传统的兽医病理学书籍按照病原学分类来编排疾病病理变化的方式，改为以动物分类编排格局来描述动物疾病的具有诊断意义的病理变化，并在简述动物疾病过程的基本病理变化主要特点的基础上，分列出各种病变常见的畜禽疾病，为临床病理诊断及研究工作者提供了一个"病理诊断索引"，这不但有利于动物疾病病理诊断、研究者的检索，更便于同类动物疾病的鉴别比较，足见该书的实用性和创新性的科学编著形式，更显现出该书的临床实用价值。

此外，该书几乎囊括了新近发生的所有动物传染性疾病的病变特点，使之具有全面性和前瞻性。鉴于该书在动物疾病病理诊断上具有重要的指导意义和学术价值，它的出版面世将为动物疾病的研究诊断开创一个崭新的领域。

夏咸柱

（中国工程院院士）

2009 年 5 月 10 日

前　言

病理形态学诊断是动物疾病诊断的重要手段之一，更由于有些特征性病理变化对动物的某些疾病具有证病价值，因此，准确地认识死亡动物各组织器官的病理学变化特征，并给予鉴别和综合判断，对动物疾病诊断具有重要的意义。

同一个病原体可引起不同动物的同类疾病，因此，目前几乎所有的家畜病理学书籍都是按病原学分类编写畜禽疾病病理，诚然这有利于对同类疾病的统一描述，也有利于对同一种病原引起不同动物不同病理变化的比较。但在尸体剖检诊断的实践中，许多剖检者却不易立即从书中找到相应的诊断依据，其主要的原因是不知所剖检的病例可能属于哪一类病原所致的疾病。这一问题对不具备丰富剖检经验的剖检者来说则尤为突出。为此，我们尝试按动物种类编排它们的疾病病理变化特征，这有利于对同一种动物不同疾病病理变化的比较研究，也便于临床病理诊断的参照。

本书前四章在阐述动物疾病过程中形成基本病理变化的同时，尽量具体地列举出各种病变常见的疾病，以此为病理诊断及研究工作者提供一个"病理诊断索引"，以便他们在做完剖检后很快能有一个基本的诊断意向，并在不同动物病理诊断中得到诊断依据。我们认为这样不但有利于学习者的理解和记忆，也方便病理学诊断研究和临床诊断工作者参照和查阅。本书删除了传统的器官系统病理章节，而将各器官组织最常见的病理变化放在各基本病理变化中描述。这不但最大限度地减少了内容重复现象，而且使读者能将见到的各器官病变更直接地与基本病理变化特征相参照。

自第五章至第十章，分章重点介绍了各种动物传染性疾病及侵袭病的病理学诊断特征，并对相关疾病的病变做了比较描述，并简要叙述了每个疾病的病原及其传播方式和主要临床症状，以便对疾病进行深入研究和确诊。在对病原叙述时，以主要受染动物为重点从而减少重复，以使病理学及临床工作者对动物疾病病理诊断有较全面的了解。我们在编写时尽量将新发现疾病、在我国已少见或不见的疾病及还未传入我国的疾病都收集到本书内，使之具有前瞻性和全面性。

第十一章至第十五章包括动物营养及代谢性疾病，应激性、遗传性及中毒性疾病和动物肿瘤的病理学特征，使得本书在对动物疾病的病理学诊断上具有更全面的指导价值。

为了使读者的诊断有直观参照，本书插入了233幅图片，这些图片多数是我们临床剖检病例的实际资料，非本室人员提供的图片均有署名标注。

在本书编写过程中，我们力求内容科学、新颖、简明、实用，但由于水平有限，错误和不足之处在所难免，诚望各位专家批评指正。

编　者

2009 年 5 月 20 日于长春

目 录

第一章　血液循环障碍与疾病

动物各种疾病过程中,各组织器官都会表现出不同程度的血液循环障碍,并显示相应的病理变化。因此,血液循环障碍是动物疾病过程中最基本的病理变化之一。

一、血液循环障碍的概念

疾病过程中,机体的正常血液循环遭受各种致病因素的影响而发生的病理变化,称为血液循环障碍,其主要表现为:充血、淤血、出血、贫血、水肿及血栓形成。

血液循环障碍常常是一个全身性的病理过程,但又通常在局部组织器官表现出它的病变特征。本章主要阐述机体局部血液循环障碍的病变特征。

(一)充血

充血(hyperemia)泛指组织器官内血管扩张,开张的毛细血管数量增多,血管内血量增加。

1. 动脉性充血

动脉性充血(arterial hyperemia)指组织器官内动脉血量增加的变化。

充血组织器官色泽鲜红,并由于局部氧合血红蛋白增加,氧化代谢增强,故充血组织温度升高。

[镜检] 见组织内小动脉及毛细血管扩张,充满红细胞。病理情况下常见于炎症初期的炎性充血。动脉性充血变化在尸检时一般不易见到。

2. 静脉性充血

静脉性充血(venous hyperemia)又称淤血(congestion),指由于静脉回流受阻,血液淤积于静脉腔内的病理过程。

淤血组织器官色泽暗红或暗紫色,此外,由于淤血使组织液回流受阻和毛细血管缺氧,通透性加大,血浆液体外漏增加,故淤血组织常出现水肿而致体积肿大。

[镜检] 见组织内各级静脉血管及毛细血管扩张,充满红细胞。各种因素导致的心肌收缩力降低,如传染病、中毒等引起的心肌炎或心肌变性,或心脏舒张受阻,如心包积液、胸腔积液等,都可因全身静脉回流受阻而发生全身性淤血。局部组织淤血多见于静脉管腔狭窄、阻塞等情况下,如静脉炎、肿瘤或异物的压迫都可致局部静脉回流受阻。

3. 贫血后充血

贫血后充血(hypostatic after anemia)主要见于马、牛等动物发生肠鼓胀、胃扩张以及胸腹腔积水等疾病时,由于胸、腹腔脏器小动脉、小静脉受气体或积水的压迫而造成缺血麻痹,此时,如果穿刺放气、放水过快,就容易使这些部位的血管突然扩张充血,故称为贫血后充血。此时由于大量血液进入胸腔或腹腔脏器,致使心、脑组织快速缺血而危及动物生命。

4. 沉积性充血

沉积性充血(hypostatic congestion)指动物死亡后由于全身血管平滑肌松弛,血液在血管内自然地向体位低处流动,使低体位处的组织器官血管内充满暗红色血液。其特点是:尸体倒卧侧的组织器官明显淤血,呈现暗红色或暗紫色,特别是对称性器官,如肾脏、肺脏、胸壁和腹壁等都出现倒卧侧器官淤血。这不是疾病的病理变化,而是死后变化,应注意识别。

(二)出血

出血(hemorrhage)指血液以不同的方式流到了血管外。

1. 破裂性出血

破裂性出血(hemorrhage by rupture)指因外伤、肿瘤侵蚀、组织坏死、高血压等因素,造成血管破裂,以致血液流到血管外的病理过程。血管破裂血液流到体外,称"外出血";血液流入体腔或蓄积在组织间,称"内出血";大量血液在组织内或被膜下蓄积,形成肿块样隆起,称为"血肿"(haematoma);血液积存于体腔内,称为"体腔积血"。

2. 渗出性出血

渗出性出血(hemorrhage by exude)指毛细血管和微静脉壁的通透性升高,红细胞漏出到血管外并存积于组织间的病理过程。常见于鸡新城疫、猪瘟等多种传染病和球虫病、中毒病及维生素 K 缺乏等疾病过程中。

渗出性出血的主要病变有以下几个特征。淤点(petechiae):直径不大于 2mm 的出血点,也称为点状出血。淤斑(ecchymosis):直径由几毫米至几厘米的出血斑块,出血斑点多为暗红色或紫红色。出血性浸润(hemorrhage infiltration):血液弥漫性浸润于组织内,呈大片暗红色,又称紫癜,胃肠黏膜的出血性浸润常呈红布状。环状出血:沿毛细血管发生的条纹状出血,如气管环内出血。出血性素质(hemorrhagic diathesis):指全身各组织均有渗出性出血的现象。

充血与出血的鉴别在于:前者血液在血管内,所以其形成的色斑稍用力压迫,可能褪色,而后者则不然。

(三)贫血

贫血(anemia)指血管内血液量减少或血液稀薄、红细胞减少,使组织器官色泽变淡甚至苍白的病理过程。常见于大失血后、营养不良性疾病等。局部组织贫血多见于血管堵塞(脉管炎、血栓)或血管受压迫等。

(四)水肿

水肿(edema)指正常的组织液循环被破坏,组织液在组织间或体腔内过多蓄积的病理过程。组织液在皮下蓄积称浮肿,组织液在体腔内蓄积称积水。

破坏正常组织液循环的因素有以下几个。

(1)毛细血管流体静压升高:见于各种原因引起的淤血。

(2)血浆胶体渗透压降低:见于体内蛋白质吸收或合成障碍,如慢性胃肠炎、肝炎等;蛋白质摄入不足或损失过多,如营养不良、肾病等。

(3)组织液胶体渗透压升高:见于各种炎症过程中,血管通透性升高,血浆蛋白大量渗出,以及组织细胞大量被破坏,组织蛋白释放。

（4）毛细血管通透性升高:见于各种传染病、中毒等疾病时,毛细血管内膜损伤。

（5）淋巴回流受阻:见于淋巴管炎、异物压迫等情况。

根据水肿发生的原因可将其分为炎性水肿与非炎性水肿,它们的区别是:炎性水肿主要见于炎症过程中,由于各种致炎因子对毛细血管的破坏,使大量血液成分(各种血浆蛋白、血液细胞)渗出或游出血管,故水肿液混浊易凝,称"渗出液",多见于上述(3)、(4)种因素引起的水肿;而非炎性水肿主要见于血管流体静压升高、血浆胶体压降低等情况,多见于上述(1)、(2)、(5)种因素引起的水肿,如心性水肿、肾性水肿、营养不良性水肿等,其水肿液称"漏出液"。表 1-1为渗出液与漏出液的性状比较。

表 1-1　渗出液与漏出液的性状比较

渗出液	漏出液
1. 液体混浊、浓稠、含组织碎片	1. 液体稀薄、透明、不含组织碎片
2. 呈酸性、白色、黄色或红黄色	2. 呈碱性、淡黄色水样
3. 比重 1.018 以上,蛋白质含量超过 4%	3. 比重 1.018 以下,蛋白质含量低于 3%
4. 在体外和尸体内均易凝固	4. 不凝固
5. 含较多量红细胞、白细胞	5. 不含或含少量红细胞、白细胞

二、各组织器官血液循环障碍的基本病变特征及常见疾病

（一）皮肤的血液循环障碍病变及常见疾病

1. 皮肤充血和淤血

有浅色皮肤的动物易见皮肤充血病变,动脉性充血为鲜红色大小不同的斑块,按压色斑有稍褪色现象;淤血则呈现暗红或暗紫色甚至为蓝紫色,按压色斑无褪色现象。常见于以下情况。

（1）运输斑:屠宰动物经长途运输,尤其在空气闷热而且拥挤的情况下,动物皮肤常可见大片红斑,皮温升高。此为动物处于应激状态时出现的皮肤充血性变化。

（2）屠宰斑:食用动物在屠宰过程中,常由于电击、褪毛等操作,在动物皮肤上留下大小、形状不同的红色斑块,均属于充血现象。

（3）猪丹毒(皮肤打火印):由猪丹毒杆菌引起的一种猪传染病,常见于 3~12 个月龄的猪。

a. 急性型:初期在动物的耳根、颈部、胸前和四肢内侧等部位的皮肤出现不规则的鲜红色充血区,即猪丹毒红斑,指压可以褪色,红斑还会融合成片,稍突出于周围皮肤。病程稍长者在红斑上出现水疱和干痂。镜检:见真皮毛细血管扩张充血,并有轻度炎性渗出。

b. 亚急性型:主要在病猪的头、颈、耳、腹及四肢部皮肤形成大小不等、方形或菱形稍突起的疹块,这些疹块有苍白色、鲜红色或紫红色,很像用烙铁在皮肤上烫火印,不同的颜色是一个由皮肤血管痉挛贫血至血管扩张充血、淤血的变化过程。镜检:皮下小血管充血,有组织坏死和炎症反应。

（4）流行性猪肺疫(大红脖):由猪巴氏杆菌引起的最急性型疾病,临床症状为咽喉肿胀引起的严重呼吸困难(锁喉疯)。主要病变特点为咽部和颈部皮肤呈现红肿、硬实(即大红脖),腹部、耳根及四肢内侧皮肤出现紫红色斑块,指压褪色。

2. 皮肤水肿(浮肿)

皮肤水肿(浮肿)指组织液在皮下结缔组织内蓄积。皮肤外观肿胀,指压有面粉团样质度(捏粉样)留下压痕。切开皮肤可见皮下结缔组织增厚呈胶冻样,断面流出多量胶样液体。如水肿为非炎性的,那么胶样液呈浅黄色、较清亮、不易凝固;如是炎性水肿,那么胶冻样物可能混有炎性渗出物或出血而呈混浊、暗红色,流出的水肿液不透明、易凝固。浮肿常见于以下情况。

(1)营养不良:长期消化、吸收障碍性疾病,马传染性贫血、焦虫病、血吸虫病等引起的贫血,都可由于血浆胶体压降低和毛细血管通透性升高而致皮下组织液增多,发生全身性水肿,其主要特征是水肿液蓄积在机体的低下部位,如胸、腹部皮下及四肢皮下。心功能障碍引起的全身性淤血常见四肢下部皮肤水肿。肾病性水肿常见颜面部及眼睑水肿。

(2)禽流感:急性病例可见头部和颜面浮肿,鸡冠、肉髯肿大达 3 倍以上,皮下有黄色胶样浸润、出血,胸、腹部皮下脂肪有紫红色出血斑。

(3)鸡大肠杆菌病及鸡支原体病:常见眼睑水肿。

(4)鸭瘟(鸭病毒性肠炎),又称大头瘟:病死鸭头、颈部皮下严重水肿,有淡黄色胶样浸润,该部皮肤有大头针冒大至绿豆大的出血斑点。

(5)猪水肿病:见头部皮下和眼睑水肿。

(6)猪生殖-呼吸系统综合征(蓝耳病):可见死胎及产后死亡仔猪的头部、下颌、颈部、腋下和后肢内侧皮肤水肿,皮下结缔组织呈胶冻样,后肢内侧皮下常呈现出血性胶样浸润。

(7)绵羊水肿病:由致病性大肠杆菌引起的急性传染病,见全身皮下组织水肿,下颌及胸、腹下部皮肤水肿最为明显。

(8)羊快疫:由腐败梭菌引起的急性传染病,多发于绵羊,尸体见有咽部、颈部皮下水肿并伴有出血,呈现出血性胶样浸润。

(9)血管神经性水肿:常发生于春季放牧的马、牛等动物,由牧草花粉引起的一种过敏反应,见病畜鼻部、眼睑、结膜、颈部皮下弥漫性水肿,有时可见会阴、肛门及乳房皮肤水肿。

(10)牛水肿型巴氏杆菌病:多见于牦牛和 3～7 月龄犊牛,表现为颌下、咽喉部、胸前皮下或两前肢皮下有大量橙黄色胶样浸润,以上部位呈现不同程度肿胀,严重时病牛咽喉部硬肿,呼吸高度困难而颈部伸直。

(11)牛伪狂犬病:病牛皮肤瘙痒处呈现皮肤弥漫性肿胀,切开皮肤见皮下组织有淡黄色胶样浸润,有时混有少许血液,肿胀处皮肤可比正常皮肤增厚 2～3 倍。

(12)犊牛副结核病:可见全身性贫血和消瘦病变。皮下脂肪消失,眼睑下颌及腹部皮下水肿,呈胶冻样浸润。血液稀薄、色淡、不易凝固。

3. 皮肤出血

浅色皮肤的动物较容易见到,在皮肤上可见不同大小和形状的出血斑点,呈暗红色或暗紫色,指压不褪色。多见于各种传染病。

(1)鸡新城疫:败血型鸡新城疫常表现为全身出血性素质,常见皮肤斑点状出血及胸、颈部皮下胶样浸润。

(2)雏鸡传染性贫血病:除见鸡冠、肉髯等组织苍白及血液稀薄等贫血病变外,病死鸡常见皮肤和皮下有大小不等的斑点状出血,翼部皮肤出现出血性坏死呈蓝紫色,被称为蓝翅病。

(3)鸭瘟:头颈部皮肤有明显的暗红或紫红色出血斑点。

(4)猪瘟:败血型猪瘟在其耳根、颈部、腹部、腹股沟和四肢内侧皮肤常见有明显的斑点状出血,初期为淡红色充血区,以后色泽加深,出现出血小点,出血点久之可以相互融合,形成紫红色出血斑块,再久血斑坏死成黑褐色干痂。

(5)败血型仔猪副伤寒:可见病死猪头部、耳朵、腹部等皮肤出现大面积的蓝紫色出血斑。

(6)猪链球菌病:由兽疫链球菌引起的猪败血症,尸体常见在胸、腹下部及四肢内侧的皮肤有紫红色与暗红色出血点,皮下脂肪出血,呈现红染状。

(7)蓝舌病:由呼肠孤病毒引起的绵羊和牛的传染病,病畜皮肤出现密布的出血小点,上唇和面部、耳部皮肤水肿,皮下组织广泛充血,重症病例舌体严重淤血呈现蓝色。

(8)牛、马、羊败血型炭疽:可见颈部、胸前部、肩胛部、下腹部和生殖器周围皮肤的皮下结缔组织密布出血点,呈现出血性胶样浸润。从皮下血管断端流出暗红色或黑紫色不凝固的血液。

(二)黏膜的血液循环障碍病变及常见疾病

1. 可视黏膜的充血、水肿、出血病变

可视黏膜指病、死动物的眼睑黏膜、口腔黏膜、舌黏膜、咽喉黏膜、鼻腔黏膜、肛门黏膜、阴门黏膜以及禽类的泄殖腔黏膜,在许多疾病过程中常显现明显的血液循环变化,有些变化常具有证病意义。以上病变常见于以下情况。

(1)鸡新城疫及禽流感:眼结膜有充血、出血病变。

(2)鸡传染性喉气管炎:常见鼻腔、眶下窦黏膜充血、肿胀,散布有多量小出血点,有时在鼻腔渗出物中带有血凝块。

(3)鸭瘟:除有头颈部水肿、出血外,其眼睑水肿呈外翻状,眼结膜充血、水肿、有小点状出血;鼻腔黏膜充血、出血;泄殖腔黏膜外翻,有充血、出血和水肿病变。

(4)急性马传染性贫血:可见眼瞬膜、鼻黏膜、唇及系带两侧有鲜红色针尖大的出血点,肛门和阴道黏膜常有出血斑点。

(5)牛病毒性腹泻/黏膜病:可见鼻黏膜充血、出血和糜烂、溃疡,皮下组织和阴道黏膜出血。

(6)败血型牛巴氏杆菌病:可见眼、鼻、口、舌、肛门、阴道等可视黏膜充血、淤血呈紫红色,并伴有出血点。

(7)牛、马、羊败血型炭疽:眼结膜、鼻黏膜、口腔黏膜以及肛门、阴道黏膜呈蓝紫色,伴有小点状出血,全身天然孔流出血样不凝固液体。

(8)羊快疫:可见口腔、鼻腔和肛门黏膜呈蓝紫色淤血,并伴有出血斑。鼻腔内常见有血样泡沫状液体。

2. 呼吸道黏膜的充血、水肿、出血病变

(1)鸡传染性喉气管炎:在喉气管部剥离黏膜表面的纤维素性干酪样渗出物后,可见该部黏膜严重充血,散在有斑、点状出血,黏膜固有层充血、水肿,重度充血的毛细血管呈球状突起于喉气管黏膜表面。

(2)鸡传染性鼻炎:可见病鸡鼻腔和鼻窦黏膜潮红、肿胀、充血,黏膜表面覆盖大量黏液。有时伴有肉垂和下颌组织充血水肿及出血,在肿胀的组织内可见干酪样渗出物。

(3)禽流感、鸡新城疫:都可见鼻腔、喉头、气管、支气管黏膜充血和不同程度的肿胀、出血,严重的有血样分泌物覆盖。

(4)鸭瘟:鼻腔黏膜有充血、出血病变。

(5) 猪瘟:在喉头和会厌软骨黏膜上可见斑点状出血。

(6) 犬瘟热:在鼻腔、喉头、气管和支气管黏膜有充血、肿胀以及大量黏液和脓性分泌物覆盖。

(7) 猴出血热:鼻黏膜出血以至鼻腔流出血样黏液。

(8) 猫病毒性鼻气管炎:鼻腔、咽喉、气管黏膜弥漫性出血。

(9) 猪、马流感:上呼吸道黏膜充血、潮红、水肿。

(10) 犊牛传染性鼻气管炎和牛恶性卡他热:都有鼻腔、咽喉、气管黏膜的充血、水肿、点状出血病变,前者在黏膜面覆盖有黏液性、纤维素性或脓性分泌物。

3. 消化道黏膜的充血、水肿、出血病变

(1) 禽流感:可见肌胃角质下及十二指肠黏膜有点状出血。

(2) 禽巴氏杆菌病:十二指肠黏膜充血肿胀和出血肠腔内有大量血样黏液性渗出物。

(3) 雏鸡白痢:小肠后段、大肠和盲肠黏膜充血、水肿,伴有不同程度的出血,肠腔内有凝乳样物,肛门糊有石灰样物。

(4) 鸡新城疫:嗉囊壁水肿,腺胃黏膜肿胀,黏膜腺体丘状突起,其顶端有出血和坏死,最具特征的是在腺胃和肌胃的交界处有出血带。

(5) 猫泛白细胞减少症(猫瘟热):可见回肠下段出血、糜烂、溃疡病变。肠系膜淋巴结水肿、出血、坏死。

(6) 犬细小病毒感染:见胃和十二指肠空虚,黏膜充血肿胀,空肠和回肠肠壁增厚,黏膜潮红肿胀,散布斑点状或弥漫性出血,肠腔变窄,肠腔内充满紫红色血粥样内容物。盲肠、结肠和直肠内容物稀软,呈酱油色、腥臭,肠黏膜肿胀、有出血点。

(7) 犬瘟热:见胃肠道黏膜严重出血,有糜烂和溃疡,其重要特点是在镜下可见胃黏膜上皮胞浆和胞核内有包涵体。

(8) 仔猪、羔羊、犊牛、幼驹大肠杆菌病:都可见胃肠黏膜的充血、水肿和出血病变。

(9) 猪链球菌病:见胃底腺黏膜及小肠黏膜显著肿胀充血、出血黏膜表面有多量黏液附着。胆囊壁水肿增厚,黏膜充血。

(10) 猪水肿病:见胃黏膜潮红充血、有小点状出血,胃底部黏膜下水肿,充满厚层透明的血样胶冻状水肿物,使黏膜明显增厚。

(11) 猪伪狂犬病:常见胃底黏膜出血。

(12) 猴出血热:以皮肤、鼻黏膜、肺、胃肠道等全身各部位明显出血为特征,由于肠道严重出血,故排血便或黑便。多数病例胃和十二指肠黏膜水肿、出血呈紫红色。

(13) 羊链球菌病:见皱胃黏膜充血、出血,肠壁水肿而增厚。部分病例空肠或回肠水肿,黏膜下胶样浸润,肠腔内有浅红色黏液。胆囊显著肿大,可达正常的 7～8 倍,黏膜充血、出血和水肿。羔羊沙门氏菌病也有类似的胃肠道病变,但后者有腹泻和下痢症状,而前者主要表现为肺炎或有脑炎症状。

(14) 羔羊痢疾:可见空肠、回肠及回盲瓣周围黏膜呈现局限性或弥漫性充血、出血,严重的充血、出血肠段肠壁呈现深红色,黏膜红肿,肠腔内容物呈血样。

(15) 羊猝疽:见十二指肠、空肠、回肠黏膜充血或出血。

(16) 羊肠毒血症:可见十二指肠和空肠前部呈现紫黑色弥漫性出血,肠黏膜暗红色或紫红色血样,伴有肠黏膜坏死和淋巴结出血,称血肠子病。

(17) 羊快疫:胃和十二指肠黏膜潮红、肿胀,真胃黏膜有大小不等的出血斑或弥漫性出血,呈红布状。

(18)犊牛败血型副伤寒:可见胃黏膜充血、潮红、肿胀,有出血小点,表面覆盖黏液。肠黏膜红肿,散布多量出血点,肠内容物因肠壁出血而呈红褐色。

(19)牛细小病毒感染:见于口腔、食道、皱胃、回肠、空肠和结肠黏膜充血、水肿,严重者有出血和坏死、糜烂、溃疡病变。

(20)水牛热(类恶性卡他热):皱胃底部常见充血和出血,整个小肠黏膜充血、出血,有时呈弥漫性或条纹状充血及出血。肠内容物常混有血液。直肠、结肠也有出血斑点。

(21)牛黑斑病甘薯中毒:小肠黏膜呈斑块状出血,有时在浆膜面即可见出血斑块。

(22)牛、马、羊败血型炭疽:可见小肠弥漫性出血性肠炎或局灶性坏死性肠炎,肠黏膜肿胀呈红褐色,肠壁淋巴小结肿大突出于黏膜表面,并有明显的出血斑点。

(23)马出血性坏死性盲结肠炎:表现为盲肠和大结肠外观膨胀、紫红色,黏膜呈紫红色,密发细小的点状出血,黏膜下层水肿,有胶样浸润,致使肠壁增厚。黏膜下淋巴滤泡出血。

(三)肺脏的血液循环障碍病变及常见疾病

1. 肺充血

一般见于肺脏炎症的初期,由于肺动脉毛细血管及肺泡壁毛细血管扩张,动脉血流量增加所致。充血的肺脏色泽鲜红,切开肺组织断面含血量增多。如果由于肺动脉栓塞而导致侧枝血管扩张,则可见肺组织的区域性充血病变。

[镜检] 见肺组织小动脉和肺泡壁毛细血管扩张充满红细胞。

2. 肺出血

当肺内小动脉及毛细血管发生破裂时,出现肺组织大范围的局灶性出血,或在肺组织内形成血肿。如果肺被膜破裂血液流入胸腔则形成血胸。如果出血经破裂的支气管从鼻腔和口腔流出体外,成为外出血,见有带泡沫的血液从口、鼻腔流出。如果是肺脏较大动脉破裂,口鼻出血常呈现喷流状。肺血管破裂性出血常见于肺肿瘤、肺脓肿、肺坏疽等病变过程中对血管壁的侵蚀。此外,当动物突然由平原进入海拔4~5km的高原时,常因急速严重缺氧,引起肺泡壁毛细血管及肺小动脉收缩而致肺动脉高压,从而导致急性肺动脉破裂性出血。

在各种热性传染病及各种肺炎病变,或在机体严重缺氧、窒息及高度呼吸困难时,肺组织毛细血管壁易受致病微生物或缺氧的作用而致通透性升高,出现各种不同程度的渗出性出血。其剖检特征为:在肺胸膜下和肺实质内散布有密集或散在的暗红色斑点,出血点常融合成较大的出血斑。常见于猪瘟、炭疽、巴氏杆菌病、痘症、梨形虫寄生等疾病过程中。

3. 肺淤血、水肿

当动物因各种原因而死于右心衰竭时常可见肺脏淤血、水肿病变。肺脏淤血、水肿的病变特征为:肺脏暗红色、湿润,体积膨隆、被膜紧张、边缘钝圆、质度稍硬。间质增宽清晰可见,呈现灰白色或暗红色胶冻状。气管及支气管内充满灰白色或浅红色泡沫状液体,切开肺脏可见切面隆起、切缘外翻、从切面流出多量泡沫状液体,取一块肺组织放入水中呈载重船样半浮于水面。

[镜检] 见肺泡壁毛细血管扩张充满血液,肺泡腔内充满伊红均匀浅染的水肿液,并可见少量脱落的肺泡上皮以及血细胞(图1-1,见图版)。病程久者还可见到一种吞噬有褐色血色素颗粒的巨噬细胞,称为"心力衰竭细胞"。肺脏较长时间的淤血、水肿,可见脱落坏死的肺泡上皮及坏死的肺泡,被肺泡间隔的增生结缔组织包围或取代,形成结节状病变,称为"淤血性硬结";

若硬结内含多量崩解的红细胞,而褐色含铁血黄素沉积其中,则称为"褐色硬结"。肺淤血、水肿病变常见于以下情况。

(1)幼雏热应激:刚出壳10日龄左右的幼雏,环境温度超过40℃经10h以上即可能发生热应激,表现为幼雏运动时突然伸脖仰天死亡。剖检可见死雏高度肺淤血、水肿。

(2)鸡、鸭、海鸥巴氏杆菌病:可见尸体肺脏高度淤血、水肿,呈暗红色,体积增大,含多量水分。

(3)猪传染性胸膜肺炎:可见病死猪鼻腔、气管及支气管内充满泡沫状液体,两侧肺尖叶、心叶和隔叶有暗红色充血、出血区域,病程长者可见界限清楚的出血性实变区,肺间质水肿增宽,呈暗红色胶冻样。

(4)猪链球菌病、急性猪丹毒、猪急性副伤寒等病:初期都有肺脏的充血、水肿或出血病变。

(5)猪呼吸-生殖综合征(猪蓝耳病):病死猪肺脏高度淤血水肿,常见鼻腔内及肺脏断面的支气管内流出多量泡沫样液体。

(6)氯气、光气、滴滴涕等中毒和由各种原因引起的心力衰竭,都可能引起肺淤血和水肿。

(四)淋巴结的血液循环障碍病变及常见疾病

1. 淋巴结充血

淋巴结充血常见于急性淋巴结炎初期,表现为淋巴结稍肿胀、色泽潮红、质地稍有实感,切面多汁稍隆凸。淋巴结充血在尸检过程中一般不易见到。

2. 淋巴结淤血

淋巴结淤血常见于全身性淤血,如慢性心力衰竭;或见于局部组织器官淤血,如肺淤血,常可见胸部淋巴结尤其是肺门淋巴结淤血。肝硬化所致的门脉循环障碍,常导致腹部及肝门淋巴结淤血。淤血淋巴结肿胀、暗红色、质地稍硬,切面隆凸,有多量暗红色液体流出。

3. 淋巴结水肿

淋巴结水肿常伴发于淋巴结淤血及全身性或局部组织器官的淤血水肿。伴发于淤血的淋巴结水肿,病理变化特征与淋巴结淤血相同。单纯的水肿淋巴结呈灰白色,体积肿大,稍有透明感,湿润多汁,切面流出多量水样液体。常见于猪水肿病,该病是由溶血性大肠杆菌引起的仔猪急性传染病,除了表现头部水肿外,还可见胃壁、结肠系膜、下颌淋巴结水肿。

4. 淋巴结出血

出血淋巴结体积肿胀,呈暗红色(出血的淋巴窦)与灰白色(淋巴小结)相间的花纹状,严重出血淋巴结呈暗红色血球状。

[镜检] 见淋巴窦充满红细胞,淋巴小结受压迫萎缩甚至消失。常见于以下情况。

(1)猪瘟:可见体表淋巴结出血,特别是下颌淋巴结、腹股沟淋巴结肿胀、暗红色或与灰白色相间,湿润,切面隆凸,周边呈暗红色出血区,内侧呈暗红色与灰白色相间的花纹状,通常称此为淋巴结周边出血(图1-2,见图版)。

(2)猪蓝耳病:可见两侧腹股沟淋巴结显著肿大,体积达4.5cm×3.5cm×2cm,出血呈暗红色(图1-3,见图版)。肠系膜淋巴结也肿大、出血。

(3)败血症:如马、牛、羊炭疽、巴氏杆菌病和猪丹毒,猪瘟、鸡新城疫、鸭瘟、牛瘟,动物梨形虫病和弓形虫病等,都可能呈败血症经过,其全身淋巴结明显肿大、出血,呈暗红色或黑紫色,湿润。

（3）电击性淋巴结出血：猪、牛、羊等动物在被屠宰时，由于电击麻醉，常出现淋巴结出血，出血点为鲜红色，淋巴结不肿大。

（4）创伤性淋巴结出血：在淋巴流经路上的组织发生出血性损伤时，血液可经淋巴流进入其经路上的淋巴结，使该部位淋巴结的淋巴窦内充满红细胞，此称为血液吸收。例如，在作刺颈屠宰时，血液可以流入胸部淋巴结，使该部淋巴结呈鲜红色。

（五）肌肉的血液循环障碍病变及常见疾病

肌肉是血液循环丰富的组织，其色泽的改变常为血液循环障碍的表现。

1. 肌肉贫血

机体发生各种原因的贫血或失血时，肌肉都呈现贫血病变。其特征是肌肉色泽变淡，呈灰红色无光泽，韧度和弹性降低。局部血栓或异物压迫，可导致肌肉局部贫血，长久的肌肉贫血可引起肌纤维变性坏死和瘢痕化。

2. 肌肉充血和淤血

肌肉充血常表现色泽鲜红，动脉血含量增多，是代谢加强、氧供量加大的表现，一般见于活动量增加的肌肉。肌肉发生炎症的早期也有充血反应。肌肉淤血表现为色泽暗红或紫红，严重时断面可有暗红色血液流出。常见于全身性淤血或局部静脉回流受阻。

3. 肌肉出血

肌肉出血可由各种不同的原因引起，外伤常由于肌肉内血管破裂而发生出血，出血肌肉深红色。有时较大的血管破裂，可在肌间形成血肿。

［镜检］　见肌纤维及间质布满红细胞，久后红细胞崩解释放出含铁血黄素，肌肉变为黄绿色。

电击屠宰时常引起动物颈部肌肉渗出性出血，肌肉内有许多鲜红的出血小点。

［镜检］　见局部肌间有红细胞，周围肌纤维无任何变化。

各种疾病引起的肌肉出血有不同特征，从而成为对某些疾病的证病性病变。

（1）猪瘟：肌肉出现多发性点状出血。

（2）气肿疽（黑腿病）：病畜病变部肌肉呈弥漫性黑红色，并在肌纤维间出现多量气泡。

（3）血斑病：肌肉有大片暗红色出血斑块。

（4）牛钩端螺旋体病：全身肌肉有明显的出血斑点。

（5）鸡传染性法氏囊病：可见胸肌及腿肌有多量的暗红色出血点。

（6）羊肠毒血症：见膈肌的肌质部和心肌有广泛的出血斑点。

（7）双香豆素中毒：中毒动物的肌肉有显著的出血斑点。

4. 肌肉水肿

水肿肌肉苍白，肌间结缔组织增宽呈胶冻状，肌肉质度软而无弹性，无光泽，断面流出多量水分。常见于以下情况。

（1）慢性寄生虫病：如蛔虫病、绦虫病等。

（2）严重营养不良和慢性肾病。

（3）各种传染病时（恶性水肿、气肿疽、炭疽等），肌肉常出现炎性水肿并伴有出血病变，故水肿肌肉表现色泽暗红，湿润多汁，质地较硬。

（六）肝脏的血液循环障碍病变及常见疾病

肝脏的血液循环障碍主要表现有肝贫血、肝淤血、肝出血和肝毛细血管扩张。

1. 肝贫血

肝贫血常见于全身性贫血或肝动脉阻塞等情况。贫血肝脏体积变小，边缘变薄，色泽变浅呈灰褐色，切面干燥。

［镜检］　肝细胞索颗粒变性或脂肪变性，中心静脉、窦状隙及小叶间血管缺血。

2. 肝淤血

各种原因引起的肝静脉回流受阻（右心衰、腹腔静脉回流受阻）或全身性淤血，都可以引起肝淤血。肝淤血的主要病变特征为：急性心衰常引起急性肝淤血，肝脏显著肿大，暗紫色，被膜紧张，表面光滑湿润，边缘钝圆，切面流出多量暗红色凝固不良血液。被膜表面有时附着一些灰白色、半透明、易剥离的纤维素膜。

［镜检］　见中心静脉、窦状隙高度扩张并充满红细胞（图 1-4，见图版），小叶间静脉扩张淤血。被膜及肝门区淋巴隙扩张，狄氏隙增宽。

在慢性心衰等疾病过程中，肝淤血病程较久，其病变特征常伴有明显的肝细胞变性。肝脏体积显著肿大，暗红褐色，质地脆弱易破碎。切面含多量暗红色血液，呈现暗红色与黄褐色相间的花纹，似槟榔或肉豆蔻的切面，故又称槟榔肝（或肉豆蔻肝），典型病变常见于马传染性贫血（马传贫）（图 1-5，见图版）。这是慢性肝淤血和肝细胞变性的典型病理变化。

［镜检］　中心静脉及窦状隙扩张充满红细胞，严重时肝中心区肝细胞消失由红细胞充填。肝小叶周边区肝细胞明显变性，窦状隙枯否氏细胞内有含铁血黄素沉着。

长期肝淤血，由于肝细胞大量坏死并由结缔组织增生所取代，使肝脏质地变硬、体积缩小、表面呈颗粒状，被膜增厚，灰白色，并有灶状坚硬的结缔组织机化斑，称为"淤血性肝硬化"。

［镜检］　肝小叶中央及小叶间大量增生结缔组织，肝细胞萎缩或被结缔组织取代。

3. 肝出血

肝出血是指肝内小血管或窦状隙破损，血液充填于肝组织间。视血管损伤程度不同，在肝被膜下和实质内可见到暗红色大小不等的出血斑点。严重的肝出血常在肝被膜下形成血肿，血肿突出于肝脏表面，大的血肿内血液凝固后断面可见血凝过程中红、白细胞及纤维素凝固的分层结构。

［镜检］　肝组织内可见范围大小不一和数量不等的出血灶；出血灶内肝细胞被红细胞浸没或消失，肝小叶结构被破坏，出血灶周围肝细胞萎缩、变性、坏死，并有炎性细胞浸润。有陈旧性出血病变的肝脏，在窦状隙内有吞噬含铁血黄素细胞。

肝出血常见于炭疽、鸭瘟、马传染性贫血、肝片吸虫病、黄曲霉毒素中毒等疾病过程中。

4. 肝毛细血管扩张

肝毛细血管扩张是部分窦状隙扩张充血，形成多孔性的病理变化。其特征为在肝组织内形成界限清晰、形状不规则的黑红色区域，大小为 1mm～2cm，切面显示多孔性网状结构，可流出或挤出暗红色血液。

牛常发生肝毛细血管扩张症，即在肝表面和切面可见数量不一、形状各异而且不规则的黑红色斑块，直径在 1mm 至几厘米之间，稍显凹陷。

［镜检］　窦状隙扩展，充满血液，形成大小不一的"血湖"，其周围肝细胞被压挤萎缩或

消失。

此种肝脏病变通常称为"富脉斑肝"。该病变的发生原因还不太清楚。

此外,还有一种紫斑肝,特征与上述病变相似,但并不属于毛细血管扩张症。

(七)肾脏的血液循环障碍病变及常见疾病

肾脏的血液循环障碍主要表现为:充血、淤血、出血、贫血和梗死。

1. 肾脏充血和淤血

肾脏充血主要见于急性炎症、中毒初期及功能代偿期等过程中,特别在急性传染性败血症的早期,如急性猪丹毒早期、羔羊和犊牛的魏氏梭菌性肠毒血症、霉败饲料中毒早期都可能出现肾充血。

[剖检]　肾脏稍肿胀、色泽深红、有时为深红与红褐相间状,肾小球充血时,在肾脏断面上可见明显的鲜红色小点。肾髓质部充血则可见髓质部断面有放射状鲜红色条纹。

[镜检]　可见肾组织动脉及毛细血管充盈血液。

肾淤血可见于全身性淤血如心肺功能障碍,这种肾淤血常常累及双侧肾脏。肾淤血也可见于肾脏局部血液回流受阻,如肿瘤压迫、血栓形成等,此种淤血常发生于一侧肾脏,但要注意与尸体倒卧侧的沉积性淤血相区别。

[剖检]　肾脏肿胀呈暗红色或紫褐色,断面稍隆凸、切缘外翻、有较多暗红色血液流出。淤血肾的最突出病变是:断面的皮质和髓质交界处肾盂乳头呈明显的暗紫色,此外,髓质部可见放射状暗红色条纹。慢性淤血,由于间质结缔组织增生,肾实质萎缩,肾体积缩小、变硬,表面凹凸不平,被膜不易剥离,外观呈蓝色,故又称"蓝色肾萎缩",严重时断面可见放射状灰白色条纹,与慢性间质性肾炎(皱缩肾)的外观类似,皱缩肾为灰白色。

2. 肾出血

肾脏出血常见于各种败血性传染病、急性中毒、电击等过程中。

猪瘟、猪丹毒、猪败血性链球菌病、猪沙门氏菌病等都可见肾脏有斑点状出血,特别是患急性猪瘟时,肾脏的出血斑点较大而密集,使整个肾脏呈麻雀卵状,故又称"麻雀卵肾或火鸡卵肾"。患败血型猪瘟或其他传染病时,还可见肾盂和肾髓质部出血。患犊牛魏氏梭菌性肠毒血症时,常可见肾被膜下呈片状的出血。

3. 肾贫血

肾贫血主要见于全身性贫血或肾动脉血流受阻等情况,如外部压迫、局部肿瘤、肾盂积水、肾囊肿等;或肾动脉血管阻塞,如血栓形成。

贫血肾色泽变浅,呈浅灰褐色,体积变小。贫血持续时间久者,常由于肾曲小管上皮脂肪变性而致肾组织呈灰黄色,肾动脉阻塞常造成肾组织梗死。

肾组织贫血性梗死见本章血栓形成及梗死。

(八)脑组织的血液循环障碍病变及常见疾病

脑组织的血液循环障碍包括:充血、淤血、出血、贫血、水肿、栓塞和梗死。

1. 脑组织充血和淤血

脑组织动脉性充血的主要病变特征是:软脑膜及脑实质内小动脉扩张,充满含氧血,故呈鲜红色,并常伴有实质的点状出血。此外,在脑脓肿、脑梗死灶等损伤性病变周围,也常有血管扩张充血,形成宽窄不一的红色带。

脑动脉性充血主要见于日射病和热射病引起的急性死亡动物。

脑组织淤血的主要病变特点是:软脑膜及脑膜下血管高度扩张呈网状,血管内充满暗紫色血液,由于静脉压升高造成脑脊液回流受阻,故在剖开脑组织时可见侧脑室积水,脑断面多汁湿润,有时可见暗红色出血斑点。

[镜检]　脑膜及实质血管扩张充满血细胞,时间较久者则出现溶血和血管内膜变性及血管周围水肿。

脑淤血常见于由心肺疾病引起的全身性淤血状态时,也可发生于局部肿瘤、淋巴结肿大、颈环关节变位或变形等对脑静脉压迫的情况。此外,当发生严重创伤、中毒、急性热性传染病时,常因脑血管受损出现麻痹性扩张,而呈现重度淤血。

2. 脑出血

脑出血分为破裂性出血和渗出性出血。

脑血管破裂性出血分为硬脑膜外出血和硬脑膜下出血。前者指发生于硬脑膜与颅骨和脊椎骨之间的出血,此种出血常可在颅骨下见到出血斑,出血多时形成血肿。硬脑膜下出血即发生于硬脑膜与软脑膜间的出血,此种出血除可在硬脑膜下见到出血斑块外,在脑脊液内还可见有红细胞。脑血管破裂性出血主要见于颅骨外伤。

脑血管渗出性出血的病变特征主要是在脑实质内和软脑膜下出现数量不等、形状不一的出血斑点。

[镜检]　可见脑膜及实质内有液化和红细胞集聚灶。脑血管的渗出性出血主要见于各种急性热性传染病,如猪瘟、巴氏杆菌病、脓毒败血症等过程中。

3. 脑贫血

脑贫血主要病变特征是脑组织因缺血而色泽苍白,脑膜及实质内血管空虚缺血。

[镜检]　可见毛细血管数量减少,血管腔空虚,病程较久者可见神经组织液化坏死病灶。

脑贫血常见于全身性贫血,如慢性寄生虫病、长期营养不良性贫血(缺铁性贫血、缺铜或维生素 B 缺乏等)。此外,因动物胃肠臌胀或严重胸、腹腔积水而急速放气、放水时,常引起急性脑贫血,导致动物突然死亡。

4. 脑水肿、脑积水

脑脊液循环障碍常可导致脑水肿和脑积水。

1) 脑水肿　脑水肿是指脑组织的血管周围腔、蛛网膜下腔和神经原周围腔的腔隙增大,其中充满液体,或神经细胞内液增多,细胞肿大,称为神经组织细胞内水肿。

[剖检]　脑组织显得湿润多汁、体积肿大,断面有多量液体流出,尤其是侧脑室有多量积液。

[镜检]　脑组织结构疏松,血管周围及神经细胞周围腔隙扩大,内充满浅红色渗出液并含有絮状蛋白样物质。严重水肿时,神经细胞周围间隙高度扩张,组织呈海绵状,着色变浅,有过碘酸席夫氏反应(periodic acid Schiff,PAS)阳性物质或血浆蛋白和炎性细胞浸润。

神经原和神经胶质细胞水肿,在脑组织切片中最容易看到的是大量神经纤维水肿,表现为髓鞘肿胀、弯曲,轴突增粗常呈不规则的串珠状,严重时轴突断裂、髓鞘脱失。神经原肿大,胞浆充满浆液而显得清亮透明,严重时细胞坏死、液化。星形胶质细胞水肿,水肿细胞呈阿米巴样变形,突起断裂和破坏,长期水肿可见星形胶质细胞肥大、增生,并形成纤维性瘢痕。少突胶质细胞水肿的急性期常表现肿大,后期则细胞减少。小胶质细胞水肿可见其胞体增大、核固缩、胞浆呈颗粒状,晚期可见格子细胞。

[电镜观察]　主要表现为胶质细胞内质网扩张、线粒体肿胀、核膜破坏、髓鞘层次排列紊乱。

脑水肿常见于机体严重缺氧(表现为丘脑和脑灰质部明显水肿)、中暑(大脑、小脑皮质和基底核严重水肿)、铅中毒(小脑皮质和齿状核明显水肿)、休克和脑肿瘤等情况。

2) 脑积水　脑积水是指脑脊液在侧脑室和其他脑室或蛛网膜下腔蓄积的病理过程。脑脊液在硬脑膜下或蛛网膜下腔蓄积,称外脑积水;脑脊液在脑室中蓄积,称内脑积水。

[剖检]　脑外积水可见脑皮质萎缩。脑内积水主要见脑室扩张,脑室周围的脑实质渐进性萎缩,严重的脑内积水可见大脑半球萎缩呈包围侧脑室的菲薄包膜。

脑积水可见于先天性的,马、牛、犬等动物有发生,都在胚胎发育阶段形成。后天性脑积水常见于大脑导水管和第四脑室的正中和外侧孔机械性阻塞造成的脑脊液回流受阻。如肿瘤压迫、寄生虫栓塞、室管膜炎、脉络膜炎等均可成为这种阻塞的因素。此外,动物实验感染呼肠孤病毒,可出现脑室管膜细胞变性、坏死及胶质增生,从而导致脑积水。

脑血管栓塞和脑梗死,见本章血栓形成和梗死。

三、血栓形成及组织器官梗死的病变特征

血栓形成(thrombosis)是指在某些因素的影响下,在活体的心血管系统内,凝血活性超过纤溶活性,出现纤维素析出、血液凝固的过程。所形成的血凝块称血栓(thrombus)。

(一)血栓形成的条件

1. 心、血管内膜损伤

心、血管内膜变性、坏死、脱落,致使其表面粗糙及内膜下胶原纤维暴露,前者导致血小板黏附并释放血小板凝血因子,后者激活凝血系统 XII 因子(接触因子),两者共同激活内凝血系统。坏死、脱落的内皮细胞又能激活组织凝血因子,使外凝血系统激活,从而使血液凝固性提高。

心、血管内膜损伤常见于猪丹毒杆菌引起的心内膜炎,牛肺疫时的肺血管炎,马圆虫寄生导致的寄生性动脉炎,犬心丝虫引起的心内膜损伤,或者是创伤、肿瘤等对血管造成的机械性损伤。

2. 血流状态的改变

正常血流,血液的有形成分(红细胞、白细胞、血小板)位于血流的中央,成为轴流;血浆在周边部,成为边流;血小板不易与血管内膜接触。当血流速度变慢或形成涡流时,轴流成分即进入边流,血小板易与血管内膜碰撞或与损伤内膜接触,从而释放血小板凝血因子,并发生血小板凝集,成为血栓形成的条件。

血流速度变慢,常见于心功能不全所引起的全身性淤血、静脉曲张性脉管炎、肿瘤性压迫等情况。而当血管出现病理性狭窄或管壁瘤时,常出现血液涡流。

3. 血液凝固性增高

血液凝固性增高即血液较正常时易凝。

血液凝固性增高常见于严重创伤、分娩、大手术后,由于大量组织损伤,释放组织凝血因

子,使血液凝固性增高。大面积烧伤,一方面因血浆大量流失而使血液黏稠、血流变慢;另一方面因大量组织损伤,释放组织因子使血液凝固性增高,因此,很容易发生血栓。肿瘤、中毒、异型输血等,都可能造成大量组织细胞破坏,从而提高血液凝固性,成为引发血栓形成的条件。

(二)血栓形成的过程及其形态特征

1. 血栓形成初期

血小板不断从轴流析出,黏附于血管内膜的损伤部。此时,血小板肿大达正常的几倍,并伸出针状伪足样突起交织成团,同时释放二磷酸腺苷(adenosinediphosphate,ADP)和血栓素 A_2(thromboxane A_2,TXA_2),从而使更多的血小板在此集聚形成小丘。由于血浆凝血酶原被激活,纤维素开始析出,使大量白细胞聚集,小丘随之增大,成为黏附于血管内膜的血栓头部,由于其外观呈灰白色,故称为白色血栓(pale thrombus)。此种血栓多见于动脉及心瓣膜部位,因为这些部位血流速度较快,血小板释放的凝血因子易被冲走,凝血过程就不易继续进行。

〔剖检〕　白色血栓在动脉血管壁上或心瓣膜上呈灰白色疣状、块状或结节状,如猪丹毒心内膜上的白色血栓呈菜花状(图7-23,见图版),较硬无弹性,干固易碎,不易从管壁或瓣膜上剥离下来,强行剥离,可见管壁或心瓣膜上留有溃疡。

〔镜检〕　由均匀无结构的血小板和微量纤维素及白细胞组成。

〔电镜观察〕　见血小板紧密接触,保存一定轮廓,但是颗粒消失。

2. 混合血栓形成期

多数发生在静脉血管内。当白色血栓形成后,突入管腔的血栓使血管变窄,血流变慢,并且形成涡流,使更多的血小板析出、凝集,和大量的纤维素一起形成珊瑚状血小板小梁及纤维素网,从而使大量白细胞、红细胞滞留于这些网眼内,组成红白相间的混合血栓(mixed thrombus)。混合血栓是白色血栓的延续,是组成血栓的主体,故又称为血栓体。

〔剖检〕　血栓红白相间、无光泽、干燥、质地较硬。形成时间较久的血栓,由于纤维素发生收缩,故表面呈波纹状。

〔镜检〕　在纤维素的网眼内有大量集聚的红细胞和白细胞。这种结构常见于发生血栓组织的较大血管内。

3. 红色血栓形成期

随着血栓体的增大,血管内血流被阻断,血栓体后面的血流停止,血液发生凝固,形成红色的条索状血凝块,称为红色血栓(red thrombus)。经时较久的红色血栓,由于红细胞崩解释放含铁血黄素,血栓逐渐变为铁锈色、灰红色,甚至灰白色。

〔剖检〕　初期,红色血栓与血凝块相似,表面光滑、湿润、有弹性,而形成期较长的红色血栓,由于水分脱失,所以变得干燥、表面粗糙、质地脆弱易碎、无弹性。

〔镜检〕　见纤维素网内充满红细胞。

4. 微血栓的形成及其病理特征

微血栓是发生在微循环血管(毛细血管、静脉窦、微静脉)内的血栓,当机体发生微循环障碍,出现弥散性血管内凝血(DIC)时,在微循环血管内可见大量微血栓(microthrombus),其主要由血小板和纤维素凝集而成,有玻璃样光泽,故又称透明血栓(hyaline thrombus)。微血栓形成的条件主要是血流速度变慢及血液凝固性提高,多见于各种败血性传染病、休克、大面积烧伤、药物过敏、异型输血等过程中。

微血栓只有在做病理组织学检查时才能被发现。镜下见毛细血管内充满均质、嗜伊红、半透明物质,有些毛细血管内充满浅红染纤维素。

(三) 血栓的结局

1. 血栓软化

血栓形成后,其中的白细胞崩解,释放出大量蛋白水解酶,同时血浆纤溶酶原被激活,两者共同作用,使血栓中的纤维素及蛋白性物质逐步溶解,血栓开始软化,产生的细小颗粒可被吞噬细胞吞噬,溶化的液体成分随血液流走。这样,微小的血栓可以完全溶解消失,较大的血栓可能被分解成碎片而进入血流,成为血栓性栓子,随血流运行至其他组织,形成栓塞。

2. 血栓的机化及血栓再通

在血栓形成的1～2d后,血栓头部的血管壁就开始向血栓内生长肉芽组织,以溶解吸收血栓,并逐步取代血栓,此过程称为血栓机化。在机化过程中,血栓成分被肉芽溶解吸收,血栓本身收缩,在血栓与血管壁间以及血栓内部会出现一些裂隙,裂隙表面由肉芽组织再生一层上皮,就形成了一个腔隙,这种腔隙相连,再与血栓外的血流相通,则使被血栓堵塞的血流再通,称此为血栓再通(recanalization)。

3. 血栓钙化

没有被完全软化或机化的血栓,常由钙盐沉积而发生钙化,钙化血栓有时在血管内形成结石,称为动脉石(arteriolith)和静脉石(phlebolith)。

血栓的形成是一种病理过程,会对机体会产生不利的影响,如发生栓塞和梗死。但在有些情况下它对机体是有利的。例如,在创伤或手术等过程中造成的血管损伤,可以由血管断端发生血栓而止血。

(四) 栓塞及其对机体的影响

血液中出现异常的不溶性物质,随血流运行并阻塞血管,称为栓塞(embolism)。这种不溶性物质称为栓子(embolus)。常见的栓子有血栓、肿瘤细胞、细菌团块、寄生虫、脂肪和空气气泡等。

1. 栓子运行的径路

各种栓子在体内运行的路径和阻塞血管的部位有一定的规律性,根据栓子栓塞的部位,可以追溯栓子的来源。来自大循环静脉系统和右心的栓子,经右心室进入肺动脉,多在肺动脉的大小分枝形成栓塞,此称为"静脉性栓塞"(小循环性栓塞)。来自肺静脉、左心室和大循环系统的栓子,随血流从较大的动脉到较小的动脉,常在脾脏、肾脏、肠、脑等组织的小动脉分枝处发生栓塞,此称为"动脉性栓塞"(大循环性栓塞)。来自门静脉系统的栓子,一般在门静脉分枝处形成栓塞(门脉循环性栓塞),此种栓塞较少见。

2. 各种栓塞对机体的影响

1) 血栓性栓塞　血栓性栓塞是指血栓本身或它的脱落碎片造成的栓塞,是最常见的一种栓塞。其对机体的影响取决于栓塞血管的大小,以及被栓塞组织是否能及时建立侧枝循环。

当肺组织小血管栓塞时,由于肺动脉和支气管动脉具有丰富的吻合枝,所以一般情况下不会造成严重后果。若是较大肺动脉被阻塞,则不但引起肺循环障碍,而且可因肺、心迷走神经反射,使心肺动脉痉挛而致动物突然死亡。

脑、肾、脾、肠系膜等组织发生栓塞,常引起局部组织缺血性梗死。心冠状动脉或脑动脉栓塞,常引起动物急性死亡。

2)组织性栓塞　组织性栓塞是指组织碎片或细胞团块组成的栓塞,见于创伤、肿瘤细胞转移等情况。瘤细胞性栓子不但引起血流阻碍,并在栓塞处形成新的转移性肿瘤。

3)细菌性栓塞　细菌性感染病灶中的病原菌,可以随血流或淋巴流向全身扩散,并不断增殖,形成栓子,有时它们也随坏死组织片或血栓碎片进入血流,当它们阻塞某些血管后,即可形成新的感染病灶,甚至引起全身性脓毒败血症。

4)寄生虫性栓塞　某些寄生虫,如马圆虫的幼虫,可经门静脉进入肝脏,在肝脏中死亡、钙化,形成"沙粒肝"(图10-10,图10-11,均见图版)。旋毛虫可侵入肠壁淋巴管,经胸导管进入血流形成寄生虫性栓塞。

5)脂肪性栓塞　严重的骨损伤或大的骨手术,常可使大量骨髓脂肪进入血流,成为脂肪性栓子,这些栓子不易被血液溶解吸收,最后可能在心、脑等重要器官形成栓塞而危及生命。

6)空气性栓塞　当大静脉破损时,由于负压,空气可能进入血流,静脉注入不当也可将气泡带入血流。一般少量空气进入血流,可被红细胞吸收,故无大碍。只有当大量空气进入血流,在右心内蓄积大量气泡时,一方面使全身血液回流受阻,另一方面因大量气泡从右心进入肺泡壁毛细血管,动物可因内窒息而急速死亡。

(五)梗死

器官组织的动脉分枝被栓子阻塞,使受其供血的组织发生急速缺血而出现局限性坏死的病理变化,称为梗死(infarct)。

1. 梗死的种类

1)贫血性梗死　器官组织的动脉被栓塞后,其供血区组织缺血,又无侧枝性供血,而发生的凝固性坏死,称贫血性梗死(anemic infarct)。由于梗死灶缺血,因此病灶呈白色,故又称白色梗死(white infarct)。

2)出血性梗死　出血性梗死(hemorrhagic infarct)多发生于富有血管吻合枝并伴有淤血的组织,如肺、脾、肠管等。这些组织的动脉枝发生栓塞,在其供血区组织坏死的同时,其周围组织血管的血液因吻合枝淤血而流入梗死区,于是梗死区显著积血,又由于梗死区血管通透性增高,大量红细胞漏出到组织间隙,形成梗死灶出血,故称出血性梗死,由于其病灶呈紫红色,所以又称紫红色梗死(red infarct)。

2. 梗死的主要病理学特征

1)贫血性梗死的病理学特征　贫血性梗死常见于肾、脑、心脏等组织,它们的病理学特征分述如下。

(1)肾组织贫血性梗死:肾组织的某一小动脉阻塞,常引起该动脉所供血区域的肾组织缺血而发生坏死,称为肾贫血性梗死。

[剖检]　肾脏体积无大变化,被膜易剥离,被膜下可见数量不等、大小不一的不整圆形、灰黄色、较干固、稍突出于肾表面的凝固性坏死灶,坏死灶周围可见清晰的暗红色炎性反应带。由肾表面将梗死灶从中心部垂直向肾髓质部剖开,可见梗死灶为近似等腰三角形(图1-6,见图版),其等腰夹角尖向髓质部,底边在肾表面,周围有宽窄不同的暗红色反应带,如果不是由梗死灶中心剖开,其剖面见不到锥尖而成为楔形。从三维立体角度看,梗死灶应该是圆锥体,锥

尖指向肾髓质部,是动脉阻塞部,而锥底向肾表面,即在肾表面可看到不整圆形,稍硬并隆凸、黄白色、周围有暗红色反应带的病灶。这种病灶的形态形成,是由于肾动脉是由髓质部呈树枝状向皮质部分布的结果。

[镜检] 梗死灶内肾曲小管及肾小球等组织结构仍然可见,但所有细胞都成为浅红染的均质无核状,或见少量核碎片,细胞崩解成颗粒状。在坏死的肾小管内可见玻璃滴状物,坏死区间质小血管内可见血栓形成,有时可见间质结缔组织的细胞核。在坏死灶周围组织有毛细血管扩张充血和出血现象,并有炎性细胞浸润,这是动物死前梗死灶形成的证明。若无炎性反应带,其组织坏死可能为死后变化。经时较久的梗死灶,常被肉芽组织增生而取代,最后瘢痕化而皱缩。

肾组织贫血性梗死常见于急性猪丹毒引起的菌血症、全身性脓毒败血症、肿瘤细胞转移等过程中,由于细菌性栓子或细胞性栓子造成的小动脉栓塞。急性败血性传染病,如猪瘟等疾病也常见该病变出现。屠宰猪常出现多发性肾贫血性梗死,一般认为是应激所致。

(2) 脑梗死:脑血管由于菌血症产生的细菌性栓子,或肿瘤转移时的细胞性栓子,或游移在血管内的寄生虫和其他部位的血栓碎片,甚至进入血管的空气,都可能成为栓塞脑血管的栓子,一旦脑血管被栓子堵塞,则发生脑血管栓塞。视栓子的大小不同,其栓塞的动脉血管大小也不同。

脑动脉发生栓塞后,其供血区域的脑组织因缺血而发生坏死,称为脑梗死。脑梗死的病变特点有以下几个方面。

a. 脑灰质部的梗死灶。

[剖检] 早期表现为组织肿胀、水肿、灰质部和白质部界线不清。进一步发展为灰质部充血或出血,脑组织变软,此时称为脑出血性梗死或红色脑软化。当梗死灶发展较大时,可见中心为贫血性梗死,而周围是出血性梗死。

[镜检] 初期病灶主要见不同范围的神经细胞变性和坏死、神经纤维髓鞘脱失、少突胶质细胞坏死、星形胶质细胞变性,毛细血管内膜和小胶质细胞无损,但有充血和出血病变,并有中性粒细胞渗出,此时可在脑脊液中检出中性粒细胞。经数日(4～5d)在梗死灶周围出现单核细胞,吞噬坏死的神经细胞和崩解的神经髓鞘,此时吞噬细胞胞浆内含有大量脂类,此种细胞肿大,胞浆充满空泡,又称为"格子细胞"(图 1-7,见图版)。随着病程延长,周围毛细血管增生,单核细胞吞噬漏出的红细胞,梗死灶内红细胞崩解释放含铁血黄素,梗死灶变成黄褐色。其周围的神经细胞亦有黑褐色颗粒沉积,并显示普鲁士蓝强阳性反应,故被称为"铁化"神经细胞。

b. 脑白质部的梗死灶。脑白质部的梗死灶多无出血变化,则称为贫血性梗死。

[剖检] 早期常不易从眼观上发现病变。具一定经过的梗死病灶,呈现浅黄色颗粒状,并在其中有不规则的腔洞,洞内充满浆液,呈液化状,称脑软化或脑液化灶。常见于马霉玉米中毒病。

[镜检] 早期坏死灶可见髓鞘着色不良、少突胶质细胞和星状胶质细胞的胞突消失。神经轴突肿胀,髓鞘呈气球状,髓鞘和轴突间有空隙,其中含有液体。随着病变的发展,轴突发生变性、坏死和消失,髓鞘也开始溃变(图 1-8,见图版),此时偶尔可见单核细胞和格子细胞。其周边有毛细血管充血和增生。最后髓鞘完全溃变。

脑栓塞及梗死常见于细菌性败血症、癌症转移、血液寄生虫、大面积创伤等疾病过程中。

(3) 心肌贫血性梗死:心脏的贫血性梗死亦表现为区域性灰白色病灶,但梗死灶范围和形态不规则,呈地图状。主要见于细菌、肿瘤细胞、坏死组织碎片等栓子,栓塞心脏冠状血管的不同部位所致。

　　2）出血性梗死的病理学特征　　出血性梗死病变与贫血性梗死病变基本相同,只是出血性梗死灶内可见大量红细胞。常见于肺、脾和肠管。

　　(1)肺出血性梗死:梗死病变多见于肺脏边缘区,梗死区暗红色、肿胀隆起、稍坚硬、呈锥形或楔形,尖向肺门(图1-9,见图版)。梗死部肺被膜有纤维素渗出物。

　　[镜检]　梗死区肺组织充满红细胞,肺结构模糊不清。经久的梗死灶红细胞崩解,病灶色泽变浅,并有结缔组织伸入。

　　常见于菌血症期的猪丹毒等急性传染病。

　　(2)肠出血性梗死:肠出血性梗死主要见于肠扭转、肠套叠、肠嵌闭、肿瘤等情况。由于肠系膜静脉已经受压发生淤血,同时肠系膜动脉又受压而缺血,使肠壁梗死。此时梗死肠段暗红色,甚至紫黑色,肠腔内暗红色混浊液体,肠壁淤血、水肿、出血、明显增厚、极其脆弱易破。梗死初期由于动脉缺血、肠痉挛及神经受压,而出现剧烈腹痛,后期则由于肠麻痹及肠穿孔而引发腹膜炎。

　　(3)脾脏出血性梗死:脾脏为充满末梢性动脉并富含血液的脏器,因此,极易发生出血性梗死。

　　[剖检]　梗死区呈紫黑色、硬固、肿大、突出于脾脏表面(图1-10,见图版)。

　　[镜检]　梗死区实质细胞坏死,细胞呈均质红染,核浓缩、崩解、溶解消失,有时可见坏死灶钙盐沉着和结缔组织增生。脾脏出血性梗死常见于猪瘟、猪丹毒等疾病过程中。

　　① 猪瘟:有30%～40%的猪瘟病例会出现脾脏出血性梗死病变,其发生与小动脉内膜受损有关。

　　[剖检]　见脾脏边缘有大小不等、数量不一的暗红色、稍突起的硬块,其为与周围组织有清晰界限的不正圆形结构。断面暗红色,稍干燥,呈锥形,锥尖向脾脏深部。时间较久的梗死灶呈淡褐色或灰白色,稍凹陷。

　　[镜检]　梗死区大量淋巴细胞核浓缩、崩解,整个区域呈淡红染颗粒状,并有大量红细胞浸润。病程较久者,病灶内红细胞溶解,可见结缔组织增生和吞铁细胞。

　　② 猪丹毒:常由于菌血症而引起的脾脏出血性梗死,其病变特征与上述相似。

3. 梗死的结局及对机体的影响

　　一般小的梗死灶常可经过自溶、软化、吸收,对机体无大的伤害。较大的梗死灶也可通过侧枝循环的形成,坏死组织有结缔组织包囊包围并钙化,对机体无害化。但梗死物对机体是一种无功能结构,尤其是范围过大则对正常器官功能有碍,特别是发生在生命重要器官,如心、脑等器官梗死,即使区域较小,也会对生命构成严重威胁。

第二章 组织和细胞的损伤性病变与疾病

第一节 细胞的超微结构及其损伤性变化

应用电镜技术观察细胞形态结构及其病理变化,已是当今研究疾病本质的重要手段之一。在电子显微镜下观察到的细胞微细结构,如细胞器、细胞骨架等,称为细胞的超微结构(ultrastructure)。

一、细胞膜

包被细胞的膜称细胞膜(cell membrane),又称质膜(plasma membrane)。电镜下,细胞膜可分辨出三层:内外两层电子密度高,称为电子致密层;中间一层电子密度低,称为电子透明层。细胞膜的主要成分是磷脂与蛋白质,蛋白质的组分决定着功能的特异性。质膜上的蛋白质,有些作为抗原,而另一些对激素、植物凝集素和病毒等是一种特异性受体。

在生物体内各种器官和组织中,细胞表面常有一些特化的特殊结构,如上皮细胞游离缘的微绒毛和纤毛,肾小管基底膜的细胞内褶等。

细胞内的细胞器如线粒体、内质网、高尔基复合体、核膜等,都是由膜构成,这些膜在高倍率电镜下,均显示有两暗一明的三层结构,这些膜即为单位膜(unit membrane)。质膜和单位膜统称为生物膜(biological membrane)。

细胞膜的损伤性变化有以下几种。在缺氧时细胞膜微绒毛丧失,并有水疱形成,进而细胞膜破裂及细胞器溶解。在患肿瘤时,肿瘤细胞除见有膜脂异常外,其外在转化敏感蛋白(LETS蛋白)量减少或缺乏。肿瘤细胞膜上该蛋白缺乏,可能是肿瘤细胞无限生长不发生接触抑制的原因。此外,肿瘤细胞膜及表面的蛋白水解酶和纤溶蛋白酶原的活化物增多,也许和肿瘤细胞的黏着性降低、浸润性生长及远处转移等恶性行为有关。

二、线粒体

线粒体(mitochondria,Mi)在电镜下呈棒形、椭圆形,长 $2\sim6\mu m$,宽 $0.1\sim1\mu m$。骨骼肌中有时可见长达 $8\sim10\mu m$ 的巨线粒体。线粒体由外膜、内膜、外周间隙、嵴、嵴突腔和内腔组成。外膜即外界膜,内膜即内界膜,是线粒体内腔(基质)和外腔(外周间隙)的界膜;外周间隙即分隔内外膜的间隙;嵴是内膜向内的褶迭,形状呈板层状或小管状;嵴突腔与外周间隙贯通构成线粒体的外腔;内腔中充满电子密度较高的基质,线粒体的 DNA 就位于内腔中。

心肌细胞和肾小管上皮细胞中,线粒体数目多,而未分化细胞、淋巴细胞和表皮细胞内线粒体较少,成纤维细胞和分泌细胞有中等数量的线粒体。

线粒体的损伤性变化有以下几种。

1. 线粒体固缩

线粒体固缩也称凝聚变化,表现为线粒体内室浓缩,电子密度明显增高,有时伴有外室轻度扩大,是由于水和钾离子从线粒体内室析出所致。常见于肾凝固性坏死、饥饿的肝组织、病毒性肝炎及肝、肾肿瘤等。

2. 线粒体肿胀

线粒体肿胀是由于 ATP 合成障碍所致。表现为三种类型。

1) 线粒体轻微肿胀　线粒体的嵴位于周围,基质呈均质状,中等电子密度,线粒体内致密颗粒消失。

2) 线粒体明显肿胀　线粒体的嵴脱位,彼此失去联系,基质呈斑点状,线粒体界膜破裂。

3) 线粒体严重肿胀　由于水分大量进入线粒体基质,整个线粒体变为无结构的腔,线粒体的嵴消失,界膜破裂。

3. 线粒体之间出现凸起、螺旋形结构

即一个线粒体的膜呈球状或手指状突起进入邻近的线粒体。随着病变发展,线粒体的膜呈螺旋形。常见于肝细胞癌及实验性维生素 E 缺乏症。

4. 线粒体内致密颗粒的数目增加和变大

常见于四氯化碳中毒时的肝脏、肝坏死及破伤风毒素中毒时的肌肉。

5. 线粒体内致密颗粒减少或消失

常见于肝切除后 15min 及肠系膜动脉阻塞后 30min 的肠上皮细胞。

6. 线粒体肥大和增生

肥大是指线粒体体积增大,数目增多,嵴的大小和数目也增加。与线粒体肿胀的区别是其基质不扩张,电子密度也不降低,如肌肉的机能亢进及妊娠的子宫等。线粒体增生仅指细胞内线粒体的数目增多,见于肝部分切除时增生线粒体的再生,呈哑铃形。

7. 巨线粒体

在恶性肿瘤、肾移植时,可见巨线粒体。即线粒体嵴的数目增加并呈异常排列,致密颗粒增加,出现髓磷脂相、结晶和脂滴包含物等。

8. 异形线粒体

线粒体有时呈 C 形、U 形和 O 形结构,常见于中毒时的肝脏。

9. 线粒体的包含物

1) 线粒体内糖原包含物　形态上与胞浆内糖原沉着一致,糖原沉着于嵴的间隙,有时沉着糖原将嵴推到周围。常见于肿瘤和某些维生素缺乏症。

2）线粒体内脂滴包含物　脂滴呈圆形或不规则形，中等到高电子密度，单个或多个存在。常存在于变性的巨线粒体内，皮肤肿瘤细胞中多见。

3）线粒体内结晶包含物　是一种贮藏蛋白质，电镜下呈格子状，横切面呈点状。常见于巨线粒体内。胆管癌、阻塞性黄疸、病毒性肝炎等病变细胞中多见。

4）线粒体内铁包含物　常见于成红细胞和贫血时的网织红细胞，含铁的线粒体分布在核周围，铁沉着于线粒体嵴之间的基质中。

三、内质网

内质网（endoplasmic reticulum，ER）是分布在细胞质内的膜性管道系统，纵横交织成网状。根据其结构与功能可分为以下两种。

（1）粗面内质网（rough endoplasmic reticulum，rER）的特征是内质网膜表面附着有大量核蛋白体。粗面内质网是由相互吻合的单位膜性小管和小泡组成，常膨大呈扁平囊状结构，称为池。核蛋白体又称 Palade 颗粒，是由等量的核蛋白体核糖核酸（rRNA）与蛋白质组成的球形颗粒，略带棱角。粗面内质网的主要功能是产生外源性蛋白质（如各种肽类激素、酶类和抗体等），还能产生新膜的脂蛋白、初级溶酶体的水解酶等。分泌细胞与浆细胞内的粗面内质网较发达，而在一些未分化细胞与肿瘤细胞内较稀少。

（2）滑面内质网（smooth endoplasmic reticulum，sER）是由分支小管和小泡连接成的网状结构，内质网膜上不附有核蛋白体颗粒。滑面内质网起源于粗面内质网的凸起，两者通过扁平囊的指状突起相连接。滑面内质网分布在分泌颗粒和线粒体周围往往呈同心圆状紧密排列。肝细胞内滑面内质网的分布往往和糖原颗粒相伴随。小肠上皮细胞吸收的脂肪，要靠滑面内质网来运输。心肌和骨骼肌细胞滑面内质网特化形成相互吻合的网状链，称为肌浆网或肌浆管。

内质网的损伤性变化

1. 内质网扩张和水疱形成

内质网扩张是指内质网的口径增大；水疱形成是指内质网分解成很多小泡或稍大的空泡，甚至呈湖状。当粗面内质网扩张和水疱形成时，常发生脱颗粒，结果其形态与滑面内质网一样。内质网扩张和水疱形成并伴有线粒体肿胀，即所谓混浊肿胀和水疱变性，因此在光镜下所见的颗粒变性时胞浆中颗粒是来自肿胀的线粒体或内质网。在正常情况下，成纤维细胞、软骨细胞、卵细胞和浆细胞有贮藏分泌产物的倾向时，往往内质网扩张。

内质网扩张和水疱形成常见于饥饿、缺氧、肝炎、胆道阻塞以及各种药物中毒（四氯化碳和磷中毒）等病理过程中。

2. 粗面内质网脱颗粒

粗面内质网脱颗粒是指内质网膜上附着的核蛋白体明显减少或稀疏，甚至丧失，很多核蛋白体游离在胞浆中。与此同时常伴有内质网扩张和水疱形成及核蛋白体解聚，这些变化集中在一起，称为粗面内质网紊乱。常见于四氯化碳及霉菌毒素中毒时的肝脏。

3. 多聚核蛋白体解聚

多聚核蛋白体解聚是指多聚核蛋白体断裂和形成障碍，因此在胞浆中有很多单个核蛋白体。常见于大鼠四氯化碳中毒时的肝脏、豚鼠维生素 C 缺乏时的成纤维细胞及创伤愈合过程中。多聚核蛋白体解聚是蛋白质合成受到抑制的形态学指征。

4. 螺旋形多聚核蛋白体和核蛋白体结晶

正常情况下多聚核蛋白体呈线状或玫瑰花瓣状。在少数病变情况下呈螺旋形或结晶状。常见于感染疱疹病毒的培养肾上皮细胞及黄曲霉毒素中毒时的肝细胞。

5. 内质网肥大和增生

1）粗面内质网肥大和增生　主要特征是容积增大，数目增多，同时显示 RNA 增加及组织学上胞浆的嗜碱性增强。

2）滑面内质网肥大和增生　胞浆内充满滑面小管和小泡或分支的管网，这是肝细胞对毒物耐受性的一种适应性反应，也是药物引起肝脏产生酶的形态学指征。光镜下胞浆内肥大的滑面内质网呈均质的嗜酸性包涵体状。常见于苯巴比妥钠中毒、病毒性肝炎、胆石症、黄曲霉毒素及四氯化碳中毒等。

6. 波状小管形成

波状小管形成是一种波形弯曲的细口径小管，小管排列疏松时，其波状形态易被认出；小管排列紧密时变成厚壁小管。波形小管常呈结晶状排列，与病毒很相似，常见于病毒病、白血病和自身免疫病。

7. 同心性板层小体

粗面内质网或滑面内质网有时伴随糖原颗粒作同心性排列的结构，称同心性板层小体。

同心性板层小体常见于病毒感染（如病毒性肝炎）、白喉毒素感染后的肝细胞、肝肿瘤及药物和霉菌毒素（如四氯化碳、黄曲霉毒素 B_1、黄磷及苯巴比妥等）中毒等病理过程中。

四、高尔基复合体

高尔基复合体（Golgi complex）是由平行排列的扁平囊泡（cisternae）、小泡（vesicle）和大泡（vacuole）三部分组成的膜性囊泡状结构。在分泌细胞、精卵细胞、白细胞、神经细胞等细胞内，高尔基复合体有以上三部分完整结构；而在肿瘤细胞、培养细胞、再生细胞内，高尔基复合体只有少量扁平囊泡结构。

高尔基复合体的功能是将由粗面内质网运来的蛋白质，在粗面内质网管腔末端芽生成球状转移小泡，将蛋白质移向高尔基复合体并进入扁平囊；经进一步浓缩加工，再移至形成面形成大泡，大泡从扁平囊断离，成为分泌泡（分泌颗粒）移向细胞表面，通过细胞膜的外吐作用，将分泌蛋白排出细胞外。

高尔基复合体的损伤性变化

1. 高尔基复合体的肥大

高尔基复合体的肥大是指体积增大，扁平膜囊增多，成熟面分泌泡增多。在细胞内高尔基复合体数目增加，细胞的大部分被多个高尔基复合体所占据。通常与增加分泌活性有关，属于工作性肥大，或继发于萎缩或邻近细胞的功能不全的一种代偿性肥大。例如，人工诱发大鼠肾上腺皮质再生时，在垂体前叶促肾上腺皮质激素（ACTH）分泌细胞中，高尔基复合体明显肥大。

2. 高尔基复合体萎缩或破坏和消失

形态上表现为体积缩小，扁平膜囊减少以及高尔基复合体崩溃和消失。常见于肝细胞的各种中毒性损伤。

五、溶酶体

溶酶体(lysosome)又称溶质体,其大小和形态不一,直径 0.2～0.4μm。其外面有一层脂蛋白膜,厚度为 60～80Å。溶酶体着色深,易与其他细胞器区别。溶酶体内含有多种水解酶,特别是酸性磷酸酶,这些酶足够水解细胞内各种大分子物质。根据溶酶体是否含有底物可将其分为初级溶酶体和次级溶酶体。

1. 初级溶酶体

初级溶酶体一般呈圆形或卵圆形,外有界膜包围,内含均质状酸性水解酶。无底物的中性粒细胞内的嗜天青颗粒属于初级溶酶体。

2. 次级溶酶体

溶酶体中含有酸性水解酶及相应的底物与其消化产物。根据底物的来源及消化程度的不同可将其分为以下几类。

1) 异溶酶体　外源性异物通过内吞作用进入吞噬细胞并由界膜包围称为异噬体。异噬体与初级溶酶体融合后又称为吞噬溶酶体。

2) 自溶酶体　细胞内退变、崩解的某些细胞器或细胞内一部分细胞器(如线粒体、内质网等)以及细胞内含物(如糖原、脂类等),由一单层界膜包围后形成所谓的自噬体。当自噬体与初级溶酶体融合后称为自溶酶体,也称细胞溶酶体。

3) 多泡体　多泡体是一种特殊形式的溶酶体,呈圆形,直径为 0.2～0.3μm,外有界膜包围,内有很多小泡,基质内有酸性磷酸酶活性,其由初级溶酶体与吞饮小泡或其他小泡融合而成。

4) 残体　当次级溶酶体内消化作用结束时,剩下一些不能再消化的物质,称为残体(residual body)或末溶酶体,常见的有脂褐素(lipofuscin)和髓鞘样结构。脂褐素为一些不规则的小体,周围有界膜,内含脂滴及小泡等。髓鞘样结构外有界膜,内容物为成层状排列的膜样物。

溶酶体的损伤性变化

在细胞病理学中,溶酶体的主要病变有以下几种。

1. 残体增多

残体是指当次级溶酶体内消化作用结束时,剩余有一些不能再消化物质的末溶酶体。常见的残体有脂褐素和髓鞘样结构。脂褐素的形成与溶酶体中缺少某些脂类代谢所必需的酶有关。

2. 溶酶体蓄积病

溶酶体蓄积病(lysosomal storage disease)是指由于某些溶酶体酶的先天性缺乏而引起相应物质在溶酶体内沉积,如 II 型糖原沉积病(先天性缺乏 α-葡萄糖苷酶)和神经脂类沉积病(先天性缺乏 β-半乳糖苷酶)等。

3. 溶酶体过载

溶酶体过载是指由于进入细胞内的物质过多,超过了溶酶体所能处理的量,因而这些物质在溶酶体内贮积下来,致使溶酶体增大。例如,蛋白尿时,在光镜下可见肾脏近曲小管上皮细胞内玻璃样滴状蛋白的贮积(玻璃样变),这些玻璃样小滴实际上是增大的载有蛋白质的溶酶体。

此外,化学因素(矽肺)、免疫因素(类风湿性关节炎)及药物因素(维生素 A、链球菌溶血素)等都对溶酶体有损害作用,破坏溶酶体膜的稳定性,促使其破裂。溶酶体酶进入胞质,引起细胞损伤和组织病变。

六、细胞核

细胞核(cell nuclear)主要由核膜、核仁、核质三部分组成。

1. 核膜

核膜是由两层单位膜所构成的多孔双层结构。内外核膜间保持一定间隙,称为核周间隙。间隙腔内含有蛋白样粒子(如酶)等物质。核外膜表面附有核蛋白体,某些部分的外膜向外突起,与细胞质的内质网等相连通。核的内外膜常常不规则地彼此融合,形成许多环状的开口,称为核孔,它们是核质之间物质交换的重要通道。核膜本身不仅是选择性的渗透膜,而且是一道屏障,可作为一个生理的缓冲地带。

2. 核仁

核仁的存在是真核细胞区别于原核细胞的重要标志之一(原核细胞没有核仁)。核仁的主要功能是制造核蛋白体,是转录 rRNA 和装配核蛋白体亚单位的场所。核仁在细胞内以一个为多见,有时有 2 个以上。核仁数量与大小取决于细胞对于核蛋白的需求,即反映着细胞蛋白质合成代谢的变化。核仁无界膜,位置也不固定。

3. 核质

核质由核液、染色质及其他物质组成。

(1) 核液:为一些无定形基质,其中含有水分、各种酶和结构蛋白质以及无机盐等。

(2) 染色质:有异染色质和常染色质两种。异染色质呈卷曲状的颗粒或团块,为强嗜碱性,并能与重金属结合,在电镜下电子密度高,深染。常染色质是处于伸展状态的,镜下一般不能分辨,呈浅亮区。

(3) 染色质周围颗粒和染色质间颗粒:染色质周围颗粒位于异染色质周围,常靠近核孔,电子密度高,呈单个分布的圆形颗粒,其直径为 300～350Å。染色质间颗粒直径为 150～500Å,通常由细丝将它们连接成链,常成群分布,位于异染色质之间的常染色质区域内。

细胞核的超微结构变化

1. 核的形态变化

电镜下核的形态常不规则,常见明显的折叠或锯齿状。核形状不规则,增加了细胞核和胞浆间的接触面积及物质交换。例如,肿瘤细胞核的形状极不规则,有时呈苜蓿草样分叶排列,常见于淋巴细胞性或髓细胞性白血病,这与肿瘤的代谢活性增高有关。

(1) 染色质凝集是指颗粒状的染色质凝集成致密的团块状物质。染色质凝集常发生在核膜附近、核孔之间和核仁周围,很少发生在核基质。

(2) 染色质边移是指染色质的凝块沿着或靠近核膜,而核的其他部分染色质消失。在超薄切片中染色质凝块呈环形、新月形或在核四周呈不规则致密的染色质团块。常由于各种有害因子如病毒感染、X 射线或缺血等引起。

（3）染色质周围颗粒增加是蛋白质合成活性降低的指征，见于黄曲霉毒素 B_1 中毒、乳腺癌细胞以及皮肤角质细胞的成熟期和分化期。但必须与核内的病毒颗粒相区别。

（4）染色质之间颗粒增加常见于肿瘤细胞内。在大鼠肝癌的慢性病变内，经常发现染色质之间的颗粒明显增加。

2. 核膜的变化

1）核膜增厚、增殖和复制　　常见于疱疹病毒、某型腺病毒及细胞巨病毒等感染过程中。核膜内膜增殖即在内膜形成小泡或凸起，当核膜发生广泛性增殖时，像伪足或手指状延伸到核或胞浆中，有时可见到核内膜的复制。由于核膜的增殖、增厚和融合，导致在核内、外形成膜的同心层板状排列。

2）核孔的变化　　核孔是核和胞浆进行物质交换的路径，细胞代谢活性与核孔的数目和大小相关，核孔的数目常因代谢活性降低而减少。当氨基酸严重缺乏时，每个胰腺细胞核切面的核孔数明显下降。

3. 核仁的变化

1）核仁体积的变化　　在细胞增殖过程中，核仁变大，如胚胎细胞、干细胞、组织培养细胞、肿瘤细胞和肝部分切除后的再生肝细胞等。在患恶性肿瘤时，核仁呈多形性，增大，不规则，核质呈网状结构。老龄动物、辐射或在低温下，核仁往往呈空泡状。核仁体积缩小表现为环形核仁，反映了核蛋白体在核仁中减少，但仍能合成，常见于淋巴细胞、浆细胞、平滑肌细胞及淋巴肉瘤细胞等。

2）核仁边移　　核仁移近核膜，称为核仁边移，这是蛋白质合成增加的指征。常见于各种肿瘤，如皮肤肿瘤、腺癌等。

3）核仁成分的分离　　核仁成分的分离又称为核仁帽，是指核仁的致密纤维成分形成一种半月形、半椭圆形或圆锥形类似帽子状团块覆盖于核仁的颗粒成分上。有时有两个以上的核仁帽。常见于疱疹病毒感染、支原体瘤、致癌物质和抗代谢药物等作用的细胞。

4. 核内包含物

1）核内糖原包含物　　核内糖原包含物是指糖原颗粒呈不规则团块状沉着在核质中，常见于糖尿病、何杰金氏病、传染性肝炎、小鼠肝瘤及鸡肉瘤等。

2）核内脂滴包含物　　核内有呈圆形的脂滴，周围无界膜。脂滴的密度取决于不饱和脂肪酸的含量，常见于皮肤肿瘤、急性白血病等。

3）核内结晶包含物　　通过组织化学染色，证明结晶物是蛋白质，常见于人和动物的疣病毒、腺病毒、麻疹或疱疹病毒感染。

4）核内同心层板状包含物　　由电子密度和电子透明物质呈同心层排列而成，常见于腺癌，如由亚硝胺类物质引起的肺腺癌细胞中。

5）核内病毒包含物　　大部分 DNA 病毒，如腺病毒和疱疹病毒等都在核内合成。犬腺病毒感染，核内腺病毒呈结晶状排列；麻疹病毒感染，病毒核蛋白在细胞核内呈管状凝集。

5. 核突起和核小囊

核突起和核小囊是指核向表面凸出并形成囊状结构，核小囊内含有细胞核或胞质成分。完全脱离核小囊可以与原来的核相连，也可以与核完全脱离。该结构是人和动物淋巴细胞性白血病的主要特征，也见于鸡马立克病及遭受辐射的动物细胞内。

6. 核体

核体是指一群形态不同的、由纤维组成或由纤维和颗粒混合组成的核内结构。在核内核体常有一个以上,呈点状分布,周围有透明的晕,有时核体的中央含有细管或小空泡。常见于恶性肿瘤和病毒感染、药物作用及免疫、激素的刺激等。核体的出现是刺激或代谢活性增高的一种指征。

第二节　组织细胞的萎缩、变性、坏死

萎缩、变性、坏死是疾病过程中组织细胞最基本的形态学变化,多与组织细胞的代谢障碍有关,并随代谢障碍程度的发展而渐次进展。

一、萎缩

萎缩(atrophy)是指发育正常的组织器官,其体积缩小和功能减退的一种病理过程。任何能引起细胞的分解代谢超过合成代谢的原因,都能引起组织细胞萎缩。在生理情况下,有些器官随年龄增长而萎缩,如动物成年后胸腺萎缩、老龄动物的全身器官萎缩,此种性质的萎缩又称生理性萎缩。由各种致病因子引起的萎缩称病理性萎缩。病理性萎缩是一种可逆性病理过程,去除病因后,萎缩的细胞可以逐渐恢复原状。

（一）病理性萎缩的原因及分类

1. 局部性萎缩

1）废用性萎缩　动物肢体因骨折或关节疾病,由于长期的运动功能障碍,而引起有关肌肉和关节软骨发生萎缩。当器官功能减退时,相应器官的神经感受器得不到应有的刺激,向心冲动减弱或中止,因而远心性冲动也减弱。此时血液供应和物质代谢降低,特别是合成代谢降低,从而引起营养障碍而发生萎缩。

2）神经性萎缩　当中枢或外周神经患炎症或受损伤时,因器官、组织失去神经的调节作用,就会发生营养障碍。例如,鸡马立克氏病,由于坐骨神经和臂神经丛受到增生的淋巴样细胞的侵害,而发生肌肉萎缩和肢体麻痹。

3）压迫性萎缩　器官、组织受到机械性压迫而引起的萎缩。例如,肿瘤压迫引起周围组织的压迫性萎缩,输尿管堵塞引起肾盂、肾盏积水,以及肾囊肿,均可压迫肾实质引起肾脏萎缩(图2-1,见图版)。

2. 全身性萎缩

常见于严重的营养不良(如不全饥饿或消化道梗阻不能进食)和慢性消耗性疾病(如结核、恶性肿瘤、寄生虫病等),也可由于慢性消化道疾病,使营养物质不能很好被吸收所引起。此时脂肪组织首先发生萎缩,其次是肌肉及肝、脾、肾等器官,最后为心肌及脑组织。通常相对不太重要的器官先萎缩。一方面这些萎缩器官代谢降低可以减少能量消耗;另一方面萎缩过程中机体蛋白质分解为氨基酸等物质又可作为养料来供应心、脑等重要器官。严重时呈现恶病质状态,又称为恶病质性萎缩。

（二）萎缩组织器官的病理变化

［剖检］　发生全身性萎缩的病畜常表现为严重贫血、血液稀薄、色泽变淡、消瘦。

脂肪萎缩:由于全身脂肪细胞萎缩及低蛋白血症,脂肪组织中脂肪细胞被血浆液体成分取

代,出现全身性水肿症状,表现为皮下、腹膜下、肠系膜及网膜、心脏冠状沟脂肪及肾周围脂肪消失并呈胶冻样(脂肪浆液性或胶样萎缩)。

肌肉萎缩:表现肌肉色泽变淡、体积变小、弹性降低。

骨骼萎缩:骨骼变细、变轻,骨壁变薄,黄骨髓呈黄白色胶冻样。

肝脏萎缩:其体积缩小,重量减轻,边缘变薄,被膜皱缩或增厚,质地变硬,色泽变淡或呈红褐色,切面稍干燥。

胃肠道萎缩:其管壁变薄,严重时呈半透明状,内腔扩大,撕拉容易破裂。肠壁集合淋巴滤泡萎缩常呈筛孔状。

肾脏萎缩:表现体积缩小,色泽变深,断面显示皮质变薄。

脾脏萎缩:其体积显著缩小,重量变轻,厚度变薄,边缘锐利,被膜增厚而皱缩(图2-2,见图版)。断面红髓减少,白髓不清,脾小梁相对增多。

脑萎缩:生理性脑萎缩见于老龄性萎缩,表现为脑回变窄、脑沟变深变宽,脑与颅骨间隙增大。病理性脑萎缩常见于脑水肿、脑积水等病理过程中。严重的脑积水使大脑皮质只遗留囊状薄壁。肿瘤、脓肿、寄生虫包囊可压迫脑组织出现局灶性萎缩。

[镜检]　萎缩肝细胞体积缩小、数量减少,胞浆致密,染色深,核浓缩深染。有时在胞浆内出现多量棕色细微颗粒,称为脂褐素。肾脏萎缩表现为皮质部肾曲小管上皮细胞萎缩,部分小管上皮细胞脱落,管腔扩大,胞浆内可见棕褐色颗粒,间质增生。脾脏萎缩表现为脾脏红髓细胞成分大量减少,脾小体缩小,淋巴细胞明显稀少。肠壁萎缩常见肠黏膜上皮和腺上皮大量脱落消失,黏膜固有层和黏膜下层均呈水肿状,肌层平滑肌纤维变细,出现水泡变性,肠壁神经细胞变性。心肌、骨骼肌细胞萎缩,在细胞核两端和细胞核周围常出现棕褐色颗粒(脂褐素沉着),使萎缩组织眼观呈褐色,故又称褐色萎缩。脑组织萎缩可见神经细胞变性,神经细胞变小,严重时神经细胞硬化呈三角形,核染色变淡,胞浆出现空泡,并出现淡黄色或棕褐色脂褐素颗粒。

[电镜观察]　萎缩细胞的线粒体、内质网等都显示数目减少和体积缩小。另一特征是胞浆内自噬泡增多,自噬泡周围有界膜,泡内含有线粒体、内质网等细胞器碎片,并含有丰富的溶酶体酶。自噬泡增多,说明细胞内的分解破坏过程增强。肌细胞萎缩,可见到肌细丝、线粒体和内质网的数目减少、体积缩小,说明分解代谢超过合成代谢。肾小管萎缩时,可见其上皮细胞的细胞器减少,胞浆电子密度降低,色素颗粒增多。严重时,胞核染色质浓缩,肾小管基底膜增厚、扭曲等变化。

二、变性

变性(degeneration)是指组织细胞代谢紊乱,导致在细胞内或间质中出现一些异常物质,或生理性物质数量显著增多,也可能是生理性物质存在的部位发生改变的病理变化。根据在细胞内出现异常物质的性质,变性可分为以下几种。

(一)颗粒变性

颗粒变性(granular degeneration)又称混浊肿胀(cloudy swelling),简称浊肿。主要发生于线粒体丰富、代谢活跃的组织器官,如肝脏、肾脏、心脏、骨骼肌等实质器官,故也称实质变性(parenchymatous degeneration)。

[剖检]　浊肿器官体积肿大、被膜紧张、切面隆凸、切缘外翻、色泽变淡、混浊无光、结构

模糊。

　　[镜检]　变性细胞肿大,胞浆内充满淡红色的微细颗粒。肾小管上皮细胞浊肿,常因上皮细胞肿胀而使管腔狭窄,甚至完全阻塞,过度肿胀的上皮发生破裂,胞浆内颗粒释入管腔内,形成颗粒性管型。肝细胞颗粒变性,同样在胞浆内充满淡红色的细颗粒(图 2-3,见图版),由于细胞明显肿大,造成细胞互相挤压,使肝细胞索之间的毛细血管呈闭锁状态。心肌的颗粒变性,其特征为心肌纤维肿胀变粗,横纹消失,在肌原纤维之间可见成串的颗粒状结构,核周隙明显可见(图 2-4,见图版)。

　　[电镜观察]　变性细胞线粒体肿胀,内质网脱颗粒(核蛋白体脱落),糖原减少,自噬泡增多。目前,大多数人认为胞浆中出现的颗粒就是肿大的线粒体(在线粒体不发达的组织,有可能是扩张的内质网或高尔基复合体)。细胞肿大是由于胞浆中水分增加及线粒体等细胞器肿胀所致。

　　缺氧、感染及中毒等各种情况都能引起组织细胞颗粒变性。其发生机制是致病因素破坏了细胞膜的结构和线粒体的氧化酶系统,使三羧酸循环发生障碍,ATP 产生减少,胞膜的钠泵发生障碍导致细胞内钠离子增多,渗透压升高,于是水分进入细胞,将胞浆稀释,造成细胞肿胀,进而又引起线粒体等细胞器吸收水分而膨胀,即形成光镜下所见的微细颗粒。

　　颗粒变性常见的疾病如下。

1. 心肌颗粒变性常见的疾病

　　1)中毒性疾病　①急性氟中毒:心脏扩张,心肌发生颗粒变性,伴发轻重不同的出血。②硒中毒:心肌充血、出血。心肌纤维发生颗粒变性,局部断裂崩解,排列紊乱,有大量浆液纤维素渗出和炎性细胞浸润。③有机氯农药中毒:心肌颗粒变性及出血。

　　2)猪丹毒　心肌纤维发生颗粒变性或灶状蜡样坏死。

　　3)鸡新城疫　心冠脂肪充血并常有小出血点。心腔扩张,积有血凝块,心包液增多。镜检:心肌颗粒变性,某些病例可见到局灶性淋巴细胞浸润和水肿。

　　4)鸡锰缺乏症　心肌纤维颗粒变性,严重者肌浆溶解或均质红染,间质成纤维细胞轻度增生。

　　5)鸭病毒性肝炎　心肌柔软,呈半煮样。镜检:心肌纤维颗粒变性、肿胀。

　　6)小鹅瘟　感染早期,小鹅心肌出现颗粒变性,心肌色泽变淡。镜检:见心肌横纹模糊或消失,核结构不清,有的可见核碎裂和溶解。

　　7)犬细小病毒病　心脏呈现右心扩张,心内、外膜偶见点状出血,心肌黄红色,柔软。心包液稍增量。镜检:心肌纤维颗粒变性,肌束间轻度出血与水肿。

　　8)兔出血症　心肌纤维颗粒变性,严重时甚至坏死。

　　9)马传染性贫血　剖检:见心脏扩张,心外膜和心内膜出血,心肌色泽变淡,缺乏弹性。镜检:心肌纤维颗粒变性、水泡变性,有些发生心肌断裂、蜡样坏死和局灶性心肌溶解。

　　10)马梨形虫病　心包积液,心脏扩张。心肌纤维发生明显颗粒变性,心肌间质水肿、出血。

　　11)牛巴贝斯虫病　剖检:见心包内积有淡黄色清亮液体,心冠处散在点状出血。镜检:心肌纤维颗粒变性,肌纤维间明显水肿,部分区域肌间结缔组织细胞增生。

　　12)水貂细小病毒性肠炎　心肌纤维颗粒变性,部分纤维断裂,血管扩张,心肌纤维间有白细胞浸润。

2. 肝脏颗粒变性常见的疾病

1）有机磷农药中毒　剖检：肝稍肿，质变脆，呈棕色或黄棕色。镜检：肝脏淤血，肝细胞发生颗粒变性。

2）鸡新城疫　肝脏有时发生颗粒变性。

3）禽巴氏杆菌病　剖检：肝稍肿，质变脆，呈棕色或黄棕色。镜检：肝细胞发生广泛性的颗粒变性。

4）鸡锰缺乏症　肝细胞颗粒变性，汇管区间质结缔组织及胆管上皮增生，血管壁增厚。

5）鸭病毒性肝炎　眼观肝肿大，质软，极脆，呈灰红色或灰黄色，表面因有出血斑点和坏死灶而呈斑驳状。镜检：肝组织广泛出血，含铁血黄素沉着。肝细胞颗粒变性和脂肪变性，甚至发生弥漫性和局灶性坏死。

6）鸭瘟　剖检：肝脏体积变化不大，质地较脆，容易破裂，颜色多呈棕黄色。镜检：肝实质广泛发生颗粒变性和脂肪变性，肝索结构破坏，肝细胞胞浆内有含铁血黄素颗粒和核内包涵体。

7）牛巴贝斯虫病　肝脏肿大、淤血、质脆。镜检：肝中央静脉扩张，肝细胞颗粒变性，肌纤维间明显水肿，部分区域肌间结缔组织细胞增生。

8）绵羊李氏杆菌病　肝脏被膜稍紧张，色泽淡黄，切面可见有不规则、小米粒大的灰白色病灶。镜检：许多肝细胞肿大，发生颗粒变性；有的肝细胞核溶解、消失而呈局灶性坏死。

9）猪沙门氏菌病　肝脏有不同程度的淤血和实质变性，被膜与小叶间常有增生现象。镜检：肝细胞颗粒变性，汇管区和小叶间质有结缔组织增生和淋巴细胞浸润，中央静脉和叶间静脉常伴有静脉内膜炎。

10）牛沙门氏菌病　肝脏肿大，柔软，被膜下散布许多针头大的病灶。病灶的性质与眼观的色彩不同，眼观以组织坏死为主的呈灰黄色，以细胞增殖为主的则呈灰白色。镜检：肝细胞呈现颗粒变性或脂肪变性，窦状隙或因肿胀的肝细胞压迫而贫血，或因淤血而扩张。

3. 肾脏颗粒变性常见的疾病

1）有机磷农药中毒　肾脏稍肿大，质柔软、脆弱。镜检：肾小管上皮细胞明显颗粒变性。

2）牛巴贝斯虫病　肾脏被膜易剥离，切面髓质暗红，肾盂内有胶样物积存。镜检：肾小管上皮细胞颗粒变性，有的管腔扩张。

3）马传染性胸膜肺炎　肾等实质器官常因机体发热和中毒而呈现颗粒变性和脂肪变性。

4）猪腺病毒感染　肾脏病变主要表现为肾小管营养不良形成的上皮细胞颗粒变性和毛细血管扩张，肉眼观察可见花斑状。

5）猪传染性水疱病　肾小管上皮细胞的颗粒变性和空泡变性较为明显。

6）猪弓形虫病　眼观肾脏体积肿大，被膜易剥离，质地柔软，呈淡红黄色或灰黄色，有小出血点。镜检：肾小管上皮细胞发生颗粒变性，肾小球充血和轻度出血，间质中有较多的淋巴细胞浸润。

（二）水泡变性

水泡变性（vacuolar degeneration）指细胞内水分增多，胞体肿大，胞浆比较清亮，内含大小不等的空泡，所以也叫空泡变性或水肿变性（hydropic degeneration）。

[剖检]　组织水泡变性眼观不易辨别,主要表现为器官、组织的体积肿大,色泽苍白,质地松软,与颗粒变性的外观基本上相似。

[镜检]　病变组织的细胞肿大,胞浆内有很多水泡,水泡间有残留的胞浆所分隔,故细胞呈蜂窝状或网状,有时小水泡融合成大水泡,甚至整个细胞为水泡所充满,胞浆的结构完全破坏。胞核或悬浮于中央或被挤压在一侧。在病毒性肝炎或四氯化碳中毒时,肝细胞肿大如气球状,称气球样变 (ballooning degeneration)。

[电镜观察]　水泡为明显肿胀的线粒体、内质网等,尤其是内质网的极度扩张。水泡变性的共性是细胞内水分增多,但空泡的性质往往不同。患病毒性肝炎时主要是粗面内质网扩张,并断裂成网状,滑面内质网增多而不扩张。

水泡变性常见的疾病如下。

1. 皮肤水泡变性常见的疾病

1) 皮肤的烫伤、冻伤　即在皮肤形成水疱,水疱液清澈透明,或呈淡黄色。与胞浆蛋白质溶解、吸收大量水分有关。

2) 良性口蹄疫　在皮肤和皮肤型黏膜形成水疱和烂斑。牛和羊的常发部位是口腔和蹄部。猪主要发生在蹄部和乳房皮肤。镜检:水疱发生在黏膜上皮的固有膜以及皮肤表皮的棘细胞层和乳头层。棘细胞进行性肿胀,有不同程度的空泡变性、坏死,同时有大量浆液渗出和中性粒细胞浸润。

3) 痘疹

(1) 绵羊痘(sheep pox):其特征是最初在皮肤等部位的黏膜和内脏形成圆形的红色斑疹,其直径为 1.0～1.5cm。镜检:真皮充血、水肿、中性粒细胞和淋巴细胞浸润,表皮细胞轻度肿胀。

两天后红色斑疹转变为灰白色的丘疹,后者为隆起于皮肤表面的圆形疹块,质度坚硬,周围有红晕。镜检:表皮细胞大量增生并发生水泡变性,从而使表皮层显著增厚,向表面隆凸,有时伴发角化不全和角化过度;真皮充血、水肿。

以后,增生的棘细胞在水泡变性的基础上发展为气球样变,甚至有些细胞破裂、融合形成微小的水疱,有的水疱内有多量的中性粒细胞浸润。在表皮的变性上皮细胞胞浆内可见嗜酸性包涵体。

(2) 山羊痘(goat pox):是在山羊的眼睑、鼻翼、下颌、乳房、包皮、阴门等部位的皮肤以及口腔、唇和舌黏膜,出现不正圆形、黄豆大至蚕豆大的扁平隆起,初为红色斑疹,随后转为丘疹,其通常呈灰白色,发生出血时则呈紫红色。镜检:丘疹部表皮细胞增生并发生水泡变性、气球样变。

(3) 皮肤型鸡痘(fowl pox):初期见鸡冠、肉髯和眼睑皮肤有灰白色小结节。镜检:见表皮细胞增生和水泡变性,变性表皮细胞的胞浆内可见包涵体。之后有些发生水泡变性的细胞可发生崩解,局部形成小水疱。

(4) 猪痘(swine pox):初期于腹下、腹侧、胸侧和四肢内侧的皮肤,偶尔见其发生于背部皮肤,重症病例见全身皮肤有丘疹和水疱。

4) 接触传染性脓疱皮炎　主要见于羔羊,其特征是唇、口鼻部等处皮肤和黏膜出现丘疹、脓疱和厚痂。初期,皮肤出现红斑,很快转变为结节状丘疹,再经短暂的水疱期而形成脓疱。镜检:棘细胞层外层的细胞肿胀和水泡变性、网状变性,表皮细胞明显增生,表皮内小脓肿形成和鳞片痂集聚。

5）伪牛痘（pseudocowpox）　其特征是在乳头和乳房皮肤上出现痘疹。初期为红斑，以后依次发展为红色丘疹和水疱，破溃后形成环形或蹄铁样痂覆盖于表面，痂皮下为浅溃疡。镜检：表皮细胞增生，并发生水泡变性和水疱形成，表皮细胞内见有嗜酸性胞浆包涵体以及真皮毛细血管增生和充血，少量单核细胞浸润。

6）猪传染性水疱病　以猪的蹄部皮肤发生水疱为主要特征，口部、鼻端和腹部乳头周围也偶见水疱发生。病变部皮肤最初为苍白色，在蹄冠上则呈白色带状，随后逐渐蔓延并形成水疱。1～2d后易受摩擦部位的水疱破裂，形成溃疡。溃疡面经数日形成痂皮而趋向恢复。镜检：蹄部皮肤开始表现为表皮鳞状上皮发生空泡变性、坏死和形成小水疱。小水疱进一步融合成大水疱。

7）猪水疱疹　特征性病变为在猪的唇、齿龈、舌以及四肢的蹄冠等部位首先表现充血，随后形成充满透明或橙黄色液体的水疱，有时小水疱相互融合形成较大的水疱。镜检：皮肤水疱部的上皮细胞首先呈现明显肿胀，胞浆呈水泡变性，随后细胞发生坏死、溶解，并出现细胞间水肿。此时表皮与真皮脱离而形成特征性水疱。

2. 肝细胞水泡变性常见的疾病

1）慢性砷中毒　肝细胞胞浆内充满水疱样空泡。

2）鸡包涵体肝炎　肝脏肿大、色黄、质脆，被膜下散在有出血斑点，并有针尖大的黄白色坏死灶。镜检：肝细胞发生空泡变性。

3）小鹅瘟　肝呈暗红色，体积明显缩小。镜检：肝细胞体积肿大，由多角形变为圆形，胞浆内出现许多水疱，使胞浆疏松呈泡沫状。严重者，肝细胞高度空泡化、胞浆溶解，而呈气球样变，苏丹Ⅲ染色脂肪阴性。

4）良性口蹄疫　肝脏淤血，发生水泡变性、颗粒变性。

5）兔出血症　肝明显淤血肿大，深红或紫红色带黄，呈槟榔状花纹，质脆易碎，有些见灰白色小坏死灶。镜检：肝细胞胞浆呈空泡状水泡变性及颗粒变性。

水泡变性也见于腺上皮细胞、肾小管上皮细胞、神经节细胞及肌纤维等。关于水泡变性的发生机制，各种疾病可能不同。一些嗜上皮性病毒（如口蹄疫等）引起的鳞状上皮水泡变性，是病毒的直接作用，使细胞代谢障碍，胞浆蛋白溶解，同时因渗透压升高，细胞吸收多量水分而形成水疱。而由中毒、败血症及某些传染病引起的实质器官或腺上皮组织的水泡变性，其发生机制与颗粒变性相同，由颗粒变性发展而来。所以颗粒变性和水泡变性合称为细胞肿胀（cell swelling）。

（三）透明变性

透明变性（hyaline degeneration）又称玻璃样变，是指间质（如网状纤维和胶原纤维）或细胞（如肾小管上皮细胞）内出现一种显微镜下呈均质、半透明、HE染色呈浅红色的蛋白质样物质，称为透明蛋白（hyalin）。各种透明变性的物理性状大致相同，但其病因、发生机制及化学性质不相同。常见的有三种类型。

1. 血管壁透明变性及常见的疾病

血管壁透明变性的特征为小动脉中膜的平滑肌细胞结构被破坏和有血浆蛋白渗入，血管壁变成致密无结构的透明蛋白，深染伊红和PAS染色阳性。在动物体内常为急性过程，常以血管壁炎症为基础。见于马病毒性动脉炎、牛恶性卡他热等。

2. 结缔组织透明变性（结缔组织玻璃样变）及常见的疾病

结缔组织透明变性是指结缔组织的原纤维之间沉积胶状蛋白，使原纤维膨胀并相互黏着融合,失去纤维性,形成均质一致红染的片状或条索结构(图2-5,见图版)。

结缔组织玻璃样变常见于瘢痕组织、增厚的器官被膜、纤维化的肾小球及动脉粥样硬化的纤维斑块、坏死灶或寄生虫病灶周围的包膜以及硬性纤维瘤的间质。透明变性的组织,眼观呈半透明灰白色,质地致密坚韧,失去弹性。其发生机制还不清楚,可能由于缺血,糖蛋白沉积于胶原纤维间所引起;也有人认为是由于胶原纤维发生理化改变,导致胶原纤维肿胀,彼此融合而成。

3. 细胞内透明变性及常见的疾病

细胞内透明变性是指在胞浆内出现一种嗜伊红小滴,又称玻璃样滴。例如,当患肾小球肾炎时,肾小管上皮细胞内可见均质、红染的玻璃样小滴。其来源被认为是由于肾小球通透性增高,大量血浆蛋白滤出,近曲小管上皮细胞吞饮了这些蛋白质,并在胞浆内融合成玻璃样小滴。在电镜下可见胞浆内含有很多蛋白质性物质的异噬溶酶体。玻璃样小滴在细胞内最后可被消化吸收。在患病毒性或药物性肝炎时,肝细胞内亦可见到红染、均质的嗜酸性小体。电镜下可见这种肝细胞体积缩小、核皱缩、线粒体形状不规则,胞浆基质致密度很高,严重时胞质更致密,甚至胞核也消失,变为嗜酸性小体,最后被枯否细胞吞噬和消化。此外,在陈旧的肉芽组织或慢性炎灶中的浆细胞,往往出现一种均质的嗜复红小体(或 Russell 氏小体),为细胞内透明变性,电镜证实为存在于扩张内质网内的免疫球蛋白。轻度的透明变性可以被吸收消化,组织恢复正常。有时变性组织发生钙盐沉着,则引起组织硬化。小动脉发生透明变性后,管壁常增厚,管腔缩小,甚至完全闭塞,导致局部组织缺血和坏死。

4. 肾脏玻璃样变性常见的疾病

1)猪传染性胃肠炎　镜检:见肾近曲小管扩张、管腔充填蛋白管型和上皮细胞玻璃滴状变性。

2)马传染性贫血(慢性型)　镜检:见不同程度的慢性肾小球性肾炎病变,部分肾小球发生纤维化、透明变性、甚至完全消失,其相应的肾小管发生萎缩。

3)猪瘟(急性型)　肾小球肿大,毛细血管壁及其内皮细胞肿胀、变性,肾小球囊内积有红细胞,间质内毛细血管也发生不同程度的肿胀和内皮细胞变性,肾小管上皮细胞有颗粒变性、脂肪变性或透明滴状变。

4)兔出血症　肾曲小管上皮细胞有透明滴状变。

(四)淀粉样变

淀粉样变(amyloidosis)是指淀粉样物质(amyloid)沉着于某些器官的网状纤维、血管壁或细胞间的病理过程。该沉积物质在组织冰冻切片中用碘溶液染色呈红褐色,其他组织为黄色,再滴加1%硫酸溶液,该物质变成蓝色或紫色,由于这种染色反应与淀粉相同,故将该沉淀物称为淀粉样物质。但实际上该物质是一种纤维素,并且它对 PAS、胶原、补体、球蛋白、黏多糖等染色反应也呈阳性。淀粉样物质在 HE 染色的切片中呈淡红染云朵样,电镜下呈 $7.5\mu m$ 直径的细丝状,常由两对蛋白丝拧在一起。该病变常发生于脾脏、肝脏和肾脏。

1. 脾脏淀粉样变及常见疾病

根据淀粉样物质沉积的部位分脾小体型和弥漫型两种。

(1)脾小体型淀粉样变指淀粉样物质主要沉着于脾小体。

[剖检]　脾脏肿大,质度较硬,断面见脾小体如高粱米粒至小豆大,呈灰白色半透明,似煮

熟的西米,故称为西米脾(sago spleen)。

[镜检] 初期见脾小体中央动脉周围有淀粉样物质沉积,随着病程延长,淀粉样物质在整个脾小体的网状纤维上沉积,此时脾小体淋巴细胞消失,脾小体完全由粉红色云朵样的淀粉样物质代替(图 2-6,见图版)。

(2) 弥漫型脾淀粉样变指淀粉样物质主要沉着于脾窦和脾索的网状组织,使脾组织被淀粉样物质压挤呈岛屿状。病变脾脏肿大,切面呈红褐色(脾组织)与黄白色(淀粉样物质)相间的火腿断面状,故又称火腿脾(bacon spleen)。

脾脏淀粉样变主要见于慢性化脓性炎症、肿瘤、结核病等过程中。

2. 肝脏淀粉样变及常见疾病

[剖检] 病变肝脏显著肿大,色泽变淡,质度脆弱易碎,常因肝破裂而发生内出血或肝血肿。切面呈棕褐色油脂样。

[镜检] 在肝细胞索与窦内皮细胞之间的网状纤维结构中,有淀粉样物质沉积,沉积量大时,肝细胞受压萎缩或消失(图 2-7,见图版)。

肝脏淀粉样变常见于以下情况。

1) 结核病 肝脏除形成慢性特异性结核性肉芽肿病变外,在肝细胞索和窦状隙基膜间有大量淀粉样物质沉积,肝脏肿大,灰红色,无光泽。

2) 鼻疽 病变与结核病相似。

3) 反复免疫制造免疫血清的动物 肝脏显著肿大,灰黄或棕黄色,质地易碎,切面呈蜡样外观,结构模糊。镜检:可见多量淀粉样物质,呈不规则无定形的条索,浸润于肝索与肝窦的间隙之间,肝索严重挤压而萎缩或消失,甚至整个肝小叶被淀粉样物质所取代。

3. 肾脏淀粉样变

[剖检] 肾脏肿大,质度坚硬,呈蜡样质度和色泽。

[镜检] 在肾小球毛细血管基膜和内皮细胞之间,常有均质无结构成块状的淀粉样物质沉积。有时肾小管基膜及较大的血管周围也有淀粉样物质沉积(全肾淀粉样变)。当有大量淀粉样物质沉积时,肾小球毛细血管或肾小管上皮发生萎缩,甚至结构消失。

淀粉样变还常见于淋巴结,病变淋巴结肿大、灰白色、质度稍坚实,切面干燥,无亮泽。常见于结核、鼻疽等慢性疾病过程中。

(五) 黏液样变

黏液样变(mucoid degeneration)是指组织间质内出现类黏液的积聚。体内的黏液物质有两种:一种是由上皮细胞分泌的黏液,另一种由结缔组织细胞产生的类黏液。两者均为蛋白质与黏多糖的复合物,其化学成分稍有不同。用 HE 染色,呈淡蓝色,PAS 染色呈红色,阿辛蓝(Alcian blue)染成蓝色,甲苯胺蓝染成异染性(黏液及类黏液染成红色,其余组织染成蓝色)。黏液样变的发生原因与营养不良、缺氧、中毒及血液循环障碍有关。

黏液样变常发生于黏膜上皮及结缔组织。

[剖检] 黏膜上皮的黏液变性常见于胃肠黏膜、子宫黏膜及呼吸道黏膜发生急性或慢性卡他性炎症过程中,变性黏膜表面覆盖大量混浊、黏稠的灰白色黏液。结缔组织黏液样变,常见于全身营养不良的心冠状沟及皮下脂肪组织,以及甲状腺功能低下时全身皮下黏液性水肿,纤维瘤的纤维组织也常发生黏液变性。变性组织失去原来的组织结构,变成一种同质化的黏

液物质。

[镜检] 黏膜黏液变性,在黏液中混有大量坏死、脱落的上皮细胞和渗出的白细胞,黏膜上皮间杯状细胞大量增生,上皮细胞胞浆内含有很多黏液小滴,胞核和胞浆被挤向细胞的基底部,最后细胞破裂,黏液从细胞内排出并游离在黏膜表面。结缔组织黏液变性,其组织的原有结构消失,充满淡蓝色的胶状液体,其中散在一些星形和多角形的黏液细胞,细胞间有突起互相连接(图2-8,见图版)。病因消除后黏液样变可以消退,如果病变长期存在,会引起纤维组织增生而使病变器官硬化。

(六) 纤维素样变

纤维素样变(fibrinoid degeneration)是指在间质的胶原纤维及小血管壁上,沉着纤维素样蛋白的一种病变,该沉着物以HE染色时为强嗜伊红着染,苏木素-磷钨酸染成蓝色,具纤维素的特征。在纤维素样变的组织中,常见胶原纤维分解断裂和血管壁破坏等坏死病变,所以也称为纤维素样坏死(fibroid necrosis)。

纤维素样变多见于过敏性炎症。因此,在其沉积物中除了纤维素外,还有渗出的血清蛋白(如免疫球蛋白),以及补体参与的抗原抗体复合物沉积于血管基膜上使血管壁通透性增加,导致血浆蛋白渗出并在血管壁上蓄积,从而形成病变。纤维素样变是急性风湿病等一些结缔组织变态反应性疾病的特征性病变。早期,在结缔组织基质中PAS染色阳性的黏多糖增多,以后纤维肿胀并断裂分解为小碎片,失去原组织结构,变成纤维素样物质,其中免疫球蛋白及纤维素增多。

(七) 脂肪变性

脂肪变性(fatty degeneration)是指在实质细胞的胞浆内出现大小不等的游离脂肪小滴。脂滴的主要成分为中性脂肪(甘油三酯)、磷脂及胆固醇,在石蜡切片中,脂肪被二甲苯、乙醇等溶剂溶解,故切片上只能见到空泡。鉴别诊断,可作脂肪染色:组织以锇酸固定再做石蜡切片,细胞内脂肪则呈现黑色;冰冻切片以苏丹III染色,脂肪被染成橘红色。脂肪变性常见于代谢旺盛、耗氧多的组织,如肝细胞、心肌细胞及肾小管上皮细胞等实质器官的细胞,故亦称实质变性。

[电镜观察] 脂肪变性细胞的粗面内质网扩张成空泡状,核蛋白体脱失,在变性细胞的胞浆中含有大量脂滴,有时在胞核中,以及在内质网池中也有脂质体积聚。线粒体肿胀、变形、糖原消失。由于中毒所引起的脂肪变性,可看到滑面内质网弥漫性增生。胞浆基质稀少,还可见含脂滴的异噬溶酶体。

脂肪变性器官的功能降低,如肝脏脂肪变性,可导致肝糖原合成和解毒能力降低。心肌脂肪变性,会使心肌收缩能力减弱,进一步发展为心力衰竭。但只要去除病因,细胞功能可恢复正常。严重的脂肪变性则将发展为细胞坏死。

1. 肝脏脂肪变性及常见的疾病

[剖检] 脂肪变性时肝脏体积肿大,呈土黄色,质地脆弱,边缘钝圆,切面隆起,结构模糊,严重脂变肝脏断面有油脂样光泽。如果脂肪变性肝脏伴发淤血,则切面呈暗红色淤血条纹与土黄色脂肪变性肝细胞相间的槟榔状花纹,称槟榔肝或肉豆蔻肝(图1-5,见图版)。

[镜检] 变性肝细胞的胞浆内出现大小不等的球形脂肪空泡(HE染色)。脂变初期脂肪滴多见于核周围,以后脂滴融合变大,散布于整个胞浆中,严重时融合成大空泡,将核挤到一边

（图 2-9，见图版）。脂肪变性在肝小叶内的分布与病因有关,当肝淤血时,由于肝小叶中央区容易发生缺氧,因此脂肪变性首先发生在肝小叶中央区,称中心性脂变;而在四氯化碳及磷中毒时,脂肪变性主要分布于肝小叶周围,称周边性脂变。因为毒物进入肝脏,首先侵害小叶周围肝细胞。如果整个肝小叶发生脂肪变性,称为脂肪肝,见于重剧中毒和一些急性传染病。

肝脏脂肪变性常见的疾病如下。

1）鸡包涵体肝炎　肝脏肿大、色黄、质脆,被膜下散在有出血斑点,并有针尖大的黄白色坏死灶。镜检:肝细胞肿大,胞浆内充满大小不一的圆形脂肪空泡,可见肝细胞核内包涵体。

2）禽疏螺旋体病　肝脏被膜下出血,肝脏肿大,质度脆弱,黄褐色。细胞胞浆充满大小不一的脂肪颗粒。

3）禽伤寒　肝淤血、肿大,呈青铜色或绿褐色,散布粟粒大、灰白色坏死灶。胆囊肿大,淤积胆汁。镜检:肝实质呈现严重的脂肪变性,散布小坏死灶。

4）伊氏锥虫病　肝肿大、淤血,脂肪变性,肝断面呈槟榔状花纹。

5）牛病毒性腹泻　肝脏肿大,黄褐色,质度脆弱,脂肪变性。

6）奶牛酮病　肝脏肿大,黄褐色,质度脆弱,脂肪变性。

7）羊、驴、马、牛等的妊娠毒血症　肝脏明显肿大,脂肪变性。

8）马传染性贫血（急性型）　眼观肝脏变性、淤血明显,呈“槟榔肝”形象。镜检:肝小叶中央静脉及其附近窦状隙高度扩张、淤血,肝细胞颗粒变性、水泡变性和脂肪变性甚至坏死、溶解。

9）水貂细小病毒性肠炎　肝细胞脂肪变性,肝小叶和汇管区内炎性细胞浸润。

2. 心肌脂肪变性及常见的疾病

〔剖检〕　心肌呈现局灶性或弥漫性灰黄色,混浊而失去光泽,松弛而无弹性,心腔扩张积血。

〔镜检〕　脂肪小滴在肌原纤维之间呈串珠状排列,肌浆色泽变淡,有时横纹被脂滴掩盖,心肌细胞核发生退行变性。

心肌脂肪变性常见的疾病如下。

1）中毒性疾病　有机磷、砷、氯仿等中毒时可引起心肌弥漫性脂肪变性,眼观心肌灰黄混浊,松软脆弱。由于心肌变性,收缩力下降,死后可见心室扩张,不出现僵硬。镜检:变性的心肌细胞内细小的脂滴呈半球状,成排排列于心肌的肌原纤维之间。

2）恶性口蹄疫　在心外膜下和心室乳头肌部位可见灰黄色的条纹或斑点分布的脂变肌纤维与正常的心肌相间,外观上呈黄红相间的虎皮状斑纹,称虎斑心。镜检:见心肌纤维肿胀,肌原纤维间脂肪颗粒呈串珠状排列,严重时肌纤维断裂、崩解。

3）牛传染性胸膜肺炎　也称牛肺疫。剖检:除见纤维素性心包炎外,心肌呈黄褐色,质度脆弱。镜检:心肌明显脂肪变性。

3. 肾脏脂肪变性及常见的疾病

〔剖检〕　肾脏肿大,质度脆弱,表面呈弥漫性或局灶性的黄褐色,切面皮质层增厚,也呈灰黄或黄褐色,有灰黄色纵行条纹。

〔镜检〕　脂滴位于肾近曲小管上皮细胞的基部或核的周围(图 2-10,见图版)。肾小管上皮肿胀,多见于近曲小管上皮。

肾脏脂肪变性常见于如下疾病。

1) 奶牛酮病　肾脏脂肪变性。

2) 羊、驴、马、牛等的妊娠毒血症　肾脏轻度肿大,脂肪变性,色黄褐,质脆,包膜粘连,皮质部断面有黄色条纹或出血区。

3) 反刍动物钴缺乏症　肾小管上皮细胞脱落和脂肪变性。

4) 水貂细小病毒性肠炎　肾小管上皮细胞脂肪变性。

[附:脂肪浸润] 脂肪浸润(fatty infiltration)是指在正常不含脂肪细胞的组织中出现脂肪细胞。经常可以看到脂肪细胞替代了某些萎缩的组织,如心肌纤维萎缩和消失时,常由脂肪细胞取代,形成脂肪心,所以有时也用"脂肪替代"这个名称。脂肪浸润常发生于老龄和肥胖动物的心脏、胰腺、骨骼肌和结缔组织。脂肪浸润的发生原因和脂肪变性无关。

(八) 神经髓鞘变性

神经髓鞘变性,即髓鞘脂肪变性(myelin fatty degeneration)是指神经轴突外面的髓鞘被破坏和降解,在其周围的巨噬细胞胞质中有磷脂蓄积。髓鞘崩解是由于髓鞘原发性损伤或继发于轴突变性或炎症。损伤后,包围轴突同心层结构的髓鞘分离,髓鞘层变得不规则和波纹形。周围神经的施万细胞(Schwann's cell)和少突胶质细胞对崩解的膜碎片进行溶解吸收,巨噬细胞进入该部位进一步吞噬崩解的髓鞘。

脱髓鞘或髓鞘脱失(demyelinization)是指变性髓鞘进一步崩解、消失的变化。早期见脱髓鞘处着色变浅,HE 染色或髓鞘染色为白色斑块,进一步发展髓磷脂分解为中性脂肪,苏丹 III 染成红色,此时小胶质细胞变为吞噬细胞,吞噬类脂质后变为泡沫细胞或格子细胞(图 1-7,见图版)。

(九) 糖原浸润

糖原浸润(glycogen infiltration)是指细胞的胞浆内有大量糖原蓄积。在石蜡切片中,糖原已被溶解掉,成为明显的空泡。与水泡变性及脂肪变性相似,将组织用无水乙醇固定 PAS 染色做鉴别,糖原染成淡紫色,水泡变性及脂肪变性呈阴性反应。糖原浸润常发生于肝、肾上皮细胞及白细胞和心肌细胞的胞浆中。平滑肌、脾、淋巴结的细胞很少发生。糖原浸润组织一般无眼观变化。

[镜检] 胞浆中有透亮的空泡。

因为糖原是水溶性的,所以欲证明细胞内糖原浸润必须用无水乙醇固定被检组织,而且在整个染色过程中都用乙醇处理,不能与水接触,最好的方法是用卡明(carmine)染色,糖原染呈亮红色。

糖原浸润常见于各种原因引起的高血糖症,尤其是糖尿病的早期、药物引起的碳水化合物代谢障碍、遗传性糖原贮积病、贮积糖原的肿瘤细胞等。此外也可因某些激素引起,如大剂量应用肾上腺皮质酮,可使大量糖原积聚在肝细胞中。电镜下,肝细胞内糖原明显增加,细胞核被挤到周边的位置,内质网和其他细胞器几乎消失,只有靠近核和质膜部位还残留一部分。糖原浸润严重时,由于胞质渗透压升高,直接导致线粒体肿胀和嵴溶解。肾小管上皮的糖原浸润证明从肾小球滤过的葡萄糖增多,所以肾小管上皮吸收亦增加。高血糖症导致肾小球对葡萄糖滤过增加并发生糖尿,亦使近曲小管上皮对葡萄糖重吸收增加,因此患糖尿病时,肾近曲小管上皮中有大的糖原小体(糖原小体是有界膜的糖原凝集物,酸性磷酸酶染色,证明是自溶体)。

三、坏死

活体内局部组织、细胞的死亡,称为坏死(necrosis)。所指局部组织,可以是一些细胞、个别器官或整个肢体。坏死组织的代谢过程完全停止,是一种不可逆的变化。坏死多数是一个渐进性发生的病理过程,一般是组织、细胞先发生萎缩、变性,进一步病变加重发生坏死。这种坏死的发展过程,称为渐进性坏死。

(一)坏死组织的主要病变特征

[剖检]　小范围的组织坏死常不易辨认。坏死组织通常缺乏光泽,颜色混浊,失去正常组织的弹性。

[镜检]　坏死组织的细胞呈现胞浆的微细结构破坏,如横纹肌细胞表现横纹消失、胞浆呈颗粒状等。胞浆内嗜碱性染色的核蛋白体解体,使胞浆染成红色。如果胞浆内水分较多,发生溶解液化,先出现空泡状,继而整个细胞的外形消失。胞核的坏死变化表现如下。

(1)核浓缩(pyknosis):染色质浓缩,染色加深,核体积缩小。可能由于核蛋白分解,释放出核酸,使碱性染色加深。

(2)核碎裂(karyorrhexis):核染色质崩解成小块状,先聚集在核膜下,由于核膜破裂,在胞浆中散在有大小不等的核碎片或细小颗粒。

(3)核溶解(karyolysis):在去氧核糖核酸酶的作用下,染色质的 DNA 裂解,核失去嗜碱性特征,染色变淡,最后仅遗留下阴影。若留下的蛋白质被蛋白溶解酶分解,核完全消失(图 2-11)。

坏死组织间质的变化,在各种溶解酶作用下,基质发生解聚,胶原纤维肿胀、崩解、断裂、液化,使坏死细胞和间质融合,形成一片模糊的颗粒状、无结构的伊红着染物质。

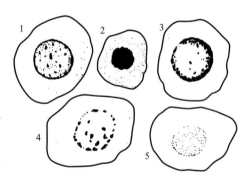

图 2-11　坏死组织细胞核病变模式图
1. 正常细胞核;2. 核浓缩;3. 核染色质边集;
4. 核碎裂;5. 核溶解

[电镜观察]　可见细胞膜不规则或塌陷,细胞之间的联结(如桥粒)彼此失去联系。胞浆密度增加,发生浓缩,呈均质状或空泡化,严重时细胞器消失,胞浆中出现自噬空泡和细胞溶酶体。细胞核出现核浓缩、核破裂和核溶解,核膜褶迭和呈波纹状。线粒体溶解,有些发生浓缩,在线粒体内出现绒毛样物质或钙盐沉着,这种变化是一种不可逆的变化。基质中有蛋白质沉淀物。

(二)坏死的类型

根据坏死的原因、条件以及坏死组织的性质,可将其分为以下几种类型。

1. 凝固性坏死

凝固性坏死(coagulation necrosis)是指在凝固酶的作用下,坏死组织发生凝固的一种病变。

(1)肾的贫血性梗死是典型的凝固性坏死(图 1-6,见图版)。

(2)干酪样坏死(caseous necrosis)主要见于结核结节中心的组织坏死。坏死组织分解彻底,并含有较多的脂类物质(主要来自结核杆菌),所以外观略呈黄色,质地松软易碎,像凝固的干酪,故称干酪性坏死。

　　[镜检]　组织细胞的轮廓全部消失,只留下细胞的崩解碎片。

　　(3) 蜡样坏死又名臣可氏坏死(Zenker's necrosis),是肌肉的凝固性坏死,眼观肌组织混浊、干燥、灰白色或灰黄色,如同石蜡一样。常见于各种动物白肌病及牛、羊气肿疽的肌肉。

　　[镜检]　肌纤维肿胀、断裂、横纹消失。胞浆变成红染、均匀无结构的玻璃样物质(图2-12,见图版)。

　　(4) 脂肪坏死(fat necrosis)是一种比较特殊的凝固性坏死,常见于胰腺炎。胰腺破坏时,胰液中的胰脂酶及蛋白酶从胰腺组织中逸出并被激活,使胰腺周围及腹腔中的脂肪组织发生坏死。脂肪在脂酶的作用下,分解为脂肪酸和甘油,脂肪酸在制片时不像脂肪那样容易被溶解,因而在石蜡切片中坏死的脂肪细胞留下模糊的轮廓,内含细小颗粒。

　　[剖检]　脂肪坏死为一种不透明、较干固并硬实的白色斑块或结节。

　　[镜检]　在坏死区有许多吞噬脂肪滴的巨噬细胞(泡沫细胞)和异物巨噬细胞,脂肪细胞结构模糊,细胞内含有无定形嗜碱性物质——钙皂(游离脂肪酸与钙盐的结合物)。有时可见脂肪酸被吸收后留下的针状或菱形空隙。

　　脂肪坏死常见于肥育的猪、鸭、鹅的腹壁脂肪及腹腔脂肪,常由胰腺炎或胰腺外伤引起。

2. 液化性坏死

　　液化性坏死(liquifaction necrosis)是指坏死组织因受蛋白质分解的作用,迅速溶解而成液状的组织坏死。

　　1) 脓肿　脓肿是一种典型的液化坏死病变,由于病变组织中有大量中性粒细胞集聚,中性粒细胞吞噬细菌和坏死组织碎片后崩解,并释放出大量蛋白溶解酶,将坏死组织迅速溶解液化,与渗出液、细菌等组成脓汁(详见化脓性炎)。

　　2) 脑组织液化坏死　脑组织富含水分及磷脂,含蛋白质少,故坏死后不易凝固,并很快发生液化形成乳糜状物质,以后形成不规则的囊状软化病灶,又称为脑软化灶。囊内坏死物可逐渐被溶解吸收,最后留下含透明液体的囊腔。坏死处脑组织稍塌陷,组织学显示脑组织溶解消失,神经纤维断裂、崩解,脑组织呈现疏松的网状结构。脑液化坏死常见于马属动物的霉玉米中毒(图1-8,见图版)和雏鸡的维生素E与硒缺乏等情况。

3. 坏疽

　　坏疽(gangrene)是由组织坏死后受到外界环境影响和不同程度的腐败性细菌感染而产生的形态变化。按其发生原因及病理变化可分为三种类型。

　　1) 干性坏疽(dry gangrene)　常见于暴露于空气中的体表、四肢末梢部位的组织坏死,如耳尖、尾尖等部位坏死。一般是由于动脉阻塞或皮肤长期受压迫致使血液循环障碍而导致的皮肤坏死,然后坏死区的水分很快蒸发,腐败菌不易大量繁殖,因此病变部坏死组织干固皱缩,呈黑褐色(图2-13,见图版)。慢性猪丹毒背部的皮肤坏死及四肢末梢皮肤冻伤形成的坏死都属于干性坏疽。

　　2) 湿性坏疽(wet gangrene)　又称腐败性坏疽。常见于与外界相通的内脏(如肺、肠、子宫等)或皮肤。由于坏死组织水分含量多,适合腐败菌生长,从而使坏死组织进一步腐败分解而形成坏疽。坏疽部位呈污灰色、绿色或黑色。由于腐败菌分解蛋白质产生吲哚、粪臭素等,因此局部有恶臭。湿性坏疽病变发展快,易向周围健康组织弥漫,所以坏疽组织与健康组织之间的分界线不明显。同时一些有毒的分解产物及细菌毒素被吸收后可引起严重的全身中毒。湿性坏疽常见于肠变位(肠扭转、肠套叠等)、异物性肺炎(坏疽性肺炎)、腐败性子宫内膜炎等情况。

　　3）气性坏疽（gas gangrene）　是湿性坏疽的一种特殊类型，主要由于深部的创伤（如阉割、鬐甲漏等）感染了厌氧性细菌（如恶性水肿杆菌、产气荚膜杆菌等）所引起。这些细菌在组织深部生长繁殖，分解坏死组织时产生大量毒素和气体，使坏死组织呈蜂窝状，极度肿胀，坏死部皮肤呈蓝紫色，污秽不洁。用手按压有捻发音。病变易沿肌束蔓延。切开坏死组织，流出混浊腐臭的液体，肌肉呈熟肉状、易碎。在坏死肌肉边缘可找到大量厌氧菌。该病变发展迅速，易导致败血症而使病畜死亡。

　　该病变常见于牛气肿疽时，患牛腰、臀、股部肌肉发生气性肿胀，触之有捻发音，切开肌肉呈多孔海绵状，有暗紫色出血斑块，挤压流出红黄色带气泡液体。

（三）坏死的结局

坏死组织为体内的异物，机体会通过各种方式将其清除。其结局有以下几种。

1. 溶解吸收

由坏死组织本身崩解及中性粒细胞的蛋白溶解酶进一步分解，使坏死组织分解为更小的碎片或完全液化，液化的坏死组织由淋巴管或小血管吸收，小碎片由巨噬细胞吞噬和消化。最后，缺损组织由周围结缔组织以肉芽增生的方式进行再生和修复。

2. 腐离脱落

较大的坏死灶，在其周围出现炎症反应，使坏死组织与周围健康组织逐渐分离脱落。留下的组织缺损，浅的称为糜烂，深的称为溃疡。肺脏的坏死组织液化后可经气管排出，在局部形成空洞。溃疡和空洞都可通过周围的健康组织再生而修复。

3. 机化和包裹

若坏死范围大，不能溶解吸收和分离脱落时，可逐渐被新生的肉芽组织长入替代，最后变为纤维性瘢痕，这个过程称为机化。若不能完全替代时，则由肉芽组织加以包裹，中间的坏死组织往往会发生钙化。

四、凋亡

（一）细胞凋亡的概念

细胞凋亡（apoptosis）是指在一定的生理或病理条件下，为维持机体内环境的稳定，由基因控制的细胞自主有序的死亡，又称为程序性细胞死亡（programmed cell death，PCD）及基因调控的细胞自杀等。在此，凋亡为形态特点的概念，而 PCD 是一种机制特征的概念。

生物学家认为细胞凋亡就像树叶或花的自然凋落，希腊词为"apoptosis"。因此，细胞凋亡本质上是一种生理性细胞死亡。

细胞凋亡的现象最早由 Kerr 在 1965 年观察到。他发现大鼠肝细胞在局部缺血条件下连续不断地转化为小的圆形的细胞质团，这些细胞质团由膜包裹的细胞碎片（包括细胞器和染色质）组成。当时他称这种现象为"皱缩型坏死"，至 1972 年他将这一现象定名为细胞凋亡。此后，生物学家逐渐认识到细胞凋亡与细胞分裂、增生、分化等理论一样，同属生物学和医学中重要的基本生命规律，抑制或诱导细胞凋亡均有重大的医学价值。

近年来，细胞凋亡与疾病关系的研究已取得长足进展。关于细胞凋亡的研究成果，将为人类某些重大疾病的治疗和控制提供有力的武器。

（二）细胞凋亡的形态学和生物化学特征

1. 细胞凋亡的形态学特征

［镜检］ 凋亡细胞收缩变圆，胞浆嗜酸性增强，核圆缩、碎裂或消失，整个细胞可形成嗜酸性小体。

［透射电镜观察］ 凋亡早期，细胞收缩变圆，与邻近细胞脱离，表现为微绒毛消失。胞浆变致密，其中的线粒体、内质网及溶酶体等细胞器无明显变化。细胞核染色质凝集并附着于一侧核膜下，形成马蹄形或半月状凝集。进而，细胞膜多处向胞浆内深陷或呈圆顶状向外突出"发芽"。后者可能是由于 Ca^{2+} 活化钙依赖性半胱氨酸蛋白酶等破坏了细胞骨架结构，使细胞膜外突"发芽"。中、后期，凋亡细胞胞核逐渐碎裂成小片状，由核膜包裹。胞体进一步凝缩，并从"发芽"的根部或从胞膜深陷处断离下大小不等的胞体片块，均有完整的细胞膜包裹，内含浓缩的胞浆、完整的细胞器或胞核碎块等，形成凋亡小体（apoptotic body）。严重时，整个细胞均裂解成大小不等的凋亡小体。有时胞体只固缩不裂解，核碎裂消失，形成一个全细胞性凋亡小体，即光镜下的嗜酸性小体。扫描电镜下凋亡小体呈球形突出于细胞表面，细胞其他部分可见胞膜内陷。

程序性细胞死亡往往涉及单个细胞，即便是一小部分细胞也是非同步发生的。最早的变化见于超微结构上表现为细胞连接消失，微绒毛消失，同时胞质密度增加，核质浓缩成一个或几个大的团块，胞核进而裂解为碎块。胞膜的皱缩与其中的水分及离子的丢失有关，这是由于内质网膨胀、泡状结构形成，与质膜融合以及内容物丢失引起。之后，细胞分割成数个由胞膜包裹的、表面光滑的凋亡小体，其中可含有各种不同的结构，还保持完整的细胞器，以及染色质的片段等。凋亡小体的大小差别很大，其数目与原细胞的大小直接相关。凋亡小体的形成对吞噬细胞是一个强烈的刺激信号，而凋亡小体表面分子的类型也决定其被吞噬的命运，一旦被吞入，凋亡小体即快速被降解。

细胞凋亡的发生过程，在形态学上可分为三个阶段。

（1）凋亡的起始。这一阶段的形态学变化表现为细胞表面的特化结构如微绒毛的消失、细胞间接触的消失，但细胞膜依然完整，未失去选择通透性；在细胞质中，线粒体大体完整，但核糖体逐渐从内质网上脱离，内质网囊腔膨胀，并逐渐与质膜融合；染色质固缩，形成新月形帽状结构等形态，沿着核膜分布。这一阶段约经历数分钟，然后进入第二阶段。

（2）凋亡小体的形成。首先，核染色质断裂为大小不等的片段，与某些细胞器如线粒体一起聚集，为反折的细胞膜所包围。从外观上看，细胞表面产生了许多泡状或芽状突起。以后，它们逐渐分隔，形成单个的凋亡小体。

（3）凋亡小体为邻近的细胞所吞噬并消化。从细胞凋亡开始，到凋亡小体的出现才数分钟，而整个细胞凋亡过程可能延续 4～9h。

细胞凋亡的一个显著特点是，先被吞噬，而后溶解，这是一种保护现象，可使周围组织免受死亡细胞释放的内容物引起的可能损害。承担吞噬任务的细胞不限于专职的吞噬细胞，而主要有赖于邻近固有的各种细胞（resident cell），包括单核巨噬细胞、上皮细胞、血管内皮细胞，甚至是肿瘤细胞等，尤其是上皮细胞的吞噬活性非常明显，所以，凋亡组织通常不引起炎症反应。

2. 细胞凋亡的生化特征

（1）细胞凋亡的最主要生化特征是 DNA 发生核小体间的断裂，即凋亡细胞核 DNA 的超螺旋(Ⅱ级)结构,在活化的内切核酸酶的作用下,被随机降解为一系列规则的多聚核苷酸片段。结果产生含有不同数量核小体单位的片段,在进行琼脂糖凝胶电泳时,形成特征性的梯状条带(DNA ladder),其大小为 $180 \sim 200$bp 的整数倍。到目前为止,梯状条带仍然是鉴定细胞凋亡最可靠的方法。催化 DNA 降解的是依赖于 Ca^{2+}/Mg^{2+} 的内切核酸酶,而 Zn^{2+} 则抑制其活性。

(2) 凋亡细胞的另一个重要特征是组织转谷氨酰胺酶(tissue transglutaminase, tTG)的积累并达到较高的水平。tTG 催化某些蛋白质的翻译后修饰,主要是通过建立谷氨酰胺和赖氨酸之间的交联及多胺掺入蛋白质而实现的。这类蛋白聚合物不溶于水,不被溶酶体的酶所降解,它们进入凋亡小体,有助于保持凋亡小体暂时的完整性,防止有害物质的逸出。tTG 只在不再分裂的、已完成分化的细胞中处于活性状态。tTG 是依赖 Ca^{2+} 的酶,在正常细胞中 Ca^{2+} 浓度较低(<1pmol/L),tTG 的活性很低;当凋亡起始,Ca^{2+} 浓度上升,从而使 tTG 活化。

(3) 细胞发生程序性死亡时,其染色质 DNA 的降解过程具有如下特点。

① 染色质 DNA 的降解在程序性细胞死亡的早期,是由于内源性内切核酸酶基因的活化和表达而造成的结果。

② 当程序性细胞死亡时,染色质 DNA 片段的大小是有规律的,都为 200bp 的倍数。因此,进行琼脂糖凝胶电泳,或进行氯化铯溴化乙锭超速离心时,可见特征性梯状条带。

③ 染色质 DNA 的断裂,大部分为单链断裂,内源性内切核酸酶仅在一个位置上切割单链,极少有一个位置上切割双链的情况。

④ 染色质 DNA 断裂的位置,大部分位于核小体间的连接部位,因此容易造成核小体间散布着一系列单链切口,这种断裂方式也是应用原缺口翻译技术进行检测和定量检测的理论依据。

⑤ 染色质 DNA 片段,被细胞膜包裹所形成的凋亡小体用吖啶橙(AO)和溴化乙锭双染色后,在荧光显微镜下清晰可见。

(三)细胞凋亡与坏死的区别

细胞凋亡是一种主动的由基因决定的细胞自我破坏过程,而坏死则是指活体内局部组织细胞的病理性死亡,它是由极端的物理、化学因素或严重的病理性刺激引起的细胞损伤和死亡。二者的主要区别是:细胞凋亡过程中,细胞膜反折,包裹断裂的染色质片段或细胞器,然后逐渐分离,形成众多的凋亡小体,凋亡小体则为邻近的细胞所吞噬。整个过程中,细胞膜的整合性保持良好,死亡细胞的内容物不会逸散到胞外环境中去,因而不引发炎症反应。相反,在细胞坏死时,细胞膜发生渗漏,细胞内容物,包括膨大和破碎的细胞器以及染色质片段释放到胞外,导致炎症反应。

从形态特点来看,发生凋亡的细胞,细胞膜皱缩、凹陷,染色质致密,最后断裂成小碎片。进而细胞膜将细胞质分割包围,有些包围了染色质的碎片,形成了多个膜结构尚完整的泡状小体,即凋亡小体,其具有完整的膜状结构,胞膜表面微绒毛消失,内容物除了胞质以外还含有降解的染色质片段。

表 2-1 为细胞凋亡与坏死的区别。

表 2-1　细胞凋亡与坏死的区别

项目	细 胞 凋 亡	坏 死
形态特征		
分布特点	多为单个散在性细胞	多为连续大片细胞和组织
细胞膜	保持完整性	完整性破坏
细胞体积	固缩变小	肿胀增大
细胞器	保持完整,内容物无外漏	肿胀、破裂、酶等外漏
核染色质	边集于核膜下,呈半月形	分散、凝聚、呈絮状
凋亡小体	有	无(细胞破裂、溶解)
炎症反应	无	有
机制特征		
诱导因素	生理性和病理性因素	病理性因素
死亡过程	主动地由级联性基因表达调控进行	被动地呈无序状态发展
蛋白合成	有 RNA 和蛋白质合成	无
DNA 降解	有规律,为 $180 \sim 200bp$ 整数倍的片段,电泳呈特征性梯状谱带	无规律,一般片段较大,电泳多呈涂片状,不见梯状谱带

第三节　病理性色素沉着

病理性色素沉着是指组织中的色素增多或正常不含色素的组织中出现色素的病理过程。组织中的有色物质称为色素。色素沉着分为两类:一类是内源性的,如黑色素、脂褐素及血红蛋白色素等;另一类是外源性的,如炭末等。

一、黑色素

黑色素(melanin)是皮肤、毛发、软脑膜和眼脉络膜的棕黑色色素。在较低等的动物体内许多器官的间质中存在黑色素。在脊椎动物体内黑色素主要存在于合成黑色素的黑色素细胞和吞噬黑色素的巨噬细胞内。黑色素细胞来源于胚胎神经嵴组织,它们在皮肤组织分化为表皮的基底细胞,具有对抗紫外线照射保护皮肤的作用。黑色素细胞含有酪氨酸酶,可氧化酪氨酸,后者经氧化变为二羟苯丙氨酸(简称 DOPA)。DOPA 再进一步氧化则使细胞内出现与黑色素相似的物质,呈 DOPA 阳性。黑色素在眼观和镜下均呈黑色。光镜下在黑色素细胞中含有棕色至黑色颗粒。电镜下,在黑色素细胞中含有很多直径为 5nm 不透明的椭圆形小体,小体内含有棕黑色不溶性黑色素。

黑色素沉着有两种情况。一种是沉着在正常不含黑色素的地方,如胸膜、脑膜或心脏,称黑变病,这是一种先天性的黑色素错位。在心外膜或脑膜的黑变病(melanism),病变呈形状和大小不规则的黑色区域(图 2-14,见图版)。

[镜检]　其中散在着黑色素细胞,并混有成纤维细胞。

黑变病常位于器官的表面,也可能发生在实质的间质组织中。另一种是由成黑色素细胞和黑色素细胞异常增生引起的黑色素瘤(详见第十五章黑色素瘤)。

假性黑色素是指出现于大肠黏膜的一种类似黑色素的棕黄色色素,它是肠腔内蛋白腐败后,经肠壁黏膜酶的作用变化而成的。肠壁黏膜的黑色素细胞是吞噬这些假性黑色素的吞噬细胞。这种假性黑色素仅分布于大肠,与肠道内粪便较长时间停滞有关。

二、脂褐素

脂褐素(lipofuscin)是不饱和脂肪过氧化而衍生的脂肪色素复合物。

［镜检］　棕褐色颗粒出现在心肌细胞、肝细胞(图 2-15,见图版)、神经细胞及肾上腺细胞核两端的胞浆中。紫外线照射下产生褐色荧光。

［电镜观察］　脂褐素属次级溶酶体,是周围有界膜的致密颗粒,内含空泡和脂肪小滴,呈小球状或不规则状。其化学成分 50% 为脂肪残余物。脂褐素沉着常见于慢性消耗性疾病和老龄动物的细胞内,所以称为消耗性色素或老年性色素。

三、血红蛋白色素

从血红蛋白衍生而来的色素有含铁血黄素、胆红素及卟啉等色素。

(一)含铁血黄素

含铁血黄素(hemosiderin)是一种含铁的金黄色或棕黄色、形状和大小不一的颗粒,具有折光性,通常存在于网状内皮系统的吞噬细胞内,由血红蛋白分解而产生,细胞破裂后沉着在组织间质中。正常肝、脾等器官内有少量含铁血黄素沉着,患焦虫病、锥虫病等溶血性疾病时,循环中的大量红细胞被破坏,肝、脾、淋巴结、骨髓的网状内皮细胞活化,吞噬过量的崩解红细胞,从而在这些组织中会出现大量的吞铁细胞。局部含铁血黄素沉着常见于出血病灶内。患慢性心力衰竭时,由于肺淤血,红细胞漏出肺泡壁毛细血管进入肺泡腔,同时巨噬细胞进入肺泡腔吞噬这些红细胞,从而形成吞铁细胞,这种巨噬细胞称为心力衰竭细胞。巨噬细胞内的含铁血黄素呈普鲁士蓝阳性反应,即切片加铁氰化钾和盐酸后呈蓝色,可与胆红素及卟啉等作鉴别。

含铁血黄素常见于马传染性贫血、溶血性疾病等。

(二)橙色血晶

橙色血晶(hematoidin)为金黄色小菱形和针状结晶,或无定形颗粒,可溶于碱性溶液中。此种色素在化学上和胆红素相同,不含铁质,是在缺氧的组织内形成,而不是在单核巨噬细胞系统内形成,故常见于细胞外,如脏器的梗死区或陈旧出血灶内。

(三)胆红素

胆红素(bilirubin)是构成胆汁的色素,不含铁,主要来源于衰老的红细胞。衰老的红细胞在巨噬细胞内被分解为珠蛋白、铁及胆绿素,胆绿素经还原成胆红素,最后释放进入血液。未经肝细胞处理的胆红素是脂溶性的,称间接胆红素;经肝脏处理后,合成胆红素葡萄糖醛酸酯,成为水溶性的胆红素,称为直接胆红素。如果血中胆红素过多,将组织染成黄色,称为黄疸(jaundice)。

［镜检］　组织切片中胆红素呈棕黄色颗粒状色素,最常见于肝细胞和肾小管上皮细胞内。当发生胆管阻塞时,可见肝组织的毛细胆管内有大量胆汁淤滞并形成胆栓。

胆红素沉积常见于溶血性疾病,如焦虫病、锥虫病、疟疾、胆管阻塞、急性坏死性肝炎等情况。

（四）卟啉

卟啉（porphyrin）是血红素的不含铁的色素部分。卟啉有三种（原卟啉、尿卟啉及粪卟啉），为大小不等的棕色颗粒，在紫外线照射下会产生红色荧光。血液中蓄积的卟啉可随同黄疸及光敏反应造成组织的色素沉着，称为卟啉血症（porphyrinuria）。卟啉血症分为先天型、肝毒型或原发型。

1. 先天型

当卟啉分解代谢缺陷时，有些卟啉在体内蓄积，这时日光照射身体的无黑色素区皮肤，常引起光敏性皮炎和水肿。牛先天型卟啉症，由于卟啉积聚在牙齿和骨骼中，造成所谓"红牙病"，同时病牛尿液色泽变深。病畜接触日光不会发病。

2. 肝毒型

当肝脏受到毒物损伤，对卟啉色素不能进行正常降解时，色素便会蓄积。肝脏的病变常为慢性的，能侵害胆道系统。典型的例子是绵羊进食了一种真菌毒素（担孢子毒素）而发生的面部湿疹。

3. 原发型

原发型是由于吃了含有直接光敏物质的植物所引起的，事先并无肝脏损伤，如由荞麦引起的荞麦中毒等。

四、铅色素沉着

铅色素沉着（lead pigment）是由于动物吃了含铅的草，临床上出现胃肠道功能障碍、出血和神经功能紊乱等。早期表现为衰弱、周期性的抽搐和贫血，进一步发展为麻痹和死亡。铅色素主要沉着在肾近曲小管和肝细胞的核中。

［镜检］ 两种细胞的核中发现嗜酸性包含物。

［电镜观察］ 显示为一种铅蛋白质的复合物，其中心有一致密的核芯而外层为纤维区，这也许是铅在核中的贮存部位。铅在肝组织中积聚可改变枯否氏细胞的吞噬功能，而对肾小管损伤表现为抑制葡萄糖、氨基酸的吸收和其他物质在肾小球中滤过。铅色素沉着在齿龈上，呈蓝黑色，称为铅线。

五、炭末沉着

炭末沉着（anthracosis）是一种常见的外源性色素沉着，常见于生活在矿区的乳牛和犬。炭末常见沉着于肺脏和有关的淋巴结，其他器官很少见。空气中的炭末通过呼吸道进入肺泡，被肺泡壁巨噬细胞吞噬，并经淋巴道运送到肺门淋巴结。当大量炭末沉着时，肺呈黑色斑驳状条纹，支气管淋巴结髓质部呈黑色（因为炭末被窦中的巨噬细胞所吞噬）。

［镜检］ 炭末在细胞之间和胞浆中呈细小颗粒状。

在肺中，炭末主要沉着在肺泡壁和结缔组织间隔中，通常在巨噬细胞内。在淋巴结中，炭末主要在淋巴细胞之间，常被大单核细胞所吞噬并携带到其他地方。少量炭末沉着对动物无伤害，也不产生症状。炭末在动物组织中保留一生，大量炭末沉着会引起肺的纤维化或继发肺的感染。

第四节　病理性钙盐沉着及结石形成

一、病理性钙盐沉着

病理性钙盐沉着(pathological calcification)又称钙化(calcification),是指软组织内有钙盐沉着。沉着的钙盐主要是磷酸钙,其次为碳酸钙。

[剖检]　组织中少量的钙盐沉着肉眼看不见,量多时表现为灰白色砂砾状或团块状,质地坚硬,不易切入。

[镜检]　在常规的 HE 染色切片中,钙盐为颗粒状或不定型的浅蓝色或蓝黑色沉淀物。

[电镜观察]　组织内的钙表现为不定型颗粒或结晶。形态上中心为不定型的钙化,周围有机物包围,如高血钙或高血镁多次反复发生,往往形成板层状椭圆形小体。

病理性钙化有两种类型:营养不良性钙化和转移性钙化。

(一)营养不良性钙化

营养不良性钙化(dystrophic calcification)是指钙盐以固体形式沉着于组织梗死灶、结核结节的干酪样坏死灶、坏死组织、瘢痕组织、陈旧的血栓、死亡的寄生虫及虫卵等部位。动脉平滑肌变性部位亦常发生营养不良性钙化,钙盐常沿着变性的弹性原纤维沉着,并不断扩大范围。在肿瘤组织中由于血栓钙化或坏死瘤细胞团块的钙化形成所谓的巨板层钙化小体,又称沙体或沙样瘤体。类似的病变亦见于某些慢性炎症病变中,如甲状腺或乳腺炎,其中甲状腺球蛋白或牛乳浓缩后钙化,也形成沙体。胰腺炎导致的脂肪坏死,常有大量钙盐沉着,可在病畜的皮下及腹腔内见到灰黄色坚硬的钙化坏死脂肪。营养不良性钙化的发生,可能与坏死组织吸附钙或其中碱性磷酸酶增多,水解局部有机磷酸酯,使磷酸根增多有关。在此型钙化过程中,血钙不升高。

(二)转移性钙化

转移性钙化(metastatic calcification)是指由于血钙浓度升高,以及钙、磷代谢紊乱或局部组织 pH 改变,使钙在未受损组织中沉着的病理过程。发生原因有以下几种:①过量补充维生素 D,其促进肠道吸收钙及肾脏排出磷酸盐,使钙磷比例失调而钙盐沉着;②甲状旁腺机能亢进,其促使骨质脱钙及肾脏排磷;③各种骨质破坏性疾病,如恶性骨瘤等。转移性钙化最常发生的部位是肌肉、肠管、肺和肾脏。

[镜检]　见以上组织的动脉内膜、肾小球内膜上有深蓝色钙盐颗粒沉着。

[电镜观察]　可见肾近曲小管上皮的吞饮作用和钙的摄入,在胞浆的空泡及线粒体中,甚至上皮基底膜上都有钙盐沉着。

二、结石形成

结石形成(calculosis or lithiasis)是指在空腔器官或组织器官的排泄管、分泌管内,形成硬固的石样物体的过程,形成的石样物质称为结石(calculus)。

结石形成一般都与局部炎症有关。当器官的腔道和排泄管的管壁发炎时,其中的脱落细胞、黏液、渗出物以及细菌团块等病理产物,都可作为结石的中心(结石核),以其为中心无机盐类一层层地沉积下来,逐渐增大而形成结石。此外,也可由于分泌物或排泄物内盐类浓度过高或分泌物中水分被吸收,而使盐类浓缩形成结石。分泌物中盐类的过饱和状态呈周期性发生,可使结石的断面呈轮层状结构。

动物最常见的结石有以下几种。

1. 肠结石

(1)真性肠结石多见于马属动物的大结肠。其一般为圆形或卵圆形,表面光滑或粗糙,呈灰白色(图 2-16,图 2-17,见图版),质度坚硬,大小视其形成的时间长短。断面中心为有机物构成的结石核,其周围围以多层轮层状的沉着钙盐。肠结石(enterolith)的形成与胃肠炎、胃酸分泌不足有关。

(2)假性肠结石多见于牛、羊等反刍动物的胃肠内,是由肠腔内植物纤维的团块沉积钙盐而成,其大小、形态、色泽因沉积的钙盐多少而异。钙盐沉积较多者,表面光滑,呈灰黄至灰褐色,与真结石相似,但重量较轻,质地较软,易被压碎;钙盐沉积少的,显露出纤维团块或毛发团块的真实结构,称为毛球或植物纤维球(图 2-18,见图版)。

2. 唾石

唾石(sialolith)多见于马属动物、牛、羊等草食动物的唾液腺排泄管内,食肉动物少见。呈球形、椭圆形、圆柱形或不正形,灰白色,质地坚硬。断面中心有核,核多为脱落的腺上皮、异物或浓缩的分泌物。

3. 胆石

胆石(cholelith)见于胆囊或胆管内,多由胆囊和胆管的炎症而引起,与胆汁浓缩、胆酸盐形成结晶有关,为大小不一的黄绿色或黄褐色类似碎石的硬块。牛的胆结石称为牛黄。

4. 尿结石

1)肾结石　肾结石是在肾盂部形成的结石,由尿酸盐结晶析出和钙盐沉积而成,有的结石增大至肾脏大,使整个肾脏只留下一层薄皮包在结石表面(图 2-19,见图版)。小的结石呈沙状,称肾砂。

2)膀胱结石　膀胱结石多由肾盂结石下降到膀胱而成,大小形状不一,有砂粒大、榛子大或更大,外形呈球形、卵圆形或多面形。

第三章 组织的修复、代偿及适应

当机体遭受到各种致病因素侵害时,一方面机体的组织器官呈现机能、代谢以至形态结构的损伤性变化;另一方面,机体又通过各种途径动员和组织体内一切防御抵抗力量作出抗损伤反应,以维持机体的正常机能代谢活动及修复组织器官的结构损伤,这就是疾病的本质——损伤、抗损伤过程。本章着重阐述机体对组织器官功能结构损伤所表现的抗损伤反应——修复、代偿及适应。

第一节 修 复

修复(repair)是指机体对受损组织的修补,即组织损伤后的重建和改建过程,主要表现为再生和创伤愈合。

一、再生

再生(regeneration)是指组织器官的一部分遭受损伤后,由其周围健康组织或细胞分裂、增殖来修复损伤组织的过程。它是机体修复受损组织的基础,亦是机体重要的抗损伤手段。

(一)再生的类型

1. 生理性再生

生理性再生(physiologic regeneration)是指在正常生命活动过程中所发生的自然再生。其作用是补偿许多生理性衰老和死亡的细胞,以维护正常的生命活动。例如,正常的表皮细胞、呼吸道及消化道黏膜的上皮细胞、血液中的红细胞和白细胞总是不断地衰亡、脱落和破坏,但又不断地被相应组织再生的新细胞所补充。新生的细胞在形态与机能方面均与衰亡的前体细胞相同。因此,生理性再生实际上是组织内经常保持着的一种"新陈代谢"。

2. 病理性再生

病理性再生(pathologic regeneration)是指组织和器官因受致病因素的作用发生缺损,经组织再生而修复的过程。病理性再生有以下三种形式。

1) 完全再生(complete regeneration)　完全再生是指新生的细胞和组织在结构和机能上均与原来损伤组织完全相同的再生,多见于组织损伤轻微或再生能力较强的组织。例如,少数实质细胞的变性、坏死,黏膜糜烂或浅表的溃疡等,均可完全再生。

2) 不完全再生(incomplete regeneration)　不完全再生即新生的组织与原来的不完全

相同,主要由结缔组织再生来修补缺损。此种再生不能完全恢复原来的组织结构和功能,仅起填补损伤的作用。它常见于损伤部位面积较大或受损组织的再生能力较弱等情况。例如,中枢神经系统或心肌损伤后,其修复多采取这种方式。

3) 过度再生(excessive regeneration)　过度再生是指再生的组织多于原损伤的组织。例如,黏膜溃疡部过度再生形成息肉,皮下结缔组织过度增生形成瘢痕疙瘩等。

(二)再生的一般规律及条件

各种组织的再生能力总的规律是:低等动物的再生能力较高等动物的强,分化程度低的组织较分化程度高的再生能力强,平时易遭损伤的组织以及在生理条件下经常更新的组织有较强的再生能力,幼龄动物的再生能力比成龄动物的强。

按再生能力的强弱,可将动物体内的组织、细胞分为以下三种。

(1) 再生能力强的组织:结缔组织细胞、小血管、淋巴造血组织的细胞、表皮、黏膜、骨、周围神经、肝细胞及某些腺上皮等。它们损伤后一般均可完全再生。但如果损伤很严重时,也常趋于不完全再生。

(2) 再生能力较弱的组织:平滑肌、横纹肌等再生能力较弱,心肌的再生能力更弱。这些组织损伤后,基本上由结缔组织再生而修复。

(3) 无再生能力的组织:一般认为,神经细胞在动物出生后缺乏再生能力,受损后主要通过神经胶质细胞的增生来修复。

(三)影响再生的因素

1. 全身性因素

1) 营养　当机体缺乏蛋白质时,再生缓慢,甚至停滞,表现为成纤维细胞和毛细血管新生迟缓或数量不足,胶原纤维的形成受限。电镜观察:见成纤维细胞的内质网囊泡扩张,核糖核蛋白体脱落或稀少,不规则地分布于内质网的膜上。这说明细胞内蛋白质合成受阻,创伤不易愈合。

2) 激素　肾上腺素有促进再生的作用,而可的松则具有阻碍修复的作用。

3) 神经系统的机能状态　当神经系统受损害时,由于神经营养机能的失调,可使组织的再生过程受到抑制。

2. 局部因素

1) 局部血液循环状况　病变局部组织若有良好的血液循环,不仅具有清除致病因子及抑制感染等作用,而且可使局部组织获取足够的营养物质,有助组织细胞的再生和修复。反之,若发生淤血、血栓或缺血等血液循环障碍,则病变局部组织的再生修复能力降低,甚至使病变进一步扩大、恶化。

2) 局部组织神经支配的状态　组织的再生也依赖于完整的神经支配和调节,若局部的神经纤维受到损伤,其所支配的组织再生过程亦发生障碍。

3) 感染和异物　若损伤部位伴发严重的感染或有缝线、坏死的组织片等异物存在,均将延缓再生过程。而无菌性的外科切口,组织的再生愈合较快。因此,有效地控制感染和及时清除异物,有利于组织的再生,加速创伤愈合的过程。

（四）再生的方式和基础

细胞再生的主要方式是间接分裂（有丝分裂），即在再生的部位可见有不同分裂阶段的细胞：细胞核膜消失、核仁溶解、染色质形成丝状；有的细胞染色体逐渐缩短变粗，排列在细胞中部，呈放射状；还有的细胞有两个细胞核，核膜中央部变狭窄，将细胞分隔为两个相等的新细胞。其次是直接分裂（无丝分裂），即细胞胞核先分裂成两个，随之细胞膜也出现狭窄，最后形成两个细胞；有的细胞核刚刚分裂完毕，两个核虽有明显的核膜相隔，但它们彼此紧紧粘贴在一起，胞膜还未见有狭窄的痕迹，形成一种双核细胞；还有的细胞，其核也完全分开，但胞膜不分开，结果形成一种永久性的双核细胞或多核细胞，这种现象主要发生于肝细胞的再生（图3-1，见图版）或异物巨细胞的形成。一般而言，再生越活跃，核的分裂相就越多。

组织再生主要靠具有分化潜能的未分化细胞发生分裂、增生来进行。例如，表皮损伤主要靠基底层的柱状上皮分裂、增殖来修补；胃黏膜损伤主要靠被覆上皮与腺上皮间的腺颈部细胞来修复；小肠黏膜受损由位于杯状细胞与潘氏细胞间的未分化细胞的再生来填补；骨折后主要靠骨内外膜的成骨细胞再生来连接。此外，血管周围的间叶细胞、毛细血管的内皮细胞以及各种组织内的网织细胞等也均具有较强的再生能力，是组织修复的基础。因此，在临床实践中，处理受损组织的关键是要很好地保护各种组织的具有分化潜能的细胞。

（五）各种组织的再生

如前所述，动物体内各种细胞的再生能力不同，因此其再生过程及特点亦不一样。现将它们分为三种类型进行介绍。

1. 不稳定细胞的再生

不稳定细胞（labile cell）的再生是指在机体的生命活动过程中不断再生更新的一类细胞。这类细胞的再生能力很强，如皮肤和黏膜的被覆上皮、浆膜的间皮细胞和造血细胞等。

1）鳞状上皮的再生　单纯的鳞状上皮再生只见于生理状态及糜烂等浅表的损伤。若发生溃疡等损伤达到深部组织，则在上皮增生的同时又有结缔组织、血管及神经纤维的新生。鳞状上皮再生的过程是：皮肤、黏膜损伤后，首先由创缘部及残存的上皮基底层细胞或附属腺的输出管上皮分裂、增生，形成单层细胞并逐渐向缺损中心移动伸展，当移动的上皮细胞互相接触，即发生接触抑制而停止增殖。新生的单层上皮细胞呈青灰色半透明状。以后上皮逐渐分化，形成棘细胞层、颗粒层、透明层和角化层等，恢复原有上皮的结构和色泽。当伤及汗腺、毛囊、皮脂腺组织时，这些结构不能再生，常有皮下结缔组织增生而形成瘢痕。

2）黏膜柱状上皮的再生　黏膜表面被覆的柱状上皮受损后，损伤周围的正常细胞及陷窝部或腺颈部上皮细胞分裂再生。再生细胞初期是立方形或低矮的幼稚型细胞，以后逐渐分化成为柱状上皮细胞，并构成管状腺。但再生腺体不一定都能恢复原有功能，例如，子宫内膜再生的腺体完全具有正常的分泌机能；而胃黏膜等处新生的腺体，则不能恢复分泌功能。

3）柱状纤毛上皮的再生　当气管和支气管等被覆柱状纤毛上皮受到轻度的损伤后，首先黏膜创面边缘的柱状纤毛上皮细胞的纤毛脱失，细胞分裂、增生并向受损中心移动。继之，创面边缘发生异常活跃的细胞增殖，若创面间质内仍保存完好的弹力纤维和基底膜，则再生的上皮细胞就能迅速地覆盖创面。否则，上皮细胞增生和向创面中心移动的速度就很缓慢。当创面完全被覆一层新生的上皮细胞后，上皮细胞增生就停止。同时，新生的细胞不断由扁平的上皮转变为立方上皮和柱状上皮，并进一步分化为柱状纤毛上皮和杯状细胞。

4）间皮的再生　当腹膜、胸膜和心包膜等处受损伤时,由周围完整的间皮细胞分裂增殖予以修补。新生的细胞最初呈立方形,最后变为扁平的间皮细胞。如果受损范围较大,间皮细胞常不能完全再生,此时多由结缔组织再生予以修复,最后遗留瘢痕,甚至引起两层浆膜粘连。

5）血细胞的再生　血细胞具有很强的再生能力,当其严重受损时,不仅可从骨髓中得到补充,而且还可使胚胎时期的造血器官恢复造血功能。例如,中毒或血液寄生虫引起的严重溶血时,由于红细胞大量丧失,机体处于严重的贫血状态。此时,机体一方面反射引起原有造血组织红骨髓中成血细胞的分裂增殖能力增强,加速红细胞的生成及释放;另一方面又能使管状骨的黄骨髓转变为红骨髓,恢复其造血机能;同时还可使胚胎时期的造血组织如肝脏、脾脏等组织恢复部分的造血机能,出现髓外造血灶。此时,外周血中常可见有核红细胞、网织红细胞、巨红细胞及含核残迹红细胞等异常红细胞。

2. 稳定细胞的再生

稳定细胞(stable cell)的再生是指具有潜在性再生能力的一类细胞,如肝细胞、肾小管上皮细胞、平滑肌细胞、骨及软骨细胞、内分泌腺细胞等,这类细胞在动物成年后再生能力很低,无明显的生理性再生现象,但一旦细胞遭受到病理性破坏,就会表现出其较强的再生潜能,邻近的细胞迅速增生以补充受损的细胞。

1）腺上皮的再生　腺上皮如胰腺、唾液腺以及内分泌腺等其再生力较黏膜柱状上皮弱。但当其发生损伤后,仍有再生力。腺上皮的再生亦可分两类:完全再生,即受损腺体的结构尚保存完整,经周围腺上皮再生,腺体的结构及功能得到完全修复;不完全再生,当腺体及其支持组织一起遭受严重破坏时,其结构及功能不能通过再生完全恢复,常由残留的腺细胞肥大来代偿功能及由结缔组织增生来填补因损伤造成的缺损,最终瘢痕化。

2）肝细胞的再生　肝细胞的再生能力很强,若仅有散在的肝细胞坏死,则可完全再生而恢复原有的结构。若肝脏发生较严重的组织坏死(包括血管结构在内的部分或整个肝小叶的损伤),则在其周围的残留部可见到肝细胞肿大、分裂增殖(图3-1,见图版)。与此同时,间质的结缔组织和小胆管也有大量的新生。眼观肝表面高低不平或呈颗粒状,体积缩小,质地变硬。

［镜检］　见肿大增殖的肝细胞呈岛屿状集团,由结缔组织包围,构成所谓的假小叶,其中没有中央静脉,或中央静脉偏于一侧,肝细胞失去放射状排列的结构,毛细胆管亦往往被新生的结缔组织所切断,故胆汁排除障碍,以致引起胆汁淤滞和黄疸。

3）肾小管上皮的再生　肾小管上皮也有较强的再生能力,在轻度的仅有肾小管上皮细胞坏死时,则可由残留的上皮完全再生,使损伤完全修复。例如,由升汞中毒所引起的肾小管上皮的坏死,可见残留的肾小管上皮,其染色质增多,着色较深,随之分裂增殖,形成大量扁平状细胞,并呈单层被覆于受损的肾小管内面,填补坏死的肾小管上皮所遗留的空缺,使其结构得到完全的修复。若整个肾单位坏死,特别是肾小球被破坏,则由病灶周围结缔组织增生来填补缺损组织。故患慢性肾炎等肾脏病变时,由于弥漫性结缔组织增生及瘢痕化,形成固缩肾。

4）平滑肌的再生　平滑肌也有一定的分裂和再生能力。范围不大的损伤可以由残存的平滑肌细胞或从未分化的间叶细胞分化增殖而予以修复。较大范围的破坏,如肠管或较大血管经手术吻合后,断端处的平滑肌主要通过纤维瘢痕而连接。另有报道,平滑肌若在某些激素的作用下,则增生过程加快,如妊娠时的子宫以及受损害的血管壁,其增生及修复均较迅速。

5）软骨组织的再生　软骨组织再生能力较弱。当软骨受损较轻时,可由软骨膜分化和残存软骨细胞分裂、增殖为成软骨细胞并分泌大量软骨基质。随着软骨组织的成熟,一部分成软骨细胞萎缩消失,而另一部分则被软骨基质埋在软骨陷窝内变为静止的软骨细胞,使受损组织得以修复。若受损严重时,除可见少量软骨细胞增殖外,主要靠结缔组织来修复。

6)骨组织的再生 骨组织的再生能力很强。当其受损后,可由骨内外膜及哈夫氏骨板管腔壁的细胞分裂、增生,形成原始骨细胞(osteoprogenitor cell)。这种细胞在形态学上与成纤维细胞相似,此后逐渐分化为成骨细胞,并产生骨基质和胶原纤维,形成类骨组织(osteoid tissue)。成骨细胞埋藏在类骨组织中并分泌碱性磷酸酶,使类骨组织的外环境变为碱性。这时,钙盐开始沉着,使类骨组织逐渐转变为骨组织。

7)脂肪组织的再生 脂肪组织的再生能力较弱,当其轻度受损时,残存的脂肪细胞或由间叶分化而来的脂肪母细胞增生,使损伤予以修复。新生的脂肪细胞,其胞浆内不含脂肪,以后逐渐出现小脂滴,继之融合成大脂滴,最后变为典型的脂肪细胞。若损伤严重或受损面较大时,则由结缔组织来修复。

8)结缔组织的再生 结缔组织的再生能力特别强。在炎症和坏死灶的修复、创伤愈合、组织移植、机化和包围等过程中,结缔组织的新生均很活跃。结缔组织再生的过程是:首先由病变部原有的结缔组织细胞或由未分化的间叶细胞生成成纤维细胞。在无明显的结缔组织处,则可由血管外膜细胞或毛细血管内皮细胞增生分化为成纤维细胞。这些细胞最初呈圆形,很小,类似小淋巴细胞。继而细胞体膨大呈椭圆或星芒状,胞浆丰盈,淡染,胞核大而疏松,颇似上皮细胞。电镜观察:胞浆内含有大量核蛋白体及发达的高尔基复合体和丰富的粗面内质网。在粗面内质网的囊腔中可发现电子密度较高的物质,证明其蛋白质合成功能活跃。随着成纤维细胞的成熟和衰老,其胞浆逐渐延长变窄,胞核的染色质也逐渐变粗大而浓染,最后变为成熟的纤维细胞。在成纤维细胞增生、分化和成熟的过程中,不断分泌出胶原物质,其在一些酶的影响下逐渐形成较细的嗜银性网状纤维,称胶原原纤维。随着细胞逐步成熟,部分胶原原纤维在酶的作用下和一些离子的参与下聚合成束,失去嗜银性而成为红染的胶原纤维。最后由大量胶原纤维及狭长的纤维细胞,共同构成纤维性结缔组织。

9)血管的再生 组织的再生大多伴有血管的新生,血管再生主要有以下两种方式。

(1)芽生:又称发芽性生长,是指原有血管内皮分裂增生成发芽状态进行再生。多见于小血管和毛细血管的再生过程。其生长的过程是:首先毛细血管的内皮肿大,分裂、增殖形成向外突起的幼芽,即血管细胞芽(angioblast)。随着这些细胞芽不断地伸展,其胞体逐渐呈平行排列,新生端的细胞略斜向,互相靠拢呈尖端状。以后细胞继续分裂新生,进而幼芽细胞伸长成实性条索状,随后在血流的冲击下出现管腔,并有血液流入,成为新生的毛细血管(图3-2)。许多新生的毛细血管芽枝互相联络起来,构成了毛细血管网。为了适应功能的需要,这些毛细血管又将不断地得到改建,有的可重新关闭,呈实心条索,其中的内皮细胞逐渐消失。有的管壁则逐渐增厚,而发展成小动脉或小静脉。构成小血管壁的平滑肌、胶原纤维、弹性纤维及血管外膜细胞等的成分,主要由毛细血管壁外的间叶细胞分化而来。

(2)自生性生长:即直接由与原血管无关

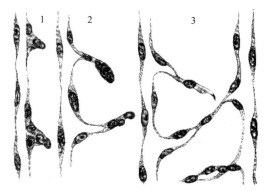

图 3-2 毛细血管再生模式图
1. 血管内膜细胞增殖呈芽状;2. 细胞芽延伸;
3. 毛细血管间延伸的内膜细胞连接成网

的结缔组织中的间叶细胞分化而形成毛细血管或小血管。它的发生大致与胚胎时期的血管发生相似。初期由类似的幼稚成纤维细胞平行排列,逐渐在细胞间出现小裂隙,并与附近的毛细血管相连,遂有血液流入。被覆在裂隙内的细胞随即变为内皮细胞,构成新生的毛细血管。其后,亦可根据需要而发育成小动脉或小静脉。

此外,大血管断离后的手术吻合两端,内膜可由内皮细胞分裂增殖,互相连接而恢复其原结构及光滑性,而平滑肌层则主要由结缔组织增生,即以瘢痕形式予以连接。

3. 专门化细胞的再生

专门化细胞(specialized cell)的再生是指一些分化程度较高、功能专一的细胞的再生,如骨骼肌细胞、心肌细胞和神经细胞的再生。实验表明,这些细胞的再生能力极弱或完全没有再生能力,一般情况下均不能再生。

1) 骨骼肌的再生　骨骼肌纤维是一个多核的长细胞,可长达4cm,核可多达数百个。损伤轻微时(如变性、轻度中毒性伤害等),其肌纤维仍保持行走的连续性,肌纤维膜未被破坏时,有中性粒细胞和巨噬细胞侵入,吞噬清除变性坏死的物质,以后残存的肌细胞核分裂增殖,并产生新的肌浆,形成具有细颗粒性胞浆的类圆形细胞,称为成肌细胞(myoblast)。后者逐渐伸长,胞核继续分裂而形成多核的原浆条索。它们沿肌纤维膜排列成行,继而融合成带状。其后由于机能负荷的作用,胞浆逐渐分化而形成肌原纤维,接着再生横纹和纵纹,遂恢复正常的骨骼肌结构和功能。若肌纤维完全断裂,如外科手术、外伤等病理性破坏时,肌纤维断端的肌浆逐渐增多,胞核分裂,肌原纤维新生,使断端呈圆形膨大,形如花蕾状,称为肌蕾。横断面观察颇似多核巨细胞,但从纵切面上看可发现其为中断的肌纤维之延续。当肌纤维的断端十分接近时,随着肌蕾的逐渐延长,两断端可相互接着融合而形成一条新的肌纤维,之后逐渐产生纵纹和横纹。当损伤严重、两断端相距较远时,多数由结缔组织增生,予以连接修复。以上两种再生方式在肌纤维的修复过程中多同时发生。

2) 心肌的再生　心肌的再生能力极弱,受损后虽也可形成肌蕾,但此后又自行死亡,故心肌坏死后常由结缔组织修复,如果形成范围较大的瘢痕,则妨碍心肌的舒缩活动。

3) 神经组织的再生　在中枢神经系统中,高度分化、功能专一的神经细胞一般不会再生,损伤的神经组织主要由神经胶质细胞再生来修复。因此,脑和脊髓发生损伤时,神经细胞一旦坏死,其所属的神经轴突及树突也随之消失,它们遗留的空缺则由胶质细胞及其纤维新生而予以填补,构成神经胶质瘢痕。交感神经节细胞坏死后,只有在幼畜中可见再生现象。

周围神经纤维损伤断裂后,必须在与其联系的神经节细胞或神经细胞尚健存时方可再生。其再生的过程是:首先是远侧和近侧断端的一小段(为1~2个郎飞氏节)髓鞘及神经轴突发生变性、崩解,待变性的物质被溶解吸收后,两侧的施万细胞分裂新生,形成带状合体细胞,同时近侧的轴突亦在施万鞘内新生而延伸向远端。施万细胞再生髓磷脂而形成髓鞘,两断端髓鞘相连,使受损的神经完全修复。但这种再生过程颇缓慢,一般需数月以至一年左右方能愈复。若施万细胞被破坏,即失去再生能力。如果神经纤维的断端相距超过2.5cm,或两断端之间有瘢痕组织,其由胞体长出的轴突就不能达到远端,而与增生的结缔组织一起卷曲成团,形成创伤性神经瘤(traumatic neuroma),引起顽固性疼痛。在手术过程中对较为粗大的神经纤维施行神经吻合术,保证神经纤维的再生,即可防止形成神经瘤。

二、创伤愈合

（一）皮肤及软组织创伤愈合

1. 创伤愈合的基本过程

1）出血和渗出　各种因子引起局部组织创伤时，均会导致局部组织变性、坏死和血管损伤而发生出血，严重的创伤还可见到肌肉、肌腱、筋膜和神经等组织的断裂。初期出血及血液凝固对粘合创口及保护创面有一定作用，继之，由于坏死的组织和血凝块分解物的刺激，局部发生炎症过程。

〔镜检〕　见创伤周围小血管扩张充血，血浆液体成分和白细胞（主要为中性粒细胞和巨噬细胞）渗出。以后渗出液中出现纤维素，并联结成网，使创腔内的血液和渗出液凝固。数日后创面凝固物水分蒸发形成痂皮。

2）创口收缩　创口收缩是指创口边缘的整层皮肤及皮下组织向创腔中心移动的现象。伤口收缩是由创伤部肉芽组织迅速增生以及创口边缘肉芽组织中新生的成肌纤维细胞（myofi-broblast）牵拉所致。成肌纤维细胞在结构和功能上与平滑肌细胞相似，除能合成胶原纤维外，还具有收缩能力。

〔镜检〕　见紧密排列的成肌纤维细胞呈长梭形，两端有逐渐变光的肌浆突起，胞浆染成淡红色，核呈卵圆形，着色浅淡而透亮，有一或两个小核仁。排列疏松的成肌纤维细胞，多呈星状，具有较多的胞浆突起。

〔电镜观察〕　成肌纤维细胞具有发达的高尔基复合体、丰富的粗面内质网、中等量散在的线粒体、少量溶酶体和微管。胞浆中还可见与细胞长轴相平行的肌微丝。后者多集中排列在细胞膜下的胞浆中，成为细胞收缩的动力器官。有时，肌微丝可伸出胞膜而附着在邻近的胶原纤维上，构成微肌腱，为细胞收缩提供支点。胞核呈长梭形，核膜有深浅不一的凹陷和皱褶，沿核膜可见集聚的异染色质。核内常有一个或数个小核仁。

成肌纤维细胞可能来自成纤维细胞、平滑肌细胞和原始的间叶干细胞，它通常随着愈合过程的进展而逐渐减少。在完全愈合的伤口中仅有少量的成肌纤维细胞。成肌纤维细胞可能随着结缔组织的成熟而死亡或转化为成纤维细胞，有人发现其可转变为成熟的平滑肌细胞。

3）肉芽组织的形成和增生　肉芽组织（granulation tissue）是指由毛细血管内皮细胞和成纤维细胞分裂增殖所形成的富有新生毛细血管的幼稚型结缔组织，一般于创伤发生后 2～3d 形成，由创口周围或底部的健康组织发起。其形成过程是：在创伤底部或周围健康组织内的毛细血管内皮细胞肿胀、分裂、发芽，逐渐形成新生的毛细血管（见前述血管的再生）。在毛细血管生长的同时，创伤底部和周围的纤维细胞与未分化的间叶细胞也发生肿大而转化为成纤维细胞，形成的新生肉芽组织逐渐长入创腔中的血凝块内，机化血凝块，并填平创腔。

〔镜检〕　肉芽组织是由许多新生的毛细血管芽枝和其间所填充的各种不同成熟阶段的成纤维细胞所组成。

此外，还存在不同程度的坏死组织和各种类型的白细胞，如中性粒细胞、单核细胞、组织细胞、淋巴细胞和浆细胞等（图 3-3，见图版），它们对创腔内的细菌、死亡的细胞和渗出的纤维素等物质起清除作用。由于创伤表面常受细菌感染，故此处的白细胞数目较多。

〔镜检〕　肉芽组织的特点是：毛细血管大都垂直向创面方向生长，并以小动脉为轴心，绕成襻状弯曲的新生毛细血管网，它们与成纤维细胞一起构成小团块。

　　许多这样的小集团,均匀散布并突出于创面,故眼观见健康新鲜的肉芽组织呈红色颗粒状,表面光洁、湿润,幼嫩脆弱,触之易出血,犹如肉芽,因其中没有神经纤维,故无感觉。

　　肉芽组织的作用:①防止感染,保护创面;②机化血凝块、坏死组织及其他异物;③填补创腔或其他缺损,使断裂的组织接合起来等。

　　但有时肉芽组织的生长发生异常而影响着创伤的愈合。异常肉芽组织临床上称为不良肉芽,常见的有两种。一为弛缓性肉芽,多发生于局部血液供应不足或全身营养不良,或感染较重或有异物直接妨碍创伤愈合的情况,肉芽组织生长缓慢,以致长期不能将创口填平。这种肉芽组织的眼观特点是,表面平坦不呈颗粒状,色泽苍白或暗红色,污秽不洁,分泌物多,甚至可形成假膜,触之不易出血。另一种为水肿性肉芽组织,多由于异物及感染物长期刺激,使肉芽组织生长过多,常突出皮肤表面。因其水肿明显,故色泽苍白或有严重的淤血呈紫红色。这种肉芽组织的渗出物较多,颗粒亦不明显。

　　4) 瘢痕的形成　随着肉芽组织内成纤维细胞逐渐成熟,胶原纤维不断增多,最后肉芽组织变成瘢痕组织。从创伤后第5～6天起,成纤维细胞便开始产生胶原纤维,其后一周内胶原纤维形成最活跃。此时,在成纤维细胞之间,可见到大量细小的嗜银纤维(用镀银染法显示)。创伤发生3周后胶原纤维增长的速度便逐渐缓慢直到停止。新生的胶原纤维随着机能负荷的需要逐渐排列成束,成纤维细胞减少并变为体积瘦小而细长的纤维细胞,相互平行排列于胶原纤维之间。渗出的浆液及炎性细胞逐渐消失。多数新生的毛细血管因胶原纤维收缩的挤压及瘢痕组织需要营养减少而渐渐地闭塞、退化、消失,一些幼稚型内皮细胞变为纤维性细胞。这时肉芽组织变成为血管少、胶原纤维成分多的纤维性结缔组织,外观苍白,质地坚实,又称为瘢痕(scar)。瘢痕组织体积变小,紧缩,使其表面下陷,对邻接组织起牵引作用,以致局部收缩或挛缩,形成瘢痕性收缩。瘢痕组织的胶原纤维如果发生透明变性,则质地越加坚硬。瘢痕组织形成过多而呈瘤状隆起,称为瘢痕疙瘩(keloid)。

　　瘢痕组织经过很长时间后可以逐渐缩小、变软,这是由于其中的胶原纤维受胶原酶的作用被分解、吸收之故。某些研究指出,表皮基底部细胞及成纤维细胞均可产生胶原酶,在创伤愈合的整个过程中,胶原酶均有一定的活性。这说明胶原纤维的合成和分解是对立统一体。

　　瘢痕形成使创伤组织断裂处牢固接合,即增加了创口局部组织的强度,但由于瘢痕组织缺乏弹性,故有大片瘢痕形成的组织常失去弹性伸缩力。例如,腹内压升高常使腹壁瘢痕向腹壁外突出形成腹壁疝;动脉壁较大的瘢痕受血管内压的作用形成动脉瘤(aneurysm)。此外,发生在某些部位的瘢痕可严重影响组织器官的功能。例如,关节附近的瘢痕可引起肢体挛缩;腹腔的瘢痕可引起肠管的粘连;肠壁的瘢痕则可导致肠管狭窄等。

　　5) 表皮及其他组织的再生　随着创腔内肉芽组织的增生和填补,表皮开始迅速增生(见鳞状上皮再生)。如果形成弛缓性肉芽或水肿性肉芽而又高出于创面时,均可影响表皮的延伸,使创伤难以愈合。若创面过大(一般认为直径超过15～20cm),超过了表皮再生覆盖的能力,常在瘢痕表面形成一单层透明表皮,称为油皮。

2. 创伤愈合的类型

　　1) 第一期愈合(healing by first intention)　又称直接愈合,多见于组织损伤小、创缘整齐、无感染的新鲜创,经粘合或缝合后创面对合严密的伤口。它的特点是愈合需时短,形成的瘢痕小,无机能障碍。手术切口多趋第一期愈合,多数手术创面在手术后的24h内,周围组织开始发生轻度炎症反应;在第2天末,创缘周围的结缔组织和毛细血管内皮细胞开始分裂、增殖;第3天出现毛细血管的幼芽,并由新生的肉芽组织将创口联合起来。

与此同时,创伤边缘的被覆上皮细胞也分裂增殖,并覆盖于创口,此时愈合口呈淡红色,稍隆起。一般外科的无菌切口在7～10d形成纤维性结缔组织,可拆除缝线,再经1～2周形成狭窄的线状瘢痕而痊愈(图3-4)。

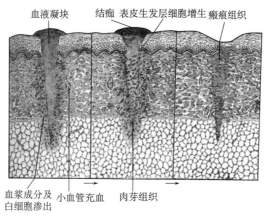

血液凝块　结痂　表皮生发层细胞增生　瘢痕组织

血浆成分及白细胞渗出　小血管充血　肉芽组织

图 3-4　创伤第一期愈合模式图

2) 第二期愈合(healing by second intention)　又称间接愈合,常见于组织缺损大,创腔内坏死组织较多,创缘不整齐以致无法对合而呈哆开状,或伴有细菌感染的创伤。它的特点是愈合需时间长,形成的瘢痕大,愈合后常造成器官机能障碍。此期愈合的基本过程是,在创伤形成的第2～3天内,创腔周围组织发生明显的炎症反应。由于炎性渗出,腔内可见到多量淡红色、微浊和富有蛋白质与混有纤维素的黏稠分泌物,并可形成纤维素性薄膜被覆于创面。一周后,创底部见有粉红色颗粒状肉芽组织生成。在肉芽组织不断向上生长的同时,创缘的被覆上皮则开始由周围向创腔中心生长,最后将创口覆盖。上皮覆盖完成后,新生的肉芽组织变成瘢痕组织(图3-5)。瘢痕部新生的表皮较薄,没有真皮乳头、被毛、皮脂腺和汗腺等。如果创口过大,则瘢痕稍隆突,以后由于瘢痕收缩而变形,愈合所需时间,视创伤大小、感染程度不同而异。

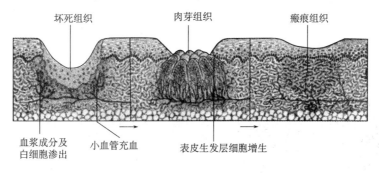

坏死组织　肉芽组织　瘢痕组织

血浆成分及白细胞渗出　小血管充血　表皮生发层细胞增生

图 3-5　创伤第二期愈合模式图

以上两种愈合形成只是程度的不同,而无本质上的差别。而且二者可以相互转化,即第一期愈合的创伤,如发生了感染或处置不当可转化为第二期愈合。而大面积感染创如果做到及时处理,积极清创亦可缩短愈合时间,并减少瘢痕形成。

此外,在临床上常见一种痂皮下愈合,即在创口上坏死组织与血液和渗出物凝固后干燥而变成一层褐色厚痂（创痂）。创伤在痂皮掩盖下进行第一期愈合或第二期愈合。待上皮再生完成后厚痂即脱落。这种愈合过程较为缓慢，但有防止创伤再感染作用，因此一般无感染的创痂不应人为剥离。该愈合过程主要发生于皮肤的挫伤等情况。

（二）骨折愈合

骨折愈合（fracture healing）是指骨折后所发生的一系列结构修复和功能恢复过程。骨折的修复主要是由骨外膜和骨内膜细胞再生而完成的。在少数情况下也可由结缔组织直接化生为骨组织。一般骨折需经过以下几个修复阶段。

1. 血肿形成

骨折发生后，骨折处血管破裂出血，血液充满两断端及其周围，在此形成血肿，随后发生凝固，将两骨端形成初步连接，血凝块中的纤维素网如同支架，有利于肉芽组织的侵入。因此，如果出血不凝固，则影响愈合。

2. 坏死组织及死骨的吸收（创腔净化）

骨折局部的坏死组织、损伤骨片，以及血凝块逐渐由骨膜新生的大量破骨细胞及骨折部周围组织炎症反应游出的吞噬细胞和组织内巨噬细胞吞噬、溶解而清除。

3. 纤维性骨痂形成

在创腔得到净化的同时，逐渐由骨外膜、骨内膜以及血管等处长出由成骨细胞、成纤维细胞和血管芽组成的成骨性肉芽组织伸入血凝块，经2～3周在凝血被溶解吸收的同时，新生的成骨细胞性肉芽组织取代了血凝块的位置，构成骨痂。骨痂将两断端进一步连接，局部形成梭形肿胀。此种骨痂柔软易损，称之为纤维性骨痂（fibrous callus）或临时性骨痂。在管状骨，此处可分为骨外膜性、骨内膜性及中间性（断端间）骨痂三部分。

4. 骨性骨痂形成

纤维性骨痂形成后，成骨细胞由梭形变成多角形，它们的突起互相连接，并分泌出半液状的骨基质，聚集于细胞之间。成骨细胞本身则成熟为骨细胞，与其所分泌的基质一起构成类骨组织，这种骨组织被称为骨性骨痂（bony callus）或终期骨痂。这一过程可持续几周。骨性骨痂虽然使断骨比较牢固的连接起来，但由于其结构不很致密，骨小梁排列比较紊乱，故比正常骨质脆弱（图3-6）。

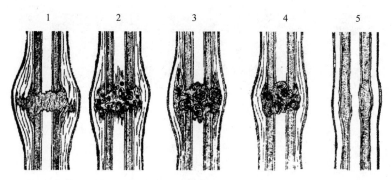

图3-6 骨折愈合模式图

1. 血肿；2. 创腔净化；3. 纤维性骨痂形成；4. 类骨组织形成；5. 功能改建后康复

在管状骨的骨折愈合过程中，若骨折断端错位，或两端相距较远而不易衔接，在此情况下，由增生形成的成骨性肉芽组织中,有相当数量的成骨细胞分化为软骨细胞,并分泌软骨基质,变成软骨样组织,同时沉着钙盐。以后钙化的软骨组织再被破骨细胞破坏吸收,被类骨组织所取代,再钙化为骨组织,此过程称为软骨化骨。愈合过程相应延长。

5. 改建

改建是指新形成的骨性骨痂适应功能需要的过程。它包括多余的骨组织被溶解吸收和缺乏的骨组织进行再生,并使骨组织变得更加致密,骨小梁排列逐渐适应于力学方向。改建的过程是,在骨性骨痂形成的同时,从骨髓内新生的血管长入已钙化的骨组织并由血管外膜细胞分化形成成骨细胞。其中一部分融合成多核破骨细胞,将已经钙化而多余的骨质溶解吸收;另一部分则紧紧地围绕着血管,按照机能的需要形成新的骨组织或骨小梁,并在骨小梁之间形成骨髓腔,后者与骨折两断端的骨髓腔相通。这时骨折处的梭形肿胀逐渐消失,形成在结构与机能上完全符合生理要求的骨组织。此过程一般需几个月到几年才能完成。

骨组织愈合的另一种方式是由结缔组织直接化生为骨组织,多见于头骨受伤后的修复过程。此时,由骨膜增生的纤维性结缔组织先变为均质致密的骨样组织,以后钙盐沉着而转变为骨组织。

还应指出骨折后虽能愈合,但如果骨组织损伤过重(粉碎性骨折)、骨膜毁损过多、断端复位不良、断端之间有软组织嵌塞、断端活动等,常影响新骨形成;或不能形成骨性骨痂,甚至发生断端间裂腔,致使两断端呈活动状,形成所谓假关节。若在骨断端有新生软骨被覆,则形成新关节。若新生骨组织过多,形成赘生骨痂,愈合后则有明显的骨变形。

第二节　代偿及适应

代偿及适应是动物在进化过程中逐渐形成的维持机体正常生命活动的基本功能,无论在维持机体的正常代谢、机能和结构方面或是在修复损伤过程中均具有重要意义。

一、代偿

在疾病过程中,某些器官的结构遭到破坏,其功能及代谢发生障碍,甚至出现有关器官间相对平衡关系失调时,机体常通过神经体液的调节,使各受损器官的功能、代谢、甚至结构得到补偿,并使其建立起新的平衡,这种过程称为代偿(compensation)。

代偿可分为代谢代偿、机能代偿和结构代偿三种形式,三者往往相互联系,同时存在。代谢及机能代偿分别在病理生理学课程中阐述,本节主要介绍结构代偿——肥大。

肥大(hypertrophy)是指机体的某一组织或器官由于细胞体积变大和数量增多,从而使该组织、器官的体积变大、功能增强的现象。根据肥大发生的原因不同,又可分为生理性肥大和病理性肥大。

(一)生理性肥大

生理性肥大(physiologic hypertrophy)是指机体为适应生理机能需要所引起的组织器官的肥大。其特点是肥大的组织和器官不仅体积增大、机能增强,而且具有更大的贮备力。例如,经常锻炼和使役的马匹,其肌腱特别发达;哺乳动物的乳腺和妊娠母畜的子宫肥大等。

（二）病理性肥大（pathologic hypertrophy）

1. 真性肥大

真性肥大（true hypertrophy）是指组织器官的实质细胞体积增大、数量增多，同时伴有机能增强的一种变化。真性肥大就其发生原因多数是由于代偿某部分组织和器官的机能障碍而引起的，因此又称之谓代偿性肥大（compensatory hypertrophy）。例如，食管、肠道等的某部狭窄时，为使内容物通过狭窄部，前部食管或肠管不断地加强收缩，从而引起狭窄部前方的管壁肌层肥厚，外形粗大。在实质器官中，若一部分组织功能降低，另一部分组织即会发生代偿性肥大。例如，当部分肾单位萎缩时，其余的肾单位将发生肥大，由于组织的肥大与萎缩交织存在，常使器官表面呈颗粒状。又如，当主动脉瓣或二尖瓣闭锁不全时，由于左心舒缩时血流逆回左心室及左心房，从而使左心的容量负荷增加，结果引起左心肥大。阻塞性肺气肿或较大范围的肺硬变时，因肺循环的阻力增大，故使右心室肥大。上述的代偿作用，临床上称为功能代偿期。

此外，成对的器官（如肾脏、肺脏、睾丸和肾上腺等），其一侧器官发生损伤或缺失，则对侧健在的器官发生肥大来代替丧失机能器官的现象称为替代性肥大。例如，一侧肾脏萎缩，则另一侧肾脏肥大，以保证正常排泄量。在不成对器官之间亦可发生替代性肥大。例如，脾脏切除后，可见淋巴结、骨髓、肝脏等内脏中网状细胞增生，以代替脾脏对红细胞破坏及产生淋巴细胞等机能。

一般来说，真性肥大对机体在一定程度上是有益的，但它有一定的限度。由于肥大的组织或器官的血液供应不足，营养和氧的供应不能满足肥大组织的需要，常可出现代偿机能减退或衰竭现象。

2. 假性肥大

假性肥大（pseudohypertrophy）是指组织或器官因间质增生所形成的肥大。而实质细胞因受增生间质的压迫而萎缩。因此，发生假性肥大的组织或器官，虽然外形呈体积增大，但其机能却降低。例如，一些长期休闲、缺乏锻炼而又喂给多量精料的马匹，由于脂肪蓄积过多，不仅外形肥胖，而且心脏也因蓄积多量脂肪而发生假性肥大。此时，心脏的纵沟和冠状沟部沉积着多量脂肪，而且脂肪组织逐渐由心外膜向心肌纤维间侵入，使心肌纤维发生萎缩。这种心脏眼观呈不规则的淡黄色条纹状，常称为脂肪心。此种马匹若突然使以重役，往往可发生急性心力衰竭而死亡。肥育猪亦可因脂肪心而在驱赶时突然倒毙。

二、适 应

当机体所在的环境发生某种变化时，机体往往需要改变本身的功能、代谢或结构的一些特点，使之与环境条件达到新的平衡，此过程称为适应（adaptation）。适应反应在机体正常的生命活动中十分多见。例如，当动物由平原进入高山地区时，由于空气稀薄，会发生各种缺氧性反应。继之，由于骨髓的造血机能增强，血液中红细胞增多，携带氧的能力增强，同时组织内小血管扩张，灌流量增加，以及组织利用氧的能力增强等，于是机体慢慢适应缺氧的环境。组织的适应反应从形态结构上来看，主要表现为组织改建和化生。

（一）组织的改建

组织的改建是指在疾病过程中组织的结构受所处环境条件与机能要求的改变而发生的一种适应性反应，常见的有以下几种。

1. 血管的改建

血管形态依其机能状况的不同而易发生适应性改变。例如,当动脉发生堵塞时,其吻合枝先是发生反射性扩张,使其血液循环得到代偿。继之,为适应机能的需要,其管壁中的平滑肌增厚,弹性纤维增多,并由小血管改建成较大的血管,建立侧支循环。与之相反,当器官的机能减退时,其中的血管之血流量就减少,紧张性降低,于是可致血管内膜的结缔组织增生,甚至使其转变为结缔组织的带状物,如胎儿的脐动脉转变为膀胱圆韧带。

2. 骨组织的改建

骨的力学负荷情况有改变时(如关节疾病、佝偻病或骨折愈合),骨组织的结构形式就会发生相应的改变。其中承受新的压力及牵引的部位,骨小梁负荷增加,逐渐由成骨细胞新生骨质而逐渐肥大。反之,在力学负荷消失部位的骨小梁,则有增生的破骨细胞将骨质吸收而萎缩。这种改建的结果,使骨小梁重新排列,使已变形的骨组织仍能维持其支重作用,即骨组织形成适应于新的机能所要求的新结构。

3. 肝实质的改建

肝组织严重破坏时,再生的肝细胞排列紊乱,使肝小叶发生明显的结构改变。这时肝细胞索呈不规则排列,中央静脉的数量及位置、肝小叶的大小与形状均发生变化,成为假性小叶。这种改建虽可进行肝实质的代谢、合成和解毒功能,但假小叶改变了肝内的血液循环,而破坏了肝脏的正常功能。

（二）化生

化生(metaplasia)是指一些分化成熟的组织,为适应细胞生活环境的改变和理化刺激,在形态和机能上完全变为他种组织的过程。化生只见于能够进行再生的组织。最常见的是上皮组织及结缔组织可以化生为黏液组织、软骨组织或骨组织,但不能化生为上皮组织。在上皮组织中柱状上皮可化生为鳞状上皮,但不能化生为肌组织。根据化生所发生的机制和过程不同,常将其分为直接化生和间接化生两类。

1. 直接化生

直接化生是指某种组织不经过细胞的增殖而直接转变为另一种类型的组织。这种化生方式极少出现,仅在结缔组织中可有结缔组织细胞直接转变成为骨细胞,胶原纤维融合而变为骨基质,从而直接化生为骨组织。除此以外,很难看到这种方式的化生。

2. 间接化生

间接化生是通过细胞增生来完成的,是病理过程中最常见的化生形式。在病理情况下,新生细胞受某些因素的影响转化成其他细胞。例如,慢性气管炎、支气管扩张症、维生素 A 缺乏等过程中,呼吸道柱状上皮脱落后,新生上皮可转化为角化的覆层鳞状上皮(鳞状上皮样化生);当患慢性萎缩性胃炎时,胃黏膜上皮可转化为类似肠上皮的黏液分泌细胞(胃腺的肠上皮化生);严重贫血时可见脾脏、淋巴结的网状内皮细胞和血管外膜细胞转化为造血细胞(髓外造血化生)。

化生有其抗组织缺损及抗致病刺激的作用,但也常引起组织器官功能障碍,如肌肉骨化可引起其收缩、运动功能障碍。

（三）机化

机化(organization)是指机体对体内病理产物(坏死组织、血栓等)、异物(寄生虫、缝线、铁钉等),由周围结缔组织将其包围,使其与健康组织隔离,从而形成一个有机囊壁的过程。因此,机化是机体的一种防护反应。

1. 对坏死物的机化

坏死物(梗死组织、化脓组织等)首先对周围组织产生刺激,引起炎性反应(毛细血管扩张、血浆渗出、白细胞游出浸润),出现炎性反应带。然后,成纤维细胞增生,形成肉芽组织,对坏死物进行溶解吸收。最后,肉芽组织老化成为结缔组织,称为结缔组织囊膜,如脓肿膜、干酪样坏死物囊膜。

2. 对纤维素样渗出物的机化

患纤维素性肺炎时,肺泡及间质内大量的纤维素,同样由其周围增生的肉芽组织对其溶解吸收,而这些肉芽最后将大面积肺泡填充成结缔组织,形似肉状,失去呼吸功能,称为肺肉变(carnification)。患纤维素性心包炎、胸膜炎、腹膜炎时,增生的肉芽组织常将心外膜与心包膜、肺被膜与胸膜、腹腔脏器浆膜与腹膜连接起来,发生粘连。

3. 对异物的机化

进入机体各部位的各种异物,也可由其周围结缔组织将其包围,体积极小的异物如寄生虫卵等,机化后在组织内形成结缔组织硬结。

机化是机体消除或限制病理产物的致病性的一种防御反应,它有保护和稳定机体内环境的作用。但由于使组织器官的结构发生改变,而使其功能障碍。例如,组织器官粘连使器官的正常运动受阻,心内膜血栓机化使心肌的舒缩和心腔的血流受限。

第四章 炎症病变与疾病

第一节　概　　述

一、炎症的概念

炎症(inflammation)是动物有机体对抗局部组织损伤、促进组织修复的一种防御适应反应。临床上,体表急性炎症的典型症候是红(rubor)、肿(tumor)、热(calor)、痛(dolor)和机能障碍(functio laesa)。而引起这些症状的基础是炎症组织的变质、渗出和增生过程。

炎症是人、畜疾病过程中最常见的病理过程,所谓"十病九炎",是说炎症在疾病过程中普遍存在。因此,正确认识和掌握炎症的基本特征,深入研究炎症的本质是防治动物疾病的重要基础。

对于炎症过程的本质及规律的认识和研究已有两千多年的历史。最早用"flame"(燃烧)一词形容感染局部发热这一特征。以后才逐渐地认识了炎症局部的红、肿、热、痛、机能障碍等症候。随着科学的进展,人们了解到这些症候与炎症局部组织的崩解、微血管的充血、淤血以及白细胞游出等过程相关。特别是组织的崩解产物及白细胞的许多产物与炎症的发生发展有密切关系。人们发现了炎症介质以及免疫复合物等因素在炎症发生发展中的作用,从而为开发有效的抗炎药物产生了重要的影响。

二、炎症的原因

引起炎症的原因是多种多样的。一般而言,凡是能造成组织、器官一定程度损伤的所有因子,都可以引起炎症,概括有以下几类。

(1)生物性因子:如病毒、细菌、立克次氏体、螺旋体、真菌、螨虫等,都能成为致炎因子。生物性因子不仅使受侵害局部组织发生炎症反应,而且常因其不断产生毒素而引起邻近组织炎症,某些病原体还可侵入血液或淋巴循环而引起严重的全身性感染。

(2) 物理性因子:如高温(灼伤)、低温(冻伤)、机械力(挤压伤、挫伤、扭伤、火器伤等)和电离辐射性损伤等。

(3) 化学性因子:如强酸、强碱、刺激性药物、外源性毒素以及体内代谢产物(如尿素、胆酸盐等)。

(4) 机体免疫反应:如各种类型的变态反应、免疫复合物的沉积等,都可导致炎症的发生。

然而,致炎因子作用于机体后,炎症是否发生、反应程度如何,除取决于致炎因子的种类、性质、数量、毒力及所作用的部位外,还与机体的机能状态有关。例如,在麻醉、衰竭等情况下,炎症反应往往减弱。尤其在机体免疫功能低下的情况下,机体对致炎刺激反应性降低,引起所谓弱反应性炎,表现为损伤部久治不愈。相反,在一些致敏机体,常对一些通常不引起炎症的物质(花粉、某些药物、异体蛋白等),出现强烈的炎症反应,如出现 Arthus 反应、支气管哮喘等,常称为强反应性炎或变态反应性炎。

三、炎症介质的概念

炎症介质(inflammatory mediator)是指一组在致炎因子作用下,由局部组织或血浆产生和释放的、参与炎症反应并具有致炎作用的化学活性物质,故亦称化学介质(chemical mediator)。由于炎症介质在炎症的发展过程中起着重要的作用,现已成为研究炎症的重要内容。

按炎症介质的来源可将它们分为细胞源性和血浆源性两大类。炎症介质及其主要作用见表 4-1。

表 4-1 各种炎症介质的来源和致炎作用

来源		炎症介质	致炎作用				
			舒张小血管	增强血管通透性	白细胞趋化游走、吞噬	组织坏死	致痛
组织来源	肥大细胞	组胺	+	+			
	嗜碱性粒细胞	5-羟色胺(5-HT)		+			+
	血小板	5-羟色胺					
	体内大多数细胞	前列腺素(PG)	+	+	+		+
		白三烯(LT)		+	+		+
	吞噬细胞	溶酶体成分	+	+	+	+	
	淋巴细胞	淋巴因子		+	+	+	
血浆来源	凝血系统	纤维素肽 A、B		+			
	纤溶系统	纤维素(原)		+	+		
		降解产物					
	激肽系统	激肽	+	+			+
	补体系统	活化补体成分		+	+	+	

一般来说,炎症介质应具有下列特征。

(1) 存在于炎症组织或炎性渗出液中,其浓度(或活性)的变化与炎症的消长相平行。

（2）将其分离纯化后，注入健康组织，能诱发炎症反应。

（3）应用具有针对性的特异拮抗剂，可以减轻炎症反应或抑制炎症的发展。

（4）清除组织内的炎症介质后，再给予致炎刺激，炎症反应则减轻。

第二节　炎症过程的基本病理变化

任何类型的炎症，不论其原因、发生部位以及表现的形式多么不同，其基本病理变化都是一致的，即在局部出现不同程度的细胞和组织损伤（变质）、血管反应（渗出）以及白细胞游出和组织细胞增生。

一、变质

变质（alteration）是指炎区局部细胞、组织发生变性、坏死等损害性病变。其常常是炎症发生的始动环节，它的发生一方面是致炎因子对组织细胞的直接损害，另一方面也是因致炎因子造成局部组织循环障碍、代谢紊乱及理化学性质改变或阻碍局部组织神经营养功能的结果；而损伤组织细胞释放溶酶体酶类、钾离子等各种生物活性物质，又可促进炎区组织溶解坏死，从而造成恶性循环，使炎区组织细胞损害扩展。

变质组织细胞呈现颗粒变性、脂肪变性、水泡变性等变性坏死变化，间质常呈现水肿、黏膜样变、纤维素样坏死。

二、渗出

渗出（exudation）指炎症局部充血、血浆渗出及白细胞游出。

（一）炎性充血

炎性充血（inflammatory hyperemia）是在致炎因子的刺激下，炎区组织首先出现微动脉、中间微动脉和毛细血管扩张，血流量增加，流速加快，呈现动脉性充血，局部组织变红、发热。其发生机制是，初期由神经轴突反射引起，即局部感受器受刺激后，兴奋直接通过感觉神经轴突分支到达效应器微血管。而较长时间的动脉充血，主要由于组胺、前列腺素 E 和 I（prostaglandin E&I，PGE_2、PGI_2）以及激肽的作用；进而微静脉亦发生扩张，局部血流变慢，出现静脉性充血，局部缺氧，酸性产物堆积，使毛细血管内皮细胞肿胀及血管壁通透性增高，于是血流阻力增加，血浆外渗，导致血液浓缩、黏稠，红细胞聚集，出现白细胞边集、黏附和血栓形成，从而使血流阻力进一步加大，血流更缓慢。后期由于血浆成分不断外渗，血液黏度进一步增加，血流速度显著减慢，若损伤持续发展，则血流完全淤滞。此时炎症局部肿胀、发绀、发凉。

（二）血浆成分渗出

血浆成分渗出（exudation of plasma）与毛细血管通透性升高、微血管淤血、血管内流体静压升高以及炎区组织渗透压增高有关。

1. 微血管通透性增高

致炎因子可以直接作用于血管内皮细胞引起变性、肿胀、坏死、脱落，或引起基膜纤维液化、断裂等变化而使微血管通透性升高。例如，链球菌毒素、蛇毒等含透明质酸酶，能分解血管基膜及内皮细胞连接处的透明质酸，使血管通透性增高。

电镜观察可见：①血管内皮裂隙形成，当组胺、5-HT、缓激肽等存在于炎灶内时，可使血管内皮细胞的收缩蛋白发生收缩，以致细胞皱缩，细胞间出现裂隙；②基底膜受损；③内皮细胞吞饮活跃。血管内皮细胞的吞饮现象是细胞内外物质主动转动的方式之一。炎症发生时，可见胞浆中吞饮小泡增多、变大，甚至多数小泡融合，形成贯穿胞浆的孔道。大分子物质即可通过此孔道渗出至血管外。

此外，免疫复合物的作用也可使微血管通透性升高。

2. 微血管淤血

血管内流体静压升高，是由于致炎物引起微血管括约肌麻痹，血管扩张淤血所致。

3. 炎区组织渗透压升高

炎区组织渗透压升高主要是炎区组织细胞崩解、组织蛋白释放及血浆蛋白渗出使炎区组织胶体渗透压升高。同时，细胞内钾、钠离子释放和血浆各种离子渗出，使炎区组织离子渗透压也升高。

血浆液体成分渗出主要引起炎性水肿，表现为皮下浮肿，各体腔积水。其水肿液含蛋白成分高，混浊不清，在体外易凝固。

（三）白细胞游出

白细胞游出（leucocytic emigration）即白细胞穿过血管壁，向炎症区移行并聚集。在血浆液体成分渗出的同时白细胞开始游出，随着炎症发展，白细胞游出增多。游出细胞的类型随致炎因子的不同而异。例如，急性化脓性炎症时，以中性粒细胞游出为主；在变态反应性炎时，则以单核细胞或嗜酸性粒细胞占优势。

1. 白细胞游出的过程

炎症局部血管扩张、血液浓缩、血流变慢的同时，微静脉内的白细胞开始从轴流转入边流，贴近血管壁滚动，并不时地靠自身的阿米巴运动向血管壁黏附，加之由于炎症介质的存在，逐渐使白细胞与血管内皮细胞紧密连接，称为白细胞贴壁（stick to endothelium）。贴壁的白细胞将胞体的一部分（伪足）伸入血管内皮细胞的紧密连接部，继之穿出血管内皮，越过周细胞（pericyte）和基底膜而离开血管，即白细胞穿壁（through）。白细胞穿出血管后，进一步向炎区中心集聚，并执行各种功能，称为白细胞浸润（inflammatory cell infiltration）。

2. 白细胞游出的机制

白细胞游出并向炎区中心浸润，主要是化学激动作用和趋化性两种功能作用的结果。化学激动作用是指白细胞在化学激动因子（如白细胞三烯 B_4，leukotriene B_4，LTB_4）作用下，产生一种无一定方向的随机运动性（random movement）增强。趋化性（chemotaxis）是指白细胞能够向着趋化因子浓度逐渐升高的方向前进的特性。使白细胞发生趋化的因子称为趋化因子（chemotactic factor）。趋化因子分内源性和外源性两类。细菌性趋化因子属于外源性的，其对中性粒细胞和单核细胞具有较强的趋化活性和化学激动作用。多数趋化因子是炎症时在体内生成的，即内源性的。

炎性渗出及白细胞游出具有清洗炎灶的作用，但渗出及游出过多，又可压迫炎区血管，使炎灶血液循环进一步障碍而促进炎性组织溶解坏死。

三、增生

增生（proliferation）是炎症后期的主要变化，是通过巨噬细胞、血管内皮及外膜细胞，以及炎区周围的成纤维细胞的增生,使炎症局限化,并使损伤组织得到修复的过程。在炎症过程中,最早参与增生过程的细胞有血管外膜细胞、血窦和淋巴窦内皮细胞、神经胶质细胞等,这些细胞在致炎因子的刺激下肿大变圆,并与血液单核细胞一起参加吞噬活动。而在炎症晚期,增生细胞以成纤维细胞为主,与毛细血管内皮增生一起,形成肉芽组织,最后转变成瘢痕组织。

炎症过程中,细胞增生的机制十分复杂。一般认为,在炎症早期许多组织崩解产物及某些炎症介质,具有刺激细胞增殖的作用。例如,细胞崩解释放的腺嘌呤核苷、钾离子、氢离子,白细胞释放白细胞介素-1(interleukin-1,IL-1),都有刺激各种细胞增殖的作用。炎症后期,有许多白细胞因子具有促进成纤维细胞分裂增殖的作用,如中性粒细胞溶酶分解的组织细胞产物、淋巴细胞释放的促分裂因子等,都能促进血管内皮细胞的增殖及肉芽组织的生成。

炎症局部组织的变质、渗出和增生变化通常同时存在,但一般在急性炎症早期以变质、渗出为主,而随着病程的发展,增生变化渐趋明显。后期,尤其当机体抵抗力增强的情况下,炎症处于修复阶段,或转变为慢性炎症时,则增生成为主要变化。

炎症的变质、渗出、增生变化是相互依存、互为制约,又是相互转化的,这充分反映了机体以防御适应为主的损害、抗损害斗争过程。例如,致炎因子引起局部组织变质,一方面是组织细胞的损伤性变化;另一方面,变质组织释放和崩解产物又可促使血浆成分的渗出和白细胞游出,并具有刺激组织细胞增殖的作用。血浆成分渗出,可以稀释和冲洗炎区有害物质,并可向炎区输送抗体及药物;渗出的纤维素则有利于局限炎区,阻止病原体扩散的作用;白细胞游出则进一步对炎区病原物及异物进行清除,以上这些都有利于局部组织的抗损害和修复过程。但渗出过多可压迫组织,造成组织缺血、缺氧而促进变质。体腔内渗出过多,则阻碍脏器的功能活动;白细胞游出过多,崩解释放大量溶酶,对正常组织具有溶解破坏作用。此外,增殖的肉芽组织可以在炎区周围与健康组织之间筑成一道防线,防止炎症的扩散,而到后期起着明显的修复损伤的作用。但是过度增生又常影响组织器官的功能,甚至妨碍修复。例如,皮下肉芽组织增生过多、过快,形成赘肉,阻碍上皮的覆盖,影响愈合;关节周围肉芽过多增生,瘢痕化后引起关节强直;鼻疽、结核引起大面积肺泡被肉芽填塞而丧失呼吸功能等。总之,炎症过程的各项病变,对机体的影响是一分为二的。

第三节　炎区内各类白细胞及其作用

一、中性粒细胞

中性粒细胞(neutrophilic granulocyte)来自血液,体积较小,分叶核,胞浆内有丰富的细微嗜中性颗粒(图 4-1)。在禽类,这种颗粒为嗜异染性,称异嗜性粒细胞,多见于急性炎症的初期及化脓性炎症时,其具有活跃的游走及吞噬能力。在 pH7.0~7.4 的环境中最活跃,pH6.6 以下开始崩解。因其吞噬细菌、细小的组织碎片及抗原抗体复合物等较小物质,故又称小吞噬细胞。

中性粒细胞胞质内的颗粒在电镜下可见有界膜包裹,内含许多微粒,微粒内贮存多种溶酶,如胰蛋白酶、组蛋白酶、核苷酸酶、脱氧核糖核酸酶、脂酶、碱性及酸性磷酸酶、过氧化酶、溶菌酶等。因此,中性粒细胞对吞噬的异物有较强的消化力,崩解后各种酶类释放,溶解周围组织及变质组织,形成脓汁。

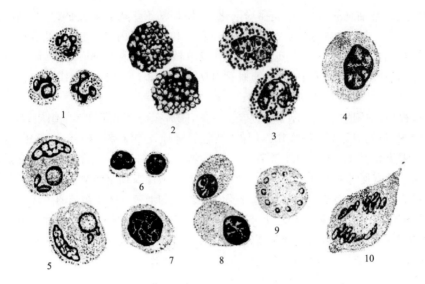

图 4-1　炎症过程中主要的炎性细胞成分

1. 中性粒细胞；2. 嗜酸性粒细胞；3. 嗜碱性粒细胞；4. 单核细胞；5. 吞噬异物的
单核细胞；6. 小淋巴细胞；7. 大淋巴细胞；8. 浆细胞；9. 血小板；10. 多核巨细胞

二、嗜酸性粒细胞

嗜酸性粒细胞(eosinophilic granulocyte)来自血液，体积比中性粒细胞大，分叶核，胞浆内充满球形嗜伊红颗粒，颗粒常将细胞核遮盖(图 4-1)。主要见于变态反应性炎症过程中。其主要吞噬抗原抗体复合物，当机体内抗原抗体复合物增多或血清抗体滴度升高时，嗜酸性粒细胞可能增多。其胞质内粗大的嗜酸性颗粒中含有组胺酶、芳基硫酸酯酶、磷脂酶 D、前列腺素 E_1 和 E_2 等。因此，其颗粒释放具有酶解组胺、灭活过敏性慢性反应物质(slow reacting substance of anaphylaxis，SRS-A)等作用，在抑制 I 型变态反应中有重要意义。此外，在受寄生虫感染所致的炎区内，嗜酸性颗粒释放物还具有抑制虫体生命活动的作用。

三、嗜碱性粒细胞

嗜碱性粒细胞(basophilic granuloeyte)来自血液，分叶核，胞浆内充满较大的嗜碱性颗粒(图 4-1)，颗粒内含有肝素、组胺和 5-羟色胺(5-HT)。嗜碱性粒细胞是参与 I 型变态反应的细胞，炎区内 IgE 与该细胞表面 IgE 受体相结合，当 IgE 再与相应的抗原形成架桥时，细胞内环磷酸腺苷含量减少，嗜碱性颗粒开始向外释放组胺、5-HT 和激肽释放酶，使炎区内激肽增多。与此同时，嗜碱性颗粒的释放活动还可以激活 XI 因子，从而引起 I 型变态反应的一系列变化。

抗 IgE 抗体、抗 IgE 受体抗体、抗原物质的 F(ab)片段都可形成嗜碱性粒细胞表面的 IgE 抗原的架桥作用。此外，C_{3a}、C_{5a} 以及细菌多肽等也都可以刺激嗜碱性粒细胞颗粒释放，Ca^{2+}、Zn^{2+} 和氧化氘(deuterium oxide，D_2O)亦有促进释放作用。而 β-肾上腺素能阻断剂、腺苷酸、前列腺素 E_1 和 E_2、组胺等，能提高细胞内环磷酸腺苷含量，从而抑制释放活动。

此外，嗜碱性粒细胞在慢性炎症过程中释放肝素，其有助于阻止纤维素的凝集，并有利于渗出物的吸收，因此有促使慢性炎症愈合的作用。

四、肥大细胞

肥大细胞(mast cell)由血液嗜碱性粒细胞随机进入组织或由间叶细胞演变而成,常贴附于血管外膜。其形态特征及功能与嗜碱性粒细胞相似。嗜碱性颗粒内含有组胺、5-HT、肝素、组氨酸脱羧酶、胰蛋白酶样酶、纤溶酶、亮氨酸氨基肽酶以及 N-乙酰葡萄糖氨基酶、β-葡萄糖胺酸酶、酸性磷酸酶和碱性酶等。当肥大细胞受致炎刺激或细胞崩解时,以上嗜碱性颗粒内含物释放。在炎症早期,肥大细胞以非脱颗粒形式释放组胺,使血管通透性增高。此外,肥大细胞还能合成黏多糖前身物质等,因此它对促进炎症组织的修复具有积极的作用。

五、单核细胞

单核细胞(monocyte)来源于骨髓造血干细胞,然后由血流进入组织,停留于血管周围,成为巨噬细胞;也可由局部结缔组织中的组织细胞、肝的星状细胞、肺泡巨噬细胞、淋巴样组织中游离或固定的巨噬细胞,或浆膜的巨噬细胞增生而来。单核细胞体积大,胞浆丰富,含少量微细颗粒,核呈肾形或椭圆形(图 4-1)。单核细胞出现在炎症后期或慢性炎症、非化脓性炎症(如结核)、病毒感染性炎症、原虫感染等过程中,具有吞噬较大病原体、异物、组织碎片的能力,甚至可吞噬整个衰变的红细胞或白细胞,故又称巨噬细胞。

单核-巨噬细胞表面含 Fc 受体,与 IgG1 和 IgG2 的 Fc 片段结合,当抗体或抗体聚合物与 Fc 受体结合后,则可启动其游走及吞噬功能。

单核细胞胞浆内含溶酶较少,故消化能力弱。但含较多脂酶,能消化结核杆菌的蜡质膜。在吞噬结核杆菌时,其胞浆增多,染色变浅,整个细胞变得大而扁平,与上皮细胞相似,故称为上皮样细胞。若单核细胞吞噬含脂质丰富的组织碎片,其胞浆内会出现许多脂肪小滴而呈空泡状,称泡沫细胞(foamy cell)。

单核细胞在对较大的异物进行吞噬时,常能形成多核巨细胞,其可由多个单核细胞融合而成,也可由一个单核细胞反复分裂而胞浆不分裂而形成。多核巨细胞有异物型和郎罕氏型(Langhan's cell)。异物型多核巨细胞的核不规则地散在于胞浆中,而郎罕氏型多核巨细胞的核一般分布在胞浆的周边部,呈环形或马蹄型,或密集在细胞的一端。郎罕氏巨细胞主要出现在结核、鼻疽等感染性肉芽肿内,围绕在感染灶周围。异物型多核巨细胞主要在寄生虫、缝线等异物形成的肉芽肿内,围绕在异物周围。

巨噬细胞在吞噬异物后,可分离出其中的抗原决定簇,并与胞浆内 RNA 结合,形成抗原信息,传递给淋巴细胞,导致细胞免疫和体液免疫。单核巨噬细胞还能产生内生致热源,引起机体发热。

六、淋巴细胞

淋巴细胞 (lymphocyte)主要来自血液,体积小,核呈圆形浓染,胞浆少,近核处胞浆有亮晕。淋巴样细胞体积稍大,核染色质较疏松。常见于慢性炎症、炎症恢复期或病毒感染及迟发性变态反应性炎症等过程中,可见炎区局部淋巴细胞集聚以及血流淋巴细胞增多。T 淋巴细胞在炎症过程中的主要作用是产生和释放各种淋巴因子,参加细胞免疫反应。B 淋巴细胞在致炎刺激物作用后,分化成浆细胞,分泌抗体,参加体液免疫反应,从而影响炎症的发生发展。

七、浆细胞

浆细胞(plasmocyte)在炎区组织内由 B 淋巴细胞转化而来,核呈圆形,核染色质沿核膜呈车轮状排列,核位于胞浆的一侧,胞浆丰富,略带嗜碱性(图 4-1)。主要出现于慢性炎症病灶内。浆细胞具有合成免疫球蛋白的机能,形成的抗体常在胞质内堆积凝集成均质状嗜伊红小体——卢梭(Russel)氏小体,在接受抗原信息后,即大量分泌抗体。

八、血小板

血小板(platelet or thrombocyte)来自血液,无一定结构,凝聚的血小板为弱嗜碱性小块,在炎症过程中释放各类生物活性物质而影响炎症过程。例如,释放 5-HT、组胺可以引起微血管通透性增高;释放 ADP 及血小板因子 3,促进炎区血管内凝血;释放阳离子蛋白,刺激肥大细胞释放组胺、使 C_5 转化为 C_{5a},后者可吸引多形核白细胞。

第四节　炎症的类型

根据临床经过,可将炎症分为急性、亚急性和慢性三种类型;而根据炎症的主要病变特点,又可将其分为变质性炎、渗出性炎和增生性炎。然而,这两种分类之间又有着一定的联系。例如,急性炎症常以变质、渗出性病变为主;而慢性炎症则以增生性变化占优势。现按炎症的主要病变特点,分述各类炎症的主要特征。

一、变质性炎

变质性炎(alterative inflammation)是指发炎组织的实质细胞发生以变性、坏死为主的炎症过程,其渗出、增生变化较轻微。由于该型炎症多发于心脏、肝脏、肾脏、脑和脊髓等实质器官,故又称为实质性炎(parenchymatous inflammation)。变质性炎常由各种毒物中毒、重症感染或过敏反应等引起。

(一)心脏的变质性炎

[剖检]　心脏体积增大,心腔扩张积血,以右心更显著,心肌色泽局灶性变灰黄如熟肉样,心肌质度变软无弹性。

[镜检]　心肌纤维颗粒变性和脂肪变性,有时发生坏死。肌间组织呈现血管扩张充血、水肿以及有少量白细胞浸润。病程较久者,肌间结缔组织增生。

常见于以下情况。

1. 恶性口蹄疫

恶性口蹄疫常发生于仔猪和犊牛。少见口蹄疱疹病变,心脏灰白、混浊,心内膜下有虎斑样花纹(虎斑心),心肌纤维颗粒变性、脂肪变性和蜡样坏死,间质有少量炎性细胞浸润。

2. 仔猪病毒性脑心肌炎

仔猪病毒性脑心肌炎见于 3 周至 3 月龄仔猪。右心扩张,近肺动脉的右心内膜下有白垩样斑点。镜检:病变处心肌变性、坏死,结缔组织增生。

3. 猪桑椹心病

猪桑椹心病是仔猪缺硒症。剖检:心腔扩张,心肌有灰黄色与灰白色条纹。镜检:心肌纤维颗粒变性和水泡变性,有凝固性坏死、钙化灶和单核细胞集聚。

4. 犊牛白肌病

心肌、骨骼肌均受累。心腔扩张,心内膜、心外膜下见灰黄色条纹,并有钙化。镜检:心肌纤维变性、坏死、钙盐沉着。

5. 变态反应性心肌炎

变态发应性心肌炎见于犬红斑狼疮、风湿症、药物过敏等。心肌纤维变性坏死、溶解,淋巴细胞、浆细胞、嗜酸性粒细胞浸润。风湿症病例可见风湿性结节。

6. 肉孢子虫病　　剖检:心肌壁有灰白色结节。镜检:心肌间有虫体包囊[米氏囊(Miescher's capsule)],囊周围心肌变性、坏死、溶解,有嗜酸性粒细胞、巨噬细胞、淋巴细胞浸润。

7. 弓形虫病

虫体在心肌肌浆内增殖引起心肌坏死崩裂,心肌间有淋巴细胞和中性粒细胞浸润。此外,旋毛虫、猪囊虫、马圆虫都可引起以上相同的心肌炎病变。

8. 猫心肌炎

急性心肌炎见心内膜下散发性或弥漫性出血,慢性心肌炎见心内膜下有灰白色斑纹。镜检:心肌纤维颗粒变性、断裂溶解,有淋巴细胞、浆细胞、组织细胞、中性粒细胞浸润。慢性心肌炎时,见心肌纤维溶解并纤维化。

(二)肝脏的变质性炎

[剖检]　急性肝炎病例,其肝脏肿大,实质易碎,呈黄褐色。严重者由于大量肝细胞崩解,肝脏体积缩小,质度呈热水袋样,初期由于淤血,肝脏显示红褐色,称红色肝萎缩;后期因红细胞溶解,肝脏呈黄褐色,称黄色肝萎缩。

[镜检]　见肝细胞呈不同程度的颗粒变性和脂肪变性、坏死溶解。肝细胞崩解处有红细胞和炎性细胞填充。

常见于以下几种情况。

(1)马传染性脑脊髓膜炎和中毒性肝营养不良。急性病例,肝脏肿大,质度脆弱。镜检:肝细胞严重变性、坏死。

病程较久病例,肝脏发生红色肝萎缩或黄色肝萎缩(图4-2,见图版)。镜检:肝细胞大量坏死、溶解消失,该处由多量红细胞或崩解的细胞碎片填充。

(2)急性马传染性贫血。可见肝细胞呈灶状乃至广泛性溶解、坏死。此外,在间质部可见有炎性细胞浸润以及窦状隙单核巨噬细胞增多,并有大量吞噬含铁血黄素细胞。

(3)犬传染性肝炎。剖检:腹水增多,肝脏肿大,质度脆弱,呈黄色和褐色斑驳状,被膜下可见细小淡黄色坏死灶。镜检:肝细胞普遍颗粒变性和脂肪变性,肝小叶散在坏死灶。肝细胞胞浆内可见伊红浓染的圆形小体(嗜酸性小体),坏死灶边缘的变性坏死肝细胞、窦状隙内皮细胞和枯否氏细胞均见有核内包涵体。

(4)羔羊、犊牛裂谷热性肝炎。剖检:肝脏正常大小或稍肿胀,灰黄色斑驳状,散在有出血点。被膜下有灰白色坏死灶。镜检:肝小叶内散在大小不一的肝细胞坏死灶,其周围肝细胞明显变性,并在这些细胞核内可见核内包涵体。

(5)鸡包涵体肝炎。剖检:尸体贫血黄疸,肝脏肿大,黄褐色,质度脆弱,有出血斑点和灰白色坏死灶。镜检:肝细胞脂肪变性、局灶性坏死和胆汁淤滞,间质内有异染性细胞和淋巴细胞浸润,变性的肝细胞核内有嗜酸性或嗜碱性核内包涵体。

(6)猪弓形虫病。剖检:肝脏肿大,暗红色肝表面散在有灰白色小米粒大坏死灶,其周围有红晕。镜检:肝细胞颗粒变性、脂肪变性和水泡变性,有多发性灶状坏死,坏死灶内有肝细胞碎片、滋养体。间质有淋巴细胞、中性粒细胞及红细胞浸润。

(7)牛弓形虫病。剖检:肝脏轻度肿大,表面散在有针尖到小米粒大灰白色坏死灶。镜检:肝细胞变性、坏死,有淋巴细胞、嗜酸性粒细胞和巨噬细胞浸润。

(三)肾脏的变质性炎

[剖检]　肾脏肿大,实质易碎,呈灰褐色或黄褐色。

[镜检]　肾小管上皮细胞颗粒变性,脂肪变性,甚至坏死崩解并从基底膜上脱落,造成小管阻塞。间质毛细血管轻度充血,结缔组织轻度水肿及炎性细胞浸润。肾小球毛细血管内皮细胞及间质细胞轻度增生。

常见于急性猪瘟、急性猪丹毒、禽住白细胞虫病、猪链球菌病、猪沙门氏菌病等的急性肾小体肾炎过程中。

(四)脑、脊髓的变质性炎

脑、脊髓的变质性炎可见神经细胞变性、血管充血和胶质细胞轻度增生。外周神经变质性炎时,常见轴突与髓鞘崩解,神经内膜与神经束膜浆液浸润及施万细胞增生。主要见于非化脓性脑炎过程中。非化脓性脑炎的主要病变特征是脑血管周围有淋巴细胞、单核细胞、网状细胞、血管外膜细胞等围绕形成的血管套;变性、坏死的神经细胞周围有数量不等的神经胶质细胞围绕,即卫星现象;若见小胶质细胞吞噬变性坏死的神经细胞,称为噬神经现象;神经胶质细胞集聚形成胶质结节。常见于以下几种情况。

1. 狂犬病　剖检:脑水肿,脑膜血管扩张充血,有出血点。镜检:脑血管扩张充血,血管周围淋巴间隙有淋巴细胞、单核细胞浸润,形成血管套。神经原细胞变性、坏死,有噬神经现象。在变性、坏死的神经原周围有神经胶质细胞聚集形成的胶质结节(狂犬病结节)。在大脑皮层和海马回的锥体细胞、小脑的浦金野氏细胞、基底核、脊神经节等部位的神经细胞胞浆内,有圆形或椭圆形嗜酸性着染的包涵体。

2. 伪狂犬病(阿奇申氏病或传染性延髓性麻痹)　剖检:脑膜充血、水肿(图 4-3,见图版),脑实质有小出血点。镜检:神经细胞变性、坏死,有血管套、胶质细胞结节及噬神经现象。

3. 牛恶性卡他热

软膜血管充血、水肿,严重病例可见脑膜和血管坏死,有血浆蛋白渗出,呈嗜伊红性均质凝固物质。脑各部的神经细胞发生退行性变化,神经细胞浓缩、溶解、胞浆空泡化、核偏位或消失等。

脑脊髓变质性炎还见于猪血凝性脑脊髓炎、牛海绵状脑病、马传染性脑脊髓炎、鸡传染性脑脊髓炎、鸭瘟等疾病过程中。变质性炎在临床上常呈急性经过,但有时亦可长期迁延,经久不愈,并导致间质结缔组织增生而发生器官硬化。损伤特别严重时,可威胁病畜生命(如中毒性肝营养不良)。当然,一般轻症可以痊愈。

二、渗出性炎

渗出性炎(exudative inflammation)是指局部炎区以渗出变化为主,并伴有轻度变质、增生变化的一类炎症。一般因毛细血管壁受损程度不同而致渗出物的成分和性状各异。根据渗出物的特征,可将渗出性炎分为浆液性炎、纤维素性炎、化脓性炎、出血性炎、卡他性炎和腐败性炎等不同类型。

(一)浆液性炎

浆液性炎(serous inflammation)是指以血浆液体成分渗出为主的炎症,在渗出液中还含有超过正常量的蛋白质(主要是白蛋白和少量纤维素)、白细胞和脱落的上皮细胞或间皮细胞。这种炎症常发生于皮下疏松结缔组织、黏膜、浆膜和肺脏等组织器官。

1. 浆膜的浆液性炎

常见于胸腔、腹腔、心包腔、骨膜等部位的炎症,常与纤维素性浆膜炎同时发生,发炎的浆膜血管充血、淤血、粗糙,失去固有光泽;在浆膜腔内积留多量淡黄色透明或稍混浊的液体。常见于以下几种情况。

(1)猫慢性腹膜炎:见腹腔脏器浆膜明显增厚,腹腔内积满黄褐色浆液(图4-4,见图版)。

(2)鸭传染性浆膜炎病:见心包腔、腹腔、气囊、颅腔以及关节腔积液,并有纤维素沉积。

(3)猪副嗜血杆菌感染:见病猪肝脏、脾脏、肺脏表面和心包的壁层、脏层有大量浆液性纤维素性、化脓纤维素性渗出物附着。心包腔及胸腹腔积水并有纤维素渗出。

(4)非洲猪瘟:胸、腹腔及心包腔有多量积液,多数为清亮黄色液体,有时混有血液。

(5)关节炎型猪链球菌病:病猪关节肿大、变粗,关节腔蓄积大量混浊的浆液,其中含有黄白色奶酪样物。关节囊膜充血,关节周围因增生而粗糙,关节软骨面有糜烂或溃疡,重者关节软骨坏死。

(6)猪流行性乙型脑炎:公猪出现睾丸炎而红肿,睾丸鞘膜腔积聚大量黏液性渗出物。弱产仔猪胸腹腔积液。

(7)急性浆液性骨膜炎:常见于肉仔鸡病毒性关节炎,病鸡呈现局限性或弥漫性肿胀,骨膜的纤维层和骨膜外面的皮下组织有多量浆液浸润,具有胶冻样外观,皮肤及皮下组织散发点状出血。

(8)奶山羊链球菌病:腹腔积液呈血红色,阴囊、鞘膜腔积液、血红色。肠系膜出血、黑紫色,肠系膜淋巴结出血,肝脏肿大苍白色,有出血斑点,胆囊扩大,肾苍白色稍肿大,脾有出血点。

(9)绵羊传染性附睾炎:急性期病羊阴囊皮肤水肿,总鞘膜较正常的增厚,切面有多量液体,鞘膜腔中有不等量清亮或带少量絮状物的液体。

2. 皮肤的浆液性炎

浆液蓄积于表皮棘细胞之间或真皮的乳头层,则于皮肤局部形成丘疹样结节或水疱,隆凸于皮肤表面。以上病变多见于口蹄疫、猪水疱病、痘症、烧伤、冻伤及湿疹等过程中。

(1)口蹄疫:病畜皮肤和黏膜出现水疱及糜烂。镜检:口蹄疮部皮肤、黏膜的棘细胞肿大、变圆,排列疏松,细胞间有浆液蓄积。

(2)猪水疱病:病猪病变部皮肤最初为苍白色,随后逐渐蔓延并形成水疱。蹄踵部形成大水疱并可以扩展到整个蹄底和副蹄。镜检:蹄部皮肤开始表现为表皮鳞状上皮发生空泡变性、坏死和形成小水疱。

(3)猪水疱疹:在病猪的唇、齿龈、舌、腭、鼻镜、乳头以及四肢的蹄冠、蹄踵和趾间出现充满透明或橙黄色液体的水疱。有时小水疱融合成大水疱。

3. 皮下、肌间及黏膜下层等疏松结缔组织的浆液性炎

发炎部位肿胀，指压皮肤出现面团状凹陷。切开肿胀部可见流出淡黄色浆液，疏松结缔组织呈淡黄色半透明胶冻样，故又称胶样浸润。常见于以下几种情况。

（1）牛伪狂犬病：背毛不规则脱落，皮肤增厚（肿胀），破溃出血，有淡黄色浆液渗出。皮肤撕裂，皮下水肿严重。

（2）非洲猪瘟：病猪眼结膜充血，有出血点。耳、鼻盘、四肢末端、会阴、胸腹侧及腋窝的皮肤出现紫斑和小出血点，这些部位皮肤水肿失去弹性。

（3）猪流行性乙型脑炎：弱产仔猪头部肿大，头部皮下弥漫性水肿，皮下结缔组织胶冻样浸润。

（4）猪繁殖和呼吸系统综合征：死胎及弱仔可见颌下、颈下、腋下皮肤水肿，皮下呈胶冻状。

（5）猪巴氏杆菌病：咽喉黏膜下组织呈急性出血性炎性水肿，蓄有多量淡黄色略透明的液体，组织呈黄色胶冻样。

4. 肺脏的浆液性炎

（1）山羊传染性胸膜肺炎：病羊胸腔充满淡黄色积液，肺脏膨隆，有大小不等的暗红色区域，该区域质度稍实，无弹性，切开该部有血样带泡沫的液体流出。镜检：肺泡壁毛细血管充血，肺泡腔内充满均质浆液及炎性细胞。

（2）犬瘟热：病犬肺脏膨隆，暗红色稍坚实，切开时断面流出多量暗红色带泡沫的液体，有时可见化脓灶。

（3）牛伪狂犬病：呼吸深，强烈喷气，肺充血水肿。心外膜出血点明显，心包积水，脑脊髓液量增多，脑膜充血。

（4）猪繁殖和呼吸系统综合征：病猪严重的肺气肿和肺水肿，肺间质增宽，病死猪气管及支气管内充满灰白色或灰红色泡沫样液体。

5. 黏膜表层的浆液性炎

（1）禽流感：病禽鼻黏膜充血、潮红、肿胀，渗出的浆液常混同黏液从黏膜表面流出。

（2）禽传染性支气管炎：病禽初期在鼻道、气管中有浆液性、卡他性渗出液流出，后期见干酪性渗出物，并常在支气管内有干酪性栓子。镜检：呼吸道黏膜上皮肿大增生，细胞纤毛脱失，胞浆内空泡形成。黏膜固有层水肿增厚，结构稀疏，伴有淋巴细胞浸润。

（3）鹅传染性气囊炎：病鸭鼻腔、喉头、气管内有多量浆液或黏液，气囊混浊有大量的纤维素样渗出物。

浆液性炎的结局及其对机体的影响取决于炎症的发生部位及渗出浆液的量。在一般情况下，渗出于组织间或体腔内的浆液可经淋巴管或血管吸收，渗出于皮肤或黏膜表面的可流出体外，最后损伤细胞经再生修复，可达痊愈。若在体腔内或肺脏、咽喉部渗出过多，则可以阻碍器官功能活动，从而造成严重后果甚至危及生命。

（二）纤维素性炎

纤维素性炎（fibrinous inflammation）是指渗出物中含有大量纤维素为特征的渗出性炎症。常发生于浆膜（胸膜、腹膜和心包膜等）、黏膜（喉头、气管和胃肠等）和肺脏等部位。

1. 浆膜纤维素性炎

可见浆膜被覆一层灰白色或灰黄色纤维素膜样物（图4-5，见图版），将纤维素膜剥脱后，见

浆膜肿胀、粗糙、充血、出血。浆膜腔内蓄积有多量淡黄色网状的纤维素凝块和混浊的渗出液。心外膜发生纤维素性炎时,由于心脏的搏动,渗出于心外膜上的纤维素形成无数绒毛状纤维,故称之为绒毛心(图 4-6,见图版)。常见于山羊、猪、牛等动物的传染性胸膜肺炎。

(1) 禽大肠杆菌病:病禽的肝脏、脾脏表面及心包、气囊有大量的纤维素渗出,肺肉芽肿结节。镜检:见各脏器出现亚急性浆液-纤维性炎症,局部组织水肿、坏死,同时淋巴细胞增生。

(2) 禽巴氏杆菌病(禽霍乱):病死禽的胸、腹膜和各内脏器官浆膜均表现出血或存有浆液性纤维素性炎变化,心包腔内蓄积较多混有纤维素的淡黄色液体。

(3) 鹦鹉热:病禽表现为胸腔积有纤维素性渗出物、纤维素性心包炎和气囊炎,腹腔浆膜和肠系膜亦被覆纤维素性渗出物。

(4) 猪肺疫:胸、腹腔和心包腔内液体量增多,有时见有纤维素渗出。慢性经过的病例可见肺脏被膜粗糙,有时附有纤维素性薄膜。

(5) 猪支原体性多发性浆膜炎和关节炎:心包、胸膜与腹膜呈浆液性纤维素性炎,胸腔、腹腔与心包腔蓄积多量混有纤维素的液体。病程较久的病例可见胸膜、心包及腹膜发生粘连。

(6) 猪脑心肌炎:胸腹腔和心包腔有大量含黄白色纤维素的深黄色积液。

(7) 猪链球菌病:可见纤维素性胸、腹膜炎。病死猪胸腹腔内充满大量淡黄色微混浊的液体,液体内含有黄白色纤维素凝块,胸腹腔脏器浆膜上附着一层纤维素性渗出物。有的病例肺与心包膜、肝脾与腹膜发生纤维素性粘连。

(8) 猫传染性腹膜炎:腹腔积聚大量的纤维素性渗出物,病程延缓的病例可见腹腔内各器官严重的粘连。

(9) 马、牛传染性胸膜肺炎:见病畜胸腔有大量浆液性、纤维素性渗出物,肺胸膜及肋胸膜有不等量纤维素附着。

(10) 山羊传染性胸膜肺炎:胸膜呈急性浆液纤维素性炎,有时还并发心包炎。胸腔内含有淡黄色混浊的絮状纤维素渗出液,病程较久时,肺胸膜和胸壁胸膜发生粘连。

2. 骨膜慢性纤维性炎

骨膜慢性纤维性炎(chronic fibrous osteoperiostitis)时骨膜呈灰白色,显干燥,纤维层明显增厚,其内很少有浆液性渗出物浸润。用手触摸骨膜有一定的弹性,无硬化的骨样感觉。由于炎症没有累及骨膜的细胞层,故无骨质增生变化。镜下见肥厚的骨膜主要由结缔组织所构成。

3. 黏膜的纤维素性炎

渗出的纤维素与游出的白细胞和脱落的黏膜上皮细胞凝集一起,覆盖于黏膜表面,形成一层灰白色的膜样物,称为假膜(图 4-7,见图版)。因此,黏膜的纤维素性炎又称假膜性炎。由于致炎因子的不同以及黏膜组织的结构差异,有的假膜与黏膜的坏死灶固着凝集,假膜不易剥离,若加外力剥离时,在黏膜面留下边缘粗糙的溃疡,该型假膜性炎又称固膜性炎,常见于猪瘟、猪副伤寒和鸡瘟等疾病过程的肠黏膜。而在有的疾病过程中(如急性纤维素性胃肠炎和牛病毒性腹泻等),肠黏膜上的纤维素假膜容易脱落,故又称浮膜性炎。脱落的假膜常呈黄白色膜管状物随粪便排出,如果这种假膜发生在支气管黏膜(如鸡传染性喉气管炎、鸡痘等),假膜脱落,可引起支气管堵塞而发生窒息。

(1) 鸡传染性喉气管炎:见病鸡喉和气管内存在卡他性或卡他性出血性渗出物,有的喉和气管内存有纤维素性干酪样物质,呈灰黄色柱子状,易剥脱。鼻腔和眶下窦黏膜发生卡他性炎或纤维素性炎。

(2) 鸡传染性鼻炎:病鸡的鼻腔和鼻窦黏膜潮红、肿胀和充血,表面被覆有大量的黏液,窦内含有渗出物凝块。眼睛出现卡他性结膜炎,进而扩展为溃疡性角膜炎、眼内炎。气管和支气管被覆黏稠的黏液和脓性渗出物。

(3) 鸡痘:病鸡的口腔、咽、喉等部位黏膜的固膜性炎,在黏膜面形成隆起的灰白色结节,结节增大或融合、坏死后形成一层灰黄色假膜,剥离后局部黏膜留下出血性溃疡。

(4) 仔猪副伤寒和猪瘟:在回肠、回盲瓣黏膜可见特异性糠麸状或纽扣状纤维素性坏死性炎症。

(5) 牛恶性卡他热:眼角膜周边或全部发生混浊,眼前房含有混浊液,其中混有灰色絮片。唇内面、齿龈、舌、颊、软腭、硬腭黏膜充血和斑点状出血,表面覆盖有黄色斑点状或灰色的坏死性假膜。肠道呈急性卡他性炎,有时则为纤维素性出血性炎或纤维素性坏死性炎。

纤维素性炎多半呈急性经过,炎灶内的纤维素渗出物如果量不多,可以借助变性和被蛋白水解酶液化,最终被吸收或排出体外而痊愈。例如,轻度纤维素性肺炎,其肺泡及支气管内纤维素经水解酶液化后,可能咳出或经淋巴管吸收而消散。但多数纤维素性炎渗出的纤维素,是通过炎区周围组织增生肉芽,伸入纤维素,将其溶解吸收,最终由肉芽老化成的结缔组织取代渗出的纤维素,结果导致浆膜腔脏器的粘连、肺组织的肉变等病变。

(三) 卡他性炎

卡他性炎(catarrhalinflammation)是发生于黏膜的一种渗出性炎。根据渗出物的性质,可将其分成浆液性卡他、黏液性卡他和脓性卡他等不同类型。浆液性卡他也就是黏膜的浆液性炎;黏膜性卡他是以黏膜分泌亢进为特征的黏膜炎症;脓性卡他是以黏膜表面有大量中性粒细胞聚集,形成脓性黏液覆盖于黏膜表面为特征的炎症。

卡他性炎的特征是黏膜充血、肿胀、表面附着多量渗出物,黏膜腔内有大量渗出物蓄积。镜检见黏膜上皮变性、坏死以及脱落,黏膜下结缔组织充血、水肿,而慢性卡他性炎时,可见黏膜上皮萎缩、脱落、黏膜固有层结缔组织增生。

卡他性炎的上述分类是相对的,实际上它们可以是同一炎症的不同发展阶段,有时可以混合发生。例如,浆液性黏膜性卡他、脓性黏膜性卡他常是一个炎症的不同发展阶段。卡他性炎常见于以下几种情况。

(1) 牛恶性卡他热:肠管呈急性卡他性炎,有时则为纤维素性出血性炎或纤维素性坏死性炎。肾盂、输尿管及膀胱显现急性出血性卡他性炎变化。

(2) 牛腺病毒感染:有时小肠黏膜呈急性卡他性炎症、肠壁出血和水肿。

(3) 牛病毒性腹泻/黏膜病:小肠黏膜潮红、肿胀和出血,呈急性卡他性炎变化,尤以空肠和回肠较为严重。

(4) 羔羊痢疾:肠黏膜呈卡他性炎变化,上皮细胞变性、坏死、剥脱,杯状细胞增多,黏膜表面附有多量黏液。

(5) 羔羊大肠杆菌病:胃肠黏膜水肿和具出血性卡他性炎症。

(6) 山羊传染性胸膜肺炎:气管内常有泡沫样或混有黏液和脓样的液体,黏膜显示轻度卡他性炎。

(7) 绵羊、山羊球虫病:小肠黏膜呈现明显的卡他性炎变化,并伴发点状或线状出血。

(8) 犊牛、羔羊隐孢子虫病:肠壁变薄,肠黏膜呈现急性卡他性炎变化。

（9）牛、羊双腔吸虫病：胆管和胆囊黏膜可见卡他性炎变化。

（10）马腺疫：眼结膜卡他性炎并流出渗出物，头颈部淋巴结炎性肿胀，以下颌和咽淋巴结发炎。

（11）鼻疽：气管黏膜呈脓性卡他性炎。

（12）马类鼻疽：胃肠浆膜出血，黏膜呈急性出血性卡他性炎。

（13）马沙门氏菌病：绒毛膜充血、变性并有血栓形成，胎膜呈急性卡他性炎和坏死。

（14）铅、毒芹、氟、氨、葡萄穗霉毒素等中毒：胃肠黏膜呈现不同程度的出血性卡他性炎。

（四）化脓性炎

化脓性炎（suppurative inflammation）是以渗出液中含有大量中性粒细胞，并伴有不同程度的组织坏死和脓液形成的炎症，它是最为常见的渗出性炎之一，全身各组织器官都可发生。引起化脓性炎的主要病原体有葡萄球菌、链球菌、大肠杆菌、棒状杆菌和绿脓杆菌等，某些非化脓性病原菌（如结核杆菌）在一定条件下可引起化脓性病变。另外，有些化学物质（如松节油等）也可引起化脓性炎，但这种化脓是无菌性化脓。

化脓性炎病灶中的组织被蛋白水解酶（由中性粒细胞或坏死组织释放）液化的过程，称为化脓；所形成的液体称为脓液（pus）。脓液由大量白细胞、崩解的坏死组织碎片和浆液组成。脓液中的白细胞多数为中性粒细胞，其次是淋巴细胞和单核细胞，一般在慢性化脓性炎症中后两种细胞占多数。在脓液内，除少数吞噬细胞尚存吞噬能力外，大多数细胞呈脂肪变性、空泡变性、坏死变化。通常把脓液中变性、坏死的中性粒细胞称为脓细胞。由于化脓灶内含丰富的蛋白水解酶，所以脓液不发生凝固，但在脓膜腔内的浓液，时间较久，水分被吸收，可使脓液干固。此外，脓液性状常与引起化脓的病原菌种类相关。感染葡萄球菌和链球菌时形成的脓液一般呈黄白色或金黄色乳糜状。感染绿脓杆菌产生的脓液带青绿色，脓液中如果混杂入腐败菌，则脓液呈污绿色带恶臭。此外，脓液的性状还与动物的种类、坏死组织的含量及脱水的程度有关。例如，犬的中性粒细胞的蛋白水解酶对蛋白质溶解力极强，因此其脓液常稀薄如水；而禽的脓液中由于含多量抗胰蛋白酶，故脓液常凝固呈干酪样。

根据化脓性炎发生的部位不同，可有以下几种表现形式。

（1）脓性卡他（blennorrhea）是发生在黏膜的化脓性炎，多发生于鼻腔、颌窦、副鼻窦、子宫、喉囊、支气管、肾盂及尿道等部位。其病变特点是发炎黏膜充血、出血和肿胀，黏膜表面覆盖大量黄白色脓性渗出物，黏膜腔内蓄积大量脓汁。

（2）蓄脓（empyema）是指浆膜腔或黏膜腔发生化脓性炎，脓液在腔内蓄积，如子宫蓄脓、喉囊蓄脓、鼻窦蓄脓、胸腔积脓等。临床上以犬、猫、奶牛以及马属动物等的子宫蓄脓（图4-8，见图版）最为多见。另外，也多见于禽大肠杆菌病、禽葡萄球菌病等。

（3）脓肿（abscess）是指在组织内发生的局限性化脓性炎，表现为局灶性的组织溶解液化，形成有一定界限的化脓灶。其可以发生于机体各组织器官，如皮肤、肌肉、肝、肾（图4-9，见图版）、脾（图4-10，见图版）、淋巴结（图4-11，见图版）、肺、心肌和脑等。脓肿多数由葡萄球菌引起，因其损害组织力强，但又能产生血浆凝固酶，促使纤维素凝固而限止炎症蔓延，故可使化脓灶局限。化脓菌侵入局部组织后，首先引起大量的中性粒细胞向病原侵入部浸润，由于病原体对局部组织的直接损害，又加之浸润的白细胞大量释放溶酶，致使局部组织细胞崩解液化，形成一脓性囊腔，而囊腔周围组织出现充血、水肿以及白细胞浸润，故临床上表现出典型的红、肿、热、痛的炎症症候群，如果中央部位脓液较多，则可出现波动感。逐渐周围组织开始生长肉芽组织,包围脓腔,并渐渐形成一界膜,称之为脓肿膜。脓肿膜将脓肿与周围健康组织隔开,限制炎症扩散。随着吞噬作用、抗体的产生以及药物作用,病原体逐渐消灭,脓液排出,脓肿逐步痊愈。内脏较大脓肿,脓汁不易排出,则逐渐干固并有钙盐沉着。如果病原体不断增殖,白细胞继续通过脓肿膜向脓腔内渗出,则脓肿不断扩大,达一定程度,脓肿膜发生破裂。如果是接近皮肤、黏膜表面的脓肿膜穿破,脓液排出,皮肤、黏膜表面形成缺损,称为溃疡(ulcer),如鼻疽脓肿穿破皮肤形成鼻疽性皮肤溃疡。机体深部脓肿如果向体表或自然腔洞穿破,脓液流经组织的通道称为窦道,在窦道周围逐渐增生肉芽组织,最后形成结缔组织性管道,称为瘘管(fistula)。例如,马鬐甲部脓肿向体表穿破排脓,并形成管道称为鬐甲瘘。

(4) 蜂窝织炎(phlegmonous inflammation)是指皮下和肌间疏松结缔组织发生的弥漫性化脓性炎,炎区内有大量中性粒细胞和浆液,使结缔组织坏死溶解。蜂窝织炎发展迅速,与周围正常组织无一定界限,临床上表现为显著的红、肿、热、痛、机能障碍。引起蜂窝织炎的主要病原菌是溶血性链球菌,其产生释放透明质酸酶和链激酶,前者能分解结缔组织基质的黏多糖和透明质酸,后者能激活纤溶酶原使之转变为纤溶酶,从而有利于病原体在组织间迅速蔓延。猪蜂窝织炎的发病初期,在感染的疏松结缔组织内首先发生急性浆液性渗出,由于渗出液大量积聚而出现水肿。渗出液最初透明,以后因白细胞特别是中性粒细胞渗出的增加而逐渐变混浊,白细胞游走至组织发炎后不断死亡、崩解,释放出组织蛋白酶等溶解酶。也见于山羊口蹄疫、牛和羊的坏死杆菌病、嗜皮菌病等。

(5) 化脓性骨膜炎(suppurative osteoperiostitis)主要由葡萄球菌和链球菌引起。当化脓性细菌侵入骨膜后,首先在侵袭的部位增殖,并产生毒素,使骨膜损伤,发生浆液性浸润。由于渗出物中常有漏出或小血管破坏后所流出的红细胞,所以渗出液多呈淡红色。在浆液渗出的基础上很快发生脓性浸润,并在骨膜上出现很多小脓灶。当细菌毒力强大时,形成的小脓灶融合成较大的脓肿。如果化脓性浸润呈弥漫性生长,则可形成骨膜下蜂窝织炎。最后,由于骨膜的软化及坏死,脓肿破溃后脓汁进入骨膜外的软组织,形成瘘管。如果发生弥漫性骨膜炎,常可引起骨坏死而形成腐骨。常见于牛放线菌病、动物腐蹄病、鸡葡萄球菌病,猪链球菌病、鸡大肠杆菌病等。

(6) 急性化脓性骨髓炎(acute osteomyelitis)多发生于管状骨,主要由细菌侵入骨髓内引起。病原菌侵入骨髓腔后,先在骨骺端和骨干的骨髓中形成局限性化脓灶,继之形成小脓肿。如果细菌的毒力小,或者机体抵抗力强时脓肿局限化,反之,脓肿逐渐增大,脓汁增多,侵及更多的骨组织,甚至波及整个骨干。常见于马腺疫、蜂窝织炎,肉鸡弱腿症、鸡奇异变形杆菌病、鸡葡萄球菌病、肉鸡软脚病、猪咬尾症等。

(7) 慢性骨髓炎(chronic osteomyelitis)即骨髓脓肿,多由急性骨髓炎转移而来。主要病变是海绵骨常增殖为致密骨,脓肿壁的肉芽组织发生纤维化,其周围骨质常硬化成壳状,形成一种封闭性脓肿。如果死骨片长期存在形成经久不愈的瘘管后,骨与瘘管附近的软组织变为厚硬的纤维组织。

化脓性炎多半呈急性经过,及时清除脓液可以逐渐痊愈。皮肤及黏膜的溃疡可由肉芽增生填补,有些小脓肿还可通过钙化而形成固定病变,有些钙化灶亦可发生溶解后再吸收。脓肿破溃,脓汁如果沿静脉或淋巴管蔓延,可引起化脓性静脉炎或化脓性淋巴管炎,此时如果机体抵抗力降低,病原体可随脓液经血管和淋巴管蔓延全身,造成脓毒败血症,在全身各组织器官(特别是肺、肝、肾等)形成多发性转移性脓肿。

（五）出血性炎

出血性炎（hemorrhagic inflammation）是指炎灶渗出物中含有大量红细胞的一种炎症。此型炎症多数与其他类型炎症合并发生，如浆液性出血性炎、出血性纤维素性炎、化脓性出血性炎等，只有在个别情况下成为独立性炎症（如出血性盲结肠炎）。出血性炎的发生是由于一些病原体损害小血管壁，造成血管通透性显著增高的结果。例如，在炭疽、出血性败血症、马传染性贫血、猪瘟和马血斑病等疾病时，均出现严重的出血性炎症变化。

出血性炎一般呈急性经过，其结果及对机体的影响取决于原发疾病，如是重剧的出血性炎常可导致机体贫血等严重后果。

（六）坏疽性炎

坏疽性炎（腐败性炎）（gangrenous inflammation）是指炎症组织呈现腐败分解为特征的炎症。该炎症可能一开始就由腐败菌引起，也可能是在其他炎症的基础上进一步感染腐败菌所致，多发生于肺、肠腔、子宫、四肢下部等组织器官。发炎组织坏死、溶解，结构模糊，污秽不洁，放出恶臭。该型炎症常由于大量产生有毒产物迅速侵害周围组织，因此对机体有较大危害。

上述各种类型的渗出性炎，是根据病变特点和炎性渗出物性质划分的，但从各型渗出性炎的发生发展来看它们之间又有一定联系，并且多半是同一炎症过程的不同发展阶段。例如，浆液性炎常常是卡他性炎、纤维素性炎和化脓性炎的初期变化，出血性炎常伴发于各型渗出性炎的经过中。此外，即使是同一个炎症病灶，往往病灶中心为化脓性炎或坏死性炎，其外周为纤维素性炎，再外围则是浆液性炎。因此，对一个炎症作病理学诊断时，应抓住主要病变特征作为确诊依据。

三、增生性炎

增生性炎（proliferative inflammation）是以细胞或结缔组织大量增生为特征的炎症。在此种炎症过程中变质和渗出变化较轻微。根据其特征可分以下两种类型。

（一）非特异性增生性炎

该型炎症是指无特异性病原体所致的相同组织增生的一种病变。根据增生的组织成分，又可将其分为急性和慢性两种。

（1）急性增生性炎是以细胞增生为主，而渗出、变质变化轻微的炎症。例如，急性和亚急性肾小球肾炎，肾小球毛细血管内皮细胞与球囊上皮细胞显著增生，肾小球体积增大；猪副伤寒时，肝小叶内因网状细胞大量增生，形成灰白色针尖大的细胞性结节；在狂犬病和猪瘟等疾病过程中，引起病毒性细胞增生性脑炎，可见神经胶质细胞增生，形成胶质细胞结节。此外，淋巴结及脾脏发生急性增生性炎时，常显示淋巴小结及脾小体肿大，切面呈粟粒状突起，整个淋巴结或脾脏肿胀，质地变得很坚实，切面稍干燥。

（2）慢性增生性炎是以结缔组织的成纤维细胞、血管内皮细胞和巨噬细胞增生而形成非特异性肉芽组织为特征的炎症，这也是一般增生性炎的共同表现。慢性增生性炎多半从间质开始，故又称间质性炎，如慢性间质性肾炎、慢性间质性肝炎等。外科临床上多见的慢性关节周围炎，也属于慢性增生性炎。发生慢性增生性炎的组织器官，多半呈现体积缩小，质地变硬，表面由于增生的结缔组织收缩而呈凹凸不平。肾脏纵剖面可见皮质变薄，并有呈放射状灰白色结缔组织条纹,被膜与增生的结缔组织相连而难以剥脱。镜下见肾单位萎缩,间质明显增宽。由于其眼观肾脏体积缩小,表面呈凹凸不平颗粒状,故又名皱缩肾或颗粒肾。慢性间质性肝炎时,由于大量间质增生,常将肝组织分割成小叶状,镜下可见大量无小叶结构的肝细胞索被结缔组织包绕,形成所谓假小叶,此种变化在肝硬变时常见。

(二) 特异性增生性炎

特异性增生性炎是指由某些特异病原微生物引起的特异性肉芽组织增生。例如,由结核杆菌、鼻疽杆菌、放线菌等引起的结核结节、鼻疽结节和放线菌性肉芽肿。其详细形态结构及特征,参看结核、鼻疽及放线菌病。

第五章 败 血 症

一、概念

机体感染各种病原体后,抵抗力极度降低,病原体迅速突破机体的防御机构,从感染灶内不断大量侵入血液,在病原体及其毒性产物的作用下,造成广泛的组织损害,临床上出现严重的全身反应,这种全身性病理过程称为败血症(septicaemia)。

在败血症一词,最初是指血液腐败这是由于当时人们认为全身广泛性出血是腐败菌在血液内繁殖造成的。于是提出,细菌侵入血流,在血液内大量繁殖,造成全身性广泛出血和实质器官变性,称为败血症。由于一些病毒性传染病也出现与细菌性败血症相似的变化,因此病毒全身性感染也称为败血症。

在败血症过程中常常伴有菌血症(bacteremia)、病毒血症(viremia)、虫血症(parasitemia)和毒血症(toxemia)。所谓菌血症是指病原体从感染灶或创伤灶进入血液,经血流向机体各器官侵袭,它是败血症的重要标志之一。但是,菌血症并不等于败血症。例如,存在于机体口腔或肠道的菌体,就有可能通过黏膜侵入血流,但在机体抵抗力强的情况下,血液内的细菌可以很快被单核-巨噬细胞系统的细胞吞噬而消灭。在一些传染病的初期阶段,也常伴有菌血症,如鼻疽杆菌和布氏杆菌在侵入机体的初期,常由侵入门户通过血流到达一定的部位引起病变,在其不同发展阶段中,还经常出现暂时性菌血症(血液培养阳性),但这不能作为败血症的确诊依据,必须看其是否有败血症的临床症状及病理学变化,才能做出败血症的诊断。此外,并非败血症时血液内持续存在病原体或其毒性产物。所以菌血症和败血症既有联系,又有区别。

病毒血症是指病毒粒子存在于血液中的现象。败血型病毒病时的病毒血症,主要是由于复制的病毒大量释放入血液,同时伴有明显的全身性感染过程。

虫血症,即寄生性原虫侵入血液的现象。同病毒血症一样,败血型原虫病的虫血症,主要是由于原虫繁殖后大量释放入血液,同时伴有明显的全身性病理过程。

毒血症是血液内有细菌毒素和其他毒性产物蓄积而致的全身中毒现象。毒血症的发生一方面是由于病原体侵入机体后在局部繁殖,并形成大量组织崩解产物被吸收入血液;另一方面也与全身物质代谢障碍及肝、肾的解毒和排毒机能障碍等因素有关。

二、病因和发生机制

引起败血症的病原主要是细菌和病毒,以及某些原虫,如梨形虫、弓形虫等。

病原体突破机体的外部屏障(皮肤、黏膜等)侵入体内的部位,称为侵入门户和感染门户。皮肤、消化道、呼吸道和泌尿生殖道的黏膜都可成为病原体的侵入门户。特别是当皮肤和黏膜有损伤时,就更容易造成病原体感染,从而成为侵入门户。

病原体由侵入门户进入体内后,如果未被白细胞和免疫球蛋白消灭,便在局部组织、局部淋巴结或其他适于它们生存的部位(如血液细胞等)繁殖,破坏局部组织,引起局部炎症,称此为原发性感染灶。此后,病原体的损害作用和机体防御适应性反应之间的斗争,决定着疾病的发生发展。败血症的出现意味着病原体的损害作用占明显优势,而机体抵抗力显著降低。

由创伤感染非传染性病原菌(如葡萄球菌、链球菌、绿脓杆菌、各种肠杆菌等)所导致的感染创型败血症,以及由一些传染性病原菌(如坏死杆菌、气肿疽梭菌、恶性水肿梭菌等)所引起的传染病型败血症,一般是在局部炎症的基础上发展起来的,也是局部病灶转变为全身化的过程。在疾病初期,这些病原菌首先在机体某部引起局灶性炎症,随后因局部病灶未能得到及时处置,或因动物营养不良、过度疲劳、感冒等因素,削弱了机体的抵抗力,使炎灶中的病原菌大量繁殖,局部组织炎症波及淋巴管和血管,引起局部淋巴管炎、静脉炎及淋巴结炎。此时,病原菌通过淋巴管和损伤的血管,随血流向机体的全身播散,最初侵入血液的部分病原菌可被单核-巨噬细胞吞噬,但随着机体抵抗力进一步降低,局部炎灶不断扩大,病原菌及其毒性产物大量进入血液,使全身各器官、组织受到损害,引起各组织器官的物质代谢和生理机能发生严重紊乱。病畜出现发热、衰弱、昏迷等全身症状;皮肤黏膜出血,全身各组织器官呈现变性甚至坏死病变,即病畜出现败血症。如果入侵病原为化脓性细菌,并引起感染灶周围化脓性静脉炎、淋巴管炎以及化脓性淋巴结炎,使化脓菌不断随血流及淋巴流转运到全身各器官组织,形成转移性化脓病灶,此称为脓血症(pyemia)或脓毒败血症(pyosepticemia)。

一些慢性细菌性传染病,如结核病,通常以慢性局灶性炎症为主。当机体抵抗力降低时,病原菌可从局部病灶大量侵入血液,在各个器官形成多发性转移病灶,形成粟粒性结核。这种急性全身化过程,也称为结核性败血症。

另一些细菌性传染病,如炭疽、猪丹毒(败血型)、巴氏杆菌病(败血型)、幼畜副伤寒等,以及某些病毒性疾病,如牛瘟、猪瘟、马传染性贫血等,也经常以败血症的形式出现,所以称之为败血型传染病。这类病原体在侵入机体后可直接发展为败血症,常常找不到侵入门户,即无明显的局部炎症病变。但这类败血症的发生机制与上述病原菌所引起的败血症是基本一致的,只是这些病原体的侵袭力和毒力很强。它们侵入机体后,能迅速突破机体的防御机构,经血液播散到全身,在适合其生存的部位增殖并造成广泛的组织损害。

总之,大多数败血症,特别是感染创型败血症,局部感染灶是败血症的起源部位。由炎症发展为败血症的过程,也就是机体在和病原体进行剧烈斗争过程中,病原体的侵袭力逐渐取得优势,机体的抵抗力逐渐趋于解体的过程。此过程由量变到质变,由局部到全身。传统医学所谓"疔疮走黄"、"邪毒内陷于正虚"等论述,也就是指局部病灶转化为败血症的过程。所以,临床上对任何外科疾病或内脏炎症,都应采取积极的医疗措施,不可轻视。

三、病理变化及常见的疾病

败血症病畜的病理特征以全身各器官的退行性病变和出血为主。病原体在机体内广泛播散,在很多器官内,特别是在脾脏和全身淋巴组织,可以看到明显的炎症过程并检出病原体。败血症病畜通常有某些共同的病理形态学变化,但由于机体状态、病程和病原特性等条件不同,每一个具体的败血症病例,又各有其特有的表现形式。急性经过的败血症,一般可出现下述病理变化。

[剖检]　死于败血症的动物尸体,受体内病原体和毒素作用,常表现为早期腐败和肌肉变

性,尸僵不完全或不明显;由于微血管内皮细胞遭受损伤及凝血系统被激活,多出现弥散性血管内凝血;进而大量微血栓消耗凝血因子和血小板,继发血液凝固不良、出血,尸体腐败溶血。因此,死于败血症的动物尸体很突出的剖检特征是血液凝固不良,呈紫黑色黏稠状态,大血管内膜、心内膜和气管黏膜等处被血红蛋白染成污红色。溶血和肝功能不全,使间接胆红素在体内蓄积,故常见可视黏膜和皮下组织黄染。在四肢、背腰部和腹部皮下,以及浆膜和黏膜下的结缔组织,常见出血性胶样浸润。在心包、心外膜、胸膜、腹膜、肠浆膜以及一些实质器官的被膜上见有出血斑点。胸腔、腹腔和心包腔有不等量的积液,其中常有纤维素凝块。严重时,可见浆液性纤维素性心包炎、胸膜炎及腹膜炎。

败血症病例多表现全身淋巴结肿大,呈急性浆液性和出血淋巴结炎变化。

败血症病例的另一重要病理特征是脾脏呈现急性炎性脾肿大,称为败血脾,脾脏肿大有时可达正常的2～3倍,外观被膜紧张,呈青紫色,质地松软易碎,触摸有波动感,脾切面隆凸,紫红色,脾白髓和小梁不明显,用刀背轻划切面,可见刀背上附有多量紫红色血粥样物,有时因脾髓高度软化而从切面自动流出。严重时往往发生脾破裂而引起急性内出血。脾脏的肿大和软化,主要是由于被膜和脾小梁的平滑肌纤维遭受病原体、毒素的作用发生变性或坏死,收缩力减退,因而脾脏呈现高度淤血。

心肌变性、心腔扩张,尤以右心室最为明显,心腔积留多量暗红色凝固不良的血液。心内、外膜散布点状出血,心肌质地松软易碎,切面暗晦无光,呈黏土色或灰黄色,有时因不均匀的充血和不同程度的变性相间而呈不同的色彩。

肝脏肿大,呈灰黄色或土黄色,质地脆弱,常因淤血和变性色相间而呈典型的"槟榔肝"形象。

肺脏淤血、出血和水肿,有时伴发出血性支气管肺炎。

肾脏肿大,质地柔软,被膜易剥离,表面和皮质呈灰黄色,皮质与髓质交界处呈紫红色。

肾上腺因明显变性,类脂质消失,皮质呈浅红色(而不是固有的黄色),皮质与髓质可见出血灶。

脑除软膜充血外,脑实质无明显病变。

[镜检]　脾、肝和淋巴结有血源性色素沉着;淋巴组织充血、出血、水肿和坏死,并有中性粒细胞浸润,淋巴窦扩张,窦内充填单核细胞、中性粒细胞和红细胞,有时还可见细菌团块。扁桃体和肠壁淋巴小结也呈现肿大、充血、出血等急性炎症变化。脾髓(红髓和脾白髓)高度充血、出血,红细胞多呈溶血状态,有多量含铁血黄素沉着和多少不等的中性粒细胞浸润,常见细菌团块,有时见局灶性坏死。淤血严重的脾组织几乎成为一片血海。红髓和脾白髓有不同程度增生。被膜和小梁的平滑肌变性,常有浆液和白细胞浸润。

心肌纤维呈颗粒变性或脂肪变性,甚至坏死崩解。有时可见局灶性心肌炎,表现心肌纤维变性,局部充血、出血、浆液渗出和淋巴细胞浸润等。

肝细胞颗粒变性和脂肪变性,小叶间静脉、中央静脉和窦状隙淤血,枯否细胞肿大,偶见局灶性炎性细胞浸润。

肾小管上皮细胞变性,间质中有时可见局灶性淋巴细胞浸润,偶见肾小球性肾炎。

软膜下和脑实质充血、水肿,毛细血管有透明血栓,神经细胞呈不同程度的变性,有时也见局限性软化灶、炎性细胞浸润和神经胶质细胞增生等。

以上是感染创型败血症和传染病型败血症共有的病理学特点,尤以上述传染病型败血症变化最为明显。

感染创型败血症病例,除具有上述变化外,还有原发性病灶病变,而且根据原发性病灶的部位和病变特点,还可以判断败血症的来源、病原特性以及疾病发生、发展过程。现将几种常见的原发性病灶的病变特点分述如下。

1. 创伤性败血症的原发病灶

因鞍伤、去势伤、烧伤以及四肢蹄球部和系部的外伤等,感染各种病原体而发展成为败血症的原发性病灶。其病变特点是感染局部呈浆液性化脓性炎或蜂窝织炎;创伤附近的淋巴管呈急性淋巴管炎病变,表现为淋巴管肿胀、变粗呈索状,管壁增厚,管腔狭窄,管腔内积有脓汁或纤维素性凝块;淋巴管径路上的淋巴结肿大,呈浆液性或化脓性淋巴结炎。若病原菌经淋巴管或静脉随血流扩散,则首先在肺脏形成继发性化脓灶,然后,病原菌经肺静脉进入左心而到达体循环,并在体循环的毛细血管形成细菌栓塞,引起继发性脓肿,即在心脏、肾脏、脑、肝脏、脾脏、胃肠、关节等器官内形成大小不一的化脓灶(脓肿)。局部化脓病灶的全身化,称为脓毒败血症。

若病尸的继发性化脓灶数量少而体积大,表明继发脓肿的形成已较久,即病尸存活时间较长。若继发性化脓灶多而体积很小(粟粒型),说明动物在继发性化脓灶形成后不久就死亡了,这是急性脓毒败血症的征象。牛、马等大动物发生脓毒败血症时,有时可以看到机体内既有较大的转移性化脓灶,也有较小的病灶,且其密度不等,说明病原体是多次、反复侵入血流。此外,化脓灶的结构也有区别,较大的继发性化脓灶中,一般都可以看到脓灶周围有肉芽组织(即生脓膜)形成,说明机体对病原体已有较强的抗御过程。死于粟粒型脓毒败血症的病例,往往局部组织的坏死显著,而组织的增生和白细胞浸润较轻微,说明病畜还未及抗御病原体的损害作用即已死亡。

2. 脐败血症的原发病灶

脐败血症的原发病灶是指初生幼畜断脐时因感染病原体而发生的败血症。其特征是在脐带根部发生出血性化脓性炎,该部表现红肿、化脓、出血呈污秽色。该病灶蔓延到腹膜,则引起纤维素性化脓性腹膜炎;病原菌还可经脐静脉进入血流,引起化脓性肺炎和四肢关节,特别是引起肩关节、肘关节、髋关节和膝关节等化脓性炎症。

3. 产后败血症的原发病灶

产后败血症的原发病灶是指母畜分娩后,子宫内膜感染了化脓菌或坏死杆菌,引起的化脓性坏死性子宫炎,并因此发生的败血症。

[剖检] 见子宫肿大,按压有波动感,浆膜混浊无光泽,子宫内蓄积大量污秽不洁、带恶臭的脓汁。子宫内膜肿胀、淤血、出血和坏死剥脱,形成大片糜烂或溃疡。

4. 口腔败血症的原发病灶

口腔败血症的原发病灶常见的是由链球菌和坏死杆菌等引起的扁桃体化脓性坏死性炎,即扁桃体红肿并化脓。

5. 异物性肺炎所致败血症的原发病灶

异物性肺炎所致败血症的原发病灶常由于动物误咽而继发感染厌氧性腐败菌所致。其特征性病变是形成化脓性坏疽性肺炎,肺脏污秽不洁,正常肺结构破坏,散发出恶臭的气味,在大气管甚至鼻腔内有污秽不洁恶臭的分泌物。

6. 尿道及乳房感染所致败血症的原发病灶

最为常见的是由化脓性棒状杆菌和大肠杆菌引起的肾盂肾炎以及由链球菌引的乳房炎。

第六章 禽类主要疾病的病理剖检诊断

一、鸡新城疫

鸡新城疫(newcastle disease)又名亚洲鸡瘟、非典型鸡瘟、禽肺脑炎,是由鸡新城疫病毒引起的鸡和火鸡的一种接触性传染病,常呈败血症经过。其主要临床和病理解剖学特征是呼吸困难、下痢、神经机能紊乱、黏膜和浆膜出血、出血性纤维素性坏死性肠炎,脾、胸腺、腔上囊及肠壁等淋巴组织坏死,非化脓性脑膜脑炎和脑脊髓炎等。

该病于1926年发现于南亚地区,同年传入英国新城而被命名。鸡、火鸡、野鸡、孔雀、鹦鹉、鱼鹰、乌鸦、麻雀、猫头鹰等鸟类都能感染发病,鹅、鸭和鸽对该病毒有较强抵抗力。近年来有学者研究发现并分离了对鹅呈高度致病性的副黏病毒,该病毒与鸡新城疫病毒的同源性较高。人偶有感染表现为结膜炎、腮腺炎及类似流感症状。

1. 病原及其传播方式

鸡新城疫病毒为副黏病毒科成员。病毒粒子呈圆形,直径 120～300nm,有囊膜和突起,抗原结构稳定,对乙醚敏感,含红细胞凝集素,在 4℃环境中可存活 7 个月以上。

病原主要通过病禽的带毒分泌物和排泄物(鼻液、唾液、粪便等)污染饲料、饮水,或经咳嗽、喷嚏污染空气,然后经消化道、呼吸道、眼结膜、破损的皮肤或泄殖腔黏膜侵入被感染禽类机体。其在感染后 36h 内进入血液,形成毒血症并吸附于红细胞膜上引起溶血。用免疫荧光和免疫组化法确定,病毒抗原主要集聚在血管内皮细胞中,导致血管壁损伤和广泛出血。感染后 2～8d 可依次在脑、肺脏、气管、脾脏、心肌和肾脏检测到病毒,一般在感染 6d 后,病毒逐渐从体内和粪便中消失。

2. 主要临床症状

受感染禽通常经 2～4d 的病程死于败血症,感染强毒的禽类可能无任何症状而突发死亡。多数病禽表现为精神沉郁,蹲地,鸡冠和肉髯发紫,头颈和翅翼下垂,眼半开或流泪,从嘴角流出黏稠的黏液,排黄白色或黄绿色水便,呼吸困难常呈伸颈张口呼吸,并不断摇头以力图吐出呼吸道内黏液。有的病例眼结膜肿胀,颈部和两肢呈麻痹瘫痪状,运动障碍,常出现神经性抽搐和平衡失调。

3. 病理变化

[剖检] 病死鸡鸡冠发紫,从口内流出带臭黏液,头颈后仰、扭曲,眼结膜充血或出血。有些病例皮肤有出血斑点,皮下有胶样浸润。

有诊断意义的是:内脏器官出血性素质和消化道、呼吸道病变。胸、腹腔浆膜、呼吸道黏膜、脑膜和心外膜的斑点状出血,胃、肠黏膜出血。口腔和咽部存有黏液。严重病例,在咽部和食道有芝麻粒大至米粒大呈黄白色隆起的坏死病灶。嗉囊内充满酸臭的混浊液体和气体,嗉囊壁水肿。腺胃黏膜肿胀,黏膜腺体呈丘状隆凸,在突起顶端有出血斑点(图 6-1,见图版)或灰白色坏死点。腺胃黏膜被覆多量黏液,挤压腺胃乳头常流出干酪样坏死物质。最具特征的病变是在腺胃与肌胃交界处常见有出血带。此外,在肌胃的角质膜下,有斑状出血灶。小肠黏膜充血、局灶性出血和肠淋巴小结呈急剧肿胀和坏死,形成小组扣状的凝乳样突起(纤维素性坏死性炎)(图 6-2,见图版)。盲肠出血或凝乳样痂皮被覆。在急性或亚急性病例中,以上病变表现轻微。病程较长的病例,则肠道病变明显。胰腺也可见有点状出血和粟粒大的灰白色坏死灶。

肝脏肿胀变性,其变性程度取决于肠道病变的轻重,偶见肝实质散在有细小的黄白色坏死灶。脾稍肿大,被膜下常散在针头大至粟粒大灰白色病灶。

鼻腔、喉头、气管和支气管常积有黏液,黏膜充血并常散布小点状出血。肺充血、水肿,有时存有小而坚实的结节性病灶。脑和脊髓充血。

[镜检] 呼吸道的黏液腺内,网状内皮细胞增生,在其胞浆内偶可见到包涵体。在脾脏、法氏囊、胸腺和肠壁的淋巴样组织内的网状细胞、大吞噬细胞和淋巴细胞弥漫性坏死。脾脏鞘动脉外围的网状组织及其附近的淋巴组织坏死,伴有浆液和纤维素渗出。坏死灶中的鞘动脉内皮肿胀变圆,其外壁的细胞排列疏松而膨大,严重病例管壁呈纤维素样坏死。

腺胃除见坏死和出血变化外,黏膜和肌层还呈浆液性水肿,网状内皮细胞和淋巴细胞增生、积聚。肠道黏膜呈卡他性炎,肠壁淋巴小结增生部位水肿、充血、出血和坏死。

肝组织的血管和胆管周围见有淋巴细胞和异嗜性粒细胞浸润,血管壁内皮细胞肿胀、坏死。肝细胞呈颗粒变性。

肺组织支气管腔内积有黏液和剥脱上皮,肺泡壁毛细血管充血,淋巴细胞和网状内皮细胞呈灶状增生,并有出血、坏死和浆液性水肿病灶。

肾脏可见肾小管上皮变性,间质充血与淋巴细胞浸润,偶见肾小球肾炎。

脑髓组织的神经细胞有不同程度的变性乃至坏死变化。大脑半球、小脑、延脑以及其他部位,常见神经细胞胞浆内有空泡形成,有时见脑组织呈广泛性水肿,水肿区的神经细胞皱缩。脑实质血管充血,慢性病例的脑血管周围有淋巴细胞、组织细胞和浆细胞积聚而形成非化脓性脑炎的"血管套"。脊髓也常见有类似变化。

二、禽流感

禽流感(avian influenza)是由禽流感病毒引起的侵犯鸡、火鸡、鸭、鹅、鹌鹑、鸽以及各种野生鸟类呼吸系统、神经系统的一种急性传染病。最急性型以发病急、病程短、发病率与死亡率高为特征,曾称之为禽瘟(fowl plague)。该病在 1982 年国际禽流感专题讨论会上被称为高度致病性流感病毒感染。据报道带毒鸟类多达 90 余种,我国有 17 种鸟类已发现禽流感病毒。2005 年发生在我国青海湖的禽流感导致大批的斑头雁等野生水禽死亡。该病也可感染海豹、鲸鱼、虎、狮、豹等哺乳动物。近年来,在亚洲多个国家有人感染 H5N1 亚型禽流感病毒而致死的报道。

1. 病原及其传播方式

禽流感病毒(avian influenza virus,AIV)属正黏病毒科、流感病毒属。病毒囊膜含有血凝素(H)和神经氨酸酶(N)活性的糖蛋白纤突。至今认为,由禽传人的禽流感病毒主要为:H5N1、H9N2 和 H7N7。其中,对禽类危害较大的毒株主要是 H5N1 和 H7N7。

野禽通常为隐性感染,体内长时间带毒。病原经呼吸道或消化道感染,并在消化道和呼吸道黏膜内繁殖。消化道内增殖的病毒不断地随粪便排出。病毒在粪便中能活 105d,在羽毛中存活 18d,通过污染水源、饲料或鸡舍内设施而呈水平传播感染健康禽类。强毒毒株可引起病毒血症,病毒随血流侵犯脑、肝脏、肾脏、脾脏等器官。病毒血症阶段,产蛋禽所产蛋携带病毒,可垂直感染幼禽。

2. 主要临床症状

病禽发热(体温迅速升高达 43.3~44.4℃)、咳嗽、喷嚏、流泪、黏液性鼻漏、窦炎、呼吸道啰音、呼吸困难等症状,并伴发腹泻或神经功能障碍等症状。病程为 1~2d。病鸡表现严重不适,头、颈部水肿、发绀,失明,惊厥,瘫痪。病死率接近 100%。火鸡感染后出现厌食、沉郁、窦炎、产蛋率下降、蛋壳色泽和质量异常,发病率高,死亡率低或中等。病鸭主要表现为窦炎、腹泻和死亡率增加。

3. 病理变化

[剖检] 最急性病例一般无特异性病变。急性病例常表现为严重出血,头部和颜面浮肿(图 6-3,见图版),鸡冠、肉髯肿大达 3 倍以上;皮肤斑块状出血(图 6-4,见图版),皮下有出血性胶样浸润;胸、腹部脂肪呈紫红色出血斑;心包积水,心外膜有点状或条纹状坏死,心肌软化;病鸡腿部肌肉有出血点或出血斑,脚趾鳞片出血(图 6-5,见图版)。腺胃乳头水肿、出血,肌胃角质层下出血,肌胃与腺胃交界处呈带状或环状出血;十二指肠、盲肠扁桃体、泄殖腔黏膜充血、出血;肝、脾、肾脏淤血肿大,有白色小块坏死;呼吸道有大量炎性分泌物或黄白色干酪样坏死;胸腺萎缩,有程度不同的点、斑状出血;法氏囊萎缩或呈黄色水肿并伴有充血、出血;母鸡卵泡充血、出血,卵黄液变稀薄;严重者卵泡破裂,卵黄散落到腹腔中,形成卵黄性腹膜炎,腹腔中充

满稀薄的卵黄。输卵管水肿、充血，内有浆液性、黏液性或干酪样物质。公鸡睾丸变性坏死。多数病禽的气管、窦、气囊和结膜有轻度到中度的炎症。

〔镜检〕　心肌、脾、肺、脑、肉垂、肝和肾充血、出血。肝、脾、肾实质变性、坏死。脑组织有非化脓性脑炎，血管周围管套形成、神经细胞变性、神经胶质细胞增生明显。肺脏通常为间质性肺炎，继发细菌感染时，呈支气管肺炎病变。此外，因毒株的不同，除了共有的病变外，还有各自的特征。例如，有的毒株引起多发性坏死灶，有的毒株引起明显的胰坏死，有的毒株引起心肌炎。

三、鸡传染性喉气管炎

鸡传染性喉气管炎（avian infectious laryngotracheitis）是由疱疹病毒科鸡传染性喉气管炎病毒引起的一种禽类的急性呼吸道传染病。病毒主要侵害禽类的喉头、气管、支气管、鼻腔、气囊和结膜等部位。

1. 病原及其传播方式

鸡传染性喉气管炎病毒属于疱疹病毒科，为 DNA 病毒。健康鸡群主要通过接触病鸡的分泌物、排泄物而感染，病毒侵入感染鸡的上呼吸道黏膜及眼结膜，并在该部位的黏膜上皮细胞核内大量增殖，致使上皮细胞核急剧分裂而胞体不分裂，继而受损黏膜脱落。鸡、野鸡、孔雀、犬、鼠、野鸟等均可成为带毒传染源。

2. 主要临床症状

鸡群突然发生死鸡，经 1~3d 病鸡急剧增多，病鸡从鼻腔流出透明黏液，有时见有流泪现象。气管或支气管内有多量渗出物，病鸡常发出"格鲁格鲁"声音。重病鸡高度呼吸困难，呼吸时伸颈张口，并伴有强烈咳嗽以咳出渗出物。产蛋鸡染病后，其产蛋量下降 12%~62%，多数病鸡约经一个月后恢复正常产蛋。死亡率约 5%。合并感染支原体病的鸡群，多呈慢性呼吸道疾病经过。上呼吸道黏膜固有层高度水肿，以及干酪样渗出物堵塞喉和气管，病鸡常窒息而死。

3. 病理变化

〔剖检〕　死于该病的鸡其病理变化常呈现喉气管型和结膜型两种类型。

喉气管型：尸体喉和气管内存有卡他性或卡他出血性渗出物，呈乳酪状或血凝块状堵塞喉和气管。有些病例于喉和气管内存有灰黄色栓子状纤维素性干酪样物质，后者很容易从黏膜剥脱堵塞喉腔，特别是堵塞喉裂部。干酪样物脱落后，黏膜显示充血、散在斑点状出血（图 6-6，见图版）轻度增厚。这些变化多见于气管的上 1/3 部位。鼻黏膜充血、肿胀，散布小点状出血，偶见鼻腔渗出物中带血凝块或呈灰黄色纤维素性干酪样物。在舌根、口角、口盖裂隙及咽喉出口处见有易剥脱的白色薄膜，后者是口黏膜卡他性、纤维素性炎的炎性渗出物。肠管黏膜呈现轻度出血性卡他性炎，心内外膜、肝被膜、胰腺及胸腺偶见点状出血，各实质器官实质变性，肺脏呈现支气管周围炎，偶见气囊出现白色混浊或肥厚。产蛋鸡卵巢见软卵泡或卵巢血肿。

结膜型：有的病例除在喉、气管见不同程度的上述病变外，眼结膜呈浆液性结膜炎，结膜充血、水肿，偶见点状出血。有些病鸡的下眼睑明显水肿。也有些病例出现纤维素性结膜炎，在结膜囊内沉积纤维素性干酪样物质而使上下眼睑粘连在一起，角膜混浊，严重者发生全眼炎。

〔镜检〕　见喉、气管呈现卡他性炎、纤维素性出血性炎。黏膜上皮细胞大量脱落，残存的黏膜上皮细胞肿胀、增生，核呈空泡变性而肿大。黏膜固有层裸露、充血、水肿，有大量异嗜性粒细胞、淋巴细胞及单核细胞浸润。充血的毛细血管呈球状结构突出于喉、气管腔黏膜表面。

血管内皮肿胀、增生,管壁纤维素样变。严重者,除喉、气管黏膜坏死外,有时气管软骨环出现坏死。在残存的喉、气管黏膜上皮细胞内,特别是脱落的黏膜上皮细胞内,可见有核内嗜酸性或嗜碱性包涵体(图 6-7,见图版)。一般在病鸡受感染后 2~4d 这种包涵体数量最多。包涵体呈圆形、卵圆形或棒状形,周围有一亮圈。在支气管和气囊壁上皮内也可以看到同样的包涵体。

4. 诊断

根据该病的临床症状和特征病变可以作出初步诊断。在疾病早期(1~5d),刮取喉、气管黏膜或眼结膜制成涂片,用较低 pH 固定液(90% 乙醇的苦味酸饱和溶液 120ml,甲醛溶液22.5ml,冰乙酸 7.5ml,共 150ml)涂面朝下固定 2~5min,再浸入该固定液 10~20min。然后水洗、染色、镜检,见细胞核呈蓝色,包涵体呈红色。另外,荧光抗体技术也能迅速检出病毒,即可确诊。在鉴别诊断上应注意与鸡传染性支气管炎、禽霍乱、禽痘(黏膜型)、鸡包涵体肝炎(有时在气管黏膜上皮细胞核内形成包涵体,但不能使上皮细胞形成合胞体)及维生素缺乏症相区别。

四、鸡痘

鸡痘(fowlpox)是由痘病毒科鸡痘病毒引起的鸡接触性传染病。其特征是在皮肤发生痘疹和(或)在口、咽喉部黏膜出现固膜性炎。

1. 病原及其传播方式

鸡痘病毒属于痘病毒科的禽痘病毒属,为 DNA 病毒。火鸡痘、鸽痘和金丝雀痘病毒都可能感染鸡。各种年龄和品种的鸡都可感染,但以雏鸡和中鸡最易感。病原通常由病鸡脱落的痘痂污染环境,或直接接触病鸡,通过破损的皮肤或黏膜感染健康鸡群,也可经病鸡体表的寄生虫和蚊子传播。

2. 病理变化

鸡痘的病理变化依病毒侵犯的部位不同而分为皮肤型、黏膜型和混合型。

1)皮肤型(痘疹型)

[剖检]　即皮肤出现痘疹。初期痘疹为灰白色稍隆起的小结节,随病程延长,结节增大,有的发生融合,形成表面粗糙、暗褐色、隆起于皮肤表面的结节。结节不易剥离,约经两周结节发生坏死,进而形成结痂。痂皮脱落后局部皮肤出现瘢痕。皮肤痘疹主要见于皮肤的无羽毛或少羽毛部位,特别是鸡冠、肉髯和眼睑(图 6-8,见图版),也可见于喙角、颈部、翼下、头后和肛门周围的皮肤。

[镜检]　早期病变为表皮细胞增生和水泡变性,表皮层明显增厚并有过度焦化。变性表皮细胞的胞浆内可见包涵体,又称 Bolinger 氏小体。以后有些水泡变性的细胞可发生崩解,局部形成小水疱,有些则发生坏死;真皮血管充血,其周围有淋巴细胞、巨噬细胞和异嗜性粒细胞浸润。痘疹发生坏死后,其周围组织形成分界线炎,坏死物脱落后,皮肤缺损部由其周围组织再生而修复。

2)黏膜型(白喉型)

[剖检]　主要是口腔、咽、喉等部位黏膜的固膜性炎,重症病例也可见于食管、嗉囊、气管和眶下窦黏膜。初期病变是在黏膜面形成隆起的灰白色结节(图 6-9,见图版),以后结节增大或融合、坏死,形成一层灰黄色假膜,此膜隆起于黏膜表面,不易剥离,剥离后局部黏膜留下出

血性溃疡。

[镜检] 初期病变为黏膜上皮的增生和水泡变性,上皮细胞胞浆内可见包涵体。以后病变部因继发感染而出现炎性反应和凝固性坏死,炎性渗出物和坏死组织融合成一层假膜。坏死可波及整个黏膜层,有些病例达到黏膜下层。假膜下病变组织明显充血、出血和异嗜性粒细胞浸润。

3) 混合型 兼有皮肤型和黏膜型鸡痘的病变特征。

五、禽传染性支气管炎

禽传染性支气管炎(avian infectious bronchitis)是由冠状病毒引起鸡的一种急性、高度接触传染的呼吸道病,简称传染性支气管炎(IB)。临床上以啰音、咳嗽和打喷嚏为特征。幼雏流鼻液、腹泻和脱水,死于肾功能衰竭。中雏生长发育迟缓,产蛋鸡通常表现产蛋量下降。主要病变特征为浆液性、卡他性、纤维素性支气管炎。

1. 病原及其传播方式

禽传染性支气管炎病毒(avian infectious bronchitis virus, AIBV)属于冠状病毒科的成员。病毒含单链RNA,在胞浆中复制,不凝集禽的红细胞。病毒主要存在于病鸡的呼吸道和肾脏。该病毒株至少具10个血清型。肾毒株主要引起幼雏传染性支气管炎和肾炎综合征。病毒抗热性不强。一般消毒剂均可杀灭。在10~11日龄鸡胚中生长良好,随着继代次数增加,鸡胚发生矮小化和死亡的数量也增多。在鸡胚肾、肺、肝等的细胞培养中可以生长繁殖,并致肾细胞形成融合体和死亡。

鸡是AIBV的唯一自然宿主,各种日龄鸡均可感染,但幼雏发病严重并常引起死亡。病原体主要由病鸡的呼吸道、泌尿生殖道等排泄物污染环境,主要经健康鸡群的呼吸道感染,病毒可在呼吸道黏膜上皮细胞内迅速增殖,同时也可以在泌尿生殖道、腔上囊等组织中增殖,而且停留时间更长。

2. 主要临床症状

由于呼吸道受感染发炎,早期病鸡出现咳嗽和喷嚏,随后病鸡出现呼吸困难、气管啰音,尤其当支气管炎性渗出物形成干酪样栓子堵塞管腔时,病鸡可窒息死亡。肾毒株可引起肾功衰竭导致中毒和脱水而死亡。输卵管上皮受病毒侵害时可导致分泌细胞减少和局灶性组织增生,临床上出现异常蛋或畸形蛋,以及输卵管狭窄、阻塞、破裂,造成继发性卵黄性腹膜炎等。

3. 病理变化

[剖检] 病鸡尸体的鼻道、气管中有浆液性、卡他性或干酪性渗出物,气囊壁混浊或附有干酪样物。病死鸡常在支气管内有干酪性栓子。较大的支气管周围见小区域肺炎灶。产蛋鸡的卵巢卵泡充血、变形。输卵管短缩,黏膜增厚,管腔呈局部性狭窄和膨大,有时因输卵管破裂或卵逆行进入腹腔。肾毒株可引起肾脏肿大,呈灰褐色或苍白色,有光泽。濒死期或自然病亡鸡的肾脏和输尿管内有大量尿酸盐沉积。病程后期雏鸡肾脏整体或局部体积缩小。腔上囊、泄殖腔黏膜充血,并充满胶样物质。肠黏膜充血,呈卡他性炎。全身血液循环障碍而使肌肉绀紫,皮下组织因脱水而干燥。

[镜检] 见呼吸道黏膜上皮肿大增生,细胞纤毛脱失,胞浆内空泡形成。黏膜固有层水肿增厚,结构稀疏,伴有淋巴细胞浸润。黏膜下层轻度充血或出血。各级支气管腔内充满嗜伊红均染的炎性渗出物。荧光抗体检查病变上皮细胞可见病毒抗原。输卵管黏膜上皮变成矮柱

状,分泌细胞明显减少。子宫黏膜腺细胞变形,固有层腺体局灶性增生使局部黏膜增厚,有多量淋巴细胞浸润。肾毒株感染主要表现肾脏病变,即出现间质性肾炎。感染早期只见远曲肾小管和集合尿管扩张和间质有局灶性淋巴细胞浸润。中期在肾间质中可见淋巴细胞、浆细胞和巨噬细胞广泛浸润以及少量成纤维细胞增生,肾小管上皮细胞变性脱落。尿酸盐沉积、管腔中可见由变性上皮细胞和异染细胞组成的管型。后期肾间质见淋巴小结形成,其他炎性细胞成分减少,部分肾小叶皱缩。偶见肾小管上皮再生或完全恢复。在肾毒株感染第7~20天,电镜观察:在肾上皮细胞胞浆内有直径0.7~1.7μm病毒包涵体。

4. 诊断

根据流行病学、临床症状和病理学检查可作初步诊断。确诊要靠病毒分离鉴定。应注意与鸡新城疫、鸡传染性喉气管炎及传染性鼻炎鉴别。鸡新城疫死亡率大,雏鸡多见神经症状。鸡传染性喉气管炎病变严重时,气管部黏膜出血、坏死,流行过程较缓慢,很少见于雏鸡。鸡传染性鼻炎常有面部肿胀。

六、鸡传染性腺胃炎

鸡传染性腺胃炎是一种以腺胃炎性肿大、腺胃乳头溃疡为主要特征的病毒性传染病。近年来,该病在美国、澳大利亚、中国等多个国家均有报道。临床上,该病可发生于不同品种的蛋鸡和肉鸡,以蛋雏鸡和青年鸡多发,其次为肉用公鸡和杂交肉鸡。最早发病日龄见于21日龄,25~50日龄为多发期,有报道称产蛋鸡也可发病。病程10~15d,长者可达35d,发病后5~8d为死亡高峰。常因继发感染其他疾病而造成大批量的死亡,发病率为20%~50%,死亡率为30%~50%。

1. 病原及其传播方式

关于该病的病原目前尚无定论。有报道称,在腺胃病变中观察并分离到的病毒有多种,如传染性支气管炎病毒、呼肠孤病毒、网状内皮组织增生症病毒等。M. A. Goodwin认为该病的病原为一种未分类的病毒,命名为Transmissible viral proventriculitis virus(TVPV)。该病毒主要的传播方式为垂直传播,水平传播的能力极差。很多发病鸡场同时饲养的来自于不同种鸡场的鸡,有时混群饲养,但仅有来自于有发病史的鸡场发病。

2. 主要临床症状

病鸡表现为生长阻滞、羽毛生长不良和消瘦。初期(20~30日龄)出现精神沉郁,缩头垂尾,翅下垂,羽毛蓬乱不整,采食及饮水减少,部分鸡呈现瘫痪和站立不稳等症状。30~50日龄时,病鸡生长迟缓或停滞,体重增重停止或逐渐下降,有的病鸡体重仅为正常鸡的50%或更少。鸡体极度消瘦,可视黏膜苍白,饲料转化率降低,粪便中有未消化的饲料。有的病鸡有流泪、肿眼及呼吸道症状,排白色或绿色稀粪。

3. 病理变化

［剖检］　病鸡极度消瘦,肌肉苍白,骨质变软,骨髓呈脂肪样。病死鸡腺胃病变具有特征性。腺胃肿大如球状,为正常腺胃的2~3倍,呈乳白色,有时可见灰白色格状外观。切开见腺胃壁增厚、水肿,指压可流出浆液性液体;腺胃黏膜肿胀增厚,乳头肿胀、出血、溃疡,有的乳头融合,界限不清,呈现出明显的肉芽肿样病变。肌胃柔软、萎缩;胸腺、脾脏及法氏囊明显萎缩。盲肠扁桃体出血。肠黏膜肥厚、充血,有不同程度的出血。

［镜检］　腺胃黏膜上皮组织溃疡、增厚;腺体轻度至中度的增生,有的腺体充血、水肿,腺

腔萎缩或消失,腺体内炎性细胞浸润,其中有淋巴细胞、浆细胞和各种粒细胞,间质水肿。病变严重的腺体呈团块状腺瘤样增生,但腺上皮细胞无癌变的迹象。黏膜上皮内小血管增生,淋巴滤泡增生,间质内炎性细胞浸润,常能见到网状细胞增生结节。黏膜表层坏死和溃疡,肌层细胞增厚。

法氏囊被膜增厚,腺泡间结缔组织增生,腺泡大小不一、中心淋巴细胞数目减少,有的腺泡中心坏死,细胞结构消失。胸腺腺泡间结缔组织增生,也可见网状细胞增生结节。十二指肠呈卡他性肠炎的变化。可见肠黏膜上皮脱落,杯状细胞数目增多。有时黏膜下层有网状细胞增生结节。肾小管上皮肿胀,管腔内有管型和尿酸盐沉积;肾小球肿大、细胞增生明显,间质内有白细胞浸润,但无淋巴细胞浸润。

［电镜观察］ 腺胃上皮细胞肿大,细胞核肿大,嗜电子密度较低。胞浆内有大量的空泡样结构,空泡大小不一、形态各异,可出现在胞浆内的各个部位,尤以细胞核周围形成的空泡样结构为多。上皮细胞内线粒体肿胀,表现为变形、变圆、嵴脱位、彼此间失去联系,甚至嵴消失使线粒体变成一个空腔,嗜电子密度降低,出现巨型线粒体。腺上皮细胞质膜向外伸出许多突起(或伪足),其形态类似于神经细胞的树突,在突起间可发现病毒颗粒。

在来自不同地区的腺胃病料超薄切片中观察到不同的病毒颗粒。有的病毒呈球形,大小为 $60\sim80$nm,有核芯,嗜电子密度较高,主要分布于细胞间隙中(特别是细胞树突间),但未能在胞浆内发现完整的病毒颗粒。有的病毒呈球形,大小在 100nm 左右,有核芯,嗜电子密度较高,核芯外包有一层囊膜。有的病毒大小为 $150\sim180$nm,呈多形性,外有囊膜,囊膜上有 $7\sim10$nm 长的纤突。

［诊断］ 根据流行病学、临床症状和病理学检查可作出初步诊断。注意与鸡传染性支气管炎相鉴别。

七、鸡腺病毒感染

鸡腺病毒感染(avian infection of adenovirus)多发于鸡、火鸡、野鸡、鸽、鹌鹑和野鸟。其特点是感染率高、死亡率低($1\%\sim10\%$),多为隐性感染。

鸡腺病毒核酸为直线双股 DNA,无脂质囊膜,对乙醚、氯仿和胰蛋白酶、石炭酸以及不良环境均有较强的抵抗力。病毒在宿主细胞核内复制,故在有病毒复制的细胞内常可见到核内包涵体。在鸡胚、鸡肾细胞、鸡胚肝与肾细胞中生长良好。鸡腺病毒有 13 个血清型,其中鸡胚致死孤儿病毒(chick embryo lethal orphan virus,CELO)和与 CELO 有血清学关系的鸡腺病毒能凝集大鼠的红细胞,因此鸡腺病毒血清型的诊断,除 CELO 外不能用血凝试验或血凝抑制试验,需用中和试验来确定不同的血清型。鸡腺病毒通常经鸡胚垂直传播,在高抗体效价出现后即可终止。此外,也可经消化道和呼吸道等水平传播。鸡年龄越小越易感染,有母源性抗体的鸡发病率低,患有并发病或已感染传染性法氏囊病、支原体病或传染性支气管炎者可增加腺病毒感染的致病力。不同血清型毒株鸡腺病毒感染引起的常见疾病有以下几种。

(一)包涵体肝炎

包涵体肝炎(inclusion body hapatitis,IBH)是由鸡腺病毒引起鸡的一种急性传染病,主要侵害肉用鸡,以肝脏脂肪变性、局灶性坏死及肝细胞核内包涵体形成为特征。鉴于该病伴发出血性变化和再生障碍性贫血及坏疽性皮炎,故有人称该病为出血性再生障碍性贫血综合征。1973 年以后,世界各地均有该病报道。近年来我国亦见发病报道。

1. 病原及其传播方式

目前在已发现的鸡腺病毒血清型中,引起包涵体肝炎的以第5型、第12型最常见,也有1、4、7、9型的报道。该病常与传染性法氏囊病病毒混合感染,在体液免疫抑制的情况下,腺病毒易在感染鸡体内大量增殖。因此,接种传染性法氏囊病活苗,该病可得到一定的控制。

2. 主要临床症状

该病主要发生于肉用鸡,蛋鸡、野鸡和鸽等也可发生。发病年龄多在3～9周龄,以5周龄左右最多见。病鸡除部分在死亡前数小时出现沉郁、下痢、贫血、黄疸和衰弱等症状外,通常不呈现任何前驱症状而突然死亡。鸡群一旦发生该病,多在7～10d内连续发病,之后突然停息。发病后3～5d死亡率达到高峰,持续3～5d,然后突然下降到正常水平。由于该病可通过垂直传播,故常在某一特定的种鸡后裔群中发生。

3. 病理变化

[剖检]　病死鸡常呈现贫血和黄疸。肝脏肿大,呈黄褐色,质地脆弱,显示肝脂肪变性的特征,肝被膜散发斑、点状出血,有些病例可见黄白色坏死灶。慢性病理经过病死鸡,肝脏稍显萎缩,肾脏肿大,呈黄褐色,被膜散发出血点,肾小管内有灰白色尿酸盐沉积。脾脏常见退色斑点。皮下、胸肌、腿部肌肉、心外膜及肠管浆膜均可见出血斑点。长骨骨髓呈桃红色或黄褐色,偶见呈灰白色胶冻状。

[镜检]　肝组织充血、出血,肝细胞脂肪变性,伴发局灶性坏死和胆汁淤积,汇管区小胆管增生和胆管壁纤维化,肝细胞索与间质内有数量不等的淋巴细胞、异嗜性粒细胞浸润或新生肉芽组织细胞。在肝细胞核内可发现嗜碱性或嗜酸性包涵体。有人用多种鸡腺病毒毒株接种鸡肾细胞,发现在接种后14h出现嗜碱性核内包涵体,在16h后逐渐变为嗜酸性包涵体。

脾白髓淋巴细胞减少、坏死,脾网状细胞活化;肾脏见不同程度的肾炎;骨髓造血组织发育不全,或仅见少量成血组织,有时几乎全被脂肪组织取代。法氏囊淋巴滤泡内的淋巴细胞减少或消失,网状细胞显示增生、活化。

[电镜观察]　电镜下包涵体可区分为两类:I型包涵体是由聚集的病毒粒子和电子致密度大的与疏松的颗粒物质构成。病毒粒子呈结晶状排列,其周围有微细颗粒物质呈网状或环状堆积,偶见膜性物质呈同心状环绕。病毒粒子具有三种形态:①具有高电子致密度髓芯完整的病毒粒子;②具有高中等电子致密度髓芯的病毒粒子;③只有衣壳的空心缺陷病毒粒子。上述I型的包涵体即光镜所见的嗜碱性包涵体。II型包涵体属于光镜所见的嗜酸性包涵体。含有这型包涵体的细胞通常见不到病毒粒子,包涵体与核膜之间常有明显的空晕,核质几乎完全消失。

近年来有人在电镜下将该病包涵体分为三类:第1类是非病毒中等电子密度的包涵体,这种包涵体呈圆形,多数位于核内,由比较小的颗粒状物组成,其外周有单层包膜包裹,其所在核的染色质聚集在核膜下,核膜间隙增宽,有的区域向外突起呈小囊状。在核内这种包涵体可通过核膜完整地排入到胞浆中,刚排出时呈滴珠状,后部有突起的尾端,前部呈囊状。完全进入胞浆后逐渐形成圆形或椭圆形与核内包涵体类似的胞浆内包涵体。第2类是病毒性包涵体,见核内出现明显的球形病毒颗粒,其直径70～90nm,无囊膜,电子密度致密,排列整齐,在病毒颗粒间可见较小的电子密度较致密的颗粒状病毒发生基质团块。病毒性包涵体存在的核显著肿胀,比正常核大2～4倍。病毒颗粒也可通过核膜孔扩散到胞浆,在胞浆的病毒颗粒有的附着在内质网膜上呈线珠状排列,有的聚集在一起,外周包裹单层包膜形成胞浆内病毒包涵体。第3类是非病毒性高电子密度的包涵体。这类核内包涵体轮廓明显,常位于核中央,在其周围形成一圈空隙,胞核肿胀,染色质溶解,在胞浆内也见类似的包涵体。

4. 诊断

临床上如发现 3～7 周龄的肉用鸡突然死亡率升高,而其他鸡都健康。剖检:见有肝脏肿胀、脂肪变性伴发出血和坏死灶。镜检:在肝细胞核内发现包涵体。

同时病鸡伴有贫血、黄疸及骨髓色泽变淡,即可确诊为该病。该病应注意与传染性法氏囊病及脂肪肝肾综合征(fatty liver and kidney syndrome)区别,后者是由于饲喂低脂肪、低蛋白的小麦为主的粉状饲料而产生的一种营养障碍病,后两种病都见不到肝细胞核内包涵体、肝细胞广泛性坏死及骨髓造血组织发育不全等特征性变化。

(二)减蛋综合征

减蛋综合征(egg drop syndrome,EDS)在 1976 年首次报道,故又名 EDS-76。是由禽腺病毒引起的一种以产蛋率下降和产异常蛋为主要特征的传染病。因最初发现该病的临床表现为产蛋减少而获名。该病目前遍及世界各国,我国通过对鸡群的血清学和病理组织学观察,证实了该病的存在。

1. 病原及其传播方式

该病毒常呈隐性感染而潜伏于鸡体内,在产蛋高峰或接近产蛋高峰时暴发。病毒在鸭胚细胞内生长良好,并在许多鸭群中检出了该病毒抗体,从而被确认是一种鸭的腺病毒。该病毒为无囊膜的 DNA 病毒,具有血凝性,可通过垂直或水平传播而使鸡群感染。

2. 主要临床症状

发病鸡群常缺乏明显的临床症状,有些病例病初稍有下痢和贫血症状。其特征症状就是产蛋减少和产异常蛋,如产白壳蛋或花斑蛋、薄皮蛋、软蛋、沙皮蛋、无壳蛋。垂直感染的鸡群,当鸡达 28～30 周龄,即接近产蛋高峰期时,易暴发该病。病鸡开产期推迟,血清学检查呈抗体阳性。病鸡或隐性感染鸡从泄殖腔排泄物带毒而污染环境,引起鸡群水平感染。在产蛋期间感染该病原的鸡群从第 7～10 天开始产蛋率下降,蛋壳异常,有时产出小蛋,也有个别病鸡停产。2～3 周后产蛋率降低 10%～30% 或更低,通常持续 4～10 周,然后逐渐恢复,但恢复不到正常产蛋率水平。有的鸡群产蛋率始终处于低产状态。发病期所产蛋的孵化率及受精率也降低。雏鸡感染率较高但死亡率甚低,有时可达到 10% 左右。

3. 病理变化

[剖检]　发病极盛时期的病例,其最常见的病变为输卵管的子宫部和漏斗部黏膜潮红肿胀,或在其表面散在有少量的黄白色粟粒大的突起。输卵管腔内有少量灰白色胶冻样物,或者能见到少量黄白色干酪样物。有的病例还可见卵巢萎缩及子宫部黏膜水肿而致黏膜皱襞平坦,子宫部输卵管缩小。

[镜检]　荧光抗体定位检查,在输卵管的子宫部黏膜上皮细胞内有增殖良好的病毒粒子。该部黏膜上皮细胞肿胀、变性、分泌颗粒减少甚至消失,上皮脱落,在脱落的上皮细胞内常见嗜碱性核内包涵体,核内包涵体也见于子宫峡部及阴道黏膜上皮细胞内。子宫部黏膜固有层、黏膜下层以及肌层之间的疏松结缔组织均呈显著的水肿及少量异嗜性粒细胞浸润。其中有证病意义的病变是子宫部固有层腺体萎缩,腺腔扩张,黏膜下的小血管周围有多量淋巴细胞、浆细胞和巨噬细胞浸润,同时还可见到由淋巴细胞形成的新的淋巴小结。

恢复期病死鸡,其输卵管各部位黏膜下,除形成新的淋巴小结外,还伴有浆细胞及散在的淋巴细胞浸润。在卵巢可见有软卵泡,其粒层细胞显示增生、变性、剥脱以及卵黄物质的溶解。

[电镜观察]　核内包涵体为电子密度高的无定形物质及多量病毒粒子。病毒粒子多发生变性、崩解。在上皮细胞胞浆内及上皮细胞间的巨噬细胞胞浆内有少量块状物质。

[诊断]　根据临床表现和特征性病变可作出初步诊断,确诊有赖于从病鸡粪便、白细胞及输卵管黏膜上皮细胞中分离出 EDS-76 腺病毒和用血凝抑制试验检测患鸡的特异性抗体。在鉴别诊断上应注意与鸡传染性支气管炎、鸡支原体病及鸡传染性脑脊髓炎等病相区别。

(三)鸡大理石脾病

鸡大理石脾病(marble spleen disease of chicken)又称为巨脾症(splenomegaly of chickens),是由第 2 型(群)鸡腺病毒引起的一种以脾脏网状细胞增生为主要特征的传染病。血清学普查证明该病的污染率很高,但不一定都发病或出现脾的特征性变化。

1. 病原

该病病原为鸡腺病毒属第 2 型(群)鸡腺病毒,与火鸡出血性肠炎腺病毒/野鸡大理石脾病病毒为同种病毒,其形态与生物学特征和其他腺病毒相同。病毒主要在病鸡的网状内皮细胞内复制,特别是在脾脏。在肝脏有少量复制。该病无明显的或特征性症状,其死亡率可达 10%。

2. 病理变化

[剖检]　病死鸡脾脏肿大、充血,脾切面见有条纹散布,肺充血、水肿,心包积液,肝脏肿胀,卵泡充血。

[镜检]　脾白髓淋巴细胞坏死,脾脏的网状细胞肿胀、增生,在核内可发现嗜碱性或嗜酸性包涵体。肺组织水肿和出血。小肠的孤立与集合淋巴小结肿大,其中的网状细胞增生,细胞内可见核内包涵体。胸腺淋巴细胞坏死。

[诊断]　该病主要依赖病理剖检和组织学变化进行诊断。免疫学诊断多用病鸡增生的脾脏网状细胞浸提液作为抗原,进行琼脂扩散试验。此外,还可以从脾脏进行病毒分离。

(四)火鸡出血性肠炎

火鸡出血性肠炎(turkey hemorrhagic enteritis,THE)是由第 2 型(群)鸡腺病毒引起火鸡的一种急性传染病。以小肠黏膜严重出血、脾脏网状细胞增生和在核内可检出包涵体为特征。病鸡在临床上主要表现为沉郁、血便和突然死亡。

1. 病原及其传播方式

该病的病原与鸡大理石脾病为同种病毒。病毒主要在巨噬细胞系统(特别是脾脏)的细胞核内复制。火鸡和野鸡是该病毒群的自然宿主。HE 分离物能人工感染鸡、锦鸡、孔雀和鹧鸪等禽类,引起脾脏肿大及其网状细胞增生等病变,但不导致死亡。自然感染病例,病原主要来自污染的垫料。

2. 主要临床症状

该病常发生于 10~12 周龄火鸡,周龄小的火鸡对该病有抵抗力,受感染鸡发病迅速,病鸡沉郁,拉血便,通常在几小时内即死亡,死亡率平均为 10%~15%,实验感染火鸡死亡率可达 80%。

3. 病理变化

[剖检]　死亡的火鸡营养状态良好,嗉囊常含有饲料,眼结膜贫血而苍白,肛门周围的皮

肤和羽毛上黏着暗红色到棕红色血液,若加压腹部则常从泄殖腔内流出血液。小肠常鼓胀,呈深褐色或暗红色,肠腔充满暗红色的血液,黏膜潮红、肿胀、散发多量点状出血,有些病例肠黏膜覆盖一层黄褐色、疏松的不易剥离的假膜。盲肠和直肠黏膜亦显示充血与出血,但程度较轻。脾脏肿大、脆弱,表面和切面呈大理石样花纹或斑驳样色彩。肺充血,肝脏肿大,心内、外膜和其他器官均见点状出血。

〔镜检〕　最具特征性病变见于小肠和脾脏。小肠黏膜上皮细胞变性、坏死,绒毛顶端脱落。固有层出血,有多量异嗜性粒细胞和浆细胞浸润及网状细胞增生,在增生的网状细胞核内可发现包涵体。腺胃、肌胃、盲肠、直肠和法氏囊也可见到类似变化,但病变程度较轻。脾脏主要表现为脾白髓的淋巴细胞坏死,网状细胞肿大、增生,在部分增生的网状细胞核内可发现包涵体。此外,肝、胸腺、骨髓、肺、肾等器官也可见网状细胞增生性变化。

〔诊断〕　根据临床症状和特征性病理变化可以作出诊断,也可用病鸡脾浸提液为抗原感染火鸡群,然后采取血浆或血清进行琼脂扩散试验,若检出抗体,即可确诊。在鉴别诊断上应注意与网状内皮组织增生病、急性细菌性感染以及食物中毒所致的肠管黏膜出血相区别。

(五) 火鸡病毒性肝炎

火鸡病毒性肝炎(turkey viral hepatitis)是火鸡的一种急性病毒性传染疾病,其病理变化特征为坏死性肝炎和胰腺炎。

1. 病原及其传播方式

该病的病原可能是一种 phelps 型腺病毒,对乙醚、氯仿、酚和克辽林有抵抗力,但对甲醛无抵抗力。在蛋黄溶媒中或在 60℃ 条件下能存活 6h,56℃ 中存活 14h,37℃ 中存活 4 周。在 pH 为 2 的条件下可保存活力达 1h,但在 pH 为 12 时则不能存活。此病毒可在 6~10 日龄的鸡和火鸡胚的卵黄囊中增殖,不在各种细胞培养上生长。只感染火鸡。北京鸭、鸡、野鸡和鹌鹑都不感染。通过直接或间接接触而传播。

2. 主要临床症状

该病通常为隐性感染,只有处于不良因子存在的情况下,受感染火鸡才表现出不同程度的抑郁或突然死亡。患病的繁殖火鸡还可能出现产蛋量下降,以及所产卵的受精率和孵化率降低。发病率可能为 100%,而死亡率则仅为 25%,6 周龄以上的患病火鸡很少发生死亡。

3. 病理变化

〔剖检〕　通常仅见肝脏和胰腺病变。肝脏肿大,散布灰白色、稍凹陷的病灶,直径约几毫米。病势严重的病例,病灶往往连成一片,常见较大范围的充血和出血而掩盖上述病灶。此外,还常见胆汁淤滞。胰腺可见圆形、灰红色稍凹陷的病灶,此种病灶有时横贯一个胰叶,但检出率比肝脏少。如有并发感染,可见卡他性肠炎、支气管肺炎、腹膜炎或气囊炎。

〔镜检〕　肝细胞脂肪变性和水泡变性,伴发局灶性坏死,坏死灶周围组织充血、出血。在肝小叶内和汇管区有单核细胞和少量异嗜性粒细胞浸润,并见小胆管轻度增生。坏死灶内亦可见浸润的白细胞和增生的网状细胞。未发现包涵体。胰腺的镜下病变与肝脏所见基本相同。

〔诊断〕　根据该病的流行病学、临床表现和肝、胰特征性病理变化,可以作出诊断。必要时可用 0.2ml 肝研磨混悬液,接种 5~7 日龄鸡胚卵黄囊,一般在接种后 4~10d 鸡胚死亡,并呈现显著的皮肤充血和出血。胚胎液不能凝集红细胞。

八、鸡传染性脑脊髓炎

鸡传染性脑脊髓炎（avian infectious encephalomyelitis）又称鸡流行性震颤（epidemic tremor of chicks），是由禽脑脊髓炎病毒引起的一种侵犯中枢神经系统的传染性病毒病，主要侵犯 1～21 日龄雏鸡。临床症状为呆滞、进行性共济失调、头颈部震颤、失明以及麻痹。病理学特征为非化脓性脑脊髓炎。成年鸡多为隐性感染，火鸡、鹌鹑、野鸡也可发生自然感染，并出现轻度脑脊髓炎。

我国有该病报道，敏感鸡群发病率高，接近 50%。自然感染病例与人脊髓灰质炎和猪脑脊髓炎相类似。

1. 病原及其传播方式

鸡和其他禽类的脑脊髓炎病毒属于肠病毒属病毒，能抵抗氯仿、乙醚和胰蛋白酶，耐热，在粪便中至少能活 4 周。能在敏感鸡胚的卵黄囊和多种不同细胞系中生长。该病毒所有的病毒株都嗜肠上皮，但有些毒株嗜神经，病毒在中枢神经系统的神经原中复制并扩散侵犯邻近的胶质细胞，引起广泛的神经原和胶质细胞破坏。

该病原经垂直和水平传播感染。产蛋母鸡感染后出现病毒血症，所产的蛋带毒。带毒蛋大多数可孵化，雏鸡在出壳或出壳几天内出现脑脊髓炎症状，并从粪便中排毒，污染饲料、水源和鸡舍。水平传播经粪便至口传播。荧光抗体显示，感染雏鸡 24h 内在腺胃、十二指肠、空肠以及盲肠中出现病毒。之后，迅速扩散至胰脏、肝脏、肾脏和脾脏，最后侵入中枢神经系统。雏鸡症状一般在出壳后 1～3 周出现，有些发生在母源性抗体失去保护作用的第 7 周。

2. 主要临床症状

发病鸡表现为呆滞、两脚无力、运动失调、头颈部震颤，体重明显下降，失明。严重的病例出现虚脱、昏迷、死亡。幸存的雏鸡常因中枢神经系统的后遗症而被淘汰。

3. 病理变化

〔剖检〕 软脑膜出血（图 6-10，见图版），除腺胃、肌胃肌层内出现白色病灶外，一般无明显眼观病变。

〔镜检〕 典型病变主要分布于整个中枢神经系统，外周神经不受侵犯。其中以小脑、延脑、脊髓灰质的病变最为明显，表现为弥漫性非化脓性脑炎：广泛分布的密集的血管周围套（图 6-11，见图版）、神经原变性和神经胶质细胞增生。中脑的圆形核（nucleus rotundus）和卵圆形核（nucleus ovoidalis）内有小神经胶质细胞增生（图 6-12，见图版），这被认为有证病意义。通常死于疾病早期的幼鸡无明显脑炎病变。而较老龄的鸡虽然只出现轻度症状或无症状，但脑组织可能出现明显的血管周围浆细胞浸润与胶质细胞增生。浆细胞浸润是具有特征性的诊断价值的病变。此外，肌胃肌层与固有层，特别是腺胃肌层内有密集的淋巴细胞浸润，也具证病性。

〔诊断〕 根据雏鸡病史、发病年龄、临床症状、肌胃和腺胃以及中枢神经系统的病变不难确诊。必要时可与能引起雏鸡中枢神经系统症状的其他疾病如鸡新城疫、虫媒病毒性感染、马立克氏病、霉菌性肺炎、中毒病、维生素（E、A、B_2）缺乏症、脑脓肿相区别。直接荧光抗体技术可证实感染雏鸡脑组织、血清以及高产母鸡卵中含该病毒抗原。

九、鸡病毒性关节炎

鸡病毒性关节炎（avian viral arthritis）又名腱滑膜炎（tenosynovitis），是由禽呼肠孤病毒引起鸡关节异常的传染病，以侵害腱鞘滑膜、腱、关节滑膜、关节软骨和心肌为特征。该病多发生于肉用鸡,偶见于蛋鸡、火鸡、鹦鹉、鸽和鸭亦可感染。自然病例于 1967 年在英格兰首次报道,随后美国、意大利、荷兰、日本、匈牙利等国都相继有报道,目前该病呈世界性分布,我国亦有发生。

1. 病原及其传播方式

该病病原属于呼肠孤病毒科(*Reoviridae*)、呼肠孤病毒属,核酸为 RNA 型,无囊膜,有两层衣壳,病毒粒子的大小约 75nm。其对乙醚不敏感,对氯仿轻度敏感,对热和酸有抵抗力;能在鸡胚的肺细胞、肾细胞、睾丸细胞、成纤维细胞等培养物中生长。在鸡肾培养细胞上增殖,可出现融合性细胞病变及胞浆内包涵体。

该病主要通过直接或间接接触而传播,也可通过蛋而垂直传播,但传递率甚低。肉用仔鸡对该病毒易感,特别是 2 周龄内的雏鸡易感性较高,成龄鸡多呈隐性经过。人工接种潜伏期长短不一,掌趾部接种为 1~21d,肌肉接种为 11~30d,消化道接种为 3~7 周,气管内接种为 9d,皮下接种不超过 5 周。

2. 主要临床症状

鸡感染该病毒 24~48h 后出现病毒血症,并引起胫跗关节、趾关节及其肌腱滑膜的关节滑膜炎和肌腱滑膜炎,病鸡出现跛行、生长停滞、腹泻以至衰竭而死。

3. 病理变化

[剖检] 感染早期,病鸡趾屈肌腱、跗伸肌腱、胫跗关节和趾关节囊及其屈、伸腱的腱鞘明显水肿、充血、点状出血,关节腔常含较多的草黄色或淡红色血样渗出液,偶见脓性渗出物。慢性经过时,腓肠肌腱与趾屈肌腱有时发生断裂,伴发皮下出血;炎症进一步发展,由于患部结缔组织增生,有时在腓肠肌腱部见增生的结节状物或腱鞘硬化与粘连,关节软骨糜烂。烂斑融合可发展到其下方的骨质,并伴发骨膜增厚,继而在关节表面可发生纤维软骨翳膜的过度增生。病鸡脾脏呈不同程度肿大,法氏囊于 2 月龄时开始萎缩,肝脏可能出现多发性灶状坏死。

[镜检] 自然病例常因继发其他病原感染,故其病变往往与人工感染有差异。在脚掌接种后 7~15d 的急性期,可见患部水肿、凝固性坏死、滑膜细胞肿胀与增生,伴有异嗜性粒细胞、淋巴细胞和巨噬细胞浸润与网状细胞增生,从而导致腱鞘增厚。滑膜腔内充满异嗜性粒细胞、巨噬细胞和脱落的滑膜细胞,同时可见以破骨细胞增生为特征的骨膜炎。接种后 15d 开始进入慢性期,镜检滑膜形成绒毛样突起并有淋巴细胞性结节形成。30d 以后,病变表现为纤维组织增生,淋巴细胞、巨噬细胞和浆细胞浸润以及网状细胞增生;籽骨成骨过程受阻,常被肉芽组织取代,滑膜形成大的绒毛;胫跗骨近端软骨细胞的条状生长变得狭窄而不规则,胫关节软骨的糜烂部伴有肉芽性血管形成,糜烂下方骨质增生,甚至形成外生性骨疣。此外,在心肌纤维间见异嗜性粒细胞浸润,偶见网状细胞增生。

[电镜观察] 腱鞘滑膜与关节滑膜的病变相似,表现形似成纤维细胞的 F 型滑膜细胞的高尔基复合体和内质网扩张,脂质体增多,粗面内质网脱粒,核蛋白体减少,核周围有大量纤维样物质,偶见胞浆内包涵体,间质胶原纤维肿胀乃至排列紊乱。

[诊断] 根据该病的症状和病变可以作出初步诊断,确诊则有赖于琼脂扩散试验或采取患腱作成混悬液后注射于 5~7 日龄鸡胚卵黄囊内以分离病毒。在鉴别诊断上应注意与葡萄球菌性关节炎、鸡白痢性关节炎及支原体性滑膜炎相区别。

十、雏鸡传染性贫血病

雏鸡传染性贫血病(chick infectious anemia,CIA)是由类细小病毒(PVLV)引起幼鸡的一种以严重贫血为特征的高度接触性传染病。

20 世纪 50 年代,美国和英国报道了以贫血、全身性出血、骨髓褪色、淋巴器官萎缩为主要特征的疾病。1979 年,日本首次分离到了 CIA 病原,并将该病原接种 1 日龄雏鸡复制病例获得成功。后来,该病病原被称作雏鸡贫血因子(chick anemia agent,CAA)。由于除 PVLV 之外的一些病毒也可引起雏鸡贫血,故特将该病毒引起雏鸡的贫血,称为雏鸡传染性贫血病。

1. 病原及其传播方式

PVLV 为直径 22nm、单链 DNA、比细小病毒小的类细小病毒。该病毒对乙醚、氯仿均有抵抗力。60℃处理 1h,80℃处理 15min 均能耐过。无血球凝集性。与已知禽病毒不发生血清学反应。接种于鸡胚的卵黄囊、尿囊腔、绒毛尿囊膜等,几乎不致死鸡胚,于绒毛尿囊膜上也不形成病变。该病毒可在马立克氏病肿瘤源细胞系的 MDcc MSB$_1$ 和 MDcc-JP$_2$ 以及鸡淋巴细胞性白血病(LL)细胞系的 Lscc-1104B$_1$ 中增殖并出现细胞病变,但不能在 MD 源细胞系的 MDcc-RP$_1$、MDcc-BP$_1$ 以及 LL 源细胞系的 LScc-TLT 中增殖。在鸡胚成纤维细胞、鸡胚肾母细胞以及鸡胚的皮肤、肌肉、肝、脑、胸腺、法氏囊、骨髓和白细胞制备的活细胞培养中均不能增殖。

该病的主要传播途径是垂直传播。也可水平传播,7～14 日龄的雏鸡可在鸡与鸡、鸡与环境之间发生水平感染,与传染性法氏囊病合并感染,可扩展到 28 日龄。年龄大的鸡感染不发病。

2. 主要临床症状

病雏严重贫血(红细胞压积可降至 25％以下,正常为 35％),发病率和死亡率均很高。

3. 病理变化

[剖检]　病死鸡的肉冠、髯苍白,肌肉及各脏器色泽变淡,血液稀薄如水样,皮肤或皮下有大小不等的点状出血,翼部皮肤呈蓝紫色(出血性坏死),故称此病变为蓝翅病。该病最典型的病变为骨髓褪色,呈浅桃红色乃至黄白色,造血红骨髓被黄白色油脂状脂肪组织所代替,轻症病例此变化不明显。发病 4d 后可见胸腺萎缩,16d 后法氏囊萎缩。肝脏肿大而色泽变淡;脾脏褪色、萎缩;心脏扩张呈球状,偶见肺炎病灶并伴发心外膜炎和气囊炎。

[镜检]　骨髓血细胞减少,被脂肪组织代替。淋巴组织表现胸腺淋巴细胞减少,法氏囊的淋巴滤泡萎缩,淋巴细胞减少,脾脏的淋巴细胞亦匮乏。实验病例的骨髓在不同时期有着特殊的病理组织学变化。用类细小病毒接种 1 日龄雏鸡,6d 后,骨髓血窦内嗜碱性成红细胞及多染性成红细胞减少。第 8 天开始,血窦外骨髓细胞减少。12～16d 后所有的造血细胞数均明显减少。从 20d 开始,血流中嗜碱性成红细胞、原巨红细胞及骨髓细胞数增加。接种 6d 后,血液中的幼稚型红细胞胞体及胞核均肿大,核仁明显,核内出现嗜酸性包涵体。8d 后更趋明显,于嗜碱性成红细胞及多染性成红细胞内也出现核内嗜酸性包涵体。12～20d 后骨髓血窦外的造血细胞多数消失。此外,在胸腺可见皮质部的淋巴细胞数减少,网状细胞肿大。法氏囊出现萎缩,淋巴滤胞体积缩小,数量大减而呈淡染区。肝细胞普遍增大,窦内皮细胞肿大,有时肝小叶中心发生肝细胞坏死。

[电镜观察]　在幼稚血液细胞及嗜碱性成红细胞核内见嗜酸性包涵体,细胞胞浆内出现高密度区,并见微管样构造。多染性成红细胞内质网扩张。整个造血细胞明显减少,并观察到巨噬细胞吞噬现象,有时还见粗面内质网发达的浆细胞。

4. 诊断

单纯感染类细小病毒的病例主要见皮肤出血性坏死,淋巴器官(脾、法氏囊、胸腺)萎缩以及骨髓的变化可以做出初步诊断。确诊可用间接免疫荧光技术及 ELSA 试验。

十一、鸡传染性生长阻碍综合征

鸡传染性生长阻碍综合征(infectious stunting syndrone,ISS)是由病毒引起的小鸡传染性生长障碍。因病鸡外形似直升机,故有"直升机病"之称。剖检主要特征表现小肠绒毛萎缩、肠腺上皮细胞增生与延长,腺腔扩张呈囊状。严重病例尚见胸腺与法氏囊萎缩。

该病有种种同义名称,如传染性生长抑制、生长抑制阻碍综合征、吸收不良综合征等。1976年首先发现于荷兰和美国,目前遍及世界各国,给肉用鸡养殖业造成一定的损失。除发生于肉用鸡外,育成母鸡、种鸡、珍珠鸡和火鸡也有类似该病的报道。

1. 病原及其传播方式

该病的病原迄今尚不完全清楚。虽然从病鸡的肠道和粪便中曾分离出细小病毒、呼肠孤病毒、非典型的轮状病毒及类披膜病毒等,用以上各病毒感染鸡雏可引起生长抑制,但未见有该病的典型病变。鸡贫血因子(CAA)曾被称为鸡发育抑制因子,能引起鸡免疫抑制与淋巴器官萎缩,但其所致贫血和死亡率则与该病不一致。用从该病患鸡分离的呼肠孤病毒与鸡贫血因子或与鸡肾炎病毒相关的病毒亦未能复制出类似该病的病变。将该病患鸡的小肠组织制成混悬液接种1日龄小鸡均可产生该病病变。该接种物经滤菌和用氯仿处理以灭活有囊膜病毒后仍具有感染性,表明该致病因子为一种小的无囊膜病毒。而后进一步证实,引起该病的病毒可能为一种类小RNA病毒,存在于病鸡小肠肠腺变性巨噬细胞和肠腺上皮细胞的胞浆内,4～6日龄患鸡即可检出。小肠是该病的靶器官。组织化学研究证明,小肠肠绒毛纹状缘交界处酶活性降低,从而影响食物的消化与吸收。

2. 主要临床症状

患病小鸡常常伴发下痢,生长阻滞。有的病鸡不仅生长迟缓,呈现所谓"黄头",还表现羽毛生长异常,主羽错位使病鸡呈直升机状。此外,病鸡腹部常明显下垂。

3. 病理变化

[剖检]　病鸡肠管充满未消化的食物和少量气体,故导致腹部下垂。肠管的长度在5日龄时呈现相对或绝对增长,尤以2周龄以上并伴有胰腺变性的病鸡更为明显。

[镜检]　小肠肠绒毛萎缩,12周龄病鸡见小肠固有层的肠腺上皮细胞增生或延长,伴有淋巴细胞、巨噬细胞和浆细胞浸润及纤维素渗出,严重病例肠腺呈囊状扩张,此在4～6日龄病鸡的十二指肠即明显可见。此外,尚见胸腺和法氏囊等淋巴器官萎缩。

[电镜观察]　在病鸡小肠肠腺囊性变中的变性巨噬细胞和肠腺上皮细胞的胞浆见有类似小RNA病毒粒子。

4. 诊断

根据该病的临床表现和特征病变可以作出初步诊断,确诊则有赖于采取病鸡肠管制成匀液接种于SPF雏鸡。

十二、鸡马立克氏病

鸡马立克氏病(avian Marek's disease,MD)是由MD病毒引起的鸡淋巴组织增生性疾病,其特征是外周神经、性腺、虹膜、皮肤和各内脏器官发生淋巴细胞性肿瘤。该病于1907年由匈牙利学者Marek氏首次报道,并因此而命名。该病主要发生于鸡、火鸡、野鸡和鹌鹑,也有鸽、鸭、鹅、金丝雀、天鹅等发生此病的报道,主要侵害3～5月龄鸡,死亡率为5%～80%。

1. 病原及其传播方式

MD 病毒为 B 亚群疱疹病毒。病毒在体内有两种形式存在：一种是无囊膜的裸体病毒粒子，存在于肿瘤病变中，为严格的细胞结合病毒。当细胞死亡时，病毒也随之丧失其传染性。另一种是有囊膜的完全病毒，存在于羽毛的毛囊上皮细胞胞浆中，为非细胞结合病毒。电镜观察证实，感染病毒进入胞浆，随着细胞的分裂，病毒衣壳同细胞的染色质一样在核内进行均匀的分布，被释放到胞浆中的核衣壳使高尔基复合体迅速而大量地增殖，有些细胞中甚至可达到 20 个以上之多。这些膜状结构互相靠拢，形成隔膜并逐渐增厚，中部呈现凹陷，包围胞浆中的核衣壳，最终形成一个具有一层坚固的封闭套，并内含 1～3 枚核衣壳的"成熟病毒粒子"。这种带封套的病毒粒子只有在细胞溶解后才能被释放到外界环境中。这种完全病毒对外界环境有很强的抵抗力，它通过换羽和皮屑脱落而散布于周围环境和空气中，造成病毒传播。MDV 主要经呼吸道感染易感鸡群。

2. 主要临床症状

视受感染鸡的年龄、品系、性别及 MDV 的毒株不同，出现的临床症状各异。

神经型（古典型）：病鸡坐骨神经受损，表现步态不稳，或两腿分前后伸展的"劈叉"姿势（图 6-13，见图版）。臂神经或颈神经受损，病鸡翅膀、头下垂，或头颈歪斜。

眼型：病鸡虹膜受损，表现一眼或两眼呈灰白色，瞳孔变小，视力丧失，称为灰眼或银眼。

皮肤型：在颈背部、腿部，长粗羽毛处皮肤的毛囊增大，形成淡黄白色小结节或瘤状物（图 6-14，见图版）。

内脏型：常见于 50～70 日龄的病鸡，肉鸡多见。表现精神萎靡，不吃不饮，消瘦，突然死亡，剖检后见内脏肿瘤病变。

混合型：有两型或三型同时存在。

3. 病理变化

［剖检］　马立克氏病死鸡几乎在全身各处都可出现淋巴细胞性肿瘤，内脏器官的病变都表现为淋巴样细胞增生。淋巴样细胞弥漫性浸润的器官体积显著增大，有时可达正常的数倍，甚至完全被肿瘤组织所代替。若是局灶性增生则表现为结节状，散在或多发，呈灰白色，较坚实，切面平滑，有油脂状光泽。淋巴样细胞增生多见于性腺，尤其是卵巢，其次是肝、脾、肺、心、肠系膜、肾、肾上腺、腺胃、肠道、虹膜、骨骼肌和皮肤。

神经：除神经型病例的外周神经变化明显，其他型病例病变程度不同。最常见病变的外周神经有腰荐神经丛、坐骨神经、臂神经丛、颈部迷走神经、腰腹迷走神经及肋间神经。通常可见一根或数根外周神经及其脊神经根和脊神经节发生局限性或弥漫性增生而变粗，可达正常的 2～3 倍，呈半透明水肿样，色变淡，呈灰色或略带黄色，横纹消失，病变多为单侧性，对称性者很少见。因此当病变轻微时可将两侧神经进行对比观察，则容易发现一侧性神经肿大（图 6-15，见图版），特别是坐骨神经。绝大多数出现病变的神经，可见脊神经根和脊神经节增大，呈黄色半透明状。

卵巢：雏鸡卵巢的一端见有质软、致密、闪光的灰白区，或呈花椰菜状或脑回样肿瘤，卵巢叶状结构消失（图 6-16，见图版）。性成熟的卵巢可见孤立肿瘤肿块，残余的卵巢仍能产卵。

法氏囊：通常发生萎缩，偶见有弥漫性增厚。

肝脏：体积增大，小叶结构消失，切面平坦有光泽，在表面及实质内常见灰白色肿瘤病灶或孤立的结节（图 6-17，见图版）。

脾脏：脾脏肿大，表面及切面见有灰白色、粟粒大、致密的结节状病灶，有时脾的中央部全部被肿瘤组织所代替,其大小可达乒乓球大。

肺脏:散在大小不等的灰白色增生肿瘤病灶,严重病例大部分肺组织由增生的瘤组织所代替。病变部肺组织变实,切面致密而呈灰白色。

骨骼肌:病变部肌肉出现条纹状或结节状肿瘤,有时呈明显的橙黄色,受侵的肌纤维无光泽。骨骼肌中以胸肌的结节状肿瘤发生频率最高。

肾脏:严重病例肾实质几乎全被肿瘤组织所代替,使肾成为一个大肿瘤。轻症病例肾脏肿大,表面及切面有大小不等的灰白色肿瘤结节。

心脏:在心外膜下、冠状沟脂肪组织、肌纤维间,多半有单个或多发的肿瘤结节。肿瘤细胞呈弥漫性增生的病例,其心肌苍白,有脂肪样光泽。

睾丸:整个睾丸可成为一个大的肿瘤,多为单侧性。

胃肠:腺胃壁变厚、坚实,在浆膜上和切面有大小不等的灰白色肿瘤。肌胃一般变化轻微或无变化。肠壁增厚,肠壁淋巴小结肿大。肾上腺皮质部的表面及切面有结节状肿瘤病灶。严重病例胸腺可全部被肿瘤组织所代替。

皮肤:可见以羽毛囊为中心呈半球状隆起的皮肤肿瘤,肿瘤直径可达 3～5mm 乃至更大,有时其表面可见鳞片状棕色硬痂。

眼睛:当虹膜受侵害时,虹膜呈环状或斑点状退色,呈淡灰色,混浊,瞳孔边缘不整齐,严重时瞳孔只剩针尖大的小孔。

[镜检] 鸡马立克氏病的各器官的肿瘤病变,均由淋巴细胞、浆细胞、网状细胞及马立克氏病细胞等多形态的细胞成分组成(图 6-18,见图版)。马立克氏病细胞的体积较大,胞浆含有空泡,强嗜碱性和嗜派洛宁着染,为变性的胚胎型淋巴细胞,常见于增生病灶中。

外周神经:按 Pagne 和 Biggs (1967)分类可将周围神经的病变,分为以下三型,但在同一病鸡中的不同神经,可能同时出现不同型的病变。

A 型,在神经干或神经丛的神经纤维间有大量多形性淋巴细胞浸润,其中以中、小淋巴细胞为主,还有浆细胞、淋巴母细胞和少数网状细胞及马立克氏病细胞,有时出现髓鞘脱失,但轴突通常无变化。此型常见于急性病例。

B 型,以神经纤维间水肿变化为主。神经纤维被水肿液分离,在水肿液中散在有中、小淋巴细胞和浆细胞浸润,尚能见到网状细胞和马立克氏病细胞,但细胞数量和密度比 A 型稀少。有时伴有髓鞘脱失,施万细胞增生及纤维化倾向。此型多发生于病程较长的病例。

C 型,有极轻微水肿和轻度小淋巴细胞、浆细胞浸润。此型主要见于无临床症状的病例。

中枢神经:在大脑、小脑、脊髓膨大部和脉络丛,常见多发性血管套,即在血管壁上和血管周围有淋巴细胞浸润,血管内皮细胞增生。另外,尚可见小胶质细胞增生结节。中枢神经的变化随病程的延长而显著。脊神经根部有时见淋巴细胞肿瘤样增生。视神经通常无明显变化,但贯穿于眼球的神经纤维有轻微的细胞增生、浸润,还可见到核分裂相。巩膜、睫状体、脉络膜等处经常可见明显的大、中、小淋巴细胞及浆细胞浸润。在眼肌,特别是外直肌和睫状肌也有单核细胞浸润。虹膜的色素颗粒减少或消失,并有单核细胞浸润。

坐骨神经的神经纤维之间,有大量多形性淋巴细胞浸润(图 6-19,见图版)

皮肤:羽毛囊部的小血管周围见淋巴瘤性细胞常呈集团状浸润,从真皮到皮下有密集的大、中、小淋巴细胞、淋巴母细胞、浆细胞及网状细胞增生、浸润,尚可见马立克氏病细胞,而且常见核分裂相。皮肤的表皮上皮细胞经常伴有变性和脱落,甚至形成溃疡,并可见有嗜酸性核内和胞浆内包涵体,出现率约 60%。核内包涵体体积大、圆形,常占据核的中心区,属于 A 型核内包涵体。胞浆内包涵体常与核内包涵体共存。未见单独出现胞浆内包涵体的情况。

肾脏：肾小管间和血管周围肿瘤细胞增生、浸润，形成细胞集团。增生严重时，肾实质完全被瘤细胞取代。

肝脏：在小叶间结缔组织中，特别是小血管周围有大量细胞增生，并向小叶内浸润性扩展融合为大的细胞增生灶，肝细胞索受压迫而萎缩，排列紊乱（图6-20，见图版）。

脾脏：鞘动脉周围网状细胞、淋巴细胞样细胞增生，严重病例部分脾组织被增生细胞取代。脾小体生发中心常见细胞崩解、坏死。

卵巢：未成熟卵巢的皮质和髓质有局灶性或弥漫性网状细胞和淋巴细胞增生、浸润，严重者初级卵泡完全为多形态的淋巴细胞代替。

睾丸：白膜和白膜下有灶性淋巴细胞浸润，曲细精管间有多形态的淋巴细胞浸润，部分呈现压迫性萎缩和消失。

消化道：腺胃、肌胃及肠管的各层间都有淋巴样细胞增生、浸润，致使胃肠壁显著增厚。腺胃黏膜上皮细胞有时可见到 A 型核内包涵体。

法氏囊：滤泡呈现退行性变化而萎缩，在滤泡间出现淋巴细胞样细胞浸润或淋巴细胞瘤。

胸腺：变化与法氏囊相似，皮质和髓质萎缩，血管周围有淋巴样细胞浸润。

4. 诊断

对典型病例，特别是神经型病例，根据流行病学、临床症状和病理学检查即可确诊，而内脏型马立克氏病常与鸡淋巴细胞性白血病混淆，应注意鉴别。

十三、禽白血病/肉瘤群

禽白血病/肉瘤群（avian leukemia/sarcoma group）是由一些具有共同特征的病毒引起的一个疾病群。其中最常见的是淋巴细胞性白血病，其次是成红细胞性白血病、成髓细胞性白血病、骨髓细胞瘤病和骨化石病等。它们的病原及传播方式基本相同。

禽白血病/肉瘤群病毒属于反转录病毒科、RNA 致瘤病毒亚科的禽型致瘤病毒群。其所含的核酸型和对脂溶剂与低 pH 的敏感性上与黏液病毒（myxovirus）相似，并含有共同的补体结合特异性抗原，同时在生物物理和生物化学特性上彼此不能区分。

电镜下病毒粒子仅存在于胞浆内并呈现出芽状增殖，成熟的粒子在细胞膜内空隙中。粒子呈球形，外部有纤突，直径为 70～120nm。成熟的粒子具有 RNA 电子密度的类核结构，位于中央或偏侧，有单层或双层囊膜。

自然条件下，只感染鸡，通常以垂直方式由亲代传给子代，也能水平传染，但是次要的。母鸡较公鸡易染病，因为病毒不在精细胞中增殖，公鸡只起到携带病毒和接触传播病毒的作用。有病毒血症的母鸡很少有抗体，病毒血症可以长期存在。而在母鸡的多数卵巢细胞、输卵管组织和腺体细胞中都观察到了病毒，特别是输卵管的蛋白分泌部病毒浓度最高。因此，带毒鸡卵孵出的雏鸡亦带毒，它再与健康雏鸡密切接触时就有可能扩大传播。电镜观察证明，被感染鸡胚的许多器官中都有病毒粒子，特别是在胚胎的胰管中含病毒粒子最多。将含有病毒粒子的胰浸出液接种易感雏鸡，即可引起淋巴细胞性白血病。在采食的第一个刺激带动下开始胰腺活动时，病毒粒子便从胰管被冲洗到小肠而随粪便排出，于是粪便就具有高的感染力。先天性感染的雏鸡常有免疫耐受力，但不产生抗肿瘤病毒免疫抗体，长成母鸡后长期带毒、排毒，成为重要传染源。但是年龄较老的鸡（2 或 3 岁），由卵传递病毒的能力降低。

下面分别阐述禽白血病/肉瘤群各型疾病的病理特征。

(一) 淋巴细胞性白血病

淋巴细胞性白血病(lymphoid leukemia，LL)是禽白血病中最常见的一种。其潜伏期长，人工接种易感鸡胚或1～14日龄的易感鸡雏，于第14～30周龄之间发病。自然发病的鸡都在14周龄以上，性成熟期的发病率最高。

1. 主要临床症状

感染鸡仅表现鸡冠苍白，皱缩，偶见发绀，食欲不振或废绝，下痢、消瘦和衰竭。腹部常增大，肛周羽毛有时被尿酸盐和胆色素污染，肝、法氏囊或肾肿大，常可从体外触觉出来，甚至可触觉肝脏的肿瘤结节。

2. 病理变化

[剖检]　肝、肾、肺、性腺、心、骨髓和肠系膜等器官发生广泛性的肿瘤(图 6-21，见图版)，尤其是法氏囊明显肿大，不发生生理性萎缩。肿瘤病变外观柔软、平滑而有光泽，呈灰白色或淡灰黄色，切面均匀如脂肪样，很少有坏死灶。以上病变一般在病鸡4月龄以后出现。

研究证明，病毒首先侵害受感染鸡的法氏囊，使囊依赖淋巴细胞发生癌变而转化为肿瘤细胞。切除法氏囊或用环磷酰胺或雄激素注射，对鸡胚或雏鸡进行化学除囊，均可阻止该病的发生，切除胸腺对该病的发生无影响。免疫荧光研究也证明该病的肿瘤细胞主要为B淋巴细胞。由此可证明该病的肿瘤细胞起源于法氏囊。随着病鸡年龄的增长，到性成熟期4～5月龄时，法氏囊的肿瘤逐渐增大，肿瘤细胞遂进入血管系统，随血流转移到全身许多器官形成转移性肿瘤病灶。根据肿瘤病变的形态和分布，可分为结节型、粟粒型、弥漫型和混合型4种形式。

结节型病变的直径从 0.5mm 至 5cm，单个存在或散在分布。结节通常呈球形、扁平形。粟粒型病变以肝脏最明显，多数为直径不到 2mm 的小结节，均匀分布于整个器官的实质中。弥漫型淋巴细胞瘤可使整个器官体积呈弥漫性增大，如肝脏可比正常增大好几倍，色泽变成灰白色，质地脆弱，故习称之为大肝病(图 6-22，见图版)。但有时也偶见肝脏表面显现高低不平，坚韧呈硬化的现象。脾脏的变化与肝脏相同，呈灰棕色，表面和切面也有许多灰白色的肿瘤病灶(图 6-23，见图版)，偶见凸出于表面的结节。肾脏体积肿大，颜色变淡，有时也形成肿瘤结节。其他器官，如心、肺、肠壁、卵巢和睾丸等，有时也见有灰白色肿瘤结节。病变严重的鸡常见各个内脏器官广泛发生病变，甚至互相粘连一起。

[镜检]　所有器官的肿瘤细胞都呈灶状、结节状膨胀性增生，常把器官固有的结构压挤，而不是浸润于它们之间，这种结节病灶在肝脏多位于中央静脉周围、肝细胞索间和汇管区。肝内的结节病灶周围常环有成纤维细胞，后者实际上多半是残存的肝窦状隙内皮。用网状纤维染色，于病灶周围有薄层嗜银性纤维包围。肿瘤结节由淋巴母细胞组成，细胞的形态和大小比较一致，分化程度相似。细胞膜模糊，胞浆嗜碱性，核呈空泡状，染色质紧靠核膜，并聚集成块，核内有嗜酸性核仁。多数瘤细胞的胞浆含有大量 RNA，故用甲基绿-派洛宁染色呈红色，表明瘤细胞未成熟或正处于迅速分裂阶段。瘤细胞在脾脏亦呈结节状或灶状增生。在肾脏被膜下、肾小球周围、小血管的外膜周围也呈结节状或灶状增生。

病理组织学证明，实验感染鸡的法氏囊在8周龄时个别鸡出现滤泡病变，至16周龄时全部受试鸡出现病变滤泡。受侵害的滤泡显著肿大，其中都是形态一致的、胞浆嗜碱性的淋巴母细胞，皮质和髓质的界限消失，异常的滤泡不断增大，取代正常滤泡。16～24周龄时，法氏囊出现肉眼可见的肿瘤。异常滤泡内的细胞与其他器官和组织内增生的肿瘤细胞相似。如果血流中出现大量淋巴母细胞则为临终结局。与鸡马立克氏病的区别在于，该病的法氏囊是淋巴滤泡内淋巴细胞增生而显著增大,而鸡马立克氏病的法氏囊是间质内淋巴样细胞增生,造成淋巴滤泡萎缩。

(二)成红细胞性白血病

成红细胞性白血病(erythroblastosis,EB)一般发生于 3 月龄以上的鸡,分为增生型和贫血型两种类型。增生型较为常见,其特征是血液中出现许多幼稚的成红细胞;贫血型的特征是发生严重贫血,血液中只有较少的未成熟红细胞。

1. 主要临床症状

两型病鸡的早期症状均表现倦怠、无力,鸡冠稍苍白或发绀。病情严重时,贫血型病鸡的鸡冠变为淡黄色乃至白色;增生型病鸡的鸡冠仍为苍白或发绀。后期病鸡消瘦、下痢,有数量不一的羽毛囊发生出血。病程从几天到数月不等,贫血型的病程通常较短。

2. 病理变化

[剖检]　两型病鸡死后剖检都有全身性贫血变化,血液色泽变淡而呈血水样。鸡冠苍白或发绀,皮肤羽毛囊出血。皮下组织、肌肉和骨髓器官常有出血点。肝、脾可见血栓形成、梗死和破裂。肺胸膜下水肿,心包积水,腹水中以及肝腹面有纤维素凝块沉着。

增生型的特征变化为肝、脾显著肿大,肾脏亦呈弥漫性肿大,呈樱桃红色至暗红色,质软而脆。红骨髓增生、柔软或呈水样,呈暗红色或樱桃红色,并常有出血。

贫血型的特征性变化是全身性贫血,血液色泽变淡呈水样,内脏器官萎缩,尤以脾脏显著。骨髓色淡,呈胶冻状,骨髓腔隙大多被海绵状骨质所取代。

[镜检]　增生型内脏器官的变化主要是淤血,组织内毛细血管或窦状隙中成红细胞积聚,毛细血管或窦状隙扩张。肝、脾和骨髓的淤血病变尤为明显,由于窦状隙高度扩张,器官实质细胞受压迫而发生萎缩。肝脏中央静脉周围的肝细胞发生变性、坏死。尽管成红细胞积聚很广泛,但它们仅局限于血管内,这不同于淋巴细胞性白血病。

贫血型肝脏常有小淋巴细胞和粒细胞的积聚,也可发现有局灶性的成红细胞。早期病例的骨髓见血窦充满增生的成红细胞;晚期病例,骨髓全由成红细胞组成,而髓细胞则呈散在的小岛状。再生障碍贫血的骨髓成红细胞减少甚至几乎无细胞。

血液涂片可见不同发育阶段的成红细胞,主要是早期成红细胞(早幼红细胞)和多染性红细胞(中幼红细胞),但以前者占优势。早期成红细胞核大而圆,染色质细,有 1~2 个核仁,胞浆嗜碱性,核周围有晕圈、空泡,偶见细颗粒,细胞的形状不规则而常有突起。

[电镜观察]　在成红细胞胞浆的空泡内可能见有病毒粒子。

3. 诊断

该病的诊断除依赖临床症状和病理变化外,可靠的诊断必须经血液涂片和肝、骨髓切片或涂片镜检,以发现大量成红细胞为依据。在鉴别诊断上应注意与普通贫血症、成髓细胞性白血病及淋巴细胞性白血病相区别。

(三)成髓细胞性白血病

成髓细胞性白血病(myeloblastosis,MB)的自然病例很少见,其临床表现与成红细胞性白血病相似。致瘤病毒首先侵害骨髓,最初的变化是在骨髓的窦状隙外区出现多发性成髓细胞增生灶,然后溢入到窦状隙中,引起白血病。

[剖检]　尸体通常呈现贫血状态,各实质器官肿大,质地脆弱。多在肝脏,偶然也在其他

器官出现灰白色、弥漫性肿瘤结节;骨髓呈灰红色或灰白色。严重病例,在肝、脾和肾有弥漫性灰白色肿瘤组织浸润,器官的外观呈斑纹状或颗粒状。

[镜检]　各实质器官于血管内和血管外有大量成髓细胞积聚,尤以肝脏的汇管区和窦状隙外侧的浸润和增生特别广泛,致使原有组织被增生的成髓细胞所取代。骨髓在窦状隙外区见有明显的成髓细胞生成活动。

成髓细胞性白血病是一种典型的白血病。外周血液中成髓细胞可达 200 万/mm³,它们占血液细胞的 75%,故离心血液时白细胞层明显增厚。成髓细胞(或原粒细胞)是大型细胞,胞浆略嗜碱性,核大,有 1～4 个核仁。除成髓细胞外,还有前髓细胞(早幼粒细胞)和髓细胞(中幼粒细胞)存在,它们的胞浆内均有特殊颗粒,容易识别。该病往往导致继发性贫血,血液涂片检查可发现多染性红细胞和网织红细胞。

[诊断]　根据肉眼病变可作出初步诊断。特异性鉴别诊断是做血液涂片检查。当细胞型发生怀疑时,再检查肝或骨髓切片则很有帮助。

(四) 骨髓细胞瘤病

骨髓细胞瘤病(myelocytomatosis,MCT)自然发病鸡多为未成年鸡,其全身症状与成髓细胞性白血病相似。病鸡的骨骼上常见由骨髓细胞增生形成的肿瘤,因而病鸡的头部出现异常的突起,胸廓和胫跗骨有时也见有这种肿瘤突起。病程一般很长。

1. 病理变化

[剖检]　病死鸡的骨骼上易发现肿瘤。肿瘤常发生于骨骼的表面,多靠近软骨处,如肋骨的胸肋骨与椎肋骨连接处、胸骨后部、下颌骨及鼻腔软骨和颅骨的扁平骨等部位。骨髓细胞瘤呈淡黄白色,质软而脆或如干酪样,呈弥漫性或结节状,有时其上有一层薄而易碎的骨片,常为多发性,往往两侧对称。

[镜检]　肿瘤由一致的骨髓细胞组成,基质很少。瘤细胞与正常骨髓细胞相似。其胞核较大,有空泡,常偏于细胞一侧,核仁明显,胞浆充满嗜酸性球形颗粒。由于骨髓细胞呈扩张性增生而形成肿瘤,大的肿瘤可挤压骨组织,穿过骨膜并通过转移而发生髓腔外的转移性肿瘤。在肝脏,骨髓细胞常积聚于窦状隙并侵入肝细胞索,破坏肝组织而取代之。骨髓细胞瘤的瘤细胞可能来源于原血细胞,但通常只分化到非粒性或粒性的骨髓细胞阶段,即自行停止。

2. 诊断

根据特征性骨瘤的分布位置即可作为诊断依据。在鉴别诊断上要注意与成髓细胞性白血病、淋巴细胞性白血病及骨化石病等相区别。

(五) 骨化石病

骨化石病(osteopetrosis,OP)常见于 8～12 周龄的肉用鸡,最常受侵害的是肢体的长骨。临床表现骨干或骺端呈均匀或不规则的增厚,活动性病例病变区温度增高。对于晚期病鸡,胫跗骨具有"长靴样"特征。病鸡通常发育不良,无羽毛部分显示苍白,步行拘谨或呈跛行。

1. 病理变化

[剖检]　见病死鸡胫跗骨骨干,或其他长骨、骨盆骨、肩周的骨和肋骨,呈两侧对称性病变。初期病变见正常骨骼上出现淡黄色斑块,继而骨膜增厚,骨质呈海绵状,易被切断。病变逐渐向周围扩展,并蔓延到骺端,致使骨骼呈梭形;但也偶见保持灶状或呈偏心性者。病变的严重程度可由轻度的外生骨疣,到巨大的不对称增大,乃至将骨髓腔完全堵塞不等。后期病例

骨质出现石化,剥离时露出坚硬多孔而不规则的骨石。趾骨常无变化。

骨化石病常与淋巴细胞性白血病或其他肿瘤同时发生。单一患该病的病例还可见内脏器官,特别是脾脏的萎缩。

血液中有时见淋巴细胞增多。常可见继发性贫血,有时在肝脏见有活跃的红细胞生成灶,但外周血液却未见未成熟的红细胞。

[镜检]　病变部骨膜成骨细胞增生显著增厚。特征性变化是骨的海绵状病变向心性向骨干中央伸展,骨腔隙扩大并数量增多,其位置亦发生改变;骨细胞肿大、增多,嗜伊红染色。

2. 诊断

该病的晚期骨病变具有明显的特征性,故不难诊断。在病的早期,如长骨的横断面和纵断面发现外生骨疣和软骨骨化,即可判断该病。在其他骨病中,如佝偻病和骨质疏松(osteoporosis)可根据其骺端形成的类骨组织或骨质多孔来与该病相区别。骨短粗病(perosis)虽可见胫跗骨扭曲和变扁,但骨的结构则仍正常,易和该病相区别。

十四、禽网状内皮组织增生病

禽网状内皮组织增生病(reticuloendtheliosis)是由反转录病毒科、致瘤病毒亚科的禽网状内皮组织增生病病毒(reticuloendtheliosis virus,REV)引起的一种禽类急性网状细胞瘤形成、发育障碍综合征和淋巴及其他一些组织的慢性肿瘤综合征。

REV粒子呈球形,直径约100nm,REV的基因为单股RNA。它分非缺陷REV株和复制缺陷的火鸡网状内皮组织增生病病毒T株(REV-T株)。现已证实急性网状细胞瘤的形成是由复制缺陷的REV-T株所致。REV主要感染火鸡、鸡、日本鹌鹑和鸭,其传播方式为接触感染。感染后潜伏期只有3d,死亡多发生在潜伏期过后的6~21d。接种新生鸡或火鸡,因发病急很少见到临床症状,死亡率常达100%。

其病变类型按不同毒株所致不同特征可分为3种。

1. 急性网状细胞瘤形成

急性网状细胞瘤形成是由复制缺陷的REV-T株所致。

[剖检]　感染鸡可见肝、脾肿大,胰腺和性腺等处发生纤维素性腹膜炎,肾脏也常见肿大。肝、脾、肾均见有小点状或弥漫性浸润的白色肿瘤状病灶(图6-24,见图版)。有些病灶发生坏死,尤其是在肝脏。

[镜检]　上述白色病灶是由组织间的多形性原始细胞增生形成。增生细胞的轮廓不清,胞浆呈轻度嗜酸性。细胞核较大,呈多形性,有的近似球形,有的近似长方形或锯齿形。淡染的核质内有染色质颗粒或染色质块,许多细胞核内有一个大的明显嗜酸性的核仁。细胞多见有丝分裂相。这些肿瘤细胞可在肝、脾、肾、肺、心、胰腺、性腺等器官呈结节状增殖。在肝脏,肿瘤细胞多围绕汇管区的血管和胆管增殖形成结节,同时也浸润性地生长到窦状隙内,有时在窦状隙内形成小结节。瘤组织及其生长压迫的相邻组织常发生坏死。关于靶细胞的特征尚有争论,肿瘤细胞系由B淋巴细胞或者带有B和T两种细胞标记的原始细胞建立的。

2. 发育障碍综合征

发育障碍综合征是指由非缺陷REV株感染鸡而不出现肿瘤病变的疾病。受感染鸡明显地发育迟缓,一些鸡出现羽毛异常,但很少出现跛行与瘫痪的症状。

[剖检]　病死鸡胸腺和法氏囊萎缩、末梢神经肿大、羽毛异常、腺胃炎、肠炎、贫血、肝和脾坏死以及细胞和体液免疫反应降低。早期感染REV的鸡可见羽毛形成细胞坏死。神经纤维

间有成熟的和未成熟的淋巴细胞及浆细胞浸润。

3. 慢性肿瘤形成

非缺陷 REV 感染还可导致禽类的慢性肿瘤形成。其肿瘤形成有两种类型:第一类慢性瘤形成的特点是潜伏期长,鸡和火鸡感染后经 17~43 周的潜伏期才出现淋巴肉瘤。第二类慢性瘤形成的特点是潜伏期较短,一般在非缺陷 REV 株感染后 3~10 周,在各脏器及外周神经出现淋巴肉瘤,但法氏囊不出现变化。

[剖检]　多数病例在肝和法氏囊,其次在脾、性腺、肾脏、肠道、肠系膜和胸腺可见淋巴肉瘤。

[镜检]　淋巴肉瘤由成熟型淋巴细胞组成,法氏囊的肿瘤结节由转化的法氏囊滤泡形成。淋巴肉瘤细胞表面有特定的 B 细胞抗原而无 T 细胞抗原,说明淋巴肉瘤是法氏囊依赖的 B 细胞淋巴肉瘤。此外,非缺陷 REV 的感染经长时间潜伏有时可导致黏液肉瘤、纤维肉瘤、肾腺癌及神经肿胀病变。

[诊断]　典型的急性网状细胞瘤形成的病理解剖和组织学变化对该病的诊断有一定意义。但 REV 导致的病变非常复杂,在同一试验甚至在同一只鸡的身上可出现上述不同的病变类型。例如,非缺陷 REV 株可能首先导致发育障碍综合征病变,淋巴肉瘤可能稍后发生。用复制缺陷 REV-T 株接种鸡特别是那些存活下来的急性病例,可能产生伴有非缺陷 REV 株的病变。这些病变极易与马立克氏病、禽白血病、火鸡淋巴细胞增生病相混淆,因此需要做血清学和病毒学诊断。鉴于该病毒不像禽白血病病毒和马立克氏病病毒那样普遍存在,所以病毒的分离或血清抗体阳性具有诊断价值。分离病毒的最好方法是将病料接种于鸡胚或鸭胚的成纤维细胞。培养细胞一般不出现病变,但荧光抗体法可以证明有病毒抗原。血清学诊断方法主要有间接荧光抗体法、中和试验、琼脂扩散反应和 ELISA 等。

十五、鸡传染性法氏囊病

鸡传染性法氏囊病(腔上囊病)(infectious bursal disease, IBD)是由传染性法氏囊病病毒(IBDV)引起的一种急性接触性传染病,以侵害雏鸡及幼龄鸡的法氏囊为特征。我国 1979 年首次在广州发现,1980 年北京分离出该病病毒,现已在全国流行。

1. 病原及其传播方式

该病的病原为双股核糖核酸病毒科(*Birnaviridae*)、双股核糖核酸病毒属(*Birnavirus*)成员。其形态为正二十面体,32 个壳粒呈立体对称排列,六角形,有空心和实心两种粒子,有时有 20nm 的碎片。病毒粒子无囊膜,能抵抗乙醚和氯仿等有机溶剂,并有较强的耐酸性(pH 2)。56℃中存活 5h,60℃中 30min 该病毒仍可存活,在 -20℃贮存 3 年仍有传染性。

该病的传播方式主要是病鸡与健康鸡接触,或通过被污染的饲料、饮水经消化道感染,也可经呼吸道和黏膜侵入机体,潜伏期通常为 1~3d。病毒首先侵害敏感鸡的法氏囊,主要在 B 淋巴细胞内增殖,引起法氏囊淋巴组织及其细胞变性、坏死,从而引起免疫抑制或不能产生免疫球蛋白导致免疫应答反应降低。

2. 主要临床症状

该病发生突然,病鸡高度沉郁,食欲大减,缩颈,间歇性腹泻,排白色黏稠稀便,恢复期排绿色粪便。鸡群感染多呈一过性。一旦感染其感染率几乎为 100%,发病率达 60%~80%,死亡率为 0%~30%,严重时(感染强毒)死亡率可能达到 40%~60%。蛋鸡比肉鸡易感,肉鸡感染比蛋鸡病变严重,死亡率高。2~10 周龄易感,3~6 周龄为病情极期,蛋用雏鸡发病最早为 11

日龄,最迟为136日龄。2日龄雏鸡可呈隐性感染。成年鸡因法氏囊萎缩而不易感染发病。重症鸡常因脱水发生血液循环障碍,逐渐衰竭而死亡。大部分轻症鸡如加强饲养管理经过数日可恢复。此外,各种应激因素,尤其是环境不洁、饲养管理不当及热因素均可诱发该病。

3. 病理变化

[剖检] 病死鸡的法氏囊体积增大,重量增加,极期时(3～4d)其重量可达6g左右,法氏囊周围脂肪组织明显胶样水肿。切开法氏囊其黏膜潮红肿胀,散在点状出血,皱褶趋于平坦。严重病例中整个法氏囊呈紫红色,有时黏膜有弥漫性出血(图6-25,见图版)。有的病例在法氏囊黏膜皱褶表面见粟粒大、黄白色圆形坏死灶;囊腔内有多量黄白色奶油状物或黄白色干酪样栓子。病程较长的病例,法氏囊体积缩小,重量减轻,呈灰白色。轻症病鸡,经4～10周后法氏囊可再生新的淋巴滤泡而恢复其机能。

胸部、腹部、腿部等部位肌肉出血。胸肌顺肌纤维走向呈条纹状或斑状出血,腹部及腿部呈点状或斑状出血(图6-26,见图版)。胸腺不肿大,偶见点状出血。腺胃和肌胃交界处常见不规则的暗红色淤血或出血。早期感染病例,在泄殖腔黏膜表面可见有不同程度和大小不等的出血斑点。有时见盲肠扁桃体肿大并突出于表面并有点状出血。

[镜检] 法氏囊黏膜上皮变性。发病初期病例,浆膜下及淋巴滤泡之间发生水肿,间质增宽并有少量异嗜性粒细胞及淋巴细胞浸润,并伴发出血(图6-27,见图版)。最有特征性的病变是法氏囊滤泡髓质及皮质的淋巴细胞几乎完全坏死(图6-28,见图版)。

严重时由于淋巴细胞坏死崩解而使淋巴滤泡呈空腔化或呈红色均质团块状,有时坏死的淋巴细胞被异嗜性粒细胞、巨噬细胞及网状细胞所代替。经过5～8d淋巴滤泡数量减少或萎缩,部分淋巴滤泡髓质区由于网状细胞和未分化上皮细胞增生,形成腺管状结构,并可见囊黏膜上皮细胞增生扩展到固有层,积聚于腺管状结构周围。重症病例的淋巴滤泡因坏死或空腔化而不能恢复;轻症病例的淋巴滤泡可以恢复,新形成的淋巴滤泡体积增大,淋巴细胞密集在滤泡边缘。

胸腺的实质部淋巴细胞亦发生坏死或消失。脾淋巴滤泡数量减少或萎缩,滤泡内淋巴细胞发生坏死或消失,还见滤泡内网状细胞活化。

[电镜观察] 人工接种野毒株的雏鸡病例,最早在8h后即可出现细胞间和细胞内水肿,核染色质浓缩或边集,巨噬细胞内溶酶体数量增多,淋巴细胞出现溶解以及变性,甚至淋巴细胞匮乏。在巨噬细胞内的溶酶体内及胞浆内均可见到该病毒包涵体。大多数淋巴细胞的内质网膨大,核染色质浓缩,胞浆内可看到增殖的病毒粒子呈单一的晶体状或多个集团性排列。

4. 诊断

根据流行病学和特征性病变可对该病作出初步诊断,必要时还可通过血清学和分离病毒进行确诊。在鉴别诊断上应注意排除磺胺药物中毒、肾炎-肾病综合征、鸡新城疫、球虫病、鸡马立克氏病及鸡淋巴细胞性白血病等。

十六、鸡传染性鼻炎

鸡传染性鼻炎(infectious coryza chicken)是由鸡嗜血杆菌(haemophilus gallinarum)又名鸡鼻炎嗜血杆菌(bacillus haemophilus coryza gallinarum)引起的急性呼吸道疾病,其病理变化特征为鼻腔和鼻窦卡他性炎、颜面部水肿和结膜炎等。

鸡传染性鼻炎广泛发生于世界各地。该病虽死亡率低,但它可使雏鸡育成率降低,幼鸡开产期延迟,成年鸡产蛋率下降或停止产蛋。我国也有发生该病的报道。

1. 病原及其传播方式

病鸡(特别是慢性病鸡)和带菌鸡是主要的传染源。病原可经过互相接触或经空气传播,也可经过饲料和饮水而传播。但由于该菌对外界环境抵抗力弱,所以几乎不发生间接传播或远距传播。各种年龄的鸡对该菌都有易感性,但以4周龄至3岁鸡发病较多,3~5日龄鸡有一定抵抗力。鸽、鸭、麻雀、乌鸦、家兔、豚鼠和小鼠均有抵抗力。该病最常发生于秋冬两季,鸡舍条件不良、营养不足或鸡混合感染其他呼吸道疾病都可增加该病的发病率,加重病情和增高死亡率。

2. 主要临床症状

感染鸡表现发热、精神不振、食欲减退,鼻腔和鼻窦发炎,鼻腔流浆液性分泌物,以后呈黏液性或脓性,面部及公鸡肉髯、母鸡下颌部出现水肿、结膜炎伴有流泪。如果炎症蔓延至下呼吸道,则发生呼吸困难、气喘和咳嗽,并有啰音。呼吸道被分泌物堵塞时可因窒息而死亡。

3. 病理变化

[剖检]　病鸡的鼻腔和鼻窦黏膜潮红、肿胀和充血,表面被覆有大量的黏液,窦内含有渗出物凝块。面部眼睛以下组织及下颌间隙、肉垂水肿、充血、出血,呈黄绿色或紫色,切开见该部组织呈胶样浸润并有黄色干酪样凝块。眼睛出现卡他性结膜炎,初期表现流泪,随后有黏液性渗出物并导致眼睑黏着。结膜囊充满脓性渗出物并常形成黄色干酪样物。结膜炎进一步发展,导致溃疡性角膜炎、眼内炎。当感染蔓延到下呼吸道时,气管和支气管被覆黏稠的黏液和脓性渗出物(图6-29,见图版),继而变为干酪样物堵塞气道。病鸡有时有支气管肺炎,发炎肺组织潮红、质度稍坚实。

[镜检]　鼻腔、鼻窦和气管黏膜上皮变性、坏死、脱落,固有层充血、水肿,有异嗜性粒细胞和淋巴细胞浸润。肺脏呈急性、卡他性支气管肺炎,在二级与三级支气管内填充有异嗜性粒细胞和细胞碎屑。气囊间皮肿胀、增生、水肿与异嗜性粒细胞浸润。

4. 诊断

根据流行病学特点、临床症状和病变特征可对该病做出初步诊断,确诊需要进行血清凝集试验与病原分离鉴定。

鸡传染性鼻炎需与鸡新城疫、传染性支气管炎、慢性呼吸道疾病、维生素A缺乏症及大肠杆菌病进行鉴别诊断。鸡新城疫除表现呼吸困难、呼吸道蓄积大量黏液、黏膜充血和出血变化外,还有各浆膜、黏膜出血,出血性纤维素性坏死性肠炎和非化脓性脑膜脑脊髓炎的变化。鸡传染性支气管炎以支气管变化最为明显,很少见颜面部肿胀变化,病变部位有单核细胞浸润。鸡传染性喉气管炎时气管黏膜具明显的出血性纤维素性炎,显微镜下见气管黏膜上皮细胞内有嗜酸性的核内包涵体。鸡慢性呼吸道疾病以雏鸡较为多发,气囊变化比较明显,表现气囊壁增厚,囊腔充积大量干酪样渗出物,囊壁由于淋巴小结的增生,外观似念珠状。鸡维生素A缺乏症引起的窦炎,其干酪样渗出物呈白色,此外,在咽及食管上部黏膜常可发现许多隆起的白色脓疱状病灶;在疾病早期于饲料中补充维生素A,可控制疾病的发生。鸡的大肠杆菌感染通常产生纤维素性心包炎、肝周炎和气囊炎。

十七、禽葡萄球菌病

禽葡萄球菌病(avian staphylococcosis)主要发生于雏鸡、幼鸭和幼鹅,病原菌主要为金黄色葡萄球菌,以四肢关节及邻近腱鞘和黏液囊发生炎性肿胀或局部化脓,以及在内脏形成转移性脓肿为特征。该病多因腱、韧带及皮肤损伤和刺伤或其他损伤受感染而引起。

1. 病理变化

〔剖检〕　急性病例中,病鸡胸部、腹部乃至大腿内侧呈青紫色,该部皮下充血并有红黄色胶样液体浸润。伴发脐炎时,则见脐孔发炎、肿大,腹部膨大,俗称大肚脐。有时脐部尚见黄红色液体或脓样干涸的坏死物。肘关节、胫关节及趾关节等发炎肿胀,关节滑膜囊和腱鞘中积有纤维素碎片的淡红色渗出液,滑膜增厚、充血、出血和水肿。翼下、龙骨部及四肢关节周围的皮下呈现浆液性浸润或皮肤坏死,甚至化脓、破溃。肠管呈急性出血性、卡他性炎;肝、肾等器官肿大、充血及实质变性;心脏扩张和心肌实质变性,心包偶见蓄积胶冻样液体。慢性病例上述关节亦表现肿胀,关节囊内积有脓性或干酪样渗出物,关节软骨溃烂,骨髓中可见化脓灶,间或在脾脏或其他器官中见化脓灶。

〔镜检〕　肝细胞变性、坏死,血管周围病灶中见单核细胞和异嗜性粒细胞增多。在感染早期,关节滑膜和腱鞘因圆形滑膜细胞增生而呈灶状增厚,以后可见明显的异嗜性粒细胞浸润和葡萄球菌菌块。

2. 诊断

根据病鸡全身性化脓性病变,并在病灶内检出葡萄球菌可确诊。

十八、禽弯曲菌性肝炎

禽弯曲菌性肝炎(avian campylobacter hepatitis)又名弧菌性肝炎(vibronic hepatitis)、传染性肝炎(infectious hepatitis)或弧菌性肠肝炎(vibronic entero-hepatitis),是由空肠弯曲菌所引起鸡和鹅多发的一种急性或慢性传染病。人类可通过摄食污染的牛乳、食肉、特别是鸡肉和鸡肝而感染,主要症状是腹泻。

该病最早于1939年被发现,目前在世界许多国家均有发生该病的报道。在我国辽宁、黑龙江、吉林及湖南等省的一些养鸡场曾有该病的发生。

1. 病原及其传播方式

该病的病原是空肠弯曲菌,为革兰氏阴性菌,大小为$(0.2\sim0.8)\mu m\times(0.5\sim5.0)\mu m$,微嗜氧,呈豆点形、S形、长螺旋形和纺锤形等多种形态,有端极鞭毛,运动活泼,不形成芽孢和荚膜。在陈旧培养基上或在其他不适宜环境下,其形态可变为圆形而类似球菌,此时一般已丧失活力,不易传代。空肠弯曲菌经脑内、口腔、皮下和腹腔等途径感染1日龄雏鸡。并在接种24h后出现病变,肝脏的明显病变发生于5～12d。年龄较大的鸡,病变最少可持续9周,并可从肝脏分离出空肠弯曲菌。

该病主要是通过污染的饲料、饮水和垫草经消化道感染,也可能经污染的蛋而传播。病原菌经口腔侵入机体后,通过菌体胞壁产生的黏附素首先黏附于小肠黏膜上皮细胞的微绒毛而增殖,继而穿透肠黏膜上皮细胞,并经黏膜血管进入血流。雏鸡感染该病原后第5天即可从肝脏、脾脏和心血检出空肠弯曲菌。

2. 主要临床症状

染病鸡雏发育迟缓,青年鸡开产期延迟,成年鸡产蛋量下降及逐渐消瘦乃至大批死亡。病鸡通常表现精神萎顿或肢体屈曲不能站立,羽毛蓬松,眼半闭,结膜潮红,鸡冠呈鳞片状皱缩,逐渐消瘦,往往伴发腹泻。

3. 病理变化

急性及亚急性型:

[剖检]　鸡尸体最突出的病变是肝脏变性、坏死的实质肝炎及胆囊黏膜坏死。

急性型病情轻微的病例仅见肝脏呈不同程度的肿大,色泽变淡,质地脆弱,被膜散发细小的点状出血。亚急性病例除表现肝脏肿大、色泽变黄、质地脆弱外,在肝脏表面和切面散发或密发大头针帽大、小米粒大乃至高粱米粒大不等的灰黄色或黄白色圆形或边缘不整的坏死病灶。有的病例病变互相融合,在肝脏表面和切面形成花纹状或斑驳状的菜花样大病灶(图 6-30,见图例)。肝被膜有大小、形态不一的出血斑点,偶见血肿和肝破裂。

心脏扩张,心包积液,心肌实质变性,偶见心外膜、心内膜和心切面有高粱米粒大、稍隆凸黄白色坏死病灶。

脾肿大,质地柔软,呈暗红色,偶见被膜散在点状出血和坏死灶。肾脏肿大,黄红褐色,质地脆弱,输尿管内充积黄白色尿酸盐。肺脏稍膨隆,表面散发气肿灶,偶见实变区。

小肠黏膜潮红肿胀,散在点状或斑状出血。回肠黏膜偶见坏死灶。盲肠黏膜见点状或斑状出血。部分病例伴发坏死性增生性盲肠炎,表现为盲肠体和尾部肿大,外观似脑回状,肠腔有中等量棕黄色、较干燥、不洁的坏死物,肠壁增厚,黏膜坏死呈黄白色。直肠黏膜偶见点状出血。卵巢可见卵泡萎缩、退化,仅剩一些豌豆大的卵泡。

病鹅的肝脏和其他器官所见病变与鸡所见基本相同。

[镜检]　早期感染或急性病例见肝细胞变性、轻度坏死和脂肪变性,窦状隙扩张,可见到空肠弯曲菌集落;汇管区和肝小叶坏死灶内见有异嗜性粒细胞和淋巴细胞浸润。亚急性型与病情较严重的病例,除肝细胞呈现颗粒变性、脂肪变性和水泡变性外,尚见窦状隙充血、出血、星状细胞肿胀、增生,狄氏隙增宽,沉积粉红色絮状蛋白质性物质,后者以 AB-PAS 染色呈浅蓝色弱嗜酸性黏多糖反应。中央静脉充血,外周偶见异嗜性粒细胞、淋巴细胞和增生的髓细胞样细胞环绕。肝小叶内散在大小、形态不一的坏死病灶与坏死性肉芽肿结节。新形成的坏死灶内肝细胞溶解消失,遗存的网状细胞肿胀,在其网眼内有嗜染伊红的均质性物质沉积,周边不见炎症性反应。稍陈旧的坏死灶为坏死伴肉芽肿结节,结节的中心为崩解的坏死组织或为浓染苏木素的核碎屑与污红色细颗状的基质组成的坏死团块,其周边有增生的上皮样细胞和多核巨细胞围绕,上皮样细胞层的外周为增生的结缔组织,并有数量不等的异嗜性粒细胞、淋巴细胞和浆细胞浸润。此外,在肝小叶内还可见增生的网状细胞集结成群与异嗜性粒细胞、淋巴细胞、浆细胞组成的细胞性结节,其中增生的网状细胞明显活化,其形态颇似髓细胞。多数病例的肝组织都可发现不规则的脂肪变性区,表现部分或广面积的肝组织坏死、消失而为脂肪细胞所取代,在脂肪细胞群中常残存少量肝组织,并伴有多量分化较低的异嗜性粒细胞和数量不等的淋巴细胞、浆细胞或髓细胞样细胞浸润。用 Warthin-Starry 镀银染色和空肠弯曲菌免疫酶组化染色,在上述肝小叶坏死灶、坏死性肉芽肿性结节及肝脏脂肪变性区均可发现有数量不等的空肠弯曲菌。

[电镜观察]　亚急性型病例的肝细胞线粒体肿胀呈球形,或丧失双层膜结构;基质稀薄,嵴紊乱、减少或消失而呈空泡样。滑面内质网增多且扩张,呈空泡样结构;糖原颗粒明显减少。粗面内质网亦扩张,呈多种形态,其上的核糖体发生脱粒现象。胞浆内出现板层小体样结构。高尔基复合体溶解崩溃消失。肝细胞之间的连接复合体破坏。肝细胞核周池扩张,异染色质呈团块状,核内可见同心圆状板层小体。病变严重者则见核膜溶解消失,染色质外逸。此外,在狄氏隙、肝细胞表面和肝细胞内可发现空肠弯曲菌。

慢性型:

[剖检]　尤其是病程长的鹅肝脏,除具亚急性型所见的病变外,最为突出的病变是肝小叶内坏死性肉芽肿结节的纤维化、脂肪变性区的骨化及肝硬变并伴发腹水。有些病例的肝切面

也与急性、亚急性病例相似，呈现油脂样光泽、刀切发沙沙响声。胆囊肿大，胆汁浓稠，黏膜坏死，外观显细颗粒状。

［镜检］　肉芽肿结节中心的坏死组织，由上皮样细胞和多核巨细胞取代，外周环绕透明变性的胶原纤维；更陈旧的肉芽肿可完全纤维化。而一些严重脂变病例，镜下常见肝组织脂肪变性区有大量骨组织或类骨组织形成，其形象颇似宽窄不一的骨小梁。类骨组织的基质弱嗜碱性，伴有钙盐沉积。AB-PAS 染色其基质呈浅蓝色弱酸性黏多糖反应。类骨组织或骨组织的边缘有数量不等的异嗜性粒细胞聚集，有时还可发现不同类型的髓细胞和破骨细胞，表明具有造血和骨组织改建机能。汇管区和小叶间增生的结缔组织往往向周围的肝组织内伸展，导致程度不同的肝硬变。

胆囊黏膜上皮呈局灶性坏死、崩解，形成凹陷的坏死灶，其中可发现空肠弯曲菌或其集落，坏死灶周围有异嗜性粒细胞浸润和上皮细胞增生。固有层有少量淋巴细胞和浆细胞浸润，腺上皮细胞增生，伴发空泡变性。扫描电镜观察与光镜所见一致，表现胆囊黏膜上皮细胞增生部位显示皱襞显著增宽，间隙变浅、变狭乃至互相融合，其上面覆盖较多的黏液。黏膜坏死部位呈火山口样或表面粗糙不平，其周围的黏膜上皮细胞顶端凹陷呈脐状。

心脏：心脏纤维呈颗粒变性或轻度坏死。眼观所见的黄白色病灶，镜下观察为大片心肌纤维萎缩、消失，肌间结缔组织增生，有异嗜性粒细胞、淋巴细胞和浆细胞浸润，心外膜下亦偶见同性质的细胞浸润。

脾脏：白髓萎缩，偶见坏死灶。鞘动脉（或椭球）坏死，嗜染伊红呈均质状。脾索散在大小不一、填充浆液的坏死灶，固有的细胞成分减少，网状细胞肿胀，增生，偶见异嗜性粒细胞浸润和肉芽肿形成。

肾脏：肾实质变性、坏死，具轻度膜性增生性肾小球肾炎，间质内和坏死区有异嗜性粒细胞和淋巴细胞浸润。

肺脏：眼观见有呈实变的坏死性肉芽肿中结节。肺动脉和支气管动脉变化与肝小叶间动脉相似，偶见血管内膜炎、中膜炎和全血管炎。

肠管：小肠肠绒毛顶部黏膜上皮细胞呈程度不同的坏死、脱落，固有层充血、出血及轻度水肿，有较多的淋巴细胞、浆细胞和异嗜性粒细胞浸润。绒毛体和基部杯状细胞增多，黏膜上皮细胞明显增生，呈高柱状，常密集而重叠，因而使肠绒毛变粗、变平而呈增生性肠炎变化。空肠的坏死变化较十二指肠和回肠为重。盲肠偶见明显的坏死性增生性肠炎变化。

骨髓：见未成熟的髓细胞增多。

［诊断］　该病诊断有赖于病史和鸡群的外观、剖检与镜检变化、血清学检验（如间接免疫荧光试验、间接血细胞凝集试验、酶联免疫吸附试验等）以及病原菌的检出与分离。在鉴别诊断上，应注意与鸡霍乱、鸡白痢、鸡伤寒、鸡大肠杆菌病、鸡新城疫、鸡包涵体肝炎以及鸡组织滴虫病等相区别。各病的鉴别要点参考本章相关内容。

十九、禽大肠杆菌病

禽大肠杆菌病（avian colibacillosis）是由致病性大肠杆菌引起的不同类型疾病的总称，其中较常见的是败血症、心肌心包炎、气囊炎、全眼球炎、腹膜炎、关节炎、输卵管炎以及肉芽肿病等。

1. 病原及其传播方式

引起禽类发病的大肠杆菌血清型主要是 $O_2 : K_1$、$O_1 : K_1$ 和 $O_{78} : K_{80}$，前两种血清型是专门对禽致病的，后一种血清型还能引起犊牛和羔羊发病。国内发现的致病型血清型还有 O_5、O_7、

O_{14}、O_{73}、O_{68}、O_{64}、O_{74} 和 O_{89}、O_{147}、O_{103} 等。鸡大肠杆菌感染在临床和病理学上的表现很不相同，这与不同年龄的鸡感染不同的菌型有关。

产蛋鸡患卵巢炎和输卵管炎时或蛋壳受到粪便污染时，致病性大肠杆菌侵入蛋内，在蛋孵化时期大量增殖，使种蛋孵化率降低，鸡胚在孵化后期或临出壳时死亡。致病性大肠杆菌也可经呼吸道感染，引起气囊病变，或经消化道等途径感染引发败血症。

2. 病理变化

(1) 孵化时期蛋壳污染大肠杆菌而感染死亡的胚胎和幼雏。

[剖检] 死胚卵黄囊内容物变为黄绿色黏稠物或干酪样物或黄棕色水样。蛋内未死的鸡胚出壳后生活力差，表现脐炎、腹部胀满，排泄黄绿色、灰白色泥土样粪便，多在 2～3 日龄内死亡，耐过 4 日龄以上的病鸡多发生心包炎和生长阻滞。

[镜检] 死亡鸡胚的卵黄囊囊壁水肿，外层纤维组织松散，中层为含异嗜性粒细胞和巨噬细胞的炎性细胞层和细菌团块，中央为受感染的卵黄，有时可见少许浆细胞。

(2) 呼吸道感染（气囊感染）主要发生于 6～9 周龄肉用仔鸡，通常是大肠杆菌和其他病原微生物（如支原体）混合感染，炎症常蔓延而伴发肝周炎。

[剖检] 气囊壁混浊，不均匀增厚，囊内表面有黄白色纤维素块附着，腔内也有许多同样渗出物，如同蛋皮。通常还有纤维素性肝周炎。肝表面有灰白色纤维素覆盖，肝实质局部有化脓坏死灶。

[镜检] 早期病变为囊壁水肿和异嗜性粒细胞浸润，病程长者出现组织坏死、成纤维细胞增生和纤维素渗出，并有多量坏死的异嗜性粒细胞浸润而形成脓性溶解。

(3) 败血症主要发生于 6～8 周龄肉用仔鸡，但不满一周龄的雏鸡也可大批发病死亡。

经蛋感染的幼雏，发病后排出强毒致病菌，通过脐、消化道和呼吸道感染健康鸡群，使大批幼雏在短期内发生败血症和死亡。临床特征为极度委靡，排出绿白色稀粪并迅速死亡。

[剖检] 4 日龄以上的病死仔鸡，除具一般败血症变化外，突出的病变是浆液性纤维素心包炎，纤维素性肝周炎甚至腹膜炎，纤维素性气囊炎，肠炎，脾充血、肿胀，肝呈铜绿色，实质内有白色坏死点。这些病变随病鸡日龄增长和病期延长而日趋明显。

(4) 心包心肌炎是鸡败血型大肠杆菌病的主要病变之一，表现为浆液性纤维素性心包炎和伴发心肌炎。病原多由血源播散而来。以感染中雏鸡尤其肉用鸡为主，疾病呈亚急性经过，病鸡消瘦、贫血，逐渐衰竭死亡。病原菌为不产生肠毒素的 O_2 血清型致病性大肠杆菌。

[剖检] 病死鸡主要病变是心包炎和间质性心肌炎。心包呈不均匀地明显增厚，心包内积留浆液性纤维素性渗出物，纤维素可能很多，以致填塞心包。病程长者出现心包纤维性粘连。心肌壁呈不均匀增厚、颜色变淡而较脆弱。有些病例还有化脓灶和肉芽肿样小结节。部分病例心肌内有芝麻粒大到直径 1.5cm 的灰白色结节，多为不规整球形。大的结节突出于心脏，使心脏变形，切面为灰白色或带粉红色的致密组织，杂有灰黄色豆腐乳样病灶。

[镜检] 心包、心外膜和心肌间质高度水肿，心外膜表面有厚层的纤维素性渗出物，并有大量的异嗜性粒细胞浸润。心肌间肉芽性纤维组织弥漫性增生，并有许多淋巴样细胞、巨噬细胞和异嗜性粒细胞浸润，通常还有小化脓灶。心肌纤维普遍发生嗜伊红性变性和颗粒变性甚至崩解。灰白结节镜下观为增殖的肉芽组织和上皮样细胞，并有单核细胞和异嗜性粒细胞浸润，通常还有小化脓灶；病灶内心肌纤维溶解或断裂。有些病例脾、肝、肾组织也有不同大小的肉芽肿样病灶和化脓灶。

(5) 全眼球炎常发生于败血型流行后期，因血源性感染所致。一般仅一个眼睛发炎。初期结膜潮红肿胀,眼羞明流泪,随之眼前房液和角膜混浊,最后因视网膜剥离而失明。

〔镜检〕 全眼都有异嗜性粒细胞和单核细胞浸润,脉络膜充血,视网膜完全破坏。

(6)关节炎多见于幼雏和中雏大肠杆菌感染,出现纤维素性化脓性关节炎,主要侵犯膝关节、胫跗关节。发炎关节呈竹节状肿大,关节囊肥厚,关节液混浊且有黄白色豆腐乳样渗出物。有时腱鞘也有同样性质的炎症。

(7)大肠杆菌性肉芽肿病又称 Harre 氏病,主要发生于成年鸡和火鸡,一般呈散在性发病,个别鸡群发病率可高达 75%。以病变组织匀浆肌肉注射或以黏液型大肠杆菌静脉注射可在鸡复制该病。

〔剖检〕 病死鸡小肠、盲肠、肠系膜和肝出现肉芽肿结节,一般为粟粒大至玉米粒大,球形,切面灰黄色,略呈放射状或轮层状,中央有脓点。

〔镜检〕 结节中央为大量核碎裂的坏死区,其外环绕上皮样细胞带,有少量多核巨细胞(图 6-31,见图版);最外层为纤维组织包囊,其间有异嗜性粒细胞浸润。

大肠杆菌性肉芽肿应与结核病灶区别。禽结核病结节镜检,病灶中央为干酪样坏死物,巨细胞多且围绕干酪样物质呈栅栏状排列,切片抗酸染色后可在结节内发现结核菌。

(8)鸭大肠杆菌性败血病主要见于雏鸭和雏鹅。主要病变是纤维素性心包炎、肝周炎和气囊炎,内脏器官和气囊表面有膜状或斑点状的纤维素凝块,厚薄不一。肝肿大,实质内有坏死点,脾肿大、色泽深。肠壁充血。

〔诊断〕 该病应与鸭疫巴氏杆菌病鉴别。后者主要发生于 2～6 周幼鸭,其特征病变在呼吸道,于各脏器表面覆盖的渗出物较干、较薄,渗出物较多时则为黄色硬实的膜,有纤维素渗出物附着。病期长者出现肠祥、内脏之间纤维性粘连,卵巢中卵泡变性、瘪缩,呈灰色、酱色、褐色等。破裂的卵黄凝结成大小不一的团块。输卵管黏膜充血、出血,腔内有蛋白和纤维素凝块,严重时塞满有凝固的蛋白和卵黄。发病公鹅阴茎肿大,严重者不能退缩,有芝麻到黄豆大的黄色脓样结节。

(9)孔雀大肠杆菌病,国内曾报告一例由 O_{97} 血清型致病性大肠杆菌引起的急性肠道感染,症状为腹泻,粪便带有肠黏膜和血腥气味。

〔剖检〕 见小肠扩张、严重出血和溃疡,内容物呈黑红色糊状。

二十、禽沙门氏菌病

禽沙门氏菌病(avian salmonellosis)是由沙门氏菌属引起的鸡腹泻、肝坏死等特征性病症的疾病群,包括鸡白痢、禽伤寒和禽副伤寒。

(一)鸡白痢

鸡白痢(pullorum disease)是鸡白痢沙门氏菌(*S. pullorum*)引起的雏鸡和雏火鸡排石灰浆样稀便为特征的疾病。

1. 病原及其主要传播方式

该病的病原体为鸡白痢沙门氏菌。病原菌存在于受感染母鸡的卵巢、卵泡和输卵管内,在形成蛋壳之前感染鸡蛋。因此在孵卵时,有部分鸡胚死亡。出壳的雏鸡大多在 12～15 日龄时发病死亡,少数存活的仔鸡成长后成为带菌者,其所产的蛋又带菌,如此反复代代相传。此外,病雏粪便中排出大量强毒力病原菌,污染饲料、饮水和环境,造成同群雏鸡经消化道、呼吸道或眼结膜等途径感染。育雏室条件差、拥挤、潮湿、气候反常等不良因素都可促进雏鸡发病和流行。

2. 主要临床症状

病雏鸡排出石灰浆样稀便(白痢)，脱水、衰竭及患败血症。12～15 日龄雏鸡发病率和死亡率很高，常造成大批死亡。成年鸡呈慢性或隐性感染，常出现卵巢炎、卵泡变性破裂而导致的卵黄性腹膜炎。中雏鸡白痢病多半呈亚急性或慢性经过。

3. 病理变化

因发病鸡龄不同而异。

1）雏鸡

［剖检］　病死雏消瘦，肛门常被石灰样粪便糊住；多呈现败血症病变，各脏器充血和小点出血。消化道、肝和肺的病变具有证病性。

盲肠、大肠和后段小肠肠腔内积留乳白色的凝乳样物，偶见混有血丝；黏膜潮红、肿胀，肠壁增厚。肝肿大、淤血，表面和切面有帽针头大的灰黄色病灶和灰白色病灶。肺充血、出血和肺炎，通常还散在数量不等的灰白色坏死点，病期稍久则有灰黄色坏死灶和结节。脾淤血、肿大，有时有小坏死灶。心包呈浆液性维生素性炎。心肌变性，有时心肌内有灰黄色小结节病灶。肾肿大，变性，集合管内充满白色尿酸盐而呈网络状。

有些病鸡出现滑液囊炎，胫跗关节周围常见一个或几个滑液囊肿大，明显隆起，内贮大量滑液，并混有凝乳状物。

［镜检］　肠黏膜上皮细胞变性、坏死，固有层充血、水肿并有单核细胞和淋巴细胞浸润，肌层平滑肌变性，浆膜层亦可见单核细胞浸润。肝细胞变性，有小坏死灶，并见网状细胞增生并逐渐取代变性或坏死的肝细胞而转变为单核细胞聚集灶，这是该病的证病性病变。肺坏死及结节性病变主要由浆液性纤维素渗出物、细胞碎屑及浸润的单核细胞组成。

2）中雏鸡

［剖检］　突出的病变在肝和脾。肝脏脆弱，呈灰褐色至深褐色，表面和切面上散见帽针头大小的灰黄色小病灶，病期长时发生肝硬化；脾肿大；肺可见灰白色小结节。部分病鸡表现胫跗关节炎而关节肿大，腔内积留柠檬黄色黏滑液体，关节面充血、出血；肝、脾、肺可发生凝固性坏死灶和肉芽肿病灶。

［镜检］　肝脏的小病灶为增生的网状内皮细胞，或为局灶性坏死和血浆渗出，伴有单核细胞和异嗜性粒细胞浸润。许多病例见有间质性肝炎，部分病鸡见弥漫型肝淀粉样变。脾脏早期为淋巴组织萎缩、网状细胞坏死和血浆浸润，后期见网状细胞明显增生而淋巴细胞减少或消失。肺脏早期为急性肺炎，局部有水肿和异嗜性粒细胞浸润，中期形成单核细胞浸润和上皮样细胞增生的实变区。心、肾内也可见淋巴细胞或上皮样细胞增生灶。骨髓病变在早期为粒细胞系细胞和杆状细胞增生，中后期表现红细胞、粒细胞减少，淋巴细胞造血灶增多。各组织器官内淋巴组织萎缩和坏死。

3）成年鸡

［剖检］　母鸡一般呈慢性经过，突出的病变为慢性卵巢炎。卵黄囊或卵泡变形、皱缩，其蒂细长，卵黄颜色因出血的含铁血黄素析出而变为淡绿色、褐色甚至黑色，质度硬实。变性卵黄有时呈黄色油脂状物或出血而成血块。变性的卵泡可能脱离而附着在腹膜上，还可能破裂而致卵黄性腹膜炎。

患病公鸡的一侧或两侧睾丸肿大或萎缩，实质内有许多小脓肿或坏死灶。

［镜检］　见细精管内的生精细胞变性、坏死，无精子生成，有大量单核细胞和淋巴细胞浸润。输精管发炎，管腔内充满炎性和坏死性渗出物。

4. 诊断

根据病理变化结合临床资料可以作出诊断。雏鸡白痢在肺形成灰白色坏死点和黄色小结节是特征之一,这种结节需与曲霉菌感染区别,后者可在气囊和气管表面见有霉斑,病灶涂片镜检可发现曲霉菌。

(二)禽伤寒

1. 病原及其传播方式

禽伤寒(avian typhoid)病原菌是鸡伤寒沙门氏菌(*S. gallinarum*),主要侵害成年鸡,但6月龄以内的鸡也可发病,火鸡、鹌鹑、鸭、珍珠鸡、孔雀也可感染发病。病原菌通常经消化道感染,但也可通过眼结膜感染,呈急性或慢性经过。带菌鸡卵巢带菌,病原菌可经蛋传染后代。

2. 病理变化

[剖检]　成年鸡最急性和急性病例呈败血症而无其他特征性病变。亚急性和慢性病鸡的主要变化在肝、肺和卵巢。肝淤血、肿大、黄疸,暴露于空气后转为青铜色或绿褐色,散布粟粒大灰白色小点。

[镜检]　肝实质严重脂肪变性,散在小坏死灶,并见淋巴细胞浸润和星状细胞肿胀、增生。脾明显淤血、肿大。肺呈褐色,散在有灰白色小坏死病灶。心肌内也可见粟粒大的坏死灶。母鸡卵泡变形、出血,其外观酷似鸡白痢病时的病变,有时卵泡破裂发展为腹膜炎。

3. 诊断

根据肝、肺特征性病变,参照临床资料可作出初步诊断。慢性经过的母鸡卵巢病变与鸡白痢相似。患病雏鸡的肺、心和肌胃有时有灰白色小病灶,也与鸡白痢相似,因此,确诊必须依靠病原分离和鉴定。

(三)禽副伤寒

1. 病原及其传播方式

禽副伤寒(avian paratyphoid)病原菌主要是鼠伤寒沙门氏菌及哥本哈根变种,其他为德尔俾沙门氏菌、海德堡沙门氏菌(*S. heidelery*)、纽波特沙门氏菌(*S. newport*)、鸭沙门氏菌(*S. anatum*)、莫斯科沙门氏菌(*S. moscow*)等。该病原可侵害各种家禽,而最常见于鸡、鸭、鸽及鹌鹑,常造成感染禽大批死亡。幼禽呈急性经过,表现肠道感染和带菌,成为重要的传染源。饲养卫生条件不好、饲料品质差和维生素缺乏等,都可促进发病和流行。

2. 病理变化

[剖检]　急性死亡幼禽,通常无明显病变。对于病期稍久的,尸体脱水和消瘦并有败血症,表现为心包、心外膜等部位有出血点。比较特征的变化在肠道、肝和关节,尤其是由鼠伤寒沙门氏菌感染所致副伤寒时。肝淤血、肿大,实质内散布许多灰白色针尖大至粟粒大的坏死病灶(图6-32,见图版)。肠道、主要是大肠表现卡他性出血性炎症,盲肠肠壁增厚,黏膜可能有溃疡,肠腔内塞满黄白色腐乳样肠栓(图6-33,见图版)。胫跗关节因发炎而肿大,关节内积留渗出物。还可见浆液性纤维素性心包炎和心包与心外膜粘连;脾淤血、肿大,有黄白色坏死点;肺充血,有时还有灰白色的小结节;心肌变性;有时脑膜有出血点。

[镜检]　肝组织坏死灶嗜伊红着染,肝细胞核碎裂。肠上皮坏死、脱落,与炎症渗出物凝结而成坏死团块充填肠腔。

急性死亡的成年禽肝、脾、肾充血、肿胀，出血性或坏死性肠炎。产蛋鸡，有输卵管、卵巢坏死和化脓，并可发展为弥漫性卵黄性腹膜炎。慢性病例消瘦，肠内容物混有大量黏液，有时有坏死性溃疡。肝、脾、肾肿大、变性。肺内常有化脓坏死灶。心肌可能有结节状病灶。卵泡变形。在一些病例还有关节肿大。

3. 诊断

禽副伤寒虽有一些特征病变，但因病变多样而且又不恒定，单靠病理学较难诊断，对怀疑病例应作病原学检查才能确诊。并且要与鸡白痢、鸡伤寒和球虫病等做鉴别。

二十一、禽巴氏杆菌病

禽巴氏杆菌病(avian pasteurellosis)又名禽霍乱或禽出血性败血病。病原为禽多杀性巴氏杆菌，鸡、鸭和火鸡对之易感，野鸭、海鸥和麻雀等飞鸟也可感染。感染鸡多呈散在性发病，鸭群多呈地方性流行，尤以1月龄发病率高，往往出现大批发病死亡。根据其临床症状和病理变化，可区分为最急性型、急性型和慢性型三型。

(一) 最急性型

1. 主要临床病状

病鸡病程极短，往往生前不显示任何临床症状而突然死亡。有时仅见鸡冠和肉髯发绀。

2. 病理变化

仅见病死鸡的心脏冠状沟部心外膜有针尖大的出血点，肝脏肿大，表面散在有细小的坏死灶。此时若用心血、肝、脾做涂片染色镜检，很容易检查到典型的巴氏杆菌。

(二) 急性型

1. 主要临床症状

病鸡营养好，被毛蓬乱，鸡冠和肉髯发紫，呈深紫红色或紫黑色。嗉囊积食，口流黏液。鼻腔内也存有黏稠分泌物。肛门周围羽毛常附有灰白色稀粪。

2. 病理变化

[剖检] 尸体呈现典型败血症变化，表现皮下组织淤血，胸部皮下肌肉散在有小出血点。胸、腹膜和各内脏器官浆膜均有出血斑点或浆液性纤维素性炎(图6-34，见图版)。心外膜出血尤为多见，心包腔扩张，腔内蓄积较多混有纤维素的淡黄色液体。

十二指肠呈卡他性出血性肠炎，肠黏膜肿胀、充血和出血，肠腔内存有大量含血液的黏液性渗出物。

肝脏肿大、淤血和变性。具有证病意义的病变是肝表面密布有大量针尖大到粟粒大的灰黄色坏死灶。脾脏淤血肿大，呈紫色，其表面和切面也常见有小坏死灶。肺脏高度淤血、水肿或气肿，多数病例的肺内有纤维素性肺炎的实变病灶，同时还常伴发纤维素性胸膜炎。

[镜检] 肝细胞呈明显的颗粒变性，肝小叶内有许多小灶状的凝固性坏死。

(三) 慢性型

多数由急性型转来。

1. 主要临床症状

病鸡消瘦、贫血，鸡冠和肉髯苍白或由于伴发水肿和纤维素渗出而显示肿胀，若继发坏死则形成黑褐色干痂或腐离脱落而残留缺损。有些病例有跛行症状。

2. 病理变化

无败血症变化。其特征病变是两侧肺叶均有纤维素性坏死性肺炎病灶，胸膜常伴发纤维素性坏死性炎，造成肺、肋胸膜粘连，此时胸腔内常有黄色混浊积液或有干酪样纤维素凝块。

多数病例肝脏肿大，表面有大小不一的坏死灶，小者由大头针帽大至高粱米粒大，大者可达豌豆大。有的病例表现肝质度坚硬，若继发肝硬变，则肝表面呈结节样高低不平。

临床上呈跛行的病例，还见足、翅各关节肿胀、变形，关节腔内含有纤维素性或化脓性凝块，关节囊增厚。母鸡还见卵泡坏死、变形或脱落于腹腔内。

3. 诊断

禽巴氏杆菌病容易与鸡新城疫和鸭瘟混同，应注意鉴别。鸡新城疫一般表现传染快、发病率和死亡率均极高。临床表现呼吸困难、重剧拉稀并常伴发神经症状。死后剖检见腺胃黏膜腺乳头顶端出血，腺胃和肌胃交界处常见有出血带，小肠呈出血性坏死性肠炎，脑组织具非化脓性脑炎变化。鸭瘟表现头部水肿而肿大，两脚发软，口腔和食道黏膜发生坏死，被覆假膜或形成溃疡，泄殖腔有干硬鳞片状的坏死痂。但上述疾病最后确诊还必须有病原检查或血清学诊断。

二十二、禽伪结核病

禽伪结核病（avian pseudotuberculosis）是家禽和野禽的一种接触性传染病，其特征是发病初期为急性败血症，慢性病例在许多器官中形成类似禽结核的干酪样结节。

1. 病原及其传播方式

该病病原菌为伪结核耶新氏菌，自然条件下，该病常见于火鸡和金丝雀，鸽和鸭患病的较少，也见于鸡、野鸡及其他禽类，幼龄禽类最为易感。感染途径主要为消化道，皮肤创伤也可感染。病原菌通过破损的皮肤或黏膜，或经消化道的黏膜进入血液，引起短期性菌血症后，其中一部分细菌散布到肝、脾、肺或肠道等器官建立感染灶，形成结核样病变。

2. 病理变化

〔剖检〕　最急性病例可见脾脏肿大和急性肠炎。亚急性或慢性病例，除见卡他性及出血性肠炎外，肝、脾、肾肿大，并在肝、脾、肾、肺、胸肌及其他器官中散在有粟粒大、黄白色或灰白色小结节，切面呈干酪样。

〔镜检〕　伪结核结节有渗出性或变质性结节和增生性结节两种。渗出性或变质性结节的中心为坏死的白细胞碎片，周围有多量淋巴细胞、巨噬细胞、上皮样细胞和少量成纤维细胞，偶见有多核巨细胞围绕。增生性结节主要由巨噬细胞、上皮样细胞和少量淋巴细胞组成。

3. 诊断

必须依据病原菌的分离与鉴定。因为该病症状和病理变化与禽霍乱、鸡伤寒、鸡副伤寒、结核病、白血病、李氏杆菌病及螺旋体病相似。细菌学检查时，急性病例在血液中即可检出本菌，慢性病例则须在病变组织中分离。

二十三、鸡结核病

鸡结核病（avian tuberculosis）由禽型结核杆菌引起的鸡传染性疾病。

1. 病原及其传播方式

禽型结核杆菌具有结核菌的一般特征。鸡主要经消化道感染。被摄入的病菌通过咽或肠淋巴小结侵入机体,不论在消化道是否形成病变,均经此再侵入淋巴或循环系统而播散到全身各组织和器官,特别是在肝、脾和骨骼形成病变。病禽至疾病晚期形成恶病质或继发肝、脾破裂而导致内出血死亡。除感染鸡以外,各种观赏禽类如鹦鹉、金丝雀等和一些野禽等也可感染。

2. 主要临床症状

该病多见于成年鸡,6 月龄以下的幼鸡较为少见。由于该病多半呈慢性经过,很少在短时间内引起大批死亡,因而易被人们所忽视,但一旦在鸡群中传播,也可造成严重经济损失。

3. 病理变化

[剖检]　结核病死鸡有 95.1% 可见有肝脏的结核病变。肝脏结核病变大致可分为两型:一型是于整个肝脏布满细小的结核结节,称为粟粒性结核病。当肝脏具上述结核病变时,脾脏和其他一些器官也或多或少地发生同样病变。另一型是于肝脏形成体积较大但数量较少的结核病灶,病程久之,病灶可发展到核桃大乃至鸡蛋大,表面和切面均呈灰白色,质地坚硬。仔细观察,可发现这种大病灶中存有无数灰白色小结节,因而此种病变实为无数结核小结节的集合体,这是鸡结核的特有表现形式。

鸡脾脏发生结核病变时,脾脏肿大,有时可肿至鸡蛋大。结核病变和发生于肝脏上的病变相似,但一般病灶较小;少数情况下也可形成干酪样坏死团块,并伴发脾被膜出血或脾破裂。

鸡的肠结核病变也较多见,病变起始于肠壁淋巴小结,特别是集合淋巴小结。受侵淋巴小结开始发生坏死,其后继发干酪化。病变进一步扩展,可使肠表层黏膜发生坏死而形成溃疡,同时病变可深达肌层乃至浆膜。当病变深达浆膜下时,可见浆膜面有结节状隆凸。由于肠壁的结核病变发展缓慢,病灶周围有多量特异性和非特异性结缔组织增生包绕,故很少导致肠壁穿孔。但肠黏膜的溃疡灶可致病菌向体外排放。肠结核灶的镜下所见基本同肝脏病变。

禽类的肺结核病变较少见,多半是继发性病变,主要形成粟粒大透明的小结节,也可融合成豌豆大的干酪样病灶,或表现为一侧性的干酪样肺炎。

鸡的骨结核病变也较多见,主要侵害股骨和胫骨。在骨髓和骨骺端形成结节状病灶,其中必也发生干酪样坏死。鸽的关节也可发生结核病灶,表现关节肿大,关节腔内蓄留有干酪样团块和关节软骨坏死、剥脱。

此外,胸腺、气囊、卵巢、睾丸、肾脏及心肌也偶见有结核病变。

[镜检]　肝脏的一个完整的结核结节的中央部分为富有核碎屑并呈红染的坏死物质。在病程稍长病例中,该部蓝染的核碎屑转变为均质红染无结构的坏死灶。坏死灶边缘出现多量上皮样细胞和呈放射状排列的多核巨细胞。上皮样细胞和多核巨细胞周围常出现一狭窄的透明区,其内仅有少数上皮样细胞、单核细胞和淋巴细胞。在透明区外围为上皮样细胞、单核细胞、淋巴细胞和结缔组织细胞密集混合的肉芽组织。有时在一个大结节中存有多个中心有坏死灶的小结节,整个大结节有完整的肉芽组织包绕。

二十四、鸡奇异变形杆菌病

鸡奇异变形杆菌病(Proteus mirabilis infection in chick)是由鸡奇异变形杆菌(*Proteus mirabilis*)引起鸡的一种传染病。病鸡表现有运动障碍及排灰白色水样稀便等症状。其病理学特点是全身黏膜和浆膜出血,骨骼肌变性、坏死,脾脏、胸腺、法氏囊及肠壁等淋巴组织坏死及非化脓性脑膜脑炎等。

1. 病原及其传播方式

鸡奇异变形杆菌属于肠杆菌科(Enterobacteriaceae)、变形杆菌属(*Proteus*)。该菌周身具有鞭毛、运动活泼、无荚膜、不形成芽孢的革兰氏阴性菌。细菌大小形态不一,呈单个或成对的球状、球杆状、杆状或长丝等多形态杆菌。在普通培养基上生长良好。

奇异变形杆菌在土壤、水等自然环境中及动物体消化道内均有存在,为条件致病菌,一般不致病,但当机体抵抗力低下时则可致病。7周龄内雏鸡对奇异变形杆菌都具有易感性,死亡率最高,7周龄以上雏鸡可以耐过感染,但生长发育严重受阻。该菌可经多种途径使雏鸡感染发病,人工感染的敏感途径按发病率和死亡率高低依次为肌肉、皮下和腹腔、消化道和呼吸道。侵入体内的病菌,可随血流扩散至全身,主要引起病鸡骨骼肌(腿部肌肉)坏死,脾脏、法氏囊、胸腺等免疫器官坏死,导致机体细胞免疫和体液免疫功能降低。其内毒素还可破坏血脑屏障,致使细菌直接进入脑实质而损害脑神经细胞,故病鸡在临床上呈现肢体麻痹等神经症状。血液中有大量内毒素时,则可引起内毒素血症,导致病鸡迅速死亡。自然条件下,该病既可由内源性感染,也可由外源性感染,后者主要是由污染的饲料、饮水经由消化道感染,其次也可通过呼吸道感染。环境因素如温度骤变、应激反应和卫生条件差等均可促进该病的发生。

2. 主要临床症状

病鸡表现一侧或两侧肢体麻痹,头向左上方偏转,排灰白色水样稀便,发病率和死亡率均很高。耐过该病的鸡生长发育严重受阻。

3. 病理变化

病死鸡尸体消瘦,肛门周围的绒毛沾有黄绿色或灰白色粪便。

〔剖检〕　可见脑膜、肠黏膜、腿肌出血,有时心外膜、肾脏表面、法氏囊黏膜亦散发点状出血。内脏器官大小正常或轻度肿大。肝脏呈黄色条纹状。肺稍膨大,呈暗红色。肠腔内黏液增多。法氏囊黏膜潮红、肿胀。除上述变化外,还可见肝脏淤血和脂肪变性,心肌变性,肺淤血与出血,肾脏淤血、变性及轻度坏死。

〔镜检〕　大脑实质内神经细胞肿胀、变圆,胞核淡染、溶解、消失,胞体及突起变成空泡状,多数神经细胞膜崩解,致使细胞体失去明显境界,并见噬神经现象。在血管和神经细胞周围可见许多呈杆状、丝状的奇异变形杆菌。此外,脑实质内毛细血管扩张、充血,偶见管套现象和小出血灶。小脑软膜细胞轻度增生,小脑浦金野氏细胞肿胀、变圆,胞核淡染或溶解消失。小脑白质区常见小软化病灶。

脾脏白髓中央动脉周围淋巴细胞坏死,填充以粉红色浆液,严重者该病变可波及整个脾白髓。红髓固有细胞成分减少,网状细胞轻度增生。脾索亦见充以粉红色浆液的不规则坏死灶,脾静脉窦淤血,小梁动脉管壁平滑肌空泡变性。

胸腺小叶的皮质区淋巴细胞数量明显减少,淋巴细胞崩解成碎颗粒状,皮质与髓质界限不明显。髓质内有多量大小不等、形态不规则的粉红色团块状物质散在,其中有退化的网状细胞和淋巴细胞。髓质区毛细血管和小静脉扩张、充血。

法氏囊黏膜上皮细胞变性,轻度坏死、脱落。固有层淋巴滤泡中的淋巴细胞显著减少,甚至整个淋巴滤泡被网状细胞取代,而未分化的上皮细胞则显示增生,形成腺管样结构。有的淋巴滤泡中的淋巴细胞发生坏死(以髓质变化最明显),有的淋巴滤泡髓质区内出现粉红色团块状坏死物质。固有层中毛细血管扩张、充血。

骨骼肌(腿肌)肌纤维肿大、断裂,横纹消失,肌浆变成着色不均匀的无结构玻璃样物质。在坏死崩解的肌纤维间可见结缔组织细胞增生及炎性细胞浸润。

小肠黏膜上细胞变性、崩解、脱落,黏膜固有层毛细血管充血,有少量巨噬细胞浸润及成纤维细胞增生。肠腺萎缩,腺上皮细胞明显增生,嗜染苏木素。肌层变性并见结缔组织细胞增生。

4. 诊断

诊断该病的特异方法是用脑组织切片见有奇异变形杆菌。与鸡新城疫在病理学上的区别是：鸡新城疫一般可引起各种年龄的鸡发生急性死亡，死亡率高。剖检常见咽部黏膜充血、出血，在腺胃和肌胃的交界处有出血带，小肠呈现出血性纤维素性坏死性肠炎。与鸡马立克氏病的区别是：神经型马立克氏病常见腹腔神经丛、臂神经丛、坐骨神经及内脏大神经受侵，受侵的神经变粗，常肿大 2～3 倍，呈灰白色或黄色，而该病的坐骨神经无肉眼可见变化。与鸡传染性法氏囊病的区别是：传染性法氏囊病鸡临床上无神经症状及肢体麻痹症状。

二十五、禽支原体病

禽支原体病（avian mycoplasmosis）是由禽败血支原体（*Mycoplasma gallisepticum*）、滑膜支原体（*M. synoviae*）、火鸡支原体（*M. meleagridis*）所引起的一种慢性传染病。

（一）鸡败血支原体感染

鸡败血支原体感染主要引起鸡和火鸡的呼吸道疾病。引起鸡感染的主要病变是气管炎与气囊炎，故又称为慢性呼吸道疾病。火鸡感染后则主要表现鼻窦炎与气囊炎，故又称为传染性鼻窦炎或传染性副鼻窦炎。

1. 病原及其传播方式

鸡败血支原体具有一种特殊的泡状结构，致病性败血支原体有伊红着染呈红色的囊膜，通常由病鸡的呼吸道分泌物或咳出物污染空气和饲料及环境，鸡群通过接触污染的空气等而感染。病原体进入受感染鸡呼吸道后，利用其长轴末端的泡状物（黏附素）黏附于呼吸道黏膜上皮细胞表面，然后通过穿透运动进入黏膜上皮细胞，并在此分裂增殖引起感染鸡发病。大约在 2 周后其繁殖量达到高值。以在气管腔和副鼻窦内增殖为主。感染高峰期在气管或副鼻窦洗液中有 10^6～10^7 以上的活病原体，随后数量下降，在 6～10 周时几乎检测不到支原体。无论是自然感染还是活菌接种免疫，有免疫力的鸡仍是带菌者，成为横向传播或垂直传播的传染源。

败血支原体还有抗巨噬细胞吞噬消化大肠杆菌的作用，因此，感染败血支原体的家禽常出现严重的大肠杆菌感染。

2. 主要临床症状

单纯感染败血支原体的易感鸡，在 1～3 周出现异常呼吸音、流鼻汁、咳嗽等呼吸道症状。火鸡则普遍可见副鼻窦肿胀及眼分泌物增多，眼睑肿胀而使眼睛闭合。感染的鸡群可检出特异性血清抗体。任何年龄的鸡均可感染，肉仔鸡在 4～8 周龄易感，死亡率较低。如果肉鸡混合感染大肠杆菌其死亡率则可达 30%。

3. 病理变化

［剖检］　见病死鸡鼻腔及副鼻窦黏膜被覆多量黏液及卡他性分泌物，有的伴发肺炎。气囊混浊、增厚，其中蓄积卡他性或干酪样炎性渗出物，有些病例仅见有串珠样的淋巴细胞增生灶。病程较长的病例气囊干酪样物呈游离状态，在气囊内贮留不被吸收，也不被机化。偶见关节炎，表现跗关节周围组织水肿，有透明的渗出液，或呈混浊或干酪化。极少数病例伴发卵巢炎及输卵管腔积有少量干酪样渗出物。

［镜检］　呼吸道黏膜因上皮细胞肿胀、增生、水肿以及淋巴细胞和异嗜性粒细胞浸润而肥厚。同时可见再生的微绒毛及上皮细胞的再分化。气管黏膜表面覆盖一层含有异嗜性粒细胞

及坏死细胞碎片的渗出物。

（二）滑膜支原体感染

滑膜支原体通常引起鸡和火鸡上呼吸道的亚临床感染以及鸡和火鸡关节、腱鞘滑膜的炎症反应及肝、脾、肾等器官的网状细胞增生。

1. 病原及其传播方式

该支原体仅有一种抗原型，但其菌株间毒力差异极大，某些菌株易引起呼吸道病变，而另一些菌株则可能侵害滑膜组织。滑膜病变多由于迟发性过敏反应所致。病鸡在滑膜炎初期还可见溶血性贫血症状，病原体大多经易感鸡的呼吸道入侵，并进入呼吸道黏膜上皮增殖和诱发病症。

2. 主要临床症状

滑膜支原体感染后，根据临床症状可分两型：具有全身性病理变化的瘸腿型和呼吸道型。此两型最常见于生长期的幼年鸡，鸡比火鸡易感。急性型传染性滑膜炎在鸡的发病率通常为5％～15％，有时可达75％；火鸡发病率很少超过10％，死亡率一般为1％～10％。当无法采食、不能饮水或有自啄现象时，其死亡率则明显增高。

3. 病理变化

最常见的病变在跗关节和趾关节，少见于趾掌部。火鸡患病时关节肿胀可能不明显。通常由急性期转为慢性期时发生慢性关节炎。有的鸡仅发现全身症状而无关节炎病变，有时不呈现急性炎症而一开始即呈现慢性经过。

［剖检］　急性型：可见病尸脾脏肿大，病程较长病例肝、肾亦肿大，并可见心内膜炎、心包炎、法氏囊与胸腺萎缩，关节滑膜炎及腱鞘炎，滑膜及腱鞘增厚、水肿，其渗出物黏稠呈奶油状。最后成为干酪样物质。

慢性型：可见病死鸡关节变形，关节表面粗糙不洁，呈橘黄色，关节软骨萎缩。有时趾掌部肿胀并有渗出物。

［镜检］　急性病例关节软组织水肿，腱鞘和滑膜有异嗜性粒细胞浸润。病程较久的病例由于单核细胞的浸润及滑膜增生而引起滑膜增厚。渗出物的成分是异嗜性粒细胞及少量的巨噬细胞和浆细胞等。肝、脾组织内可见散在的单核细胞和网状细胞增生。有些病例呈现单核细胞和异嗜性粒细胞增多性贫血。慢性病例可见单核细胞和内皮细胞增生所引起的全身性肥厚性脉管炎病变。胸腺和法氏囊萎缩，其髓质和皮质部淋巴组织发生变性。呼吸道的病变与败血支原体感染基本相同。

（三）火鸡支原体感染

该支原体为火鸡专一病原体，对火鸡生殖道有亲嗜性。病原主要是经呼吸道感染，而后再侵入生殖道，多数病例是雏火鸡在胚胎时即被感染，但其主要病变则为气囊炎。

1. 病原及其传播方式

火鸡支原体含脂类或多糖类毒性因子，经静脉注入鸡体内会引起肝脏释放出青蓝血浆素。青蓝血浆素为蛋白质，含有组织胺酶和腐胺酶活性物质而损伤组织。菌株间的致病力有差异，火鸡支原体感染主要是经蛋传播引起的。胚胎感染主要发生于输卵管而不是卵巢。胚胎时期的全身感染可能是引起骨骼病变的先决条件。

2. 病理变化

[剖检]　在胚胎时期感染的小火鸡气囊炎其发病率平均为 10%～25%，而呼吸道病变轻微。呼吸道病变主要为气囊炎，偶见有肺炎。尤其是刚孵出的雏鸡可见胸部气囊炎，经 3～4 周可波及腹部气囊，发炎气囊壁增厚并附着干酪样物质，气囊病变常在 16 周后消失。

各种骨骼疾病，包括胫跖骨弯曲、扭曲和缩短，胫跗关节肿胀，颈椎变形和发育障碍等病变可能与感染滑膜支原体有关。

[镜检]　气囊和肺的组织学病变与败血支原体的组织学变化相似。其次是副鼻窦炎，窦黏膜出血，上皮细胞增生并形成假复层上皮，纤毛脱落、坏死，上皮固有层内有多量淋巴细胞、浆细胞浸润。慢性病例的窦上皮细胞化生为立方形并有异嗜性粒细胞增生灶。在骨生长板的生长带有成骨细胞萎缩。

3. 诊断

确诊该病必须借助病原分离培养及血清学诊断。

二十六、鹦鹉热

鹦鹉热（parrot fever）也称禽衣原体病（avian chlamydiosis），又名鸟疫（ornithosis），是由鹦鹉热衣原体引起禽类的一种接触性传染病。在自然情况下，各种禽类，包括火鸡、鸡、鸭、鸽、鹅和野禽都能感染，且可互相传染。据 Meyer(1967)统计，有 120 种野禽即使不是衣原体的带菌者，也是其一时性的宿主。家禽感染后多为隐性经过，主要特征为眼结膜炎、鼻炎和腹泻。

该病可以感染人，通常通过三种途径：①呼吸道传染；②通过处理病禽或死禽，或接触污染的羽毛、粪便和鼻液等；③通过啄伤（皮肤）。该病常是人的一种职业病，因此兽医、实验室工作者、禽类加工厂工作者及家禽饲养管理人员对于处理疑有该病的家禽应当特别注意。

1. 病原及其传播方式

该病病原为鹦鹉热衣原体，是一种寄生于动物细胞内的微生物。其感染型即原生小体直径为 $0.3\mu m$，较致密，呈球形，内含核物质和核糖。进入宿主细胞后即变为繁殖型衣原体（始体），呈壁薄的网状球形物，直径为 $0.6～1.5\mu m$，含有核丝和核糖体，以二分裂方式增殖。子代衣原体的体积逐渐减小，又变成直径约 $0.3\mu m$ 的致密球状体，外由包浆膜和坚实的细胞壁所环绕。衣原体在宿主细胞胞浆内的空泡中生长、增殖与成熟，为时 30h 左右。以姬姆萨染色法可见繁殖型呈蓝色颗粒，而感染型则呈紫色颗粒。

衣原体只能在易感动物体内或细胞培养物内生长，亦能在鸡胚卵黄囊内生长、增殖。该病原体主要通过吸入含有病原体的尘土或飞沫，经呼吸道而感染。具有高度感染性的原生小体侵入宿主体内，即吸附于易感细胞表面，通过细胞吞饮作用而进入细胞内。宿主细胞膜围绕于原生小体外，形成空泡。在空泡中的原生小体体积增大，逐渐演化成始体。始体分裂增殖，形成许多致密的小体，即达到成熟阶段，形成大量原生小体并由之释放而感染其他组织。有人认为，它首先在肺、气囊和心包内增殖，随后释放入血液，即被肝、脾、肾扣留，并随鼻腔和肠道排出物回到周围环境中。死于急性衣原体病的火鸡组织，每克含 1 亿个以上的菌体，说明在疾病终期衣原体在鸡体内发生了不可阻挡的全身性散播。衣原体的主要致病作用是通过其产生的内毒素，侵害机体各组织器官，该毒素存于衣原体的胞壁中，其化学成分可能是脂多糖。

2. 主要临床症状

火鸡：病禽呈恶病质状态，发热，委顿，食欲丧失，伴发结膜炎，排黄绿色粪便，常带血液。

鸭:患显性衣原体病的幼鸭,表现流泪、结膜炎和鼻炎,有时可见全眼炎。病鸭眼球萎缩和眶下窦发炎。排绿色水样便,食欲丧失,眼和鼻孔周围有浆液和脓性分泌物,明显消瘦和肌肉萎缩,最后痉挛而死亡。

鸽:急性病例,食欲丧失、腹泻。有的病鸽还常发结膜炎、眼睑肿胀及鼻炎。由于呼吸困难,病鸽作格格声,最后哀鸣、消瘦。存活者可变为长期带菌。

雏鸡:可能发生急性感染和死亡。

3. 病理变化

由于病原体的毒力不同和禽类种类的差异,其所致病变亦因之而不同。现分述如下。

火鸡:

[剖检]　见肺充血、水肿或呈支气管肺炎,胸腔积有纤维素性渗出物。心脏扩张,纤维素性心包炎,心肌变性。气囊增厚,被覆厚层纤维素性渗出物。腹腔浆膜和肠系膜充血,亦被覆纤维素性渗出物。肝脏肿大,呈黄褐色,偶见坏死灶。脾脏肿大、柔软,呈紫红色。肠呈卡他性肠炎,公火鸡还常见睾丸炎和附睾炎。部分母火鸡卵巢萎缩、出血及坏死。

[镜检]　大多数病火鸡均有气管炎,其特征是气管黏膜固有层和黏膜下层见单核细胞、淋巴细胞和异嗜性粒细胞浸润,黏膜上皮细胞的纤毛消失。肺脏充血、水肿,三级支气管和呼吸性细支气管周围有单核细胞和纤维素渗出,有些部位的肺组织见明显坏死。心包和心外膜充血,亦见单核细胞和不同数量的淋巴细胞与异嗜性粒细胞浸润及纤维素渗出,并常伴发心肌炎。大多数病鸡的肝细胞变性、坏死,窦状隙因单核细胞、淋巴细胞和异嗜性粒细胞浸润而扩张,星状细胞肿胀、增生并吞噬细胞碎屑和含铁血黄素。脾脏坏死、单核细胞浸润及含铁血黄素沉着。在肝、脾组织的单核细胞、星状细胞或网状细胞内常可见许多原生小体。肾脏表现肾小管上皮细胞变性,间质内有单核细胞和淋巴细胞浸润。睾丸的曲细精管上皮坏死、脱落,管腔充满嗜染伊红的渗出物,间质内有炎性细胞浸润和纤维素渗出,并伴发出血。

鸭:

[剖检]　见胸肌萎缩和全身浆膜炎。肝肿大,肝被膜炎,散发灰黄色坏死灶。脾肿大,亦见灰黄色坏死灶。心包常见浆液性或浆液纤维素性炎。

鸽:

[剖检]　病变与火鸡相似,气囊增厚,腹膜、肠系膜和心外膜均覆有纤维素性渗出物。肝脏肿大,柔软呈黄褐色。脾脏肿大,柔软呈紫红色。发生卡他性肠炎的病例,在泄殖腔内容物中含有多量尿酸盐。

鸡:

对该病有较强抵抗力,但雏鸡可能发生急性感染和死亡。剖检呈现纤维素性心包炎和肝脏肿大。

鹅:

临床和剖检变化与鸭相同。

4. 诊断

该病的确诊有赖于病原体的分离与鉴定,必要时进行动物接种和血清学试验。病原体的分离鉴定方法:将病料接种于鸡胚卵黄囊或小鼠腹腔内,用卵黄囊涂片染色镜检发现衣原体。死亡或扑杀的小鼠肝脏有坏死灶,腹腔蓄积大量纤维素性渗出物,脾脏显著肿大;从肝组织涂片染色镜检亦见有衣原体,即可确诊。

二十七、禽疏螺旋体病

禽疏螺旋体病(avian borreliosis)是由鹅疏螺旋体引起的一种禽急性败血性疾病,主要由波斯锐缘蜱(*Argas persicus*)传播。临床特征为发热,贫血,肉髯与肉冠发绀以及排绿色粪便。病理学表现为全身广泛性出血与巨脾症。

该病分布十分广泛,多发生于热带及亚热带地区,有明显的季节性,多发生于夏季与早秋。1891年俄罗斯首次发现该病,目前世界各大洲都有报道。我国在1983年首次报道了鸡疏螺旋体病。目前该病仍对养禽业有危害。

1. 病原及其传播方式

该病病原为疏螺旋体属的鹅疏螺旋体,属厌氧寄生性微生物,长8～20μm,平均为12μm,宽0.3μm,有5～8根轴丝,运动活泼,呈旋转或线性运动。电镜下可见两端尖细的波浪状线性结构,长7.94～11.4μm,宽0.2μm,有4～8个螺旋弯曲度。部分螺旋体上有出芽现象,芽长0.94μm,宽0.2μm,能被姬姆萨、瑞特氏染料着染。革兰氏阴性,在鸡胚中生长良好,能在液体培养基(BSK)中生长、传代。在含有15%蔗糖的柠檬酸抗凝血或血浆中,置4℃中病原可维持生长4～5周,-70℃时至少保存8周。该病原的细胞壁含有氨基糖酸与尿酸,外膜抗原具有蛋白质性质。

禽疏螺旋体病是一种自然疫源性疾病,它的发生受到地理环境与波斯锐缘蜱分布的限制,目前已知有三种锐缘蜱可传播该病。家庭鸡舍中捕捉到的蜱的传染性高于商业鸡舍中的蜱,雄蜱的传染性高于雌蜱。这些蜱可经卵巢把病原传染给后代或叮咬禽后引起禽感染。在波斯锐缘蜱体内,鹅疏螺旋体结构在1～4个月后便可消失,但这些蜱仍有一年以上的传染性。鸡螨、鸡虱以及库蚊也是该病的传染性媒介,食入污染的粪便、异嗜病尸以及皮肤损伤也可被感染。病原作静脉内接种24h后,血液中已出现疏螺旋体,48～96h达到高峰,并进入全身的组织与器官,脾脏、肝脏、肾脏、小肠内疏螺旋体的数量最多,肺脏次之。组织内的疏螺旋体能继续存活4～6d。免疫荧光研究发现,实验感染4～11d时,病鸡血浆中出现可溶性疏螺旋体抗体,它具有吸附鸡红细胞的作用,这可能导致广泛的噬红细胞现象和血管外溶血。

2. 主要临床症状

感染鸡体温升高到42.9～43.6℃,肉冠、肉髯蜡样透红,沉郁,厌食,呆立不动,头部下垂。实验感染鸡5～11d出现全身性贫血,肉冠、肉髯严重发绀或苍白,排稀薄水样绿色粪便,迅速而明显的脱水与消瘦。重症鸡出现轻瘫、麻痹、嗜睡。有的小鸡出现腿、翅膀无力,一侧或双侧翅膀麻痹,经常呈犬坐式。急性病程一般为3～5d,慢性为8～15d。

3. 病理变化

鸡、火鸡、鹅、鸭疏螺旋体病的病理变化相似。

[剖检]　主要表现为尸体消瘦,严重脱水,被毛粗乱,肉髯、肉冠发绀或苍白,肛周被绿色粪便污染。尸体血液稀薄如水,呈咖啡色,血清呈黄绿色。

脾脏病变是该病的一个特征。脾脏比正常体积大6倍,呈紫红色或棕红色,被膜下有暗红色斑点状出血与灰白色坏死灶,使脾脏呈斑驳状外观。

肝脏肿大,柔软,呈暗红色,偶见被膜下出血。病程稍长者,肝脏肿胀不明显,可见到针尖大至1～2mm大小的灰白色坏死点,有时偶见梗死。病死鹅的肝脏,坏死面积较大而不规则。

皮下组织、心外膜、腹腔脂肪、消化道浆膜以及内脏器官的点状或斑点状出血,有时可见黄疸。尸体嗉囊空虚,仅见少量水样液体。肠内容物呈暗绿色,黏膜表面被覆卡他性渗出物或出血性卡他性渗出物。

肾肿大，呈苍白或棕红色，有时可见到坏死灶。

肺脏高度淤血、水肿，部分区域出血。

心肌实质变性，心外膜被覆一层纤维素性渗出物。产蛋禽常见卵黄破裂。

[镜检]　肾脏血管扩张、充血。肾小球毛细血管内皮细胞增生，肾小球体积增大。肾集合管常发生凝固性坏死。有时可见处于不同消散期的出血性梗死灶。肾间质内经常有淋巴细胞浸润。镀银染色时，急性期肾脏的肾小管上皮细胞和肾间质内可见完整、螺纹清晰的螺旋体。

肝脏被膜下出血，肝细胞脂肪变性，有的肝细胞肿胀，胞浆内有红染颗粒，肝实质区散在有大小不等的坏死灶，并可见髓外造血灶。肝窦状隙扩张、充血，枯否氏细胞增生，胆管内有胆汁淤积。肝汇管区见淋巴细胞、巨噬细胞浸润，静脉、胆管系统有特征性淋巴细胞增生，并形成明显的管套。镀银染色可在细胞间隙，肝细胞内以及毛细血管内见到散在或丛状的螺旋体，有的已破碎或卷曲成小环状。

脾脏严重充血与大面积出血，中央动脉周围淋巴组织呈滤泡性增生，生发中心明显，增生的淋巴细胞核分裂相较多。脾髓内网状内皮细胞大量增生，胞浆内可见大量含铁血黄素。螺旋体在脾脏中呈弥漫性分布。

心肌纤维之间有局灶性淋巴细胞、浆细胞、异嗜性粒细胞浸润，肌纤维有时可见空泡变性，肌束间偶见螺旋体。

肺泡毛细血管扩张、充血，在局灶性肺炎区有广泛的淋巴细胞浸润，严重时淋巴细胞几乎取代病变的肺组织。

大脑、脊髓胶质细胞轻度增生，血管周围间隙增宽，有少量淋巴细胞浸润；脑膜也可见淋巴细胞浸润。

肠黏膜在感染后最初的 24h 内有单核细胞、异嗜性粒细胞浸润。48h 后绒毛与肠腺变性，绒毛变短、变平。72h 后，肠黏膜充血与细胞性浸润加重，黏膜水肿，肠上皮局灶性脱落，黏膜和黏膜下有螺旋体。最后黏膜变性、脱落，绒毛萎缩明显。实验感染鸡在感染后 3～8d 出现肠炎和含铁血黄素在肠绒毛上沉着，从而出现绿色稀便。

脾脏、肝脏、小肠、肺脏、骨髓等器官均可见到广泛的噬红细胞现象和含铁血黄素沉着。实验证明，含铁血黄素最早出现在感染 72h 后，至 6～8d 最为严重，它的密度与分布取决于器官内网状内皮细胞的数量，脾脏的含铁血黄素数量最多，骨髓、肝脏、小肠次之，肺脏内的含量较少。巨脾症是一种超常的巨噬细胞应答性炎症，与网状内皮细胞增生、噬红细胞现象以及含铁血黄素沉着有关。

4. 诊断

根据临床症状、病变特征及找到致病性蜱类还不能确诊，必须在病鸡的血液涂片、组织触片或组织切片镀银染色时见到螺旋体才可确诊。血液涂片镀银染色时螺旋体呈黑色一字形、C形或 S 形。瑞特氏染色螺旋体为紫色，呈 U 形或 S 形。与禽霍乱、鸡新城疫、禽伤寒的鉴别是它们都没有大脾症，也没有螺旋体。

二十八、禽曲霉菌病

禽曲霉菌病(avian aspergillosis)是由曲霉菌引起的以侵害呼吸器官为主的真菌病。其主要特征是形成肉芽肿结节；多发生于鸡、火鸡、鸭、鹅及其他鸟类，马、牛、羊、猪、猫等哺乳动物和人类也能被感染。其在禽类中以幼雏发病率最高，死亡率很大，往往在孵室中呈暴发性流行,故该病又称为孵室肺炎(brooder pneumonia)。

目前该病广泛流行于世界各地,我国不少省市均有该病流行,常在鸡群、鸭群和鹅群中暴发。

1. 病原及其传播方式

曲霉菌的种类繁多,其中最主要和致病性最强的是烟曲霉菌,其他如黄曲霉菌(*A. flavus*)、构巢曲霉菌(*A. nidulans*)及黑曲霉菌(*A. niger*)等也能感染引起发病。

烟曲霉菌多数属于半知菌亚门曲霉菌属,常存在于禽舍的土壤、垫料和发霉的谷粒上。该菌在沙氏葡萄糖琼脂培养基上生长迅速,菌落最初为白色绒毛状或棉花样,3～4d内,菌落中心变为烟绿色或深绿色细粉末状或绒毛样,表明此时已形成大量分生孢子。

[镜检] 菌丝呈分枝状,有隔,由菌丝分化而成的分生孢子梗,多不分隔,向上逐渐膨大,其顶端形成烧瓶状顶囊,再于顶囊的2/3处产生单层密集排列的小梗,其末端生出串链状的分生孢子。后者呈圆形或卵圆形,表面有细刺,直径为2.5～3.0μm,含有黑绿色色素。

曲霉菌都是条件性致病菌,健壮的成龄禽通常对曲霉菌孢子的侵袭具较强抵抗力,只有当饲料或褥草被曲霉菌严重污染,吸入大量孢子才可能造成感染。而雏鸡处于污染环境后,1min即被感染,18h可于肺脏出现肉眼可见的雏形结节,30h形成典型的黄白色肉芽肿结节。该病除饲料或垫料严重被曲霉菌污染而引起感染外,鸡舍过度拥挤是促使该病发生的诱因。此外,在孵化过程中,致病曲霉菌可穿透蛋壳进入蛋内,而使新孵出的雏鸡被感染,即蛋媒曲霉菌病。

2. 主要临床症状

病雏最明显的症状是食欲减少或废绝,呼吸极度困难,精神不振,体温升高,下痢,有时搐搦,病雏通常在症状发作后24～48h呈麻痹状态而死亡。2日龄雏鸡自然感染后第2天开始病死,到第23天则100%死亡。患曲霉菌性眼病例,初期可见结膜充血肿胀,继之眼睑肿胀,并出现黄色干酪样物,角膜中央有溃疡,有时上下眼睑粘连一起;瞬膜亦见充血肿胀和形成黄色干酪样小结节,压迫眼球可使之向外突出,严重者失明。成龄病鸡常取慢性经过,症状较急性型轻微,表现贫血,排黄色粪便,呼吸发短促尖锐声。上述病鸡症状,特别是急性型颇似鸡白痢,为了鉴别二者,必须进行尸检和病原菌检查。

3. 病理变化

[剖检] 病变主要局限于呼吸系统。鼻腔、喉、气管、支气管、气囊和肺脏都有炎症性反应,尤以胸气囊、腹气囊,有时腋气囊和颈气囊以及肺脏的病变最为明显。病变的形态常依病程的发展而异。受害器官的早期病变表现为卡他性炎症,炎性渗出液内如含有营养菌丝,眼观为灰白色,若出现分生孢子则渗出物变为绿色,以后因肉芽组织增生,受害器官或组织常呈现肥厚,或形成肉芽肿结节。

鼻腔和喉黏膜潮红肿胀,被覆淡灰色黏液,并散布点状出血。

气囊浆膜肥厚。由于病原菌在浆膜上生长繁殖并穿透浆膜,致使浆膜呈灰白色与绿色斑纹。这种病变迅速增大,并互相融合形成表面凹陷的圆盘状坏死团块,有时则形成一层膜样的或干酪样的被覆物,它是由炎性渗出物、坏死组织、菌丝和分生孢子所组成。在气囊附近的组织,有时可发现由纤维素和菌丝等组成的球形、同心轮层状、污黄色的结节(图6-35,见图版)。采较早期的少量气囊病变,以10%～20%氢氧化钾溶液腐蚀,置载玻片上压平镜检,或以乳酸酚棉蓝染料染色后镜检,如在渗出物所见到的那样,在灰白色区可发现菌丝体,绿色区则为分生孢子。

气管和支气管病变与气囊相同,其管腔常因病变或肺炎渗出物而被堵塞。

急性型肺脏的典型病变是在肺实质内散发粟粒大至豌豆大的黄白色结节,切面分层,结节周围的肺组织显示出血性炎与呈肝变样。肋骨浆膜也见有粟粒大、灰黄色结节。肺胸膜常有灰黄色、纤维素性脓性的盘状渗出物团块,厚度为 2～5mm。

慢性病例,肺内的结节往往互相融合形成较大的硬性肉芽肿结节,有的甚至钙化。最急性病例,肺内多无肉芽肿结节形成,而仅有肺炎的变化。

[镜检]　肺组织学变化由局灶性肺炎、多发性坏死和肉芽肿结节所组成。结节性病变,颇似结核结节的结构,节结中心为干酪样坏死区,周围环绕上皮样细胞和多核巨细胞,再外围为结缔组织,其中有较多的异嗜性粒细胞、淋巴细胞、少量浆细胞和巨噬细胞浸润(图 6-36,见图版)。病灶最外围肺组织充血、出血。肺实变区为卡他性肺炎和纤维素性肺炎。肺泡和各级支气管内充有黏液、纤维素、核碎片、炎性细胞和菌丝,菌丝往往穿入支气管的壁层。用 Gridiy PAS 染色或 GMS 染色时,在上述肉芽节结中心坏死区域周围上皮样细胞肉芽组织内以及肺实变区内都可清晰地看到曲霉菌。菌丝为有分隔的二分支,分支角度为 $35°～45°$,菌丝壁呈美丽的紫红色或肉芽表面呈颗粒状色(GMS 染色)孢子的胞壁也呈紫红色或黑色,但不易显示,菌丝横断面有时与孢子类似,应注意区别。

除上述呼吸器官的病变外,有时在口腔、嗉囊、腺胃和肠管浆膜也可出现霉斑性病变,肝、脾、心包、心肌、肾以及卵巢等器官都可见肉芽结节病变。患眼炎的雏鸡,除瞬膜有干酪样小结节和角膜溃疡外,还可累及玻璃体和邻近组织,有时在晶状体蛋白中发现菌丝。雏鸡和雏火鸡感染曲霉菌有时可引起脑膜炎,并在脑组织发现菌丝。曲霉菌感染皮肤,常见羽毛干燥易折,在皮肤上形成黄色鳞状斑点。

4. 诊断

根据临床症状及剖检特征可以获得诊断,该病主要应与结核相鉴别,方法是在结节病灶内检出霉菌菌丝。

二十九、鸟类毛细线虫病

鸟类毛细线虫病(avian capillariasis)是由鸽毛细线虫(*C. columbae*)引起的禽类的一种侵袭病。

1. 病原及其传播方式

毛细线虫属(*Capillaria*)、鸽毛细线虫(*C. columbae*),亦名封闭毛细线虫(*C. obsignata*),虫体寄生于鸽、鸡及火鸡的前段小肠。毛细线虫虫体纤细毛发样,长 1～5cm。虫卵两端有塞、色淡。毛细线虫属虫种很多,约计 300 余种,其宿主及寄生部位各不相同,鸟类及哺乳动物有如下重要的种可以致病。

鸽毛细线虫寄生于鸽、鸡及火鸡的前段小肠。膨尾毛细线虫(*C. caudinflata*)生活史需要蚯蚓作为中间宿主,虫体寄生于鸡、火鸡及鸽的小肠。捻转毛细线虫(*C. contorta*)及有轮毛细线虫(*C. annulata*)寄生于鸡,火鸡、鹌鹑、鸭及野鸟的食道及嗉囊内,亦需蚯蚓作为中间宿主。

2. 主要临床症状

病禽食欲不振及消瘦。

3. 病理变化

[剖检]　小鸡感染鸽毛细线虫时可见小肠臌胀与黏膜出血。

[镜检]　线虫穿入小肠黏膜上皮细胞下,使上皮剥落,绒毛短缩及固有层发炎。捻转毛细线虫寄生于食道及嗉囊黏膜内,引起食道及嗉囊棘细胞层肥厚及炎症。重度感染引起食道管

壁显著增厚,并在黏膜面覆盖黏液性和脓性物。虫体寄生区域形成不明显的弯曲虫道和坏死,黏膜面覆盖臭味的纤维素性坏死物质。

4. 诊断

诊断捻转毛细线虫病,可将病死禽食道及嗉囊壁黏膜碎片镜检,发现虫体及虫卵即可确诊。其余毛细线虫病,可从小肠黏膜刮下物中仔细查找虫体及粪便中发现虫卵而确诊。

三十、鸡弓形虫病

鸡弓形虫病(avian toxoplasmosis)由弓形虫引起的鸡寄生虫病,鸡、火鸡、鸭及多种野鸟都能自然感染发病。据报道,凡是经常与鸡、火鸡、鸭和鹅接触的人,其染色试验反应呈阳性者居多,提示禽弓形虫病是人弓形虫病的重要传染来源之一。

1. 病原及其传播方式

弓形虫(toxoplasma)为双宿主生活周期的寄生性原虫,分两相发育,即等孢球虫相(isosporan phase)和弓形虫相(toxoplasmic phase),后者在猫及其他哺乳动物、禽类、啮齿类动物及人类的组织内发育。猫是弓形虫的终宿主,其在猫体内经过两个相的发育和繁殖,从猫的粪便中排出虫子的卵囊,在外界一定的温湿度下成熟为孢子体,后者被易感动物或人食入即造成感染。畜、禽还常因摄入病死动物的脏器、被污染的饲料、饮水而感染。

2. 主要临床症状

病鸡表现食欲减退,消瘦,鸡冠苍白并皱缩,排灰白色稀便,并有头颈歪斜、转圈、角弓反张等神经症状。后期,病鸡视觉丧失和发生肢体瘫痪。

3. 病理变化

[剖检]　鸡弓形虫病尸体可见肝、脾和肾肿胀,并在上述器官及胰腺内见有白色小坏死灶;肺充血并伴有肺炎实变区;心包炎和心肌炎;脑软膜充血,脑实质稍软化,脑干基部坏死。

腺胃壁增厚,黏膜表面覆有黏液,有时可见小溃疡灶。小肠肠壁增厚、水肿,黏膜覆有黏液并有小溃疡灶,此种小溃疡灶由肠浆膜即可透见到。

病雏法氏囊内有液体蓄积,伴发轻度出血。肝脏淤血和实质变性。

鼻窦和气管黏膜上皮细胞增生、变厚;肺脏呈现支气管肺炎或出血性间质性肺炎,小动脉壁增厚或纤维素样坏死。

[镜检]　大脑与小脑的血管周围见有神经胶质细胞增生,其中混有淋巴细胞共同形成管套。

法氏囊黏膜上皮细胞呈局灶性乃至弥漫性增生和不同程度的异嗜性粒细胞浸润,滤泡的淋巴细胞减少,常形成空腔状,滤泡间结缔组织显示增生。

肝细胞颗粒变性、脂肪变性,小叶内有凝固性坏死灶,窦状隙扩张充血、淤血、出血,星状细胞肿胀,坏死,汇管区见胆管黏膜上皮细胞增生、脱落,小胆管新生,其外周有较多的淋巴细胞浸润,在胆管黏膜上皮细胞表面和叶间动脉内膜、外膜及管壁常可检出虫体,内皮细胞增生、变形。

脾组织淋巴组织减少,小梁动脉管壁增厚,内皮细胞增生,血管周围有淋巴细胞浸润和网状细胞增生,在血管内膜、外膜和管壁上都可检出虫体。

鼻腔、气管和支气管黏膜上皮细胞及肺泡上皮细胞和小动脉均可发现虫体。

心肌纤维颗粒变性,心外膜下偶见炎性细胞浸润,在肌间小动脉的内膜和管壁上可发现虫体。

　　胰腺腺泡上皮呈灶性坏死,并有淋巴细胞和浆细胞浸润。在叶间导管上皮细胞和小动脉内膜及管壁可发现虫体。

　　肾小管上皮细胞肿胀及坏死,间质血管充血及细胞浸润。集合管和乳头管管壁增厚,肾小管上皮细胞颗粒变性,间质充血、出血,在小动脉内膜、集合管和乳头管上皮细胞表面可发现虫体。

　　眼结膜上皮呈局限性增生,眼睑皮肤生发层细胞亦显示增生、坏死及炎性细胞浸润等变化,并可检出虫体。

　　睾丸和卵巢的生殖上皮增生,伴有淋巴细胞浸润,在睾丸的精索内动脉、白膜动脉及间质动脉、卵巢的卵巢动脉、白膜动脉及基质动脉均可检出虫体。大、小脑组织虽不见变化,但在软膜或脑内小动脉可发现虫体。由于上述各器官的小动脉均发现有虫体寄生,表明该虫体在雏鸡可通过血循途径进行传播,故其侵袭的器官广泛。肾脏集合管和乳头管上皮细胞亦曾检出虫体,揭示该虫体可能通过肾脏随尿液而排出。

　　4. 诊断

　　鸡弓形虫病确诊必须经涂片检出虫体,或在各组织切片中检查到虫体。

三十一、鸡球虫病

　　鸡球虫病(avian coccidiosis)是由艾美耳球虫引起的鸡的急性传染性寄生虫病,主要发生于3月龄以内的雏鸡,其临床和病理特征是急性卡他性坏死性肠炎。成年鸡主要是带虫者,但其体质和产蛋力可能受到影响。

　　1. 病原及其传播方式

　　柔嫩艾美耳球虫(*E. tenella*)和毒害艾美耳球虫(*E. necatrix*)对鸡有较强致病性,主要通过病鸡和带虫鸡排泄物中的卵囊污染环境而感染健康鸡群。

　　2. 主要临床症状

　　雏鸡表现贫血、消瘦、腹泻,死亡率高。成年鸡常表现瘦弱,产蛋率下降。

　　3. 病理变化

　　[剖检]　病死鸡消瘦,可视黏膜和肉冠苍白或发绀,泄殖腔周围羽毛粘有带血的稀便。肠管病变因寄生虫体和寄生部位不同而异。

　　柔嫩艾美耳球虫,主要侵害盲肠,急性病例表现盲肠肿大,肠腔内充满凝固物或暗红色的血液(图6-37,见图版),肠黏膜呈弥漫性出血性炎,并伴发黏膜坏死、脱落。慢性病例则盲肠壁显著增厚。

　　毒害艾美耳球虫,主要侵害小肠中段,肠腔扩张,肠壁肥厚、坏死,黏膜布满出血点和灰白色坏死小点,肠腔内充满血液凝块,肠管外观暗红色。

　　堆型艾美耳球虫,主要侵害十二指肠和小肠前段,寄生部位肠黏膜呈淡黄白色斑点,有些病例斑点连成带。

　　巨型艾美耳球虫,主要侵害小肠中段,肠腔扩张,肠壁肥厚、坏死,肠黏膜出血,肠内容物内混有血液。

　　哈氏艾美耳球虫,主要侵害十二指肠和小肠前段,使肠黏膜发生出血性卡他性炎。

　　[镜检]　以上各种病例,在组织学上都可见从十二指肠到泄殖腔黏膜有不同程度的卡他

性、出血性、坏死性炎,同时伴有网状细胞增生及嗜酸性细胞浸润。严重病例可见黏膜上皮脱落,黏膜细胞内有不同发育阶段的寄生球虫。在肠腔的血样内容物涂片中可见虫体(图6-38,见图版)此外,肾小管上皮细胞和肝细胞均呈明显的颗粒变性和脂肪变性。脾脏血管内皮和外膜细胞高度增生。肺脏充血、水肿。

4. 诊断

根据剖检特征,特别是盲肠的特征性病变可作初步诊断,肠内容物虫体检出和粪便的虫卵检(图6-39,见图版)出可作确诊。

三十二、禽住白细胞虫病

禽住白细胞虫病(leucocytozoonosis)是由疟原虫科(Plasmodiidae)住白细胞虫属的原虫寄生于禽类白细胞(主要为单核细胞)和红细胞内所引起的一种血孢子虫病。主要病变特点为内脏器官及肌肉组织广泛性出血及形成灰白色裂殖体结节。该病除可侵害鸡、鸭、火鸡、珠鸡等外,还可寄生于多种野生鸟类达500种之多。在我国已发现的鸡住白细胞虫有两种,即卡氏住白细胞虫(*L. caulleryi*)和沙氏住白细胞虫(*L. sabrazesi*),其中以卡氏住白细胞虫病更为多见。该病在我国南方比较普遍,常呈地方性流行,对雏鸡和童鸡危害严重,常可引起病鸡大批死亡。

1. 病原及其传播方式

住白细胞虫的生活史包括三个阶段,即裂体增殖、配子生殖及孢子增殖。第一阶段和第二阶段的大部分在鸡体内完成,第二阶段的一部分及第三阶段在库蠓(culicoides)体内完成,其具体过程如下。

1) **裂体增殖** 受感染的库蠓,在对鸡体吸血时将虫体的成熟子孢子感染鸡,子孢子在鸡的血管内皮细胞内分裂增殖,并破坏感染细胞,裂殖体随血流转移到鸡体全身各器官内。成熟的裂殖子呈球形,它们再次进入肝实质细胞形成肝裂殖体或被巨噬细胞吞噬发育为巨型裂殖体或进入红细胞或白细胞开始配子生殖。

2) **配子生殖** 从成熟的裂殖子进入血液至大小配子体发育成熟,是在鸡体的末梢血液组织中完成的,宿主细胞是红细胞或成红细胞及白细胞。

血液涂片用姬姆萨染色镜检,裂殖子呈卵圆形,直径为 $0.89\sim1.45\mu m$,钝端有红色圆形的核,胞浆呈淡青色。侵入红细胞的裂殖子呈小颗粒状,每个红细胞可寄生1~7个裂殖子。在白细胞内或游离于细胞外的小配子体,其大小为 $10.87\mu m\times9.43\mu m$,呈深蓝色近圆形,没有浓染的颗粒,把宿主白细胞核挤于一侧。大配子体呈圆形或椭圆形,大小为 $13.05\sim11.6\mu m$,胞浆丰富呈深蓝色,核居中较透明,呈肾形、梨形、菱形或椭圆形,大小为 $5.8\mu m\times2.9\mu m$,核仁多为圆点状。

2. 主要临床症状

雏鸡及童鸡感染后,病情轻者呈现鸡冠苍白,食欲不振,羽毛松乱,伏地不动,眼眶周围发黄发绿,倒提病鸡时可从口腔流出淡绿色涎水,1~2d后因出血而死亡。严重的病例可因咯血、呼吸困难而突然死亡。死前口流鲜血是特征性的症状。成年鸡感染该病后,因虫体侵入红细胞内寄生而引起贫血,鸡冠苍白,拉水样白色或灰绿色稀粪等症状。

3. 病理变化

[剖检] 病死鸡口流鲜血或口腔内积存血液凝块,鸡冠苍白,血液稀薄,全身性出血,肌肉和某些器官有灰白色小结节以及骨髓变黄。全身性出血包括:全身皮下出血;肌肉,尤其是胸

肌和腿部肌肉散在明显的点状或斑块状出血;各脏器呈现广泛性出血,特别是肺脏、肾脏和肝脏等。严重的可见两侧肺脏都充满血液,肾脏周围常见大片血液,甚至大部分或整个肾脏被血凝块覆盖;其他器官如心脏、脾脏、胰腺和胸腺等也有点状出血;腭裂常被血样黏液所充塞,有时气管、胸腔、嗉囊、腺胃、肌胃以及肠道内也见出血或积血;软脑膜与脑实质充血及点状出血。此种全身性出血主要是因寄生于小血管内皮细胞内的裂殖体破裂而使血管壁损伤所致。肌肉或各器官内的灰白色小结节是由于裂殖体增殖形成的集落,主要见于胸肌、腿部肌肉、心肌以及肝脏、脾脏、胰腺等器官,与周围组织有明显的分界。采取静脉血液或心血涂片以姬姆萨染色后镜检。可见裂殖子和各期的配子体。

[镜检]　肝细胞颗粒变性,部分肝细胞内含有深蓝色、圆点状裂殖子,并由于裂殖子发育而使肝组织呈不规则的坏死。窦状隙扩张,偶见裂殖子聚集。星状细胞肿胀,有的吞噬较多的裂殖子。在一些肝小叶内可见一个或数个聚集在一起的巨型裂殖体。裂殖体呈圆形或椭圆形,具有较厚的均质性包膜,胞浆充满深蓝色、圆点状裂殖子,包膜外侧偶见梭形的上皮样细胞增生。裂殖体所在部位的肝组织坏死、消失,有少量淋巴细胞和异嗜性粒细胞浸润。汇管区的叶间静脉、叶间动脉以及肝小叶内的中央静脉均强度扩张,血液淤滞,血管内皮细胞肿胀、增生,有的血液中还见有较多的裂殖子,血管壁变性或坏死。血管周围,特别是汇管区的血管周围常见较多的淋巴细胞和嗜酸性粒细胞、少量巨噬细胞与异嗜性粒细胞浸润,并见多量深蓝色、圆点状裂殖子聚集。叶间胆管上皮细胞肿胀,水泡变性。

肺泡壁毛细血管扩张充血,有的可见多量裂殖子;肺泡与细支气管蓄积浆液,伴发出血和坏死。在坏死灶中见有不同发育阶段的裂殖体,在其包膜外周亦有上皮样细胞增生,其中还伴有淋巴细胞和异嗜性粒细胞浸润及散在多量裂殖子。

肾小管上皮细胞颗粒变性、脂肪变性乃至呈渐进性坏死。肾小球呈急性或慢性肾小球肾炎变化。部分肾组织、血管壁或其外膜见有不同发育阶段的裂殖体,其外周也见上皮样细胞增生,裂殖体聚结处的肾脏组织出血、坏死和炎性细胞浸润。

脾组织因裂殖体大量增殖而广泛出血、坏死与网状细胞肿胀、增生,并吞噬有裂殖子。脾白髓显示不同程度的变性、坏死,中央动脉内皮细胞肿胀,管壁呈纤维素样变。红髓可见巨噬细胞吞噬大量裂殖子,还可见体积较大的裂殖体散在或集结。脾静脉窦扩张充血,窦内皮细胞肿胀。

肌纤维变性以至坏死、崩解,肌束间水肿并伴发出血。心肌纤维间尚见不同数量的成纤维细胞增生和少量淋巴细胞浸润。血管扩张充血,内皮细胞肿胀,血管壁变性。此外,还常见单个或成群集结的裂殖体位于肌纤维之中,其外围也有少量上皮样细胞增生。

软脑膜血管扩张充血,内皮细胞肿胀增生,伴发水肿。神经原变性,胶质细胞增量,有些脑组织因裂殖子发育、增殖而导致坏死。

胰腺、胸腺、卵巢、腔上囊、肠管和骨髓等切片内都可见到多量裂殖子与裂殖体,并伴发组织出血和坏死。

4. 诊断

根据该病的发病季节、症状和特征性病变可以作出初步诊断,确诊则有赖于从病鸡血液涂片和脏器触片中发现虫体。在鉴别诊断上,应注意将该病与鸡新城疫、禽霍乱、曲霉菌病以及磺胺药物中毒相区别。

三十三、禽组织滴虫病

禽组织滴虫病(histomoniasis)是由组织滴虫引起的火鸡、鸡、野鸡、孔雀、鹌鹑等禽类的疾病,特征是盲肠和肝脏形成坏死性炎症,故又称为传染性盲肠肝炎。在疾病的末期,由于血液循环障碍,病鸡头部变成暗褐色或暗黑色,所以又称为黑头病(blackhead)。

1. 病原及其传播方式

该病的病原体属鞭毛虫纲单鞭毛科的火鸡组织滴虫。在盲肠寄生的虫体呈变形虫样,直径为 $5\sim30\mu m$。虫体细胞外质透明,内质呈颗粒状并含有吞食的细菌、淀粉颗粒等的空泡。虫体核呈泡状,其邻近有一小的生长体,由此长出一根很细的不易见到的鞭毛,偶然也可见到两根鞭毛。虫体能作节律性的钟摆状运动。组织中的虫体为单个或成堆存在,呈圆形、卵圆形或变形虫样,大小为 $4\sim21\mu m$,无鞭毛。

病原主要是由病鸡排出的粪便污染饲料、饮水、用具和土壤,通过消化道而感染。虫体对外界的抵抗力不强,如病鸡同时有鸡异刺线虫(*Heterakis gallinae*)寄生时,此原虫可侵入鸡异刺线虫的卵内随异刺线虫卵排出体外而得到保护,即能生存较长时间,成为该病的感染源。另外,当蚯蚓吞食了土壤中的异刺线虫卵,火鸡组织滴虫可随虫卵生存于蚓体内,雏鸡如吃了这种蚯蚓即可感染。摄食的鸡异刺线虫虫卵通过胃至盲肠迅速孵化,滴虫从卵内游离出来钻入盲肠黏膜,在肠道某些细菌(如产气荚膜杆菌、大肠杆菌)的协同作用下,滴虫在盲肠黏膜内大量繁殖。在肠壁寄生的组织滴虫也可进入毛细血管,随门静脉血流进入肝脏。虫体也可到达胰脏,引起胰腺炎及坏死。

2. 主要临床症状

该病以2周龄至4月龄的火鸡易感性最高,8周龄至4月龄的雏鸡也易感。病鸡腹泻、消瘦、贫血。到疾病末期,由于血液循环障碍,头部皮肤淤血而呈蓝紫色或黑色,故称黑头病。

3. 病理变化

特征性病变在盲肠和肝脏。

[剖检]　盲肠的病变多以一侧较为严重,但也有两侧同时受侵害的。大约在感染后第8天,即可见盲肠黏膜充血、出血、水肿,肠壁增厚,盲肠腔内充满渗出的浆液和血液,使肠管扩张(图6-40,见图版)。在最急性病例,只见盲肠黏膜严重出血,肠腔内充满血液,随后有大量纤维素渗出,肠腔内的渗出物发生干酪化,并逐渐干燥形成充满肠腔的干酪样物质。与此同时,盲肠炎症加剧,黏膜坏死,出现深浅不一的溃疡,肠壁明显增厚,有的见局部浆膜也发生炎症。典型病例在剖检时见一侧或两侧盲肠肿大、增粗,肠壁增厚、硬实、失去弹性,内容物固体化,形似香肠。剪开肠管,肠腔内充满大量干燥、硬实、干酪样凝固物和凝血块混合物。如横切肠管可见干酪样内容物呈同心层状结构,其中心为暗红色的凝血块,外围是淡黄色干酪化的渗出物和坏死物。盲肠黏膜表面被覆着干酪样坏死物,黏膜失去光泽,可见出血、坏死或形成溃疡。炎症也波及黏膜下层、肌层和浆膜,可见程度不同的充血、出血和水肿。盲肠浆膜发生炎症时,常可使盲肠与腹壁或小肠发生粘连。

肝脏呈不同程度肿胀,在肝被膜表面可见散在或密发圆形或不规则形态的黄白色或黄绿色坏死灶。坏死灶的大小不一,中央稍凹陷,边缘稍隆起,其外周常环绕红晕(图6-41,见图版)。有些病例,肝脏散在许多小坏死灶,使肝脏外观呈斑驳状。有些部位坏死灶互相融合而形成大片坏死。

胰脏眼观可见表面散在灰白色或灰黄色的坏死灶,由小米粒大到黄豆粒大不等,稍突出于被膜表面。切面也可于红褐色背景上见到灰白色的形状不规则的结节状坏死灶。

[镜检]　盲肠最初病变为黏膜充血，异嗜性粒细胞浸润和浆液、纤维素渗出，黏膜上皮细胞变性、坏死、脱落；在渗出液中可见组织滴虫。随后，黏膜固有层中可见许多圆形或椭圆形、淡红色的组织滴虫，并可见异嗜性粒细胞、淋巴细胞和巨噬细胞浸润。肠腔内先出现由脱落上皮、红细胞、白细胞、纤维素和肠内容物混合而成的团块，以后上述细胞及纤维素等崩解、浓缩形成无结构的红色均质物，其中很难找到虫体。重症病例盲肠呈现出血性坏死性炎，此时黏膜上皮细胞已坏死、脱落，固有层出现广泛坏死、充血、出血和炎性细胞浸润，有时还可波及黏膜下层、肌层甚至浆膜，在坏死灶周围和黏膜下层、肌层均可见组织滴虫以及巨噬细胞和淋巴细胞浸润，有些虫体位于巨噬细胞的胞浆内。病程较长时，肠壁可形成肉芽组织增生结节。

肝脏坏死灶中心部肝细胞已完全坏死崩解，只见数量不等的核破碎的异嗜性粒细胞，外围区域的肝细胞索排列紊乱，并显示变性、坏死和崩解，其间见大量组织滴虫和巨噬细胞及淋巴细胞浸润。许多巨噬细胞的胞浆内吞噬有组织滴虫（HE染色）（图6-42，见图版），组织滴虫呈嗜伊红的不规则圆形。有时还可见吞噬组织滴虫的多核巨细胞。严重时，肝脏的固有结构完全破坏消失，被坏死组织及各种炎性细胞取代。

胰脏眼观可见表面散在灰白色或灰黄色的坏死灶，由小米粒大到黄豆粒大不等，稍突出于被膜表面。切面也可于红褐色背景上见到灰白色的形状不规则的结节状坏死灶。胰腺坏死灶部结构严重破坏，难以辨认，残留的胰腺细胞与各种炎性细胞及组织滴虫混在一起。坏死灶周边的胰腺上皮及导管上皮细胞均发生变性、坏死，呈空泡状或胞浆凝固，细胞核浓缩、淡染或消失。

[扫描电镜观察]　可见盲肠黏膜表面皱襞破坏，深浅不一，上皮细胞脱落，基层裸露，有多量炎性细胞、红细胞、纤维素及组织滴虫附着。盲肠断面的固有结构消失，各层次难以辨认，有多量组织碎片及组织滴虫。肝脏断面见肝细胞大小不等，分布杂乱，可见多量崩解的细胞碎粒及组织滴虫。胰脏断面的胰岛细胞及腺末房细胞结构均遭破坏，各种细胞坏死崩解形成碎颗粒状或片状结构。

[透射电镜观察]　可见盲肠黏膜上皮细胞的各种细胞器结构均遭破坏，核破裂或崩解，仅残留少量染色质团块散布于胞浆中，线粒体及其他各种细胞器减少。肝细胞结构严重破坏，细胞核核膜与染色质凝集。线粒体、粗面内质网等结构损伤明显，有些细胞的各种细胞器均减少或消失，电子透明度高。胰腺腺上皮细胞结构破坏，核染色质凝集，靠周边分布，核膜界线不清，线粒体扩张，呈空泡状，嵴断裂消失。内质网扩张，形状不规则，核糖体脱落，酶原颗粒减少，脂滴及脂褐素颗粒形成。

[诊断]　病禽消瘦、贫血、血便。

4. 剖检

盲肠肿大，肝脏特征性坏死及组织内组织滴虫虫体检出，即可作出初步诊断。再从粪便中检出不定型虫卵（图6-43，见图版）即可确诊。

三十四、禽肉孢子虫病

禽肉孢子虫病（avian sarcocystosis）是在禽类肌肉纤维内寄生肉孢子虫，从而引起各种病症的一种侵袭病。

1. 病原及其传播方式

寄生于鸡的肉孢子虫为何氏肉孢子虫（*S. horvathi*），寄生于鸭和野鸭的肉孢子虫为李氏肉孢子虫(*S. rileyi*)。肉孢子虫需要二宿主进行发育,终末宿主(食肉动物)吃了中间宿主含虫囊的肉,虫囊壁在小肠内被消化,囊内缓殖子释放,钻入肠黏膜固有层发育为卵囊,卵囊壁溶解后其中的孢子囊进入肠腔并随粪便排出污染环境,中间宿主摄食被污染的草料、饮水等即可发生感染。

2. 主要临床症状

虫体寄生于终末宿主小肠黏膜下,不出现临床症状。中间宿主感染裂殖增殖期肉孢子虫,可引起急性症状,一般表现为不定期发热和黏膜出血、贫血、黄疸、腹泻、体表淋巴结肿大,严重病例死亡。慢性病例则表现消瘦、衰竭。

3. 病理变化

[剖检]　病死鸡的头肌、颈肌、骨盆肌、心肌、可见灰白色虫体包囊,包囊长可达 5mm。

[镜检]　见虫体在肌纤维中形成囊包,局部有淋巴细胞、巨噬细胞、异嗜性粒细胞和巨细胞浸润。

4. 诊断

一般从尸体肌肉组织中见到灰白色虫体包囊,并在组织切片中虫体包囊,即可确诊。

三十五、雏鸡隐孢子虫病

雏鸡隐孢子虫病(avian cryptosporidiosis)是由隐孢子虫引起雏鸡的一种原虫寄生性疾病。虫体对雏鸡各器官都有感染性,其感染率依次为:小肠、直肠、盲肠、脾、腺胃、法氏囊、气管、眼结膜、肺、胰等。

1. 病原及其传播方式

隐孢子虫为可感染多种动物的原虫,其卵囊随宿主粪便排出,污染环境而使健康鸡雏感染。据检测 1ml 犊牛粪便中有 100 万～7400 万个卵囊,卵囊呈球形。卵囊经消化道进入动物机体,寄生于肠上皮黏膜细胞的纹状缘和微绒毛层内,并在此繁殖破坏肠壁结构和功能。雏鸡也可经卵壳污染在孵化出壳时感染。

2. 主要临床症状

肠道寄生主要出现腹泻,拉出黄色水样便,雏鸡消瘦。呼吸系统感染,有浓性鼻漏,呼吸困难等症状。

3. 病理变化

[剖检]　胃黏膜充血,小肠充气蓄积黄色水样液体。肝脏淤血、变性。法氏囊肿大,囊内有积液,黏膜轻度出血。

[镜检]　肠黏膜变性脱落,在上皮细胞的纹状缘或绒毛层内及隐窝内常可见大量隐孢子虫。肝细胞脂肪变性、颗粒变性并伴有出血、坏死。在胆管黏膜表面和叶间动脉内膜、外膜和管壁可检出虫体。脾脏的小梁动脉的内、外膜及管壁中也可检出虫体。呼吸系统除有支气管肺炎和间质性肺炎病变外,主要可在鼻窦和气管、支气管黏膜上皮以及肺泡上皮细胞和小动脉内都可检出虫体。心肌纤维颗粒变性,心外膜下炎性细胞浸润,心肌间小动脉内膜及管壁可见虫体。此外,还可在肾脏、眼睑皮肤、睾丸、卵巢、脑组织的小动脉血管中检出虫体。在以石蜡包埋切片、HE 染色的病理组织片中,隐孢子虫虫体呈圆形嗜碱性小体,有的虫体周围有清晰的晕圈,有些虫体内有空泡。

4. 诊断

除在病理组织中见到以上病变外,还可将病死鸡的粪便作卵囊检查。粪便用生理盐水稀释后,涂片、甲醇固定、姬姆萨染色,隐孢子虫卵囊呈透亮环形,胞浆呈蓝色至蓝绿色,胞浆内有2～5个红色颗粒,偶见有空泡。

三十六、前殖吸虫病

前殖吸虫病(prosthogonimasis)是由多种前殖吸虫寄生于鸡、鸭、鹅、野鸭及其他鸟类的直肠、输卵管、腔上囊和泄殖腔,引起卵的形成和产卵功能紊乱的疾病。虫体偶见于蛋内。在我国分布较广,北京、上海、南京、成都、福州和台湾等地均有报道。

1. 病原及其传播方式

该病病原体属于前殖属(*Prosthogonimus*)的前殖吸虫,较为常见的有 5 种。①卵圆前殖吸虫(*P. ovatus*),成虫虫体扁平,前窄后钝,外观呈梨形,淡红色,体表有小棘。椭圆形口吸盘位于虫体后 1/4 处。虫体后半部有两个椭圆形不分叶的睾丸。分叶卵巢位于腹吸盘的背面,虫体两侧是卵黄腺,子宫盘曲超出肠管,上行分布于腹吸盘与肠叉之间,生殖孔开口于口吸盘的左侧。虫卵小,椭圆形,棕褐色,卵壳薄,一端有盖,另一端有小刺,大小为$(22～24)×13\mu m$。②楔形前殖吸虫(*P. cuneatus*),与卵圆前殖吸虫基本相似,但卵巢位于腹吸盘后,子宫盘曲在腹吸盘前。腹吸盘大于口吸盘。③透明前殖吸虫(*P. pellucidus*),虫体呈椭圆形,前半部有体表小棘,子宫盘曲越出肠管分布虫体后半部。④鲁氏前殖吸虫(*P. rudolphi*),虫体椭圆形,卵巢分叶明显,子宫盘曲在肠管之间。⑤鸭前殖吸虫(*P. anatinus*),呈梨形,卵巢小,分叶明显。子宫盘曲不越出肠管。

虫卵被第一中间宿主淡水螺蛳吞食后孵出毛蚴,发育成尾蚴,游在水中,再钻进第二中间宿主蜻蜓的幼虫或稚虫体内,发育成囊蚴,禽类啄食了含有囊蚴的蜻蜓及其幼虫而被感染。在消化道内囊被溶解,游出童虫,沿肠道下移到泄殖腔,转入腔上囊和输卵管内寄生,发育为成虫产卵。由于虫体的机械刺激,损伤输卵管黏膜和腺体,造成蛋壳石灰质和卵蛋白分泌功能紊乱,输卵管积蓄大量蛋白质和病理产物,招致细菌感染发炎,严重的造成输卵管过度紧张、麻痹和破裂,继发腹膜炎。

2. 主要临床症状

病禽生产无卵黄或无蛋白或软壳的蛋,产蛋率下降、停产,泄殖腔流出石灰样液,腹围增大,脱肛等。

3. 病理变化

病理变化主要病变是输卵管炎,输卵管黏膜充血,极度增厚,管壁上可查见虫体。管腔内滞留畸形蛋或蛋壳碎片及灰黄色蛋白液。肛门红肿。泄殖腔外突。有的可见腹腔内积存大量黄色混浊的炎性渗出液或干的蛋白团块。

4. 诊断

根据症状、剖检和粪便的虫卵检查可作确认。应注意与沙门氏菌感染的病变区别。

三十七、鸡膝螨病

鸡膝螨病(Cnemidocoptosis)是由疥螨科的鸡膝螨和突变膝螨所致鸡的一种传染性皮肤病。

1. 病原及其传播方式

该病病原为膝螨属的螨虫,其形态一般呈圆形、浅黄色、假头很小。雌虫的肢端都没有附着盘,雄虫的各个肢端都有附着盘。虫体附着在宿主的皮肤上,用口器切开表皮,进入皮肤乳头层,以宿主的皮肤深层上皮细胞和组织液为营养,并在此生长繁殖,雌虫在此产卵,孵化出幼虫。带有幼虫的病变皮肤脱落则成为传染源。

2. 主要临床症状

受感染鸡皮肤剧痒,皮肤有红色小结节。因瘙痒而擦破的皮肤继发感染形成脓包,脓包破溃形成干痂。严重病例,患部皮肤脱毛,皮肤增厚而失去弹性。

3. 病理变化

[剖检]　鸡膝螨主要侵害鸡背部、翅膀、臀部和腹部等处的羽毛根部,诱发毛囊炎和皮炎,表现皮肤潮红,羽毛变脆脱落,体表形成红色丘疹,丘疹上常覆盖鳞片状痂皮,痂皮下有脓包。

[镜检]　毛囊周围有大量异嗜性粒细胞浸润,表皮细胞坏死、崩解。毛囊内及其周围的表皮细胞内见有膝螨虫体片段。

突变膝螨主要寄生于鸡和火鸡的腿部无毛处及脚趾鳞片下,引起皮炎,皮肤角质层增厚变粗糙,炎性渗出液干固后形成灰白色痂皮,外观似在腿部和趾部皮肤上涂上了一层石灰,故又名石灰脚。同时还伴发腿部关节炎及趾骨坏死等变化。

4. 诊断

依据病鸡的皮肤病变及刮取病变部皮屑压片检出虫体即可确诊。

三十八、鸭瘟

鸭瘟(duck plague)又称鸭病毒性肠炎(duck virus enteritis),俗称大头瘟。是由鸭瘟病毒引起鸭科动物(鸭、鹅、雁)的一种急性败血性传染病,其临床特征为体温升高,双脚软弱无力,排泄绿色或灰色粪便,流泪和头颈部肿大。剖检主要表现为各组织器官广泛出血,食管黏膜假膜性坏死性炎、泄殖腔炎以及肝脏灶状坏死等。往往引起鸭群大批死亡。

1. 病原及其传播方式

鸭瘟病毒属于疱疹病毒科,病毒粒子呈球形,直径为80～120nm或以上,有囊膜,核酸类型为DNA,双股立体对称型。病毒粒子在宿主的肝、脑、食管和泄殖腔上皮细胞核内增殖,并可在鸭胚和鸡胚成纤维细胞、鸭胚绒毛尿囊膜中生长增殖和继代。病毒对外界环境具有较强的抵抗力,将含病毒肝脏保存于$-20～-10℃$条件下,历经347d仍有感染力。病毒对热的抵抗力也比较强,50℃需经90～120min才能灭活,室温20℃需经30d后才丧失感染力。

鸭瘟病毒通过病鸭的排泄物污染饲料、饮水、饲养用具和运输工具,接触以上污染物的健康鸭群可经消化道、交配、眼结膜及呼吸道而发生感染。

2. 病理变化

[剖检]　尸体营养良好或中等,头颈部肿大(图6-44,见图版),该部皮肤常见针头大至绿豆大出血斑点,有些病例可见小溃疡,皮下织呈淡黄色胶样浸润;眼睑水肿、眼角有干固的泪液,眼周围羽毛湿润、黏结,严重者上下眼睑粘合一起。有些病例因眼睑水肿而翻出于眼眶之外。眼结膜充血、水肿及点状出血。以上病变是鸭瘟的特征病变。鼻腔蓄积多量浆液和黏液,黏膜充血或出血。泄殖腔黏膜红肿突出,黏膜充血、出血、水肿,常见有黄绿色、不易剥离的假膜。肛门周围的羽毛被绿色或灰绿色粪便污染而黏结在一起。此外,胸、腹及腿部皮肤亦散在有点状出血。食管黏膜发生坏死和出血,胸、腹腔浆膜(气囊、胃肠浆膜、肠系膜及体腔脂肪组

织等)散布多少不等针头大到粟粒大点状出血。

口腔上腭、咽部黏膜坏死呈片状,食管黏膜的坏死呈点状或条纹状,并与食管黏膜皱襞平行排列,在其中下部常融合成片,坏死灶表面被覆淡黄色、灰黄色或黄绿色的痂,剥离干痂可见出血性溃疡面。腺胃黏膜有出血斑点,有时腺胃与食管膨大部的交界处见一呈条状的灰黄色坏死带或出血带。剥去肌胃角质膜,其黏膜呈现充血和出血。肠管黏膜呈急性出血性卡他性炎或出血性坏死性炎,坏死灶常隆突于黏膜表面(图6-45,见图版)。小肠前段黏膜充血、出血,小肠环状带(系淋巴小结,空肠前后各一个,回肠亦有两个)肿胀、隆突,显著充血、出血。盲肠和直肠黏膜出血,并散在针头大至粟粒大坏死灶。泄殖腔黏膜呈弥漫性充血、出血,散在有大小不等、表面附有灰绿色鳞片物的坏死灶,其中有砂粒样矿物质沉着,用刀尖触之发金属音响。直肠和泄殖腔周围的组织常见水肿。腔上囊呈深红色,黏膜有大量出血斑点和针头大灰黄色坏死。随着病情发展,囊壁变薄。

肝脏肿大、质脆,呈黏土色或黄色与红褐色相间,被膜散布有细小的出血斑点及少数针头大至粟粒大的灰黄色坏死灶,有些坏死灶中央有出血,有些则于其周围形成一出血环。脾脏轻度肿大、紫红色、脆弱,被膜散在出血点和灰黄色坏死灶,切面结构模糊。胸腺充血及出血,其周围组织显示水肿。肾脏变性肿大,切面多血。喉头及气管黏膜出血。肺胸膜出血。脑膜及脑实质充血,有时可见少量出血点。卵巢(产卵期病鹅)可见卵泡充血、出血或萎缩变形,有的病例可见卵巢破裂而引起的卵黄性腹膜炎。公鸭睾丸表面有针头大至粟粒大的出血点。

[镜检]　见食管坏死部黏膜上皮变性和凝固性坏死而隆突,呈无结构的红染物,其中混杂多量核碎屑,有时在其表面可见细菌团块。固有层和黏膜下层充血、出血和水肿,肌层平滑肌纤维变性以至溶解。切片用姬姆萨或富尔根(Feulgen)染色法染色后,在食管、腺胃、小肠、大肠、泄殖腔等坏死灶边缘的上皮细胞中可发现核内包涵体。小肠环状带黏膜脱落,淋巴小结坏死。腔上囊皮质淋巴细胞减少,滤泡间间质充血、出血,黏膜上皮脱落。

肝细胞索结构紊乱,肝细胞脂肪变性。窦状隙和中央静脉淤血。在肝小叶内散在凝固性坏死灶,坏死肝细胞核消失,网状细胞肿胀、溶解。在肝细胞和星状细胞核内亦见有包涵体。此外,个别病例在汇管区有不同程度的异嗜性粒细胞和淋巴细胞浸润。脾组织红髓充血及出血,白髓显示有大小不等的坏死灶,中央动脉内皮细胞肿胀,管壁呈现纤维素样变或玻璃样变,在血管内皮细胞和网状细胞的核内也可见包涵体。胸腺皮质淋巴细胞减少,核浓缩或碎裂,髓质常见大小不等的凝固性坏死。间质小血管充血和出血。肾小管上皮细胞变形脱落,间质充血、出血,肾小球一般无明显病变。肺组织明显出血,小血管壁呈纤维素样变。脑膜和脑实质血管扩张充血、出血,神经细胞变性,神经胶质细胞轻度增生。

3. 诊断

根据病鸭头部肿大、全身性出血性素质及病理剖检特征,特别在食道、胃肠及泄殖腔黏膜细胞内检出包涵体可作诊断。

三十九、鸭病毒性肝炎

鸭病毒性肝炎(duck viral hepatitis)是雏鸭的一种高度致死性传染病。3日龄至1月龄雏鸭发病率最高。

1. 病原及其传播方式

病原为鸭肝炎病毒(duck hepatitis virus),属微RNA病毒科(*Picornaviridae*)、肠病毒属(*Enterovirus*),大小为20~40nm,含有单股RNA。

病鸭或康复鸭是该病的主要传染源,因其唾液和粪尿中含有病毒。其主要传播途径为消化道和呼吸道。鸭蛋能否传递疾病,至今尚未证实。

2. 主要临床症状

发病迅速,死亡率高。病鸭初期精神萎靡、离群,眼半闭似睡。随后出现不安、运动失调、腿向后伸,头颈举向背侧,呈角弓反张状(图6-46,见图版),常在神经症状出现后几小时死亡,死后常仍保持角弓反张状。这一点有助于诊断。

3. 病理变化

特征变化在肝脏。

[剖检] 肝肿大,质软,极脆,呈灰红色或灰黄色,表面因有出血斑点和坏死灶而呈斑驳状(图6-47,见图版)。有些病例肝坏死灶明显;胆囊肿大,充满胆汁。

脾淤血、出血、肿大,表面因有坏死灶而呈斑驳状。

肾肿大、淤血,有时皮质有小点出血;心肌柔软,呈半煮样。

胃肠黏膜呈卡他性炎。胰腺有散在性灰白色坏死灶、偶见出血点。

[镜检] 肝组织广泛出血,含铁血黄素沉着。肝细胞颗粒变性和脂肪变性,甚至发生弥漫性和局部性坏死灶。坏死灶周围和肝细胞之间有淋巴细胞浸润。血管内有微血栓形成。肝糖原减少,网状纤维断裂或崩解。肝细胞及枯否细胞内可见包涵体。小叶间胆管增生,甚至局部呈腺样结构。汇管区淋巴细胞浸润,有时结缔组织增生。

脾淋巴滤泡坏死、网状细胞增生,并伴明显淤血、出血。

肾间质血管充血,其中有微血栓形成。肾小管上皮细胞颗粒变性、空泡变性或脂肪变性,有的细胞坏死。

心肌纤维颗粒变性、肿胀。

脑膜及脑实质血管扩张、充血,血管壁疏松,血管周围水肿并有淋巴细胞性管套形成。神经细胞变性,并有卫星化、噬神经细胞现象和胶质细胞增生。

腔上囊上皮皱缩与脱落,淋巴滤泡萎缩,滤泡髓质坏死、空泡化、间质出血。病程稍长者结缔组织增生。

胰腺灶状坏死与出血,胰管扩张,内有多量蛋白性物质。胆囊肿大,充满黏稠绿色胆汁。

[电镜观察] 肝细胞内可见到病毒颗粒。

4. 诊断

5～10日龄雏鸭易发病,发病快,死亡率高;病鸭有精神沉郁、角弓反张与神经症状;呈明显的坏死性肝炎,肝细胞与枯否氏细胞有包涵体;用病鸭肝组织液或血液接种在9日龄发育鸡胚的尿囊腔内,鸡胚在第5～6天死亡,并出现特征性病变。

应注意与鸭瘟及黄曲霉毒素中毒相区别:

鸭病毒性肝炎:主要发生于2周龄以下的雏鸭,成年鸭不发病;发病急,传播快,病死率高;有角弓反张和其他神经症状;特征病变为坏死性肝炎。

鸭瘟:主要发生于成年鸭,2周龄以内的雏鸭不发病;有红色下痢,头颈肿胀和流泪症状;特征病变为食管和泄殖腔黏膜的纤维素坏死性炎症,出血性素质。

黄曲霉毒素中毒:虽有生态不稳、角弓反张等神经症状,但肝内主要为胆管增生,而且增生的胆管向小叶内生长。

四十、鸭传染性浆膜炎

鸭传染性浆膜炎(infectious serositis of duck)是由鸭疫里默氏杆菌引起的鸭、鹅、火鸡和多种其他禽类的一种接触性传染病,以纤维素性心包炎、肝周炎、气囊炎、干酪性输卵管炎和脑膜炎为特征。该病又称鸭疫巴氏杆菌病、肉鸭鸭疫里默氏病、鸭败血症、鸭疫综合征。该病是肉鸭养殖业中的主要疾病,急性型发作的特点是发病迅速,高的发病率以及出现神经症状,由于高死亡率、体重下降以及淘汰,造成很大经济损失。

1. 病原及其传播方式

该病病原为鸭疫里默氏杆菌(Riemerella anatipestifer, RA)。我国自 1982 年首次报道该病的发生以来,主要由血清Ⅰ型菌株感染所致。从 1998 年开始,已出现其他多种血清型菌株的感染。该病主要感染幼鸭,以 2～3 周龄的雏鸭最易感染。可通过污染的饲料、饮水、飞沫、尘土等主要经呼吸道、消化道和皮肤接触感染(特别是脚部皮肤伤口);蚊虫叮咬也可传播该病。

2. 主要临床症状

最急性病例未见明显症状即突然死亡。急性病例表现为嗜睡、缩颈、脚软弱、不愿走动或行动蹒跚,驱赶时容易跌倒,腹部朝上,往往不能自行恢复体位。食欲减少或废绝,腹泻,粪便稀薄,呈绿色或黄色。逐渐消瘦,病鸭还出现痉挛、摇头、点头或角弓反张等神经症状。病程一般为 1～3d。日龄较大的小鸭(4 周龄以上)病程可达 1 周以上,多呈亚急性或慢性经过,表现为精神不振、食欲减少或废绝、喜卧、腿软弱、不断点头或摇头摆尾、头颈歪斜、转圈或倒退、受惊时不断鸣叫、发育不良、消瘦。耐过存活的病鸭生长发育不良,饲料效率降低,出售时体重只有同期健康鸭的一半。

3. 病理变化

[剖检]　尸体的浆膜呈现广泛纤维素性炎症,可见肝周炎、气囊炎、脑膜炎以及部分病例出现干酪性输卵管炎、关节炎为特征。急性病例的心包液增多,其中可见数量不等的白色絮状的纤维素性渗出物,心外膜增厚,心外膜与心包膜表面常可见一层灰白色或灰黄色的纤维素性渗出物,病程稍长的病例,心包液相对减少,心外膜与心包膜粘连,难以剥离。气囊混浊增厚,上有纤维素性渗出物附着,呈絮状或斑块状,颈、胸气囊最为明显。肝脏表面覆盖着一层灰白色或灰黄色的纤维素性膜,厚薄不均,易剥离。肝肿大,质脆,呈土黄色或棕黄色。有神经症状的病例,可见脑膜充血、水肿、增厚,也可见有纤维素性渗出物附着。部分病例出现单侧或两侧跗关节肿大,关节液增多。少数病鸭可见有干酪性输卵管炎,输卵管明显膨大增粗,其中充满大量的灰白色的干酪样物质。脾脏肿大,淤血,脾脏表现可见有纤维素性渗出物附着,但数量往往比肝脏表面少。肠黏膜结构基本正常,少数病例十二指肠黏膜出血。

[镜检]　心外膜附有大量的纤维素性渗出物,其中混有少量的异嗜细胞、单核细胞及浆细胞,慢性病例有时可见纤维素性渗出物被肉芽组织机化的现象。心外膜增厚,发生淤血、水肿,血管和淋巴管明显扩张,增厚的心外膜内也可见数量不等的炎性细胞。心肌横纹消失,肌原纤维崩解,心肌细胞发生广泛性的严重的颗粒变性,有些病例可见肌纤维间出血。气囊病变基本与心外膜相似。

肝组织表面附有大量的纤维素性渗出物,渗出物中含有一定数量的异嗜细胞、浆细胞、单核细胞。大部分病例肝脏淤血,肝窦扩张,肝组织发生弥漫性的脂肪变性,变性严重的肝细胞发生坏死,核溶解消失,仅剩下一个脂肪空泡。有的病例肝细胞表现为严重的混浊肿胀。另有部分病例的肝细胞形态结构基本正常,但可见肝细胞之间连接消失,细胞独立、散在。有些病鸭的肝细胞内可见有幼稚的淋巴细胞呈结节状增长。

所有病例均有脑膜及脑实质严重的淤血变化,另外还可见脑膜增厚,小血管和淋巴管扩张,脑膜发生浆液性、浆液性纤维素性或纤维素性渗出,其中可见有异嗜性粒细胞,以及少量的单核细胞和浆细胞,也有不少病鸭脑膜仅出现水肿变化,而未见有炎症反应。部分病鸭脑组织内小血管管壁水肿增厚,周围出现淋巴细胞浸润,形成"袖套"。神经细胞可见有坏死现象。

部分病鸭脾脏包膜上附有大量的浆液性纤维素性渗出物。脾小体萎缩消失,小梁内聚集有大量的纤维素性渗出物,红髓部位也可见有大量浆液性纤维素性渗出物,小梁及实质内均可见淤血,偶见有出血现象。脾组织内有含铁血黄素沉着。

肺组织均出现极为严重的淤血、出血,少数三级支气管、肺房及肺间质内可见有少量的浆液性纤维性渗出物。胸膜增厚、淤血、出血及纤维素性渗出。

肾间质淤血、出血,肾小球萎缩,肾小管上皮细胞发生严重的颗粒变性,细胞肿大崩解脱落,使管腔狭小或闭塞,胞浆呈一片均质红染,胞核固缩或溶解,有些肾小管仅剩下一个空的轮廓,部分病例肾小管上皮细胞之间连接消失,细胞独立散在。

法氏囊间质水肿,淋巴滤泡萎缩,滤泡内淋巴细胞稀少。黏膜上皮基本完整,部分病例法氏囊黏膜上皮可见坏死脱落。胸腺结构基本正常,部分病例胸腺淋巴滤泡出现萎缩。

肠道及腺胃浆膜层淤血、水肿、增厚,浆膜面有少量纤维素渗出物,其中混有少量炎性细胞,肠道及腺胃黏膜上皮结构基本正常,少数病例十二指肠黏膜可见出血。

[电镜观察] 病鸭心肌纤维、肝细胞、神经原和肠上皮细胞等实质细胞的细胞器结构发生改变,线粒体肿胀或空泡化,内质网扩张,核膜扩张等。

4. 诊断

一般根据流行病学、症状和病理剖检可作出初步诊断,但确诊必须分离和鉴定鸭疫里默氏杆菌。该病要注意与雏鸭病毒性肝炎和大肠杆菌病鉴别。雏鸭病毒性肝炎发病日龄比该病小,没有明显的腹泻症状,临死前和死后大多呈角弓反张姿态。剖检时,看不到浆膜的纤维素性炎症,肝表面有时可见出血斑点。鸭大肠杆菌病的剖检所见与鸭传染性浆膜炎十分相似,但前者一般没有明显的神经症状。

四十一、小鹅瘟

小鹅瘟(gosling plague)是由小鹅瘟病毒引起的一种急性或亚急性败血性传染病。雏鹅可以自然感染该病,传染快、死亡率高。成年鹅常呈现隐性感染,通常无症状,但可能经卵将疾病传至下一代。我国于 1956 年首次发现该病,并用鹅胚分离到病毒,以后又成功地用人工被动免疫和天然免疫,有效地控制了该病在我国流行。

1. 病原及其传播方式

小鹅瘟病毒属于细小病毒科成员,病毒粒子呈球形,直径为 20～22nm,无囊膜,其髓芯为单股 DNA,在细胞核内复制。该病毒在 $-20℃$ 下至少能存活 2 年,能抵抗 56℃ 达 3h。小鹅瘟病毒存在于病雏的肠、脑、血液及其他器官中。能凝集黄牛精子,并能被抗小鹅瘟病毒血清抑制,这可用于病毒的鉴定。虽然感染范围只限于鹅和个别品种鸭。各种鹅包括白鹅、灰鹅、狮头鹅和雁鹅,经口饲或注射病毒均能引起发病,其他动物,除番鸭和莫斯鸭外,均无易感性。污染的环境为主要传染媒介。病毒最初可能经种蛋传入孵房,传染给初孵雏鹅发病,以致将整个孵房污染。

2. 主要临床症状

初孵雏鹅接触病毒后,经 4～5d 的潜伏期,多发生急性败血症死亡。最早发病的雏鹅一般在 3～5 日龄开始,数天内波及全群,死亡率可达 70%～100%。

3. 病理变化

[剖检]　最急性病例,由于死亡快,除了肠道有急性卡他性炎症外,其他器官病变一般不明显。15 日龄左右的急性病例,病变最典型,表现为全身败血症。尸体泄殖腔扩张松弛,可视黏膜呈棕褐色,结膜干燥,全身脱水,皮下组织充血呈紫红色。心脏有明显的急性心力衰竭变化:心脏变圆,心房扩张,心壁松弛,心肌晦暗无光泽。渗出性肠炎和肝、肾稍肿大,呈暗红色或紫红色。病程长的以小肠后段出现肠黏膜上皮脱落与渗出物混合凝血块而形成条状栓子状物。脾多不肿大,呈暗红色,少数病例脾切面见有少量灰白色坏死点。空肠和回肠急性卡他性纤维素性坏死性炎是该病的特征性病变,小肠中下段整片肠黏膜坏死脱落,与渗出的纤维素凝固形成栓子或包裹在肠内容物表面形成假膜,堵塞肠腔。靠近卵黄柄和回盲部的肠段,外观极度膨大,质地坚实,状如香肠(图 6-48,见图版)。剖开后可见淡灰白色或淡黄色的栓子物将肠管完全堵满,栓子中心为深褐色干燥的肠内容物,外面包有灰白色纤维素性渗出物。有的病例则在小肠内形成扁平长带状的纤维素性凝固物,肠壁变薄,内壁平整,呈淡红或苍白色,不形成溃疡。有的肠黏膜表面附着散在的纤维素凝块,而不形成栓子或长带状凝固物。十二指肠和大肠仅呈现急性卡他性炎症。

[镜检]　心肌纤维颗粒变性与脂肪变性,很多肌纤维断裂,肌间血管充血并有小出血区,肌纤维肝淤血、肿大,质脆易碎。

肝细胞严重颗粒变性和程度不同的脂肪变性,有时见有水泡变性。也有的肝实质中出现针头大至粟粒大坏死灶,并有淋巴细胞和单核细胞广泛浸润。间有淋巴细胞和单核细胞弥漫性浸润。

肾脏见肾小球充血、肿胀,内皮增生。肾小管上皮细胞颗粒变性,有的肾实质中有小坏死灶。间质有炎性细胞呈弥漫性浸润。胰腺肿大,偶有灰白色坏死灶。

空肠和回肠的肠黏膜绒毛上皮肿胀、细胞崩解呈凝固性坏死。渗出的纤维素与坏死的黏膜组织凝固在一起,脱落入肠腔中,肠壁仅残留薄层黏膜固有层组织,正常的绒毛和肠腺均已破坏消失,固有层水肿,有多量淋巴细胞、单核细胞及少量异嗜性粒细胞浸润。肠壁平滑肌纤维水泡变性或蜡样坏死。

脑膜和脑实质内小血管充血并有小出血灶,神经细胞变性。严重病例有脑软化灶和神经胶质细胞增生,部分病例出现轻度血管周围的"袖套"现象,表现非化脓性脑炎变化。

4. 诊断

根据流行病学、临床症状和病理变化特点,可作出初步诊断。确诊必须作病原分离和鉴定。也可用已知的抗小鹅瘟血清作中和实验来进行诊断。近年来有的国家将病鹅或死鹅胚的胚肝切片或触片作荧光抗体检查以诊断小鹅瘟。

四十二、火鸡蓝冠病

火鸡蓝冠病(turkey blue comb disease)是由冠状病毒引起的一种急性、高度传染性的消化道疾病,又称火鸡传染性胃肠炎。火鸡是唯一的自然宿主,消化道是主要的感染途径。该病在美国、加拿大和澳大利亚均有流行。

1. 病原及其传播方式

该病病原体具有冠状病毒的形态和生化特征。病毒粒子直径 135nm(范围 50～150nm)，具有封套，周围有"日冕状"突起，主要见于消化道黏膜上皮细胞中，属于 RNA 病毒。在 4℃用氯仿处理 10min 能使病毒灭活。在 22℃ pH 3.0 环境中处理 30min 不降低病毒的感染性。可在 15 日龄以上的火鸡胚中继代增殖。用火鸡肾(TK)和火鸡胚肠(TEI)单层细胞培养可分别存活 48h 和 120h，但不能增殖。病火鸡腔上囊、肠道滤液，经口服、直肠接种或腹腔注射都能使 1 日龄火鸡发病。其他组织匀浆不能引起火鸡雏发病。

病原体经病火鸡排泄物污染环境而传播。

2. 主要临床症状

病鸡食欲不振、消瘦、体重减轻、排泡沫状或水样便，头面部及皮肤呈暗紫色，特别是肉冠呈蓝紫色而得名。该病传播迅速，感染率可达 100%，死亡率幼雏达 50%～100%，年龄较大的可达 50%。

3. 病理变化

病死鸡的十二指肠、空肠和盲肠内充满含气泡的液状内容物，或胶冻状黏液，凝固成肠管型。盲肠黏膜见有小点出血。肾和输尿管有灰白色尿酸盐沉积。肺膨大，有不同程度的淤血、水肿和气肿，胸膜散在出血斑块，少数病例尖叶和心叶发生卡他性肺炎。

[镜检]　小肠黏膜上皮杯状细胞增生，肠绒毛上皮细胞变成立方形，肠绒毛缩短，微绒毛丧失；黏膜固有层水肿，单核细胞浸润，上述病变以空肠最严重，十二指肠、回肠较轻。黏膜嗜银细胞减少，但感染 21d 后恢复正常。

4. 诊断

通过临床、流行病学及病理学检查可作出诊断，进一步确诊，可用病鸡腔上囊或小肠内容物滤液接种火鸡雏或火鸡胚，观察感染情况。也可对肠道切片作荧光抗体染色检查病原。此外，还应与沙门氏菌病相区别。

四十三、鸭病毒性肿头出血症

鸭病毒性肿头出血症(duck viral swollen head hemorrhagic disease，DVSHD)是一种以鸭头肿胀、眼结膜充血出血、全身皮肤广泛性出血、肝肿胀呈土黄色并伴有出血斑点为特征的新的急性病毒性传染病。我国的云南、贵州、四川等南方多个省份均有报道。

1. 病原及其传播方式

该病病原暂定为鸭肿头出血症病毒(duck swollen head hemorrhagic disease virus，DSHDV)，属于呼肠孤病毒科成员。病毒粒子呈球形或椭圆形，直径 60～80 nm，无囊膜。病毒在 pH 4.0～8.0 稳定，对温度有较强的抵抗力。该病毒不能感染鸡胚，可在鸭胚及鸭胚原代成纤维细胞上增殖和传代。

2. 主要临床症状

各年龄段、各品种的鸭均可感染发病。病鸭初期精神委顿，不愿活动，随着病程发展卧地不起，被毛凌乱无光。食欲减退但大量饮水，腹泻，排出草绿色稀便，呼吸困难，眼睑充血、出血并严重肿胀，眼、鼻流出浆液性或血性分泌物，所有病鸭头部明显肿胀。病鸭体温升高可达 43℃以上，后期体温下降，迅速死亡。发病率为 50%～100%，死亡率为 40%～100%。该病多发于春秋寒冷季节，冬季可达到高峰，流行期可达 1 月左右。初次发病的鸭场呈急性暴发，发病率和死亡率常达 100％。该病自然感染的潜伏期为 4～6d，人工感染潜伏期为 3～4d。

3. 病理变化

[剖检]　病鸭头颈部肿胀且皮下有黄色胶冻样，眼睑肿胀充血、出血，头部皮下充满淡黄色透明浆液性渗出液，全身皮肤广泛性出血。消化道和呼吸道出血，肝肿胀、质脆呈土黄色，其表面特别是边缘有出血斑点。脾肿胀，表面严重淤血和出血。心包积有淡黄色透明液体，心外膜和心冠脂肪有大小不等的出血斑点。气管环、肺出血，胸腺和法氏囊严重出血呈乌黑色；哈德氏腺点状出血；部分病例可见胰腺边缘有片状出血和点状出血；食道黏膜面弥漫性出血，甚至出现黄色结痂并钙化，食道与腺胃交界处有深红色出血环；肾肿胀出血；浆膜出血；产蛋鸭卵巢严重充血、出血。盲肠和直肠内充满暗红色内容物。

[镜检]　感染初期各组织充血、出血，并伴有数量不等的炎性细胞浸润；后期各种组织细胞坏死。

免疫器官（胸腺、法氏囊、脾脏和哈德氏腺）：前期主要表现为被膜扩张，小血管和毛细血管扩张充血，嗜酸性粒细胞浸润，淋巴细胞数量减少；胸腺皮质区扩大，法氏囊黏膜上皮细胞空泡变性，髓质区网状内皮细胞增生；脾脏小动脉壁平滑肌纤维空泡变性。后期组织严重弥漫性出血，胸腺、法氏囊和脾脏中淋巴细胞大量减少，甚至消失，被大量红细胞取代，实质固有结构消失，组织中出现大小不等的坏死灶。胸腺和脾脏有大小不等的均质嗜酸性坏死样结构，被染成粉红色，哈德氏腺腺上皮细胞大面积坏死、脱落。

消化器官（肝脏、胰腺）：前期主要表现为组织细胞颗粒变性和脂肪变性，充血、出血，大量假嗜伊红白细胞和淋巴细胞浸润；肝细胞索紊乱，肝血窦闭合、消失。后期主要表现为整个组织弥漫性充血、出血或局灶性出血，周围伴有大量炎性细胞浸润；组织中出现大小不等的坏死灶；肝组织中小胆管和毛细胆管内胆汁淤积。

消化道（食管、腺胃和各段肠管）和气管：前期主要表现为肠绒毛顶端黏膜上皮细胞坏死、脱落；肠绒毛中轴固有膜结缔组织增生，充血、出血，气管和消化管组织中嗜酸性粒细胞、假嗜伊红白细胞和淋巴细胞浸润，外膜扩张；固有膜肠腺肿胀或萎缩。后期肠绒毛黏膜上皮细胞坏死向中基部发展，最后完全坏死、脱落，固有膜裸露，充血、出血，大量结缔组织增生，淋巴细胞增多，有的固有膜出现棕黄色（含铁血黄素）；外膜扩张，大量脂肪细胞浸润。

肾脏：前期主要表现为肾小管上皮细胞颗粒变性和脂肪变性，静脉淤血；炎性细胞浸润；肾小球肿胀，充满整个肾小囊腔。后期整个组织广泛性充血、淤血；组织中有许多大小不一、以中央静脉为中心的坏死灶，部分肾小球萎缩，间质增宽，肾小管上皮细胞严重脂变或萎缩、坏死、溶解。

大脑：前期主要表现为被膜水肿、增宽；充血，血管周间隙增宽；神经细胞肿大，72 h 神经细胞变性、坏死。后期被膜仍水肿、增宽；血管周间隙显著增宽；神经细胞变性坏死、溶解、消失；神经胶质细胞增多；脑组织表现脱髓鞘样改变。

肺脏：前期主要表现为小血管和毛细血管轻微扩张、充血，伴有少量假嗜伊红白细胞浸润；后期间质水肿、增宽，小血管和毛细血管显著扩张，三级支气管、肺房以及肺毛细管均有红细胞渗出；出现大小不等的出血灶。

胸肌：前期主要是肌纤维间小血管和毛细血管扩张充血，弥漫性出血。后期局部纤维间淋巴细胞浸润，肌浆溶解、坏死。

心脏：心内膜及心肌层中有出血灶，心肌纤维断裂，胞质红染，核坏死消失。

肠道：十二指肠黏膜上皮完全脱落，固有膜炎性水肿，残存绒毛固有膜填满肠腔。直肠绒毛固有膜炎性细胞浸润，肠腺细胞核固缩。

［电镜观察］ 主要表现为细胞核空化,胞质内各种细胞器肿胀、扩张,甚至溶解、消失,有的形成含有较多病毒粒子的封入体。

肝脏:肝细胞核染色质边聚,呈半月形或均匀分布于核膜下,核膜内陷、畸形,核仁消失,细胞核空化;有的胞质内细胞器严重破坏,甚至溶解消失,剩下的粗面内质网扩张,呈囊状,糖原颗粒明显减少,甚至消失;有的线粒体数量明显增多,严重肿胀,外膜破裂,嵴溶解、消失。胆管上皮细胞细胞器严重破坏并出现空洞,囊状结构(空泡)中出现大量病毒粒子,称为封入体。

法氏囊:组织中淋巴细胞胞核坏死、溶解、消失,胞质中粗面内质网扩张,线粒体稍肿胀,并散在细胞器碎片。前期组织中纤维成分增多,后期成纤维细胞胞核固缩、坏死,纤维成分减少或消失,粗面内质网扩张,其他细胞器坏死、溶解、消失。成纤维细胞胞质中的封入体含有大量病毒,粗面内质网扩张、内容物为高电子密度的颗粒或小体。

胸腺:前期淋巴组织纤维化较严重,后期淋巴细胞核膜模糊不清,胞质中细胞器完全坏死、消失。

脾脏:前期白髓区部分淋巴细胞染色质边聚、浓缩。后期,淋巴细胞核和细胞器坏死、溶解、消失。

其他组织:肾脏组织中肾小管上皮细胞核体积缩小,染色质边聚,核膜皱缩,线粒体肿胀,基质电子密度降低。腺胃、食管、十二指肠、直肠上皮细胞细胞核体积缩小,内质网扩张,线粒体肿胀,并严重纤维化。气管黏膜上皮细胞核固缩、坏死,从基膜脱落,大量细胞器坏死、溶解、消失。

4. 诊断

根据该病的发病特点和病理变化可作出初步诊断,确诊需要进行病毒的分离鉴定,也可用特异性的 RT-PCR 引物进行扩增检测。

该病的临床发病症状及病变与鸭瘟和鸭病毒性肝炎等有一定的相似性,应加以鉴别。该病与鸭瘟的区别在于:①鸭瘟病毒属于疱疹病毒,有囊膜,对氯仿敏感;②该病近 100% 病例出现头肿胀,鸭瘟仅有部分病鸭头颈肿大;③二者均有消化道黏膜出血病变,但该病缺乏鸭瘟消化道黏膜坏死和纤维素性假膜覆盖等特征性病变;④该病缺乏鸭瘟肝的灰白色坏死点而呈土黄色、肿大质脆并有出血斑点,鸭瘟肝的组织学变化有明显的包涵体而该病则没有;⑤鸭瘟在自然流行中以成年放牧鸭群发病和死亡较为严重,圈养的 1 月龄以下的雏鸭很少见大批发病,而该病各种年龄段的鸭发病和死亡都很严重,尤以雏鸭更甚。另外,该病的肝脏病变特点易与鸭病毒性肝炎混淆,鸭病毒性肝炎主要侵害 3 周龄以下的雏鸭,病鸭肝的组织学变化表现为坏死、炎性细胞浸润和胆管上皮细胞增生。

第七章　猪主要疾病的病理剖检诊断

一、猪瘟

猪瘟(swine fever)又名猪霍乱(hog cholera),是由猪瘟病毒引起的一种急性、热性、高度接触性传染病。急性型病例临床呈败血症经过,其病理变化特点为全身各器官出血、坏死和梗死。慢性型病例常继发沙门菌和巴氏杆菌等感染,而发生纤维素性肺炎和纤维素性坏死性肠炎等病变。

猪瘟最早发现于1885年,流行于世界各养猪国家,目前仍是威胁我国养猪业最重要的传染病之一,也是国际检疫的重要对象。

1. 病原及其传播方式

猪瘟病毒属于披膜病毒科的瘟病毒属,其核酸型为单股RNA,是一种泛嗜性病毒,分布于自然感染猪的各组织与器官。该病毒除猪外,其他动物均不易感。不同品种、年龄、性别的猪对该病毒的感受性差别不大,改良品种猪和幼龄猪易感性稍高。

近年来又先后分离出很多弱毒株猪瘟病毒,有些与牛病毒性腹泻/黏膜病毒群有共同抗原性,目前发生的一些非典型猪瘟(又名温和型)多半是由一些弱毒株所致。

该病原体通过病猪的粪、尿、分泌物污染饲养器具与圈舍及周围环境,经消化道、呼吸道(如鼻腔黏膜)、眼结膜、皮肤创伤等途径传播给健康猪。怀孕母猪受低毒力毒株感染后可经胎盘感染胚胎而导致死产、流产或木乃伊胎。病毒经消化道感染时,首先侵入扁桃体,以后侵入淋巴结,直至感染后24h才在血液中出现并蔓延全身。

2. 主要临床症状

急性型:表现呆滞、弓背怕冷、体温高达40～42℃,有结膜炎、呕吐症状。下腹、耳根和四肢内侧皮肤有出血点。常在几小时或十几天内死亡。慢性型:初期精神不振,体温升高,中期症状有所好转,但长期精神不振、食欲缺乏,体温居高不下,可存活100d以上。迟发型:除有精神不振、食欲缺乏、结膜炎、皮炎、下痢、运动失调外,还可见死胎、畸胎、弱仔等。温和型(非典型猪瘟):又称无名高热病,体温一般为40～41℃,有的病猪耳、尾、四肢末端皮肤坏死,有的跗关节肿大、后肢瘫痪。

3. 病理变化

[剖检]

1) 急性败血型　耳根部、下腹部和四肢内侧皮肤和可视黏膜发绀或有出血斑点(图7-1,见图版)。眼结膜炎。最突出的病变是全身组织和器官出血。

消化道:在口角、齿龈、颊部和舌尖黏膜可见出血点或坏死灶。舌底部偶尔有梗死灶。腹腔脂肪有出血点或出血斑,网膜和消化道浆膜也常见有小点状出血。肠系膜淋巴结多半肿大,切面见其周边出血呈大理石样(图1-2,见图版),胃、肠黏膜具卡他性、出血性炎病变,肠的孤立和集合淋巴小结肿胀,回盲瓣口的淋巴滤泡常肿大,呈出血和坏死(图7-2,见图版)。大肠和直肠黏膜也常见有大量出血点。

呼吸系统:在喉和会厌软骨黏膜上见有出血斑点(图7-3,见图版),扁桃体常见有出血或坏死。胸膜有点状出血。胸腔液增量,纵隔和支气管淋巴结也呈显著出血。肺淤血、水肿,有时存有灶状纤维素性肺炎病变。

心包膜出血,心包积液,心外膜、冠状沟和两侧纵沟及心内膜均见有出血。

肾脏病变:有小点状出血。有多量出血点时肾表面似麻雀卵状,称"麻雀卵肾"(图7-4,见图版）。肾断面皮质和肾乳头、肾盂黏膜、输尿管、膀胱黏膜均有出血点（图 7-5,见图版）,这在猪的其他疾病较少见。

脾脏一般不肿大,但在脾的边缘或脾体表面存有粟粒至黄豆大、数目不等的呈紫红色隆起的出血性梗死灶（图 7-6,见图版）。梗死灶组织坚实,切面呈楔形,其检出率占总病例的 30%～40%。

淋巴结变化:几乎全身淋巴结都有出血性淋巴结炎变化。颌下、咽背、耳下、支气管、胃门、肾门、腹股沟及肠系膜等淋巴结病变最明显,表现淋巴结肿胀,表面呈深红色乃至紫黑色,切面呈红白相间的大理石状外观,这是因为淋巴窦内积聚血液呈红色条纹状,而其余淋巴组织呈灰白色,两者相互镶嵌形成大理石样花纹（图 1-2）。

2）亚急性型　耳根、头部、股内侧皮肤有疹块状病变,类似荨麻疹,或形成脓疱和结痂。口腔黏膜和扁桃体常发生溃疡。该型猪瘟还常见肋骨和肋软骨结合处骨骺线明显增宽;该型猪瘟还常继发感染巴氏杆菌而出现胸型猪瘟病变。

3）慢性型　病尸消瘦,黏膜苍白贫血,被毛干枯。肋软骨结合处（距骺线 1～4mm）常见有一致密、呈完全或部分钙化的横线,这一变化被认为是慢性型猪瘟的一个特征性病变。

继发于亚急性和慢性型猪瘟的胸型和肠型猪瘟病变特点如下。

胸型猪瘟:淋巴结、肾和膀胱出血仍很明显,全身其他部位出血变化较轻。胸膜出血严重;常见一侧或两侧肺叶存有融合性支气管肺炎或坏死性、化脓性肺炎。病变部肺表面隆起,无光泽,或附有纤维素性假膜,有时还见肺、肋胸膜粘连。肺炎灶质地坚实,切面多半呈暗红色、黄色或灰白色质度稍坚实的肝变状态,并常见以支气管为中心形成化脓灶或坏死灶。心脏可见纤维素性心包炎或心外膜炎。

肠型猪瘟:多见于仔猪慢性型猪瘟。肠系膜淋巴结实质常见有坏死灶,其切面呈干酪样。盲肠、结肠和回盲瓣部淋巴滤泡肿胀,中心坏死呈栓子状,或坏死灶扩大形成轮层状,因其形似纽扣故称扣状肿（图 7-7,见图版）,坏死多半以肠黏膜出血处或以肿大的淋巴滤泡为基础。扣状肿眼观呈灰白色或灰黄色、干燥,隆突于肠黏膜表面。其所以呈轮层结构,是由于随病程发展,反复有纤维素渗出与肠黏膜凝结而构成干枯的坏死痂。扣状坏死痂脱落常留下圆形溃疡,严重时可导致穿孔而继发腹膜炎。

母猪于怀孕早期感染猪瘟病毒或用弱毒疫苗接种后,常可通过胎盘感染仔猪而导致流产,产下畸形胎、死胎或木乃伊胎。死胎常呈水肿,肝有梗死或间质性肝炎病变,并且见有髓外血小板生成灶。胆管上皮增生,小脑发育不全;皮肤和肾脏呈点状出血。

〔镜检〕　猪瘟的病理组织学变化具一定特征性。

淋巴结:根据病程经过可分以下三种类型。

第一型（水肿型）:多见于临床最急性型和急性型。主要见淋巴结被膜、小梁和毛细血管周围发生水肿,在水肿液中还见有红染的纤维素。淋巴滤泡及其生发中心均增大,但滤泡的总数显示减少。淋巴组织中的血管扩张,血管周围见有白细胞浸润。淋巴组织内的网状细胞和窦内皮细胞发生变性和坏死。

第二型（大理石样出血）:这多见于急性和亚急性型猪瘟。主要表现淋巴窦内积贮大量红细胞、炎性水肿液和少量中性粒细胞,毛细血管壁肿胀或坏死,内皮细胞肿胀、变圆而色淡。网状细胞变性、肿胀。滤泡萎缩或发生坏死,有时坏死可波及被膜及小梁。

第三型（弥漫型出血）:为二型的进一步发展,出血更为严重,红细胞密集散布于整个淋巴组织,滤泡完全消失,残存的淋巴组织好像在一片血海中呈孤岛状散在。

　　血管：猪瘟病毒主要侵害微血管，其次是中、小血管。在皮肤、肾、淋巴结等组织内的毛细血管或小动脉管壁的内皮细胞肿胀，核增大、淡染而缺乏染色质，有些毛细血管内皮出现分裂、增殖，则核浓染而向管腔突出。病变严重时，小动脉壁均匀红染呈玻璃样透明变性。病程较长的病例，见小血管内皮增殖，使血管腔狭窄、闭塞形成内皮细胞瘤样。在肝、肾、肺、脾、淋巴结和小肠壁的微血管内常可以见到微血栓。

　　脾脏：脾白髓部淋巴细胞减少或消失，网状细胞增多，其核呈空泡状，在增殖的网状细胞内常见吞噬有异物，而细胞间散在有变性、崩解的细胞碎屑和玻璃样物质。滤泡中央动脉壁水肿、变厚。在出血性梗死灶部位的滤泡中央动脉内皮肿胀，管壁增厚和发生玻璃样变，内皮上有血栓黏附而使管腔闭塞，脾组织呈凝固性坏死和出血。

　　肾脏：主要表现皮质部肾小球毛细血管丛呈严重充血和出血，毛细血管内皮肿胀或增生，毛细血管腔内经常见有均质红染的透明血栓。肾小管上皮呈明显的颗粒变性和脂肪变性，有时见尿管上皮细胞胞浆内出现嗜酸性着染的透明滴状物。肾小管管腔内出现圆柱和球形滴状物。肾小管间间质血管也表现充血或出血，间质增生，血管周围见有淋巴细胞浸润。慢性型猪瘟出现典型的膜性肾小球肾炎、间质性肾炎和肾小动脉变性。早期在肾小球内见有中性粒细胞渗出，继而出现间膜细胞增生肥大，在血管丛内皮下出现均匀一致、不规则的嗜伊红性团块，应用荧光素抗猪瘟球蛋白结合物染色，此种红色块状物显示荧光。电镜观察，见此块状物首先沿血管丛上皮细胞外的间质呈不规则沉积，以后扩展到上皮细胞的伪足突起，它是一种抗原、抗体结合的免疫复合物，导致肾小球血管基膜增厚，内皮与基膜分离并形成裂缝而致基膜缺损。也有报道慢性型猪瘟有50%病例出现坏死性肾小球肾炎，以后形成瘢痕或形成慢性增生性肾小球肾炎。

　　脑：猪瘟时脑组织眼观通常缺乏明显病变，偶见小脑、延脑和软脑膜出血。镜检多数病例见有非化脓性脑炎病变，主要见小血管周围有大量淋巴样细胞浸润围绕而形成血管套。

　　肠管：扣状溃疡灶处的组织全部坏死，失去原有结构，成为均质的原构造物和渗出的血浆成分凝成一体，在其表面常见有细菌集落。坏死灶周围有大量坏死、崩解的细胞碎屑，在外围有多量淋巴细胞、中性粒细胞、出血和肉芽组织。坏死的深度一般局限于黏膜和黏膜下层，个别可波及肌层。扣状溃疡周围的肠黏膜呈慢性卡他性肠炎变化。

4. 诊断

　　猪瘟诊断有赖于病原学、流行病学和病理剖检等多方面的综合诊断，还必须与以下疾病进行鉴别。

　　猪副伤寒：多发于6个月龄以下的猪，而猪瘟无年龄差别。该病急性病例的症状有时不易与猪瘟区别，但无明显全身性特别是肾脏出血性变化，脾脏无出血性梗死病变；其盲肠和结肠虽也发生纤维素性坏死性肠炎，但多半呈弥漫性而不形成扣状肿变化。

　　猪巴氏杆菌病(猪肺疫)：与胸型猪瘟十分相似，但该病急性型常表现咽喉部急性炎性肿胀而显极度呼吸困难，用心血和内脏直接涂片，可见两极着染的典型巴氏杆菌；尸体全身皮肤乃至皮下组织呈弥漫性淤血或出血，胸腔和肺脏的纤维素性炎更为明显，但也不发生脾脏出血性梗死和肠黏膜扣状坏死病变。

　　猪丹毒：患急性型和亚急性型丹毒病猪的皮肤常出现压之褪色的丹毒性红斑或特征性的方形疹块，最后发展为皮肤干性坏死。脾呈急性炎性脾肿，其脾白髓周围出血而出现所谓"红晕"，不发生肠道的猪瘟特征病变，用肾、脾触片镜检，可检出纤细的猪丹毒杆菌。

　　猪弓形虫病：临床显示高度呼吸困难，皮肤呈弥漫性红紫。全身淋巴结特别是小肠系膜淋巴结呈串珠状肿大,切面常发生出血和坏死。肝脏可有黄白色局灶性坏死。肺常见间质性肺炎和间质水肿。最后确诊有赖于肺、淋巴结、肝脏直接涂片,或用肺、淋巴结组织匀浆后离心沉淀,用其沉淀物涂片检出虫体。

二、非洲猪瘟

非洲猪瘟(African swine fever)又称为东非猪瘟或疣猪病,是由非洲猪瘟病毒引起的一种急性热性高度接触性传染病。该病仅感染猪。目前非洲猪瘟已在 30 多个国家流行,并有继续扩大蔓延的趋势。

1. 病原及其传播方式

非洲猪瘟病毒属于虹彩病毒科非洲猪瘟病毒属,是一种二十面体 DNA 病毒。病毒粒子似六角形,成熟的颗粒具有两层衣壳和在发芽装配时通过细胞膜所得的外层囊膜。

该病毒对腐败、热力、干燥和常用消毒剂具有较强抵抗力。其主要传染途径是通过污染的饲料、饮水、用具和经消化道或呼吸道感染。病毒侵入机体后,首先在扁桃体中增殖,48h 后病毒进入血液引起病毒血症;然后在血管内皮细胞或巨噬细胞系统中复制,致使毛细血管、静脉、动脉和淋巴管的内皮细胞以及网状内皮细胞受损伤,出现组织、器官出血、浆液渗出、血栓形成及梗死等病变。

2. 主要临床症状

与猪瘟很相似,病猪体温升高,发热的第 4 天外周血液白细胞总数可下降 50%～60%,其中淋巴细胞明显减少,这是非洲猪瘟的特征性症状。此外,皮肤及全身淋巴组织有出血性素质。

3. 病理变化

非洲猪瘟的特征性病理变化是全身各脏器有严重的出血,特别是淋巴结出血最为明显。

[剖检]　病猪眼结膜充血发绀,并有少数小出血点。耳、鼻盘、四肢末端、会阴、胸腹侧及腋窝的皮肤出现紫斑,该部皮肤水肿而失去弹性。皮肤见小出血点,出血点中央暗红,边缘色淡,尤以腿腹部更为明显。皮下组织血管充血,颈浅淋巴结、腹股沟浅淋巴结中度肿大,轻度出血。颊及咽喉头黏膜发绀,会厌见有出血斑点,偶见水肿。

胸腔积有多量的清亮液体,有时也混有血液,纵隔见浆液性浸润及小出血点,支气管、纵隔淋巴结肿大,部分出血。胸膜的壁面和脏面散在小出血点。气管、支气管腔中积有泡沫,气管前部的黏膜散在小出血点,急性死亡病例呈现肺充血、膨胀、水肿,有些出现肺叶间水肿,肺叶间结缔组织充满淋巴液,偶见出血。

心包腔积有大量液体。少数病例心包液中混有血液而混浊,并含有纤维素。心肌柔软,心内、外膜下散在小出血点,有时见广泛出血。心肌常见充血、出血似桑葚色。

腹腔积液,腹膜及网膜出血。肠系膜、肾、脾及骨盆腔淋巴结肿大,部分或全部出血,肠系膜血管充血。肝肿大、淤血,实质变性。胆囊充盈胆汁,其浆膜与黏膜出血,胆囊壁水肿,呈胶冻样增厚。肝、胃淋巴结肿大、出血。

肾脂肪囊浆膜小出血点,多数病例肾脏的出血斑点不如猪瘟多。极少数病例肾乳头弥漫性出血,肾盂充满血液。膀胱有时见黏膜呈弥漫性潮红及数量不等的小出血点。肾上腺的皮质和髓质见少量出血点。附睾有时呈严重充血及水肿。

用南非毒株感染猪,其脾脏严重充血、肿大,脾髓质软,呈黑紫色,脾小梁模糊,脾白髓明显。东非毒株感染猪只有部分病例脾呈局限性充血。

急性病例胃淋巴结肿大,严重出血呈血块状。胃浆膜呈出血状,胃底部黏膜呈弥漫性红色或呈严重出血和溃疡。小肠黏膜有时呈现大片炎灶与出血斑点。回盲瓣肿胀、充血、出血及水肿。极少数病例盲结肠有时见充血、水肿、出血和黏膜溃疡。"扣状肿"只见于少数慢性病例。胰腺间质及小叶间充血,并伴有坏死。

脑膜充血、出血。脑实质一般没有肉眼可见病变。

慢性病例极度消瘦,较明显的病变是浆液性纤维素性心外膜炎。心包膜增厚,与心外膜及邻近肺脏粘连。心包腔内积有污灰色液体,其中混有纤维素团块。胸腔有大量黄褐色液体。肺呈支气管肺炎,病灶常限于尖叶及心叶。腕、跗、趾、膝关节肿胀,关节囊积有灰黄色液体,囊壁呈纤维性增厚。

[镜检]　皮肤的小血管和毛细血管淤血,血管内皮细胞肿胀、变性,血管壁玻璃样变及血栓形成,血管周围有少量嗜酸性粒细胞浸润。冰冻切片作荧光抗体染色,在真皮的巨噬细胞内见有荧光。

心肌变性,间质出血,血管壁玻璃样变伴有血栓形成。肺脏出血,间质水肿,肺静脉内有血栓形成,并伴发支气管炎、支气管肺炎和胸膜炎。

肝脏呈局灶性或弥漫性坏死,窦状隙扩张充血和嗜酸性粒细胞浸润,枯否细胞肿胀、坏死,作荧光抗体染色显示强荧光。汇管区和小叶间质有多量淋巴细胞、嗜酸性粒细胞、少量浆细胞与巨噬细胞浸润,淋巴细胞核破碎。胰脏出血和实质坏死,血管内有血栓形成。

肾脏皮质与髓质出血,皮质间质的毛细血管内有血栓形成。肾小管上皮细胞变性,集合管中可见透明蛋白质性物质或红细胞性管型。淋巴结以肝、肾、胃及肠系膜淋巴结的病变最为明显,表现明显的出血和坏死,小动脉与毛细血管内皮细胞肿胀,管壁玻璃样变或纤维素样变,伴有血栓形成。

脾脏见脾白髓坏死,体积减小。红髓积聚大量红细胞,淋巴细胞明显减少,网状细胞核碎裂。鞘动脉管壁坏死或变为嗜酸性颗粒状。小梁动脉和中央动脉管壁玻璃样变或纤维素样坏死,内皮细胞肿胀、破碎,脾静脉窦常见血栓形成。

胃肠黏膜上皮细胞呈不同程度的变性、坏死与脱落,固有层和黏膜下层的小血管与毛细血管有血栓形成,伴发出血和水肿,肠壁淋巴组织坏死,有数量不等的嗜酸性粒细胞浸润。

脑软膜充血,血管周围出血,并有淋巴细胞浸润和核碎裂。脑实质小血管和毛细血管呈玻璃样变,内皮细胞破碎,伴发血栓形成。有的血管周围见淋巴细胞呈围管性浸润,脉络丛亦常见淋巴细胞浸润。神经细胞变性。

4. 诊断

该病的症状与剖检变化颇似猪瘟,须通过详细的病情调查,观察多头病猪的症状和病变,才能作出初步诊断。确诊须进一步作病理组织学检查,如发现淋巴组织坏死、淋巴细胞性脑膜脑炎、局灶性肝坏死和间质性淋巴细胞、嗜酸性粒细胞性肝炎以及全身小管壁玻璃样变或纤维素样坏死并伴有血栓形成,则可确诊为非洲猪瘟。目前与猪瘟唯一有效的鉴别方法是用可疑病料对经过猪瘟高度免疫的家猪接种,如接种猪突然发生与猪瘟相似的症状,则为非洲猪瘟。

三、猪传染性胃肠炎

猪传染性胃肠炎(transmissible gastroenteritis of pig)又称仔猪胃肠炎,是由病毒引起的一种高度接触性传染病,10日龄以内仔猪对其特别敏感,死亡率接近100%,较大的仔猪感染后通常可以康复,成年猪发病轻微或不明显。

该病常流行于寒冷季节。临床上主要表现呕吐、严重腹泻和脱水,剖检见胃肠卡他。该病呈世界性分布,我国近年来在大型猪场屡有发生。

1. 病原及其传播方式

该病病原为冠状病毒(coronavirus),多数病毒粒子位于细胞质的空泡中,可从内质网和空泡膜上出芽成熟。电镜观察:为球形粒子,有纤突。该病毒不凝集牛、猪、豚鼠和人的红细胞,迄今只有一个血清型,可在猪的肾、甲状腺和唾液腺等细胞培养中繁殖继代。对热和光的抵抗力弱,耐低温。在 pH 4~8 环境中稳定,在 0.5%胰蛋白溶液中存活 1h。

病猪和康复带毒猪是 TGE 的主要传染源,病毒主要存在病猪的小肠黏膜、肠内容物和肠系膜淋巴结中,通过环境污染物经消化道感染健康猪,也可由含病毒的空气飞沫通过呼吸道感染,并在鼻腔黏膜和肺组织中复制到很高滴度。

2. 主要临床症状

病猪主要出现腹泻、呕吐和脱水。因酸中毒,心、肾功能衰竭而死亡。

3. 病理变化

[剖检]　病死仔猪脱水,胃内积存凝乳块,黏膜充血和淤血。肠腔积液,明显扩张,肠壁菲薄,几乎透明,肠系膜淋巴结肿胀。比较特征的病变是肠系膜淋巴管内缺少乳糜,用放大镜检查可见空肠绒毛短缩。

[镜检]　有证病意义的病变是:空肠绒毛萎缩,肠黏膜皱褶减少,黏膜柱状上皮被扁平或立方上皮代替,上皮细胞纹状缘不规则地缺损,胞浆空泡化,核固缩坏死。组织化学染色显示碱性和酸性磷酸酶、三磷酸腺苷酶、琥珀酸脱氢酶和非特异性酯酶在这些细胞里明显减少,在萎缩的肠绒毛中缺乏乳糖活性。病程稍长的病例,有时可见肾病和肝实质细胞变性,胃肠有严重的炎症。肾呈现近曲小管扩张、管腔充填蛋白管型和上皮细胞玻璃滴状变性。胃肠黏膜水肿、充血和白细胞浸润。

4. 诊断

该病可根据临床症状、流行病学和病理变化作综合性诊断,确诊需作病原学与血清学检测。该病与其他消化道疾病的区别在于:①迅速传播感染各种年龄的猪;②抗生素治疗无效;③只有幼龄仔猪死亡率高,年龄较大的猪可迅速康复;④缺乏皮肤病变、神经症状和流产、死产等症状。

四、猪轮状病毒性肠炎

猪轮状病毒性肠炎(porcine rotaviral enteritis)由轮状病毒引起的仔猪地方性流行病,各种年龄猪均可感染,发病多为 2~8 周龄仔猪,发病率一般为 50%~80%。年龄越小,死亡率越高。大龄猪感染后多无症状或呈亚临床感染。混合感染致病性大肠杆菌及冠状病毒时,病情明显加重。轮状病毒感染是断奶前后仔猪腹泻的重要原因。

1. 病原及其传播方式

轮状病毒(rotavirus)是多种幼龄动物非细菌性腹泻的主要病因之一。该病毒略呈圆形,具双层衣壳,其中央为核酸构成的核芯,内衣壳由 32 个呈放射状排列的圆柱形壳粒组成,外衣壳为连接于壳粒末端的光滑薄膜状结构,使该病毒形成特征性的车轮状外观。

病毒对环境有较强抵抗力,隐性感染动物不断排出病毒,畜群一旦发病,随后将每年连续发生。由于初乳的免疫保护作用,畜群中有许多个体表现为亚临床感染。病毒主要感染动物的空肠及回肠绒毛顶端的吸收细胞,偶尔可以感染杯状细胞。

2. 主要临床症状

在寒冷季节发病,仔猪多在感染 24h 后排出黄色水样便,并迅速出现失重、脱水、精神萎靡与衰竭症状。其发病率高而死亡率低。

3. 病理变化

[剖检]　病死猪肠道臌气,肠内容呈棕黄色水样或黄色凝乳样,肠壁菲薄半透明。其他器官常无明显病变。

[镜检]　以空肠及回肠最为明显,其特征是绒毛萎缩与隐窝伸长。感染后 24～27h,绒毛明显缩短、变钝,常有融合,黏膜皱襞顶端绒毛萎缩更为严重。绒毛吸收上皮变性分离及多数脱落,被增殖的立方上皮取代。黏膜固有层中淋巴细胞及网状细胞增多。48h 出现隐窝增生而肥厚、肿胀。96h 左右小肠绒毛似乎稍有增长,168h 基本恢复正常。

4. 诊断

仔猪轮状病毒性肠炎的病变与传染性胃肠炎相似。剖检见小肠壁变薄、内容物水样、小肠绒毛短缩等特点可做出初步诊断。用透射电镜检查,空、回肠上皮细胞粗面内质网扩张小池中可见典型病毒颗粒,结合荧光抗体检查其抗原,确认轮状病毒。二者的差异是轮状病毒感染所致小肠损害的分布是可变的,经常发现肠壁的一侧绒毛萎缩而邻近的绒毛仍然是正常的,而传染性胃肠炎整个肠壁绒毛均表现萎缩。

五、猪流行性腹泻

猪流行性腹泻(porcine epidemic diarrhea,PED)是由流行性腹泻病毒(PEDV)引起的一种猪胃肠道传染病,以水泻、呕吐和脱水为特征,又称流行性病毒性腹泻(EVD)。它于 20 世纪 70 年代初期在英格兰猪群中发现,随后在比利时、捷克、德国、匈牙利和加拿大等相继报道,我国也有该病流行,主要发生于冬季,大小猪均可感染,仔猪死亡率达 50%。

1. 病原及其传播方式

PEDV 是类冠状病毒(coronavirus-like agent CVD),在形态上具有冠状病毒的特征。粪便中病毒粒子是多形的,但趋于圆形。有囊膜,囊膜表面有放射状棒状突起,长 18～23nm。PEDV 只在病猪小肠绒毛上皮细胞内复制;迄今只有一个血清型,各种血清学检测证明,与已知的现有畜禽冠状病毒没有共同的抗原特性。PEDV 抵抗力不强,对乙醚、氯仿敏感,一般碱性消毒药可以杀灭。

病毒经口、鼻途径进入消化道,直接侵入小肠绒毛上皮细胞内复制,首先造成细胞器的损伤,影响细胞的营养吸收机能。进而因病毒复制增多,上皮细胞变性、坏死、脱落,肠黏膜肌收缩使绒毛变短,减少了肠黏膜的吸收面积,加重了营养吸收机能障碍,导致病猪严重腹泻、呕吐和脱水。机体离子平衡失调,呈现代谢性酸中毒,最后死于实质器官功能衰竭。

2. 主要临床症状

病猪出现水泻、呕吐和脱水。

3. 病理变化

[剖检]　胃内积有黄白色凝乳块,小肠扩张,肠内充满黄色液体、肠壁菲薄呈透明状。肠系膜充血,肠系膜淋巴结肿胀。

[镜检]　在接种病毒后 18～24h,可见肠绒毛上皮细胞胞浆内有空泡形成并散在脱落。这

与临床腹泻症状出现相一致。以后，肠绒毛开始短缩、融合，上皮细胞变性、坏死。在短缩的肠绒毛表面被覆一层扁平上皮细胞，其纹状缘发育不全，部分绒毛端上皮细胞脱落，基底膜裸露，固有层水肿。组织化学研究证明，小肠黏膜上皮细胞的酶活性大幅度降低，病变部位以空肠中部最显著。所有这些都与猪传染性胃肠炎的病变相似，小肠绒毛短缩，使绒毛长与肠腺的比率从正常的 7∶1 下降到约 3∶1。

　　[电镜观察]　主要是小肠上皮细胞胞浆中细胞器减少，产生电子半透明区。微绒毛脱落，病毒粒子随脱落的微绒毛排出细胞外，部分胞浆外突。细胞呈扁平状，紧密连接消失，内质网膜上可见病毒粒子。结肠黏膜上皮细胞内也见有病毒颗粒和细胞器损伤变化。

4. 诊断

　　该病病变与流行病学特点易与猪传染性胃肠炎相混淆，但该病死亡率较猪传染性胃肠炎稍低，传播速度稍慢，不同年龄猪均易感。在种猪场，断乳猪和成年猪发生急性腹泻，而哺乳仔猪没有或只有轻微的临床表现，则为猪流行性腹泻，因为成年猪发生腹泻可以排除轮状病毒和大肠杆菌感染。确诊须作实验室病原学或血清学诊断。病猪小肠组织作冰冻切片，荧光抗体染色检验最敏感、快速和可靠。该病与猪传染性胃肠炎的区别还在于：①该病毒可感染少量结肠黏膜上皮细胞；②对小肠隐窝上皮细胞感染呈区域性分布，对其再生力影响较轻；③病毒感染小肠黏膜上皮细胞后的发展速度慢；④小肠黏膜上皮细胞的感染率高；⑤病毒仅在肠道黏膜上皮细胞复制。

六、猪细小病毒感染

　　猪细小病毒感染（porcine parvovirus infection）是由猪细小病毒引起的猪胚胎和胎儿感染及死亡，而母体本身不显症状的一种传染病。世界各地均有该病分布，近年来我国某些地区发现该病。

1. 病原及其传播方式

　　猪细小病毒外观呈六角形或圆形，无囊膜，核芯含单股线状 RNA。病毒对热具有强大的抵抗力，56℃ 30min 加热对病毒的传染性和凝集红细胞能力都无明显改变。80℃ 5min 加热可使其失去活性。在原代和继代的胎猪肾或初生仔猪肾细胞中可培养，受感染细胞呈现变圆、固缩和裂解等病变，用免疫荧光技术可查出胞浆中的病毒抗原，受感染细胞可产生核内包涵体。

　　母猪多在怀孕前期感染，病毒主要分布于猪体的淋巴结生发中心、结肠固有层、肾间质、鼻甲骨膜等。在感染 3～7d 开始经粪便排出病毒，胎儿可通过胎盘感染。急性感染猪的分泌物和排泄物中的病毒在外界环境可保持传染性达数月之久。因此，被污染的猪舍可成为病毒的主要贮藏所。另外，公猪受污染的精液、生殖道也带毒。在配种季节公猪的迁移，增加了使病毒引入易感病猪群的机会。

2. 主要临床症状

　　怀孕母猪无明显临床症状，主要见死胎和胎儿生长发育不良。

3. 病理变化

　　[剖检]　怀孕母猪感染后很少见有肉眼病变，但在其腹中死亡后的胚胎液体被吸收，随后组织软化。受感染的胎儿表现不同程度的发育障碍和生长不良，胎儿可见充血、水肿、出血、体腔积液、脱水（木乃伊化）等病变。

　　母猪的器官、组织病变如下。

［镜检］　可见子宫内膜和固有层有局灶性单核细胞增多,此外在脑、脊髓和眼脉络膜的血管周围有浆细胞和淋巴细胞形成的管套。另外,多种组织器官的细胞呈广泛性坏死、发炎和见有核内包涵体。受感染的死产仔猪可见大脑灰质、白质和软脑膜有以增生的外膜细胞、组织细胞和浆细胞形成的血管套为特征的脑膜脑炎,一般认为这是该病特征性病变。

4. 诊断

若怀孕母猪发生流产、死胎、胎儿发育异常等情况而又不表现出明显临床症状,同时被认为是一种传染病时,应考虑到猪细小病毒感染。但若要做出正确的诊断则需作进一步实验检查,可将一些木乃伊化胎儿或胎儿的肺送到实验室诊断。大于70d的木乃伊胎儿、死产仔猪和初生仔猪则不适于送检,因其中可能含有干扰检查的抗体。用荧光抗体检查病毒抗原是一种可靠和敏感的诊断方法。此外,也可用血凝抑制试验测定猪细小病毒的体液抗体,一般在感染后第5天即可测出,并持续数年。有时还可用血清中和试验测定抗体。

七、猪流行性乙型脑炎

猪流行性乙型脑炎(swine type B epidemic encephalitis)是由日本脑炎病毒引起的一种人兽共患急性传染病,最初发生于日本,为了与当地冬季流行的甲型脑炎(A encephalitis)相区别,定名为流行性乙型脑炎,又称日本乙型脑炎(Japanese B encephalitis)。

1. 病原及传播方式

该病毒属于披膜病毒科黄病毒属日本脑炎病毒(Japanese encephalitis virus)。病毒呈球形,含有一个单股RNA,在细胞质内复制,56℃ 30min可使其灭活,能凝集鸡、鸽、鸭、鹅以及绵羊的红细胞,适宜于鸡胚内、鸡胚成纤维细胞、仓鼠肾细胞、猪肾传代细胞中生长,引起细胞病变和空斑形成。

日本脑炎病毒循环于传播媒蚊、鸟类与哺乳动物中。马、猪、蛇、苍鹭、白鹭、蝙蝠以及蚊虫是该病毒常见的贮毒宿主。病毒经蚊虫叮咬而侵入机体,在血管内皮细胞、淋巴结、肝、脾等的网状内皮细胞内增殖,然后进入血液,引起病毒血症。病毒可随血流到达中枢神经系统,在脑实质内繁殖,引起神经系统的病变和症状。也可是隐性感染。由蚊虫叮咬而感染的猪可出现持续2~4d的病毒血症期,1~4周后体内产生循环性抗体。怀孕母猪在病毒血症阶段可通过胎盘感染胎儿。静脉内实验感染怀孕母猪,7d后可从胎儿体内发现病毒,怀孕中期胎盘感染的致病效应最为明显。

2. 主要临床症状

通常发生在4~6月龄仔猪,发病率、死亡率高。仔猪发病突然,高热,稽留数天至十几天不等,精神萎靡,嗜睡,不愿活动。有的病猪出现后肢麻痹。怀孕母猪流产率高,呈早产、死产或多为弱胎。公猪睾丸肿大,多呈一侧性,有时为对称性睾丸炎。

3. 病理变化

［剖检］　自然发病公猪的睾丸鞘膜腔内积聚大量黏液性渗出物,附睾边缘、鞘膜脏层出现结缔组织性增厚,睾丸实质潮红,质地变硬,切面出现大小不等的坏死灶,其周围有红晕。慢性者睾丸萎缩、变小和变硬,切开时阴囊与睾丸粘连,睾丸实质大部分纤维化。

流产母猪子宫内膜附有黏稠的分泌物,黏膜显著充血、水肿,并有散在性出血点。

［镜检］　公猪病变最初表现为曲细精管上皮细胞肿胀、脱落、溶解,间质充血、出血、水肿以及单核细胞浸润。病程稍长时,变性、坏死变化加重,曲细精管缺乏上皮细胞或管腔被细胞

碎屑堵塞。有些曲细精管失去其管状结构而彼此融合为片状坏死。慢性病变的睾丸坏死区被纤维组织替代,形成大小不等的瘢痕,使睾丸硬化。

流产母猪,见子宫黏膜因充血、水肿而增厚,上皮排列紊乱、残缺不全,子宫腺腔充满脱落的上皮细胞,间质内有单核细胞浸润。

显著的病变主要集中在怀孕母猪感染后所产的死胎。

[剖检]　见死胎大小不均,呈黑褐色或木乃伊化;弱产仔猪因脑水肿而头面部肿大,皮下弥漫性水肿或胶样浸润。胸腔、腹腔积液,浆膜点状出血,肝脏、脾脏出现局灶性坏死。淋巴结肿大、充血。蛛网膜、软脑膜以及脊髓硬膜均见充血,并有点状出血呈散在分布,中枢神经系统内某些区域发育不全,尤其是在脑积水的仔猪,其大脑皮质变薄,小脑发育不全,脊髓髓鞘生成不足。

[镜检]　无脑水肿病变的中枢神经系统内,在血管周围有大单核细胞、淋巴细胞、浆细胞浸润形成血管套,神经原变性,有噬神经细胞现象,胶质细胞增生等非化脓性脑炎病变。成年猪虽无脑炎症状,但脑组织仍有非化脓性脑炎病变。

4. 诊断

猪流行性乙型脑炎可依据临床症状、流行病学、病理变化做出初步诊断,确诊必须进行病原分离鉴定。成年猪还应与能导致母猪流产、死产和公猪睾丸炎(如布氏杆菌病)的其他疾病相区别。

八、猪传染性脑脊髓炎

猪传染性脑脊髓炎(porcine infectious encephalomyelitis)是由猪肠病毒I型引起的一种以侵犯中枢神经系统为主的猪传染病。根据病毒致病力、临床症状、病程与病损程度分为重度型和温和型两种。

重度型:又称捷申病(Teschen disease),是一种具有高度传染性、致死性、病变累及整个中枢神经系统的非化脓性脑脊髓灰质炎。重度型脑脊髓炎由毒力极强的I型肠病毒引起,侵犯所有年龄的猪。

温和型:又称塔番病(Talfan disease),由毒力较弱的猪I型肠病毒所引起,发病率和死亡率相当低,主要侵犯青年猪群。

1. 病原及其传播方式

该病病原属猪肠道病毒,呈球形,无囊膜。含有一个单股RNA核芯,由立体核衣壳包裹。该病毒耐热,对pH有双相稳定性,70％乙醇可使其灭活,适宜在猪源性细胞培养物中生长,最常用的细胞培养物为猪肾原代或传代细胞。有些病毒株可在HeLa细胞、BHK细胞以及猴肾细胞中生长,引起4种不同类型的细胞病变。I型病毒致病力最强,具有嗜神经性,是重度型猪传染性脑脊髓炎的主要病原。II～XI型通常存在于正常猪的粪便内,有时可引起腹泻、心包炎以及母猪流产、死产。

猪肠病毒广泛分布于自然界,普通猪群常呈隐性感染。病毒居留在猪的肠道内,随粪便排毒,经污染饲料和饮用水传播,感染敏感猪群。

2. 主要临床症状

重度型:早期症状为发热、厌食、呼吸困难、精神萎靡,迅速发展至运动性共济失调。严重病例可出现眼球震颤、惊厥、角弓反张与昏迷,后期出现麻痹。病猪有时呈犬坐姿势或长期一侧卧地,声音或触摸等刺激时可诱发不协调的肢体运动或角弓反张。严重爆发时死亡率可达

75%。死亡通常发生在临床症状出现后 3～4d 内。耐过急性期的病猪在细心饲养下可以存活,但表现为肌性消瘦(muscle wasting)和后遗性麻痹。

温和型:表现为运动性失调和轻瘫,多以后肢明显,罕见发展成为全瘫。一般经数天或数周后随即康复而不留后遗症。

3. 病理变化

重度型和温和型猪脑脊髓炎病理学变化基本相似。一般无明显的眼观病变。

[镜检] 主要显示嗅球至腰脊髓段脑脊髓轴的非化脓性脑脊髓灰质炎,尤其是脊髓腹柱、小脑皮质以及脑干。神经原急性肿胀,中心性染色质溶解、坏死,噬神经细胞结节以及不同程度的脱髓鞘。感染后期出现星形胶质细胞增生。重度型比温和型脑脊髓灰质炎更为突出与严重,脑膜有轻度淋巴细胞性脑膜炎,通常覆盖着大脑实质的损伤区域。断乳仔猪整个小脑出现密集的淋巴细胞性脑膜炎,通常与分子层下炎性病变融为一体。病程短于 4～5d 的病例,小脑脑膜炎十分轻微。虽然在捷申病中强调这一变化,但并不能作为病程短、年幼仔猪的一个特征。最严重的病变出现在海马回至延脑的脑干中,小脑深层组织总有严重的损伤存在。重度型和温和型脑脊髓炎的脊髓病变主要局限于脊髓的灰质,尤其是脊髓腹角。在极年幼的猪可选择性地侵犯脊髓背角、背根神经节,尤其是加塞(半月状)神经节总有神经节神经炎。

4. 诊断

根据临床症状和病理学变化可初步诊断,但应注意与非洲猪瘟、伪狂犬病、血凝性脑脊髓炎、狂犬病以及猪瘟等其他嗜神经性病毒病相区别。病毒分离与鉴定是确诊的重要手段,从中枢神经系统的病毒分离应采集处于早期神经症状的仔猪脑组织,已发生数天麻痹症状的病猪,中枢神经系统内不再含有传染性病毒。血清中和抗体试验可用于病毒定型;单层细胞的免疫荧光染色更适应于快速鉴别诊断。

九、猪血凝性脑脊髓炎

猪血凝性脑脊髓炎(porcine hemagglutinating encephalomyelitis)是由血凝性脑脊髓炎病毒(hemagglutinating encephalomyelitis virus,HEV)引起仔猪的一种急性、高度传染性疾病。HEV 主要侵害 1～3 周龄的乳猪,临床上感染乳猪呈现呕吐、衰竭和明显的神经症状两种类型。死亡率高达 20%～100%。

1. 病原及其传播方式

HEV 在形态上是典型的冠状病毒,负染的病毒粒子直径 120nm 左右,呈球形、棒状,表面突起物排列成"日冕"状从囊膜凸出。双层膜包裹一个核芯。在 pH 4～10 环境中稳定,对热和脂溶剂敏感,紫外线能明显减弱其感染性。

HEV 可在无症状的感染猪呼吸道中复制。传染方式可能是在鼻黏膜、扁桃体、肺和小肠黏膜上皮中复制后,通过外周神经三个途径蔓延到中枢神经:①从鼻黏膜、扁桃体到三叉神经节和脑干的三叉神经感核;②沿迷走神经通过迷走传感节到脑干的迷走传感核;③从肠神经丛到脊髓,也是在局部传感节复制后到脊髓。在中枢神经系统感染,开始于延髓,后蔓延到整个脑干、脊髓,也可进入大脑和小脑。

2. 主要临床症状

急性感染仔猪初期有间歇性呕吐(图 7-8,见图版),打喷嚏、咳嗽或上呼吸道不畅症状。1～3d 后出现严重的脑脊髓炎症状:病猪全身肌肉颤动,能站立的猪步态蹒跚,向后退行,最后呈犬坐姿势,很快出现虚弱,肢体摇摆不能站立。鼻子和蹄部发绀,也可能出现失明、角弓反张及眼球颤动。最后呼吸困难,在昏迷中死去。仔猪日龄越小症状越明显,染病小猪的死亡率一般为100%。少数病例伴随失明和表现迟钝,在3~5d后能够完全恢复。从一窝猪开始发病到停止发病或看不到病症一般要经2~3周。

慢性感染猪主要出现重复反逆和呕吐。4周龄以下的仔猪刚吃奶不久停止吸吮,离开母猪,将吃下的奶又吐出来。长时间呕吐和摄食减少导致便秘和体质变弱,持续数周直至饿死。同窝仔猪病死率近乎100%,而幸存者成为永久性僵猪。

3. 病理变化

〔剖检〕 急性感染病死猪,仅部分病例可见轻度的鼻黏膜和气管黏膜卡他,脑脊髓液稍增多,软脑膜充血、出血(图7-9,见图版),脑脊髓膜及实质内散在暗红色小点。慢性感染的病死猪,其尸体呈现恶病质,腹围常常因胃充气而膨胀。眼结膜黄白,皮下、肌间结缔组织水肿。肝淤血、实质变性,肾实质变性,心扩展,心腔积血,肺淤血,小肠和结肠呈卡他性出血性炎。

〔镜检〕 有70%~100%病例呈现非化脓性脑脊髓炎病变:神经细胞变性、脑膜炎、脑和脊髓小静脉和毛细血管充血、血管周围以单核细胞浸润为主的血管套形成(图7-10,见图版),以及形成胶质细胞增生性结节,病变主要出现在延髓、脑桥、间脑、脊髓前段的背角,有的病变扩延到小脑白质,白质的小静脉及毛细血管充血、血管数目呈急性肿胀。脊髓各段的灰质神经原呈急性液化,并有小胶质细胞包围的噬神经原现象(图7-11,见图版)。

以呕吐衰弱症状为主的病死猪,其鼻黏膜下和气管黏膜下见淋巴细胞、浆细胞浸润。扁桃体变化以隐窝上皮变性和淋巴细胞浸润为特征。15%~85%病例的胃壁神经节变性和血管周围炎,尤以幽门区明显。约有20%自然感染病猪,可见支气管周围间质性肺炎,呈现淋巴细胞、巨噬细胞和中性粒细胞围管性浸润。肺泡上皮肿胀和间隔增宽,巨噬细胞和中性粒细胞浸润。

4. 诊断

该病主要根据临床症状、病理剖检和流行病学特点进行综合分析可以获得初步诊断。但确诊有赖于病毒分离鉴定与血清学检测。应注意与猪伪狂犬病和猪传染性脑脊髓炎等类症鉴别;同时应注意与同属于冠状病毒感染的猪传染性胃肠炎和猪流行性腹泻进行病原的鉴别。猪传染性脑脊髓炎通过消化道感染,有眼球震颤特征。猪传染性胃肠炎病毒在肾细胞培养中不产生合胞体病变,流行性腹泻有严重的水泻症状,而且这两种疾病都是消化道疾病,无神经症状和明显的中枢神经病变。

十、猪脑心肌炎

猪脑心肌炎(encephalomyocarditis in swine)又称猪病毒性脑心肌炎,是由猪脑心肌炎病毒(encephalo-myocarditis virus,EMCV)感染引起的一种对仔猪致死率极高的传染病。以脑炎、心肌炎和心肌周围炎为主要特征。

1. 病原及其传播方式

猪脑心肌炎病毒是一种小的二十面体对称的单股正链RNA病毒,属于小核糖核酸病毒科(Picornaviridae)、心病毒属(Cardiovirus)。脑心肌炎病毒经口腔感染猪,使用与病鼠有接触史的饲料、饮水饲喂猪时,可引起感染。病死猪的病料中,心肌内病毒含量最高,其次为肝脏、脾脏等器官。此病毒也可经胎盘感染猪。

该病毒可自然感染多种啮齿类动物、野生动物和灵长类动物,人也可感染,但大多数不出现任何症状。猪是最易感动物,以仔猪的易感性最强,20日龄内的仔猪可发生致死性感染,成年猪多呈隐性感染。母猪感染可造成繁殖障碍。

2. 主要临床症状

最急性型表现为同胎或同窝仔猪,常在几乎看不到任何前期症状的情况下突然死亡,或经短时间兴奋虚脱死亡。

急性型病猪可见短时间的发热(41～42℃)、精神沉郁、减食或停食。有的猪表现呕吐、下痢、呼吸困难,或全身震颤、共济失调、步态蹒跚、尖叫,有时四肢麻痹,往往在吃食或兴奋时突然倒地死亡。断奶仔猪和成年猪多表现为亚临床感染。病死率以 1～2 月龄仔猪可达 80%～100%。母猪在妊娠后期可发生流产、死产、产弱仔和木乃伊胎。

3. 病理变化

[剖检] 胸、腹部皮肤发绀。胸、腹腔和心包内积有多量深黄色液体,并含有少量纤维素。

心肌病变,以右心室最为显著,心脏肌肉软、松弛且无血色、呈苍白色泽,心腔轻度扩大。显示心肌炎和心肌变性病变,心肌有不连续的白色或灰黄白色斑点,及弥漫性心肌坏死苍白区。在病灶区域可见白垩色的中心,或在弥漫性坏死区域有白垩斑点,心包膜下有点状出血,心房及心室表面有出血点、出血斑。

肾脏皱缩,被膜有出血点;脾脏萎缩;肝充血,轻度肿胀,有些病例出现萎缩;肺常见充血和肺水肿;胃和膀胱黏膜充血,仔猪胃内有凝乳块;胸腺可见小出血点;脑膜轻度充血或正常。

[镜检] 最显著的改变为心肌炎,可见心肌充血、水肿和心肌纤维变性、坏死,淋巴细胞、巨噬细胞浸润。常见坏死的心肌有无机盐沉着、钙化。心膜层的渗出液中有嗜酸性粒细胞浸润。脑膜充血和轻度炎症,脑可见点状神经原变性区。

[诊断] 根据临床和病变特征,或用病死猪的心脏剪碎饲喂小鼠,在 4～7d 内死亡,可做出初步诊断。还可采取急性死亡猪的心脏、脑、脾等组织的 10% 悬液,接种于鼠胚成纤维细胞或仓鼠肾细胞进行病毒分离,病毒可使细胞迅速、完全崩解,再用特异性免疫血清作中和试验进行鉴定。也可用 10% 组织悬液经脑内或腹腔内接种小鼠,经 4～7d 死亡,剖检可见心肌炎、脑炎和肾萎缩等变化。还应注意与猪血凝性脑脊髓炎、维生素 A 缺乏症等加以鉴别。

十一、猪伪狂犬病

猪伪狂犬病(pseudorabies of pig)又称阿奇申病(Aujeszky disease)或传染性延髓性麻痹(infectious bulbar paralysis),是由伪狂犬病病毒引起的多种家畜和野生动物的一种急性传染病,其主要特征是发热、脑膜脑脊髓炎和神经节炎,母猪发生流产、死胎及木乃伊胎等。家畜中以猪和牛最易感染,野生动物亦易感染发病,死亡率可达 80%～100%。

1. 病原及其传播方式

伪狂犬病病毒具有疱疹病毒共有的一般形态特征,同单纯疱疹病毒和 B 病毒的形态结构相似。病毒粒子呈椭圆形或圆形,位于核内无囊膜的病毒粒子直径为 110～150nm,位于胞浆内带囊膜的成熟病毒粒子的直径约 180nm。兔肾和猪肾细胞(包括原代细胞或传代细胞系)最适于病毒的增殖。病毒增殖的细胞经染色后,能看到典型的嗜酸性包涵体。

猪和鼠类是该病毒的主要贮存宿主,鼠类移居常引起牧场之间的传播。该病多发于冬、春两季,因这时正是大批鼠类移居到牧场内觅食的时期。猪既是该病的原发感染宿主,又是病毒的长期贮存和排出者。除了在自然条件下通过吃食病死鼠的尸体使猪发病外,在大量喂饲残剩废弃食物的猪场,也经常造成该病的暴发流行。该病一旦在大型猪场暴发,就很难根除,因感染耐过猪和亚临床感染猪可长期带毒和排毒达半年之久。此外,该病还可经呼吸道(飞沫传染)、黏膜和皮肤的伤口以及配种、哺乳等途径感染。妊娠母猪感染该病时，常可侵及子宫内的胎儿。

2. 主要临床症状

15日龄以内仔猪常表现为最急性型，病程不超过72h，死亡率100％，病猪往往没有明显的神经症状，主要表现为体温突然升高（41～42℃），废食，常于昏睡状态下死亡。部分病猪可出现后躯瘫痪症状。1月龄仔猪的症状明显减轻，死亡率大为下降。成年猪感染后常常无明显临床症状或仅有轻微体温升高，一般不发生死亡。妊娠母猪，尤其是处于妊娠初期，可于感染后20d左右发生流产；妊娠后期的母猪流产和死产率可达50％左右。病畜常发生不同程度的神经综合症状。发生脑脊髓炎的病猪，出现舌、咽神经麻痹。

3. 病理变化

[剖检]　死于该病的猪，病变差异很大。一般可见鼻腔黏膜呈卡他性或化脓性出血性炎，上呼吸道内含有大量泡沫样水肿液；肺淤血、水肿（图7-12，见图版）。如病程稍长，可见咽炎和喉头水肿，在后鼻孔和咽喉部有类似白喉的被覆物。仔猪在脾、肝、肾及肺中可能有渐进性坏死灶（图7-13，见图版），肺脏还见支气管肺炎。心包积液，心内膜偶见斑块状出血。淋巴结特别是支气管淋巴结肿大、多汁，少数伴发出血。胃黏膜呈卡他性炎或出血性炎，尤以胃底部出血明显。小肠黏膜充血、水肿，大肠黏膜呈斑块状出血，严重病例在回肠可见成片出血。脑膜充血、水肿，脑脊液增多，脑灰质与白质有小点状出血。

[镜检]　各种动物的病理组织学变化基本相同。中枢神经系统主要表现为弥漫性非化脓性脑膜脑脊髓炎，即有显著的血管周围"袖套"现象，弥漫性与局灶性胶质细胞增生，并伴发神经原和胶质细胞的变性和坏死。病变最严重的部位是脊神经节、大脑皮质的额叶和颞叶及脑的基底神经节。大脑和脊髓的灰质和白质及脑干各神经节均有明显的炎症变化，尤以小脑的脑膜炎最为严重。

神经原变性、坏死和胶质细胞局灶性和散播性增生。有些病例呈弥漫性神经原坏死、神经原外周和血管周围水肿以及弥漫性胶质细胞增生、变性和坏死。血管周围"袖套"的浸润细胞主要为淋巴细胞，有少量中性粒细胞、嗜酸性粒细胞和巨噬细胞。这些浸润的细胞可由大脑或小脑皮层或由血管周围直接扩散到脑膜。半月神经节与脊神经节的变化与脑和脊髓所见相同。脑膜炎尚可沿视神经扩展到巩膜，但眼内变化通常轻微。另外，在大脑皮层和皮层下白质内的神经细胞、胶质细胞（星状胶质细胞和少突胶质细胞）、毛细血管内皮细胞、肌纤维膜细胞（sarcolemmal cell）和神经膜细胞均可见核内嗜酸性包涵体。猪的包涵体呈无定形均质的凝块，类似疱疹包涵体；其他动物的核内包涵体则呈小的多发性颗粒状。但在自然感染的病例中，猪的包涵体细胞数量很少，需要仔细检查才能找到。脊神经节中含包涵体的细胞最多。

除中枢神经系统的变化外，淋巴结的镜下变化在猪表现为周边有程度不同的出血和淋巴细胞增生，有些淋巴结还伴发凝固性坏死和中性粒细胞浸润。在邻近生发中心和淋巴窦内的网状细胞可见有核内包涵体；包涵体呈大而不规则，轻度嗜酸性着染，具明晕或泡状晕与核膜分离。

死于该病各年龄病猪的鼻腔与咽部黏膜病变都很严重，其表层与深层黏膜上皮呈小灶状或大区域坏死，许多细胞内都存在有核内包涵体。

肺脏充血，肺泡腔内充满水肿；肺泡隔内见网状细胞增生；但也有些病例，在支气管、小支气管和肺泡发生广泛的坏死。

4. 诊断

该病一般可根据病畜的临床症状、流行病学、剖检变化,特别是脑组织呈现广泛的非化脓性脑膜脑脊髓炎和神经炎,以及在脑神经节、延髓、脑桥、大脑、小脑、脊髓神经节、鼻咽黏膜、淋巴结和脾脏等见有核内包涵体可以作出诊断,必要时再进行实验室检查以确诊。

与猪流行性感冒相区别的是,哺乳和断乳仔猪患流行性感冒时不呈现严重的神经症状,只表现上呼吸道黏膜的卡他性炎。与李氏杆菌病的鉴别应做细菌学检查,或将病料接种实验动物,如是李氏杆菌病,则在接种部位没有痒觉,并呈现李氏杆菌病典型的肝脏坏死和单核细胞增多。

十二、猪流行性感冒

猪流行性感冒(swine influenza)是由 A 型流感病毒引起的猪群发性、急性呼吸道传染病。猪流感可传染人和其他畜、禽。1918 年在美国中北部及西班牙发生人流感大流行并首次描述了猪的该病。1930 年分离鉴定出猪流感的病原。从 20 世纪 50 年代至 80 年代,该病在世界上分布相当广泛,我国大陆与台湾地区均有猪流感的报道。

1. 病原及其传播方式

猪流感病原是正黏病毒科流感病毒属的 A 型流感病毒。典型的病毒粒子有囊膜,为体积较大的多形型。突出呈棒状的血凝集素(H)和蘑菇状的神经氨酸酶(N)构成病毒的囊膜粒子。迄今为止,猪流感病毒只发现三个亚型,即 A-H1N1、A-H1N2 和 A-H3N2。其中每一种亚型又有不同的毒株,这些毒株之间致病性也各不相同。该病毒可在 9～12 日龄的鸡胚中生长。犊牛、猪、犬等多源性肾细胞、鸡胚成纤维细胞、人二倍体细胞以及猪、马、鸡多种器官培养都适应于病毒生长。

病毒全年循环于猪群中,敏感猪易受感染。感染多经鼻咽途径直接在猪群中传播。急性发病期的病猪鼻漏内含有大量病毒,成为敏感猪的传染源。病毒悬浮液滴入鼻腔和接触小颗粒性气溶胶容易诱发猪的实验性感染,并可侵犯整个呼吸道,康复的猪可成为带毒者,在环境、气候变化或饲养管理不当时再次表现临床症状。进行病毒和血清学调查证明,屠宰猪的病毒分离率为 5%,抗体携带为 21%,因此体内带毒猪是一些国家存在不明显地方流行性猪流感的主要原因。

2. 主要临床症状

该病潜伏期较短,为 12～48h。发病急,1 周左右全群猪几乎同时感染发病,病猪体温升高至 40～42℃,食欲减退或废绝,精神沉郁,肌肉僵直和疼痛、关节疼痛,常卧地不起,不愿走动,强迫其行走时往往跛行,捕捉时发出尖叫声。病猪呼吸急促,呈腹式呼吸,伴有阵发性、痉挛性咳嗽。眼、鼻流出黏液性或脓性分泌物,眼结膜充血发红,便秘,尿黄。母猪流产、死产和生殖力下降。地方流行性暴发多见于寒冷季节,与人流感盛行趋于一致,但其他季节也会以亚临床的形式在猪群中传播,有时还会引起小规模的发病。该病侵犯所有年龄的猪,发病率达 100%,死亡率仅占 1%。

3. 病理变化

[剖检]　病死猪的咽喉、气管、支气管黏膜充血,被覆大量浓稠的泡沫状黏液,有时间杂血液。小支气管和细支气管充满黏液性渗出物。颈部、支气管和纵隔淋巴结肿大、充血、水肿。脾脏呈轻度至中度肿大,胃、肠黏膜潮红,被覆黏稠的渗出物。肺病变具有特征性:肺炎区呈暗

紫红色周界明显,感染初期最常累及尖叶、心叶前部,随后病变侵犯膈叶下部、后部。以后炎症逐渐消失而病猪恢复,或炎症进一步发展而病情恶化。无肺炎区出现肺气肿和小叶间中度水肿。纵隔、肠系膜淋巴结极度增大、水肿。在有严重病变的死亡病例中,支气管渗出液中含有较多的纤维素,肺胸膜表面被覆纤维素。肺炎一般为小叶性,侵犯肺表面积的 60%。胸、腹水中含有纤维素。病程经 3～4 周时,支气管内含有黏液脓性渗出物,肺炎区凹陷,呈灰白色,质地变硬。

[镜检]　初期病变表现鼻道呼吸区黏膜上皮细胞纤毛消失,部分上皮细胞变性、脱落,使黏膜表面残缺不全。肺实质充血,由于毛细血管扩张和炎性细胞浸润,使肺泡中隔增厚。细支气管黏膜上皮细胞变性,居灶性扩张不全和坏死,并伴发肺气肿。随着病程的发展,支气管腔内充满中性粒细胞占优势的渗出物。肺泡中隔增厚,支气管黏膜上皮细胞增生。肺泡中隔、支气管周围、血管周围出现混合性细胞反映,表现为典型的间质性肺炎。

十三、猪包涵体鼻炎

猪包涵体鼻炎(porcine inclusion-body rhinitis)是由猪包涵体鼻炎病毒引起的一种上呼吸道疾病,仅感染猪。几乎所有养猪地区都有该病流行。1～3 周龄仔猪对该病最敏感。5～10 日龄仔猪感染后,常呈急性经过,死亡率最高达 20%。亚急性型主要发生于 2 周龄以上的猪,通常只表现轻度的呼吸道感染症状,发病率和死亡率都很低。

1. 病原及其传播方式

猪包涵体鼻炎病毒属于疱疹病毒,又称猪疱疹病毒 2 型或猪细胞巨化病毒(porcine cytomegalic virus),是一种细胞性结合性疱疹病毒。其具有一般疱疹病毒的形态结构,无囊膜的核衣壳,带囊膜的完整病毒粒子 120～150nm。猪包涵体鼻炎病毒与一般细胞巨化病毒的培养特性相同。细胞感染范围很窄,仅能在来源于猪的组织培养细胞内增殖,而且增殖速度缓慢。在培养过程中,出现融合的多核巨细胞,对培养物作包涵体染色时,可见圆形、椭圆形或不规则形的核内嗜酸性包涵体,其周围绕以淡染的晕环。

仔猪可能主要是通过与母猪接触而遭受感染,飞沫和吮乳过程可能是直接的传播途径。有相当数量的康复猪转为潜伏感染状态,可长期持续排毒,有的达数年之久。

2. 病理变化

[剖检]　病猪的鼻黏膜表面附有卡他性脓性分泌物,深部黏膜常有因细胞集聚而形成的灰白色小病灶。这种病灶也常见于肾表面,其他脏器较少。重症病例的肾和心肌有点状出血。

[镜检]　被侵害的细胞显著肿大,有的直径达 40μm。出现这种巨化细胞,是该病的特征性变化。在肿大的细胞核内,含有绕以淡色晕环的大型包涵体,这种位于核内的"鹰眼状"的包涵体,是一种嗜碱性的颗粒状团块,直径为 8～10μm。这种变化除鼻黏膜外,偶尔也见于肾小管上皮细胞、唾液腺腺细胞。实验证明,感染后的第 10 天开始出现包涵体,通常情况下在感染27d 后消失。

3. 诊断

对呈现传染性鼻炎症状的仔猪,特别是处于生后 1～4 周对包涵体鼻炎病毒最为敏感的时期,一定要考虑发生该病的可能性。采取鼻黏膜或其刮取物作组织染色检查,根据特征的嗜碱性核内"鹰眼状"包涵体,就能比较容易地做出诊断。这种包涵体主要位于鼻黏膜管泡状腺肿大细胞的胞核内。也可以取病料直接做电镜检查,在感染的细胞核和细胞质内(主要为空泡内)能发现大量呈结晶状排列或散在的疱疹病毒粒子。应用荧光抗体染色法直接检查病猪鼻黏膜切片或涂片,是更为快速准确的诊断方法。

十四、猪传染性水疱病

猪传染性水疱病(swine infectious vesicular disease)又称猪水疱病(swine vesicular disease, SVD),是由猪的一种肠道病毒引起的急性传染病,以蹄部皮肤发生水疱为主要特征,口部、鼻端和腹部乳头周围也偶见水疱发生。

1. 病原及其传播方式

猪水疱病病毒属于小核糖核酸病毒科肠道病毒属,由衣壳和含单股 RNA 核芯组成,病毒粒子呈多边形或近球形,直径 28～30nm,在血清学上与柯萨奇病毒有共同抗原关系。

病毒主要存在于病猪的水疱液和水疱皮中,肌肉和内脏也含病毒,但含量很低。该病在猪群中主要是直接接触传播,也可通过呼吸道、消化道、皮肤和黏膜(眼、口腔)伤口感染。用水疱液或水疱皮浸出液人工接种猪的蹄踵,最早在接种后 24～36h 即发病,部分病猪体温升高至 40～41℃,持续 1～2d,蹄部皮肤是病毒主要嗜好部位,病毒进入皮肤表皮细胞胞质内,脱去衣壳,并以 RNA 为模板进行大量复制和组装。病毒在细胞内繁殖很快,使细胞物质代谢障碍并导致胞质内细胞器和微细结构破坏,形成镜下可见的水疱。

2. 主要临床症状

蹄部皮肤有水疱,口部、鼻端和腹部乳头周围皮肤也偶见有水疱。

3. 病理变化

[剖检]　病变部皮肤最初为苍白色,在蹄冠上则呈白色带状,随后逐渐蔓延并形成隆起的水疱。蹄踵部形成大水疱并可以扩展到整个蹄底和副蹄。在皮薄处初形成的水疱呈清亮半透明,皮厚处水疱则呈白色。随病情发展,水疱逐渐扩大,充满半透明的液体,随病程延长水疱液变成混浊淡黄色。以后易受摩擦部位的水疱破裂,形成浅在溃疡(图 7-14,见图版)。溃疡底面呈红色,边缘不整,溃疡边缘连接的剥脱的上皮多半原样长时间残留。此时病猪疼痛增剧,发生跛行。严重病例,常常见环绕蹄冠的皮肤与蹄壳之间裂开,致使蹄壳脱落。溃疡面经数日形成痂皮而趋向恢复,蹄病变较口部病变恢复慢。

口部水疱通常比蹄部出现晚,鼻端、鼻盘上可见大小约 1cm 水疱,少数也在鼻腔内出现,唇及齿龈出现较少,且多半是小水疱,舌面水疱(图 7-15,见图版)极少见。皮肤伤口一般经 10～15d 愈合而康复,如无其他并发感染,并不引起死亡。内脏器官除局部淋巴结有出血和偶见心内膜有条纹状出血外,通常无明显可见病变。

[镜检]　蹄部皮肤开始表现为表皮鳞状上皮(包括毛囊上皮)发生空泡变性、坏死和形成小水疱。小水疱进一步融合成大水疱。棘细胞层的细胞排列松散,细胞间桥比正常清晰,以后细胞相互分离,并发生浓缩和坏死。真皮乳头层小血管充血、出血、水肿和血管周围有淋巴细胞、单核细胞、浆细胞及少数嗜酸性粒细胞浸润,炎症逐渐向表皮层扩展。表皮层的水疱内也充满同样炎性渗出物及少量红细胞,上皮细胞坏死、消失。以后水疱破裂形成浅溃疡,表面棘细胞及颗粒层细胞发生凝固性坏死,变成均质无结构物质,附在溃疡表面,溃疡底部有炎症反应。表皮细胞水泡变性为网状变性,并在变性部附近的上皮细胞中发现核内和胞质内包含物。

病猪的肾盂及膀胱黏膜上皮发生水泡变性。膀胱黏膜下水肿,小血管充血。胆囊黏膜可见炎症变化,病变严重时黏膜浅层发生凝固性坏死和形成溃疡,表面有少量纤维素性渗出物覆盖,坏死区下方固有层炎性水肿,有多量淋巴细胞、单核细胞及浆细胞浸润。病变较轻的则见胆囊黏膜固有层水肿,浅层有炎性细胞浸润,肌层水肿,平滑肌纤维显著萎缩变细,肌间有液体浸润。

心、肝、肾等实质器官发生程度不等的实质变性。心肌纤维间有时有少数小出血灶,血管内皮细胞肿胀、增生。肾小管上皮细胞的颗粒变性和空泡变性较明显,有的病例髓质可见小出血灶。腹股沟淋巴结肿胀,被膜下有浆液浸润和散在的出血区。

［诊断］　猪水疱病以猪蹄部出现水疱为主要特征,水疱一般较大,破溃后剥脱的上皮可原样保留很久而成为该病特点。如水疱小,破溃前很难看到,则对可疑猪需仰卧保定,蹄部用水洗后检查。

猪水疱病病理变化虽然明显,但与口蹄疫、猪水疱性口炎及水疱疹病毒感染都有许多相似之处,故对疾病确诊有一定困难。所以发生该病时,应根据流行病学、临床、病理、动物宿主范围、血清学及病毒检测等进行综合诊断。

十五、猪口蹄疫

猪口蹄疫(foot and mouth disease of pig)是由口蹄疫病毒引起的一种接触性传染病。由于该病病原具很强的嗜上皮细胞性,其临床剖检特征主要表现为在皮肤及皮肤型黏膜上形成大小不同的水疱和烂斑,因此又称谓“口疮”或“脱靴症”。

1. 病原及其传播方式

口蹄疫病毒属于小核糖核酸病毒科中的口蹄疫病毒属(Aphthoviuls),病毒呈球形,在病畜病变部的水疱皮及其淋巴液中含毒最多。

发病初期的病畜是本病最危险的传染源,因病畜在临床症状出现后不久,即从分泌物中排出毒力很强的病毒,并通过呼吸排至空气中,排毒量相当于牛的20倍。该病原主要通过消化道、呼吸道、损伤和无损伤的黏膜与皮肤感染。病毒侵入机体后,于侵入部上皮细胞内增殖,使上皮细胞肿大、变圆,发生水泡变性和坏死,并于细胞间隙有浆液渗出,形成一个或多个小水疱,此称原发性水疱或第一期水疱。当机体的抵抗力不足以抗御病毒的侵袭力时,则病毒由原发性水疱进入血液而扩播全身,引起病毒血症,此时除病畜的唾液、尿、粪便、乳汁、精液等分泌物及排泄物中存有大量病毒。

2. 临床症状

病猪蹄冠、蹄踵和蹄叉等部位出现米粒大至蚕豆大水疱,水疱破裂形成糜烂,如无继发感染,病灶经一周左右即可痊愈。如继发感染细菌而侵害蹄叶,可导致蹄壳脱落(图7-16,见图版)。猪的鼻镜、乳房也常发生病变,但在口腔多无典型变化,有时于唇、舌、齿龈和腭偶见有小水疱或烂斑(图7-17,见图版)。仔猪很少发生水疱病变,多半呈急性心肌炎而死亡。

3. 病理变化

［剖检］　除临床所见皮肤和黏膜的水疱及糜烂等病变外,主要变化见于心肌和骨骼肌。成龄动物骨骼肌变化严重,而幼畜则心肌变化明显。心肌主要表现稍柔软,表面呈灰白、混浊,在心内膜下还见有紫红与黄色相间的虎斑样花纹。

骨骼肌变化多见于股部、肩胛部、前臂都和颈部肌肉,病变与心肌变化类似。软脑膜呈充血、水肿,脑干与脊髓的灰质与白质常散发点状出血。

口蹄疫水疱破溃后遗留的糜烂可经基底层细胞再生而修复。如病变部继发细菌感染,常可导致脓毒败血症而死亡。此时除于感染局部见有化脓性炎外,还可见肺脏的化脓性炎、蹄深层化脓性炎、骨髓炎、化脓性关节炎及乳腺炎等病变。

　　[镜检]　口蹄疮部皮肤、黏膜的棘细胞肿大、变圆,排列疏松,细胞间有浆液蓄积。病程长者,棘细胞坏死溶解,形成小疱状体或球状体,称为疱状溶解或液化。颗粒层、透明层、角化层细胞变性溶解成细网状,称网状变性。水疱液中混有坏死上皮细胞、白细胞和少量红细胞。变性的上皮细胞内还偶见有折光性强的嗜酸性颗粒,其类同包涵体。

　　心肌纤维肿胀,呈明显的颗粒变性与脂肪变性,严重时呈蜡样坏死并断裂、崩解呈碎片状。病程稍久的病例,在变性肌纤维的间质内可见有不同程度的炎性细胞浸润和成纤维细胞增生,乃至形成局灶性纤维性硬化和钙盐沉着。骨骼肌纤维变性、坏死,有时也见有钙盐沉着。

　　脑组织见神经细胞变性,神经细胞周围水肿;血管周围有淋巴细胞和胶质细胞增生围绕而具"血管套"现象,但噬神经细胞现象较为少见。

4. 诊断

　　该病根据流行病学、临床症状和病理变化特点,一般即可做出诊断。但要确定感染的口蹄疫病毒为何型,则需用病畜口蹄疮部的水疱皮或水疱液做补体结合试验进行毒型鉴定;或以病畜恢复期的血清用乳鼠做中和试验或琼脂凝胶免疫扩散试验来鉴定毒型,以便有针对性地进行疫苗注射。对口蹄疫的防治除必须首先进行毒型鉴定外,还应与下列疾病做鉴别诊断:

　　猪传染性水疱病的口、蹄部水疱病变与口蹄疫极为相似,传染性水疱病病毒仅感染猪而不感染牛、羊等动物;同时多半看不到"虎斑心"样的心肌病变。

十六、猪痘

　　猪痘(swinepox)是由猪痘病毒引起的一种猪急性、热性、接触性传染病。其特征是生猪皮肤和黏膜上发生特殊的红斑、丘疹和结痂。

1. 病原及其传播方式

　　痘病毒科是双 DNA 病毒的一个大科。痘病毒是动物的最大病毒,多为砖形,也有的呈圆形;通常是经皮肤接触感染或呼吸道而传播。猪血虱常起机械媒介的作用,可能是引起皮肤损伤的结果;主要感染 1～2 月龄仔猪,新生猪和成年猪少发。该病多发生于夏季。

2. 主要临床症状

　　病猪先有 1～2d 减食、喜卧、体温升高、寒战、不爱活动、黏膜潮红、肿胀有黏性分泌物等,类似于猪感冒;2～3d 后即见猪背、下腹部、四肢及身躯两侧有隆起的痘疹。

3. 病理变化

　　[剖检]　见腹下、腹侧、胸侧、四肢内侧和背部皮肤有深红色小硬结节突出皮肤表面,结节顶尖部平整(图 7-18,见图版)。重症者全身连片发生。临床上很少能看到水疱期,仅能见到结节破溃后呈黄色结痂,痂皮脱落后变成无色的小白斑后痊愈。重症例痘疹可能波及全身皮肤,但很少见于口腔、咽、食管、胃和气管。痘疹最初为红色斑疹,两天后转变为圆形灰白色丘疹,扁平隆起,直径为 1～3mm,周围有一红晕;以后丘疹坏死,逐渐干燥,形成深褐色的痂。最后痂可脱落,局部皮肤留下一个白斑。全过程需 15～20d。

　　[镜检]　见表皮细胞大量增生并发生水泡变性,使表皮显著增厚,向表面隆突,有时伴发角化不全或过度角化,真皮充血、水肿和白细胞浸润,血管有炎症病变。在表皮的变性上皮细胞胞浆内可见嗜酸性胞浆包涵体,但出现的时间十分短暂。猪痘感染早期可见棘细胞层细胞的胞核内发生空泡,这种核内空泡病变对猪痘病毒诊断具有证病意义。因为,牛痘病毒感染引起的猪痘不出现这种核内空泡。

十七、猪生殖和呼吸综合征

猪生殖和呼吸综合征（porcine reproduction and respiratory syndrome，PRRS）又称猪繁殖-呼吸综合征，是由猪生殖和呼吸系统综合征病毒（porcine reproduction and respiratory syndrome virus，PRRSV）引起的以病猪体温升高、繁殖障碍和呼吸道症状为主要特征的病征，部分病猪耳部发绀，呈蓝紫色，故又称蓝耳病（blue-eared pig disease）。近年来在我国流行的高致病性猪蓝耳病是由 PRRSV 变异株引起的一种急性高致死性疫病，仔猪发病率可达 100%，死亡率可达 50%以上，母猪流产率可达 30%以上，育肥猪也可发病死亡是高致病性猪蓝耳病的主要特征。

1. 病原及其传播方式

PRRSV 暂归属于动脉炎病毒科，有囊膜的单链正股不分节段的 RNA 病毒，可在肺泡及其他组织的巨噬细胞、公猪精子细胞中生长。体外培养可在 Marc145、CL2621、PAM 细胞中生长。产生 CPE 表现为细胞变圆、聚集、脱落呈空斑及崩解。在 pH 5.5～6.5 的环境中不敏感；在 4℃环境中可存活 3～5d，在 −20～−70℃时表现稳定；在一般情况下容易发生变异。我国猪群中分离出的 PRRSV 与美洲型接近，但是高致病性 PRRSV 与传统毒株相比在不同基因上有 30 个氨基酸缺失，不同的文献报道其缺失位置和大小存在一定的差异。该病在临床上常表现为生殖型和呼吸型，初次流行时，来势凶猛，传播迅速，虽各地病猪症状不一，但均出现仔猪大量死亡，尤其是 1 日龄内的仔猪，给养猪业造成较大的经济损失。

该病一年四季均可发生，发病猪不分年龄、性别。传统毒株（美洲型）感染后以种猪、繁育母猪和仔猪多发，育肥猪发病较轻；但是高致病毒株感染后，成年猪和育肥猪均可感染致死。该病传染性强，传播速度快，可经空气通过呼吸道感染，也可通过胎盘感染，人工授精传播。饲养密度大、卫生条件差、管理不善、气候变化等均可促使发病和流行。该病病程短者约 2 个月，长者可达 6 个月。

2. 主要临床症状

病猪体温短时升高，呼吸困难，步态不稳，食欲不振，精神沉郁，前肢屈曲，后肢麻痹，四肢外张，呈蛙式卧地式卧睡式而死；部分猪呕吐，两耳发绀，呈蓝紫色（图 7-19，见图版）。妊娠母猪表现早产、流产、产弱仔、死仔及木乃伊胎增加等生殖繁育障碍。仔猪体温升高，反应迟钝，呼吸困难，鼻腔充满泡沫样液体，有时呈犬坐姿势呼吸。公猪常无明显症状，但精子活力下降，死精数增多。高致病性毒株感染后体温明显升高，可达 41℃以上；眼结膜炎、眼睑水肿；咳嗽、气喘，部分猪出现后躯无力、不能站立或共济失调等神经症状。

3. 病理变化

各地猪的病理变化不尽相同，但病变仍以肺部、生殖系统为主。

［剖检］　病死猪主要表现有鼻炎、肺气肿、水肿、气管、支气管内充满泡沫和间质性肺炎和化脓性卡他性肺炎病变。各脏器和淋巴结呈现出血、水肿、坏死等病变（图 7-20，见图版）。胸腔、腹腔有积水，大小肠胀气。母猪子宫内蓄脓、有肿物，皮肤色淡似蜡黄，鼻孔有泡沫，气管、支气管充满泡沫，胸腹腔积水较多，肺部大理石样变（图 7-21，见图版），肝肿大、充血、出血。胃有出血水肿；心内膜充血。肾包膜易剥离，表面有针尖大出血点。仔猪、育成猪常见眼睑水肿。仔猪皮下水肿，体表淋巴结肿大，胸、腹腔有暗红色积液，心包积液。肺尖叶有大面积界线清晰的肉变区，肺淤血、肺间隔增宽。死胎及弱仔，可见颌下、颈下、腋下皮肤水肿呈胶冻状。高致病性毒株致死病猪可见脾脏边缘或表面出现出血性梗死灶；肾脏呈土黄色，表面可见针尖至小

米粒大出血点斑,皮下、扁桃体、心脏、膀胱、肝脏和肠道均可见出血点和出血斑。部分病例可见胃肠道出血、溃疡、坏死。

[镜检] 可见鼻甲骨的纤毛脱落,上皮细胞变性,淋巴细胞和浆细胞积聚。肺血管周围轻度水肿,有大量淋巴细胞及巨噬细胞浸润。肝组织充血、出血,肝细胞脂变及少量坏死。脾小体淋巴细胞缺失、红髓网状细胞增生、肿大、空泡形成。肾间质增宽,呈间质性肾炎变化。

4. 诊断

该病的诊断常用间接荧光抗体及 ELISA 等方法,检测血清中和抗体。对于高致病性蓝耳病,根据临床症状和病理变化特征可做出初步诊断,应用高致病性 PRRSV 特异性引物进行 RT-PCR 扩增得到阳性结果,可以确诊。

十八、猪圆环病毒病

猪圆环病毒病(porcine circovirus disease,PCVD)又称仔猪断奶后多系统衰竭综合征(postweaning multisystemic wasting syndrome,PMWS),以进行性体重下降、呼吸困难、虚弱和淋巴结肿大为主要特征。近年来 PMWS 已经在世界主要养猪国家广泛流行,我国也不断有发病的报道。

1. 病原及其传播方式

该病病原是猪圆环病毒(porcine circovirus,PCV),属于圆环病毒科圆环病毒属。PCV 包括 PCV-1 和 PCV-2 两种基因型。PCV-1 对猪无致病性,但广泛存在猪体内及猪源细胞系。PCV-2 具有致病性,是 PMWS 的主要病原。

猪圆环病毒是一种圆形小颗粒病毒,为已知的最小动物病毒之一。PVC 为单链环状 DNA 病毒,呈球形二十面体对称结构,$4\sim26nm$,平均直径为 17nm,无囊膜,基组约为 1.76 kb。病毒沉降系数为 525,CsCl 浮密度为 $1.37g/cm^3$,无凝血活性。

PCV-2 对猪具有较强的易感性,可经口腔、呼吸道侵染不同年龄的猪,常感染 $6\sim8$ 周龄的猪,哺乳猪很少发生。少数怀孕母猪感染该病毒后,可经胎盘垂直传播给仔猪。PCV-2 能够进入猪体巨噬细胞内而不被破坏,并能干扰猪巨噬细胞,改变或抑制猪免疫系统,使猪对感染十分敏感而直接引起仔猪的多系统衰竭综合征。潜伏期一般为 2 周。

2. 主要临床症状

主要表现猪群渐进性消瘦、皮肤与可视黏膜苍白或黄疸、免疫机能下降、呼吸困难等症状。病猪发病初数天体温高至 $40\sim41℃$,病中期普遍出现咳嗽或喘气症状。少数病猪耳、颈、胸腹及会阴部呈红紫色,出现圆形或不规则型的红紫色病变斑点或斑块等皮炎症状,有时斑块互相融合形成条带状。有的病猪出现肠炎下痢、贫血、肌肉萎缩、咳嗽和中枢神经系统紊乱,最后绝食而衰弱死亡。

3. 病理变化

[剖检] 全身淋巴结有不同程度肿胀、出血,呈灰色或暗紫色,其中腹股沟、纵隔、肺门、胃门、肠系膜及后肢腋下等淋巴结明显,肿大达 $4\sim5$ 倍,甚至可达 10 倍(图 7-22,见图版),切面硬度增加、发白,有的淋巴结有出血。

肺有不同程度炎症,部分病死猪呈胸膜肺炎病灶。肺膨胀并伴有不同程度的萎缩,部分病例的肺坚硬或似橡皮。肝脏变暗、萎缩,肝小叶间结缔组织增生明显,呈不同程度的花斑状。脾脏轻度肿大、肉变。肾脏水肿苍白、被膜下有白色坏死,呈花斑状。胃的食管部黏膜水肿和非出血性溃疡。回肠和结肠段肠壁变薄，盲肠和结肠黏膜充血或淤血。

[镜检]　病理组织学变化特征，以免疫器官组织的肉芽肿性炎，淋巴细胞减少，巨噬细胞增多为主，有时出现多核巨细胞。淋巴结淋巴滤泡的生发中心面积减少，副皮质区显著扩大，T、B淋巴细胞减少，有单核细胞或巨噬细胞、组织细胞浸润，有时还存在大量的多核巨细胞。淋巴细胞减少，淋巴结基质常增生或有嗜酸性细胞浸润。淋巴滤泡有由组织细胞、类上皮细胞、巨噬细胞、多核巨细胞、嗜酸性粒细胞、淋巴细胞聚集形成的肉芽肿。扁桃体淋巴滤泡中淋巴细胞减少，巨噬细胞增多。脾脏白髓淋巴细胞减少。

其他组织有广泛的淋巴细胞、单核细胞、组织细胞浸润。

4. 诊断

对PCV-2感染的诊断可以通过原代猪肾细胞或猪肾细胞株培养分离病毒，利用免疫染色确定病毒的存在。检测到PCV-2抗体水平提高也说明最近受到感染。可用PCR方法对猪瘟病毒、蓝耳病毒、圆环病毒三种病原作鉴别诊断。

十九、猪炭疽

猪炭疽(anthrax)是由炭疽杆菌引起的一种人兽共患的急性败血性传染病。猪对该病具较强抵抗力，感染猪多半以局灶性炎症，即形成炭疽痈病灶为特征，有时呈隐性经过；病猪在临床上不显任何症状，只在屠宰过程中才发现病变。但人在接触病死猪、剖检或处理病尸以及进行皮、毛等畜产品加工过程中，若防护不周也可感染发病，常于皮肤、肺脏及淋巴结等组织器官形成炭疽痈病灶，并可导致败血症而死亡。

1. 病原及其传播方式

炭疽杆菌是一种长而粗的需氧芽孢杆菌，无鞭毛不能运动，革兰氏染色阳性，在病畜组织内常呈单个散在或由2~3个菌体形成短链。菌体的游离端为钝圆形，两菌连接端稍陷凹，菌体中段也因稍收缩而变细，故使整个菌体呈竹节状的特征形态。在炭疽菌的菌体周围，具黏液样肥厚的荚膜，它对组织腐败具较大抵抗力，故用腐败病料做涂片检查，常常见到无菌体的荚膜阴影，此称"菌影"。现已证实构成荚膜的多肽是形成炭疽菌毒力的主要因素之一，与致病力具密切关系。炭疽杆菌在动物尸体内不形成芽孢，但一旦排至体外接触空气中的游离氧，在气温适宜的情况下就会形成芽孢。

动物感染炭疽杆菌主要经消化道，或由于采食被炭疽杆菌或芽孢污染的饲料、饲草和饮水而侵入咽黏膜，或经有损伤的口黏膜和肠黏膜侵入机体。炭疽杆菌也可经皮肤创伤或受带菌的吸血昆虫刺蜇而经皮肤感染；经呼吸道感染的情况较为少见，在猪偶见有经呼吸道感染而于肺脏形成炭疽痈病变。

2. 主要临床症状

病猪主要表现为咽炭疽，急性型猪咽炭疽病例出现体温急剧升高，整个咽喉或一侧腮腺急剧肿胀，皮肤发紫，患侧上下眼睑黏合，严重时肿胀沿气管蔓延至颈部和前胸，因而影响呼吸和采食，病猪出现呼吸困难，最后窒息而死。

3. 病理变化

[剖检]　见病猪咽喉和颈部皮下呈出血性胶样浸润，头颈部淋巴结，特别是下颌淋巴结呈急剧肿大，切面因严重充血、出血而呈樱桃红色或深红砖色，并存有中央稍陷凹的黑红色坏死灶。此外，在口腔软腭、会厌、舌根和咽部黏膜也呈肿胀和出血，黏膜下与肌间结缔组织呈出血

性胶样浸润。扁桃体常呈充血、出血,有时发生坏死和表覆纤维素性假膜,在扁桃体的黏膜下深部组织内,也常散在有边缘不整的砖红色或紫黑色的大小不等病灶。

〔镜检〕　见淋巴组织呈严重的出血、坏死和有纤维素渗出,并常发现有大量的炭疽杆菌。口腔软腭、会厌、舌根、咽部和扁桃体的黏膜下部都见有炭疽杆菌。

猪患慢性咽炭疽一般无临床表现,常在宰后检验中发现咽喉部个别淋巴结,特别多见于下颌淋巴结肿大,被膜增厚,质地变硬,切面干燥,存有砖红色或灰黄色坏死灶;病程经久者则在坏死灶周围常有包囊形成,或继发化脓菌感染而形成脓肿,脓汁吸收后形成干酪样或变成碎屑状颗粒。有时在同一淋巴结切面可见有新旧不同的病灶。

二十、猪丹毒

猪丹毒(swine erysipelas)是由猪丹毒杆菌(*Erysipelothrix rhusiopathiae*)所引起的一种急性、亚急性或慢性传染病。其临床与剖检的主要特征为:急性病例呈败血症经过,亚急性病例呈现皮肤疹块型,慢性病例呈现疣性心内膜炎与多发性关节炎。

该病广泛发生于世界各地,各种不同年龄的猪都能感染,但以架子猪(3~12月龄)发病率最高,是威胁养猪业的一种重要传染病。在实验动物中,小鼠和鸽对该菌最敏感,豚鼠有较强的抵抗力。

1. 病原及传播方式

猪丹毒杆菌为细长直线性或微弯曲的革兰氏阳性杆菌,大小为$(0.5～0.2)\mu m\times(0.2～0.5)\mu m$,不形成荚膜和芽孢,无运动性。其在感染动物的组织触片或血涂片中常呈单在、成对或成小丛状排列;老龄培养菌和从慢性猪丹毒病猪的心内膜疣状物中分离到的细菌常呈不分枝的长丝状。

猪丹毒杆菌存在于各种家畜、野生动物、昆虫(蚊、蝇、虱、蜱等)体中,也存在于含腐殖质的沙质和石灰质的土壤及水源中。该菌对外界环境,尤其是对腐败或干燥有较大的抵抗力——病猪尸体埋于1.5m深的土壤中,经过231d后检查,仍能从尸体中分离到病原菌;病猪肉用12.5%的食盐腌渍,冷藏于4℃,经148d后也可分离到该菌;在弱碱性土壤中,该菌可生存90d,最长可达14个月。由于猪丹毒杆菌分布广泛,对外界环境因素抵抗力强,因而该病的传播机会较多。但该菌对消毒液的抵抗力较低,0.11%升汞、2%福尔马林、3%来苏儿、1%漂白粉、1%氢氧化钠或5%生石灰乳,均能很快将其杀死;该菌对温度也比较敏感,50℃经15～20min死亡。

猪丹毒杆菌通过污染的饲料、饮水、土壤经消化道感染,或损伤的皮肤及蚊、蝇、虱、蜱等吸血昆虫传播。

2. 主要临床症状

急性败血型猪丹毒病猪,除具有一般败血症症状外,在耳根、颈部、胸前、腹壁和四肢内侧等处皮肤上还出现丹毒性红斑。亚急性或疹块型猪丹毒,病猪主要在颈部、背部,其他如头、耳、腹部及四肢皮肤上出现特征性疹块。疹块略隆起,界限明显,大小不等,多呈方形、菱形或不规则形。疹块最初呈苍白色,以后转变为鲜红色或紫红色,或呈边缘红色而中心苍白;较正常的皮肤硬。疹块发生后,病猪体温下降,病势减轻,病猪多自行康复。若病势较重或长期不愈,则将发生干性坏疽,并腐离脱落,遗留的凹陷底部为新生肉芽组织。此外,有时疹块还可以互相融合成片,导致大块皮肤坏死。慢性型除有皮肤坏死外,可见股关节、腕关节、跗关节肿胀。

3. 病理变化

1）急性或败血型

[剖检] 病猪尸体营养良好,各天然孔黏膜淤血,在耳根、颈部、胸前、腹壁和四肢内侧等处皮肤上出现不规则的鲜红色充血区,即所谓丹毒性红斑;指压时可以消散。有些红斑融合成片,微隆起于周围正常皮肤的表面。病程稍长者,则在红斑上出现浆液性水疱,有的水疱破裂干固形成黑褐色痂皮。但是上述这种红斑容易被黑毛猪的颜色或因临死亡时由于心脏衰竭引起的全身性淤血所掩盖。

全身淋巴结发生急性淋巴结炎:外观肿大,呈紫红色;切面隆突,湿润多汁,常伴发斑点状出血。

脾脏显著肿大,呈樱桃红色,被膜紧张,边缘钝圆,质地柔软,切面隆突,呈鲜红色;脾白髓和小梁结构模糊,用刀背轻刮有多量血粥样物。特别是脾头和脾尾的切面上,可发现呈暗红色或紫红色、边缘较整齐的小圆圈,其中心为脾白髓,称为"白髓周围红晕"。

胃、肠普遍呈急性卡他性或出血性炎,尤以胃和十二指肠比较明显。眼观胃底腺部和十二指肠黏膜潮红、肿胀,被覆较多的黏液,并散布点状出血。严重者黏膜密集点状出血,使之呈弥漫性暗红色。

心、肝、肾实质变性,肾肿大,在表面和切面常见有少量针尖大或粟粒大的出血点。肺脏淤血、水肿,伴发点状出血。约有50%的病例脑组织呈现充血、水肿及出血。

[镜检] 真皮乳头层的毛细血管充血,结缔组织间充填浆液性渗出物,严重者可见渗出性出血和坏死灶。淋巴组织高度充血、出血,淋巴窦扩张,其中充满浆液、白细胞和红细胞,呈急性浆液性淋巴结炎或出血性淋巴结炎。淋巴组织与网状组织有不同程度的坏死。扁桃体和肠壁淋巴小结也可出现同样性质的病变。

脾脏组织充血和出血,红髓充满红细胞。脾白髓周围红晕处见以脾白髓中央动脉为中心,周围有多量红细胞积聚,并与周围组织形成明显的界限。以 Mallory 磷钨酸苏木素染色,在红细胞间有纤维素网,证明构成"红晕"的组织学基础是纤维素性血栓形成。脾白髓因受血液压迫,表现不同程度的萎缩。脾小梁及动、静脉血管壁变性,内皮细胞肿胀、脱落。此外,还可看到不同程度的脾组织坏死灶,表现网状细胞和白细胞呈核破碎和崩解。在病程稍长、抵抗力较强的病猪中,网状细胞可能出现增生现象。

肾小球充血,球囊内积有浆液性或血液性渗出物。间质中有灶状出血。肾小管上皮细胞颗粒变性、脂肪变性或渐进性坏死,管腔内有透明管型或颗粒管型。在部分肾小球和间质毛细血管内见有细菌集落,且常伴有中性粒细胞浸润。肝除淤血或血栓形成外,肝细胞变性,窦状隙常有多量单核细胞浸润。心肌纤维发生颗粒变性或灶状蜡样坏死,这种变化以乳头肌为多见。肌间毛细血管充血,内皮细胞肿胀、脱落。

肺泡壁毛细血管充血、出血,并常发现有病原菌和有单核细胞浸润。

脑组织见病原菌多定位于脉络丛,引起多量中性粒细胞浸润。在大脑内也见白细胞增多和脑白质血管的变性。脑和脊髓的小血管内可见细菌栓塞,其周围有中性粒细胞与少量嗜酸性粒细胞浸润。

2）亚急性或疹块型

[剖检] 该型病死猪主要在皮肤上出现特征性疹块。疹块通常多见于颈部、背部,其他如头、耳、腹部及四肢亦可出现,但较为少见。疹块比周围正常的皮肤略隆起,有明显的界限,其大小不等,多呈方形、菱形或不规则形,多为紫红色硬块。病势较重或病程长者,见干性坏疽性

疹块,并腐离脱落,遗留的凹陷底部为新生肉芽组织。有些病例疹块互相融合成片,成为大块皮肤坏死。

〔镜检〕 病变部皮下小动脉管壁呈不同程度的变性和炎性细胞浸润,且继发血栓形成。在血管周围可见中性粒细胞浸润,间质发生炎性水肿,胶原纤维肿胀或崩解。局部皮肤因缺血的程度不同而出现不同程度的坏死病变。

3)慢性型

慢性型猪丹毒主要呈现疣性心内膜炎、关节炎和皮肤坏死等病变。

(1)疣性心内膜炎(vegetative endocarditis)

〔剖检〕 在心瓣膜(主要在二尖瓣,其次在主动脉瓣、三尖瓣和肺动脉瓣)见有大量灰白色的血栓性增生物,表面高低不平,外观似花椰菜样(图 7-23,见图版),基底部因有肉芽组织增生,使之牢固地附着于瓣膜上而不易脱落。瓣膜上的血栓性增生物常可引起瓣膜孔狭窄或闭锁不全,继而导致心肌肥大和心腔扩张等代偿性变化。血栓一旦软化脱落,则往往使心肌、脾、肾的小动脉发生阻塞而形成梗死。

〔镜检〕 见附于心瓣膜的血栓基部,肉芽组织增生并发生透明变性或黏液变性,或为富有毛细血管的幼嫩肉芽组织;在肉芽组织表层为富有白细胞浸润的坏死组织,再上则是由血小板、纤维素所构成的血栓。经时较久的血栓,绝大部分都已发生同质化。在血栓表面以及坏死组织中,都可以看到大量呈蓝色的病原菌菌块。

(2)关节炎(arthritis)

〔剖检〕 经常与心内膜炎同时出现,主要侵害四肢关节;其中以股关节、腕关节和跗关节较为多见。患病关节肿胀,关节囊内蓄有多量浆液性纤维素性渗出物,滑膜充血、水肿,关节软骨面有小糜烂。病程较久的病例,因肉芽组织增生,在滑膜上则见灰红色绒毛样物;再久,关节囊发生纤维性增厚,甚至使关节完全愈着、变形。

(3)皮肤坏死(skin necrosis)

与疹块型皮肤病变的后期相同,呈现大片皮肤坏疽、脱落。

4. 诊断

该病一年四季,特别是夏季多发,尤其多侵害架子猪;病猪高热,皮肤上有充血性红斑,死亡突然;或见皮肤上有特征性的方形或菱形疹块;或者见皮肤大块坏死、四肢强拘、关节肿胀、疼痛、跛行等特点皆有助于诊断。

剖检以胃和十二指肠呈急性出血性卡他性炎;全身淋巴结肿胀,呈弥漫性紫红色;肾浊肿、暗红色,伴发点状出血;脾肿大,樱桃红色,切面在脾白髓周围有颜色深于红髓的圆形红晕;有疣性心内膜炎与多发性关节炎等为特征性病变,也均有助于做出诊断。

必要时可采取病猪耳静脉血或刺破疹块边缘皮肤血管或采取病死猪的心血、脾、肝、肾、淋巴结制作涂片,用革兰氏或瑞特氏法染色、镜检,以及做细菌培养和动物接种试验(接种小鼠或鸽)进行确诊。

在该病的诊断中,疹块型和慢性型根据病变特点不难与其他传染病相区别。而败血型猪丹毒应注意与其他传染病如猪瘟、猪巴氏杆菌病及猪炭疽、猪弓形虫病相鉴别。

二十一、猪链球菌病

猪链球菌病(swine streptococcal disease)是由多种致病性链球菌感染引起的一种人兽共患病,包括猪淋巴结脓肿和猪败血性链球菌病。急性猪链球菌病常以败血症和脑炎为特征,慢性猪链球菌病以关节炎、化脓性淋巴结炎等为主要特性。该病暴发时疫情猛烈,传播迅速,病猪体温骤然升高到41℃以上,几乎看不到典型症状,几小时内死亡。一年四季均有发生,但以夏秋较为多见。

猪链球菌病病原血清型众多、抗原结构复杂,目前该病分布范围极广,世界各地均有发生。现在已经成为规模化养猪场中最常见的细菌病之一。1998年和2005年分别发生于江苏和四川等省份的猪链球菌2型感染导致万余头猪和50余人死亡,给养猪业和公共卫生构成了严重的威胁。

1. 病原及其传播方式

病原为球形菌,直径0.5~1.0μm,呈单个、双个和短链排列,在液体培养物中可见长链排列。革兰氏染色阳性,具荚膜。根据国内各疫区分离的菌株与农业部兽医药品监察所的资料可以证实猪败血性链球菌的病原为兰氏C群的兽疫链球菌。

病猪和病尸是主要的传染来源,其次是病愈带菌猪。病猪与健康猪接触,或由病猪排泄物(尿、粪、唾液等)污染的饲料、饮水及物体均可引起猪只大批发病而造成流行。在自然情况下,该病多半通过呼吸道与消化道感染,病原菌很快能通过黏膜和组织的屏障而侵入淋巴道与血流,随即循血流播散全身。由于其在血液与组织中迅速地大量繁殖并产生毒素和酶类,如溶血、毒素、透明质酸酶、蛋白酶等,引起机体发生菌血症和毒血症,故在感染几小时后即出现精神委顿、食欲减损、高热以及嗜眠、昏迷、痉挛和跛行等症状。

2. 主要临床症状

急性败血症型:主要发生在断奶后保育仔猪,最急性突然死亡。有的可见体温升高至41~42℃,震颤、废食、便秘、发绀,常有浆液性鼻漏,眼结膜潮红、流泪;在耳、颈、腹下出现紫斑,个别猪出现关节炎、跛行,有的病例表现肺炎或胸膜肺炎,有些猪出现运动共济失调、空嚼或昏睡等神经症状。后期出现呼吸困难,常在1~3d死亡。发病率一般为30%,死亡率可达80%。

脑膜脑炎型:多见于断奶后仔猪。病初体温升高至40.5~42.5℃,不食、便秘,有浆液性或黏液性鼻漏,很快表现神经症状,如盲目行走、运动共济失调、转圈、尖叫、空嚼、抽搐、神经敏感等,随后后肢麻痹、前肢爬行、四肢作游泳状或昏迷不醒等,个别猪可见关节肿大。几小时或1~2d死亡,慢者3~5d死亡。

慢性为关节炎型:猪关节肿大、关节炎,关节周围肌肉肿胀、有热痛感,跛行,同时伴有发热、减食等;严重病例后期瘫痪。

化脓性淋巴结炎:病猪咽部、耳下、颈部等处淋巴结发炎、肿胀;触诊坚硬有热痛感;化脓成熟后,肿胀部中央变软,表现皮肤坏死、自行破溃流脓,随着脓肿的破溃,全身症状好转、长出肉芽组织、结痂愈合。

3. 病理变化

[剖检]　病尸营养良好或中等,尸僵完全,可视黏膜潮红,胸、腹下部和四肢内侧的皮肤可见紫红色的淤血斑及暗红色的出血点。血液凝固不良或无明显异常。皮下脂肪染成红色,血管怒张,胸腹腔内有多量淡黄色微混浊液体,内有纤维素絮片,各内脏浆膜常被覆一层纤维素性炎性渗出物。有的病例肺与胸膜、肺与心包膜、肝、脾与腹膜发生粘连。全身淋巴结均有不同程度的肿大、充血、出血甚至坏死。尤以肝、脾、胃、肺等内脏淋巴结的病变最为明显。脾脏肿大或显著肿大,常达正常的1~3倍,质地柔软而呈紫红色或黑紫色。偶尔于边缘可见黑红色的出血性梗死灶。被膜多覆有纤维素,且常与相邻器官发生粘连;切面黑红色、隆突,结构模糊。鼻中隔与鼻甲黏膜肿胀,充血,表面附有浆液或黏液。喉头和气管管腔中充有灰白色或淡

红色泡沫状液体。肺脏体积膨大、淤血、水肿和出血,发生纤维素性胸膜炎的病例,肺胸膜附着有纤维素或与肋胸膜发生粘连。

心扩张,心肌混浊,心外膜附有纤维素,心包腔内积有混纤维素絮片的液体。

胃底腺部黏膜显著充血、出血,黏膜附有多量黏液或纤维素性渗出物。小肠黏膜呈急性卡他性炎;肝脏肿大,暗红色,常在肝叶之间及其下缘有纤维素附着。胆囊壁因炎性水肿而显著增厚,黏膜充血。肾脏稍肿大,被膜下与切面上可见出血小点。膀胱黏膜充血或见小点出血。大、小脑蛛网膜与软膜混浊而增厚,血管怒张。多数病例可见淤斑、淤点,脑沟变浅,脑回平坦,脑脊液增多。切面可见脑实质变软,毛细血管充血和出血,脑室液增多,脊髓病变与大、小脑相同。

〔镜检〕 脾脏的被膜呈炎性水肿,常被覆纤维素,并有中性粒细胞、单核细胞和淋巴细胞浸润。白髓萎缩,中央动脉变性,其周围淋巴细胞减少,或见生发中心增大。红髓鞘动脉壁网状细胞增生,静脉窦充血、出血,窦内皮细胞肿胀、脱落。在窦内与脾索内可见较多的巨噬细胞、中性粒细胞和淋巴细胞浸润。用革兰氏染色,在被膜的炎性渗出物中、组织的坏死灶、静脉窦以及巨噬细胞的胞浆中均可见多量的病原菌。

淋巴结的被膜与小梁呈炎性水肿。被膜下淋巴管强度扩张并可见纤维素、白细胞和细菌形成的淋巴栓。淋巴窦扩张,充满浆液、白细胞和红细胞。皮质淋巴小结多萎缩或见网状细胞增生而形成明显的生发中心,但常发生变性、坏死。病变严重的淋巴结可见坏死的淋巴组织与渗出的纤维素交织而显结构模糊。以革兰氏染色,在坏死组织和炎性渗出物中均有多量的病原菌。

肺脏的胸膜与小叶间质呈炎性水肿,其中的血管充血,淋巴管强度扩张。肺胸膜表面附着大量纤维素和炎性白细胞。肺泡壁因充血、水肿和炎性细胞浸润而增厚,毛细血管及小静脉内常见血栓形成。肺泡腔中可见浆液、脱落肺泡上皮、中性粒细胞以及纤维素等。

心外膜呈炎性水肿,并常见有纤维素附着;肌纤维呈颗粒变性、水泡变性和断裂与坏死等病变。肝细胞呈颗粒变性、水泡变性或脂肪变性。肝小叶内尚可见小的坏死灶。胆囊壁炎性水肿,黏膜坏死。

肾小球毛细血管内皮肿胀、增生和中性粒细胞浸润,部分病例呈明显的急性增生性肾小球肾炎。肾小管上皮变性,管腔中为管型所阻塞。小叶间及弓形动、静脉的管壁变性与炎性细胞浸润,外膜及其周围结缔组织炎性水肿,甚至形成小的化脓灶。

脑脊髓的蛛网膜及软膜血管充血、出血与血栓形成。血管内皮细胞肿胀、增生、脱落,管壁疏松或发生纤维素样变,管腔内、管壁上及血管周围有中性粒细胞、单核细胞和淋巴细胞等浸润。脑膜因水肿和炎性细胞浸润而显著增厚。脑膜病变严重的病例,其灰质浅层有中性粒细胞散在,甚至可见白质中的小血管和毛细血管亦发生充血、出血,血管周围淋巴间隙扩张,并可见由中性粒细胞和单核细胞等围绕而呈现的"管套"现象。灰质中神经细胞呈急性肿胀、空泡变性和坏死等变化。胶质细胞呈弥漫性增生或灶性增生而形成胶质结节。间脑、中脑、小脑和延髓的病变与大脑基本一致。脊髓软膜病变与脑膜相同。

4. 诊断

该病呈急性败血症的病理变化时容易与急性猪丹毒、猪瘟、猪肺疫、猪弓形虫病、猪伪狂犬病和李氏杆菌病等相混淆。但死于猪败血性链球菌病的尸体,发生急性脾炎而显著肿大并常发生纤维素性被膜炎。中枢神经系统的病变,与猪瘟、猪弓形虫病、猪伪狂犬病和猪李氏杆菌病等引起脑膜脑炎症不同的是,该病具化脓性脑脊髓膜炎的特征。

采取病料涂片检查和进行细菌分离培养即可进一步确诊。

二十二、猪葡萄球菌病

猪葡萄球菌病（staphylococcosis in swine）是一组由金黄色葡萄球菌或其他葡萄球菌感染引起的猪感染性疾病，也是一种人、畜、禽共患病，以形成化脓性炎症为主要特征。

1. 病原及其传播方式

葡萄球菌是一种在自然界广泛分布的化脓性球菌。空气、饲料、饮水、尘土以及人畜的皮肤、黏膜、扁桃体、肠道、乳房等都存有菌体存在。当动物皮肤、黏膜有损伤时即可引起感染。该菌除了引起炎症性病变外，还能产生肠毒素，是引起食物中毒的重要因素之一。葡萄球菌为圆形或卵圆形，致病性菌株的菌体较小，其排列和大小较为整齐。某些菌株可形成荚膜或黏液层。在固体培养基上生长的细菌常呈葡萄串状；在脓汁、乳汁或液体培养基中则呈双球状或短链状，有时易误认为链球菌。革兰氏阳性，但当衰老、死亡或被白细胞吞噬后常为革兰氏阴性。该菌不形成芽孢，抵抗力强，70℃ 1h 方能杀死，在干燥的脓汁和血液中可生存数月，反复冷冻30 次仍能存活。

2. 病理变化

猪葡萄球菌病有毛囊炎与葡萄球菌性肉芽肿和猪渗出性表皮炎两种表现形式。

1）毛囊炎与葡萄球菌性肉芽肿（folliculitis and staphylococcal granuloma）　病原菌为金黄色葡萄球菌，通常由皮肤创伤感染。毛囊炎多以痤疮形式出现，严重时也可发展为疖。

［剖检］　背部、臀部、偶见腹部皮肤毛囊炎。患部皮肤增厚，粗糙，凸凹不平，形成高粱米粒大、黄豆大乃至蚕豆大结节，质地坚硬；切面见皮肤肥厚，在真皮内散在帽针头大、高粱米粒大至黄豆大圆形或不正圆形的灰黄色坏死灶，其中含有灰白色黏稠的脓样物或碎屑物。

葡萄球菌性肉芽肿为慢性经过，即在病猪的腹部或身体其他部位皮肤、皮下组织乃至浅层肌肉中可见类似纤维瘤的肿块或结节，大者达拳头大，小的结节如板栗大，质地坚硬，轮廓分明，稍隆突，切面如肉芽样组织，其中散发小脓肿或大的脓腔，内含灰黄色浓稠的脓汁，脓汁中可见细颗粒状，类似放线菌病的"硫黄颗粒"。

［镜检］　毛囊炎病变的部分表皮坏死，健存的表皮显示过度角化和棘皮病。真皮结缔组织明显增生，毛囊与毛根坏死，其周围呈局限性化脓性炎。

在肉芽肿中央大小不一的化脓灶内含密集的球菌集落，HE 染色呈蓝色，菌落外周可见呈放射状嗜伊红着染的棒状物，菌落周围或其邻近有多量中性粒细胞浸润，再外围则见多量淋巴细胞、浆细胞、巨噬细胞，偶见多核巨细胞。

病原菌如从皮肤原发病灶经血源转移至内脏，亦可在各器官组织形成脓肿或化脓性肉芽肿病变。

2）猪渗出性表皮炎（exudative epidermitis of pig）　是哺乳仔猪或早期断乳仔猪的一种急性致死性浅表皮肤炎（pyoderma），有"油性皮脂漏"（seborrhoea oleosa）、"猪接触传染性脓疮病"及"油猪病"（greasy pig disease）等名称。主要侵害 5～35 日龄仔猪，较大猪也有发生。

［剖检］　急性型，见眼周、耳、鼻吻、唇甚至四肢、胸下和腹部皮肤角化层灶状糜烂，继而在被毛基部蓄积黄褐色渗出液，近毛囊口处有环绕充血带的小丘疹。该病变经 24～48h 全身化，此时见全身皮肤覆盖厚层黄褐色油脂样恶臭的渗出物，渗出物覆盖下的皮肤成红色斑块。4～5d 后渗出物干固，形成带裂纹的黑褐色结痂，剥去结痂见鲜肉样表皮，被毛尚存。如病变扩展到皮下，则局部淋巴结可发生化脓性淋巴结炎，有些病例出现溃疡性口炎。死亡病例脱水、恶

病质。

亚急性型,见鼻吻、耳、四肢及腕部皮肤显著增厚,伴有苔藓化和明显鳞屑。该型病例死亡率低,恢复缓慢,生长停滞。

[镜检] 毛囊炎病变部皮肤,见有过度和不全角化物,有中性粒细胞浸润、浆液渗出及革兰氏阳性球菌集落。棘细胞层细胞空泡变性和海绵样变,表皮和毛囊外根鞘有海绵样脓疱形成。增生表皮突伸长,基底细胞分裂相增多。真皮水肿,毛细血管高度扩张充血,血管周围有中性粒细胞,偶见嗜酸性粒细胞浸润。严重时,见弥漫性化脓性皮炎。慢性病例表皮增生明显,形成不规则的假癌瘤样增生及过度不全角化,真皮有明显的单核细胞及血管周围炎性细胞浸润。

3. 诊断

仔猪的特征性病变不易与其他疾病混淆,较大猪亚急性型应与螨病和锌缺乏性皮炎相区别。

二十三、猪回肠弯曲菌性感染

猪回肠弯曲菌性感染(ileal campylobacter infection in swine)是一组具有不同特征性病理变化的疾病群,病原菌为痰弯曲菌黏膜亚种。现根据其病变特征分述如下。

(一)猪肠腺瘤病

猪肠腺瘤病(intestinal adenomatosis in swine)又名肠腺瘤增生,以肠黏膜未分化的上皮细胞增生而形成腺瘤为特征,多发生于新断奶的仔猪。

1. 主要临床症状

病猪体况突然下降,体重减轻,食欲不振、多不发热,轻度腹泻。多数病例在出现症状后6周内自愈,但常因生长率下降而被淘汰。目前认为,肠酶活性降低和淋巴管梗阻可能为该病的诱因。

2. 病理变化

[剖检] 病死猪消瘦,病变常局限于回肠、盲肠和结肠前1/3部。回肠肠壁肥厚,浆膜下水肿,肠腔空虚。肠黏膜湿润,偶见附有黄色坏死碎屑物的斑点。黏膜皱褶深陷,常横贯于黏膜面。有时尚见孤立的结节,尤以回肠近端多发;结节轮廓分明,隆凸于黏膜面,其上部较底部为宽。

盲肠和结肠黏膜可见多发性息肉状增生,直径可达1～1.5cm。有的区域,结节可被深的裂隙分割;而一些部位的结节则隆起如岛状;有的结节还具有小蒂。肠黏膜湿润,表面亦附有散在的坏死碎屑物斑点。

[镜检] 回肠黏膜因上皮细胞增生而增厚。病变轻微的区域,病变腺体多呈岛屿状,但常累及黏膜深层。此种呈岛屿状增生的腺体与相邻的正常组织的界限分明。增生的上皮为大而无黏液分泌的高柱状细胞,它们常密集而重叠,胞浆深染伊红,核大呈泡状或长而深染,具有1～2个核仁,常见核分裂相。用甲基绿派洛宁染色,多数细胞呈阳性;用染黏液法染色,仅见少数散在的杯状细胞。黏膜固有层见淋巴细胞、浆细胞和嗜酸性粒细胞浸润,黏膜下层和肌层正常。

盲肠变化与回肠相似,腺瘤增生的表面平整,腺体呈分枝状;腺细胞深染,偶见杯状细胞。增生的腺体呈息肉状结构,且与正常组织界限分明。

石蜡切片用 Warthin-Starry 镀银染色或改良的抗酸染色法可在肠腺上皮细胞的胞浆内发现圆形、弯曲的弯曲菌。

（二）坏死性回肠炎

坏死性回肠炎（necrotic ileitis）是以回肠黏膜发生明显的凝固性坏死并伴发肠腺上皮细胞的增生为特征。

病理变化

［剖检］　见回肠肠壁增厚，黏膜面被覆灰色或黄色的坏死组织，呈龟裂状，其表面常黏附食物微粒。坏死组织的质地坚韧，与黏膜或黏膜下层呈牢固的粘连，伴发肌层水肿。

［镜检］　见回肠黏膜的坏死为凝固性坏死，深达黏膜下层。坏死组织的下方为急性渗出性炎症反应带乃至肉芽组织增生，多数病例尚可见肥大、坏死的腺体，其周围见未成熟的上皮细胞明显增生。

应用免疫荧光染色发现坏死碎屑物内呈阳性荧光反应；电镜观察在未受损的黏膜上皮细胞和受损的黏膜中见多量痰弯曲菌菌体和大肠杆菌，二者数量几乎相等。

（三）局部性回肠炎

局部性回肠炎（regional ileitis）多发生于 3～8 月龄猪，以回肠末端的肠壁增厚为特征。

病理变化

［剖检］　病猪回肠末端的肠壁增厚，坚硬如胶皮管样。切面见肠腔狭窄，黏膜面呈不规则状，黏膜下层肉芽组织增生并扩延至肌层，肌层肥厚，肠壁集合淋巴小结肿胀。

［镜检］　肠绒毛上皮细胞脱落，黏膜表面被覆一层有多量细菌的坏死碎屑物，肠腺呈岛屿状散在，衬附未分化的上皮细胞而显示明显增生。黏膜固有层和黏膜下层有多量单核细胞浸润，并见明显的肉芽组织增生，肌层的平滑肌细胞肥大，集合淋巴小结增生、肿大。电镜观察，在肠腺上皮细胞的顶部胞浆内见有弯曲菌。

从以上病理组织学变化看，局部性回肠炎和肠腺瘤病之间可能具密切关系，因为在该病的经过中亦出现明显的原发性腺瘤变化。因此，局部性回肠炎可以看成是肠腺瘤病的中间型。

（四）增生性出血性肠病

增生性出血性肠病（proliferative haemorrhagic enteropathy）通常发生于年龄较大的猪，死亡率达 50%。

1. 主要临床症状

病猪突然发生严重腹泻、死亡前皮肤苍白以及在 8～24h 内死亡。

2. 病理变化

［剖检］　见尸体因肠道出血而致可视黏膜和皮肤表现苍白，回肠末端的黏膜和黏膜下层增厚，肠腔积有血液。出现症状后立即屠宰的猪，回肠病变并不明显，仅见肠系膜水肿，腹水增量或为血色液体。病程稍长的病例，回肠呈进行性扩张，肠壁肿胀，浆膜下水肿，回肠浆膜外观呈网状，肠腔内蓄积血液或血液凝成的肠管型固体，黏膜下增厚。有些病例在回肠黏膜上有纤维素样假膜，并与黏膜粘合在一起。黏膜与假膜间有血凝块。腹水血红色混浊。空肠黏膜有散在的出血点，大肠多无变化，肠系膜血管扩张充血，肠系膜淋巴结充血、水肿。

[镜检]　早期死亡病例,仅见回肠固有层高度充血、轻度出血。绒毛固有层间隙和乳糜管蓄积多量蛋白质液体,绒毛变型,黏膜固有层有多量嗜酸性粒细胞浸润。病程稍长病例,回肠壁含有多量血液及嗜酸性粒细胞和纤维素。回肠末端黏膜肥厚,肠腺上皮明显增生伴轻度坏死,胞浆嗜伊红。增生上皮细胞核大而呈空泡状,具有 $1\sim2$ 个核仁,常见分裂相。黏膜固有层充血、出血、有多量嗜酸性粒细胞和少量中性粒细胞浸润。

3. 诊断

切片用 Warthin-Starry 镀银染色,在肠腺和黏膜上皮细胞胞浆内以及固有层和黏膜下层的组织间隙中,均可见弯曲杆菌。

二十四、猪接触传染性胸膜肺炎

猪接触传染性胸膜肺炎(porcine contagious pleuropneumonia)又称猪胸膜肺炎,是由胸膜肺炎嗜血杆菌(haemophilus pleuropneumoniae)或称副溶血嗜血杆菌(haemophilusparahaemolyticus)所引起的猪的一种呼吸器官传染病,其特征性病变为纤维素性坏死性和出血性肺炎,伴发纤维素性胸膜炎。

1. 病原及其传播方式

猪胸膜肺炎嗜血杆菌(haemophilus pleuropneumoniae of pig)是嗜血性杆菌中的一种革兰氏染色阴性小杆菌,无运动性,不形成芽孢。在人工培养物中,常呈明显的多形性,有球状、呈短链排列的线状以及丝状等。其生长需要 V 因子,在 5%绵羊血琼脂平皿内能产生明显的溶血。该菌有荚膜,并能产生内毒素,因而有较强的毒力。

该病传染源为病猪和带菌猪,病菌主要存在于病猪的支气管、肺脏和鼻液中,病菌从鼻腔排出后形成飞沫,通过直接接触而经呼吸道传播,拥挤和通风不良可加速传播。

2. 主要临床症状

各种年龄的猪对该病都有易感性,但通常以 6 周至 6 月龄的猪较为多发,重症病例多发生于育肥晚期,死亡率为 20%～100%。

3. 病理变化

最急性病例,病猪流血色鼻液,气管和支气管充满泡沫样血色黏液性分泌物。其早期病变颇似内毒素休克病变,表现为肺泡与间质水肿,淋巴管扩张,肺充血、出血和血管内有纤维素性血栓形成。肺炎病变多发于肺的前下部,而在肺的后上部,特别是靠近肺门的主支气管周围,常出现周界清晰的出血性实变区或坏死区。

急性病例,肺炎多为两侧性,常发生于尖叶、心叶和膈叶的一部分。病灶区呈紫红色、坚实轮廓清晰。间质积留血色胶样液体;纤维素性胸膜炎明显。肾组织病变主要是肾小球毛细血管、肾小球球动脉和小叶间动脉有透明血栓,血管壁纤维素样坏死,此为内毒素血症所致。

亚急性型病例,肺脏可能发现大的干酪性病灶或含有坏死碎屑的孔隙。由于继发细菌感染,致使肺炎病灶转变为脓肿,后者常与肋胸膜发生纤维性粘连。慢性病例常于膈叶见到大小不等的结节,其周围有较厚的结缔组织环绕,肺胸膜与肋胸膜粘连。

4. 诊断

该病发生突然与传播迅速,伴发高热和严重呼吸困难,死亡率高。死后剖检见肺脏和胸膜有特征性的纤维素性坏死性和出血性肺炎、纤维素性胸膜炎,以此可作出初步诊断。如从鼻、支气管分泌物中或肺病变部分离到胸膜肺炎嗜血杆菌,血清学反应(玻片凝集试验)阳性者则可进行确诊。

应注意该病与猪的地方流行性肺炎和猪巴氏杆菌病相鉴别。

二十五、猪副嗜血杆菌感染

猪副嗜血杆菌感染(haemophilus parasuis infection)又名格拉塞尔病(Girlsse disease)。病猪以多发性浆膜炎,即多发性关节炎、胸膜炎、心包炎、腹膜炎、脑膜炎和伴发肺炎为其病变特征。

1. 病原及其传播方式

该病由猪副嗜血杆菌(haemophilus parasuis)引起,是嗜血杆菌中需要不同生长因子的一种细菌。传播方式与猪嗜血杆菌相似。

2. 主要临床症状

该病以 30~60kg 的猪感受性较强,发病猪多因长途运输造成的疲劳或其他应激因素所诱发,故又名"运输病"。病猪常于运输后 3~7d 出现精神沉郁、食欲不振、中度发热(39.6~40℃)、呼吸浅表和出现严重跛行,常以足尖站立并以短步、拖曳步态走路。所有关节肿大、疼痛和腱鞘水肿。耐过急性期的可发生慢性关节炎。某些猪由于发生脑膜炎而表现肌肉震颤、麻痹和惊厥,有些因腹膜粘连而常引起肠梗阻。

3. 病理变化

[剖检]　病猪发生全身性浆膜炎,即见有浆液性纤维素性胸膜炎、心包炎、腹膜炎、脑膜炎和关节炎。其中以心包炎和胸膜肺炎的发生率最高。

渗出于浆膜表面的浆液性纤维素性渗出物,有时可变成一种假膜。关节炎表现为关节周围组织发炎和水肿,关节囊肿大,关节液增多、混浊,内含呈黄绿色的纤维素性化脓性渗出物。发生纤维素性化脓性脑膜炎时,见蛛网膜腔内蓄积有纤维素性化脓性渗出物而致脑髓液变混浊。其他眼观病变表现为肺、肝、脾、肾充血与局灶性出血和淋巴结肿胀等。

[镜检]　除见多发性浆膜炎外,肺脏可能伴发有局灶性坏死与出血。

4. 诊断

应注意与猪支原体性多发性浆膜炎关节炎、猪丹毒、猪链球菌病等相区别。猪支原体性多发性浆膜炎关节炎发病比较温和而不是呈高死亡率的急性爆发,缺乏脑膜炎病变,而该病一般有 80% 的病例伴发脑膜炎。慢性猪丹毒除发生多发性关节炎之外,往往同时出现特征性的疣性心内膜炎和皮肤大块坏死而没有该病的胸膜炎、腹膜炎和脑膜炎变化。猪败血性链球菌病除可见纤维素性胸膜炎、包炎和化脓性脑脊髓脑膜炎外,还可见到脾脏显著增大,并常发伴纤维素性脾被膜炎,用病变组织进行涂片检查或分离培养可发现链球菌。

二十六、仔猪大肠杆菌病

仔猪大肠杆菌病(colibacillosis of piglet)是由大肠杆菌引起的一组仔猪肠道传染病,常表现为初生仔猪黄痢、2~4周龄仔猪白痢、断奶前后仔猪水肿病和仔猪断奶后肠炎等疾病,有时也出现大肠杆菌败血症。

致病性大肠杆菌还可产生细胞毒性坏死因子(CNF),可致动物出现神经症状和黏液性腹泻,引起中枢神经系统水肿和出血、心肌凝固性坏死。

（一）仔猪黄痢

仔猪黄痢（yellow scour of newborn piglet）是由产肠毒素的血清型大肠杆菌引起的出生后几小时到一周龄仔猪的一种急性高度致死性肠道传染病，以剧烈腹泻、排出黄色或黄白色水样粪便以及迅速脱水死亡为特征。

1. 病原及其传播方式

已知的致病性产肠毒素的血清型大肠杆菌至少有十几种菌株，一般都具有 K88、K99、K987P 等抗原。

病菌随母猪和病仔猪粪便排出，污染周围环境或母猪的乳头和皮肤，仔猪在吃奶和舐母猪皮肤时病菌进入肠道。如果母猪初乳中缺乏对该病原菌的特异性抗体，病原菌即可在仔猪小肠黏膜上皮定殖而发病。

2. 主要临床症状

最急性的，看不到明显症状，于生后 10h 突然死亡。生后 2～3d 以上发病的仔猪，病程稍长，排黄色稀粪，含有凝乳小片，肛门松弛，捕捉时从肛门冒出稀粪。病猪精神不振，不吃奶，消瘦、脱水、衰竭而死。

3. 病理变化

［剖检］　病死仔猪因严重脱水而显得干瘦，皮肤皱缩，肛门哆开，肛门周围有黄色稀粪沾污。最显著的病变是胃肠道黏膜上皮的变性和坏死。胃膨胀，胃内充满酸臭的凝乳块，胃底部黏膜潮红，部分病例有出血斑块，表面有多量黏液覆盖。

小肠，尤其是十二指肠膨胀，肠壁变薄，黏膜和浆膜充血、水肿，肠腔内充满腥臭的黄色、黄白色稀薄内容物，有时混有血液、凝乳块和气泡；空肠、回肠病变较轻，但肠内臌气很显著。大肠壁变化轻微，肠腔内也充满稀薄的内容物。

［镜检］　胃黏膜上皮脱落，固有层水肿，有少许炎性细胞浸润；胃腺腺体和腺管的上皮细胞空泡变性、液化性坏死和脱落；严重者腺管仅存框架，整个腺管变成无结构的网状物。肠黏膜上皮完全脱落，绒毛袒露，固有层水肿，肠腺萎缩，腺上皮细胞空泡化，严重者呈液化性坏斑，变成网状的纤维素样物质。在固定良好的切片中，可见绒毛的上皮表面有成丛或成层的大肠杆菌，于绒毛固有层见有中性粒细胞浸润。肠系膜淋巴结充血、肿大，切面多汁。心、肝、肾组织有不同程度的变性并常见凝固性坏死灶；脾淤血；脑充血或有小点状出血，少数病例脑实质有小液化灶。

4. 诊断

根据特征性病理变化和 5 日龄以内的初生仔猪大批发病，泄泻黄色稀粪，就可作出初步诊断；若从病死猪肠内容物和粪便中分离出致病性大肠杆菌，而且证实大多数菌株具有黏着素 K 抗原和能产生肠毒素，则可确诊。鉴别诊断方面，该病应注意和由病毒引起的猪传染性胃肠炎和流行性腹泻鉴别，后两者也都是传播迅速的急性肠道传染病，表现剧烈腹泻，但各种年龄的猪都发病，常有呕吐而仅幼猪多发死亡。

（二）仔猪白痢

仔猪白痢（pig white scour）是 10～30 日龄仔猪多发的一种急性肠道传染病，以排泄腥臭的灰白色黏稠稀粪为特征；发病率较高，病死率较低。几乎所有猪场都有该病，是危害仔猪的重要传染病之一。

1. 病原及其传播方式

病原与引起仔猪黄痢、仔猪水肿病的大肠杆菌血清型基本一致。没有及时给仔猪吃初乳，母猪奶量过多、过少与奶脂过高，母猪饲料突然更换、气候反常，受寒等都是该病的诱因或原发性病因。

2. 病理变化

［剖检］　尸体脱水、消瘦，肛门和尾、股部常有灰白色稀粪沾污。胃内有凝乳块，幽门部黏膜轻度潮红。小肠黏膜呈充血而潮红，肠壁淋巴小结稍增大，肠腔内有黄白色至灰白色黏性的稀薄内容物，混有气体，放腥臭气味。

［镜检］　小肠绒毛上皮细胞高度水肿，固有层充血，无明显炎症浸润。肠系膜淋巴结潮红肿大。病期久者，表现胃肠空虚，具轻度卡他性炎症，肠壁薄而显得透明。心、肝、肾可能发生变性，其他器官无明显变化。

3. 诊断

临床上，根据主要侵害 10～30d 仔猪，普遍排泄灰白色稀粪，普遍排泄灰白色稀粪，致死率低，又有胃肠病变，可做出诊断。但是，若白痢作为脂肪消化吸收障碍的一种症状，则还见于几种病毒性传染病，如轮状病毒感染以及非传染性腹泻时，即使从病仔猪分离出致病性大肠杆菌，也还需要确定它是原发性病原抑或继发性感染。

（三）猪水肿病

猪水肿病（edema disease of swine）是断奶前后仔猪多发的一种急性肠毒血症，虽发病率不高，但通常是致死性的。其以突然发病、头部水肿并具共济失调和惊厥等神经症状为特征，死亡极快。

1. 病原及其传播方式

病原菌大多数是溶血性大肠杆菌，也是引起仔猪黄痢的大肠杆菌血清型。这些菌株一般不具有菌毛黏着素，但可能产生肠毒素，它们在小肠内定殖，产生和释放一种有抗原性的水肿病因子（EDP，又称为大肠杆菌神经毒素），引起小血管病变而导致水肿。该菌主要通过猪舍污染传播。

2. 主要临床症状

该病通常呈散在发生，传染性不明显，在一窝仔猪中较肥壮而生长快的仔猪首先发病，断奶、喂饲大量精料可以促进该病的发生。发病突然，病初表现轻度精神委顿、食欲减退、步态不稳、体温短时略有升高后降至常温；随之可见头面部及眼睑水肿，并出现神经症状，大多行走不稳，摇摆，盲目行走或转圈，有的病猪前肢跪地，两后肢直立，有的卧地不起，四肢划动，似游泳状，口吐白沫，用手触摸猪体，反应敏感，兴奋不安，叫声嘶哑，表现惊厥。该病进程很快，一般均在 48h 以内死亡或恢复，大猪病程较长，常可延至 5～7d 或更长时间，致死率达 90%。

3. 病理变化

［剖检］　尸体营养良好，皮肤和黏膜苍白。特征的病变是胃壁、结肠肠系膜、眼睑和面部以及下颌淋巴结水肿（图 7-24，见图版）。胃内常充盈食物，黏膜潮红，有时出血；胃底区黏膜下有厚层的、透明有时带血的胶冻样水肿物浸润，使黏膜层和肌层分离，水肿层有时可达 2～3cm 厚，严重的可波及贲门区和幽门区，但轻症病例则呈局部性水肿，需在多处切开胃壁才能发现。

结肠袢的肠系膜呈透明胶冻样水肿,充满于肠袢间隙。眼睑和面部浮肿,皮下积留水肿液或透明胶冻样浸润物。下颌淋巴结肿胀,切面多汁,有时有出血。

[镜检]　最显著的变化是小动脉发生所谓血管病(angiopathy)或全动脉炎(panangiitis),开始为内皮细胞肿胀、变性,发展为中膜平滑肌细胞纤维素样坏死,外膜水肿,伴有单核细胞、嗜酸性粒细胞浸润。血管病变可见于任何组织,包括脑脊髓;在病期拖长的病例尤其明显。在脑、肺、肾、肝、胃、淋巴结、心肌、脾等器官可见小动脉、小静脉和毛细血管有透明血栓形成。水肿部位的水肿液含有大量蛋白质、少量红细胞和炎性细胞,中枢神经系统的脑干部具脑水肿和局灶性脑软化灶,这与脑血管病变有关,而坏死是水肿和局部缺血的结果。其他病变还有心肌纤维变性、坏死和间质水肿;肝小叶中心或周边的肝细胞坏死;肾小管上皮细胞颗粒变性和透明滴状变。

4. 诊断

水肿病的诊断根据典型的水肿变化和血管病变,结合临床表现(生长猪出现头部水肿、神经症状和突然死亡)即可以做出。如果能分离到属于常见血清型的大量溶血性大肠杆菌,并证实该菌株能产生或肠内容物中存在水肿病因子则可确诊。在鉴别诊断时,应当注意与仔猪断奶后肠炎与内毒素血症、桑葚心病、食盐中毒、沙门菌性脑膜脑炎和其他表现神经症状的传染性脑炎相区别,这些疾病都没有水肿病特有的眼睑、胃、结肠肠系膜水肿和血管病变化。

(四) 仔猪断奶后肠炎

仔猪断奶后肠炎(postweaning *E. coli* enteritis)发生于断奶后 1～2 周仔猪,伴发于水肿病,发病率高,死亡率低。

1. 病原及其传播方式

病原为溶血性 O_{138}、O_{139}、O_{141} 和 O_{149} 血清型大肠杆菌。病原经污染的环境感染仔猪,母乳免疫消失及先期感染轮状病毒成为诱因。

2. 主要临床症状

病仔猪消瘦,腹泻,排黄色水样便,皮肤紫红色。

3. 病理变化

尸体消瘦,皮肤紫红。胃有出血性梗死,小肠壁弛缓,肠黏膜色泽正常,肠腔内蓄积米黄色黏液。后段小肠黏膜充血,内容物水样并混有血液和黄色黏液。肠系膜淋巴结充血、肿大、多汁。

4. 诊断

一般急性、亚急性病例经临床症状及病变特征即可初步诊断,加以细菌及血清学鉴定即可确诊。还应与猪水肿病、肠腺瘤病、沙门菌病及猪痢疾相鉴别。

二十七、猪膀胱炎和肾盂肾炎

猪膀胱炎和肾盂肾炎(cystitis and pyelonephritis of pig)是由棒状杆菌属(*Corynebacterium*)的猪棒状杆菌(*C. suis*)引起的猪泌尿系统的一种化脓性、纤维素性、坏死性炎。该病主要是通过配种由尿道口擦伤感染所致。临床以母猪发生尿液混浊或排出血尿为主要特征。

1. 病原及其传播方式

猪棒状杆菌为革兰氏阳性菌,具有多种形态,如球状或杆状,多数为一端较粗大的棍棒状杆菌,不形成荚膜。该菌可在血琼脂培养基上生长良好,培养 2d 后可见直径 2～3mm 的灰色、表面不透明且边缘呈锯齿状的菌落,继续培养菌落可达到直径 4～5mm。病原菌多经尿道、生殖道口感染,首先引起尿道炎或膀胱炎,然后导致肾盂肾炎。

2. 主要临床症状

病猪饮水量增加,体温稍高,一般不超过 40℃。母猪外阴部轻度肿胀,阴道口周围潮湿、肮脏,尿液混浊。病情重者频频排尿,尿量少而混浊带血色,或排尿困难,排尿时有疼痛反应,腰背拱起,不愿走动,尿中含有脓球、血块、纤维素及黏膜碎片。个别的猪因尿毒症而死亡。乳猪、仔猪、育肥猪和种公猪不易感染。

3. 病理变化

[剖检] 病猪外阴部有脓性分泌物,尿道黏膜潮红、肿胀,散在点状出血伴发坏死。膀胱黏膜病初仅呈现小的、弥漫性潮红区,被覆少许黏液,发病后期则呈现弥漫性出血和化脓性、纤维素性坏死性炎变化,膀胱蓄积血红色尿液,内含血凝块、纤维素、脓和黏膜坏死碎片。输尿管变粗,管壁增厚,黏膜的炎症变化与膀胱相同。肾盂扩张,黏膜出血、坏死,蓄积脓性、纤维素性渗出物。肾组织受侵害时,可见两侧肾脏肿大,有的可达正常的 2 倍左右,被膜易剥离;肾脏表面和切面可见灶状性弥漫性灰黄色、化脓性坏死病变,肾盂扩张,肾盂内积有灰白色无臭的黏性脓性渗出物,并混有纤维素凝块、小凝血块和坏死组织;肾盂黏膜充血或出血,表面有纤维素性脓性渗出物,肾乳头坏死。

4. 诊断

除凭借特殊的症状和病变外,应采取尿内脓块做涂片镜检,同时取病料接种于血琼脂上,分离得纯培养后进行鉴定,即可确诊。

二十八、猪布氏杆菌病

猪布氏杆菌病(brucellosis)是由布氏杆菌属的细菌引起猪的一种慢性传染病。猪主要病变为妊娠子宫和胎膜发生化脓坏死性炎、公猪睾丸炎、巨噬细胞系统增生与肉芽肿形成。

1. 病原及其传播方式

猪布氏杆菌都呈球杆状或短杆状,革兰氏阴性,在形态和染色特性方面无明显差别。该菌不产生外毒素。

病原菌随病猪的精液、乳汁、脓液,特别是流产胎儿、胎衣、羊水以及子宫渗出物等排出体外,通过污染饮水、饲料、用具和草场的媒介而造成环境污染。病原菌动物经消化道、结膜、阴道、损伤或未损伤的皮肤感染。

2. 主要临床症状

(1)病畜出现不定期的反复发热,即菌血症时病畜出现体温升高,病原菌局限于一些器官时病畜体温恢复正常,如此反复发作使感染动物衰竭。

(2)怀孕母猪流产。流产通常发生在怀孕的第 2 至第 3 个月之间。流产胎儿有的已干尸化或死亡不久,有的为弱仔猪。

3. 病理变化

[剖检] 病死母猪妊娠的子宫呈现粟粒性子宫内膜炎及弥漫性卡他性子宫内膜炎。子宫黏膜膜充血、出血和水肿,表面有少量奶油状卡他性渗出物。黏膜上散在分布着很多呈淡黄色的小结节,其直径多半为 2～3mm,大的可达 5mm。结节质地硬实,切开可挤出少量干酪样物

质；小结节多时可相互融合形成不规则的斑块，从而使子宫壁增厚和内腔狭窄，通常称其为粟粒性子宫布氏杆菌病。输卵管也见类似子宫的结节性病变，有的可引起输卵管阻塞。在子宫阔韧带上有时见散在一些扁平、红色、不规则形的小肉芽肿。胎儿胎盘也呈现充血、出血和水肿，表面有一薄层淡黄色或淡褐色黏液脓性渗出物。涂片检查可见很多游离的病原菌和含菌的上皮细胞。胎儿皮下水肿，在脐周围尤其明显，并由此渗入体腔。水肿液常被血液染成红色。

胃内容物正常或者呈黏稠、混浊、淡黄色，并含有凝乳状样的小絮片。

［镜检］　见子宫黏膜固有层中的结节均呈现布氏杆菌性增生性结节和上皮样细胞性结节。子宫黏膜上皮和表层腺体上皮细胞部分保留，部分脱落，部分化生为鳞状上皮。固有层水肿，淋巴细胞浸润，有的区域形成淋巴小结，子宫腺腔内有脱落上皮细胞、单核细胞和黏液；深部腺体呈囊状扩张，其腺上皮变薄，腺腔中充满黏液性内容物，炎性细胞很少。

公猪布氏杆菌性的睾丸炎结节中心为坏死灶，外围有一上皮样细胞区和浸润有白细胞的结缔组织包囊。附睾通常也发生同样的病变。有些病例睾丸鞘膜发生纤维素性化脓性炎。

由猪布氏杆菌引起的关节病变是常见的，主要侵害四肢大的复合关节。病变开始呈滑膜炎，进而发展为化脓性或纤维素性化脓性关节炎。猪布氏杆菌还可引起猪椎骨（常见于腰椎）的骨髓炎和骨的病变，后者表现为具有中央坏死灶的增生性结节，有的坏死灶可发生脓性液化，化脓性炎症的蔓延可能引起化脓性脊髓炎或椎旁脓肿。

此外，淋巴结、脾、乳腺、肝、肾等也可发生布氏杆菌性结节性病变。

4. 诊断

根据病猪的临床和病理学特征可作出初步诊断，经病原学鉴定而确诊。

二十九、猪传染性萎缩性鼻炎

猪传染性萎缩性鼻炎(infectious atrophic rhinitis of swine, IAR)是由支气管败血波氏杆菌所引起的一种慢性接触性传染病。病猪在临床上主要表现打喷嚏、鼻塞等鼻炎症状，颜面部变形引起"歪鼻子"、"短鼻子"或"塌鼻子"和生长迟缓。其特征性的病理变化为鼻甲骨萎缩，尤以下鼻甲骨下卷曲的萎缩最为常见，严重时可蔓延到鼻骨、颌骨以及筛骨，使之变薄并破坏其固有结构。该病目前在国内的一些地方有散发的报道。

猪传染性萎缩性鼻炎虽然可发生于各种年龄的猪，但通常以幼猪的病变最为明显。该病的死亡率虽不高，但由于导致猪的生长缓慢而造成很大的经济损失。除猪外，该病原也可感染犬、猫、牛、马、羊、鸡、麻雀、猴、兔、鼠、狐及人并引起慢性鼻炎和化脓性支气管肺炎。

1. 病原及其传播方式

支气管败血波氏杆菌I相菌是该病的病原。

该病的主要传染源是病猪和带菌猪，主要通过飞沫传染。病猪或带菌猪可从鼻腔分泌物和呼出的气体中排菌，并经呼吸道把病原菌传染给幼猪。

支气管败血波氏杆菌的I相菌可产生凝集素、溶血因子、组织胺致敏因子以及坏死毒素等。因此，黏附于鼻腔黏膜并增殖成菌落的波氏杆菌与其产生的各种毒素通常可引起鼻黏膜炎、眼结膜炎、脑膜炎和支气管肺炎。如果鼻黏膜的急性炎症继续发展，鼻黏膜的屏障作用遭到破坏，使细菌及其毒素很快进入黏膜下组织，引起深部的组织的损伤。

2. 主要临床症状

初生几天或几周的仔猪感染后最易引起典型的鼻甲骨萎缩，并且症状较重。较大的猪感染后可能发生卡他性鼻炎、咽炎和轻度的鼻甲骨萎缩。更大的猪感染后一般看不到症状而成为带菌猪。

3. 病理变化

[剖检]　萎缩性鼻炎的病变常以鼻腔(特别是鼻甲骨)及其邻近组织最为明显,因此为了详细检查病猪鼻腔及其邻近组织,特别是鼻甲骨的病变,可将病猪颅骨在鼻甲骨发育丰满的部位锯开,以充分暴露两侧鼻甲骨进行检查。当鼻腔病变轻微时,仅在下鼻甲骨的前部见到病变。病初,鼻黏膜通常因水肿而增厚,在其前部表面有稀薄的浆液性渗出物,在后部的隐窝和筛骨小室内蓄积浓稠的脓性渗出物。

随着疾病的发展,鼻甲骨逐渐发生萎缩,经常发生的部位是下鼻甲骨的下卷曲,严重的病例,两侧下鼻甲骨的上、下卷曲全部萎缩消失,鼻中隔弯曲,鼻腔变为一个空洞样鼻道。鼻甲骨病变发生、发展过程是:鼻甲骨黏膜首先发生淤血和糜烂,接着鼻甲骨开始软化,骨质被破坏,隐窝中蓄积黏液脓性渗出物,继而鼻甲骨逐渐萎缩消失。严重的病例仅见留下小块黏膜皱襞附着在鼻腔的外侧壁上,鼻腔四周的骨骼变薄。由于鼻甲骨萎缩,故常导致病猪的面部或头部变形。

如果细菌毒力不强或感染猪的日龄较大(3周龄以上)以及病程长的病例,则可引起慢性骨硬化病变。此时,鼻甲骨肥厚,卷曲不正或不完整,充满鼻腔而致鼻道腔隙变小。

病猪发生肺炎的比例较高,主要在肺尖叶和心叶的背侧,多呈小叶性或多个小叶融合性病变。

[镜检]　见鼻腔黏膜上皮的纤毛减数,纤毛间隙扩大,杯状细胞增数。随即黏膜的上皮显示增殖和化生,表现假复层柱状纤毛上皮、杯状细胞消失而为不规则的多形细胞所取代。有时还出现灶状溃疡或鳞状细胞化生。黏膜固有层的纤维化发展缓慢。黏膜层中的许多腺体,在病的早期含有大量浓稠的黏液或坏死的崩解物,后期常因炎症过程的压迫而致腺管阻塞。其中许多腺体发生囊肿样变化。

幼龄病仔猪疾病早期见鼻甲骨有较多的破骨细胞,而在陈旧的病灶中,破骨细胞则稀少或完全缺乏。骨组织的骨基质变性,呈嗜酸性或嗜碱性着染。骨细胞变性、减少,骨陷窝扩大,骨质变为疏松。骨髓腔在病的初期呈现充血、水肿,依病程发展则见多量成纤维细胞增生。同时还见骨膜内和骨小梁周边出现多量不成熟的成骨细胞和成骨细胞增生形成小的不规则的骨小梁。

肺明显充血和出血。一些肺泡内见有中性粒细胞、浆液和脱落的肺泡上皮。有的肺泡上皮化生为立方上皮。另外,还可见肺纤维化和早期血管出现内皮细胞肿胀、增生,随后在血管周围、肺胸膜下和支气管周围出现巨噬细胞浸润和成纤维细胞增生,继而肺实质也发生纤维化。

其他器官表现心肌的小血管周围可见淋巴细胞、浆细胞和单核细胞浸润;肝脏偶见小叶内坏死灶;肾脏呈现增生性肾小球肾炎;脾脏及全身淋巴结萎缩;胸腺皮质萎缩;甲状旁腺主细胞轻度增生;神经系统呈现轻度非化脓性脑膜脑炎和神经节炎。

4. 诊断

该病应注意与以下疾病相鉴别。

传染性坏死性鼻炎:该病是由坏死杆菌所引起,主要发生于外伤之后,可导致鼻腔的软组织及骨组织坏死,有腐臭并形成溃烂或瘘管。同时,在猪的颈部、胸侧或臀部等处皮肤常见有丘疹、溃疡和结痂;有时还伴发有坏死性口炎,唇、舌、齿龈及颊黏膜发生溃疡,上附有坏死组织。这些变化与萎缩性鼻炎是不同的。

骨软症:是由维生素 D 与钙缺乏所引起的成年猪的一种营养代谢性疾病,虽然病猪的鼻部肿大、变形,面部骨质疏松,呼吸困难,但无喷嚏和泪斑,鼻甲骨不萎缩。

猪传染性鼻炎:是由铜绿假单胞菌引起,表现为出血性化脓性鼻炎症状。病猪体温升高,食欲废绝;如侵入中枢神经,则出现神经症状,往往死亡。剖检时,可见鼻腔、鼻窦的骨膜、嗅神经及视神经鞘,甚至脑膜发生出血;而萎缩性鼻炎则无此变化。

猪包涵体性鼻炎:由细胞巨化病毒所引起,主要侵害 2～3 周龄的哺乳仔猪,呈急性经过,表现为具有中等度发热的一般鼻炎症状。流少量浆液黏液性鼻漏。如病程延长,由于继发细菌感染,则可能变为卡他性化脓性鼻漏。此病的发病率高,但在没有化脓性并发症时,死亡率较低;常见的并发症有鼻窦炎、中耳炎和肺炎。虽然此病常与猪萎缩性鼻炎混合感染,但也可单独发生。当幼猪发生鼻炎时,病猪常常打喷嚏,吸气困难,易与猪萎缩性鼻炎混淆。但是猪细胞巨化病毒感染不易引起鼻甲骨萎缩。镜检,鼻黏膜的组织学变化为非化脓性鼻炎,具有鳞状上皮化生的倾向;最为特征性的变化是在鼻黏膜固有层的腺体及其导管的所有巨化上皮细胞核内出现大的嗜碱性包涵体,这在感染后第 10 天即可见到,通常在第 27 天即消失。此外,在肾脏和唾液腺也可见到巨化细胞核内包涵体。另外,该病还可以引起贫血、下颌和跗关节周围水肿。

三十、猪沙门菌病

猪沙门菌病(salmonellosis in swine)又称猪副伤寒,主要危害 2～4 月龄小猪,可呈地方性流行,造成大批猪发病死亡。该病的急性型表现为败血症,亚急性和慢性型以顽固性腹泻和回肠及大肠发生固膜性肠炎为特征。

1. 病原及传播方式

沙门菌隶属于肠杆菌科。沙门菌有近 2000 种(血清型),猪霍乱沙门菌(*Salmonella choleraesuis*)及其孔道夫变种(*S. choleraesuis* var. *kunzendorf*)是主要的病原菌,可引起败血性传染和肠炎;猪伤寒沙门菌(*S. typhisuis*)则以引起溃疡性小肠结肠炎以及坏死性扁桃体炎和淋巴结炎。带菌动物对直接或间接地与它接触的其他动物都是传染源。

沙门菌产生的细胞毒素可引起肠黏膜上皮细胞坏死和脱落以及固有层中炎症细胞浸润。沙门菌内毒素能损伤血管内皮并致小血管壁纤维素样坏死,从而促发弥漫性血管内凝血和休克。抗病力较强的猪体,病原菌经血流进入肝、脾、肺、肠等器官,引起这些部位炎症、坏死和增生性病变。

2. 主要临床症状

急性型主要症状呈高热和呼吸极度困难,末梢部位皮肤呈蓝紫色,后躯软弱,通常在 1～3d 内死亡。亚急性慢性型临床上表现慢性结肠炎症状;体温升高但波动不定,顽固性腹泻、消瘦和营养衰竭。

3. 病理变化

猪副伤寒通常分为急性型、亚急性型和慢性型。

1)急性型(败血型)　可发生于各年龄组的猪。

[剖检]　见病死猪的头部、耳朵和腹部等处皮肤出现大面积蓝紫斑,各内脏器官具一般败血症的共同变化。全身浆膜与黏膜以及各内脏有不同程度点状出血,全身淋巴结尤其是肠系

膜淋巴结及内脏淋巴结肿大,呈浆液性炎症和出血(图7-25,见图版)。心包和心内、外膜有小点出血,有时有浆液性纤维素性心包炎。常有出血点。肝脏肿大、淤血,在被膜有时见有出血点。许多病例可见肝内有许多针尖大至粟粒大的黄灰色坏死灶和灰白色副伤寒结节。肺脏多半表现淤血和水肿,气管内有白色泡沫,小叶间质增宽并积有水肿液。肺的尖叶、心叶和膈叶的前下部常有小叶性肺炎灶脑膜和脑实质有出血斑点。胃黏膜严重淤血和梗死而呈黑红色,病期超过一周时,黏膜有浅表性糜烂。肠道通常有卡他性肠炎,严重者为出血性肠炎。肠壁淋巴小结普遍增大,并常发生坏死和小溃疡。

　　[镜检]

　　脾脏:红髓淤血,散在出血,淋巴小结变小,有多量巨噬细胞和少量中性粒细胞浸润,还见数量不等的微小坏死灶,灶内可见有许多病原菌;有些坏死灶可因巨噬细胞呈反应性增生而形成副伤寒结节。

　　肾脏:有些病例出现弥漫性肾小球肾炎并且伴有轻度肾病和透明管型;另一些病例则见出血性肾小球肾炎,肾小球的毛细血管内有透明血栓,偶有细菌栓子。病变的小动脉内还见有纤维素性血栓。上述血管病变可认为是全身性施瓦茨曼(Shwartzman)反应的表现。

　　肺脏:最常见变化是血管炎、血栓形成和肺泡间隔中有大量单核细胞浸润,肺泡内充满水肿液和中等量的肺泡巨噬细胞。极严重病例伴发有纤维素性肺炎。

　　脑膜脑脊髓:部分病例可见血管炎。在软脑膜和蛛网膜的静脉周围有大量单核细胞浸润,静脉内也有单核细胞和中性粒细胞、嗜酸性粒细胞聚集。脑实质有弥漫性肉芽肿性脑炎,偶发脑软化,少数病例还见微小脓肿,病灶内可见细菌栓子。上述病变也见于脊髓。

　　2)亚急性和慢性型　此种病型比急性型更为常见,一般由急性型迁延而来,但多数是开始即呈此种病型。

　　[剖检]　尸体极度消瘦,腹部和末梢部位皮肤出现紫斑,胸腹下和腿内侧皮肤上常有豌豆大或黄豆大的暗红色或黑褐色痘样皮疹。

　　后段回肠和各段大肠发生固膜性炎,该病变是在肠壁淋巴组织坏死基础上发展起来的,初期,肠壁集合淋巴小结和孤立淋巴小结明显肿大,突出于黏膜表面,随后其中央发生坏死,逐渐向深部和周围扩展,同时有纤维素渗出,并与坏死肠黏膜凝结为糠麸样的假膜,这种假膜因混杂肠内容物和胆汁及坏死组织,呈现污秽的黄绿色(图7-26,见图版)。坏死可向深层发展,当波及肌层和浆膜层时,可引起纤维素性腹膜炎。

　　肠系膜淋巴结、咽后淋巴结和肝门淋巴结等均明显增大,有时增大几倍,切面呈灰白色脑髓样(脑髓样增生),并常散在灰黄色坏死灶,有时形成有大块的干酪样坏死物。扁桃体多数病例伴有病变,表现肿胀、潮红,隐窝内充满黄灰色坏死物,间或有溃疡肝脏呈不同程度淤血和变性,肝实质内有许多针尖大至粟粒大的灰红色和灰白色病灶,从表面和切面上观察时,可见一个肝小叶内有时有几个小病灶。此为猪副伤寒的特征性病变。

　　脾脏稍肿大,质度变硬,常见散在的坏死灶。肺尖叶、心叶和膈叶前下部常有卡他性肺炎,继发巴氏杆菌或化脓细菌感染则发展为肝变或化脓灶。

　　[镜检]　肠壁淋巴小结在病变开始时表现网状细胞和单核细胞显著增多,随后增生的细胞发生坏死,后者迅速扩大而形成溃疡,同时有大量纤维素渗出和中性粒细胞浸润。固有层明显水肿并有单核细胞浸润,毛细血管常有纤维素性血栓。微血管的血栓形成引起局部缺血而导致黏膜坏死。再后,坏死区和周围组织交界处出现炎性反应带和肉芽组织增生,有大量中性粒细胞和纤维素聚集,此为肉眼所见的溃疡的堤状边缘。在固膜性坏死物腐离脱落后,即由溃

疡底部和周围有肉芽组织生长填补缺损,最后形成瘢痕。大肠黏膜广泛发生坏死性固膜性肠炎,坏死肠黏膜表面有大量纤维素和中性粒细胞渗出,并与坏死物凝结为坏死性固膜。严重时,回肠和各段大肠黏膜都覆盖厚层的糠麸样物。

肠系膜、咽后和肝门淋巴结:主要为网状细胞普遍增生和有许多巨噬细胞浸润,灶状坏死,有时还见有副伤寒结节。

肝脏:肝组织中可见病变如下。①凝固性坏死灶:由坏死的肝细胞、渗出的白细胞和纤维素组成,并混杂有红细胞,称为渗出性结节,即眼观的灰红色病灶;②副伤寒结节:由增生的网状细胞、单核细胞和少量中性粒细胞组成细胞结节(图7-27,见图版),即眼观的灰白色病灶;③还有一些这两种结节之间过渡形态的结节。此外,还可见汇管区和小叶间质中结缔组织增生和淋巴细胞浸润,以及中央静脉和叶间静脉出现静脉内膜炎。

脾脏:网状细胞和淋巴细胞普遍增生,并有副伤寒结节。肺的尖叶、心叶和膈叶前下部常有卡他性肺炎病灶,若继发巴氏杆菌或化脓性细菌感染则发展为肝变区或化脓灶。

4. 诊断

结合临床资料和特征性副伤寒结节病变,可以作出病理诊断。急性型病例则应依靠细菌学诊断。与慢性猪瘟的鉴别是,猪瘟大肠有纽扣状溃疡,其呈典型轮层状隆起,中央凹陷,而且肠系膜淋巴结不呈脑髓样增生。肝脏内也无小灶状坏死和副伤寒结节。但慢性猪瘟常伴有副伤寒并发感染,为确诊应进行病原学检查。

三十一、猪巴氏杆菌病

猪巴氏杆菌病(swine pasteurellosis)是由多杀性巴氏杆菌引起的猪呼吸道、肺及关节病变的传染病,又称猪肺疫。由于感染菌型不同,可分为地方流行性和散发性两种类型。地方流行性猪肺疫病猪发病急,死亡快、体温升高、呼吸困难、颈部红肿,故俗称"锁喉风"、"大红脖"、"肿脖子瘟"(图7-28,见图版),由感染Fg型菌引起。散发性猪肺疫由Fo型巴氏杆菌引起,病程可延至1~2周,其主要特征是发生纤维素性胸膜肺炎和慢性关节炎。

1. 病原及其传播方式

多杀性巴氏杆菌(pasteurella multocida)为小型短杆菌,两端钝圆,中央微凸,近似于椭圆形或球形。在病畜体液中的菌体稍肥大些,多呈单个存在。但经长期人工培养,菌体变为长杆状,少数呈长链状,长短差异较大。自然病料涂片染色镜检,多呈杆菌,两端着色深,中间部着色极浅,又称两极菌。菌体周围隐约可见到为菌体1/3宽的荚膜。无鞭毛,不能运动,不形成芽孢;革兰氏染色呈阴性。病猪、带菌猪及其他感染动物是本病的传染源。病猪排出的分泌物和排泄物中含大量病菌,污染饲料、饮水、用具和外界环境,经消化道传染;或者由咳嗽、喷嚏排菌,通过飞沫经呼吸道传染;也可经吸血昆虫传染及经皮肤、黏膜伤口发生传染。健康带菌猪在环境变化、应激因素情况下如天气突变、潮湿、拥挤、通风不良、饲料突然改变、长途运输、寄生虫病等,引起猪抵抗力下降,也可发生内源性感染。

2. 主要临床症状

最急性型:俗称"锁喉风",常突然发病死亡。病程稍长病猪,体温41℃以上,食欲废绝,精神沉郁,寒战,呼吸困难,白猪在耳根、颈、腹等部皮肤可见明显的红斑。咽喉部肿大、坚硬,有热痛,病猪张口喘气,口吐白沫,可视黏膜发绀。严重者呈犬坐式张口呼吸,终因窒息死亡。病程1~2d。

急性散发性猪肺疫:病猪体温41℃左右,病初为干性短咳,后变为湿性痛咳,鼻孔流出浆液性或黏液性分泌物,呼吸困难,可视黏膜发绀,口角有白沫。触诊胸部有痛感,初期便秘,粪表面被覆有黏液,有时带血,后转为腹泻。多在4～6d死亡。不死者常转为慢性。

慢性散发性猪肺疫:病猪持续咳嗽,呼吸困难,持续性或间歇性腹泻,逐渐消瘦,被毛粗乱,行动无力,有的关节肿胀、跛行。皮肤出现湿疹。有的病猪皮肤上出现痂样湿疹,最后多因衰竭而死亡。不死的成为僵猪。

3. 病理变化

[剖检] 最急性型尸体呈急性咽峡炎。咽喉黏膜下组织呈急性出血性炎性水肿,蓄有多量淡黄色略透明的液体,组织呈黄色胶冻样。咽喉部黏膜肿胀声门部狭窄,严重病例咽喉阻塞。水肿可蔓延到舌根部,甚至波及胸前和前肢皮下。颌下、咽后及颈部淋巴结充血、出血、水肿而高度肿大,有的病例可见淋巴结坏死。全身浆膜和黏膜有点状出血。胸、腹腔和心包腔内液体量增多,有时见有纤维素蛋白渗出。肺淤血、水肿,有时可见肺组织内存有散在的局灶性红色肝变病灶。

急性或慢性散发性猪肺疫经过的病例,肺病变特点显著,具有纤维素性肺炎不同发展阶段的各种变化。病变可波及一侧或两侧肺叶的大部,但病变最多见的发生部位为尖叶、心叶和膈叶前部,严重时可波及整个肺叶。病变部肺组织肿大、坚实,表面呈暗红色或灰黄红色(图7-29,见图版),被膜粗糙,有时见附有纤维素性薄膜。病变部与相邻组织界限明显。切面由于病程长短不同,呈现不同色泽的肝变样病灶。有的病灶切面呈暗红色,有的呈灰黄红色,有的病灶以支气管为中心发生坏死或化脓,有的发展为坏疽性肺炎。病灶部肺小叶间质增宽、水肿,故使整个肺切面往往形成大理石样花纹(图7-30,见图版)。病灶部周围组织一般均表现淤血、水肿或气肿。

[镜检] 最急性型可见咽喉部水肿液中存在大量病原菌和不同数量的中性粒细胞。急性或慢性病例,见肺泡壁毛细血管呈严重淤血和出血,肺泡腔内存有浆液、纤维素和大量中性粒细胞。间质疏松、水肿,间质内淋巴管扩张或形成淋巴栓塞。有的病灶内存有化脓灶、坏死灶;到疾病晚期还见有结缔组织增生而形成的机化灶。

4. 诊断

根据临床症状和特征性病理变化可以作出诊断,也可对病料作涂片染色镜检,根据病原菌的形态即可判断。在鉴别诊断上应注意与猪瘟、猪丹毒、猪炭疽及猪气喘病相区别。急性猪瘟全身出血病变明显,尤其皮肤及淋巴结出血有特征性。急性猪丹毒有皮肤疹块和急性炎性脾肿。另外,猪肺疫的纤维素性胸膜肺炎是猪瘟、猪丹毒没有的。猪气喘病多发于幼龄猪,其肺部病变为两侧对称的支气管肺炎。

三十二、猪坏死杆菌病

猪坏死杆菌病(necrobacillosis of swine)主要是由坏死梭杆菌引起的一种创伤性传染病,各种哺乳动物和禽类都可发生。猪坏死杆菌病常见于颈、胸、臀、耳根和四肢皮肤出血性坏死性炎。

1. 病原及其传播方式

坏死梭杆菌(fusobacterium necrophorum),为多形革兰氏阴性细菌,在坏死性炎灶内多呈长丝状,也有呈球杆状,用复红美蓝染色着色不均匀,本菌为严格厌氧,较难培养成功。1%福尔马林、1%高锰酸钾、4%乙酸都可杀死该菌。此菌对理化因素抵抗力不强,草食动物的胃、肠道和猪的盲肠中都有此菌并随粪便不断排出,在污染的土壤中能长时间存活,因此坏死梭杆菌广泛存在于上述动物的周围环境中。病菌主要经皮肤或黏膜的创伤感染。

2. 主要临床症状

皮肤出血、坏死。

3. 病理变化

1）坏死性皮炎　病猪颈部、体侧和臀部、耳根或四肢等处的皮肤出现坏死性皮炎。患部皮肤最初出现帽针头大的溃疡,溃疡周围的皮肤有界限不清的硬固性肿胀,肿胀内的皮下组织坏死溃烂迅速扩展,形成囊状坏死灶。坏死区直径可达10cm以上。病变部皮肤脱毛、渗出、皮肤颜色变白,灶内组织坏死或溶解,形成灰黄色或灰棕色恶臭创液,最后破溃流出,创口边缘不齐,创底不平(图7-31,见图版);这种坏死灶常发生4～5处,多的十几处,甚至遍布全身。少数病猪其病变可深达肌肉筋腱、韧带和骨骼引起骨膜炎,甚至出现腹部穿孔和胸部穿孔;有的肢端腐脱;也有的耳及尾干性坏疽;最后从其边缘剥离脱落。上述病灶多发生于猪的体侧、臀部及颈部,母猪还可发生于乳头及乳房皮肤坏死,甚至乳腺坏死。有些病例在坏死灶表面因坏死组织水分蒸发而变成硬痂覆盖于上,硬痂色泽污秽不洁。

2）坏死性口炎　病变常见于齿龈、舌、颊、硬腭、软腭、扁桃体和咽。眼观病灶表面为黄白色碎屑状坏死物,隆起于周围黏膜,其下方为干硬的凝固性坏死;坏死过程不仅波及黏膜和黏膜下层,往往还深及肌肉,甚至骨骼。当坏死过程发展迅速时,坏死组织与正常组织紧密邻接,不见明显的反应性炎,且不易分离。当坏死过程进展缓慢时,周围组织的反应性炎逐渐明显,坏死组织与活组织之间出现鲜明的分界,最后坏死物可腐离,局部缺损由肉芽组织增生形成瘢痕而修复。镜检病灶部组织初期呈凝固性坏死,随后坏死组织的结构轮廓逐渐崩解消失,局部仅见均匀无结构的碎屑状。反应性炎最初表现为明显充血、出血的血管反应,稍后出现一狭窄致密的白细胞带包围在坏死灶周围,再后见肉芽组织增生。细菌染色在接近活组织的坏死组织中可见稠密交织着的长丝状坏死梭杆菌。有时病变可蔓延至喉头,引起坏死杆菌性喉炎。

3）坏死性肠炎　多发生于刚断奶不久的仔猪。剖检见肠道黏膜坏死和溃疡,溃疡表面覆盖坏死假膜,剥离后可见大小不等的不规则溃疡灶。此病常与猪瘟、猪副伤寒并发或继发。

4）坏死性鼻炎　猪单独发生该病较少,但以仔猪和育肥猪多发。病变部在鼻软骨、鼻骨、鼻黏膜表面出现溃疡与化脓,病变可延伸到支气管和肺。

4. 诊断

临床上所见各部位的特征性表现、坏死部病理变化、特殊臭味和相应的机能障碍,结合猪发病的流行病学特征,可初步做出疑似诊断。如要进一步证实,可采取坏死组织和健康组织的交界处病变组织,置于无菌试管或保存于30%甘油溶液中送实验室查病原菌。

三十三、猪结核病

猪结核病(swine tuberculosis)是由结核分枝杆菌(mycobacterium tuberculosis)引起的一种人兽共患的慢性传染病,主要特征是在猪扁桃体和下颌淋巴结形成不平整的肉芽肿块或钙化硬结,即结核结节。

1. 病原及其传播方式

猪结核病的病原体最多见的是牛型或禽型结核杆菌。结核杆菌菌体细长,呈直的或微弯曲的杆状,两端钝圆,单个或成丛排列,在淋巴结涂片中有时见分枝状,呈革兰氏阳性,并具抗酸性染色特性。

病原主要经扁桃体和肠黏膜侵入机体。结核病病猪是该病的传染源,结核菌通过病猪咳出的痰、乳腺结核分泌的乳汁、肠结核病畜排泄的粪便等污染空气、厩舍、饲料和饮水。有时来自结核病人的泔水、结核病牛未经消毒的牛奶和其他副产品等。患结核病的牛、鸡粪便中含有活的结核杆菌,用鸡、牛粪便及剩料喂猪都可能使猪感染结核病。

2. 主要临床症状

猪结核病多表现为扁桃体和下颌淋巴结肿大。肠道结核时出现下痢。

3. 病理变化

[剖检]　尸体消瘦,结膜苍白;病变多半在宰后检查中发现。病变常发的部位为咽、颈部淋巴结(尤其是下颌淋巴结)和肠系膜淋巴结。局部淋巴结结核病变有结节性和弥漫性增生两种表现形式。前者表现为形成粟粒大至高粱米粒大、切面呈灰黄色干酪样坏死或钙化的病灶;后者见淋巴结呈急性肿胀而坚实,切面呈灰白色而无明显的干酪样坏死变化。

一般来说,猪咽、颈、肠淋巴结结核由禽型结核杆菌引起,主要以上皮样细胞和朗罕氏细胞增生为主,病灶中心干酪化、钙化与病灶周边包膜形成均不明显,在陈旧病灶才见有轻度的干酪样坏死和钙化。而由牛型结核杆菌引起的淋巴结病变多半形成大小不等的结节,与周围组织界限清楚,结节中心干酪样坏死和钙化比较明显,并有良好的包膜形成。

猪的全身性结核病偶可见到,主要由牛型结核菌引起。除于咽、颈和肠系膜淋巴结形成结核病变外,还可在肺脏、肝脏、脾脏、肾脏等器官及其相应淋巴结形成多少不等、大小不一的结节性病变,尤其在肺和脾脏较为多见。猪肺结核病见于肺实质内散在或密集分布粟粒大、豌豆大至榛子大的结节,有时见许多结节隆凸于肺胸膜表面而使胸膜显示粗糙、增厚或与肋胸膜粘连。新形成的结节周边有红晕;陈旧结节周围有厚层包膜,中心呈干酪样坏死或钙化。有的病例还形成小叶性干酪性肺炎病灶。脾脏结核表现脾脏肿大,于脾表面或脾髓内形成大小不一的灰白色结节,结节切面呈灰白色干酪样坏死和外周有包囊形成。

[镜检]　病灶由大量上皮样细胞和朗罕氏细胞组成的特异性肉芽组织构成,病灶中心呈均质红染的干酪样坏死(图 7-32、图 7-33,见图版)。

此外,在心脏的心耳和心室外膜、肠系膜、膈、肋胸膜也可发生大小不等的淡黄色结节或呈扁平隆起的肉芽肿病灶,其切面均可见有干酪样坏死变化。在胸椎、腰椎的椎体和椎弓部以及脑膜也可形成结核病变。

4. 诊断

结核病感染猪群生前一般无明显症状,可根据死后的剖检病变进行诊断,必要时可做变态反应试验、细菌学和血清学试验进行确诊。

三十四、猪放线菌病

猪放线菌病(swine actinomycosis)是由放线菌属(*Actinomyces*)细菌引起多种动物及人的一种慢性非接触性传染病。病变特点是形成化脓性肉芽肿及在其脓汁中出现"硫黄颗粒"样放线菌块。在自然条件下,该病可发生于牛、猪、马、山羊、绵羊、犬、猫及野生反刍动物;家畜中以牛、猪较为常见。猪放线菌病由猪放线菌引起。

1. 病原及其传播方式

放线菌属细菌为革兰氏染色阳性、非抗酸性的兼性厌气菌。菌体呈纤细丝样,有真性分枝,故与真菌相似。菌丝直径通常不超过 1μm,其长短与分枝程度在不同菌株很不一致。大多数种的菌丝易分裂成大小不等的片段。病原在病灶内常形成菊花形或玫瑰花形的菌块。

放线菌是动物及人类口、咽和消化道的正常或兼性寄生菌。在正常的口腔黏膜、扁桃体隐窝、牙斑及龋齿等处均能发现包括牛放线菌及伊氏放线菌在内的各种放线菌。该菌致病力不强,大多数病例均需先有创伤、异物刺伤或其他感染而造成的局部组织损伤后,放线菌才能侵入而发生感染。进而病菌通过损伤血管经血源性播散或由感染灶直接蔓延到相邻器官及组织,因而放线菌病实际上都是放线菌的内源性感染,通常在动物相互之间及人、畜之间不能互相传染。

2. 病理变化

[剖检]　猪的放线菌病经常发生在母猪乳房,形成脓肿及窦道。初期,病猪头基部形成无痛性结节状硬性肿块,逐渐蔓延增大,使乳房肿大,表面出现凹凸不平,乳头短缩或继发坏疽。切面,放线菌肿由致密结缔组织构成,其中含有大小不等的多数脓性软化灶,灶内有含黄色砂粒状菌块的脓汁。此外,病变尚可发生于外耳软骨膜及皮下组织中,引起肉芽肿性炎症,致使耳廓增厚与变硬,形似纤维瘤。

[镜检]　放线菌病的慢性化脓性肉芽肿内,可见菊花瓣状或玫瑰花形菌丛(图 7-34,见图版),菌丛直径达 $20\mu m$ 以上,革兰氏染色可见中心为呈革兰氏阳性的丝球状菌丝体。菌丝体周围为呈革兰氏阴性、放射状排列的棍棒体。放射形棍棒体较粗,直径 $3\sim10\mu m$,长 $10\sim30\mu m$,末端圆形,呈鲜明的嗜伊红性,此种物质被认为是抗原抗体复合物。菌块为多量中性粒细胞环绕,外围为呈胞浆丰富、泡沫状的巨噬细胞及淋巴细胞,偶尔可见朗罕氏巨细胞,再外周则为增生的结缔组织形成的包膜。此种脓性肉芽肿结节可以在周围不断地产生,形成有多个脓肿中心的大球形或分叶状的肉芽肿。

3. 诊断

放线菌病特征性病变,可将组织切片用革兰氏染色,观察脓性肉芽肿中心菌丛的特殊形态而获得诊断。新鲜标本,可从脓汁中选出"硫黄颗粒",以灭菌盐水洗涤后置清洁载片上压碎,进行革兰氏染色。镜检见菊花状菌块的中心为革兰氏阳性丝体,周围为放射状排列的革兰氏阴性棍棒体。未着色的菌块压片,在显微镜下降低光亮度观察,发现有光泽的放射状棍棒体的玫瑰形菌块是最快的确诊方法。

三十五、猪奴卡氏菌病

猪奴卡氏菌病(nocardiosis of pig)是一种人和动物共患的非接触性传染病,以形成慢性化脓性肉芽肿为特征。在动物中曾见于牛、马、山羊、猪、犬、猫和鸡,鱼类亦可感染。

1. 病原及其传播方式

该病的病原为奴卡氏菌属(*Nocardia*)的星形奴卡氏菌(*Nocardia asteroides*),是一种不能运动、无中隔但有分枝的丝状嗜氧菌,粗为 $0.2\sim1.0\mu m$,长可达 $250\mu m$。革兰氏阳性,用改良的 Kinyoun 抗酸染色(即以 1‰硫酸取代盐酸乙醇脱色)呈弱阳性。在慢性化脓灶内可形成细小的"硫黄颗粒"状的奴卡氏菌块。菌块中心部的菌丝常呈链球菌状,菌丝外周不见棒状物或胶质样鞘。

该病主要通过呼吸道、损伤皮肤及乳腺而感染,并经血流向全身各器官传播,形成化脓性肉芽肿病变。

2. 病理变化

[剖检]　病猪主要表现四肢关节肿胀,关节囊和腱鞘间蓄积灰黄色脓性渗出液,其中混杂

细小的颗粒状物；肺脏散发米粒大灰黄色慢性化脓性肉芽肿结节，并伴发斑块状实变区。其他各器官未发现特殊病变。

［镜检］　肺脏结节具有与牛奴卡氏菌病病变相同的特征，并可从关节囊液和肺脏病变部分离出奴卡氏菌。

3. 诊断

主要与慢性猪丹毒性关节炎相区别。

三十六、猪地方流行性肺炎

猪地方流行性肺炎(swine enzootic pneumonia)在我国又称为猪喘气病，是由猪肺炎支原体(mycoplasma hyopneumoniae 或 msuipneumoniae)引起猪的一种经呼吸道传染的接触性传染病，临床主要表现为气喘和咳嗽，多呈慢性经过。

该病流行于世界各地和我国，仅见于猪，不同年龄、性别、品种和用途的猪均能感染。发病率和死亡率与促使发病的应激因素及动物机体的免疫状态相关。

在首次爆发该病的猪场，早期以母猪，特别是怀孕后期的母猪发病为主，常为急性经过，死亡率较高。流行后期以哺乳仔猪和断奶仔猪多发，死亡率较高，母猪和成年猪多呈慢性感染。猪群一旦被感染很难彻底扑灭。病猪常继发巴氏杆菌、肺炎球菌、沙门氏菌及各种化脓菌等病原菌感染，使疫情复杂化。

1. 病原及其传播方式

猪肺炎支原体是多形态微生物，菌体近似球状、球杆状、环状、椭圆形或丝状等，革兰氏染色呈阴性。在培养物中常有较多的大环形体出现，在电子显微镜下见有圆形和椭圆形颗粒，并有三层膜包裹。

病原经呼吸道接触传染，侵入呼吸道的病原体从支气管和细支气管黏膜上皮表面进入黏膜层的淋巴间隙，引起支气管周围炎，再蔓延到与支气管并行的血管，继发血管周围炎并继续向周围肺组织扩展。

2. 主要临床症状

病猪出现气喘，常突然死于心力衰竭。

3. 病理变化

该病的主要病理变化在肺、肺门淋巴结和纵隔淋巴结，根据病程其病理变化可分为三型，即急性型、慢性型和继发感染型。

1）急性型

［剖检］　病死猪的腹下、胸前、颌下皮肤呈轻度发绀。

肺脏呈特征性肺气肿：两肺呈均等的高度膨大，被膜紧张、几乎充满整个胸腔，常见有肋压痕，两肺被膜表面富有光泽，边缘钝圆，肺颜色呈淡红色，气管内存有混有血液的泡沫样液体；肺间质气肿和水肿。病程稍长的病例，肺出现炎症性变化，在尖叶、心叶及中间叶可见有浅红色、稍透明的肺炎病灶，病变肺叶的质度变实，多半呈两侧对称性(图 7-35，见图版)。肺门淋巴结和纵隔淋巴结显著肿大，有光泽，切面湿润，呈一致的灰白色，质度变实。

心脏呈急性扩张，尤以右心室扩张最为明显，心壁质度柔软。心肌轻度变性，淤血。除见有因急性心力衰竭而致全身性淤血外，尚可见卡他性胃肠炎变化。

［镜检］　早期死亡病例，见有肺泡气肿外，其特征性变化为小支气管及支气管动、静脉周

围有淋巴细胞增生形成"管套"状。小支气管黏膜处于收缩状态,且形成明显皱褶,黏膜上皮稍肿胀、脱落,其管壁水肿,有少量淋巴细胞浸润,管壁增厚,有些病例的小支气管外周还可见新生的淋巴小结。上述变化对该病有证病意义。

病程稍长的病猪,其支气管周围的炎症反应可以沿淋巴管蔓延,从而使其邻近的肺泡发生炎症反应,主要是肺泡壁充血,肺泡上皮肿胀变圆或脱落,肺泡腔内除有脱落的肺泡上皮外,尚有淋巴细胞和少量中性粒细胞。肺泡内含有多量浆液,肺泡壁因细胞成分增多而增厚,小支气管与小血管周围淋巴细胞增生更为明显,有时可见部分肺泡萎陷,其肺泡上皮化生为立方体状。

肺门淋巴结的淋巴小结生发中心增大,外围仅一薄层小淋巴细胞,淋巴结内的毛细血管内皮细胞肿胀、增生,淋巴窦扩大水肿,其中充满多量渗出液,整个淋巴结呈弥漫性增生,并见形成新的滤泡。

2) 慢性型

该型病程长,但主要病变仍在肺和其所属淋巴结。

[剖检]　除见有肺气肿外,两侧肺的尖叶、心叶、中间叶及膈叶的前下部,有较大面积的融合性肺炎区。病变部肺组织较坚实,湿润,略呈透明样,颜色呈灰红色或灰黄色,质度变实。切面湿润多汁,较致密亦呈灰白色或灰黄色,挤压时,可从小支气管内流出乳黏稠混浊的液体。病变部从外观的质度和色调上类似胰腺样,故又称胰样变,病变多呈两侧对称。有些病程较久、病情严重的病例,其肺炎区蔓延到大部分肺组织,很像大叶性肺炎的灰色肝变期景象,也有些病例发展为肺组织纤维化。

[镜检]　与急性型肺炎的变化基本相同,但肺炎区的面积扩大,肺炎灶的肺泡内充满浆液、淋巴细胞以及脱落的肺泡上皮,小支气管黏膜上皮脱落,管腔内充有浆液和细胞性渗出物,支气管和与其并行的血管周围均有多量淋巴细胞浸润,并常见有新生的淋巴滤泡。病程较久的病例,通常肺泡内有大量淋巴细胞、浆细胞,呈局灶性或弥漫性增生,肺泡壁往往破坏,境界不清,有时肺泡腔内的渗出物被机化,失去肺组织的固有结构。

肺门淋巴结和纵隔淋巴结肿大比急性型更为明显,可达正常的3～10倍。淋巴结切面稍隆突,灰白色,有光泽。组织学变化与急性型基本相同,即淋巴组织显著增生与水肿。

心脏表现右心室有不同程度的扩大,心肌变性,肝、肾均有不同程度的实质变性和淤血,其他器官均无明显变化。

肺所属淋巴结可因继发感染而出现相应的反应性变化,如高度充血、出血及形成化脓灶。

综上所述,作为猪气喘病特征性病理变化是:肺气肿、融合性支气管肺炎、慢性支气管周围炎、血管周围炎以及细胞增生性淋巴结炎。右心室扩张也具有一定的诊断意义。

4. 诊断

根据流行病学、临床症状和病理变化可作出诊断,但应与猪巴氏杆菌病、猪流感做鉴别诊断。

三十七、猪支原体性多发性浆膜炎-关节炎

猪支原体性多发性浆膜炎-关节炎(mycoplasmal polyserositis arthritis in swine)是由猪鼻支原体(*Mycoplasmal hyorhinis*)、猪关节支原体(*Mycoplasmal hyoarthrinosa*)、猪滑膜支原体(*Mycoplasmal hyosynovifle*)所引起,其特征性病变为多发性浆膜炎和非化脓性关节炎。该病遍布世界各地,主要侵害乳仔猪和架子猪,成年猪亦可发生,死亡率较低。

1. 病理变化

该病的主要病理变化为心包、胸膜与腹膜呈浆液性纤维素性炎，胸腔、腹腔与心包腔蓄积多量混有纤维素的液体。经10～14d浆膜的炎症性病变即自行消退，浆膜腔的渗出液浓缩，变成稠厚的团块，并开始机化，使胸膜、心包及腹膜发生粘连。

膝关节、跗关节、腕关节及肩关节发生多关节性炎（图7-36，见图版），有时也累及寰枕关节。急性期关节滑膜充血、水肿，浆液性血样的滑膜液增多。亚急性经过时，关节滑膜变厚、充血，绒毛肥大，关节囊增厚，有时见关节糜烂与翳形成（pannus formation），后两种变化也常见于丹毒性关节炎。

2. 诊断

注意与猪接触性胸膜肺炎及副猪嗜血杆菌感染或格塞尔（Glasser）病区别。

三十八、猪痢疾

猪痢疾（swine dysentery）又称密螺旋体病，是由猪密螺旋体引起的一种高度传染性疾病，临床特征为消瘦，腹泻，粪便中含有黏液、血液、纤维素以及坏死性组织。病理学特征为卡他性、出血性、纤维素性或坏死性盲肠与结肠炎。6～12周龄仔猪易发病，哺乳猪和成年猪也可感染。刚断奶的仔猪发病率最高，接近90%，死亡率达30%。产仔或哺乳母猪感染较重，育肥与成年猪群的发病率为27%～70%，如不及时治疗，死亡率可达50%。自然感染仅见于猪，豚鼠、小鼠对实验感染敏感。我国许多省市有该病发生的报道。

1. 病原及其传播方式

猪痢疾密螺旋体是一种较大的革兰氏阴性、厌氧密螺旋体。相差显微镜观察，这种螺旋体长6～10μm，宽0.3～0.38μm，易弯曲，运动活泼，含有直径约350nm的原浆性圆柱体，柱体两端伸出8～16根轴丝，并向柱体中心盘绕，圆柱体外包裹着一层胞浆膜（外鞘）。该病原分泌毒性较强的溶血素，在脏器中能存活几天或几周，在土壤或猪粪中能存活24～48h。敏感或健康猪食入被病猪或带菌猪粪便污染的饲料或饮水而发生感染。

2. 主要临床症状

病猪初期出现后躯颤动，腹肋部下陷，食欲不振，体温升高达40℃。便黄色、灰白色恶臭的稀粪，数天后，便出带有大量血液的黏液。慢性病例便出暗红色血液，即所谓的黑泻病（black scours）。病猪脱水、饮欲增加、虚弱无力、运动失调、消瘦，直至死亡。个别病例可能突然死亡。显症后7～10d可检出血清抗体，并持续19周以上。母猪出现IgA抗体，对哺乳猪有一定的保护力。

3. 病理变化

[剖检]　尸体消瘦，眼窝下陷，腹部皮肤呈淡蓝色，肛周围被粪便污染。急性病例的典型病变集中在大肠，表现为大肠松弛，呈暗红色，浆膜水肿而富有光泽。大肠肠壁与肠系膜充血、水肿，肠系膜淋巴结肿大，结肠黏膜下腺体通常比正常时明显，浆膜上出现稍隆起的白色病灶。结肠黏膜因显著肿胀而失去典型的皱褶，表面通常覆盖带有血液的黏液纤维素性斑块。结肠内容物稀薄如水，恶臭。病程稍长病例，大肠肠壁水肿不明显，浆膜呈半透明的毛玻璃样，黏膜表面覆盖一薄层含有血液的黏液纤维素性假膜。慢性病例，见盲肠、结肠壁增厚，内容物呈灰褐色到棕红色，含有不等量的黏液、未消化食糜或坏死性碎屑，黏膜表面通常被覆一层黏稠的纤维素性坏死性固膜。固膜下黏膜出血并有溃疡灶。病变在结肠盘顶部通常比其他大肠段

明显。

　　肝脏肿大，淤血，质地变脆。胃底部充血与出血，有时发生梗死。心包腔内有浆液性渗出。有些病猪伴有异食癖，胃与肠道内经常发现异常臭味的稻草或高纤维性异物。

　　［镜检］　盲肠、结肠以及直肠典型的急性病变是小血管扩张充血、血浆液体成分渗出与白细胞浸润使黏膜与黏膜下层显著增厚，肠腺基部的杯状细胞、上皮细胞增生，细胞变长，核变大，着色变深，黏液分泌增加。固有层内各种类型的白细胞数量增加，靠近肠腔表面的毛细血管及其周围有大量中性粒细胞浸润。随着肠腔表面上皮细胞坏死、脱落，而发生局灶性出血，并形成散在性的糜烂区。黏膜表面、固有层、黏膜下层以及浆膜毛细血管静脉内出现纤维素性血栓。由于黏膜损伤与出血，急性期结肠内容物呈现血斑样。病程后期，大肠黏膜腺体内与肠腔表面有大量纤维素、黏液和细胞性碎屑积聚，黏膜表面可能出现广泛性坏死，固有层有大量中性粒细胞。同时肠腺深层上皮细胞增生，腺上皮细胞变成具有大细胞核的嗜碱性上皮细胞，间杂着一些分化的杯状细胞。用 Warthin-Starry 镀银染色，在病变部肠腔、肠腺以及表层糜烂区内，可发现大量银染成黑色、线条状猪痢疾密螺旋体，以急性期最为多见。慢性病变经常有较严重的黏膜表层坏死并被覆一薄层纤维素性伪膜。

　　［电镜观察］　肠黏膜上皮细胞表面与上皮细胞内、腺体细胞内以及黏膜固有层可见到大量猪痢疾密螺旋体，邻近上皮细胞的微绒毛结构破坏与脱落，线粒体与内质网肿胀，其他的细胞器丧失，密度减小。严重受损的上皮细胞经常皱缩，变成黑色。

　　4. 诊断

　　根据该病的流行病学、临床症状以及病理学检查不难作出诊断，尤其是在镀银染色的组织切片或革兰氏染色的触片中发现猪痢疾密螺旋体即可确诊。尸体剖检最好选择急性期死亡的病猪，因慢性病例通常伴有各种不同的继发感染，不利于该病的诊断。但应注意与肠腺瘤病（增生性肠炎）、沙门氏菌病、鞭虫病、大肠杆菌病、胃溃疡等疾病区别。

三十九、猪钩端螺旋体病

　　猪钩端螺旋体病（swine leptospirosis）是由钩端螺旋体引起的一种人兽共患病的总称。钩端螺旋体是自然贮菌宿主最多的微生物之一。病猪大多数呈隐性感染，无明显临床症状，少数病例呈急性经过，可能出现发热、黄疸、贫血、血红蛋白尿、水肿、流产、皮肤和黏膜坏死等症状。

　　1. 病原及其传播方式

　　钩端螺旋体是一类革兰氏阴性病原体，在暗视野或相差显微镜下，呈细长的丝状、圆柱形，螺纹细密而规则，二端弯曲成钩状，通常呈"C"形或"S"形弯曲，运动活泼并沿其长轴旋转。在干燥的涂片或固定液中呈多形结构，难以辨认。电镜观察，其基本结构由外鞘、胞浆圆柱体、轴丝组成。钩端螺旋体对干燥、冰冻、加热（50℃，10min）、胆盐、消毒剂、腐败或酸性环境敏感，能在潮湿、温暖的中性或稍偏碱性的环境中生存。

　　病原主要经动物的尿、乳汁、唾液、精液、阴道分泌物、胎盘等多种途径向体外排出，再通过皮肤、黏膜和消化道而传染，也可通过交配、人工授精和吸血昆虫叮咬而传播。

　　2. 主要临床症状

　　1）亚临床型　这是大多数猪所表现的形式，主要见于集约化饲养的育肥猪，不显示临床症状，成为钩端螺旋体携带者，血清中经常可检出钩端螺旋体抗体。猪群感染率为 30%～70%，发病率、死亡率低。

2）急性型　主要见于仔猪，呈小型暴发或散在性发生。病猪突然发病，体温升高至40℃，稽留3～5d，厌食、沉郁、腹泻、黄疸全身皮肤和黏膜泛黄、神经性后肢无力、震颤，有的猪出现血红蛋白尿，尿液茶样或血尿。有些病例皮肤瘙痒而蹭墙、蹭杆，直至皮肤蹭出血。少数病例几天或数小时内突然惊厥致死。病死率高达50%以上。

3）亚急性型与慢性型　多发生于断奶前后至30kg以下的小猪，呈地方流行性或暴发，母猪表现为发热、无乳，个别病例发生乳腺炎，怀孕不足4～5周的母猪在感染4～7d后发生流产、死产。母猪流产率可达70%以上。怀孕后期母猪感染则产出弱仔猪，这些仔猪不能站立，移动时呈游泳状，不会吸乳，1～2d即死亡。

3. 病理学变化

急性型病例主要以败血症、全身性黄疸与各器官、组织广泛性出血以及肝细胞、肾小管弥漫性坏死为特征。

[剖检]　尸体的鼻部、乳房部皮肤发生溃疡、坏死。可视黏膜、皮肤、皮下脂肪组织、浆膜、心瓣膜、动脉内膜、骨髓、肝脏、肾脏以及膀胱等组织黄染和具不同程度的出血。胸腔、心包腔内有少量茶色、透明或稍混浊的液体，心肌轻度变性，心冠及纵沟脂肪呈灰黄色或胶冻样，心房、冠状沟可见点状或斑状出血。脾脏肿大，淤血，偶见出血性梗死。肝脏肿大，呈棕黄或土黄色，被膜下可见粟粒大至黄豆大小的出血灶，切面可见黄绿色散在性或弥漫性点状或粟粒大小的胆栓。肝淋巴结肿大，切面可见重度充血与出血。肾脏肿大、淤血，肾周围脂肪、肾盂、肾实质黄染，经甲醛固定后尤为明显。肾淋巴结充血、出血。膀胱充盈着微混浊的黄色尿液，有时尿液呈红色，膀胱黏膜上有散在的点状出血。结肠前段的黏膜表面糜烂，有时可见出血性浸润。肺脏淤血、水肿和出血，表面与切面有均匀散在的绿豆至黄豆大小的结节状出血灶。有的病例的颈部、胸部皮下组织与肌间结缔组织呈严重的出血性浸润，腹壁或四肢内侧皮肤呈局灶性或弥散性出血斑。有的病例的上颌、下颌、头部、颈部、背部以及胃壁水肿。病猪生前由于头部皮下水肿而增大，俗称大头瘟。

亚急性与慢性型病猪常发生流产，胎儿出现木乃伊化或各器官呈均匀苍白，有或无黄疸，死胎常出现自溶现象。流产前或流产后死亡的胎儿经常出现皮肤淤血斑，呈灰红色至紫色，皮下组织有出血性胶样浸润。身体各部组织发生水肿，以头颈部、腹壁、胸壁、四肢最明显。肾脏、肺脏、肝脏、心外膜出血，肾皮质与肾盂周围出血明显。浆膜腔内经常有过量的草黄色液体与纤维素。肝脏、脾脏、肾脏肿大，有时在肝脏边缘出现2～5mm的棕褐色坏死灶。

[镜检]　急性型病例有急性实质性肝炎病变：肝细胞索排列紊乱，肝细胞颗粒变性与脂肪变性，胞浆内有胆色素沉着，部分肝细胞坏死，毛细胆管扩张并有胆汁淤滞，汇管区与小叶间质内有巨噬细胞、淋巴细胞、中性粒细胞浸润。肾小管上皮细胞颗粒变性与脂肪变性，肾小管、血管周围的间质内有淋巴细胞、浆细胞、中性粒细胞浸润。脑神经细胞呈不同程度的变性、坏死，小血管周围水肿、出血，偶见脑膜炎性细胞浸润，中枢神经与外周神经的神经节细胞变性。淋巴结出现浆液性出血性炎症，淋巴组织增生明显。心肌和胰脏的实质细胞变性。在镀银染色的肝、肾、膀胱切片中经常可见典型的钩端螺旋体。

亚急性与慢性型病猪产出的死胎猪或产出的弱仔猪死亡后其肝脏可见急性肝炎病变：肝高度淤血犹如血池样，枯否细胞增生与单核细胞浸润，汇管区和肝实质的凝固性坏死区周围有中性粒细胞与淋巴细胞浸润。心外膜、心内膜常见单核细胞浸润，有时出现局灶性心肌炎、凝固性坏死以及炎性细胞浸润。肾脏除有出血性间质性肾炎的散发性病灶外，肾盂周围的肾实质内有大量单核细胞浸润，有时侵犯乳头与肾门旁的肾皮质和髓质。镀银染色检查，肾髓质区有大量钩端螺旋体。

4. 诊断

母猪怀孕后期流产,产下弱仔、死胎,仔猪黄疸、发热以及有较大仔猪与断乳仔猪死亡可提示为猪钩端螺旋体病。尸体剖检与组织学检查,尤其是肾脏的病变具有诊断意义。肾新鲜组织的镀银染色、血液或组织液在暗视野显微镜检查以及荧光抗体与 DNA 探针技术的应用有助于确诊。鉴别诊断应注意与黄脂病、猪蛔虫病相区别。黄脂病除脂肪黄染外,其他器官与组织不黄染。猪蛔虫病的肝脏病变严重,胆道被蛔虫阻塞而引起全身性黄疸,但尸体剖检与组织学检查具有特征性,也易与猪钩端螺旋体病相鉴别。

四十、猪球孢子虫病

猪球孢子虫病(coccidiodomycosis)是由厌酷球孢子菌(coccidioides immitis)所引起人和动物的一种有高度感染性而非接触传染的慢性真菌病,又名球孢子菌肉芽肿(coccidioidal granuloma)、山谷热(valley fever)、沙漠热(desert fever)等,其特征性病变是形成化脓性肉芽肿。

1. 病原及其传播方式

厌酷球孢子菌属于接合菌亚门、接合菌纲,为双相型真菌,即其形态依所处环境而发生改变。在病变组织中是一种多核性圆形细胞,或称为小球体(spherule),具有双层轮廓,屈光性强,不生芽,其大小很悬殊,直径为 $10\sim80\mu m$,有时甚至达 $100\mu m$ 以上。

在自然条件下,本菌多寄生于枯枝、有机质腐物和鼠粪周围的土壤中。镜检,菌丝呈分枝状,有分隔,其中较大的分枝可发展成厚壁、椭圆形或长方形的关节孢子(anhrospore)。关节孢子之间有间隔空隙,极易折断,随气流飘浮。关节孢子的抵抗力大,在 4℃干燥的条件下可存活达 5 年之久,因此它富有传染性。若混入空气尘埃中,被人和动物吸入肺内或污染于创面,即可招致感染。

2. 病理变化

[剖检] 主要见肺实质内散布大小不一的肉芽肿结节,有的还互相融合形成较大的坚实区。

[镜检] 肺肉芽肿病灶内见有中性粒细胞、淋巴细胞、上皮样细胞和巨噬细胞掺杂集聚。有的结节内含有较多的胶原纤维,有的尚见有小脓肿形成,有的则密集巨噬细胞、少量中性粒细胞和多核巨细胞。在肉芽肿和多核巨细胞内常见具有双层轮廓的小球体。支气管管腔充满中性粒细胞、淋巴细胞、巨噬细胞和多核巨细胞组成的颗粒状渗出物,其中也可见到典型的小球体。

[诊断] 该病以形成化脓性上皮样细胞肉芽肿结节为特征,确诊有赖于在特征性肉芽肿内发现小球体,但该病的肉芽肿结节酷似由结核杆菌、放线菌以及化脓性棒状杆菌所引起的化脓性肉芽肿结节,因此容易误诊,应注意鉴别。

四十一、仔猪白色念球菌病

仔猪白色念球菌病(candidiasis albicans of pig)是由白色念珠菌引起的一种仔猪口、食道、支气管、肺等部位化脓性病变的感染性疾病。

1. 病原及其传播方式

白色念珠菌属于念珠菌属(假丝酵母属)。该菌呈圆形,革兰氏染色阳性,但细胞内着色不均匀,PAS染色呈鲜艳的紫红色。在沙氏培养基37℃孵育,可形成奶油色表面光滑的菌落,有时有放射状沟。在玉米粉培养基上,室温培养3~5d,可产生厚膜孢子;培养时间稍长可见芽生孢子;有的芽伸长却不与母细胞分离,形成假菌丝,并有真菌丝形成。该菌在自然界中广泛存在,常存在于人和动物的皮肤、口腔、阴道和消化道内,成为消化道内的正常菌系,当机体免疫力降低时念珠菌才大量繁殖,内源性感染而发病。

2. 病理变化

〔剖检〕　在仔猪的颊、齿龈、唇、舌背、咽、食管和胃贲门等部位的黏膜,被覆1~2mm厚的白色假膜,假膜脱落后生成红色乃至黑红色的糜烂或溃疡。偶见肺感染,在肺脏的尖叶和心叶内有大头针头大至小米粒大隆起的黄白色小脓肿。

〔镜检〕　消化道黏膜角化层表面有酵母样菌假菌丝,往往穿透该层沿着上皮细胞生长繁殖并将表层的角化层与生发层彼此完全分离或不完全分离,形成泡样间隙,其中积有白细胞、变性的细胞碎屑和黏液。肺实质有许多化脓灶,中心为干酪样坏死、细胞碎片和酵母样菌,周围有薄层结缔组织包膜。周围的肺泡充有大量中性粒细胞和少量单核细胞。支气管和细支气管周围见单核细胞浸润。

〔诊断〕　根据在皮肤、黏膜和实质器官中的坏死灶、溃疡、小脓肿以及肉芽肿反应,并在病变内见有酵母样菌、芽生孢子和假菌丝,可诊断为念珠菌病。孢子和假菌丝在HE染色切片中呈浅蓝色。如用Gridley或GMS染色则着色更佳。如需进一步确诊,可进行真菌培养以及镜检菌体的形态特点可作出可靠性诊断。另外,应用乳胶凝集试验、免疫琼脂凝胶扩散试验、对流免疫电泳试验,可以作生前念珠菌病的诊断。

四十二、猪球虫病

猪球虫病(coccidiosis of pig)是由艾美耳球虫所引起的仔猪卡他性肠炎。

1. 病原及其传播方式

猪体内寄生的球虫至少有5种艾美耳球虫和1种等孢球虫,都寄生于小肠,其中以蒂氏艾美耳球虫(*Eimeria debliecki*)致病力最强。虫体卵囊随粪排出体外,多数经消化道感染。严寒气候、饲料突然变换或并发其他感染等,机体的免疫力和稳定性就可能被破坏而导致疾病暴发。

2. 病理变化

通常只见于仔猪,成年猪是带虫者,症状不明显。在脱屑阶段呈现典型的卡他性肠炎,并伴有多量嗜酸性粒细胞浸润,常可继发细菌性肠炎。

3. 诊断

主要依据嗜酸性粒细胞浸润性肠炎病变及在肠黏膜或粪便中检出球虫或球虫卵而作确诊。

四十三、猪弓形虫病

猪弓形虫病(swine toxoplasmosis)是由龚地弓形虫引起人兽共患的一种原虫病。羊、猪呈急性、慢性或不显性感染,可直接造成养猪业损失,并通过食肉等途径感染人。

1. 病原及其传播方式

猪弓形虫病的病原为龚地弓形虫属球虫目、弓形虫科、弓形虫属。弓形虫为双宿主生活周期的寄生性原虫,分两相发育,即等孢球虫相(isospora phase)和弓形虫相(toxoplasmic phase),前者在猫的小肠上皮细胞内发育;后者在猫及其他哺乳动物、禽类、啮齿动物以及人类的组织内发育。

猫是弓形虫的终宿主,在猫体内能完成两个相的全部生活史。其他哺乳动物、啮齿动物以及人类等均为弓形虫的中间宿主,它在中间宿主体内只能完成弓形虫相,即无性生殖。中间宿主对弓形虫的感染,有先天性感染(垂直感染)及后天性感染(水平感染)。

先天性感染:通过胎盘、子宫、产道、初乳等能使胎儿感染。急性感染的怀孕母畜有虫血症,弓形虫可进入胎盘绒毛间腔,或出现于羊水中,胎儿可因咽下含有弓形虫的羊水而感染。慢性感染的母畜,当受精卵着床时,子宫内膜或子宫平滑肌内的包囊型虫体侵入胎儿,或通过母体血液而感染。受感染胎儿常发生流产,或母猪产下瘫痪的新生仔畜。从他们的脏器、腹水以及羊水中均可分离出弓形虫。

后天性感染:当畜、禽摄入病尸的脏器、被污染的饲料和饮水等时均可感染发病。

2. 主要临床症状

猪弓形虫病常见于仔猪和架子猪,成年猪较少发生。病猪表现高热(40.5～42℃),呈稽留热型。呼吸困难,常呈犬坐姿势式的腹式呼吸。可视黏膜及胸、腹部及四肢内侧皮肤发绀。食欲减退乃至废绝。粪便干固,有时于粪块表面覆有一层白色黏液;断乳后的幼猪出现腹泻。

3. 病理变化

[剖检] 可视黏膜及皮肤(耳翼、胸侧、腹下及四肢内侧)发紫。鼻黏膜覆有浆液黏液性鼻液。胸腹腔、心包腔、关节腔均积有淡黄透明浆液。全身淋巴结,特别是肠系膜和胃、肝、肾等内脏淋巴结呈急性肿胀,切面湿润,并有出血点和灰白色粟粒大的坏死灶。

肺脏轻度气肿,呈暗红色或粉红色水肿样变化,小叶间质增宽,从肺表面透视,偶见散在有灰白色粟粒大的坏死灶。切面由支气管断端流出多量混有泡沫的淡粉红色液体。切面湿润,间质水肿而增宽,肺小叶间质疏松,切面亦偶见有坏死灶。心包蓄积黄色透明液体。心肌色泽变淡,柔软无弹性,房室腔均扩张,尤以右心室扩张更为明显。各房室内均存有凝血块。肝脏肿大,被膜紧张,边缘钝圆,呈暗红色。从肝表面散在有灰白色粟粒大坏死灶,在病灶周围有红晕。切面含血量较多。胆囊膨满,充有多量胆汁。脾脏轻度肿胀,被膜下有少量小出血点。切面呈暗红色,白髓轮廓不清,脾小梁明显,散在有小坏死灶。肾脏表面呈暗红色,无论于表面或切面均可见有灰白色小坏死灶。脑脊液增多,呈透明白色。脑膜及脑实质充血。胃内空虚。胃底部黏膜充血,黏膜表面覆有半透明的灰白色黏液。胃壁断面轻度水肿,因而组织稍显疏松。小肠黏膜充血,有时见散在少量出血点。黏膜表面覆有透明或半透明的黏液,孤立淋巴小结和集合淋巴小结肿胀或发生坏死,表覆纤维素性伪膜。大肠内容常因出血而呈黑红色。肠黏膜潮红、充血、糜烂,并有一定量的出血点或出血斑,孤立淋巴小结肿胀,在回盲瓣处常见有黄豆大中心凹陷的溃疡灶。

[镜检] 肺在感染的初期,间质血管扩张充血,并常见血栓形成。细支气管与血管周围潴留有多量浆液,致使局部组织疏松。与支气管相关的淋巴组织增生,其周围有淋巴细胞、嗜酸性粒细胞和巨噬细胞浸润。间质内常见有细胞浸润灶,其中心可见有滋养体型的弓形虫体以及坏死的细胞。肺泡壁的毛细血管扩张充血,泡壁增厚。肺泡腔内及呼吸性细支气管内见有少量中性粒细胞、淋巴细胞、嗜酸性粒细胞、巨噬细胞和脱落的肺泡上皮。病程稍长,见肺泡壁与间质内的血管充血减轻,呈现以细胞浸润为主的间质性肺炎变化。呼吸性细支气管黏膜上皮水泡变性。少数肺泡腔内有以浆液为主,伴有少量淋巴细胞、嗜酸性粒细胞、巨噬细胞的炎

性渗出物和脱落上皮。在巨噬细胞胞浆内见有被吞噬的滋养体型虫体或有弓形虫假囊形成（图7-37，见图版）。当巨噬细胞崩解时，在肺泡腔内也可见有游离的滋养体型虫体。感染后期，肺泡腔和呼吸性细支气管扩张，上皮细胞脱落，间质水肿愈加明显。如耐过了病的极期进入恢复阶段时，肺呈明显的间质增生。

肝脏表现为坏死性肝炎。感染的初期，肝实质细胞呈颗粒变性、脂肪变性和水泡变性，但很快即发展为多发性灶状坏死。坏死灶中有细胞崩解产物、少数滋养体和残留的肝细胞。以后则发展为弥漫性肝细胞坏死或局灶性网状细胞增生。窦状隙内有嗜酸性粒细胞、巨噬细胞和淋巴细胞积聚，枯否细胞肿胀、增生、活化。汇管区的结缔组织疏松而形成间隙。血管腔内也聚有少量嗜酸性粒细胞、淋巴细胞及红细胞；胆管上皮轻度溶解。胆管周围结缔组织因水肿而较疏松。在扩张的淋巴管周围有较多的嗜酸性粒细胞浸润。胆囊黏膜上皮细胞发生黏液变性和坏死，固有层水肿，组织稍疏松。

肾在感染初期，近曲小管上皮细胞呈现颗粒变性、水泡变性及渐进性坏死。管腔内常见有淡粉色絮状蛋白尿液。远曲小管上皮细胞变性和坏死外、脱落。肾小球毛细血管含血量少，足细胞水泡变性。随病程发展，坏死灶数目增多，在髓质部见有出血灶。有时在肾小球毛细血管内和间质小静脉内有血栓形成。血管周围的结缔组织疏松呈网状结构。

心肌细胞颗粒变性和水泡变性，心肌纤维间质水肿结构疏松。

脾脏在感染初期的变化不明显。随病势发展，可见淋巴小结和动脉周围淋巴鞘的淋巴细胞变性和坏死，该部的淋巴细胞减少，淋巴小结的结构不清，中央动脉周围淋巴鞘处，见网状细胞和成纤维细胞增生，致使鞘动脉管壁增厚，管腔缩窄以至闭锁。到晚期，脾被膜增厚，小梁增生。

淋巴结初期表现为单纯性淋巴结炎，很快即转变为坏死性淋巴结炎。当急性期耐过之后出现以淋巴细胞和浆细胞增生为主的增生性淋巴结炎。此外，淋巴结内还见有嗜酸性粒细胞浸润灶，该部的淋巴细胞亦呈核溶解状态，网状细胞亦呈轻度肿胀和核溶解，并有少量巨噬细胞增生，表明该部是弓形虫的侵袭区。

大脑的神经细胞初期肿胀，尼氏小体溶解。继之，胞浆及胞核水泡变性，部分胞核溶解坏死。毛细血管扩张充血，血管周围的淋巴间隙因水肿而扩张。部分小血管内有透明血栓形成。少数毛细血管周围见由小胶质细胞增生，并混有少量淋巴细胞的"血管套"，呈非化脓性脑炎变化。此外，神经胶质细胞也呈现局灶性增生或弥漫性增生，还见有液化性坏死灶。少数病例见有"噬神经原现象"（neuronophagia）。慢性型猪弓形虫病例在大脑的灰质部可见有包囊型虫体。

小脑的软脑膜血管扩张充血。脑实质的血管扩张充血，内皮细胞肿胀，并有透明血栓形成。由于水肿，颗粒层神经细胞排列疏松。浦金野氏细胞颗粒变性，有些细胞核溶解。

胃黏膜上皮细胞黏液变性，部分上皮细胞坏死脱落。固有层血管扩张充血。固有层和黏膜下层的结缔组织水肿。

小肠黏膜上皮杯状细胞显著增多，部分上皮细胞崩解。黏膜面覆有黏液及破碎细胞。固有层有淋巴细胞和嗜酸性粒细胞浸润，其中混有少量巨噬细胞；毛细血管充血，结缔组织水肿，细胞与纤维的排列疏松。黏膜下层水肿及轻度细胞浸润。肌层的平滑肌纤维部分坏死，局部被肉芽组织所取代。

大肠与小肠的变化基本一致，但黏膜上皮细胞的黏液变性较轻，有时也有黏膜上皮细胞坏死、脱落。固有层和黏膜下层也呈现水肿，结缔组织疏松。

4. 诊断

猪弓形虫病,根据其多发生于夏秋季节,临床表现有高热和高度呼吸困难等症候,尸体剖检呈现严重肺水肿和气肿,特别是肺叶之间的胶样浸润明显,各体腔积水,在腹水涂片中可检出虫体(图7-38,见图版)。淋巴结水肿和坏死以及其他器官(肺、肝、脾、肾等)均存有坏死灶;病理组织学见各器官组织的实质细胞变性并有坏死灶及有细胞增生灶形成,可做出初步诊断。如能结合脏器涂片检查出虫体,或进一步做小鼠接种试验则可以确诊。

急性猪弓形虫病的表现常与急性猪瘟、急性猪丹毒、急性猪巴氏杆菌病等的变化有相似之处,容易混淆,故应注意鉴别。

四十四、猪肉孢子虫病

猪肉孢子虫病(sarcocystosis of pig)是由肉孢子虫引起的一种人兽共患寄生虫病。该病遍布世界各地,据屠宰畜禽中统计,各种动物总感染率:牛为29%~100%,绵羊为28%~100%,猪为11%~70%,禽类为2%~13%。

1. 病原及其传播方式

肉孢子虫属于原生动物门、孢子虫纲、真球虫目、肉孢子虫科、肉孢子虫属。猪肉孢子虫病的肉孢子虫有3种,即猪犬肉孢子虫(*Sarcocystis suicanis*;终末宿主:犬、狼、红狐、浣熊);猪猫肉孢子虫(*S. porcifelis*;终末宿主:猫),猪人肉孢子虫(*S. suihominis*;终末宿主:人、猕猴、食蟹猴、黑猩猩)。我国屠宰猪的肉孢子虫病检出率各地差异很大,5%~75%。这三种肉孢子虫中,仅猪犬肉孢子虫有较强致病力。

食肉动物吃了中间宿主肌肉内虫囊后,虫囊壁在小肠被消化,释放出囊内缓殖子,钻入小肠黏膜固有层发育为配子母细胞形成配子,雄、雌配子交配形成合子即卵囊。一个卵囊内形成两个孢子囊。卵囊壁在小肠黏膜固有层溶解破裂后,孢子囊就进入肠腔,随粪便排出,被中间宿主摄食后即受感染。孢子囊(有时包括卵囊壁)在中间宿主小肠内被消化,孢子体逸出随即进入肠壁,主要在肠和肠系膜淋巴结的小动脉的内皮细胞或内皮下进行增殖,形成第一代未成熟的裂殖体或母殖子。进一步发育,扩展到内皮细胞与弹力膜之间,并向管腔突出,这是第二世代裂殖体。此时,在许多器官的小动脉和毛细血管内皮细胞内,尤其在肾小球,都可看到成熟的第二世代裂殖体。后者释放出裂殖子进入血流,散在于细胞外或在单核细胞和白细胞内。并增殖形成第三世代裂殖体。第三世代裂殖体释放裂殖子进入宿主骨骼肌、心肌和神经细胞内,并形成肉孢子虫包囊。成熟包囊的囊腔分为两区,外缘区充满卵圆形能进行双芽增殖的母细,又名滋养母细胞或速殖子;中央区充满香蕉状的裂殖子,称为缓殖子,终末宿主感染后45d在横纹肌内开始形成包囊。肉孢子虫的包囊是Miescher于1843年首次在家鼠肌肉中发现和描述的,故称之为米氏囊(或米氏管)。米氏囊的外观因虫种不同而异,小的为灰白色点状、线头状,长度仅有2~3mm,大的呈梭形,长可达1~4cm。

2. 主要临床症状

病猪在急性期表现发热,腹泻,贫血,衰弱,呼吸困难,耳、头部皮肤出现紫斑,肌炎和跛行,怀孕母猪流产。病猪肉及其虫体提取液含有毒性物质,通称肉孢子虫素(sarcocystin),对家兔和小鼠的体外肠管有类似组胺作用。家兔对此毒素很敏感,静脉注射最小致死量为0.005mg/kg。这种毒素有抗原性,以它制备的免疫血清对该毒素有中和作用。

3. 病理变化

[剖检] 急性病例除见有各组织小点出血外,无特殊病变。慢性病例,于膈肌、肋间肌、食

管肌、咬肌以及股、臀、腹、腰、咽喉、舌、眼等部位肌肉见有肉孢子虫包囊。包囊纤细,在肌肉中像一截白色丝线,与肌纤维呈平行方向分布。若包囊被钙化,则呈较明显的灰白色不透明斑点。

[镜检] 裂殖子侵入肌纤维后通常不引起肌纤维变性,但局部的肌纤维之间可有少量淋巴细胞浸润,有时肌纤维发生片段性玻璃样变,偶尔出现肌纤维广泛的变性和坏死。随着包囊的成熟,其囊壁增厚,与肌浆的分界变得比较清楚。在早期虫体周围有肌浆和肌核聚集。

在 HE 染色切片中,按虫囊发展过程,可归纳为 7 种类型。

(1) 完整包囊:包囊(即米氏囊)位于肌纤维内,轮廓清楚,其纵切或横切面均见由深紫蓝色的颗粒状物组成,此乃母细胞和南雷小体核的断面。包囊周围通常无炎症反应。一旦包囊壁发生变性或破裂,包囊内的孢子释放或死亡崩解在包囊寄生部位的肌原纤维首先出现嗜碱性变性,接着在变性、坏死的肌纤维或包囊附近可见嗜酸性粒细胞聚集,形成早期的嗜酸性粒细胞性脓肿。

(2) 嗜酸性粒细胞性脓肿:在肌纤维间有多量嗜酸性粒细胞和少量中性粒细胞浸润,形成嗜酸性粒细胞脓肿,脓肿周围尚可见少量淋巴细胞浸润。

(3) 坏死性肉芽肿:肉芽肿结节位于肌纤维之间,呈长梭形。嗜酸性粒细胞性脓肿后期出现脓性崩解,形成红色颗粒状的碎屑物,构成结节中心。其周围出现增生的上皮样细胞。最外围有多量嗜酸性粒细胞、淋巴细胞浸润,还有少量浆细胞、单核或多核成肌细胞以及新生的毛细血管。

(4) 坏死钙化性或钙化性肉芽肿:上述坏死性肉芽肿结节经时较久,结节中心的坏死物出现深蓝色的颗粒状钙盐团块沉积。在坏死物边缘偶见残存的香蕉形南雷小体。如果肉芽肿中坏死物完全被钙化,则为钙化性肉芽肿结节。结节周围的肉芽组织成分与上述坏死性肉芽肿相同。

(5) 上皮样细胞性肉芽肿:此种肉芽肿结节的组成和形态学变化与旋毛虫所致者基本相同,但其中心部的上皮样细胞之间有时仍残留红色颗粒状坏死物而不是淡红色无构造的均质物。

(6) 淋巴细胞性肉芽肿:其结构与旋毛虫所致者相同,但在肉芽组织中的嗜酸性粒细胞一般比旋毛虫时多。

(7) 纤维性肉芽肿:此种肉芽肿结节中,上皮样细胞或成纤维细胞逐渐成熟转化为纤维细胞,胶原纤维增多,淋巴细胞也多,有时聚集成酷似淋巴小结,但嗜酸性粒细胞大为减少。

除上述肉芽肿病变外,患部肌纤维均呈现不同程度的变性、坏死、断裂以及再生、修复现象、并常伴发慢性间质性肌炎。

4. 诊断

猪肉内的包囊眼观可作出判断。应注意与旋毛虫包囊区别,对怀疑的肉样,要进行压片镜检或组织学检查,发现虫体即可确诊。

四十五、猪附红细胞体病

猪附红细胞体病(eperythrozoonosis of pig)是由猪附红细胞体(*Eperythrozoon suis*)和小附红细胞体(*E. parvum*)引起的猪的一种散发性、热性、溶血性疾病。病理剖检以贫血、黄疸、肝小叶中心性坏死为特征。我国近年来在猪、绵羊等多种动物中发生该病,对畜牧业带来较大危害,已引起畜牧兽医界的高度重视。

1. 病原及其传播方式

附红细胞体属于微粒孢子虫科附红细胞体属(*Eperythrozoon*)的微生物,寄生于哺乳动物的红细胞表面和血浆内。附红细胞体与血巴尔通体很相似,其区别在于附红细胞体除寄生于红细胞外,还见于血浆,并多半呈环状;而血巴尔通体罕见呈环状,也很少见于血浆。

附红细胞体具很强的宿主特异性,不同动物所感染的附红细胞体也不一样。目前公认有以下 5 种附红细胞体,即兔和鼠类感染的为球状附红细胞体(*E. coccoides*),绵羊、山羊、鹿感染羊附红细胞体(*E. ovis*),猪感染猪附红细胞体(*E. suis*)、小附红细胞体(*E. parvum*)和牛感染维容附红细胞体(*E. wenyonii*)。各种附红细胞体可用宿主血清做免疫反应进行鉴别。

血液涂片用姬姆萨染色,附红细胞体呈淡紫红色,呈环形,偶见呈三角形、卵圆形、杆形、哑铃形和网球拍形等。在一个红细胞内可见一个至十多个附红细胞体,或见大量附红细胞体均匀地遍布于血浆。电镜观察,附红细胞体呈卵圆形的圆盘状,分凹凸两面,以凹面附于红细胞表面。附红细胞体以二分裂或出芽方式进行增殖。

猪附红细胞体以虱和蚤为传播媒介,哺乳仔猪还可能通过子宫内感染或经口传染,侵入外周血液后破坏红细胞引起溶血性贫血、高热,红细胞降至 100 万～200 万,血红蛋白降至 2～4g/100ml,黄疸指数增至 8～25。动物一般死于急性期阶段,但大多数病例常呈隐性感染而耐过,成为长期带虫的传染源。

2. 主要临床症状

病猪高热、贫血、黄疸,仔猪还伴有腹泻。

3. 病理变化

[剖检]　具有重剧临床症状的病尸,尸体消瘦,可视黏膜苍白、黄染,血液稀薄如水样,皮下和肌间结缔组织呈胶样浸润,散发点状出血。全身肌肉色泽变淡,脂肪黄染。肺淤血、水肿;心包液量增加。心肌变性,心内、外膜出血。腹水增量。胃肠黏膜呈出血性炎变化。肝肿大,呈淡黄褐色。胆囊肿大,充满黏稠胆汁。脾肿大、柔软。肾肿大,皮质散发点状出血。膀胱黏膜出血。全身淋巴结呈不同程度肿大,偶见出血。脑膜充血,并见轻度出血和水肿。长骨红色骨髓表现增生。

[镜检]　长骨的骨髓组织,特别是红细胞系增生明显。淋巴结和脾脏呈现网状细胞活化,有较多含铁血黄素沉着。肝细胞呈颗粒变性和脂肪变性,窦状隙和中央静脉扩张充血,枯否细胞肿胀、剥脱,吞噬有多量含铁血黄素。肝小叶显示中心性坏死,这显然是由于缺氧所致。汇管区有数量不等的淋巴细胞浸润和含铁血黄素沉着。在组织切片中很难见到有病原体。

4. 诊断

根据临床症状和病理变化,特别是见有重剧黄疸和溶血性贫血可作出初步诊断。但确诊须做血液涂片在红细胞内发现附红细胞体;也可做补体结合反应、间接血凝或免疫荧光等血清学诊断。还须与微粒孢子虫病、血巴尔通病、梨形虫病与其他溶血性贫血病进行鉴别。

四十六、猪梨形虫病

猪梨形虫病(piroplasmosis of pig)又称壁蜱热或红水病。由孢子虫纲梨形虫目的各种原虫引起的一类动物疾病。各种虫体都有各自特定的传播媒体——硬蜱。

1. 病原及其传播方式

猪梨形虫病病原在我国发现的为陶氏巴贝西虫(*Babesia trautmanni*),是一种大型虫体,其形态有环形、椭圆形、单梨籽形和双梨籽形等。双梨籽形虫体以尖端呈锐角相连,一个红细胞内可寄生1～8个。在我国云南地区发现,微小牛蜱和扇头蜱属的蜱为猪梨形虫的传播者。

2. 主要临床症状

病猪高热稽留,呼吸迫促,肺有湿性啰音。体态消瘦,眼结膜黄染,四肢关节肿大和腹部皮肤浮肿。

3. 病理变化

尸体高度消瘦,结膜苍白、黄染,皮下织呈黄色胶样浸润。全身淋巴结肿大,切面多汁并有出血点。肺重度淤血、水肿。心肌变性,质地柔软,心腔扩张。肝、脾肿大,被膜有点状出血。胃肠具出血性肠炎变化。

4. 诊断

该病必须与猪弓形虫病进行鉴别。因猪弓形虫病也具高热、呼吸困难和肺水肿等病变,但弓形虫病发病无季节性,贫血和黄疸症状不明显。最后确诊有赖虫体检查。

四十七、猪蛔虫病

猪蛔虫病(ascariasis of pig)是由猪蛔虫(*Ascaria suum*)引起的猪寄生虫病。

1. 病原及其传播方式

猪蛔虫寄生于猪和人。人蛔虫和猪蛔虫形态极为相似,呈乳白色或微黄色,体表有横纹,体两侧纵线明显。口位顶端,有3个唇瓣,内缘具细齿,还有感觉乳突和头感受器。雌虫长20～35cm,尾端钝圆,肛门位于末端,双管型生殖器,阴门在虫体腹侧中部之前。雄虫长15～31cm,尾弯向腹侧,肛门前后多乳突,单管型生殖器,有1对交合刺。虫卵椭圆形,卵壳表面凹凸不平,呈棕黄色;受精卵大小为(45～75)μm×(35～50)μm,未受精卵较狭长,大小为(88～94)μm×(39～44)μm,内为大小不等的屈光颗粒。其虫卵通过污染食物和环境,经猪食入而感染。

2. 病理变化

1)幼虫移行期　病变主要见于肠、肝和肺出现以嗜酸性粒细胞浸润为主的炎症反应和肉芽肿形成,肺细支气管黏膜上皮脱落、出血。大量幼虫移行时可见蛔虫幼虫性肺炎。肝脏出现局灶性变性坏死和间质性肝炎,重度感染的陈旧病灶,呈现间质结缔组织增生性肝硬变。猪乳斑肝即是蛔虫幼虫移行所致的典型病变,表现肝脏变硬实质内有多量大小不等、形状不一的乳白色硬斑,组织学观察,其中心为肝细胞凝固性坏死,周围环绕上皮样细胞、淋巴细胞和中性粒细胞组成的肉芽肿组织。

2)成虫期　成虫在小肠内引起空肠和回肠卡他性炎,虫体多时可导致肠管阻塞(图7-39,见图版)。偶见有成虫进入十二指肠和胆管。

3. 诊断

幼虫期较难诊断,可根据肝肿大、间歇热、肺病变及嗜酸性粒细胞血症作诊断。

四十八、猪胃线虫病

猪胃线虫病(stomach nematodiasis of pig)是由吸吮科(Thelaziidae)的似蛔属(*Ascarops*)、泡首属(*Physocephalus*)、西蒙属(*Simondsia*)和颚口科(Gnathostomatidae)的线虫寄生于猪胃引起的。我国许多省(自治区、直辖市)都有该病发生。

1. 病原及其传播方式

(1) 似蛔属和泡首属线虫的咽壁上都有嵴状的角质增厚。圆形似蛔线虫(*Ascarops strongylina*),咽壁上有3～4叠螺旋形角质厚纹,有一颈翼膜在虫体左侧。雄虫长10～15mm,右尾翼为左侧的2倍;雌虫长16～22mm,阴门位于体中部稍前方。卵壳厚,外层膜不平整,内含幼虫。

(2) 西蒙属线虫,咽有螺旋形增厚的环纹,雌雄异形,孕卵雌虫的后部膨大成球状,雄虫呈线状。奇异西蒙线虫(*Simondsia paradoxa*),有一对颈翼,口腔有一背齿和腹齿。雄虫长12～15mm。孕卵雌虫长15mm,后部呈球状,前部纤细。卵呈圆形或椭圆形。

(3) 颚口属线虫,头呈大球状,有很多小棘。刚刺颚口线虫(*Gnathostoma hispidum*),淡红色,表皮薄。头球状,有12横列小棘,全身布满环棘。雄虫长15～25mm,雌虫长22～45mm。虫卵呈椭圆形,黄褐色,一端有帽状结构。

圆形似蛔线虫和六翼泡首线虫虫卵在中间宿主(食粪甲虫)体内发育为感染期幼虫,猪由于吞食甲虫而被感染,在胃黏膜内生长发育为成虫。也可由不适宜的宿主,如其他哺乳动物、鸟类或爬虫类吞食了甲虫或感染期幼虫后,病原体在这些宿主消化管壁上形成包囊,猪吃了这些不适宜宿主而感染。西蒙线虫也要食粪甲虫作中间宿主。颚口线虫卵在水中孵出幼虫,在第一中间宿主剑水蚤体发育为感染期,再经第二中间宿主(鱼、蛙、爬行动物)体内形成包囊。猪吃下剑水蚤或第二中间宿主而感染,幼虫在猪胃内发育为成虫,头部钻入胃壁。大量寄生上述各种病原体,便引起慢性或急性胃炎症状。

2. 主要临床症状

病猪食欲不振,呕吐和营养障碍而消瘦。

3. 病理变化

主要是各种虫体寄生在胃黏膜,造成机械性损伤和代谢产物刺激而发生充血,胃黏液分泌增多,黏膜散在红点和覆盖大量黄色黏液,或见胃黏膜溃疡。虫体头钻入黏膜,体游离胃腔中,其周围黏膜红肿。胃壁可见虫体包囊或充满红色液体的空腔,陈旧的病变见胃黏膜显著增生,胃壁肥厚,甚至形成瘤样结节。组织学检查,可见胃黏膜脱落,胃腺上皮组织坏死,内见虫片段,周围以淋巴细胞、巨噬细胞和嗜酸性粒细胞浸润为主的炎性反应,有的见结缔组织增生形成包囊壁结构。

由于颚口线虫幼虫移行迷路,未成熟幼虫见于许多器官,特别是在肝脏和肝动脉,可引起寄生虫性肝炎。

4. 诊断

虫卵在粪便中检出、结合临床症状和剖检做综合性诊断,但猪胃线虫病应注意与猪胃圆线虫病鉴别。

四十九、猪肺丝虫病

猪肺丝虫病(pulmonary nematodiasis)是由后圆线虫寄生于猪的支气管和细支气管内所致的一种线虫病,主要侵害小猪,多发生于夏、秋两季,常在某些地方流行,通称肺虫病(lungworm disease)。该病呈世界性分布,我国各地均有发病报道。临床上感染轻微的几乎不见症状,感染严重的可造成死亡,幼龄猪敏感性大。

1. 病原及其传播方式

猪后圆线虫为白色或灰白色,虫体呈长细线状,虫卵随痰液上行到气管、喉头,然后咽入消化道。虫卵也可随咳出的痰或粪便排出体外,被蚯蚓吞食后,在蚯蚓体内发育成感染性幼虫。猪吞食了带有感染性幼虫的蚯蚓(或蚯蚓死后放出的感染性幼虫)而受感染。蚯蚓被消化后,幼虫即钻入壁进入淋巴管,随淋巴循环入前腔静脉,随血液进入肺脏,最后到达支气管发育为成虫。

2. 主要临床症状

轻度感染时,只是生长发育受阻。严重感染时,有强烈的阵咳,呼吸困难(特别是在运动和采食后剧烈),肺部有啰音,体温升高,有明显的气喘,食欲丧失。

3. 病理变化

[剖检]　病死猪的肺膈叶后缘,可见一些灰白色的隆起,剪开支气管,常可找到大量丝状虫体。主要病变是寄生虫性肺炎。病初期可见肺小点出血。敏感动物初次感染,整个肺小叶充满以嗜酸性粒细胞为主的炎性渗出物。随着幼虫成长,迁移到细支气管和支气管内栖息,以黏液和细胞屑为食,但可刺激黏膜分泌增多。大量黏液和虫体,造成局部管腔阻塞,相关的肺泡萎陷、实变。还由于存留在肺泡内虫卵和发育的胚蚴如同外来异物刺激,易引起局部肺组织发生细菌的继发感染,所以常可见化脓性肺炎灶。

[镜检]　可见虫体存在于肺泡壁和肺泡腔中(图7-40,见图版)。后期的结节变为灰绿色,微突出于胸膜,部分结节钙化硬实,伴发间质性肺炎。敏感病例可见肺小叶充满嗜酸性粒细胞。

4. 诊断

临床症状可作参考,粪便中肺虫幼虫检出可作确诊。确定自然感染群,进行剖检是必行的步骤。对类似的肺虫病鉴别,应进行宿主病理学检查。

五十、猪旋毛虫病

猪旋毛虫病(trichinosis of pig)是由毛首目、毛形科(Trichinellidae)的旋毛虫(*Trichinella spiralis*)的幼虫和成虫引起人兽共患的寄生虫病。人、猪、犬、猫、熊、狼、狐、野猪、鼠类等约150种哺乳动物均可感染。人食用了含旋毛虫的畜肉即可感染,因此值得重视。

1. 病原及其传播方式

病原旋毛虫为细小的线虫。雄虫长1.2～1.5mm,雌虫长3.5～4.0mm,成虫寄生于宿主的小肠内(肠旋毛虫),其中以空肠寄生密度最大。幼虫寄生在宿主的横纹肌内(肌旋毛虫),呈灶状分布。成熟的肌旋毛虫具有感染人畜的能力。

人或动物吞食了含有旋毛虫的肉食后,在胃液的作用下,旋毛虫幼虫的包囊被溶解,幼虫从囊内逸出,迅速进入肠道,钻到肠黏膜皱襞内,经两昼夜变成性成熟的成虫。雌雄交配后,雄虫很快死亡,雌虫则钻入肠黏膜、肠腺腺管和淋巴间隙内,分批产仔(卵胎生),生出大量幼虫,每条雌虫可产500～10 000条幼虫。这些幼虫呈细杆状,长约0.1mm,也分批地由肠黏膜钻入淋巴管,随淋巴流经胸导管进入血液循环。随血流到达肌肉,便离开血管进入肌纤维中,初呈直杆状,随即逐渐蜷曲并形成包囊。6个月后包囊开始钙化,但囊内幼虫仍存活。若钙化波及虫体本身时,幼虫则迅速死亡。

2. 主要临床症状

猪对旋毛病有较大的耐受性,一般自然感染后没有明显症状。严重感染时,可出现食欲不振、呕吐、腹泻和腹痛。这是初期肠型旋毛虫病的表现。两周后当进入肌型旋毛虫病阶段时,可出现肌肉疼痛、运动障碍、咀嚼和吞咽困难等症状。

3. 病理变化

［剖检］ 成虫在肠内寄生时,可引起急性肠炎,表现为小肠黏膜肿胀、充血、出血,黏液分泌显著增多等急性卡他性肠炎变化。

旋毛虫幼虫对肌肉具有亲嗜性,常侵入膈肌(特别是膈肌脚)、咬肌、舌肌、肋间肌、肩胛部肌肉、股部肌肉及腓肠肌等。这些部位的肌肉的筋膜下,出现针尖大灰白色的病灶(旋毛虫包囊)。严重感染时,任何骨骼肌内都可找到幼虫包囊。除肌肉外,有时在脂肪组织,特别是肌肉表面的脂肪中也可发现虫体包囊;在脑、脊髓偶然也可发现虫体包囊。

［镜检］ 在感染后7d宿主横纹肌出现幼虫,呈直杆状,8～9d后虫体进入肌细胞,此时肌细胞变性、溶解,嗜碱性着染。虫体周围出现“亮带”,虫体逐渐蜷曲,虫体所在肌细胞呈纺锤状膨胀。40～45d后,肌肉的肌纤维间可见旋毛虫包囊形成,其由囊壳与囊角两部分组成,猪旋毛虫囊壳呈梭形,内含一条或数条蜷曲的幼虫(图7-41,见图版)。囊壳的两端各具有一个鼠尾状突起,称为“囊角”。囊角初期大而长,呈锥体形,随着虫龄增大,逐渐萎缩、退化,由鼠尾状变成小帽状。由于受虫体侵害的细胞已经转化成了包囊,因此成熟的旋毛虫包囊是位于相邻的肌细胞之间。旋毛虫病灶外的肌纤维出现不规则的断裂和纵裂,肌纤维呈粗细不一和着色不均。少量肌纤维显示脂肪变性,严重时肌纤维发生崩解由脂肪滴取代。在肌纤维变性、坏死同时,常可见部分肌纤维胞核肿大,数量增多,尤其是肌纤维断端肌核明显增多,形似花蕾样,显示肌纤维的再生现象。肌束间与肌纤维间水肿,且以旋毛虫包囊周围的部位最明显。肌间结缔组织亦呈不同程度的增生,并伸入肌纤维断裂处,尚有数量不等的淋巴细胞和嗜酸性粒细胞浸润,偶尔小血管周围有淋巴细胞聚集形成管套样结构。上述结果表明非感染肌纤维不仅具有肌营养不良变化,也存在有再生现象。

肌旋毛虫死亡后发生钙化或机化。钙化可以由包囊开始,即在包囊壁和囊腔中出现蓝色的钙盐沉着,此时虫体是活的。钙化也可由虫体开始,逐渐使整个虫体和包囊钙化。机化则可见以下不同类型的肉芽肿。

(1)类上皮样细胞肉芽肿:其中心为均质淡红染的虫体坏死物,周围依次向外有上皮样细胞、淋巴细胞、嗜酸性粒细胞和少量成肌细胞围绕。

(2)淋巴细胞性肉芽肿:其主要细胞成分是淋巴细胞,还有少量上皮样细胞和嗜酸性粒细胞,偶见巨噬细胞、浆细胞和成肌细胞

(3)坏死性或钙化性肉芽肿:肉芽肿中心是坏死崩解、红染或钙化而蓝染的虫体,外周围绕上皮样细胞、淋巴细胞、嗜酸性粒细胞及其他各种细胞。

(4)淋巴细胞结节:少数病例在肌肉纤维间见新生的淋巴组织样结构,有的形似淋巴小结,结节周围有薄层结缔组织包围。

4. 诊断

通常将肌肉中灰白色虫囊用两张载玻片将其压平后,在显微镜下即可看到弯曲的虫体,即可确诊。

五十一、猪小袋虫病

猪小袋虫病(balantidiasis of pig)是由结肠小袋虫(*Balantidiwm coli*)引起的猪及灵长类大肠内感染的疾病,偶尔可以感染人,亦发现于犬、鼠及豚鼠。猪的感染率为20%～100%。

1. 病原及其传播方式

虫体滋养体为卵圆形,大小差异较大,为$(30\sim150)\mu m\times(25\sim120)\mu m$。体前端有一漏斗状凹陷,构成胞口与胞咽。虫体全身体表披覆整齐斜行排列的纤毛。体中部有一肾形大核及一位于大核凹陷处的球形小核。虫体中部及后部各有一个调节渗透压的伸缩泡。

滋养体在大肠中以吞噬淀粉颗粒、细菌、红细胞及其他组织细胞为生。随病猪粪便排出到外界,或在猪体内的滋养体,都可形成圆形、厚壁,直径$40\sim60\mu m$的包囊体。包囊体为感染期虫体,在污秽不洁的环境中容易感染新宿主。

2. 病理变化

〔剖检〕　病猪,特别是病仔猪,有卡他性出血性大肠炎,大肠黏膜糜烂和溃疡。严重病例可引起肠穿孔及腹膜炎。

〔镜检〕　常在大肠的炎症病变及糜烂和溃疡中发现小袋虫。虫体可以大量出现在毛细血管与淋巴管内。大肠黏膜凝固性坏死与出血,病灶内有淋巴细胞及嗜酸性粒细胞等细胞浸润。

3. 诊断

尸检时将病变黏膜刮下物或肠内容物用热生理盐水稀释后,直接压滴镜检,可发现多量虫体。病理组织切片中虫体位于坏死组织边缘。特点为虫体大呈卵圆形,原生质中有致密肾形大核,有时可同时发现胞口、小核及伸缩泡等。虫体表有整齐排列的纤毛,镀银染色可使纤毛更清晰。

五十二、猪浆膜丝虫病

猪浆膜丝虫病(swine serofilariasis)是双瓣线虫科(Dipetalonematidae)灿烂丝虫亚科(Splendidofilarinae)猪浆膜丝虫(Serofilaria suis)寄生于猪的心脏、肝、胆囊、膈肌、子宫及肺动脉基部等浆膜淋巴管内引起的疾病。我国许多地区都有该病发生。

1. 病原及其传播方式

猪浆膜丝虫虫体为乳白色,细似毛发的丝状虫,头稍膨大,角质层有细横纹。口结构简单、无唇、口孔周围内外两列各有 4 个乳突。食道分肌质和腺体两部。雄虫体长 $12\sim26.25mm$,尾部指状,卷向腹面。肛门前后各有 $3\sim6$ 对乳突,交合刺短而不等长。雌虫体长 $50.62\sim60mm$,阴门不隆起,开口于食道腺部分中部的稍前方。尾部指状,稍向腹面卷曲,尾端两侧各有一个乳突。胎生,微丝蚴两端钝,长 $0.1186\sim0.1254mm$。有鞘,可发现于血液中。生活史尚不清楚,初步认为成虫产的微丝蚴经淋巴管转入血液,被中间宿主淡色库蚊吸吮猪血而进入蚊体内发育,形成感染蚴后,带虫库蚊再次吸引猪血而感染新宿主,在猪体内发育为成虫。在寄生过程中,引起淋巴管及其周围组织的病变。

2. 病理变化

〔剖检〕　心脏的病变最为常见,分布在心纵沟和冠状沟浆膜内,形态和大小均不一致,大如赤豆大,小如粟粒大,圆形、椭圆形或长条弯曲状的透明包囊,或形成灰白色结节。透过包囊可见白色卷曲的虫体,结节内虫体部分钙化或完全钙化而变硬实。

〔镜检〕　根据病变发展过程,在组织病学大致可分为三种形式的结节。

(1) 细胞性肉芽肿结节:为新鲜病灶,病变部位心外膜增厚,虫体位于心外膜下扩张的淋巴管内(图 7-42,见图版),结节中央为虫体切面,其结构轮廓完整,周围有嗜酸性粒细胞浸润,偶见多核巨细胞,外层由淋巴细胞、巨噬细胞和少量成纤维细胞、胶原纤维组成不明显的包膜。

病灶下浅层心肌纤维轻度变性。少数位于浅层心肌纤维间的病灶,导致肌纤维变性、坏死,局部为炎性细胞所代替。病灶中央为轮廓不清的虫体残骸,其周围炎性细胞破碎崩解,形成无结构坏死区。周围见大片淋巴细胞、嗜酸性粒细胞和巨噬细胞浸润区,其中杂有脂肪细胞。病灶边缘肌纤维稀少,肌纤维间亦见炎性细胞浸润。

(2) 纤维性肉芽结节:结节中央虫体结构模糊,有钙盐沉积,周围淋巴细胞浸润,外裹比较厚层的纤维组织包膜。邻近心外膜也因结缔组织增生而增厚。结节附近组织中常见淋巴细胞大量增生,甚至形成淋巴小结,其中有生发中心。严重病变中淋巴小结相互连片,充满整个心外膜层。这就是眼观所见的心外膜表面灰白色乳斑或条索。

(3) 陈旧的钙化结节结:节中央虫体残骸完全钙化,周围淋巴细胞和巨噬细胞浸润,外裹以厚层纤维包膜,或者钙化的虫体周围直接为厚层纤维膜所包裹。这就是眼观上灰白色粟粒大、有砂砾感的钙化结节。

除上述结节性病变外,心脏尚显示不同程度的间质性心肌炎,即在深部心肌纤维间见成纤维细胞呈局灶性增生,伴有较多的淋巴细胞和嗜酸性粒细胞浸润,如补缀状散布于心肌内。其他脏器的病变,表现在母猪子宫阔韧带可见粟粒大至红豆大的透明包囊,其中常见活动蠕蠕的虫体;肝脏胆囊管及胆囊的浆膜上偶见扩张而透明的淋巴管,内有活动的虫体,在肝脏被膜和胆囊浆膜上还可发现呈长条形或红豆大的灰白色或淡黄色、质坚硬的结节;在膈肌肌膜与肌纤维之间可见粟粒大至红豆大、乳白色或黄白色的结节;在胃、肋胸膜和主动脉基部等也有上述类似的病变。这些部位所见结节性病变的镜下变化与心外膜所见者基本相同。

3. 诊断

根据外周血液检出该虫的微丝蚴,宰后检验中发现上述典型的丝虫性病变和虫体,即可确诊。

五十三、猪胃毛圆线虫病

猪胃毛圆线虫病(stomach trichostrongylosis of pig)是由猪圆线虫属(*Hyostrongylus*)中的红色猪圆线虫(*H. rubidus*)寄生于猪胃内引起慢性炎症。

1. 病原及其传播方式

猪圆线虫属中的红色猪圆线虫成虫为4～10mm长的淡红色线虫,小而纤细,口囊退化或缺乏。雄虫交合伞很发达,交合刺两根。虫体生活史为直接发育。虫卵随宿主粪便排至外界。孵化出的幼虫发育至第3期感染阶段,被新宿主吞食而感染。幼虫在体内无移行。幼虫阶段居留于胃肠黏膜内,有时可侵入黏膜下;成虫返回胃肠腔寄生。

2. 主要临床症状

患病动物减食、消瘦、贫血及腹泻。

3. 病理变化

寄生于胃腺内的幼虫引起寄生部及附近黏膜的间质性炎症、黏膜的化生及腺上皮增生。固有层的腺体间见以淋巴细胞为主的各型炎细胞浸润。感染区腺体的颈部细胞增生取代壁细胞,致腺体延长,黏膜增厚。内衬上皮立方化或低柱状。扩张腺体内虫体断面上的嵴突起是识别的依据。损害发生于感染腺体周围数毫米内,从而导致黏膜形成结节状突起的苍白区,中央常轻度下陷有小孔。严重感染时结节状突起可以融合,形成广泛而不规则的脑回状黏膜增厚区。真胃皱襞明显水肿、充血发红,或有灶性糜烂。3期幼虫寄生于胃底腺中,引起感染部及邻近上皮化生及增生。未分化细胞迅速分裂取代壁细胞。寄生部黏膜固有层水肿及炎性细胞浸润。幼虫存在于扩张的腺腔中。由于黏膜的增生与腺体的肥大，使胃底黏膜在肉眼上形成扁豆大的扁平突起或圆形结节。严重感染时胃内 pH 上升，结节状损害可伴有溃疡及出血。

4. 诊断

主要依据病猪胃黏膜的病变和找到虫体进行鉴定。

五十四、猪鞭毛虫病

猪鞭毛虫病(trichuriasis of pig)是由鞭虫属虫体引起的猪结节性盲、结肠炎。

1. 病原及其传播方式

鞭虫形状一端粗一端细，似鞭。虫体头端细长、毛发样，尾端粗而短，故亦称毛首线虫。鞭虫属于毛首科、毛首属(*Trichocephalus*)，约有 70 种。猪鞭虫(*T. suis*)长 30～80mm，虫体乳白色，雌虫常因子宫含虫卵而呈褐色。

生活史为直接发育，虫体在体内不发生移行阶段。随感染动物粪便排出的虫卵，在外界普通温度下约 3 周发育至感染期。感染性虫卵被宿主吞食后，在小肠内卵塞被消化，孵出幼虫。幼虫依靠其头端的锥刺，从肠腺小窝钻入小肠黏膜内 7～10d，然后返回肠腔，进入盲肠，发育为成虫。

2. 主要临床症状

较严重感染病例，出现腹泻、脱水、贫血、厌食，甚至死亡。

3. 病理变化

猪鞭虫感染可引起盲肠、结肠黏膜卡他性炎症。严重感染病例，可出现肠黏膜出血性炎、水肿及坏死。感染后期形成溃疡，并产生类似结节虫病的结节。结节有两种：一种见于虫体前端伸入部，较软，内含脓液；另一种结节为较硬的圆形包囊，位于黏膜下。组织学检查见结节中有虫体和虫卵，并有显著的淋巴细胞、浆细胞及嗜酸性粒细胞浸润。

4. 诊断

根据尸检时发现特殊形态的虫体、寄居部位及病理变化，易于诊断。切片中虫体前端包埋于黏膜内，含有鞭虫特有的串珠状排列的所谓"列细胞"(stichocyte)的腺细胞。毛首属虫体横切面上 体肌为体积小、连续细密、整齐排列的全肌型结构，可与其他大多数线虫区别。在肠腔的雌虫内或偶尔在组织中可发现典型虫卵。

五十五、猪冠尾线虫病

猪冠尾线虫病(swine stephanuriasis)又称猪肾虫病，是由齿冠尾线虫(*Stephanurus denta-tus*)，又名猪肾虫(kidney worm of swine)寄生于猪的肾盂、输尿管及其周围组织所引起的一种线虫病，常称为猪肾虫病。

该病多发生于热带和亚热带地区，主要发生于猪，其次是黄牛，马、驴和豚鼠也有发生。近年来，我国辽宁、吉林、江西等地时有报道。患病幼猪生长发育不良，并致母猪不孕或流产，甚至死亡，给养猪业造成较大损失。

1. 病原及其传播方式

该病病原为齿冠尾线虫，虫体短粗，形似火柴杆，灰褐色，体壁透明，内脏隐约可见。雄虫长 2～3cm，雌虫长 3～4.5cm。中间宿主是蚯蚓。放养猪常用鼻拱土，其感染率最高，可从病猪尿液中找到多量虫卵,在外界潮湿、阴暗土壤中,经 2～3d 可获孵化;辗转发育成为具有侵袭能力的感染性幼虫;但是,强烈阳光和干燥可将其虫卵杀死。

幼虫经口和皮肤感染,也可通过产前感染。经口感染的幼虫,可从食道侵入胃壁,再通过门脉循环和肠系膜淋巴结而侵入肝脏;在肝内发育 3 个月以上,然后再穿过肝脏被膜而进入腹腔,最终侵入肾脏和输尿管周围脂肪组织,形成相应的包囊,并在此发育为成虫,进行交配产卵,并向输尿管内转移。其整个生活周期约 6 个月。而经皮肤感染的幼虫,则沿腹肌,循淋巴回流到静脉,借血液移行到肺脏;当咳嗽时,可逆回到气管经咽喉而转至胃肠道,最后从肠系膜淋巴结转移到肝脏。此外,有些滞留于肺内的幼虫,有可能进入胸腔或沿后腔静脉而侵入胰脏、脾脏等器官。但此等幼虫多不能发育为成虫而逐渐死亡。

2. 主要临床症状

仔猪生长发育不良、消瘦、被毛粗松,头大背拱,结膜苍白。严重病例,眼睑、鼻面部、硬腭、下颌、颈部及雄性生殖器、尿道口周围等部位呈现不同程度浮肿;而母猪病例常无明显的特异性症状,有时因肝脏受损严重可出现一定量的腹水形成。

3. 病理变化

〔剖检〕　在肾脏及输尿管周围可见肾虫包囊形成。肝脏等实质器官呈现显著变性等病变。

肾盂可见黄豆大至核桃大小、圆形肾虫包囊,灰白色,囊壁厚实,内有虫体或其残骸。有的虫体可穿过囊壁而与肾盂沟通,肾盂黏膜呈现浆液性、出血性浸润。输尿管周围脂肪组织中,常散见黄豆至蚕豆等大小、不整圆球形包囊,触摸有硬实感。切开时,可见囊内充满黄白色乳酪样渗出物,其中往往混有虫体。包囊壁常有微细小孔开口于输尿管腔;小孔开口部位黏膜呈暗红色丘状突起、中央陷凹里污黄色小点;小孔周围黏膜则呈现弥漫性出血性浸润。严重时,肾虫包囊可遍布于整个输尿管周围,呈索状或串球状排列,可促使输尿管组织增生、变厚,管腔严重受压变狭。

肝脏常出现严重的病变。仔猪病例肝脏病变较母猪显著,呈淡黄色,被膜下呈现黄褐色弯曲虫道斑纹;并常见绿豆大小肾虫性结节;结节囊内可见暗红色凝血块碎屑,往往混有死亡的肾虫幼虫;稍大而较硬实的结节则呈灰白色、囊壁增厚、囊腔细小、囊内有暗红色栓状物,使整个肝脏呈斑驳状。

〔镜检〕　肾小球毛细血管内皮细胞肿胀,轻度增生、充血;球囊腔可见少量红细胞渗出。肾小管上皮细胞显著变性、胞浆溶解而脱落。间质充血,组织疏松,并见上皮样细胞增殖。有时,集合管内可见红色尿圆柱形成。输尿管黏膜上皮细胞严重空泡变性、坏死脱落;黏膜下层、肌层及浆膜层组织疏松,毛细血管显著扩张、充血。并见多量上皮样细胞、淋巴细胞及少量浆细胞、嗜酸性粒细胞等浸润、尤以血管周围呈围管性浸润,可为该病特征性病变之一。

肝细胞显著变性、坏死、胞浆溶解、核碎裂。中央静脉周围呈现多量淋巴细胞和少量嗜酸性粒细胞浸润。汇管区血管扩张、充血;胆管轻度增生。慢性病例,汇管区及小叶间成纤维细胞和胆管增殖现象更为显著;有时,可见假小叶形成倾向。

此外,某些散在的猪肾虫尚可引起其他部位组织局灶性化脓性炎症。如猪肾虫病时,可于腰肌、心肌、臀肌、肺脏、脾脏、胃幽门、十二指肠以及胰脏等浆膜下发现死亡肾虫幼虫。

4. 诊断

从病猪尿液中发现虫卵或剖检时见到虫体,可为该病诊断主要依据。

五十六、猪绦虫蚴病

猪绦虫蚴病(囊尾蚴病)(cysticercosis of pig)是由人的有钩绦虫蚴虫-猪囊尾蚴(*Cysticer-cus cellulosae*)所致的一种猪寄生虫病。虫体囊状,故称猪囊虫,也称猪囊虫病。我国北方较南方流行严重,个别地区猪囊虫痫发病率高达30%。

1. 病原及传播方式

有钩绦虫主要寄生于人的小肠内,呈扁平长带状;由一个头节、一个颈节和成千的体节组成一种长链,长达2~8m。其头节如别针头大,咬吸于人肠黏膜上。虫体后端的体节(每个节片具有两性生殖器,可自行交配繁殖,故称孕节)含有大量虫卵。虫卵圆形或短椭圆形、有盖,内含有一个具有6个小钩的幼虫(六钩蚴)。孕节脱落随粪便排出,猪吞食了这种含孕节的人类后,在猪胃内虫卵外壳(胚膜)即被胃液消化,六钩蚴钻入肠壁随血流而至猪的全身。其在猪体许多器官组织中发育为囊虫,猪囊虫主要侵害咬肌、颈肌、肩胛外侧肌、臀肌以及膈肌等,有时可见于舌肌和心肌,其他如肺、脑及眼部较少见。如果人误食未充分煮熟的此类病猪肉,其囊虫可于人小肠内头节外翻,固着在肠壁上,经两个月左右发育为成熟绦虫虫体。成虫寿命可长达25年以上。

2. 主要临床症状

病猪常表现营养不良、生长发育受阻、被毛长而粗乱、贫血、可视黏膜苍白、且呈现轻度水肿,病猪的肌肉发达部如腮、咬肌和肩胛肌皮肤常出现有节奏性的颤动,病猪熟睡后常打呼噜,且以深夜或清晨表现得最为明显。病猪的舌底、舌的边缘和舌的系带部有突出的白色囊泡,手摸猪的舌底和舌的系带部可感觉到游离性米粒大小的硬结,翻开猪的眼睑可见眼结膜充血,并有分布不均的米粒状白色透明的隆起物。

3. 病理变化

常见病猪舌肌、咬肌、腰肌、肩胛肌、肋间肌、臀肌以及前半部的横纹肌中,尤其是在颈肌、肩胛外侧肌、臀肌以及膈肌可见到囊虫,囊虫状如黄豆大,乳白色,囊内有透明液体,囊壁上可见一米粒大小的白色头节,俗称"豆猪肉"或"米猪肉"。此外,猪囊虫也寄生于脑组织、眼部、心肌等部位。其囊虫形状与肌肉囊虫相同。

4. 诊断

见"豆猪肉"或"米猪肉"这种典型病变即可诊断。

五十七、猪裂头蚴病

猪裂头蚴病(sparganium mansonsis of pig)是由犬、猫等动物的孟氏迭宫绦虫蚴虫、猪孟氏裂头蚴所引起的一种猪绦虫蚴病。猪裂头蚴病在我国各地有广泛报道,严重危害养猪业发展。

1. 病原及其传播方式

孟氏迭宫绦虫成虫主要寄生于犬、猫等动物小肠内。其由100多个充满虫卵的孕节片组成。虫卵随宿主粪便排出,落入水中孵育成钩毛蚴,又在剑水蚤(cyclops)体内发育成原尾蚴(procercoid);然后在蛙类、蛇、鱼、猪、鸟等误食水蚤而感染,原尾蚴在这些动物的肠壁、肌肉和其他组织内而发育为孟氏裂头蚴或称实尾蚴(plerocercoid)。虫体扁平带状、乳白色。当虫体寄生而引起出血时,则虫体头端因含铁血黄素沉积而呈黄色。体软、不分节,收缩时呈现轮状皱纹。当此等裂头蚴被终宿主吞食后,即可在其小肠内发育为孟氏迭宫绦虫。猪感染裂头蚴病的主要途径是吞食含有实尾蚴的青蛙。

2. 病理变化

猪裂头蚴主要寄生于腹腔脂肪(板脂)、腹膜下、腹肌、膈肌和股部肌肉等部位;此外,在心脏、肺脏、肾脏、肝脏及胃肠壁等处也曾发现有虫体寄生。虫体寄生部位常呈现渗出性出血,甚至引起局灶性化脓或坏死。病猪往往具有出血性素质和皮下水肿等现象。有时可见虫体钙化,形成粟粒大至米粒大小的结节,也有的被机化而形成大小不等的包囊,内含液体和钙化的裂头蚴。如虫体寄生于脏器时,则常致浆膜肥厚或被覆多量纤维素性薄膜以至引起粘连。

3. 诊断

根据病变及虫囊的特征可作诊断。

五十八、猪华支睾吸虫病

猪华支睾吸虫病(clonorchiasis sinensis in swine)是华支睾吸虫寄生在猪肝胆管内引起的猪肝吸虫病。除猪外,该虫尚可感染犬、猫、鼬、貂、獾等动物和人的胆管和胆囊,是一种人兽共患寄生虫病。该病在我国广泛流行,猪、犬、猫往往是人华支睾吸虫病的保虫宿主。

1. 病原及其传播方式

华支睾吸虫(*Clonorehis sinensis*)属后睾科(Opisthorchiidae)。成虫呈柳叶状,背腹扁平,前尖钝,乳白色透明,体表光滑无棘。虫体大小差异颇大,一般长 10~25mm,宽 3~5mm,动物源虫体更小。腹吸盘略小于口吸盘,位于虫体前 1/5 处。消化道的前部有口、咽和短的食管,后分为两条肠支伸至虫体后端。两个睾丸发达,呈分支状,前后排列在虫体后段,约占体长 1/3。卵巢边缘分叶,位于睾丸之前。椭圆形的受精囊位于睾丸和卵巢之间。许多细小颗粒组成的卵黄腺,分布于虫体两侧,从腹吸盘向后伸展到受精囊的水平线。子宫从卵膜开始,呈长管状盘绕而上,开口于腹吸盘前缘的生殖腔。

虫卵呈黄褐色,形似电灯泡,内有成熟的毛蚴。卵体积甚小,平均 29nm×17nm,动物源的虫卵更小。卵盖大,其周围卵壳略为隆起,另一端有小瘤。

产在胆管内的虫卵,随宿主粪便排出体外,在合适的条件下,经第一中间宿主淡水螺蛳和第二中间宿主淡水鱼虾体内发育。成为成熟的囊蚴。猪因放养或饲喂吃下染有囊蚴的生鱼虾或其下脚料而感染。放养猪的感染率为 55.6%。终宿主吃下的囊蚴,在小肠中囊壁被消化,童虫逸出,从十二指肠腔沿总胆管经胆道进入肝胆管内寄生。也可穿过肠壁和血管,抵达肝胆管内发育为成虫。由于成虫的活动和分泌的代谢产物刺激,导致肝胆管损伤和慢性炎症,甚至肝硬变。大量的成虫可成簇聚团,阻塞管道,造成胆汁滞留和肝胆管的扩张,进而出现黄疸。由于胆汁流通不畅,常招致细菌感染而发生急性胆管炎。还由于虫卵、死亡的虫体及其碎片、脱落的胆管上皮等在胆管内构成结石核芯,引起胆石症。动物感染华支睾吸虫病多呈慢性经过。

2. 主要临床症状

病猪呈现消化不良,食欲减退和下痢症状,最后出现贫血、消瘦,多因并发其他疾病而死亡。

3. 病理变化

[剖检] 华支睾吸虫主要寄生在肝内胆管,有时也见于胆囊、胰腺管和十二指肠腔。主要病变在肝脏和肝胆管。病变与寄生的虫体数量、寄生的时间长短有关。少数几条或十几条虫体,几乎看不出明显病变。大量长时期寄生时,肝脏外观仅见不同程度结缔组织增生和纤维素

性渗出物。但在肝脏切面上显露胆管增粗、管壁增厚,挤压时胆管腔内流出土红色混浊黏液,其中混有虫体。胆囊通常肿大,胆汁浓稠,草绿色,并混有聚团的成虫。

〔镜检〕 肝胆管组织,感染初期主要是胆道上皮细胞脱落。随感染后时间增长,胆道上皮细胞出现增生和脱落,不同程度增生的上皮形成小隐窝或乳头状突入管腔。后期呈现结缔组织增生,胆管壁增厚,有淋巴细胞、浆细胞和嗜酸性粒细胞浸润。在各时期的胆管腔内,除见黏液、脱落上皮细胞外,有时可见虫体的断面或虫卵。病变严重的,间质内结缔组织增生,邻近的肝实质细胞被压迫萎缩,呈现肝硬变初期病变。

4. 诊断

根据流行病学、临床表现和肝、胆的特异性病理变化可以作出诊断,但在猪粪便中找到华支睾吸虫虫卵,是确认猪华支睾吸虫病的重要依据。

第八章 犬、兔、猫等动物主要疾病病理学诊断

第一节　犬、貂等动物主要疾病的病理学诊断

一、犬疱疹病毒感染

犬疱疹病毒感染（canine herpesvirus infection）是由犬疱疹病毒引起的犬病。3 周龄内的仔犬感染，呈现全身出血性和坏死性等病变。3 周龄以上的犬感染时，除呈现持续两周以上的流鼻汁、打喷嚏、干咳等症状外，有时还伴发疱疹性阴道炎。

1. 病原及其传播方式

犬疱疹病毒其未成熟无囊膜的病毒粒子存在于细胞核内，直径为 90～100nm，胞质内成熟带囊膜的病毒直径为 115～175nm。犬肾细胞内病毒的直径平均为 142nm。部分犬疱疹病毒的核芯呈十字形或星形。该病毒对外界抵抗力较弱。

产道感染和飞沫感染是主要的感染径路。犬疱疹病毒在体外培养时，要求的温度很低（33.5～37℃）。39℃以上，病毒增殖受到抑制。2 周龄以下仔犬的体温偏低，恰好处于病毒的最适增殖温度，而 2 周龄以上仔犬逐步形成完整的体温调节系统，正常体温为 39℃。

2. 主要临床症状

2 周龄以内的病仔犬体温不高，精神委顿、食欲不良或停止吮乳，呼吸困难，压迫腹部时有痛感，粪便呈黄绿色。多数在出现症状后 24h 死亡。2～5 周龄仔犬感染时，通常只引起轻度鼻炎和咽峡炎。5 周龄以上仔犬和成年犬感染时，病毒能在呼吸道和生殖道黏膜轻度增殖，无明显症状。

3. 病理变化

［剖检］　肾皮质弥漫性淤血、出血，肺水肿并散在有出血斑点。胃、肠和肾上腺也见出血斑点。胸腔和腹腔常有血样浆液。肺、肾和肝有大小不等的坏死灶。脾和全身淋巴结肿大。

［镜检］　所有组织的病变特点都是局灶性坏死和出现核内包涵体。

于肺、肾、肝、脾、淋巴结、肾上腺、肠和脑组织可见坏死性病变，其中肾和肺的病变最严重，在坏死灶周围的变性组织细胞内常可见到核内包涵体。

大脑皮质、小脑皮质、基底神经节和脊髓灰质可见弥漫性非化脓性脑炎病变，并伴发局灶性软化灶。

成年犬感染一般没有组织学变化，但有时也出现卡他性气管炎和支气管肺炎，并在其黏膜上皮内发现核内包涵体。

4. 诊断

新生仔犬的特征性坏死性病变和核内包涵体的出现，可作诊断。免疫荧光抗体可确诊坏死灶内的病毒抗原。病毒分离鉴定是确诊的重要手段。

二、犬传染性肝炎

犬传染性肝炎（infectious canine hepatitis）由犬传染性肝炎病毒（ICHV）引起，是主要侵害

幼犬的一种急性败血性传染病,其死亡率很高,是危害犬的重要疫病之一。该病在世界各国均有发病报道,我国也有该病存在。

该病从临床表现分犬肝炎型、犬呼吸型和狐脑炎型三型。其中以犬肝炎型最为多见,除侵害各种年龄的犬外,狐(银狐、红狐)、浣熊、黑熊也都易感。

1. 病原及其传播方式

犬传染性肝炎病毒属腺病毒科(*Adenoviridae*)的乳腺病毒属(*Mastadenovirus*),分Ⅰ型和Ⅱ型。其中Ⅰ型为肝炎型的病原,Ⅱ型为呼吸型的病原。两者在血清学和病原学上有明显差别,但在免疫学上能起交叉保护作用。病毒粒子直径为70~90nm,含双股DNA,有衣壳、无囊膜。

病原主要通过消化道感染,但呼吸型也可能经飞沫通过呼吸道传播。病犬病愈后可于肾脏长期带毒并经尿排毒,成为重要传染源。

该病毒对血管内皮细胞和肝细胞具侵嗜性,在细胞内产生核内包涵体。病毒经口腔摄入后,通过扁桃体和小肠上皮经由淋巴和血流而在体内扩播。在感染早期,病毒在单核巨噬细胞系统和血管内皮细胞中增殖,引起受侵害细胞增生性和退行性变化及出现核内包涵体。血管内皮细胞受损,导致出血及血液循环障碍。肝细胞损害与血液循环障碍和病毒直接作用有关。

2. 主要临床症状

肝炎型病犬体温升高(40℃以上),神态淡漠,渴欲增加,食欲不振,呕吐,腹泻,齿龈出血,扁桃体肿大,头颈和腹部皮下水肿,偶见角膜混浊和神经症状。少数病例出现黄疸。

3. 病理变化

1) 肝炎型

[剖检]　犬皮下水肿,腹腔积留多量橙黄透明或血样液体,腹腔浆膜散布有斑点状出血,胃前部浆膜出血呈喷洒状;肝、肠浆膜面见有絮状纤维素附着。

肝脏稍肿大,呈黄红褐色,或因淤血而呈紫褐色,有时肝表面因多种色泽相间而呈斑纹状。肝实质脆弱,透过肝被膜常可见到细小的淡黄色坏死灶。

胆囊膨大,充盈黏稠胆汁。胆囊壁常因水肿而表现增厚,其浆膜附有纤维素性渗出物。胆囊黏膜呈黄绿色或红绿色,散布点状出血;严重病例,胆囊黏膜可发生大片凝固性坏死。脾脏肿大、淤血。肾表面散在有点状出血。

[镜检]　肝脏窦状隙与中央静脉扩张淤血,肝细胞普遍显示颗粒变性和脂肪变性。在肝小叶内散在有局灶性嗜染伊红的凝固性坏死灶。在一些变性、坏死的肝细胞胞浆内可见浓染伊红的圆形小体,即嗜酸性小体。在邻接坏死灶边缘的变性肝细胞、窦状隙的内皮细胞和枯否细胞核内均见有包涵体。包涵体有呈均质状和颗粒状两型,以均质状较多见,表现为均质圆形、边缘光滑、嗜染伊红,其与核膜之间有一狭窄的透明环(图8-1,见图版)。颗粒状包涵体为许多细颗粒散在或聚集一起,其外周较粗糙,也有透明环。核内包涵体富尔根(Feulgen)染色反应呈阳性,着染成紫红色。

胆囊黏膜上皮变性、坏死和剥脱,黏膜固有层水肿,结缔组织纤维变性、膨胀或排列紊乱;肌层变性;肌层和外膜中见有数量不等的淋巴细胞浸润。有的病例,见大片黏膜乃至整个胆囊壁坏死,呈一片均质红染或残存大量细胞碎屑。血管内皮细胞肿胀,核固缩。

脾静脉窦淤血,多数脾白髓稍增大,生发中心明显,网状细胞肿胀、增生。有的白髓呈现坏死,淋巴细胞固缩、崩解,中央动脉内皮肿胀,管壁呈玻璃样变。在网状细胞和血管内皮细胞内偶见有核内包涵体。

淋巴结,特别是肝和肠系膜淋巴结以及扁桃体和胸腺均见出血、水肿和淋巴细胞坏死变化,在网状细胞内均可见到核内包涵体。

肺脏淤血、水肿及出血。心外膜点状出血,心肌实质变性,间质轻度水肿。

肾小管上皮细胞变性或发生灶状坏死;间质毛细血管充血或出血,肾小球毛细血管内皮细胞肿胀,并见核内包涵体。肾上腺淤血或局灶性出血,在窦内皮细胞或毛细血管内皮细胞见有核内包涵体。

胃肠黏膜常见有出血性卡他性胃肠炎变化,尤以空肠变化较为明显。黏膜层淋巴小结肿大,并伴有出血和坏死。

中枢神经系统以丘脑、中脑、脑桥和延脑的病变较为明显,常呈两侧对称性。主要表现毛细血管内皮细胞肿大、增生,并见有核内包涵体;毛细血管周围淋巴腔出血,受损血管周围的脑组织发生渐进性坏死和神经纤维脱髓鞘,偶见胶质细胞增生积聚。神经系统变化显然与毛细血管内皮细胞受损密切相关。

[电镜观察]　见肝细胞的线粒体肿胀,嵴断裂,病变严重的肝细胞胞浆内的固有细胞器结构破坏,呈崩解、碎裂状态。核内包涵体由核基质和 ICHV 粒子构成。核内病毒粒子可通过核膜溶解或崩解而进入胞浆,并且也可经细胞崩解而释放至细胞外。在存有嗜酸性小体的肝细胞胞浆内也可见有病毒粒子。嗜酸性小体与核内包涵体可作为诊断本病的标志性病变。

胆囊黏膜皱襞肿胀、增宽并互相融合,上皮细胞顶部凸出的颗粒状结构消失,故黏膜表面平坦。线粒体肿胀变圆,嵴断裂,粗面内质网扩张,胞浆内出现大量脂质体或致密小体。坏死灶处的上皮细胞核固缩或消失,胞浆呈均质状,仅残留少量脂质体或次级溶酶体。黏膜坏死部表面粗糙,上皮坏死脱落,其周围的上皮细胞顶部突出,故坏死灶中央陷凹如脐状;有时黏膜上皮细胞顶部突出的颗粒状结构脱落,致其表面凹陷,形似蜂窝状。

2) 犬呼吸型　主要引起犬呼吸道黏膜上皮病变,不引起肝炎病变。

[剖检]　见病变主要局限于呼吸道,肺充血和肺膨胀不全,并常存有不同大小的实变病灶。肺淋巴结和支气管淋巴结充血或出血。

[镜检]　见有不同程度的肺炎变化,在支气管黏膜上皮、肺泡上皮和鼻甲黏膜上皮见有 Cowdry A 型核内包涵体。

4. 诊断

根据流行病学及主要病理学特征,特别是肝脏组织的核内包涵体的检出,可作为诊断依据。经病原学鉴定可作确诊。

三、犬口腔乳头状瘤病

犬口腔乳头状瘤病(canine oral papillomatosis)是由特殊乳头状瘤病毒引起的犬口腔良性上皮瘤,常发生于不到 1 岁的幼犬,较大的犬密切接触亦可感染。该病毒具有明显的宿主及部位特异性。将此肿瘤乳剂划痕接种于幼犬口黏膜上易于发病,而接种于幼犬阴道黏膜、眼结膜、腹部皮肤及猫、家兔、豚鼠及大鼠的口腔均不发病。

病毒感染后的潜伏期为 30～32d,肿瘤持续存在 3～5 个月,青春期前自发消退,极少恶变。康复病犬很少或永不发生再感染。免疫功能不全的犬,肿瘤可持续存在。

1. 病原及其传播方式

该病毒为双链环状小分子 DNA 病毒,具有严格的种属和组织特异性,主要感染人类和多种高等脊椎动物皮肤和黏膜组织,引起相应部位上皮组织的增生性病变。

病毒由被感染的复层鳞状上皮的表层脱屑角化细胞释放。嗜皮肤性病毒通过与自体或异体感染组织的直接接触而传播，也可以通过污染物品间接传播。

2. 主要临床症状

病犬唇部、口腔内可见乳头状的肿瘤。其早期为微小的突起，逐渐变成乳头状或树突状，病犬咀嚼与吞咽障碍。

3. 病理变化

［剖检］ 犬口腔乳头状瘤通常先出现于唇部，随后在颊、舌、腭和咽以至食道黏膜依次发生，不累及齿龈。最初在唇部出现白色或灰白色光滑隆起，逐渐增大，呈表面粗糙的乳头状或花椰菜样。乳头状瘤的界限分明。

［镜检］ 瘤部组织呈现鳞状表皮角化及棘细胞层增生。棘细胞肿大、空泡变性或嗜酸性变，细胞间桥丧失，外层棘细胞内可见核内嗜碱性包涵体。真皮结缔组织增生形成纤细而分枝的髓心。较陈旧病变的基质中，有少数浆细胞及淋巴细胞浸润。根据上皮及结缔组织增生的程度不同，犬口腔乳头状瘤亦可分为鳞状乳头状瘤及纤维乳头状瘤两型，以前者较为常见。

4. 诊断

依据口腔特异性乳头状瘤病变及病原鉴定可确诊。

四、犬细小病毒感染

犬细小病毒感染(canine parvovirus infection)是有犬细小病毒引起的一种犬急性传染病，可分为肠炎型和心肌炎型。肠炎型以小肠出血性坏死性炎为特征，心肌炎型则表现为急性非化脓性心肌炎。

1977 年，Eugster 和 Naira 在美国通过电镜在出血性腹泻犬的粪便中首先发现了细小病毒粒子。1978 年，Mc Candlish 应用犬肾细胞分离了细小病毒。之后，全世界有数十个国家和地区都相继报道了该病。据统计，该病在犬群中的发病率为 20%～100%，死亡率为10%～50%。

1. 病原及其传播方式

犬细小病毒(canine parvovirus，CPV)的病毒粒子呈六角形或圆形，二十面对称，直径为23～28nm，平均为24.5nm。有的病毒粒子直径仅为 19～23nm。无囊膜，衣壳由 32 个长为 3～4nm 的壳粒组成，病毒基因组为单股 DNA。

CPV 对外界因素具有较强的抵抗力，于 56～60℃可存活 1h，在 pH 3～9 环境中 1h 不影响其活力，对乙醚、氯仿等脂溶剂不敏感，但对甲醛、β-丙内酯和紫外线敏感。该病毒能在犬肾细胞和猫胎肾细胞上生长。在 4～22℃或 25℃条件下，能凝集猪和恒河猴的红细胞，但不能凝集其他动物的红细胞。血凝及凝血抑制试验证明，CPV 与猫泛白细胞减少症病毒(FPV)、貂肠炎病毒(MEV)之间有抗原亲缘关系，而与在健犬肠道内非致病性小病毒(minute virus of canine，MVC)则无关系。

CPV 可在犬、狼、狐狸和浣熊等动物中传播，但以犬属动物的感染率最高，有时可达100%。感染犬是该病的主要传染源。感染犬的粪便、尿液、呕吐物及唾液中均含有病毒，康复犬可能长期带毒。因此，该病主要经病犬与健犬的直接接触或经污染的饲料、饮水而通过消化道传染。

该病的肠炎型，各种年龄的犬均可发生，但通常以 3～4 个月龄的幼犬更为多发，潜伏期为7～14d。心肌炎型多发生于 2～8 周龄的仔犬。

2. 主要临床症状

病犬表现沉郁,呕吐,食欲废绝,白细胞减少,体温升高,不久发生腹泻,粪便先呈灰黄色,而后则含有血液呈番茄汁样,放腥臭味。继因严重脱水、急性衰竭而死亡。病犬表现突然死亡,或继短时的呼吸困难和某些肠炎症状后,因急性心力衰竭而死亡。

3. 病理变化

1) 肠炎型

[剖检]　病死犬均显消瘦,腹部卷缩,眼球下陷,可视黏膜苍白,眼角部常有灰白色黏稠分泌物。肛门部皮肤附有血样稀便或从肛门流出血便。皮下组织因脱水而显干燥。血液黏稠呈暗紫红色,全身肌肉淡红色,少数病例见腹腔液体增量。

胃和十二指肠空虚或有稀薄液体,黏膜轻度潮红、肿胀,被覆较多的黏液。空肠和回肠表现肠壁呈程度不同的增厚,肠管增粗,肠腔狭窄,充积紫红色血粥样内容物或混有紫黑色血凝块;黏膜潮红、肿胀,散布斑点状或弥漫性出血,并形成厚的黏膜皱褶,集合淋巴小结肿胀。盲肠、结肠和直肠的内容物稀软,呈酱油色,具腥臭味,黏膜肿胀,散在少量点状出血。

肝脏肿大,呈紫红色或红黄色,质地脆弱,切面有多量凝固不良的血液。胆囊膨大,内贮多量绿色胆汁,黏膜光滑,呈黄绿色。胰脏和肾脏轻度变性及淤血。脾脏轻度肿大,偶见出血性梗死灶。心脏呈现右心扩张,心内、外膜偶见点状出血,心肌黄红色,柔软。心包液稍增量。心肌纤维颗粒变性,肌束间轻度出血与水肿。全身淋巴结肿胀、充血,偶见出血,其中以肠系膜淋巴结的变化较明显。

[镜检]　小肠绒毛短缩、倒伏或断裂,黏膜上皮细胞坏死、脱落,黏膜面呈一片均质红染的坏死现象(图8-2,见图版)。固有层毛细血管强度扩张充血和出血,伴有结缔组织增生和轻度淋巴细胞浸润。肠腺上皮细胞呈不同程度的坏死与脱落,腺腔扩张,充满坏死的细胞碎屑。未脱落的肠腺上皮细胞形态各异,有的呈扁平状,有的则肿胀、增生呈多层叠积,在其核内可见嗜酸性或嗜碱性包涵体(图8-3,见图版)。集合淋巴小结的淋巴细胞显示坏死、崩解,网状细胞肿胀、增生。黏膜下层的小动脉和小静脉充血,内皮细胞肿胀,轻度水肿,有数量不等的淋巴细胞浸润。肌层淡染,显示变性。

大肠病变与小肠基本相同,但病变程度较轻。

肝细胞呈脂肪变性,窦状隙和中央静脉淤血。脾白髓萎缩,伴有不同程度的坏死,红髓网状细胞肿胀、增生,脾静脉窦淤血。皮质淋巴小结和副皮质区的淋巴细胞数量减少,伴发不同程度的坏死。髓索的淋巴细胞也相对减少,淋巴窦扩张、积留浆液和有较多的单核细胞。在淋巴细胞和网状细胞核内偶见包涵体。胸腺皮质的淋巴细胞减少,轻度坏死,间质水肿。在胸腺细胞和上皮性网状细胞的核内亦可见包涵体。

脑,软脑膜充血,神经细胞轻度变性,伴发水肿。

[扫描电镜观察]　小肠黏膜面覆盖较多的黏液,绒毛增粗、倒伏,呈蘑菇顶状,绒毛上的横沟消失,杯状细胞开口的数量增多。绒毛的顶端上皮细胞脱落,固有层裸露。

[透射电镜观察]　见小肠隐窝未分化上皮细胞的微绒毛稀少、断裂,线粒体肿胀,数量增多,嵴减少或断裂;粗面内质网扩张,部分核糖体脱落;高尔基复合体肥大;核周隙稍增宽,异染色质与核仁边集。在一些核内可见颗粒状包涵体和病毒粒子。

2) 心肌炎型

[剖检]　尸体营养良好,可视黏膜苍白,胸、腹腔积有中等量澄清或混有血液的液体。肝脏轻度肿大、淤血和实质变性,胆囊壁增厚,有时可见胶样浸润。胰脏偶见灶状出血。肺脏膨

满,呈灰红色或花斑状,肺胸膜散发斑块状出血,触诊肺组织较坚韧。膈叶下缘常见少数紫红色实变区,肺门与前纵隔周围的结缔组织伴发胶样水肿。肺切面富有血液,挤压切面见有较多量的血样液体自支气管断端与肺切面流出。气管和支气管充满泡沫样液体。

心包液稍增量。左心腔扩张,心外膜散布黄红色与白色条纹,后者以左心室外膜及其心尖部最为明显。左心房与心内膜混浊,心肌亦呈白色条纹状,左心室心肌壁变薄。

[镜检] 肺泡壁毛细血管充血,肺泡膈因间质细胞增生和巨噬细胞浸润而增宽,肺泡充满浆液和脱落的肺泡上皮细胞或巨噬细胞。肺胸膜下的淋巴管亦扩张。另外,部分肺组织显示萎陷、出血,偶见均质红染的微血栓形成。支气管与血管周围水肿、出血,淋巴管扩张。

心肌纤维变性与断裂,肌浆凝固,嗜染伊红,进而心肌纤维溶崩、消失,形成多发性细小的灶状坏死,散布于变性的心肌纤维之间。在变性的心肌纤维周围有少量中性粒细胞浸润,淋巴细胞和浆细胞则呈小灶性聚集。间质内见成纤维细胞增生,伴有数量不等的巨噬细胞浸润。一些周龄较大或活存较久因急性发作而死亡的犬,还常见心肌纤维的早期纤维化现象。

具有诊断意义的病变是在一些肿大的心肌纤维核内可发现嗜碱性或嗜双色性包涵体,后者呈富尔根(Feulgen)反应阳性。

五、水貂阿留申病

水貂阿留申病(aleutian disease of mink)又称浆细胞增多症(plasmacytosis),是由阿留申病毒感染水貂引起的以终生毒血症、全身淋巴细胞增殖、血清 γ-球蛋白数增多、肾小球肾炎、动脉血管炎和肝炎为特征并伴发母貂空怀显著增加的慢性病毒病。

该病最初是在一种蓝色被毛的被称为"阿留申"品系的水貂中发现的,故叫做阿留申病。其他品系的水貂、雪貂乃至野水貂也能感染发病,对人可能也有感染。该病广泛流行于世界各养貂国家,我国各地养貂场也有该病发生。发病的水貂无性别、年龄的差异,但具有阿留申基因型的水貂对该病有较高的易感性。

1. 病原及其传播方式

阿留申病毒(ADV)属细小病毒科(*Parvoviridae*)、细小病毒属(*Parvovirus*)。病毒颗粒直径 23~25nm,无囊膜,呈球形二十面体结构,约为 32 个壳粒,壳粒为中空管,外径 4.5nm,内径 1~2nm;含有单股 DNA,耐酸,能抵抗 56℃ 30min,但可被紫外线、甲醛和 0.5% 碘溶液灭活。该病毒在猫肾原代或继代细胞中增殖,培养温度为 30~32℃。

该病的主要传染源是病貂和带毒貂。病毒长期存在于病貂体内,从尿、粪和唾液中排出而污染外界环境,经过消化道和呼吸道传给健貂。该病可垂直传播,即感染母貂的胎盘细胞中含有病毒,可通过胎盘直接传染给胎儿。

该病的潜伏期长,经胃肠道以外途径接种,血液中出现丙种球蛋白升高的时间平均为 21~30d,自然感染的潜伏期更长,有的可长达一年以上。

2. 主要临床症状

急性病例由于病程短促,往往看不到明显症状而突然死亡。慢性病例的病程为数月或数年,病貂食欲减退,口渴,消瘦,口腔黏膜及齿龈出血或有小溃疡,粪便呈黑煤焦油状,病貂被毛粗乱,失去光泽,眼球凹陷无神,精神沉郁,嗜睡,步态不稳,表现出贫血和衰竭症状。神经系统受到侵害时,伴有抽搐、痉挛、共济失调、后肢麻痹或不全麻痹。病的后期出现拒食、狂饮,最后往往以尿毒症而宣告死亡。患病的公兽,性欲下降,或交配无能,死精、少精或产生畸形精子;母貂不孕,或怀孕流产及胎儿中途被吸收。患病母貂产出的仔貂软弱无力,成活率低,易死亡。

3. 病理变化

该病的病理变化主要表现在肾脏、脾脏、淋巴结、骨髓和肝脏,尤其肾脏变化最为显著。

〔剖检〕　初期肾脏体积增大,可达 2～3 倍,呈灰色或淡黄色,偶呈土黄色,表面出现黄白色小病灶,有点状出血,后期萎缩,颜色呈灰白色。

肝脏肿大,从急性经过的红色、红肉桂色到慢性经过的黄褐色或土黄色,实质内散在有灰白色针尖大小的病灶。

脾脏肿大,呈暗红色,慢性经过时脾脏萎缩,边缘锐利,淋巴结肿胀,多汁,呈淡灰色。

〔镜检〕　全身所有器官,特别是肾脏、肝脏、脾脏及淋巴结的血管周围浆细胞浸润。在浆细胞中发现许多 Russe 小体,呈圆形,嗜酸性,HE 染色呈粉红色,在肾小管、肾盂、胆管、膀胱上皮细胞及神经细胞中有时也能看到。另外还能看到胆管增生,肾小球肾炎、肾小管变性、动脉壁类纤维变性和球蛋白沉着等。

4. 诊断

根据病犬临床症状及病理变化,特别是各脏器组织内血管周围浆细胞浸润,可作诊断,经病原鉴定可确诊。

六、水貂细小病毒性肠炎

水貂细小病毒性肠炎(mink parvovirus enteritis)是水貂病毒性传染病之一,其主要特征是病貂食欲不振,严重的黏液性肠炎。该病在世界养貂发达国家都有程度不同的发生。我国亦已发现该病的暴发流行,造成严重的经济损失。

1. 病原及传播方式

该病的病原与猫泛白细胞减少症病毒十分相似,甚至相同。也就是说猫泛白细胞减少症病毒既可引起猫泛白细胞减少症,又可引起水貂病毒性肠炎。但也有人认为水貂病毒性肠炎病毒是猫泛白细胞减少症病毒的一个变种。病毒对乙醚、氯仿、酸、热有抵抗力,尤其是对外界环境因素抵抗力很强,在饲养场中可保持毒力一年以上。0.5％甲醛溶液能有效地杀死病毒,是良好的消毒剂。

该病毒在猫、貂、虎、雪貂的肾、脾、心等培养细胞上生长良好,经染色后,可检出明显的核内包涵体。

在自然条件下,该病毒可感染猫科和鼬科的多种动物,是感染范围最宽、致病性最强的一种病毒。仔貂和幼年貂最易感,死亡率也高。病貂和带毒貂是传染源,病貂的粪、尿和各种分泌物均含有病毒。主要经口感染,也经呼吸道感染,通过蚤类等吸血昆虫的传播也是可能的。

2. 病理变化

〔剖检〕　病死貂消瘦,肛门周围黏附黏液样便。病变主要限制于肠及淋巴结。胃肠黏膜,尤其是小肠黏膜呈急性黏液性出血或坏死性炎,内容物呈水样,具恶臭,肠管充血、水肿。

〔镜检〕　肠黏膜上皮细胞呈水肿变性,并有大型核内包涵体。在固有层可见充血、炎性细胞浸润,小肠阴窝和绒毛的上皮细胞显著剥脱和坏死。肠系膜淋巴结肿大、充血,生发中心有网状细胞增生和淋巴细胞减少。

3. 诊断

依据严重的腹泻及肠炎病变以及肠上皮细胞内有核内包涵体,可作诊断,进一步确诊有赖于病原鉴定。

七、犬副流感

犬副流感(canine parainfluenza)是副流感 2 型病毒(parainfluenza 2 virus)感染引起的一种急性呼吸道传染病,是犬的常见传染病。自然病例见于人、猴和犬,可能还有牛、绵羊以及猫。在兽医临床上,犬副流感 2 型病毒感染又称犬副流感、犬传染性气管支气管炎(canine infectious tracheobronchitis)以及犬窝咳(kennel cough)。

1. 病原及传播方式

犬副流感的病原为犬副流感 2 型病毒(canine parainfluenza 2 virus,CPIV),即猿猴 5 型病毒(simian virus 5,SV5)。病毒的形态和生理、生化特性与哺乳动物、啮齿动物的副流感基本相似,抗原上存在着一定差异。病毒可在犬、非洲绿猴、猕猴肾细胞和人胚肾细胞中生长,形成合胞体与胞浆内嗜酸性包涵体。在鸡胚中生长良好,不引起鸡胚死亡。病毒对呼吸道黏膜上皮有亲和力。血清学调查表明,相当数量的正常犬体内带有病毒。在环境和气候剧变、饲养管理不当、机体抵抗力下降时可诱发该病。

该病的传播途径是气溶胶和接触感染,潜伏期一般 3～5d,大多数感染呈亚临床性,或仅表现轻微的临床症状。

2. 主要临床症状

感染犬出现发热、浆液性鼻漏、顽固性阵发性干咳,偶尔可见呼吸困难症状。严重者出现结膜炎、扁桃体炎、厌食、嗜睡。脑内感染新生犬,表现为进行性沉郁、厌食、体重明显下降,以及出现肌阵性痉挛、重度惊厥、急性死亡,

3. 病理变化

实验感染病例:病毒原发性侵犯从喉、气管、主支气管到细支气管的气道,纤毛上皮脱落,淋巴细胞、大单核细胞浸润,小气道的细胞浸润更为广泛。偶发小灶性肺炎。

[剖检] 脑内接种感染的病例中,急性病例脑和脊髓无明显病变,偶尔可见肺膨大与硬变。接毒 4 周至 6 个月后,有 83% 的新生犬可见脑内积水,侧脑室、第三脑室扩大,脑实质呈严重的压迫性萎缩,中脑导水管扩张,一般不侵犯第四脑室。偶见肺间质性肺炎,肺泡中隔显著增厚。

[镜检] 病变主要在前脑,嗅球,呈多发性坏死性炎症,神经原呈中心性染色质溶解、核溶解与坏死,不同程度的星形胶质细胞、小胶质细胞增生和中性粒细胞浸润,颞叶灰质严重软化呈海绵状,白质内小神经胶质细胞增生,血管周围单核细胞积聚。上述病变部的软脑膜有淋巴细胞、单核细胞浸润。中脑和延脑有类似的变化,尤其中脑导水管周围淋巴细胞、单核细胞浸润明显。脑血管周围区水肿,沿侧脑室出现中度泡沫状变性,侧脑室室管膜下的泡沫状变性可从颞叶扩散到顶叶的大脑白质,室管膜细胞水肿、扁平、部分脱落。

脊髓神经原,局灶性坏死、胶质细胞增生与轻度脊髓膜炎,颞部脑皮质也有脑炎病变和脑灰质软化。

自然感染病例:

[剖检] 见气道内有卡他性、黏液脓性或血性渗出物。肺尖叶下部有时出现暗红色实变区。腭扁桃体、气管、支气管、咽后淋巴结肿大,潮红。

[镜检] 有不同程度的气管、支气管炎,病变从局灶性、表层坏死性炎症至重度的黏液化脓性炎症。坏死性病变表现为黏膜上皮细胞变性与坏死,正常假复层上皮结构破坏,但通常不侵犯黏膜固有层。化脓性支气管肺炎可能与继发细菌感染有关。

　　[诊断]　因为许多犬病毒感染都有呼吸道症状,所以鉴别还有赖于病原的血清学鉴定。

八、犬瘟热

　　犬瘟热(canine distemper)是由犬瘟热病毒引起幼犬多发的一种具高度接触性的急性传染性疾病。除犬外,狼、狐、豺、獾、鼬、熊猫、浣熊和貂等野生动物也易感。近年来在许多狐和水貂养殖场常见有该病流行,造成巨大经济损失。人类和其他动物对该病一般不易感。

　　该病主要表现典型的双相热型、上呼吸道和肺及胃肠道的卡他性炎症、非化脓性脑膜脑脊髓炎;有的病例在皮肤形成湿疹样病变和脚底表皮过度增生、变厚而形成硬肉趾病或称硬脚掌病(hard-pad disease)。

1. 病原及其传播方式

　　犬瘟热病毒属于副黏病毒科、麻疹病毒属。败血性支气管波氏杆菌是该病的一种重要继发感染菌,常引发支气管肺炎。

　　犬瘟热病毒只有一个抗原型,但其致病性因毒株不同而有一定差异。其代表性的病毒株为 Snyder Hill 株。

　　病犬是该病最重要的传染源,在其发病初期,病犬的眼、鼻分泌物和唾液、尿液中均含有大量病毒,并可通过飞沫或被污染的物体,经由上呼吸道和消化道侵入机体,首先在侵入门户附近的淋巴网状组织中增殖,经 7～8d 后,即出现病毒血症而呈急性发热,但在 96h 内体温即下降至正常水平;再经 11～12d 体温又升至第二个高峰,这种双相热型是该病的典型特征。在病犬高热期间,可从血液的中性粒细胞和单核细胞中检出病毒;从感染后第 7 天在胃肠道、呼吸道、泌尿道黏膜上皮,部分病例还在皮肤和中枢神经系统均发现有病毒存在。

2. 主要临床症状

　　临床上呈现不同程度的鼻炎,双相热;在腹部皮肤常见有水疱性化脓病变。在一些病例还由于出现腹泻而导致脱水、消瘦;有 50% 左右病例还出现咀嚼运动、唾液分泌过多、癫痫样抽搐和偶发神经肌肉僵直等一系列神经症状。病犬眼睛失明和麻痹比较罕见,而趾指掌上皮过度增生、变厚却常可见到。

3. 病理变化

　　[剖检]　病犬尸体消瘦,具卡他性或卡他性化脓性结膜炎、溃疡性角膜炎乃至化脓性全眼球炎。股内侧、腹部、耳壳和包皮等部位皮肤,常发生水疱性或脓疱性皮肤炎,干枯后形成褐色干痂。少数病例,可见脚底肉趾皮肤增厚变硬,形成硬脚掌病。肺脏,常于尖叶、心叶和膈叶前缘形成大小不等呈红褐色的支气管肺炎病灶,病灶有时布满整个肺叶,此时常伴发纤维素性胸膜炎。炎灶断面的小支气管内有栓子样黏液性渗出物。脑膜淤血和水肿。肝脏无特征病变。脾肿大。

　　[镜检]　鼻、喉、气管和支气管黏膜充血、肿胀,被覆有卡他性或脓性渗出物,可看到特征性的胞质或核内包涵体。HE 染色,包涵体呈嗜酸性着染,其直径为 5～20μm,呈均质红染、轮廓清晰的圆形或卵圆形体。后者常位于与核相邻的空泡内。核内包涵体形态与胞浆内相似,仅核表现稍肿大,染色质边聚。

　　小支气管及其相邻肺泡腔内积有大量中性粒细胞、黏液和脱落、崩解的细胞碎片,在早期病灶的渗出物中,还见有红细胞和单核细胞,后者多半沿肺泡壁积聚或充填整个肺泡腔。见有单核细胞积聚的某些病例,还在支气管、肺泡隔和肺泡内有多核巨细胞形成,这种多核巨细胞性肺炎与人和猴麻疹时的巨细胞性肺炎相似。在肺炎病灶的单核细胞、细支气管和支气管黏膜上皮和多核巨细胞内可以发现胞浆包涵体,但核内包涵体少见。

皮肤,尤其是腹部具水疱性、化脓性皮炎处的生发层表现淤血和偶见有淋巴细胞浸润。在皮肤表层的上皮细胞,均可能见有胞浆和核内包涵体。病犬脚掌部上皮增生、变厚所致的所谓硬脚掌病变,有时也见于如弓形虫病等一些疾病,因此它非该病所固有的病变。

尿道黏膜,特别是肾盂和膀胱黏膜表现淤血及在其上皮细胞内,可见有核内和胞浆包涵体。

胃肠道黏膜除见有卡他性炎病变外,还常存有黏膜糜烂和溃疡病灶,肠黏膜孤立和集合淋巴小结肿大,并偶发重剧出血性肠炎。在胃肠黏膜上皮内,也见有胞浆和核内包涵体。

肝脏的胆管上皮内,也见有包涵体。脾脏淤血,脾白髓内的淋巴细胞坏死。

脑部有非化脓性脑膜脑脊髓炎特征。病变主要位于小脑脚(小脑中脚、小脑前脚、绳状体)、前髓帆、小脑有髓神经束和脊髓白柱;大脑皮质下白质一般不受侵害。病变特征为病灶有鲜明的界限,特别是在以上所述的有髓神经纤维束部。用 Weil 氏法染色后做低倍镜检,出现许多具鲜明界限的不规则的海绵状孔眼(图 8-4,见图版),称为海绵样变(status spongiosa)。同时,还见有小胶质细胞和星形胶质细胞增生,血管周隙有淋巴细胞积聚。在白质的坏死灶周围偶见有格子细胞聚集。在许多部位的渗出物中见有很多原浆性星形细胞或原浆细胞,在原浆细胞和一些小胶质细胞内存有核内包涵体是这一病变的特征。大脑的病变与小脑相似,但毛细血管数量增多。

脑组织内神经原的变化远不如有髓神经纤维束的病变明显而经常,但也表现有核固缩、染色质溶解、神经胶质细胞增生和噬神经原现象等变化,在神经原内很少见有胞浆和核内包涵体,在大脑和小脑皮质、脑桥和髓质核内可见有神经原坏死,多数病例还见有以淋巴细胞浸润为特征的软脑膜炎。

犬瘟热病犬眼,主要表现视网膜充血、水肿,有淋巴细胞围绕的血管套、神经节细胞变性和胶质细胞增生,并见有以脱髓鞘和胶质细胞增生为特征的视神经炎,在视网膜和视神经的胶质细胞内有核内包涵体。视网膜萎缩,视网膜的色素上皮表现肿胀和增生。

4. 诊断

根据病犬的临床症状、病理变化特征和发现核内包涵体即可确诊。但不是所有病例都能见到包涵体,未见包涵体者也不能排除该病。病毒分离须用易感仔犬或雪貂做人工感染,才可能分离到病毒。

九、狂犬病

狂犬病(rabies)是由狂犬病病毒引起的一种人畜其患传染病,亦称恐水症,俗称疯狗病。临床上主要表现各种形式的兴奋和麻痹症状。在病理组织学上,以非化脓性脑炎和神经细胞胞质内出现包涵体(Negri 小体)为其特征。

该病遍及五大洲许多国家,据 WHO 统计,1976～1977 年至少有 62 个国家有该病流行。我国目前也仍有狂犬病的发生。

1. 病原及其传播方式

狂犬病病毒属弹状病毒科(Rhabdoviridae)狂犬病毒属(Lyssavirus)的典型种。病毒粒子直径为 75～80nm,长 140～180nm,一端钝圆,一端扁平的子弹形,有时呈筒状。它由三层脂蛋白囊膜和被其包围的核蛋白衣壳所构成。在囊膜上密布有囊膜突起,即纤突。膜下为螺旋体的核衣壳,长丝状核衣壳以右旋方式返回折绕并堆积成一个外观呈子弹状的病毒核芯。

在自然情况下分离到的狂犬病流行毒株称为"街毒"(street virus)。"街毒"经过一系列的家兔脑或脊髓内传代,对家兔的潜伏期变短,但对原宿主的毒力下降,这种具有固定特征的狂犬病病毒称为"固定毒"(fixed virus)。街毒与固定毒的主要区别是,"街毒"接种后引起动物发病所需的潜伏期长,自脑外部位接种容易侵入脑组织和唾液内,在感染的神经组织中易发现包涵体。"固定毒"对兔的潜伏期较短,主要引起麻痹,不侵犯唾液腺,对人和狗的毒力几乎完全消失。

狂犬病几乎感染所有的温血动物。其最重要的传播途径是通过损伤(主要是咬伤)的皮肤、黏膜发生感染。狂犬病病毒通过病畜唾液,经伤口侵入被害动物体中。也有人证明狂犬病可通过胎盘或呼吸道传播。

侵入机体的狂犬病病毒主要侵犯神经原,侵入神经原的病毒只在细胞内膜主要是内质网膜上成熟。病毒体在细胞间隙内积聚。发芽病毒体由邻近神经原的胞饮作用或通过充有脑脊液的细胞间隙,由一个细胞进入另一个细胞。

狂犬病病毒感染可引起宿主的非特异和特异反应。干扰素可以抑制病毒在细胞内复制和播散并能促进免疫反应。

2. 主要临床症状

病犬表现狂暴不安和意识紊乱。病初主要表现精神沉郁,举动反常,如不听呼唤,喜藏暗处,出现异嗜,好食碎石、木块、泥土等物,病犬常以舌舔咬伤处。不久即出现狂暴不安,攻击人畜,常无目的地奔走。外观病犬逐渐消瘦,下颌下垂,尾下垂并夹于两后肢之间。声音嘶哑,流涎增多,吞咽困难。后期,病犬出现麻痹症状,行走困难,最后死于全身衰竭和呼吸麻痹。

3. 病理变化

〔剖检〕　尸体消瘦,血液浓稠,凝固不良。口腔黏膜和舌黏膜常见糜烂和溃疡。胃内常有毛发、石块、泥土和玻璃碎片等异物,胃黏膜充血、出血或溃疡。脑水肿,脑膜和脑实质的小血管充血,并常见点状出血。

〔镜检〕　呈弥漫性非化脓性脑脊髓炎,脑血管扩张充血、出血和轻度水肿,血管周围淋巴间隙有淋巴细胞、单核细胞浸润构成明显的血管"袖套"现象。脑神经原细胞变性、坏死和嗜神经元现象。在呈变性、坏死的神经原周围主要见有小胶质细胞积聚,并取代神经原,称之为狂犬病结节(Babes 结节)。这些变化在脑干、海马回、半月神经节最显著。半月神经节的病变出现最早,甚至出现在包涵体形成之前,病变具有特异性。

最具特征的是在神经细胞胞浆内常出现特异性包涵体,并有少量淋巴细胞和浆细胞浸润。此包涵体于 1903 年首先由 Negri 氏描述,故称为内基小体(Negri body),对狂犬病具有诊断意义。这种小体分布于大脑海马回和大脑皮层的锥体细胞、小脑的浦金野氏细胞、基底核、脑神经核、脊神经节以及交感神经节等部位的神经细胞胞浆内。在光学显微镜下,该包涵体为 2～8μm 的圆形或椭圆形、嗜酸性小体。姬姆萨或 Seller 染色在该小体内含有嗜碱性小颗粒。包涵体周围有狭窄亮晕(图 8-5,见图版)。荧光抗体染色显示包涵体由病毒抗原构成。

〔电镜观察〕　包涵体含有狂犬病病毒抗原及一些细胞成分,是病毒复制的部位。外周神经的有髓鞘和无髓鞘的轴突变性,其在电镜下也见有病毒粒子。唾液腺腺泡上皮细胞变性,间质有单核细胞、淋巴细胞、浆细胞浸润。免疫荧光显微镜检查见腺泡和腺管内有尘埃状病毒粒子积聚。电子显微镜检查管腔侧细胞膜表面和管腔内也有生芽的病毒粒子。

4. 诊断

一般根据发病史、临床症状及病理组织学见到神经细胞内包涵体即可确诊。此外,还可用病尸的新鲜脑组织压片,Seller 染色,见有内含嗜碱性小颗粒的鲜红色内基小体,即可作确诊依据。用病尸的新鲜脑组织匀浆接种小鼠,1～2 周内出现脑炎症状,并在接种小鼠脑组织或唾液腺内发现荧光抗体阳性,也可确诊。用斑点杂交试验检测该病毒的特异性 RNA 作确诊。

该病应与犬传染性肝炎、弓形虫病、犬瘟热等病作鉴别。

十、水貂传染性脑病

水貂传染性脑病(transmissible mink encephalopathy)又名水貂脑病(mink encephalopathy),是成年貂的一种致死性神经原变性病。该病散发于人工饲养的成年水貂中,与绵羊痒病极相似,死亡率几乎达 100%。

1. 病原及其传播方式

该病病原与绵羊痒病病原、人的库鲁病病原均为慢病毒。因绵羊痒病病毒可以引起水貂脑病,而水貂脑病病毒也可引起绵羊痒病,所以认为两种病的病原是一个。感染羊的屠宰产物是水貂脑病的感染原,水貂通过摄食感染羊的组织而受到感染,人也可以同样感染。

2. 主要临床症状

该病典型的临床症状表现为过度兴奋,步态不稳,偶有震颤,强迫性自咬和互咬,嗜眠,有时痉挛,末期衰竭,经 4～8 周死亡。

3. 病理变化

中枢神经系统的病变与羊痒病基本相同,但病变的发生部位有些不同,主要表现在大脑皮质、海马回、纹状体和丘脑,脑干病变较轻。特征性病变为以上部位的神经原空泡变性与萎缩,灰质部结构疏松呈海绵状,星形胶质细胞肥大、增生。小脑和脊髓没有病变。

4. 诊断

病貂脑部病变特征是海绵状脑病,与牛海绵状脑病及绵羊痒病相似,以此与水貂其他病毒病相区别。

十一、犬结核病

犬结核病(tuberculosis in dog)是由牛型结核分枝杆菌引起的犬、猫肺结核病变。

1. 病原及其传播方式

犬结核病的病原主要是牛型结核分枝杆菌,其传播方式多半是经消化道感染。

2. 主要临床症状

具有其他动物结核病的共同症状。

3. 病理变化

[剖检]　于肠黏膜见有具堤坝状边缘的溃疡灶,或在肺脏形成灰白色、坚实的结核原发病灶。后者向肺胸膜破溃可继发结核性胸膜炎。如颈部淋巴结受感染,病变可穿破皮肤而形成瘘管。肺脏的原发病灶早期全身化,可在肺、肝、肾形成急性粟粒性结核。当支气管淋巴结和纵隔淋巴结发生结核时,可经淋巴逆行于肺胸膜形成浆膜结核,此时在胸腔内有大量液体渗出。若原发病灶发生晚期全身化时,可在肺、肝、肾等形成大结节性结核病灶,结节可达核桃大,呈灰白色,质地坚实。肉食兽还见于肺脏形成结核性支气管炎和支气管周围炎病灶。

[镜检]　支气管周围见有厚层结核性肉芽组织包绕。

4. 诊断

在病犬肺脏或肝、肾、胸膜等组织见到干酪样结节病灶,并在病灶内检出结核分枝杆菌,或血清学检测阳性,即可确诊。

十二、水貂大肠杆菌病

水貂大肠杆菌病(colibacillosis of mink)是由大肠杆菌引起的水貂急性肠炎,以水泻和肢体瘫软为特征,主要发生于 60 日龄左右的仔貂;可引起水貂大批死亡。

1. 病原及其传播方式

病原体是大肠杆菌,根据菌体抗原(O 抗原)、荚膜抗原(K 抗原)和鞭毛抗原(H 抗原)的不同,可把大肠杆菌分成很多血清型。迄今为止已发现 O 抗原 159 种,K 抗原 99 种,H 抗原 50 种。近年来的研究表明,引起不同水貂发病的大肠杆菌各有不同的血清型且大肠杆菌的抵抗力不强,50℃加热 30min,60℃15min 即死亡,一般常用消毒药均易将其杀死。

2. 主要临床症状

病貂重度下痢,粪便呈灰白色或暗灰色,带黏液,常常有泡沫,有时出现呕吐,哺乳貂排出未经消化好的凝乳块,有时混有血液;肛门四周、尾部、后肢被粪便污染,被毛常粘在一起。病貂很快恶化及衰弱,体温上升至 40℃,经 2~3d 死亡。

3. 病理变化

病死仔貂消瘦,肛门松弛,肛门周围有稀粪沾污。脾肿大 2~3 倍,肾和心肌变性。肝稍微肿大。胃肠道呈出血性卡他性炎,胃肠黏膜充血和肿胀,有小出血点。肠内容物呈黄色、黄白色粥状,混有黏液、气泡甚至血液。肠系膜淋巴结肿大、充血和出血。肾脏及心肌实质变性。

4. 诊断

与犬细小病毒性肠炎的区别是该病的肠上皮无包涵体,而且该病尸体脾脏显著肿大。

十三、貂出血性肺炎

貂出血性肺炎(hemorrhagic pneumonia of mink)是由绿脓杆菌(bacillus pyocyaneus, *Pseudomonas aeruginosa*)引起貂的一种急性感染病,其主要特征为出血性肺炎,死亡率高。

1. 病原及其传播方式

绿脓杆菌为革兰氏阴性的需氧性无芽孢杆菌,菌体正直或弯曲,大小为(1.5~3.0)μm×(0.5~0.5)μm,菌体一端具有 1~3 根鞭毛,能运动,易被普通染料着染。

该菌广泛分布于土壤、水和空气中,在正常人、畜的肠道和皮肤上也可发现,是人和动物体内的常在菌之一。

该病通常于 8~11 月份流行,这可能与换毛、气候突变等应激因素影响有关。貂群中以 4~6 月龄仔貂发病率高,1 岁以上的授乳母貂发病较少,公貂比母貂发病率高,无品种差异,发病的貂几乎全部死亡。

病菌从感染貂的粪便排出,污染畜舍的土壤和饮水,以经鼻感染为主。

2. 主要临床症状

病貂食欲废绝、动作迟缓和流泪,然后出现呼吸困难、咳血,口、鼻周围附有血液,通常在 1~2d 内死亡。

3. 病理变化

[剖检] 肺大部分呈暗红色,表现明显的出血性肺炎变化,其出血范围以血管周围和支气管周围最为严重。其他器官为一般败血症变化。

［镜检］　肺脏主要表现为出血性、纤维素性、化脓性乃至坏死性肺炎。在小动脉和小静脉壁及其周围见有多量绿脓杆菌聚集，伴发血管炎和周围组织出血、水肿与坏死。尽管能从全身各器官分离出绿脓杆菌，但其他组织病变在急性经过时通常比肺脏病变轻微。病程较长的病例，各器官和组织内可能有脓肿形成。

4. 诊断

根据流行病学特征及病貂的肺脏病变特征，特别是在各脏器内检出绿脓杆菌，即可作出诊断。

十四、犬、狐鲑鱼病

犬、狐鲑鱼病(salmon disease of dog and fox)是由立克次体引起犬、狐的一种热性、致死性疾病。又称鲑鱼中毒(salmon poisoning)或犬新立克次氏体病(canine neorickettsiosis)。其主要特征病变是淋巴组织的网状细胞增生，小淋巴细胞缺失，并在网状细胞胞浆内可见有该病原的原生小体(elementary body)。

1. 病原及其传播方式

引起该病的病原为新立克次氏体(neorickettsia)，其贮存宿主为鲑隐孔吸虫(*Troglotrenm salmincola*)。该吸虫的包囊后囊蚴(encysted metacercariae)寄生于鲑鱼体内，即后者为该吸虫的中间宿主。当犬、狐摄入感染吸虫的鲑鱼、鳟鱼及其他鱼类后即可发病。

2. 主要临床症状

犬、狐摄入感染鱼后 5d 开始发热，体温升高(40～41℃)，持续 4～8d。继而病犬或狐呈现精神沉郁，厌食，软弱无力，体重减轻，有时呕吐、腹泻，排黄色水样、血样或黏液样粪便，呈里急后重等症状，偶见流浆液性鼻漏，眼内眦附有渗出物。

3. 病理变化

［剖检］　该病的病变主要发生于淋巴组织，尤以腹腔各内脏淋巴结明显肿大，可达正常的 6 倍，而体表淋巴结受损则较轻微。肿大的淋巴结呈淡黄色，切面皮质可见明显的白色淋巴小结，其周围水肿，有时可从淋巴结切面流出混浊的淡灰色液体。扁桃体肿大、隆突，呈淡黄色，淋巴小结明显，偶见点状出血。

脾脏肿大，狐的脾白髓明显，犬则不明显。

肠壁淋巴组织增生，肠内容物中含有游离血液，尤其是当吸虫损害肠黏膜时更为常见。肠黏膜点状出血，特别是肿大的淋巴小结表面的肠黏膜最为明显。

胃幽门部黏膜有溃疡和出血，小肠可能发生肠套叠。

肝脏多无异常变化，但常发生破裂而导致腹腔积血。

胆囊和膀胱黏膜出血，肺胸膜下散布淡红色或深红色出血点，直径为 5～20mm。

［镜检］　淋巴结网状细胞明显增生和小淋巴细胞缺失，并常见坏死和出血变化。姬姆萨染色或 Macehiavello 染色，在淋巴窦和淋巴结实质的网状细胞胞浆内可见新立克次氏体的原生小体，后者呈球状或球杆状，直径为 0.3μm。有的细胞内的原生小体形成致密斑块，充满于胞浆；而有的原生小体则由于细胞破裂而呈游离状。

青年犬主要病变发生于胸腺，表现为小淋巴细胞缺失，网状细胞增生，中性粒细胞增多，在整个胸腺内散布许多小岛状坏死灶。在肠道见吸虫寄生于肠绒毛深部，偶见于十二指肠肠腺内，肠管对吸虫的组织反应不明显，仅见固有层有少量中性粒细胞、淋巴细胞和浆细胞浸润，肠黏膜和黏膜下层有小出血灶,但与该吸虫无必然联系。

脑,软脑膜有轻度至中度的单核细胞聚集,尤以小脑软膜最为严重;脑内小血管和中等大血管外膜见细胞渗出和增生性变化;神经胶质细胞、间叶细胞或二者混合形成细胞性聚集灶。脑的病变发生于大脑皮质、脑干和小脑,但比脑膜的病变轻,垂体神经部也见有类似病变。

4. 诊断

淋巴组织的网状细胞内检出原生小体具有证病意义。姬姆萨染色该小体紫红色,HE 染色呈淡蓝紫色,革兰氏染色阴性。

十五、犬艾希氏体病

犬艾希氏体病(canine ehrlichiosis)又名犬立克次体病,该病由血红扇头蜱(rhipicephalussanguineus)传播。病原体在网状内皮细胞、淋巴细胞及单核细胞中繁殖。末梢血液涂片染色或组织压片能够显影。

1. 病原及其传播方式

病原有三种细胞内型:原始小体(1~2μm),呈球形构造,它能发育成大体,如桑葚体,后者由多数次单位组成。桑葚体分裂成小颗粒叫初级小体。该病除了不满 1 岁的小犬或并发于犬梨形虫感染外,一般发病轻微。该病是经蜱传的血液原虫病,病原是艾希氏体属或立克次氏体属立克次氏体。四季都有蜱存在,夏季蜱活力最强,故犬类蜱源热在夏季多发。

2. 主要临床症状

该病临床表现为回归热,浆液性鼻漏,羞明,呕吐,中枢神经系统紊乱,鼻出血,消瘦以及肢体水肿。

3. 病理变化

[剖检] 胃肠道和泌尿生殖道黏膜以及肾出血,大多数淋巴结水肿或出血而肿大,脾肿大,肢体水肿。多数动物临死时消瘦,同时出现鼻出血,很少见到黄疸。

[镜检] 血管周围,特别是脑膜、肾、肝及淋巴细胞生成组织的血管周围有淋巴网状细胞和浆细胞积聚,骨髓发育不良。肝小叶中央变性与急性坏死。脑膜出血与浆细胞积聚,有时见脑实质有淋巴细胞与浆细胞浸润,这些病变表明为免疫增生现象。病的晚期,可见到各类血细胞减少,血内丙球蛋白水平升高。

4. 诊断

在切片中见病原体,间接荧光试验可以鉴定特异抗体以确诊。

十六、犬衣原体感染

犬衣原体感染(chlamydial infection in dog)犬衣原体性疾病的报道较少,在自然条件下感染衣原体的犬可能出现亚临床型或全身性感染。

1. 病原及其传播方式

衣原体病(chlamdiosis)为鹦鹉衣原体(*Chlamydia psittaci*)引起的禽类、哺乳类、节足类及其他动物的疾病的统称。衣原体的初级小体为 0.2~0.3μm 的球状小体,在光学显微镜下为不能运动的革兰氏阴性细菌,寄生在动物细胞内。能在细胞内繁殖,初级小体进入宿主细胞后,逐渐增大至直径为 0.9~1μm,通过分裂等方式而成为若干 0.2~0.3μm 的初级小体。小鼠对病原敏感而常作为该病动物接种时的实验动物。

病犬通常有接触发生禽鹦鹉热疫区的病史。一般被认为是经呼吸道、消化道途径感染。

2. 主要临床症状

自然病例的临床症状类似于犬瘟热综合征,尤其是幼犬,表现为 40℃高热,沉郁,嗜睡,呕吐,厌食,腹泻,皮肤溃疡,体重进行性下降,持续性咳嗽,呼吸困难,肌肉僵直,关节疼痛,运动不协调,肌肉阵挛与麻痹。个别病例出现慢性角膜炎。

3. 病理变化

[剖检]　肺脏出现广泛性实变区,肺胸膜增厚,有纤维素附着。内脏器官与腹膜粘连。肝脏肿大,质地变脆,呈橘黄色,肝被膜下弥漫性分布许多大小为 0.5~1.0mm 的灰黄色病灶,切面呈杂斑状。脾脏肿大,切面白髓突出。各内脏器官淋巴结和全身其他部位的淋巴结肿大、柔软,切面湿润,皮质有不规则的粉红色小病灶,周边红晕带明显。胃肠道呈出血。髋关节、膝关节、跗关节、寰枕关节腔,充满混浊、棕红色液体。这种液体也见于这些关节的附属腱鞘和黏液囊。滑膜、黏液囊膜增厚,呈红色肉变样。

[镜检]　肝细胞颗粒变性,肝窦状隙闭锁,枯否细胞肿胀。肝小叶的中间带与周边带出现明显的散在性坏死灶,病灶区的肝细胞变性、坏死、溶解,巨噬细胞占优势的炎性细胞浸润,间杂变性的中性粒细胞、坏死细胞碎屑以及少量淋巴细胞与浆细胞。较大的病灶着色浅,主要由密集的巨噬细胞群和变性、坏死的肝细胞构成。汇管区结缔组织内有巨噬细胞、中性粒细胞以及浆细胞浸润,肝被膜下有结节性巨噬细胞积聚。

脾脏、淋巴结有淋巴细胞、巨噬细胞增生、初级淋巴小结和脾中央动脉周围淋巴组织鞘有明显的生发中心。许多淋巴结的髓质窦内有明显的噬红细胞积聚。

大脑、中脑、垂体柄的软脑膜出现急性渗出性脑膜炎,软脑膜血管周围有散在性的中性粒细胞、淋巴细胞、浆细胞浸润,脊髓膜有时也出现类似病变。在特殊染色的脑膜触片中可发现衣原体的原生小体。

右心房心内膜有局灶性内皮增生和内皮下淋巴细胞浸润,右心室心外膜出现淋巴细胞、浆细胞集聚灶,许多血管周围被浆细胞占优势的渗出物所占据,心室中隔的个别小动脉因内皮细胞肿大与白细胞游出使管腔变小。

大多数犬表现为弥漫性间质性肺炎,肺泡中隔因有水肿液和大量炎性细胞浸润而显著增厚。

关节膜因内衬细胞明显肿大、增生而变厚,表层与深层有中性粒细胞、浆细胞、淋巴细胞、巨噬细胞浸润,增生的滑膜绒毛长入滑膜腔,绒毛表面经常发生坏死。滑膜腔内又有由脱落滑膜细胞、炎性细胞以及激化的纤维素形成的凝块。

受损关节的附属韧带和腱鞘的骨膜表面有炎性细胞浸润。

少数病例有出血性肠炎,弥漫性非化脓性腹膜炎。

4. 诊断

根据流行病学、临床症状、病理学特征,不难做出诊断。与犬瘟热的区别在于后者可见特殊包涵体,而犬衣原体病主要是软脑膜炎。

十七、犬芽生菌病

犬芽生菌病(blastomycosis in dog)又名吉尔克立斯病(Gilchrist's disease)、北美芽生菌病(north american blastomycosis),是由皮炎芽生菌(blastomyces dermatitidis)所引起的一种慢性化脓性肉芽肿。其特征是在身体各部位形成化脓性、肉芽肿性病变;常发于皮肤、肺脏和骨骼。

该病多发生于人类，动物中以犬较为多见，猪、猫、马偶有发生。家兔、豚鼠和小鼠等实验动物都可感染该病，其中以小鼠的感受性最强。腹腔内注入菌液后，可发生广泛性感染；静脉内注入菌液可使动物迅速死亡。

该病不能从患者传染给健康人，也不能从患病动物传染给人或健康动物。

1. 病原及其传播方式

皮炎芽生菌属于子囊菌亚门、半子囊菌纲、内孢霉目、内孢霉科、芽生菌属。皮炎芽生菌为双相型真菌。依菌体生活环境条件，可呈酵母样组织型或菌丝型。该菌在病变组织或渗出物内以及 37℃ 培养下，均为酵母样真菌，具有双层轮廓，直径为 8～15μm，不含内生孢子，以单发芽生长方式进行繁殖。在 HE 染色的切片中菌体中央有浓淡不均的块质，以 Gridley PAS 染色菌体的胞壁呈美丽的紫红色。

其传染源可能来自土壤或是其他媒介物，主要是通过皮肤创伤和呼吸道吸入而感染发病，但皮肤的病变也可因病原菌从肺脏原发性病灶经血流播散而引起。该病的发生多呈隐袭性，一旦出现症状，表明感染已经历了相当时日。根据病变的出现部位和发生规律，一般可分为皮肤型和内脏型（或全身型）两型。

2. 病理变化

无论是全身型还是皮肤型芽生菌病，该菌引起的最特征性病变是脓肿形成。此外，各脏器都有以多核巨细胞、坏死和纤维化占优势的慢性炎性变化。

[剖检] 病畜表现患部皮肤异常显著增生、肥厚，外表有数个浅在性脓肿，切面皮肤的厚度约达 25cm，全为肉芽组织肿块，其中散布大小不一的脓肿。

[镜检] 肥厚、增生部表皮突延长呈乳头瘤样增生，表皮内常见微脓肿形成。病变部表面常覆盖一层结痂，内含脓细胞、细菌和细胞碎屑。真皮在广泛增生的肉芽组织内见由许多中性粒细胞、巨噬细胞、多核巨细胞及成纤维细胞构成、存有微细化脓灶的肉芽肿结节，另外还可见较多的嗜酸性粒细胞浸润。在肉芽肿结节中心的化脓灶内于巨噬细胞和多核巨细胞的胞浆内均可发现单发芽生长、直径为 8～12μm 的芽生菌。

内脏型芽生菌病的病变最多见于肺脏，也见于心、肝、肾、脾、肾上腺、淋巴结、脑、骨骼、肠管及眼，并可继发皮肤的脓肿形成。肺脏的病变为粟粒大或更大的灰白色结节，散布于肺脏各叶，隆突于胸膜面，但很少引起胸膜炎。肺脏最大的结节为坚硬的肉芽组织，切面见由多数结节融合而成。结节的中心常呈液化或干酪化，也可形成瘘管通向支气管或胸膜，引起化脓性支气管炎和局灶性胸膜炎。结节很少钙化。胸腔淋巴结经常受侵害，内含肉芽肿、脓肿或干酪样病灶。

3. 诊断

病畜皮肤特征性脓肿和异常增厚，病灶内检出特有的菌体可确诊。

十八、犬球孢子菌病

犬球孢子菌病（coccidiodomycosis in dog）又名球孢子菌肉芽肿（coccidioidal granuloma）、山谷热（valley fever）、沙漠热（desert fever）、圣约昆山谷热（San Joaquin valley fever），因该病主要流行于美国加利福尼亚州的 San Joaquin 山谷而得名。

该病分布于世界各地，除发生于人类外，还广泛地发生于野生动物和家畜，如野鹿、袋鼠、松鼠、猴、猿、猩猩、狒狒、小鼠、豚鼠、家兔和其他啮齿类动物以及马、牛、羊、猪、犬、猫等动物。

1. 病原及其传播方式

该病病原为厌酷球孢子菌,属于接合菌亚门、接合菌纲,为双相型真菌,即其形态依所处环境而发生改变。在病变组织中是一种多核性圆形细胞,或称为小球体(spherules),具有双层轮廓,屈光性强,不生芽,直径为 10~80μm,有时甚至达 100μm 以上。

在自然条件下,该菌多寄生于枯枝、有机质腐物和鼠粪周围的土壤中。在自然条件下和人工培养基上该菌以形成菌丝为特征。菌丝呈分枝状,有分隔,其中较大的分枝可发展成厚壁、椭圆形或长方形的关节孢子(arthrospore),被人和动物吸入肺内或污染于创面,即可招致感染。

2. 主要临床症状

病犬食欲减退、咳嗽、关节肿胀并常伴发跛行,消瘦,呕吐以至出现虚脱等。

3. 病理变化

病理变化主要在肺脏、胸膜、肝、脾、肾、淋巴结、脑以及下颌骨、桡骨、尺骨、肋骨、脊椎骨和骨盆骨等部位发生肉芽肿病变。

［剖检］ 受侵害的内脏形成大小不一、白色或淡灰色结节,颇似结核结节。受损骨骼和关节肿大、变形,切面呈网孔状。

［镜检］ 早期仅见肺泡腔内充填中性粒细胞和小球体。随着病程发展,病变蔓延到整个肺叶,其主要变化为出血、化脓、坏死,最后形成肉芽肿,继而纤维化、透明化,有时还可发生钙化。

散布于肝实质内的肉芽肿结节多无包囊,几乎为上皮样细胞所组成。骨骼多以骨端和相邻的关节受侵害为多。

骨膜显著增生和骨小梁之间伴发灶状或弥漫性肉芽肿反应,在肉芽肿病变内常可发现小球体。

4. 诊断

该病以化脓性上皮样细胞肉芽肿结节为特征,诊断主要有赖于在肉芽组织内见到小球体,其为有双层结构的球状,周围有放射状棒状物围绕。

十九、犬地丝菌病

犬地丝菌病(geotrichosis in dog)又称地霉病,是由白地霉(*Geotrichum candidum*)所引起人和动物的一种真菌病。该菌在自然界分布广泛,可从动物的粪便、青草、树叶、腐烂蔬菜、土壤、有机肥料、垃圾以及鸽笼的尘土中分离出。也可从正常人和动物胃肠道中分离出。患白血病、淋巴瘤等或长期使用皮质类固醇、抗生素以及免疫抑制剂的人和动物易诱发该病。

1. 病原及其传播方式

该病的病原是白地霉,它属于半知菌亚门、丝孢菌目、地丝菌属。其在葡萄糖蛋白胨琼脂培养基上,室温下迅速生长呈膜状、湿润、灰白色、有黏性的菌落;在 37℃ 下,培养生长缓慢,菌落呈灰白色,在菌落周边有白色绒毛生长。

菌丝分隔,首先在其顶部分隔,具分枝,菌丝断裂成直角的关节孢子,末端孢子钝圆。在菌丝顶端或分枝菌丝顶端,孢子排列成长链。可见在关节孢子的一角有芽管生出,逐渐形成菌丝。动物接种无致病性。

2. 病理变化

犬的全身性地丝菌病,主要表现坏死性肺炎、淋巴结炎、肾炎、肾上腺炎以及心肌炎;在肝、脾、骨髓和脑散在境界分明的肉芽肿病灶,其中心为变性、坏死,周围有以上皮样细胞为主的细胞增生反应;眼出现单核细胞性脉络膜炎。在上述病变中均能见到分隔、分枝的菌丝和圆形、椭圆形、长方形或方形的节孢子,直径为 $4\sim10\mu m$。

3. 诊断

主要根据病灶中有白地霉菌的菌丝和孢子,结合培养特征即可确诊。

二十、犬暗丝孢霉病

犬暗丝孢霉病(phaeohyphomycosis in dog)是指有暗色壁分隔菌丝为特征的一组真菌引起人和动物的皮肤、皮下或系统性真菌病。其主要病理特征为形成肉芽肿性结节,故又称为暗丝孢霉性或褐藻菌性肉芽肿(phaeohycotic granuloma)。该病发生于热带和亚热带,如美洲、非洲、南亚等地。已证实犬、猫、马、牛、鸡、鱼以及人都可发生感染。

1. 病原及其传播方式

该病的病原是属于半知菌亚门、丝孢菌目、暗色孢科真菌。已知包括瓶霉属(*Phialophora*)的皮炎瓶霉(*P. dermatidis*)、疣状瓶霉(*P. verrucosa*)、烂木瓶霉(*P. richardsiae*)、寄生瓶霉(*P. parasitica*);外瓶霉属(*Exophiala*)的甄氏外瓶霉(*E. jeanselmei*)、棘状外瓶霉(*E. spinifera*);枝孢霉属(*Cladosporium*)的斑替(毛样)枝孢霉(*C. bantianum*)。

2. 病理变化

犬皮肤暗丝孢霉病:好发部位为四肢、口、鼻等部位。

[剖检]　在以上皮肤形成单个或多发性皮下结节,有时有溃疡或窦管。偶尔皮肤病变呈鳞状细胞癌样外观,切面光滑发亮。

[镜检]　典型肉芽肿中心层为变性、坏死的中性粒细胞;中间层为上皮样细胞、巨噬细胞和多核巨细胞,外层为淋巴细胞和浆细胞。

非典型肉芽肿为大量上皮样细胞,其中含灶状中性粒细胞及少量巨噬细胞积聚;或者几乎全部由泡沫样上皮样细胞增生构成。在病变组织及巨噬细胞内见有圆形厚壁酵母样孢子,直径 $4\sim10\mu m$ 并有黄褐色有隔的菌丝,菌丝宽窄不一,厚部直径达 $25\mu m$,颇似厚膜孢子,有时也见厚膜孢子。HE 染色,真菌细胞质被苏木素淡染,中间为空泡。姬姆萨染色菌丝为绿棕色。PAS 反应阳性。

犬脑暗丝孢霉病

[剖检]　脑实质有灰褐色或灰色不规则硬固病灶,有时见小脓肿。

[镜检]　在脑实质和脑膜有多量大小不一的化脓性肉芽肿,其中心为坏死的中性粒细胞,周围有上皮样细胞、多核巨细胞、巨噬细胞、和少量淋巴细胞、浆细胞围绕。HE 染色可见病灶内有分隔、分枝少而呈直角,壁呈暗褐色至橄榄色的菌丝以及芽生酵母样细胞。

3. 诊断

根据肉芽肿及其中的病原菌可作初步诊断。菌种的鉴别必须经病原培养特征鉴定。

二十一、犬阿米巴原虫病

犬阿米巴原虫病(amebiasis in dog)主要是由溶组织阿米巴(*Entamoeba histolytica*)引起人、畜肠道病变的一种原虫性疾病。溶组织阿米巴主要寄生于结肠,致使人、猩猩、恒河猴、犬、猫、猪、鼠引起阿米巴痢疾,同时病原还可转移至肝、肺和脑等组织继发脓肿。

1. 病原及其传播方式

溶组织阿米巴原虫属肉足纲、变形虫目,故又称痢疾内变形虫。该虫形态根据其生活史分为滋养体和包囊期两个阶段。滋养体分大小两型。大型生活于组织内,小型生活于肠腔内,因而又分别称为组织型和肠腔型。

组织型或大型滋养体直径为 $20\sim30\mu m$,体分内质和外质。外质透明,内质较稠密,含有核及捕食的红细胞。本型虫体形态可以不断改变。外质伸展即形成伪足,使虫体向前推进。核呈圆形,核内有排列均匀的染色质,中央有一核仁。组织型滋养体以二分裂法进行增殖。

肠腔型或小型滋养体直径为 $7\sim20\mu m$,其基本结构与组织型相似,但其不同点是内质与外质分界不明显,外质仅见于伪足部分。伪足短而运动活泼。内质内有不同数量的食泡,泡内含有各种细菌。核染色质多而核仁大。它不吞噬红细胞而以细胞及肠内容物为营养。

小型滋养体为溶组织阿米巴的基本型,可在病畜粪便内发现。当机体受到某些不利因素影响时,小型滋养体能分泌溶蛋白酶,溶解肠组织,钻入肠黏膜下层,转变为具致病性的大型滋养体。当机体抵抗力增强时,肠腔内的小型滋养体排出内质内的包含物,失去伪足,活动力降低,并分泌坚韧的囊壁形成包囊。包囊随粪便排出体外。人畜吞食包囊后,可不受胃液侵蚀而到达小肠,在此从包囊内孵育出滋养体移行至大肠而侵入肠壁致病。其致病作用一是由于滋养体分泌多种溶组织酶破坏肠黏膜,侵入肠壁引起肠道病变;二是由于滋养体伪足的机械作用直接破坏组织,吞食红细胞,吸收水解后的营养物质并大量增殖而不断扩大病变范围。

2. 主要临床症状

急性突然发病,腹泻,粪中有黏液和血液,持续腹泻,里急后重。慢性间歇性腹泻,如有肝脏肿时,肝区有压痛,间有黄疸,食欲不振或消化不良,消瘦。

3. 病理变化

病变主要位于大肠,严重时也可波及回肠。当阿米巴滋养体侵入肠黏膜后,其伪足活动破坏黏膜细胞,同时分泌溶组织酶使细胞溶解坏死。

〔剖检〕　肠黏膜表面形成淡红色稍隆起的小结节,结节中心形成粟粒大小的溃疡。溃疡继续发展可破坏黏膜肌层、黏膜下层乃至向肌层和浆膜扩展。溃疡灶口小底大如瓶状,周围有出血带,而溃疡灶之间的黏膜结构仍正常。较严重者,溃疡扩大,与相邻溃疡间相沟通或互相融合,形成边缘不整的大溃疡灶。有时导致肠穿孔引起腹膜炎。

阿米巴性肝、肺和脑脓肿。阿米巴脓肿的脓腔内充满呈棕褐色半流动并较黏稠的坏死物质和未完全液化的坏死组织。脓肿周围炎性反应轻微和增生的肉芽组织较少。

〔镜检〕　肠壁病变部组织以坏死溶解为主,炎性反应轻微,仅见有少量淋巴细胞和单核细胞浸润;如不伴发细菌感染,则很少有中性粒细胞。于溃疡灶附近与活组织邻接处及肠壁各层的小静脉内可见阿米巴滋养体,常成群聚集或零星地散在。滋养体呈不整圆形,胞浆丰富,略嗜碱性,无纤毛而具伪足,直径为 $20\sim40\mu m$。核小而圆,隐约可见。胞膜清楚,胞质内常有空泡、吞噬的红细胞和组织碎屑。滋养体周围常有一空隙,这是组织被虫体分泌的酶溶解所致。PAS染色,滋养体呈鲜艳的紫红色,这有助于与单核细胞区别。

4. 诊断

该病病畜腹泻,肠黏膜溶解坏死,肝、肺、脑出现脓肿,以及在肠壁静脉内有阿米巴滋养体,可作诊断依据。

二十二、犬利什曼原虫病

犬利什曼原虫病(leishmaniasis in dog)是由利什曼属(*Leishmania*)的各种原虫所致人、畜共患的一种以慢性经过为主的寄生虫性疾病。该病的临床病理特征为高热、贫血、白细胞减少,肝、脾、淋巴结肿大,在皮肤和黏膜形成肥厚或溃疡病变。其易感动物有犬、猫、牛、马、绵羊等;实验动物鼠、海豚和猴等也均易感。人主要发病于婴儿,死亡率很高。

1. 病原及其传播方式

利什曼原虫的种类很多,但具致病性的主要为杜氏利什曼(*L. donovani*)、热带利什曼(*L. tropica*)和巴西利什曼(*L. brasiliensis*)三种。各种利什曼原虫的形态、大小、结构极为相似。无脊椎动物白蛉是该病传播的最主要中间媒介。白蛉叮咬各种哺乳动物或人时,鞭毛型虫体进入机体并脱去鞭毛,经血液侵入血管内皮、单核细胞、中性粒细胞、皮肤和肝、脾、淋巴结的网状细胞内大量增殖,有时一个细胞内可见十多个、几十个乃至100个以上的虫体。细胞破裂,虫体逸入组织,又侵入新的细胞内增殖。同时吞噬利什曼虫的巨噬细胞随血液散布到全身各组织器官,尤其是脾、肝、骨髓和淋巴结的网状内皮系统,其次为肺、肾、脑膜和肠壁等部位;它既造成组织结构的破坏性变化,又出现各器官特别是肝、脾、淋巴结网状内皮系统增生反应。由于骨髓受侵,故出现严重贫血。

用患该病的哺乳动物血液、骨髓穿刺液做涂片进行瑞特氏染色,见利什曼原虫呈圆形或椭圆形,体小,直径为2~4μm,虫体胞质淡染呈浅蓝色,营养核大呈红色,运动核小呈紫红色。运动核呈短杆状,与营养核并行排列,两核之间有小空泡。

2. 病理变化

利什曼原虫因种类不同,其所致病变亦有差异。现分述如下。

1)内脏型 杜氏利什曼原虫病又称黑热病(kala-azar),病原为杜氏利什曼,简称利杜氏小体(L-D body)。虫体经白蛉侵入机体后,主要在各内脏器官的网状细胞内寄生繁殖导致网状细胞大量增生,引起内脏型利什曼原虫病。

[剖检] 脾脏常呈显著肿大,尤其至疾病后期肿大尤为明显。脾的硬度增加,被膜增厚。切面脾髓呈暗红色,往往出现梗死病灶。肝脏中等度肿大,表面略呈黄色。淋巴结于疾病早期即显肿大,尤以腹股沟、腋和颌下淋巴结肿大尤为明显。淋巴结可肿至核桃大至鸡卵大。皮肤有时可引起丘疹或结节病变。

[镜检] 脾脏的网状细胞显著增生,胞浆内充满利杜氏小体。这种巨噬细胞遍布脾索及脾静脉窦内;此外,脾索内还有大量浆细胞浸润。由于网状细胞增生和浆细胞浸润而引起脾脏阻性充血。

肝小叶窦状隙的细胞和窦内皮细胞增生、肿大,胞浆内有利杜氏小体。汇管区也见有含利杜氏小体的巨噬细胞聚集和浆细胞、淋巴细胞浸润。

骨髓见长骨呈现红骨髓增生。骨髓内的网状内皮细胞和浆细胞增生,胞浆内均见有利杜氏小体。骨髓内晚幼粒细胞及成熟的白细胞减少。

淋巴组织内形成局灶性结节状或融合成片的慢性肉芽肿病变。在增生的肉芽肿上皮样细胞和多核巨细胞胞浆内可找到利杜氏小体。

皮肤表皮变薄,基底细胞色素减少。有的见真皮乳头层水肿,网状层内有肉芽肿结节,其中有含许多利杜氏小体的巨噬细胞积聚及浆细胞、淋巴细胞浸润。

在严重病例的消化道、肺、肾、肾上腺、胰腺、胸腺、睾丸等器官的小血管周围及结缔组织中,也见有含利杜氏小体的巨细胞存在。

2) 皮肤型　皮肤利什曼原虫病病原为热带利什曼原虫。中间宿主为各种野生啮齿类动物,犬、鼠、海豚和猴等均易感。

[剖检]　少毛部皮肤首先出现红色丘疹结节,以后丘疹结节增大并中心破溃形成溃疡。

[镜检]　溃疡处皮肤见有大量含原虫的巨噬细胞。

3) 皮肤黏膜型　见鼻腔和咽喉黏膜形成结节和溃疡病变。病灶处的巨噬细胞胞浆内充满原虫病原体。该病犬、猫和猴等虽易感,但自然发病者却极少。

3. 诊断

病畜各脏器网状细胞增生、脾脏、淋巴结高度肿大,以及在各脏器巨噬细胞内检出利什曼小体,可作诊断。

二十三、犬梨形虫病

犬梨形虫病(piroplasmosis in dog)是由犬巴贝虫(*Babesia canis*)引起的以病犬贫血、消瘦、黄疸和血红蛋白尿为特征的一种血液原虫病。

1. 病原及其传播方式

犬巴贝虫呈圆形、椭圆形、梨形或变形虫样,寄生于红细胞、血浆、中性粒细胞、单核细胞内。红细胞内的感染率为 6%～10%,虫体在红细胞内的数目为 1～16 个。该虫的传播者为网纹革蜱和血红扇头蜱等蜱类。

2. 主要临床症状

病犬表现为消瘦,结膜苍白、黄染,常见有化脓性结膜炎,从口、鼻流出具不良气味的液体,粪便往往混有血液,尿呈红色。

3. 病理变化

肝、脾肿大。红细胞、白细胞和血红蛋白显著减少。红细胞降低 50%,血液内出现大小不均的红细胞和异形红细胞。

4. 诊断

根据黄疸、血尿,肝、脾肿大,血涂片中检测到虫体即可确诊。

二十四、犬蛔虫病

犬蛔虫病(ascariasis in dog)是由犬弓蛔虫(*Toxocara canis*)引起的犬肠道寄生虫病。

1. 病原及其传播方式

犬弓蛔虫,寄生于犬。虫体稍弯向腹侧,有颈翼。雌虫长 6.5～10cm,尾端直,生殖孔位于体中部之前。雄虫长 4～6cm,尾弯曲,尾端具圆锥形突起,尾翼发达,两根交合刺。虫卵短椭圆形,直径为 75～85μm,表面有许多凹点。

犬弓蛔虫的虫卵或幼虫被中间宿主(昆虫幼虫、两栖动物、啮齿动物或食虫目动物)吃下,在其组织中发育,通常保持在第 2 期幼虫阶段,直至被各种自然宿主吃下才被感染。而另一些蛔虫不需要中间宿主,胚胎性虫卵被宿主吃下后,感染性幼虫从卵中逸出,进入宿主的组织,通过迁移并发育成熟。

犬弓蛔虫的移行要穿入小肠壁,通过肝脏到达肺脏,穿破肺泡再进入支气管,升到气管和咽喉被宿主咽下,在小肠幼虫发育生长为成虫。

蛔虫幼虫不仅穿行肝脏到达肺脏,而且还可穿行宿主的其他组织。幼虫移行到乳腺管道而发生乳腺传递感染胎儿,使初生胎儿产前感染蛔虫幼虫,或哺乳期动物发生感染。这种感染的病原体不一定需要母体怀孕期或泌乳期感染蛔虫幼虫,可以由保留在各组织内的蛔虫幼虫重新活动而引起。

幼龄犬感染犬弓蛔虫虫卵,大多数幼虫移行通过肺再回到小肠腔寄生,发育成熟。而在较老龄犬中,大多数幼虫定位在组织内,保持第 2 期幼虫而未能发育和不产生明显的感染症状。

2. 病理变化

1)幼虫移行期　主要见肠、肝和肺呈现以嗜酸性粒细胞浸润为主的炎性反应和肉芽肿形成。肺出现细支气管黏膜上皮脱落,甚至出血。大量幼虫在肺内移行和发育时,可引起蛔蚴性肺炎,但康复后常不留病变残迹。在肝脏移行时,造成局灶性实质损伤和间质性肝炎。严重感染的陈旧病灶,由于结缔组织大量增生而发生肝硬变,还可见以幼虫为中心的肝细胞凝固性坏死灶,其周围环绕上皮样细胞、淋巴细胞和中性粒细胞浸润的肉芽肿结节。肝汇管区病变最严重。

2)成虫期　由于蛔虫变应原作用可见宿主发生荨麻疹和神经性水肿。成虫在小肠内游动及其唇齿的作用可使空肠黏膜发生卡他性炎,虫体体多时可导致小肠阻塞。虫体钻入胆道、胰管时可造成黄疸、胰腺出血和炎症。此外,还由于虫体夺取宿主营养和小肠黏膜绒毛损伤影响吸收,动物表现消瘦、幼小动物发育不良。虫体的分泌物和代谢产物可引起实质器官变性、坏死。中枢神经受损时病畜在临床上出现神经症状。

3)弓蛔虫幼虫引起内脏移行症　犬、猫多见,人也发生。幼虫在深部组织移行,刺激局部组织形成嗜酸性粒细胞性肉芽肿,主要发生于肝、肺、脑、眼等器官,呈现肝肿大和外周血嗜酸性粒细胞增多症。由于蛔虫幼虫可在非特异的自然宿主体内移行,故常可发生这种综合征,尤其是幼龄动物。还由于幼虫移行,带入细菌而常见肠壁或肝脏的脓肿,甚至蔓延为腹膜炎等。

3. 诊断

在各脏器见到虫行性病损,或在消化道内见到成虫虫体,或从粪便中检出虫卵,都可成为诊断依据。

二十五、犬钩虫病

犬钩虫病(ancylostomiasis in dog)是由犬钩虫(*Ancylostoma caninum*)寄生于犬和猫、狭头钩虫(*Uncinaria stenocephala*)寄生于犬和狐引起的犬寄生虫病。我国除新疆、青海和西藏情况不明外,其他地区均有该病存在和流行,以华南、华东、华中和四川的若干地区为严重。

1. 病原及其传播方式

犬钩虫雄虫长 10mm,雌虫 14mm。口囊两侧各有 3 个钩齿。交合伞宽大,肋线细长。交合刺短粗。狭头钩虫雄虫长 5～8.5mm,雄虫长 7～12mm。口囊狭细,其腹侧有一个半个口腔大的切板,板上无齿。口囊底部有一个无齿的背钩。交合伞发达,侧叶长略大于宽。背肋远端分 2 支或分 3 支。

各种钩虫的成虫寄生在宿主的小肠内,虫卵随粪便排出体外。当健康动物接触了虫卵污染的物体后感染。

2. 主要临床症状

感染犬皮肤刺痒、浮肿和全身贫血。

3. 病理变化

幼虫移行所致病变为局灶性皮炎,初期在皮肤局部形成小充血斑,继而形成丘疹,最后发展为水疱。其真皮层见有细胞浸润,主要是中性粒细胞,伴有巨噬细胞、淋巴细胞和嗜酸性粒细胞浸润。若继发细菌感染,可发展为脓疱。幼虫随血液带到肺部时,自微血管穿入肺泡,幼虫量少的仅见肺部点状出血,伴有细胞浸润,呈现小叶性肺炎特征。肺实质纤维化是一种常见的结果。

非特异性的自然宿主,由于幼虫侵入皮肤内穿行期较长,造成线状皮疹型皮炎,称为"匐行疹"或"皮肤幼虫移行症";呈微红色硬结状丘疹,直径为 1～2mm,伸展几厘米,这是幼虫在皮肤角质层与生发层之间蜿蜒穿行形成的侵蚀性隧道的结果。当幼虫迁移走后,病变部干燥结痂。在隧道周围有嗜酸性粒细胞和淋巴细胞浸润。如果继发细菌感染,可引起蜂窝织炎、淋巴管炎或脓肿。

以犬为特异性自然宿主的钩虫,除引起皮肤病变外,还可引起内脏幼虫移行症。其特征是肝脏肿大,体温升高和长期酸性白细胞增多症。犬钩虫传染期幼虫,能在小鼠和其他实验动物的肺、肌肉、中枢神经系统保存很长时间(1 年以上)。

4. 诊断

粪便检出虫卵是确诊的可靠依据。

二十六、犬恶丝虫病

犬恶丝虫病(dirofilariasis in dog)是感染恶丝虫属(*Dirofilaria*)丝状虫引起的犬心腔等部位丝虫寄生性疾病。有些国家也称犬心丝虫病。世界各地均有发生,我国也有报道。其中较为重要而又常见的是犬恶丝虫(*D. immitis*),主要宿主是犬、猫、狐狸、狼和麝鼠等。

1. 病原及其传播方式

犬恶丝虫成虫纤细如丝,雄虫长 12～30cm,雌虫长 25～31cm,均可见于犬的右心室,罕见于右心房和肺动脉。在这些寄生部位,雌雄交配,胎生,雌虫产出的微丝蚴,具有强大的运动性,随血液循环到达宿主皮下微血管中,被某些吸血昆虫(蚊子)叮咬吸取,当这种吸取了微丝蚴的昆虫叮咬其他健康犬时即将虫体传递给新的宿主。在新宿主的肌肉、皮下组织和脂肪组织中进一步生长发育,约达 5cm 体长时,进入静脉管,随血流回到宿主的右心室寄生,发育成熟,完成生活周期。偶见因成虫死亡(尤其用药治疗后),虫体随血液进入肺动脉及其分支,造成受感染动物肺栓塞而急死或肺动脉破裂而致命。

2. 主要临床症状

动物呼吸短促,心区扩大,肝肿大,腹水和虚弱等临床表现,终死于心力衰竭。

3. 病理变化

严重感染犬恶丝虫的病犬,成虫造成病犬右心循环障碍,呈现心、肝、脾、肺、肾等实质器官淤血肿大和体腔积水。右心膨隆,右心室内可见丝状虫寄生。严重病例虫体可见于肺动脉和腔静脉。少见于左心、主动脉和外周动脉。偶见于血管支外,如腹腔、眼房和大脑室等。肺动脉内皮增生,内膜下组织增厚,形成纵列突起或绒毛状物突向管腔,甚至造成肺动脉闭塞和较大的肺动脉中膜增厚,腔静脉和肝静脉硬化。微丝蚴随血液循环进入宿主各组织器官,产生极轻微的损伤。在组织中微丝蚴发生死亡,在其周围形成肉芽肿组织。恶丝虫病犬常有间质性肾炎和膀胱炎。

4. 诊断

尸体剖检在右心室发现恶丝虫和组织切片见毛细血管内有微丝蚴可作诊断。但在检查外周血时,应将该幼虫与寄生于犬皮下的隐匿双瓣丝虫的微丝蚴相区别,前者在排泄孔和肛门孔上的一狭窄带区有酸性磷酸酶活性,而后者则全身有此酶活性。

二十七、犬并殖吸虫病

犬并殖吸虫病(paragonimiasis in dog)是由并殖类吸虫寄生于犬肺脏引起肺组织形成特殊的吸虫性囊肿病,故又称为肺吸虫病。它是一种世界性分布的人兽共患寄生虫痫,但各致病虫种的分布有一定的地区性。终宿主除人外,主要见于肉食哺乳动物,如猫、犬、猪、虎、狼、豹、狐、貉、野猫和食蟹蠓等。亚洲、非洲和南美洲等地均有流行区,我国 17 个省区有此虫存在。

1. 病原及其传播方式

并殖吸虫病的病原体是并殖类吸虫,隶属于扁形动物门吸虫纲复殖目的并殖科。并殖类吸虫的虫种很多,目前全世界已报道近 50 种(包括变种和亚种),其中我国有 28 种。在我国致病虫种可分人兽共患型(以卫氏并殖吸虫为主)和畜主人次型(以斯氏狸殖吸虫为主)两类。

卫氏并殖吸虫分布最广,危害最大,除在肺脏寄生外,常引起“内脏幼虫移行症”。包括严重的脑型并殖吸虫病。该成虫体肥厚,红褐色,半透明,因活虫伸缩活动,体形变化大。固定标本灰棕色,呈椭圆形,腹面扁平、背面隆起,长 7～12 mm,宽 4～6mm,厚 3.5～5mm。体表布满体棘。虫卵呈金黄色,椭圆形,长 80～118μm,宽 48～60μm,卵盖大,常稍倾斜,但不少缺乏卵盖。卵壳厚薄小匀,含有 10 余个卵黄细胞。

2. 主要临床症状

并殖吸虫病一般呈慢性经过,由于各种致病性虫种对宿主侵犯部位不同,临床上有胸肺型、腹型、脑型和皮肤型等不同症状表现,如咳血、腹痛、腹泻、便血、癫痫、麻痹和皮下结节肿块等。有的可见低热、盗汗和荨麻疹。

3. 病理变化

主要病变为在宿主各组织器官内形成肺吸虫性囊肿,其中以肺最常见,呈现境界明显的小结节状囊性肿块,多分布于两肺叶的浅层,小指甲大,稍隆凸于肺表面。按其病变发展过程,可见三个时期病变特点。

1)脓肿期　感染早期由于虫体移行造成组织破坏和出血,病灶呈暗红色结节状、窟穴状或隧道状,内含血液和童虫,可见中性粒细胞和嗜酸性粒细胞浸润,进而形成脓液,周围有肉芽组织增生形成脓膜,多伴发胸膜炎和胸腔积液。

2)囊肿期　特异性肺吸虫囊肿形成。剖检:呈分界清楚的灰白色小肿块。脓肿内容物黏稠呈赤褐色(芝麻酱样)。镜检:可见坏死组织、夏科雷登结晶和大量虫卵。囊壁肉芽组织肥厚,由于其中的虫体可以外迁,在邻近组织形成新的囊性肿块,几个或几十个囊肿贯通相连,集聚成团,在肺切面上呈现多房性病灶。肺中尚可见较小的粟粒性假结节(纤维性虫卵结节,内含虫卵)、干酪样变囊肿和空洞等。

3)纤维瘢痕期　陈旧的囊肿,由于虫体死亡或外迁,或通过支气管与外界相通,内容物可被排出或吸收,由肉芽组织填充愈合,纤维组织替代形成灰白色瘢痕。

由于虫体的迁移,以上三期可同时见于一个器官。感染时间较长病例,胸膜面有渗出的纤维素,并可发生广泛的粘连。严重病例,除肺脏病变外,尚可在增厚的胸膜或腹腔大网膜、肠系膜及大小肠表面形成棕黄色的大小囊肿,腔内含有虫卵或虫体。

并殖吸虫是组织内寄生虫,具有抗原性,尤其斯氏狸殖吸虫、四川并殖吸虫可在肺外寄生,常导致全身性过敏反应,宿主呈现荨麻疹,血相中嗜酸性粒细胞增多。并殖吸虫抗原做皮内试验,观察其变态反应与免疫球蛋白、外周血液 T 淋巴细胞免疫活性之间关系。结果揭示不仅存在速发性变态反应,还存在由 T 淋巴细胞介导的迟发型变态反应,引起宿主免疫损伤。

4. 诊断

可根据病犬有否摄食淡水蟹,结合临床症状作诊断。确诊应在粪便中检出虫卵及在皮下囊肿的组织切片中发现虫卵和虫体。

二十八、犬、狐舌形虫病

犬、狐舌形虫病(pentastomiasis in dog and fox)是由五口虫纲(Pentastomiasis)、舌虫科(Linguatulidae)、舌形虫属的舌形虫寄生于犬、狐呼吸道引起呼吸道黏膜炎症的一种寄生虫病。

1. 病原及其传播方式

在我国于动物寄生的舌形虫主要为锯齿状舌形虫(*Linguatula serrata*),寄生于犬、狐、猿的鼻腔和气管,也偶见于人、马、山羊与绵羊。虫体呈长形、舌状,背面稍隆起。腹面扁平。头颈与腹部之间无明显界限,体躯长,体表角皮上有明显的锯齿状环纹 83~94 个。

雌虫呈乳白色或灰黄色,体长 45~67mm。最长的可达 13cm。雄虫呈乳白色,体长 21~25mm,最长者可达 2cm。头部有 2 对角质钩。成虫在宿主呼吸道内交合产卵,虫卵呈卵圆形,卵内含四足幼虫。虫卵随鼻液排至体外,或被宿主吞咽后随粪便排至外界,黏附于草上落入水中,被中间宿主马、绵羊、山羊、牛和家兔等摄入,于肠内孵化出有两对肢的幼虫,经淋巴进入肠系膜淋巴结发育成具侵袭性的稚虫,稚虫周围形成小囊,囊内含黏稠混浊的液体。以后稚虫可离开小囊在中间宿主体内移行至胸腔和呼吸道。当犬、狐、猿等动物吞食含稚虫的中间宿主淋巴结后即发生该病。

2. 主要临床症状

病犬发生喷嚏、咳嗽、气喘,排出脓性或带血的鼻液。

3. 病理变化

[剖检]　当犬、狐、猿等哺乳类动物感染该病成为终宿主时,由于虫体吸附于鼻腔或气管黏膜,病畜发生慢性化脓性鼻炎、副鼻窦炎或气管炎,鼻腔和鼻窦黏膜充血,散在有出血点或出血斑,黏膜粗糙、肥厚或出现溃疡灶。寄生虫体数目有 1~10 条。

[镜检]　鼻和副鼻窦黏膜充血、出血,上皮坏死、剥脱或杯状细胞增多,黏膜固有层水肿和有淋巴细胞浸润,黏膜表面附多量黏液和剥脱上皮或见有虫卵。

4. 诊断

根据病畜的临床症状及鼻腔的病变,再在病畜鼻腔或气管内检出虫体,并在病畜粪便中检出虫卵,则可确诊。

二十九、犬小杆线虫性皮炎

犬小杆线虫性皮炎(rhabditis dermatitis in dog)是由小杆线虫属幼虫所引起。小杆线虫属中的类圆小杆线虫的幼虫有时会穿入动物的皮肤,侵犯毛囊,引起脓疱性皮炎。该病常见于犬,偶尔见于牛,少见于马。虫体生活于温暖潮湿,富含有机质的土壤中。用湿干草及稻草作垫草的家养犬极易发病。亦有奶牛暴发该病的报道。

1. 病原及传播方式

艾氏小杆线虫($R.axe$)也称艾氏同小杆线虫,属小杆总科的小杆科(Rhabditidae),营自生生活,常出现于污水及腐败的植物中。

2. 病理变化

病变常局限于污染地面接触部的体区,特别是黏附污物区的边缘皮肤。

[剖检]　皮肤红斑、擦伤、脱毛、渗出液与结痂。如有细菌感染,常可形成小脓疱。虫体侵犯毛囊,吸引大量嗜酸性粒细胞浸润。寄生虫侵袭所致的变态反应,引起动物患部皮肤瘙痒。动物抓擦、舔咬及细菌感染是使皮肤炎症加剧并产生化脓性毛囊炎的原因。

[镜检]　患部皮肤刮下的皮屑中可发现长1.0~2.8mm,有杆状食道的幼虫。切片时此幼虫可在毛囊中被证实。

第二节　部分猴病病理学诊断

一、猴 B 型疱疹病毒感染

猴 B 型疱疹病毒感染(herpesvirus B infection of monkey)是由猴 B 型疱疹病毒引起的一种传染病。该病在亚洲的猴类中有自然感染,特别是恒河猴、帽猴和食蟹猴。在印度北部某些地区野生的成年恒河猴的感染率达70%以上。该病的病理学特点是口腔黏膜出现水疱和溃疡。

1. 病原及其传播方式

该病病原是猴 B 型疱疹病毒,也称 B 病毒,与人的单纯疱疹病毒以及非洲绿猴和狒狒的 SA$_8$ 病毒有关。

该病毒在猴群中呈接触传染,病毒在其自然宿主中已适应,虽然猴群如恒河猴群中感染率很高,但并非在每个感染猴中都能发现口腔损伤。但 B 病毒对于 Cynomolgus 猴具有严重致病作用,甚至可引起死亡。虽然还没有发现像单纯疱疹病毒那样的二次病变,但可以从没有明显症状猴的血液、尿液、粪便和生殖道分泌物中分离到病毒。该病毒也可以感染人,不少人的病例起因于被猴咬伤,但也有少数没有直接接触史而发生感染的病例。

2. 病理变化

[剖检]　口腔黏膜有水疱和溃疡,特别是在舌的背面、唇黏膜和皮肤交界处。偶尔也能在皮肤发现水疱和溃疡,并出现结膜炎。

[镜检]　口舌黏膜及皮肤上皮细胞气球样变、坏死并在这些细胞核内出现包涵体。此外,病灶还出现含有核内包涵体的多核巨细胞。除上皮细胞外,巨噬细胞和内皮细胞也常见核内包涵体。

肝局部坏死,肝细胞核内出现包涵体。

神经细胞坏死和胶质细胞增生,伴发轻微的淋巴细胞性血管套。在神经细胞和胶质细胞可见核内包涵体。病变的常发部位是脑神经核、面神经和听神经之间的三叉神经分支,以及三叉神经和面神经根部。

病猴出现弥漫性灰质炎,脊髓接种部位的结构被破坏。脑脊髓膜和神经根有淋巴细胞浸润,在腰部脊髓还见有中性粒细胞浸润和脱髓鞘现象。

延脑和脑桥,特别是在脑干既有水肿和坏死发生,又有弥漫性胶质细胞增生,而且血管周围淋巴细胞的浸润非常广泛。

第四脑室底部发生弥漫性坏死及室管发炎,并有上皮细胞脱落。胶质细胞增生常见于前庭核、正中纵向束和第五脑神经脊柱神经核。

在大脑导水管周围、丘脑、豆状核、尾状核、顶皮质和颞皮质有小的胶质结节。海马回、枕叶皮质、杏仁核和下丘脑未见病变。

3. 诊断

与 T 型疱疹病毒感染很相似,但其特征性细胞核内包涵体及脑部病变可作为鉴别诊断。

二、猴 T 型疱疹病毒感染

猴 T 型疱疹病毒感染(herpesvirus T infection of monkey)是引起猴口腔和皮肤疱疹及溃疡病变的一种病毒性疾病,其感染的宿主与 B 病毒不同。

1. 病原及其传播方式

该病和 B 型疱疹病毒感染在许多方面相似,但这两种疱疹病毒是不同的。其宿主可能是新世界猴(new world monkey)。但鼠猴(squirrel monkey)也可能以潜伏感染的形式带毒。根据血液中的抗体表明,黄棕色环尾猴(cinnamon ringtail monkey)和蜘蛛猴(spider monkey)也可能是 T 型疱疹病毒的贮存宿主。虽然贮存宿主 T 型疱疹病毒感染率很高,但发病率极低。

T 型疱疹病毒虽然不引起贮存宿主(新世界猴)发病,但可引起狨猴(marmoset monkey)和猫头鹰(owl monkey)的大量发病和死亡,7~10d 的潜伏期。

2. 主要临床症状

表现为厌食倦怠,口和唇出现水疱和溃疡,皮肤特别是面部皮肤出现溃疡性皮肤炎,偶尔伴发结膜炎。皮肤过敏,不断抓搔是该病最突出的症状。经 2~3d,多数病猴处于濒死状态或死亡。

3. 病理变化

[剖检] 皮肤、唇、口腔、食道、小肠、盲肠和结肠发生水疱和(或)溃疡。出血多见于淋巴结和肾上腺皮质,偶见于肺脏。

[镜检] 在机体的多数组织和器官出现大小不等的坏死灶和核内包涵体。病变的常发部位是口腔、大小肠、肝、脾、淋巴结和各个神经节。多核巨细胞出现于口腔和皮肤的病灶中。很少发生脑炎,即使发生也多半呈局灶性脑炎。

4. 诊断

与 B 病毒感染鉴别首先是发病率低,病变细胞无包涵体。必要时应做病原鉴定。

三、猴出血热

猴出血热(simian hemorrhagic fever)是一种由猴出血热病毒引起的猴急性烈性传染病。

1. 病原及其传播方式

该病的病原是出血热病毒,为 RNA 病毒,属于披膜病毒科瘟病毒属,病毒粒子的大小为 30~40nm,对氯仿敏感,在酸性环境中(pH3.0)不稳定,有一定的热稳定性,50℃灭活。对恒河猴、绿猴、大小鼠、豚鼠、人(O 型)的红细胞无吸附作用。病猴血清内含高浓度病毒,只有在 MA-104 细胞上产生细胞病变,以 10~20 病毒滴度接种恒河猴,可以出现典型的出血热症状。

猴出血热病毒形态比较一致,感染 MA-104 细胞经 24h,可见细胞内有电子密度增加物,

48h 出现长丝状带，横切可见双层结构，厚 50～60nm，连续切片可见板状结构，72h 板状结构消失，呈完整的大小为 40～50nm 病毒颗粒，其内有 22～25nm 的圆锥体。

该病在猴群中可以直接传播。基本群和新来群的不同性别和年龄的动物都可以发病。恒河猴、平顶猴、红面猴和食蟹猴都具易感性。

猴感染该病毒后，迅速在血管内皮细胞、淋巴结、肝、脾和其他部位的网状内皮细胞内繁殖，从这些器官释放出病毒，产生病毒血症。

2. 主要临床症状

初期病猴表现为嗜眠、运动失调，头和四肢震颤。有的病猴颈僵直，肌肉张力降低，腱反射降低，排尿失禁，面部轻度水肿与发红，足底发生阵发性痉挛。随后厌食，皮肤和齿龈出血，鼻内、肠道内出血，排黑色或带血的粪便。血凝能力剧降。病的中后期病猴呕吐、脱水，面部发绀，饮食废绝。在早、中期体温升高到 40～41.8℃，临死前体温下降，尿内出现蛋白质。造血系统的变化具有特征性，表现外周血液内白细胞在病初轻度下降，中后期增加到 3 万～4 万(含有核红细胞)，血红蛋白和红细胞比积下降。后期血沉率显著增加(60～70mm/h)，淋巴细胞和单核细胞减少，嗜酸性粒细胞缺乏，血小板数降低。在外周血液中出现网状内皮细胞、浆细胞、有核小红细胞和正成红血细胞，红细胞内有嗜碱性颗粒。

3. 病理变化

出血是最常见的也是最特征的病变。

[剖检]　胃肠道(尤其是十二指肠)黏膜有出血。十二指肠黏膜呈紫红色，肠壁严重水肿。脾脏呈暗灰色、质硬、肿大达正常的 2～4 倍，脾被膜光滑而紧张，切面较干燥，滤泡中心坏死。

[镜检]　可见普遍的坏死。这种出血性坏死，从幽门口开始，在其后 5～10cm 处消失。大肠也常见到类似的病变。空肠和回肠很少有这种变化，仅有轻度的出血性卡他。出血较严重的器官还有心脏，大部分病例的心内膜和心外膜都有出血。肺内也有出血，肝脂肪变性、淤血和坏死。肾上腺淤血、坏死。少数病例有脑膜出血，脑组织出血则少见。

鼻黏膜、皮肤真皮层、肾脏周围、腰部腹膜下、肾上腺、肝脏和眼周围组织，都有毛细血管和小静脉出血。肾脏被膜出血，小叶间淤血，肾小球毛细血管内皮细胞肿大，肾间质水肿，近曲和远曲小管上皮细胞或脂肪变性。软脑膜混浊，有少量白细胞浸润，脑组织有软化灶。

肝、肾、脑、淋巴组织和骨髓等的变性变化是由于血液淤滞和缺氧所致。

4. 诊断

依据全身各脏器出血病变及临床高热等症状可作初步诊断。确诊应作病原鉴定。

四、猴痘

猴痘(monkeypox)是由猴痘病毒引起的猴的一种传染病，其特征是在皮肤和口、咽黏膜出现痘疹。

猴痘的痘疹可发生于全身各处的皮肤和口腔、咽或气管黏膜，但最常见于前肢和后肢、腿、股部皮肤。

1. 病原及其传播方式

猴痘病毒是一个正痘病毒(orthopoxvirus)，与小水痘有极接近的关系，且会产生同样临床症状，类似天花。

2. 病理变化

［剖检］　初期见皮肤有多发性散在的白色丘疹,其为直径 1～4mm 的扁平隆起。以后许多丘疹转变为中间凹陷而具有暗红褐色的中心,进而形成充满淡黄色脓液的脓疱。脓疱破裂后结痂。在致死性病例,特别是婴幼猴,痘疹病变中易发生出血,同时还可见淋巴结、脾脏和淋巴集结的灶状坏死。

［镜检］　坏死和脓疱边缘的表皮细胞内见有嗜酸性胞浆包涵体,其大小为直径 3～7μm,形状不规则,呈单个或多个出现于细胞内。类似的包涵体可见于胞核内,但不出现于有胞质包涵体的同一细胞。

3. 诊断

皮肤有多发性散在的中间凹陷的丘疹,坏死和脓疱边缘的表皮细胞内见有嗜酸性胞质包涵体,都可作为初步诊断依据。

五、猴柯萨奇病毒性心肌炎

猴柯萨奇病毒性心肌炎(Coxsackie myocarditis in the monkey)是由柯萨奇病毒感染引起的一种急性或慢性传染病,以典型的病毒性心肌炎病理变化为主要特征,不同血清学的柯萨奇病毒感染所致的病变有一定的差异。

1. 病原及其传播方式

柯萨奇病毒(Coxsackievirus,CV)是感染人类和多种动物的一种人兽共患传染病病原,属于小 RNA 病毒科肠道病毒属,分为 A、B 两个型,即 CVA 和 CVB。其中,CVB 又分为 6 个血清型(CVB1～CVB6)。病毒粒子直径为 20～30nm,无囊膜,为单股正链 RNA 病毒。该类病原主要感染人,以呼吸道和消化道传播为主,可侵袭心脏、肺脏、胃肠道、肌肉、皮肤、胰腺、肾脏、脑等多种组织器官而引发多种临床疾病,也可垂直传播而导致流产或死胎。非人灵长类动物的感染以 CVB 较多,已报道的有川金丝猴、猩猩、黑猩猩、赤猴等。另外,比格犬也可感染致死。

2. 主要临床症状

病毒感染初期往往没有明显的临床体征。急性病例主要表现为呼吸促迫、咳嗽、饮水和食欲减少,如果病原侵及到脑组织则表现出神经症状。慢性病例多呈无症状感染。

3. 病理变化

［剖检］　川金丝猴感染 CVB3 呈典型的败血症变化。主要病变为淋巴结肿大、出血,表现为出血性淋巴结炎;心包、胸腔积液;心肌有大量的灰白色炎性病灶,心包膜、心内膜和心外膜均有出血点和出血斑(图 8-6,见图版);肺脏膨胀,充血、淤血(图 8-7,见图版);肝肿大、淤血,边缘钝圆;脾肿大;单侧肾脏肿大,肾盂充血、淤血;肠黏膜脱落,肠壁潮红。

［镜检］　心肌可见局灶性和弥漫性炎症,肌纤维间有大量的炎性细胞浸润,部分心肌纤维断裂、变性和坏死,心肌纤维间毛细血管高度扩张、充血(图 8-8,见图版)。肺泡壁毛细血管扩张、充血,肺泡腔内充满粉红色的浆液性渗出物,且有少量的炎性细胞浸润,部分肺泡呈代偿性肺气肿变化(图 8-9,见图版)。肝小叶中央静脉淤血,肝细胞索紊乱,失去固有结构,窦状隙毛细血管高度扩张并充满大量的红细胞,肝细胞颗粒变性。脾小体增大,中心区淋巴细胞坏死,坏死区域的少数网状细胞和淋巴细胞胞核溶解消失,胞浆肿胀、崩解,脾红髓中有大量的红细胞。

肾组织中部分肾小管上皮细胞肿胀、脱落,甚至胞浆溶解,导致肾小管管腔狭窄或闭塞。

小肠黏膜脱落、崩解,呈卡他性肠炎变化。

4. 诊断

取病死猴的心包积液或心肌组织研磨后的上清液,通过电镜负染观察可见形似小 RNA 病毒样粒子,结合 CVB 特异性 RT-PCR 诊断方法可做出初步诊断。如从上述病料中分离获得病毒即可确诊该病。

第三节　常见兔病病理学诊断

一、兔出血症

兔出血症(rabbit haemorrhagia disease)是由兔出血症病毒引起兔的一种急性、热性、败血性、高度接触传染性、高度致死性传染病,又称出血性肺炎或兔病毒性出血病,俗称兔瘟;以全身实质器官出血、肝脾肿大为主要特征;主要侵害青、成年兔,吃奶兔从不感染。该病的病程短,为 1～2d,死亡快,死亡率高达 90% 以上。

1. 病原及其传播方式

该病病原是杯状病毒科兔病毒属。病毒粒子呈球形,直径 32～36nm,为二十面体对称,无囊膜,在病兔肺和肝的超薄切片中呈丛集或分散状。

病原经呼吸道或消化道侵入机体,最先侵害的靶器官是肝、脾和肺。动物在感染后 18～24h,在肝、脾、肺、肾和肠黏膜上皮细胞、血管内皮细胞、循环的中性粒细胞、淋巴细胞及肥大细胞的核内发现病毒颗粒;该病是由于病毒血症对各器官的直接损伤以及对血管壁的损伤,导致全身弥漫性血管内凝血(DIC)及全身性出血。

2. 主要临床症状

急性病兔常无明显症状而突然死亡。病程较长病例,病初高热达 41℃ 以上,然后体温急剧下降,病兔抽搐、尖叫。病程 1～2d。死后呈角弓反张,鼻孔流出红色泡沫状液体。慢性病例多见于老疫区或流行后期。潜伏期和病程较长,体温轻度升高,精神不振,迅速消瘦,衰弱而死。有的耐过,但仍带毒成为传染源。

3. 病理变化

[剖检]　全身实质器官淤血、出血和水肿。

胃内充满食糜,胃黏膜脱落,十二指肠内有黄色胶样分泌物,幽门口和盲肠有出血点。肝脏明显肿大、淤血、出血,肝表面有淡黄色或灰白色条纹,俗称"槟榔肝",切面粗糙、质脆,有时在肝的边缘见有灰白色坏死灶。脾脏肿大呈青紫色,并有出血点。肾脏肿大、淤血,表面有大量针尖大的出血点。肺脏膨隆、淤血、出血,并有粟粒至绿豆大小的出血斑点,呈花斑状。将肺组织切开,用力挤压,可见肺切面有大量泡沫状血样液体流出。气管内也有泡沫状血样物,气管环有大量出血,呈典型的"红气管"。心肌淤血,心冠状区有出血点,心房心室内有凝固不良的黑红色血块。门齿齿龈出血,具有特征性。喉头黏膜严重淤血。打开颅腔,脑软膜和脑实质充血。全身淋巴结肿大,并有出血点。

母兔子宫黏膜淤血,并有出血斑点,公兔睾丸淤血。

[镜检]　肝脏淤血,肝细胞严重颗粒变性,部分肝小叶周边的肝细胞严重空泡变性,肝细胞有坏死灶,坏死灶内肝细胞消失而由淋巴细胞、网状细胞及多量红细胞代替。中央静脉、汇管区血管周围网状细胞大量增生。

肺间质水肿,上皮细胞增生,肺泡壁增厚。肺泡腔中散有红细胞及脱落的上皮细胞和水肿液,细支气管周围有大量淋巴细胞增生形成结节。肾脏肾小球体积增大,肾小管上皮细胞颗粒变性,空泡变性。部分上皮细胞与基底膜分离。髓质部分间质增宽,水肿,出血,并有淋巴细胞浸润。

脾脏体积肿大,脾小体体积缩小,红髓髓窦内集有红细胞,窦内皮细胞及网状细胞肿胀,脱落。

心肌间质水肿,淤血,心肌细胞颗粒变性,心肌纤维断裂,溶解。

肾脏髓质区扩大,皮质变薄网状细胞增生,肿胀,小叶间及小叶内血管扩张,充血,有的静脉管内有血栓,间质水肿,并散有红细胞。

骨髓充血,髓质内有红细胞,个别巨核细胞的核消失,窦内皮细胞肿胀脱落。

大脑充血,血管内皮细胞肿胀,部分神经原染色质溶解呈空泡状。肠黏膜上皮细胞坏死脱落。

4. 诊断

该病与兔巴氏杆菌病的鉴别在于,兔巴氏杆菌病除出血病变外,主要特征是卡他性化脓性鼻炎、斜颈、皮下脓肿及结膜炎。

二、兔传染性黏液瘤病

兔传染性黏液瘤病(infectious myxomatosis of rabbit)是由黏液瘤病毒引起兔的一种高度接触性、致死性传染病,其特征是在皮肤形成黏液瘤和皮肤、皮下组织水肿,尤其是颜面部和天然孔周围最明显。

1. 病原及其传播方式

黏液瘤病毒是痘病毒科兔痘病毒属中的一种,与兔纤维瘤病毒有免疫相关性。感染纤维瘤病毒后的兔具有抗黏液瘤病的免疫性。

该病的传染源是病兔。与病兔直接接触,或经蚊、跳蚤叮咬,也可因与病毒污染的饲料、饮水和用具等接触而发生传染。病毒通常经皮肤侵入体内,在局部复制、释放,经淋巴管进入局部淋巴结。病毒在局部淋巴结内大量复制,并引起巨噬细胞系统的细胞明显增生。3~4d 后病毒进入循环血液,形成病毒血症。病毒在体内主要侵害间叶细胞,使其增殖并转变为肿瘤;病毒还损伤毛细血管和微静脉的内皮细胞引起血管壁通透性增高。

2. 主要临床症状

病兔全身浮肿,以头、耳、肛门、生殖器等部位最为明显。头部因明显水肿而增大,外观似狮子头样;耳肿胀、下垂;眼睑肿胀,黏液脓性结膜炎。有的伴发鼻炎,可见黏液脓性鼻漏。

3. 病理变化

[剖检] 皮肤肿瘤为圆形或卵圆形隆起的肿块,色彩与周围皮肤相同,有些因充血则显红色;多数肿块硬实,但邻近生殖器的肿块则质软。肿块的表皮水疱形成,进而结痂。切面质度硬韧,表皮增厚,真皮和皮下组织含有胶样物质,其间散布着许多血管。皮肤肿瘤有时可深达肌肉组织。

胃、肠浆膜和心内、外膜均可见出血,上呼吸道和肺脏常出现卡他性炎。

皮肤和皮下组织均显水肿,切面见大量淡黄色、澄清的胶状液体蓄积。

淋巴结和脾脏:肿大,质度变实。

　　[镜检]　皮肤的表皮细胞增生、水泡变性和水疱形成,上皮细胞内可见胞浆包涵体;真皮中出现大的星状或多边形细胞,其胞核肿大,且有核分裂相,胞浆内可见包涵体,即黏液瘤细胞。黏液瘤细胞间的基质是黏蛋白,同时见伪嗜酸性粒细胞浸润。有时瘤组织中血管内皮细胞增生,使管腔狭窄,甚至完全闭塞(图8-10,见图版),从而招致瘤组织坏死。

　　淋巴结和脾脏:淋巴细胞和网状细胞增生,在淋巴滤泡内增生的网状细胞间常混杂有少量伪嗜酸性和嗜酸性粒细胞,后期淋巴细胞大量消失,明显增生的网状细胞和内皮细胞以及散在的伪嗜酸性粒细胞小灶取代了淋巴滤泡的大部分区域。

三、兔传染性纤维瘤病

　　兔传染性纤维瘤病(infectious fibromatos of rabbit)是由兔纤维瘤病毒引起的一种传染病,其特征是在皮下出现多发性纤维瘤。

1. 病原及其传播方式

　　兔纤维瘤病毒是兔痘病毒属中的一种,在抗原上与兔黏液瘤病毒关系密切。在自然条件下,美洲白尾野兔具有易感性。该病是通过直接与病兔接触和经蚊、跳蚤等昆虫的媒介传递,以及与被病毒污染的饲料、饮水和用具等接触而传染的。

2. 主要临床症状

　　纤维瘤一般可保持几个月,有的长达一年。肿瘤不发生转移,病兔不呈现其他障碍。新生的白尾野兔感染后可发生全身性纤维瘤病而招致死亡。病兔康复后具有坚强的免疫力。

3. 病理变化

　　[剖检]　肿瘤多发生于四肢的皮下,偶尔也见于口和眼周围的皮下,呈球状、硬实和大小不一的结节状,直径多为1~2cm,最大的可达7cm,肿瘤一般只限于皮下,可移动而不附着于深层组织,通常是多发性的。

　　[镜检]　瘤细胞为富有胞质的星状或纺锤形的成纤维细胞,有些瘤细胞的胞质内有嗜酸性包涵体,偶尔可见核分裂相。

　　在瘤组织中还有淋巴细胞和伪嗜酸性粒细胞浸润,被覆纤维瘤上面的表皮增厚,表皮细胞向下呈根样增生进入肿瘤组织之中。

　　在被感染的表皮细胞的胞质内也可见大的嗜酸性包涵体。

4. 诊断

　　根据皮下纤维瘤的特征及感染部皮肤表皮细胞胞质内嗜碱性包涵体即可作初步诊断。

四、兔水疱性口炎

　　兔水疱性口炎(vesicular stomatitis of rabbit)是由水疱性口炎病毒引起的一种高度接触性传染病。该病在舌、齿龈、唇、乳头、冠状带、指(趾)间等处的上皮发生水疱性病变为特征。以往称糜烂性口炎,或马接触性传染性口炎和牛、猪的水疱性口炎。自然感染的动物有牛、马、猪以及鹿和浣熊等。水疱性口炎病毒可使牛、马、猪、羊、鸡、鸭、鹅、豚鼠、大鼠和小鼠等动物发生实验感染。棉鼠、家兔、仓鼠和雪貂对该病毒最敏感。

1. 病原及其传播方式

　　水疱性口炎病毒(VSV)属弹状病毒科(Rhabdoviridae),含单股RNA。病毒粒子呈弹状或圆柱状,大小为80nm×120nm,表面囊膜有均匀密布的短突起,其中含有病毒型的特异性抗原成分。病毒粒子内部为密集盘卷的螺旋状结构。经直接接触或吸吮母乳时感染。

2. 病理变化

〔剖检〕 水疱性口炎的水疱常见于口腔黏膜、舌、颊、硬腭、唇、鼻，也见于乳头和足。病变开始时出现小的发红斑点或呈扁平的苍白丘疹，后者迅速变成粉红色的丘疹，经 1～2d 形成直径 2～3cm 的水疱，水疱内充满清亮或微黄色的浆液。相邻水疱相互融合；或者在原水疱周围形成新水疱，再相互融合则变成大区域感染。水疱在短时间内破裂变成糜烂，其周边残留的黏膜呈不规则形灰白色。上皮组织很快再生，经 1～2 周可痊愈；如果继发细菌感染，水疱变成化脓性，当其愈合时形成瘢痕。自然感染时的病变发展迅速和水疱于早期发生破裂，故少见早期水疱病变。

〔镜检〕 病变开始于棘细胞层，细胞间桥伸长和细胞间隙扩张形成海绵样腔，腔内充满液体，随着腔的融合而形成水疱。在水疱中有胞质破碎的感染细胞、外渗的红细胞和以中性粒细胞为主的炎性细胞。病变可累及到基底细胞层与真皮上部，呈现水肿和炎性变化。水疱破裂后，存留的基底细胞层再生出上皮并向中心生长，最后修复。

〔电镜观察〕 受侵害的角质细胞含有很多桥粒、胞浆内出现空泡。胞浆中张力原纤维减少，胞膜变厚，胞浆皱缩，胞浆间桥变得明显。游离于黏膜水疱中的角化细胞发生核浓缩，常见球形或三角形胞浆碎块以桥粒与胞膜相连，在游离角化细胞周围有中性粒细胞、细胞碎屑和液体围绕。

3. 诊断

依据病兔口、趾部形成特征性水疱，以及检出弹状病毒即可确诊。

五、兔轮状病毒感染

兔轮状病毒感染（rabbit rotavirus infection）是由兔轮状病毒引起的 30～60 日龄仔兔的一种以严重腹泻为特征的急性肠道传染病。

1. 病原及其传播方式

该病毒归于轮状病毒属，病毒直径为 65nm，双层衣壳；对乙醚、氯仿和去氧胆酸钠有抵抗能力，对酸和胰蛋白酶稳定。

轮状病毒一般以突然发病和迅速传播的形式在兔群中出现。兔的发病率为 90%～100%，通常呈散发性暴发，大多数呈隐性感染。恶劣的天气、饲养管理不佳、卫生条件差是诱发该病的主要外界因素。该病在兔群中常有发生。

2. 主要临床症状

病兔体温升高、腹泻。日龄仔兔可能出现黏液或血样腹泻，或伴有致病性细菌下痢，大约 60% 的病兔是由于脱水和酸碱平衡失调而死亡。

在吃全奶的仔兔中，粪便常呈鲜明的黄色到白色，其他仔兔粪便可能呈水样、棕色、灰白或浅绿色，内含血样液体和黏液。

3. 病理变化

〔剖检〕 小肠和结肠表现为明显的扩张、黏膜有出血斑点。

〔镜检〕 病毒感染肠绒毛上的吸收上皮细胞，感染后柱状上皮细胞脱落，绒毛变短，腺管细胞为了不断补充吸收上皮细胞而出现增生。残存的上皮细胞胞浆空泡化，在绒毛内的吞噬细胞中可见到病毒颗粒。

4. 诊断

根据仔兔的严重腹泻并在脱落的肠上皮内检出轮状病毒即可确诊。

六、兔皮肤乳头状瘤病

兔皮肤乳头状瘤病(cutaneous papillomatosis of rabbit)是由乳头状肿瘤病毒引起的一种高度直接接触传染、无死亡的良性肿瘤性疾病。其特征性病变是全身性多发肿瘤。

该病毒与牛乳头状瘤病毒、犬及兔口腔乳头状瘤病毒间无交叉免疫,人工接种小鼠、大鼠、豚鼠,犬、猫、猪及山羊不感染。该病经直接接触而蔓延,吸血节肢动物也可传播病毒。在北美棉尾兔中有自然流行。

1. 病原及其传播方式

该病毒为乳头状瘤病毒属,双链 DNA,病毒粒子呈二十面体,直径为 53nm。对热有很强的抵抗力,在 70℃ 30min 内能灭活病毒。低温下该病毒在甘油中保存可存活多年。该抗原主要集中在皮肤的角质透明蛋白质和角质层内,有血凝性,可凝集红细胞。

2. 主要临床症状

肿瘤常见于股内侧、腹、颈、肩部皮肤,为灰色至黑色的角质疣状物。在角质层细胞中很容易发现成熟病毒粒子。兔皮肤乳头状瘤可自行消退,但也可发生恶变。

3. 病理变化

感染部位皮下角质化细胞大量增生,病毒主要集中在这些细胞的核内,随着病程的发展,乳头状瘤内的许多上皮型细胞角质化,并释放完整的病毒粒子。

4. 诊断

根据病兔皮肤上的角质疣状物及病原鉴定可确诊。

七、兔口腔乳头状瘤病

兔口腔乳头状瘤病(oral papillomatosis of rabbit)是自然发生于家兔的一种乳头状瘤病。病毒形态类似兔皮肤乳头状瘤病毒,但二者抗原性不同。自然情况下仅发生于家兔,不传染别的动物。兔口腔乳头状瘤为良性,通常持续 1~2 月,以后自然消退。康复后的家兔至少在数月内对再感染有坚强免疫力。

1. 病原及其传播方式

兔口腔乳头状瘤病毒(ROPV)是乳头状瘤病毒属,其自然宿主是家兔。乳头状瘤主要生长在舌的前腹侧至舌系带和靠近舌旁的口腔黏膜以及齿槽黏膜上。病毒生长需要复杂特殊的生长环境,目前不能在体外培养该病毒。在自然宿主中只选择口腔黏膜上皮组织。

2. 主要临床症状

病毒感染后经过 2~4 周的潜伏期,诱发典型的无色素的乳头状瘤。瘤有粗大的基部和穹顶的外形。再经过 3~9 个月缓慢的生长成熟,形成有肉柄的、表面粗糙交叠成菜花状的团块,其大小为 4~6mm。

3. 病理变化

[剖检] 兔自发性口腔乳头状瘤通常发生于舌下,偶然发生在齿龈上,罕有发生在口腔底部。肿瘤为小而灰白色、无蒂或有蒂的结节,常为多发性。肿瘤偶尔可以较大,有时达 5mm 直径,高 4mm,表面呈花椰菜状。

[镜检]　典型的乳头状瘤。过度增生的复层表皮呈指状突起,内衬以结缔组织髓心。感染上皮极少有过度角化倾向。生发层细胞及其核变大、空泡化,有时在核内含有嗜酸性或嗜碱性包涵体。

4. 诊断

根据口腔花椰菜状乳头状瘤及增生的生发层细胞内含有核内包涵体即可作初步诊断。

八、兔疱疹病毒感染

兔疱疹病毒感染(rabbit herpesvirus infection)由疱疹病毒引起兔的一种潜伏性、慢性传染性疾病,以皮肤和黏膜的红斑及丘疹病变为特征。

1. 病原及其传播方式

该病毒归于疱疹病毒科,它往往以潜伏形式存在于体内,可达到数年或终生。当遇到适宜条件时,病毒重新激活,激发明显临床症状的复发性感染。

2. 主要临床症状

人工感染兔出现全身性反应,表现为厌食、腹泻、消瘦、体温升高及皮肤丘疹,心肌炎或角膜炎症,造成角膜细胞肿胀及空泡化;睾丸炎及体温升高。

3. 病理变化

[剖检]　在实验性感染的病兔,内脏器官无异常。

[镜检]　受到病毒感染的睾丸、皮肤、角膜内有大量的单核细胞;在受到病毒侵害的角膜上皮细胞、皮肤的内皮细胞、睾丸间质细胞内,有疱疹病毒感染特有的大嗜碱性核内包涵体。

九、兔巴氏杆菌病

兔巴氏杆菌病(pasteurellosis of rabbit)是由多杀性巴氏杆菌(pasteurella)引起家兔的多种器官的化脓性疾病。家兔对多杀性巴氏杆菌感染非常敏感,可表现为传染性鼻炎(rhinitis)、肺炎(pneumonia)、中耳炎(otitis)、结膜炎(conjunctivitis)、子宫脓肿(pyometra)、睾丸炎(orchitis)、脓肿病灶(abscesses)及全身败血症(septemia)等形式,常引起大批死亡和发病。

1. 病原及其传播方式

多杀性巴氏杆菌呈革兰氏阴性,无芽孢短杆状,大小为$(1\sim1.5)\mu m\times(0.25\sim0.5)\mu m$,呈现双极染色,无鞭毛。在鲜血或血清培养基中生长良好,可以形成光滑型(S型)、粗糙型(R型)或黏液型(M型)菌落,分离物连续在人工培养基上培养时,菌落可以从一种形式转变为另外一种形式。

该病发生无明显季节性,但以冷热交替气候多变的春秋两季以及多雨潮湿的季节发病高。该病呈地方性散发。

2. 主要临床症状

鼻炎型:发病初期表现为上呼吸道卡他性炎症,流出浆液性液体,然后转为黏液性及脓性鼻炎。病兔经常打喷嚏、咳嗽。局部被毛潮湿、缠结、甚至脱落。上唇和鼻孔皮肤黏膜红肿,发炎。然后鼻涕增多,变稠,在鼻孔处结痂,堵塞鼻孔,使呼吸困难。

肺炎型:该病初期表现为食欲不振和精神沉郁,常以败血症告终,很少能见到明显的肺炎临床症状。

中耳炎型:家兔的中耳炎的发生具有地方性,可直接感染,也可通过污染的笼具等感染,但不表现明显的临床症状,病原菌通过耳咽管而到达中耳引起感染。进一步感染内耳,严重时病原菌进入脑膜和脑实质。外界的应激因素可能促使病原菌的传播。临床上见到的斜颈病兔是病菌感染扩散到内耳和脑部的结果,而不是单纯中耳炎的临床症状。斜颈的程度取决于感染的范围,严重时头向一侧滚转,难以采食、饮水。如果感染扩散到脑膜和脑组织,侧可出现运动失调和其他神经症状。

3. 病理变化

鼻炎型:这是比较多见的一种病型,主要表现鼻黏膜和鼻孔周围皮肤发炎,从鼻腔流出浆液性、黏液性或脓性鼻漏;鼻窦和副鼻窦内也常积留黏液性脓性渗出物。鼻腔和鼻窦黏膜潮红、肿胀,存有小点状出血。在慢性病例可见鼻腔黏膜增厚,故病兔生前频发鼻喷和具鼻塞音。

肺炎型:可呈地方流行性发生。由于病程长短不同,肺炎病变差异极大。初期呈急性浆液性纤维素性肺炎,以后可发展为纤维素性化脓性肺炎或坏死性肺炎。肺炎病变均表现为两侧肺叶同时发生肺炎区坚实,通常呈暗红色或灰红色,同时存有斑点状出血;有时肺炎灶形成脓肿交肺空洞。

中耳炎型:多见于病程稍长的病例。生前表现有头颈歪斜或前肢抓耳症状。剖检见一侧或两侧耳道鼓室存有奶油状或干酪样渗出物。鼓室内壁黏膜发红;有时发生鼓膜破裂从中耳流出脓性渗出物。如中耳炎扩散至脑组织,可出现化脓性脑膜脑炎病变。

其他病型:有些病例生前不显任何症状而突然死亡,剖检则呈败血症变化,全身浆膜和黏膜显示有程度不同的斑点状出血,肺严重淤血、水肿,并伴有灶状实变区。胸腔和心包腔积液,淋巴结肿胀、出血。肝脏往往见有坏死灶。慢性病例,母兔发生子宫炎或子宫蓄脓,公兔可发生睾丸炎和副睾炎。有的病例还见有皮下脓肿和结膜炎等病变。

肺脏具典型纤维素性肺炎的各期变化。心包和胸膜多半同时伴发纤维素性心包炎和胸膜炎,后期可发展成胸腔蓄脓而压迫肺脏,导致部分肺组织发生萎陷。

4. 诊断

在患有化脓性鼻炎、肺炎、睾丸炎、胸膜炎等病变的家兔病变部检出特征性两端着色的巴氏杆菌,即可确诊。

十、兔支气管败血波氏杆菌病

兔支气管败血波氏杆菌病(bronchiseptic bordetellosis of rabbit)是由支气管败血波氏杆菌引起的一种家兔常见的呼吸道传染病,以发生鼻炎和化脓性支气管肺炎为特征。

1. 病原及其传播方式

该菌为一种细小杆菌,革兰氏阴性,有鞭毛,能运动,不形成芽孢,严格嗜氧性,多形态,有卵圆形至杆形。该病主要通过呼吸道感染,多发生于气候易变的春、秋两季。当机体受到各种因素影响而抵抗力降低时,均易引起发病。通常根据临床特点可将该病分为鼻炎型和支气管肺炎型两型。

2. 主要临床症状

鼻炎型:在家兔中经常发生,多数病例鼻腔流出少量浆液性或黏液性的分泌物,通常不变为脓性。消除其他诱因后,短时间内可恢复正常,但鼻中隔萎缩。

支气管肺炎型:鼻炎长期不愈,鼻腔流出液体或脓性分泌物,呼吸加快,食欲不振,逐渐消瘦病程较长,一般经过 7～60d,可发生死亡。

3. 病理变化

［剖检］ 鼻炎型:病兔的鼻黏膜潮红肿胀,黏膜面上附有多量浆液或黏液,除去黏液后,可见黏膜面存有大小不一的散在出血点。

支气管肺炎型:病兔的支气管黏膜充血、出血,支气管腔内充满混有泡沫的黏液或稀脓液。肺脏散在大小不一、数量不等的脓肿,小的如小米粒大,大的可达鸽卵大。脓肿多时可占肺体积的90％以上。脓汁黏稠,呈乳白色乳酪样。有些病例在肝脏亦见有黄豆大至蚕豆大的脓肿。

［镜检］ 肺泡内充满纤维素、脱落的肺泡上皮及大量的中性粒细胞。

4. 诊断

与兔巴氏杆菌病的鉴别是在该病的小脓灶内没有特征性的巴氏杆菌。

十一、兔产气荚膜梭状芽孢杆菌病

兔产气荚膜梭状芽孢杆菌病(*Clostridium perfringen* disease)是由产气荚膜梭状芽孢杆菌及其外毒素引起的一种暴发性、死亡率很高的胃肠道疾病。其特征是泻下大量水样或血样粪便和脱水死亡。由于此病发生迅速,绝大多数病兔出现严重的腹泻或水泻,一般24h内死亡。

1. 病原及其传播方式

产气荚膜梭状芽孢杆菌是条件致病菌,在厌氧条件下生长繁殖良好,在一般培养基上培养生长不好。该菌较大,呈单个或双联,革兰氏染色阳性,有荚膜,产芽孢,无运动性。

产气荚膜梭状芽孢杆菌在自然界普遍存在,也是健康动物肠道的正常菌丛,过量饲喂高蛋白饲料可使细菌的数量在肠道内大大增加。

该病一年四季均可发生,以冬春季发病率高。外界条件的突然改变也会造成该病的发生。

2. 主要临床症状

该病的显著特征是急剧下痢,临死前水泻或出现血痢,具有特殊的腥臭味。在出现腹泻前,精神、食欲无明显变化,体温也正常。腹泻后出现精神沉郁、绝食、粪便呈水样或血样,摇晃,病兔体躯有拍水音。

3. 病理变化

［剖检］ 尸体外观无明显消瘦,眼球下陷,显出脱水症状。肛门附近被毛污染。腹腔有特异性腥臭味。胃多充满饲料,胃浆膜可见到黑色的溃疡斑纹。胃底部黏膜脱落,大多数可见大小不一的溃疡。小肠充满气体,致使肠壁薄而透明,大肠黏膜有鲜红的出血斑。肠黏膜有弥漫性的充血和出血区。肝脏质地变脆。脾脏变成深褐色。肾脏和淋巴结多数无明显变化。膀胱内多数积有茶色尿液。心脏表面血管怒张,呈树枝状。

［镜检］ 病变部位有血管内溶血或为血管损伤。

4. 诊断

根据临床严重的血水样腹泻,剖检见小肠鼓胀、肠腔积水,大肠黏膜出血等病理特征可作初步诊断。

十二、兔葡萄球菌感染

兔葡萄球菌感染(staphylococcosis in rabbit)是一组由金黄色葡萄球菌或其他葡萄球菌感染所引起的人、畜、禽共患病,主要表现为脓毒败血症,以在各器官中形成化脓性炎症为特征,死亡率很高。有时还表现为局部化脓性炎症,如乳房炎、脚皮炎等。

1. 病原及其传播方式

葡萄球菌为圆形或卵圆形,致病性菌株的菌体较小,其排列和大小较为整齐。某些菌株可形成荚膜或黏液层。在固体培养基上生长的细菌常呈葡萄串状;在脓汁、乳汁或液体培养基中则呈双球状或短链状,有时易误认为链球菌。革兰氏阳性,但当衰老、死亡或被白细胞吞噬后常为阴性。该菌能形成芽孢,抵抗力强,在干燥的脓汁和血液中可生存数月,反复冷冻30次仍能存活。葡萄球菌是一种在自然界广泛分布的化脓性球菌。空气、饲料、饮水、尘土以及人畜的皮肤、黏膜、扁桃体、肠道、乳房等都存有该菌。在正常情况下,一般不会引起发病;但当皮肤黏膜有损伤时即可乘机侵入机体,造成危害。该菌除了引起炎症性病变外,还能产生肠毒素,后者是引起食物中毒的重要因素之一;当人类误食由该菌污染的牛乳、鱼肉类、豆制品等食品后均可发生食物中毒。

2. 病理变化

仔兔败血症:多见于出生后2～3d的仔兔,表现皮肤上散发粟大的脓肿,常在2～5d内呈败血症而死亡。

脓肿型:在病兔头、颈、背、腿等部位皮下、心、肺、肝、肾、脾、肌肉、睾丸、附睾、子宫、关节等器官和组织都可发现大小不一的脓肿形成,一般为豌豆大至鸡蛋大,脓肿周围有厚层结缔组织性包膜,内含浓稠、乳白色乳脂样或干酪样脓汁,有时其中尚可见砂粒状葡萄球菌胶团块。肺、胸膜或腹腔器官的脓肿破溃时,可引起胸腔和腹腔积脓,胸膜和腹膜常有纤维素性渗出物被覆。

脚皮炎:病兔脚掌部皮肤,首先出现充血、肿胀、脱毛,继而破溃形成久不愈合并经常出血的溃疡。有时可继发全身性感染,呈败血症而死亡。

乳房炎:是因乳头受污染或损伤被感染所引起。急性乳房炎时,乳房肿大,呈紫红色或蓝紫色;在乳房表面或深部见有脓肿形成。慢性乳房炎时,乳房亦肿大,但质地坚实,见有肉芽肿形成,其中散布小的化脓灶。

仔兔急性肠炎(黄尿症):主要表现为急性出血性卡他性肠炎。

3. 诊断

该病的病理特征是在各器官组织形成化脓性病灶,在病尸的血液或各病变器官的触片中检出葡萄球菌即可确诊。

十三、兔土拉杆菌病

兔土拉杆菌病(tularemia in rabbit)又称野兔热(rabbit fever),是人畜共患的传染病。

该病主要侵害绵羊、兔、毛皮兽及豚鼠,可造成流行。其特点是发热、衰竭和淋巴结肿大、肝脾肿大伴发坏死。该病分布于北半球,我国内蒙古、黑龙江、新疆、西藏、山东有零星散发疫点。已查明有100多种动物可自然感染土拉杆菌,寄主范围包括野生啮齿动物和毛皮兽(野兔、黄鼠、松鼠、地鼠、海狸、狐狸等)、各种家畜(绵羊、山羊、猪、黄牛、水牛、马、骆驼、兔、猫、犬等)、各种家禽(鸡、鸭、鹅、鸽、珠鸡、鹌鹑等)、各种野禽和人类都可感染发病,啮齿动物和野兔是主要传染来源。

1. 病原及其传播方式

该病病原菌为土拉弗朗西斯菌(*Francisella tularensis*),为革兰氏阴性的小球杆菌。传播方式是直接接触和经吸血昆虫叮咬。已知作为病原菌传播媒介的吸血昆虫有60余种,包括蜱、螨、虻、蚊、虱等。病原菌污染饲料、饮水和环境后，动物可从消化道、呼吸道或经眼结膜受到感染。该菌的侵袭力很强，能从完好的皮肤和呼吸道、消化道侵入机体。

土拉杆菌的致病力与其侵入部位有一定关系，例如，对高度易感的啮齿动物如野兔和普通田鼠等，皮下感染只需要 1～10 个菌可在 5～12d 内致死，而口服感染则需要 1000 万个菌。该菌虽然不产生外毒素，但病菌的自溶物（内毒素）具有较强毒性，可致动物死亡。

在家畜，土拉杆菌感染可能是常见的，但发病的很少。隐性感染可能维持很长时间，甚至没有局部病变，因此，人们认为土拉杆菌是一种兼性细胞内寄生菌。

2. 主要临床症状

病畜体温升高，肝、脾等部位出现特征性的化脓、坏死病变。胎盘受侵害时则导致流产。神经系统受侵害时病畜表现兴奋不安、步态不稳和后躯麻痹等症状。

3. 病理变化

［剖检］　淋巴结肿大、化脓和坏死。淋巴结中病原菌大量繁殖进入血流，形成菌血症，侵入全身组织，在其他淋巴结、肝、脾、肺、关节有感染灶；呼吸道感染时先引起支气管肺炎，表现为全身性感染症状和病变，该病的特征病变，尤其在啮齿动物，于肝、脾和淋巴结中形成直径为 2.0mm 左右的灰白色粟粒性坏死灶。时间稍久，则较大的病灶发展为凝固性坏死，坏死灶呈颗粒状，相似于干酪样坏死；病程较长的病例，内脏病变主要表现淋巴结（颌下、颈部、腋下和浅腹股沟淋巴结）肿大呈深红色，切面散布许多针尖大的灰白色坏死点，肝、脾、肾肿大，并有许多粟粒性坏死灶。肺充血并有灶状实变区。淋巴结的坏死病灶通常比较大，眼观易见，在皮质部呈楔形坏死区，有充血带环绕。

［镜检］　在巨噬细胞中有时见有成丛的病原菌。肝、脾和淋巴结的坏死灶，早期有中性粒细胞和巨噬细胞聚集。随后病灶周围由少量的成纤维细胞和巨噬细胞环绕。小血管中有血栓形成。

4. 诊断

根据病尸的肝、脾和淋巴结中形成直径为 2.0mm 左右的灰白色粟粒性坏死灶，以及坏死灶周围的巨噬细胞内有成丛的病原菌，病变组织触片可见小球杆菌。

十四、兔沙门氏菌病

兔沙门氏菌病（salmonellosis in rabbit）是由沙门氏菌属（*Salmonella*）的细菌引起的家兔败血症和急性死亡，并伴有下痢和流产为特征的疾病。以幼兔和怀孕母兔的发病率和死亡率最高。

1. 病原及其传播方式

该病沙门氏菌的各种特性与其他动物感染的病原菌相同。幼兔比老年兔对沙门氏菌病更加易感。不卫生的环境、拥挤、恶劣天气、分娩、妊娠、寄生虫病、运输、病毒感染的病发等因素都能诱发该病。

2. 主要临床症状

个别病例死亡。一般呈腹泻、体温升高、厌食、精神沉郁。母兔从子宫及阴道内流出脓样排出物，阴道黏膜水肿、充血，孕兔常发生流产并引起死亡。流产后康复兔不易受孕。

3. 病理变化

急性病例：呈败血症的病例变化，内脏器官有充血和出血斑点，胸、腹腔内有多量浆液或纤维性渗出物;肝脏、脾脏出现针尖大小的坏死病灶,肠壁表面的淋巴结肿大,有些出现坏死。偶尔可见肠黏膜出血、充血、黏膜下层水肿,并有大量的纤维素和白细胞浸润。肠系膜淋巴结也有充血和水肿病变。怀孕母兔或已经流产的母兔,出现化脓性子宫炎,子宫黏膜表面溃疡。

4. 诊断

根据病母兔流产及化脓性子宫内膜炎,或急性病例败血症等病变,结合细菌学检验,可作诊断。

十五、兔黏液性肠炎

兔黏液性肠炎(mucoenteritis of rabbit)又称黏液性腹泻、黏液性肠病、兔痢疾、臌胀病,是4～10周龄仔兔的急性肠道传染病,死亡率高。

1. 病原及其传播方式

病原菌主要是致病性大肠杆菌,其血清型国内曾检出 O_7,一些菌株能产生热敏肠毒素,因而认为该病是肠毒素引起的分泌性腹泻。国外从病兔分离到的大肠杆菌有许多血清型,如 O_{85}、O_{119}、O_{101}、O_{128}、O_{86} 等,一般认为是不产肠毒素的菌株。该病的诱因甚多,气候反常、饲养失误和卫生差都可促使流行。

2. 主要临床症状

该病的临床特点是臌胀、剧烈腹泻和粪便中有许多透明胶冻样黏液团块,脱水。

3. 病理变化

[剖检]　尸体消瘦,腹部膨胀,肛门周围和后肢有浅黄色至棕色稀粪沾污。胃内充满液体和气体。小肠和大肠表现卡他性肠炎;十二指肠内充满气体和染有胆汁的水样液体;空肠和回肠扩张,肠内有半透明液体;盲肠积有较干的粪便或液体;前段结肠肠腔内充满半透明胶冻样黏液团块,后段结肠和直肠腔内通常也充满明胶样粪便。胃肠黏膜可能充血或有出血。胆囊胀大。肠系膜淋巴结肿胀,切面多汁。

[镜检]　可见十二指肠、空肠和回肠黏膜杯状细胞增多,尤以空肠黏膜杯状细胞增生最为明显,大肠黏膜杯状细胞也增多。胃肠道炎症不明显。

4. 诊断

严重的胃肠鼓胀及肠管内充满水样液体是该病的主要病理特征,确诊需经细菌学鉴定。

十六、兔螺旋体病

兔螺旋体病(treponematosis of rabbit)俗称兔梅毒(rabbit syphilis),是由兔密螺旋体引起的一种慢性传染病,特征为侵害兔外生殖器与颜面部的皮肤、黏膜,发生炎症、结节以及溃疡。该病只发生在家兔与野兔,人和其他动物不感染,罗猴、黑猩猩对实验感染敏感。

1. 病原及其传播方式

兔密螺旋体(treponemosis)是一种细小的螺旋体,长 6～14μm,有的可达 30μm,宽0.25μm。在暗视野显微镜下,形态与人苍白密螺旋体(*Treponeme pallidum*)相似,运动活泼,呈旋转或线性运动。抗兔密螺旋体的抗体可与苍白密螺旋体发生交叉反应。目前尚没有培养该病原的方法。

病原通常存在于感染兔的皮肤、黏膜以及外生殖器病灶中。交配是该病最重要的传播途径;引入患病的公兔可使该病迅速传播到整个育种兔群。除交配传染外,病兔从黏膜与溃疡病灶的分泌物向外界排出病原,污染垫草、饲料、器械,具有间接传播作用,如局部皮肤、黏膜受损可增加感染机会。育龄母兔发病率高于公兔,散养兔的发病率高于笼养兔。

病原可侵犯嘴唇、眼睑、鼻孔以及下颌。但病变只限于皮肤与黏膜,很少引起其他器官的病变。

2. 主要临床症状

感染兔一般无明显症状,发病后经常取良性经过,自愈性强,罕见死亡。康复后的兔不产生免疫力,在一定的条件下可再次受感染。个别病例偶见侵犯脊髓,引起局部炎症与坏死灶,导致病兔麻痹与死亡。

3. 病理变化

病初在公、母兔外生殖器官、会阴部的皮肤与黏膜出现不易察觉的细小水疱、潮红和干性鳞片样脱落。暗视野显微镜下检查,水疱内含有密螺旋体。随后病变处出现肿胀、红斑、粟粒大小丘疹。丘疹表面破溃后形成大小不等的溃疡,并很快被紫红色或棕色的痂皮覆盖。

4. 诊断

在暗视野显微镜下,检查公、母兔外生殖器官、会阴部的皮肤与黏膜的水疱液,以检出密螺旋体为确诊依据。

十七、兔坏死杆菌病

兔坏死杆菌病(necrobacillus of rabbit)主要是由坏死梭杆菌引起的一种创伤性传染病。各种哺乳动物和禽类都可发生,其病变特征为坏死性炎,多见于皮肤和黏膜,有时在内脏也可出现转移性性病灶。

1. 病原及其传播方式

坏死梭杆菌为严格厌氧的革兰氏阴性细菌,在坏死性炎灶内多呈长丝状,也有呈球杆状。此菌对理化因素抵抗力不强,坏死梭杆菌广泛存在于自然环境中,特别是粪便污染严重的地区。

该病的发生是通过皮肤或黏膜的创伤感染而引起的。坏死梭杆菌能产生外毒素,具有溶血和杀白细胞的作用,使吞噬细胞死亡,释放分解酶,使组织溶解;其内毒素可使组织发生凝固性坏死。因此在感染局部由于坏死梭杆菌毒素的作用,局部组织发生坏死,并能引起病畜不同程度的中毒症状。与此同时,往往有其他细菌,特别是化脓菌的感染,则可使病变更加复杂。局部病灶形成后,其中的坏死梭杆菌还可循血流播散至体内各器官形成新的病灶。

2. 主要临床症状

病兔停止摄食,流涎。在唇部、口腔黏膜和齿龈等处发生坚硬的肿块,随后出现坏死、溃疡,形成脓肿。严重病兔,颈部、头面部以至胸部出现类似病变。该菌也可以在腿部和四肢关节的皮肤内繁殖,发生坏死炎症或者侵入肌肉和皮下组织造成蜂窝织炎。这种坏死灶炎症可持续在数周到数月,病灶破溃后,病变组织发出恶臭味,体温升高,体重减轻、厌食,随后衰弱或死亡。

3. 病理变化

口腔黏膜、齿龈、舌面、颈部和胸前皮下、肌肉坏死。淋巴结,尤其是下颌淋巴结肿大,并伴有干酪样坏死灶。肝脏、脾脏、肺脏等处常有坏死灶或伴有脓肿,同时出现胸膜炎和心包炎。腿部有深层溃疡的病变。也有见多处皮下肿胀,内含黏稠的化脓或干酪样物质,病变部的静脉出现血栓性静脉炎。

4. 诊断

该病病理特征为病变部组织坏死、溶解,体表常形成深层溃疡。形成的浓汁常有恶臭气味。

十八、兔李氏杆菌病

兔李氏杆菌病(Listeriosis in rabbit)是由单核细胞增多性李氏杆菌(*Listeria monocytogenes*)引起家兔肝、脾、心坏死性炎及母兔流产的一种散发性传染病。该病发生于世界各地。自然发病以绵羊、猪、家兔较多见。

1. 病原及其传播方式

单核细胞增多性李氏杆菌(简称李氏杆菌)为两端钝圆、稍弯曲的革兰氏阳性小球杆菌。在涂片标本中,李氏杆菌散在、成对构成"V"字形、"Y"字形、并列或几个菌体丛成堆。该菌不形成芽孢与荚膜,菌体周围有1～4根鞭毛,能活泼运动。该菌在土壤、粪便、青贮饲料和干草内能长期存活;对一般消毒药抵抗力不强;对四环素、红霉素、磺胺和链霉素敏感,对青霉素有抵抗力。

李氏杆菌可能是通过消化道、呼吸道、眼结膜以及受损伤的皮肤感染。

2. 主要临床症状

急性型:常见于幼兔,主要表现精神委顿,不吃,消瘦,眼结膜发炎,流出浆液性、黏液性分泌物。1～2d死亡。

亚急性型:精神不振,绝食,呼吸加快,出现神经症状,运动失调,细菌侵入子宫可引起流产。4～7d死亡。

慢性型:病兔主要表现为子宫炎,分娩前2～3d或稍长时间多见,精神不振,绝食,消瘦,有流产征兆,阴道排出红色或棕褐色的分泌物。流产后可恢复,但长期不孕。

3. 病理变化

[剖检] 肝、脾和心肌内散在灰白色坏死灶,脾脏肿大。如病兔迅速死亡而见不到坏死灶时,则能看到点状出血。淋巴结肿大,胸腔经常积液。肺淤血、水肿,伴发暗红色坏死区。皮下组织水肿。亚急性型的病变与急性型基本相同,但脾脏和淋巴结的肿大更为明显,脾脏呈暗红色。子宫黏膜充血、出血,子宫内积有暗红色液体,往往发现一头或数头木乃伊化的胎儿。慢性型见母兔子宫壁变厚,黏膜潮红,子宫内有木乃伊化的胎儿和灰白色凝乳块样物质。

[镜检] 肝脏、脾脏的坏死灶周围有轻度炎症,坏死灶内可见成丛的细菌,中枢神经系统,尤其是脑干、小脑和大脑白质中有大量变形核细胞和单核细胞灶,以及单核细胞形成的血管套。在脑桥,延髓中出现软化区,实质消失,巨噬细胞聚集。在多核细胞和单核细胞中有被吞噬的利斯特菌。该菌在受伤的脑神经的近端、完整的神经纤维中积累。

4. 诊断

临床由神经症状、孕兔流产、血液中单核细胞增多;剖检见肝、脾、心坏死灶,脾肿大;各组织器官或流产胎儿的肝组织触片,见有呈"V"字形或"Y"字形的革兰氏阳性小杆菌,即可确诊。

十九、兔伪结核病

兔伪结核病(pseudotuberculosis of rabbit)是由伪结核耶新氏菌(*Yersinia pseudotubercule*)

引起的一种与结核病相类似的兔慢性传染病,以发生干酪样坏死结节为特征。

1. 病原及其传播方式

伪结核耶新氏菌过去曾称为伪结核巴氏杆菌,呈球状、卵圆形或杆状等多形状,革兰氏阴性,在病料涂片中多呈两极着染,通常单个散在,呈短链状或丝状,无荚膜,不形成芽孢,非抗酸性着染。根据菌体抗原不同可分为 6 个血清型。

其传播途径主要为消化道,带有病原菌的粪便污染环境,在传播上起主要作用。病原菌进入消化道后首先侵害肠壁的淋巴小结,使之发生小坏死灶,继而经淋巴管抵达肠系膜淋巴结,随后进入血液发展为败血症,散播到全身各器官引起病变。病原菌也可经扁桃体感染,接着随着血流散播到全身。此外,还可能通过交配和呼吸道而感染。营养不良、受凉和寄生虫病可促进该病发生。

2. 主要临床症状

病兔无明显的临床症状,一般逐渐消瘦、衰弱、行动迟钝,食欲减少以至拒食,被毛粗乱,病程较长,最后衰竭死亡,也见有下痢和体温升高、呼吸困难等症状。个别病例呈败血症而死亡。

3. 病理变化

[剖检] 败血型:呈全身性败血症特征。肝、脾、肾淤血、肿胀、偶尔在脾脏发现小的灰白结节。肾皮质和髓质散布针头大小点状出血。肠系膜血管充血,肠系膜淋巴结稍肿大,胃肠道黏膜呈卡他性炎。肺淤血、水肿与出血、气管黏膜出血。心肌变性,心外膜出血。肌肉呈暗红色。

慢性型:常见盲肠蚓突、回肠圆小囊及肠系膜淋巴结病变,也见于脾、肝、肾、肺、心及肠道等部位。

盲肠蚓突病变轻微时,肠浆膜散布似油菜子大、灰白色干酪样结节。病变较严重病例,蚓突显著肿胀,外观颇似香肠,许多灰白色干酪样结节融合成较大的坏死灶,使整个蚓突几乎呈灰白色。肠腔充满透明黏稠的胶样物,有时在其中杂有灰白色干酪样碎片和血液。黏膜肥厚,密发细小的点状出血或较大出血灶。用刀刮去肠黏膜表层黏液,可见灰白色结节。

圆小囊显著肿大,外观呈灰白色球状物。肠腔充满透明胶样物,黏膜肿胀,肥厚,散布点状出血,偶见坏死灶;其表面被覆灰褐色痂,刮去结痂常遗留较深的溃疡。小肠肠黏膜下散在许多灰白色小结节,偶见小肠外表呈灰白色条状纹。肠壁淋巴小结肿胀,聚集灰白色结节。肠壁肥厚、变粗、黏膜充血、淋巴管扩张,呈半透明细线绳状。肠系膜亦散布多数灰白色小结节。腹膜偶见灰白色小结节。

肠系膜淋巴结肿大、质度坚硬,切面散在粟粒大灰白色结节,有时结节彼此融合成较大的干酪样坏死。此外,胃、纵隔、腋下、腹股沟等淋巴结亦偶见同样坏死灶。

脾脏肿大呈紫色,被膜下散在多量粟粒大至绿豆大灰白色结节。略突出于器官表面。脾切面亦见灰白色、干酪样结节散在。

肝脏肿大,表面和切面密布大小不一的结节。肾脏淤血,被膜有轻度点状出血,偶见粟粒大至豌豆大、灰白色结节。肺脏亦可见少量灰白色、粟粒大结节。心脏的病变较少见。

[镜检] 上述各器官眼观所见的结节,根据其形态特征可区分为细胞增生性结节和渗出性或变质性结节两种。细胞增生性结节主要由巨噬细胞、上皮样细胞和淋巴细胞聚集组成。渗出性或变质性结节则见其中心为坏死的白细胞核碎屑,外围有多量淋巴细胞、巨噬细胞、上皮样细胞和少量成纤维细胞,偶见多核巨细胞增生、浸润。受损肠管黏膜还呈现明显的急卡他性炎变化;肠系膜淋巴结和脾脏尚见网状细胞增生。肝脏显示淤血,肝细胞呈颗粒变性和脂肪

变性。

4. 诊断

根据特征性病变可作初步诊断,确诊应作细菌学及血清学检查。该病应与结核病和球虫病鉴别。兔结核病很少见,结核病变多数在肺脏。球虫病可在病兔粪便内检出虫卵。

二十、兔地方流行性肺炎

兔地方流行性肺炎(enzootic pneumonia in rabbit)是由兔肺炎衣原体引起的家兔亚临床感染。主要呈现急性致死性纤维素性化脓性肺炎。幼兔比成年兔易感。

1. 病原及其传播方式

该病曾认为是由多杀性巴氏杆菌引起。1971 年 Flatt 和 Dungworth 从临床健康、肺脏有隐蔽性病变的幼兔肺内分离到一株衣原体。此株衣原体能在鸡胚卵黄囊中生长,5～8d 致死鸡胚。在 Macchiavello 染色的卵黄囊触片中有聚集成丛的胞浆内红色或蓝色球形小体,红色小体大小为 0.28～0.35μm,蓝色小体为 0.7～1μm。在形态学和染色特征上属于典型的衣原体病原。

2. 主要临床症状

兔肺炎衣原体株气管内实验感染幼兔,临床症状表现轻微,对呼吸道无特异性损伤。感染24～48h,幼兔体温升高至 41.1～41.7℃,稽留 3d。病兔出现厌食、沉郁,随着病情的发展这两种症状逐渐加重。

3. 病理变化

［剖检］　实验感染幼兔,初期右侧肺尖叶出现深紫红色线形萎陷区,随后肺叶出现广泛的实变区,尤以肺门区明显。实变区周界明显,呈暗棕黄色、杂斑状外观。切面观察,肺病变区沿大气管分布。病程稍久,肺呈均匀的灰白色或棕黄色,位于肺门处的实变区变软。

［镜检］　初期病变见大气管内有少量中性粒细胞,血管、支气管、细支气管周围出现中性粒细胞浸润,并有少量淋巴细胞与巨噬细胞。小血管内皮细胞肿胀,中性粒细胞附着于内皮细胞表面或见于管壁内。肺泡腔内有红细胞、少量中性粒细胞以及浆液性纤维素性渗出物。肺泡壁因毛细血管内中性粒细胞积聚、水肿以及肺泡上皮增生而变厚。肺门区以外的肺组织基本上无明显变化,偶尔可见肺泡腔内有散在巨噬细胞和中性粒细胞。病程久者,肺组织广泛出现病变:支气管与细支气管周围有多量淋巴细胞、浆细胞、巨噬细胞浸润,肺泡腔内充满巨噬细胞和个别中性粒细胞,肺泡上皮广泛增生而导致肺泡上皮化。肺泡中隔单核细胞成分增加,有时肺组织出现局灶性坏死区。病情缓解者表现:肺泡与细支气管内细胞性渗出物逐渐被溶解、吸收,仅含一些变性的中性粒细胞和巨噬细胞。血管、支气管、细支气管周围的淋巴细胞、浆细胞性管套更为明显,肺泡壁内的细胞成分仍然比较密集,肺泡上皮肿胀不明显,肺泡内仍有大量巨噬细胞,有些则已形成多核巨细胞,使肺病变呈现出一种肉芽肿状;有的巨噬细胞出现变性与钙化。疾病后期肺泡中隔内细胞成分减少,但仍以淋巴细胞、浆细胞为主,肺膨胀不全区减少,充气的肺面积增加,肺门区仍有斑点状实变区,但面积明显变小,肺泡腔内仍有多核巨细胞存在。

4. 诊断

该病主要呈现肺脏细胞浸润性炎和肺实变,该特征可区别于伪结核病。此外,作病原学鉴定可确诊。

二十一、兔球虫病

兔球虫病(coccidiosis of rabbit)是由爱美耳球虫所引起的一种常发病,断乳后(约45d)到4月龄兔最易感染,发病率与死亡率均高,危害严重。成年兔常为带虫者。

1. 病原及其传播方式

引起兔球虫病的爱美耳球虫有13种,我国发现9种。其中兔艾美耳球虫(*Eimeria steidae*)寄生于胆管上皮细胞引起肝球虫病,其他各种球虫寄生于肠黏膜上皮细胞引起肠球虫病。但往往是混合感染性球虫病。

2. 主要临床症状

肠型球虫病:病兔表现顽固性腹泻,粪便污染肛门周围被毛。由于肠管鼓气,膀胱充满尿液和腹腔积水而引起腹部肿胀。病兔有时突然倒下,颈背和两后肢伸展,强制痉挛,头向后仰,很快死亡。

肝型球虫病:腹水增多,被毛蓬乱无光泽,容易脱落。眼结膜和口腔黏膜偶见黄疸症状,病后期常伴发顽固的腹泻、痉挛,甚至麻痹,很快消瘦而死亡。

3. 病理变化

1) 肠型球虫病

[剖检] 尸体消瘦,贫血,被毛粗乱无光泽,肠腔内充满气体。肠黏膜潮红、肿胀、散布有点状或斑状出血,被覆多量黏液,呈急性卡他性出血性肠炎变化。严重者呈现纤维素性坏死性肠炎。慢性病例,肠黏膜呈淡灰色,肠壁肥厚。在盲肠,尤其是蚓突黏膜常见黄白色、含有虫体的细小的硬性结节,有时形成化脓和坏死性病灶。

肠系膜淋巴结肿胀。膀胱积有黄色混浊尿液。慢性病例,骨骼肌颜色变淡,血液稀薄,心腔扩张。

[镜检] 病变部肠黏膜涂片镜检可见大量球虫卵囊。肠黏膜上皮细胞坏死脱落,固有层及黏膜下层血管扩张充血、出血及有大量白细胞浸润。慢性病例可见黏膜上皮细胞再生而使肠绒毛体积增大,呈乳头状或复叶状。以上病变大、小肠都能见到。

2) 肝型球虫病

[剖检] 病兔消瘦,黏膜苍白或黄染。肝脏肿大,肝表现和切面散布数量不等、大小不一、形状不定、稍微突出而呈淡黄的或灰白色脓样结节病灶。切面为脓样或干酪样物质。

胆囊常肿胀,胆汁浓稠、色暗,其中含有多量脱落的上皮细胞碎屑,时而可见球虫卵囊,胆囊黏膜呈卡他性炎。慢性病例可见胆管周围和肝小叶内结缔组织增生而引起肝细胞萎缩,此时则见肝脏体积缩小,质度变硬。

[镜检] 肝脏病变部压片可见大量球虫卵囊。病理切片见肝细胞不同程度变性乃至坏死,于坏死灶内可见球虫卵囊,坏死灶周围有各种炎性细胞浸润。胆管上皮坏死、脱落,呈脱屑性卡他性炎。病程稍长,则见胆管上皮增生,致使胆管显著扩张,黏膜呈树枝状或乳头状突出于胆管腔内。有时增生的胆管上皮折叠,形成似腺瘤样结构。在增生的上皮细胞内可见球虫卵囊及各期裂殖体、配子体等慢性病例,可见肝组织萎缩,大量结缔组织取代肝组织。胆管显著扩张,其周围有结缔组织增生,呈慢性胆管炎变化。

混合型球虫病则以上两种病变特点同时存在,病情更为严重。

4. 诊断

从病尸的肝、肠坏死病灶内发现球虫乱囊或球虫各期裂殖体、配子体是该病的重要诊断依据。

二十二、兔弓形虫病

兔弓形虫病（toxoplasmosis of rabbit）是由龚地弓形虫引起的兔的一种侵袭病。

1. 病原及其传播方式

引起兔弓形虫病的龚地弓形虫的生活史、形态特征、感染途径与其他动物感染的弓形虫一样。

2. 主要临床症状

兔在虫体感染后经过 1～2d 体温开始升高，到第 4 天或第 5 天时体温可高达 40℃以上，并呈现呼吸增数以至呼吸困难、食欲减退、精神不振，嗜眠等症状。有时也呈现后肢麻痹、角弓反张和四肢呈游泳样活动等神经症状，很快趋向死亡。幼兔呈急性地方性流行，死亡率高。成年兔多为慢性散发，也有带虫隐性感染兔。

3. 病理变化

兔弓形虫病的病理变化与其他动物患该病时的变化基本一致，主要表现为血液循环障碍、各器官实质细胞的损伤与坏死和各器官的间质性炎症。

［剖检］　尸体的鼻端和唇黏膜轻度发绀。全身淋巴结肿胀，切面隆起、湿润，并有黄白色小坏死灶和暗红色出血斑点；内脏器官所属淋巴结的变化重于体表淋巴结，其中变化最明显的是肺门淋巴结和肠系膜淋巴结，其次为肝门、肾门及脾门淋巴结。

肺泡性气肿，以尖叶最为严重。肺表面和切面均见有灰白色小坏死灶。肺切面湿润并流出含白色泡沫样液体，表明肺也有水肿变化。心脏横径增宽，右心扩张明显，心肌弛缓并呈暗红色。心内、外膜有时见少量出血点。肝淤血、肿胀和质地脆弱。肝表面和切面均见有黄白色小坏死灶。胆囊膨满，内贮多量稍黏稠的胆汁，黏膜可见小坏死灶和充血，表面覆有少量黏液。脾脏淤血，轻度肿胀，表面和切面有黄白色小坏死灶。肾脏轻度肿胀，皮质呈黄褐色，质地脆弱。肾表面见有黄白色小坏死灶。胃和十二指肠黏膜肿胀，有少量出血点，表面覆有黏液。圆小囊和盲肠蚓突的黏膜均常见黄白色小坏死灶，并且从浆膜面即可透视到。

［镜检］　肺见有间质性肺炎。各实质器官的实质细胞呈颗粒变性、水泡变性及渐进性坏死或坏死。间质有炎性细胞浸润与水肿，小静脉内常见有混合血栓形成。在一些器官（肺、肝、脾、肾等）的毛细血管内皮细胞及坏死灶的边缘部可见弓形虫虫体。中枢神经系统呈非化脓性脑脊髓炎变化。

4. 诊断

根据各实质器官的变性、渐进性坏死、间质炎症及小静脉内出现混合血栓，尤其在毛细血管及坏死灶周围见到弓形虫体即可确诊。

二十三、兔脑炎原虫病

兔脑炎原虫病（encephalitozoonosis of rabbit）是由脑炎原虫（encephalitozoon）所引起兔的一种慢性、隐性或亚临床原虫病，其病理学特征为中枢神经组织中有肉芽肿形成和非化脓性脑膜脑炎、间质性肾炎及间质性心肌炎。

该病广泛分布于世界各地，我国亦有该病发生的报道。多数动物通常为隐性感染而不显临床症状，但可作为传染源而传播该病。家兔的感染率为 15%～76%，小鼠和大鼠的感染率为

20%～50%。

1. 病原及其传播方式

脑炎原虫属于小孢子虫目(Microsporidia)、微粒子虫科(Nosematidae)。该原虫能在其生活环的一点长出囊膜并伸出极丝(polar filament);极丝是鉴定该原虫的重要依据。

脑炎原虫能侵袭感染动物体的各种组织细胞,但对脑和肾脏最具有亲嗜性。虫体一般呈直的或稍弯的杆状,两端钝圆,一端稍大。有时位于虫体的中部或邻近中部稍现收缩而呈浅的凹陷。虫体也有呈卵圆形或圆形者。核致密,呈圆形、卵圆形或带状,为虫体的 $1/4 \sim 1/3$,偏于虫体的一端。在神经细胞、巨噬细胞、内皮细胞以及其他组织细胞内可以发现无囊壁的虫体假囊(虫体集落),其内可含有 100 个以上的滋养体。假囊和滋养体在细胞外也可发现。例如,在脑内肉芽肿中心,虫体常聚集成堆;也可单个散在于胶质细胞结节的细胞之间,甚至无炎症反应的脑组织内有时也可见虫体呈局灶性集结。

通过口服以及经鼻腔内、气管内、皮下、腹腔内和静脉注射等各种途径接种均可使兔和小鼠感染发病。实验表明小鼠通过接触可以传播该病,通过口服具有传染性的尿液也获得了感染成功。此外,该病还可以通过垂直途径传播。

2. 主要临床症状

自然感染的病兔有时可见脑炎和肾炎症状,如惊厥、颤抖、斜颈、麻痹、昏迷和平衡控制失调等神经症状。尿液检查可发现蛋白尿,末期出现下痢,引起局部湿疹,在 3～5d 内死亡。

3. 病理变化

主要病变是呈非化脓性脑膜脑炎和肉芽肿形成。肾脏病变也很常见。

［剖检］ 肾表面散布许多细小的灰白色病灶,或在肾皮质表面散布不同大小的灰色凹陷。肾脏广泛被侵害且经时较久时,则肾脏体积常缩小,质度坚硬,外观呈颗粒状。肾皮质表面的小凹痕常常可作为该病的诊断依据。肝脏通常呈现轻度局灶性非化脓性肝炎。

感染动物的其他器官病变,包括有血管炎、腹膜炎、胸膜炎、心包炎以及淋巴组织增生,尤以肠系膜淋巴结最为明显。另外在肾上腺和视网膜亦见有淋巴细胞浸润,外周神经和视神经也有病变出现。

［镜检］ 脑实质内神经细胞轻度变性,血管周围有淋巴细胞浸润,严重者形成明显的血管套,该病变以海马回最多见。软脑膜有不同程度的淋巴细胞灶状浸润。脑血管内有时可发现多发性血栓和虫体,其周围有脑软化带。脑实质内肉芽肿形成常是该病主要特征性病变之一,早期肉芽肿仅由上皮样细胞和巨噬细胞组成。充分发展的肉芽肿则可见三层结构:中心为坏死的细胞碎屑或成片淡染伊红的坏死组织,周围环绕厚层上皮样细胞,偶见多核巨细胞,最外层为浸润的淋巴细胞和浆细胞。肉芽肿内增生的上皮样细胞,从其形态特点看,它们是由活化的小胶质细胞演变而来的。脑内肉芽肿结构常因动物种类的不同而稍有差异。除上述脑内肉芽肿病变外,还可见由小胶质细胞增生所形成胶质细胞结节,后者普遍分布于脑的各部。轻度病例,有的虽不见肉芽肿形成,但常可发现胶质细胞结节。以上病变多见于大脑皮质与海马回,其次是中脑和延髓,小脑、脊髓少见。

切片用 Goodpasture 石炭酸复红染色、PAS 染色或 Weil-Weigert 染色,可见肉芽肿中心的坏死灶内和上皮样细胞或巨噬细胞胞浆内有聚集成堆或散片分布的细颗粒状虫体,虫体呈卵圆形,两端钝圆。此外,在肉芽肿附近的胶质细胞结节内、神经细胞和血管内皮细胞胞浆内也可发现原虫,有时许多原虫密集成团形成假囊结构,但无明显的囊壁,其周围也不见细胞反应。

肾脏的组织学变化主要表现为间质性肾炎。肾小管上皮细胞变性,在肾脏皮质与髓质的间质内见成堆的和散在的淋巴细胞与浆细胞浸润。少数病例的肾髓质可见中心为增生的巨噬细胞,外周为淋巴细胞浸润的早期肉芽肿结构。明显的肉芽肿病变多见于病犬。病变重度者,除肾间质有淋巴细胞浸润外,尚见有明显的结缔组织增生,局部肾单位萎缩、消失,其周围的肾小管扩张。肾小球的变化一般较轻微。在髓质肾小管上皮细胞内和管腔中可发现虫体;急性病例的肾脏中虫体较多,慢性病例则较少。从肾脏的发病情况看,肾脏的病变多与脑组织的病变呈平行关系。

心肌主要表现心肌纤维之间有多量淋巴细胞呈灶状浸润,形成间质性心肌炎形象。

肺脏可出现局灶性上皮样细胞增生性肉芽肿,肺泡隔因淋巴细胞浸润和上皮样细胞增生而增宽,血管周围有淋巴细胞和浆细胞浸润。这种间质性肺炎病变以鼻腔或气管内接种的动物较为明显。

4. 诊断

由虫体检出可与其他有类似脑炎症状的疾病区别。此外,特别要注意与弓形虫病相区别(表8-1)。

表 8-1　脑炎原虫与弓形虫的鉴别

项目	脑炎原虫	弓形虫
滋养体形态	杆形、卵圆形、孢子有极丝	月牙形、孢子无极丝
包囊	假囊、无囊壁、不规则形	球形包囊,有明显囊壁
各种染色反应		
HE	不易着染	中度着染
Gram	阳性	阴性
Giemsa	亮蓝	紫红色
Weil-Weigert	蓝色	不着染
Goodpasture	红色	不着染
Myelin	阳性	阴性
PAS	弱阳性(细颗粒)	强阳性(大颗粒)
网状纤维染色	囊壁不明显	囊壁明显

二十四、兔豆状囊尾蚴病

兔豆状囊尾蚴病(cysticercus pisiformis in rabbit)是由犬、猫等动物的豆状绦虫(*Taenia pisiformis*)蚴虫-豆状囊尾蚴(*Cysticercus pisiformis*)所引起的一种绦虫蚴病,常发生于兔,且主要寄生于兔肝脏、肠系膜和腹腔内。豆状绦虫呈世界性分布,我国时有报道。

1. 病原及其传播方式

豆状囊尾蚴状如圆形小水疱,约绿豆大或黄豆大小,故名。经常在肝脏表面或腹腔浆膜上聚集成葡萄串状,尤使肝脏表面和切面构成黑红、黄白相嵌的花纹,所以,有"嵌花肝"之称。成虫主要寄生于犬、猫等肉食动物小肠内,状如带状,长60~200cm,边缘呈锯齿状,又称锯齿带绦虫(*Taenia serrata*)。其发育过程与泡状带绦虫相似。

2. 主要临床症状

豆状囊尾蚴大量感染时兔出现肝炎症状,急性发作可骤然死亡。慢性病例主要表现为消化紊乱,食量减少,仔兔生长发育迟缓,逐渐消瘦,精神沉郁。成年兔因腹腔内有大量豆状囊尾蚴包囊而表现为腹部肿胀。病兔耳朵苍白,眼结膜苍白,呈现贫血症状。

3. 病理变化

[剖检]　由于六钩蚴在肝脏内移行,致肝组织损伤,引起急性囊尾蚴性肝炎。肝脏表面和切面呈现杂色相间的条纹状病灶。寄生于肝表面的豆状囊尾蚴有时呈葡萄串状。

[镜检]　病灶内肝组织呈现出血性坏死,有时可见虫体切面。病灶外围有多量嗜酸性粒细胞、中性粒细胞、淋巴细胞、巨噬细胞以及上皮样细胞浸润;有时可见异物性多核巨细胞,构成肉芽肿性结节。慢性病例往往呈现肝硬变倾向,严重影响兔的生长发育。

4. 诊断

剖检在肝脏发现豆状囊尾蚴虫体即可确诊。

二十五、兔链节多头蚴病

兔链节多头蚴病(multiceps serialis coenurosis)也是兔绦虫蚴病之一。它是链节多头绦虫(multiceps serialis)、蚴虫(coenurus serialis)所引起的一种绦虫蚴病。

1. 病原及其传播方式

链节多头绦虫的终宿主是犬属动物,其重要的中间宿主是兔和松鼠等啮齿动物(人也可偶然感染)。当兔吞饮了随犬粪排出的链节多头绦虫的孕节或虫卵所污染的饲料或水草,即获感染。六钩蚴中在其消化道内逸出,钻入肠壁,随血流侵入皮下和肌间结缔组织中,并发育为链节多头蚴。犬吞食了含有绦虫蚴的兔肉,子囊破裂,原头蚴即固着于小肠黏膜上发育为链节多头绦虫。

2. 主要临床症状

病兔消瘦,肌肉活动障碍。

3. 病理变化

在病尸的各肌肉(咬肌、股肌及颈部、肩部和背部肌肉,有时也可见于体腔和椎管内)可见有樱桃至鸡蛋大的囊泡。在囊壁内外有许多含有原头蚴的透明子囊,此即为链节多头蚴,剖检见此虫体即可确诊。

第四节　常见猫病病理学诊断

一、猫病毒性鼻气管炎

猫病毒性鼻气管炎(feline viral rhinotracheitis)由猫鼻气管炎病毒(猫疱疹病毒Ⅰ型)引起的猫上呼吸道感染,是一种高度接触性传染病。发病率可达100%,成年猫不死亡,主要侵害仔猫,死亡率可达50%。

1. 病原及其传播方式

猫鼻气管炎病毒,又称猫疱疹病毒Ⅰ型。它具有疱疹病毒的一般形态特征,位于细胞核内的病毒粒子平均直径约148nm,位于胞浆内的病毒粒子直径为128~167nm,细胞外游离病毒的直径约为164nm。该病毒对外界因素的抵抗力很弱,离开宿主后只能活存几天。猫鼻气管炎是通过直接接触,主要是吸入含病毒飞沫而传播的。自然康复或人工接种猫,能长期带毒和排毒,成为危险的传染源。病毒在猫的鼻咽、喉、气管、结膜、舌的上皮细胞内增殖,引起支气管炎、结膜炎、鼻炎、溃疡性口炎,有时扩展全身引起全身性皮肤溃疡,原发性间质性肺炎,肝、肺等脏器坏死和阴道炎等。该病毒可能是猫流产和新生仔猫的一种全身性的病原。

2. 主要临床症状

仔猫较成年猫症状严重。初期,出现短时的体温升高,不时打喷嚏、流眼泪,鼻分泌物增多,同时出现鼻卡他和结膜炎,继之精神沉郁,食欲减退。鼻液和眼泪初期透明,病势严重后即变为黏稠脓性。患病仔猫约半数死亡。部分病猫临床症状一周后逐渐缓和并痊愈,可转为慢性,出现咳嗽、鼻窦炎和呼吸困难等症状。

3. 病理变化

[剖检] 大部分病例病变局限于鼻腔、舌、咽、喉和气管,少数病例出现于肺。初期,鼻腔和鼻甲骨黏膜呈弥漫性充血,喉头和气管也呈现类似变化。数日后,在鼻腔和鼻甲骨黏膜出现坏死灶。扁桃体和颈部淋巴结肿大,散在数量不等的出血点。慢性病例可见鼻窦炎。

[镜检] 呼吸道和口腔黏膜上皮细胞发生变性、坏死,坏死组织脱落后形成溃疡,在溃疡部有白细胞浸润。该病的最主要病理组织学特点是于感染后 2～5d,在呼吸道黏膜上皮细胞出现典型的核内包涵体,其中以鼻中隔和扁桃体黏膜上皮细胞中包涵体最多。

4. 诊断

剖检见鼻腔、舌、咽、喉和气管有坏死性炎症病变,并在呼吸道上皮细胞内发现核内包涵体,即可作诊断。确诊最好进行病原分离鉴定。

二、猫泛白细胞减少症

猫泛白细胞减少症(feline panleukopenia)又称猫瘟热(feline distemper)、猫传染性肠炎(feline infectious enteritis),是由猫泛白细胞减少症病毒引起猫及猫科其他动物的一种急性致死性传染病。其特征是肠炎和造血功能受到抑制,从而发生明显的白细胞减少。该病广泛分布于全世界。

1. 病原及其传播方式

该病毒具有细小病毒属的主要特征,病毒粒子直径为 20～24nm,核酸由单股 DNA 组成。该病毒仅有单一抗原血清型。病毒能在仔猫肾、肺、睾丸、脾、心、肾上腺、肠、淋巴结等细胞培养物内增殖,并对正在分裂的细胞有选择性的亲和力。

该病通常发生于家猫,常见于秋季,也曾见于猫科的其他动物如虎、豹、山猫等,其中幼猫对此病特别易感。自然传播主要有直接和间接接触,病毒自病猫粪、尿、唾液和呕吐物排出可传播到与之接触的易感猫;亦可通过污染的食具、笼舍或饲养人员而传播,已经口为主,也能经飞沫传播。

2. 病理变化

[剖检] 尸体明显脱水、消瘦,鼻腔黏膜被覆黏液脓性渗出物。肠管空虚但有时含有少量胆汁样液体。整个小肠均有病变,但以回肠下端病变最为明显,肠黏膜出血、坏死,轻者形成糜烂,重者形成溃疡。肠系膜淋巴结水肿、出血、坏死。长骨的红骨髓多脂或呈胶冻样。

[镜检] 肠系膜淋巴结内很少有成熟的淋巴细胞,网状细胞显著增生,淋巴小结生发中心的淋巴细胞发生变性、坏死,淋巴窦内充满单核细胞。骨髓发育不全。后段回肠黏膜糜烂,残存的黏膜上皮细胞显示增生。隐窝和腺泡的上皮细胞变性、坏死、脱落,固有层有炎性细胞浸润,并在上皮细胞内见有核内包涵体。同时淋巴结生发中心的细胞内、肝细胞和肾小管上皮细胞内有时也见有核内包涵体。有的病猫在受感染后不久直至体温生长最高时,白细胞数逐渐

下降,也有的病猫患病初期白细胞数量变化不大,但在发热后白细胞数急剧下降,仔猫出现共济失调,小脑外颗粒层见明显病变。

3. 诊断

临床见病畜发热后血液白细胞急剧减少,又见腹泻症状。剖检见肠炎病变,特别在肠上皮细胞、肝细胞、淋巴结生发中心细胞及肾小管上皮细胞等细胞内发现特征性核内包涵体,即可确诊。

三、猫杯状病毒病

猫杯状病毒病(feline calicivirus disease)又名猫的呼吸道病、小核糖核酸病毒感染、间质性肺炎或溃疡性口炎。其呼吸道病变与由猫疱疹病毒感染所致的猫鼻气管炎以及由于感染呼肠孤病毒所致的病变相似,故须加以区别。

1. 病原及其传播方式

病原为杯状病毒科的猫杯状病毒(feline calicivirus),小 RNA 病毒。无囊膜。病毒在胞浆内增殖,有时呈结晶状或串珠状排列。该病毒对脂溶性溶剂具有抵抗力,无血凝性,只有一种血清型。

自然条件下,仅猫科动物对该病毒易感,常发于 8～12 周龄的猫。传染源主要是病猫及带毒猫。

2. 主要临床症状

病猫表现高热、精神沉郁、无食欲、呼吸困难和肺具啰音。在鼻孔内壁、舌或硬腭黏膜上出现小水疱或溃疡灶,鼻腔和结膜有分泌物。

3. 病理变化

由于各病毒株毒力不同而不一样,但其特征病变为在鼻、舌、口腔黏膜或硬腭上形成水疱。水疱随着其上皮细胞的坏死,形成界限分明的溃疡,后者愈合极其缓慢。

在肺脏形成多发性间质性肺炎病灶。病灶随着肺泡间的细胞浸润、肺泡上皮呈腺样增生的不断增加,以及最终有大量细胞脱落充填肺泡腔而隆突于肺表面。此种间质性肺炎病灶界限分明,边缘不整,呈暗紫色,常位于肺脏的边缘部位。

4. 诊断

该病的临床症状及病理变化与猫病毒性鼻气管炎很相似,但该病无特征性核内包涵体,确诊最好作病原学鉴定。

四、猫传染性腹膜炎

猫传染性腹膜炎(feline infectious peritonitis)是由猫传染性腹膜炎病毒感染引起的猫慢性进行性衰弱病,以纤维素性腹膜炎为特征,常伴发胸膜炎。该病呈世界性分布,美国和欧洲国家广为存在,我国也有该病发生。

1. 病原及其传播方式

猫传染性腹膜炎病毒属于冠状病毒。病毒粒子直径为 70～75nm,具有中心核,其直径 50～55nm;双层外壳,周有冠状突起。在抗原性上与猪传染性胃肠炎有亲缘关系。病毒可在 9 周龄以内 SPF 小猫小肠器官培养物中复制,在吃奶的小鼠、大鼠和仓鼠脑内也能复制成功。

健康猫体内含有低效价的抗病毒抗体,但没有保护作用。病毒有可能持续存留在具有高效价特异抗体的猫体中。其所造成的免疫病理学病变,似乎与水貂的阿留申病相似。猫是唯一的自然宿主,病猫和带病毒猫是疫源,经口感染或经媒介昆虫传播,也可经胎内垂直感染。

2. 主要临床症状

病猫腹腔、胸腔有渗出液,精神抑郁,持久性或回归性发热,食欲不振,体质消耗。发病 1~6 周后,可见腹部膨胀,无触痛感似有积液。贫血和高球蛋白(IgG)血症。血液中白细胞数量增多。病猫呼吸困难,逐渐衰弱而死亡。

少数病例可见角膜水肿,角膜上有沉淀物,虹膜睫状体发炎,眼房液变红,眼前房内有纤维素凝块,患病初期多见火焰状网膜出血。中枢神经受损失表现为后躯运动障碍,行动失调,痉挛,背部感觉过敏;肝脏发生黄疸,也可出现肾功能衰竭。

3. 病理变化

[剖检] 猫尸消瘦,显著特征是腹围增大,腹腔积聚纤维素性渗出物,多的可达 1000ml。腹腔液一般为无色或浅黄色、黏稠、透明的液体,杂有灰白色纤维素絮片,遇空气可发生凝固。腹腔浆膜表面被覆有灰白色颗粒状渗出物(图 4-4,见图版),尤以肝和脾的表面最厚。同样的纤维素性渗出物可进入公猫的阴囊内,也可以在胸腔中积聚。整个肝脏常可见有灰白色稀疏散在的小坏死灶。病程延缓的病例,因纤维素性渗出物机化而造成腹腔内各器官严重的粘连。

[镜检] 见典型的纤维素性腹膜炎和胸膜炎。在不同厚度炎性纤维素渗出物中,含有超常量的细胞碎屑、中性粒细胞、淋巴细胞和巨噬细胞。慢性病例可见伴随渗出物而增生的纤维组织和毛细血管,这种炎性过程可在浆膜下扩展进入邻近的任何组织。肝脏局灶性坏死,伴有炎性反应。类似的病灶,也可见于脾、肾、胰、肠系膜淋巴结和胃肠壁的肌层组织中。

少数病例在上述组织器官中有淋巴细胞和组织细胞增生形成肉芽肿性病变,在病灶的小血管周围有炎性细胞聚集,呈现脉管炎,但在肉芽肿中未见有病毒粒子的存在。偶见在脑膜、室管膜或脉络丛中有化脓性或单核细胞性脑膜炎,极少数病例炎症可沿血管进入脑实质。此外,部分病例可见眼病变,眼房中有渗出物,视网膜和视神经等有单核细胞浸润。

4. 诊断

剖检见腹腔有大量黄褐色腹水,脏器浆膜被覆有灰白色颗粒状渗出物,即可作初步诊断,确诊有赖于病原分离鉴定。

五、猫肺炎

猫肺炎(feline pneumonia)又称猫衣原体病(feline chlamydiosis),是由鹦鹉热衣原体引起的一种具高度接触传染性、但可自愈的疾病。主要表现为猫的鼻炎、结膜炎以及肺炎。

猫衣原体病主要侵犯密集饲养的家猫与实验猫,幼猫极为敏感,发病率高,无并发感染时罕见死亡。自然感染见于人、牛、绵羊、猪、马驹、兔、豚鼠、小鼠。仓鼠对实验感染敏感。该病呈世界性分布。

1. 病原及其传播方式

该病病原为鹦鹉热衣原体,它具有衣原体属鹦鹉热衣原体种的基本特征,一般不能通过 Barkefeld N 滤器,能在 5 日龄鸡胚卵黄囊中大量增殖,2~3d 致死鸡胚。它也能在绒毛尿囊膜中生长,使其增厚。该病原只能凝集小鼠的红细胞。病原加热至 $50℃$ 30min 或 $60℃$ 10min 可被破坏,但不能完全灭活,致病力却明显下降。

病原可经眼、鼻分泌物与气溶胶呈水平传播。消化道感染可能是另一种传播途径。

2. 主要临床症状

病猫发热,最初表现为眼结膜痉挛,结膜液增多,眼睛和鼻腔具黏液性分泌物,频频咳嗽,打喷嚏,呼吸急促。

3. 病理变化

病理学特征为慢性结膜炎、鼻炎、轻度支气管肺炎。

［剖检］　猫尸体消瘦,上呼吸道黏膜(鼻、气管黏膜)轻度潮红、水肿,表面覆盖卡他性渗出物,舌、腭、鼻孔、角膜无溃疡性病变。球结膜水肿、淤血。随着病情的发展,眼结膜渗出物由浆液黏液性变为黏液脓性,眼睑、瞬膜内淋巴组织滤泡性增生成为一个显著的特征。个别病例的肺脏出现眼观病变,肺尖叶部出现周界明显、形如实变的轻度塌陷区,与粉红色正常肺组织形成鲜明的对照。脾脏肿大。其他器官无明显异常。

［镜检］　结膜初期病变的特征是有衣原体寄生的上皮细胞变性、脱落,上皮细胞下有大量中性粒细胞浸润,不久便被淋巴细胞所取代,结膜上皮细胞出现增生,眼睑和瞬膜内形成明显的淋巴细胞性小结节。结膜涂片检查,发现感染的结膜上皮细胞内出现姬姆萨染料着染的衣原体和多量的中性粒细胞。随病程延长出现巨噬细胞、淋巴细胞,而上皮细胞内病原体消失。

结膜上皮细胞内衣原体有两种不同发育期的小体。一种大小为 $3\sim5\mu m$ 的嗜碱性包涵体(即始体),形态不规则,呈小颗粒状单独排列;另一种大小为 $0.5\sim1\mu m$ 的球形嗜碱性包涵体(原生小体与中间小体),呈丛状集聚。

鼻黏膜表面纤毛上皮完整,有中性粒细胞浸润。肺泡中隔因巨噬细胞、中性粒细胞、淋巴细胞、浆细胞浸润而明显增厚,肺泡 I 型上皮细胞增生,肺泡内可见巨噬细胞与少量淋巴细胞、中性粒细胞浸润。病变区的肺胸膜有时可见类似的炎性细胞浸润。肺后期病变为细支气管周围淋巴样结节形成,肺泡与肺泡中隔内以巨噬细胞浸润占优势。

4. 诊断

其中具有诊断意义的病变是在肺组织内有病原体存在,其以疏松排列的形式出现于上皮细胞和单核细胞的胞浆内,大小约为 $5\mu m$。涂片以 Macchiavello 染色选择性着染,通常为球形。在有些病例中,病原体被融合为一个空泡结构,形成固态的嗜伊红小体,充斥上皮细胞胞浆,偶在白细胞胞浆内。

六、猫沙门氏菌病

猫沙门氏菌病(feline salmonellosis)又称副伤寒,是沙门氏菌属引起的以肠炎和败血症症状为主的猫病。

1. 病原及其传播方式

病原主要是鼠伤寒沙门氏菌,它是肠杆菌科沙门氏菌属 B 组成员。该菌系革兰氏阴性杆菌,周身有鞭毛,不产生芽孢及荚膜,对外界抵抗力较强。传染源主要是病畜排泄物,被排泄物污染的食物、饮水,空气中的沙门氏菌尘埃也可造成传染。

传播途径主要为消化道和呼吸道。家猫往往因采食未煮熟的或生鱼肉及腐败变质的食物引起感染。散养猫在户外吃了不洁及腐败污染的食物而导致该病的发生。

2. 主要临床症状

病猫精神沉郁、喜卧不动、食欲下降、体温升高至40℃以上,频繁呕吐、继而腹泻,初为水样稀便,后转为黏性或血样稀便。严重者体重减轻、脱水、眼球下陷、可视黏膜苍白,触压腹部疼痛敏感。最终出现体温下降、休克、死亡。幼猫发病早期多有菌血症和内毒素血症症状,食入污物后,病状很快发展,动物高度沉郁、虚脱、休克、体温下降,未表现出任何胃肠炎症状而死亡。

3. 病理变化

[剖检]　黏膜苍白,脱水,并伴有较大面积黏液性至出血性肠炎。肠黏膜的变化有卡他性炎症到较大面积坏死脱落。病变明显的部位往往在小肠后段、盲肠和结肠。肠系膜及周围淋巴结肿大并出血。由于局部血栓形成和组织坏死,可在大多数器官表面出现弥补的出血点和坏死灶。肺脏常有水肿及硬化。

[镜检]　以纤维素性及纤维素性化脓性肺炎,坏死性肝炎,化脓性脑膜炎及出血性溃疡性胃肠炎为主,并可在许多器官、脾及淋巴结内发现细菌。

4. 诊断

临床严重腹泻,剖检见卡他性、出血性、坏死性肠炎病变,以及化脓性肺炎、脑膜炎,并在肺、脾、淋巴结的触片中检出细菌,即可作出诊断,经细菌鉴定可确诊。

七、猫结核病

猫结核病(feline tuberculosis)是由结核分枝杆菌引起的慢性传染性疾病,以在机体多种组织器官形成肉芽肿和干酪样或钙化病灶为其特征。

1. 病原及其传播方式

猫结核病的病原可能为牛型或人型的结核分枝菌,需氧的革兰氏阳性菌。猫的结核病主要是病猫和患者传播的。

2. 主要临床症状

病猫初期体温升高,体重减轻,咳嗽,从干咳到湿咳,痰为黏液脓性,脓鼻涕,肠道结核的猫有消化吸收不良的症状,甚至呕吐。腹泻和贫血,淋巴结肿大。胸膜炎和心包炎性结核病,引起呼吸困难和肺胸粘连;骨结核病引起跛行。

3. 病理变化

[剖检]　病尸极度消瘦,许多器官出现多发现的灰白色至黄色带包裹的结节性病灶。猫常在回、盲肠淋巴结及肠系膜淋巴结见到原发性病灶。续发性病灶常见于肠系膜淋巴结、脾脏和皮肤。有的结节中心积有脓汁,外周由包裹围绕,包裹破裂后,脓汁排出,形成空洞。肺结核时,常以渗出性炎症为主,初期表现为小叶性支气管炎,进一步发展可使局部干酪化,多个病灶相互融合后则出现较大范围病变,这种病变组织切面常见灰黄色与灰白色交错,形成斑纹状结构。

[镜检]　结核病灶中央常发生坏死,并被炎性细胞及巨噬细胞浸润。病灶周围常有组织细胞及纤维细胞形成的包膜,有时中央部分发生钙化。在包裹组织的组织细胞及上皮样细胞内常可见到短链状或串珠状的具有抗酸染色性的结核杆菌。

4. 诊断

在肺和肠系膜淋巴结等组织见干酪性肉芽肿,同时在肉芽肿的组织细胞及上皮样细胞内见到短链状或串珠状的具有抗酸染色性的结核杆菌,即可确诊。

八、猫诺卡氏菌病

猫诺卡氏菌病(feline Nocardia)是由诺卡氏菌引起的以局部皮肤发生蜂窝织炎为特征的一种传染病。诺卡氏菌又称犬放线菌或犬链丝菌,因此,对该菌引起的疾病又称链丝菌病、伪放线菌病或放线菌病。

1. 病原及其传播方式

猫诺卡氏菌病多由星形诺卡氏菌（*Nocardia asteroides*）引起，布兰雪立安诺卡氏菌（*N. brasiliensis*）和豚鼠诺卡氏菌（*N. caviae*）也可引起。诺卡氏菌是一种需氧革兰氏阳性球杆菌，能长出菌丝，有较弱的抗酸性。

该病主要经皮肤创伤感染而发病，少数病例也可经呼吸道而感染。除犬外，猫、银狐、鼬鼠、水獭等经济动物也可感染发病。

2. 主要临床症状

病猫四肢、耳下或颈部等处发生蜂窝织炎及相应淋巴结的肿胀及脓肿。脓肿局部有轻度疼痛，并可向周围缓慢地扩展。当胸腔淋巴结肿大时，常因压迫食管而引起吞咽困难。

3. 病理变化

病死猫皮肤见临床所见的蜂窝织炎、淋巴结的肿胀及脓肿病变外，胸腔病变较多见，胸腔中有灰红色脓性渗出物，胸膜上附有纤维素。肺脏中有多数粟粒大至豌豆大的灰黄色或灰红色小结节，或有斑块状实变病灶。有时在其他脏器也可见到硬或软的小结节。

皮肤脓肿中含有一种混浊、灰色或棕红色黏性脓块，其中可见到针头大的菌块。脓肿破溃后迅即愈合，但又在其他部位发生新的脓肿。除皮肤局部病变外，常可继发或单独发生渗出性角膜炎和腹膜炎，也可能发生支气管肺炎。

4. 诊断

依据病猫皮下、肺脏等部位发生广泛性化脓性炎，并在化脓灶内检出革兰氏阳性球杆菌，即可确诊。

九、猫放线菌病

猫放线菌病（feline actinomycosis）是由放线菌引起的一种人兽共患慢性传染病，特征为组织增生、形成肿瘤和慢性化脓灶。

1. 病原及其传播方式

与其他动物放线菌病病原特征相同。

2. 主要临床症状

病猫多见于四肢、后腹部和尾巴皮肤出现蜂窝织炎、脓肿和溃疡结节，有时还有排泄窦道。分泌物灰黄色或红棕色，常有恶臭气味。

第2和第3腰椎及其邻近椎骨出现脊髓炎，甚至脑膜炎或脑膜脑炎，此时脑脊髓液中蛋白质和细胞含量增多，尤其是多叶核细胞增多。

腹部放线菌病少见，可能继发于肠壁放线菌病引起的穿孔。放线菌从肠道进入腹腔，引起局部腹膜炎，肠系膜和肝淋巴结肿大，病猫表现体温升高和消瘦。

3. 病理变化

病死猫主要出现放线菌性脓性肉芽肿病变，细菌在组织中形成菌落，镜下可见呈菊花状，由分枝的菌丝交织组成，其引起组织细胞坏死崩解，在坏死组织及菌落周围有上皮样细胞围绕及单核细胞浸润，再外围有成纤维细胞及淋巴细胞围绕。病灶或窦道有渗出液流出，而且往往含有"硫黄样颗粒"，为组织中放线菌菌落聚集物。将硫黄样颗粒制成压片或组织切片，在显微下可见核芯部分为菊花状菌落，周围部分长丝排列成放线状，菌丝末端由交织胶质样物质组成的鞘包围,且膨大成棒状体。病理标本经苏木精伊红染色,中央为紫色,末端膨大部为红色。

4. 诊断

剖检见病猫尸体的四肢、后腹部和尾巴等部位的皮肤有脓性肉芽肿,并在肉芽肿内见到放线菌特征性的菊花状菌落,即可确诊。

十、猫传染性贫血

猫传染性贫血(haemobartonella feline)又称猫血巴尔通体病,是由猫血巴尔通体引起的一种猫传染性贫血病。在家猫中的发病率有日益增长的趋势,其临床病理特点表现严重贫血和黄疸,死亡率很高,是当前危害猫的一种重要疾病。

1. 病原及其传播方式

猫血巴尔通体专性寄生于红细胞,呈球形、环形或杆状形。血液涂片用姬姆萨液和瑞特氏液染色后,此种病原在红细胞内清晰可见。该病的自然传播方式还不清楚,但用含该病原体的微量病猫血液给健康猫注射,可成功地复制该病。

2. 主要临床症状

病猫早期发热、厌食和巨红细胞性溶血性贫血,可视黏膜苍白,偶见黄疸。血液变化对该病具特征性,主要表现为红细胞和血红蛋白显著减少,血红蛋白由正常每 100ml 血液的 11g 降至 1.5g;巨红细胞增多和红细胞大小不均,并出现大量有核红细胞和含有病原体的网织红细胞。一般猫血液的血红蛋白量降至 6g 以下,即被认为是患有该病的特征。

急性期白细胞增多,但病程延长,白细胞数逐渐下降,甚至在外周血液中可见异常的网状内皮细胞。病猫多半死于溶血性贫血;暂时康复的病猫可以复发,但最终因病程迁延而死亡。

3. 病理变化

[剖检]　急性死亡的病例,显著黄疸;脾脏肿大,切面呈暗红色,质地坚实,边缘外翻;膀胱内充盈多量血红蛋白尿,其浆膜表现出血;肝脏呈淡黄色脂肪变性状态;淋巴结肿大,切面湿润。

[镜检]　脾静脉窦淤血并见有髓外造血灶;肝小叶呈中心性和副中心性坏死,长骨的红色骨髓增生,见有大量造血细胞;淋巴结网状细胞呈反应性增生。

疾病呈长期经过的病例,其所见病变不似急性病例明显,但也见淋巴结呈反应性增生而肿大;脾脏肿大但增生反应并不明显,黄疸并不常见;骨髓也表现增生;肠黏膜出血并常继发溃疡病变。

4. 诊断

病猫急性贫血,并在血液涂片中,检出存在于红细胞内呈球形、环形或杆状形的病原体,即可确诊。

第九章　牛、羊主要疾病的病理学诊断

一、绵羊痘

绵羊痘(sheep pox)是由绵羊痘病毒引起的急性传染病,其特征是在皮肤、某些部位的黏膜和内脏形成痘疹。绵羊痘是动物痘症中最严重的一种,所有品种、性别和年龄的绵羊均可感染。羔羊患绵羊痘时死亡率达 80%～100%。

1. 病原及其传播方式

痘病毒是最大的动物病毒,多为砖形,也有卵圆形,约 300nm×240nm×100nm,为双股 DNA 病毒。绵羊痘病毒归山羊痘病毒属,病羊是传染源。通常是与病绵羊直接接触或经与其污染的环境接触而感染。病毒可经呼吸道吸入,或通过损伤的皮肤和黏膜而感染。侵入体内的痘病毒首先经淋巴进入局部淋巴结,在网状细胞和内皮细胞内复制,然后释放入血液引起病毒血症。

2. 主要临床症状

轻症病例仅见皮肤、黏膜有少量痘疹,并迅速痊愈。重症病例出现发热,并在眼睑、鼻翼、阴囊、包皮、乳房、腿内侧和尾腹侧等部的皮肤出现痘疹。羔羊可见全身皮肤密布大量痘疹,并有痘疹融合、坏死、化脓,常因脓毒败血症而死亡。

3. 病理变化

［剖检］　在眼睑、鼻翼、阴囊、包皮、乳房、腿内侧和尾腹侧等无毛部皮肤见有痘疹,重症病例有毛部皮肤也可见到痘疹。最初痘疹为圆形的红斑疹,其直径为 1.0～1.5cm;两天后红色斑疹转变为灰白色的丘疹,后者为隆起于皮肤表面的圆形疹块,质度硬实,周围有红晕。

高度敏感的绵羊常发生出血性丘疹,即在丘疹内部及其四周出血,使痘疹呈暗红色或黑红色,故又称为出血痘(黑痘)。在绵羊痘呈地方流行性的地区,还可见到轻微型绵羊痘,病羊不呈现绵羊痘上述各阶段的病变,只见表皮细胞显著增生并呈角化过度或角化不全,真皮的血管、毛囊和皮脂腺周围有轻度细胞浸润;眼观局部皮肤形成一稍隆起、干燥、硬实的疣状丘疹,表面有角化鳞片剥脱。

黏膜的痘疹多发生于口腔,特别是唇和舌以及瘤胃、网胃、皱胃的黏膜。痘疹为大小不一、圆形、灰白色、扁平隆起的结节,发生坏死脱落后,局部形成糜烂或溃疡。在鼻腔、喉和气管黏膜上也可见类似的灰白色结节。

患绵羊痘时,肺的痘疹变化是很突出的,眼观在肺表面见散在分布着直径多为 0.3～1.0cm、圆形、灰白色的结节,其数量不等,质地如淋巴组织。

肾脏被膜下皮质中散在圆形灰白色结节,其大小不一,直径为 1～4mm。

[镜检]　初期皮肤痘疹见真皮充血、水肿、中性粒细胞和淋巴细胞浸润,表皮细胞轻度肿胀。进一步发展,见表皮细胞大量增生并发生水泡变性,使表皮层显著增厚,向表面隆突,有时伴发角化不全或角化过度;真皮充血、水肿,在血管周围和胶原纤维束之间出现绵羊痘细胞(sheep pox cell)。绵羊痘细胞是胞浆嗜碱性、呈星形或梭形的大细胞,其胞核多为卵圆形、空泡样,染色质边集,有核仁,胞浆内常见单一的、偶尔是多个的嗜酸性包涵体。绵羊痘细胞是绵羊痘病毒感染的单核细胞、巨噬细胞和成纤维细胞,对该病有证病意义。以后,增生的棘细胞在水泡变性的基础上发展为气球样变,甚至有些细胞破裂、融合形成微小的水疱,有的水疱内有多量中性粒细胞浸润。在表皮的变性上皮细胞胞浆内可见嗜酸性包涵体,此时真皮充血、水肿和白细胞浸润更加明显,同时可见血管炎症和血栓形成。痘疹局部的表皮和真皮坏死,坏死组织与炎性渗出物融合在一起即形成覆盖于表面的痂皮。病程久者,见痂下肉芽组织增生和表皮再生。

肺脏痘疹部,见终末细支气管上皮细胞和肺泡壁上皮细胞增生和脱落,肺泡壁上皮细胞化生为立方形,使局部结构呈腺瘤状,在细支气管周围和肺泡间隔中有单核细胞浸润;有时可见到绵羊痘细胞,其胞浆内有嗜酸性包涵体。

肾脏痘疹结节由单核细胞、淋巴细胞和少量中性粒细胞组成,起始于间质,随着细胞成分增多而局部肾实质逐渐萎缩、消失。同样性质的结节也可出现于肝脏。结节中的单核细胞内有时也能见到嗜酸性胞浆包涵体。

[电镜观察]　绵羊痘的胞浆内嗜酸性包涵体是痘病毒复制的部位,包涵体由颗粒状基质组成,其中有正在发育中的半圆形和圆形病毒以及成熟的病毒体,后者不仅见于包涵体内,而且还不规则地散在于胞浆中。

4. 诊断

在皮肤痘疹的真皮层血管周围和胶原纤维束之间见有特征性绵羊痘细胞,肺、肝、肾等组织内的痘疹部单核细胞内可见嗜酸性胞浆包涵体,这些都可作为确诊的依据。

二、山羊痘

山羊痘(goatpox)是由山羊痘病毒引起的山羊急性传染病,其特征是在皮肤、某些部位的黏膜和器官发生痘疹。

山羊痘同绵羊痘在许多方面是相似的,虽然有发生全身性痘疹而死亡的,但一般都较轻微,死亡率只有 5%。

1. 病原及其传播方式

病原为痘病毒科、山羊痘病毒属病毒，其形态特征及传播方式同绵羊痘病毒。

2. 病理变化

[剖检]　山羊痘痘疹最好发的部位是皮肤，特别是眼睑、鼻翼（图9-1，见图版）、下颌、乳房、包皮、阴门和肛门周围的皮肤，但在头、颈、胸、腹、臀等有毛的皮肤也可发生多量痘疹；其次是口腔黏膜，包括唇和舌；再次是其他器官、组织，依次是肺、气管、鼻前庭、咽、瘤胃（图9-2，见图版）、皱胃的黏膜以及巩膜、结膜、瞬膜、骨骼肌、子宫和乳腺。皮肤的痘疹眼观变化与绵羊痘相同，初为红色斑疹；接着转为丘疹，后者为不规则圆形、黄豆大至蚕豆大的扁平隆起，通常呈灰白色，若发生出血则呈紫红色；以后痘疹发生坏死、结痂。

黏膜（口腔、鼻前庭和气管等）的痘疹多为粟粒大至黄豆大的灰白色结节，微隆起于黏膜面，有些痘疹出血时则呈暗红色。

肺痘疹为暗红色绿豆大至黄豆大的结节，散在分布或密集于各肺叶上。

眼的痘疹可发生于瞬膜、结膜和巩膜，痘疹为一绿豆大的暗红色斑，与巩膜痘斑相邻的角膜混浊。有些病例在骨骼肌、子宫黏膜和乳腺出现痘疹性结节。

[镜检]　见皮肤痘疹部表皮细胞增生、水泡变性及气球样变，表皮层明显增厚（图9-3，见图版），有些区域表皮细胞坏死、崩解、融合形成小疱，其中有细胞碎屑和中性粒细胞。真皮充血、出血、水肿和中性粒细胞浸润，有明显的血管炎症和坏死，同时见血栓形成。痘疹边缘的表皮细胞也发生增生和变性，但程度较轻，在变性细胞的胞浆空泡内可见大小不一、均质、圆形或椭圆形的嗜酸性包涵体；边缘部真皮充血、出血和白细胞浸润。

皮内注毒部皮肤的表皮细胞增生、水泡变性及坏死，该部真皮、皮下组织和相邻的肌肉组织充血、出血、水肿和有中性粒细胞浸润，其中多数血管发生炎症，并见血栓形成。在水肿的疏松结缔组织、肌纤维之间和血管周围可见散在分布着一种椭圆形、星形的大细胞，其胞浆嗜碱性、胞核卵圆形、染色质稀少、有核仁，此即山羊痘细胞。有的山羊痘细胞胞浆内有嗜酸性包涵体。

黏膜上皮细胞增生和水泡变性，其胞浆内可出现嗜酸性包涵体，稍后中心部黏膜上皮细胞坏死、崩解、脱落和中性粒细胞浸润，固有层和黏膜下层充血、出血和有白细胞浸润，并见血管炎。

早期肺痘疹仅见小灶状充血、水肿，肺泡间隔增宽，中性粒细胞浸润和坏死，肺泡壁上皮细胞肿胀和脱落。以后，痘疹中央部肺泡壁及其充血的毛细血管发生坏死，中性粒细胞浸润，肺泡腔内充满渗出液。坏死灶外周有一充血、水肿带，其外围为间质性肺炎区，该部肺泡间隔水肿、增宽，中性粒细胞浸润，肺泡腔缩小，肺泡壁上皮细胞呈立方形，有的脱落入肺泡腔。痘疹局部胸膜发生炎性水肿，间皮肿胀脱落，中性粒细胞浸润，其中可见山羊痘细胞。

瞬膜和结膜的痘疹见黏膜上皮细胞坏死、脱落，固有层充血，有血管炎或血管周围淋巴细胞浸润。巩膜痘疹部球结膜的复层鳞状上皮细胞发生水泡变性，少数变性细胞破裂融合成小水疱，其间有中性粒细胞浸润，巩膜水肿、充血，血管壁坏死，并有中性粒细胞浸润和崩解。

子宫黏膜痘疹部的实质细胞变性、坏死和溶解，间质水肿、出血、中性粒细胞浸润和血管炎，有的结节可见山羊痘细胞；在乳腺的腺上皮细胞、输乳管和乳头管上皮细胞的胞浆内可见嗜酸性包涵体。

淋巴结和脾脏有不同程度的增生性反应，心、肝、肾、脑等器官发生变性。

3. 诊断

与绵羊痘诊断相似。

三、牛皮肤疙瘩病

牛皮肤疙瘩病(bovine lumpy-skin disease)是由山羊病毒属的 Neething 病毒引起牛和水牛的一种急性传染病,其特征是在皮肤上出现多发性、界限清楚的小结节状皮疹。

1. 病原及其传播方式

病原为山羊痘病毒属中的一种病毒,其代表株是 Neethling 病毒,该病毒经各种叮咬昆虫传播,流行于长期下雨的季节,这种季节媒介昆虫数量增多,而且在媒介昆虫的胞浆出现圆形嗜酸性包涵体。

2. 主要临床症状

病牛发热、流涎、眼鼻分泌物增多;4～12d 后,皮肤上出现许多结节(疙瘩),结节硬而突起,界限清楚,触摸有痛感,直径一般为 2～3cm。结节最先出现于头、颈、胸、背等部位,有时波及全身。严重病例的牙床和颊内面常有肉芽肿性病变。结节可能完全坏死但硬固的皮肤病变可能存在于几个月至几年之久。

病牛体表淋巴结肿大,胸下部、乳房和四肢常有水肿,产乳量下降,孕牛经常流产,有的牛还经常出现呼吸困难、食欲缺乏、精神委顿、流涎,从鼻内流出黏液——脓性鼻涕等。各种年龄、性别和品种的牛均可感染。发病率很不一致,死亡率通常低于 1%,但也可能超过 50%。

3. 病理变化

[剖检] 轻症病例只见皮肤上有少数几个孤立的小结节。重症病例于身体大部分皮肤上形成大量结节状疹,皮肤疹呈界限清楚、硬实、平顶的结节。皮肤疹可互相融合,其切面呈淡黄灰色,病变可波及整个皮肤各层,也可蔓延至皮下,偶尔到达相邻的肌肉组织。发生在阴囊、会阴、乳房、外阴、龟头、眼睑和结膜的小结节通常更显扁平,其周围常环绕一充血带。

上呼吸道和上部消化道黏膜常常发生多发性散在的溃疡。呼吸道病变可能导致严重的呼吸困难、窒息;吸入炎性产物则可引起肺炎。如果病牛康复,气管损伤所致的瘢痕可使气管狭窄。结节性病变偶尔可见于肾、睾丸和肺。

[镜检] 见皮肤疹块区域的表皮细胞增生和水泡变性,有些细胞的胞浆内出现嗜酸性、均质(偶尔为颗粒状)的包涵体;皮肤水肿明显,有时引起表皮和真皮分离,并见血管炎、血栓形成、淋巴管炎和梗死。胞浆内嗜酸性包涵体还可发生于内皮细胞、外膜细胞、巨噬细胞和成纤维细胞。在这些有包涵体的细胞和外周神经内存在着不同发育时期的病毒粒子。急性过程中渗出的主要是中性粒细胞和巨噬细胞,偶尔也可见嗜酸性粒细胞;随着病程的延长,可被逐渐增多的单核细胞取代。病变消散后包涵体也消失,但可能出现于邻近的皮肤和皮脂腺内。

皮肤结节状疹的转归通常是坏死和腐离。坏死过程轻微的可迅速完全地消散。有些坏死过程发生于疹块的中心区,深及真皮,坏死物的形状为平顶的锥体形;坏死物腐离后,局部留下一溃疡,它将被肉芽组织逐渐填充而修复。如果坏死并发细菌感染,则局部病变加剧,可出现大的火山喷火口状溃疡,并引起淋巴管炎和淋巴结炎;病灶的扩大和蔓延可招致失明、腱鞘炎、关节炎或乳腺炎。有一些皮肤疹转变成硬结,以一种硬的皮肤内疙瘩的形式持续存在几个月。

4. 诊断

临床见牛头、颈、胸、背等部位皮肤,出现特征性多发性平顶状硬性结节,结节部上皮细胞胞浆内检出嗜酸性包涵体,即可作诊断。

四、羊传染性脓疱病

羊传染性脓疱病(contagious ecthyma)，俗称羊口疮，又称羊传染性脓疱性皮炎，是由传染性脓疱病病毒引起的人兽共患的接触性传染病，其特征是在口腔黏膜、唇、鼻部等处皮肤形成丘疹、水疱、脓疱、溃疡和厚痂。该病广泛分布于全世界饲养绵羊和山羊的国家。

1. 病原及其传播方式

该病病原为痘病毒科的副痘病毒属病毒，因此，其形态特征与痘病毒类似。病羊和带毒羊为传染源，病毒存在于病畜的唾液和痂皮中，病毒通过皮肤或黏膜的损伤处侵入体内，或经污染的饲料、饮水、用具、圈舍等媒介而传播。其主要侵害绵羊和山羊，以3～6月龄羔羊最易感，骆驼和猫也可感染，狗偶有发生。人多因接触病羊而感染。发病无明显季节性，以春季较多。幼羊常呈流行性发生，成羊多呈散发。由于病毒的毒力较强，使该病在羊群中常可连续危害多年。

2. 病理变化

病变通常开始于唇部，沿唇边缘蔓延至口鼻部。有时最早的病变发生于眼周围的面部。重症病例，病变还可见于齿龈、齿板、硬腭、舌和颊等部位。

［剖检］　病变初期皮肤，为红色斑点，很快转变为结节状丘疹，再经短暂的水疱期而形成脓疱，脓疱是平而不呈脐样。脓疱破裂后形成一灰褐色、质硬的痂，痂隆突于周围皮肤之上2～4mm。良性经过时，硬痂逐渐增厚、干燥，1～2周后自行脱落，局部损伤经再生而修复。重症病例，病变部可以扩大且相互融合，形成大面积硬痂，波及整个口唇及其周围与颜面、眼睑等部位，其表面干燥并具有龟裂，若有化脓菌或坏死杆菌继发感染，则可导致化脓或深部组织的坏死。口腔黏膜的病变为出现水疱、脓疱，其周围有一红晕围绕，它们破裂后形成深浅不一的糜烂。病变蔓延至食管和前胃的现象极少见。蹄的病变较唇的少见，在蹄冠、趾间隙和蹄球部发生水疱、脓疱，破裂后形成溃疡。重症病例病变可蔓延至系部和球节的皮肤。由病羊羔传染时，母羊乳头部皮肤也可发生同样的病变。

［镜检］　检棘细胞层外层的细胞肿胀和水泡变性、网状变性，表皮细胞明显增生，表皮内小脓肿形成和鳞片痂集聚。通常在感染后30h由于颗粒层和棘细胞层外层的细胞肿胀而导致局部表皮增厚(假棘皮病)，其胞浆嗜碱性；至感染后72h，上述细胞发生明显的水泡变性，胞核浓缩，变性细胞还保持联系而形成网状，即导致网状变性。表皮细胞的增生很明显，基底层细胞的有丝分裂相很多，表皮显著增厚，增生的基底层细胞向下生长入真皮，形成长嵴状。内层的棘细胞发生水泡变性、气球样变，进而破裂形成水疱，水疱可扩大、融合，随着中性粒细胞的浸润和坏死，水疱转变为脓疱。在变性的表皮细胞内可见嗜酸性胞浆包涵体，其持续时间为3d或4d。真皮的病变为充血、水肿和血管周围单核细胞浸润，同时见中性粒细胞渗出并游走进入表皮。脓疱增大、破裂，局部形成由角化细胞、角化不全细胞、炎性渗出液、变性的中性粒细胞、坏死细胞碎屑和细菌集落等组成的痂。

3. 诊断

病羊口、鼻及面部皮肤、黏膜发生脓疱和糜烂，在病变部皮肤的上皮细胞内见嗜酸性胞浆内包涵体，即可作诊断。

五、牛丘疹性口炎

牛丘疹性口炎(bovine papular stomatitis)是由牛丘疹性口炎病毒引起犊牛的一种传染病，该病以口腔内和口周围出现丘疹和溃疡为特征。

1. 病原及其传播方式

牛丘疹性口炎病毒属于副痘病毒,有其专一的宿主。它与副牛痘病毒密切相关,并与传染性脓疱病病毒有共同抗原。该病常发生于犊牛,少见于成年牛,但其易感性可由于虚弱或疾病而增高。该病主要通过牛与牛的接触或者食入被污染的饲料而传播。多发生于春、夏季。病牛康复后产生的免疫力微弱,所以能重复感染,一般呈地方流行性。

2. 主要临床症状

病牛的全身症状轻微,发热不常出现,间或见到口涎增加,病程较长,通常达几周。2岁以下的犊牛易感性最高。均呈良性经过。

3. 病理变化

[剖检]

见病牛受侵害的部位局限于口腔(唇、舌、腭、龈、颊、鼻镜)黏膜,出现红斑和丘疹,表现为糜烂性和增生性口炎,间或为溃疡性口炎,但不发生水疱。丘疹性病变发生于鼻镜、鼻孔、唇、齿龈、颊部乳头、齿板、硬腭、口腔底部、舌的腹面和侧面,偶尔也可见于食管和前胃。丘疹可能只有几个,也可能很多;经过可以是短暂的,也有因重复发生而长达几个月。最早的病变是一直径2~15mm的红斑,常见于鼻镜或唇。约1d后,其中央部分稍隆起,形成灰白色丘疹。丘疹缓慢地扩大至硬币样大小,其中央区为灰白色,外周区充血呈红色。中央区可发生坏死和腐离,局部形成一浅的喷火口样溃疡,其四周有一轻度隆起的红色边缘。一个丘疹病变的过程约为一周。

[镜检]　病变部上皮层增厚,可达正常时的两倍,其深部的细胞增生并形成气球样变。感染细胞的胞浆清亮,胞核浓缩。嗜酸性包涵体出现于空泡化的胞浆中,尤其是在病变部边缘的细胞内。包涵体呈均质、红染、圆形,直径10μm或更大些,通常是单个出现于细胞内。固有层乳头剧烈充血和水肿,有少量单核细胞浸润。上皮坏死脱落后,局部形成糜烂,在固有层中可见中性粒细胞浸润。电镜检查负染的病变标本可见副痘病毒颗粒。

4. 诊断

病牛口腔(唇、舌、腭、龈、颊、鼻镜)黏膜出现红斑和丘疹,并出现糜烂性和增生性口炎,但不发生水疱。有时形成浅在性的火山喷火口样溃疡。在病变部皮肤上皮细胞内见胞浆空泡化和嗜酸性胞浆包涵体,即可作诊断。

六、伪牛痘

伪牛痘(pseudocowpox)是由副痘病毒引起牛的一种传染病,其特征是在乳头和乳房皮肤上出现痘疹。近年来我国的牛场有该病的报道。

1. 病原及其传播方式

病原为痘科病毒的副痘病毒,感染方式可能与犊牛接触感染有关。该病主要发生于泌乳的母牛,症状轻微,不侵犯干乳期母牛、不泌乳小母牛和公牛。牛群中发病率接近100%,但在一个时期内仅10%~15%的母牛发病。

2. 主要临床症状

主要见于泌乳母牛,病牛常无全身症状,只有50%以上的病牛在患病后2~4d内泌乳量下降15%~30%。

3. 病理变化

病变与牛痘相似,但极少见到脐形痘疱。病变初期见泌乳母牛乳头、乳房及会阴出现红斑,以后发展为红色丘疹和樱红色水疱,丘疹一般为黄豆粒大,最大的不超过1cm。水疱破溃后形成一环形或蹄铁样痂覆在表面,痂下为浅溃疡。痂皮脱落后留下圆形隆起,中央凹隐,呈现肉芽样瘢痕。每个乳头上通常有2～10个痘疮,多至15～30个,有的丘疹可遍布每个乳头、乳房和乳房间沟。

[镜检]　见表痘疹部皮细胞增生,并发生水泡变性和水疱形成,表皮细胞内见有嗜酸性胞浆包涵体以及真皮毛细血管增生和充血,少量单核细胞浸润。伪牛痘病变部可继发细菌感染而招致细菌性乳房炎。

伪牛痘可传染挤牛奶的人和吃奶的犊牛,分别引起结节和口腔的痘疹。

4. 诊断

泌乳母牛乳头、乳房及会阴出现红斑,以后发展为红色丘疹和樱红色水疱,水疱破溃后形成一环形或蹄铁样痂覆在表面,痂下为浅溃疡。痂皮脱落后留下圆形隆起,中央凹隐,呈现肉芽样瘢痕。痘疹部皮细胞增生,并发生水泡变性和水疱形成,表皮细胞内见有嗜酸性胞浆包涵体。以上病理特征可作诊断依据。

七、牛、羊伪狂犬病

牛、羊伪狂犬病(bovine and sheep pseudorabis),伪狂犬病(pseudorabis)又称阿奇申氏病(aujeszk's disease)或传染性延髓性麻痹(infectious bulbar paralysis),是由伪狂犬病病毒引起的多种家畜和野生动物患病的一种急性传染病,其主要特征是发热、奇痒(除猪外),脑膜脑脊髓炎和神经节炎。

该病几乎遍及世界各地。家畜中以猪和牛最易感染,野生动物亦易感染发病。仔猪、牛、羊以及某些经济动物(如貂、水貂)的伪狂犬病,死亡率可达80%～100%。因此,有些国家已将该病列为法定传染病。

1. 病原及其传播方式

伪狂犬病病毒具有疱疹病毒共有的一般形态特征,同单纯疱疹病毒和B病毒的形态结构难以区分。病毒粒子呈椭圆形或圆形,位于核内无囊膜的病毒粒子直径为110～150nm,位于胞浆内带囊膜的成熟病毒粒子的直径约180nm。该病毒具有泛嗜性,能在多种组织细胞内增殖,其中以兔肾和猪肾细胞(包括原代细胞或传代细胞系)最适于病毒的增殖。这些细胞较鸡胚和其他实验动物都敏感。病毒增殖引起的细胞病变很明显,经染色后,能看到典型的嗜酸性包涵体。

冬、春两季大批鼠类到牧场内觅食,引起病毒的传播及动物发病。感染而带猪毒可长期贮存和排出病毒,污染环境。病原可经呼吸道(飞沫传染)、黏膜和皮肤的伤口以及配种、授乳等途径感染。

2. 主要临床症状

各种年龄的牛都易感,多半呈急性致死性感染过程。特征性症状是身体的某些部位发生奇痒,多见于鼻孔、乳房、后肢和后肢间皮肤。还可见因搔擦、啃咬引起的皮肤创伤。病牛多在出现明显症状后36～48h死亡;绵羊病程甚急,有瘙痒症状,多于发病后24h死亡;犬和猫的症状与牛相似。

3. 病理变化

[剖检]　病牛生前发生剧痒处的皮肤呈弥漫性肿胀,切开皮肤见皮下组织显示淡黄色的

胶样浸润或混有血液,肿胀处皮肤可比正常皮肤增厚 2～3 倍。第四胃胃壁充血、胃底部的黏膜下层呈胶样浸润,少数病例的胃黏膜有出血斑和坏死灶。小肠、大肠黏膜均见有不同程度的充血、水肿,空肠后段与回肠之间每隔 10～20cm 有环行的出血区或出血带。肠系膜高度淤血,尤其小肠系膜最为明显;咽部黏膜充血和轻度水肿;肺淤血、水肿与气肿;肝淤血、肿大及实质变性;胆囊胀大,其黏膜附有米糠样物质;脾脏稍肿大,边缘散在有小出血点;心内、外膜出血;膀胱膨大,充满尿液;脑膜充血、轻度水肿,部分病例的大脑后半球皮层有针尖大出血点。

[镜检] 中枢神经系统,主要表现为弥漫性非化脓性脑膜脑脊髓炎,即有显著的血管周围"袖套"现象,弥漫性与局灶性胶质细胞增生,并伴发神经元和胶质细胞的变性和坏死。脊神经节、大脑皮质的额叶和颞叶及脑的基底神经节病变最严重。

以上病变还见于大脑的灰质和白质、脑干各神经节、脊髓的灰质和白质及脊神经节。延髓与小脑的病变较轻。受损脑实质的脑膜均伴发脑膜炎,尤以小脑的脑膜炎最为严重,脊神经根处脊髓膜有多量炎性细胞浸润。

神经元的变性、坏死和胶质细胞增生通常为局灶性和呈广泛的散播性。但也有些病例则呈弥漫性神经元坏死、神经元外周和血管周围水肿以及弥漫性胶质细胞增生,同时胶质细胞发生变性和坏死。血管周围"袖套"的细胞主要为淋巴细胞,混有少量中性粒细胞、嗜酸性粒细胞和巨噬细胞。脑膜所浸润的细胞成分与脑实质血管"袖套"相同;半月神经节与脊神经节的变化与脑和脊髓相同。脑膜炎可沿视神经扩展到巩膜,但眼内变化通常轻微。在视网膜静脉外膜有轻度网状细胞和胶质细胞增生,伴发神经节细胞层的神经元变性。另外,在大脑皮层和皮层下白质内的神经细胞、胶质细胞(星状胶质细胞和少突胶质细胞)、毛细血管内皮细胞、肌纤维膜细胞(sarcolemmal cell)和施万细胞均可见核内嗜酸性包涵体,脊神经节中含包涵体的细胞最多。

淋巴结在邻近生发中心和淋巴窦内的网状细胞可见有核内包涵体;包涵体大且不规则,轻度嗜酸性着染,具明晕或泡状晕与核膜分离。

肺脏显示充血,肺泡腔内充满水肿,肺泡隔内见网状细胞增生;但也有些病例,在支气管、小支气管和肺泡发生广泛的坏死。

植物神经系统的小支气管旁的壁内神经节、星状神经节、腹腔神经丛和肠系膜神经丛的神经细胞坏死、破碎。此外,在扁桃体、肝和肾上腺皮质发生局灶性坏死,并常常在上皮细胞和间质细胞出现核内包涵体。

4. 诊断

该病一般可根据病畜的临床症状、流行病学、剖检变化,特别是脑组织呈现广泛的非化脓性脑膜脑脊髓炎和神经炎,以及在脑神经节、延髓、脑桥、大脑、小脑、脊髓神经节、鼻咽黏膜、淋巴结和脾脏等见有核内包涵体作出诊断,必要时再进行实验室检查以确诊。

对可疑病例可取脑组织 1 份,加 9 份肉汤培养基或生理盐水制成混悬液,置 4℃冰箱中12～24h,经离心后(1500r/min)取上清液接种家兔(皮下或肌肉,每头 0.5～1ml)。接种后20～36h,注射部出现强烈的瘙痒,并不断啃咬。最后病兔出现四肢麻痹而死亡。剖检可见典型的非化脓性脑膜脑脊髓炎即可进行确诊。

给家兔颅内接种后,则在软膜下可见胶质细胞增生和淋巴细胞浸润,神经细胞变性、坏死,用焰红-亚甲蓝染色时,可在神经细胞、胶质细胞、毛细血管内皮细胞等核内发现淡红色或深红色颗粒状包涵体。

如将上述混悬液接种地鼠肾细胞,则于接种后 24h 出现融合、固缩和变性病变。染色后,可于病灶内发现核内包涵体。

另外,取自然病例的脑组织触片或做冰冻切片,用免疫荧光或免疫酶组化法染色,常可于神经节细胞的胞浆及核内产生阳性荧光或阳性颗粒,几小时即可取得可靠结果。

近年来,见少数患狂犬病病畜也出现瘙痒症状,但伪狂犬病缺乏对人的攻击行为,无三叉神经麻痹,病程较短,故可与之相区别。

八、牛传染性鼻气管炎

牛传染性鼻气管炎(infectious bovine rhinotracheitis)是牛的一种以呼吸道黏膜发炎、水肿、出血、坏死和形成糜烂为特征的急性传染病。病原是一种疱疹病毒。这种病毒还可以引起脓疱性阴道炎、结膜角膜炎、脑膜脑炎、流产等疾病。因此,它是一种同一病原引起多种病状的传染病。该病只发生于牛。

该病呈世界性分布,我国近年来也从引进种牛中分离到该病毒。

1. 病原及其传播方式

该病毒属于牛疱疹病毒Ⅰ型(BHV-Ⅰ),具有疱疹病毒科成员所共有的形态特征。带囊膜成熟病毒粒子的直径为130~180nm。该病毒除了能在来源于牛的多种细胞如肾、胚胎皮肤、肾上腺、胰腺、睾丸、肺和淋巴结等培养物内良好增殖外,还能在羔羊的肾、睾丸以及山羊、马、猪和兔的肾细胞培养物内增殖,并形成嗜酸性核内包涵体。

该病以肥育牛较为多见,在肥育牛群中发病率有时可高达75%。病毒可随鼻、眼、阴道分泌物而排出,污染周围环境,主要通过直接接触或由飞沫而传染。精液中也含有病毒,故也可通过交配传染。流行季节多为秋冬寒冷季节。

2. 主要临床症状

1) 呼吸器型 密集饲养牛群中的小牛对该病最敏感,常发生于长途运输或从牧场转入舍饲之后。发病率达100%,病牛发热、厌食和鼻腔初期流出黏液性鼻漏,后期变为黏液脓性,偶见带血鼻漏。病牛咳嗽、呼吸困难,鼻孔强烈扩张和张口呼吸,一般情况病程为10d。

2) 结膜型 此种类型的感染一般无明显全身反应,病牛眼结膜潮红,眼角处有多量脓性分泌物,有时也伴发于呼吸型。

3) 生殖器型 可见化脓性外阴阴道炎,又称交媾疹、水疱性性病、水疱性阴道炎、交媾性水疱性阴道炎或交媾性水疱疹。公牛生殖器也可能出现病变。

4) 流产型 牛流产是重要症状,通常发生于鼻气管炎型或弱毒疫苗接种之后的两周到两月内,在一群孕牛中,流产率可高达60%,但其主要发生于妊娠后4.5~6.5个月,妊娠期不足5个月的很少发生流产。犊牛一般无临床症状。

5) 脑膜脑炎型 该型只发生于犊牛,发病率低,但死亡率则较高(可在50%以上);病犊出现神经症状,感觉、运动失常,经5~7d死亡。

3. 病理变化

1) 呼吸器型

[剖检] 典型无合并症病例,仅呈现浆液性鼻炎,伴发鼻腔黏膜充血、水肿。多数病例,因并发细菌感染,病变常扩展到副鼻窦、咽喉、气管和大支气管,表现鼻腔黏膜明显的卡他性炎,鼻翼和鼻镜部坏死;窦黏膜高度充血,散布点状出血,窦内积留多量卡他性脓性渗出物;有些病例,在窦腔内见纤维素性假膜,拭去假膜遗留糜烂区。假膜性炎或化脓性炎还常蔓延到咽喉、

气管,伴发咽喉部水肿、气管黏膜高度充血与出血,被覆黏液脓性渗出物。在气管黏膜与软骨环之间因蓄积水肿液,有时可使气管壁增厚达 2cm 以上,使管腔变窄。气管壁的严重水肿也可蔓到大支气管壁。病畜常因鼻腔、副鼻窦积留炎性渗出物以及气管与大支气管壁水肿而发生呼吸困难,严重时发生窒息死亡。肺脏如有并发感染时,则可出现化脓性支气管炎或纤维素性肺炎。

皱胃黏膜亦常见发炎与溃疡形成,大小肠黏膜显示卡他性炎。颈部与胸部淋巴结肿大和水肿。

[镜检]　轻症病例,鼻腔黏膜上皮显示空泡变性乃至轻度坏死,其表面被覆有浆液性或黏液脓性渗出物。重症病例,鼻腔黏膜上皮细胞坏死,黏膜面被覆有纤维素性坏死性假膜,黏膜固有层小静脉和毛细血管充血,有数量不等的中性粒细胞和单核细胞浸润。在受损的上皮细胞核内可见嗜酸性包涵体。包涵体最初呈颗粒状,轻度着染伊红,后期变成均质性的圆形包涵体,显示这种包涵体须用含酸的固定液。包涵体通常只出现在感染后 2～3d,因此自然死亡病例的尸体难以见到。此外,在支气管黏膜上皮细胞和肺泡上皮细胞核内也可发现包涵体。

单纯病毒感染的重症病例,肺脏可出现坏死性支气管炎和细支气管炎。肺泡腔内含有浆液和纤维素。若并发巴氏杆菌感染,则可发生纤维素性胸膜肺炎。

在疾病爆发期间,1 月龄以下的犊牛多呈急性经过的全身感染,病理变化主要表现为广泛的局灶性坏死。上呼吸道黏膜常受到侵犯,而远端呼吸道则保持正常。食管和前胃黏膜的坏死往往波及整个上皮层,并伴有多量中性粒细胞浸润。淋巴结呈现以皮质局灶性坏死为特征的急性淋巴结炎。肝、脾、肾亦显示局灶性坏死。肝脏的坏死灶呈灰白色、粟粒状,均匀分布或集中于右叶。在上述各组织内坏死灶边缘或残存细胞核内可见到嗜酸性核内包涵体。

2)结膜型　在结膜下见有水肿,结膜有灰色坏死膜形成,外观呈颗粒状,角膜则呈轻度云雾状。眼、鼻部有浆液脓性分泌物。

3)生殖器型　外阴水肿性肿胀,外阴毛染有血样渗出物。外阴、阴道黏膜潮红肿胀,并有水疱或脓疱形成,这些病变大小为 0.1～5mm,颜色为水样透明到黄红色。大量的水疱或脓疱使阴道前庭和阴道壁呈颗粒状外观,阴道底部积集黏液样至黏液脓性渗出物。有些病例,水疱/脓疱密集,互相融合在一起,形成一层淡黄色的坏死膜,当擦拭或脱落后留下溃疡。一般不并发流产。

在感染公牛,生殖器型又被称为传染性龟头包皮炎。阴茎和包皮有类似外阴和阴道的病变。波及的组织形成脓疱而呈颗粒肉芽状外观,不过公牛的病变一般在两周内痊愈。据报道,有些公牛在疾病过程中伴发睾丸炎,对于公牛的繁殖能力产生严重的影响。如果没有细菌继发感染,睾丸炎可经 10～14d 痊愈,但病毒的反复感染也可能发生。反复感染究竟是病毒的二次感染,还是如同人单纯疱疹病毒一样重新被激活现在还不清楚。

[镜检]　生殖器型病变为受损黏膜上皮细胞坏死,并发黏膜固有层的炎症反应,在黏膜上皮核内可见核内包涵体。

4)流产型　流产一般是在胎儿死后 24～36h 发生,重要的病变是死胎的严重自溶。流产胎儿的胎衣通常正常,胎犊皮肤水肿,浆膜腔积有浆液性渗出液,浆膜下出血;肝脏、肾脏、脾脏和淋巴结散布坏死灶与白细胞浸润,于各组织病灶边缘的细胞中可发现核内包涵体,但由于死后自溶,包涵体较难发现。

5)脑膜脑炎型　呈现脑膜炎和非化脓性脑炎,神经元坏死和星状胶质细胞与变性神经元核内出现包涵体,血管周围淋巴细胞套和脑膜单核细胞浸润。

4. 诊断

根据该病的临床症状和病理变化,可作出初步诊断,确诊则有赖于分离病毒。分离病毒的材料可采自发热期病畜鼻腔洗涤物,或流产胎儿的胸腔液或胎盘子叶,用牛肾细胞或猪肾细胞等组织培养分离,再用中和试验及荧光抗体来鉴定病毒。

九、牛溃疡性乳头炎

牛溃疡性乳头炎(bovine ulcerative mammallitis)又称牛疱疹性乳头炎(bovine herpes mammallitis),是由牛溃疡性乳头炎病毒引起的局灶性皮肤病,其特征是在母牛乳头和乳房表面形成溃疡。我国也有该病的流行。

1. 病原及其传播方式

牛溃疡性乳头炎病毒具有疱疹病毒所共有的形态特征,核衣壳直径约 80nm,带囊膜的成熟病毒粒子直径约 250nm。在抗原性上,与牛疱疹病毒Ⅰ型(牛传染性鼻气管炎病毒)、恶性卡他热病毒及其他动物的疱疹病毒不同,与人的单纯疱疹病毒有共同抗原性。与引起类似牛粗皮病样感染的阿雷顿病毒(Allerton)的抗原性完全相同,无论中和试验、琼脂扩散、补体结合等试验均呈现一致的反应,但在临床上两者的致病性完全不同。

在泌乳期的牛群中,病毒的传播主要是通过挤奶员的手和挤奶机。吸血昆虫也与该病的传播有关。形成感染的条件,首先是必须有外伤,晚秋季节是该病最多发季节,乳头最容易发生龟裂。冬季如转为舍饲,其发病率即大为下降。

2. 主要临床症状

病牛乳头或乳房出现溃疡。开始乳头皮肤肿胀,继而变软、脱落,形成不规则的深层溃疡,有疼痛,不久结痂,2~3 周后愈合。部分病牛可发生乳房炎和淋巴结炎。

3. 病理变化

[临床病变]　溃疡性乳头炎的病变常常局限于乳头,个别病例可波及乳房皮肤。主要是乳头皮肤发生溃疡。急性病例发病突然,表现为乳头肿胀疼痛。病变开始表现为乳头皮肤局限性红斑和水肿,进而发展为水疱,继之病变部皮肤脱落,形成溃疡,裸露的皮下组织不断渗出浆液。严重病例,溃疡面积几乎波及整个乳头;较轻病例,斑块状溃疡出现于乳头侧壁,病健皮肤分界明显,相邻的溃疡灶可能发生融合,使病变区扩大。溃疡表面逐渐形成暗棕黑色痂皮,病变可能存在 3 个月,但多半经 10~18d 痊愈,痂皮脱落后留下瘢痕,局部色素消失。约占 10%的严重感染病例,病变可出现于局部乳房皮肤,在有细菌继发侵入时,可形成乳房炎。

[镜检]　表皮细胞表现水泡变性,细胞间水肿、坏死,最后形成大的水疱。表皮内形成多核巨细胞。表皮细胞和巨细胞内出现多量的核内包涵体。真皮出现炎性细胞浸润。

4. 诊断

根据乳头皮肤的特殊病变和组织学变化,可作出诊断。在诊断时,应注意与牛痘进行鉴别诊断。溃疡性乳头炎的病理组织学特征为细胞内水肿,炎性细胞浸润,有融合的多核巨细胞,核内有包涵体,而痘病毒感染不见多核巨细胞和核内包涵体,而见有胞浆包涵体。有条件时,可作病毒的分离和鉴别。

十、牛恶性卡他热

牛恶性卡他热(malignant catarrhal fever)是由恶性卡他热病毒引起牛的一种急性、热性传染病。其主要特征是上呼吸道、窦、口腔及胃肠道黏膜发生卡他性纤维素性炎症,并伴发角膜混浊和非化脓性脑膜脑炎。

1. 病原及其传播方式

该病原属于疱疹病毒科的成员。病毒粒子呈球形带囊膜的较大病毒,直径为 120～200nm。该病毒对外界环境的抵抗力不强,在低温冷冻和冻干条件下,存活期都不超过数天。病毒具有泛嗜性,存在于病畜的血液、脑、脾等组织中,血液中的病毒牢固地附着于白细胞上,很难分离洗脱。

该病以 1～4 岁牛多发,据报道绵羊可能是该病的传播媒介。该病世界各地均有发生,主要呈散发形式,死亡率很高(60％～95％)。一年四季均可发生,但以冬季和早春多见。病愈牛可再次感染,而且症状更严重,死亡率更高。

2. 主要临床症状

该病在临床上可以分成 4 种类型:最急性型、头眼型、肠型及温和型。其中以头眼型恶性卡他热最为常见和典型。

1) 最急性型　经 24～36h 死亡,急性型可持续 4～12d。常见不典型口、鼻黏膜炎症,体温急速升高达 42℃。

2) 头眼型　病牛发病的最初症状是体温升高达 40～42℃,动物拒食拒水,高度沉郁,眼睛和鼻孔有少量分泌物。在 24～72h 内,口和鼻腔黏膜发炎,继之口黏膜出现坏死和糜烂,数日后从鼻孔流出黏稠的脓性分泌物。典型病例,从鼻孔流出的黄色索状鼻液可直垂地面。分泌物干涸于鼻孔内,则发生严重呼吸困难。初期结膜和巩膜高度充血,羞明流泪,后期角膜混浊。病牛进行性消瘦。眼结膜发炎,眼球萎缩,角膜混浊,有时出现溃疡,且常发生虹膜睫状体炎及失明等。鼻腔、喉头、气管、支气管及头窦等发生卡他性炎。呼吸困难,发生喘鸣,有时并发卡他性格鲁布性肺炎,局部淋巴结肿大。

3) 肠型　口腔黏膜充血,干热,常于口盖和唇的内面、齿龈及硬腭等部位出现伪膜,后渐脱落成为糜烂及溃疡。病牛食欲减少,不断流涎呈牵缕样。初便秘而后下痢,泌乳停止。

4) 皮肤型　出现丘疹及水疱疹,并形成褐色痂,有时转为脓肿。

该病往往复发,复发时常拖延 2～3 个月后痊愈。死亡率可达 50％～90％,而幼龄者达 100％。

3. 病理变化

[剖检]

1) 皮肤和眼　死于恶性卡他热的病牛,尸体营养不良,被毛蓬乱,脱水。眼、鼻部有分泌物并常结成淡褐色痂。眼睑充血,显著水肿,因此眼裂狭窄。结膜苍白,呈油脂样色泽,常散布小点状出血。眼角膜周边或全部发生混浊,眼前房含有混浊液,其中混有灰色絮片。虹膜常与晶状体粘连。鼻镜糜烂覆有干痂。在角基部、颈部、腰部、腹壁、会阴部以及乳头等部皮肤常见疱疹和丘疹,干后结痂,并形成斑状脱毛区。剥去硬痂,留下糜烂和溃疡。皮下组织多无变化,但在颈间和胸下部皮下有时可见浆液性出血性浸润。

2) 消化道　唇内面、齿龈、舌、颊、软腭、硬腭黏膜充血和斑点状出血,散布灶状坏死,表面覆盖有黄色斑点状或灰色的坏死性假膜,剥去假膜遗留大小不等、外形各异的糜烂或溃疡。咽部、会厌及食管黏膜有糜烂或溃疡与充血、出血。

瘤胃与网胃黏膜可见弥漫性出血或糜烂,少数病例瘤胃乳头则明显出血。瓣胃扩张,充满干燥、坚实的食块；瓣叶肥厚、充血，乳头肿胀；皱胃通常空虚，或含有少量混有黏液的混浊液体，黏膜充血、水肿、散布有斑点状出血，在大弯部常见有圆形或卵圆形溃疡，溃疡边缘呈堤状隆起，底部呈鲜红色，表面有干酪样物覆盖。

肠管呈急性卡他性炎，有时则为纤维素性出血性炎或纤维素性坏死性炎。小肠黏膜肿胀，被覆多量混浊黏液，并显示充血、点状出血或糜烂等变化。盲肠、结肠及直肠内含少量混有纤维素和血液的液体，黏膜肿胀、充血、点状出血及有小糜烂。

3) 呼吸器官　鼻腔黏膜肿胀、充血和散布点状出血，有少量混浊的黏液或絮状分泌物。偶尔表面覆有污棕色的纤维素假膜。鼻甲骨、鼻中隔及筛骨黏膜均见同样病变。严重病例，可见上颌窦、额窦及角窦炎症，表现为窦壁黏膜呈弥漫性暗红色，窦腔蓄积黄白色黏液脓样渗出物，有时病牛的角变得松动，容易脱落。

咽和喉头黏膜充血、肿胀，有多发性糜烂或溃疡，表面覆盖灰黄色假膜。气管及大支气管黏膜充血、出血，有时亦见溃疡，偶尔发生纤维素性气管炎。

肺充血、水肿及气肿，肺胸膜出血。病程较长时常见支气管肺炎或具坚实的红色肝变区。

肝脏肿大，呈黄红色，质地脆弱。多数病例，肝被膜散布针头大或粟粒大的白色小点，即血管周围单核细胞浸润灶。胆囊胀大，充盈浓稠黑色胆汁，胆囊壁肥厚，黏膜充血、出血和糜烂。

肾脏肿大，柔软，呈黄红色，明显充血，被膜散发点状出血，在皮质的表面可见白色病灶，此为非化脓性间质性肾炎病灶。

心脏纵沟、冠状沟、心内膜均见出血斑点，纵沟和冠状沟的脂肪组织浆液性萎缩；心肌混浊呈灰黄红色，有时在心肌切面见有小坏死灶。少数病例的主动脉弓内壁散布多量芝麻大至粟粒大的灰白色、硬性结节状病灶，隆起于内膜表面。

全身淋巴结肿大，尤以头颈部、咽部及肺淋巴结最为明显，呈棕红色，其周围显示胶样浸润；切面隆突、多汁并有点状出血，偶见坏死灶。脾脏稍肿大或中度肿大，被膜散布点状出血，切面呈暗红色，结构模糊。

中枢神经系统仅见软膜充血和水肿。

[镜检]　皮肤病变，表现为真皮层有各种白细胞浸润，浅层发生水肿，静脉淤血、出血及血栓形成，血管周围有单核细胞、淋巴细胞、浆细胞和少量嗜酸性粒细胞浸润。表皮鳞状上皮生发层细胞水泡变性，部分细胞坏死和形成水疱，以后相互融合成片，最后即形成糜烂。

眼病变，见结膜上皮水泡变性和不规则增生，结膜固有层及巩膜下有单核细胞、淋巴细胞、浆细胞及嗜酸性粒细胞浸润，结缔组织细胞亦增多。毛细血管内皮增生、肿胀，血管周围细胞浸润与真皮下血管的变化相同。角膜基质的结缔组织疏松、水肿，有时可见多量中性粒细胞浸润。眼房液含有中性粒细胞、单核细胞、淋巴细胞及细胞碎片。虹膜、睫状体及网膜的细胞浸润与结膜固有层和巩膜的变化相同。视神经、眼窝缘及眼肌等部位的血管亦呈现前述的血管变化。此外，眼的各部组织充血。

口腔黏膜病变类似皮肤变化，但唾液腺腺管上皮显示增生，排列不规则，小叶间有单核细胞、淋巴细胞、浆细胞等浸润。

瘤胃、网胃变化与皮肤相同。皱胃黏膜上皮脱落，黏膜固有层及黏膜下层充血、出血，血管内皮肿胀、增生，中膜纤维素样变。血管外膜轻度增生，并有淋巴细胞、单核细胞、浆细胞及嗜酸性粒细胞呈管套样浸润。

肠管黏膜上皮坏死、脱落，黏膜下层显著水肿，血管变化与皱胃相同。

肺脏，见支气管黏膜固有层有单核细胞、淋巴细胞、浆细胞、中性粒细胞和嗜酸性粒细胞积聚,支气管黏膜上皮增生,并由于固有层的细胞堆积而向管腔突出。多数呼吸性细支气管的黏膜上皮呈泡状,管腔内含有黏液、细胞碎片及中性粒细胞。肺泡壁因细胞增数而增厚,肺泡腔积有浆液、红细胞、脱落的肺泡上皮及中性粒细胞。大小血管均呈现外膜细胞和内皮细胞增生,血管中膜纤维素样变,血管外膜有单核细胞、淋巴细胞,偶尔有嗜酸性粒细胞、浆细胞和中性粒细胞积聚。所有血管均高度充血。

除肝细胞脂肪变性和散在小坏死灶外,汇管区和小叶间血管周围有多量单核细胞、淋巴细胞和少量中性粒细胞、嗜酸性粒细胞浸润。胆囊黏膜固有层和毛细血管周围也具有同性质的细胞浸润。

肾小球及间质血管周围均有多量淋巴细胞、单核细胞、浆细胞及嗜酸性粒细胞浸润,浸润严重的肾小球和血管因受压而发生萎缩和血管腔狭窄或闭塞。肾盂、输尿管及膀胱显现急性出血性卡他性炎变化。

心肌纤维变性,肌间散在小出血灶,肌间及小血管周围有白细胞浸润,血管壁纤维素样变。心内膜亦见炎性细胞浸润。有的病牛心肌尚见局灶性实质性心肌炎病灶。主动脉弓眼观所见病变,镜检表现为中膜和外膜的滋养血管均有明显的炎症、坏死和钙化病变。

淋巴组织显示成熟的淋巴小结细胞消失。网状内皮细胞及淋巴样细胞增生与破坏。淋巴结的髓质窦充满单核细胞,髓索浆细胞增量,并见淤血、水肿和血管炎。外层皮质变薄,缺乏淋巴小结和生发中心。有些病例则见副皮质区变宽和增生活跃,出现大量淋巴母细胞,这说明恶性卡他热病毒对原始网状结缔组织细胞有特殊的亲和性,表现为网状结缔组织的增生和坏死反应。

脾组织白髓增生,在红髓内有多量含铁血黄素沉着;脾小梁破坏及透明变性,其血管壁亦透明变性。

子宫、卵巢、睾丸、肾上腺及脑垂体等器官的血管变化也均表现为坏死性动脉炎和静脉炎,即血管外膜有多量淋巴细胞、单核细胞、浆细胞、嗜酸性粒细胞浸润,内皮肿胀、增生,并见纤维素性血栓,血管壁纤维素样变。

大脑各叶、嗅球、丘脑、基底神经核、中脑、脑桥、延髓以及小脑各部均有明显的非化脓性脑膜脑炎病变。软膜血管充血、水肿,有单核细胞、淋巴细胞及少数嗜酸性粒细胞浸润。脑膜炎的变化以小脑最明显。严重病例,脑膜和血管发生坏死,脑实质血管周围间隙扩张,有外膜细胞、单核细胞、淋巴细胞和嗜酸性粒细胞增生、浸润,形成典型的血管套现象。有的血管壁呈现纤维素样变,有些血管周围出血。脑各部的神经细胞变性,尤以大脑各叶、海马回、延髓和小脑更为严重。神经细胞呈现浓缩、溶解或胞浆中出现空泡,核偏位或消失,在延髓迷走神经核的运动细胞和小脑的浦金野氏(Purkinje)细胞最明显。变性的神经细胞周围有胶质细胞包围,出现典型的卫星现象或噬神经现象。胶质细胞呈弥漫性或局灶性增生。

4. 诊断

对头眼型病例,一般通过临床检查和了解有无与绵羊、角马的接触史等,即可作出初步诊断。对其他型的病例,则需结合流行病学、临床症状、病理变化进行综合诊断。恶性卡他热时的血管病变具证病性意义。但在鉴别诊断方面应注意与牛瘟、牛传染性角膜炎及口蹄疫相区别:牛瘟的病程急剧,传播迅速,多呈流行性,并以消化道的病变为主,无眼部变化和上呼吸道损害,也不见神经症状;牛传染性角膜炎是由牛嗜血杆菌引起的以眼结膜和角膜发生明显炎症变化、伴发大量流泪及其后发生角膜混浊为特征的地方流行性传染病,少见全身症状和病理变化,故不难与该病相区别;而该病的口腔变化易与口蹄疫相混淆,但恶性卡他热常常没有蹄部变化,口腔、鼻镜无水疱形成。

十一、绵羊肺腺瘤病

绵羊肺腺瘤病(sheep pulmonary adenomatosis)又称为驱羊病(jaagsiekte),是由疱疹病毒引起的以细支气管黏膜上皮和肺泡上皮腺瘤化增生为特征的慢性传染病。该病遍及全世界所有养羊的国家,我国内蒙古及西北各省的养羊地区也屡有发现。该病对各种年龄和品种的绵羊都能感染,但以3～5岁者多见,细毛羊与无病区绵羊特别敏感,山羊也可能感染。该病的感染率平均约2%,死亡率为1%～5%。

1. 病原及其传播方式

病原为一种慢作用性疱疹病毒,其大小为80～120nm,有囊膜,在pH3的环境下或加热至56～60℃即可灭活,在绵羊胎儿的肺细胞及巨噬细胞上培养生长良好。该病的自然感染大概是由于吸入污染病毒的飞沫经呼吸道而感染,特别是冬季羊群密集、长途驱赶以及患有寄生虫病或肺疾患时,可促进该病发生。病毒进入终末细支气管黏膜上皮细胞与肺泡中隔,引起感染。

2. 主要临床症状

常呈地方性流行。病羊的早期症状是在运动后时有咳嗽和喘息。随着病程的发展,病羊咳嗽频繁并逐渐消瘦、呼吸困难和流泪。肺部听诊,有明显的湿性啰音。流水样鼻涕,尤其是当低头或高抬后躯时,往往见多量水样鼻液从鼻孔流出,有时可多达200ml以上。除并发肺感染外,体温与食欲均无变化。

3. 病理变化

[剖检] 肺脏常因气肿、腺瘤增生及含多量液体而显著膨胀,其体积可达正常肺的3～4倍。肺脏病变多为单侧性,偶有两肺同时发病者,病变多位于肺胸膜下,部分病例因病变部隆起而使肺胸膜凹凸不平。有时病灶位于肺组织深部,须切开方能见到。依病变范围的大小可分为以下三种。

(1)原发性小灶性(肺泡性)病灶:此种病灶呈粟粒大、灰白色,大的也可达黄豆大或豌豆大,直径1～10mm。系由数个或一群腺瘤化了的肺泡组成。

(2)小叶性病灶:为融合性病灶,表面不平整,边缘呈锯齿状。切面有时呈圆形或椭圆形,其周围常见密集的粟粒样病灶。小叶性病灶有时可侵犯一个肺叶的1/3。

(3)大叶性或大灶性病灶:侵犯一个肺叶的大部甚至整个肺叶,病灶呈灰白色实变,质脆,触摸有滑腻感。病变肺叶的支气管和血管一般尚可辨认。病灶边缘不整,周围也有小灶性病灶散在地分布于正常的肺组织中。肺脏如继发细菌性感染时,则在大灶性病灶中可发现脓肿形成。病程久者,病变部硬化,肺胸膜增厚,并与肺粘连。大灶性病灶与脓肿一般多见于膈叶,尤其是膈叶的前2/3和腹面。

支气管淋巴结和纵隔淋巴结通常不肿大或轻度肿大,切面呈灰白色,有时由于存有转移性腺瘤结节而使淋巴结变形。

[镜检] 见肿瘤细胞起源于肺泡壁Ⅰ型上皮细胞与终末细支气管黏膜上皮细胞,主要表现为以下三种病变。

(1)肺泡壁上皮细胞与细支气管黏膜上皮细胞增殖:肺泡上皮细胞变成立方形或柱状上皮,核染色质呈细网状,胞浆稀薄而淡染,进而增殖成绒毛状突起,突入肺泡腔,并具有一个由中隔增生的结缔组织性中心,正常肺泡的界限常因这种增生而遭破坏,使整个病变区呈乳头状囊腺瘤形态。有的肺泡壁上皮细胞仅部分增生呈复层上皮状。瘤细胞通常不见核分裂相。

在原发病灶一般只侵犯数个肺泡,很少有绒毛状突起。但在小叶乃至大叶性病灶中,肺泡的正常结构常被破坏,乳头状突起明显,同时在腺瘤化肺泡的周围,常伴发肺泡气肿、萎陷与充盈细胞性渗出物。有时瘤细胞密集成团,呈实体样。细支气管黏膜上皮细胞也常参与腺瘤形成,有软骨片的小支气管黏膜上皮细胞一般不见增生,但个别也可形成乳头状腺瘤或囊腺瘤。瘤细胞不穿透管壁,也不进入肺泡。细支气管黏膜上皮细胞都可形成乳头状腺瘤,呼吸性终末细支气管的乳头状腺瘤则进入肺泡,成为肺腺瘤的组成部分(图9-4,见图版)。

(2)肺泡腔内巨噬细胞增多:病变区有的肺泡群为巨噬细胞所充满,巨噬细胞的细胞核呈肾形,胞浆淡红色,常吞噬脂滴或其他异物。该病变多继发于肺泡壁上皮细胞增生之后。

(3)间质反应:腺瘤化的肺泡中隔见有不同程度的淋巴网状细胞增生和纤维结缔组织增生。病变早期间质反应轻微,病程越长间质反应越明显,甚至肺泡为一片增生的结缔组织所取代,此时肿瘤细胞继发坏死。疾病后期病变呈纤维瘤样,腺瘤样细胞消失,增生的间质还往往出现黏液样变,甚至形成黏液瘤。黏液瘤细胞核呈圆形或椭圆形,染色质较丰富,胞浆稀少,胞浆突起呈星芒状,相互连接成网眼样,偶见分裂相。有时在黏液瘤内还见有不等量的成纤维细胞,构成软性纤维瘤区。

4. 诊断

从鼻腔分泌物中检出肺腺瘤上皮、补体结合反应等,可作为该病诊断的依据。该病必须与绵羊梅迪鉴别,绵羊梅迪病的特征为:肺内网状细胞呈肿瘤状增生,肺间质、支气管和血管周围淋巴小结增生,肺泡上皮增生不形成腺瘤样结构。

十二、牛腺病毒感染

牛腺病毒感染(bovine adenoviral infection)是由腺病毒属的牛腺病毒和绵羊腺病毒分别引起犊牛和绵羊羔以呼吸道和消化道受害为主的急性传染病。

1. 病原及其传播方式

牛腺病毒属立方形的DNA病毒,具有腺病毒科所有的形态与生化特征。病毒粒子大小为64～80nm,呈二十面体,含双股DNA,无类脂质和糖。可在犊牛肾和睾丸单层细胞中生长繁殖,并引起细胞病变。对乙醚、氯仿和去氧胆酸钠有抵抗力。在室温条件下可存活1～4个月。对干燥和冻融有抵抗力。主要经呼吸道或消化道感染。病毒在牛体内,主要侵害血管,特别是毛细血管和小静脉的内皮细胞和上皮细胞,引起以呼吸道和消化道受累为主的疾病。

2. 主要临床症状

1～4周龄犊牛易感,表现结膜炎、肺炎、肺肠炎、腹泻和多发性关节炎(弱犊综合征)。发病率达70%～80%,死亡率低。成年牛感染无临床症状。

3. 病理变化

[剖检] 病死牛鼻道黏膜充血、肿胀,分泌物增多,呈现黏液性脓性卡他。肺散在淤血斑、一致暗红色的实变小叶和膨胀不全的区域。咽背侧、支气管、纵隔、肠系膜等淋巴结水肿,切面贫血。心肌、肾脏和肾上腺皮质有出血斑点,有时小肠黏膜呈急性卡他性炎症、肠壁出血和水肿。慢性经过死亡的病牛,可见各种性质的肺炎,在肺胸膜和肺内有出血病变。跛行病例尚见关节周围有明显的淤血斑块和水肿。

[镜检] 见支气管黏膜上皮增生排列紊乱、重叠,管腔充填坏死脱落的细胞碎片,造成堵塞或半堵塞。最常见的是肺泡间隔明显增厚。肺泡萎陷或气肿扩张。肺间质小血管周围以淋

巴细胞为主的白细胞聚集。毛细血管和小静脉内皮肿胀、坏死、脱落和出血。在肺泡、细支气管和气管等黏膜上皮细胞以及血管的内皮细胞中见有嗜碱性核内包涵体,其周围有透明带与附着有染色质的核膜相隔。

由鼻腔和气管滴入病毒感染犊牛,7d后发病,出现与自然病例相同的临床症状。在呼吸道上皮细胞和血管内皮细胞中,尤其肺泡上皮细胞中,可见大量核内病毒包涵体。电镜检查受损的细胞,核内有多量病毒粒子,呈圆形或六角形,具有一个直径55nm的核芯,周围是一层致密的衣壳。外壳直径75～80nm。病毒粒子常常排成线状,呈现结晶体外形。

4. 诊断

①细胞培养物分离病毒后用血清学反应定型。②对康复牛特异性抗体的检查和鉴定。③荧光抗体法进行早期和快速诊断,以鉴别腺病毒的混合感染。

十三、牛皮肤乳头状瘤病

牛皮肤乳头状瘤病(bovine papillomatosis)是由病毒引起的牛皮肤乳头状瘤或称为寻常疣(common wart),并具有传染性。个别情况下可见同时引起结缔组织肿瘤。

应该指出,并非所有的乳头状瘤均由病毒引起,动物中也存在非病毒性乳头状瘤,但其所占比例尚不清楚。由于乳头状瘤病毒不能在组织培养中生长,因此病毒病因的证明是较为复杂的。

1. 病原及其传播方式

该病病原为牛皮肤乳头状瘤病毒(BPV),其属于乳多空病毒病中较大的病毒,直径为55nm,DNA相对分子质量为$5×10^6$。病毒粒子存在于病变皮肤的颗粒细胞层及角质层细胞核内。病变组织经超薄切片做电镜检查,在角化细胞内可见到圆形典型颗粒。负染标本中病毒粒子直径为47～53nm。牛乳头状瘤病毒有4个型。

牛自然感染乳头状瘤病,发病年龄多在2岁以内。成年牛具有免疫力,自然情况下,该病的传播方式不甚明确,推测为病牛与正常牛之间的密切接触,病毒经破损皮肤侵入。经过污染的挽具、注射针头也可发生间接传播。

2. 主要临床症状

2岁以内小牛皮肤数量不等的乳头状瘤,通常经过1～12个月之后自行消散。用瘤组织制备的福尔马林自家疫苗,可获得良好的免疫效果。

3. 病理变化

牛皮肤乳头状瘤最常发生于颈、颌、肩及垂皮,其次为耳、眼睑及唇部皮肤。严重时可见趾间乳头状瘤病。

[剖检]　牛皮肤乳头状瘤最初在发病部位皮肤上出现多数分布不均的灰色、圆形、光滑突起结节,其大小由高粱米粒大到豌豆大,以后结节逐渐增大,颜色加深为褐色或暗褐色,表面粗糙与角质化,形成大小不等、形状不规则的乳头状或花椰菜样突起肿块。肿块直径常为5～10cm,其下有狭窄的蒂或广基与皮肤相连。大的乳头状瘤易受损伤而发生出血与感染。

[镜检]　瘤组织的表皮与真皮同时增生而呈乳头状突起。表皮型乳头状瘤上皮增生占有优势。棘细胞层肥厚(棘皮病)及失去张力原纤维,棘细胞发生空泡化。增生表皮表面过度角化与角化不全。基部过度生长的表皮突之间衬以增生的真皮髓心。颗粒细胞层细胞内可见嗜碱性核内包涵体,但自然病例并不常见。纤维型乳头状瘤亦可见棘细胞层肥厚、过度角化及表

皮突肿胀,但真皮的增生更为突出,表现为大而丰富的成纤维细胞增生。实验证明上皮划痕接种的犊牛,上皮的增生比结缔组织明显,结缔组织较成熟,细胞不丰富。而以同一种病毒进行皮内接种,则最初引起单核细胞反应及以后表现真皮乳头层的纤维增生。处于消退中的乳头状瘤,表现棘细胞层逐渐变薄,纤维细胞核浓染、减少,基质边缘见多量单核细胞浸润。

4. 诊断

病牛颈、颌、肩及垂皮,其次为耳、眼睑及唇部甚至于趾间皮肤,形成表面粗糙与角质化、大小不等、形状不规则的乳头状或花椰菜样突起肿块,肿块直径常为 5～10cm,其下有狭窄的蒂或广基与皮肤相连。瘤体周围皮肤的颗粒细胞层细胞内偶见嗜碱性核内包涵体,即可作诊断。

十四、牛生殖器纤维乳头状瘤病

牛生殖器纤维乳头状瘤病(fibropapillomas of bovine genitalia)是由牛皮肤乳头状瘤病毒引起牛的年青公牛的阴茎及母牛阴道黏膜的纤维乳头状瘤。肿瘤一般于 1～6 个月后自然消退。手术后可以再发,但不转移。

[剖检] 阴茎的纤维乳头状瘤形状不太规则,常有蒂。阴门上的乳头状病初期呈圆形无柄,但可逐渐变为花椰菜样。

[镜检] 瘤组织的结缔组织成分明显增生,而其上覆盖的表皮仅有轻度增生。肿瘤大部分由相互交错的纤维细胞束组成。许多丰满的梭形细胞有明显的核仁,有时核内尚可见嗜伊红性包涵体样结构。肿瘤的前期,成纤维细胞有许多核分裂相,易误诊为纤维肉瘤。随后胶原纤维逐渐增加。肿瘤表面坏死与损伤后继发溃疡的病例,可发生肿瘤浅层的炎症细胞浸润及水肿,这给诊断增加了困难。

[诊断] 青年牛生殖器特征性乳头状瘤,在肿瘤的梭形细胞核内有时可见嗜伊红性包涵体样结构。以上病变特征可作诊断依据。此外,牛乳头状瘤病毒还可引起膀胱息肉与纤维瘤,同牛的慢性地方性血尿病的肿瘤类似,应注意鉴别。

十五、牛细小病毒感染

牛细小病毒感染(bovine parvovirus infection)是由细小病毒引起犊牛肠道和呼吸道病变为主的一种急性传染病。

牛细小病毒感染广泛分布于世界各养牛地区,尤其能在大群养牛场引起流行。

1. 病原及其传播方式

牛细小病毒颗粒外观呈圆形或六角形,直径为 23～28nm,衣壳由三种多肽组成,核酸系单股 RNA。能抵抗乙醚、氯仿和 pH3 的处理,65℃下 30min 加热不能灭活。因其有血细胞吸附性能,故称血细胞吸附肠炎病毒。可从健康犊牛粪便或患有腹泻、呼吸道疾患、结膜炎的病牛及流产胎牛中分离到该病毒。

该病毒对豚鼠、猪和人的 O 型红细胞,以及马、绵羊、山羊、犬、鹅、鸭、大鼠的红细胞都有强凝集作用,但不能凝集牛、猫、兔、鸡、小鼠红细胞。该病毒仅能在原代和次代牛胎的肾、肺、脾、睾丸和肾上腺细胞内良好增殖,但不能在牛传代细胞系增殖。在培养条件上,不仅能在处于有丝分裂过程中的细胞内增殖,也能在已形成单层的细胞培养物内增殖。在接种病毒后 3～4d 出现细胞病变,起初细胞内出现颗粒样变化,继之固缩直至完全溶解脱落。在接种病毒后 18～24h 出现嗜酸性核内包涵体。

病毒能通过胎盘感染胎儿。一般认为该病通过粪便传播是最常见的方式。

2. 主要临床症状

感染犊牛出现腹泻，康复的犊牛生长不良；母牛发生流产；有些牛出现浆液性结膜炎，偶见发热及呼吸道症状等。

3. 病理变化

[剖检]　病牛消瘦，可视黏膜苍白或有出血点；眼窝下陷，呈脱水征象；肛门周围被稀粪污染。消化道，包括口腔、食道和皱胃黏膜水肿、出血，严重者发生坏死和溃疡；回肠、空肠和结肠黏膜呈现程度不同的充血、出血或糜烂；盲肠、直肠有卡他性、出血性或溃疡性炎症；肠系膜淋巴结肿大、出血，有的实质内发生坏死。

[镜检]　见胃黏膜和黏膜下层水肿、充血或出血。小肠黏膜充血、出血或见有局灶性糜烂，并见有多量炎性细胞浸润；肠壁淋巴小结出血、坏死；肠系膜淋巴结也见有同样变化。在肠管病变部用荧光抗体检查见有病毒存在，特别在肠腺上皮细胞。肠绒毛中央乳糜管、黏膜固有层细胞、局部淋巴结、胸腺、脾、肾上腺和心肌均可见有荧光细胞。在受感染的肾上腺细胞中，病毒可形成包涵体。

4. 诊断

牛细小病毒感染可以认为是犊牛腹泻、牛流产、死产和畸胎的病原，但犊牛腹泻病也可由其他病原体如轮状病毒、冠状病毒、沙门氏菌和肠致病性大肠杆菌引起。因此，必须依靠流行病学调查和系统的实验室检查方可确认，如从感染犊牛粪便或其他组织分离到病毒，用电子显微镜鉴定粪便中病原体；也可用血细胞凝集试验、荧光抗体试验诊断该病。

十六、牛口蹄疫

牛口蹄疫（bovine foot and mouth disease）是由口蹄疫病毒引起的牛急性、热性和传播极为迅速的接触性传染病。其临床剖检特征是，在牛的口腔黏膜及蹄部皮肤及皮肤型黏膜上形成大小不同的水疱和烂斑，因此称之为口蹄疫，或称"口疮"或"脱靴症"。在呈急性致死性经过的病例，还表现全身败血症变化，并于心肌和骨骼肌形成变性和坏死病灶。

口蹄疫曾在全世界绝大多数国家流行，至今仍有70多个国家发生该病，危害极大。该病主要侵害黄牛、奶牛、水牛、牦牛和猪，其次是绵羊、山羊和骆驼，野生偶蹄动物、肉食兽犬和猫也有发病。人对该病也易感，但症状和病变较轻，主要表现发热和在手、脚、口黏膜形成小水疱。

1. 病原及其传播方式

口蹄疫病毒属于小核糖核酸病毒科中的口蹄疫病毒属（Aphthovirus），病毒呈球形，在病畜病变部的水疱皮及其淋巴液中含毒最多。口蹄疫病毒在同一培养物中，可看到完全粒子、中空粒子、亚单位蛋白及VIA抗原（virus infection associated antigen）4种抗原。其中，完全粒子具有感染性和免疫原性，血清学反应具型特异性；VIA抗原只在动物体内或组织培养物内病毒复制时才能形成，无免疫原性和型特异性，故可用以检测动物是否感染过任何一型口蹄疫病毒。

病畜在临床症状出现后不久，即从分泌物中排出毒力很强的病毒。被病畜分泌物和排泄物污染的饲料、用具、饮水及病畜的皮毛和肉、乳产品如消毒不严均可成为传播该病的媒介。该病病原主要通过消化道、呼吸道、损伤和无损伤的黏膜与皮肤感染。

2. 主要临床症状

病牛体温升高达40～41℃，精神沉郁，食欲减退，反刍迟缓，闭口流涎，开口时有吸吮声。

1～2d后,在唇内面、齿龈、舌部及颊部黏膜发生水疱,约有蚕豆大至核桃大,此时流涎增多,含有白色泡沫,常常布满嘴边,采食、反刍完全停止。水疱内容物初为无色透明或淡黄色液体,后变混浊,呈灰白色,水疱约经一昼夜破裂,于浅表形成边缘整齐的红色烂斑。水疱破溃后,体温降至常温,烂斑逐渐愈合,全身症状好转。

3. 病理变化

该病根据病程经过和病变特点,相对区分为良性口蹄疫和恶性口蹄疫两型,现分述如下。

1) **良性口蹄疫** 该型病畜很少死亡,并且是最多见的一种病型。其病变分布很有特点,主要在皮肤型黏膜和少毛与无毛部的皮肤上形成水疱、烂斑等口蹄疮病变。

[剖检] 口蹄疮在口腔主要位于唇内面、齿龈、颊、舌背部和腭部,有时也见于鼻腔外口、鼻镜、食管和瘤胃,无毛部皮肤以乳头、蹄冠、蹄踵、趾间等处最为多见,肛、阴囊和会阴部次之。口蹄疮的形态依动物种类、机体抵抗力和病毒毒力不同而异。

牛的水疱可达黄豆大、蚕豆大乃至核桃大,水疱液初呈淡黄色透明,后因水疱液内含有红细胞和白细胞而呈粉红色或灰白色。水疱破裂后,形成鲜红色或暗红色边缘整齐的烂斑。有的烂斑表面被覆有淡黄色渗出物,干涸后形成黄褐色痂皮,经5～10d烂斑即被新生的上皮覆盖而愈合。如水疱破裂后继发感染细菌,则病变可向深部组织扩展而形成溃疡,在蹄部则可继发化脓性炎或腐败性炎,严重者造成蹄壳脱落。

绵羊除于蹄部形成水疱病变外,母羊还常伴发流产。山羊的水疱病变多发生于硬腭和舌面,由于病灶较小,易被忽视,但唇、颊常表现肿胀乃至发展为蜂窝织炎。有半数左右的病例也存有蹄部病变。

[镜检] 口蹄疮部的组织病理变化,主要表现皮肤和皮肤型黏膜的棘细胞肿大、变圆而排列疏松,细胞间有浆液性浸出物积聚。随病程发展,肿大的棘细胞发生溶解性坏死直至完全溶解,溶解的细胞形成小泡状体或球形体,故称之为泡状溶解或液化。

棘细胞层以上的颗粒层、透明层和角化层细胞,由于细胞间相互联系紧密,因而尽管发生变性或溶解,但仍保持着相互间的联系;由于其形成细网状,故称之为网状变性。水疱底部则为乳头层组织,并仍保留有部分基底层细胞。水疱内容物内混有坏死的上皮细胞、白细胞和少量红细胞;此外在变性的上皮细胞内还偶见有折光性很强的嗜酸性的类同包涵体的小颗粒。

良性口蹄疫多半呈良性转归,口蹄疫水疱破溃后遗留的糜烂可经基底层细胞再生而修复。如病变部继发细菌感染,常可导致脓毒败血症而死亡。此时除于感染局部见有化脓性炎外,还可见肺脏的化脓性炎、蹄深层化脓性炎、骨髓炎、化脓性关节炎及乳腺炎等病变。

2) **恶性口蹄疫** 该型病例多半是由于机体抵抗力弱或病毒致病力强所致的特急性病例;也有良性病例病势恶化导致急性心力衰竭而突然死亡的现象。

[剖检] 该型病例的主要变化见于心肌和骨骼肌。成龄动物骨骼肌变化严重,而幼畜则心肌变化明显。心肌主要表现稍柔软,表面呈灰白、混浊,于室中隔、心房与心室面散在有灰黄色条纹状与斑点样病灶,由于它与心肌红褐色底色相间似虎皮斑纹,故称为"虎斑心"。

骨骼肌变化多见于股部、肩胛部、前臂部和颈部肌肉,病变与心肌变化类似,即在肌肉切面可见有灰白色或灰黄色条纹与斑点,具斑纹状外观。

软脑膜呈充血、水肿,脑干与脊髓的灰质与白质常散发点状出血。

[镜检] 见心肌纤维肿胀,呈明显的颗粒变性与脂肪变性,严重时呈蜡样坏死并断裂、崩解呈碎片状。病程稍久的病例,在变性肌纤维的间质内可见不同程度的炎性细胞浸润和成纤维细胞增生,乃至形成局灶性纤维性硬化和钙盐沉着。

骨骼肌肌纤维变性、坏死,有时也见有钙盐沉着。

神经细胞变性,神经细胞周围水肿;血管周围有淋巴细胞和胶质细胞增生围绕而具"血管套"现象,但噬神经细胞现象较为少见。

恶性口蹄疫的口蹄疮病变常不明显,口腔也多半无水疱与糜烂病变,故诊断比良性口蹄疫困难。

4. 诊断

该病根据流行病学、临床症状和病理变化特点,一般即可做出诊断。要确定病型,则可用病畜口蹄疮部的水疱皮或水疱液做补体结合试验进行毒型鉴定;或以病畜恢复期的血清用乳鼠做中和试验或琼脂凝胶免疫扩散试验来鉴定毒型,以便有针对性地进行疫苗注射。

与牛恶性卡他热区别:后者亦具高热和在口黏膜形成烂斑等特点,但一般无水疱发生,同时其传播速度和范围也远不如口蹄疫。另外,牛恶性卡他热除发生于牛外,猪等其他动物不易感;同时具有鼻镜和乳头等部发生坏死与眼角膜发生混浊等特征病变。

十七、绵羊蓝舌病

绵羊蓝舌病(sheep bluetongue)是反刍动物的一种以昆虫为传播媒介的病毒性传染病,主要发生于绵羊,以发热、消瘦、口鼻和胃肠道黏膜形成溃疡以及跛行为主要特征。

1. 病原及其传播方式

蓝舌病病毒(bluetongue virus,BTV)属呼肠孤病毒科、环状病毒属(*Orbivirus*),病毒的核衣壳直径约 63nm。呈正二十面体对称,由 32 个大型壳粒组成,成熟的病毒粒被包围于一个囊膜样结构中,使其直径达 70~80nm,病毒的遗传物质为 10 个双股 RNA(dsRNA)片段,因此很容易在宿主体内发生重组或重排而产生新的重组株。绵羊不分品种、性别和年龄都有易感性,美利奴羊及鹿最为敏感;牛和山羊多呈隐性感染,极少见明显的临床症状。该病的传播媒介主要是蠓类、羊虱、羊蜱蝇、虻属等,叮咬昆虫也可起到传播媒介的作用。还可通过胎盘垂直传播,患此病的公畜可通过精液将其传染给母畜,然而健、病羊之间的直接接触不引起疾病传播。

2. 病理变化

[剖检] 最明显的病变见于消化系统。口腔黏膜水肿、充血、发绀、出血,尤以舌、颊乳头尖端明显。在唇的内侧、上齿垫、舌的侧面、舌尖、舌背面以及与臼齿相对的颊部黏膜常见糜烂和溃疡。重症羊的舌体因严重淤血而呈蓝紫色,故称之为"蓝舌病"。食管黏膜也见有出血、糜烂和溃疡,但较口腔病为轻。胃浆膜下有散在的出血点,瘤胃黏膜的出血以乳头尖部最为明显,糜烂和溃疡多发于食管沟处。网胃和瓣胃的出血、糜烂和溃疡主要出在黏膜皱褶的尖端。皱胃常见斑点状出血,有时可见黏膜脱落;小肠黏膜常见斑点状出血。肝淤血、肿大,胆囊膨满,充满胆汁,有的病例可见胆囊黏膜出血、糜烂和溃疡。

呼吸系统常见鼻腔被脱落的黏膜上皮及干固的渗出物形成的痂所阻塞。咽黏膜充血,并见少量出血点,咽喉黏膜及周围肌肉均见有水肿。气管和支气管腔内充满白色或血液样泡沫,有的含有瘤胃内容物。肺脏体积增大,见有淤血和水肿,呈不同程度的小叶性肺炎变化。

心血管系统的变化特点是广泛分布的充血和出血。心外膜下常见有稀疏的出血点,在房室孔周围的心内膜下见有出血斑,心冠脂肪发生胶样萎缩,心包散在出血点,心包积水,有时胸腔也见有积水。一些毒株常可导致肺动脉基部出血,有人认为这是该病的证病性变化。

淋巴器官主要是头部淋巴结肿大、水肿、出血,脾轻度肿大。胸腺被膜下有点状出血,肾充血,膀胱、输尿管、阴唇或包皮黏膜常见出血。

皮肤潮红,常见不规则的皮疹或硬斑。四肢和其他暴露部分的表皮脱落,皮下组织水肿。蹄冠常见大量出血点。这些出血点互相融合,在角质组织中形成垂直的红色条纹,劈开蹄壳,见知觉小叶严重充血。骨骼肌常见点状或斑状出血和玻璃样变性,这些变化多出现在股、肩、背和颈部肌肉。

BTV 感染的怀孕母羊常引起胎盘炎而使胎儿急性感染,导致胎儿死亡或发生大脑发育不全、脑积水和骨骼变短等先天性畸形。

[镜检] 口、鼻腔及覆有复层扁平上皮的消化道黏膜,首先是黏膜乳头层毛细血管充血和出血,血管内皮细胞肿胀,胞核淡染,有的浓缩或崩解,毛细血管的完整性被破坏。血管周围见有淋巴细胞浸润。黏膜上皮的基底层和棘细胞层细胞肿胀,细胞核周围的胞浆出现一圈淡染的空晕,胞核浓缩或溶解消失,细胞间的间隙增宽,黏膜上皮的嗜酸性层增厚,角化层脱落。病程进一步发展,则黏膜上皮细胞广泛性坏死、脱落,暴露出黏膜固有层;固有层结缔组织的胶原纤维肿胀,并融合在一起,呈深红色着染;成纤维细胞坏死崩解,常遗留深蓝色的核碎屑,坏死灶伴有中性粒细胞和淋巴细胞浸润。耐过动物的溃疡面愈合较快,可见肉芽组织增生。

肺泡壁毛细血管充血和肺泡水肿,水肿液被染成均匀的红色。在这些肺泡中还可见到少量中性粒细胞,严重的病例则见中性粒细胞充满肺泡。小气管管腔内有时含水肿液和中性粒细胞。

骨骼肌常发生一条肌纤维或多条肌纤维变性。变性肌纤维横纹消失、肿大变形、嗜染伊红、呈玻璃样变,有的则呈现肌浆溶解形成空泡,最后断裂,偶尔可见变性肌纤维周围有少数中性粒细胞浸润,在坏死的肌纤维周围可见巨噬细胞、淋巴细胞浸润并伴有成纤维细胞增生。肌膜尚完整的变性肌纤维还见肌纤维再生,在变性肌纤维之间还常见充血、出血和水肿。

心肌显示肌纤维玻璃样变、溶解及空泡化,罕见中性粒细胞浸润,但肌间常见充血、出血和水肿。

肺动脉血管壁的中层发生出血,出血周围组织水肿,伴有淋巴细胞浸润。平滑肌细胞和弹性纤维变性,严重病例可见平滑肌细胞坏死,其核浓缩或崩解。

淋巴结呈现充血、水肿,淋巴小结肿大或坏死,淋巴窦内皮和窦内网状细胞肿胀,窦腔内含有多量巨噬细胞和中性粒细胞,髓索浆细胞增量。

脾脏见白髓增大,中央动脉内皮细胞肿胀,在白髓周围的边缘区有较多的中性粒细胞浸润。红髓网状细胞肿胀,脾静脉窦充血,伴有含铁血黄素沉着。

3. 诊断

根据舌体严重淤血呈蓝色、消化道黏膜出血、糜烂、溃疡等典型病变可作出初步诊断,确诊最好采高热期的全血接种羊或鸡胚、乳鼠和乳仓鼠分离病毒,再用蓝舌病病毒标准血清并与组织培养的抗原进行中和试验、补体结合试验、琼脂凝胶扩散试验或直接和间接荧光抗体技术鉴定。

蓝舌病应与下列疾病鉴别。

(1)羊接触传染性脓疱性皮炎。该病是具高度接触性传染的疾病,主要发生于羔羊。病羊的上下唇以及鼻、眼周围出现丘疹和水疱,水疱易融合成片,破溃后形成厚层痂皮,痂皮下为增生的肉芽组织。病羊特别是年龄较大的羊,通常不出现严重的全身症状。

(2)溃疡性皮炎。该病的常见症状是跛行,无全身反应,仅见局部病变。面部病变常见于唇和鼻孔外侧,很少蔓延到口腔内部;腿部病变主要发生在蹄冠以下。

(3)口蹄疫。口蹄疫是高度接触传染性疾病,并可感染猪。口蹄疫的糜烂是因水疱破溃而发生的,蓝舌病虽有糜烂和溃疡,但从不形成水疱。

十八、鹿流行性出血病

鹿流行性出血病(epizootic hemorrhagic disease of deer)是由流行性出血病病毒引起鹿的一种病毒性疾病。

1. 病原及其传播方式

鹿流行性出血病病毒有 7 个血清型,病毒粒子直径为 20～30nm,在−70℃可保存 30 个月,在−20℃保存 24 个月,仍可引起鹿的典型疾病。病毒在 HeLa 细胞和吮乳小鼠中可以繁殖。

除鹿以外,未发现其他动物感染发病。不同年龄和性别的鹿,都有易感性。自然流行和人工接种均可发病。该病自然流行时是白尾鹿的高度致死性疾病,但骡鹿(mule deer)也叫黑尾鹿,则发病较轻。曾将健康鹿与病鹿混合同圈饲养,进行接触传染试验,未见发病或产生免疫。该病主要是由库蠓属所传播。流行性出血病病毒在易感鹿引起的病变与蓝舌病相似。

2. 主要临床症状

鹿感染后突然发病,食欲废绝,对人恐惧,有时流涎,心跳加快,呼吸困难。可视黏膜出血,眼结膜和口腔黏膜呈暗红色或蓝紫色,如"蓝舌"样;粪尿带血,有时唾液也带血;体温呈复相升高,即病初与死前病毒血症的高峰期,常达 40.5～41.5℃。病鹿衰弱,最后昏迷。

3. 病理变化

病鹿的皮肤和黏膜出血、坏死和水肿。头部周围水肿,伴发鼻炎、舌炎乃至溃疡。浆膜、肌肉、关节及内脏散布点状或斑状出血,浆膜腔积液。蹄冠部充血、出血伴发蹄叶炎及胃肠炎,此等变化很难和蓝舌病相区别。取舌、心、脑毛细血管和小动脉进行电镜观察,发现血管内皮细胞变化显著,胞浆内有电子密度较高的物质——毒浆,并有病毒粒子和微管样物质堆积,细胞肿大,呈退行性变化,毛细血管腔常被堵塞,从而表明该病毒严重损害毛细血管。

4. 诊断

根据临床症状和病理变化,可作出初步诊断。病鹿的所有组织器官,包括肝、脾、肾、肺、淋巴结和血液,都含有病毒,脾常是分离病毒的最佳部位。可靠的确诊方法,用病料的无菌滤液同时接种易感鹿和免疫鹿,如易感鹿发病,出现典型症状,剖检又能重新分离到病毒,而免疫鹿则不发病,即可确诊。该病必须与蓝舌病、茨城病相鉴别。

十九、牛茨城病

牛茨城病(ibaraki disease in bovine)是由茨城病毒引起牛的一种病毒性疾病,称为流行热。牛咽喉头麻痹可能是牛流行热的后遗症。

该病曾被称为类蓝舌病(bluetongue-like disease)、咽喉头麻痹、非典型流感等。1959 年,从在茨城县发生的病牛中分离出新的病毒,命名为茨城病病毒,以后统称为茨城病。

该病于 1949～1951 年曾在日本暴发,后在南非、澳大利亚等国家曾有该病的报道,在印度尼西亚、中国台湾地区也证明有该病病毒的中和抗体。

1. 病原及其传播方式

茨城病毒属于呼肠孤病毒科、环状病毒属,直径约 50nm,呈球形,具有 32 个壳粒,核酸是双股 RNA,对脱氧胆酸钠、乙醚和氯仿有抵抗性,在酸性环境(pH5.15 以下)下抵抗力不强,−15℃下短时期内灭活。该病毒在牛胎儿肾的 BEK 细胞中易于增殖,出现 CPE。分离出的病毒除 BEK 外,在犊牛肾、绵羊肾、仓鼠原代肾和来自仓鼠的 $BHK_{21}-WI_2$ 或 HmLn-1 等的细胞培养,也出现 CPE,易于增殖。此外,由于传代,在鸡胚细胞(CE)和来源于小鼠的 L 细胞和猪肾的传代细胞上,也出现 CPE 并增殖。

只有牛对该病病原有敏感性,实验动物中对哺乳小鼠致病性强,特别是生后日龄越小的感染性越高。

该病流行多在 8～11 月份,大体上只在北纬 38°以南发生。传播媒介已证明为库蠓属某一种蠓。蠓从感染动物吸血而保毒,或者是经卵感染,在空中飘浮时随风扩散。一般认为蠓到达的地点,由于牛群更新而在抗体保有率降低的情况下引起大流行。

2. 主要临床症状

病牛发热至 39～40℃,结膜充血、水肿,重症病例,结膜向外翻出。初期流泪,随后变为脓样眼屎;流涎具有特征性,带有泡沫;鼻液初期呈浆液性,随后变为脓性;鼻镜、鼻腔内和口腔内黏膜充血、淤血,然后出现坏死。口腔黏膜的坏死见于齿龈、齿床,坏死的痂皮脱落后变成溃疡。

上述症状大体消退后,病牛出现吞咽困难,这是因为与咽下有关的肌肉变性、坏死的结果,在舌部则引起舌麻痹,在咽喉头则引起咽喉头麻痹,还有的发生食管麻痹,即食管部肌肉受侵害,失去紧张和括约力而变成胶皮管状。病牛饮水正常,但饮入的水可从口和鼻孔返流。保留一定程度括约力的病牛,饮水后经数分钟低下头颈时,水从瘤胃返流,病牛由于不能摄取水分而陷于脱水;吞咽困难的病牛在自由饮水时,常因误咽而发生化脓性、坏疽性肺炎。

3. 病理变化

〔剖检〕 临床出现吞咽困难和饮水返流的病例,见上部食管壁弛缓,有时下部紧缩,在食管腔中充满水样的内容物,食管黏膜出血和水肿。皮下组织常呈干燥状态,腹水消失。瘤胃与瓣胃内容物干燥呈粪块状。皱胃黏膜充血、出血、水肿、糜烂、溃疡。所有脏器出血,水肿明显。误咽病牛在肺的下部,可见误咽性的出血性、坏疽性肺炎病灶。

〔镜检〕 出现吞咽困难的牛,其食管从浆膜层至肌层可见出血、水肿,特别是横纹肌变成透明蜡样坏死和钙化,伴发成纤维细胞增生,随后组织细胞、淋巴细胞增数;咽喉部与舌也发生出血和横纹肌坏死;心内膜和心外膜出血,心肌坏死;肾出血;肝脏也可发现出血、灶状坏死以及网状内皮系统细胞活化。此外,可见躯干肌出血、水肿并伴有肌肉坏死。

4. 诊断

该病与蓝舌病的症状很相似,需进行血清学反应予以鉴别。与牛疱疹病毒 I 型感染、口蹄疫、牛病毒性腹泻/黏膜病等的口炎、鼻镜的病变亦相类似;但这些疾病的发生没有地区性、季节性,从流行病学上不难区别。该病与蓝舌病毒感染的鉴别较困难,必须并用荧光抗体法予以鉴别。病原学的诊断,是最确实的鉴别方法。分离病毒时,尽可能用发病后不久的血液或淋巴结等,接种于牛肾、牛胎儿肾、HmLu-1 等细胞培养,观察 CPE 的出现。乳小鼠或仓鼠的脑内接种,也是分离病毒的好方法,对发病的小鼠,再根据中和抗体试验或 CF 试验等,进行病毒的鉴定。

血清学诊断,采取牛发病时和恢复时的双份血清,检测中和抗体效价上升幅度(4 倍以上)。但因该病多为隐性感染,需要考虑流行病学、症状、病理学所见等来作出确诊。

二十、新生犊牛轮状病毒性腹泻

新生犊牛轮状病毒性腹泻(neonatal calf viral diarrhea)是由轮状病毒引起的三周龄以下犊牛急性腹泻症,严重病例见于一周龄内新生犊。多发生于冬季,黄牛、乳牛、水牛及牦牛都可感染。单纯轮状病毒引起的腹泻较缓和且较短暂。通常伴发感染冠状病毒、致病性大肠埃希氏菌、沙门氏菌或隐孢子虫,引起新生犊腹泻。

1. 病原及其传播方式

轮状病毒(rotavirus)是多种幼龄动物非细菌性腹泻的主要病因之一。该属病毒略呈圆形,具双层衣壳,直径65～75nm,其中央为核酸构成的核芯,内衣壳由32个呈放射状排列的圆柱形壳粒组成,外衣壳连接于壳粒末端的光滑薄膜状结构,使该病毒形成特征性车轮状外观。该病毒对环境抵抗力较强,隐性感染动物可不断排出病毒,经消化道感染健牛,也可经呼吸道传播,使新生犊感染。

2. 主要临床症状

该病多发生于1～7日龄的新生犊牛,死于轮状病毒肠炎的犊牛常小于3日龄。病犊常发生水样腹泻、脱水、腹部卷缩、眼窝下陷。

3. 病理变化

[剖检]　病理损害与一般新生犊腹泻无特殊差别。肠道扩张,充满淡黄色水样内容物,肠壁菲薄半透明,无充血及出血。

[镜检]　病变随患病犊牛感染后的时间不同而异。小肠前段绒毛上端2/3的上皮细胞首先受感染,随后感染向小肠中、后段上皮发展。腹泻发生数小时后,全部感染细胞脱落,并被绒毛下部移行来的立方或扁平细胞所取代。绒毛粗短、萎缩而不规则,并可出现融合现象。隐窝明显肥大及固有层中常有单核细胞、嗜酸性粒细胞或中性粒细胞浸润。

4. 诊断

对组织内或粪便中的脱落感染细胞,应用免疫荧光技术可以证实其为轮状病毒,与冠状病毒感染不同的是,轮状病毒感染不引起结肠的剖检及镜检病变。

该病应与牛沙门氏菌病、犊牛梭菌性肠炎、犊牛大肠杆菌病、球虫病和牛冬痢等相鉴别。

二十一、绵羊脑脊髓炎

绵羊脑脊髓炎(ovine encephalomyelitis)又称跳跃病(louping ill),是绵羊的一种以中枢神经系统病变为主的急性传染病,由绵羊脑脊髓炎病毒引起,经绵羊篦子硬蜱传播,呈地方流行性。临床特征为双相热、运动失调、步态奇异、震颤、饥饿、昏迷甚至死亡。病理学特征为脑膜脑脊髓灰质炎。

绵羊脑脊髓炎主要侵犯羔羊、1岁左右绵羊以及引进疫区的敏感羊,偶尔感染牛、马、猪、犬、红鹿、松鸡和人,可实验感染小鼠。由于该病由蜱传播,故该病发生与蜱活动周期一致,有明显的季节性,以春、秋季最为盛行。

1. 病原及其传播方式

绵羊脑脊髓炎病毒属于黄病毒科黄病毒属的病毒。病毒粒子呈球形,含有单股RNA,衣壳和核芯大小分别为44nm和20nm,在细胞浆内复制、成熟。感染该病的组织保存在0℃时,病毒可存活数月;冻干或储存在-70℃,病毒可存活更久。病毒可凝集公鸡的红细胞,在血凝抑制试验中可与其他黄病毒发生交叉反应,在鸡胚内和猪肾细胞中生长。

病毒经蓖子硬蜱叮咬而自然传播。实验表明,猴、人以及小鼠可通过飞沫而受感染,这种传播方式也可发生在绵羊。病毒还可通过山羊乳传染山羊羔。一旦绵羊被蜱叮咬而感染后,处于病毒血症阶段的绵羊又成为新的、最危险的传染源。

2. 主要临床症状

病羊最早出现的症状为沉郁,体温突然升高至42℃以上。一天左右,体温下降,症状好转。通常在第5天左右,体温再次升高。若再出现症状,则见沉郁的病羊头部垂向地面,肌肉运动不协调,嘴唇、颈部震颤,流涎,吐舌,不停地咀嚼,随后过度兴奋,出现后肢同时向前、之后前肢同时向前的奇特跳跃步态,最后出现麻痹。急性病例经1～2d后虚脱、昏迷和卧地不起,四肢剧烈蹬动而死亡;慢性者可持续数月。该病的地方性发病率约为6%,死亡率约占50%,幸存者通常留有神经性后遗症。

3. 病理变化

[剖检]　尸体面部被唾液浸渍,皮肤无毛和少毛处见有蜱附着。脑膜血管充血。

[镜检]　病变特征为非化脓性脑脊髓灰质炎和相应部位的软脑膜炎。表现脑灰质及白质部有血管套及局灶性胶质细胞增生,严重病例有大量中性粒细胞浸润。还有神经元变性、噬神经细胞结节和末梢神经炎。小脑浦金野氏细胞、高尔基细胞(脑脊髓灰质中轴突极短的神经细胞)明显变性。在前庭神经核、基底神经节、三叉神经运动核、网状结构、海马回、延脑及脊髓都可见不同程度的以上病变。脊髓病变主要在颈、腰段脊髓腹角,表现为脊髓灰质炎。

4. 诊断

见有传媒蜱、双相热及跳跃式不协调运动,是该病主要特征。另外,可用病羊的血液、脑干、脊髓匀浆接种鸡胚和绵羊肾细胞,分离病毒作鉴定。

该病应与绵羊波那病、狂犬病、细菌性脑炎相鉴别。

二十二、山羊关节炎-脑炎

山羊关节炎-脑炎(caprine arthritis-encephalitis,CAE)是由山羊关节炎-脑炎病毒(caprine arthritis-enceephalitis virus,CAEV)引起的羔羊急性脑脊髓炎,成年羊关节炎、乳腺炎、慢性进行性肺炎和脑炎等的一组临床病症,以慢性持续性病症为特征。

该病现在呈世界性流行。我国在1987年发现该病,目前已有11个省出现山羊关节炎-脑炎病。

由于该病呈慢性持续性感染,潜伏期长,待该病发现时群体内已经大规模感染,而且一旦感染该病,除羔羊因脑炎死亡外,成年羊大都成为传染源终身带毒,最后因消瘦衰竭而死。所以,早期诊断已是防止该病蔓延的关键。

1. 病原及其传播方式

该病毒与艾滋病病毒同属反转录病毒科慢病毒亚科。

CAEV的主要靶细胞是:山羊的肺、肝、脾和淋巴结中的单核/巨噬细胞,以及脑血管和关节滑膜细胞、肠道内的上皮细胞,肾小管和甲状腺的滤泡中。可引起山羊终身带毒。CAEV的体外培养多用由山羊羔滑囊膜细胞和眼角膜细胞。眼角膜细胞具有更多的优势,它的生长单层比滑囊膜细胞快、厚,可用代次范围大,消化间隔短,且可反复收毒。

CAEV可引起各年龄家养山羊多种慢性进行性疾病,但随着山羊年龄的增加感染的概率加大,7～8 岁羊的感染率是 1 岁羊的 5 倍。而奶山羊的易感性又高于肉山羊,CAEV 感染奶山羊主要引起不孕、流产,产奶量降低,哺乳期缩短,出现并发性疾病等。目前还没有报道 CAEV 感染人。

2. 主要临床症状

感染 CAEV 的山羊大多不表现临床病症,山羊自然感染 CAEV 后主要出现 4 种临床症状。

(1)关节炎。主要发生在性成熟的山羊,表现为关节囊肿大伴有跛足;关节炎可能是突然发作的,但病程是慢性进行性的。病羊身体状况极差,被毛质量不佳。

(2)脑炎。主要在 2～4 月龄的羔羊中可见该病症,病羔羊主要出现跛足、运动失调和后肢麻痹,最终发展为部分瘫痪或者是四肢瘫痪和麻痹症。还可发展为精神沮丧、头痉挛、偏头、发抖、斜颈和转圈运动。

(3)间质性肺炎。这种症状很少造成羔羊呼吸系统的损伤,但可在奶山羊中造成长期间质性肺炎和进行性呼吸困难。

(4)硬结性乳腺炎。也称做"硬乳房病",其不影响奶的质量,但大部分病羊产奶量降低。

3. 病理变化

[剖检]　自然感染的山羊的关节炎主要表现为以腕关节为主的弥漫性滑膜炎,关节周围组织钙化,滑膜液常呈红褐色,黏度小但量大。

脑、脊髓可见不对称性褐色-粉红色肿胀区。脑膜和脉络丛充血,脑实质有软化灶。肺充血、淤血,肺间质增宽,被膜下可见大小不等的坏死灶,肺部质地变硬并呈灰白色,肺切面有泡沫黏液流出。严重病例见有肺肉变,肉变病灶最大的有 30mm。肝脏被膜下有明显的点状、斑状黄白色坏死灶,坏死灶与正常肝小叶界限清楚,质地较硬;胆囊多见肿大;心脏的右心房内膜可见点状出血,心外膜冠状沟脂肪胶样变;肠系膜有出血点,肠系膜淋巴结水肿。

膝关节肿胀,关节液混浊呈淡红色、量多,关节软骨组织及周围软组织发生钙化。

[镜检]　关节滑膜细胞增生,单核细胞浸润,绒毛肥大,血管渗出,纤维素浓缩甚至坏死。关节渗出液的细胞含量增加,几乎均为单核细胞。

脑脊髓组织中见单核细胞浸润病灶,并出现脱髓鞘和脑软化病灶。脊髓液的蛋白质含量增高,淋巴细胞和巨噬细胞数量增多。

在感染初期有大量淋巴细胞、单核细胞和巨噬细胞从血管和乳腺导管中渗出,乳腺淋巴增生,在乳导管基质周围发现单核细胞浸润并在间质出现坏死灶。

肺泡隔膜、支气管及血管周围组织的单核细胞、巨噬细胞增生浸润,甚至形成淋巴小结,慢性间质性肺炎还会在肺泡和肺泡隔膜内出现许多非特异性的大的酯酶阳性巨噬细胞。

[电镜观察]　大脑分子层的星形胶质细胞、水平细胞以及多层细胞的胞浆内线粒体肿胀,变成圆形或不规则形,线粒体膜可见二层结构,有的线粒体变性、坏死、溶解、消失,最后形成空腔,核膜的双层膜不清或破裂,核孔增大,出现染色质游离胞浆中,有的染色质边移或凝集呈团块状,基质减少,核仁消失。大脑髓质中的神经纤维变性、坏死、消失,形成电子密度很低的空腔。神经纤维周围的胶质纤维变性、坏死。小脑皮质中的浦金野氏细胞胞浆中线粒体肿胀成圆形,线粒体膜结构不清楚,溶解、消失,电子密度低,胞核结构不清楚,消失。

关节滑膜上皮细胞严重变性、坏死,结构不清楚,细胞核膜结构不清,染色质凝集成块状、边移核膜、电子密度高、核仁消失、核中央电子密度低。滑膜上皮细胞与结缔组织间具有钙化物沉积。淋巴结内的淋巴细胞胞浆较小,胞浆中线粒体变性、坏死、溶解,形成空腔,核膜清楚、染色质均匀,电子密度中度,网状细胞胞核内染色质丰富,染色质颗粒致密呈块状,粗面内质网形态不一致、呈复合性增生,内有大量中等电子密度的细颗粒状物质,多聚核糖体紧密地排列在内质网膜上。滑膜内质网形态不一致,有的极度扩张,有的较轻,异染质电子密度高。

脾脏具有大量的巨噬细胞,而且巨噬细胞有明显的吞噬现象,胞核内染色质边移紧靠核膜,电子密度较高,核中央电子密度较低,核孔增大,胞浆内具有不同电子密度的吞噬体。脾脏内的浆细胞胞浆疏松,基质减少,线粒体肿胀、溶解、消失,线粒体膜破裂,线粒体内有蛋白质晶体,胞核内染色质边移。电子密度较高,呈块状,中央电子密度较低。

肺脏的肺支气管上皮细胞胞浆内线粒体肿胀、溶解、消失,并有钙盐沉着,胞核染色质疏松,电子密度较低,染色质边移不明显。肺泡壁的分泌细胞游离缘的绒毛卷曲、断裂,胞内线粒体肿胀,肺泡内尘细胞具有明显的吞噬现象。

肝脏的肝细胞胞浆内线粒体大小不等,大部分线粒体肿胀,完全消失甚至发现脂类物质紧靠内膜,胞核内染色质边移,疏松,电子密度低,滑面内质网增殖,内质网有病变和池内糖类物质,常染色质肿胀呈卷曲。

4. 诊断

根据羊群中出现关节炎而跛足;羔羊出现运动失调和后肢麻痹、瘫痪或者头痉挛、偏头、发抖、斜颈和转圈运动;进行性呼吸困难以及硬结性乳腺炎等病例,即可作初步诊断,确诊有赖于病原的分离鉴定。

二十三、牛病毒性腹泻/黏膜病

牛病毒性腹泻/黏膜病(bovine viral diarrheal/mucosal disease)是由牛病毒性腹泻黏膜病病毒引起牛的一种多呈亚临床经过、间或呈严重致死性病程的传染病。剖检以消化道黏膜发炎、糜烂及肠壁淋巴组织坏死和临床表现发热、咳嗽、流涎、严重腹泻、消瘦及白细胞减少为特征。

该病在世界上分布很广,我国近年来亦有发现。该病的易感动物主要是牛,各种年龄的牛都有易感性,但以幼龄犊牛的易感性较高。人工接种可以使绵羊、山羊、鹿、羚羊、仔猪、家兔感染。已经证明,猪可以自然感染,但无临床症状。该病常见于冬春季节。

1. 病原及其传播方式

牛病毒性腹泻/黏膜病病毒属于披膜病毒科(*Tegaviridae*)的瘟病毒属(*Pestvirus*),为有囊膜的 RNA 病毒,呈圆形,大小为 40～60nm,能在胎牛皮肤、肌肉细胞或肾细胞中生长繁殖。

病畜是主要传染源,传播方式则是通过直接或间接接触。病毒侵入易感牛的消化道和呼吸道后,首先在入侵部位的黏膜上皮细胞内复制,然后进入血液,引起病毒血症。继而经血液和淋巴进入淋巴组织,在淋巴结、脾脏和肠壁集合淋巴小结增殖。母牛在妊娠早期感染该病后可导致胎盘感染,除引起死胎和流产外,还可使胎儿发生白内障、小脑发育不全、视网膜萎缩、小眼症、视网膜炎以及免疫功能受损。在妊娠后期感染时,其新生犊通常无症状,但其体内常可检出病毒,或有较高的抗体水平。

2. 主要临床症状

急性型,常见于幼犊,病死率较高。病初呈上呼吸道感染症状,表现为发热(40～42℃)、流鼻汁、咳嗽、呼吸急促、流泪、流涎、精神委顿等,白细胞减少,有时呈双相热。而后口、鼻、舌黏膜发生糜烂或溃疡,出现腹泻。烂斑散在、浅表、细小,不易被发现。腹泻稀如水,混有黏膜和血液,恶臭。有的不出现腹泻。

3. 病理变化

［剖检］　尸体消瘦和脱水。整个口腔黏膜,包括唇、颊、舌、齿龈、软腭和硬腭及咽部黏膜可见有糜烂病灶。食管黏膜的糜烂较严重,大部分黏膜上皮脱落,最有特征性的是小糜烂斑往往排列成纵行。偶尔可见瘤胃黏膜出血和肉柱的糜烂,瓣胃的瓣叶黏膜亦见糜烂。皱胃黏膜炎性水肿,在胃底部皱襞中有多发性圆形糜烂区,直径为 $1\sim1.5mm$,边缘隆起,有时糜烂灶中有一红色出血小孔。小肠黏膜潮红、肿胀和出血,呈急性卡他性炎变化,尤以空肠和回肠较为严重。集合淋巴小结出血、坏死,形成局灶性糜烂,有时其表面覆有黏稠的血色黏液。盲肠、结肠和直肠黏膜常受侵害,病变从黏膜的卡他性炎、出血性炎以至发展为溃疡性和坏死性炎。消化道所属淋巴结肿胀、充血、出血和水肿。颈部和咽后淋巴结亦肿大,呈急性淋巴结炎变化。

鼻黏膜充血、出血及发生糜烂,约有 10% 病例伴发角膜混浊,但多为单侧性和暂时性的。蹄冠部充血、肿胀,趾间可见糜烂或溃疡。全身皮下组织、阴道黏膜及心内外膜出血。肝脏脂肪变性,部分病例的胆囊黏膜显示出血、水肿和糜烂,偶见继发肺炎。有的病例呈现小脑发育不全,表现小脑体积小,在皮质见有白色的或盐类沉积的小病灶。

［镜检］　口腔、食管和前胃黏膜病变类型基本相同。其主要变化是黏膜上皮细胞的空泡变性或气球样变乃至坏死、脱落和溃疡形成,固有层充血、出血和水肿,有数量不等的淋巴细胞、浆细胞及中性粒细胞浸润。皱胃除溃疡部黏膜缺损外,其余部分黏膜均完整无损,但胃腺则呈现萎缩和囊肿样扩张。囊肿样腺体的壁细胞部分显示变性,部分呈现肥大与增生。黏膜下层水肿、出血和中性粒细胞浸润。下段肠管病变比上段严重,初期为急性卡他性肠炎,以充血、出血、水肿和白细胞浸润为特征,继而则发展为纤维素性坏死性肠炎,表现为肠黏膜上皮细胞坏死、脱落,伴有纤维素渗出乃至溃疡形成;固有层肠腺扩张,腺上皮细胞肥大或增生,腺腔内蓄积细胞碎屑、白细胞与黏液;固有层毛细血管充血、出血、水肿和有白细胞浸润;肠壁淋巴小结的生发中心坏死。

淋巴结和脾脏除表现充血、出血和水肿外,最为突出的变化是淋巴结的淋巴小结和脾白髓淋巴细胞明显减少,生发中心显示坏死。髓索或脾索浆细胞与嗜酸性粒细胞增多。

肝细胞变性、坏死,狄氏隙水肿,在汇管区、胆管周围以及肝小叶内见由淋巴细胞和嗜酸性粒细胞组成的细胞性结节,胆管增生、肥大。肾脏的肾小管上皮细胞变性、坏死,管腔内偶见尿圆柱,间质有轻度淋巴细胞呈灶状浸润。肺脏在支气管和血管周围,有淋巴细胞、嗜酸性粒细胞、偶见浆细胞与巨噬细胞浸润。小脑呈现浦金野氏细胞和颗粒层细胞减少,小脑皮质有钙盐沉着及血管周围见有胶质细胞增生。

4. 诊断

根据临床症状和病理变化,特别是口腔和食管黏膜的特征性变化,可以作出初步诊断。确诊该病必须分离病毒,急性发热期可从病畜的血液、尿、鼻液或眼泪中分离病毒,剖检时可采取脾、骨髓或肠系膜淋巴结作为分离病毒的材料。

该病应与恶性卡他热、牛瘟、水疱性口炎、口蹄疫、蓝舌病等鉴别。

二十四、绵羊边界病

绵羊边界病(border disease of sheep)是由边界病毒引起的羊的一种病毒性疾病。由于首先发生在苏格兰和威尔士的边界地区,故名边界病。

该病也发生于新西兰,称为"长毛摇摆病"(hairy shaker disease),在美国发生称为"茸毛羔"(fuzz lamb)。

1. 病原及其传播方式

边界病病毒与牛腹泻/黏膜病病毒极为相近,母羊感染边界病后,血清中出现对边界病病毒和牛腹泻/黏膜病病毒的中和抗体。耐过母羊能在其下一个怀孕期内,呈现对同株病毒再攻击的抵抗力。

自然或实验感染边界病的绵羊,可以产生对腹泻/黏膜病病毒和猪瘟病毒的沉淀抗体与中和抗体。应用边界病病羔的脑、脾组织乳剂,接种怀孕早期的母牛,常使其发生流产,胎儿发育停滞,母牛产生对腹泻/黏膜病病毒的抗体,说明边界病病毒与腹泻/黏膜病病毒是一种十分相近的病毒,且与猪瘟病毒也有一定的类属关系。

人工接种病毒,经肌肉、腹腔、皮下、口腔和眼结膜均可引起感染。

2. 主要临床症状

怀孕母羊染病时,其子宫发生溃疡性或坏死性肉阜炎以及流产。病毒通过胎盘感染胎儿,使胎儿出现结节性动脉周围炎或动脉外膜炎或者导致死胎。所产活羔呈现先天性肌肉震颤、骨骼畸形,细毛羊种则产生反常的茸毛状毛被,即初生羔羊被毛细长,形成边界病胎儿毛被的形象。

3. 病理变化

[剖检] 除怀孕母羊发生溃疡性或坏死性子宫肉阜炎、所产活羔呈先天性肌肉震颤、骨骼畸形及呈茸状毛被外,眼观病变并不常见。多数病例表现脑小、脑室扩张、脑水肿、脊髓狭细而坚实,偶见大脑白质有囊肿性病变及小脑发育不全。

[镜检] 中枢神经系统的主要变化是髓鞘生成不足。髓鞘染色见神经纤维呈扭曲状、肿胀如泡状外观,大脑白质胶质细胞增多,在神经纤维束间有脂质蓄积,但格子细胞却罕见。胃肠和肾脏等器官的小动脉呈多发性结节性动脉周围炎或动脉外膜炎。应用免疫荧光染色,发现皮肤中的病毒抗原位于毛乳头、毛囊和外根鞘中,从而直接影响羊毛纤维的发育而形成茸状被毛。

4. 诊断

母羊的胎盘炎或肉阜炎,可用做该病的早期诊断。该病必须与病毒性腹泻/黏膜病和猪瘟病毒相鉴别。

二十五、牛副流感 3 型病毒感染

牛副流感 3 型病毒感染(bovine parainfluenza 3 virus infection)是牛的一种常见呼吸道病毒性感染病。牛的血清抗体阳性率为 60%~90%。单纯的副流感 3 型病毒感染通常只引起轻微的呼吸道疾病或血清阳性的亚临床性感染。当发生其他病毒、细菌并发感染时,或环境和气候改变、饲养管理不当、机体抵抗力下降等应激因素的诱发下,副流感 3 型病毒即成为牛急性呼吸道疾病的主要病原。在兽医临床上常称为运输热(shipping fever)、运输肺炎(shipping pneumonia)、牲畜围场热(stockyard fever)、出血性败血症。支原体、巴氏杆菌、腺病毒、黏膜病病毒、鼻支气管炎病毒、呼吸合胞病毒是该病常见的继发或并发病原。无并发的感染罕见。

1. 病原及其传播方式

副流感 3 型病毒是副黏病毒属中的一员。这些病毒的特征十分相似。完整的病毒粒子大小为 140~250nm,对乙醚、氯仿敏感,pH3 时不稳定,可凝集鸟、牛、猪、绵羊、豚鼠、人的红细胞,尤以豚鼠红细胞最为敏感。感染的培养细胞具有血细胞吸附性。在胎牛肾细胞培养中能产生干扰素。用豚鼠抗血清所做的中和、血凝抑制、补体结合试验可鉴定人、牛、绵羊的病毒株。病毒可在牛、羊、猪、马、兔的肾细胞培养中生长、增殖，形成合胞体与胞浆和胞核内包涵体。琼脂覆盖培养 3～5d 内形成蚀斑。在鸡胚中生长良好。

副流感 3 型病毒的传播途径是呼吸道与接触感染。

2. 主要临床症状

并发多杀性巴氏杆菌感染的病犊牛，临床特征为低热或中度发热，沉郁，流泪，具轻度浆液、黏液至脓性鼻漏。严重的病例出现咳嗽、呼吸困难和死亡。

育肥的成年牛，因常发生在运输途中，又称牛运输热，通常为一种或多种病毒与巴氏杆菌属细菌、支原体混合感染引起的纤维素性肺炎。病牛出现咳嗽、高热(41℃以上)及严重的呼吸障碍。病牛前肢外展式站立，颈部伸直，张口呼吸并伴发鼾音，流泡沫状唾液。通常在出现咳嗽、高热后 3～4d 或出现严重呼吸障碍后几小时内死亡。

3. 病理变化

［剖检］　可见尸体鼻道、气道黏膜上有黏液化脓性渗出物被覆。

肺膨隆常充满整个胸腔，肺胸膜被覆易剥脱的纤维素性膜。肺尖叶、膈叶出现暗红色实变区，尤以膈叶最明显。切面见病变累及肺脏实质，呈暗红色和灰白色，小叶间质极度增宽，呈现大理石样外观。严重的病例病变侵犯整个肺叶或肺叶的大部分。肺支气管淋巴结、纵隔淋巴结肿大、出血。

［镜检］　肺组织初期病变为急性气管炎、支气管炎、细支气管炎，并向邻近的肺泡扩散而引起肺泡炎。细支气管和肺泡内有中性粒细胞浸润、水肿和出血。病程发展，见细支气管黏膜上皮细胞呈不同程度增生和形成空泡与坏死，空泡化的细支气管黏膜上皮和肺泡巨噬细胞内出现嗜酸性胞浆包涵体。鼻、支气管、肺泡上皮细胞内的包涵体数量较少，核内包涵体罕见。此时细支气管和肺泡内渗出物中出现巨噬细胞、淋巴细胞和少量中性粒细胞，致使细支气管堵塞，许多肺泡塌陷。肺泡中隔、血管、支气管周围有不等量的淋巴细胞浸润。病程稍久，病变区出现多量浆细胞及细支气管黏膜上皮和肺泡 II 型上皮细胞增生。许多肺泡上皮细胞化生，偶见双核或多核细胞，细支气管和肺泡渗出物以细胞碎屑、巨噬细胞、浆液纤维素性渗出为主。当上皮大量增生时，胞浆内包涵体则不易见到。后期病变可见渗出物开始被机化。

［电镜观察］　实验感染犊牛在急性肺炎早期，副流感病毒在呼吸道黏膜上皮细胞内与肺泡巨噬细胞内繁殖。小支气管和细支气管的纤毛上皮和纤毛丧失。细支气管的非纤毛上皮(Clara 氏细胞)增生形成增生带，肺泡内 II 型上皮细胞广泛增生导致肺泡上皮化。肺泡和细支气管黏膜上皮可见坏死。恢复期的早期阶段，在受损伤的细支气管和肺泡上皮表面上出现巨噬细胞，并重新形成新的上皮。

4. 诊断

病牛高度呼吸困难，鼻腔有脓性分泌物，大理石样肺(纤维素性肺炎)及空泡化的细支气管上皮和肺泡巨噬细胞内出现嗜酸性胞浆包涵体，这些病变特征可作为诊断依据，病原定型有赖于病毒的分离鉴定。

二十六、绵羊副流感 3 型病毒感染

绵羊副流感 3 型病毒感染(sheep parainfluenza 3 virus infection)是由绵羊副流感 3 型病毒引起的绵羊急性呼吸道疾病。绵羊副流感 3 型病毒与溶血性巴氏杆菌混合感染时，可引起类似自然发生的绵羊慢性地方性肺炎或绵羊非进行性肺炎的病变。除溶血性巴氏杆菌外，该病

常见的继发病原还有支原体、衣原体、副百日咳波氏杆菌、呼吸合胞病毒、腺病毒、呼肠孤病毒等。

1. 病原及其传播方式

该病病原与牛副流感 3 型病毒相似，而且后者可经试验感染引起羔羊呼吸道病征及肺炎，而绵羊副流感 3 型病毒可引起犊牛肺炎但无呼吸症状。

2. 主要临床症状

该病最急性病例常无明显症状而死亡。急性病例出现高热(41～42℃)、耷耳、垂头、拒食、流黏液性脓性鼻漏、流泪、呼吸困难、时常咳嗽、委顿、体重下降，1～3 周内发生肺炎。羊型副流感 3 型病毒接种断初乳一周龄羔羊后，表现为低度双相热、倦怠、沉郁、厌食、呼吸困难以及咳嗽。

3. 病理变化

[剖检]　自然感染病例主要见肺前叶膨胀不全、充血。肺尖叶和心叶出现多发性暗红色至灰色实变区。试验性继发感染溶血性巴氏杆菌羔羊，见肺胸膜被覆纤维素性渗出物，胸水量增加、混浊，有时为血性胸水。肺体积膨大，肺前叶与膈叶前下部出现大面积暗红色或灰白色实变区。支气管、纵隔淋巴结肿大，充血。

[镜检]　自然感染病例见细支气管和肺泡管上皮脱落、坏死，细支气管和肺泡管堵塞，继之见细支气管和肺泡管上皮增生。肺泡毛细血管充血、肺泡和肺泡中隔有广泛的单核细胞浸润，肺泡中隔增厚，肺泡上皮坏死。变性的细支气管与肺泡上皮内有许多胞浆内包涵体。但感染 1 周后包涵体便不复存在。

试验性继发感染病例，见肺泡内出现炎性渗出物与少量透明膜形成。早期变化为肺泡中隔充血、水肿和上皮细胞增生，支气管管腔内、支气管黏膜下、肺泡腔与肺泡中隔内有纤维素渗出、出血以及大量中性粒细胞浸润。病变进一步发展可形成融合性病变，肺泡腔、肺泡中隔坏死，被炎性细胞、渗出物所占据。坏死灶周围有中性粒细胞浸润带。随后中性粒细胞逐渐减少，巨噬细胞、淋巴细胞增生，逐渐取代中性粒细胞，其周围甚至可形成包囊。支气管、血管周围淋巴细胞增生，有时形成生发中心。肺泡中隔因单核细胞增生而增厚。整个病程常可见散在或堆积成丛的细长的、着色较深的燕麦细胞(oat cell)。

[电镜观察]　在病毒感染后 3～5d 的细支气管黏膜的纤毛与非纤毛上皮、Ⅰ型与Ⅱ型肺泡上皮内均可见到病毒芽与核蛋白包涵体。

4. 诊断

许多其他病因所致的牛和绵羊的呼吸道疾病与副流感 3 型病毒感染的Ⅰ型临床症状相似，根据临床症状、病理学变化确定该病比较困难，因此须借助分离、鉴定病原或进行血清中和及血凝抑制等实验室诊断来确诊。

二十七、牛瘟

牛瘟(rinderpest cattle plague)是由牛瘟病毒引起牛的一种败血性传染病。其特征是全身败血性病变、消化道黏膜发生卡他性、出血性、纤维素性坏死性炎症。

该病最易感的动物是牛，但因种类不同易感性也有差异。一般说来，牦牛易感性最大，犏牛次之，黄牛又次之。山羊、绵羊、骆驼、鹿、野牛、黄羊等动物也有不同程度的易感性。肉食动物、单蹄动物、小实验动物及人都对之有抵抗力。

1. 病原及其传播方式

牛瘟病毒属于副黏病毒科的麻疹病毒属,平均直径为 120～300nm,为单股 RNA 病毒,在病畜发热期存在于血液、组织液、分泌液和排泄液中。

干燥易使病毒失去活力,病牛皮在日光曝晒 48h 即可无害,但在盐腌和低温下则相当稳定。病牛是主要的传染源。病毒由病畜的分泌物和排泄物排出,特别是尿,病畜体温升高的第 2 天,尿中就存有大量病毒。自然感染通常是经消化道,也可经鼻腔和结膜感染。传播的最主要方式是与病畜接触,或通过病畜的皮、肉及被污染的饲料、饮水、用具、动物以至人类而传播。患病的妊娠母牛,可能使胎儿在子宫内感染。此外,蚊、蝇、蜱等吸血昆虫的机械性传播也是可能的。

2. 主要临床症状

病牛体温升高至 40℃ 以上,精神沉郁,结膜潮红,有黏液脓性分泌物,眼睑肿胀。鼻镜干热,甚至龟裂,附有棕黄色痂状物。最常见的特点是:口腔流涎,口腔黏膜出现弥漫性充血,并于舌下、齿龈、唇内和颊内出现小米粒大灰色或灰黄色小点,恰似麸皮撒在黏膜上一样,逐渐汇合成假膜,易被剥脱,遗留下边缘不整的红色烂斑。剧烈腹泻,粪便带血或混有坏死脱落的肠黏膜碎片,恶臭。孕牛常流产。病牛迅速衰竭,一般经 4～7d 死亡。

3. 病理变化

[剖检] 死于牛瘟的尸体显著消瘦,严重脱水,眼球陷凹,眼、鼻孔和唇的附近皮肤附有浆液黏液性乃至脓性分泌物。肛门附近及尾根部皮肤污染粪便。直肠黏膜发红、肿胀。口腔内流出带泡沫的液体,其中混有血液。皮下组织淤血,胸部皮下有时见到气肿(间质性肺气肿所引起)。体表淋巴结肿大,呈暗红色,切面多汁。在有些病例的胸、腹腔内,含有黄色或暗褐色液体。

口腔黏膜病变特征:口腔的唇内面、齿龈、颊、舌的腹面等处,严重病例可见硬腭和咽部,出现坚硬灰黄色粟粒大的小结节,突起于黏膜面,其后结节变软,有时在上皮中形成肉眼可见的小泡。表层细胞崩解,形成污秽灰黄色或灰白色碎屑状或薄片状物。剥去此坏死物,遗留大小不同、分界鲜明的鲜红色糜烂。糜烂互相融合,则形成地图状较大缺损。以上病变最初见于唇内表面和齿龈黏膜上,逐渐向口腔其他部位黏膜发展。

咽和扁桃体黏膜,常有纤维素性或纤维素性坏死性炎症,往往遗留溃疡。食管的病变,尤其是上 1/8,类似口腔和咽,但不很严重。

瓣胃通常积聚大量干燥食块。有些病例,在瓣胃叶的黏膜上可见糜烂。皱胃空虚,仅含有少量混有黏液或血液的黏稠液体。幽门部黏膜肿胀,黏膜上皮散布微小的坏死灶,黏膜呈淡红色到暗褐色不规则的出血性条纹。黏膜下层水肿,皱襞增厚,横切面黏膜下呈胶冻样。病程后期,黏膜上皮出现较大的坏死、脱落区,形成烂斑与溃疡,溃疡面呈青灰色,底部出血而呈红色,溃疡边缘隆起。溃疡面还常有血凝块或纤维素性假膜覆盖。

十二指肠的起始部和回肠的后段黏膜皱襞的顶部有出血条纹,偶见糜烂。空肠内有污灰色、暗褐色或黄绿色的,混有纤维素性碎片的恶臭液体。空肠黏膜有暗红色出血斑点,表面被覆纤维素性假膜。黏膜下集合淋巴小结肿胀突出于黏膜表面,常常坏死而呈黑色,结痂脱落后,即形成深陷的溃疡。

回盲瓣显著肿胀、突出于肠腔内,类似紫红色的圆锥体,黏膜散发小点状出血,被覆纤维素性假膜。重症病例,整个盲肠黏膜皱襞充血,密发小点状出血,呈鲜红色或暗红色,颇似斑马被毛的条纹。病势最严重病例,则黏膜因弥漫性充血与出血而呈现一片红色,偶见糜烂。肠腔内含有暗红色血液和部分血凝块。盲结肠连接处，肠壁明显充血、出血、水肿而增厚，黏膜糜烂。盲肠孤立淋巴小结肿胀，形似小结节，其中可挤出脓样或干酪样物。以后表面覆有淡黄色干酪样痂，脱落后形成溃疡。

结肠和直肠黏膜皱襞充血、出血、水肿和糜烂，有时黏膜面散播糠麸样物，肠腔内含有暗红色血液和部分血凝块。此种变化以直肠更为明显而常见。

肠系膜淋巴结显著肿胀，暗红色，呈出血性淋巴结炎。肝脏淤血，实质变性。胆囊显著肿大，积有多量黄绿色或混有血液的胆汁，胆囊黏膜散布斑点状出血，偶见烂斑。

脾脏有时稍肿胀，被膜散发小点状出血。肾淤血和实质变性，肾盂周围水肿，有时肾盂部黏膜上皮脱落。膀胱黏膜散布小斑点状出血，间或见黏膜上皮脱落。心肌弛缓、脆弱，有时见淡黄色条纹。心外膜和心内膜常有点状出血。血液呈暗红色，凝固不良。

呼吸道黏膜肿胀、充血，散发点状或线状出血。鼻腔和喉部黏膜常见小点状出血，伴发糜烂与溃疡，其表面覆有纤维素性假膜。气管（尤其是上 1/3）黏膜上有线状出血。病程稍长者，支气管内积有胶样纤维素性块状物。常见肺泡和间质气肿，并发不同程度的充血与出血，有时还见支气管肺炎病灶。

脑膜和脑实质充血，散发小点状出血。骨髓和管状骨内表面也有出血变化。

母畜生殖器的黏膜常有炎症变化，尤以阴道部明显。流产胎儿主要呈现全身败血症变化。

［镜检］　初期口腔黏膜的结节，为角化层下炎性细胞浸润和上皮细胞的空泡变性。黏膜固有层和腺体周围见巨噬细胞、淋巴细胞和浆细胞浸润。随后有大量中性粒细胞浸润。以后结节处角化层坏死、崩解，并有纤维素渗出。

胃壁溃疡病变深达黏膜肌层。脑组织表现为急性非化脓性脑炎变化。脾组织见脾白髓坏死。

4. 诊断

牛瘟的诊断，除根据临床症状、病理变化和流行病学外，还必须进行病毒学和免疫学的检查，如细胞培养、补体结合试验、琼脂扩散试验、中和试验、间接血凝试验，荧光抗体诊断、酶联免疫吸附试验和麻疹血凝抑制试验等。在临床病理变化上，要注意与口蹄疫、牛巴氏杆菌病、血孢子虫病、牛恶性卡他热、水疱性口炎、黏膜病及传染性牛鼻气管炎等相鉴别。

二十八、牛水疱性口炎

牛水疱性口炎（vesicular stomatitis in bovine）是由水疱性口炎病毒引起的一种高度接触性传染病。该病以在舌、齿龈、唇、乳头、冠状带、指（趾）间等处的上皮发生水疱为特征。

自然感染的动物有牛、马、猪以及鹿和浣熊等。水疱性口炎病毒可使牛、马、猪、羊、鸡、鸭、鹅、豚鼠、大鼠和小鼠等动物发生实验感染。棉鼠、家兔、仓鼠和雪貂对该病毒最敏感。

1. 病原及其传播方式

水疱性口炎病毒属于弹状病毒科，含单股 RNA。病毒粒子呈弹状或圆柱状，大小为 80nm×120nm，表面囊膜有均匀密布的短突起，其中含有病毒型的特异性抗原成分。病毒粒子内部为密集盘卷的螺旋状结构。

该病发生于夏季，寒冷季节即停止流行。病毒可在白蛉和伊蚊体内分离到，并能在其体内复制。已确认白蛉、蚊等昆虫的叮咬是传播的主要途径。有人认为食入含病毒的节肢动物或污染的牧草通过唇和口腔黏膜的小伤口也可发生感染。奶牛群可通过挤奶进行传播。

2. 主要临床症状

在病牛的口、唇、乳头等部位皮肤见水疱。

3. 病理变化

［临床病变］　病牛的口腔黏膜、舌、颊、硬腭、唇、鼻（也见于乳头和足）初期出现小的发红斑点或呈扁平的苍白丘疹，后者迅速变成粉红色的丘疹，经1~2d形成直径2~3cm的水疱，水疱内充满清亮或微黄色的浆液。相邻水疱相互融合，或者在原水疱周围形成新水疱，再相互融合则变成大区域感染。水疱在短时间内破裂、糜烂，其周边残留的黏膜呈不规则形灰白色。上皮组织很快再生，经1~2周可痊愈；如果继发细菌感染，水疱变成化脓性，则当其愈合时形成瘢痕。

［镜检］　病变始于棘细胞层上皮，细胞间桥伸长和细胞间隙扩张形成海绵样腔，使细胞变小并彼此分离，腔内充满液体，随着腔的融合而形成水疱。在水疱中有胞浆破碎的感染细胞、外渗的红细胞和以中性粒细胞为主的炎症细胞。病变可累及到基底细胞层与真皮上部，呈现水肿和炎性变化。水疱破裂后，存留的基底细胞层再生出上皮并向中心生长，最后修复。

［电镜观察］　可见受侵害的角质细胞含有很多桥粒、胞浆内出现空泡。胞浆中张力原纤维减少，胞膜变厚，胞浆皱缩，胞浆间桥变得明显。游离于黏膜水疱中的角化细胞发生核浓缩，常见球形或三角形胞浆碎块，桥粒与胞膜相连，在游离角化细胞周围有中性粒细胞、细胞碎屑和液体围绕。

4. 诊断

水疱性口炎病变与口蹄疫和疱疹病很难区分。可用病畜水疱或感染组织乳剂接种鸡胚或组织培养细胞来分离病毒。分离的病毒可用中和试验、补体结合试验和琼脂凝胶扩散试验进行鉴定。也可应用间接酶联免疫吸附试验（ELISA）检测水疱性口炎病毒所致的抗体，这是一种快速、准确和高敏的检测方法。

二十九、牛流行热

牛流行热（bovine epizootic fever）是由牛流行热病毒引起的一种急性传染病。主要临床特征为高热、僵直、跛行。该病又称牛暂时热（bovine ephemeral fever）、牛三日热（three-day sickness）、僵硬病（stiff sickness）。临床上与流行性感冒相似，故曾称牛流行性感冒。该病流行于非洲、亚洲和大洋洲的许多国家和地区。我国曾有该病发生。

牛流行热可引起奶牛的产乳量降低，在晚期产乳量可减少80%，牛乳质量下降，长期不能恢复正常，发情期明显延迟。病公牛精子畸形率达70%。役用牛因跛行或瘫痪而失去使役能力。如果病牛继发感染或长期卧地可导致死亡，有时死亡率达10%。

1. 病原及其传播方式

牛流行热病毒属弹状病毒科，含单股RNA，病毒呈子弹形或圆锥形，长120~170nm，宽60~80nm，具有囊膜。对乙醚、氯仿和去氧胆酸盐等脂溶剂敏感。病毒在pH2.5或pH12的条件下经10min被灭活；在pH5.1的条件下经60min也可被灭活。

该病一般流行于夏末秋初吸血昆虫大量滋生的季节。实验证明，病毒可在蚊或库蠓的体内繁殖，并在蚊体内分离出病毒，因此认为这些昆虫在该病的传播上起着很大作用。该病毒是与血液中的白细胞及血小板等组分相结合，因此只有通过吸血昆虫的间接传染才有流行病学上的意义。

2. 主要临床症状

病牛突然呈现高热（40℃以上），持续 2～3d 后下降。高热的同时，病牛流泪，眼睑和结膜充血、水肿。呼吸促迫，发出哼哼声，流鼻汁。食欲废绝，反刍停止，多量流涎，粪便干或下痢。四肢关节肿痛，呆立不动，呈现跛行，或站立困难而倒地。孕牛可流产。奶牛泌乳量迅速下降或停止。大多数牛能耐过，少数病例可因瘫痪而淘汰，个别病牛可因窒息或继发肺炎而死亡。

3. 病理变化

［剖检］　实验和自然感染病例的主要病变为心包积液，胸腹腔积水。鼻腔、咽喉、气管等上呼吸道黏膜有明显的充血、出血，肺气肿、水肿和灶状肝变。皱胃、小肠黏膜以及肾常见充血。最显著变化为浆液性、纤维素性多滑膜炎、多腱鞘炎以及关节周围炎。表现关节滑膜水肿，有小出血点，关节囊中含有纤维素凝块，骨骼肌呈局灶性坏死。个别病例见脑膜血管充血，脑脊液增加，外周神经的神经外膜有斑状出血。常见全身淋巴结水肿。

［镜检］　见滑膜、腱鞘、肌肉、筋膜、皮肤的静脉毛细血管内皮增生；血管周围有中性粒细胞浸润和水肿；血管外膜细胞增生；血管壁坏死、血栓形成、血管周围纤维化。肺呈卡他性肺炎变化，支气管内充满脱落上皮细胞、单核细胞和中性粒细胞等。

4. 诊断

根据流行病学和临床症状，可作出初步诊断。进一步确诊需要进行病毒的分离和鉴定。应用免疫荧光试验证明病料中的特异抗原，是一种快速、敏感的方法。

三十、绵羊进行性间质性肺炎

绵羊进行性间质性肺炎（chronic progressive pneumonia）又称绵羊梅迪病（Maedi disease），是成年绵羊的一种慢性病毒性传染病。梅迪是冰岛语，意指呼吸困难。

1. 病原及其传播方式

病原属反转录病毒科、慢病毒亚科，含有单股 RNA，病毒颗粒为球形，直径 80～120nm，外表为单层或双层的囊膜，囊膜上有纤突，长 10nm。成熟的病毒颗粒是从感染细胞的胞膜表面出芽而释放出来的。病毒能在绵羊脉络膜丛、肺、睾丸、肾、肾上腺和唾液腺的细胞培养中繁殖，并可产生特征性的多核巨细胞。病毒对乙醚、氯仿、间位过碘酸盐和胰酶敏感，可被 0.1% 福尔马林，4%酚，50%乙醇，紫外光，pH4.2 以及 56℃、10min 灭活。

梅迪病病毒主要通过飞沫由呼吸道感染。侵入肺泡和细支气管的管壁细胞，引起肺泡上皮细胞的增生与肥大，扁平上皮变为立方上皮。细支气管和血管周围的淋巴样细胞增生，以及巨噬细胞与淋巴细胞浸润，致使肺泡隔显著增厚而肺泡腔变狭小，气体交换障碍，逐渐发生缺氧，最后窒息死亡。

2. 主要临床症状

病羊衰弱、消瘦、呼吸困难、最终死亡，病程 3～6 个月或更长，潜伏期可达 2 年以上。

3. 病理变化

［剖检］　病死羊尸体消瘦。剖开胸腔时肺不回缩，往往表面有肋骨压迹。肺的病变以靠肺门部为严重，肺膨隆，重量显著增加，健康羊的肺脏质量为 300～500g，而病羊则可达 800～1800g，病肺均匀增大，坚实，似橡皮样，呈灰黄色至灰褐色。晚期病例，可透过浆膜见到数目不等的粟粒大淡灰色半透明的小结节。后者切面干燥，细支管肥厚。支气管淋巴结和纵隔淋巴结肿大达正常的 2～3 倍。有继发性细菌感染时，常常发生肺脓肿或肺粘连。

　　[镜检]　主要呈慢性间质性肺炎,肺泡隔增厚及淋巴滤泡增生。胸膜增厚,肺脏膨大,肺胸膜下可见许多新形成的淋巴滤泡灶,即剖检所见的半透明的小结节。肺泡隔增厚主要是由于大量的淋巴细胞浸润,纤维细胞、网状细胞、胶原纤维以及网状纤维增生,肺泡上皮细胞增生与立方化,小叶间与小叶内有淋巴滤泡形成的缘故。肺炎区内的大多数肺泡闭塞或缩小。在细支气管和小血管周围的淋巴细胞增生十分显著。增生的淋巴滤泡具有生发中心,其中常有数目不等的核分裂相。此外,在终末支气管和肺泡壁内还可见平滑肌纤维增生。病羊肺脏常因继发细菌感染,因而伴有化脓性支气管肺炎或肺脓肿。

　　支气管与纵隔淋巴结内淋巴滤泡增大与增生,呈慢性增生性淋巴结炎。

　　患病母羊在乳腺小叶间质中有淋巴细胞与浆细胞浸润,病程较长的病例在导管周围可形成淋巴滤泡灶。

4. 诊断

　　根据特征的症状与病变可对该病作出初步诊断。成年绵羊肺胸膜上散在无数针头大到粟粒大的淡灰色半透明的小点,是重要的证病性病变。若用50%～98%的乙酸溶液涂擦肺脏表面,经2min后,这种小点变为乳白色而十分明显。镜检见肺内形成的淋巴滤泡灶及间质性肺炎也具有证病性,易与其他病因引起的肺炎相区别。生前用琼脂凝胶免疫扩散试验作疫情普查,已被广泛采用,必要时依靠病毒分离进行确诊。

　　鉴别诊断上应特别注意与绵羊支原体肺炎区别,支原体肺炎是羔羊的疾病,而梅迪是2岁以上成年羊的疫病。其次还需要考虑与肺腺瘤病、寄生虫性肺炎、肺脓肿和其他肺脏疾病相区别。

三十一、牛白血病

　　牛白血病(bovine leukosis)是由病毒引起的牛淋巴细胞异常增殖的肿瘤性疾病的总称,表现为病牛全身淋巴结肿胀。

　　牛白血病分布于世界各地。我国于1974年首次发现于上海,目前已有许多省市有发生该病的报道,奶牛、黄牛、水牛均可染病。

　　1968年,国际牛白血病委员会以临床变化为基础将该病分为成年牛多中心型(adult multicentric type)或地方流行性牛白血病、犊牛多中心型(calf multicentric type)、胸腺型(thymic type)和皮肤型(skin type)白血病4型,后3型又称为散发性牛白血病。

1. 病原及其传播方式

　　地方流行性牛白血病病原是牛白血病病毒(bovine leukemia virus,BLV),而散发型牛白血病的病因尚不明确。牛白血病病毒属反转录病毒科、致瘤病毒亚科(Oncovirinae),C型致瘤病毒群(type C oncovirus)。病毒粒子呈球形,具有双层囊膜,囊膜上有突起,囊膜下为二十面体对称的衣壳,衣壳内有一个细丝样螺旋对称的核蛋白结构,病毒基因组由单股RNA构成。病毒粒子内含有反转录酶。

　　牛白血病病毒可通过垂直和水平途径传播。垂直传播主要是感染牛白血病病毒的母牛通过胎盘或经初乳传播给犊牛。水平传播主要是同群牛间的接触感染及通过中间媒介在牛群之间传播。中间媒介主要为吸血昆虫和输血、疫苗接种、外科手术时所用器械。

2. 主要临床症状

　　多数病牛不呈现症状,只在血液中出现抗体,有持续的甚至是终身的淋巴细胞增多症和异常的淋巴细胞而无肿瘤。呈现症状的牛突出的表现是体表和内脏淋巴结肿大。肿大的淋巴结光滑、可移动、无热无痛。有些病例出现呼吸困难、吞咽障碍、心动过速、心音异常、胃肠慢性膨气或顽固性下痢、眼球突出以及跛行、共济失调、不全麻痹乃至完全麻痹等症状。病牛体温正常、生长缓慢、体重减轻、产奶量下降、容易疲劳,发病后,有的很快死亡,有的持续数周或数月后死亡。

3. 病理变化

[剖检] 地方流行性牛白血病主要发生于 2 岁以上的成年牛。病牛明显消瘦,具有特征性的变化是部分或周身淋巴结肿大,并在各个内脏器官、组织形成大小不等的结节性病灶或弥漫性肿瘤。肿大的淋巴结多呈不整球形,由鸡蛋大到小儿头大,甚至更大。肿胀的体表淋巴结触摸时有移动感。通过直肠检查可触知盆腔及腹腔内肿大的淋巴结和其他内脏器官的淋巴结肿瘤病灶。肿大的淋巴结表面有增生的结缔组织包膜,切面呈鱼肉样,常伴有出血或坏死,质地柔韧或稍硬。全身大部分器官、组织均可见有此种肿瘤,其多发于淋巴结、心脏、子宫和第四胃。此外,肿瘤病变还见于第一、二、三胃以及直肠、肺、脾、脑、主动脉弓、齿龈、横隔、骨骼肌、眼底等处。肿瘤组织多呈结节状,突起于器官表面,切面呈鱼肉样。有些器官在表面不见肿瘤结节,但切开后可见到呈浸润性生长的瘤组织。

[镜检] 肿瘤细胞可分为两类。一类体积大于正常淋巴细胞,胞浆丰富,呈强嗜派洛宁着染,核呈多形性,一般呈圆形或椭圆形,核染色质细、淡染,见较多核分裂相。另一类瘤细胞体积较小,与小淋巴细胞相似,胞浆匮乏,呈弱嗜派洛宁性,核浓染,分裂相少,细胞形态比较一致。肿瘤细胞在完全瘤化的组织中呈弥漫性分布,瘤细胞之间有网状细胞构成支架。网状细胞突起互相交织成网,并可与肿瘤细胞紧密相贴。在不同区域,网状细胞的分布疏密不等,肿瘤细胞散布于网状细胞构成的网眼内。上述两类肿瘤细胞可呈区域性分布,也可混合存在。眼观未见肿瘤病变的器官组织,镜下观察也常见到肿瘤细胞的浸润和增殖。由于肿瘤细胞的侵害和压迫,常导致被侵害器官、组织的细胞变性、坏死。

[电镜观察] 肿瘤细胞呈不规则的多边形,核居中央,常为侧面凹陷的肾形,少数分成二叶或多叶,核仁较大,一般 1～2 个,多者可达 4 个以上,异染色质边集。较多的细胞见有核小囊,并见有深陷的核切迹。胞浆丰富,但细胞器较少,多聚核糖体和游离核糖体较丰富,粗面内质网稀少,高尔基复合体罕见,胞浆内多空泡。

通过运用抗表面膜免疫球蛋白(SmIg)单克隆抗体对肿瘤细胞检测表明,肿瘤细胞为 SmIg 阳性,因而认为地方流行型牛白血病的肿瘤细胞起源于 B 淋巴细胞。散发性牛白血病很少发生,经济损失甚微,不明点较多。

4. 诊断

根据病理解剖学和病理组织学检查结果可作出最后诊断。

三十二、新生犊冠状病毒性腹泻

新生犊冠状病毒性腹泻(neonatal calf coronavirus diarrhea)是由冠状病毒引起新生犊牛以腹泻为特征的一种传染病。其主要特征为病程急骤、播散迅速、严重腹泻、小肠绒毛萎缩。世界上许多国家均有报道,我国各大型奶牛场也屡有发生。

1. 病原及其传播方式

病原体具冠状病毒所有的形态、生化和生物物理学特征。含单股 RNA,近似球形,直径 60～160nm,有特征性囊膜,对乙醚敏感。能在胎牛肾细胞培养中复制,连续继代到第 24 代时,引起肾细胞形成合胞体。也适应于乳鼠脑中生长。

病原常由病畜的排泄物污染环境,新生犊牛经口感染病毒。

2. 主要临床症状

病犊开始排出淡黄色水样便,吃奶犊牛常排出含有乳凝块的稀粪。病犊红细胞压积由正常的 32% 上升到 49%～61%,呈现严重脱水。

3. 病理变化

该病毒引起的病变如同猪传染性胃肠炎。

[剖检]　尸体脱水,肠腔积液。

[镜检]　最重要的病理组织学变化见于小肠。有诊断意义的是除十二指肠外,所有肠段的切片上均可见到肠绒毛的萎缩和减少。应用免疫荧光检测表明,腹泻初期在小肠黏膜上皮细胞中见有病毒抗原存在,但是上皮细胞仍呈柱状形。而腹泻 42～96h 的犊牛,肠绒毛短缩、融合,上皮呈现立方形或矮立方形;结肠皱褶展平,上皮也变成立方形或矮立方形。同时肠腺上皮也出现病毒抗原。

[电镜观察]　可在小肠黏膜上皮和肠腺上皮内见到冠状病毒粒子。

4. 诊断

免疫荧光抗体染色法检查小肠段切片是易行可靠的方法,病毒在胎肾细胞培养以电镜观察即可确诊。还应注意与小 RNA 病毒、轮状病毒及某些细菌性腹泻鉴别。

三十三、绵羊痒病

绵羊痒病(sheep scrapie)又称驴跑病、摩擦病、震颤病,主要发生于 2～4 岁的绵羊,人工接种可使山羊、大鼠、小鼠、猴等动物感染。

1. 病原及其传播方式

痒病的病原与牛海绵状脑病类似,均为朊病毒。痒病病毒(PrPSC)是一种弱抗原物质,不能引起免疫应答,无诱生干扰素的性能,也不受干扰素的影响;对福尔马林和高热有耐受性。在室温放置 18h,或加入 10% 福尔马林,在室温放置 6～28 个月,仍保持活性。痒病病毒大量存在于受感染羊的脑、脊髓、脾脏、淋巴结和胎盘中,脑内所含的病原比脾脏多 10 倍以上。

痒病病原可经口腔或黏膜感染,也可在子宫内以垂直方式传播,直接感染胎儿。首次发生痒病的地区,发病率为 5%～20% 或高一些,病死率极高,几乎 100%。在已受感染的羊群中,以散发为主,常常只有个别动物发病。

2. 主要临床症状

该病潜伏期比较长,一般为 2～5 年或以上。病羊剧痒,常在墙上或在围栏边摩擦,肌肉震颤,有的头部发生震颤,有的以高抬脚的姿态跑步,最后共济失调,衰弱、瘫痪以死亡告终,发病率低,病死率 100%,病程几周到几个月。

3. 病理变化

[剖检]　病羊尸体,除摩擦和啃咬引起的羊毛脱落及皮肤创伤和消瘦外,内脏常无肉眼可见的病变。打开颅腔,脑脊液有不同程度的增多。

[镜检]　原发性病变主要见于中枢神经系统的脑干内,以延脑、脑桥、中脑、丘脑、纹状体等部位较为明显。大脑皮质很少有病变,脊髓仅有小的变化。病变是非炎性的,两侧对称。特征性的病变是:神经元的空泡变性与皱缩,灰质的海绵状疏松(海绵状脑),星形胶质细胞肥大、增生等。神经元的空泡形成表现为单个或多个的空泡出现在胞浆内。典型的空泡呈大而圆形或卵圆形,空泡内不含着色的液体或被伊红着染成淡红色,界限明显,它代表液化的胞浆。胞

核被挤压于一侧甚至消失。海绵状疏松或海绵状脑是神经基质的空泡化,即神经纤维网分解而出现许多小空泡。于脑干的灰质核团和小脑皮质内可见弥漫性或局灶性的星形胶质细胞的肥大、增生。

[电镜观察]　海绵状病变是由于神经元和神经胶质突起的空泡形成、轴突周隙的扩张和髓鞘内空泡形成,以及随之而来的髓鞘分解等所引起。邻近空泡的高尔基体和粗面内质网的扩张有助于神经元核周体内质网中空泡的融合。神经元和神经胶质内空泡形成与肿胀视为一个原发性的损害。

4. 诊断

应与细菌性、霉菌性和寄生虫性皮炎(如虱咬、疥癣)和所有的脑病(如病毒性脑炎、李氏杆菌病、地方性缺铜症)相鉴别。

痒病诊断主要依靠典型症状与病理组织学的病变。其先辈中有痒病病史,长的潜伏期,不停地擦痒、唇和舌的反射性咬舐活动、肌肉共济失调等都是重要的指征性的症状。镜检变化主要是中枢神经系统脑干神经元的空泡变与皱缩,星形胶质细胞肥大与增生,神经纤维网的海绵状溶解等损害。在症状与病变不典型而有可疑的情况下,可作实验动物接种进行确诊。用酶组织化学的方法,发现在患痒病的延髓神经元的胞浆中,有 β-葡萄糖苷酸酶和酸性磷酸酶的包含物,此种包含物还可以见于从大脑皮质的大椎体细胞到腰椎脊髓灰质神经元的胞浆中,并认为这种病变具有诊断意义。

三十四、牛海绵状脑病

牛海绵状脑病(bovine spongiform encephalopathy,BSE),又名"疯牛病"(mad cow disease)。据调查该病是由绵羊痒病病毒引起,是牛的一种新的进行性传染病,为传染性海绵状脑病群之一。

该病于 1985 年 4 月发现于英国。1986 年 11 月,Wells 等对始发病例做了中枢神经系统的病理组织学检查后,定名为牛海绵状脑病。该病以奶牛发病率最高,占 12%,肉牛群发病率为 1%。除牛外,骡鹿(mule deer)、麋(elk)、薮羚(nyala)等反刍动物及猫也发现有类似该病的病例。目前,在瑞士、阿曼、德国及加拿大等国奶牛也有类似该病发生的报道。

1. 病原及其传播方式

该病的病原尚不完全明了,但与绵羊痒病病毒密切相关。Scott 等(1987)将 BSE 病牛脑制成新鲜的脑组织匀浆通过电镜负染检出了与绵羊痒病病毒在形态结构上相一致的纤丝。经对该纤丝的分子研究发现其氨基酸组成亦与绵羊痒病病毒相似。Fraser(1988)将 BSE 病牛脑组织匀浆接种于小鼠,结果产生了与绵羊痒病相似的临床症状和中枢神经系统病变。证明 BSE 的病原为绵羊痒病的朊病毒(prion),但与感染痒病绵羊无直接接触关系。

饲喂感染潜伏期牛的骨粉、内脏干粉,常是动物间病毒传播的重要来源。人感染病例已有报道,可能与接触病牛或食用未熟的感染牛的肉有关。

2. 主要临床症状

该病多为地方性散发,潜伏期估计为 2~8 年,病程为 2 周至 6 个月,犊牛感染该病的危险性为成年牛的 30 倍。病牛精神沉郁,行为反常,触觉和听觉过敏,常由于恐惧、狂躁而呈现乱踢乱蹬等攻击性行为,步态不稳,共济失调以至摔倒,一耳向前、另一耳正常或向后。少数病牛的头部和肩部肌肉震颤,继而卧地不起,伴发强直性痉挛。病牛食欲尚正常,粪便干燥,泌乳量减少,直肠温度稍高。血液生化测试无明显异常,后期极度消瘦。

3. 病理变化

[剖检]　除偶见体表外伤外,通常不见明显病变。

[镜检]　主要病变位于中枢神经系统,表现脑干灰质及某些神经核的神经元发生两侧对称性空泡化及神经纤维网的海绵样变。在脑干的神经纤维网(neuropil)中散在中等量卵圆形与圆形空泡或微小空腔(图9-5,见图版),后者的边缘整齐,很少形成不规则的孔隙。脑干的神经核,主要是迷走神经背核、三叉神经脊束核与孤束核、前庭核、红核及网状结构等的神经元核周体(perikarya)和轴突含有大的境界分明的胞浆内空泡(图9-6,见图版)。空泡为单个或多个,有时显著扩大,致使胞体边缘只剩下狭窄的胞浆而呈气球样。神经纤维网和神经元的空泡内含物,在石蜡切片进行糖原染色及冰冻切片做脂肪染色,均不着色而呈透明状。此外,在一些空泡化和未空泡化的神经元胞浆内尚见类蜡质——脂褐素颗粒沉积,有时还见圆形及单个坏死的神经元,偶见噬神经现象和轻度胶质细胞增生,脑干实质的血管周围有少数单核细胞浸润。

必须指出,老龄公牛的脑干某些神经核,如红核和动眼神经核的神经元胞浆内出现空泡是常见的人为现象。神经元胞浆内有类蜡质——脂褐素色素颗粒沉积也是一种正常现象,尤以老龄牛最为常见。而BSE病牛的脑干神经元和神经纤维网空泡化则具有明显的证病性特征,与健康牛所见者迥然不同。

4. 诊断

病牛生前由于对该病病原不发生免疫应答反应,故临床无法进行血清学诊断,只得依赖其流行学和临床症状作初步诊断,确诊则有赖于对病牛脑干某些神经核,特别是三叉神经脊束核与孤束核的神经元和神经纤维网特征空泡化病变的检出。

三十五、水牛热

水牛热(buffalo fever)又称类恶性卡他热,是水牛特有的一种急性热性传染病。主要特征是持续性高热,颌下及颈胸部水肿和全身败血症病变。该病仅见于水牛,多为散发,发病率高,但死亡率高达90%以上。

1. 病原及其传播方式

该病的病原是一种病毒,但对其特性还了解甚少。病原体存在于病牛的血液中,用高热期病牛的新鲜血液大量接种(静脉注射)于易感水牛,可以使之发病。

该病在水牛之间不能直接传染,而山羊是该病的带毒者,是传染的媒介,但带毒山羊本身并不表现任何症状。4~12岁水牛易感性最大,老牛和犊牛很少发病,通常呈散发性流行,发病率不高,但死亡率却很高,以盛夏和隆冬季节发病较多。

2. 主要临床症状

该病的潜伏期很长,在人工感染试验中,平均1.5~3个月,在自然感染估计还要更长。病牛持续高热,达40℃以上。病牛精神委顿,消瘦,食欲不振,颌下水肿,并逐渐蔓延到颈部、胸前以至四肢。体表淋巴结(肩前和髂下)明显肿大,呼吸困难,鼻腔流黏液脓样分泌物。贫血,红细胞、白细胞和血红蛋白明显减少,白细胞降至4000~6000个/mm³。血液不易凝固,容易出血,常见鼻腔出血不止。有的病牛腹泻,粪便稀薄恶臭,混有黏液和血液,甚至粪便变成煤焦油状。最后因衰竭或窒息死亡。病程长短不一,发病急骤的3~7d内死亡,一般在15d左右,病程长的可拖延至1个月以上。

3. 病理变化

该病的基本病理变化是败血症和富有网状内皮的器官的实质成分发生变质变化及间质成分的增生变化,最具特征的变化表现在肝、脾和全身淋巴结。

[剖检]　肝脏肿大,质地脆弱,色泽变淡,呈土黄色或棕黄色(有胆色素沉着),表面多数有散在性出血斑点。在绝大多数病例(占80%以上)的肝脏表面和切面上,均可见到粟粒大灰白色或灰黄色坏死灶。数量多少不一,一般为散在地分布于整个肝脏,多时则密集成簇。也有少数病例,眼观看不到坏死灶,仅显现严重的实质变性。胆囊扩张,充满浓稠胆汁,胆囊的浆膜和黏膜有出血点,少数病牛胆囊黏膜满布溃疡和坏死性结痂。

脾脏肿大,被膜紧张,常散布出血斑点。切面脾髓有程度不等的淤血,结构模糊,大多数病例的脾切面上均见有灰白色的坏死灶,呈颗粒状突起。病牛全身淋巴结显著肿大,体表淋巴结常肿大至拳头大以至小儿头大,突出于体表。淋巴结周围的疏松结缔组织高度水肿与出血,淋巴结切面湿润,有多量渗出液流出,实质充血和灶状出血,并可发现多数灰白色或灰黄色的坏死灶,其大小不一,小的如粟粒大。坏死严重时,常融合成大片干酪样坏死灶。内脏淋巴结如肺、肝、肾等淋巴结也显著肿大,表现水肿、充血和实质坏死等变化。

胃肠道的浆膜有出血斑点,肠系膜水肿,整个小肠黏膜充血和散布斑点状出血。在一些全身败血变化严重的病例,则小肠黏膜出血常较严重,有时呈弥漫性充血和出血,有时呈条纹状出血,肠内容物中常混有血液。结肠和直肠黏膜也有出血,但一般较轻。皱胃胃底部亦常见充血和出血,少数病例尚有溃疡形成。

腹腔、胸腔和心包腔均有积液。腹水3~5L,呈红色或黄色,网膜水肿、增厚,呈半透明胶冻样,散在大量出血斑点。多数病例有纤维素性腹膜炎变化。胸水和心包液的性质与腹水相同。心包与心外膜有散在性出血斑点,心腔扩张。心肌色泽变淡,暗晦无光泽,质地松软。肺膨大,有不同程度的淤血、水肿和气肿,胸膜散在出血斑块,少数病例尖叶和心叶发生卡他性肺炎。

眼睑肿胀,结膜和鼻腔黏膜充血,有时有针尖大出血点。巩膜也有出血斑点。

[镜检]　肝脏坏死灶为凝固性坏死,肝细胞索完全破坏消失,成为一片无结构的蛋白质性团块,坏死灶中有少数增生的星状细胞和淋巴细胞,周围有多量淋巴细胞、单核细胞及少量中性粒细胞浸润。坏死灶大多呈圆形,位于小叶的中央部分,也有相互融合而成较大的不规则的坏死区,可以占据整个小叶,甚至几个小叶的范围。小叶间组织内有多量炎性细胞浸润,在汇管区的血管周围更加显著。窦状隙和中央静脉周围也有炎性细胞浸润。

几乎所有病牛的脾实质中均见有坏死灶,主要位于白髓,呈圆形或椭圆形,或相互融合成一片红染的无结构区,其中混有一些纤维素性渗出物和少量淋巴细胞、单核细胞及细胞碎屑。有些病例几乎不见完整的白髓。淋巴结的坏死变化与脾脏基本相同,主要位于皮质部分,特别多发生于紧靠被膜的皮质浅层。髓质的变化不如皮质严重,坏死灶也较少,通常见淋巴窦扩张、水肿、充血和炎性细胞浸润。

中枢神经系统的病变也较常见,大脑神经细胞普遍发生变性,细胞周围水肿。脑实质小血管充血,部分病牛的血管周围间隙有淋巴细胞浸润,显示轻度急性非化脓性脑炎变化。

4. 诊断

该病目前还缺乏特异性诊断方法,只有根据流行病学、临床症状和病理变化进行综合诊断。

该病只发生于水牛,并与山羊有接触史,散发性,多见于青壮年水牛。临床特点是高热稽留,颌下及颈胸部水肿,全身淋巴结肿大,有程度不同的贫血和白细胞减少,用一般抗菌药物治疗无效。病理解剖学的特点是全身淋巴结、肝和脾的坏死灶以及全身败血症变化。

该病应注意与下列疾病相鉴别。

该病的高热稽留、淋巴结肿大、皮下水肿等症状与病理变化,易与梨形虫病及巴氏杆菌病相混淆。但梨形虫病在血液涂片中可以发现梨形虫,且在药物治疗和流行病学方面也可以区别。巴氏杆菌病可从病原菌检查、药物疗效及肝、脾、淋巴结的坏死病变等方面可以区别诊断。

与恶性卡他热相比,在症状和流行病学方面,两者有许多相同之处。但恶性卡他热不仅发生于水牛,也能使黄牛感染,病牛大多数发生角膜混浊,水肿症状不明显。

三十六、小反刍兽疫

小反刍兽疫(Peste des petits ruminant,PPR),又称小反刍兽假性牛瘟或羊瘟、肺肠炎、口炎肺肠炎综合征等,是由小反刍兽疫病毒引起的一种严重的烈性、接触性传染病,主要感染小反刍兽,特别是山羊高度易感,一些野生动物也易感。该病以突然发热、精神沉郁、眼和鼻排出分泌物、口腔溃疡、呼吸失调、咳嗽、腹泻便出恶臭的稀便和死亡为特征。该病于 1942 年在西非科特迪瓦首次发现,随后证实存在于非洲、亚洲、欧洲的多个国家。2007 年,我国西藏自治区日土县首次报道发生 PPR 疫情。该病被 FAO 和 OIE 列为 A 类烈性传染病,我国列为一类动物疫病。

1. 病原及其传播方式

该病病原为小反刍兽疫病毒(Peste des petits ruminants virus,PPRV),属于副黏病毒科、麻疹病毒属。PPRV 只有一个血清型,从遗传演化上可分为 4 个系,其中 I~III 系主要流行于非洲地区,IV 系主要流行于中东和亚洲。病毒粒子呈多形性,多为圆形或椭圆形,直径为 130~390nm,有囊膜,囊膜上有纤突,无血凝性。PPRV 与牛瘟病毒(RPV)相互间有血清学相关性,可产生交叉保护,曾被认为是 RPV 的变异株。该病在易感动物之间可以通过直接接触传播或间接传播。呼吸系统是主要的感染途径,大多为呼吸道飞沫传播。病毒可经精液和胚胎传播,亦可通过哺乳传染给幼畜。多雨季节和干燥寒冷季节多发。

2. 主要临床症状

PPR 潜伏期一般为 4~6d,最长可达 21d。发病急,高热达 41℃,病畜精神沉郁,食欲减退,鼻镜干燥。口腔分泌物逐步变成脓性黏液,如果病畜不死,这种症状可持续 14d。发热开始 4d 内,齿龈充血,进一步发展到口腔黏膜弥漫性溃疡和大量流涎,发病率可达 100%,严重暴发致死率为 100%,中等暴发致死率不超过 50%。发病后期常出现出血性腹泻,随之动物脱水、衰弱、呼吸困难、体温下降,常在发病后 5~10d 死亡。

3. 病理变化

[剖检] 自然感染羊可见结膜炎、坏死性口炎,严重病例可蔓延至硬腭部。鼻甲、喉、气管等黏膜有淤血斑。肺呈支气管肺炎病变。从口腔至瘤胃、网胃口均有病变,真胃病变明显,常为有规则的糜烂,创面出血。肠道可见糜烂或溃疡出血,盲肠和结肠结合处呈特征性线状出血或斑马样条纹。淋巴结肿大,脾脏坏死。

[镜检] 在舌、唇、软腭、支气管等的上皮细胞和形成的多核巨细胞中可见特征性的嗜伊红性胞浆包涵体,淋巴细胞和上皮细胞大量坏死,在肺泡腔内出现合胞体细胞。

4. 诊断

根据发病的流行病学和临床症状可作出初步判断,但须与牛瘟、蓝舌病、口蹄疫等做鉴别诊断。在牛瘟流行地区,必须进行实验室诊断。确诊需要进行病毒分离和 RT-PCR 等分子生物学方法检测。

三十七、牛、羊炭疽

牛、羊炭疽(bovine and sheep anthrax)是由炭疽杆菌引起的一种人兽共患急性、热性、败血性传染病。牛、羊感染常以败血症变化为主,病畜脾脏显著增大,皮下和浆膜下有出血性胶样浸润,血液凝固不良。

1. 病原及其传播方式

炭疽杆菌(Bacillus anthracis)是一种长而粗的需氧芽孢杆菌,大小为$(2\sim4)\mu m\times(1\sim5)\mu m$,无鞭毛,不能运动,革兰氏染色阳性。该菌在病畜组织内常呈单个散在或由 2～3 个菌体形成短链。菌体的游离端为钝圆形,两菌联结端稍陷凹,菌体中段也因稍收缩而变细,故使整个菌体呈竹节状的特征形态。在炭疽菌的菌体周围,具黏液样肥厚的荚膜,它对组织腐败具较大抵抗力,故用腐败病料做涂片检查,常常见到无菌体的荚膜阴影,此称"菌影"。

病原主要经消化道感染,是由于采食被炭疽杆菌或芽孢污染的饲料、饲草和饮水而侵入咽黏膜,或经有损伤的口黏膜和肠黏膜侵入机体。炭疽杆菌也可经皮肤创伤或受带菌的吸血昆虫刺蛰而经皮肤感染。炭疽芽孢在侵入的局部组织发芽繁殖,并获得荚膜,保护菌体抵御白细胞吞噬和溶菌酶作用。

2. 主要临床症状

病畜呈现体温急剧升高,精神萎靡或兴奋不安,呼吸困难,可视黏膜出血和发绀,并伴有腹痛、腹胀和肌肉震颤乃至搐搦等一系列菌血症和毒血症的临床症状。当病畜出现上述症状后,多半在数小时至 20h 内发展为败血症而死亡。

最急性型病牛常突然昏迷、倒卧,呼吸困难,可视黏膜发绀,全身战栗、心悸。频死期天然孔出血。病程数分钟至数小时。急性型病畜,体温上升至 42℃,少食,在放牧或使役中突然死亡。

3. 病理变化

首先要提醒检疫人员,目前炭疽虽只在我国个别地区偶有零星发生,但炭疽杆菌在适宜的温度下,能形成抵抗力强大的芽孢,被芽孢污染的地区,可成为该病长期的疫源地,因此对之必须有足够的重视。临床已确诊的炭疽病尸,禁止剖检。可疑为炭疽的病畜尸体,可先用其天然孔流出的血液涂片,作病原学鉴定。若必须剖检,应在消毒严密和有安全防护的条件下进行,剖检地必须远离水源、道路等易播撒病原的地方。剖检后,须将尸体深埋或焚烧,剖检地点必须进行严格的消毒。

[剖检] 牛、羊炭疽多呈败血型(全身型)病变。死亡病例多半表现尸僵不全,尸体极易腐败而常呈现腹围膨大;从鼻腔和肛门等天然孔内流出红色不凝固的血液;可视黏膜呈蓝紫色,并有小出血点。剥皮和切断肢体后,可见皮下与肌间结缔组织,特别是在颈部、胸前部、肩胛部、腹下及外生殖器部皮下密布出血点及呈出血性胶样浸润;全身肌肉呈淡黄红色变性状态;从血管断端流出暗红色或紫黑色煤焦油样凝固不良的血液;胸、腹腔的浆膜下和肾脂肪囊也均密布有出血斑点,胸、腹腔内还积留有一定量红黄色混浊的液体。

脾脏显著肿大,常为正常的 3～5 倍,甚至更大。脾外观呈紫褐色,质地柔软,触摸有波动感,有时可自行破裂。切面边缘外翻,断面隆突呈黑红色,脾髓软化呈软泥状,甚至变为半液状自动向外流淌。脾白髓和脾小梁的结构模糊不清。

全身淋巴结呈浆液性出血性或出血性坏死性淋巴结炎。淋巴结肿大,呈紫红色或暗红色,切面隆突、湿润呈黑红色。

个别机体抵抗力强的病牛可见肠炭疽痈,即小肠呈现以肿大、出血、坏死的淋巴小结为中心,形成局灶性出血性坏死性肠炎。肠黏膜肿胀,呈红褐色。肠壁淋巴小结肿大,隆突于黏膜表面伴发出血及坏死,坏死灶表面覆盖纤维素样坏死的黑色痂膜,膜下为肠壁溃疡。邻接的肠黏膜呈出血性胶样浸润。

肝、肾等各实质器官变性、肿大,心内、外膜出血,有时伴发浆液性纤维素性心外膜炎。肺脏主要表现充血、水肿,有时伴发如出血性梗死样的局灶性、出血性肺炎。脑常见软脑膜充血、水肿和斑点状出血。

[镜检]　见脾静脉窦充盈大量血液,脾组织正常结构被压挤而破坏,残留的脾组织呈岛屿状散在。

淋巴组织内的毛细血管极度扩张,呈充血、出血、水肿和有大量白细胞积聚,有时见扩张的淋巴窦内充满红细胞、纤维素、中性粒细胞和存有大量炭疽杆菌。淋巴组织结构破坏并伴发坏死。

肠黏膜呈充血、出血,肠绒毛大片坏死和脱落,在黏膜固有层和黏膜下层内存有大量红细胞、白细胞或有纤维素渗出,有时在坏死的黏膜处见有炭疽杆菌。

肺脏见灶状肺炎部的肺组织呈充血、出血、水肿,肺泡内有大量浆液、纤维素和中性粒细胞,有时见有炭疽杆菌。

脑实质内也见有出血病变及神经细胞的变性、坏死。

4. 诊断

依据临床急性发病及从外周血检出炭疽菌即可确诊。

三十八、牛气肿疽

牛气肿疽(gas gangrene)是由气肿疽梭菌(*Clostridium chauvoei*)引起牛(包括乳牛、水牛、牦牛、犏牛、黄牛),特别是 2 岁以下黄牛多发的一种急性、败血性传染病;绵羊、山羊、骆驼和鹿也偶可感染;猪在该病疫区可呈零星散发;其他动物一般均不感染。该病的临床及剖检特征是在病牛股部、臀部、肩部等肌肉丰满部位发生出血性坏死性肌炎,皮下和肌间结缔组织呈弥漫性浆液性出血性炎,并于患部皮下与肌间产生气体,触摸患部具明显的捻发音,故又名"鸣疽"。

1. 病原及其传播方式

气肿疽梭菌为厌氧性粗大杆菌,在体内、外均可形成芽孢,菌体呈单个存在或成对排列,这是与呈长链状排列的腐败梭菌主要区别之点。

牛通常通过摄入含该菌芽孢的饲料或饮水经口腔、咽喉和胃肠道损伤部黏膜感染。也可经牛体肌肉遭受损伤(如打伤、撞伤或肌肉注射)部感染。

气肿疽梭菌在病牛肌肉组织繁殖过程中,不断产生 α 毒素、透明质酸酶和 DNA 酶,α 毒素可导致组织溶血坏死,透明质酸酶有分解间质透明质酸的作用。在毒素和酶类的作用下,受侵部组织发生严重充血、出血、溶血和有大量浆液渗出,继而肌肉发生变性、坏死,肌肉组织的蛋白质和肌糖原被分解,产生具特殊酸臭气味的有机酸和气体,从而形成该病特有的气性坏疽病变。而由蛋白质分解产生的硫化氢与游离血红蛋白中的铁结合形成的硫化铁,使患部肌肉呈污黑色,故又称该病为"黑腿病"。

2. 主要临床症状

病牛先是体温升高,在皮肤上出现硬实、圆形隆起的结节。结节可聚集成不规则的肿块,并波及皮下乃至肌肉组织。有的结节坏死并形成溃疡,溃疡面形成痂皮。肩前、腹股沟外、股前、后肢和耳下淋巴结肿大。一肢或多肢和前腹壁肿胀,出现跛行,触摸患部具明显的捻发音。泌乳牛可发生乳房炎,妊娠牛可发生流产。

3. 病理变化

[剖检]　病牛尸体通常迅速腐败,腹围呈高度膨胀,从口、鼻、肛门或阴道流出带泡沫的血样液体。典型病变发生于颈、肩、胸、腰,特别是臀股部肌肉丰满之处,有时病变也见于咬肌、咽肌和舌肌。病变部皮肤肿胀,按压有气体的捻发音。皮肤干燥呈黑褐色。切开病变部皮肤和肌肉,见有多量暗红色的浆液性液体流出,皮下结缔组织和肌膜布满黑红色的出血斑点。肌肉肿胀,呈黑褐色,触之易破碎断裂,肌纤维间充满含气泡的暗红色带酸臭的液体,故肌肉断面呈多孔的海绵状,具典型的气性坏疽和出血性炎特点。

淋巴结,特别是受侵肌肉附近的淋巴结高度肿大,淋巴结组织被浆液和血液浸润,切面湿润,布满出血点,呈典型的浆液性出血性淋巴结炎。

胸、腹腔和心包腔内积有多量红褐色透明液体,浆膜面密布出血点。心脏显著扩张,心内、外膜呈斑块状出血;心肌柔软、色淡而呈严重变性。肺淤血、水肿,有时见有出血和坏死灶。

脾脏眼观无明显变化,有时偶见脾髓内有呈黑红色干燥、轮廓鲜明的坏死灶。肝脏肿大,呈紫红色或淡黄红色,有时见肝内也存有黄豆大至核桃大、干燥而呈黄褐色的坏死灶。切开坏死灶见其切面呈海绵状多孔样。

胃肠道一般无变化,个别病例具出血性炎变化。

[镜检]　见肌纤维呈典型的蜡样坏死,表现肌纤维膨胀、崩解和分离,肌浆凝固呈均质、红染,肌纤维的纵横纹结构消失,肌间间质组织也表现水肿和出血,并有炎性细胞浸润和见有气肿疽梭菌。

牛患气肿疽时肌肉病变的范围和程度取决于病程长短和疾病重剧程度,也取决于动物营养与年龄,一般2岁左右的牛最易感,症状重剧,肌肉病变也严重,常造成许多的肌群均受侵害;但死亡特别急速的病例,肌肉受损的范围反而小,有时仅在个别肌群见有灶状坏死病变。

绵羊气肿疽剖检变化与牛的病变相似,主要表现于创伤感染局部呈现肿胀,皮肤呈暗红色,有时形成皮肤坏死。

4. 诊断

根据该病具特征性的眼观剖检病变与典型的气肿疽梭菌,结合地区流行病学资料即可进行确定诊断。也可对组织切片或涂片应用荧光抗体染色或进行细菌的分离培养及生化检验。此外,牛气肿疽的生前临床症状和局部病变与炭疽、恶性水肿和巴氏杆菌病有类似之处,故应注意与之进行鉴别。

三十九、牛细菌性血红蛋白尿病

牛细菌性血红蛋白尿病(bacillary hemoglobinuria)是由D型诺维氏梭菌(又称溶血性梭菌)所致牛多发的一种急性或亚急性传染病,绵羊和猪也偶可发生。该病的临床剖检特点为进行性溶血、血红蛋白尿、黄疸、高热和于肝脏形成坏死性肝炎。

1. 病原及其传播方式

该病病原D型诺维氏梭菌广泛存于低洼潮湿地区土壤,其形态、培养特性与其他各型诺维氏梭菌极为相似，主要感染 6 个月以上的牛只。牛的肝脏受肝片吸虫幼虫移行损伤创造的厌氧环境是诱发该病的重要因素。该菌经污染饲料、饮水进入胃肠进而侵入肝脏后，在肝脏损伤部增殖并产生具异常强烈毒性的溶血素（β-卵磷脂酶），致使机体产生致死性溶血。

2. 主要临床症状

病牛呈现明显的血红蛋白尿、高热、出血性腹泻和黄疸。红细胞降至±200 万/mm³，白细胞增多可达 3 万。

3. 病理变化

［剖检］　急性死亡病例的尸体多半营养良好，而病程稍久者则表现消瘦，体表可视黏膜及体腔浆膜均显黄染。膀胱内常积有呈暗红色血尿。心内膜及大血管内膜被血红蛋白染成污红色。肝脏病变具示病意义，即在肝实质内形成大块具特征的梗死灶。梗死灶质地坚实，呈灰黄色或黄褐色，与周边组织境界分明，有时稍隆起于肝脏表面。胃肠黏膜表面出血。脾脏肿大。

［镜检］　梗死部肝细胞呈大片凝固性坏死，坏死灶周边围绕有大量死亡、崩解的炎性细胞碎屑。肝静脉内见有血栓形成。

4. 诊断

根据临床症状和剖检所见，特别是见有肝脏梗死和血红蛋白尿，可进行初步诊断，确定诊断还有赖于细菌分离，并必须排除其他具血红蛋白尿的如膀胱炎、钩端螺旋体病等疾病。

四十、牛、绵羊恶性水肿

牛、绵羊恶性水肿（malignant edema in bovine and sheep）是由腐败梭菌引起的一种经创伤感染的急性传染病。其特征是于创伤及其周围形成气性炎性水肿，并急剧地向周围蔓延。切开肿胀组织时，流出淡红褐色带气泡的液体以及全身性毒血症。

1. 病原及传播方式

恶性水肿的病原为厌氧性腐败梭菌，又名恶性水肿杆菌，是两端钝圆的大杆菌，在病变部的渗出物内呈长链或长丝状，易形成芽孢，无荚膜，有鞭毛，革兰氏染色阳性。在适宜条件下可产生致死毒素、坏死毒素、溶血毒素和透明质酸酶。病菌芽孢经皮肤、口腔、消化道、阴道、子宫创伤或去势创侵入组织，在组织间隙的厌氧条件下发芽增殖，产生外毒素，引起局部组织炎症、坏死及重度水肿。同时分解病变部肌糖原与蛋白质，产生酸臭气味和气体，从而使病变部呈现气性炎性肿胀，故触压患部感有捻发音。有毒分解产物吸收进入血液，则可引起毒血症而导致动物死亡。

在动物肠道内、土壤表层都有多量菌体存在，并可随尘埃飞扬而散布各处。其芽孢抵抗力很强，一般消毒药须长时间作用。

2. 主要临床症状

病畜体温升高，在伤口周围有炎性水肿，并迅速弥散扩大。病变部初期坚实、灼热、疼痛，后变无热、无痛，手压柔软，有捻发音。皮肤破溃后创面常呈苍白色，有光泽，肌肉呈暗红色。严重病例，多有高热稽留，呼吸困难，发绀，偶有腹泻。如因分娩感染，则在产后 2～5 日内阴道流出不洁红褐色恶臭液体，阴道黏膜潮红增温，会阴水肿，并蔓延至腹下、股部，以致发生运动障碍等症状。公牛去势感染时，阴囊、腹下发生弥漫性气性炎性水肿，疝痛，腹壁知觉过敏，也伴有上述全身症状。

3. 病理变化

[剖检] 该病的特征性病变在创伤感染局部呈弥漫性的急性炎性水肿,切开患部见皮下和肌间有多量呈红黄色或红褐色、含气泡并具酸臭味的液体流出,并布满出血点,肌肉呈暗红色或灰黄色,如同浸泡在水肿液之中;肌肉松软易碎,肌纤维间多半含有气泡。病尸多半易腐败,血液凝固不良。全身淋巴结,特别是感染局部的淋巴结呈急性肿胀,切面呈充血和出血并表现湿润多汁。肺呈严重淤血和水肿。心、肝、肾等实质器官呈严重变性,脾脏一般无显著变化。

如该病继发于产后,则见盆腔浆膜及阴道周围组织出血和水肿,臀、股部肌肉变性、坏死和具气性水肿变化。子宫壁水肿、增厚,黏膜肿胀,附有污秽不洁带有恶臭的分泌物。

绵羊经消化道感染时,则显示胃肠壁明显增厚,触之如橡胶状,故俗称"橡皮胃"。黏膜潮红肿胀,黏膜下和肌层间充满淡红色混有气体和酸臭味的液体。肝组织也多半含有气泡。

[镜检] 见含蛋白质少的水肿液将肌纤维与肌膜分开,肌纤维变性,深染伊红。病变深部的肌纤维往往断裂和液化,肌纤维间的水肿液中很少见有中性粒细胞,固有的组织细胞多无变化。

若该病是由感染诺维氏梭菌(*Clostridium novyi*)所致,则其病变与以上所述有所不同。因诺维氏梭菌的外毒素对血管内皮和浆膜具有特异的作用,故所致的恶性水肿一般可引起广泛的结缔组织水肿,水肿液呈澄清、胶冻样,但腐败变化不明显,肌肉变化也极为轻微。

4. 诊断

该病根据病尸生前临床症状、病理剖检变化和结合细菌学检查即可作出初步诊断。但对不同畜别动物,还应各自与相关类似疾病进行鉴别。一般对患该病的可疑病畜取水肿液或肝脏做触片或涂片镜检,若发现有长链的大杆菌,即为腐败梭菌。也可用病料乳剂对豚鼠或兔接种后观察其死后病变特点进行确诊。

四十一、羊快疫

羊快疫(braxy;bradsot)是由腐败梭菌引起的一种急性传染病,通常发病急、病程短、死亡率高。剖检最明显的特征为真胃呈出血性、坏死性胃炎。

1. 病原及其传播方式

该病病原腐败梭菌与气肿疽梭菌、恶性水肿杆菌同属厌氧芽孢杆菌,有相同的理化性质及形态特征,只是在不同感染途径及不同动物体内引起不同病变和症状。该病原经消化道感染健羊,一般情况下不引起发病,当天气骤变、机体受寒感冒或羊只采食了带冰霜的草料而受刺激导致机体抵抗力降低时,羊只胃肠内的腐败梭菌即大量增生而发病。

2. 主要临床症状

该病多发于6个月至2岁之间营养良好的绵羊,山羊少发。病羊都呈急性中毒性休克症状而急速死亡。

3. 病理变化

呈急性经过死亡的病尸,因体内存有大量腐败梭菌而迅速腐败,腹围膨胀,口腔、鼻腔和肛门黏膜呈蓝紫色并常存有出血斑,从鼻腔还常见有带血样的泡沫液体流出,皮下组织呈出血性胶样浸润,特别是咽部和颈部皮下表现得尤为明显。胸腔和心包腔内积留有淡红色透明液体。

心肌呈严重的变性状态。心肌色泽变淡、柔软;心内膜和心外膜散布有出血斑点。肝肿大，呈土黄色，质度柔软，被膜下常见有出血点；切面常见有大小不等的淡黄色坏死灶，但由于死后腐败迅速而往往不易辨认。肺呈明显淤血和水肿。脾脏多无变化，仅个别病例表现脾脏肿大。全身淋巴结，特别是咽颈部淋巴结肿大、充血和出血，少数病例还见有肾软化现象。

胃和十二指肠的病变对该病具有一定的诊断意义，主要表现黏膜潮红、肿胀，尤其是真胃黏膜常见有大小不等的出血斑或呈弥漫性出血，有时还见有真胃黏膜发生坏死和溃疡病变。瘤胃黏膜自溶而自行脱离，附于胃内容物表面。瓣胃内容物多半特别干涸，有时呈薄石片状嵌于胃瓣之间，用力挤压也不易破碎。十二指肠变化和真胃相似，空肠表现为急性卡他性肠炎，大肠一般无明显变化。

4. 诊断

该病易与羊肠毒血症、炭疽和羊猝狙混淆，应注意加以鉴别。

羊肠毒血症：其主要病变为十二指肠、空肠的严重出血性炎症，肠内容呈血样；肾脏多半表现一侧性软化，但无羊快疫时皮下出血性胶样浸润、肝脏坏死灶、瘤胃黏膜溶解脱落、瓣胃内容干硬以及无真胃黏膜的重剧出血性坏死性炎症变化。

炭疽：与羊快疫的不同之点表现在病羊重剧高温、急性炎性脾肿，但没有肝坏死变化。用血液和脾组织做涂片染色镜检，可见具特征的炭疽杆菌。

羊猝狙：其所表现的临床症状与病理变化和羊快疫极其相似，很难区分，因此必须通过细菌学检查进行鉴别，羊猝狙的病原菌为 C 型魏氏梭菌。

四十二、羊黑疫

羊黑疫（black disease）是由诺维氏梭菌所致绵羊和山羊多发的一种急性致死性传染病，其临床病理学特点是发生肝实质坏死，故该病又称为传染性坏死性肝炎。

1. 病原及其传播方式

诺维氏梭菌又名水肿梭菌（*Cl. oedematiens*），广泛分布于土壤，亦栖居于健康绵羊的肠道内。羊黑疫的病原主要为 B 型诺维氏梭菌，是一种呈革兰氏阳性的大杆菌，严格厌氧，无荚膜，能形成芽孢，具有周身鞭毛，能产生 α（致死性、坏死性、脂肪酶）、β（溶血性、坏死性、卵磷脂酶）、δ（溶血毒素）和 η（原肌球蛋白酶）4 种外毒素。

该病主要在春夏季节多发生于有肝片吸虫流行的低洼潮湿地区。羊采食被该菌芽孢污染的草料后，芽孢经肠壁血管进入肝脏。正常未受损伤的肝脏不利于芽孢变为繁殖体，故芽孢仅在肝组织内潜藏，一旦肝脏受肝片吸虫穿行遭受损伤后，即为芽孢发芽、增殖创造条件，并产生毒素，致使肝组织坏死；毒素进入血液，导致羊只发生毒血症而呈急性中毒性休克死亡。

2. 主要临床症状

病羊突然死亡。

3. 病理变化

［剖检］ 由于该病病程短暂，故剖检常缺乏特征性病变。病尸主要表现迅速腐败，皮下静脉严重淤血，使病羊皮肤呈暗黑色，因此称为"黑疫"。胸、腹部皮下常呈胶样浸润。胸、腹腔和心包腔积留有多量草黄色液体。左心室内膜下出血，真胃和小肠黏膜呈充血或出血。

肝脏病变常具示病意义，主要表现为肝脏肿大，于肝表面和切面常散布有大小、数量不等的凝固性坏死病灶。坏死灶与周围组织界限清晰，表面呈不整圆形，周围绕有充血带，其直径大者可达 2～3cm；坏死灶处被膜常覆有纤维素渗出。

［镜检］　肝细胞呈颗粒变性和脂肪变性,中央静脉和窦状隙淤血。坏死灶内的肝细胞主要呈凝固性坏死。坏死灶边缘聚集有多量破碎、浓缩的肝细胞核和中性粒细胞。肝组织内,特别是在刚形成的坏死灶内,可见有该病的病原菌。

4. 诊断

根据该病的临床特点和病理变化,可作初步诊断,最后确诊必须进行细菌学检查、鉴定或做动物接种进行确诊,同时还应注意与羊快疫、羊肠毒血症和炭疽病相鉴别。

四十三、羊肠毒血症

羊肠毒血症(enterotoxaemia)是由产气荚膜杆菌(*A. perfringens*),又称魏氏梭菌(*Cl. welchii*)引起的,主要发生于绵羊,特别是膘好的羔羊多发的一种急性传染病,成龄羊较少发生。主要病变特点是胃肠道,特别是十二指肠和空肠呈严重的出血性或出血性坏死性肠炎。

1. 病原及其传播方式

魏氏梭菌为厌氧性粗大杆菌,呈革兰氏阳性,无鞭毛,在动物体内能形成荚膜,芽孢位于菌体中央或略偏于一端。该病主要由 D 型魏氏梭菌所致。除羊外,还可引起牛和鹿的肠毒血症。

魏氏梭菌能产生的外毒素,在消化道内经蛋白分解酶或胰蛋白酶激活,可变为具高度致死作用的毒素。

魏氏梭菌在自然界广泛分布,常存于土壤、污水和人畜粪便中,羊采食被该菌芽孢污染的饲料和饮水后感染。但在正常情况下,并不引起发病。一旦天气剧变,或羊只食入霉败草料等情况下,为病原菌大量繁殖和产生毒素创造条件而发病。

2. 主要临床症状

发病急、死亡快,生前显示有短暂的角弓反张、搐搦和昏迷等神经症状。

3. 病理变化

［剖检］　病尸多半营养良好并极易腐败。可视黏膜一般呈暗红色。胸、腹腔和心包腔液增多,渗出液呈橙黄色透明,暴露于空气后即凝结呈胶冻状。心脏主要表现右心室扩张,积有大量紫黑色不凝的血液;心肌柔软,心内、外膜呈点状或斑状出血。肺呈严重淤血、水肿。腹肌、膈和肠浆膜散在有斑点状出血。肝淤血、肿大和呈实质变性;胆囊扩张,积有多量淡绿色稍黏稠的胆汁。全身淋巴结充血或出血,切面呈淡红色或紫黑色。脾肿大而质地柔软。该病引人注目并具示病意义的病变为肠道与肾脏变化。十二指肠和空肠前部呈紫黑色,打开肠管见黏膜呈暗红色或紫红色血样,肠黏膜常伴发坏死,故俗称"血肠子病"(图 9-7,见图版)。肠系膜淋巴结肿大、出血。肾脏,多半是一侧肾脏的皮质表现软化而呈波动状,剥去被膜见皮质肾组织呈软泥状,而髓质部肾组织稍坚实,故该病又有"软肾病"之称。但应指出的是肾的软化程度在一定程度上也取决于动物死后的剖检时间。若羊只死后立即剖检,则往往只见肾肿大,切面隆突、淤血。但死后若经几小时后剖检,则皮质很快自溶而变为暗红色酱样物质,很易用水冲掉。

该病的神经系统病变主要表现基底神经节、黑质和背侧丘脑发生两侧对称性的灶状软化与内囊、皮质下白质和小脑脚的神经纤维呈髓鞘脱失。

［电镜观察］　实验病例的小脑白质内的轴突周围和髓鞘内发生水肿,邻近侧脑室灰质内的轴突终末和树突肿胀,线粒体在病变早期也显示肿胀。毛细血管被黏集的血小板闭塞而出现点状出血,并由此而导致脑组织发生灶状软化,这些变化的发生与毛细血管内皮受细菌毒素原发性损害有关。

4. 诊断

该病根据临床症状,特别是病理剖检变化可作初步诊断,但确定诊断必须采取肝脾等病料进行细菌学检查,或用出血病变部肠段的肠内容物滤液做动物接种进行肠毒素检查。该病应特别注意与羊快疫、炭疽和羊猝狙等疾病相鉴别。

四十四、羊猝疽

羊猝疽(struck)是由 C 型魏氏梭菌致成年绵羊多发的一种急性传染病。病变除具肠毒血症病变外,还有腹膜炎和溃疡性肠炎等病变。除羊外,犊牛也可感染发病,同时还可引起小猪的出血性肠炎和肠毒血症。

1. 主要临床症状

该病发病急,病程短,死亡快;病羊发生中毒性休克。

2. 病理变化

[剖检]　见十二指肠、空肠和回肠黏膜充血或出血,并有大小不等的溃疡。后者最多见于回肠。溃疡底部呈深红色,外周呈炎症性充血。胸腔、腹腔和心包积液量增加,腹膜、大网膜、小肠和膀胱血管极度充血,腹膜还常表现多发性出血。心内、外膜出血。

尸体腐败迅速,血液凝固不良。若病畜死亡后不立即剖检,则各内脏器官迅速出现腐败性变化。此时病尸皮下发生广泛性血样浸润,浆膜腔液体亦染有血液。肌肉柔软,被血液染成淡红色或黑色,并产生气体。肝脏呈灰黄色变性状态,切开后流出多量混气泡的血液。肾脏变软,肾盂积白色尿液。

羔羊猝疽的病变较轻。小肠具卡他性肠炎至出血性肠炎等不同程度病变,肠黏膜也常发生坏死,肠腔存有渗出的血液。若病变轻时,只表现肠壁水肿,黏膜形成小灶状溃疡。肠系膜和腹膜轻度发炎,并覆有少量纤维素渗出物。在其他一些器官也见有一般毒血症的病变。犊牛患该病时的病变基本与羔羊相似。

C 型魏氏梭菌致仔猪的出血性肠炎主要发生于空肠和回肠,大肠一般无变化。病变特点为肠壁和肠系膜充血、出血,肠黏膜呈广泛性坏死,肠内容混有血液。有的病例还出现肠壁气肿。

[镜检]　肠黏膜坏死可深达黏膜肌层以下,坏死组织内含有多量典型的病原菌。

3. 诊断

经病原学鉴定与羊快疫、羊黑疫、羊炭疽相鉴别。

四十五、鹿魏氏梭菌病

鹿魏氏梭菌病(*Cl. weilhii* disease in deer)是由魏氏梭菌引起的鹿肠毒血症。其发病急、病程短,死亡率极高,以胃肠道严重出血为主要特征的疾病。

1. 病原及其传播方式

病原菌为产气荚膜杆菌,又称魏氏梭菌,为厌氧型粗大杆菌,革兰氏染色阳性,在鹿体内能形成荚膜,芽孢位于中央或偏端,无鞭毛,不能运动。该菌广泛分布于粪便、土壤、污水中,其繁殖体抵抗力较弱,形成芽孢后则有很强的抵抗力,在 9℃条件下,2.5h 方可杀死;在牛乳培养基中培养 8~10h,牛奶凝固,同时产生大量气体,气体穿过蛋白凝块,呈多孔海绵状,即所谓的牛奶暴烈发酵。该菌可产生外毒素,这些毒素可引起溶血、坏死。

2. 主要临床症状

突然发病,病鹿突然食欲减退或拒食,精神高度沉郁,反刍停止;发病初期体温升高至40.5~41.0℃,后期体温下降;口鼻流泡沫样液体;腹围增大;拉稀、便血,粪便呈酱红色,含有大量黏液,有腥臭味。病鹿有明显的疝痛症状,常作四肢叉开、腹部向下用力姿势,回视腹部,腹痛不安。死前运动失调,后肢麻痹,口吐白沫,昏迷,倒地死亡。有些鹿未出现病状就死亡。

3. 病理变化

死亡鹿体质状态良好,鼻孔和口角有少量泡沫,可视黏膜发绀,腹围明显增大,皮下出血,有胶样浸润。腹腔剖开后,有大量红黄腹水流出。大网膜、肠系膜、胃肠浆膜明显充血和出血,呈黑红色。瘤胃充满未消化完全的食物,真胃胃底和幽门部黏膜脱落,呈紫红色,有大面积出血斑,个别严重呈坏死状态,整个黏膜和肌层脱落,小肠外观呈血肠状,剖开有大量的红紫色黏液流出,黏膜和肌层脱落,大肠内容物黑色、腥臭;肾脏肿大变软;脾肿大出血;肝肿大、质脆,个别有出血点和灰白色坏死灶。胸腔剖开后,有大量淡黄色胸水流出,心脏扩张,冠状沟有胶样浸润,心房和心室有紫黑色血块,心内膜和外膜有点状出血;肺充血、水肿。

4. 诊断

可根据流行病学和病理剖检作初步诊断,确诊需要进行细菌革兰氏染色,该病原为革兰氏阳性大杆菌,有荚膜,并可形成芽孢。用标准的魏氏梭菌的抗毒素与被检的肠内容物滤液做中和试验是确定毒素类型和确诊的一种特异性诊断方法。该病还需与以下疾病鉴别。

鹿快疫:鹿快疫多发生于春末和秋季阴雨连绵的时期,各种年龄均可发病,但在1岁左右的鹿发病较高。临床表现为口吐血样泡沫;两耳下垂;反刍停止;腹部膨大;四肢伸直。剖检可见全身出血性病变,尸体迅速腐烂,天然孔流血水,浆膜出血。胃黏膜均有大出血斑、坏死灶和溃疡灶,肠腔内充满气体。

鹿肠毒血症:鹿肠毒血症一年四季均可发生,膘情好的鹿易发病。口鼻流出白色泡沫样液体;小肠出血,呈血肠样。

鹿瘤胃胀气:鹿瘤胃胀气各日龄鹿都可发生。仔鹿发病率、死亡率高。临床表现为左侧肷窝因瘤胃膨胀而突出;眼角膜出血、血管怒张、眼球突出;触诊腹壁紧张并有弹性,用拳压迫不留痕迹;扣诊时瘤胃有鼓音。

四十六、羔羊痢疾

羔羊痢疾(lamb dysentery)是由B型产气荚膜梭菌引起的羔羊(7日龄左右至两周龄)多发的一种急性或亚急性传染病。特征为出血性或溃疡性肠炎。

1. 病原及其传播方式

该病病原主要为B型产气荚膜梭菌,其次也常伴有大肠埃希氏菌、沙门氏菌和肠球菌混合感染。

产气荚膜梭菌广泛分布于自然界,在土壤、污水、粪便以及健康动物的肠内容物中均有该菌存在。在母羊的乳汁中也可分离到该菌,在患羔羊痢疾病例的肠内容物中病菌更多;故该病的传染源为病羔及被其粪便污染的场地、饲草和母羊的体表、乳房和阴部。当羔羊吸吮母乳或与地面接触时,即可经消化道而感染。脐带或创伤也有可能成为感染路径。

病菌经消化道感染后,可在肠壁间隙迅速繁殖,产生毒素。毒素具有致坏死特性,故可造成肠壁坏死、溃疡,破坏肠壁组织的完整性。由于大量毒素扩散至全身各组织器官,故可造成全身性中毒。

2. 主要临床症状

病羔羊剧烈腹泻,死亡率极高。

3. 病理变化

单纯由 B 型产气荚膜菌引起的羔羊痢疾则主要表现为肠毒血症,而由大肠杆菌、沙门氏杆菌所致的羔羊下痢则还具败血症变化;但不论以哪种细菌为主,在多数情况下均有轻重不等的肠道变化。

〔剖检〕　病羔外表主要表现消瘦,肛门和后肢被稀粪沾污。可视黏膜苍白,皮下组织干燥,血液黏稠,具明显脱水症状。下颌、颈浅和髂外淋巴结呈不同程度肿大,胸、腹腔和心包腔内积有淡黄色透明液体。

肠道病变主要表现于空肠、回肠及回盲瓣周围。病变部肠段的浆膜多呈树枝状充血,肠壁黏膜呈局限性或弥漫性充血、出血,有时有溃疡病灶形成。充血、出血严重肠段的肠壁呈深红色,黏膜红肿,肠腔内存有血样的内容物。但在通常情况下,十二指肠内容物呈暗黄色黏液状;回肠内容物呈糊状;空肠充气;肠壁集合淋巴小结肿胀。多数病例的回盲瓣肿胀、增厚,可见斑点状出血或溃疡。大肠内容物多呈灰黄色粥状或液状;少数积留较干的块状粪块。大肠黏膜皱襞顶部多见呈纵行的条状充血或出血,尤以结肠后段和直肠黏膜的变化更为明显。在极少数情况下,在空-回肠和回-盲肠连接处可发生肠套叠。

肠黏膜有时见有大小不等的溃疡,小的与出血点相似,其中心有针尖大的黄色小点,随着时间延长,黄色中心逐渐扩大,其外周留有红晕,溃疡多呈圆形,直径达 2～6mm。

肠系膜淋巴结肿大,尤其是回肠和盲肠部的淋巴结肿大最为明显,切面湿润,有时伴有充血和出血。

第一、二、三胃多无明显变化,第四胃存有多量混有乳凝块的液状内容物。黏膜潮红、肿胀,存有红色条纹或斑状出血。

〔镜检〕　见肠黏膜呈卡他性炎变化,上皮细胞变性、坏死、剥脱,杯状细胞增多,黏膜表面附有多量黏液。黏膜固有层毛细血管充血,有淋巴细胞浸润,并混有中性和嗜酸性粒细胞。严重病例的黏膜下层表现出血与炎性水肿,并伴有黏膜坏死。坏死灶内见有细菌团块。

皱胃黏膜也呈卡他性出血性胃炎变化,表现黏膜上皮变性、剥脱而与渗出物混合,腺体之间见有大量红细胞与炎性细胞,还偶见有小的坏死与溃疡病灶。

其他器官常缺乏特异性病变。

人工感染病例的病理变化与自然病例相似,主要表现卡他性出血性肠炎,肠壁溃疡灶表面还见有纤维素性假膜被覆,溃疡呈圆形,突出于黏膜表面。当用 D 型产气荚膜梭菌感染时,还见心包积液,死后稍久还见肾脏软化;而用沙门氏菌感染时,除具肠炎变化外,在肠系膜淋巴结和肝脏还可以看到坏死和增生节,偶尔还见有明显的出血性脑膜炎变化。

4. 诊断

出生不久的羔羊发生下痢并迅速蔓延,即应怀疑为该病。但要确定诊断,除做流行病学调查和详细进行临床与病理学检查外,更要进行细菌学诊断和肠内毒素鉴定。

四十七、羊链球菌病

羊链球菌病(streptococcosis ovinum)或称羊溶血性链球菌病,是绵羊的一种急性败血性传染病,主要侵害绵羊,其次是山羊,特征为咽背淋巴结肿大和咽喉肿胀、纤维素性胸膜肺炎和化脓性脑脊髓膜炎。20 世纪 50 年代以来发生于我国的青海、甘肃、四川、新疆、西藏等地,于每年冬、春寒冷季节流行,不分年龄、性别、品种均可致病。

1. 病原及其传播方式

羊溶血性链球菌为革兰氏阳性球菌,有荚膜,呈单个或短链排列,在液体培养中可形成长链,为兼性需氧菌。

该病的传播主要是由与病畜的直接接触,或被带菌的外寄生虫咬螫,或吞食污染的水、草等而引起。病原菌通过呼吸道、消化道、皮肤创口等感染途径而侵入体内,引起感染。

2. 病理变化

根据病理变化分为急性败血型与亚急性肺型。

1)急性败血型 多于发病后 2～5d 死亡,呈典型的败血症的病变。

[剖检] 见眼结膜与可视黏膜呈紫红色并带黄疸色调,眼角有脓性分泌物,喉部及下颌淋巴结肿大,胸腔和腹腔中有多量淡黄微混浊液体。

咽部、喉头黏膜下常有不同程度的炎性水肿,致使后鼻孔及咽喉狭窄。

肺脏膨大、充血。部分病例有大小不等的浆液性炎症区,间质因淡黄色液体浸润而显著增宽,实质呈紫红色而坚实。

心脏的心外膜,尤以冠状沟和纵沟脂肪及其两侧常见密集的出血点,心腔扩张,心肌混浊而色变淡,心内膜乳头肌出血。

皱胃黏膜充血、出血,肠壁水肿而增厚,淋巴滤泡肿胀而隆起,肠腔内充有淡黄色或淡红色黏液。部分病例的空肠段或回肠段,肠壁因炎性水肿而显著增厚呈胶冻状。肝脏肿大,切面呈槟榔样,质软易碎。胆囊显著增大,可达正常 7～8 倍,黏膜充血、出血与水肿。

脾脏肿大达正常的 2～3 倍,少数病例在边缘可见黑红色隆起的出血性梗死灶。切面紫红色,脾髓软化,质地柔软。淋巴结尤以体表的颈浅及下颌淋巴结肿大,体积达正常的 2～3 倍至 7～8 倍。切面上出现透明或半透明、黏稠有滑腻感的引缕状液体,该病变具有证病性意义。

脑脊液增多,呈淡黄色或淡红色、微混浊,脑脊髓蛛网膜、软膜充血,并可见小点出血,脑沟变浅,脑回平坦,脑实质变软,切面上可见小血管充血、出血。

[镜检] 肺脏的胸膜及小叶间质呈炎性水肿,其中的淋巴管扩张并见有淋巴栓形成。血管充血与血栓形成,管壁发生纤维素样变或纤维素样坏死;肺小叶内的细支气管和其平行的血管与其周围组织亦有多量浆液及中性粒细胞浸润。细支气管和肺泡腔内充有浆液、脱落上皮、中性粒细胞、淋巴细胞和蛋白滴。病程稍长的则有纤维素渗出。此外,肺泡壁各肺泡中还见有暗褐色铁反应呈阴性的色素颗粒沉着。

心外膜间皮细胞肿胀、变性与脱落,并有浆液及中性粒细胞、巨噬细胞和淋巴细胞浸润。心肌纤维变性、断裂、崩解,间质充血、出血、水肿与炎症细胞浸润或见有细菌。

肝脏的被膜与汇管区间质坏死和溶解,有不同程度的浆液、纤维素渗出以及中性粒细胞、巨噬细胞、淋巴细胞浸润。肝细胞浊肿与脂变,部分病例小叶中心带的肝细胞呈凝固性坏死。星状细胞肿胀、增生,吞噬有暗褐色的色素颗粒或黄绿色的胆汁色素。

脾脏白髓的变化较为特异,因病原菌侵入,中性粒细胞大量浸润,原有的淋巴细胞显著减少乃至消失,故形成小的化脓灶。进一步发生化脓溶解,原有组织结构破坏,该处被 PAS 染色呈阳性和甲苯胺兰染色呈异染反应的细菌荚膜多糖物质、浆液和细胞碎屑所占据。红髓静脉窦充血、出血与血栓形成,在静脉窦和脾索内可见中性粒细胞、巨噬细胞、淋巴细胞等浸润,在红髓中尚见大小不一的化脓灶和出血性坏死灶。肾脏充血或发生急性肾小球肾炎,后者表现肾小球增大,毛细血管袢呈充血、血流停滞、血栓形成和细菌栓塞;内皮细胞肿胀、增生,管壁疏松;间质细胞增生及中性粒细胞、淋巴细胞浸润。

肾小管上皮变性,管腔中有管型。肾间质除充血、水肿外,在血管栓塞或血栓形成部位发生小的坏死灶。

淋巴结被膜与小梁间质血管充血、出血与血栓形成,淋巴管扩张和淋巴栓形成,结缔组织与平滑肌纤维水肿、变性、坏死与溶解,其间有浆液、纤维素、中性粒细胞、巨噬细胞、淋巴细胞和红细胞浸润。皮质的淋巴小结由大量的中性粒细胞浸润而转为脓性溶解乃至形成空洞灶,在病灶内仅残留很少数淋巴细胞、脓细胞,而为大量的细菌及其荚膜、多糖物质和浆液所占据,此即为肉眼上可见滑腻的半透明引缕物质。

脑脊髓表现大脑蛛网膜与软膜血管充血和出血、管壁变性和纤维素样坏死。脑膜内由于浆液、纤维素、红细胞及大量的炎性细胞浸润而显著增厚。脑实质中血管亦发生充血、出血和血栓形成,血管周围淋巴间隙有淋巴细胞、巨噬细胞、中性粒细胞等炎性细胞浸润于血管周围而呈"管套"现象。神经细胞具急性肿胀、水泡变性、凝缩与溶解等病变,由于神经小胶质细胞和少突胶质细胞增生而出现"卫星现象",此外,脑实质中尚见微细软化灶。小脑的病变与大脑类同,有明显的化脓性脑膜炎。脊髓膜充血、水肿和上述炎性细胞浸润。

2) 亚急性肺型　病程较长,病羊一般经1～2周死亡,有显著的纤维素性胸膜肺炎与腹膜炎。

[剖检]　在胸腔内积有大量含纤维素絮片的灰黄色混浊液体或灰白色引缕状黏稠的脓汁。肺的尖叶、心叶和膈叶下缘常与肋膜和横膈发生纤维素性粘连。肺炎呈大叶性,病变部呈紫红色或暗红色,质地坚实,切面较致密与干燥。腹水增多,呈混浊淡黄色,其中亦混有纤维素絮片,浆膜上常附着纤维素,且常见肝与横膈和肠袢之间发生粘连。

[镜检]　肺胸膜因充血和炎性水肿而增厚,其上附有厚层的纤维素与脓细胞。肺泡壁充血、出血及炎症细胞浸润,肺泡腔中充满纤维素网及渗出液、中性粒细胞、淋巴细胞、红细胞及肺泡脱落上皮细胞。随着病情发展阶段不同而呈现炎性水肿、红色肝变、灰色肝变以及渗出物机化等多种景象。

其余脏器的病变与急性败血型相仿,但其病变程度较轻。

3. 诊断

该病根据流行病学特点(常发地区与季节性)、症状和病变特征,可作出初步诊断,但应注意和巴氏杆菌病、炭疽、绵羊快疫和绵羊肠毒血症相区别。必要时可用病料涂片或进行细菌分离培养,检查细菌即可确诊。

四十八、奶牛链球菌性乳腺炎

奶牛链球菌性乳腺炎(streptococcus mastitis)是由链球菌引起的无乳及化脓性乳腺炎。

1、病原及其传播方式

该病病原为无乳链球菌(*Streptococcus agalactiae*)是乳腺的一种专性寄生菌,由无乳链球菌引起的乳腺炎是奶牛的一种特殊的接触性传染病,可引起乳腺炎的其他链球菌还有停乳链球菌(*Streptococcus dysgalactiae*)、乳房链球菌(*Streptococcus uberis*)、兽疫链球菌(*Streptococcus zooepidemicus*)、化脓链球菌(*Streptococcus pyogene*)、粪链球菌(*Streptococcus faecalis*)和肺炎链球菌(*Streptococcus pneumoniae*)等。

2. 病理变化

[剖检]　通常见一个或几个乳叶受累,大多数的病变发生于乳腺的远端部分,乳池和较大的导管充满浆液和絮状的脓性分泌物,乳池的黏膜呈现充血和颗粒状。乳腺组织肿胀,易于切割,在切面上由于肿胀的小叶隆起,故分叶清晰,患病的乳腺小叶组织呈淡灰色,故能和呈乳白色的泌乳组织区别。

疾病后期,乳池和大的导管黏膜上皮呈中度增厚,形成小而圆的息肉。在导管周围可发生纤维化,一些小叶可被肉芽组织或瘢痕组织取代故乳腺缩小。

[镜检]　乳腺小叶间质组织及乳腺腺泡间显著水肿和中性粒细胞广泛地浸润,基质的淋巴管高度扩张,腺泡上皮空泡化并脱落,并见崩解的巨噬细胞。

在导管和腺泡内以及上皮内和上皮下见有多量细菌。病程较长病例,见巨噬细胞与成纤维细胞大量增多,最后使许多腺泡的管腔闭合,乳腺发生纤维化和萎缩。

3. 诊断

从乳汁脓性分泌物中检出链球菌即可确诊。

四十九、奶牛葡萄球菌性乳房炎

奶牛葡萄球菌性乳房炎(staphylococcal mastitis)是由金黄色葡萄球菌感染引起的乳房化脓、坏死及肉芽肿形成的疾病。

1. 病原及其传播方式

病原菌主要为金黄色葡萄球菌,表皮葡萄球菌也可引起此病,但极少见。该病多为接触感染,即病原菌经乳头管侵入,首先在该处局限性增殖,随即侵及乳池和导管引起乳腺炎。奶牛乳房炎不仅影响产乳量,而且含有金黄色葡萄球菌的乳汁可致人发生食物中毒。

2. 主要临床症状

该病按临床经过可分为急性型和慢性型,以后者较为常见。典型的急性型多发生于产后,受害乳房肿胀、紧张、灼热、坚实、疼痛,乳汁分泌几乎停滞,仅流出少量淡褐色血样液体;而未被感染的乳叶也呈肿胀、紧张和乳汁分泌减少。

3. 病理变化

[剖检]

急性型:受害的乳房先是乳头和乳房相邻部发生坏疽,但不扩散。病变部组织变为蓝紫色,继而呈黑色,较柔软,腹股沟区、肷部及腹部皮下水肿。经一天或稍长时间,坏死的皮肤开始渗出浆液并腐烂,皮下出现呈捻发音的气泡,形成所谓的湿性坏疽。坏疽过程中组织受损大小差异很大。坏死的小叶群彼此相连并与正常组织紧密邻接。

慢性型:主要是由于乳池和导管内的病原菌穿透腺管壁进入腺泡间组织,形成持续性感染灶,继而发展为葡萄球菌性肉芽肿(staphylococcal granuloma)。病原菌侵入腺泡间组织首先引起坏死,随即在坏死灶周围有多量中性粒细胞浸润和结缔组织增殖,形成特异性肉芽肿,每个肉芽肿性病灶的直径不超过1～2cm,但数量很多,几乎侵及大部乳腺组织。在肉芽肿病灶之间和残存的小叶的周围有厚层的纤维化组织分隔和环绕。

[镜检]　肉芽肿结构颇似放线菌病,其中心为一个或数个小的化脓灶,内含具有放射状棍棒物的菌团,革兰氏染色为阳性球菌,化脓灶周围环绕网状内皮性肉芽组织,再外围为增生的结缔组织,伴有较多的中性粒细胞、淋巴细胞、巨噬细胞和浆细胞浸润。

4. 诊断

用病牛乳汁做细菌培养,见金黄色葡萄球菌即可确诊。

五十、牛传染性栓塞性脑膜脑炎

牛传染性栓塞性脑膜脑炎(bovine infectious embolic meningoencephalitis)是由昏睡嗜血杆菌(haemophilus somnus)所引起的牛的一种急性、败血性传染病,病变以血栓栓塞性脑膜脑炎、血管炎、关节炎、胸膜炎和肺炎为其特征。

1. 病原及其传播方式

昏睡嗜血杆菌属嗜血杆菌中的一种细菌,为小球杆菌,无运动性,不形成芽孢。人工培养需要 X 因子、血红素、V 因子或辅酶 I 等特殊的生长因子。在人工培养物中,菌体为多形性,有球状、短链排列的线状或丝状等。

该病主要发生于群饲牛,特别在秋、冬季,由于牛群受拥挤和寒冷等应激因素作用而诱发。放牧牛较少发生,但经长途运输后有时也可暴发该病。该菌能从正常牛和患有呼吸道疾病的牛体中分离出来。一般认为,呼吸道是该病的传染门户,主要经空气传播。

2. 主要临床症状

该病的超急性型病例表现体温升高(41~42℃),角弓反张,运动失调,肌肉震颤或虚弱、失明、麻痹、惊厥和感觉过敏等神经症状,有时伴有呼吸道炎症和多发性关节炎,偶尔发生散发性流产。

3. 病理变化

[剖检]　最具特征的性病变为脑的出血性梗死,梗死常为多发性,可发生于脑的任何部位,其色泽为鲜红色至褐色,直径为 0.5~3cm。脑膜炎为局灶性或弥漫性。脑脊液呈淡黄色、混浊,常含絮状碎屑物。点状或斑状出血还见于心肌、骨骼肌、肾脏、前胃、皱胃和肠管的浆膜。全身淋巴结肿大。浆液性纤维素性喉炎、气管炎、胸膜炎和肺炎,多关节炎、心包炎和腹膜炎常可见到。关节炎表现为关节滑膜水肿,伴发点状出血;关节囊的滑膜液增多、混浊,内含纤维素凝块,但关节软骨通常不见损害。喉头黏膜见有灶状溃疡及固膜性假膜,且可扩张到气管。息肉状气管炎亦曾有报道。

[镜检]　特征性病变是脉管炎、血栓形成和出血性梗死。脉管炎在脑是最常发生的,但也可以发生在全身的各器官和组织。呼吸道、关节和体腔的病变没有特异性。浸润的细胞成分全为中性粒细胞,常于各器官有病原菌存在的部位。

4. 诊断

根据该病的临床症状、病理变化和病原菌的分离即可确诊。但应注意与李氏杆菌性脑膜炎、牛维生素 A 缺乏症进行鉴别诊断。李氏杆菌性脑膜炎的临床症状可见单侧面神经麻痹、头颈偏斜,脑髓液中通常是单核细胞增多。病理变化表现为脑软膜、脑干后部血管充血,血管周围有以单核细胞为主的浸润,脑组织有小的化脓灶,此外,还可见坏死性肝炎与心肌炎,而体腔不见有炎症变化。6~12 月龄青年牛的维生素 A 缺乏症的特征是突发短期惊厥,晕厥持续10~30s 后,偶见牛只死亡,但多半可恢复正常。运动可促使该病发作。视力轻度受损,但惊恐反射通常存在。脑脊髓液压力升高,大脑穹隆和椎骨变小,脑神经和脊髓神经根受压迫和损伤。但缺乏该病具有的发热、脑部多发性出血性梗死和其他组织器官的脉管炎变化。

五十一、牛传染性角膜结膜炎

牛传染性角膜结膜炎(infectious keratoconjunctivitis in bovine)又名红眼病(pink eye),是牛的一种急性传染病。其病变特征为眼结膜和角膜发生明显的炎症变化。

1. 病原及其传播方式

牛摩拉克氏杆菌(*Moraxella bovis*)又名牛嗜血杆菌(*Haemophilus bovis*)是该病的主要病原,因该菌在病牛常能发现而在健康牛却很少见到,并用该菌进行人工感染试验获得了成功,只是症状较温和;但在强烈的太阳紫外光照射下可以产生典型的症状。

牛摩拉克氏杆菌为粗短的革兰氏阴性球杆菌,长 $1.5\sim2.0\mu m$,宽 $0.5\sim1.0\mu m$,多呈双或短链排列、有荚膜、无芽孢和无运动性。

乳牛、黄牛、水牛,不分年龄和性别均对该病有易感性,但以青年牛最易感,呈高度接触性传染。该病最常见于夏、秋季,可通过蝇类和尘土传播。结膜可能是传染门户。

2. 主要临床症状

病牛大量流泪,角膜发生混浊或呈乳白色。

3. 病理变化

[剖检] 病牛表现眼睑发炎肿胀,结膜高度充血和浮肿,眼分泌物增多呈脓液性。角膜变化明显而多样,轻者角膜轻度混浊,混浊从中央开始,逐渐向外扩展。角膜周围的血管扩张、充血,巩膜呈淡红色,即所谓的红眼病。严重者表现角膜炎、角膜溃疡、角膜增厚和角膜突出,有的形成角膜瘢痕和角膜翳,有时发生角膜破裂。

[镜检] 结膜含有多量淋巴细胞及浆细胞,在上皮细胞之间可见中性粒细胞。角膜变化多样,镜下所见也有很大差异。有的病例可见上皮剥脱,固有层有细胞浸润及坏死;有些病例表现为固有层呈弥漫性玻璃样变性;角膜隆起部为上皮坏死和伴发细菌浸润,固有层发生纤维化或肉芽组织形成;而角膜突出是由于虹膜粘连和细菌浸润,进而形成化脓灶和肉芽组织。

4. 诊断

根据发病特点、病理变化即可作出初步诊断,必要时可做微生物学检查。在鉴别诊断上,应注意与外伤性眼病、传染性鼻气管炎、恶性卡他热等相区别。外伤性眼病常为一侧性,且限于个别动物而无传染性,眼中可见有异物或有物理性损伤的证据。牛传染性鼻气管炎除有结膜变化外,必有呼吸道病变。恶性卡他热除眼病变外,伴有高温,口鼻黏膜具有纤维素性坏死性炎,致死率也很高。

五十二、羔羊嗜血杆菌感染

羔羊嗜血杆菌感染(haemophilus infection in lambs)是由羔羊嗜血杆菌(*Haemophilus agni*)引起羔羊多发的一种急性、高度致死性败血症。

该病在 1958 年由 Kennedy 进行了描述,主要发生于 6~7 月龄的羔羊,但其传播方式至今尚未阐明。

1. 主要临床症状

病羊表现精神沉郁、高热(42℃),由于肌肉强直而不愿运动或运动强拘。该病常在发病后12h 之内死亡,如存活 24h 以上时,则常发生严重的关节炎。

2. 病理变化

[剖检] 见病死羔羊全身多发性出血,其中骨骼肌出血具有诊断价值。肝脏散发局灶性

坏死,在其周围常环绕出血带。脾脏肿大。发病早期死亡的羔羊,关节变化通常轻微;存活24h以上的病例,则可出现纤维素性化脓性关节炎,此外还可见有脉络膜炎和脑基底部脑膜炎。死亡多半是由于肺淤血和水肿引起的窒息所致。

[镜检]　可见全身性细菌性栓塞和血管炎,尤以肝脏和骨骼肌最为明显。

3. 诊断

根据该病特征性病变可以提供初步诊断,确诊则有赖于分离病原菌。

五十三、犊牛大肠杆菌病

犊牛大肠杆菌病(犊牛白痢)(calf scour;white scour)是由多种血清型(主要是O_{78},还有O_9、O_{101}等)致病性大肠杆菌引起的犊牛腹泻的感染性疾病。

1. 病原及其传播方式

引起犊牛白痢的大肠杆菌为肠毒素性大肠杆菌,这些大肠杆菌菌株具有K_{99}菌毛黏着素,能产生肠毒素。

病菌常随母牛和病犊粪便排出而污染环境,特别是污染母牛的乳头和皮肤,当犊牛吃奶或舔母牛皮肤时病菌即可进入肠道,若母牛牛乳中缺乏特异性抗体,病原菌在空肠、回肠绒毛上皮细胞表面大量定殖,致使肠绒毛萎缩、脱落,临床上出现腹泻。

2. 主要临床症状

初生几天的牛犊发病,病犊出现发热、腹泻。

3. 病理变化

[剖检]　因败血症和毒血症急性死亡的病犊常无特征性病理变化。表现腹泻的病犊因吸收障碍和脱水而表现尸体消瘦、眼窝下陷、肛门周围有粪污。重要病理变化为急性胃肠炎。真胃内有凝乳块,黏膜红肿,皱襞出血,其表面有大量黏液团块;小肠内容物常混有血液和气泡而具恶臭,黏膜充血、出血,部分黏膜上皮脱落。肠系膜淋巴结肿大、充血,切面多汁。肝、肾、心实质变性,散在出血点,胆囊内充满浓稠胆汁。脾脏无变化或稍肿大。病期长的病犊常伴发关节炎和肺炎。

4. 诊断

根据初生犊牛发病,并出现腹泻,剖检表现急性胃肠炎,同时在回肠黏膜刮取物的涂片中有大量革兰氏阴性菌,可以作出诊断。确诊则需分离出致病性大肠杆菌菌株和证明其产生肠毒素。该病必须与肠侵袭性大肠杆菌所致的肠道大肠杆菌病及败血性大肠杆菌病区别。还应把该病与其他重要病原(如冠状病毒、轮状病毒、隐孢子虫等)引起的初生犊牛腹泻相鉴别。在切片中,该病绒毛萎缩不严重,但在小肠后段绒毛表面有大量病原菌。

五十四、羔羊大肠杆菌病

羔羊大肠杆菌病(colibacillosis of lambs),又名羔羊大肠杆菌性腹泻或羔羊白痢,是羔羊的一种急性传染病,常发生于数日龄至6周龄羔羊。该病在冬季舍饲期间呈地方性流行或散发。

1. 病原及其传播方式

病原为产肠毒素性大肠杆菌,革兰氏阴性,大小中等,无芽孢,具有周鞭毛,对碳水化合物发酵能力强。60℃、15min即死亡,一般常用的消毒剂均能将其杀死。

该病多发生于数日至6周龄的羔羊,有些地方3~8月龄的羊也可发生,呈地方性流行或散发。放牧季节很少发生,冬、春季舍饲期间常发。主要经消化道感染。气候不良,初乳不足,场圈污秽潮湿等均有利于该病发生。

2. 主要临床症状

分为败血型和肠型(下痢型)两种。败血型多发生于 2～6 周龄羔羊、常有神经症状,四肢关节肿胀、疼痛。病程很少超过 24h,多于发病后 4～12h 死亡。肠型常见于 2～8d 新生羔羊,主要表现腹痛、腹泻、严重脱水、不能站立。如不及时治疗,可于 24～36h 死亡。

3. 病理变化

〔剖检〕 死于败血症的羔羊,特征性病变是胸腔和心包内蓄积浆液性纤维素性渗出物;某些关节,尤其是肘关节和腕关节肿大,关节囊内有纤维素性化脓性渗出物;脑膜散布小点状出血,大脑沟常有脓性渗出物。肠型病羔尸体因严重脱水而干瘪,后躯被粪便沾污;真胃和小肠、大肠内容物为灰黄色半液状,常混有气泡并有黏液甚至血液,胃肠黏膜充血和轻度肿胀;肠系膜淋巴结肿胀、充血;有时四肢关节发生纤维素性化脓性关节炎;肺淤血、水肿或有早期肺炎病灶。

4. 诊断

需注意与 B 型(有些地方为 D 型)产气荚膜梭菌引起的、主要危害不满 7 日龄羔羊的羔羊痢疾相区别。羔羊痢疾表现剧烈腹泻,小肠特别是回肠黏膜发生溃疡,这可与该病鉴别。

我国北方牧区曾发生过一种病程急速的致死性大肠杆菌病,主要危害 3～8 月龄绵羊羔和山羊羔,通常没有白痢症状,称为断奶羔羊大肠杆菌病(colibacillosis of weaner lambs)。该病的病原菌是一种无毒力的大肠杆菌,在其流行期间,通过连续在羔羊间传递,毒力迅速增强并带有荚膜。该病主要病理变化是真胃、十二指肠和小肠中段黏膜严重充血、出血,小肠淋巴小结充血;肠系膜淋巴结充血;纵隔淋巴结严重充血、出血;心内膜常有出血;肺充血、水肿和出血,支气管腔充满泡沫和黏膜明显充血。肾皮质部充血,肾实质变性;肝淤血。

羔羊大肠杆菌病需要与腐败梭菌引起的羊快疫和 C 型产气荚膜梭菌引起的羊猝疽区别。这两种病还可发生于更大年龄的羊。羊快疫时真胃黏膜有明显出血性坏死性炎症,而羊猝疽则以腹膜炎和小肠溃疡为特征,这些都与该病不同。确定诊断应根据细菌学检查以及证明(羊猝疽时)肠内容物中有毒素。

五十五、绵羊水肿病

绵羊水肿病(edema disease of sheep)为成年绵羊的一种急性传染病,夏、秋季流行,死亡率高达 95%。病原菌为致病性 O_{157}、O_{120}、O_{36} 和 O_8 血清型大肠杆菌。

病理变化

〔剖检〕 全身皮下组织水肿,尤以下颌、胸部和腹部最为明显。胸腔、心包及腹腔积液。瘤胃、网胃、瓣胃和真胃胃壁因水肿而增厚,肠系膜和结肠盘有明显的胶样浆液浸润,胃肠黏膜水肿和具出血性卡他性炎症。

〔镜检〕 全身各器官的微血管受损,并有微血栓形成,小动脉管壁变性、坏死,血管周围水肿。淋巴结呈浆液性炎症并坏死。心、肝、肾等器官的实质细胞变性、坏死,间质水肿。伴有单核细胞浸润或增生。脑充血、水肿和神经细胞变性。

〔诊断〕 病尸全身皮下水肿并检出致病性大肠杆菌,可确诊。

五十六、绵羊干酪性淋巴结炎

绵羊干酪性淋巴结炎(ovine caseous lymphangitis)，又称绵羊假性结核病，是由绵羊棒状杆菌或假结核棒状杆菌引起以淋巴结化脓性炎为主征的慢性传染病。山羊和牛偶尔也能感染，但大多只局限于感染伤口附近的一两个淋巴结。

1. 病原及其传播方式

绵羊棒状杆菌呈球形或细丝状，大小为$(1.0\sim3.0)\mu m\times(0.5\sim0.6)\mu m$，无鞭毛和荚膜，不形成芽孢，革兰氏阳性，普通染料易着色，但着色不均匀，杆状菌体有异染颗粒。该菌在富含有机质的潮湿土壤中能长期存活，有时在绵羊的粪便中也可以检出，从而认为本菌可能是绵羊的一种肠道寄生菌，随粪便排出污染土壤而造成创伤感染。病羊脓汁污染的饮水、饲料等也常常是重要的传染媒介。

该病主要侵害成年绵羊，小羔羊感染者较少，但随年龄增长发病率逐渐增高。通常的创伤感染，如剪毛、去势、断尾、草木刺伤等伤口都可成为感染途径。有时也可经消化道感染，但病变多局限于头部淋巴结。该菌在药浴液中至少存活24h，绵羊在剪毛后两周内在污染的药浴中浸洗，可发生皮肤感染。

2. 主要临床症状

病羊最初出现感染局部炎症，逐步波及邻近淋巴结(常见于头部、颈部、肩部及髂下淋巴结)，触摸无痛，有坚韧感。以后淋巴结慢慢肿大至卵黄或核桃大，有的可肿大如拳，并出现化脓、渐变为干酪样，切面常呈现几个同心圆状。一般病例没有全身症状，有些病例的体内淋巴结或内脏受到波及时，表现逐步消瘦、衰弱、呼吸困难、咳嗽，鼻孔流出黏液或脓性黏液。后期可见贫血、肩部和腹下水肿，最后为恶病质。如乳房发生干酪样病变，则出现不规则的凹凸不平的肿块，挤出的奶汁常含有少量黄红色的屑粒。羔羊发生该病时，常呈现腕、跗关节等处的化脓性关节炎。

3. 病理变化

[剖检]　除少数内脏有广泛病变的病羊呈现消瘦外，大多数病羊的营养良好。颈浅、髂下淋巴结，其次是支气管淋巴结为主，和纵隔淋巴结，腹腔淋巴结则以肠系膜淋巴结为主，有淡绿色无臭乳酪状的脓汁。较新鲜的脓汁软似奶油状，病程较长病例浓汁变干成颗粒状干酪样，常常是整个淋巴结变为一个大的脓肿。较陈旧的脓肿常有钙盐沉着呈灰白色或白色，切面见钙化的干酪样脓汁呈同心的轮层状，颇似洋葱切面(图9-8，见图版)，在脓肿的周围有厚层结缔组织，脓肿一般比淋巴结大数倍。

[镜检]　初期在感染局部有多量中性粒细胞聚集，随即固有组织和白细胞坏死、崩解，变为均质嗜伊红无结构状，病程久者有钙盐沉积。在坏死灶的外围则有巨噬细胞或上皮样细胞围绕，再外层为淋巴细胞和结缔组织，这层包囊可继续发生干酪样坏死，使坏死病变逐渐向外发展，从而使干酪样坏死物呈同心圆状。

老龄或幼龄羊肺脏常发生弥漫性支气管肺炎。肺炎区内散布干酪样化脓灶，或呈大小、数量不一的小结节，并常继发胸膜炎，使肺胸膜与肋胸膜部分粘连，胸腔蓄积大量浆液。肺的结节性病灶与淋巴结所见者相同，只是病灶的外周还有狭窄的支气管肺炎区。

偶然在肾皮质可以发现继发性病灶，其他内脏，主要是肝脏和脾脏，可能出现典型的孤立性脓肿。

乳房病变多半是由该部皮肤伤口被感染所引起。急性感染表现乳腺弥漫性化脓性炎症；

慢性病变则形成有包囊的脓肿,脓汁的性状与淋巴结相同。病势严重的病例,肌肉内也可发现多发性脓肿。

在羔羊除有时伴发腕关节和跗关节的化脓性炎症外,假结核棒状杆菌尚能引起羔羊的非化脓性关节炎和黏液囊炎。眼观关节稍肿大,改为舍饲后则可康复。

山羊感染常见腮淋巴结干酪样坏死,其次是颈部和颈浅淋巴结,少数为乳房和髂下淋巴结。其脓汁较稀软,呈黄白色或黄绿色。初如米汤样,后变为黏稠,切面不见有轮层状结构。陈旧病灶因有钙盐沉着,使干酪样物呈灰砂状。

3. 诊断

剖检发现特征性病变,并由脓汁分离出本菌,即可确诊。在鉴别诊断上,应与结核病和类鼻疽相区别。该病与结核病鉴别点是绵羊发生结核病极少,而且结核病的酪样物质不具有同心层结构。另外,该病的结节较早就发生干酪样坏死,完全钙化者较少,病理组织学检查,该病的结节内常不见有朗罕氏巨细胞。与类鼻疽病变的区别是,该病病程缓慢,而类鼻疽病程短促且羔羊的病变较为严重,脓汁多呈灰黄色,不伴发干酪样变状,镜检具有特征性类鼻疽变化,病原菌为细小的、革兰氏阴性杆菌,可与该病相区别。

五十七、牛细菌性肾盂肾炎

牛细菌性肾盂肾炎(bacterial pyelonephritis in cattle)是由肾棒状杆菌($C.\ renale$)引起的以膀胱、输尿管、肾盂和肾组织的化脓性或纤维素性坏死性炎为特征的一种传染病。

该病遍布于世界各国,多为散发性,主要发生于牛,绵羊和马也偶尔感染发病。母牛比公牛的感染率高,未成熟的牛罕有罹病者。

1. 病原及传播方式

肾棒状杆菌有3或4个血清型,其第1型的致病性最强,但此4型都能激发机体产生补体结合抗体,后者还能与副结核分枝杆菌起交叉反应。该菌对理化因素的抵抗力弱,从病牛或带菌牛的尿液中容易分离出该菌。该病有时还可混合感染假结核棒状杆菌、化脓性棒状杆菌、大肠杆菌及金黄色葡萄球菌等。患病母牛和带菌母牛是该病的主要传染源,母牛阴户是细菌的侵入门户。该病通常是通过直接接触感染。例如,用污染的毛刷刷洗母牛阴户、与受感染或污染的公牛交配以及使用导尿管不慎等都可使之感染。

2. 主要临床症状

病畜主要表现频频排尿,尿量少而混浊带血色,或排尿困难,继发尿毒症性全身症状。

3. 病理变化

[剖检] 见一侧或两侧肾脏肿大,严重的可达正常的2倍,被膜易剥离,病程较久者则部分粘连于肾表面。病肾由于化脓而形成灰黄色小坏死灶,导致肾表面呈斑点状,颇似局灶性间质性肾炎的病灶。切面可见灰黄色条纹,呈放射状由溃烂缺损的乳头顶端向髓质和皮质伸展,或呈灰黄色楔状伸向髓质和皮质部。肾盂由于渗出物和组织碎屑的积聚而扩大,肾乳头坏死。肾盂扩张,积有灰色无臭的黏性脓性渗出物,并混有纤维素凝块、小凝血块、坏死组织和钙盐颗粒。肾盂黏膜充血或出血,被覆纤维素或纤维素性脓性渗出物。

膀胱壁增厚,内含恶臭尿液,其中混有纤维素、脱落坏死组织或脓汁,黏膜肿胀、出血、坏死或形成溃疡。一侧或两侧输尿管肿大变粗,内含脓汁,黏膜肿胀或坏死。

[镜检] 肾小球和球囊周围有多量中性粒细胞浸润,混有多量细菌。肾小管上皮细胞变

性、坏死,伴发尿管型,内含大量崩解的中性粒细胞。肾小管的间质明显充血、出血、水肿及中性粒细胞浸润和细胞积聚。病变严重的部位整个肾单位均坏死,在肾实质内形成大小不一的化脓灶。乳头部顶端的肾组织,有的完全坏死,坏死区向皮质伸展,周围环绕充血带。经时较久者,在充血带周围出现肉芽组织,坏死的乳头部脱落,遗留瘢痕组织。

4. 诊断

该病的临床症状和病理变化都比较特殊,不难作出诊断。但确诊还有赖于微生物学检查。剖检时,可采取肾盂的细胞脱屑或尿道、膀胱黏膜作涂片、培养,若为该菌即可确诊;也可以无菌手续采取尿液,离心沉淀作涂片,做革兰氏染色及培养等进行确诊。

五十八、羊布氏杆菌病

羊布氏杆菌病(brucellosis in ovinum)是由布氏杆菌属的细菌引起人兽共患的一种慢性传染病。羊的主要病变为妊娠子宫和胎膜发生化脓性坏死性炎、睾丸炎、巨噬细胞系统增生与肉芽肿形成。

1. 病原及其传播方式

布氏杆菌属包括 6 个种,该病病原为其中的马耳他布氏杆菌,该属各种细菌在形态和染色特征上无明显区别,都呈球杆状或短杆状,革兰氏阴性,无鞭毛、夹膜和芽孢,不产生外毒素。

该病的传染源是病羊或带菌羊,病原菌随其精液、乳汁、脓液,特别是流产胎儿、胎衣、羊水以及子宫渗出物等排出体外,通过污染饮水、饲料、用具和草场的媒介而造成动物感染。布氏杆菌病的主要感染途径是经消化道,但通过结膜、阴道、损伤或未损伤的皮肤也可感染。进入体内的病原菌,首先经淋巴到达入侵局部的淋巴结,布氏杆菌在巨噬细胞内大量繁殖,引起以增生过程为主的淋巴结炎。增殖的病原菌可由此进入血液发生菌血症,并侵入肝、脾、淋巴结、骨髓、乳腺、睾丸以及妊娠子宫和胎膜等器官、组织的细胞内繁殖,形成新的炎性病灶。这些炎性病灶在多数器官通常表现为淋巴细胞和巨噬细胞增生以及肉芽肿形成,但在睾丸和妊娠子宫则可引起坏死性或化脓坏死性炎。布氏杆菌是寄生在细胞内的细菌,对妊娠的子宫内膜和胎儿胎盘有特殊的亲和性,故可引起明显的病变。

2. 主要临床症状

多数病例为隐性感染。怀孕羊流产是该病的主要症状,流产多发生在妊娠的 3～4 个月。流产前病羊表现精神沉郁、食欲减退、口渴,阴门有黄色黏液流出。有的病羊因发生关节炎和滑液囊炎而跛行。公羊发生睾丸炎。

3. 病理变化

[剖检]　山羊和绵羊的布氏杆菌病通常多为隐性感染,少数慢性重症病例也只能见到某些淋巴结增生性肿大,在淋巴结、肺、肾、肝等器官内出现散在的结节性病变。但是,在妊娠母羊则可引起子宫和胎膜的化脓坏死性炎。

淋巴结呈不同程度肿大,切面灰白色、均质,呈增生性淋巴结炎景象。

肺脏的主要病变为出现布氏杆菌性结节。

妊娠期子宫与胎膜呈化脓坏死性炎。眼观子宫内膜与绒毛膜之间有污灰色或黄色胶状的渗出物,绒毛叶充血、出血、肿胀和坏死,呈紫红色或污红色,表面附有一层黄色坏死物和污灰色脓液,胎膜水肿而增厚。一些胎盘病灶中见肉芽组织增生,使绒毛叶与子宫肉阜粘连。上述病变主要见于发生流产的病羊,但在一些正常分娩的病羊也可见到一些程度较轻的病变。

　　流产后的子宫常因继发化脓菌感染而发生化脓性子宫内膜炎,严重时可导致子宫蓄脓,甚至可引起脓毒败血症。有些病例在流产后发展为慢性子宫内膜炎,眼观子宫体积增大,内膜肥厚,呈污红色,并出现波纹状皱褶,有时见局灶性坏死和溃疡,或有息肉状增生物。

　　感染绵羊布氏杆菌的公羊多可引起附睾炎,病变主要发生于附睾尾。

　　[镜检]　淋巴细胞增生,表现为淋巴小结数量增多,生发中心明显;同时也见网状细胞和上皮样细胞增生。后者可能是几个、十几个、几十个或更多的聚集在一起形成上皮样细胞结节,有的在其中还出现多核巨细胞。淋巴结的病变初期在输入管侧表现得比较明显,后期则可波及整个淋巴结。当病情加剧时,上皮样细胞结节中心部分的细胞发生坏死,其外围有一层上皮样细胞和多核巨细胞包绕,再外围为普通肉芽组织和淋巴细胞,即形成布氏杆菌性增生结节。有时在淋巴结内还可见髓外化生灶。

　　肺脏的主要病变为出现布氏杆菌性结节。在慢性病例是增生性结节,其中央为由破碎的中性粒细胞形成的坏死灶,外围依次有上皮样细胞性特殊肉芽组织和普通肉芽组织包绕与淋巴细胞浸润(图9-9,见图版)。这种增生性结节的坏死灶可继发钙化,外围肉芽组织也可发生纤维素化,并进而发生透明变性。在急性病例则出现渗出性结节,其中央是以核破碎的中性粒细胞为主的坏死灶,外围肺组织充血、出血、中性粒细胞浸润和浆液渗出。这两种结节可依病羊与病原菌双方力量对比的变化而相互转化。有些病例可见支气管肺炎灶,这是在疾病急性发作时布氏杆菌性结节的坏死灶扩及支气管腔,病原菌沿支气管蔓延的结果。

　　在慢性病例肾脏发生间质性肾炎和布氏杆菌性结节形成。间质性肾炎主要表现为间质中淋巴细胞呈弥漫性或局灶性增生。布氏杆菌性结节可以是上皮样细胞结节,也可以是增生性结节,二者外围均有明显的淋巴细胞增生,有的甚至形成淋巴小结的形象。结节所在部的肾实质萎缩消失。在急性发作病例中,肾脏可能出现急性肾小球性肾炎。

　　慢性病例偶见肝脏中少量散在分布的上皮样细胞结节和增生性结节。

　　脾脏白髓淋巴细胞增生,偶见脾髓中出现少数上皮样细胞增生性结节。

　　间质性乳腺炎,表现为腺泡之间的间质中淋巴细胞增生,有时也出现上皮样细胞结节或增生性结节。当炎症侵及腺泡则可发展为实质性乳腺炎。

　　静息期子宫内膜的固有层血管和子宫腺周围见有淋巴细胞浸润,有时固有层中也出现上皮样细胞结节。

　　妊娠期子宫与胎膜呈化脓坏死性炎。渗出物中含中性粒细胞、脱落的上皮细胞、组织坏死崩解产物和病原菌;绒毛叶充血、出血、水肿和中性粒细胞浸润,上皮细胞的胞浆内有大量病原菌,并发生坏死,局部组织脓性溶解形成深浅不一的糜烂。有流产的胎儿呈败血症病变,主要表现为浆膜和黏膜发生淤点和淤斑,皮下组织出血和水肿;急性脾炎;全身性急性淋巴结炎;实质器官变性和肝脏多发性小坏死灶等。

　　流产后的子宫固有层发生弥漫性或局灶性淋巴细胞增生,尤其是在子宫腺和血管周围;子宫腺上皮变性、坏死、脱落。

　　附睾水肿、淋巴细胞和巨噬细胞浸润;附睾管上皮细胞的早期变化是增生、水泡变性和上皮内空腔形成;同时间质中结缔组织也明显增生。间质纤维化和附睾管上皮细胞增生可招致管腔闭塞和精液淤滞,以后精子从损伤的管道外渗并引起精子性肉芽肿形成。这些病变可使附睾尾肿大4~5倍,附睾的病变往往是两侧性的,如果外渗的精子进入睾丸固有鞘膜腔则可导致粘连和睾丸变性加剧。

　　输精管可发生类似的病变,其上皮细胞明显增生,形成皱褶,固有层内有大量淋巴细胞、浆细胞和组织细胞浸润,故使管壁增厚,但不发生精液淤滞或漏出。

布氏杆菌病病羊有时还伴有关节炎、角膜炎和睾丸炎。

4. 诊断

主要依据为临床流产、公牛睾丸炎。病理检验见各组织发生增生性炎,可作初步诊断。确诊有赖于布氏杆菌的分离鉴定。

五十九、牛布氏杆菌病

牛布氏杆菌病(brucellosis in cattle)是由布氏杆菌属的流产布氏杆菌引起牛的一种感染性疾病,主要导致妊娠母牛流产、胎儿及子宫病变和公牛睾丸炎。

1. 病原及其传播方式

该病病原为布氏杆菌属的流产布氏杆菌,其形态和染色特征以及传播方式与羊布氏杆菌病原相同。

2. 主要临床症状

感染母牛常出现反复发热(又俗称波浪热),妊娠母牛发生流产。公牛发生睾丸炎。

3. 病理变化

隐性感染的非妊娠母牛,通常只能见到乳腺及其淋巴结有一些布氏杆菌性结节性病变,全身各淋巴结和脾脏也有偶见病变,而肾脏、卵巢、骨髓等则很少受侵,其表现基本上与羊布氏杆菌病的病变相同。

1) 子宫

[剖检]　流产布氏杆菌对妊娠子宫有特殊的亲和性,感染的妊娠子宫外观正常,在子宫内膜与绒毛膜的绒毛叶之间有或多或少的无臭、污黄色、稍黏稠的渗出物,其中含有灰黄色软絮状碎屑。胎膜水肿而增厚,可达1cm或更厚些。脐带中也浸润着清亮的水肿液。有些病例的胎盘呈现广泛性坏死性变化,另一些病例则坏死性病变稍轻或没有病变。胎盘受侵区域含淡黄色明胶样液体而增厚、暗晦、质韧,呈淡黄色,似鞣皮样。

[镜检]　胎盘的基质水肿,有大量白细胞集聚,其中主要是单核细胞和少许中性粒细胞。绒毛膜上皮细胞中充满着病原菌,许多含菌的上皮细胞脱落入子宫绒毛膜间腔。病原菌在完整上皮细胞内呈球菌状,但游离于渗出液中的则为短杆状。在绒毛叶绒毛的基部上皮细胞或子宫肉阜隐窝的被覆上皮细胞中也有大量病原菌,许多合胞体滋养层细胞坏死,胎盘的绒毛间和母体绒毛延伸的末梢端之间有多量渗出物蓄积,并有白细胞浸润及上皮性碎屑和病原菌。胎盘的母体绒毛的末端浸泡于绒毛间区的渗出液中,其表层细胞坏死,在母体绒毛坏死端的下面,可见不同程度的白细胞浸润和明显的肉芽组织增生,肉芽沿绒毛边缘延伸,母体绒毛末端炎性肿胀。

子宫内膜的基底层中仅见淋巴细胞和浆细胞增多,有些病例可见散在的上皮样细胞结节,严重病例发生子宫内膜炎。

2) 胎儿

[剖检]　通常有一定程度的水肿,皮下组织中有血样液体潴留,体腔积液。多数妊娠后期流产的胎儿有肺炎病变。肺炎病变轻者只能在显微镜下见到散在分布的细小的支气管肺炎灶,重症病例眼观可见肺脏肿胀、质度硬实和色暗红的病灶,并有纤细、黄白色纤维素附着于肺胸膜面。胎儿皱胃内容物变成柠檬黄色、混浊、絮片状,体内尚可见坏死性动脉炎(特别是肺的

动脉)、小灶性坏死和在淋巴结、肝、脾、肾内有肉芽肿形成。

[镜检]　可从上述肺脏小灶性支气管肺炎中见到纤维素性肺炎各个阶段的变化,浸润的炎性细胞主要是单核细胞,但在一些区域有许多成熟的和不成熟的中性粒细胞。

3)睾丸

[剖检]　流产布氏杆菌是引起公牛睾丸炎的原因。多数病例的睾丸炎呈急性,此时阴囊由于膜炎症而肿胀,鞘膜腔被带有血液的纤维素性化脓性渗出物所扩张,在固有鞘膜和总鞘膜表面均有一层纤维素沉着。睾丸实质首先出现散在黄色斑点状坏死灶,随后这些坏死灶逐渐扩大和融合,进而可招致全睾丸的坏死,最后形成一坏死块,其周围由增厚的被膜包绕。有时坏死灶可液化为脓液,使睾丸变成由厚层结缔组织包裹的脓肿。少数病例睾丸的小坏死灶可能不扩大也不融合,一直保持干性坏死的形象,其周围有大量增殖的结缔组织包绕。这些坏死灶通常是多发性的,并能使该器官肿大。

[镜检]　见睾丸内的感染过程沿细精管腔进行,生精细胞坏死、脱落,大量病原菌出现于坏死细胞内和管腔中。早期白细胞浸润于间质,并形成细精管周围的管套。随着疾病的发展,细精管和间质都发生坏死;有的伴有大量中性粒细胞渗出和崩解,进而形成脓肿。与此同时,还可见灶性坏死性附睾炎和并发的精子性肉芽肿。

在重症慢性病牛还可发生关节炎和腱鞘炎。

4. 诊断

与羊布氏杆菌病诊断相同。

六十、牛、绵羊、山羊类鼻疽菌感染

牛、绵羊、山羊类鼻疽菌感染(melioidosis)是由类鼻疽菌杆菌引起的牛、羊地方性传染病。病畜常缺乏特殊的临床症状,其血清学反应和病理变化颇似鼻疽,死亡率较高。我国广东、海南、广西和云南等省(自治区)为类鼻疽流行地区。

1. 病原及其传播方式

类鼻疽菌为革兰氏阴性、稍弯曲的短小杆菌,常两极浓染,不形成芽孢与荚膜,与鼻疽杆菌同属于假单胞菌属,因此二者有密切的生物学亲缘关系,它们不仅在培养基中的生长和形态学特性十分相似,而且在血清学反应方面也很接近。其主要不同之处是:该菌的一端有3根或3根以上鞭毛(偏端丛毛菌),能活泼运动,在培养生长上要求的条件比鼻疽杆菌低,更接近于腐生菌。

该病原菌广泛存在于流行地区的水和土壤中。人和动物可以通过皮肤外伤直接接触水和土壤中的类鼻疽杆菌而遭受感染。该病流行地区的羊主要是通过吸入混有类鼻疽杆菌自然气溶胶而传染,所以常呈暴发性流行。动物排泄物,特别是隐性带菌动物的排泄物是传播该菌至新环境的重要媒介,因而通过污染饲料、饮水经消化道感染也是可能的。

2. 病理变化

患类鼻疽的动物,其病理变化有一定的规律性,临床可疑的病畜通过尸体剖检和病理组织学检查,往往可作为该病诊断的重要依据。现就牛、羊等动物的类鼻疽病理变化分别叙述如下。

1)牛　牛对类鼻疽菌有较大的抵抗力,因此牛类鼻疽的自然感染病例报道较少。自然感染的病牛,临床症状常呈现截瘫或半侧体躯麻痹,头转向体躯一侧,持续大量流涎。

　　〔剖检〕　常于脾脏可见多发性大脓肿(直径 3cm 以上)，有时于肾脏周围脂肪囊也可发现脓肿。延髓有细小的坏死灶，其邻近的蛛网膜和脑软膜被覆纤维素凝块。

　　〔镜检〕　除软膜炎外，在延髓实质内也见有中性粒细胞、淋巴细胞、网状细胞及红细胞组成的多发性病灶，其外围不见包囊形成。邻近病灶的脑组织见胶质细胞增多，血管周围有多量单核细胞浸润。发生截瘫的动物，在胸、腰部脊髓的灰质和白质内见有许多细小的化脓灶，血管周围有多量单核细胞浸润，并伴发软膜炎。

　　2）绵羊　绵羊的自然感染病例，以羔羊较为严重，病程经过短促，有时因四肢关节化脓而发生跛行。若腰椎或荐椎有化脓病灶时，则可引起后躯麻痹。

　　〔剖检〕　通常见肺脏、纵隔淋巴结和脾脏有大小不一的脓肿或结节，肺脏出现实变区。掌、趾关节多见化脓性关节炎，表现关节肿大，关节腔蓄积多量灰黄色脓汁，关节软骨溃烂。后躯麻痹的羔羊多半在最后腰椎和第一、二荐椎有较大的脓肿，内含黄绿色的脓汁，椎体明显溃烂。

　　〔镜检〕　由于病程不同，肺脏的病变可分为渗出型(急性型)和增生型(慢性型)两种。

　　渗出型(急性型)：见结节中心为崩溃的中性粒细胞团块，外周环绕巨噬细胞和中性粒细胞带，再外围则为疏松的网状结缔组织，其中有较多的巨噬细胞、淋巴细胞和浆细胞浸润，包囊不明显。

　　急性化脓性支气管肺炎区的肺泡常被破坏，积聚由红细胞、多量中性粒细胞、巨噬细胞和浆液组成的渗出物。肺脏其他部位普遍呈现中性粒细胞、巨噬细胞、淋巴细胞和浆细胞的弥漫性浸润。支气管黏膜上皮肿胀、空泡变性与脱落，管腔常被中性粒细胞与脱落的上皮细胞所堵塞；支气管外周见淋巴细胞增多。

　　增生性(慢性型)：较陈旧的结节，镜下观察境界清晰，结节中心为崩溃、浓染苏木素的核碎屑，环绕化脓性中心的是上皮样细胞和中性粒细胞，再外围为上皮样细胞、淋巴细胞和浆细胞，整个病灶被广阔的纤维组织所包围。

　　3）山羊　山羊类鼻疽的自然感染病例较为常见，有时呈暴发性流行，死亡率较高，尤以幼龄山羊为甚。

　　〔剖检〕　病变分布较广，多为体积较小的结节或小脓肿。鼻腔内常含有黏液脓性渗出物，鼻中隔和鼻甲黏膜散布直径 2～3mm 隆起的结节，且往往互相融合形成不规则的斑点状。头、颈部的淋巴结常有化脓性病变或水肿性肿胀。

　　肺脏是病变的常发部位，多为坚硬的结节，直径 2～3mm，主要分布于膈叶的前下部、尖叶和心叶，有时则互相融合形成不规则的坚实区。纵隔淋巴结和肺淋巴结常见化脓性病变。

　　少数病羊的右心房和心室壁偶见细小的结节。融合性结节有时还见于小肠、盲肠、膀胱壁以及肠系膜，并可继发溃疡形成。肝、脾通常散布多发性结节。

　　公山羊的睾丸常受侵害。眼观睾丸实质坚硬，切面在增生的纤维组织内散在黄色、干酪样病灶。母山羊受害的乳房肿大、坚实及纤维化，在乳腺周围可见成群的结节病变。

　　临床上有神经症状的病羊，剖检脑组织多半看不出明显的病变，部分病例见脑脊液混浊，其中混有中性粒细胞。

　　〔镜检〕　肺结节病变，其结构与绵羊所见者相同。但山羊早期结节的周围常有出血带；较陈旧的病变在大量核碎屑的坏死中心外围，往往由上皮样细胞和结缔组织组成的包囊所环绕。钙化结节比较少见。

　　肝、脾结节的镜下结构和肺一致，但由上皮样细胞组成的包囊特别良好。

乳腺和睾丸,在间质和腺组织内见有程度不等的纤维化、炎性细胞浸润。睾丸的结节多位于曲细精管,内含多量巨噬细胞、上皮样细胞,精原细胞和支持细胞为这些细胞所取代;继而结节的中心干酪化,并互相融合而形成广泛的坏死区。

病羊脑的组织学变化局限于脑桥和延髓,表现为化脓性脑膜脑炎。

3. 诊断

根据该病的流行病学、特征性病理变化及病原菌的分离即可确诊。在临床上可应用间接血凝试验和补体结合反应等血清学方法进行诊断。

六十一、牛沙门氏菌病

牛沙门氏菌病(salmonellosis of cattle),又名牛副伤寒,发生于各种年龄的牛,犊牛发生急性胃肠炎、关节炎与肺炎,可呈地方性流行。成年牛多为慢性或隐性感染,可能引起流产。

1. 病原及其传播方式

沙门氏菌属(*Salmonella*)的细菌沙门氏菌隶属于肠杆菌科,已发现此属的沙门氏菌有近2000种(血清型)。引起牛沙门氏菌病的血清型,多为鼠伤寒沙门氏菌或都柏林沙门氏菌,还有肠炎沙门氏菌(*S. enterititis*)、明斯特沙门氏菌(*S. muenster*)等。

沙门氏菌病是肠道传染病,病原菌随饲料和饮水经消化道感染。

2. 主要临床症状

犊牛沙门氏菌病主要发生于10～14日龄以上的犊牛。病犊表现发热、脱水、衰弱和常有腹泻,粪便稀薄、混有血液黏液并有恶臭气味。过早断奶、拥挤、潮湿、饲料和饮水不洁、气候反常等不良因素都可促进该病的发生和流行,发病率和死亡率均很高。

3. 病理变化

该病分急性型和慢性型。

1)犊牛 急性型:除具败血症的一般变化外,特征病变在肠道、肠系膜淋巴结、脾和肝脏。

[剖检] 见急性卡他性胃肠炎,表现真胃黏膜潮红、肿胀,有出血点,黏膜表面被覆多量黏液。小肠肠腔内充满有气泡的淡黄色水样内容物,有时因出血而呈咖啡色,肠黏膜红肿,散布多量出血点。肠壁淋巴小结肿大,呈半球状或堤状隆起,有些病例可见黏膜坏死和溃疡。病程较久的病例,小肠黏膜可发展为纤维素性、坏死性炎症,此时肠黏膜表面有灰黄色坏死物覆盖,剥离后出现浅表性溃疡。

肠系膜淋巴结普遍肿大,呈灰红色或灰白色,切面湿润,有时散布出血点。

脾脏明显肿大,可达正常体积的几倍,质度柔软,脾髓如酱状,透过被膜可见出血斑点、粟粒大的坏死灶和结节。此外,还常见有纤维素性胆囊炎及肺炎。

肝脏肿大、淤血和变性,肝实质内有数量不等的细小灰白色或灰黄色病灶。

[镜检] 小肠病变早期表现为绒毛缩短,其表面有薄层纤维素和细胞渗出物覆盖,随着病程延长,黏膜出现坏死、脱落并形成溃疡,肠腔内有渗出并脱落的纤维素和中性粒细胞。固有层中有中等量的单核细胞浸润,毛细血管内有纤维素性血栓。黏膜下层水肿,肠壁淋巴小结中央坏死。在大肠前段也有类似病变。扫描电镜观察可见破碎的小肠黏膜表面有大量病原菌,绒毛短缩,其表面的肠上皮细胞成片脱落。

肠系膜淋巴结的淋巴窦内网状细胞增生并有大量单核细胞集聚,并有细胞坏死崩解。其他部位的淋巴结,如肝门淋巴结、纵隔淋巴结、咽喉淋巴结等有轻微的类似病变。

脾脏基本病变为淤血和急性脾炎,常见巨噬细胞呈弥漫性增生和有坏死灶与副伤寒结节。肝脏病变与猪副伤寒结节相同。有凝固性坏死灶和副伤寒结节。

慢性型:主要病变为肺炎、肝炎和关节炎。肺病变主要是在尖叶、心叶和膈叶前下部见有支气管肺炎,有时散布粟粒大至豌豆大的化脓灶。少数病例还伴发浆液纤维素性胸膜炎和心包炎。在胸腔和心包内积留混有纤维素膜的混浊渗出液。肝脏有许多粟粒性坏死灶和副伤寒结节。腕关节和跗关节肿大,关节腔内积聚大量浆液纤维素性渗出物。

2)成年牛　病型比较复杂,有些病例与犊牛急性型相似,表现为急性胃肠炎,但肠炎变化较严重,多为小肠出血性炎,肠壁淋巴小结明显肿大,肠黏膜有局部性坏死区并被覆纤维素性伪膜。有的病例发生肺炎、关节炎。隐性病牛常无明显病理变化。

在牦牛中,副伤寒也可发生于犊牛和成年牛,尤其是15~50日龄的犊牛,呈散发或地方性流行,以发热、腹泻和呕吐为特征。国内证实的病原菌为都柏林沙门氏菌,主要表现为急性胃肠炎。胃肠道黏膜充血、出血严重,病重的牛肠道发生浮膜性炎和浅表性溃疡。其他部位的病变与犊牛沙门氏菌病相似。

4. 诊断

根据剖检变化,结合临床资料可作出初步诊断。肝脏组织学检查发现有小坏死灶、副伤寒结节及其过渡型结节是诊断的重要依据。进一步确诊,则需要依靠细菌学检查。

该病的肠道病变与牛球虫病、犊牛大肠杆菌病相似,应注意鉴别。

六十二、绵羊沙门氏菌病

绵羊沙门氏菌病(salmonellosis in sheep)是由沙门氏菌引起的羔羊下痢、母羊流产的感染性疾病。

1. 病原及其传播方式

病原菌主要是鼠伤寒沙门氏菌、绵羊流产沙门氏菌(*S. abortusovis*)和都柏林沙门氏菌。该病经消化道感染,还可以在交配时经生殖道感染。可分为下痢型和流产型。下痢型即羔羊副伤寒,多发生于15~30日龄羔羊,主要经消化道感染,以发热、腹泻甚至血痢为特点,可能大批发病,病死率25%。流产型多见于怀孕最后两个月的母羊,常发生流产。发病母羊常有发热和急性胃肠炎症状,可能死亡。

2. 病理变化

1)下痢型

[剖检]　尸体脱水,皮下结缔组织干燥。心内、外膜和肾有出血点,脾肿大。重要病变为卡他性出血性胃肠炎和一般败血症表现。真胃和小肠黏膜潮红、肿胀,常有出血点,肠内容物稀薄,混有黏液甚至小血块。肠系膜淋巴结肿大、潮红和水肿。胆囊黏膜水肿。

2)流产型

[剖检]　流产或死产的胎儿以及出生后几天内死亡的羔羊有败血症变化,表现皮下水肿,体腔内有浆液性纤维素性渗出物,肝、脾肿大,并有黄灰色坏死灶,胎膜水肿、出血。死亡母羊有出血性坏死性子宫内膜炎,子宫腔内有污浊的渗出物和残留的胎衣。

3. 诊断

同牛沙门氏菌病的诊断。

六十三、牛巴氏杆菌病

牛巴氏杆菌病(pasteurellosis in cattle)，又名牛出血性败血病，主要由 Fg 型多杀性巴氏杆菌(*Pasteurella multocida*)引起牛的一种急性传染病。牦牛、黄牛、水牛和犊牛均易感。

1. 病原及其传播方式

多杀性巴氏杆菌其形态比较均匀一致。从自然病例中新分离出的菌体，绝大多数为小型短杆菌，两端钝圆，中央微凸，近似于椭圆形或球形。大小为$(0.3\sim0.6)\mu m \times (0.7\sim2.5)\mu m$。在病畜体液中的菌体稍肥大些，多呈单个存在。但经长期人工培养，菌体变为长杆状，少数呈长链状，长短差异较大。从自然病料涂片染色镜检，多呈杆状，两端着色深，中间部分着色极浅，所以有两极菌的名称。菌体周围隐约可见到为菌体 1/3 宽的荚膜，无鞭毛，不能运动，不形成芽孢，革兰氏染色呈阴性。

巴氏杆菌大致可分成两个菌落类型，一为 Fg 菌落型，此型菌落在 45°折射光线下呈蓝绿色而带金光，边缘有狭窄的红黄色光带。此型菌对猪、牛等家畜是强毒菌，而对鸡等禽类则毒力弱；二为 Fo 型菌落，此型菌落在 45°折射光线下呈橘红色而带金光，边缘有乳白色光带，此型菌对鸡等禽类为强毒菌，对猪、牛、羊家畜毒力微弱。

病畜、禽的排泄物和分泌物排出的病菌污染饲料、饮水和周围环境后，经消化道或由于病畜咳嗽排菌经呼吸道侵入健康畜禽机体。此外，健康畜禽的扁桃体和上呼吸道在正常情况下即栖留有该菌，一旦畜禽的饲养管理条件或气候剧变而致机体抵抗力降低时，寄居于呼吸道的病菌毒力增强并乘虚而入，经淋巴入血流而导致发病。

病畜濒死时血液中仅有少量细菌，死亡后经几个小时在机体防御能力完全消失后才迅速大量繁殖，脾脏、胸腹腔体液及颈和下颌肿胀处的渗出液中含菌量最多，便于分离培养和直接涂片镜检。

该病以温热潮湿季节，尤以秋冬和冬春之交气温变动较大的时期发病较多。

2. 主要临床症状

病牛均有高热、呼吸迫促、鼻流浆液或脓样鼻漏和咽喉及颈部有炎性肿胀等特点。根据其临床剖检特征可区分为败血型、水肿型和肺炎型。

败血型：病牛体温升高达 $41\sim42$℃。腹痛、下痢，粪便为粥状、液状，其中混有黏液、黏液片及血液，具有恶臭，有时鼻孔内和尿中有血。体温下降后，迅速死亡。病程多为 $12\sim24$h。

水肿型：除有高热、呼吸困难、流鼻漏症状外，在颈部、咽喉部及胸前的皮下结缔组织，出现迅速扩展的炎性水肿，同时伴发舌及周围组织的高度肿胀，舌伸出齿外，呈暗红色，病畜呼吸高度困难，皮肤和黏膜普遍发绀。

肺炎型：主要呈纤维素性胸膜肺炎症状。病畜便秘，有时下痢，并混有血液，病程较长的一般可达 3d 或一周左右。

3. 病理变化

败血型：具一般败血症变化。主要表现尸体稍有胀气，全身可视黏膜充血或淤血而呈紫红色，从鼻孔流黄绿色液体。皮下组织、胸腹膜及呼吸道与消化道黏膜、肺及肌肉多半散布有点状或斑块状出血。脾不肿大但被膜密布有点状出血。心、肝、肾等实质器官发生重度实质变性。心包腔内蓄积有多量混有纤维素絮状物的渗出液。

全身各淋巴结充血、水肿，具有急性浆液性淋巴结炎变化。

水肿型：多见于牦牛及 $3\sim7$ 月龄的犊牛。主要表现颌下、咽喉部、颈部、胸前及有时两前肢皮下有大量橙黄色浆液浸润,因而上述各部呈程度不同的肿胀。严重时表现喉部硬肿,颈肿而伸直。舌和舌系带也偶可发生水肿而舌伸口外。下颌、咽后、颈部及纵隔淋巴结也呈急性肿胀,切面湿润,显示明显的充血和出血。全身浆膜、黏膜也散布有点状出血。胃肠黏膜呈急性卡他性或出血性炎。各实质器官变性,脾一般不肿大。

肺炎型:病牛除出现败血型的各种病变外,其最突出的特点表现为纤维素性肺炎和胸膜炎。胸腔内积留有多量混有纤维素的渗出液,肺、肋胸膜密布有出血斑点或被覆有纤维素薄膜。整个肺脏存有不同大小的肝变样肺炎病灶。病变部质地坚实,呈暗红色或灰红色;小叶间结缔组织由于发生浆液性水肿而增宽,故其切面呈现大理石花纹,但此种变化不如牛肺疫时明显。病程稍长的病例,纤维素性肺炎病灶内可形成数目不等和大小不一的呈污灰色或灰黄色的坏死灶,其周边有时形成结缔组织包囊。

[镜检]　见肺脏具典型的纤维素性肺炎的各期变化,尤以肺组织和红色肝变期变化为多见。

此外,该型病例也常伴发纤维素性心包炎和胸膜炎,偶见发生肺、肋胸膜和心包与心外膜粘连,胃肠黏膜呈急性卡他性或出血性肠炎,肝、肾、心肌变性和肝内常出现坏死灶等病变。

4. 诊断

该病应与炭疽、牛肺疫、恶性水肿及气肿疽加以鉴别。

与炭疽的鉴别:炭疽出现胸前、颈部的痈性水肿病变范围较局限,死后常表现天然孔出血,脾呈急性炎性脾肿,血凝不良。用血液或脾脏做涂片染色镜检可见有典型的炭疽杆菌。

与牛肺疫鉴别:牛肺疫临床症状和缓,主要出现呼吸系统症状,死后败血性变化不明显,咽喉和颈部无水肿,但其肺脏具典型的纤维素性肺炎各期变化,肺间质水肿、坏死明显,故具明显的大理石样花纹。

与恶性水肿鉴别:恶性水肿主要经创伤感染,在感染灶局部呈明显的炎性、气性肿胀,触摸肿胀处可闻及捻发音,切开肿胀部皮下见有大量呈黄红色混气泡的液体流出。死后虽也见有败血症变化,但无头颈部肿胀及肺脏的特征变化。还可通过病原检查作进一步鉴别诊断。

六十四、牛、羊坏死杆菌病

牛、羊坏死杆菌病(necrobacillosis in cattle and sheep)是由坏死梭杆菌引起的牛、羊的一种创伤性传染病。其病变特征为坏死性炎,多见于皮肤和黏膜,有时在内脏也可出现坏死性病灶。

1. 病原及其传播方式

该病病原坏死梭杆菌,为严格厌氧的革兰氏阴性菌,在坏死性炎灶内多呈长丝状,也有呈球杆状。该菌对理化因素抵抗力不强,在草食动物的胃、肠道中都有此菌并随粪便不断排出,在污染的土壤中能长时间存活。

坏死梭杆菌一般不能侵害正常的上皮组织,该病的发生是通过皮肤或黏膜的创伤感染而引起的。坏死梭杆菌能产生外毒素,具有溶血和杀白细胞的作用,使吞噬细胞死亡,释放分解酶,使组织溶解,其内毒素可使组织发生凝固性坏死。因此,在感染局部由于坏死梭杆菌毒素的作用,局部组织发生坏死,并能引起病畜不同程度的中毒症状。

一些能引起皮肤、黏膜损伤和机体抵抗力降低的因素,在该病发生中起重要的诱因作用。例如,棚圈场地潮湿泥泞,经常行走于荆棘丛生之处,厩舍拥挤、互相践踏和撕咬,饲喂粗硬草料,吸血昆虫叮咬,以及卫生条件恶劣,营养不良等。因此,该病多发生于多雨季节和低湿地带,依条件不同可呈散发性或地方性流行。

2. 主要临床症状

成年牛常发腐蹄病,病初跛行,且日趋严重,仔细观察,有时不见创口,但蹄部发热肿大,极为疼痛,不久在两趾间或蹄后部的皮肤出现坏死区,并可蔓延到滑液囊、腱、韧带和关节。有些病例蹄底溃烂,引起内部组织广泛坏死,以致蹄匣脱落。坏死灶中充满灰黄色恶臭脓汁。治疗护理不当时,经久不愈,最后造成蹄的畸形或继发脓毒败血症。

犊牛多发生口炎和咽炎(犊白喉),常由于生齿期间口腔创伤感染而发病。病犊厌食,体温升高,有鼻漏和流涎,有时发生咳嗽和呼吸困难。齿龈、舌、上颚、颊内面及喉头有界限明显的硬肿,上面覆盖坏死物质,表面坏死物质脱落后,露出溃疡面。病变发生于喉头时尚有颌下水肿及严重的呼吸困难。病变可延至肺部,引起支气管肺炎。未经治疗者,通常于 4～5d 死亡,也有延至 2～3 周者。此外,犊牛的坏死性脐炎和腹膜炎也多见。

3. 病理变化

坏死杆菌病的病理变化以受侵器官和组织的坏死性炎为基本特征,并依其发生部位的不同而有不同的表现形式和名称。

腐蹄病:多见于羊、牛,也可发生于马、鹿等动物。绵羊蹄部的病变通常开始于趾间皮肤,初期受侵部苍白、肿胀、湿润,表面变软,四周有一充血带。接着局部破溃,形成溃疡或表面的坏死组织与炎性渗出物形成硬痂,在溃疡周围、底部或硬痂下为凝固性坏死。重症病例,坏死病变侵及腱、韧带、骨膜、骨和关节,引起相应部位的坏死和炎症。炎症还可以从皮肤与蹄角层连接处开始,沿角质层内侧依次蔓延至蹄球、蹄底和蹄壁,在角质层下的裂隙中有少量灰白色、油脂样、恶臭的渗出物蓄积,进而发生角质层(蹄匣)分离。此型病例呈重度跛行或倒卧,导致体重减轻和全身性虚弱,最后造成蹄的变形,且常继发脓毒败血症。轻症病例通常只在趾间隙后部皮肤上见糜烂性病变,偶尔可见蹄球部软角质分离。绵羊腐蹄病也有经由蹄底的"白线"或蹄球角质裂隙感染而发病的,炎症过程沿蹄底或蹄球角质层下蔓延,导致化脓性和坏死性蹄叶炎。牛的腐蹄病通常只见趾间皮肤出现糜烂或溃疡,有时可见深的裂隙,其中含有浆液性渗出物和少量具恶臭味的灰色脓液。有的炎症可蔓延至蹄球部,招致蹄球软角质的分离。有些病例可伴发严重的蜂窝组织炎,此时除趾间隙明显肿胀外,炎性浸润还可波及球节或更高的部位。排出坏死物质的窦道可能开口于趾间隙和蹄冠上方。

口炎和咽炎:多见于犊牛(犊白喉)、羔羊和仔猪。常在齿龈、舌、颊、硬腭、软腭、扁桃体和咽部形成丘疹性口炎。

[剖检]　病灶表面为黄白色碎屑状坏死物,隆起于黏膜表面,其下方为干硬的凝固性坏死,坏死波及黏膜和黏膜下层,甚至深及肌肉、骨骼。急性过程中,坏死组织与正常组织紧密邻接,无明显的反应性炎,且不易分离。慢性时,坏死组织周围有反应性炎,与活组织之间出现鲜明的分界,最后坏死物可腐离,局部缺损由肉芽组织增生形成瘢痕而修复。

[镜检]　病灶部组织呈凝固性坏死,坏死组织结构轮廓消失,呈现均匀无结构的碎屑状。反应性炎为充血、出血及白细胞浸润,病程较长病例见肉芽组织增生。细菌染色在接近活组织的坏死组织中可见稠密交织着的长丝状坏死梭杆菌。

有时病变可蔓延至喉头,引起坏死杆菌性喉炎。

坏死杆菌性唇炎:主要发生于羊,早期见羊唇出现红斑、水疱,后者破裂后形成痂皮,痂皮下坏死过程向周围和深部组织发展。

坏死杆菌性子宫炎:主要见于牛和绵羊,通常是由产后创伤感染引起。

[剖检] 子宫体积增大，子宫壁明显增厚、变硬，子宫腔内蓄积脓样液体或者含有坏死胎盘的残留物；黏膜增厚并形成皱褶，其中有大片坏死斑，其表面暗晦粗糙，呈碎屑状；切面见子宫壁坏死灶为黄白色凝固性坏死，坏死组织周边有呈锯齿状的红色炎性反应带与活组织分界。慢性病例则见炎性反应带外有明显的肉芽组织增生。

[镜检] 组织切片细菌染色，在坏死灶边缘邻近白细胞浸润的区域可见大量坏死梭杆菌。病灶部有明显的血管炎和血栓形成。类似的病变也可能出现于子宫颈和阴道。

坏死杆菌性瘤胃炎：可发生于牛和羊。瘤胃黏膜损伤为瘤胃中的坏死梭杆菌感染的门户。坏死杆菌性瘤胃炎多发生在瘤胃腹囊的乳头区，偶见于肉柱。眼观早期病变为黏膜面出现多发性不规则形、直径为2～15cm的坏死斑块，其中乳头肿胀、色暗，并与纤维素性渗出物缠结在一起。以后乳头发生坏死，局部坏死组织腐离，形成大小不一的溃疡。网胃和瓣胃也可发生坏死性炎，瓣胃的坏死性炎常可招致瓣叶穿孔。

坏死杆菌性肝炎：多见于牛、羊。犊牛和羔羊的坏死杆菌性脐静脉炎和成年牛瘤胃坏死性炎之后均可引起继发性坏死杆菌性肝炎。

[剖检] 坏死杆菌性肝炎灶为多发性、圆球形、干燥、黄色的凝固性坏死灶，其大小不一，小的如针头帽大，大的直径可达几厘米，其周围有一明显充血的炎性反应带。

[镜检] 肝组织呈典型的凝固性坏死，坏死灶外周区有一呈核破碎的白细胞浸润带，其间见有集聚在一起的丝状梭杆菌；坏死白细胞带外见明显的充血、出血，并有血栓形成。当病程转为慢性时，坏死灶周围被增殖的肉芽组织包裹，有时坏死物可发生液化。

死于坏死杆菌病的动物，除具原发性坏死性炎灶外，通常在内脏器官还可见到转移性病灶，其中最常见的是肺脏的转移灶；肺脏的病灶眼观多为圆球形、质硬实，周围有红色反应性炎带环绕。病程迁延者外围有结缔组织性包囊，切面见病灶中心为黄褐色坏死灶。

[镜检] 病灶中心肺组织和渗出物均发生凝固性坏死，外围有大量白细胞浸润和充血、出血的炎性反应带；呈慢性经过的病灶，白细胞浸润带外围见肉芽组织增殖，形成包囊。肝脏也是常见有转移性病灶的器官之一，其他器官也可出现转移性病灶，其表现都与肺、肝中所见相仿。

4. 诊断

依据病畜各部位的坏死性病灶，并在病灶内检出坏死杆菌，可作确诊。

六十五、牛李氏杆菌病

牛李氏杆菌病（Listeriosis in cattle）是由单核细胞增多性李氏杆菌（*Listeria monocytogenes*）引起牛的一种散发性传染病。感染后主要表现为脑膜脑炎、败血症和妊畜流产，还引起单核细胞增多。自然发病的动物中以绵羊、猪、家兔较多，牛、山羊次之，人也可感染发病。该病多为散发性，一般只有少数发病，但病死率很高。各种年龄的牛都可感染发病，以幼龄和妊娠母畜较易感，发病多在冬季和早春。

1. 病原及传播方式

单核细胞增多性李氏杆菌（简称李氏杆菌）为两端钝圆、稍弯曲的革兰氏阳性小球杆菌。在涂片标本中，李氏杆菌散在、成对构成"V"字形、"Y"字形或并行排列。菌体周围有1～4根鞭毛，能活泼运动，不形成芽孢和荚膜。

李氏杆菌可能是通过消化道、呼吸道、眼结膜以及受损伤的皮肤感染。污染的饲料和饮水可能是主要的传播媒介，吸血昆虫也起着媒介的作用。病原菌随同污染的饲料经口腔黏膜的损伤侵入,继而进入三叉神经的分支,沿神经鞘或在轴突内向心性运动,上达三叉神经根,最后侵入延髓,引起脑膜脑炎。李氏杆菌能透过胎盘而达胎儿肝脏,在此增生、繁殖,导致胎儿死亡。

2. 主要临床症状

受感染的幼龄牛,表现精神沉郁、流涎、流泪、不随群行动。脑膜炎发生于较大的动物,主要表现为头颈一侧性麻痹,侧眼视力丧失。朝头颈侧斜的方向旋转或做转圈运动,有的呈现角弓反张。妊娠母牛常发生流产。

3. 病理变化

[剖检] 通常缺乏特殊的肉眼病变。有神经症状的病例,可见脑膜和脑实质充血、水肿,脑髓液增多,稍显混浊。脑干,特别是脑桥、延髓和脊髓变软,有小的化脓灶。

[镜检] 见脑软膜、脑干后部,特别是脑桥、延髓和脊髓的血管充血,血管周围有以单核细胞为主的细胞浸润,还可能发生弥漫性细胞浸润和细微的化脓灶,而组织坏死则较小。浸润区的神经细胞被破坏,但病变并非局限于灰质。有些病例,病变也可累及三叉神经节。革兰氏染色时,可在延髓或脊髓的病灶中心发现病原菌。脑膜常有多量淋巴细胞浸润,此为特征性伴发病变。

李氏杆菌性败血症多发生于新生畜和人类婴儿。

[剖检] 除见一般的败血症病变外,主要的特征性病变是局灶性肝坏死。在脾脏、淋巴结、肺脏、肾上腺、心肌、胃肠道和脑组织中也可发现较小的坏死灶。

[镜检] 坏死灶中细胞变性、坏死,并有单核细胞和一些中性粒细胞浸润,革兰氏染色时很容易在病灶中发现病原菌。

李氏杆菌性流产多发生于妊娠的后期,通常无任何感染症状。流产排出的胎儿多死亡和严重自溶。此时,局灶性肝坏死和肝内病原菌的检查在诊断方面具有重要价值。流产后母畜的子宫内膜充血以至广泛坏死,胎盘常见出血和坏死。

4. 诊断

依据临床症状、病理变化和细菌学检查即可作出初步诊断。如果临床上病畜表现有脑膜脑炎的神经症状,孕畜流产,血液中单核细胞增多;剖检见脑及脑膜充血、水肿,肝有小坏死灶;脑组织切片可见有以单核细胞浸润为主的血管套和微细的化脓灶等病变;采取病畜的血液、肝脏、脾脏、肾脏、脑脊液、脑组织及流产胎儿的肝组织等做触片和涂片镜检,如发现有呈"V"字形或"Y"字形排列或并列的革兰氏阳性小杆菌即可进行确诊;必要时可再进行细菌分离培养和动物接种试验。该病应注意与羊脑包虫病、猪伪狂犬病、猪传染性脑脊髓炎与牛散发性脑脊髓炎等进行鉴别。

六十六、牛、羊结核病

牛、羊结核病(tuberculosis of cattle and sheep)是由结核分枝杆菌(*Mycobacterium tuberculosis*)引起牛、羊的一种以慢性经过为主的传染病。奶牛的感染率最高,黄牛、水牛、猪以及鹿也较易感。该病的病变特征是:病变部单核细胞(巨噬细胞)增殖和聚集,在病畜的脏器中形成灰白色的肉芽肿结节。由于该病可在人、畜间相互感染,故在公共卫生学上具有特别重要的意义。

1. 病原及其传播方式

结核分枝杆菌为细胞内寄生菌。菌体细长,呈直的或微弯曲的杆状,长 $1\sim4\mu m$,宽 $0.32\sim$

$0.5\mu m$，两端钝圆，呈单在或成丛排列；在淋巴结涂片中有时见分枝。在含氧量较高的组织内生长繁殖最佳。结核杆菌呈革兰氏阳性，并具抗酸性染色特性，菌壁中含多量类脂质、高分子量脂肪酸和肽基糖脂的蜡质。

结核杆菌被巨噬细胞吞噬后，巨噬细胞的吞噬功能、活动力和代谢均显著增强，但菌体的蜡质膜不易被细胞酶分解，故当宿主细胞内具备适宜的营养环境和细菌能耐受吞噬细胞的抗菌作用，则病菌能在吞噬细胞内不断繁殖。

结核杆菌通常分三型。人型结核杆菌主要感染人、猿和猴，对牛致病力很弱，能引起局限性结核病灶，猪偶可感染，实验动物豚鼠对之也极敏感。牛型结核杆菌对奶牛致病力最强，也可致黄牛、水牛、猪、犬、猫、绵羊、山羊、马以及野生动物狮、豹、猴、鹿感染，人（特别是婴儿）可因饮病牛乳而感染，实验动物以兔最易感，豚鼠次之。禽型结核杆菌主要侵害家禽、水禽和少数如雉等野禽，其中以鸡和鸽最易感染，鹅和鸭次之，猪也可感染，实验动物以家兔最敏感。

结核病的传染来源主要是病畜、禽的分泌物和排泄物及被其污染的周围环境；特别是于肺部形成结核性空洞病变的乳牛痰中，含菌量最多；其次患乳腺结核的病畜分泌的乳汁、患肠结核病畜排泄的粪便，均可向外界排菌而污染空气、厩舍、饲料与饮水而成为重要传染源。

结核杆菌侵入畜、禽机体的主要途径是呼吸道和消化道，其次是皮肤创伤，犊牛在子宫内也偶可感染。结核杆菌经呼吸道感染时，主要是下呼吸道受侵害，肺是最先受累并在此形成原发病灶。全身各组织、器官内虽多半可发生感染和形成病变，但绝大多数是由肺部的原发病灶播散而来的。结核杆菌之所以具有嗜肺性，与该菌在生长时需要氧有直接关系。

一般机体感染结核杆菌后经 $2\sim 3$ 周，即出现结核菌过敏反应，此时若经皮内注射结核菌素，局部皮肤即出现红斑和硬结，甚至发生坏死。

2. 主要临床症状

病牛消瘦、体温高达 40℃，有呼吸困难、腹泻、泌乳量降低等症状。

3. 病理变化

结核病的基本病变　结核结节通常分增生性和渗出性两种。

增生性结核结节：其特点是在组织和器官内特别是在肺组织内形成粟粒大至豌豆大、灰白色半透明的坚实结节；有的结节孤立散在，有的密发，也有的几个结节相互融合形成比较大的集合性结核结节（图 9-10，见图版）。增生性结节多见于感染菌量少、细菌毒力低或机体抵抗力强的病畜。增生性结核结节形成的过程如下。当结核杆菌侵入组织后，首先出现中性粒细胞将其包围、吞噬。被吞噬的病菌仍可在白细胞内发育、繁殖。随后白细胞连同胞浆内的病菌再被巨噬细胞吞噬，此时巨噬细胞胞体增大，变成胞浆丰富染成淡红色、胞界不清的上皮样细胞，后者的胞核呈圆形或卵圆形，核内染色质少或呈空泡状，有 $1\sim 2$ 个核仁。在上皮样细胞之间，还有一种由上皮样细胞分裂后融合而来的多核巨细胞（即郎罕氏巨细胞），这种细胞的胞体特别大，胞浆丰富，在胞浆边缘常见有几个或几十个成珠状或呈马蹄形排列的细胞核。此种细胞具有强大吞噬力。用抗酸性染色可在上皮样细胞和郎罕氏巨细胞胞浆内见有呈红色着染的结核杆菌。由上皮样细胞和郎罕氏巨细胞所构成的组织，称为特异性肉芽组织。由此种组织构成的结节呈灰白色半透明。时间经久，结节中心的上皮样细胞发生干酪样坏死或钙化，此时结节由灰白色变为淡黄色混浊，其周边由结缔组织增生和淋巴细胞浸润而形成包膜。所以一个典型的增生性结核结节，在镜下通常有以下三层结构，即中心为干酪样坏死与钙化，中间层为由上皮样细胞和郎罕氏巨细胞构成的特异性肉芽组织，外层为由成纤维细胞和淋巴细胞构成的普通肉芽组织(参看图 7-32)。

渗出性结核结节:多见于细菌毒力较强,病畜抵抗力较低的急性病例。肺脏渗出性结核结节,在眼观上变成淡黄色、干燥的均质状物,因其形似干酪,通常称之为干酪样坏死。在干酪坏死灶周边有薄层特异性肉芽组织及一般结缔组织围绕。干酪样坏死物中大多含有一定量的结核杆菌,而坏死灶中心由于缺氧菌数减少或消失。

[镜检]　见肺泡、肺泡管、小支气管内有多量含蛋白质的渗出液,其中混有多量巨噬细胞和一定量的淋巴细胞及中性粒细胞。

1) 牛结核病　根据病变的发生、发展,可分为原发性和继发性两种类型。

原发性结核:当结核杆菌经呼吸道或消化道侵入机体后,如机体抵抗力低下,则很快突破防御机构,首先在肺和肺淋巴结或肠与肠淋巴结形成原发性结核病变。有时病菌即使由消化道侵入,也可能在肺形成原发病灶,可见结核杆菌对肺组织的特殊亲和性。

肺脏的原发性结核病变,多数位于通气较好的膈叶钝圆部胸膜直下方,其大小限于一个至几个肺小叶,病变部硬实,呈结节状隆起。结节中心呈黄白色干酪样坏死,其周边呈明显的炎性水肿。如肺和肺门淋巴结均有原发病灶,则称之为原发性综合征(primary complex)。

消化道的原发性结核病变,多半发生于扁桃体或小肠后段肠黏膜。发生于扁桃体的病变,一般形成很小的干酪样坏死灶或进而发展为表层黏膜溃疡,并继发咽后淋巴结病变。小肠病变主要发生于回肠壁的淋巴小结部位,形成呈干酪样坏死的溃疡灶。小肠病变部的相应肠系膜淋巴结也表现肿大和形成干酪样坏死灶。如果机体抵抗力强,原发病灶则很快被机化或干酪样坏死灶发生钙化而痊愈。如果机体抵抗力降低,则原发病灶内的病菌,很快侵入血液而使疾病早期全身化,主要在肺脏形成许多粟粒大、半透明、密集的结核结节,此时常导致急性败血症而死亡。如果原发病灶形成后,虽未发生早期全身化,但也未彻底痊愈,表现在相当长的时期内,间断地有少量细菌进入血液,因而在各器官形成大小不同和不同发展阶段的结核结节,此种情况称为慢性全身粟粒性结核病。

继发性结核:主要指原发性病灶痊愈后,再次感染结核杆菌而形成的病变。在牛多数情况下是指原发性结核病灶形成后并未完全痊愈,但由于机体逐渐形成了一定的免疫力,使原发病灶局限化而处于相对静止状态。以后,当机体的免疫功能受各种因素影响而降低时,病灶内残留存活的细菌又通过淋巴或血液蔓延而扩散至全身各组织器官,此称为晚期全身化。呈晚期全身化的病例,病变复杂多样,有的表现病理过程在慢性基础上呈急性发作,导致以结核性败血症或结核性肺炎的形式死亡。但在多半的情况下,在病牛的肺脏、淋巴结、胸腹腔浆膜、乳腺、子宫和肝、脾等部位形成慢性特异性结核病变。

(1) 肺结核:因肺脏病变扩散的路径不同,其病变特点也有差异,现分述如下。

a. 支气管源性播散。

[剖检]　病灶分布具有与支气管树分布相一致的规律。最小的病变以肺泡为单位,形成肺泡性肺炎。其病灶由针帽大至米粒大形态不整的结节,周边呈炎性水肿,结节切面呈灰白色油脂样或黄白色干酪样。若病灶扩大到以细叶为单位时,则称细叶性肺炎或称肺泡结节性结核。病变扩至一至几个小叶范围时,则称小叶性结核。小叶性结核具有明显渗出性特征,病变可达榛子大乃至核桃大,切面呈灰白色干酪样,其相应的细支气管也出现结核性支气管炎。病灶周围呈明显的炎性水肿。在病程稍久或机体抵抗力增强的情况下,干酪样坏死灶可继发钙化,其周边出现结缔组织增生而形成薄层包膜。

病灶扩大为某一肺叶或几个肺叶时,称结核性大叶性肺炎,病变多半位于膈叶后部,病变部质地坚实,与周围肺组织境界明显,表面呈淡红褐色。切面具大叶性肺炎肝变期所呈现的类似变化,但多数病灶中心部形成黄白色干酪样坏死或形成黄白色液状脓汁,所以称此为干酪性肺炎。此外,当小叶性结核或大叶性结核坏死、崩解、液化而破坏了病灶内的支气管壁时,则病灶内的坏死物经破损的支气管排出体外,则于病灶部形成肺空洞病变,此称开放性结核。新形成的空洞,其内壁粗糙不平,腔内蓄积有残留的干酪样坏死物或脓样物质,与空洞壁相邻的肺组织中可见有不同形式的结核性病变。陈旧的空洞壁见有厚层结缔组织增生。有的空洞常以其病灶内破损的较大的支气管壁为其部分周界,并由于支气管腔蓄留有脓性渗出物而扩张,而管壁也由于结核性肉芽组织增生而增厚,此种空洞称为支气管扩张性空洞。

　　[镜检]　小叶性结核的初期病变,是在呼吸性支气管和终末支气管及相应的肺泡内有浆液和纤维素渗出,其中混有不同数量的巨噬细胞、中性粒细胞以及支气管与肺泡的剥脱上皮;较久的病灶中心变为均质无结构的干酪样坏死。病灶周边肺组织呈明显的充血和水肿。稍陈旧的病灶周围出现特异性和普通结缔组织增生。

　　b. 血源性播散:当原发病灶发生血源性播散时,于肺脏形成所谓粟粒性结核结节。这种病灶可出现于原发病灶早期全身化阶段,也可成为晚期蔓延的一种主要形式:它可以出现于全身各器官,也可单独发生于肺脏。有时在一陈旧的肺结核病灶周围密布有大小不等的粟粒性结核病灶,这多半是因陈旧病灶中的肺动脉分支受到侵蚀而扩散所致,也可先由肺外器官的静脉或淋巴结发生结核病变而经静脉或淋巴途径引起肺脏病变。

　　[剖检]　肺粟粒性结核病变的始发部位为肺泡壁,一般表现分布均匀,大小基本一致(图9-11,见图版)。结节呈圆形,稍隆突于肺表面或向切面突出。增生性结节中央呈黄白色干酪样坏死,钙化时呈灰白色坚实结节,外围有结缔组织包绕。渗出性结节中央呈灰黄色坏死,周边有红色炎性反应带。

　　[镜检]　见肺泡、肺泡管甚至小支气管内有多量含蛋白质的渗出液,其中混有多量巨噬细胞和一定数量的淋巴细胞和中性粒细胞。病程稍久这种渗出物连同所在部位的肺组织坏死,病变部失去原有结构。

　　(2)淋巴结结核:淋巴结结核病以肺淋巴结、纵隔淋巴结和肠系膜淋巴结最常发生,它多半是由淋巴源性扩播引起。结核性败血症时也可经血源引起结核性淋巴结炎。

　　a. 增生性结核性淋巴结炎:一般分局灶性和弥漫性增生两种表现形式。局灶性增生性淋巴结炎,外观一般无明显改变,切面可见有粟粒大至小豆大,中心呈黄白色干酪样坏死或钙化的结节状病灶(图9-12,见图版)。

　　[镜检]　可见有上皮样细胞和多核巨噬细胞呈结节状增生,中心呈均质红染的凝固性坏死。弥漫性增生性淋巴结炎表现淋巴结高度肿大,质地坚硬,切面密布大小不等、中心呈干酪样坏死或钙化和周边有结缔组织包绕的结核病灶。病灶有的单个存在,有的互相融合,往往在一个大结节病灶内存有多个小结节病灶。

　　[镜检]　见病变组织具典型的结核病灶特异结构。

　　b. 渗出性干酪性淋巴结炎:多见于肺、纵隔和肠系膜淋巴结,初期见淋巴组织内有大量浆液和纤维素渗出,淋巴组织内的网状细胞急性肿胀,随后淋巴组织发生广泛坏死而呈干酪样。病程延长,坏死组织周围出现特异性和非特异性肉芽组织增生,干酪坏死灶可发生钙化。发生干酪性淋巴结炎的淋巴结,眼观上表现高度肿大,一般可达核桃、鹅卵大,乃至更大,切面呈大片黄白色或斑块状有间质分隔的坏死灶(图9-13,见图版)。

　　(3)浆膜结核:浆膜结核多见于腹膜、胸膜、心外膜、大网膜和膈等部位,尤以腹膜多见。浆膜结核病变有以下两种表现形式。

a. 珍珠病（peal disease）：为增生性浆膜结核，多见于腹膜和胸膜。其病变特点为在浆膜有大量特异性和非特异性肉芽组织增生，形成许多由黄豆大、榛子大、核桃大乃至鸡卵大的结节。有的小结节密集成堆或互相融合成为一个大结节。有的结节以一细长根蒂连接于浆膜，结节表面均有一厚层包膜，表现光滑而有光泽，切面呈黄白色干酪样坏死或钙化，因其形似珍珠，故称为珍珠病（图9-14，见图版）。

［镜检］　具典型的增生性结核病变特征，见有大量上皮样细胞和郎罕氏巨细胞增生，并有大片干酪样坏死或钙化。

b. 干酪样浆膜炎：为渗出性浆膜结核。首先发生急性浆液性、纤维素性浆膜炎，使浆膜急剧水肿、增厚，随后迅速发生干酪样坏死。我们曾见一例横膈膜渗出性浆膜结核的干酪样坏死，其浆膜竟厚达8cm以上。心外膜和心包发生浆膜结核时，由于有特异性和非特异性肉芽组织大量增生而使两者粘连，包裹心脏而状似盔甲，称之为"盔甲心"。

（4）乳腺及其他器官结核：乳腺结核主要经血源扩播而来。病变特点为形成增生性或渗出性结核病变，也见有形成大片干酪性乳腺炎。肾脏偶见有形成较大的增生性结核病灶，或发生结核性肾盂肾炎。肝（图9-15，见图版）、脾发生的结核病变多半为增生性结核结节。子宫发生结核病变时常表现子宫角增厚，于黏膜形成结节性坚实肿块，或形成大面积干酪样坏死，此时，输卵管也往往同时受侵害而呈索状，管腔内充积黄色脓液或干酪样团块。母畜卵巢和公畜的睾丸、副睾、阴茎、精索、精囊和前列腺等也偶可发现结核性病变。犊牛结核早期全身化时，部分病例可发生结核性脑膜脑炎，表现脑底部软脑膜或蛛网膜存有干酪化病灶或有结核结节散在。在大脑和小脑实质内也偶见有干酪化结节。

此外，结核病变还可见于骨骼、软骨、关节、肌肉和眼等部位。

最后，还应指出，有些临床经结核菌素试验呈阳性反应的牛，尸检却无结核病变，其一是可能该牛感染了非致病性（非典型性）分枝杆菌或副结核分枝杆菌，因这些细菌也能引起结核菌素阳性反应。二是有些微生物与结核分枝杆菌之间有类属免疫反应。如分枝杆菌属与分枝球菌属、棒状杆菌属、诺卡氏菌属、支原体属以及某些真菌之间都有不同程度的种系抗原关系。

2）羊结核病　绵羊和山羊虽对牛结核杆菌具易感性，但发病极为稀少。一旦患病均系经呼吸道感染所致，一般于肺脏形成原发病灶，有豌豆大，中心呈干酪化。极少数病例于小肠后段形成原发性结核溃疡灶。

原发病灶如早期全身化，则主要在肺脏形成急性粟粒性结核，此种病例较少见，较多见的是原发性结核晚期全身化，则在肺、肝、脾等器官形成可达核桃大、具包囊和中心呈干酪样坏死的结核结节，或在肺泡性干酪性肺炎或干酪性支气管炎基础上形成融合性或支气管扩张性空洞。还可能在气管和支气管黏膜形成结核性溃疡；在乳腺形成局灶性干酪坏死灶。

4. 诊断

根据临床结核菌素反应阳性，剖检见特征性结核性肉芽肿，并于病理切片或病料涂片中检出特异性抗酸染色的结核杆菌，即可作确诊。

六十七、牛、羊副结核病

牛、羊副结核病（paratuberculosis in cattle and sheep）又名牛、羊副结核肠炎，是由副结核分枝杆菌在肠黏膜及相应的淋巴结内繁殖而引起的一种慢性传染病。其临床特征是持续性腹泻和逐渐消瘦，病理形态学特征为慢性增生性肠炎。

该病对牛最易感染,绵羊、山羊、鹿和骆驼等反刍动物也易感染。马、驴、猪等单胃动物虽能感染及排菌,但不引起临床疾病。

1. 病原及其传播方式

副结核分枝杆菌(*Mycobacterium paratuberculosis*)(简称副结核杆菌)有三型菌株,即牛型、羊型和色素型副结核杆菌。在自然条件下牛型菌株只对牛有致病作用;羊型菌株对羊和牛均有致病性;色素型菌株仅对牛有较弱的致病力。该菌系多形性短杆菌,呈球杆状、短杆状或棒状,大小为$(0.5\sim1.5)\mu m\times(0.2\sim0.5)\mu m$,不形成芽孢、荚膜和鞭毛,无运动性。用 Ziehl-Neelsen 氏染色法染色时为抗酸阳性菌,革兰氏染色阳性。该菌在病变组织的上皮样细胞内或在涂片上成团或成丛排列,这一特点对该病具有证病性意义。该菌对外界环境的抵抗力相当强大,在厩肥和泥土中可存活 $8\sim11$ 个月,尿中为 7d,冻结状态下能存活一年,干燥则活力更强,可达 17 个月之久;用 5% 的甲醛溶液、来苏儿或 0.02% 的升汞溶液处理,可在 10min 内将之杀死。

该病主要经消化道感染。病畜的粪便中含有大量病原菌是主要传染源,其次如乳、尿也可能含有病原菌。病牛在Ⅰ临床上显现顽固性腹泻时,其粪便几乎 100% 可以查出病原菌;无症状病牛的粪便检菌率也可达 30%~50%。幼畜因摄入被带菌粪便污染的饲草、乳、饮水等而感染。被感染动物病程多取慢性经过及长期排菌,因而有该病发生的牧场往往造成广泛的传染。该病除消化道感染外,有人从感染后期的病畜胎儿中分离到副结核杆菌,证明还可能有胎盘感染。另外,从公、母牛的性腺中也分离到了副结核杆菌,而且经处理后的商品化精液中细菌仍保持活力。但胎盘感染主要是经血液感染。病畜在感染后期,机体抵抗力降低,病原菌大量繁殖并释放到血流中流入子宫传给胎儿。主要发生于受胎后三个月,取这种胎儿的内脏就容易分离到菌体。

2. 主要临床症状

6 个月龄以内的犊牛可以自然感染,从感染至出现临床症状之间可以经数月乃至数年,但临床发病并非感染的必然结果。在缓解期间有的感染动物获得免疫,有的成为隐性带菌者,后者可以间歇地由粪便中排菌,仅有少数(百分之几)可以发展成为有临床症状的病畜。病牛的临床症状较多出现于 3~5 岁的母牛,特别是在第一次和第二次分娩以后,表现为顽固性腹泻、消瘦、后期死于衰竭。机体抵抗力强的病畜,腹泻可以暂时停止,一旦机体抵抗力降低,可能导致急速死亡。山羊、绵羊的临床症状主要是消瘦,呈间歇性排软便。

3. 病理变化

该病的主要病变特征为慢性增生性肠炎及相应的淋巴结炎。

[剖检]　死于长期顽固性腹泻的病牛,尸体显著消瘦,肛门附近的被毛沾污粪便。可视黏膜因贫血而苍白,骨骼肌色淡、变薄,皮下脂肪组织消耗殆尽,位于眼睑、颌下及腹下等部位的皮下出现水肿,肌间结缔组织呈胶冻样。血液稀薄、色淡,凝固不良。胸、腹腔和心包腔积有多量淡黄色透明的液体。

小肠的病变多集中于空肠后段和回肠,其次是空肠中段,十二指肠病变较轻。病变肠管苍白变粗,肠壁增厚,质度如食管。多数病例则见病变肠段与健康肠段相交错。肠腔极度狭窄,常缺乏内容物,或黏膜表面覆有一层灰白色黏稠的糊状物。拭去糊状物后,黏膜表面光滑,呈苍白色或红黄色,有些部位的表面还散布有小点状出血。肠黏膜增厚,一般为正常的 2~3 倍,最严重可达 10 倍以上。增厚的肠黏膜折叠成脑回状皱襞(图 9-16,见图版),触摸柔软而富有弹性。这种皱襞不易变形,也不能展平;若用双手在肠纵断面的两端牵引强行将皱襞拉平,松手后则不易回复原状。在皱襞之间的凹陷部,有时见有结节状或疣状增生,偶见其中心部坏死。少数病例的真胃黏膜充血、点状出血、水肿,胃壁增厚。

大肠的变化,多见于回盲瓣、盲肠及结肠近端。回盲瓣黏膜充血、出血、水肿,瓣口紧缩,形成球形而发亮。盲肠与结肠的变化与小肠相似,直肠、肛门很少见有病变,或仅见点状出血。

病变部肠浆膜和肠系膜的淋巴管扩张、变粗;呈弯曲的线绳状,切面溢出灰白色混浊液体。肠系膜淋巴结,尤其是病变肠段的相应淋巴结均显著肿胀,排列成串,大的可达鸭蛋大。质度柔软,切面湿润、隆突,呈髓样外观,不见坏死灶,偶见点状出血。肝、肺、肾、脾等淋巴结亦有轻度肿胀。

[镜检]　肠黏膜固有层、有时累及黏膜肌层稍下方均有多量淋巴细胞、上皮样细胞、少量郎罕氏巨细胞增生,浆细胞、嗜酸性粒细胞和肥大细胞亦增量。病变轻者以固有层内的淋巴细胞增生为主,并有少量上皮样细胞分散于淋巴细胞之间。病变重者,除固有层细胞增生外,黏膜肌层及其下方也有细胞增生,增生的细胞以上皮样细胞为主,排列十分密集。病原菌量大,上皮样细胞增生则明显。在抗酸性染色的切片中,见病原菌主要存在于上皮样细胞和郎罕氏巨细胞浆内,呈丛状或积聚成团,鲜红色着染,但也有少数散在于细胞外。

由于肠黏膜固有层有大量细胞增生,故肠绒毛变粗,呈各种弯曲状态,其顶端上皮大量脱落,绒毛固有层的中央乳糜管扩张。病变严重的病例,在扩张的中央乳糜管内也有大量上皮样细胞和郎罕氏巨细胞增生,形成上皮样细胞栓子和结节。此种变化还见于黏膜下层、肌层以及浆膜的淋巴管。用抗酸性染色,在淋巴管内增生的细胞中均见有病原菌。

肠腺因大量细胞增生,被压迫而变性、萎缩乃至消失;在个别腺腔内充有变性、脱落的上皮细胞和黏液。残留的肠腺上皮增生,杯状细胞肿胀和分泌亢进;在腺上皮与基底膜之间因水肿液蓄积而出现裂隙。固有层的毛细血管充血,管壁增厚、嗜染伊红,并伴发出血和水肿。

黏膜下层和肌层间毛细血管和静脉淤血、水肿,肌层平滑肌纤维变性,黏膜下层和肌间神经丛的神经细胞变性。部分严重病例,在肌层和浆膜亦有淋巴细胞和上皮样细胞增生。

盲肠和结肠的组织学变化基本同小肠,不同之处在于,轻症病例大肠肠黏膜固有层增生的细胞成分除淋巴细胞外,还含有大量浆细胞,上皮样细胞很少。重症病例,小肠的黏膜固有层有大量的上皮样细胞及少量的淋巴细胞增生,而大肠的黏膜固有层增生细胞以上皮样细胞为主,黏膜下层的上皮样细胞增生更加显著,紧接于黏膜肌层下,密集成层,淋巴细胞很少。上皮样细胞胞浆内常吞噬有大量的病原菌。此外,在某些小血管外围,见有较为密集的淋巴细胞。

肠壁的淋巴小结中混有极少数吞噬病原菌的上皮样细胞。

肠系膜淋巴结被膜水肿增厚,输入淋巴管扩张,并有多量淋巴细胞和上皮样细胞呈灶状或弥漫性增生。皮质窦与副皮质区有细胞大量增生而界限不清。一般有两种变化:一种是窦内细胞肿胀、增生,副皮质区有淋巴细胞、巨噬细胞及郎罕氏巨细胞呈灶状或弥漫性增生;另一种是以淋巴细胞增生为主,甚至窦内充满淋巴细胞,此种变化常见于临床变态反应强阳性牛。这些淋巴细胞通过酯酶标记,证明多为 T 淋巴细胞。皮质淋巴小结生发中心扩大,网状细胞肿胀、增生。与此同时,髓索浆细胞亦有不同程度增生。病势较严重的病例,固有的淋巴组织可被增生的上皮样细胞挤压而取代,淋巴小结和髓索因此而萎缩。用抗酸染色法,在增生的上皮样细胞和郎罕氏巨细胞浆内见有多量病原菌。

除肠管及其相应的淋巴结出现上述具有证病性意义的病变外,其他器官组织能看到的共同病变是器官实质细胞变性、萎缩,间质水肿,网状纤维透明变性,结缔组织的黏液变性,淋巴组织增生以及脾脏中有大量含铁血黄素沉着。此外,在肝小叶内尚可见因网状细胞增生而形成的细胞结节。

绵羊及山羊副结核病的病理变化和牛副结核病的病理变化大体相同,主要引起慢性增生性肠炎、淋巴管炎和淋巴结炎。

值得强调的是病羊消化道的病变几乎很轻微,因而容易被忽视,早期病变以肠黏膜呈灶状充血开始,并逐渐扩展,在空肠后段、回肠、盲肠及结肠近端的黏膜呈广泛性或局灶性肥厚,具有或没有皱襞。唯肠浆膜面淋巴管怒张呈线绳状清晰可见。肠系膜淋巴结肿大、苍白,切面湿润、隆突,呈髓样外观。

大约有 25％感染的绵羊及山羊,在病变肠段相应淋巴结的被膜下窦腔及副皮质区的上皮样细胞聚集灶中,出现干酪样坏死或兼有钙化,其次在肠管的黏膜层、浆膜层、淋巴管或肝脏偶见有肉芽增生灶,这些病灶中仅能发现数量很少的抗酸性阳性小杆菌。它的组织学变化与结核病灶很难区别,因此在作出最终诊断之前必须分离出病原菌予以鉴别。

4. 诊断

临床上出现长期顽固性腹泻的病牛或持续性下软便的病羊,并逐渐消瘦,是值得怀疑的该病症状。而空肠后段、回肠、盲肠或结肠黏膜肥厚是该病的指征。结合细菌学检查,一般可作出确诊。

六十八、牛放线菌病

牛放线菌病(actinomycosis in cattle)是由牛型放线菌引起牛的一种慢性非接触性传染病。病变特点是形成化脓性肉芽肿及在其脓汁中出现"硫磺颗粒"样放线菌块。牛的典型病变为下颌或上颌形成灰白色不规则致密结节状肿块,因而被称为"大颌病"(jumpy jaw)。

1. 病原及其传播方式

放线菌属(*Actinomyces*)细菌为革兰氏染色阳性、非抗酸性的兼性厌气菌。菌体呈纤细丝样,有真性分枝,故与真菌相似。大多数种的菌丝易分裂成大小不等的片段。在病灶内常形成菊花形或玫瑰花形的菌块。

放线菌是动物及人类口、咽和消化道的正常或兼性寄生菌。在正常的口腔黏膜、扁桃体隐窝、牙斑及龋齿等处均能发现包括牛放线菌及伊氏放线菌在内的各种放线菌。

放线菌的致病力不强,大多数病例均需先有创伤、异物刺伤或其他感染而造成的局部组织损伤后,放线菌才能侵入而发生感染。进而病菌通过损伤血管经血源性播散或由感染灶直接蔓延到相邻器官及组织,因而放线菌病实际上都是放线菌的内源性感染,通常在动物之间及人、畜之间不能互相传染。

牛放线菌病是由牛型放线菌引起,口黏膜的损伤及换齿使该菌直接经骨膜侵入骨组织,引起下颌骨膜炎及骨髓炎,也可能由齿周炎经淋巴管蔓延至下颌骨,引起慢性化脓性肉芽肿性炎症。

2. 主要临床症状

病牛下颌肿胀。严重皮肤穿孔,露出蕈状肉芽,表面附有脓性分泌物。由于咽下和咀嚼困难而营养失调,消瘦很快,口内有恶臭,牙齿往往松弛而脱落。

3. 病理变化

病变多发生于颌骨及面骨,尤其是下颌骨,上颌骨较少受损。有时也可侵害其他器官,如放线菌性乳腺炎或睾丸炎。多为局限性,全身性放线菌病极为罕见。

［剖检］　病骨呈现特异性的骨膜炎及骨髓炎。病变逐渐发展,破坏骨层板及骨小管,骨组织发生坏死、崩解及化脓。随即骨髓内肉芽组织显著增生,其中嵌杂有多个小脓肿。与此同时,骨膜过度增生在骨膜上形成新骨质,致下颌骨表面粗糙,呈不规则形坚硬肿大。

病骨表现为多孔性,如下颌骨穿孔,病原菌可侵入周围软组织,引起化脓性病变,伴发瘘管形成,在口黏膜或皮肤表面可见蘑菇状突起的排脓孔。局部淋巴结肿大、变硬,但病原菌很少播散至局部淋巴结。

放线菌性脓肿内的脓液呈浓稠、黏液样,黄绿色,无臭味。脓汁中"硫磺颗粒"为放线菌集落,呈直径1～2mm淡黄色的干酪样颗粒,在慢性病例可以发生钙化,形成不透明而坚硬的沙粒样颗粒。

［镜检］　放线菌病的慢性化脓性肉芽肿内,可见菊花瓣状或玫瑰花形菌丛,菌丛直径达20μm以上。革兰氏染色中心为阳性的丝球状菌丝体,菌丝体周围为呈革兰氏阴性、放射状排列的棍棒体,后者短粗,直径3～10μm,长10～30μm,末端圆形,明显嗜伊红。菌块被多量中性粒细胞环绕,外周为胞浆丰富、泡沫状的巨噬细胞及淋巴细胞(图9-17、图9-18,见图版),偶尔可见郎罕氏巨细胞,再外围为增生的结缔组织形成的包膜。此种肉芽肿结节可以在周围组织形成有多个中心的大球形或分叶状肉芽肿。

4. 诊断

依据特征性临床症状及病理剖检和组织学特征,即可作出诊断。也可从脓汁中选出"硫磺颗粒",以灭菌盐水洗涤后置清洁载片上压碎,作革兰氏染色。镜检见菊花状菌块的中心为革兰氏阳性丝体,周围为放射状排列的革兰氏阴性棍棒体。未着色的菌块压片,在显微镜下降低光亮度观察,发现有光泽的放射状棍棒体的玫瑰形菌块是最快的确诊方法。

六十九、牛、羊林氏放线杆菌病

牛、羊林氏放线杆菌病(A. lignieresi in cattle and sheep)是由放线杆菌属的一种致病菌——林氏放线杆菌引起的牛、羊软组织及皮肤慢性化脓性肉芽肿性炎症,常侵害牛舌,引起特征性的"木舌症"。

1. 病原及其传播方式

林氏放线杆菌为放线杆菌属(Actinobacillas)中的一种致病菌,革兰氏阴性,需氧及兼性厌气的短小杆菌。该菌为牛、羊等动物口腔黏膜的正常共栖菌,饲料中芒、刺等异物损伤或穿刺口腔黏膜后侵入,缓慢引起舌及口腔深部组织及附近淋巴结慢性化脓性肉芽肿性炎症。该病虽为散发病,但偶尔也可因采食干硬或有刺干草而呈地方性流行。

2. 主要临床症状

该菌典型的病变位于头颈部软组织,病变经淋巴管蔓延,通常波及局部淋巴结。病原菌常经舌两侧的损伤侵入舌体,持续数周或数月之后在临床上出现舌的畸形及功能异常。舌从口腔伸出而僵硬,称为"木舌症"。

3. 病理变化

［剖检］　牛的放线杆菌病常表现为舌的损害。病原菌经舌边缘的损伤侵入,但原发性损害出现于舌沟中。初期患部黏膜坏死,形成糜烂与溃疡。继而肉芽组织增生,变为蕈状隆起,表面被覆褐色或棕褐色假膜。切面散在灰白色斑点,有时可发现包入的植物性碎屑或芒刺,周围分布灰黄色含脓样物的结节。脓汁中含有不规则的小的"硫磺颗粒"。

舌的放线杆菌病尤为常见的病变是呈弥漫性增生。在舌的黏膜及肌肉内散在许多包含小脓肿的肉芽组织结节。结节可突起于舌面,被覆上皮完好或穿破黏膜形成溃疡。弥漫性病变的后期,由于结缔组织增生,取代肌纤维,结果导致舌肿大、坚硬或因结缔组织收缩而变形。

牛放线杆菌病除引起舌病变外,尚可发生于任何被感染的软组织,特别是口腔及颈部软组织。病变有时可出现于前胃壁、各部皮肤及肺,其病变与舌相似。

绵羊放线杆菌病的特异病变发生于头部,特别是面颊、鼻唇、下颌及淋巴结。脓肿也见于咽、软腭、肺及胸部皮下,但舌的病变不见发生。

实验动物中,林氏放线杆菌病在犬、兔中有少数病例记载。犬受侵时在舌形成小脓肿,侵犯肝、肾、心,形成白色结节性病灶。局部皮下受侵害而形成含有小脓灶的淡黄白色肉芽组织。兔的病变为关节软组织形成肉芽肿,坚硬肿胀。淋巴结及肺亦常形成干酪样病灶。

［镜检］　林氏放线杆菌病的典型病变与放线菌病变相似,形成脓性肉芽肿性炎症。融合的小肉芽肿内的菌丛,其中心为革兰氏阴性的短小杆菌,周围为向外呈放射状排列的嗜伊红棍棒状结构,形成玫瑰花形外观。棍棒状结构为宿主细胞的一种免疫球蛋白产物,但比牛放线菌的棍棒体细。菌丛附近伴有不同数量中性粒细胞聚集,其周围为巨噬细胞及郎罕氏巨细胞。外围增生的肉芽组织内浸润有淋巴细胞及浆细胞,外层有纤维组织形成。局部淋巴结可存有相似的肉芽肿。

4. 诊断

与放线菌引起的骨损害不同,放线杆菌病可引起淋巴管炎,病原菌可循淋巴源性播散,常波及局部淋巴结。受感染的淋巴管增粗,在其经路上分布着小结节,这在舌背及侧面的黏膜上最易见到。放线杆菌病引起的头颈部淋巴结炎,最常见于咽背、下颌淋巴结和软腭及咽黏膜下的淋巴组织。受害淋巴结肿大、坚硬,切面可见黄色或橘黄色的小肉芽肿结节,其中有含"硫磺颗粒"的脓汁。病变淋巴结周围组织亦发生增生性炎症,导致淋巴结与其被覆的皮肤或黏膜黏着,并可向表面形成排脓管道。林氏放线杆菌病病变与放线菌病十分相似,但林氏放线杆菌主要侵害软组织,常侵犯舌,形成"木舌症"。肉芽肿内的脓灶中充满黏液性无臭脓液,其中含有干酪样淡黄色"硫磺颗粒"。这种颗粒虽与放线菌的相似但小得多,直径不到 1mm,大多不钙化。

新鲜材料压片或组织切片中,见菌丛中心为革兰氏阴性的短小杆菌,呈玫瑰花状结构,可与放线菌、诺卡氏菌及葡萄球菌引起的病变区别开来。菌丛比放线菌的小得多。

七十、牛诺卡氏菌病

牛诺卡氏菌病(Nocardiosis in cattle),诺卡氏菌病是一种人兽共患的非接触性传染病,以形成慢性化脓性肉芽肿为特征。在动物中曾见于牛、马、山羊、猪、犬、猫和鸡,鱼类亦可感染。吉林省曾发生过牛诺卡氏菌病。

1. 病原及其传播方式

该病的病原为诺卡氏菌属(*Nocardia*)的星形诺卡氏菌(*Nocardia asteroides*),是一种不能运动、无中隔但有分枝的丝状嗜氧菌,粗为 $0.2 \sim 1.0 \mu m$,长可达 $250 \mu m$。革兰氏阳性,用改良的 Kinyoun 氏抗酸染色呈弱阳性。在慢性化脓灶内可形成细小的"硫磺颗粒"状的诺卡氏菌块。菌块中心部的菌丝常呈链球菌状,菌丝外周无棒状物或胶质样鞘。

该病病原主要通过呼吸道、损伤皮肤及乳腺而感染,并经血液流向全身各器官传播,形成化脓性肉芽肿病变。

2. 病理变化

吉林省某牛场曾发现一例具神经症状的病牛,因怀疑为狂犬病,经扑杀剖检证实为全身性诺卡氏菌病。现将其主要病理变化叙述如下。

[剖检]　病牛胃肠道黏膜充血、出血。心肌稍软脆,左心室内膜乳头肌部呈斑点状出血,心肌的切面散在针尖大至粟粒大、灰黄色化脓灶。肺脏淤血、水肿。肾脏实质变性,在肾皮质的切面亦见灰黄色、粟粒大的化脓灶。大脑软脑膜充血、出血,轻度水肿,在大脑皮层、尾状核、海马回、丘脑、大脑脚及四叠体等部位的切面均有针尖大至粟粒大的化脓灶。其他器官未发现特殊病变。

[镜检]　大脑软脑膜充血与出血,伴发水肿。大脑皮层的毛细血管周隙有多量中性粒细胞呈围管性浸润,并破坏血管,形成细小的化脓灶,继而在其外围出现上皮样细胞增生及巨噬细胞、淋巴细胞与少量中性粒细胞环绕,病灶中心的细胞成分显示不同程度的坏死、崩解,即形成慢性化脓性肉芽肿病灶。用革兰氏染色,在病灶中心部存有呈革兰氏阳性的串珠状菌块,周围为放射状细长而分枝的菌丝,并穿过病灶的肉芽组织层而向周围神经组织内伸展;以改良的Kinyoun抗酸染色(即以1‰硫酸取代盐酸酒精脱色),此菌呈弱阳性。大脑各部所见的化脓灶病变,其镜下变化与大脑皮层所见一致。

大脑各部的神经细胞变性、核偏位或溶解消失,假噬神经细胞现象,胶质细胞增生以及淋巴细胞、中性粒细胞、巨噬细胞和少量嗜酸性粒细胞浸润。在脑垂体前叶、结节部和后叶各发现一处带菌落的化脓性的肉芽肿病灶。

心肌也有化脓性肉芽肿病灶,多为局灶性孤立散在,其中央为坏死的核碎屑与菌落,周围绕以放射状上皮样细胞,外层为巨噬细胞、中性粒细胞和少量浆细胞。这些炎性细胞常浸润到病灶近邻的肌间组织,致使该处的心肌纤维呈蜡样变性或坏死。

肾脏的皮质部见有一同上述相似结构的孤立性肉芽肿病灶。病灶周围的肾间质内有多量淋巴细胞、巨噬细胞和中性粒细胞浸润。肾小管上皮细胞颗粒变性。

此外,诺卡氏菌还可经泌乳管上行性感染引起急性或慢性牛乳房炎。患急性乳房炎的乳房可肿大1倍,温度增高、硬实、疼痛。乳房淋巴结肿大,甚至可肿大10倍。泌乳停止,起初可挤出微黄色乳酪样脓性分泌物,以后挤出黄棕色浆液性分泌物,无异味,含有多量黄色至棕色纤维素块或有坏死的组织碎片。通常于患病后2~20d死亡。转为慢性乳房炎者,其病灶纤维化逐日增重。受感染的乳房背侧可见到榛子大的微隆起,呈黄色至棕色大理石状小叶群,起初发亮,以后形成干燥颗粒性构型。切面,靠近乳池处至乳房外侧的主质,由于病灶的融汇而形成灰棕色的大块地图状坏死区;化脓区间有较粗的结缔组织间质形成条索相分离。

诺卡氏菌还可引起牛皮肤病,多呈慢性经过,在皮肤和皮下出现豌豆大至榛子大的坚韧结节,可波及皮下淋巴管使之成索状。脓肿结节破溃后流出灰绿色无臭黏稠脓液。

诺卡氏菌引起的乳房炎及皮肤病的组织学变化和上述的化脓性肉芽组织病变相似。

3. 诊断

依据临床的神经症状及脑、心肌、肾、皮肤、乳腺等组织的化脓性肉芽肿的病变特征,以及在病灶中检出特征性丝状菌团,即可确诊。注意与放线菌病和葡萄球菌病鉴别。

七十一、牛、羊嗜皮菌病

牛、羊嗜皮菌病(dermatophilosis in cattle and sheep)是由刚果嗜皮菌(*Dermatophilus congolensis*)引起牛、羊的一种皮肤传染病,以形成局限性痂块和脱屑性皮疹为特征。该病曾有马牛的皮肤链丝菌病(cutaneous streptothricosis)、皮肤放线菌病(cutaneous actinomycosis)、接触传染性脓疮病(contagious impetigo)、绵羊的真菌性皮炎(mycotic dermatitis)、疙瘩毛病(lumpy wool)、草莓样腐蹄病(strawberry foot rot)等名称。现已证实,这些疾病均由嗜皮菌引起,因此称嗜皮菌病或嗜皮菌感染更为确切。

家畜、家禽、野生动物和实验动物以及人类,均可感染此病。我国甘肃、青海、四川、贵州、云南、广西、内蒙古、吉林、黑龙江、安徽、河南等地均曾流行该病。

1. 病原及其传播方式

刚果嗜皮菌为革兰氏阳性、非抗酸的需氧或兼性厌氧菌,其有两种形态:丝状菌丝和能运动的游动孢子(zoospore),后者繁殖发展成带有分枝的丝状菌丝,其菌丝的一部分通过横向和纵向分隔成球菌样细胞构成的八叠状包团。球菌样细胞从包团中释出变成具有鞭毛能运动的游动孢子。刚果嗜皮菌生活于表皮层并完成其生活史。

病原主要靠蜱、蝇和蚊的机械媒介传播,特别是热带地区连绵的雨季和伴有大群昆虫滋生,促进该病迅速传播。游动孢子通过毛囊以及小搔伤或螫伤而破坏屏障侵入表皮,在皮肤弥散的二氧化碳的影响下开始发芽并长成菌丝,然后侵入表皮颗粒细胞层和角化层之间,引起中性粒细胞集聚。病原菌不能穿过基底膜(真皮表皮接合处)侵入到真皮,使病变局限于表皮。只有毛囊外根鞘感染或基底膜发生破坏时,病原菌才能侵入真皮,引起真皮病变。

2. 病理变化

［剖检］

牛:初发性病变多见于蜱好寄生部位,如腋下、垂肉、腹股沟、阴囊和乳房;也可始发于颈部、背部及臀部皮肤。犊牛的病变常见于口和眼的周围、鼻镜和耳部皮肤,也可扩散到头和颈部皮肤。病变开始累及几个毛囊及其周围表皮,形成小丘疹,产生油样琥珀色渗出液,并迅速凝结,将被毛粘在一起呈簇竖立而略高于周围未被感染皮肤的表面,外观如"油漆刷子"样。继而形成痂,逐渐发展成大小不一的灰色、白色或黄褐色的圆形隆突的厚痂,无脓汁,表皮基层湿润、发红且粗糙。较陈旧的病变,可见由真皮肉芽组织形成的小丘状隆起。严重的病例,特别是位于腹股沟的病变,有时可继发感染引起坏死性或坏疽性皮炎;也可因皮肤发生裂纹,导致蜂窝组织炎而死亡。

结节型病变,表现皮肤隆起呈灰黑色或黄白色的结节,大小如绿豆大至黄豆大,粗糙、易剥离而形成锥形凹面,有少量渗出液和血液。结节孤立散在,界限明显。强行剥离早期结节,其底面形成低凹,有时含血液或脓样物。病变痊愈后结节自行脱落。

绵羊:有以下两种形式的病变。

(1) 疙瘩羊毛病(真菌性皮炎):该病多发生于多雨潮湿季节。成年绵羊于感染早期,多见肩部和背部有灶状红斑,直径可达4cm,大约两周后变成有缠结毛的锥形痂,病变扩散融合变厚形成鳞屑痂。羔羊常呈融合性病变。幼龄乳羔羊的病变严重,常在两天内累及全身大部分皮肤,在皮肤表面被一种褐色黏性渗出物覆盖,将羊毛粘结在一起,渗出物干燥后颇似蘸了一层胶水。随渗出物增多,常发生皮肤裂隙,继之导致化脓性皮炎或带恶臭的坏死性皮炎。

(2) 草莓样腐蹄病:这是绵羊四肢下部的一种增生性皮炎。病变发生于蹄冠至腕或跗关节之间。初期为渗出性皮炎,继而形成小的隆起并结痂,剥去痂皮可见颗粒状肉红色并杂有红色小出血点的肉芽组织,外观似草莓而得名。病变约在6周内愈合,如继发化脓性细菌感染,则出现深层组织溃疡和化脓而使病程延长,且多半以瘢痕化愈合。

山羊:可在全身皮肤触到结节样结痂,在嘴、鼻周围常见疣样痂,蹄冠部的病变与草莓样腐蹄病相似,阴囊也可见皮炎病变。有时颈浅和髂下淋巴结发生化脓性炎。

[镜检]　病变一般始于毛囊或损伤的表皮。受感染的毛囊外根鞘或表皮角化上皮出现急性炎症反应,表现为毛囊炎、海绵样变、微脓肿形成。继后表皮或(和)毛囊外根鞘表皮发生棘皮病和不完全角化等。

实验感染后经 36h,在表皮角化层有显著的中性粒细胞积聚,使角化层和颗粒层分离,同时毛囊鞘表皮开始增生并扩展伸延与相邻毛囊鞘增生的表皮相互连接。经 24h 新表皮完全再生,48h 旧表皮与新生表皮完全分离,在两层的间隙有中性粒细胞碎屑积聚,在新生表皮下面也有中性粒细胞积聚,这种过程的重复发生,就出现了角化上皮与炎性渗出物的交替层,大约经 120h 形成有层状结构的结痂,到第 168h 出现显著的棘皮病。

当感染的毛囊口被渗出物堵塞而导致毛囊破坏时,感染可蔓延至表皮深层乃至真皮,或由于基底膜破坏而感染真皮,表现真皮血管强度充血,有以淋巴细胞为主、包括少量浆细胞构成的慢性炎症反应。

慢性型以皮肤硬化和表皮过度增生为特征。汗腺上皮由低立方形变成高圆柱状或立方形,腺腔表面高低不平。

肉芽肿病变罕见,可能是由一种非典型的嗜皮菌所致。肉芽肿由三层结构构成,中心为丝状菌丝,球菌样孢子和中性粒细胞层;中间层为巨噬细胞、上皮样细胞、多核巨细胞;外层为结缔组织围绕。也见多腔性肉芽肿。电镜下见吞噬细胞内有大量吞噬体或吞噬溶酶体,其中含降解的或完整的嗜皮菌。在某些条件下,嗜皮菌能在细胞内生存。

3. 诊断

该病可根据刮屑的触片、组织切片、培养、动物接种以及血清学方法进行诊断。

七十二、牛传染性胸膜肺炎

牛传染性胸膜肺炎(contagious bovine pleuropneumonia,CBPP),又名"牛肺疫",是由丝状支原体丝状亚种 SC 生物型(*Mycoplasma mycoides* subsp. mycoides,SC MmmSC)引起的一种亚急性或慢性、接触性传染疾病。其特征为纤维素性肺炎和浆液性纤维素性胸膜炎,被世界动物卫生组织(OIE)列为 A 类传染病。该病在 20 世纪 20 年代传入我国,东北、内蒙古、西藏及西北等地曾有流行。我国于 1996 年消灭了该病,但尚未获得国际认证。

该病主要发生于牦牛、奶牛、黄牛、水牛、犏牛、驯鹿及羚羊。绵羊、山羊、骆驼在自然条件下多不感染。

1. 病原及其传播方式

丝状支原体的丝状亚种具有多形态性,呈丝状、球杆状、球形颗粒状、星芒状、螺旋状、环状等,以球形颗粒状最为常见,革兰氏染色阴性,瑞特氏、姬姆萨染色能较好地显示其形态,普通染色不易着色,放大 1500 倍以上镜检可观察到该菌形态。

病原体多由病牛的呼吸道、泌尿生殖道和乳汁排出;在产犊时还由子宫分泌物中排出。自然感染的主要途径是呼吸道,通过飞沫感染。由呼吸道吸入病原体后,最初在细支气管的终末分枝或呼吸性细支气管部分停留下来,引起多发性支气管肺炎,即所谓的原发性病灶。

2. 主要临床症状

病牛的初期症状易被忽视。显症期可分急性型和慢性型。

1) 急性型　体温升高至 40~42℃稽留,干咳,呼吸加快而有呻吟声,咳嗽逐渐频繁,疼痛短咳,咳声短而无力,流出浆液性或脓性鼻漏。逐渐出现呼吸困难、鼻孔扩张、前肢外展,呈腹式呼吸。由于胸部疼痛不能行动或下卧,可视黏膜发绀。后期,心脏衰弱,脉搏细数,脉搏达80~120次/min,常因胸腔积液而听不到心音。胸下部及肉垂水肿,常因窒息而死。一般在症状明显后经过5~8d,约半数死亡,整个急性病程为15~60d。

2)慢性型 除病牛消瘦,多数无明显症状。偶发短性干咳,叩诊胸部可能有实音区。消化机能紊乱,食欲反复无常,此种病畜在良好护理和妥善治疗下,可以逐渐恢复,但常成为带菌者。若病变区域广泛,则病畜日益衰弱,预后不良。

3. 病理变化

前驱期:主要由病原体引起的多发性支气管肺炎,即细支气管或呼吸性细支气管及其所属肺组织的炎症。通常发生于通气良好的肺膈叶和中间叶的胸膜下,炎症病灶不超过一个肺小叶的范围,较坚实,呈红色或灰色,外观上与其他原因引起的支气管肺炎难于区别。此时,眼观不见有肺小叶间质和胸膜的变化,但在做组织学检查时,在肺炎灶中可见因炎性水肿和淋巴管炎而引起的小叶间质增宽,肺炎灶内呼吸性细支气管上皮脱落,腔内有多量渗出物,支气管周围的肺泡内充满渗出的浆液并混有少量纤维素、中性粒细胞、单核细胞、红细胞及脱落的肺泡上皮细胞,肺泡壁毛细血管充血。

临床明显期:主要表现为纤维素性肺炎和浆液纤维素性胸膜炎,这些病变对该病具有证病性意义。

肺实质的病变:肺炎灶多位于膈叶和中间叶,且常以右侧肺叶出现显著病变者居多。病变肺叶高度肿大,重量增加,质度变硬,在同一肺切面上可见纤维素性肺炎各发展阶段的病理变化。

(1)充血水肿期:病变部肿大,深红色,切面流出多量带泡沫液体。镜检可见肺泡壁毛细血管高度扩张充血,肺泡内存有大量粉红色浆液并有少量红细胞、中性粒细胞和单核细胞等。

(2)红色肝变期:病变部明显肿胀,暗红色,重量和硬度增大,肝变的肺组织放入水中下沉,外观似肝样,故称"肝变"。镜检见肺泡内充满大量纤维素网,其中混有多量红细胞和不同数量的中性粒细胞、淋巴细胞、脱落肺泡上皮细胞。肺泡壁毛细血管仍高度扩张、充血。

(3)灰色肝变期:病变肺肿大、坚实,切面呈灰白色,干燥或稍湿润,肺泡内无空气。镜检肺泡内除见有大量细网状的纤维素外,尚见中性粒细胞和单核细胞数量显著增多,肺泡壁毛细血管充血减退,肺泡内红细胞数量减少。

(4)坏死块形成:这是上述不同炎症期的肺组织继发贫血性梗死的结果。坏死区域一般较大,包括几个小叶或大半个肺叶。如坏死过程出现已久,则形成黄色凝固性坏死块。牛肺疫的坏死块有它特殊的形态,它仍保留肺组织各期病变原来的状态,但其纹理模糊,色泽晦暗,外围通常可见增生的结缔组织包囊,在包囊与坏死组织之间常有脓性渗出物,故当切开时坏死块与包囊呈自然分离状态。镜检坏死区实质和间质均发生坏死过程,但坏死组织的轮廓尚能辨认。

肺间质的病变:间质的病变主要表现间质炎性水肿和坏死。肺切面上见间质明显增宽,在增宽的间质内有圆形、椭圆形存有淋巴栓塞的淋巴管断面,使间质形成宽阔多孔的灰白色条索,故肺炎区的小叶界线非常明显。间质的坏死变化具有区域性,有的位于小叶边缘,有的发生在血管壁周围。镜检见坏死间质与肺小叶交界处,出现条带状组织坏死和白细胞崩解的核破碎区及渗出物蓄积。间质血管壁变性、坏死,周围浸润的细胞发生核崩解。血管内有血栓形成,这也是间质多孔、多彩的因素。

明显增宽的多孔、灰白色肺间质与肺实质各期肝变相间,使病变肺的切面呈现特征性的大理石样花纹,这对该病有一定的诊断价值。

血管周围机化,病变肺组织小血管周围肉芽组织增生,并有不同数量的中性粒细胞和单核白细胞浸润,再外围为细胞很少的透明区,透明区的外围即为破碎的坏死区。

支气管周围机化灶:细支气管周围有显著的肉芽组织增生,形成厚层的包膜样机化灶。边缘机化灶,是指肺被膜下、小叶边缘、坏死的间质与肺组织交界处的机化,形成带状肉芽组织增生灶。

胸膜的病变:胸膜炎的变化是在肺炎发生之后,病原体取道于淋巴途径播散发展起来的继发性病变,主要表现为浆液性纤维素性胸膜炎。在病牛的胸腔中,可以看到大量浆液和纤维素渗出,胸膜充血、肿胀,表面覆有多量灰黄色纤维素,呈厚厚的膜状或凝块状。剥离后胸膜表面粗糙,失去固有光泽(图 9-19,见图版)。

[镜检]　浆膜表面覆有大量纤维素,其中混有一定数量的白细胞。浆膜细胞多已崩解、脱落、残存的细胞肿胀呈立方形。浆膜下炎性水肿,淋巴管扩张并呈现淋巴管炎和淋巴栓形成,血管壁炎并有血栓形成,胶原纤维呈纤维素样坏死。病程长者可见不同程度的结缔组织增生,致使浆膜肥厚,并见肺与胸膜和心包发生粘连。纵隔和心包也呈现浆液性纤维素性炎。心包积有多量混浊的液体,心外膜有纤维素附着,久之可因有肉芽组织增生而形成绒毛心,以及心外膜与心包膜粘连。

胸腔淋巴结的病变:纵隔淋巴结和肺门淋巴结常见有急性淋巴结炎病变。淋巴结显著肿大,切面呈灰白色,流出多量浆液,有时可见明显的坏死灶。镜检淋巴组织因浆液浸润而使细胞成分排列稀松,淋巴窦扩张,在淋巴窦内特别是边缘窦内也见有坏死灶。坏死灶有时波及相当大的的范围,病程长者坏死灶外围有肉芽组织包囊形成。

4. 诊断

典型病例存在一系列典型病变,可以依靠病理剖检确诊。

与吸入性肺炎的鉴别在于吸入肺炎为明显的支气管肺炎病,没有大理石样外观,而仅有脓性病灶和坏疽性组织崩解。

与巴氏杆菌引起的肺炎鉴别比较困难,二者主要不同点如下。

(1)牛传染性胸膜肺炎肺脏切面呈明显的大理石样,而胸型牛巴氏杆菌病的肺脏以充血、水肿和红色肝变等变化为主,大理石样花纹不明显;

(2)牛传染性胸膜肺炎的肺间质明显增宽和多孔状变化显著,间质由于发生坏死和机化,故呈灰白色条索状及小岛状,而胸型牛巴氏杆菌病无此变化;

(3)牛传染性胸膜肺炎在肺脏形成的坏死块大,并常保有原组织实质多色性和间质多孔性的结构特点,有完整的包囊,且坏死块常在包囊内呈游离状态存在,而胸型牛巴氏杆菌病无此特点;

(4)牛传染性胸膜肺炎的肺脏组织学检查常见血管周围、小叶边缘和呼吸细支气管周围机化灶,而在胸型牛巴氏杆菌病则看不到类似的病理变化。

必要时可补以血清学检验或用脏器涂片,做病原菌检查加以确认。

七十三、奶牛支原体性乳腺炎

奶牛支原体性乳腺炎(bovine mycoplasma mammitis)是由丝状支原体引起奶牛以乳腺炎症为主的疾病。有些病例还常并发关节炎。

1. 病原及其传播方式

病原丝状支原体与牛肺疫病原为同属,其形状特征参见牛肺疫一节。

2. 主要临床症状

病牛奶产量突然急剧下降或无乳。感染乳室肿胀、坚硬、无痛。个别牛有短暂的体温升高,血液中性粒细胞严重减少。该病传播迅速,乳腺炎症蔓延快,并出现乳腺化脓,分泌出浆液性、脓性乳液。同时常见腕关节和第一趾关节发炎而伴发跛行。经急性期后,患病乳室开始萎缩。感染奶牛可能为终生感染。

3. 病理变化

[剖检] 见乳区肿大而坚实,切面棕黄色,呈结节状。在乳头管和大输乳管的黏膜上有直径 2mm 的浅灰色小结节。整个乳房有多发性脓肿形成,炎症严重时可见乳池、乳导管和乳头中充满黏稠的脓性渗出物。乳房淋巴结肿大,其淋巴滤泡隆起,并有斑点状出血。

[镜检] 感染初期见乳腺组织有多量嗜酸性粒细胞浸润,稍久即见组织间隙出现多量的淋巴细胞浸润,并形成大的病灶而导致乳腺组织萎缩。因此,有人认为细胞积聚所形成的小结节是该病特有的病变。还可见淋巴细胞浸润小输乳管管壁并破坏管腔上皮细胞,同时管腔上皮出现增生灶。病程稍久(约感染第二周后),在许多小输乳管腔隙内,可见结缔组织细胞增生形成大小不等的乳头状瘤样物。

上述牛乳腺炎支原体尚可引起妊娠母牛的化脓性子宫内膜炎、输卵管炎和局灶性腹膜炎,并可能导致一些牛不孕。

受染子宫最初表现内膜水肿,随后出现淋巴细胞和浆细胞浸润。浸润的淋巴细胞常扩散到子宫和输卵管的浆膜面。有时在子宫腺基质中可见有嗜酸性粒细胞。若孕牛、羊受感染可引起坏死性、化脓性胎盘炎,死胎和流产。

此外,奶牛生殖道支原体可引起母牛粒状外阴和阴道炎,其病变特征为外阴和阴道被覆有黏液脓性分泌物,黏膜出现微小的粒状突起。镜检:这些突起的小结节由淋巴细胞聚集而成,阴道黏膜上皮变薄并有坏死,黏膜基质水肿有嗜酸性粒细胞浸润。公牛感染常引起精囊炎和附睾炎。

4. 诊断

该病应以从脓性乳汁检出丝状支原体为确诊依据,并与化脓性链球菌、葡萄球菌引起的化脓性乳腺炎相鉴别。

七十四、山羊传染性胸膜肺炎

山羊传染性胸膜肺炎(caprine pleuropneumonia)是由山羊支原体(*M. caprine*)引起的一种接触性传染病。该病的特征为高热、咳嗽、肺和胸膜发生浆液性纤维素性炎症并继发肺组织肉变和坏死,疾病呈急性或者慢性经过,病死率很高。该病只发生于山羊,3 岁以下的山羊最易感染。

1. 病原及其传播方式

山羊支原体为一种细小、多形性微生物,平均大小为 $0.3\sim0.5\mu m$,革兰氏染色阴性。病原主要存在于病羊的肺、胸腔渗出液和胸腔淋巴结中,为专性需氧菌。鸡胚卵黄囊或尿囊能适应该菌的生长。

病羊是主要的传染源,经呼吸道分泌物排菌。痊愈后的病羊,其肺组织内的病原体在相当时期内具有传染性。

该病常呈地方性流行,接触传染性很强,主要通过空气飞沫经呼吸道传染。

2. 主要临床症状

发病为 3 岁以下山羊,病羊高热、咳嗽、呼吸困难、衰竭、死亡率高。

3. 病理变化

[剖检]　主要表现为纤维素性肺炎、浆液性纤维素性胸膜炎。肺炎最初为炎性充血和水肿,继而发生肝变,肝变区通常有局灶性和弥漫性两种形式。局灶性肺肝变是在膈叶或中间叶的肺胸膜下和肺实质内出现坚实、淡红色或者暗红色大小不等的硬变区。随病程延长病灶逐渐扩展成弥漫性肺肝变,表现一侧肺(通常为右侧)的各叶大部分或完全发生肺炎,此时对侧的肺叶,也有大小不同的局灶性肝变区。但两侧肺同时发生肝变的病例则少见。切开肺肝变部分,初期有红色的半透明液体流出,切面平整、致密,呈红色或暗红色。也有中间为灰色、灰红色而周围是红色区的灰白色肝变,和红色肝变相间。弥漫型的病变,颇似牛肺疫的肺脏变化,但间质水肿不显著。

慢性病例,常见肝变部分转变为坏死块,呈凝固性坏死病灶,初期尚可辨出肺组织的纹理,以后变为干燥,硬固无结构的坏死块,最后由肉芽组织形成包囊。较小的病变则常被机化。

气管内常有泡沫样或混有黏液和脓样的液体,黏膜显示轻度卡他性炎。

胸膜呈急性浆液纤维素性炎,有时还并发心包炎。胸腔内含有多少不一、混有絮状纤维素的淡黄色混浊的渗出液,最多时可达 1000~3000ml,暴露于空气迅即凝固成纤维素凝块。病程较久时,由于纤维素被机化,可使肺胸膜、胸壁胸膜发生粘连,这在肺肝变部分特别明显。

纵隔淋巴结和肺淋巴结显著肿大,切面多汁,常散发斑点状出血。心包腔内积有混杂纤维素的黄色液体。脾脏肿大,断面呈紫红色。心、肝、肾等器官变性。胆囊扩张,充满胆汁。

[镜检]　肺肝变部分与牛肺疫所见基本相同,但间质的变化稍有差异。病初间质呈现充血和炎性水肿,在较大的血管和支气管周围出现明显的浆液性炎。稍后,在这些较大血管和支气管周围则显示淋巴细胞和少量中性粒细胞浸润,在慢性病例有时还见淋巴小结增生,这种病理变化对该病具有一定的证病性意义。

4. 诊断

该病在临床和病理变化上均与山羊巴氏杆菌相似,应注意区别。巴氏杆菌病剖检为大叶性肺炎和全身出血性败血症变化,而该病主要为胸膜肺炎,并常为一侧性,其他器官通常没有特殊病变。取病肺组织或胸腔渗出液制成涂片染色镜检时,该病仅出现难以观察的微小的紫点,而巴氏杆菌病则可见两极着染的小杆菌。以该病的病理材料给兔或小鼠接种时,通常不引起发病,而巴氏杆菌病则必然引起兔或小鼠死亡。用血液琼脂分离时,该病常不出现细菌生长,或仅发现难以观察的小点状生长,而巴氏杆菌病则有明显而易观察的菌落出现。

七十五、牛、羊心水病

牛、羊心水病(heart water)是由立克次体引起的牛、绵羊、山羊以及野生反刍动物的一种急性传染病。病理特征为心包及胸、腹腔积液,淋巴结肿大及肺水肿。临床表现高热、呼吸困难及神经症状。

该病在非洲呈地方性流行,近年来证实在东欧和加勒比海地区也有发生。我国尚未见有发生的报道。

1. 病原及其传播方式

该病的病原体为反刍动物考德里体（*Cowdria rurninantium*），属立克次体，呈双球形或多形性，直径为 0.2～0.5μm，革兰氏染色阴性，姬姆萨染色呈深蓝色。电镜检查，病原体呈球形、卵形、丝状、马蹄形与多边形等形状。病原体为二分裂繁殖，也可由出芽增殖，不能人工培养。

蜱是该病的传播媒介，当蜱吸吮感染动物的血液后，被吸入蜱体的病原体在蜱的肠上皮细胞和肠腔内发育，当蜱再次在健羊或牛身上吸血时，便将该病原体注入易感动物的血液，随即黏附于白细胞上，继而在宿主淋巴结和脾脏的网状细胞内发育为始体（initial body），然后释放入血液，并侵入血管内皮细胞。

2. 主要临床症状

超急性病例，往往在突然惊厥后迅速死亡。急性病例病程在 6d 以上，其突出的症状是高热、食欲减少、腹泻、心音变钝，呼吸困难，继而出现神经症状，尤以牛最为明显，表现为咀嚼运动、眼睑痉挛和眨眼，步态蹒跚、转圈及抽搐，最后昏迷而死。亚急性病例病程较长，或逐渐康复或因虚脱而死。具有高度自然抵抗力或部分免疫力的动物，则出现暂时热。

3. 病理变化

［剖检］　各种反刍动物都基本相同，通常牛的病变较绵羊为轻。病尸心包蓄积混有纤维素的浆液，通常绵羊较牛出现经常，其量亦多。其他浆膜腔也有大量以浆液为特征性的液体，牛胸腔和腹腔积液可达 1L 或 2L。渗出液多时纵隔与腹膜组织（retroperitoneal tissue）也可出现水肿，但浆膜却仍净洁放光。

淋巴结肿大，特别是头、颈部淋巴结和前纵隔淋巴结肿胀和水肿最为明显。绵羊与山羊的脾脏肿大，有时达正常的 6 倍，而病牛的脾脏仅呈中度肿大。后部消化道充血伴发黏膜下水肿，但以皱胃水肿最为明显。肺严重水肿，心内膜、胃肠黏膜、气管和支气管黏膜以及淋巴结，散发小点状出血。

极急性病例最重要的病变是肺水肿，气管和支气管出现泡沫状液体。急性病例常见心包积水和胸腹腔积水，但并不是经常或明显发生。肺水肿，呼吸道有泡沫状液体，纵隔与肾周组织水肿，淋巴结肿胀，心、肺、胃肠道等出血，大肠至直肠也见出血，粪便混有血液，肝充血，胆囊肿胀，心肌与肾变性。

大脑软膜点状出血，脉络丛混浊而增厚，脑切面亦见小点状、斑状及较大的出血。

［镜检］　所有器官的毛细血管见白细胞停滞（lukostatis）。在毛细血管和小静脉血管内皮细胞胞浆内，可见有考德里体集落。大脑脉络丛呈急性炎性变化，其基质有纤维素性渗出物、充血、出血及血管周围炎性细胞聚集。血管周围出血和血管周围间隙有蛋白质性滴状物蓄积，血管周围的脑组织呈灶状或较大区域的软化，表现白质呈水肿、胶质细胞活化、轴突肿胀以及微细空腔化等不同的发展阶段。肝、肾以及肾上腺的血管周围也有蛋白质性水肿液。肺泡腔内有多量蛋白质性水肿液蓄积，此外，在脾和肾小球毛细血管内皮细胞内，均可发现病原体。

4. 诊断

该病在流行地区，可根据病畜的临床症状和特征性病理变化以及在病畜身上发现蜱而作出初步诊断。有一种微玻管的絮状试验，可用于该病的诊断。如在大脑皮质、肾皮质涂片或切片，以姬姆萨染料染色，在其毛细血管内皮细胞胞浆内，镜检发现病原体，即可确诊。

该病从病原学上，必须与蜱传热或牧场热，牛和绵羊的欧利希氏体病（bovine and ovine ehrlichiosis）、牛瘀点热（bovine petechial fever）以及传染性眼炎等疾病相区别。

七十六、牛散发性脑脊髓炎

牛散发性脑脊髓炎(sporadic bovine encephalomyelitis)，又称伯斯病(Buss disease)，是由鹦鹉热衣原体引起的一种牛散发性或地方性、全身性传染病。临床特征为沉郁、发热、咳嗽、呼吸困难、腹泻、肢体僵直、跛行、麻痹。病理学特征为非化脓性脑膜脑脊髓炎、纤维素性浆膜炎。

该病主要侵犯 2～12 月龄的犊牛，成年牛也可感染。牛群发病率通常为 25%～50%，发病后的死亡率高达 50%，康复牛一般不留有后遗症。该病自然发生多见于水牛、犬，人也可能感染。马、绵羊、猪、小鼠有抵抗力。实验动物中有豚鼠、仓鼠最为敏感。

1. 病原及其传播方式

牛散发性脑脊炎的病原是衣原体属的鹦鹉热衣原体的一个典型成员，大小为 0.2～1.0μm，呈球形，在细胞胞浆内形成的包涵体可大至 1.2μm。该病原能在鸡胚卵黄囊中生长，5～7d 内引起鸡胚死亡。实验接种能致死豚鼠，并可在豚鼠体内的许多器官分离到病原。

牛散发性脑脊髓炎自然传播的方式尚不完全清楚，它可与禽类动物的全身性衣原体感染并发或在附近地区单独发生。感染母牛通过泌乳传染犊牛是一重要的途径。病牛从其排泄物，尤其是从粪便排出衣原体，说明该病有可能通过直接接触或间接接触传播。

2. 主要临床症状

该病多呈急性发作，体温突然升高至 40℃以上，稽留 5～7d 或一直持续到病牛康复或死亡。发热的同时，病牛食欲不振、虚弱、嗜睡。轻度或重度黏液水样腹泻、消瘦、虚脱，鼻腔、口腔以及眼睛常有清亮黏性分泌物流出，后肢僵直，不愿运动。50%的病牛出现咳嗽、呼吸困难。少数感染犊牛，病程后期出现神经症状，表现站立困难，共济失调，步态蹒跚，球节屈曲，兴奋过度，定向力障碍，无目的地行走与转圈或表现为淡漠，角弓反张而倒地，最后出现肢体与舌麻痹，视力降低或完全丧失，很像狂犬病。

3. 病理变化

[剖检]　病尸消瘦、脱水，最常见的病变为纤维素性腹膜炎。初期病变为腹水量增加，清亮而色黄。病程长的病例见网膜、肝脏、脾脏表面附着纤维素性渗出物，并与附近脏器粘连。50%的死亡病例可见纤维素性胸膜炎、心包炎。有的病例的脾脏、淋巴结肿大，并有小叶性肺炎与纤维素性关节炎病变。脑、脊髓水肿，血管淤血，脑脊髓液增多与混浊。

[镜检]　为纤维素性腹膜炎、胸膜炎、心包炎、脾周炎以及严重的弥漫性脑膜脑脊髓炎。从大脑顶部、额叶、枕叶、基底神经节、小脑皮质、延脑至腰段脊髓尤其是脑基底部脑膜有多量组织细胞和浆细胞性的单核细胞浸润，间杂个别中性粒细胞。这些细胞常浸润于脑膜、脑与脊髓的白质和灰质区的血管周围间隙，严重时形成明显的管套。血管内皮细胞增生伴发透明变性，血管壁内见单核细胞和少量中性粒细胞集聚。脑实质局部性缺血、神经元变性、神经胶质细胞与神经纤维坏死，构成局灶性脑软化。软化区常见有淋巴细胞、巨噬细胞、泡沫细胞以及中性粒细胞浸润。整个脑脊髓可见许多小胶质细胞结节。肝小叶间尤其是汇管区有淋巴细胞与巨噬细胞聚集。在浆膜渗出物和脑、脊髓的单核细胞内可见细小的衣原体原生小体，这些原生小体在细胞浆内单个分布或呈丛排列，大小不等，通常不超过 1μm，Maeehiavello 氏染色显示粉红色或红色。

4. 诊断

该病的病理剖检和镜检病变具有特征性，可作诊断。确诊可作病原学鉴定。用 Macchiavello 氏或姬姆萨染色方法在脑膜渗出物、浆膜、小神经胶质细胞结节内的单核细胞胞浆内寻找衣原体原生小体。在原生小体数量较少的情况下,可将病料经鸡胚或豚鼠增殖,容易确诊。鉴别诊断应注意与李氏杆菌病、运输热、狂犬病、恶性卡他热、牛传染性鼻气管炎、病毒性腹泻相区别。

七十七、绵羊地方流行性流产

绵羊地方流行性流产(enzootic ovine abortion),又称绵羊衣原体性流产(chlamydial abortion)、母羊地方流行性流产(enzootic abortion of ewe),是由绵羊鹦鹉热衣原体引起的一种亚急性接触性传染疾病。临床症状为发热,流产、死产或产下弱羔。病理学特征为坏死性胎盘炎、急性乳腺炎、溃疡性子宫内膜炎。

该病发生于所有品系的成年母羊,2 岁母羊更为敏感。敏感羊与流产母羊接触后发生感染。新羊群首次发病时流产率为 20%～30%,有时高达 60%,但以后各年的流产率保持在 5% 的水平。如无并发其他感染,流产母羊的死亡率极低。该病的自然感染还见于怀孕山羊、母猪、母兔,也罕见于人。怀孕母牛、母猪、豚鼠、小鼠、仓鼠、鸽、鹦鹉对实验感染敏感。

我国自 1980 年以来新疆南、北部的一些放牧羊群暴发该病,尤其是山羊群,流产率高达 74%,给养羊业带来巨大的经济损失。

1. 病原及其传播方式

绵羊地方流行性流产由鹦鹉衣原体引起,病原为免疫 I 型绵羊衣原体。它具有鹦鹉热衣原体的特征,用姬姆萨染色时成熟的颗粒呈紫红色,Macchiavello 氏染色呈红色。该病原能在 5～7 日龄的鸡胚卵黄囊中迅速生长,密度高,鸡胚因生长受阻而在孵出之前死亡。用卵黄囊内容物鼻内接种乳鼠可将其致死,脑内或静脉内大剂量接种能引起成年鼠死亡,腹腔内接种豚鼠引起发热,肝肿大变脆,表面与切面有坏死点。

病原随流产胎儿、胎盘、子宫分泌物以及粪便向外界大量排出,污染饲料、水源以及空气,经消化道与呼吸道感染敏感绵羊与羔羊。携带衣原体的自然宿主(鹦鹉、鸽)、节肢动物(蜱、昆虫)、感染公牛在该病的传播中起一定的作用。

2. 主要临床症状

怀孕 30～120d 后感染的母羊产羔或流产后出现发热,体温高达 41.3～42℃,稽留一周以上,阴道排出少量棕灰色至棕红色分泌物。哺乳母羊泌乳量明显下降或停止,乳汁变质,呈碱性,含有衣原体与大量中性粒细胞。有的发生胎盘滞留,并继发细菌性子宫炎而死亡。无继发病母羊的生殖器官恢复迅速,不影响繁殖功能,对衣原体的再感染具有终生的免疫力。怀孕末月或空怀母羊以及羔羊多呈隐性感染,直至下一两次的产羔期出现流产。

3. 病理变化

[剖检] 病死的哺乳母羊乳腺肿大、变硬,乳房淋巴结肿大,子宫内膜糜烂与溃疡。流产胎儿大小均匀,皮肤完整。皮下组织有不同程度的点状出血与水肿,水肿尤以脐部、腹股沟部、鼻背、脑后最为严重。腹腔腹水量增加,并被血红蛋白着染。唾液腺、胸腺、心脏、肺脏浆膜下点状出血。

肝脏肿大、充血,有时可见针尖至斑点大小的灰白色病灶与被膜有纤维素黏着。部分淋巴结肿大、出血。

子宫体内死亡已久的胎儿表现出不同程度的自溶。胎儿胎盘病变与布氏杆菌病病变相似,绒毛膜部分或大部分脱落,残存的绒毛膜水肿、绒毛叶之间含有血性渗出物,绒毛叶呈紫红色或灰白色,表面出现棕褐色特征性坏死。

　　[镜检]　乳腺的初期病变为急性卡他性乳腺炎:腺泡上皮细胞变性、坏死、脱落,腺泡壁裸露,腺泡腔内充满脱落上皮、少量中性粒细胞。间质内有密集的淋巴细胞、巨噬细胞、浆细胞以及少量中性粒细胞浸润,腺泡扩张,充满乳汁或纤维素性渗出物。病程稍长的病例,见乳腺腺泡间、小叶中隔结缔组织增生,血管周围大量单核细胞浸润与管套形成,有的血管发生纤维素样变。腺泡结构破坏,腺泡腔变成一个小裂隙,腺泡上皮由低立方状化生为扁平上皮,最后导致腺泡萎缩。乳房上淋巴结的皮质窦、髓质窦均呈弥漫性淋巴细胞、浆细胞、巨细胞以及少量中性粒细胞浸润。淋巴结皮质区与髓索内有大量浆细胞,淋巴小结内出现上皮样细胞,有的发生中心明显,并有许多核分裂相。脾脏见淋巴细胞与网状内皮细胞明显增生,淋巴滤泡生发中心明显,滤泡周围有多量嗜酸性粒细胞、浆细胞及少许中性粒细胞浸润,红髓内有散在的浆细胞和大量网状内皮细胞。心脏出现间质性心肌炎,子宫出现溃疡性子宫内膜炎。胎盘隔顶部呈局灶性坏死与白细胞浸润,一些绒毛膜上皮细胞膨胀,胞浆内有大量原生小体。后期病变,见绒毛与胎盘隔坏死区侵入绒毛叶基部,绝大多数的绒毛膜上皮细胞坏死,脱落的上皮细胞和炎性渗出物使绒毛膜与胎盘隔剥离。

　　胎儿各脏器表现充血或出血。肠系膜淋巴结内有局灶性或弥漫性网状内皮细胞增生与巨核细胞、郎罕氏巨细胞积聚。脾脏出现个别梗死区。胎儿肝脏的血管周围和小叶汇管区静脉壁有淋巴细胞、巨噬细胞浸润。类似的病变还见于胎儿的肾脏、心脏、骨骼肌以及肺脏。Macchiavello、Gemenez、姬姆萨染色时,在胎盘与胎儿的脑、肺、肝、脾组织切片或胸水、腹水以及胃肠内容物中均可发现原生小体。以上病变具有诊断意义。

4. 诊断

　　怀孕末期流产、死产或产下弱羔以及特征性尸检病变可为该病作诊断。子宫绒毛叶、胎盘病灶边缘的碎屑或胎儿肺、肝、脾、肾、淋巴结的触片或组织切片特殊染色后,发现原生小体,可作确诊。该病应与绵羊的弯曲菌病、布氏杆菌病、沙门氏菌病、Q热流产以及弓形虫性流产等病鉴别,可通过组织学与血清学检查来鉴别。

七十八、牛、绵羊衣原体性肺炎

　　牛、绵羊衣原体性肺炎(chlamydial pneumonia of cattle and sheep)是由鹦鹉热衣原体引起的一种轻度急性支气管性间质性肺炎。

　　各品种、年龄、性别牛、绵羊均可发病,但幼畜较为敏感,通常呈散发性或流行性发病,以冬、春季常见。自然病例还见于人、猪、马、山羊、兔、猫、鼠。豚鼠对实验感染敏感。我国有散发性和隐性感染病例。

1. 病原及其传播方式

　　牛与绵羊衣原体性肺炎的病原均为衣原体属的鹦鹉热衣原体,一般认为是牛、羊的肠道衣原体株,具有鹦鹉热衣原体的基本形态学、生理生化以及染色特性。用姬姆萨和Macchiavello氏染色,在感染的细胞胞浆内发现包涵体。电镜检查,反刍动物衣原体肺炎株为球形颗粒,直径为$0.3\sim0.4\mu m$,有一形态不规则的电子致密中心区,偶尔可发现直径为$3\sim7\mu m$的球形颗粒。该病原能在鸡胚中生长,卵黄囊内接种$3\sim11d$后致死鸡胚。病原置4℃中至少保存1个月,−70℃中保持1年以上。

　　绵羊肺炎衣原体能引起非典型性母羊地方性流产。牛、绵羊、山羊肺炎衣原体属性相似,它们与牛散发性脑脊髓炎、牛和绵羊多发性关节炎、母羊地方性流产以及猫肺炎的衣原体都属于同一种衣原体,但在血清学、抗原型、致病力及对感染的新宿主或同一宿主不同系统、器官、组织的适应性有着一定的差异。

临床呈隐性感染以及恢复期的牛和绵羊是衣原体的长期携带者,是牛与羊群中的重要传染源。敏感动物主要经消化道和呼吸道而被感染。长途运输、气候突变、断乳以及饲养管理不善等应激条件或并发和继发其他细菌感染可激发隐性感染,引起原发性肺炎或全身性衣原体病。

2. 主要临床症状

病畜出现发热、沉郁、流黏液或黏液脓性鼻漏、流涎、咳嗽、呼吸困难以及腹泻(牛)。若无继发细菌感染,通常在3~4周内恢复,罕见死亡。

3. 病理变化

牛与绵羊患该病时的病理学变化主要集中在呼吸道。

1)牛

[剖检]　肺脏出现小叶性或亚小叶性实变区域或膨胀不全区,主要位于前尖叶、后尖叶以及心叶,以后尖叶最为明显。病变区呈轻度紫红色、灰红色或灰白色,或紫、红镶嵌外观,病灶切面呈颗粒状隆起,质地变硬,颜色从红色至灰白色不等。当并发细菌感染时可出现许多大小不一的脓肿。肺门和纵隔淋巴结呈髓样肿胀。

[镜检]　自然病例的肺脏出现支气管炎、细支气管炎、支气管周围炎、肺泡炎。肺泡腔内含有中性粒细胞和巨噬细胞以及浆液纤维素性渗出物。支气管上皮细胞内可见胞浆内包涵体。细支气管上皮细胞增生,肺泡上皮化生,肺泡中隔单核细胞浸润,细支气管与血管周围有明显的淋巴细胞管套。

实验病例,病变最初为中性粒细胞性支气管炎、细支气管炎以及肺泡炎。感染后第5天,肺泡以浆液纤维素性渗出物内巨噬细胞为主,有不同数量的中性粒细胞。肺泡Ⅰ型上皮细胞明显增生。此后细支气管、小血管周围出现中等大小的淋巴细胞性管套与淋巴滤泡形成,压迫细支气管、血管以及邻近的肺泡。肺泡中隔因弥漫性淋巴细胞、巨噬细胞、浆细胞以及个别中性粒细胞浸润而增厚。

2)绵羊

[剖检]　羊衣原体肺炎基本上与牛相似,在自然病例中,大多数病例的肺尖叶和心叶完全实变,有时侵犯膈叶前下部,实变区呈灰红色或灰白色,切面呈颗粒状。有的病例因肺脏出现交错性红色肝变与灰色肝变而呈大理石样外观。

[镜检]　肺病变沿气道分布。细支气管管壁、管腔内有单核细胞为主的渗出物,偶见中性粒细胞以及脱落上皮细胞。邻近的肺泡塌陷或有大量单核细胞和少量中性粒细胞浸润。远离病灶区的肺泡腔内可见浆液纤维素性渗出物和少量炎性细胞浸润,肺泡中隔因细胞成分增加而均匀增厚。有的肺泡腔内可见到巨细胞,用姬姆萨染色时,在巨细胞内可发现红色或粉红色球形原生小体。细支气管、血管周围有淋巴细胞及网状细胞增生并形成血管套。

4. 诊断

由于临床症状的差异和多半病例表现为隐性感染,故该病的诊断比较困难。临床症状与病理学检查有提示性诊断意义。组织触片和切片中发现衣原体原生小体或进行病原学、血清学检查有助于确诊。

该病应注意与支原体性肺炎、副流感3型病毒感染相区别。衣原体性肺炎是一种急性一过性炎症。而支原体往往引起慢性炎症,其病理组织学特征为支气管树周围有淋巴细胞聚集,病原的形态学和培养特性可将两者区分开。与牛、绵羊的副流感 3 型病毒感染相区别,衣原体性肺炎前者的早期病变为渗出性炎症,而副流感 3 型病毒感染以出现嗜酸性胞浆包涵体、细支气管上皮增生与间质性肺炎为突出特征。这两种病的肺脏后期性病变相似,应借助病原学检查加以区别。

七十九、绵羊滤泡性结膜炎

绵羊滤泡性结膜炎(Follicular conjunctivitis of sheep),又称红眼病(pink eye)、眼炎(ophthalmia)、传染性角膜炎(infectious keratitis)以及角膜结膜炎(keratoconjunctivitis)。它是由鹦鹉热衣原体引起的一种急性接触传染性疾病,特征为结膜充血、角膜混浊、瞬膜眼睑淋巴滤泡形成。

滤泡性结膜炎发生于所有品种、性别、年龄的羔羊,围栏育肥与哺乳羔羊最为敏感,有明显的季节性。羊群中的感染率可高达 90%,10%～25% 的病羊又同时并发多发性关节炎与肺炎,一般很少发生死亡。如果继发其他微生物感染可引起严重的角膜溃疡,最终导致绵羊失明。自然与实验感染还见于牛与猪。

该病呈世界性分布,多半呈地方性流行,美国中西部、西部各州更为盛行。

1. 病原及其传播方式

绵羊滤泡性结膜炎病原属于衣原体属的免疫 II 型鹦鹉热衣原体,抗原上与羔羊多发性关节炎衣原体相关。它寄居在绵羊结膜囊与鼻分泌物内,通过肠道持续不断地向外界排菌。

滤泡性结膜炎经直接接触、传染媒虫、空气飞沫而迅速传播。在拥挤的围栏育肥场,与病羊鼻与眼睛的直接接触常可引起感染。在温暖的季节,家蝇与面蝇采食病羊眼分泌物并在绵羊的脸面部、眼睛之间机械地传播是另一条传染途径。

2. 主要临床症状

感染绵羊呈现结膜急性炎症并形成脓性分泌物。结膜开始充血、水肿,以后形成淋巴样滤泡。角膜也可能发生水肿、混浊、血管翳、糜烂、溃疡以及穿孔等连续变化。在严重病例,衣原体可侵入血液并移行到对侧眼和关节内。衣原体血症的病例可产生补体结合抗体。绝大多数的眼睛在 6～10d 内清除感染,但约 40% 的眼保有衣原体达 3 个月,有些达 20 个月之久。康复后眼有 3～8 个月的免疫力。

3. 病理变化

该病最初发生于一侧或双侧眼,表现结膜充血、水肿,羞明,大量流泪。随后角膜出现不同程度的混浊、血管翳、糜烂、溃疡以及穿孔。混浊与血管形成从上角膜缘开始,以后出现在下角膜缘,两者均向角膜中心蔓延。在 2～4d 内通常开始愈合并阻止严重病变的发生。数天后,在瞬膜和眼睑黏膜上形成大小为 1～10mm 的淋巴样滤泡。有些绵羊因关节炎而出现跛行。

[镜检] 病变局限于结膜囊与角膜。早期病变,见在结膜的一些上皮细胞内含有胞浆性始体,而以后则变为原生小体,充血和水肿明显。单个或融合性滤泡表现为淋巴细胞增生,可能出现角膜水肿、糜烂、溃疡以及炎性细胞浸润。

4. 诊断

根据特征性症状、流行病学、病理变化以及实验室检查结果可作出诊断。该病迅速扩散,出现流泪、结膜充血、角膜混浊以及滤泡性增生具有提示性诊断意义。必要时从结膜囊刮下上皮细胞，经特殊染色鉴定始体和(或)原生小体。鉴别诊断，需与接触传染性无乳症区别，患有该病的母羊出现角膜炎、关节炎和乳腺炎，从患病的器官中能分离到致病性无乳支原体。

八十、牛流行性流产

牛流行性流产(epizootic bovine abortion)是由皮革钝缘蜱疏螺旋体引起的一种牛的蜱传播性传染病，特征为怀孕后期母牛呈流行性或地方性流产。

该病 1956 年首次报道于美国加利福尼亚州，但很快在欧洲许多地区流行。

1. 病原及其传播方式

牛流行性流产的病原——皮革钝缘蜱疏螺旋体是广泛分布于自然界，且致病力较弱的一种革兰氏阴性菌，长 $6\sim10\mu m$，直径为 $0.3\sim0.4\mu m$，有 $3\sim5$ 个螺旋弯曲。多层次的外鞘(膜)包裹着一个原生质柱。在暗视野和相差显微镜下，这种疏螺旋体易弯曲，运动活泼，可做旋转和直线性运动。姬姆萨染色和 Warthin-Starry 染色着色力强。但可在 Barborn-Stoemer Kelly(BSKII)氏培养基中生长，最佳生长温度为 $34\sim35$℃。该病原为微量需氧微生物，过氧化氢酶阴性，能酵解葡萄糖产生乳酸。

成年牛、空怀母牛通常为无症状的隐性感染。怀孕母牛则需要足够量的蜱虫反复叮咬，才能引起感染与暂时性疏螺旋体血症并使胎儿感染。胎儿感染通常发生在怀孕初期。如果蜱虫叮咬次数不多，并发生在母牛怀孕后期，则感染胎儿体内仅出现轻微病变，不易引起胎儿流产。

2. 主要临床症状

怀孕达 $7\sim9$ 个月的母牛最易发生流产，流产率高达 75%。绝大多数胎儿为自行排出或在出生时与出生后不久死亡，子宫内死亡与自溶罕见。流产常见于第一胎的母牛或引入疫区的敏感牛。

经剖腹取出的不同胎龄的实验感染胎儿体只有轻度的血管反应，但在没有被剖腹所中止怀孕的实验感染胎儿体内和自然感染的流产胎儿体内发现有局灶性坏死和血管炎，免疫荧光证实血管内皮细胞表面有 IgG 与 IgM 存在，血管外膜有颗粒性沉着物。局灶性坏死多出现在巨噬细胞丰富的器官，与泛发性急性或亚急性血管炎并发。

3. 病理变化

牛流行性流产的病理变化主要局限于流产胎儿。

[剖检]　死亡的流产胎儿可视黏膜苍白、贫血，腹腔膨胀，皮肤、结膜、唾液腺以及口、舌、气管黏膜通常有点状出血，皮下组织水肿与点状出血，胸水、腹水增加，呈稻草黄色。具有特征性的病变是胎儿全身淋巴结肿大与点状出血，颈前淋巴结由正常的 $3.5\sim7g$ 增加至 16g。胸腺萎缩，常包埋于水肿与血肿中，脾脏肿大，肝脏肿大、柔软。在许多组织中可见灰白色小病灶，以心脏、肾脏最为明显，胎儿胎盘变薄、水肿。

[镜检]　基本病变是在流产胎儿的肝、脑、脑膜、肾、心以及皮肤等组织形成炎性肉芽肿。淋巴器官的病变具有特征性和诊断意义，淋巴结大量的淋巴细胞、巨噬细胞增生，淋巴结皮质区、副皮质区增生的淋巴细胞、巨噬细胞形成滤泡，淋巴细胞从小淋巴细胞转变为大淋巴细胞，巨噬细胞胞核淡染、胞浆丰富，使皮质区和副皮质区出现针尖大小的透明点。髓质区有大量的巨噬细胞聚集，有时可见郎罕氏巨细胞。髓索与窦壁因巨噬细胞浸润而增厚。淋巴结皮质窦被巨噬细胞占据，并向淋巴结周围组织扩散。电镜观察，巨噬细胞的细胞膜形成伪足性突起。许多巨噬细胞内含有被吞噬的坏死碎屑。

脾小体中央动脉周围淋巴组织增生,常见有淋巴滤泡形成,淋巴组织鞘周围有小淋巴细胞与巨噬细胞浸润,红髓内含有大量单核细胞。病变后期,淋巴结、脾脏内出现多量浆细胞以及增生组织发生坏死,坏死灶呈斑状,中心为中性粒细胞及细胞碎片,周边为巨噬细胞、上皮样细胞、淋巴细胞。

胸腺的病变具有特征性,主要是胸腺皮质内小胸腺细胞变成胞核空泡化的较大的胸腺细胞。病程稍长,皮质胸腺细胞变性、坏死、严重萎缩或消失,出现许多针尖大小的透明区,髓质与间质内有弥漫性巨噬细胞浸润,并向皮质区蔓延。

肝脏中央静脉、小叶间质、汇管区有明显的巨噬细胞浸润,邻近的肝细胞出现压迫性萎缩,成纤维细胞增生,形成大小为 $100\mu m$ 左右的肉芽肿。

肾脏皮质、髓质、肾盂周围组织有局灶性巨噬细胞集聚。

感染胎儿所有器官内的大、小血管均发生血管炎,小血管受损最为常见,表现为血管壁增厚,有散在炎性细胞与浆液性渗出物,血管内皮细胞肿大与增生,严重者可见凝集的血小板阻塞血管腔。大血管受损常见于肺脏。肺泡中隔最初因巨噬细胞弥漫性浸润而增厚,随后出现肉芽肿性病变,肺脏大血管壁发生急性纤维素样坏死,血管周围有大量单核细胞浸润。脑膜、脑实质亦有血管炎病变,血管结构破坏,血管周围有大量单核细胞浸润,脑膜因肉芽肿性炎症而增厚。有轻度肉芽肿病变的器官可见化脓性病变。皮肤呈现局灶性真皮炎。胎儿胎盘病变轻微,主要侵犯疏松结缔组织,这与母羊地方流行性流产的胎儿胎盘病变截然不同。

4. 诊断

根据该病流行病学、传染蜱虫调查以及特征性胎儿病变可以建立诊断。对胎儿心血的暗视野显微镜检查发现病原有助于确诊。鉴别诊断应与牛布氏杆菌病、牛胎儿弯曲菌病、牛病毒性腹泻以及牛传染性鼻气管炎区别。牛布氏杆菌病常见有胎盘滞留、子宫内膜炎与母牛不孕,胎儿胎盘呈皮革样增厚,胎儿呈败血症性病变。牛流行性流产却无上述病变。牛胎儿弯曲菌病时胚胎、胎儿在子宫内早期死亡,罕见明显流产,流产的胎儿缺乏该病流产胎儿的特征性病变。牛传染性鼻气管炎时母牛有明显呼吸道症状,外生殖器官出现传染性脓疹性阴门阴道炎,胎儿子宫内死亡,自溶明显,生殖器官坏死,单核巨噬细胞与淋巴器官增生不明显;牛流行性流产母牛缺乏明显的生殖器官病变,胎儿淋巴网状内皮增生及多呈活胎儿早产。牛病毒性腹泻的流产胎儿发生小脑发育不全,活犊牛有明显中枢神经症状,易与该病相区别。

八十一、牛钩端螺旋体病

牛钩端螺旋体病(bovine leptospirosis)是由钩端螺旋体(leptospira,简称钩体)引起的牛败血症、急性溶血性黄疸、流产、腹泻等一系列症状的传染病。钩体病主要发生在犬、牛、猪、马、家鹿,以发热、贫血、黄疸、出血性素质、血红蛋白尿、黏膜与皮肤坏死为特征,但大多数动物呈隐性感染。钩体是世界上分布最广的微生物之一,钩体病也流行于世界各大洲,在热带、亚热带地区,以多雨湿润的夏、秋季最为流行。钩体病也在我国大多数地区流行。

1. 病原及其传播方式

钩体是形态学与生理特征一致、血清学与流行病学各异的一类革兰氏阴性螺旋体,长 $6\sim20\mu m$,宽 $0.1\mu m$。在暗视野或相差显微镜下,呈细长的丝状、圆柱形,螺纹细密而规则,菌体两端弯曲成钩状,通常呈"C"形或"S"形弯曲,运动活泼并沿其长轴旋转。在干燥的涂片或固定液中呈多形结构。钩体通常能在含有兔血清或牛血清白蛋白、长链脂肪酸、维生素 B_1、维生素 B_{12} 的液体培养基中生长,最适 pH 为 7.2,最宜生长温度为 $29\sim30℃$。钩体对干燥、冰冻、加热

（50℃,10min）、胆盐、消毒剂、腐败或酸性环境敏感,能在潮湿、温暖的中性或稍偏碱性的环境中生存。我国已从牛群中分离出 9 种以上的血清型钩体,波摩那型钩体最为多见。

各种钩体携带动物经多种途径（尿、乳汁、唾液、精液、阴道分泌物、胎盘等）向体外排出钩体,污染周围的环境,如土壤、植物、饲料、水源以及用具,使接触的动物感染。蜱蚊叮咬也能传播该病。钩体具有较强的侵袭力,能通过皮肤的微小损伤、眼结膜、鼻或口腔黏膜、消化道侵入机体,然后迅速地到达血液。

钩体以其产生的内毒素、溶血素、细胞毒性因子以及细胞致病作用因子,损害受感染动物。根据牛的年龄与感染的钩体血清型的不同,将牛钩体病的病变分为三种类型。

2. 主要临床症状

1）急性钩体病　主要由波摩那型与其他非适应性血清型钩体引起,多见于犊牛,通常呈流行性或散在性发生。临床特征为突然发热,体温高达 40℃ 以上,病牛沉郁、厌食,出现黄疸、血红蛋白尿,皮肤与黏膜溃疡。有的病牛出现呼吸困难、腹泻、结膜炎以及脑膜炎。后期表现为嗜睡与尿毒症。病程 3～5d,多以死亡为转归。

2）亚急性钩体病　主要由哈勒焦型钩体引起,常见于哺乳母牛与其他成年牛,病程持续2 周以上。特征为发病缓慢,有一过性发热、血红蛋白尿、黄疸、结膜炎。哺乳母牛乳汁分泌减少、变质,乳汁内含有凝乳块与血液,如同初乳。该病多呈散在发生,死亡率低。

3）慢性钩体病　主要见于怀孕母牛,由哈勒焦型与其他非适应性血清型钩体引起。怀孕母牛发生流产、死产、新生弱犊死亡、胎盘滞留以及不育症,病症主要出现在急性期之后的2～4 个月。牛非适应性血清型钩体引起的偶发性感染通常导致怀孕后期流产,而哈勒焦型钩体在怀孕的任何时候都对胎儿产生不良后果,但流产率较低。

3. 病理变化

1）急性钩体病

[剖检]　死于急性钩体病的牛呈败血症性变化,以黄疸、出血、严重贫血为特征。尸僵不全或缺乏。唇、齿龈、舌面、鼻镜、耳颈部、腋下、外生殖器的黏膜或皮肤发生局灶性坏死与溃疡。可视黏膜、皮下组织以及浆膜明显黄染。皮下、肌间、胸腹下、肾周组织发生弥漫性胶样水肿与散在性点状出血。胸腔、腹腔以及心包腔内有过量的黄色或含胆红素性液体。肺脏苍白、水肿,膨大,肺小叶间质增宽。心肌柔软,呈淡红色,心外膜有点状出血,心血不凝固。肝脏体积增大、变脆,呈淡黄褐色,显胆汁着染,被膜下偶见点状出血,切面结构不清,有时可见灰黄色坏死病灶。脾脏不肿大,被膜下见点状出血。肾脏肿大至正常的 3～4 倍,质地柔软,被膜易剥离,肾表面光滑,有不均匀的充血与点状出血。在溶血临界期,肾脏颜色变暗,血红素进入肾脏后,呈出血性外观。切面上肾皮质与髓质界限不清,一般无眼观坏死性病变。膀胱膨胀,充满血性、混浊的尿液。全身淋巴结肿大、柔软、水肿,尤其是内脏器官、肩胛上、股、胸淋巴结最为明显,切面多汁,偶见点状出血。

[镜检]　肺脏有明显肺水肿,肺泡群与小叶间质淋巴管内有浆液性或纤维素性渗出物。肝细胞呈颗粒与脂肪变性,胞浆内常有胆色素颗粒沉积,严重时肝小叶出现中心带状坏死和典型的严重贫血性缺血变化,肝枯否细胞增生,胞浆内含有大量含铁血黄素,门脉区与小叶间质内有轻度弥漫性淋巴细胞和中性粒细胞浸润,微细胆管扩张,充满胆汁。肾小球毛细血管网肿胀,肾小球囊腔内有嗜伊红微滴,肾小球周围有散在淋巴细胞浸润,肾曲小管上皮细胞肿胀、变性,核消失,上皮细胞的游离缘破裂成嗜酸性微滴,在管腔中形成管型,有些肾

曲小管发生坏死,肾直小管扩张,许多小管腔内含有蓝色至粉红色、无结构的管型,管型中偶见淋巴细胞和个别中性粒细胞,间质内有局灶性淋巴细胞、巨噬细胞、浆细胞浸润,以肾弓形动脉周围最为显著。肾髓质内大多数肾小管和部分集合管扩张,充满透明管型,肾盂上皮细胞空泡形成,含有密集的嗜酸性圆形小体,上皮细胞下淋巴细胞浸润。淋巴结表现为浆液性炎症。有的病例出现卡他性出血性胃炎、神经细胞变性、星形神经胶质细胞增生以及脑膜脑炎。

2)亚急性钩体病

[剖检]　尸体皮肤常发生大片坏死,有的病例出现干性坏疽与腐离。全身组织轻度黄染。肝脏、肾脏出现明显的散在性或弥漫性灰黄色病灶。乳房与乳房上淋巴结肿大,变硬。脾脏肿大。

[镜检]　病变皮肤的表皮层角化过度,坏死可累及真皮下,真皮内淋巴细胞浸润与毛细血管血栓形成。肝细胞严重缺血与坏死,坏死面积可达肝小叶的1/3～2/3,汇管区与小叶间质大量单核细胞浸润,肾小球囊壁上皮细胞增生,肾小管上皮细胞变性、坏死、脱落,管腔内有相当数量的管型。肾小球囊周围的肾小管间、血管周围有大量巨噬细胞、淋巴细胞、浆细胞浸润。乳腺、脾脏、乳房上淋巴结出现增生性炎症。有些病例出现小叶性肺炎、肠炎、腹膜炎。

3)慢性钩体病

[剖检]　尸体消瘦,极度贫血,缺乏黄疸。黏膜、皮肤局灶性或片状坏死。肌肉苍白、萎缩。全身淋巴结肿大,质地变硬。肝脏肿胀不明显。肾脏变化具有特征性。肾皮质或肾表面出现灰白色、半透明、大小不一的病灶,病灶有时呈灰黄色,表面略低于周围正常的组织,切面坚硬、柔韧,髓质内也有类似的病变。

[镜检]　淋巴结、肝脏显示增生性炎症。肾皮质、髓质的间质内有淋巴细胞、巨噬细胞占优势的炎性细胞浸润。肾小球透明变性,肾小球囊周围有大量淋巴细胞浸润,有的肾小球基底膜增厚、皱缩或纤维化。肾曲小管内有嗜伊红碎屑。肾直小管扩张,有管型形成。集合管上皮细胞增生。在受损的肾病变区内经常可见合胞体细胞与郎罕氏巨细胞,这些巨细胞是肾小管上皮细胞再生时所形成的。镀银染色时,肾曲小管,肾小球囊内仍能发现钩体。

4)流产胎儿

[剖检]　胎膜经常发生自溶与水肿。胎儿皮下水肿,胸腔、腹腔内有大量的浆液性血性液体,肾脏出现白色斑点。

[镜检]　肾被膜下、皮质、髓质内有淋巴细胞与少量浆细胞、中性粒细胞浸润的局灶性病变。产出死胎的母牛,绒毛尿囊水肿增厚至2.6cm。胎盘组织学检查,绒毛间腔隙与周围区的母体上皮与胎儿上皮分离,有许多细胞性碎屑,滋养层脱落,50%～70%的胎儿绒毛上皮细胞坏死,胎盘基部有中性粒细胞浸润。流产母牛子宫腔可见有坏死碎屑;绒毛尿囊族腐烂、排出不全,肉阜表面粗糙、不规则,切面坚实。肉阜镜检有大量中性粒细胞、淋巴细胞及巨噬细胞浸润。

4. 诊断

根据临床特征、流行病学、病理变化可建立钩体病诊断,必要时做组织镀银染色或病原学检查。鉴别诊断应注意与牛流行性流产、牛血梨形虫病的区别。牛流行性流产时,母牛无明显症状,胎儿以淋巴网状系统增生为特征,罕见自溶,易与该病区别。血梨形虫感染牛后,脾脏经常肿大1.5～2倍,而牛钩体病以脾不肿大、皮肤与黏膜坏死以及间质性肾炎为特征,故不难区别。

八十二、鹿钩体病

鹿钩体病(leptospirosis in deer)多半呈流行性或地方性发生,驯化的家鹿、野生鹿均可感染,有年龄与品种的差异,常见的感染鹿有梅花鹿、红鹿(*Cervus elaphus*)、白尾鹿(*Odocoileus virginianus*)以及黄鹿(*Muntiacus reevesi*),主要分布于中国、美国、加拿大、澳大利亚、新西兰。鹿羔对该病十分敏感,多以急性败血症的形式出现,死亡率高。成年鹿大多呈隐性感染,有时引起母鹿流产。

1. 病原及其传播方式

我国分离到的鹿钩体病病原有罗马尼亚 396 型、七日热以及波摩那型钩体,其他地区有不同血型病原的报道。鹿钩体病病原的形态及生化特征与牛钩体病病原相同,传播及感染方式亦相似。病鹿不分性别、年龄,以当年鹿羔最为敏感,梅花鹿钩体病曾一度在我国东北三省及华北地区流行,发病率为 70%,发病后死亡率在 80% 以上,给养鹿业造成严重损失。

2. 主要临床症状

1) 急性型　主要见于梅花鹿、红鹿的犊鹿,多呈败血症性变化,病程 7~10d,死亡率高达 90% 以上。病鹿表现为高热(体温 41℃ 以上)、沉郁、棕红或红色蛋白尿,可视黏膜黄染,呈贫血症态。血液学检查,红细胞减少,血红蛋白含量降低,白细胞增多。濒死前脉搏加快、体温下降、呼吸困难,最终因窒息而死亡。有的鹿出现视力障碍乃至失明。轻症者可逐渐恢复。

2) 亚急性与慢性型　多见于哈勒焦型、波摩那型钩体的自然与实验病例,病程 1~2 个月不等,以 3~4 月龄红鹿与白尾鹿鹿犊常见。无明显临床症状,可能有一过性发热、黄疸以及血红蛋白尿,呈散发性死亡。

3. 病理变化

1) 急性型

[剖检]　尸体营养状况较好。可视黏膜黄染、贫血,眼球凹陷,皮肤、皮下组织、黏膜、浆膜以及其他器官与组织明显黄染。肝脏肿大,呈土黄色,有散在出血点。肾脏肿大、质地脆弱,呈棕红色,被膜下有散在点状出血,切面皮质与髓质界线模糊。肾上腺有散在出血点。膀胱膨胀,充盈红色尿液。肺脏各小叶散布大小不等的斑状出血。心内膜有点状或线形出血。全身淋巴结肿大。

[镜检]　见肝细胞变性、坏死、急性出血性肾小球肾炎以及肾小管变性、坏死。镀银染色时,在肝脏、肾、脑、肾上腺、肺等器官中发现完整的钩体。

2) 亚急性与慢性型

[剖检]　唯一的病变是肾脏比正常体积大 2~3 倍,呈苍白色,切面大多数肾皮质出现宽 0.1~0.2mm、呈放射状的苍白带,并从皮质、髓质结合处延伸至肾被膜,有时为融合性。

[镜检]　肾脏出现严重的慢性活动性肾炎。慢性增生性放射状组织带分割与侵犯 60%~80% 的肾皮质,特征为弥漫性单核细胞浸润、淋巴细胞性小结节与生发中心形成、肾结缔组织增生。肾小球萎缩,囊壁上皮细胞增生,肾小球周围结缔组织增生。受损皮质内的肾小管扩张,缺乏上皮细胞或上皮细胞呈扁平状化生,许多肾小管内含有蛋白质、中性粒细胞或细胞碎屑构成的管型。间质内结缔组织增生并分割有病变的肾组织,因此在纤维化的间质区内出现单核细胞浸润、淋巴细胞滤泡性增生以及异常的肾小管。这些肾小管管壁基底膜增厚,上皮细胞肥大与增生。

怀孕母鹿感染：一般在感染后 15～25d 发生死产、流产以及产下弱鹿犊。母鹿通常无明显眼观病变。

［镜检］　病变局限于肾脏，表现为亚急性肾小球肾炎。肾小球内含有不等量的蛋白性渗出物，球囊壁上皮细胞增生，肾近曲、远曲小管的部分上皮细胞变性、坏死或钙化，管腔内有透明蛋白管型，皮质区间质内出现局灶性纤维组织增生与淋巴细胞、浆细胞、少量中性粒细胞浸润。

流产胎儿：

［剖检］　见肾脏、肝脏、淋巴结肿大，出血，质地柔软。肾脏可见 1～6mm 大小的散在性白色病灶。有些胎儿严重自溶，难以辨别生前病变。

［镜检］　肾皮质区严重坏死与局灶性出血，髓质损伤轻微或未受损，有时有散在淋巴细胞浸润，局部肾小管坏死、结缔组织增生比母体肾脏还要严重。其他病变为淋巴结水肿、髓质出血以及出现噬红细胞现象。肝脏淤血，肝细胞呈明显空泡变性，小叶间质内单核细胞浸润，有的毛细胆管扩张，胆汁淤积。镀银染色时，在流产胎儿的肝脏、血液、肾脏中可找到钩体。

4. 诊断

根据该病流行病学、临床症状以及病理学变化不难建立诊断，必要时做血清学、病原学检查有助于确诊。

八十三、牛球孢子菌病

牛球孢子菌病（coccidiodomycosis in cattle）又名球孢子菌肉芽肿（coccidioidal granuloma）、山谷热（valley fever）、沙漠热（desert fever）、圣约昆山谷热（San Joaquin valley fever）。该病是由厌酷球孢子菌（*Coccidioides immitis*）所引起的牛的慢性真菌病，其特征是淋巴结形成化脓性肉芽肿。

该病除发生于人类外，还广泛地发生于野生动物和家畜，如野鹿、袋鼠、松鼠、猴、猿、猩猩、狒狒、小鼠、豚鼠、家兔和其他啮齿类动物，以及马、牛、羊、猪、犬、猫等动物。

1. 病原及其传播方式

厌酷球孢子菌属于接合菌亚门、接合菌纲，为双相型真菌，即其形态依所处环境而发生改变。在病变组织中是一种多核性圆形细胞，或称为小球体（spherule），具有双层轮廓，屈光性强，不生芽，其大小很悬殊，直径为 $10\sim80\mu m$，有时甚至达 $100\mu m$ 以上。成熟时从圆形细胞壁向胞浆中生长出分裂沟，将胞浆分成多核的小体，称为原生孢子（protospore）。二次的分裂沟进一步将原生孢子分裂成孢子囊孢子（sporangiospore）或内生孢子（endospore），其直径为 $2\sim5\mu m$，一般为单核。孢子成熟后，孢子囊壁自行破裂，孢子逸出，并在附近组织中继续发育，形成新的小球体。

在自然条件下，该菌多寄生于枯枝、有机质腐物和鼠粪周围的土壤中。在外界环境中和人工培养基上该菌形成菌丝。

［镜检］　菌丝呈分枝状，有分隔，其中较大的分枝可发展成厚壁、椭圆形或长方形的关节孢子（arthrospore）。关节孢子之间有间隔空隙，极易折断，随气流飘浮。关节孢子的抵抗力大，在 4℃ 干燥的条件下可存活达 5 年之久，因此它富有传染性。若混入空气尘埃中，被人和动物吸入肺内或污染于创面，即可引起感染。

2. 病理变化

病牛多取良性经过，通常无特殊临床症状，多半在宰后检验时才被发现，常侵害支气管淋巴结和纵隔淋巴结,有时肺脏、下颌淋巴结、咽后淋巴结以及肠系膜淋巴结也可受到侵害。

[剖检]　受侵害的淋巴结呈结节状或弥漫性肿大,病灶大小不一,直径达 10cm。最小的病灶呈灰黄色与淋巴结的固有色泽相类似而往往难以辨认。稍大的病灶为黄白色,其周围常环绕厚层肉芽组织或纤维性包囊,中心为黄色浓稠的脓汁,颇似放线菌结节病灶,但无硫磺样颗粒。镜检容易发现小球体。

肺脏的病灶可发生于肺脏各叶,但通常以膈叶多发,其直径为 1.9～2.5cm,包括一个或几个小叶。正在发展的病变,最初呈粉红色,以后形成红色肝变样,再后变为黄白色或灰色,陈旧的病灶为白色,后者主要由肉芽组织构成,其中常可见一个或数个坏死区,内含黄白色浓稠的脓汁。

此外,支气管周围的淋巴小结,往往肿大而隆突于肺表面形似葱头状。

[镜检]　淋巴结的病变为具有包囊的肉芽肿结节,其中心坏死区为干酪化碎屑,有时还见有中性粒细胞聚集,陈旧者则变为干酪钙化或完全钙化;坏死区外周为上皮样细胞、淋巴细胞、中性粒细胞、多核巨细胞和富有毛细血管的结缔组织所环绕。在坏死区和多核巨细胞胞浆内常可发现小球体,有时在小球体的周围环以放射状棒状物(图 9-20,见图版),颇似牛放线菌病时在菌丝体周围所见的棍棒体。肺脏肉芽肿结节的镜检所见与上述淋巴结所见基本一致,但在慢性型时炎性细胞浸润则更为明显。

羊的病变也常局限于胸腔淋巴结。剖检和镜检所见与牛相同。

3. 诊断

该病以形成化脓性上皮样细胞肉芽肿结节为特征,确诊有赖于在特征性肉芽肿内发现小球体,但该病的肉芽肿结节酷似由结核杆菌、放线菌以及化脓性棒状杆菌所引起的化脓性肉芽肿结节,应注意鉴别。此外,在牛有时该病与放线菌病混合感染,在诊断上更应注意。

八十四、牛组织胞浆菌病

组织胞浆菌病(histoplasmosis in cattle)又名网状内皮细胞真菌病(reticulo-endothelial cytomyeosis),是由荚膜组织胞浆菌(*Histoplasma capsulatum*)引起的一种人和动物共患的高度接触传染性真菌病。

1. 病原及其传播方式

组织胞浆菌为真菌,属半知菌亚门、丝孢菌纲、丝孢菌目、丛梗孢科、组织胞浆菌属。在自然条件下,该菌长期存活于流行区富有有机质的土壤中,特别是鸽笼、鸡舍、粮仓和地窖周围的土壤中尤为丰富,甚至从被污染鸡舍的空气中也可以分离出该菌。

该菌为双相型真菌。在人类和动物组织内为圆形或卵圆形酵母样形象,寄生于网状内皮细胞和巨噬细胞的胞浆内,以芽生方式进行无性繁殖,菌体直径为 $2\sim4\mu m$。在陈旧病灶内的菌体一般较大,但由于制片过程的固定、脱水等因素的影响,菌体胞浆常浓缩集中于中央,故与胞壁之间出现一空白带。死亡的菌体往往仅残存一圈细胞壁。在土壤与沙氏葡萄糖琼脂培养基上,于室温下(约 25℃)培养,生长缓慢,可产生白色、棉花样菌丝体,逐渐转变为淡黄色至褐色。菌丝有分枝和分隔,初期在菌丝的分枝上常附有圆形光滑或梨形状直径为 $2\sim3\mu m$ 的小分生孢子。随着培养时间的延长,则形成壁厚、大圆形、直径 $7.5\sim15\mu m$ 的棘状大分生孢子或厚膜孢子,这种有棘状如齿轮状的大分生孢子,具有诊断价值。

该病多半是通过呼吸道和消化通感染,通常在肺脏、舌、肠管等器官形成原发性病灶。该病有时还和结核病、隐球菌病等伴发。

动物组织胞浆菌病不能直接传染给人体,动物之间也不能互相直接传播。

牛和马组织胞浆菌病主要为原发性(良性),多半是由肺脏吸入而感染,病变局限于肺脏和支气管淋巴结,取良性经过,通常缺乏临床症状。犬等动物为进行性(播散性)发热、腹泻、咳嗽、白细胞减少等症状。

2. 病理变化

该病的主要特征是网状内皮细胞、网状细胞、巨噬细胞和上皮样细胞显著增生,在这些细胞的胞浆内常常含有或多或少的病原菌;正常组织常为增生的网状内皮细胞所取代,致使器官的功能障碍,体积肿大。

〔剖检〕 肺脏:良性型病例吸入孢子后不久常于肺胸膜下引起单个或多个小灶性肺炎病灶,继而形成直径1～2cm、淡灰色、圆形的硬性结节。

淋巴结:在播散型病例,受损淋巴结因网状细胞增生而显著肿大,坚硬,颇似淋巴肉瘤。病变严重者,淋巴结常失去正常结构,但很少发生坏死、化脓和钙化。

脾脏:比正常肿大数倍,由于网状细胞增生而呈淡灰色,实质致密坚硬。

肝脏:肝脏肿大、坚硬,呈淡灰色。

肠管:受损的肠管主要为小肠后段。肠黏膜见有很厚的皱褶或结节,其形象颇似牛副结核病的肠管变化。

〔镜检〕 早期肺炎病灶为中性粒细胞浸润,很快为单核细胞所取代而形成结节。病原菌可在吞噬细胞内增生繁殖。结节由上皮样细胞、巨噬细胞、多核巨细胞及成纤维细胞等细胞成分组成,形成肉芽肿。有时结节几乎全由上皮样细胞组成。播散型病例的肺泡与间质内有多量淋巴细胞、浆细胞及上皮细胞集聚,在上皮细胞胞浆内可发现不规则卵圆形的菌体,HE染色菌体中心为圆形嗜碱性小体,周围有不着色透明晕环绕,用Bauer或Gridley PAS染色,菌体壁呈红色,其他部位不着色,呈现一个红色空环,其有特征性诊断意义。

淋巴结不常见多核巨细胞,而富有胞浆的巨噬细胞却显著增多,并常含病原菌。

肝脏网状细胞呈弥漫性增生取代了肝实质细胞。播散型病灶通常很小,有包囊形成,其中的巨噬细胞胞浆内含有病原菌,并有不同数量的淋巴细胞和浆细胞浸润。

肠黏膜固有层和黏膜下层网状细胞增生以及巨噬细胞、淋巴细胞浸润,但通常不见溃疡形成。肠壁淋巴小结及其相应的肠系膜淋巴结明显肿大,常被含有病原菌的巨噬细胞浸润而丧失其结构。回肠、盲肠连接处及其邻近的淋巴组织通常受损害最为严重。

肾上腺大部分被充满病原菌的巨噬细胞所置换而丧失其固有结构,尤以严重的致死性病例为然,但在临死前屠宰的病畜则少见。

其他器官,如皮肤、心、胰、肾和生殖器官通常很少严重损害,但仍显示网状细胞增生。

3. 诊断

上述特征性病理变化与病原菌的发现,可作临床及病理学诊断。对动物活体的诊断,必须通过淋巴结、肝脏活体穿刺检查,或采取外周血液、骨髓及淋巴结制作涂片,用瑞特氏或姬姆萨染色,在巨噬细胞胞浆内发现该病的病原菌以及被检组织呈现典型的网状内皮细胞增生,一般可以确认。然而该病的病原菌,在组织切片中容易与流行性淋巴管炎的假性皮疽组织胞浆菌相混淆,因此确诊有赖于从病料中分离培养出,能证明荚膜组织胞浆菌特有的典型菌落和棘状分生孢子。但此二病有各自的特征性病理变化,一般也可排除鉴别上的困难。

另外,组织学检查时还应注意与恶性淋巴瘤、网状细胞肉瘤、皮炎芽生菌、厌酷球孢子菌、新生隐球菌、利什曼原虫、弓形虫等病相鉴别。

八十五、犊牛、羔羊白色念珠菌病

犊牛、羔羊白色念珠菌病(Candidiasis albicans in calf and lamb)是由白色念珠菌引起的一种犊牛和羔羊皮肤、黏膜溃疡,内脏器官坏死灶、小脓肿以及肉芽肿性反应的感染性疾病。该病发生于世界各地。可感染给人以及畜、禽类等各种动物。实验动物以兔最易感,小鼠、豚鼠也易感。该病以幼龄动物多发。

1. 病原及其传播方式

白色念珠菌为念珠菌属(假丝酵母属)中的一个菌种,是念珠菌中最常见的致病菌。该菌呈圆形,革兰氏染色阳性,PAS染色呈鲜艳的紫红色。在沙氏培养基37℃孵育,可形成奶油色表面光滑的菌落,有时有放射状沟。在玉米粉培养基上,室温培养3~5d,可产生厚膜孢子;培养时间稍长可见芽生孢子;有的芽伸长却不与母细胞分离,形成假菌丝,也有真菌丝形成。该菌在自然界中广泛存在,常存在于人和动物的皮肤、口腔、阴道和消化道内,成为消化道内的正常菌系。因此该病多为内源性感染。长期应用广谱抗生素能促进念珠菌病的发生。

2. 病理变化

1) 犊牛　一般常发生念珠菌性肺炎和胃肠炎,有时呈播散性感染。

[剖检]　见肺的尖叶、心叶、中间叶以及膈叶前部呈小叶性肺炎,在肺炎部常见粟粒大白色坏死灶,慢性经过时则形成黄白色干酪样脓肿。胃黏膜覆盖有黄白色干酪样坏死物质,黏膜充血、出血或形成糜烂和溃疡。小肠黏膜有时也有溃疡。偶尔在食管和咽部黏膜出现溃疡性病变。若为全身播散,则常在肝、肾、脑、肠系膜淋巴结出现病变。肝表面和实质散发界限清楚的白色坏死灶,直径可达4mm左右。

[镜检]　肺支气管内有多量干酪样物质和崩解的中性粒细胞。支气管壁充血、出血以及中性粒细胞浸润。肺泡壁毛细血管充血,肺泡腔内有大量中性粒细胞以及浆液和纤维素渗出,并可形成小脓肿。在上述病变中见有酵母样菌、芽生孢子和假菌丝。在牛胎盘中也可见芽生孢子和假菌丝(图9-21,见图版)。胃黏膜复层上皮呈过度角化、角化不全或者表层角化上皮呈层状坏死。深层复层上皮细胞出现气球样变和坏死,并有多量组织细胞、淋巴细胞以及少量中性粒细胞浸润。部分黏膜破坏脱落形成糜烂或溃疡。黏膜固有层和黏膜下层充血、出血以及组织细胞、淋巴细胞呈灶状浸润。表层的角蛋白碎屑及坏死灶中有大量酵母样菌和假菌丝,黏膜下层以菌丝为主。肝内见有多发性、大小不一的凝固性坏死灶。有时见有化脓性肉芽肿,其中心为坏死的肝细胞和少量中性粒细胞浸润及崩解,周围有淋巴细胞和组织细胞围绕。在凝固性坏死灶和肉芽肿内或周围见大量假菌丝和酵母样菌。

肾小球充血,球囊腔积留浆液和纤维素。肾小管上皮细胞变性、坏死,间质毛细血管充血、出血,有时见有小脓肿。在病变中可发现假菌丝和酵母样菌。

脑主要表现脑膜脑炎变化。

2) 羔羊

[剖检]　皮肤型,患部被毛脱落,在皮肤表面的角质碎屑中有许多酵母样菌。真皮未见病变。消化道感染引起胃(主要见皱胃、瘤胃)黏膜发生溃疡,也可引起全身播散。在肝、肾、心等器官见有2~5mm直径的褐黄色病灶。

[镜检]　胃黏膜组织坏死和中性粒细胞浸润,病变中含有大量发芽孢子和假菌丝。有时在黏膜下层见含有假菌丝的化脓性肉芽肿。肝内呈现灶状肝细胞坏死和中性粒细胞浸润。大的病变周围有单核细胞、多核巨噬细胞和成纤维细胞,病变中心含有发芽孢子和假菌丝。脾也

见同样变化。在大脑和丘脑有弥散性化脓性脉络膜炎、脑室炎和脑室周围炎。其特点是以中性粒细胞为主的白细胞浸润，在这些区域内有大量芽生孢子和假菌丝。血管周围有单核细胞呈管套状围绕。血管周围区的神经纤维显示空泡形成，星形胶质细胞增生以及灶状或弥散性嗜神经元现象。脑内有广泛出血。

3. 诊断

根据在皮肤、黏膜和实质器官中的坏死灶、溃疡、小脓肿以及肉芽肿病变，并在病变内见有酵母样菌、芽生孢子和假菌丝，可为该病作诊断。孢子和假菌丝在 HE 染色切片中呈浅蓝色。如用 Gridley 或 GMS 染色则着色更佳。

如需进一步确诊，可进行真菌培养以及镜检菌体的形态特点，作出可靠性诊断。另外，应用乳胶凝集试验、免疫琼脂凝胶扩散试验、对流免疫电泳试验，可以作生前念珠菌病的诊断。

八十六、牛球虫病

牛球虫病(coccidiosis in cattle)是由球虫寄生于犊牛肠壁而出现一系列消化道症状的感染性疾病。该病主要侵害 3 周龄至 6 月龄的犊牛。1 岁以上的成牛很少发病，但当受某些应激因素，如细菌和病毒的感染、寄生蠕虫的侵袭以及接种疫苗等，引起机体抵抗力降低时，也可发生该病。

1. 病原及其传播方式

寄生于牛体内的球虫有许多种，但危害最严重的主要有邱氏艾美耳球虫(*Eimeria zunii*)和牛艾美耳球虫(*E. bovis*)或斯氏艾美耳球虫(*E. smithi*)。其中邱氏艾美耳球虫的致病力最强，是所谓"牛红痢"的病原体。这种球虫的裂体生殖主要在空肠和回肠的绒毛上皮细胞内进行。每个裂殖体内含 24～36 个裂殖子。裂殖子释放后即钻进回肠下段、盲肠、结肠和直肠黏膜上皮细胞内。牛艾美耳球虫也能引起严重病变，常和其他球虫混合感染。它的裂殖体肉眼可见，在小肠下段的绒毛顶端呈细西米样小体，每个裂殖体含有许多个裂殖子。裂殖子主要钻入大肠黏膜上皮细胞内。

病原主要由病畜粪便排出，污染环境，经消化道感染健康牛群。

2. 主要临床症状

牛球虫病在临床上呈进行性腹泻，有时可见血便，几天后血便消失，出现黏液性粪便。病牛磨牙、腹痛与里急后重，由于努责而肛门外翻，食欲不振，最后表现极度消瘦和贫血。病情较轻的病牛，粪便呈棕色或灰色、水样，成年牛有时在出现腹泻之前可由于大肠严重出血而突然死亡。检查粪便可以发现卵囊。在感染严重的病牛中，有时可能检查不到卵囊，这是因为在形成卵囊之前病牛即发生死亡，但粪便中可发现裂殖子。

3. 病理变化

球虫病的特征性病变位于肠道。

[剖检]　主要是盲肠、结肠和直肠发生广泛性坏死及出血，肠内含有混杂黏液和血液的稀粥样物。但有些病牛粪便变化不明显。肠黏膜显著增厚，黏膜常发生点状出血，尤其是直肠黏膜纵皱襞的嵴部。出血严重时，常布满整个大肠黏膜，有时可见从肠壁脱落下 4～5cm 长的血块。一些由于急性出血而死亡的病例(多为成年牛)，肠腔内往往充满血凝块。此外，肠黏膜常见局灶性坏死和黏膜脱落区。当伴有细菌等感染时，坏死就变得更为严重，此时粪便内常常混有纤维素碎片和管型。

［镜检］肠黏膜上皮细胞坏死脱落，其程度因球虫的数量、繁殖速度而不同。肠腔上皮细胞多含有不同发育期的球虫（图 9-22，见图版），有球虫的坏死上皮细胞脱落入肠腺腔内，形成很多细胞碎屑。脱落上皮的黏膜固有层及肠腺腔内有白细胞浸润，其中含有多量嗜酸性粒细胞。

4. 诊断

根据临床症状，及尸检时以肠黏膜涂片镜检，发现大量不同发育的球虫可作确诊。

八十七、绵羊、山羊球虫病

绵羊、山羊球虫病（coccidiosis in sheep and goat）是由球虫寄生于肠道而引起的黏液性、出血性肠炎性疾病。

1. 病原及其传播方式

寄生于绵羊和山羊体内的球虫约有 10 余种，其中危害最大的是阿氏艾美耳球虫和小型艾美耳球虫。阿氏艾美耳球虫的卵囊呈椭圆形，平均大小为 18～27μm，有卵膜孔和极帽，孢子形成期为 24～48h。小型艾美耳球虫的卵囊呈球形，直径约 15μm，无卵膜孔和极帽，孢子形成期也是 24～48h。它们都寄生在羊的小肠内。阿氏艾美耳球虫的裂殖体如牛艾美耳球虫一样，寄居于小肠绒毛中央乳糜管的内皮细胞中，裂殖体阶段结束时再进入小肠绒毛上皮细胞内进行有性繁殖。通过粪便污染环境而感染健康牛群。

2. 主要临床症状

通常以 2～4 月龄绵羊最易感，病羊表现为精神委顿，食欲减退，渴欲增加，可视黏膜苍白，腹泻，粪便常杂有血液、黏液和脱落上皮而带恶臭，其中含有大量卵囊。成年羊感染后一般不显现明显症状。

3. 病理变化

［剖检］以小肠最明显，除黏膜呈现卡他性炎并伴发点状或线状出血外，当阿氏艾美耳球虫感染时在肠黏膜，特别是回肠黏膜见有粟粒大至豌豆大、黄白色圆形或卵圆形结节，常常成簇分布，透过浆膜也能看到该病变。

［镜检］以上结节病变主要是肠黏膜上皮呈局灶性增生所致。有时可见含有配子体的绒毛呈乳头状增生，颇似兔肝脏球虫病时胆管增生的现象。寄生于肠绒毛中央乳糜管内皮细胞的阿氏艾美耳球虫，其裂殖体偶尔出现于局部淋巴结。

如为雅氏艾美耳球虫感染时，则常引起弥漫性回肠炎、盲肠炎和结肠炎。回盲瓣、盲肠、结肠和直肠常发生糜烂、溃疡和出血。坏死、出血可能深入到黏膜下层。

4. 诊断

诊断方法同牛球虫病。

八十八、牛弓形虫病

牛弓形虫病（toxoplasmosis in cattle）是由弓形虫寄生引起的牛侵袭性疾病。许多国家调查发现牛对弓形虫的感染率达高 70%～90%。由于弓形虫病为人兽共患病，因此，其不仅危害畜牧业，而且对人类健康构成威胁，应引起高度重视。

1. 病原及其传播方式

弓形虫病的病原体为龚地弓形虫，它属于球虫目、弓形虫科。弓形虫为双宿主生活周期的寄生性原虫,分两相发育,即孢球虫相和弓形虫相,前者在猫的小肠上皮细胞内发育,后者在猫和其他动物及人的组织内发育。猫是弓形虫的终宿主。

游离于宿主细胞外的弓形体滋养体通常呈弓形或月牙形,寄生于细胞内的滋养体呈梭形,滋养体的一端锐尖,一端钝圆,虫体中央有核。细胞内的滋养体常形成假囊,囊内有数个至数百个速殖体。在肌肉等处寄生的虫体常形成包囊,其中含有圆形或卵圆形的虫体。包囊在宿主体内可长期甚至终身寄生。

人和动物可通过胎盘、子宫、产道、初乳等途径感染胎儿和幼子。畜、禽也可摄入病死的脏器、被污染的饲料、饮水等而感染。猫随粪排出的卵囊,极易被动物和人摄食而感染。

2. 主要临床症状

一般犊牛的易感性比成年牛强。潜伏期也短,首先表现为体温升高,可达 40～42℃,呈稽留热型。发热期,犊牛呼吸频数,食欲减退,大便秘结,精神沉郁。而成牛感染时,体温仅呈一过性升高,经 1～2d 后即下降且很快恢复到常温。后期的病例发生腹泻和有神经症状。

3. 病理变化

[剖检] 主要见病死牛肝脏轻度肿胀,在表面和切面有针尖大到粟粒大的黄白色坏死灶。全身淋巴结肿大,切面湿润,并有少量出血点。肺门淋巴结和肠系膜淋巴结较其他部位淋巴结的变化尤为明显。肾脏表面和切面有少量出血点,坏死灶则不明显。大肠和小肠的浆膜呈斑驳状出血。小肠黏膜散布小出血点,黏膜呈轻度卡他性炎。肠系膜淋巴结髓样肿胀。沿肠系膜的血管分布呈浸润性出血。回盲瓣口处黏膜发生出血和坏死。

[镜检] 在多数器官有明显的血管损伤性变化及细胞浸润。也常伴有相当程度的坏死性变化。

肺呈现以细胞浸润为主的间质性肺炎变化。在肺间质见有组织坏死与细胞浸润相结合的病灶。细支气管和血管周围有细胞浸润,明显时常形成"管套"。部分肺泡壁和肺泡间隔有弥漫性细胞浸润。严重病例,血管壁平滑肌细胞变性和坏死,并由于血浆渗出,导致血管壁均质化。血管腔变窄甚至闭锁,其周围组织常见坏死。

肝组织内有明显的炎性细胞浸润,浸润的细胞以淋巴细胞为主,并混有巨噬细胞和嗜酸性粒细胞。肝实质内炎性细胞浸润有三种形式:一种是形成单一由炎性细胞构成的浸润性结节;另一种是在坏死灶内混有浸润的炎性细胞;第三种是在坏死灶周围形成炎性细胞反应带。肝细胞呈颗粒变性和渐进性坏死。在坏死灶边缘部的肝细胞内或细胞间见有滋养体型虫体。严重病例还能见有出血性坏死灶。窦状隙扩胀充血,星状细胞肿胀,腔内积聚有淋巴细胞、巨噬细胞和嗜酸性粒细胞。汇管区也呈细胞浸润及轻度水肿。

脾组织水肿、出血、细胞浸润和坏死。淋巴小结和小动脉周围淋巴细织鞘常见有细胞坏死或形成坏死灶,有时坏死灶内伴有出血。脾静脉窦扩张,充满血液,内皮细胞肿大。脾小梁动脉、静脉周围间隙增宽,呈现小梁水肿、出血和坏死,小梁周围的网状细胞肿胀和增生。慢性恢复病例的脾脏呈细胞增生性脾炎或纤维性脾炎的变化。

淋巴结表现淋巴小结生发中心与副皮质区的淋巴细胞和网状细胞变性、坏死。有的坏死灶内也伴有出血。皮质和髓质淋巴窦扩张,其中除淋巴液外,还积聚多量淋巴细胞、巨噬细胞和嗜酸性粒细胞,在巨噬细胞中见吞噬滋养体型虫体或假囊。

肾表现为浆液性或出血性肾小球肾炎。肾小球肿大、富核,球囊内常见有伊红着染的大小不等球状蛋白质物质,此种物质也见于肾小管管腔内。肾小管上皮细胞颗粒变性。在肾小球周围和肾小管之间呈明显的炎性细胞浸润。血管周围结缔组织因水肿使纤维解离成网状。

心肌呈间质性心肌炎。感染初期间质水肿,逐渐出现细胞浸润。心肌纤维颗粒变性及渐进性坏死。

大脑呈非化脓性脑炎变化,细胞浸润及神经胶质细胞增生均比猪弓形虫病时的变化明显。"血管套"主要由淋巴细胞和浆细胞构成。

肠管呈出血性、卡他性肠炎变化,但以小肠变化明显。肠黏膜上皮细胞呈黏液变性和坏死脱落。固有层及黏膜下层的血管扩张充血,并有淋巴细胞和嗜酸性粒细胞浸润,有时可见出血。

4. 诊断

牛弓形虫病可根据其流行病学、临床表现、病理组织学检查及涂片镜检发现虫体,给小鼠接种试验为阳性时方能确诊。牛弓形虫病的中枢神经系统病变及临床神经症状,应注意与狂犬病和李氏杆菌病相鉴别。

八十九、羊弓形虫病

羊弓形虫病(toxoplasmosis in sheep)比较常见,绵羊和山羊都能被感染发病。许多地区报道感染率达 50%～90%。

1. 病原及其传播方式

参看上述牛弓形虫病。

2. 主要临床症状

羊弓形虫病的潜伏期为 1～2d,发病后经过 3～7d 体温可增高到 41～42℃。病羊呼吸困难,食欲减退,发生腹泻,消瘦,精神不振,并呈现头颈歪斜和角弓反张等神经症状。妊娠母羊早期感染常引起流产、死胎和干尸胎。妊娠 120d 以上的羊再感染时,胎儿多不死亡,但产出的羔羊很快死亡或呈生长发育不良,或呈现先天性肢体瘫痪。母羊流产一次后,第二胎则保有免疫力。

3. 病理变化

[剖检]　病死羊皮下结缔组织显著胶样浸润。全身淋巴结肿胀,切面多汁并伴有出血。各体腔有少量积液。肺轻度充血,退缩不全,气管和支气管内有白色泡沫样液体,肺切面湿润,小叶间稍疏松。心脏无明显变化,只见右心室弛缓扩张;肝脏轻度淤血、肿胀,可见少量白黄色小坏死灶。肾轻度淤血。脾脏轻度肿大。皱胃和肠黏膜表面被覆少量黏液,黏膜充血及出血,肠系膜出血。脑回血管扩张充血。

[镜检]　肺呈间质性炎。肝细胞呈弥漫性坏死或灶性坏死。窦状隙扩张充血,星状细胞肿胀,窦腔内有淋巴细胞、巨噬细胞和嗜酸性粒细胞积聚。肝实质和汇管区有炎性细胞浸润。脑呈非化脓性脑炎变化,病变多集中于灰质。脑病变在弓形虫病时出现较早,出现率高达 75%,且比较明显。

流产胎儿的胎膜绒毛叶呈暗红色肿胀,绒毛叶的绒毛水肿,绒毛间有 1～2mm 大小的白色结节。母羊子宫肉阜可见相同的变化。胎儿的皮下水肿,常见点状出血,体腔有潴留液。用流产胎儿的脑、实质器官和腹水做涂片,姬姆萨染色镜检,均可检出弓形虫虫体。

4. 诊断

羊弓形虫病与其他家畜弓形虫病的变化基本一致,如高热、呼吸困难、非化脓性脑脊髓炎、流产和死胎等。但是,羊弓形虫病的非化脓性脑脊髓炎和流产比其他家畜弓形虫病时的发生率高,并且变化明显。根据流行病学、临床症状、病理学变化、虫体检查、动物接种试验以及血清学检查可以确诊。

羊弓形虫病应与羊摇背病、羊狂犬病及李氏杆菌病加以鉴别。摇背病是由缺铜而引起的羔羊代谢病,又称为羔羊地方性运动失调,病变发生在大脑的白质和脊髓,见大脑白质有液化灶。镜检除见液化性坏死灶外,还见神经髓鞘变性,以至发展为脱髓鞘。而羊弓形虫病性脑炎的坏死灶和血管损伤明显,并能损伤中枢神经系统的各部神经组织,不局限于个别部位,有时可检出虫体。

九十、牛肉孢子虫病

牛肉孢子虫病(sarcocystosis in cattle)是由肉孢子虫寄生于牛的肌肉而引起一系列临床及病理学变化的寄生虫病。该病遍布世界各地,屠宰畜禽中的总感染率,牛为29%～100%,绵羊为28%～100%,猪为11%～70%,禽类为2%～13%。肉孢子虫病为人兽共患病,故该病不仅危害畜禽生产,更严重的是威胁人类健康,值得重视。

1. 病原及其传播方式

肉孢子虫(*Sarcocystis*)是类似球虫的原虫,其宿主范围很广,包括哺乳类、鸟类、爬虫类以及鱼类都可受侵害,人类也可以感染。

肉孢子虫和球虫的重要区别是,它需要经过两种宿主才能完成生活史,一般来说终末宿主是肉食动物(犬、猫、狼、熊等),中间宿主是草食动物(牛、羊、马)和杂食动物(猪)。而且每种虫体基本上有专一的宿主。

寄生于牛的肉孢子虫有三种:牛犬肉孢子虫(*S. bovicanis*),它的终末宿主为犬、狼、狐等;牛猫肉孢子虫(*S. bovi fli*),它的终末宿主为猫;牛人肉孢子虫(*S. bovihominis*),终末宿主为人、狒狒、黑猩猩、黑猴。这三种肉孢子虫,似乎只有牛犬肉孢子虫能致牛发病。

2. 主要临床症状

急性感染期,病牛出现发热、溶血、进行性衰弱、流产、淋巴结炎、尾尖毛脱落、跛行和具神经症状,有时死亡。

血液学检查:表现为正细胞、正色素性贫血,红细胞压积容量、红细胞总数和血红蛋白量下降50%左右。血液生化学变化主要是乳酸脱氢酶、谷草转氨酶、山梨醇脱氢酶、磷酸肌酸激酶活性明显升高,血清胆红素和血清尿素氮含量在贫血出现期间升高。

3. 病理变化

[剖检] 牛肉孢子虫病急性期病例,主要病变是贫血、出血和败血症,在各组织器官、浆膜以及心内膜和心外膜出现斑点状出血,心肌细胞变性及非化脓性心肌炎,偶见多发性坏死和钙化灶。脑膜和脑实质有出血点。肝脏见有不同程度脂肪变性。肠系膜淋巴结以及其他部位淋巴结表现充血、肿胀。真胃和肠黏膜水肿,散在糜烂和溃疡灶。脾脏肿大。

[镜检] 心肌内和心内膜、心外膜下有单核细胞、少量嗜酸性粒细胞及中性粒细胞浸润,骨骼肌变化与心肌变化相同,可能出现嗜酸性粒细胞性肌炎。

脑组织有小坏死灶和非化脓性脑炎。

肾脏可见肾小球肾炎变化,肾小球的毛细血管内皮细胞肿大,其胞浆内有裂殖体,肾小管上皮细胞变性,管腔内有管型,间质增生和单核细胞浸润。

肝脏有非化脓性肝炎,中心静脉周围和汇管区血管、胆管周围有单核细胞和偶有中性粒细胞浸润。

肺呈不同程度的间质性肺炎,肺泡壁充血、水肿并有淋巴细胞、巨噬细胞、中性粒细胞浸润,细支气管和血管周围有单核细胞浸润。

淋巴组织的网状细胞增生,还可能有坏死灶并伴有血管血栓形成和栓塞。肠壁淋巴滤泡肿大。脾脏见有坏死灶、静脉坏死和血栓形成,动脉周围淋巴细胞增生浸润。肝、脾的巨噬细胞含有含铁血黄素。在几乎所有器官,特别在存有局灶性炎症的血管内皮细胞内有不同发育阶段的裂殖体,横纹肌内有刚形成的包囊。

慢性期病例,基本病变为横纹肌内包囊形成。包囊主要定位于膈肌、舌肌以及心、颈、躯干、四肢肌肉和食道肌,多为乳白色纺锤形,长 0.5～2cm,更小的包囊则肉眼难于发现。镜检,包囊寄生的局部肌肉组织通常无明显变化,少数表现局灶性肌炎。

4. 诊断

根据病牛临床症状及在膈肌、舌肌以及心、颈、躯干、四肢肌肉和食道肌组织内发现肉孢子虫包囊,即可确诊。

[附]水牛、牦牛肉孢子虫病(sarcocystosis in buffalo and yak)

寄生于水牛的肉孢子虫有枯氏肉孢子虫(牛犬型肉孢子虫)、利文肉孢子虫和梭形肉孢子虫。以第一种致病力最强,屠宰检出率也可达 50%～100%。寄生于牦牛的肉孢子虫有牦牛肉孢子虫(*S. poephagi*;终末宿主为犬、猫)和牦牛犬肉孢子虫(*S. poephagicanis*;终末宿主为犬)。牦牛的肉孢子虫的感染强度可高达 1000 条/g 肌肉。

九十一、羊肉孢子虫病(sarcocystosis in sheep)

1. 病原及其传播方式

病牛常急性发病和死亡。病程稍长病牛可见发热、贫血、消瘦、腹泻与便秘;尿呈少尿或无尿、血尿、蛋白尿或管型尿。血清转氨酶、尿素氮、乳酸脱氢酶活性增高。

寄生于绵羊的肉孢子虫有绵羊犬肉孢子虫(柔嫩肉孢子虫)、羚犬肉孢子虫、绵羊猫肉孢子虫和水母形肉孢子虫。微小肉孢子虫和囊状肉孢子虫。前两种犬源肉孢子虫的包囊微小,对绵羊致病力强。寄生于山羊的肉孢子虫有山羊犬肉孢子虫、山羊犬肉孢子虫、山羊猫肉孢子虫和牟氏肉孢子虫。其中山羊犬肉孢子虫对山羊有较强致病力。

2. 主要临床症状

1) 水牛

[剖检]　急性死亡病例主要表现各脏器有斑点状出血,尤其在小脑、心、肾、肾门淋巴结、肠系膜淋巴结、消化道和肌肉。淋巴结和肺发生水肿,体腔积液,全身脂肪组织萎缩,小叶性肺炎。

在食道壁、舌肌、咽肌、颈肌、腹肌、四肢肌等部位见有肉孢子虫包囊,梭形肉孢子虫的包囊颇大,乳白色,长纺锤形或椭圆形,长 1～3cm。枯氏肉孢子虫包囊小,呈灰白色长梭形或柳叶形,长 0.44～1.46cm,寄生在食道壁、舌和心肌中最多。利文肉孢子虫包囊较大,长可达 2.4cm。

[镜检]　许多组织有血管周围炎和血栓形成。心肌和横纹肌表现嗜酸性粒细胞性肌炎;脑呈化脓性脑炎和脑水肿;肾脏表现肾小球和肾小管变性、坏死,肝小叶中央区水泡变性;淋巴结和脾淋巴组织空虚,含铁血黄素沉着;卡他性胃肠炎等。在食道壁、舌肌、咽肌、颈肌、腹肌、四肢肌等部位见有肉孢子虫包囊,其结构同与牦牛肌间虫囊相似。

2) 牦牛

[剖检]　牦牛肉孢子虫包囊存在于膈肌、心肌、食道、舌肌、斜方肌、腹肌等处。包囊为灰

白色线状、杆状、柳叶状,长 0.5～40mm,宽 0.6～0.76mm;牦牛犬肉孢子虫包囊呈球形或卵圆形,长 0.1～0.5mm,宽 0.04～0.3mm,肉眼难于发现。

[镜检]　包囊寄生在肌细胞内,呈嗜碱性着染。大包囊可占据整个肌细胞,此时肌膜不复存在,包囊似乎在肌细胞间。极少数虫体变性、坏死,包囊结构模糊,甚至呈嗜碱性均质团块;个别包囊内形成空泡。受包囊寄生的肌细胞在 90% 以上病例无可见病变,在少数病例可见下列几种病变:虫体包囊周围有呈新月形或环绕全周呈环形的空隙;囊周肌浆均质化,肌浆细微结构消失,呈嗜伊红的玻璃样变状;颗粒状变性,即囊中甚至整个肌细胞肌浆纤维结构消失,出现红染的颗粒状物;坏死变化,表现为胞浆细微结构消失或溶解,成为不均质的嗜伊红物质;单核细胞反应,即包囊周围肌纤维间有单核细胞或淋巴细胞浸润。

绵羊肉孢子虫感染常引起母羊流产甚至死亡,羔羊感染引起体温升高(可达 40℃),贫血,红细胞压积容量降低,局部麻痹和死亡。在包囊期,羔羊生长缓慢,增重下降,进行性衰弱。山羊感染,急性期表现发热,贫血,瘦弱和死亡,母羊流产和死胎。

3. 病理变化

1)绵羊

[剖检]　在急性死亡病羊中,主要表现出血性素质,所有内脏器官表面有出血斑点,胸腔、腹腔大量积液,心、肝、肾组织压片中可见大量裂殖子。在包囊期,猫源肉孢子虫包囊见于横纹肌(图 9-23,见图版)、膈、心、食道壁(图 9-24、图 9-25,见图版),数量很多,白色,椭圆形或圆形,由小米到大米粒大,甚至长达 2cm。但是,三种犬源肉孢子虫的包囊都很小,绵羊犬肉孢子虫虫囊为长椭圆形,长 0.085～0.5mm、宽 0.02～0.06mm,羚犬肉孢子虫虫囊呈线状,长 0.5～0.6mm、宽 0.02～0.05mm。寄生在心肌的微小肉孢子虫虫囊呈蛹状、楔形或椭圆形,长 0.16～0.31mm、宽 0.05～0.08mm。眼观勉强可见或看不见。

2)山羊　包囊在山羊体内的分布及形态,与绵羊类似。

4. 诊断

同牛肉孢子虫病。

九十二、牛贝诺孢子虫病

牛贝诺孢子虫病(bovine Besnoitiosis),又称为球孢子虫病(globidiosis),是由贝氏贝诺孢子虫所致牛的一种慢性寄生性原虫病。该病对牛的感染力很强,也可感染马、羚羊、鹿和骆驼。是我国东北、河北和内蒙古地区牛的一种常见多发病。病变特征是皮肤发生慢性皮肤炎而增生肥厚。患该病的动物死亡率虽然不高(一般不超过 10%),但由于病畜的使役能力降低,皮张不能利用,肉品质量低劣,同时患病母牛常发生流产,公牛精液质量下降而失去繁殖能力,因此,该病对养牛业的危害极大。

1. 病原及其传播方式

贝氏贝诺孢子虫(Besnoitia besnoiti)属真球虫目、肉孢子虫科、弓形虫亚科的一种原虫。其寄生于病畜的皮肤、皮下结缔组织筋膜、浆膜、呼吸道黏膜及巩膜等部位,形成灰白、呈圆形细沙粒样包囊,一般散在、成团或呈串珠状排列,包囊的直径为 100～500μm。包囊中含有大量的缓殖子,或称囊殖子(cystozoite)。缓殖子大小约为 8.4μm×1.9μm[范围(6.7～10.4)×(1.5～3.7)μm],呈香蕉状、新月形或梨形。形态特点是一端尖,另一端圆,核偏中央,构造与弓形虫相似。在急性病牛的血液涂片中有时可见到速殖子(或称内殖子)。其形态、构造与慢殖子相似。

贝氏贝诺孢子虫的终宿主为猫。主要传播途径是消化道,即牛摄入由猫随粪排出的卵囊后感染。某些节肢动物或消毒不彻底的器械可能传播该病。吸血昆虫也有传播该病的可能。

2. 主要临床症状

病畜脱毛,皮肤增厚、粗糙、皲裂,故又称"厚皮病"。

3. 病理变化

[剖检]　病尸营养不良或极度消瘦。初期病畜的一肢或数肢及胸垂皮肤发生不同程度的浮肿,严重病例见胸腹下也明显浮肿。皮肤增厚,初期见于阴囊及后肢内侧,病程较久病例于胸下、腹下、四肢、颈侧、口鼻周围、眼眶周围的皮肤也增厚。增厚的皮肤缺乏弹性,脱毛,蓄积多量灰白色皮屑,外观似螨病。严重的病例,皮脂溢出,皮肤干燥、粗糙、肥厚,被毛稀疏,表面常附有厚层皮垢,并常见皮肤皲裂或由于搔痒摩擦所致的皮肤破损和生成小的溃烂。角膜混浊,巩膜充血,巩膜上可见针尖大灰白色小点。公牛的睾丸初期肿大,后期则萎缩变小,患部皮肤肥厚。

常在头部、四肢、背部、腰部、臀部、股部和阴囊等皮下结缔组织、筋膜及肌间结缔组织中,见有大量呈灰白色、圆形的贝氏贝诺孢子虫的包囊。轻症病畜的包囊仅见于四肢下部的皮肤,在肢体上部则逐渐减少。重症病例,除全身皮下结缔组织有不同数量的包囊外,在后肢的跟腱、韧带、趾深屈腱、趾浅屈腱、腓肠肌腱、外侧伸肌腱等部位也见多量包囊形成,与腱膜相连接的肌组织亦有少量包囊。此外,病畜的舌、软腭、咽喉部、气管、肺实质、胃肠道黏膜以及大网膜等处均可发现贝氏贝诺孢子虫的包囊。

[镜检]　皮肤及皮下组织:患部表皮过度角化,被覆上皮明显增生、肥厚。在真皮乳头层和皮下结缔组织内有大量包囊寄生(图 9-26,见图版),偶在表皮散在有包囊。真皮下结缔组织显著增生,并见多量淋巴细胞和嗜酸性粒细胞浸润,使该部的皮脂腺、汗腺和毛囊发生萎缩,甚至消失。皮下结缔组织中的动、静脉壁内也有包囊形成。包囊多位于血管中膜的肌层(图 9-27,见图版),但也有寄生于内膜的。此时见部分囊壁成为根蒂而游离于血管内。

肌肉:在肌间结缔组织内有单个存在或数个聚集的虫体包囊(图 9-28,见图版),少数包囊寄生于肌纤维内。肌纤维变性,肌浆着色不均。肌纤维受包囊和增生的结缔组织压迫而发生萎缩或失去正常的排列,肌组织常呈现慢性肌炎病变。在舌尖的横纹肌内或舌下的结缔组织内,均有单个散在或聚集成堆的包囊。

喉、气管和支气管:在会厌部黏膜下结缔组织内及管泡状腺的间质中均有少量包囊寄生。气管的固有层下也散在较多的包囊,有的包囊紧靠黏膜表面,导致黏膜上皮剥脱。在较大的支气管黏膜肌层下的结缔组织内,也见有少量包囊寄生。

肺脏:肺实质中常见少量包囊寄生。包囊多位于肺泡壁上,向肺泡腔内突出(图 9-29,见图版)。此处的结缔组织轻度增生。肝组织也可见大量包囊。

淋巴结:在淋巴结,特别是咽部和腹股沟淋巴结的被膜及小梁内,常见少量的包囊寄生。

胃肠道:主要表现为慢性胃肠炎变化或形成肉芽肿病变,炎灶及肉芽肿内有多量嗜酸性粒细胞浸润。

睾丸及附睾:主要病变是形成肉芽肿,病变组织中有多量淋巴细胞及嗜酸性粒细胞浸润。

4. 诊断

根据临床及剖检所见病变特征,特别在病变部肌肉组织内发现虫囊即可确诊。

九十三、犊牛、羔羊隐孢子虫病

犊牛、羔羊隐孢子虫病(cryptosporidiosis in calf and lamb)是由隐孢子虫(*Cryptosporidium*)引起犊牛和羔羊的原虫性疾病。该病遍及世界各国,我国广东、甘肃、海南、北京、黑龙江、四川及吉林等十多个省(直辖市、自治区)也先后发现了该病,给公共卫生方面带来一定的威胁。

1. 病原及其传播方式

隐孢子虫是属于孢子虫纲、隐孢子虫科、隐孢子虫属的原虫。隐孢子虫的感染无特异性。

隐孢子虫在发育过程中形成卵囊,内含子孢子。卵囊随宿主粪便排出,被易感宿主摄入后,在胃肠道内脱囊,释出子孢子,进行裂体增殖,形成第一代裂殖体,每个裂殖体含有 8 个裂殖子。然后进行有性的配子生殖,即形成大小配子体,受精后形成合子,合子再进行孢子生殖形成卵囊。成熟卵囊随粪便排出体外。薄壁卵囊常可引起"自体感染",使内生发育周期重新开始。厚壁卵囊在体外进行孢子生殖起传播疾病作用。

隐孢子虫卵囊呈球形,大小为(4～5)μm×3μm。卵囊壁平滑,有一小的结节状吸附器。子孢子细长,呈弓形,长 5.5～6μm,于近前端有一个杆状核。成熟的裂殖体直径为 3～5μm,有一个吸附器,由 8 个镰形裂殖子组成。据报道,1ml 病犊牛粪便中含卵囊可多达 100 万～7400 万个,加之卵囊的抵抗力很大,在 3％石炭酸、4％碘仿中于室温条件下经 18h 尚存活;在 10％甲醛溶液、5％氨水中作用 18h 方可杀死,故对各动物特别是初生动物都是危险的。

隐孢子虫在犊牛中的感染率达 20％～30％。羔羊隐孢子虫的感染率至少可达 40％,有时甚至可高达 70％,死亡率达 20％。

2. 主要临床症状

染病犊牛、羔羊都出现黄色水样腹泻、脱水、消瘦。

3. 病理变化

1) 犊牛

[剖检]　尸体消瘦,脱水。尾和会阴部常附有水样黄色粪便,胃黏膜充血,小肠膨胀,充满气体和水样黄色液体,肠壁变薄,肠黏膜呈现急性卡他性炎变化。肠系膜淋巴结肿大,切面湿润、多汁。有的病犊还伴发皱胃炎,胃黏膜充血并有多量黏液附着。肝肿大,实质变性。

[镜检]　肠管病变以回肠和结肠最为明显。回肠绒毛缩短、变钝和不同程度的融合,绒毛顶端的黏膜上皮细胞呈低柱状乃至立方形,胞浆嗜染伊红。黏膜固有层充血、水肿和乳糜管扩张,有多量淋巴细胞、浆细胞、少量中性粒细胞和嗜酸性粒细胞浸润。肠腺上皮细胞增生,常见有丝分裂相并伴发变性、脱落,腺腔扩张,内含脱落的上皮细胞和中性粒细胞。肠壁淋巴小结轻变肿大,黏膜下层有较多的淋巴细胞浸润。结肠病变多为局灶性,表现患部黏膜上皮细胞呈立方形,黏膜固有层充血,有多量淋巴细胞浸润,肠腺上皮细胞增生、变性、脱落,腺腔扩张及中性粒细胞浸润更为明显。

在肠黏膜上皮细胞的纹状缘或微绒毛层内以及隐窝内,常可观察到大量隐孢子虫,其寄生部位通常缺乏微绒毛。

2) 羔羊

[剖检]　外观消瘦,小肠和结肠内含水样黄色粪便,肠黏膜充血,肠壁变薄,肠系膜淋巴结肿大。

　　[镜检]　从空肠到回肠末端的肠绒毛明显变短、变钝并相互融合,被覆幼稚的立方形上皮细胞。黏膜固有层和肠腺变化以及隐孢子虫的检出情况与犊牛所见相同。大肠仅呈现轻度的炎症变化。

4. 诊断

　　病理组织切片镜检,在肠黏膜上皮细胞的表面或纹状缘,特别是隐窝上皮细胞上虫体最多,发现隐孢子虫呈圆形嗜碱性小体,有的虫体周围可见清晰的晕圈环绕,有些虫体的内部结构不清,有空泡。以上是该病具有诊病意义的特征性病变,可作确诊依据。

　　此外,从病畜粪便中检出隐孢子虫卵囊也是重要诊断方法,即将粪便生理盐水1∶1稀释后涂片、甲醇固定、姬姆萨染色,镜检,隐孢子虫卵囊呈透亮环形,胞浆呈蓝色至蓝绿色,胞浆内含有2～5个红色颗粒,偶见空泡。涂片用 Ziehl-Neelsen 抗酸染色法染色,隐孢子虫卵囊明亮,病料中的其他构造均成红色。涂片还可用 HE 染色,或美蓝、沙黄(Safranin)染色亦可获得良好鉴别效果。还可用免疫荧光法检测粪便中的卵囊诊断效果亦良好。

九十四、牛、羊梨形虫病

　　牛、羊梨形虫病(piroplasmosis in cattle and sheep)是指由梨形虫目、巴贝西科的各种虫体所引起的牛、羊原虫性疾病。在我国不少地区均有该病发生,危害较大。

(一)牛梨形虫病

　　牛梨形虫病(bovine babesiosis)是由巴贝西属原虫引起的牛溶血性贫血为特征的疾病。

1. 病原及其传播方式

　　感染牛的梨形虫,在我国主要有双芽巴贝西虫和牛巴贝西虫两种。双芽巴贝西虫(*Babesia bigeminum*)寄生于黄牛和水牛的红细胞内,是一种大型的呈双梨籽形的虫体,虫体的尖端呈锐角相连,虫体长2～4μm,宽1.5～2μm,每个虫体内有两团染色质块。虫体多位于红细胞中央,每个红细胞内寄生1～2个,很少有3个以上。该虫除呈梨籽形外,也见有呈环形和椭圆形等形态。红细胞的感染率随病期不同,初期可达5%～15%,高热期感染率更高。

　　牛巴贝西虫(babesia bovis)是寄生于黄牛与水牛红细胞内的一种小型虫体,其长小于红细胞半径,也呈双梨籽形,其尖端呈钝角相连,位红细胞边缘或偏中央,每个虫体有一团染色质块,每个红细胞内存1～3个虫体。

　　梨形虫的形态有呈圆形、梨形、杆形或阿米巴形等多种形状。经姬姆萨染色后,虫体原生质呈浅蓝色,染色质呈深红色,无伪足、纤毛或鞭毛等运动器官,一般靠虫体弯曲或滑行而运动。

　　在我国仅微小牛蜱为此两种虫体的共同传播者。此蜱每年可繁殖2～3代,故双芽巴贝西虫一年内于春、秋季可以暴发2～3次,主要发病季节为6～9月,以两岁以内的犊牛发病率最高,但症状轻微,死亡率低;而成年牛发病率低,但症状较重,并且死亡率也高。

2. 主要临床症状

　　病牛高热、贫血、黄疸和血红蛋白尿,故国外称双芽巴贝西虫病为"红尿热"或塔克萨斯热(texas fever)。该病一般呈急性经过。疾病多为散发,偶见呈地方性流行。

3. 病理变化

　　牛双芽巴贝西虫和牛巴贝西虫所致的病变基本类同。

[剖检] 死于该病的病尸多半表现消瘦,结膜苍白,血液稀薄呈淡红色血水样。皮下组织、浆膜和肌间结缔组织和脂肪均呈现黄色胶样水肿。胃肠道黏膜肿胀,皱胃和肠黏膜潮红并有小点状出血和糜烂。各内脏器官被膜均显黄染。肝脏肿大,表面和切面均呈黄褐色,具豆蔻状花纹。胆囊扩张,充盈暗绿色浓稠胆汁,胆囊黏膜常见有斑点状出血。脾肿大,有时比正常脾脏肿大 4~5 倍,脾髓软化,呈暗紫红色。脾白髓肿大,往往呈颗粒状隆突于切面。急性死亡病例肾脏肿大,有时见有点状出血,肾组织被红细胞溶解后释出的血红蛋白浸染而呈淡红黄色。膀胱膨大,存有多量红色尿液,膀胱黏膜出血。肺呈淤血、水肿。心肌柔软,呈黄红色变性状态。骨髓在慢性病例可见有红色骨髓增生。

[镜检] 可见有典型溶血性贫血特征变化。在各内脏器官,特别是在脑和视网膜毛细血管内可见有大量虫体。虫体位于红细胞内或游离于血浆。在感染牛巴贝西虫的病例,在毛细血管的内皮细胞内有时偶见有虫体的裂殖体。因该虫在进入红细胞之前,在毛细血管的内皮细胞内有裂体增殖过程。

(二)羊梨形虫病(babesiosis in sheep)

在我国已确认是由莫氏巴贝西虫(*Babesia motasi*)引起以高热稽留、贫血、黄疸为特征的一种羊的原虫病。在我国于四川甘孜地区有发生该病报道。

1. 病原及其传播方式

莫氏巴贝西虫虫体呈双梨籽形、单梨籽形、椭圆形等各种形态,但以双梨籽形最为多见。虫体大小为(2.5~3.5)$\mu m \times 1.5 \mu m$,其长大于红细胞半径,以其尖端呈锐角相连位于红细胞中央。莫氏巴西虫的传播者有囊形扇头蜱、刻点血蜱、耳部血蜱和森林革蜱,但在我国发现传播该虫的为青海血蜱、微小牛蜱和阿坝革蜱。

2. 主要临床症状及病理变化

病羊尸体表现消瘦、贫血,可视黏膜苍白。皮下织黄染,血液稀薄。肝、脾均表现肿大,被膜有斑点状出血。胆囊肿大 2~4 倍,充满胆汁。瓣胃积留有干硬内容物。

3. 诊断

根据临床表现可作初步诊断,确诊必须在血液红细胞内检出虫体。

九十五、牛环形泰勒虫病

牛环形泰勒虫病(bovine rundata theileriosis)是主要发生于牛的一种原虫病,虫体经感染蜱侵入牛体后,可寄生于巨噬细胞、淋巴细胞和红细胞内;在临床上引起高热、贫血、出血、消瘦和体表淋巴结肿胀等症状,常取急性经过,病牛多在全身出血、毒血症和重要器官机能障碍与组织损伤的情况下死亡。

1. 病原及其传播方式

环形泰勒虫属于泰勒科、泰勒属的一种原虫。虫体可在各器官组织内反复进行无性繁殖,发展到一定时期以后,可形成有性生殖体(小裂殖体),后者发育成熟后破裂,形成许多小裂殖子并进入红细胞内变为配子体(血液型虫体)。此时在外周血液涂片检查中可见红细胞内多为环形、椭圆形、圆点形虫体,也有少数杆状或十字形的虫体。

环形泰勒虫的传播者是各种璃眼蜱。璃眼蜱的幼虫或若虫吸食了带虫者的血液后,含有配子体的红细胞进入胃内,配子体由红细胞逸出变为大、小配子,二者结合形成合子,进而发育成动合子。当蜱完成其蜕化时,动合子进入唾腺的腺泡细胞内变为孢子体开始孢子增殖,分裂产生许多子孢子。当这种感染泰勒虫的蜱在牛体表吸血时,虫体的子孢子随其唾液注入牛体,从而导致牛泰勒虫病的发生和传播。

2. 主要临床症状

虫体在病牛淋巴结内繁殖时病牛呈现体温升高、精神不振、食欲减退等前驱期的症状。当虫体成熟进入红细胞期,病牛呈现毒血症症状,表现高热稽留、精神高度沉郁、贫血、出血、体表淋巴结肿胀等明显期的全部症状。重症病例通常在明显期症状出现后 5～7d 内,常因各器官机能紊乱和代谢障碍而死亡。

病牛患环形泰勒虫病时发生严重的贫血,红细胞数可下降至 300 万～200 万/mm³。血红蛋白下降至 30％～20％,红细胞大小不均,出现异形红细胞。

3. 病理变化

[剖检]　死于环形泰勒虫病的牛多消瘦、贫血,在皮下、肌间、肌膜、浆膜消化道黏膜和各实质脏器等处可见淤斑和淤点。该病主要受侵器官为淋巴结、脾脏、肝脏、肾脏、皱胃和肺脏等,现将其病理变化分述如下。

淋巴结尤其是体表的颈浅淋巴结和腹股沟淋巴结和体内的皱胃、肝、肾淋巴结均明显肿大,切面散在分布着大小不一的暗红色病灶,呈出血性坏死性淋巴结炎的表象。脾脏体积增大,严重者可达正常的 2～4 倍;被膜紧张,见散在出血斑点,边缘钝圆;切面隆起呈紫红色,脾髓质软而富有血液,呈急性炎性脾肿。

肝脏肿大,表面和切面实质中,散在有针尖大至高粱米大、数量不等的灰白色和暗红色两种颜色的病灶。

肾脏肿大,色彩变淡,其表面和切面可见结节性病灶,在前驱期主要是灰白色细胞性结节,至临床明显期则多呈坏死出血性结节。其大小、形状和成分与肝脏的病灶相似。在临床明显期死亡病例,还见肾表面密发点状出血。

皱胃黏膜可见数量较多的灰白色结节和小溃疡灶,前者大小不一,针尖大至粟粒大,隐没于胃黏膜中或稍稍隆起于黏膜面;后者为针头大至高粱米大,圆形或不正圆形,暗红色或褐红色的小溃疡。其间还可出现结节中央出血、坏死而呈中心红色、外周灰白色的过渡型病灶。此外,有些溃疡灶已出现修复过程。

小肠和膀胱黏膜有时也可见到类似于皱胃的结节性病变,但数量要少得多。

肺脏呈现小灶性肺炎。在肺表面和切面上散在粟粒大的暗红色病灶。

[镜检]　淋巴结在感染初期,可见由增生的巨噬细胞和淋巴细胞组成的细胞性结节,在胞浆内可见圆形、椭圆形或肾形的泰勒虫的裂殖体,即石榴体或柯赫氏蓝体(Koch's blue body)。受侵的细胞肿大,胞核被挤向一侧,随着虫体的增大,胞核最后消失。这种细胞性结节可逐渐增大,同时因受侵的巨噬细胞和淋巴细胞坏死崩解以及局部充血、出血和渗出(浆液和中性粒细胞)而转变为坏死出血性结节。此时结节中巨噬细胞和淋巴细胞内,仍能见到不同发育阶段的石榴体,有些石榴体因细胞崩解而游离于细胞之外。虫体成熟侵入红细胞变为配子体后,在结节内只能看到坏死、出血和渗出等变化,石榴体已消失。上述泰勒虫性结节是该病的基本病变。以上病变还可见于其他器官,其发展过程基本一致。淋巴结的泰勒虫性结节通常起始于淋巴窦,进而波及邻近的淋巴组织。当虫体轻度感染时,仅有少量或个别结节性病灶,结节以外的淋巴组织无明显改变。而发生严重感染时,则在淋巴结出现以增生为主的细胞性结节,并与坏死、出血性结节交错存在,结节性病灶之间淋巴窦扩张,窦内网状细胞增生并充盈着红细

胞和浆液,淋巴组织充血和出血;淋巴结周围组织也发生胶样浸润和出血。

脾脏的脾髓内含血量增多,其中散在大小不一的坏死、出血性病灶,并有浆液渗出和中性粒细胞浸润,病灶内有时在残留的巨噬细胞和淋巴细胞内可以见到石榴体,此即泰勒虫病的坏死出血性结节。结节以外见白髓减少,其体积也缩小,网状细胞增生,小梁和被膜出血并有炎性细胞浸润。

肝脏的灰白色病灶为细胞增生性结节,主要是窦状隙内皮细胞分裂增殖而形成的细胞集团,其胞浆中可见石榴体,局部原有的肝细胞则崩解消失。暗红色病灶是细胞性结节变成了坏死出血性病灶。肝细胞普遍发生颗粒变性和脂肪变性,肝组织淤血,尤其是小叶的中心更加明显。

肾小管上皮细胞普遍发生变性,结节性病变开始于肾小管之间,随着结节中细胞成分增多,局部肾脏固有的实质成分则逐渐消失。当病灶侵及血管可引起血栓性小动脉炎或小静脉炎,前者往往招致相应的肾组织发生梗死。

皱胃黏膜固有层可见细胞增生性结节,结节由巨噬细胞和淋巴细胞组成,其胞浆内可见石榴体。随着细胞数量增多和胃腺等固有组织的消失,结节逐渐增大,形成眼观可见的灰白色结节。病程进一步发展,结节内细胞坏死、出血及黏膜上皮坏死、崩解、坏死产物脱落,局部形成溃疡。溃疡边缘有明显的充血、出血和白细胞浸润。溃疡以外的胃黏膜呈卡他性炎。

肺组织炎症部肺泡间隔增宽、水肿和细胞浸润,其中巨噬细胞增多,有的胞浆内见石榴体,肺泡壁及其毛细血管变性、坏死。炎灶周围肺泡壁充血,肺泡腔内有浆液和纤维素渗出,肺泡壁上皮细胞脱落,肺泡壁毛细血管出血。有些病例可因条件性病原菌继发感染而招致支气管肺炎。

胰腺也常散在有粟粒大的灰白色细胞增生性结节和暗红色的坏死、出血性结节,其组织学病变与其他器官中的泰勒虫性结节相似。

骨髓、肾上腺、睾丸和卵巢中有时也可见到泰勒虫性结节不同时期的病变。

心脏通常呈扩张状态,心肌变性,心内膜和心外膜均可见淤点和淤斑。中枢神经系统仅见脑膜出血、神经细胞变性和胶质细胞的局灶性增生等病变。

此外,有些病牛可以耐过疾病的明显期,但在疾病的恢复期因机体抵抗力低下和遭受其他因素的作用而发生死亡。处于恢复期的病牛体内各器官的泰勒虫性结节多已开始被机体吸收、消散,组织缺损部出现再生、修复。突出的变化是在淋巴结、脾脏、肝脏、肾脏和肾上腺等器官中出现髓外造血灶,其程度强弱可因个体状态而不同。

4. 诊断

依据病牛临床严重贫血、出血症状及各器官组织的特征性虫体结节病变,在病灶内见到虫体的石榴体,可作诊断。与牛梨形虫病的区别是,环形泰勒虫病无明显的肝脏及胆囊病变,而且临床无黄疸及血尿症状。

九十六、牛、羊食道口线虫病

牛、羊食道口线虫病(oesophagostomiasis in cattle and sheep)是毛线科(Trichonematidae)食道口属(Oesophagostomum)的几种线虫幼虫及其成虫寄生于肠壁和肠腔引起的牛、羊寄生虫病。由于有些食道口线虫的幼虫阶段可使肠壁发生结节,故又名结节虫病(nodule worm disease)。是世界上许多地区牛、羊主要的寄生虫病,我国各地牛、羊普遍存在该病。猪和非人灵长类动物也可感染。

1. 病原及其传播方式

食道口属线虫的特点是口小而浅,圆筒形,外周有显著的口领,口缘有叶冠。有领沟,体前部表皮可形成膨大的头囊。颈乳突位于颈沟后方的两侧,有或没有侧翼。雄虫的交合伞发达,有一对等长的交合刺。雌虫的阴门位于肛门前方的附近,肾形的排卵器发达,虫卵较大。我国常见的有以下几种。

辐射食道口线虫(*O. radiatum*),寄生于牛的结肠。哥伦比亚食道口线虫(*O. columbianum*),主要寄生于羊,也寄生于牛和野羊的结肠。微管食道口线虫(*O. venulosum*),主要寄生于羊、牛和骆驼的结肠。粗纹食道口线虫(*O. asperum*),主要寄生于羊的结肠。甘肃食道口虫(*O. kansuensis*),寄生于绵羊的结肠。其中,辐射食道口线虫对牛的危害较大,幼虫阶段在小肠和大肠壁中形成结节,影响肠蠕动、食物消化和营养吸收。哥伦比亚食道口线虫对羊危害最严重,主要引起大肠的结节病变,结节可向腹腔破溃,导致腹膜炎。当幼虫迷路移行到腹腔时,可在腹膜上形成包囊,但幼虫死亡。

食道口线虫的成虫在宿主大肠腔中产卵,随宿主粪便排出,在适宜的环境中发育为感染性幼虫,随宿主吃青草或饮水等吞食过程而感染。

2. 主要临床症状

幼龄病畜呈现持续性腹泻。长期反复感染病牛,则发展为慢性肠炎,呈现间歇性腹泻,进行性消瘦、贫血、恶病质,最后死于营养衰竭。

3. 病理变化

〔剖检〕 自小肠到直肠可见到由幼虫引起的肠壁白色颗粒状结节,但不同虫种和动物,各段病变分布的多少有差异。其大小2～10mm不等,内含绿色脓汁,或干酪样坏死。新鲜结节中可见虫体,陈旧结节常钙化而硬实,突向浆膜面。若发生继发感染,结节可增大、破溃、继发腹膜炎和腹腔浆膜的粘连。结节多时,肠壁增厚、硬化,在灰白色结节边缘有不同程度的纤维组织瘢痕。

〔镜检〕 新鲜结节中央组织坏死,偶见虫体片段,周围有大量嗜酸性粒细胞、淋巴细胞、巨噬细胞和异物性巨细胞浸润,并有不同程度的纤维细胞增生性包裹。陈旧病灶的中央可见钙盐颗粒沉积,坏死灶周围有一层致密的纤维膜。

4. 诊断

据临床症状、流行病学和尸体剖检进行综合诊断。结节虫虫卵和其他圆线虫虫卵区别困难,故生前难以诊断,需将虫卵培养至第3期幼虫,据其特征作出判断。

九十七、牛盘尾丝虫病

牛盘尾丝虫病(onchocerciasis in cattle)是由盘尾丝虫属虫体所引起的牛、羊寄生虫病。虫体主要侵害宿主的动脉壁和皮下组织,引起肉芽肿性病变。

1. 病原及其传播方式

盘尾丝虫属(*Onchocerca*)列于丝虫科,有10个种。感染牛羊的盘尾丝虫主要包括:牛的喉瘤盘尾丝虫(*O. gutturosa*),常寄生于黄牛、水牛,国内疫区调查黄牛感染率为79.33%;吉氏盘氏盘尾丝虫(*O. gibsoni*)及圈形盘尾丝虫(*O. armillata*)、脾盘尾丝虫(*O. lienalis*)寄生于牛的脾被膜及胃脾韧带中,多数学者认为它与喉瘤盘尾丝虫为同物异名。

盘尾丝虫成虫细长,雌虫均达10cm以上,卷曲寄生于局部结节中,极难完整采出。虫体具有典型丝虫型生活史,但绝大多数虫种的微丝蚴存在于皮肤组织间隙或淋巴管内,而不是外周血流中。中间宿主为库蠓或蚋。与人的旋盘尾丝虫(*O. volvulus*)能引起严重眼球损害及失明不同,家畜中盘尾丝虫大多不引起严重疾患。

2. 主要临床症状

病牛一般无明显临床症状,常于屠宰时发现。血中可检出微丝蚴。在某些大量发现微丝蚴的公牛中可见到虚脱与痉挛症状,并可发展为周期性眼炎。

3. 病理变化

[剖检]　喉瘤盘尾丝虫,成虫寄生于宿主近胸椎棘突的项韧带及股胫韧带周围的结缔组织中,不引起明显的病变。幼虫寄生皮下,引起皮炎,间或皮肤增厚,形成橡皮病。有人研究发现该虫虫体仅在第7颈椎与第2胸椎之间的项韧带板状部内侧,聚集成堆,蟠曲于筋膜与结缔组织之中。寄生部位充血、出血及水肿,死亡老化虫体则钙化,在局部形成钙化灶。

吉氏盘尾丝虫,虫体寄生于牛的体侧及后肢皮下组织中,形成直径可达3cm的含虫结节(虫巢)。结节可以移动或固着于皮肤及肋骨。成虫在结节内的乳状液中缠绕成团。较大的结节中,有时含有陈旧的出血或钙化虫体残片。

[镜检]　包囊内可见到幼虫。皮肤内的微丝蚴可大量聚集而不引起反应。

圈形盘尾丝虫,虫体寄生于黄牛、奶牛、水牛、绵羊及山羊的主动脉壁上。成年黄牛感染率可达90%以上,水牛感染率及强度较低。成虫寄生于主动脉弓30~50cm的管壁内,少数寄生于臂头动脉总干和肺动脉起始部。虫体主要居留于管壁内膜及中层,雄虫长约7cm,雌虫长达10cm以上。雌虫前端同雄虫共同居留于含有干酪样或油脂样坏死物的结节内。雌虫体位与结节相连,蜿蜒曲折的虫道中,极难完整剥离,病变血管增厚、内壁粗糙、凹凸不平,形成0.5~1.0cm圆形或不规则形突起。

[镜检]　见虫体周围组织变性、坏死及嗜酸性粒细胞、淋巴细胞及巨噬细胞浸润。亚急性或慢性时更多见死亡或钙化虫体周围的肉芽肿性炎症,其外为包裹、增生的纤维结缔组织。肉芽肿性反应,随着时间增长而消退,主动脉壁变薄,内壁多皱及不规则已钙化的隆起。有的尚可形成动脉瘤,有时动脉瘤的发生可占感染牛的1/4。虫体亦可寄生于主动脉管壁外膜,形成1~2cm直径的硬结。

4. 诊断

剖检在特定部位发现相应病变并检获虫体时,容易获得准确诊断。在临床上切取宿主易被吸血昆虫叮咬处或患部附近皮肤小块,撕碎后用贝尔曼法分离、鉴定微丝蚴是一项可靠的生前诊断方法。

九十八、牛冠丝虫病

牛冠丝虫病(stephanofilarisis)是由冠丝虫属(*Stephanofilaria*)线虫侵袭动物皮肤所引起的一种丝虫病,主要发生于牛。

1. 病原及其传播方式

冠丝虫属线虫体形细短丝状,雄虫长3mm,雌虫长8mm。主要由蝇类传播,即蝇类从感染牛皮肤病灶中吸取幼丝虫(microfilaria),待在其体内发育成熟后,再叮咬健康牛皮肤而使之感染,丝虫即可在毛囊底部发育为成虫,从而激起特征性皮肤病变。

2. 病理变化

[剖检]　初期,在病牛腹部中线部位皮肤形成直径约1cm红色圆形丘疹,逐渐变大而硬,

直径可达 25cm。病灶周围呈现出血点和多量浆液性渗出，病灶中心被毛脱落，形成粗糙、干燥痂皮样结构。往往因病灶部搔痒而摩擦加剧，以至发展成为光秃而粗厚的斑块疙瘩。

[镜检]　可于毛囊憩室或邻近真皮部位见到虫体横切面。同时，由于丝虫线虫属胎生（viviparous），故常于雌虫子宫内找到幼虫。有人认为，如果只发现虫卵而未见到幼虫，则可能为杆虫属（*Caenorhaboditis*），可借此与之区别。通常，幼丝虫不存于真皮内，而常包含于卵黄膜（vitellin membrane）内，不致引起明显的皮肤反应，只有成虫持续刺激才能引起以嗜酸白细胞和淋巴细胞为主的炎性细胞聚集于血管周围为特征的皮肤炎症性反应；并见表皮增厚呈海绵状结构，往往覆盖有角化过度（hyperkeratosis）和不全角化（parakeratosis）的组织或痂皮。

3. 诊断

依据上述特征性皮肤病变和镜检发现丝虫线虫及其幼丝虫，可为该病诊断依据。

九十九、牛囊尾蚴病

牛囊尾蚴病（牛囊虫病）（beef bladderworm disease）是由人的无钩绦虫［即肥胖带绦虫（*Taenia saginatus*）］蚴虫——牛囊尾蚴（cysticercus bovis）所引起的一种牛寄生虫病。由于虫体亦呈囊泡状，故又可称为牛囊虫病。无钩绦虫成虫只寄生于人，其中间宿主主要是黄牛。据报道，水牛和羊也可为其中间宿主。当人吃了牛肉中的活囊尾蚴，即可遭感染，故属人兽共患病。该病在我国云南、贵州、广西、西藏等西北、西南地区时有发生。

1. 病原及其传播方式

牛囊虫外形及发育方式，基本与猪囊虫相似，一般认为，无钩绦虫比有钩绦虫大、呈扁带状，长达 4～8m。体节较宽且厚，头节无顶突和小钩，只有 4 个吸盘。虫体后端孕节含有大量虫卵，并于其内含有类似的六钩蚴。

无钩绦虫的孕节或虫卵，可随病患者的粪便排出，有时也可自动爬出肛门。当牛吃到被虫卵污染的饲料、牧草或饮水时，即可感染。虫卵在胃肠液作用下逸出六钩蚴，并即钻入肠壁，经肠静脉随血流而辗转至全身各处。

2. 病理变化

牛囊虫病一般无明显症状。常于剖检时，才发现牛囊虫寄生。

[剖检]　在病尸的咬肌、舌肌、颈肌、肋间肌、心肌及膈肌等部位，偶见于肝脏、肺脏和其他淋巴结等器官组织中有囊虫，虫体黄豆大小，直径约 9mm，乳白色囊泡状、囊内充满液体。见以上囊虫即可确诊。

[镜检]　虫体囊壁上也可见到类似猪囊虫的头节，一般无钩。囊泡外隙增宽，有少量结缔组织与肌组织连接。严重时，可压迫肌肉组织使之变性、萎缩及轻度炎性细胞浸润。慢性病例，囊虫死亡、钙化，其外围由致密结缔组织包绕。形成肉眼可见瘢痕。

一〇〇、绵羊囊尾蚴病

绵羊囊尾蚴病（cysticercosis in sheep）是由于羊带绦虫（*Faenia ovis*）蚴虫——羊囊尾蚴（*Cysticercus ovis*）所引起的一种羊寄生虫病。

1. 病原及其传播方式

羊带绦虫外形及发育方式与猪带绦虫（即有钩绦虫）相似，其成虫主要寄生于犬、狼、狐及其他肉食兽小肠内，中间宿主是绵羊和山羊。尤其对羔羊致病力最强。

　　羊囊尾蚴被犬、狼等动物吞食后,可在其小肠内发育成熟,然后脱落的孕节或虫卵可随粪便排出而污染饲料或水草,待羊采食后即遭感染。六钩蚴逸出钻入小肠壁,随血流到肌肉。该病分布不及猪、牛囊虫病普遍,且不感染人。国内仅新疆地区有报道。

2. 病理变化

　　绵羊囊尾蚴病所致病理变化,与猪、牛囊虫病基本一致。剖检时主要于病尸羊的膈肌和心肌见有米粒至小豆大的灰白色透明的囊虫,其次在嚼肌和舌肌,偶见于肺脏、食管和胃壁也可检出囊虫,其他部位少见。见肌肉内囊尾蚴即可确诊。

一〇一、羊脑多头蚴病

　　羊脑多头蚴病(cocenurus cerebralis in sheep)是由多头绦虫蚴虫——多头蚴所引起的一种羊寄生虫病。多头蚴主要寄生于绵羊、山羊、黄牛、牦牛、骆驼和马等中间宿主的脑内,所以俗称"脑包虫病"。它是严重危害绵羊和牛犊的寄生虫病之一,尤以两岁以下绵羊易感染。该病分布世界各地。我国内蒙古、宁夏、甘肃、青海、新疆等地的牧区流行较为普遍;云南、贵州、四川等西南地区也时有报道。

1. 病原及其传播方式

　　多头绦虫成虫主要寄生于犬、狼、狐等肉食动物小肠内,其形态与猪带绦虫相似,但体形较小,长40～80mm,头节小,有4个吸盘,顶突上有两圈(22～32个)角质小钩,链体由200～250个节片组成。孕节内含有大量虫卵,虫卵内含有球形的六钩蚴。多头蚴外观呈现一个充满流体的囊泡,大小不一,小如豌豆,大如鸡蛋。囊壁内膜附有许多原头蚴。一般认为,每个原头蚴可发育成为一条多头绦虫。

　　多头绦虫的孕节或虫卵在犬等动物的小肠内脱落后,可随粪排出,污染饲料、水草等;如被绵羊等中间宿主采食后,即受感染。侵入绵羊胃肠内的虫卵胚膜被溶解,六钩蚴逸出,经肠黏膜血管,借血循环而到达脑和脊髓,经2～3个月即发育为成熟的多头蚴。一般被血液带到体内其他部位的多头蚴,大多数死亡而形成钙化结节。同样,当终末宿主(如犬等)吞食了中间宿主的脑和脊髓,多头蚴在其胃肠中被消化,囊壁溶解,原头蚴即可附着于小肠壁上发育为成虫。成虫在终宿主体内可存活数年。

2. 主要临床症状

　　病畜常呈现明显的"转圈运动",又称"转圈病",共济失调、步态蹒跚,又称"羊蹒跚病"。视力障碍以至失明,终至病羊长期离群躺卧,因此,也称"羊晕倒病"。

　　病畜的症状与多头蚴寄生于脑的部位不同有关,如寄生于大脑半球时,病羊常向被虫体压迫的一侧"旋转";寄生于小脑时,病羊机体常失去平衡,步态蹒跚;寄生于脊髓时,则易引起后肢麻痹,致病羊常呈犬坐姿势等。

3. 病理变化

　　[剖检]　可见与虫体接触的病畜头骨变薄、松软甚至穿孔,致使头部皮肤隆凸。有时在脑膜中可见到六钩蚴的弯曲虫道伤痕。慢性病例,随着多头蚴逐渐增大,持续地压迫脑组织,常致脑贫血和萎缩,甚至呈现坏死和钙化灶。有时往往继发眼底严重淤血,视神经萎缩。

　　[镜检]　脑细胞受损,呈现急性脑膜炎和脑炎病变,与多头蚴囊泡邻近脑组织有嗜酸性粒细胞、淋巴细胞等炎性细胞显著浸润(图9-30,见图版)。

4. 诊断

　　依据临床运动失调症状,及发现头部特征性虫体侵袭的病变,尤其是见到大小不一的囊泡状虫体即可确诊。

一○二、牛、羊细颈囊尾蚴病

牛、羊细颈囊尾蚴病(cysticercus tenuicollis in cattle and sheep)是由犬和其他食肉动物的泡状带绦虫(taenia hydatigena)蚴虫——细颈囊尾蚴引起的猪、牛、羊和骆驼等动物的一种绦虫蚴虫病,该囊尾蚴主要寄生于上述动物的腹腔内。

1. 病原及其传播方式

细颈囊尾蚴呈囊泡状,大小不一,可自豌豆大至鸡蛋大或更大,俗称"水铃铛"(图9-31,见图版),内含透明液体,囊壁上附有一个乳白色且具有细长颈部的头节,故名细颈囊尾蚴。其成虫扁带状,由250~300个节片组成。头节球状,有顶突,其上有两列(30~40个)小钩;孕节内充满虫卵,虫卵内含六钩蚴。当孕节随犬等终末宿主粪便排出,节片破裂,排出虫卵。当猪等中间宿主采食被虫卵污染的饲料、青草和饮水时,即获感染。虫卵胚膜在胃肠中消化,释出六钩蚴,并即钻入肠壁血管,随血流至肝脏,继而在肝内发育成囊尾蚴。有时虫体可穿过肝脏被膜而落入腹腔,以致在网膜和肠系膜上发育成具有感染性的细颈囊尾蚴;若重新被犬食入,即可在其肠内发育为成虫。

2. 病理变化

细颈囊尾蚴病主要损伤肝组织。急性病例,肝脏肿大,被膜粗糙,被覆多量纤维素性物质;灰白色,散见点状出血,呈现急性出血性肝炎特征。六钩蚴在肝内移行,往往引起类似肝片吸虫(Fasciola hepatica)所形成的坏死性虫道(necrotic tract)。慢性病例,由于大量细颈囊尾蚴压迫肝组织,易使肝脏发生局限性萎缩。肝脏表面可见数量不等、大小不一、被厚层包膜所包裹着的虫体(图9-32,见图版);有时可继发弥漫性腹膜炎和胃肠粘连。见虫体即可确诊。

一○三、牛肝片吸虫病

牛肝片吸虫病(hepatica fascioliasis in cattle)是由片形属(Fasciola)的肝片吸虫(F. hepatica,又称肝蛭 liver fluke)或巨肝片吸虫(F. gigantea)所引起的一种寄生虫病。病原体主要寄生于黄牛、水牛、乳牛、绵羊、山羊、鹿和骆驼等反刍动物的肝脏胆管内,以引起病畜急性或慢性肝炎、胆管炎以及中毒和贫血等现象为主要特征,该病也见于马、猪、犬、豚鼠、家兔及其他野生动物,也有感染人体的报道。肝片吸虫病常呈地方性流行,具有明显的季节性,即牛、羊感染多发生于夏、秋两季,尤以幼畜和绵羊最为敏感,死亡率也高;且黄牛又较水牛敏感,往往引起牛、羊成批死亡。一般情况下,可致耕牛使役能力降低、乳牛产乳量下降、羊毛质量低劣以及经常造成大量病肝废弃。因此,该病对畜牧业生产构成颇为严重的威胁,值得重视。

1. 病原及其传播方式

肝片吸虫虫体扁平,呈柳叶状、红棕色,长2~3cm,宽0.5~1.3cm,虫体前端有一三角形头椎,其顶端为口吸盘,后方拓宽为肩部,于肩部水平的腹面中线上有一较大的腹吸盘,肩部以后逐渐变窄,构成柳叶状。巨肝片吸虫虫体长3.3~7.6cm,宽0.5~1.2cm,虫体近似竹叶状,光镜下,可见虫体内有分支的肠管(均属盲管,无肛门)及发达的生殖系统,且雌雄同体(虫体内同含子宫、卵巢、睾丸、卵黄腺等)。

肝片吸虫的终宿主为牛、羊等反刍动物,其中间宿主为锥实螺。其成虫主要寄生于终宿主的肝胆管和胆囊内,虫卵经胆汁进入肠管,而后随粪便排出体外。在外界适宜条件下,即孵育成毛蚴。毛蚴可于水中游动,一旦迁及锥实螺,即钻入其体内,继而发育成为胞蚴、雷蚴,最后发育为尾蚴而离开螺体漂游于水中或黏附于水草上,形成具有感染性的囊蚴或称变形尾蚴。当牛、羊等动物采食了囊蚴污染的水草时,即遭感染。囊蚴进入牛、羊十二指肠中,囊膜被溶解、幼虫逸出钻入肝胆管。经 2～4 个月发育为成虫。成虫在终宿主体内可存活 3～5 年。

人在水边采集水生植物或误食生的水生蔬菜或饮用生水时,将囊蚴吞食而感染。

2. 主要临床症状

病畜呈现消瘦、贫血、被毛粗乱、无光泽等严重营养不良。

黄牛感染肝片吸虫时,多呈慢性经过,常表现虚弱、贫血、消瘦,有时呈现黄疸、腹泻或便秘等症状,生长发育严重障碍、母畜不孕或流产、公畜生殖力下降、奶牛产奶量骤减,终至极度衰竭而死亡。

3. 病理变化

见尸体极度消瘦、皮下水肿、肌肉松软多汁,色泽变淡。腹腔内蓄积多量橘黄色、透明或混浊渗出液,呈现急性腹膜炎病变。肝片吸虫引起的基本病变在肝胆系统,且其病变程度与感染程度和病程长短具有明显的一致性。

1）创伤性出血性肝炎

〔剖检〕　多见于原发性急性病例。肝脏肿大,呈现多量出血性斑点,被膜上被覆一层厚薄不均、灰白色纤维素性薄膜。有时透过肝脏被膜可见到数毫米长的暗红色、索状虫道,内含混有幼虫的凝固血块。如混有胆汁则虫道内液体呈黏稠的污黄色。肝脏切面上可见到约豌豆大小空洞样病灶,内含混有血液的坏死组织和虫体。

〔镜检〕　肝组织呈现大小不等局灶性坏死,病灶外围有多量中性粒细胞浸润及虫体片段。同时,胆管扩张充满黏稠的血样胆汁和虫体。

2）慢性胆管炎

〔剖检〕　胆管壁显著增生、变厚,呈索状隆出于肝脏表面,其切面可见内壁粗糙、坚实变厚、内含浓稠黄绿色污浊的胆汁,且常混有虫体和黑褐色块状或粒状磷酸盐类结石,俗称牛黄。一般多见于牛,且黄牛较水牛为多,刀切时有沙沙声。胆囊显著膨大,充满浓稠胆汁。

〔镜检〕　胆管黏膜上皮肿胀,黏液分泌亢进,上皮细胞变性、坏死脱落,并见多量淋巴细胞、浆细胞和嗜酸性白细胞浸润,有时混有虫体或虫卵。随病程演变发展,胆管愈见肥厚硬实,甚至可见腺体呈瘤样增生。

3）吸虫性肝硬变

〔剖检〕　随着慢性胆管炎延续扩展,炎症可由大胆管逐渐蔓延到各级小胆管以致肝脏间质内,引起慢性间质性肝炎。此时,肝脏呈弥漫性肿大,硬度增加、肝实质萎缩呈肝硬变倾向,称为吸虫性萎缩性肝硬变。肝脏体积缩小,质地坚硬、灰白色、表面呈颗粒状,又可称为颗粒性肝萎缩。

4. 诊断

肝小叶间及汇管区内纤维性结缔组织显著增生,假小叶形成,肝小叶结构破坏,间质内呈现多量嗜酸性粒细胞、淋巴细胞及浆细胞浸润。

〔诊断〕　可依据粪便中所发现的虫卵进行鉴别诊断。剖检时,肝脏呈现上述典型病变,并在胆管内发现虫体,尤其有助于确诊。

一〇四、牛、羊双腔吸虫病

牛、羊双腔吸虫病(dicrocoeliasis in cattle and sheep)是由双腔科(Dicrocoelium)、双腔属的

矛形双腔吸虫(*Dicrocoelium dendriticum*)或称矛形腹腔吸虫(*D. lanceolatum*)所引起的一种肝吸虫病。

该病多见于牛、羊、骆驼、鹿等反刍动物,猪、兔和马等动物也可感染,人也有该病例报道。虫体主要寄生于终宿主的胆管和胆囊内。且常与肝片吸虫混合感染。严重时可招致牛、羊成批死亡。在我国西北、华北地区较为多见。

1. 病原及其传播方式

矛形双腔吸虫形态与肝片吸虫相似,但虫体较小,长5～15mm,宽1.5～2.5mm,棕红色而透明,细长而扁平,呈柳叶或小矛状。虫卵椭圆形,卵内含有发育的毛蚴。在其发育过程中需要两个中间宿主,首先是蜗牛(或锥实螺),其次是蚂蚁。当虫卵随终宿主粪便排出后,可被蜗牛吞食,在其体内孵出毛蚴、胞蚴和尾蚴。尾蚴在蜗牛呼吸腔内聚集成团,外包有黏性物质,形成黏性球,然后从其呼吸孔脱离蜗牛,黏附于植物或其他物体上,被蚂蚁吞食,再发育成囊蚴。当牛、羊吃草时,将含有囊蚴的蚂蚁吞食而遭受感染。囊蚴在终宿主十二指肠内侵入胆管,经2～3个月发育为成虫。

2. 主要临床症状

病畜有消化不良、机体消瘦、贫血、黄疸、皮下水肿以及腹泻等症状。

3. 病理变化

该病所致病理变化与肝片吸虫病基本一致,但由于矛形双腔吸虫体型较小,其刺激和毒素作用也小,故致病力较小,一般仅引起胆管和胆囊黏膜的卡他性炎症,有时偶见溃疡形成。慢性病例,则可见胆管增生肥厚,甚至也可引起不同程度肝硬变。

4. 诊断

有赖于虫体鉴定。

一〇五、牛、羊胰阔盘吸虫病

牛、羊胰阔盘吸虫病(eurytremasis in cattle and sheep)是由双腔科(Dicrocoellidae)阔盘属(*Eurytrema*)胰阔盘(*E. pancreticum*)、腔阔盘吸虫(*E. coelomaticum*)和枝睾阔盘吸虫(*E. cladorchis*)三种吸虫所引起的一种胰脏吸虫病。三种吸虫的形态、发育史及其致病作用和病理变化基本一致。

胰阔盘吸虫主要寄生于牛、羊、骆驼等反刍动物的胰管中,有时也可见于胆管和十二指肠。猪和人也可有感染。该病呈世界性分布,在我国东北、西北以及南方各省均有流行报道。

1. 病原及其传播方式

胰阔盘吸虫体形较小,长4.5～16mm,宽2.2～5.8mm,棕红色,俗称小红吸虫,长椭圆形,体形较厚而稍透明,吸盘发达,且口吸盘较腹吸盘大。虫卵椭圆形,有卵盖,内含发育成形的毛蚴。该吸虫与双腔吸虫相似,中间宿主首先是蜗牛,其次是红脊草螽(*Conocephalus maculatus*)。其虫卵先随终宿主(牛、羊等)的胰液进入肠管,再随粪便排出体外。首先被蜗牛吞食,孵出毛蚴、母胞蚴、子胞蚴。成熟子胞蚴体内含有尾蚴,并附着于蜗牛的外壳上。当蜗牛在草地上爬行时,即可排出子胞蚴而附于青草上。然后被红脊草螽吞食,使尾蚴在其体内发育为囊蚴。待牛、羊吃草时,将此类成熟的囊蚴吞食后,即获感染。幼虫可选择性寄生于终宿主胰管内,经3～4个月发育为成虫,从而引起特征性病变。

2. 主要临床症状

由于胰腺分泌排出障碍,病畜表现贫血、颌下、胸前皮下水肿等营养不良症状。

3. 病理变化

基于胰阔盘吸虫虫体对胰管黏膜持续刺激和毒素作用,可引起浅层溃疡;慢性病例,则可发生纤维素性胰管炎或肉芽肿形成。眼观,胰脏被膜粗糙,失去固有光泽,散见少量小出血点。胰管壁增厚,管腔狭窄,黏膜粗糙不平,形成数量不等的乳头状小结节,造成管腔不同程度闭塞。严重时,可使胰腺萎缩或硬化。如病程恶化,可使病畜因恶病质而死亡。据报道,在牛、羊胰腺癌病例中,均发现有合并胰阔盘吸虫寄生。因而认为胰阔盘吸虫寄生,尤其是慢性病例,有可能诱发或促发胰腺癌变。

4. 诊断

剖检见胰脏胰管增厚及炎症病变,并检出虫体即可确诊。

一〇六、牛血吸虫病

牛血吸虫病(schistosomiasis in cattle)是由裂体属血吸虫或裂体虫(*Schistosoma*)所引起的一种人兽共患寄生虫病。通常引起我国人畜血吸虫病流行的主要是日本血吸虫(*Schistosoma japanicum*)。其成虫寄生于终宿主门静脉和肠系膜静脉,虫卵聚集于肝脏、肠道等器官组织中,引起特征性虫卵结节。

日本血吸虫感染,在家畜中以牛、羊为主,猪、犬次之。黄牛的感染率高于水牛,黄牛年龄越大,感染率越高,水牛感染率随年龄增长而降低。猫、兔及一些野生动物均可感染,有时呈现自愈现象。

1. 病原及其传播方式

日本血吸虫为雌雄异体。雄虫粗短,长10～20mm,宽0.5～0.55mm,乳白色,虫体两侧向腹面卷起,形成抱雌沟(gynecophoral canal),整个虫体状如镰刀。雌虫较为细长,长15～26mm,宽0.1～0.3mm,灰褐色。一般寄生时多呈雌雄合抱状态。据统计,一条雌虫每天可产卵1000个左右。其中一部分顺血流侵入肝脏,一部分则沉积于肠壁。虫卵呈短椭圆形,无卵盖,淡黄色,内含发育的毛蚴。虫卵随终宿主粪便排出,落入水中,在适宜气温条件下,即孵化成毛蚴。毛蚴在水中钻入钉螺体内进行无性生殖,经过母胞蚴和子胞蚴后,发育成为具有感染性的尾蚴。尾蚴脱离螺体,进入水中,随水漂流。当人、畜等触及含有尾蚴的水域时,尾蚴借其头腺分泌的溶组织酶和虫体的机械运动,钻入人、畜皮肤或黏膜引起感染。可见,该病的感染途径主要是皮肤,其次是口腔黏膜。胎盘感染也有可能。

尾蚴侵入终宿主体内后,发育为童虫和成虫,成虫主要定居于肠系膜静脉。重新转入新的生活周期。成虫在宿主体内一般可存活3～4年,有报道从感染后20～25年的人粪中,仍可查出虫卵。粪便中虫卵在10℃以下可存活40～60d,在28℃干燥粪便中72h即可全部死亡。

2. 主要临床症状

病畜体温升高、严重贫血、外周血嗜酸性白细胞增多。

3. 病理变化

血吸虫成虫主要定居于门静脉、肠系膜静脉,形成特征性虫卵结节,可归纳为急性和慢性两种。

1) 急性虫卵结节

[剖检]　结节呈灰白色,粟粒大至黄豆大不等,不甚坚实。

[镜检]　结节中心可见数量不等的成熟虫卵,有的卵壳周围呈现一层嗜酸性辐射线样物

质环绕着,此物质是由毛蚴头腺所分泌的一种抗原物质与宿主组织中的抗体结合所形成的抗原-抗体复合物。虫卵外围组织变性、坏死,并见崩解的嗜酸性粒细胞积聚。在人类中,可见嗜酸性颗粒常相互溶合而形成菱形或多角形,具屈光性的蛋白质晶体,称为夏科-来登氏结晶(charcot-leyden's crystal)。结节外层为新生肉芽组织,其中可见以嗜酸性粒细胞为主的炎性细胞浸润,可称为嗜酸性脓肿。随着疾病演变发展,新生肉芽组织可逐渐向结节内延伸,形成向结节中心呈垂直排列的上皮样细胞层,其中嗜酸性粒细胞和浆细胞成分逐渐减少,而组织细胞、淋巴细胞和中性粒细胞则相对增多,即转变为慢性虫卵结节。

　　2)慢性虫卵结节

　　[剖检]　继急性虫卵结节形成后10d左右,虫卵内毛蚴死亡,坏死物质溶解吸收,残存虫卵破裂而钙化。结节呈灰白色,具硬实感,其中心常见钙盐沉着,刀切时,有阻力、沙沙作响。

　　[镜检]　见坏死及钙化组织周围由上皮样细胞、多核巨细胞及淋巴细胞围绕,形成肉芽肿组织。此时该结节类似结核结节,故可称“假性结核结节”。最后,结节中的上皮样细胞演变为成纤维细胞,产生胶原纤维,以致结节发生纤维化,但结节内往往残留着虫卵碎片和钙化灶。

　　血吸虫病病畜的组织、器官的主要病变如下。

　　[剖检]

　　皮肤:由于童虫在皮肤的结缔组织内移行,可引起局部皮肤(多见于四肢)红色丘疹(尾蚴性皮炎)。

　　肝脏:肝脏较常出现虫卵结节,而成为该病特征性病变之一。急性病例,肝脏肿大,被膜光滑、表面和切面可见均匀分布的粟粒大至绿豆大小的灰黄色虫卵结节。慢性病例,则见肝脏体积缩小,质地坚实,不易切开,色泽暗褐或略呈微绿色,被膜增厚。且因门静脉区及门静脉周围纤维性结缔组织显著增生,形成粗细不等、树枝状灰白色纤维性条索,致使肝脏表面和切面上呈现大小不等的斑块或结节状。这是晚期血吸虫性肝硬变的特征。

　　胃:以皱胃病变突出,黏膜潮红、肿胀、被覆多量黏液,可见大小不一的圆形虫卵结节或浅层糜烂、溃疡。有时,局部腺体呈花椰菜样增生,使胃壁增厚,且往往以犊牛更为显著。

　　小肠:病变亦常以犊牛较为明显。一般在肠系膜静脉内有成虫寄生的肠段,可见肠壁肿胀、变厚、肠腔狭窄;黏膜充血,黏膜下以至浆膜面可见黄豆大小灰白色虫卵结节,且以十二指肠更为严重。

　　大肠:病变往往较小肠严重,尤以直肠、盲肠显著。回盲瓣显著肿胀,可见花椰菜样增生物形成,使回盲口狭窄。

　　脾脏:肿大,虫卵结节较少见。动物血吸虫病,脾脏较少发生如人血吸虫病晚期所出现的巨脾症和严重腹水形成。人血吸虫病晚期常出现巨脾症。

　　肺脏:肺脏表面和切面上呈现粟粒大、灰白色虫卵结节及点状出血灶。有时虫卵结节继发化脓而形成脓肿。这种肺脏病变常以犊牛较为明显。

　　[镜检]

　　皮肤:初期见真皮内毛细血管扩张充血、出血及水肿,有多量中性粒细胞、嗜酸性粒细胞及组织细胞浸润。经过几天,这种病变自行消退。

　　肝脏:急性感染病例可见汇管区和小叶间呈现数量不等、不整圆形虫卵结节。其周围肝细胞变性、中央静脉和肝窦状隙扩张充血。狄氏隙内浆液性渗出及少量嗜酸性粒细胞和单核细胞浸润。慢性感染病例见多数虫卵结节主要位于汇区,小叶间结缔组织显著增生,但较少向肝小叶内延伸形成不规则间隔,假小叶形成不太明显,这可与通常的门脉性肝硬变及坏死后性肝硬变相区别。汇管区可见小胆管轻度增生,大量嗜酸性粒细胞和淋巴细胞浸润;邻近肝细胞呈现萎缩、变性及坏死,星状细胞内常含有褐色血吸虫色素颗粒。

胃:黏膜下层常见虫卵结节形成,局部黏膜上皮细胞肿胀、变性、坏死、脱落或溃疡形成。大肠黏膜肿胀、充血,上皮细胞变性、坏死、脱落;肠腺萎缩;在固有层和黏膜下层均可见到虫卵结节,其周围呈现大量以嗜酸性粒细胞为主的炎性细胞浸润,有时可见溃疡形成。晚期病例,可见肠黏膜呈息肉状增生。人的晚期血吸虫病例,有时可见肠道癌变倾向。

脾脏:脾索充血,有大量嗜酸性粒细胞和淋巴细胞浸润,脾白髓淋巴小结生发中心扩张。网状内皮细胞显著增生。

4. 诊断

依据病死牛的肝脏及门脉血管的特征性病变,以及在肠系膜或门静脉血管内检出虫体,及特征性结节内见到虫卵,可作诊断。与结核结节的区别是后者结节中无嗜酸性粒细胞浸润。

一〇七、牛皮蝇蛆病

牛皮蝇蛆病(hypodermosis in cattle)是由皮蝇科皮蝇属(*Hypoderma*)的牛皮蝇(*H. bovis*)和纹皮蝇(*H. lineatum*)的幼虫寄生于牛的皮下组织的一种慢性寄生虫病。该病广泛发生于我国的北方和西南各省的牛只,使病畜消瘦和幼畜发育不良,严重损害皮革质量。

1. 病原及其传播方式

牛皮蝇产卵于牛的四肢上部、腹部和乳房体侧被毛上,一根被毛只附一个虫卵。纹皮蝇在前肢球节和前胸部产卵,虫卵成团附于被毛。虫卵经4～7d发育,从卵内逸出第1期幼虫移向毛根经毛囊钻入皮肤。此期幼虫呈黄白色,体表密生多量小刺,虫体分12节,第一节具有口钩,最后一节有黑色圆点状气孔。牛皮蝇幼虫在患部皮下沿外周神经的外膜组织移行到腰荐部椎管外膜外的脂肪组织中停留约5个月后,经椎间孔爬出到腰、背部皮下。纹皮蝇幼虫钻入皮下后,沿疏松结缔组织,移行到咽和食道部发育成第2期幼虫。此期幼虫在食道壁停留5个月后,开始向背部移行并发育成第3期幼虫,此时虫体长达12～16mm。

幼虫寄生背部皮下,刺激和损伤皮肤,在皮肤上形成直径为0.1～0.2mm的小孔,其后端朝向皮孔。寄生于皮下的第3期幼虫随生长而变为黑色,虫体长达20～25mm。在皮下停留2.5个月,逸出皮孔落地成蛹。

2. 病理变化

皮蝇幼虫钻入皮肤时,引起皮肤损伤和局部炎症并刺激神经末梢导致皮肤瘙痒。当幼虫移行至食道的浆膜与肌层之间时,可引起食道壁炎症而表现有浆液渗出、出血和有嗜中性与嗜酸性粒细胞浸润,有时在内脏表面和脊髓管内找到虫体。第3期幼虫寄生皮下时,于皮肤表面形成结节状隆起,局部脱毛,触摸坚硬。切开皮肤,见皮肤水肿增厚,皮下出血和浆液性炎,后期虫体局部形成脓肿,虫体周围形成结缔组织包囊。脓肿破溃可形成瘘管,向体表排出浆液或脓汁。至幼虫钻出皮肤落地成蛹后,局部皮肤可缓慢再生或经结缔组织增生而愈合。

3. 诊断

病牛有皮蝇叮咬的历史,皮肤出现硬结并有浆液、血液甚至脓液流出,如在此硬结中检出皮蝇的幼虫即可确诊。

一〇八、羊鼻蝇蛆病

羊鼻蝇蛆病(*Oestrus ovis*)是由双翅目环裂亚目、狂蝇科的羊鼻蝇(*Oestrus ovis*)(又名羊狂蝇幼虫)寄生于羊的鼻腔及其窦腔黏膜以引起慢性鼻炎和流脓性鼻漏为特征的一种寄生性疾病。

该病在我国西北、东北和内蒙古等地区的羊只中广为发生,对绵羊危害严重,对山羊危害较轻,人的眼鼻也有感染的报道。此外,还有紫鼻狂蝇(*Rhinoestrus purpureus*)侵袭马属动物鼻腔和阔额鼻狂蝇(*R. latifrons*)、骆驼喉蝇(*Cephalopina titillator*)引起骆驼的喉蝇蛆病。

1. 病原及其传播方式

羊鼻蝇形似蜜蜂,胎生,雌虫于春、夏温暖季节产幼虫于羊鼻孔内或鼻孔周围。幼虫呈黄白色,长 1mm,体表丛生小刺,前端有两个黑色角质钩。幼虫爬入鼻腔后,以口前钩固着于鼻黏膜上,并逐渐向鼻腔深部、鼻窦、额窦乃至颅腔移行,在上述部位寄生 8～10 个月。经两次蜕化,变为第 3 期幼虫。以后该期幼虫从鼻腔深部返回浅部寄生,随咳嗽或鼻喷排至体外成蛹。

2. 病理变化

幼虫寄生鼻腔并移行,引起病畜骚扰不安,摇头喷鼻。当幼虫寄生的数量多时,以其角质钩和体表小刺损伤鼻道、额窦和颌窦黏膜引起炎症,黏膜表现充血、出血、水肿而显示肿胀,上皮缺损形成糜烂或溃疡,黏膜下层发生胶样浸润,黏膜表面被覆浆液、黏液或脓性混血的渗出物,并从鼻孔外流。流至鼻孔外的渗出物干固后形成硬痂,堵塞鼻孔和妨碍呼吸。若幼虫移行至颅腔进入大脑,则可损伤脑膜引起脑膜炎而在临床上出现假性回旋病。

3. 诊断

在羊鼻孔周围、鼻腔乃至鼻窦内见有蝇蛆即可确诊。

一〇九、牛、羊疥螨病

牛、羊疥螨病(sarcoptidosis in cattle and sheep)是由疥螨科(Sarcoptidae)疥螨属(*Sarcoptes*)的各种螨寄生于畜、禽体表所引起的一种具高度接触传染性的慢性皮肤病。畜、禽皮肤以发生剧痒、湿疹性皮炎、脱毛和形成皮屑干痂为特征。

疥螨广泛分布于世界各地,常寄生于各种动物的皮肤柔软而又少毛的部位,也可寄生于人的皮肤。民间俗称癞病。

1. 病原及其传播方式

疥螨属的螨为一种小型螨,体呈圆形,大小为 0.2～0.5mm,呈浅黄色,体表有许多刺。虫体背面隆起,腹面扁平。假头呈圆形,肢短呈圆锥状。后两对肢不突出于体后缘。雌虫的第 1、2 对肢和雄虫的第 1、2、4 对肢上有长而不分节的附着盘柄,柄的末端有附着盘。各肢末端只有一根刚毛。

疥螨主要侵害皮温较高并较固定和表皮菲薄的部位。一般正在产卵的雌虫寄生于皮肤深层,而幼虫和雄虫寄生于皮肤表层。

由于大量虫体在皮肤寄生和挖凿隧道,对宿主皮肤有巨大机械刺激作用,加上虫体不断分泌和排泄有毒的分泌物和排泄物刺激神经末梢,致使动物产生剧痒和造成皮肤发生炎症。其特征是皮肤因充血和渗出而形成小结节,随后因瘙痒摩擦造成继发感染而形成脓疱,后者破溃、内容物干固形成痂皮。在多数情况下,宿主患部皮肤的汗腺、毛囊和毛细血管遭受破坏,并因有化脓菌感染而使患部积有脓液,皮肤角质层因受渗出物浸润和虫体穿行而发生剥离,或形成大面积结痂。

2. 主要临床症状

病情重剧的病畜,患部脱毛,皮肤增厚而失去弹性,或形成皱褶。同时病畜由于高度营养障碍而日渐消瘦和衰竭死亡。

3. 病理变化

绵羊疥螨病多见于稀毛种绵羊,疾-瘤常呈慢性经过。病变开始于嘴唇、口角附近、鼻缘和耳根,严重时蔓延至整个头部。个别病例可扩展至颈、背。初期皮肤无明显眼观变化,只见剧痒处皮肤潮红、粗糙,逐渐形成皮肤丘疹、水疱和脓疱,被毛脱落。后期病灶部皮肤形成坚硬、灰白色、象皮样痂皮,嘴唇、口角或耳根处皮肤发生龟裂,深度可达皮下,裂隙内因感染化脓菌而积有脓液。病变扩展至眼睑时,则眼睑发生肿胀,严重时造成失明。

由于绵羊疥螨主要寄生于头部,形成干固、灰白色石灰样痂皮,故有"石灰头"之称。中疥螨病的病变与绵羊相似,亦多发生于头部。

山羊疥螨病的病变主要发生于腋下、腹股沟部、乳房、阴囊等无毛或稀毛部皮肤,有时也发生于嘴唇、鼻和耳根等处。形成小结节和脓疱,破溃后形成干固痂皮或鳞片状灰白色碎屑。

4. 诊断

根据病畜皮肤的病理变化,如皮肤龟裂,形成坚硬、灰白色、象皮样痂皮,甚至出现"石灰头"等,即可作诊断。若用病变部皮屑压片,检出螨虫,则可确诊。

一一〇、牛、绵羊痒螨病

牛、绵羊痒螨病(psoroptidosis in cattle and sheep)是由痒螨科(Psoroplidae)、痒螨属(Psorol)的螨引起绵羊、山羊、马、牛和兔的一种具传染性的慢性皮肤病。痒螨主要寄生于被毛稠密部的皮肤。其临床病理特征为皮肤剧痒,患部皮肤表面形成结节、水疱,后者破溃干固后形成黄色、柔软的鳞屑状痂皮。

1. 病原及其传播方式

痒螨为呈长圆形的大型螨,长 0.5~0.8mm,肉眼可以辨认。螨的假头呈长圆锥形,肢比疥螨发达,前两对肢长大,后两对肢细长并突出于体缘。雌螨第 1、2、4 对肢和雄螨的每对肢上有附着盘,附着盘的柄长,分为三节。肢上有小爪。雄螨的尾端有两个尾突,每个尾突上有 5 根刚毛。在尾突稍前方的腹面上有两个交合吸盘。

痒螨的体壁较疥螨坚硬,对外界环境变化有较大耐受力。它寄生于宿主有毛部的皮肤表面,以口器刺破皮肤,并以创口的渗出液、炎性渗出物和淋巴液为营养,并在皮温和湿度比较恒定部的皮肤表面生长繁殖。痒螨雌虫的繁殖力比疥螨强,一生可产卵 100 个。卵的钝端有黏性物质,可以牢固地黏在皮屑上。

2. 主要临床症状

由于对宿主的皮肤组织和神经末梢的机械性刺激,引起病畜剧烈瘙痒,由于病畜啃咬、摩擦发痒皮肤,造成皮肤创伤和炎症反应。皮肤表面形成结节、水疱、脓疱和大量皮屑,皮肤脱毛。

3. 病理变化

[剖检] 绵羊痒螨病病变多发于背部、臀部被毛稠密部皮肤。皮肤首先出现红色针头大至粟粒大结节,以后结节形成水疱和脓疱;患部渗出液增多,皮肤表面湿润,羊毛呈束下垂并易脱落。皮肤肥厚变硬,被覆浅黄色脂肪样痂皮,或出现皮肤龟裂。

[镜检] 皮肤表皮各层固有结构(汗腺、皮脂腺和毛囊球)破坏,皮肤乳头层充血、水肿,淋

巴细胞和中性粒细胞呈灶状积聚,表皮角化过程加剧,既有表皮棘细胞层和角化层过度增生表现,又有细胞坏死崩解形成大量细胞碎屑,并有浆液渗出和炎性细胞浸润。皮脂腺和毛囊结构也遭破坏。有时在皮肤表层切片中可发现虫体的存在。

牛痒螨病牛可感染各种螨,但以痒螨的感染率最高。病变始发于颈部、角基底部及尾根等处,严重时可波及全身。病变与绵羊相同。

4. 诊断

同牛、羊疥螨病诊断。

第十章　马属动物主要疾病病理学诊断

一、马痘

马痘(horsepox)是由痘病毒科中一种未分类的马痘病毒引起的马属动物传染病。特征为在病马皮肤、口腔黏膜形成丘疹、水疱甚至脓疱。

1. 病原及其传播方式

马痘病毒属痘病毒科的未分类病毒，一般不能自然感染其他动物。感染经路通常是皮肤直接接触或呼吸道吸入含病毒的空气。病毒经淋巴液及血液侵入全身。可在皮肤、黏膜及血管内膜等上皮细胞内复制，并可在复制细胞的胞浆内形成包涵体。

2. 主要临床症状

马痘有两种不同的表现形式：一种是痘疹只局限发生于球关节屈肌面的皮肤；另一种是痘疹主要发生于口腔黏膜，即见痘疹出现在唇和颊的内侧、齿龈以及舌的腹侧面；再发展也可见前鼻孔、颜面和身体其他部位的皮肤出现痘疹。马痘通常呈良性经过，有时因细菌继发感染而出现严重的并发症。

3. 病理变化

马痘的皮肤和黏膜病变均呈现典型痘疹的发展过程。

［剖检］皮肤痘疹：可见不同发展阶段的病变，初期为红色斑疹，很快形成丘疹，以后形成水疱。水疱逐渐转变成脓疱，后者的特征是中央凹陷，形成脐窝状，周边隆起呈红色，此即称为

"痘疮"。脓疱破裂,在其表面覆盖一层由脓汁形成的干痂,痘疮在痂皮下愈合,痂皮脱落后在皮肤上留下灰白色瘢痕。

黏膜痘疹:可见病变部黏膜形成灰白色结节(痘斑),即类似于皮肤的丘疹。以后结节坏死而形成糜烂或溃疡。

〔镜检〕　皮肤痘疹部组织学特征,初期为真皮水肿,毛细血管充血,血管周围有单核细胞、中性粒细胞浸润。形成水疱的皮肤,可见上皮细胞水泡变性、气球样变和增生,变性的细胞坏死、崩解后形成多房性小水疱。水疱中有多量中性粒细胞集聚则为脓疱,脓疱内还常见有浆液性或纤维素性渗出物、坏死细胞碎片、角化细胞碎片及细菌集落。

在变性的上皮细胞或血管内皮细胞胞浆内可查到胞浆包涵体。

4. 诊断

在皮肤或黏膜见有典型的痘疹,即在皮肤见有脐窝状痘疮,在黏膜见有灰白色结节状痘斑,并在病变部上皮细胞或血管内皮细胞胞浆内发现胞浆包涵体,即可确诊。

二、马病毒性鼻肺炎

马病毒性鼻肺炎(equine viral rhinopneumonitis),又名马病毒性流产(equine virus abortion),是马的一种急性病毒性传染病,其临床特征为发热、白细胞减少和呼吸道卡他,妊娠母马流产。其病理解剖学特征是流产胎驹的肝、脾、肺、淋巴结等器官发生小坏死性病灶,并在肝细胞、肺泡上皮、小支气管黏膜上皮、脾和淋巴结的网状细胞等出现核内嗜酸性包涵体。

马鼻肺炎病毒引起妊娠母马的继发性流产,给畜牧业造成危害。该病在我国的分布相当广泛,应引起重视。

1. 病原及其传播方式

该病病原为马疱疹病毒(equine herpes virus),是比较大的双股 DNA 病毒,具有疱疹病毒共有的一般形态特征,位于细胞核内的无囊膜核衣壳呈圆形,直径约 100nm;位于胞浆或游离于细胞外带囊膜的成熟病毒粒子呈圆形或不规整圆形,直径 150～200nm。该病毒的形态特征是,在培养物的超薄切片标本中能看到病毒核芯呈十字形外观。

马鼻肺炎病毒存在于病马的鼻液、血液和发热期的粪便中,胎膜、胎液和流产胎驹的所有组织中均含有大量病毒,成为主要的传染源。感染该病的公马精液中可能含有病毒,疫区内临床健康的马匹也带毒。

2. 主要临床症状

该病多于秋、冬季在幼驹中流行,幼龄马中暴发轻微的呼吸道卡他,伴有发热和白细胞减少。也见于成年马群,如无继发感染,一周左右即可恢复。

成年马感染一般不出现引人注目的临床症状,但在妊娠母马常于妊娠后期出现流产。流产的胎驹多为死胎,即使存活的胎驹也常在产后 1～5d 内死亡,很少能存活下去。暂时存活的胎驹表现体质衰弱,呈现初生驹的败血症现象,常出现嗜睡、吮乳无力、昏迷和惊厥等症状,有时呈现黄疸。

3. 病理变化

〔剖检〕　流产胎驹的病理变化具诊断意义,现着重叙述如下。

流产胎驹胎衣完整,胎儿发育良好。脐带常因水肿变粗,可视黏膜黄染。皮下织水肿,常呈胶样浸润外观。少数病例发生肌间水肿并有出血点,骨骼肌呈黄疸色。胸腔、腹腔和心包腔蓄积大量淡黄色透明液体,浆膜光滑,偶见小出血点。

心脏:右心轻度扩张,心冠状沟和纵沟部心外膜散布点状出血;两心室的心内膜,尤其是左心乳头肌部,可见点状或斑状出血。心肌色泽稍黄染,缺乏光泽。

肺脏:两肺叶肺不张,有不同程度的淤血和水肿,肺胸膜散发点状出血。

肝脏:淤血,质度较脆,但体积多不肿大。肝表面和切面常见有帽针头大的灰白色或灰黄色坏死灶。

脾脏:大小正常,被膜散发小点状出血。脾切面含血量较少,脾小梁不明显。白髓增大,呈粟粒大、灰白色、半透明,密布于整个脾切面(胎驹的白髓通常比成年动物大)。

淋巴结:不论体表或脏器淋巴结,体积变化都不大,有些可因淤血和出血而呈灰红色,切面湿润。

胸腺:体积较大,呈灰红色,质地柔软,切面常呈软泥状。

肾脏:质地较软,因淤血而呈暗红色,被膜可见小点状出血,切面亦淤血,实质变性。

胃肠道黏膜淤血和散在小点状出血。

[镜检]

肝脏:肝脏窦状隙隙明显扩张淤血,肝细胞索受扩张的窦状隙压挤而结构紊乱。肝细胞呈不同程度的颗粒变性、脂肪变性和水泡变性。在变性的肝小叶内,存有大小不等的凝固性坏死灶,小的坏死灶仅相当于3~5个肝细胞范围,大的坏死灶可达120~130μm。坏死灶内的肝细胞核大部分溶解消失,胞浆凝固,形成淡红色团块状或条索状,其中仅残留少数变性而肿大的网状细胞核。也有一些坏死灶中散有大量蓝色颗粒状的核碎片。病程稍久的坏死灶,其坏死组织可被增生的网状细胞所取代,形成比较淡染的网状结构。坏死灶周围的肝细胞呈严重的颗粒变性和脂肪变性,在这些严重变性的肝细胞核内,以及坏死灶边缘残存的裸核中经常可看到核内包涵体。这种包涵体也见于远离坏死灶而变性严重的肝细胞核内,存在包涵体的细胞核肿大,核染色质崩解成小颗粒而积聚于核膜处,核中央成空泡状,其中含有包涵体。因此,凡胞核呈现上述变化者,一般均可找到包涵体。包涵体随着细胞核溶解而逐渐消失。肝细胞核内包涵体,在HE染色切片中呈均质红染,Mallory三色染色则呈深红色,其边缘整齐,呈圆形、椭圆形、不正形等多种形态。一般大的包涵体直径可达2.7~4.5μm,小的相当于核仁大小。每个核内一般只有一个包涵体,少数也可达2~3个。肝脏间质水肿、增宽,在汇管区见有多量网状细胞和髓外造血细胞,小血管丰富。间质中网状细胞和窦状隙内皮细胞也有包涵体,但色彩偏紫,形态不规则,边缘整齐并缺乏透明感,因此不如肝细胞核内的典型。另外,肝实质中很少看到炎性细胞浸润和窦壁细胞的活化现象。

肺脏:死胎肺组织呈不张状态和有不同程度的淤血。肺泡壁水肿,肺泡上皮肿大或脱落,小支气管黏膜上皮细胞也有不同程度的肿胀和脱落。在有些病例的肺组织内存有小坏死灶,表现局部组织坏死崩解,并有多量核碎片积聚。在变性的肺泡上皮、网状细胞和小支气管上皮细胞内,都能发现有核内包涵体。

脾脏:呈急性坏死性脾炎变化。其特点是在白髓和红髓组织中均有不同程度的细胞崩解和坏死,尤以白髓的变化较明显。白髓中的细胞成分崩解成大小不等的深蓝色颗粒;坏死起始于白髓中央,严重时坏死扩展到整个白髓。中央动脉的管壁变性,其周围组织也发生变性、溶解,在变性肿大的网状细胞内可发现有核内包涵体。红髓的坏死灶内有浆液性纤维素性渗出物,局部的脾髓组织崩解,坏死的细胞成为蓝色碎屑。坏死灶大小不等,形态不规则,往往可以波及到邻近的脾小梁和白髓。在红髓内还有不同程度的淤血和出血,髓外造血灶分散于红髓的各部位。核内包涵体也见于红髓的网状细胞、淋巴细胞以及髓外造血灶中的各类母细胞和巨核细胞中。

淋巴结：病变性质与脾脏相似，呈急性坏死性淋巴结炎变化。淋巴小结和髓索内均有细胞成分的崩解与坏死，形成蓝色颗粒状碎片。淋巴窦内出血，并有程度不同的浆液和纤维素渗出；窦内的细胞成分也发生变性、坏死和崩解，坏死严重的部位呈一片均质红染，其中仅散在少量细胞崩解碎片。坏死过程一般从窦腔扩展到淋巴小结和髓索。淋巴结坏死部残存的网状细胞内，也可见到包涵体。

胸腺：变化同淋巴结，呈急性坏死性炎，坏死程度往往比淋巴结严重。在胸腺的网状细胞和淋巴细胞内也见有核内包涵体。

心肌、肾脏仅见有不同程度的变性和淤血。

肾上腺：皮质部可见小坏死灶和出血灶，其他各层细胞成分均有不同程度的变性。

胃肠：除黏膜见淤血和出血外，无其他异常变化。

骨髓组织：有些病例的骨髓组织中的细胞成分显示变性、坏死和溶解，尤以粒细胞系表现最为明显，从而导致细胞成分减少。

4. 诊断

根据在幼龄马中暴发轻微的呼吸道卡他，伴有发热和白细胞减少，以及大批妊娠母马流产，可以作出初步诊断。将流产胎驹剖检和病理组织学检查，发现上述各器官的特征性病理变化，特别是肝脏有小坏死灶，肝细胞、肺泡上皮、小支气管黏膜上皮、网状细胞及一些造血器官的细胞内出现嗜酸性核内包涵体，即可确诊。少数胎驹若未发现核内包涵体，则需要在胎驹组织中分离病毒确诊。

该病应注意与流感病毒所致的上呼吸道卡他及沙门氏菌性流产相鉴别。

三、马腺病毒感染

马腺病毒感染（equine adenoviral infection）是由马腺病毒引起的幼驹呼吸道的一种进行性感染，马驹感染非常普遍，其特征为感染幼驹淋巴细胞减少和间歇性发热，死亡率很高。

1. 病原及其传播方式

病原为马腺病毒，其主要侵害幼驹呼吸道黏膜上皮，并在其中复制。病驹是主要感染源。

2. 主要临床症状

幼驹间歇性发热、外周血淋巴细胞减少，死亡率高。

3. 病理变化

［剖检］　主要表现在呼吸道。可见黏液性化脓性鼻炎、气管炎和局灶性肺实变。

［镜检］　见细支气管黏膜上皮增生而增厚，脱落坏死的细胞导致管腔完全或不完全填塞。支气管周围有多量淋巴细胞、单核细胞聚集。肺萎陷、实变发生在病变的细支气管周围，肺泡腔充填脱落的肺泡上皮细胞，肺泡间隔明显增厚。沿着整个呼吸道的上皮细胞中可见核内嗜碱性包涵体，也可见于肾盂、输尿管、膀胱、尿道的变性坏死上皮细胞中。甚至眼结膜、泪腺和胰腺也受侵害。但是，消化道只见局灶性病变。

4. 诊断

根据临床及病理特征，以及病变组织电镜观察见腺病毒粒子可作诊断依据。此外，要与马鼻肺炎、马流感及马鼻病毒感染相鉴别：马鼻肺炎有幼驹鼻炎、轻度发热、母马流产、流产胎驹肝细胞有核内包涵体；马流感发病率高、高热、流泪、鼻卡他、头部淋巴结肿大、广泛性肺水肿、胸膜炎、胸腔积水、喉头和四肢皮下胶样浸润；马鼻病毒感染有黏液性、浆液性鼻漏，后期有浓性鼻漏及咳嗽，具有明显的咽炎、淋巴结炎、下颌淋巴结脓肿等病变。

四、马皮肤乳头状瘤病

马皮肤乳头状瘤病(equine cutaneous papillomavirus)是由乳头状病毒引起的马皮肤乳头状肿瘤的一种感染性疾病。

1. 病原及其传播方式

马皮肤乳头状瘤病毒属于乳头状病毒属，其中各种病毒都具有明显的宿主特异性，即使人工接种也不能引起其他动物的感染。马皮肤乳头状瘤最常见于1～3岁的马、骡。乳头状瘤的自然传播可能为马匹之间的直接接触引起。感染的潜伏期为2～3个月，病变持续1～3个月后自发消退。自然感染后能产生坚强免疫力，病愈动物很少再感染。

2. 病理变化

[剖检] 马皮肤乳头状瘤常见于腹部皮肤、鼻唇周围及眼睑。常为多发性，有时存在100个以上。瘤体小呈结节状，基部有狭窄的蒂，较大的瘤体表面粗糙，数量多时亦可相互融合。

[镜检] 病变表皮棘细胞明显肥厚与过度角化，鳞状上皮增生呈乳头状突起，内衬结缔组织的髓心，与其他动物乳头瘤无根本差别。

3. 诊断

一般依据临床见有结节状带狭窄蒂的肿瘤，即可诊断。

五、马类肉瘤

马类肉瘤(equine sarcoid)是马常见的皮肤肿瘤。类肉瘤发生于马、驴、骡，驴、骡较马更多见。患病动物无明显性别、年龄、品种或毛色差别。

1. 病原及其传播方式

有人证明牛乳头状病毒可引起马类肉瘤，但以后的研究证实，牛乳头状瘤病与马类肉瘤无关。马类肉瘤的病原还需研究证实。

2. 主要临床症状

马类肉瘤常见于头部、腿部及躯干腹侧等易受损害部位的皮肤。15％～33％的病马病变为多发性。马类肉瘤常表现为局部浸润，可以自体移植，手术后易于复发，但不转移。相当多的马类肉瘤可以自发性消退，但常需经过数年时间。

3. 病理变化

[剖检] 马类肉瘤可分为疣型及赘肉型。疣型者较小，直径常不超过6cm，广基或有蒂，表面呈干燥角质状或呈花椰菜样。有的基部极广的肿块仅表现皮肤上出现境界分明的增厚区，其表面粗糙，被毛部分或完全脱落。赘肉型有的为离散存在于真皮及皮下的纤维结节，其上皮完好；有的为大而无柄的肿块，直径有时超过25cm，常发生溃疡及感染。从疣型向赘肉型转化的类肉瘤出现两型的特征。

[镜检] 与乳头状瘤相似，几乎均有表皮和真皮的增生。表皮棘细胞层增厚及过度角化，伴发表皮突向下深入至增生的真皮结缔组织中，形成所谓假上皮瘤样增生。广基疣型类肉瘤表皮增生突出；赘肉型发生溃疡时，表皮常消失或极少。类肉瘤的真皮部分由成纤维细胞及不

同数量的胶原细胞纤维呈旋涡形、"人"字形或纷乱排列组成,类似纤维瘤但胶原纤维较少,成纤维细胞丰满及数量较多。表皮与真皮结合部成纤维细胞垂直朝向基膜增生呈栅状。生长迅速,特别是再发的肿瘤更富于细胞性、染色质丰富及分裂增多,容易误诊为局部恶性肉瘤。在溃疡下面,成纤维细胞间有淋巴细胞、中性粒细胞等炎性细胞浸润,但数量少,不易与炎性肉芽组织混淆。

4. 诊断

该病根据临床易复发、不转移、可自愈的特征可与恶性肉瘤区别,与乳头状瘤的鉴别在于该瘤有丰富的、呈特殊结构的纤维组织。

六、非洲马瘟

非洲马瘟(african horse sickness)是由非洲马瘟病毒引起马属动物的一种急性或亚急性高度致死性传染病。

1. 病原及其传播方式

非洲马瘟病毒属于呼肠孤病毒科、环状病毒属。在超薄切片中的病毒粒子,直径为75nm,内有一个致密的核芯,直径约50nm。含有双股RNA,病毒粒子在氯化铯中的浮密度为1.25～1.33g/ml。应用中和试验和血凝抑制试验,可将马瘟病毒分为9个血清型,这些血清型常在血清学反应或免疫保护力上,呈现某种程度的交叉反应。

马、骡、驴是该病的主要自然感染者,马最敏感,骡、驴次之。该病多发生于春、夏多雨季节,在地势低洼的沼泽地区更易流行。严重暴发时,可使整个流行地区的马匹全数死亡。在自然发病后恢复的马骡,通常具有坚强的免疫力,即使长期处在疫区,也不出现感染症状。

2. 主要临床症状

发热型:为轻症感染,体温升高可达41℃,持续3～5d,随即恢复正常,只有部分病例呈现食欲不振、结膜潮红、呼吸困难和脉搏增快等症状。

肺型:是最严重的病型,体温急剧上升、高达41℃或以上,鼻孔扩大,阵咳后排出淡黄色和泡沫状鼻涕。

心型:临床表现体温升高,持续一周左右;然后出现眼窝和眼睑水肿,呼吸困难。多因缺氧和心脏病变突然死亡。

混合型:具有上述各型的症状。

3. 病理变化

［剖检］

发热型:无特征性病理变化。

肺型:在眶上窝、眼和喉因浆液浸润而呈胶冻样。2/3的病例呈现急性肺水肿,肺膨隆、湿润,重量增加。气管和支气管内积白色泡沫样液体,黏膜散在出血点。胸膜下及肺叶间组织,积有黄色透明液体,小叶间质极度增宽呈淡红色,通常被淡黄色液体使之与肺泡部分隔开来。切开时肺切面流出大量白色泡沫样液体。肺组织弹性降低。胸腔积有数升清亮黄色液体。纵隔和胸膜水肿,有小出血点,胸部淋巴结显著肿胀。心包腔中积有少量液体,心肌通常无病变,有时见冠状血管附近的心外膜及心内膜有小出血点。

胃内见胃底部黏膜水肿增厚,黏膜表面充血,有血液渗出。小肠及大肠黏膜潮红、肿胀,散在点状出血,肠系膜水肿。肠系膜淋巴结肿胀、出血。腹腔积水。脾略肿大。肾皮质淤血。

心型:最突出的病变见于身体前部、腹部皮下和肌间结缔组织。

颞窝脂肪组织因水肿而隆起,水肿可波及下颌间隙及腮腺区,并进一步扩展到咽喉周围、颈静脉沟和颈腹侧,直到腋窝、前肢、肩、胸腹及阴囊的结缔组织。这些部位的肌间筋膜,呈黄色胶冻样外观,切面有清亮液体流出,肌肉暗棕色,可见出血。

肺充血,胸膜下有许多出血点。肺一般不见水肿。心包腔常积有清亮、黄色到棕红色液体500~2000ml。浆膜光滑,血管充血。心外膜及心内膜见大面积出血。出血还见于冠状血管周围的心肌内,心室扩张,心肌实质变性。口、舌、咽黏膜及眼结膜发绀。

胃肠的病变与肺型相似,不同的是肠系膜、腹膜常见广泛的出血点。淋巴结急性肿大。肝肿大,淤血,呈暗棕色、边缘钝圆。切面中央静脉扩张充血,肝实质变性。肾淤血及实质变性。

混合型:见肺小叶间质呈浆液性浸润,肺泡扩张及毛细血管充血。肝小叶中央静脉扩张、充血,窦状隙中有红细胞及血液色素。肝细胞脂肪变性。肾皮质部见不同程度淋巴细胞浸润,肾间质血管充血、水肿,肾小管疏离。脾充血。胃肠黏膜见不同程度的充血与出血。心肌及骨骼肌浊肿。

4. 诊断

依据典型临床症状及病理变化可作诊断,确诊需作病原鉴定。

七、马脑脊髓炎

马脑脊髓炎(equine encephalomyelitis)是由马脑炎病毒引起的一种主要侵害中枢神经系统的流行性疾病。该病由节肢动物传播、季节性明显。该病一般在夏末最流行,主要侵害哺乳动物中的人和马,幼龄马比成年马敏感。猪大多为隐性感染。犊牛对脑内接种敏感,2周后即可恢复。豚鼠、小鼠是最敏感的啮齿类动物,兔次之。绵羊、犬、猫对该病有抵抗力。

1. 病原及其传播方式

该病病原为东部、西部和委内瑞拉马脑炎病毒。病毒呈小球形,大小为60~70nm,核衣壳为表面有一层糖蛋白膜粒呈致密黏着的脂质双层膜包裹一个二十面体。病毒在宿主胞浆内复制,以胞浆膜出芽方式成熟。蚊子是该病主要的传染媒介,一旦蚊子被感染,病毒可在蚊子体内繁殖,使其终身带毒,并在蚊子繁殖季节把病毒传播给人、家畜和鸟类。

2. 主要临床症状

病马沉郁、废食、四肢外展、步态蹒跚、行走转圈、癫痫、昏迷等。

3. 病理变化

该病一般缺乏眼观病变,严重的病例仅表现为脑膜水肿,脑实质充血、水肿和点状出血,尤其是间脑和脊髓呈喷雾状出血点与局灶性坏死。

〔镜检〕 病变主要局限于脑和脊髓的灰质。三种类型马脑脊髓炎的基本特征是:病程初期(1d或1d以内),脑灰质和软化病灶中有局灶性中性粒细胞浸润,血管内皮细胞尤其是静脉的内皮细胞肿胀,常见透明血栓或由中性粒细胞组成的栓子;血管周围出血、水肿,并由淋巴细胞与中性粒细胞浸润而形成管套。2d后中性粒细胞逐渐消失,管套转为淋巴细胞性,呈典型的非化脓性脑炎,且有局灶性和弥漫性小胶质细胞增生。有与波那病(Borna disease)相似的核内包涵体,但一般很难发现。最严重病变位于大脑皮质,尤其是脑前区、嗅球和视神经区,也可见于丘脑与海马回,小脑病变轻微,脊髓背角、腹角均发生轻度变化。

4. 诊断

该病容易与日本乙型脑炎相混,需作病原鉴定。

八、马流行性乙型脑炎

马流行性乙型脑炎(equine type B epidemic encephalitis)主要侵犯 3 岁以下的马驹,尤其是当年马驹常呈隐性感染。

1. 病原及其传播方式

该病病原为日本脑炎病毒,其呈球形,含有一个 RNA,立体对称的核衣壳由大小为 40nm 的囊膜包裹,在宿主细胞内复制与胞浆小体内成熟。适宜于鸡胚内、鸡胚成纤维细胞、猪肾传代细胞中培养生长。病原由蚊虫叮咬传播。

2. 主要临床症状

该病潜伏期为 4～15d,发病时体温突然升高至 40～41℃,稽留 1～3d。病马表现沉郁、全身性反射迟钝或消失,视力减弱或失明,面部、舌、唇肌肉和四肢麻痹,卧地不起,四肢呈游泳姿势。狂暴型比较少见,表现为狂躁不安,极度兴奋,无目的行走转圈。

3. 病理变化

[剖检]　通常缺乏特征性眼观病变,仅见脑脊髓液增加,呈无色或淡黄色,有时混浊,软脑膜淤血,脑实质内有点状出血。严重者大脑皮质、基底核、丘脑、中脑等部位出现粟粒大小的软化灶。慢性病例可发现钙化灶。

[镜检]　见整个中枢神经系统有炎症病变,灰质病变多于白质。初期病变为中性粒细胞占优势的脑膜脑炎,随后转变为具明显血管袖套的典型的非化脓性脑膜脑炎,并伴发神经细胞变性,神经节细胞肿大和有空泡形成,胶质细胞增生以及存有局灶性出血灶与软化灶。软化灶通常表现为两种类型。一种是病灶较大、边缘不整齐、染色浅淡、大泡沫细胞占优势的软化灶;另一种是病灶小、边缘整齐、呈圆形或椭圆形、以星形脑质细胞增生为主的软化灶。

4. 诊断

根据临床神经症状及脑软化病变和非化脓性脑炎病变可作初步诊断,确诊需进行病原鉴定。

九、马波那病

马波那病(Borna disease)又称马脑脊髓炎(equine encephalo myelitis)或称地方流行性脑脊髓炎、近东马脑脊髓炎。是动物的一种急性非接触传染性病毒病。临床症状为发热、共济失调、麻痹,病理学特征为脑脊髓炎。该病主要侵犯马,其次是在绵羊、兔、牛、山羊、鹿的血清中存在抗波那病毒的抗体。实验感染见于猴、鼠、鸡、豚鼠、仓鼠、猫、罗猴、野鸟、大鼠呈隐性感染。

1. 病原及其传播方式

波那病是由至今尚未分类的嗜神经性病毒引起。病毒粒子大小为 50～60nm。对氯仿或乙醚的敏感性表明该病毒有囊膜,含有 RNA,缺乏逆转录酶,能长期抵抗干燥,冻干并贮存在 −30℃可保持数年之久,冰冻组织且保存在 −20℃至少可存活 1 年。免疫荧光显示病毒抗原始终存在于细胞核内,这种病毒抗原可能就是病理组织学检查所见到的 Joest-Degen 氏核内包涵体。

该病主要由吻突璃眼蜱传播。消化道和呼吸道是另外两条可能的传播途径。当病毒随传染性媒蜱的唾液或经消化道、呼吸道进入机体后,在神经组织和起源于外胚层器官(视网膜、腺体、器官内的神经节)定位、繁殖,然后扩散至血液、黏膜、唾液腺、肾脏以及乳腺,引起长时间的病毒血症,病毒可能沿神经轴突直接扩散入脑。动物一旦被感染便可终身带毒,并从鼻漏、唾液、尿液、乳汁中排出病毒,污染水源、饲草,导致感染扩散。

2. 主要临床症状

马的波那病主要发生于幼马,潜伏期至少为 4 周。病初表现为发热、疲倦、厌食,腹泻和轻度疝痛,因咽部肌肉麻痹致使吞咽困难、流涎,感觉过敏,步态不稳、蹒跚或转圈运动,肌肉震颤、痉挛,失明,最后发展成昏睡型弛缓性轻瘫。该病发病率低,病程长短不一,死亡多发生在症状出现后 1～3 周,死亡率高达 90％～95％。幸存者通常留有神经性后遗症。

3. 病理变化

该病一般无明显眼观病变。病理组织学变化仅限于中枢神经系统,表现为典型的非化脓性脑炎,血管周围淋巴细胞性管套并伴发神经元变性。脑炎病变主要分布在从嗅球到延脑,脊髓内病变轻微或缺乏。病变以侵犯灰质为主。最严重的病变是在中脑、中脑与间脑连接处、下丘脑,其次为海马回、大脑与小脑皮质、颅神经、小脑深部核区、嗅球、尾状核以及血管周围的灰质区。血管有时发生坏死并伴发局灶性出血。在末梢神经系统内,颅、脊髓周围神经节、交感神经节以及末梢神经出现炎性反应。大脑嗅球皮质部、脑干、海马回以及脑脊髓神经的神经细胞内出现具有证病意义的 Joest-Degen 氏嗜酸性核内包涵体,偶尔出现胞浆内包涵体。姬姆萨染色时,包涵体呈球形或椭圆形,有一清澈的晕轮。胞浆内的包涵体在形态上与狂犬病的 Negri 氏小体相似。

4. 诊断

根据典型的脑组织非化脓性脑炎病变、并在大脑嗅球皮质部、脑干、海马回以及脑脊髓神经的神经细胞内出现具有证病意义的 Joest-Degen 氏嗜酸性核内包涵体,以及特征性胞浆包涵体,可作诊断。

十、马病毒性动脉炎

马病毒性动脉炎(equine viral arteritis)又称地方流行性蜂窝织炎-红眼综合征(epizootic cellulitis-pinkeye syndrome),是由马动脉炎病毒引起的一种损伤马血管系统的急性传染病。临床症状为发热、白细胞减少、结膜炎、肢体水肿、呼吸困难、母马流产。病理学特征为全身黏膜、浆膜出血与泛脉管炎。

1. 病原及其传播方式

马动脉炎病毒属于披膜病毒科、动脉病毒属,是一种具有囊膜的单股 RNA 病毒,病毒粒子呈球形,大小为(635±13)nm,内核为(35±9)nm,呈立体对称。病毒能在马、兔、仓鼠肾细胞中生长,但只在马源细胞培养物中引起细胞病变,并被致弱。该病毒只有一种抗原型,它能产生中和抗体。

该病传播途径为吸入气溶胶或与感染马或流产胎儿、胎盘接触。受感染公马的精液内也含有病毒,通过交配传染母马,马的持续性感染对病毒的传播十分重要。病马的鼻液、眼分泌物、唾液、精液、血液、流产胎儿的羊水均含有病毒,病毒由粪便、尿、鼻漏、眼分泌物排出,污染饲料、饮水和环境传染易感马。

2. 主要临床症状

该病流行主要见于种马场,呈散发性,母马发热、流产。还出现沉郁,轻度贫血,步态僵直,肌肉无力,浆液或黏液脓性鼻漏,结膜炎,呼吸困难,四肢与腹下水肿。还有的病马伴发水样腹泻的中度至重度疝痛以及以淋巴细胞显著减少的泛白细胞减少症,一般不引起死亡。

3. 病理变化

［剖检］　成年马主要表现为出血和水肿。眼结膜、眼睑、瞬膜、鼻腔黏膜、咽喉部、喉囊、邻近荐臀部的肢体与会阴区皮下组织充血、水肿与点状出血,偶见眼前房积脓与黄疸。水肿和出血还见于网膜、肠系膜、腹壁脂肪、肺胸膜与小叶间质、腹腔内淋巴结、阔韧带、肾上腺皮质以及脑。回盲结肠动脉和前肠系膜动脉分布区也有类似的病变存在。盲肠和结肠1～2m长的肠段肠壁水肿增厚,并常见出血性和浮膜性肠炎,病变部与周围肠壁有明显分界线。胃和小肠有出血、水肿病变,较大肠轻。幼年马经常发生脾脏出血性梗死和肾上腺内的小血肿。公马因睾丸动脉炎导致睾丸硬化。另一显著病变是病马浆膜腔内有大量富含蛋白质和纤维素的液体,胸、腹腔积水量可达10L之多。结缔组织内也充盈水肿液。

［镜检］　特征性病变通常见于直径约0.5mm的小肌型动脉,直径在0.5mm以上的大动脉和弹力动脉或直径小于0.3mm的小动脉很少受损。受损的动脉表现为动脉中膜内呈局灶性或节段性、坏死性炎症。坏死最初发生在动脉中膜的肌细胞,随后在动脉中膜、外膜出现水肿和淋巴细胞浸润,部分胞核坏死碎裂。早期这些病变在横切面上仅局限于一个显微镜视野的范围内。随着病变的发展,动脉中膜大多受损,并被水肿液、透明物质或纤维素样物质所取代。此时动脉变弯曲,中膜和外膜中以淋巴细胞为主的白细胞和水肿逐渐扩散到尚未损伤的内膜,动脉腔内空虚,含有极少量的红细胞。肠管和肺脏的动脉内可见血栓形成。盲肠、结肠、脾脏、淋巴结以及肾上腺常见血栓形成所致的梗死。睾丸小动脉周围的输精管变性,局灶性淋巴细胞浸润,通常引起栓塞和梗死。流产胎儿水肿极为显著,但缺乏动脉的组织学病变。

4. 诊断

根据典型临床症状及病理变化不难作出诊断。必要时可用马肾原代细胞,从病马血液、眼、鼻分泌物、组织中分离病毒作鉴定。

十一、马流感

马流感(equine influenza)是由马流感病毒引起的一种马的急性高度接触性、呼吸道传染病。临床症状为发热,结膜潮红,阵发性干咳以及流浆液脓性鼻漏,母马流产。病理学特征为急性支气管炎、细支气管炎、间质性肺炎与继发性支气管肺炎。

该病主要侵犯2岁以下的马驹,驴、骡等其他马属动物也可感染。感染的马发病急骤,传播迅速,发病率高,死亡率低,呈地方性流行,在世界上分布很广。我国新疆曾流行过马流感。

1. 病原及其传播方式

马流感病毒属于流感病毒属的甲型流感病毒。典型的病毒粒子有囊膜,大小为100nm,但通常为体积较大的多形型。突出呈棒状的血凝素(H)和蘑菇状的神经氨酸酶(N)构成的囊膜粒子,囊膜下有一基质蛋白,在囊膜和基质蛋白间有呈螺旋形对称的一种核糖核蛋白。该病毒对热、脂溶剂敏感,可凝集多种动物的红细胞,在10日龄鸡胚内、鸡胚成纤维细胞与肾细胞以及牛、马、罗猴、人、犬胎肾细胞中生长、繁殖。

马流感多发生在4～10月份的多雨季节。病毒随传染性气沫进入呼吸道,黏附在鼻、气管、支气管黏膜上皮的纤毛上增殖,潜伏期1～3d。

2. 主要临床症状

感染马突然发病,体温升高达39.5～41℃,稽留3d左右,病马厌食,极度沉郁,频发咳嗽,羞明,流泪,结膜充血、水肿,角膜混浊,流黏液脓性眼分泌物以及单侧或双侧性失明。有的病马出现躯体下部水肿,尤其是腿;母马有时出现流产。马甲型流感 2 型病毒感染病马体温可高达 41.5℃。咳嗽症状贯穿疾病始终。常继发或并发支气管肺炎。有的可转化为慢性肺气肿。无继发性感染的病马,于发病后 1 周或 10～15d 内自愈。

3. 病理变化

[剖检] 病马结膜潮红、水肿、外翻,呈砖红色或淡黄色,常出现角膜混浊。上呼吸道黏膜充血、水肿和渗出与局灶性糜烂。头、颈部淋巴结肿大。肺脏充血、水肿、气肿,扩张不全。

病马继发细菌感染时,则见喉头周围、胸部、腹下、肢体皮下呈胶样浸润与全身淋巴结肿大。胸腔经常充满液体与并发胸膜炎,偶见腹腔积液。肺尖叶、心叶、隔叶下部可见大小不等的暗红色或灰褐色实变区,支气管内有黏液脓性渗出物。肠黏膜附着黏稠渗出物,黏膜潮红,有大小不等的出血点。

[镜检] 主要呈现急性支气管与细支气管炎症病变。支气管与细支气管管腔内有多量中性粒细胞渗出。炎症一般只见于发病后的 4d 内,其后炎症消退,黏膜内遗留有轻度淋巴细胞、浆细胞浸润。炎症也可转变为慢性支气管炎与细支气管周围炎、间质性肺炎。严重的病例为急性支气管间质性肺炎,表现为肺泡中隔普遍增厚,增生的细胞为组织细胞与淋巴细胞。肺泡腔和支气管腔内有浆液(少数为纤维素)、中性粒细胞、巨噬细胞与淋巴细胞性渗出物;支气管周围还有明显的淋巴细胞、浆细胞浸润。肺泡上皮呈立方状化生。肝脏窦状隙内有弥散性或结节性淋巴细胞、组织细胞浸润。

4. 诊断

可依据病理组织学及血清学特征,将该病与马腺病毒感染、马病毒性动脉炎、马呼肠孤病毒感染相鉴别。

十二、马传染性贫血

马传染性贫血(equine infectious anemia)简称"马传贫"。是由马传贫病毒引起的马属动物以贫血为主的一种传染病。病理解剖学特征为败血症性变化、淋巴样细胞增生及铁代谢障碍。

1. 病原及其传播方式

马传贫病毒为 RNA 病毒,属逆转录病毒科慢病毒亚科。电镜下病毒颗粒呈球形,直径 80～140nm,内有锥形或杆形拟核(40～60nm),拟核外周为壳膜,其外有亮晕包绕,最外层是囊膜,其上附有纤突。病毒核酸基因组序列分析揭示马传贫病毒核酸(RNA)由 gag 和 pol 两个重叠的基因和一个 env 不重叠的基因组成。马传贫病毒属"复合对称型"病毒。

病毒经蚊、虻等吸血昆虫刺螫传播,在兽医临床上由于注射针头消毒不严也可造成传染,母畜也可通过胎盘感染而使胎儿发病。

2. 主要临床症状

病马贫血、出血、黄疸、皮下水肿及稽留热或间歇热。

3. 病理变化

1) 急性型 呈急性死亡的马匹,其营养状态一般较好,但败血症变化特别显著。

[剖检] 尸体尸僵不全,血液稀薄,眼结膜呈黄红色、水肿及具鲜红色点状出血。瞬膜亦常见出血斑。鼻黏膜、唇及舌系带两侧黏膜常见有针尖大鲜红色小点状出血,肛门及阴道黏膜也常见出血斑。肠浆膜、肠系膜、心内膜和心外膜、淋巴结和各器官浆膜都可见数量不等的新

鲜出血斑点,有时密集成片。

四肢和胸腹等部位皮下组织表现水肿而呈胶样浸润,体腔常潴留黄红色透明液体。

全身骨骼肌呈混浊肿胀,且常伴有弥漫性出血斑点,特别是背腰部及后肢主要肌群。外周神经,特别是坐骨神经周围常见胶样浸润或出血性浸润。

脾脏高度肿大,达正常2~4倍,被膜紧张,质地柔软,边缘钝圆,表面呈灰紫色并散在点状出血;切面呈暗红色,有时见有紫黑色的出血斑块,脾髓软化;白髓有时呈颗粒样突出。

肝脏中等程度肿大,被膜紧张、边缘钝圆,表面呈灰黄褐色。切面隆突,肝小时固有纹理不清,混浊、脆弱,或形成典型的槟榔样花纹(见图1-4)。

肾脏肿大,色泽苍白,表面散在有许多小点状出血(图10-1,见图版)。切面皮质部呈灰白色、混浊,也有针尖大出血点。

全身淋巴结呈不同程度肿大,特别是脾、肝、肾等淋巴结变化最为严重,通常呈暗红色,切面可见充血、出血和水肿。

心脏扩张,尤以右心室扩张最为显著,心腔积有大量半凝固血液。心内膜和心外膜散布点状出血,偶见左心内膜下伴发条带状血肿。心肌混浊,呈灰红色或土黄色,脆弱如煮沸样,心肌内有时也见有出血。肋胸膜与肺胸膜散在点状或斑状出血。肺淤血、水肿、气肿,肺实质也见有点状出血。支气管和细支气管内充满大量白色泡沫状液体,气管黏膜见有短条纹状出血。胃肠道浆膜和黏膜散布点状出血,尤其以盲肠及大结肠最为明显,有的病例甚至发生出血性肠炎,肠内容物呈血样。肾上腺肿大,被膜有出血斑点,切面混浊,土黄色,皮髓界区显示向皮质呈放射状的充血与出血。

脑软膜充血,脑脊液增多;少数病例脑软膜和脑实质散在少量点状出血,脑垂体充血。胸腺水肿,出血,实质萎缩。股骨的骨髓多呈浆液性水肿,有的病例在脂肪髓内出现局灶性暗红色红髓增生灶和出血(图10-2,见图版)。

[镜检]　脾脏白髓淋巴细胞排列疏松,大部分细胞发生变性、核浓缩或崩解。电镜观察多数是成熟型和衰竭型浆细胞,胞浆粗面内质网扁平呈层状排列,线粒体嵴消失而呈空泡样,核浓缩,核内异染色质致密,核膜界限不清,有的则呈崩解状态。脾红髓高度充血或严重出血,其中有许多吞噬含铁血黄素或红细胞的巨噬细胞。电镜检查见胞浆充满大量吞噬溶酶体或残余小体。其中大部分溶酶体已崩解,并成空泡化。网状纤维断裂,血管壁纤维素样变。

肝脏中央静脉及窦状隙扩张,淤血,星状细胞肿胀、变圆,脱落和增生,窦状隙内有巨噬细胞浸润,并见巨噬细胞吞噬有金黄色的含铁血黄红素小颗粒或红细胞,肝细胞呈严重颗粒变性、坏死。汇管区亦常见巨噬细胞浸润,血管壁纤维样变。

肾小球充血、肿大,球囊周围及囊内出血;肾小管上皮细胞颗粒变性,伴发局灶性或弥漫性坏死,管腔内常见均质、嗜伊红性的透明物质。小叶间动脉和静脉纤维素样变,间质散发灶状出血。许多病例可见膀胱充满混有白色絮状物的黄红色尿液,黏膜有新鲜的斑点状出血灶。

淋巴小结内,淋巴细胞坏死变化十分明显,表现胞核浓缩、崩解,往往使淋巴组织失去固有形象。此外,淋巴结的出血、水肿也很明显,有时尚见巨噬细胞吞噬含铁血黄素和破碎的红细胞。

心肌纤维呈明显颗粒变性、乃至坏死,心肌纤维肿胀、断裂,伊红浓染,横纹消失。肌间水肿、淤血或出血。

肺泡壁毛细血管扩张充血,肺泡内充填浆液,间质亦因浆液浸润而增宽,支气管动脉壁纤维素样变,有时尚见变性、坏死的细胞残骸。

　　肾上腺网状层可见灶状坏死,皮质毛细血管内皮细胞活化、增生、脱落,并常见吞噬含铁血钠素或红细胞的巨噬细胞。

　　胸腺小叶结构紊乱,胸腺细胞坏死。

　　骨髓血窦壁和髓索基质水肿、疏松及出血,髓索中散在核崩解的碎片和变性的细胞,造血细胞减少,细胞密度降低,造血细胞发育不全或变性、坏死,因此发育早期的母细胞相对多于发育后期的细胞成分,并见异常核形。巨噬细胞增生,但多数呈核浓缩状态。网状内皮细胞活化、增生。

　　2) 亚急性型　该型病理学特点是进行性贫血严重,而败血症变化也较显著。

　　[剖检]　尸体明显消瘦,皮下脂肪组织大量消耗伴发胶样水肿。高度贫血,可视黏膜苍白并伴发程度不同的黄染。血液稀薄,呈淡红色水样。可视黏膜、肠浆膜和肠黏膜、各器官被膜、坐骨神经及其周围等处均可见有数量不等的点状和斑状出血。

　　脾显著肿大,表面呈青紫色,质度稍硬,切面膨隆,含血量较少,脾白髓呈颗粒状隆起,红髓呈淡红褐色。脾淋巴结肿大,具慢性细胞增生性淋巴结炎变化。

　　肝脏显著肿大,切面呈明显肉豆蔻样外观。

　　全身淋巴结高度肿胀,常伴有出血,特别是脾、肾、肝淋巴结肿得更为明显,可达核桃大。切面呈灰白色、多汁,有时见有淋巴小结肿大,增生,切面呈颗粒样隆突,并见有新鲜的和陈旧的出血点。

　　心、肾、肾上腺等器官具有急性型的剖检变化。管状骨的红髓区扩大。

　　[镜检]　脾白髓显示浆液性浸润,中心部淋巴细胞核浓缩和崩解,伴有淋巴小结萎缩及新的淋巴小结形成,中央动脉周围常见巨噬细胞和淋巴细胞集结灶。红髓轻度充血,淋巴细胞和巨噬细胞增量,网状细胞肿大、增生,网状纤维断裂,吞铁细胞明显减少或消失。

　　肝细胞呈明显颗粒变性,伴有小叶中心区细胞坏死,中央静脉和窦状隙扩张充血,星状细胞活化和增生,窦内有大量巨噬细胞和淋巴细胞浸润,多数星状细胞和巨噬细胞吞噬含铁血黄素颗粒及红细胞碎块,窦壁嗜银纤维断裂呈粗而短的棒状,汇管区血管周围有较多巨噬细胞和淋巴细胞浸润,血管壁纤维素样变。

　　淋巴小结中心的大量细胞发生变性和坏死,副皮质区和髓索见网状内皮细胞增生、肿胀,淋巴细胞增量,髓索内成熟型和衰竭型浆细胞增多。窦内有多量巨噬细胞,且常见吞噬含铁血黄素、变性的淋巴细胞或衰老的红细胞,偶见髓外造血灶。毛细血管扩张充血,有时可见浆液和红细胞渗出。

　　心、肾、肾上腺等器官在组织内均见有数量较多的巨噬细胞和淋巴细胞浸润。

　　骨髓基质水肿,固有成分的变性、坏死与急性型大致相仿,但出现明显的网状细胞和淋巴细胞增殖,其中淋巴细胞占比例较大,所以从细胞密度来看比急性病例大为增加。网状纤维断裂,血管壁纤维素样变。

　　3) 慢性型

　　[剖检]　尸体消瘦,贫血现象明显,血液稀薄,出血性素质轻微,通常只有少数器官,如心内膜和心外膜、舌下。回肠、盲肠浆膜等见有紫褐色陈旧出血斑点,实质器官的变性、坏死不明显,然而各器官均见有不同程度的结缔组织增生和小淋巴细胞增生反应。

　　脾脏变化有两种情况:一为呈纤维性脾炎的变化,表现脾脏体积显著缩小,被膜增厚呈青灰色,边缘变锐,质变硬,切面平坦,含血量极少而呈樱桃红色,小梁增多,呈灰白色线条状或网格状。另一种脾脏变化为细胞增生性脾炎,表现脾体积正常或稍肿大,硬实,切面含血少,淡红色,脾白髓由于增生肿大而在切面上呈灰白色颗粒状隆起。

肝脏体积正常或稍缩小,暗红褐色,切面平坦,小叶周边呈灰白色网格状(格子肝)。心冠状沟脂肪呈胶样萎缩,右心室显著扩张,透过心内、外膜常见心肌形成形态不一的灰白色腱斑。肾体积正常或稍萎缩,被膜剥离困难,切面皮质呈黄褐色,并可见数量不等呈放射状的灰白色条纹。股骨红髓区扩大或呈灰白色胶样萎缩。

[镜检]　纤维性脾炎的脾白髓体积显著缩小,含血量少,增生的小淋巴细胞呈弥漫性或集团状,其中散在个别巨噬细胞,吞铁细胞较少;小梁数量增多且显著增粗,网状纤维明显胶原化。细胞增生性脾炎的白髓区显著增大,淋巴小结生发中心扩大,红髓区缩小,红细胞少,网状细胞活化增生,吞铁细胞减少,小淋巴细胞和淋巴细胞充塞于脾窦及其周围,红、白髓界限不清,血管周围结缔组织呈不同程度增生。

肝脏中央静脉附近肝细胞呈褐色萎缩或消失,肝细胞呈轻度颗粒变性乃至坏死,坏死的肝细胞部往往有集团状淋巴细胞浸润,星状细胞不同程度肿大,个别星状细胞吞噬少量大颗粒状含铁血黄素。窦状隙内可见数量不等的小淋巴细胞,窦壁增宽,网状纤维结缔组织化。小叶间和汇管区结缔组织明显增生,有时向小叶内长入,将小叶分割,最后导致肝硬化。

心肌纤维轻度变性。小动脉管壁肥厚,小动脉周围和心肌纤维之间常见局灶性或散在的小淋巴细胞浸润,并出现非细胞性硬化灶。

肾小球毛细血管内皮细胞增生、肾小管间及血管周围呈现弥漫性或局灶状的淋巴细胞浸润,间质结缔组织增生,有时可见肾小球及小动脉玻璃样变。

股骨红髓区造血细胞密度比正常为稀,除嗜酸性粒细胞相对增多外,其他造血细胞数量偏少,有时也可见"空泡化"和病态核分裂等异常骨髓细胞,但可见明显的淋巴细胞呈分散的或灶状增生。

慢性复发型:即呈慢性经过的传贫马,又突然恶化出现明显临床症状和血液学变化。该型的病理变化比较复杂,是在上述慢性型病理变化的基础上,又出现了急性、亚急性的一些病理变化,因此各脏器既可见代偿与修复性病变,又可见有明显的铁代谢障碍、巨噬细胞和淋巴细胞反应和严重的败血症性变化。

4. 诊断

根据流行病学、临床症状、病理学特征结合补反、ELISA 等实验室诊断,不难确诊。此外,该病应与马梨形虫病鉴别:马梨形虫病临床常伴有血红蛋白尿,肝、肾的铁反应较马传贫强烈,除星状细胞吞铁外,血浆中也有含铁血黄素沉着。肾小球囊、肾小管上皮及管腔内、血管的血浆中都可见含铁血黄素沉着,没有马传贫所见的心肌炎、肾小球肾炎病变。

十三、马腺疫

马腺疫(strangles)是由马腺疫链球菌(*Streptococcus equi*)所引起的幼驹上呼吸道和相关淋巴结严重脓性感染的一种急性接触性传染病。

1. 病原及其传播方式

马腺疫链球菌为革兰氏阳性菌,在脓汁中呈长链排列,在培养物与鼻液中呈短链。病原菌通过有感染性的飞沫直接或间接接触而传播,经消化道、呼吸道进入鼻、咽黏膜或扁桃体侵入机体。若在局部大量繁殖并毒力增强,则可经淋巴间隙和淋巴道而达下颌淋巴结、咽淋巴结、耳下淋巴结或其他的附近淋巴结。

2. 主要临床症状

发热、轻度咳嗽和浆液性、卡他性和脓性鼻漏是疾病发生的标志。前颈淋巴结常发生脓肿,若波及返喉神,则经常诱发喉偏瘫而出现喘鸣症。还伴有眼结膜卡他性炎而流出脓性渗出物,下颌和咽淋巴结发炎。

3. 病理变化

鼻黏膜及淋巴结呈化脓性炎。鼻咽黏膜上常覆有黏液——脓性分泌物。鼻黏膜可见出血点。由于有大量黏稠的黄色脓液贮积在鼻甲骨的皱褶中,可引起其发生暂时的变形。有时偶尔在黏膜上可见小灶状溃疡及其邻近组织的蜂窝织炎。头和躯干的下垂部位和腿的膝或踝关节以上部位发生皮下水肿和出血。有时可见皮肤及黏膜出现出血性紫癜。

常见颌下及咽淋巴结肿大,初期充血,后期形成脓肿,可达胡桃至拳头大(见图4-11),切开脓肿内有大量黄色黏稠脓汁。死于脓毒败血症的病马,在肺、肝、脾、肾、心肌、乳房、肌肉等处可见转移性化脓灶,有时可见化脓性心肌炎、胸膜炎及腹膜炎。

4. 诊断

头部淋巴结明显肿大及化脓性炎、全身脏器有脓肿,在脓汁中检出化脓性链球菌,可确诊。

十四、马接触传染性子宫炎

马接触传染性子宫炎(contagious equine metritis)是由马生殖道嗜血杆菌起的马急性传染病,以发生子宫颈炎、阴道炎和子宫内膜炎为特征。公马感染后无临床症状。

1. 病原及其传播方式

马生殖道嗜血杆菌为有荚膜、革兰氏阴性菌。美蓝染色呈两极浓染,着色不均匀。形态学上属小球杆菌,无运动性,不形成芽孢,在培养基中,呈多形性,有球状、短链的丝状等。隐性感染的繁殖母马,在阴蒂窝、阴道前庭等处长期存有本菌;存于种公马阴茎和包皮皱褶中的病菌是最危险的传染源,可通过交配而直接传播,也可通过污染的器械和配种人员而传染。各种年龄的马均有易感性,驴可人工感染发病。小鼠、家兔和豚鼠亦可以人工感染,牛、绵羊和猪则不感染。该病主要流行于马的配种季节。

2. 主要临床症状

母马自然感染后,因发生子宫颈炎、阴道炎和子宫内膜炎,而从阴道流出大量稀薄浅灰色乃至灰白色黏稠的脓性渗出液。配种后难于受胎;即使受胎,也可导致流产或产下的带菌幼驹。

3. 病理变化

[剖检] 子宫内膜充血,内膜剥脱,子宫腔蓄积黏液脓样渗出物。子宫颈充血、水肿。

[镜检] 子宫内膜上皮细胞呈局限性增生,伴发变性与脱落;在内膜上皮层见有中性粒细胞浸润。子宫腺的腺体开口处有溃疡形成。实验感染病例可见弥漫性亚急性输卵管炎。感染后首先出现严重的弥漫性子宫内膜炎与子宫颈炎,以后转变为亚急性时则以浆细胞浸润占优势,其轻度弥漫性或多灶性炎症可持续3个月以上。与此同时,阴道也可发生类似的炎症反应,后者在70d以后可消退。

4. 诊断

根据流行病学、临床症状、病理特征及细菌学检查可作诊断。进一步确诊,可补反、间接血凝等血清学试验。

十五、幼驹大肠杆菌病

幼驹大肠杆菌病(colibacillosis of foal)是由大肠杆菌引起的幼驹的一种急性肠道传染病，主要侵害 2～3 日龄初生幼驹，以发热、剧烈下痢为特征。

1. 病原及其传播方式

幼驹大肠杆菌病的病原，常见的致病性大肠杆菌的血清型为 O_8、O_9、O_{78}、O_{101} 等。该病主要是通过污染的乳头、饮水或舔食粪便等经消化道感染，也可经脐带感染，子宫内感染者少见。该病的发展过程符合肠毒素性大肠杆菌病，但也可发展为败血症。

2. 主要临床症状

2～3 日龄幼驹发生腹泻及发热。

3. 病理变化

病驹尸体极度脱水、消瘦，肛门松弛，肛门周围有白色或灰白色稀粪沾污。胃黏膜脱落，散布点状出血，小肠、盲肠、结肠都有出血性炎症。心内膜、心外膜有出血点，心肌变性。脾肿大，被膜下散布出血点。淋巴结肿大、充血。病期较久的，有时四肢关节肿大，关节囊内积留多量混有纤维素的红黄色液体。

4. 诊断

根据病变特征及临床症状可作诊断。该病应与幼驹副伤寒鉴别，后者有四肢浆液性、出血性、化脓性关节炎，卡他性出血性肠炎和支气管肺炎。

十六、马出血性坏死性盲结肠炎

马出血性坏死性盲结肠炎(equine hemorrhagic necrotic caecocolitis)的病性与国外报道的马运输病(transport disease)、马"X"结肠炎(colitis"X")或急性结肠炎综合征(acute colitis syndrome)极为相似。该病的病因尚不完全清楚，剖检以盲肠和大结肠肠壁广泛性淤血、出血、水肿和黏膜坏死为特征。该病目前在我国各地，特别是中原、华北和东北地区屡有发生。

该病是一种散发性的非传染性疾病，通常以青壮龄马(2～10 岁)发病率最高；在北方以麦熟前后，秋末冬初发病较多。

1. 病原及其传播方式

该病可能是在肠道慢性炎症或黏膜损伤的基础上，由于肠道内菌群失调所致。

2. 主要临床症状

发病快、病程短、重剧腹泻和明显的中毒性休克，死亡率高。

3. 病理变化

［剖检］ 尸体一般营养良好。但尸腐发生较早，腹围稍膨大。可视黏膜呈蓝紫色，口腔黏膜干燥，舌面覆有厚层舌苔。皮下组织干燥，小血管怒张，充满紫黑色不凝固的血液。

肠系膜和胃浆膜的小血管均强度扩张淤血。胃和小肠黏膜有时见出血。盲肠和大结肠浆膜呈蓝紫色，肠腔充满恶臭带泡沫的液状内容物；黏膜面紫红色，密发细小的点状出血并伴发坏死，有些病例黏膜面被覆一层灰黄色糠皮样坏死物。孤立淋巴小结肿胀，呈暗红色。黏膜下层水肿，致使肠壁增厚。此种病变，多数病马以盲肠、下层大结肠及骨盆曲等部位最为严重，上层大结肠和结肠后段变化不尽一致。盲、结肠淋巴结肿胀，显示充血、出血和水肿。

肝脏轻度肿大，紫红色，切面富有暗红色不凝固的血液，切面稍隆突，质度稍脆弱。脾脏轻度肿大或正常,被膜常见细小的点状出血,切面含血量多,暗红色。脾白髓和小梁不清晰。肾脏稍肿大,轻度出血,质地柔软、脆弱,切面边缘稍外翻,皮质部呈灰黄色。膀胱通常紧缩,偶见积液,尿液浓稠、尿沉渣多,黏膜常见点状出血。肾上腺被膜与皮质显示灶状出血。心脏扩张,冠状小静脉怒张淤血,沿冠状沟与纵沟处的心外膜及心内膜散发点状或斑状出血,心腔充满暗红色不凝固的血液,心肌混浊、柔软、脆弱,呈暗红色。肺脏甚为膨满,暗紫红色,肺胸膜散发点状出血,并散在斑块状出血。肺间质增宽。鼻腔、喉头和气管黏膜淤血和不同程度出血。脑和脊髓软膜及实质淤血。

[镜检]　病变部位的大肠黏膜多半坏死脱落或形成局限性缺损,其表面被覆多量红细胞和坏死的黏膜上皮碎屑,其中常混有细菌团块,并见细菌从黏膜缺损处向固有层侵袭。肠腺萎缩、消失,残存的部分肠腺上皮显示增生、变性和坏死。固有层的结缔组织明显增生,毛细血管强度扩张充血与出血,有大量淋巴细胞、巨噬细胞和不同数量的嗜酸性粒细胞浸润。黏膜肌层变性,淋巴小结坏死。黏膜下层小静脉、毛细血管充血,伴发出血,小淋巴管扩张并显示不同程度的水肿,有淋巴细胞和少量巨噬细胞浸润。

黏膜下层和肌层间神经丛的神经节细胞变性。小动脉含血量少,内膜和外膜肥厚,中膜平滑肌变性,肌层毛细血管充血与轻度出血。

胃无明显的镜下变化。小肠黏膜主要表现绒毛顶部上皮轻度脱落,并伴有不同程度的充血和出血。肝脏见肝细胞呈颗粒变性和脂肪变性,偶见局灶性坏死。有些病例的窦状隙内有微血栓形成。星状细胞呈不同程度肿胀或崩解,汇管区轻度水肿。

肾小管上皮细胞变性、坏死,间质轻度水肿。肾脏髓质部明显淤血、出血,肾小球毛细血管呈缺血状态。肾上腺被膜和皮质球状带出血,上皮细胞排列紊乱,束状带和网状带的腺上皮肿胀,胞浆呈空泡状,有的胞体萎缩,彼此分离。髓质嗜铬细胞肿胀、坏死,胞浆内颗粒减少或消失,核浓缩。

心外膜和心内膜毛细血管扩张充血和出血,心肌纤维变性,并见束状或灶状坏死,肌间轻度水肿和出血,有时还伴发间质性心肌炎。肺脏见肺泡毛细血管充血,肺泡充填浆液或出血,严重时还可见出血性、浆液性肺炎;间质水肿,小淋巴管扩张,支气管动脉充血。小支气管扩张,管腔内蓄积混有脱落上皮的浆液。脾白髓多半呈萎缩状态,微血管见有透明血栓形成,部分生发中心显示坏死。脾静脉窦强度扩张淤血,甚至部分脾索被血液浸润,脾索的淋巴细胞明显减少,脾小梁结构疏松。各脏器的淋巴结,特别是盲肠和大结肠淋巴结,表现淤血、出血、水肿和部分淋巴小结的生发中心坏死以及微血管透明血栓形成等。

4. 诊断

根据临床症状及剖检特征即可作出诊断。

十七、马传染性痤疮

马传染性痤疮(contagious acne of horses),又名传染性脓疮性皮炎(contagious pustular dermatitis),以假结核棒状杆菌引起马皮肤,特别是与鞍挽具相接触的皮肤发生脓疮为特征。

1. 病原及其传播方式

该病通常经污染的鞍挽具而传播。受鞍部皮肤由于鞍挽具不适当压迫,导致该部皮脂腺管阻塞或毛囊炎时常易遭受感染。

2. 临床症状及病理变化

病初期常于鞍垫两侧或鞍具后缘的皮肤出血轻度肿胀,该处被毛松乱而无光泽,随即发生粟粒大至豌豆大小的结节或丘疹。逐渐发展为直径有1～1.5cm大小的脓肿。患部不瘙痒,但有触痛。脓疱破裂后形成痂皮,痂皮下蓄积淡绿色脓汁。化脓灶中心为变性、坏死的中性粒细胞,多见蓝色的细菌团块,周围包绕大量纤维细胞其间混有多量中性粒细胞、淋巴细胞、组织细胞和浆细胞。

3. 诊断

以拭子取脓疱内脓汁涂片、染色、镜检及生化鉴定,确定为假结核棒状杆菌,即可确诊。

十八、马驹传染性支气管肺炎

马驹传染性支气管肺炎(infectious bronchopneumonia of foals)是由马棒状杆菌(*C. equi*)引起幼龄马驹的一种传染病,主要以形成化脓性支气管肺炎为特征。该病在许多国家都有发生,多见于1～6月龄幼驹,但以1～2月龄幼驹最为多发。

1. 病原及其传播方式

棒状杆菌外形正直或微弯曲,经常呈一端较粗大的棒状,也有呈长丝状和分枝状的,革兰氏染色阳性,无鞭毛、荚膜、不形成芽孢。在加有血液的培养基中生长良好。其传播方式可能是产后经脐带感染;也可能是通过病驹分泌物、排泄物污染饲料、饮水经消化道感染,或通过飞沫经呼吸道感染。病原菌侵入机体后大量增殖,迅速发展为菌血症,随后在很多器官,特别是在肺脏、关节及皮下组织发生化脓性病灶。

2. 病理变化

该病的主要病理变化见于肺脏,表现为化脓性支气管肺炎。肺内存有大小不等的脓肿,隆突于肺的表。肺实质呈紫红色或灰红色。气管和小支气管黏膜潮红、肿胀,伴发线状或点状出血,管腔内积有泡沫样黏液脓性渗出物。肺淋巴结肿大,呈灰红色,切面见含有黄白色干酪样脓汁的化脓灶。胸膜可能发炎,部分粘连。心内、外膜点状出血,心肌变性。脾脏和肾脏有弥漫性出血点。脓肿也偶见于肠系膜淋巴结、肠壁及皮下组织,有时还出现一个或多个关节的化脓性炎。

3. 诊断

在化脓灶内检出棒状杆菌为确诊依据。

十九、鼻疽

鼻疽(glanders)是由鼻疽杆菌引起马、骡、驴等马属动物在鼻腔、肺脏和皮肤形成特异性鼻疽结节等病变的一种传染病。

该病曾在世界各国广为流行,对我国养马业造成巨大经济损失;长期以来我国采取了严格的检疫及防制措施,目前已基本控制了该病,仅在个别地区有零星发生。

1. 病原及其传播方式

鼻疽杆菌(*Bacillus mallei*)又称为鼻疽假单胞菌(*Pseudomonas mallei*),是一种不能运动、无荚膜、不形成芽孢、两端钝圆、形状平直或微弯曲的小杆菌,革兰氏染色阴性,并易被所有的苯胺染料着染。在陈旧的培养物中本菌呈多种形态,以Loeffler亚甲基蓝染液染色后再以Lugol氏碘液处理,可见菌体内有若干深染颗粒排列。

该菌对外界因素的抵抗力不强,一般的消毒药均可将之杀死。体外实验证明,鼻疽杆菌对金霉素有高度敏感性,其次是地霉素、四环素和合霉素。它对青霉素和呋喃类药物等不敏感。

鼻菌杆菌随病畜鼻、肺和皮肤溃疡的分泌物排出体外,污染饲料、饮水、环境和用具等。经消化道、呼吸道和创伤感染健康马。

2. 病理变化

肺鼻疽(pulmonary lesions of glander)即在肺脏形成大小和数量不等的黄白色鼻疽结节和鼻疽性支气管肺炎;此外,在鼻腔、皮肤、淋巴结等组织器官内形成各种鼻疽性病变。

(1)鼻疽结节:有增生性鼻疽结节和渗出性鼻疽结节。

a. 增生性鼻疽结节。

[剖检] 见整个肺脏均匀散布着粟粒大至黄豆大,隆突于肺胸膜表面的灰白色结节,结节坚实,其外围有一层结缔组织包囊,切开结节其中心为混浊黄白色脓样物。陈旧结节中央的坏死灶钙化变为灰白色、坚硬如砂粒。与此同时,在肺组织中还可见到许多新形成的鼻疽结节,它们是红色的由粟粒大至小豆大的结节样病灶。

[镜检] 初期病变是在病原侵入点见有中性粒细胞聚集,及白细胞核碎裂,该部组织及微血管坏死。此时如做细菌染色,则可在病灶内见到数量较多的鼻疽杆菌。病变进一步发展,见坏死灶周围组织血管扩张、充血、出血和水肿,大量巨噬细胞浸润,病灶范围随之扩大,病灶周围网状细胞和成纤维细胞分裂增殖,以吸收和机化病灶内坏死组织及渗出物,其中网状细胞结构疏松,形同上皮细胞,并掺杂有一定数量的多核巨细胞,其外周围绕分裂增殖的成纤维细胞,并有淋巴样细胞浸润。从而形成增生性鼻疽结节(图10-3,见图版)。

结节中央的坏死灶,初期为苏木素浓染的大量核碎片及鼻疽杆菌,钙化后则为深蓝色粉末样或小块状钙盐。后期则变为红染的粉末状干酪样物,其中的鼻疽杆菌被消灭,外围的特殊性肉芽组织逐渐消失,普通肉芽组织继发纤维化。最后,结节中心的坏死物可完全为胶原纤维所代替,并通过肺组织的改建过程,较小的结节可完全愈复。

b. 渗出性鼻疽结节。

见于疾病呈急性经过的病例,其最初阶段与增生性结节的早期阶段基本一致。随着病程的发展,病灶周围的充血和渗出更为明显,但增生过程很微弱。

[剖检] 新形成的结节如粟粒大的小点状出血,或呈小豆大、高粱米粒大乃至黄豆大均匀散布于肺脏,结节的中央为黄色脓样坏死物,其周围因发生炎性充血和水肿,故结节周边绕以暗红色的红晕。

[镜检] 结节中央为肺组织的坏死崩解物,局部聚集大量浓染苏木素的中性粒细胞碎屑。坏死灶外周的肺组织发生明显的充血和渗出,表现肺泡壁毛细血管怒张,肺泡腔充盈浆液和数量不等的纤维素与中性粒细胞。若对这种结节进行细菌染色,无论在坏死灶的中央或边缘均可发现鼻疽杆菌。

(2)鼻疽性支气管肺炎(glanderous bronchopneumonia)指鼻疽病变由支气管扩散,通常见于慢性鼻疽病例。

[剖检] 在肺脏见鼻疽性小叶性肺炎,及融合性支气管肺炎病变。其病变特征与一般原因所致的支气管肺炎相同。炎症区暗红色,质地硬实,切面可见散在有粟粒大、黄豆大乃至核桃大的黄白色病灶(图10-4,见图版)。气管黏膜呈脓性卡他性炎症。

[镜检] 炎灶区肺泡壁毛细血管扩张充血,肺泡腔内充满变性、崩解的中性细胞和脱落的肺泡上皮,病灶周围的肺泡积存浆液和纤维素性渗出物。支气管壁充血、水肿,白细胞浸润,黏膜上皮变性、脱落和崩解,支气管腔内充满中性粒细胞、脱落的黏膜上皮细胞和渗出物。

若在融合性支气管肺炎的基础上继发化脓,则还可以形成鼻疽性脓肿。脓汁浸蚀和破坏病灶内较大的支气管壁时,脓性渗出物往往通过支气管咳出,这样就形成所谓的开放性鼻疽,而病变部因脓汁排出变为边缘不整的肺空洞(图10-5,见图版)。但当机体抵抗力增强时,因病灶部增生大量结缔组织,则形成鼻疽性硬结。

(3)鼻腔鼻疽(nasal lesions of glander):鼻疽菌经血液转移而来,或经呼吸道直接感染,或由肺病变经咳嗽排出的带菌物附于鼻黏膜而感染。

[剖检] 鼻腔鼻疽病变多半发生在鼻中隔。初期在鼻中隔黏膜上见有粟粒大,中心呈黄白色而混浊,周边因充血、出血和水肿而形成一圈红晕的渗出性结节,结节稍突出于黏膜表面。以后结节表面的黏膜变性、坏死而形成鼻疽性糜烂与溃疡。溃疡面常附有脓性坏死物,其边缘常因水肿和炎性细胞浸润而呈堤坝状隆起。当溃疡向深部发展侵及软骨组织时,往往导致鼻中隔穿孔。若机体抵抗力增强,鼻腔黏膜的溃疡可由其边缘的肉芽组织增生来填充缺损,增生的肉芽组织最后发生瘢痕收缩,即在鼻黏膜上形成放射状或冰花状瘢痕,并常导致鼻中隔变形。

[镜检] 初期病菌侵入鼻黏膜下腺体的间质,形成以鼻疽杆菌为中心,有中性粒细胞聚集和崩解坏死,周围有充血、淤血、水肿的渗出性鼻疽结节,该部固有的腺体消失。在形成鼻中隔空洞期,见结节部组织大量坏死脱落。在瘢痕形成期,可见瘢痕表面有高低不平的单层柱状上皮被覆。此外,在喉头、气管黏膜也常见鼻疽性结节、溃疡和瘢痕等病变。

(4)皮肤鼻疽(skin lesions of glander):其发生一是经皮肤创伤直接感染,另一是疾病全身化的结果。

[剖检] 初期见四肢、胸侧和腹下皮肤的浅层形成硬实的小结节,结节沿淋巴管的路径分布成串。淋巴管也由于化脓性炎而变粗,呈索状。随病程延长,结节增大至榛子大乃至核桃大,向体表隆起。结节破溃后流出灰白色浆糊样脓汁,同时形成皮肤溃疡。后者呈周边隆起,中央凹陷的火山口状。

若脓肿破溃,脓汁侵入疏松结缔组织,则形成鼻疽性蜂窝织炎。四肢皮肤淋巴管炎,引起皮肤和皮下组织广泛而长期的水肿,最后导致患肢变粗,皮肤增厚,形成所谓"象皮病"。

[镜检] 皮肤坏死破溃部有多量核碎片,其周围组织血管扩张充血、水肿和中性粒细胞浸润。皮下淋巴管扩张,管腔内充满中性粒细胞,有些淋巴管管壁破溃,形成脓肿,其外围常有由肉芽组织所构成的脓肿膜。

(5)淋巴结鼻疽(lymphaden lesions of glander):渗出性淋巴结鼻疽,见于鼻疽病发展期。

[剖检] 淋巴结潮红、肿大,切面隆突,多汁,其中可见灰黄色坏死灶。

[镜检] 坏死灶聚集浓染苏木素的核碎屑,整个淋巴结显示充血并有大量浆液、纤维素渗出和中性粒细胞浸润。这些炎性反应在坏死灶周围尤为明显。

增生性淋巴结鼻疽病变,见于鼻疽病趋于慢性或好转期。

[剖检] 淋巴结肿大或肿大不明显、硬实、灰白色,切面有针头大至粟粒大的结节。

[镜检] 结节中央为坏死灶,有的则发生钙化;其外围有完整的结缔组织性包囊。结节以外的淋巴组织,有的显示增生,有的则发生弥漫性纤维化。结节病灶与肺脏增生性鼻疽结节基本相同。

其他器官鼻疽:在鼻疽病理过程全身化时,致死的病畜,在其脾脏、肾脏、睾丸和骨骼(肋骨、椎骨)等部位均可以发现鼻疽性炎。其来源为血液性播散,其病变以鼻疽结节为其基本表现形式,但依机体的状态和病程长短的不同,结节可以是渗出性或是增生性的,其形象与肺鼻疽结节基本相同。

3. 诊断

鼻疽最特征的病变是在内脏及黏膜形成结节与溃疡,要注意轻症病例,在下颌、咽喉、肺门及纵隔淋巴结可见到鼻疽病变。增生性结要与寄生虫结节、真菌性结节鉴别。皮肤及鼻腔鼻疽要与马腺疫、流行性淋巴管炎等病鉴别。

二十、马类鼻疽

马类鼻疽(melioidosis)是由类鼻疽杆菌引起人畜共患病的一种类似鼻疽的地方性传染病。马、牛、绵羊、山羊、猪、犬、猫、猴、骆驼以及啮齿动物等均可感染。病畜常缺乏特殊的临床症状,其血清学反应和病理变化颇似鼻疽,死亡率较高。

1. 病原及其传播方式

类鼻疽假单胞菌(*Pseudomonas pseudomallei*)为革兰氏阴性、稍弯曲的短小杆菌,常两极浓染,不形成芽孢与荚膜,与鼻疽杆菌同属于假单胞菌属(*Genus pseudomonas*)。

该病原菌广泛存在于水和土壤中。人和动物可以通过皮肤外伤直接接触水和土壤中的类鼻疽杆菌而遭受感染。但在自然条件下,动物排泄物,特别是隐性带菌动物的排泄物是传播本菌至新环境的重要媒介,因而通过污染饲料、饮水经消化道感染也是可能的。

2. 病理变化

[剖检]　除少数病马在皮肤、脾脏和鼻腔黏膜发现有大小不一的脓肿和结节外,其主要受害器官大多局限于肺脏。受累肺脏淤血、出血和水肿,并散布大小不一、数量不等的坚实结节。结节中心呈淡黄色脓样,有时毗邻的结节互相融合和结缔组织增生,形成较大的坚实性肿块。结节或肿块的切面存有灰白色干酪样脓汁。除结节状病变外,有时在肺脏还可发现大的脓肿和空洞形成以及肺炎实变区等变化。

[镜检]　肺脏组织渗出型病变最为常见的是支气管源性化脓性肺炎。肺早期结节病变表现肺泡内有巨噬细胞、脱落的肺泡上皮和少量中性粒细胞聚集,继而中性粒细胞大量增多,逐渐形成所谓渗出结节。这种结节为局灶性化脓,浸润的中性粒细胞核崩溃,浓染苏木素,其形象颇似鼻疽性炎;结节外围多无包囊形成。增生性结节的坏死灶外围可见上皮样细胞增生和薄层成纤维细胞环绕,其中有较多的淋巴细胞、中性粒细胞、浆细胞和巨噬细胞浸润。上述结节互相融合,即相当于眼观所见的化脓性坚实区。

临床上见有神经症状的病马,通常在延髓和脑桥可见多发性小脓灶。镜检,延髓和脑桥的软膜有淋巴细胞和中性粒细胞浸润,脑实质内散发大小不一的化脓灶。小的化脓灶仅由数个中性粒细胞组成;较大的化脓灶,其直径可达 0.5cm。此外,还可见血管炎和血管周围轻度淋巴细胞和中性粒细胞浸润。

除上述肺脏病变外,头颈部、胸部、腋下及肠系膜等淋巴结均呈急性出血,心内、外膜出血,心肌实质变性;肝、肾肿大,也显示急性出血和实质变性;偶尔在肾脏可发现类似肺脏的结节状病变。胃肠浆膜出血,黏膜呈急性出血性卡他性炎。

3. 诊断

其化脓性结节病变很难与鼻疽区别,但其皮肤、鼻腔等病变不如鼻疽明显,此外,其淋巴结的急性出血性病变较显著。病原鉴定是最可靠的确诊方法。

二十一、马沙门氏菌病

马沙门氏菌病(salmonellosis in horse)是马流产沙门氏菌引起的马、驴传染病。主要特征是母马(多为初产或第二产)流产,公马睾丸炎和鬐甲脓肿,幼驹下痢、肺炎和四肢关节炎等副伤寒症状。

1. 病原及传播方式

病原菌为马流产沙门氏菌($S. aboreusequi$),经口进入马体。在幼驹中,病原菌在肠道内繁殖,而后进入血流并在组织内定殖引起肺炎、关节炎、脓肿甚至败血症。在母马中,病原菌首先出现在口腔和胃肠的淋巴组织中,以后进入血液(菌血症)同时表现子宫和胎儿感染,胎儿发生败血症而导致流产。在公马中,菌血症后病原菌定殖于睾丸、副睾丸和鬐甲等部位,引起炎症和化脓。

2. 病理变化

[剖检] 幼驹可能表现败血症变化。除有肠炎或肺炎变化外,初生驹还有脾脏肿大,肾皮质部小点出血,肝和心肌变性;年龄较大的幼驹则有四肢关节肿大和关节积脓。

流产母马可能发生卡他性、出血性子宫内膜炎,以后如有继发感染则出现化脓性子宫炎。

流产的胎衣肿胀,呈浆液性胶样浸润,有时还有斑点状出血,绒毛膜呈黄红色或棕色,散见坏死灶和圆形或带状溃疡。脐带水肿、出血。羊水混浊,呈淡黄色或紫红色。

[镜检] 绒毛膜充血、变性并有血栓形成,胎膜呈急性卡他性炎和坏死。流产的胎儿和出生后不久死亡的初生驹表现败血症和毒血症变化,可见浆膜、黏膜和实质器官出血,皮下、肌间结缔组织水肿,肝、肾变性。脾肿大、柔软。淋巴结尤其肠系膜淋巴结呈髓样肿胀,胃肠黏膜呈急性卡他性出血性炎症。

公马的主要病变常限于睾丸、关节囊、鬐甲、臀、背、脾等部位,初期为浆液性、出血性炎症,以后转变为化脓性炎症。

3. 诊断

马群中出现幼驹下痢、关节肿大积液、肺炎;母马流产和化脓性子宫内膜炎;公马睾丸炎等病症,在病马关节渗出液或其他分泌物或流产胎儿中分离出沙门氏菌即确诊。

二十二、马嗜皮菌病

马嗜皮菌病(dermatophilosis in horses)是由刚果嗜皮菌(dermatophilus congolensis)引起的一种人兽共患的皮肤传染病,以形成局限性痂块和脱屑性皮疹为特征。该病在我国曾经广为流行。

1. 病原及其传播方式

病原为刚果嗜皮菌,呈革兰氏阳性、非抗酸的需氧或兼性厌氧菌,属放线菌目(Actinomycetales)嗜皮菌科(Dermatoplfilaceae)。

病原主要靠蜱、蝇和蚊的机械媒介传播,特别是热带地区连绵的雨季和伴有大群昆虫滋生,促进该病迅速传播。

2. 病理变化

马病变常始于背部、腰部、臀部和颈部,也见于口周围、鼻和耳的皮肤。严重病例,特别是驹,病变常扩散到整个体表。典型病变是渗出物和毛丛构成的小圆形痂。病变可发展成灰白色的厚痂。痂被剥离后,基部呈典型凹面,内含有少量脓汁。早期病变在痂下有黄绿色脓汁。慢性病例主要由薄屑和毛构成坚硬病变,引起皮肤破裂,常见于被鞍部和球节、蹄冠的上面。

3. 诊断

根据皮肤的典型渗出性小圆形痂,可作诊断。

二十三、马钩体病

马钩体病（leptospirosis in horse）是由钩端螺旋体引起马的一种地方流行性传染病,该病见于所有品种、性别的马,马驹比成年马敏感。与牛和猪的钩体病相比,怀孕母马的流产并不常见;无显著的间质性肾炎病变;但有特殊的感染后并发症——马周期性眼炎。

1. 病原及其传播方式

该病病原为钩端螺旋体,在我国引起该病的病原有 7～8 种血清型。但它们的形态学与生理学特征基本一致,为革兰氏阴性,暗视野镜下呈细长的丝状、圆柱形,螺纹细密而规则,两端弯曲成钩状。适宜在潮湿温暖的环境中生存。马匹易在气候温暖,雨量较多的季节感染发病,每年以 7～10 月份为流行的高峰期。

各种感染钩体的动物可从尿、乳汁、唾液、精液、阴道分泌物、胎盘等排出钩体污染环境及饲料、饮水。经接触污染物,钩体可经皮肤的微小损伤、眼结膜、鼻或口腔黏膜、消化道黏膜侵入机体引起感染。也可由蜱蚊叮咬传播。

2. 主要临床症状

成年马钩体病:常突然发热,体温达 39.8～41℃以上,沉郁、厌食、可视黏膜轻度黄染、口腔黏膜与皮肤坏死。多数病马持续 10 周后自愈。有的马并发急性眼炎,表现羞明、流泪。怀孕母马有时发生流产、死产,流产胎儿的胎龄通常为 6 个月至足月。

马驹钩体病:是断奶后马驹的一种急性败血性疾病,病程短,死亡率高。主要症状是沉郁、呼吸困难、血红蛋白尿、黄疸,有时出现腹泻、不能站立、运动失调,死亡时鼻腔常见血液流出。

马钩体病后发症:即马周期性眼炎,又称周期性眼色素层炎,或马周期性虹膜睫状体炎。是马、骡的一种呈世界性分布的重要失明病征。主要症状是病马羞明、流泪、剧痛、增温,眼睑半闭状,虹膜呈暗褐色,虹膜结构纹理不清或消失,瞳孔缩小角巩膜缘有细帚状血管长入角膜,角膜混浊,4～6 周或更长时间有周期性反复发作的病史。

3. 病理变化

1）成年马钩体病

［剖检］ 急性病例主要为皮肤黏膜黄疸、出血;慢性或轻型病例见皮肤、皮下组织、浆膜、黏膜出血、黄疸,胸腔有黄色积液,肝肿大,棕黄色。肾肿大淤血,散在灰白色病灶呈杂斑状,表面粗糙不平,有结节状突起,被膜不易剥离。有的皮肤坏死,身体局部出现水肿。膀胱积有血红蛋白。

流产胎儿:通常有黄疸病变,表现为蹄、球节、口黏膜、胸腹膜明显黄染。胸腔积大量暗红色液体。

［镜检］ 呈现亚急性肾小球肾炎,肾小球毛细血管细胞增生,充满肾小球囊,有时见出血。肾小球壁层与脏层粘连。剖检有灰白色病变者,镜检为间质性肾炎,即肾被膜增厚,肾小球大多萎缩,肾小管上皮变性、坏死、脱落,管腔内有管型。肾间质有弥漫性单核细胞浸润。肾髓质部集合管上皮细胞变性坏死,间质结缔组织增生,并有淋巴细胞和巨噬细胞浸润。

4. 诊断

流产胎儿的病变具有诊断意义,其肝细胞解离,肝细胞索紊乱,出现大量多核性肝细胞。此外,在胎儿的腹水中,以暗视野镜检,可见大量运动活泼的螺旋体,即可确诊。

２）马驹钩体病

[剖检]　马驹营养状况良好,主要的有时是唯一的眼观病变是肺脏出现许多大小为0.6cm的出血灶或全肺弥漫性出血,气管、支气管内有血性泡沫状液体。由于所感染的钩体血清型不同和马驹的个体差异,其他病变并不一致。大多数病例常见可视黏膜、皮下组织、胸膜、腹膜、大网膜以及内脏器官黄染、贫血、出血性素质,全身组织点状或斑状出血,以肺胸膜、心内膜、心外膜以及其他器官最明显,有时出现皮下水肿,胸腔、腹腔内有大量血性液体。肾脏肿大,呈暗红色,表面有散在性杂斑和点状出血。肝肿大,呈黄褐色,有时可见斑点状出血。大肠出现中度至重度的黏膜水肿与出血,肠内容物带有强烈的氨味。

[镜检]　肺脏严重水肿、出血,肺泡腔内含有大量红细胞。肾脏表现为出血性栓塞性肾小球肾炎。肾动脉壁纤维素样变,肾间质水肿、出血,肾小管严重变性。有的病例出现亚急性肾小球肾炎、中度的肾小管变性与上皮细胞增生,间质水肿,有轻度散在性单核细胞、中性粒细胞浸润。肝细胞肿胀、变性,肝细胞索排列紊乱。肝汇管区、小叶间质内有散在中性粒细胞浸润,胆管扩张,胆汁淤积。胸腺皮质区和脾脏、淋巴结内淋巴细胞明显减少或耗空,有严重的充血或出血。骨骼肌肌纤维束发生透明变性。

4. 诊断

在采集病马的心血内含有高效价的 bratislava 和 Poi 型钩体抗体。有的病例可分离出钩体。

马钩体病并发症:其病变主要为虹膜、脉络膜以渗出水肿,房水内混有纤维素性或纤维素出血性絮状物晶状体呈局限性点状混浊,临床呈现白内障、晶状体脱位、虹膜粘连、视网膜剥离以及间质性角膜炎,最终导致失明。在眼房液中可能检出钩体。

二十四、马流行性淋巴管炎

马流行性淋巴管炎(epizootic lymphangitis)又名假性皮疽(pseudofarcy),是由假性皮疽组织胞浆菌(histoplasma farciminosum)引起马属动物的一种慢性接触性传染病,以皮肤、皮下组织、黏膜以及淋巴管和淋巴结发生肉芽肿性结节、化脓性炎或形成溃疡为特征。

1. 病原及其传播方式

假性皮疽组织胞浆菌又名假性皮疽隐球菌(*Cryptococcus farciminosus*),属于半知菌纲、念珠菌目、组织胞浆菌科、组织胞浆菌属。该菌在病畜病变组织和脓汁中的菌体常以发芽生长、形成孢子而繁殖;在培养基上生长的菌体则呈菌丝体形态,菌落凸凹不平或有皱褶,菌丝分枝分隔,粗细不等,末端常形成含脂肪颗粒的球状膨大部。镜检时,一般不需染色即清晰可见。革兰氏染色阳性,姬姆萨染料染色或 Gridley PAS 染色菌体胞壁呈红色,中心小体不着色。孢子在脓汁涂片中常呈单个或成簇分布,并常被巨噬细胞吞噬。孢子呈球形、椭圆形或梨形,大小为$(2.5\sim3.5)\mu m \times (2.0\sim3.5)\mu m$,具有双层细胞膜,外膜较厚,胞浆呈均质半透明状,可清楚地看到透明折光的脂质包含物。新生的孢子呈淡绿色,其中可见 $2\sim4$ 个折光性强且能营回转运动的小颗粒。

该病原菌对各种年龄的马属动物均可自然感染,其中以马、骡的易感性最强,驴次之,猪、家兔、豚鼠和人也可感染。病原体在病畜脓汁内最多,因此病畜是该病的主要传染源。当健康动物与病畜直接或间接接触时,病原菌可以通过破伤的皮肤或黏膜侵入健畜体内。鼻腔、口腔、咽喉以及上呼吸道黏膜的病变,可能由于啃咬本身患部,使病原菌随着吸气和吞咽进入体内而感染。通过交配或哺乳也可能传播本菌。此外,被污染的厩舍、挽具、褥草、土壤、管理人员的衣物以及蚊、虻叮咬等，都可以成为间接传染的媒介。其中受伤的皮肤是最主要的感染门户。另外，该病在低湿地区、多雨年份及洪水泛滥之后发病较多，但无严格的季节性。

2. 病理变化

主要病变是在病原菌入侵部位的皮肤真皮乳头层、皮下和黏膜下的疏松结缔组织、相邻的浅层肌肉以及蔓延途径上的淋巴管和淋巴结等组织，引起肉芽肿性结节，以后继发脓性溶解，形成溃疡。

［剖检］　初期在病原菌入侵部，皮肤呈现充血、出血和水肿。经一周左右，在病灶部外围便逐渐出现肉芽组织增生，有的则形成包囊。此时，从皮肤上就可以摸到不同大小的结节。当病灶中心发生脓性软化后，皮肤即破溃而形成溃疡。溃疡一般呈圆形，表面常覆盖一层由渗出液和坏死物凝结而成的硬痂。其痂皮下或溃疡底部可见大量肉芽组织增生，并向皮肤和黏膜的表面突起呈蘑菇状。而在衰弱的机体，溃疡底部则看不到明显的肉芽组织增生，而主要是组织坏死和脓性崩解，溃疡面向下凹陷，从中不断地流出灰黄色或带血液的脓汁。有时溃疡继续向深部和四周发展，并互相融合，进而形成边缘不整的大溃疡。病变常沿淋巴管途径蔓延，而发生淋巴管炎。此时见淋巴管增粗变硬，呈条索状肿胀，以上蘑菇状增生结节也延淋巴管经路出现，呈串珠状（图10-6，见图版）。

下颌淋巴结、颈前淋巴结、咽后淋巴结、髂下淋巴结及腹股沟淋巴结等均显示明显的肿大、柔软，有时破溃，并与该部皮肤愈着而不易移动。

有时于鼻腔、咽喉和气管等部位也见有与皮肤相同的结节和溃疡。鼻腔的病变多位于鼻翼、鼻中隔及鼻甲黏膜，气管的病变多位于前6节的软骨环上。此外，有时于齿龈和舌黏膜上也见有结节和溃疡。这些病变的形成似乎与病畜对皮肤病变的啃咬有关。除上述的呼吸道病变外，有时于肺脏也可见大小不一的灰白色硬结性肺炎病灶。

公马常于包皮、阴囊及阴茎头部形成结节和蕈状溃疡。病变可蔓延到睾丸、附睾和精索，使之发生脓肿。母马的阴唇周围可发现结节和溃疡。乳房感染时，见局部皮肤肿胀并形成结节、溃疡和瘘管。

眼结膜有时也见有结节和溃疡病变。此外，其他器官偶见类似病变；脑偶见小的化脓灶。

［镜检］　在病原侵入部，初期见有大量巨噬细胞向病灶处集中，并伴有不同数量的中性粒细胞和淋巴细胞浸润，局部小血管和淋巴管周围都有以淋巴细胞、浆细胞为主的围管性炎性细胞浸润。在病变部的巨噬细胞胞浆内，可见到被吞噬的病原菌（图10-7，见图版）。随后，病灶中心的组织细胞和中性粒细胞发生坏死崩解而形成化脓。在化脓灶的周边还可见一定数量的巨噬细胞、浆细胞、上皮样细胞，偶见多核巨噬细胞。

患部淋巴管内皮细胞肿胀、变性与脱落，管腔扩张，内含变性的淋巴细胞、中性粒细胞、巨噬细胞、病原菌及坏死崩解产物。淋巴管外周亦见病原菌和多量与管内同性质的炎性细胞浸润。

淋巴结呈局灶性坏死和化脓，其中可见病原菌。在化脓灶周围有大量浆细胞和巨噬细胞浸润。

白色肺炎结节的中心为化脓、坏死灶。这种肺炎病变初期即可见肺间质淋巴细胞浸润，继而出现巨噬细胞和多核巨细胞，并在其胞浆内见有吞噬的病原菌。病原菌大量繁殖时，可导致肺组织广泛的坏死崩解。

3. 诊断

取结节内脓汁或溃疡面刮下物涂片，用革兰氏或姬姆萨染色，镜检发现卵圆形假性皮疽组织胞浆菌,即可确诊。应注意与皮鼻疽鉴别。

二十五、马球孢子菌病

马球孢子菌病(coccidiodomycosis)是由厌酷球孢子菌(*Coccidiodes immitis*)所引起人和动物的一种有高度感染性而非接触传染的慢性真菌病,其特征性病变是形成化脓性肉芽肿。

该病分布于世界各地,除发生于人类外,还广泛地发生于野生动物和家畜,如马、牛、羊、猪、犬、猫等动物。

1. 病原及其传播方式

厌酷球孢子菌属于接合菌亚门、接合菌纲,为双相型真菌,即其形态依所处环境而发生改变。在病变组织中是一种多核性圆形细胞,或称为小球体(spherule),具有双层轮廓,屈光性强,不生芽,其大小很悬殊,直径为 $10\sim80\mu m$,有时甚至达 $100\mu m$ 以上。

该菌多寄生于枯枝、有机质腐物和鼠粪周围的土壤中。在自然条件下和人工培养基上本菌以形成菌丝为特征。镜检,菌丝呈分枝状,有分隔,其中较大的分枝可发展成厚壁、椭圆形或长方形的关节孢子(anhrospore)。关节孢子之间有间隔空隙,极易折断,随气流飘浮。关节孢子的抵抗力大,在 $4℃$ 干燥的条件下可存活达 5 年之久,因此它富有传染性。若混入空气尘埃中,被人和动物吸入肺内或污染于创面,即可招致感染。

2. 主要临床症状

病马表现间歇性腹痛,渐进性消瘦,眼结膜轻度黄疸,体温波动于 $38\sim40℃$,中等度贫血,外周血液中中性粒细胞增多,四肢下部浮肿。最后肝脏因淀粉样变而破裂,导致腹腔内出血而死亡。

3. 病理变化

[剖检]　腹腔积血,肝脏肿大,实质脆弱,散发细小的肉芽肿性化脓灶。脾脏肿大,坚硬如块状并与腹膜粘连,被膜下散布大小不一的硬性结节,有的达 10cm。肺脏也散布由肉眼刚可发现到直径达 3cm 的结节。

[镜检]　肺实质内散布大小不一的肉芽肿结节,有的还互相融合形成较大的坚实区,病灶内见有中性粒细胞、淋巴细胞、上皮样细胞和巨噬细胞掺杂散在。有的结节内含有较多的胶原纤维,有的尚见有小脓肿形成,有的则密集巨噬细胞、少量中性粒细胞和多核巨细胞。在肉芽肿和多核巨细胞内常具有双层轮廓的小球体。支气管管腔填充以由中性粒细胞、淋巴细胞、巨噬细胞和多核巨细胞组成的颗粒状渗出物,其中也可见到典型的小球体。

脾组织坏死,有大量炎性细胞浸润及浆液性、纤维素性渗出,及出血。肉芽肿内常有多核巨细胞。残存的脾小梁有大量淋巴细胞和多核巨细胞积聚。

肝实质内散在有大小不一的肉芽肿结节,其界限清晰,多无包囊形成,主要由大量淋巴细胞、中性粒细胞、偶有多核巨细胞组成的脓性病灶。星状细胞常吞噬有内生孢子的小球体。肝细胞索与窦状隙之间的淋巴间隙内有大量淀粉样物沉着,肝细胞因受挤压而萎缩。

此外,肾脏在肾小球球囊周围和肾小管之间有局灶性炎性细胞浸润,其中亦可发现小球体。肾上腺髓质血管内也有炎性细胞浸润,小球体呈单个散在,或被多核巨细胞吞噬。

4. 诊断

病马临床贫血、黄疸,剖检见肺、脾、肝等脏器有肉芽肿结节,特征是在结节内的巨噬细胞内可见小球体状的球孢子虫。

二十六、马媾疫

马媾疫(dourine)是由马媾疫锥虫(*Trypanosoma equiperdum*)引起的一种慢性原虫病,其特征是生殖器官发炎肿胀,出现结节和溃疡并遗存白色斑点,皮肤形成扁平疹块,以及继发外周神经炎而发生不全麻痹或完全麻痹。该病只发生于马属动物,在世界各产马地区均曾发生过流行,我国在山西、甘肃、内蒙古、吉林、辽宁、陕西、河南、河北及安徽等地均有发生该病的报道。

1. 病原及其传播方式

马媾疫锥虫在形态上与伊氏锥虫无明显区别,但其生物学特性则彼此不同。媾疫锥虫主要寄生于生殖器官的黏膜,通过健马与病马交配而发生感染,但也可通过未经严格消毒的人工授精器械、用具等传染,故该病多发生于配种季节之后。媾疫锥虫侵入公马尿道或母马阴道黏膜后,即在黏膜上进行繁殖,并引起原发性局部炎症。极少数的锥虫能周期性地侵入病畜血液和其他器官,机体在虫体及其毒素刺激下,产生一系列防御反应,如局部炎症和形成抗体等。如果马体抵抗力弱,锥虫则乘机大量繁殖,锥虫毒素必将增多而被机体吸收,就会引起一系列的病理现象,尤其对外周神经的影响更为显著。

2. 主要临床症状

病畜出现生殖器官水肿、结节及溃疡,胸、腹、臀部等处皮肤发生圆形或椭圆形扁平丘疹,肢体呈不全麻痹和麻痹,或嘴唇歪斜,耳与眼睑下垂(面神经麻痹),并伴发高热、红细胞减少、血红蛋白降低、血沉加快、淋巴细胞增多和中性粒细胞核左移等现象。

3. 病理变化

[剖检] 死于媾疫的病马,通常表现消瘦、贫血。公马的阴茎、包皮、阴囊、腹下及后肢股内侧等部位明显水肿,尿道黏膜潮红肿胀,尿道口外翻,排出少量淡黄红色液体。阴茎、阴囊、会阴等部位皮肤常见结节、水疱、溃疡及缺乏色素的白斑(半放牧马的白斑常不明显或缺乏)。母马阴唇与阴道黏膜潮红肿胀、出血,流脓样黏液,并出现大小不一的紫色结节、水疱或溃烂,经过稍久遗留缺乏色素的白斑。母马的乳房、下腹部及股内侧皮下亦明显水肿。

慢性经过的病例,公马的包皮、阴囊常因结缔组织增生而使包皮和阴囊变得肥厚、坚硬,附睾和输精管周围的结缔组织显示淡黄色胶样浸润。病初睾丸肿大,后期则萎缩,睾丸的总鞘膜与固有鞘膜常发生粘连,睾丸实质有时发生干酪样病灶。母马阴唇、阴道黏膜常见局限性肥厚、线状或斑状出血、溃疡及瘢痕等变化,乳房偶见脓肿,其附近的淋巴结肿胀,并有干酪样坏死灶。

病畜各部皮肤,特别是颈、胸、腹、臀部以及肩部等部位皮肤上有时可发现圆形或椭圆形、直径4～20cm的扁平疹块。

[镜检] 病变部皮肤的真皮乳头层呈现浆液性炎症。臀部与后肢股部肌肉变性、出血,肌间结缔组织呈浆液性水肿。血管周围显示淋巴细胞、浆细胞浸润以及血栓形成等变化。体表淋巴结髓样肿胀。肺淤血、水肿;肝淤血、脂肪变性;脾多呈增生性脾炎变化;肾实质变性并伴发点状出血;膀胱壁变厚,黏膜充血。脑脊髓膜充血,脑室扩张,脑脊液增量,脑实质有时水肿。腰部脊髓轻度充血、水肿,脊髓有点状出血,偶见软化灶。镜检脊髓灰质的神经细胞变性,神经胶质细胞增生,血管周围有圆形细胞浸润。外周神经如坐骨神经和腓神经等神经纤维变性,并有圆形细胞浸润和结缔组织增生,形成多发性神经炎。

4. 诊断

病马生殖器和生殖道水肿、水疱和结节形成以及化脓性炎症,若在血清内检出锥虫抗体或在病马生殖道分泌物中检出虫体,即可确诊。

二十七、马梨形虫病

马梨形虫病(piroplasmosis of horses)是由驽巴贝西虫或马巴贝西虫通过蜱传播而致马属动物发生的一种原虫性疾病。虫体寄生于动物的红细胞内,其临床病理特点为高热、贫血、黄疸、出血、各实质器官变性和网状内皮细胞增生。

马梨形虫病多发生于我国东北、华北、西北和西南各省的养马地区,多在春、秋季发病流行,如不及时诊治死亡率很高。

1. 病原及其传播方式

马梨形虫病病原之一驽巴贝西虫(*Babesia caballi*)为大型虫体,其长度大于红细胞半径,呈单个或成双的梨籽形、椭圆形或环形等存在于红细胞内。典型的形态为成对的梨子形虫体以其尖端联成锐角,每个虫体有两团染色质块。在一个细胞内通常寄生1～2个虫体(图10-8,见图版),偶尔见有3或4个。另一病原为马巴贝西虫(*Babesia equi*),又称马纳脱虫(*Nuttalia equi*),为小型虫体,其长不超过红细胞半径。典型的态为4个梨籽形虫体以其尖端相连构成十字形,每个虫体有一团染色质块。除上述典型的虫体外,还可见有圆形、椭圆形、单梨籽形、纺锤形、钉子形或逗点形等多种形态;同时在疾病经过的不同阶段,其虫体大小也不一样。

马梨形虫病由蜱传播,带有虫体的蜱在吸马血时,随唾液将虫体接种入马血。

2. 主要临床症状

病马发生溶血性贫血,出现结膜苍白和黄染,甚至全身黄疸。红细胞数和血红蛋白量显著降低,血液稀薄。严重病例出现体温升高、知觉迟钝、昏迷。病马常因高热稽留、严重贫血、肺水肿而死亡。

3. 病理变化

[剖检] 病尸外观营养良好或稍显消瘦,可视黏膜重度黄染并常存有小点状出血。血液稀薄、色淡和凝固不全。皮下特别是胸、腹部皮下呈黄色胶样水肿和散布有斑点状出血。肌肉变性呈淡黄红色。胸腔和腹腔内积有多量淡红黄色液体,全身皮下、浆膜、黏膜呈不同程度黄染。

急性病例的脾脏呈高度肿大,为正常的1.5～2倍。被膜散在有点状或斑状出血。脾切面呈深紫红色,脾髓柔软,脾白髓和脾小梁不明显。在呈慢性经过的病例,脾肿大不如急性型明显,脾质地坚韧,脾白髓增生、肿大,呈颗粒状隆突于切面。

肝脏在多数病例表现高度肿大,呈黄褐色,质地变脆,切面多血,具明显肉豆蔻样花纹。肾脏肿大,被膜紧张,切面隆突,皮质部呈黄白色。肾表面和切面均散发有数量不等的出血点。淋巴结肿大,尤以肝、脾淋巴结肿大最为明显。切面湿润,质地柔软,有时在表面和切面均见有出血点。心包腔积液,心肌呈红黄色重度变性状态。心肌质地柔软,右心室显著扩张,心腔内积有大量血液。心内外膜均见有出血。

肺脏在多数病例均见有重度淤血、水肿,气管内充填大量白色泡沫样液体,气管黏膜黄染,并见有斑点状出血。肺、胸肋膜常见有斑状或点状出血。胃、肠黏膜充血、出血,具卡他性胃肠炎变化。

[镜检]　急性病例见脾静脉窦极度扩张,充满血液;有时脾髓组织几乎全部被血液淹没而仅残留有岛屿状散在的脾组织。膜小梁呈疏松水肿,在散在的网状细胞和巨噬细胞内有多量含铁血黄素沉着。慢性病例,脾静脉窦轻度淤血,脾白髓肿大,生发中心明显;脾索网状细胞显著增生,含铁血黄素沉着较少。

肝细胞呈严重颗粒变性、脂肪变性和胆色素沉着。急性病例的肝细胞内存有大小不等的脂肪空泡或微细的蛋白质颗粒,有时还见肝细胞呈渐进性坏死,肝细胞胞浆内有黄褐色胆汁色素。肝窦状隙扩张、淤血,窦内皮细胞增生、剥脱。在慢性病例的肝组织窦状隙内有较多的淋巴细胞和巨噬细胞散在或呈灶状积聚,在巨噬细胞内也吞噬有含铁血黄素。肝细胞胞浆内有时也见有胆色素沉着。

肾小管上皮细胞肿大,管腔狭窄,肾小管上皮胞浆内见有蛋白质颗粒或脂肪空泡,有的上皮细胞发生坏死、剥脱或形成管型。肾间质组织发生水肿、出血和有数量不等的淋巴细胞和巨噬细胞积聚。

淋巴组织充血、出血和窦腔内积有浆液性渗出物。慢性病例的淋巴组织表现增生,窦腔内同样见有大量淋巴细胞、巨噬细胞和少量中性粒细胞。

肺泡壁毛细血管强烈扩张充血伴有出血,肺泡腔内积有浆液、肺泡剥脱上皮和有少量中性粒细胞。肺间质水肿,中、小支气管内积有浆液和剥脱上皮细胞。

4. 诊断

病马严重贫血、黄疸,取外周血涂片在红细胞内检出梨形虫,可确诊。

二十八、马胃线虫病

马胃线虫病(stomach nematodiasis in horses)是由旋尾科(Spiruridae)柔线属(*Habronema*)的蝇柔线虫(*U. muscae*)、小口柔线虫(*H. microstoma*)和大口柔线虫(*H. megastoma*)的成虫寄生在马属动物胃内引起的寄生虫病。

1. 病原及其传播方式

蝇柔线虫虫体黄色或橙红色,头部有两个较小的三叶唇,咽呈圆筒形,有厚的角质壁。小口柔线虫,形似蝇柔线虫,但较大。咽前部有背齿和腹齿。大口柔线虫,头部有两个大而不分叶侧唇,并有横沟与体部隔开。咽呈漏斗形。

三种柔线虫虫卵或幼虫随宿主粪便排出,被家蝇或厩螯蝇幼虫等中间宿主吞食,发育为感染蚴,随着中间宿主化蛹为蝇。感染蚴自血腔移到喙部,通过吸血或舔舐伤口和马唇以及落入饲料饮水中被马属动物吃下而感染,在胃内发育为成虫,钻入胃黏膜腺体中。

2. 主要临床症状

线虫的机械刺激和有毒的代谢产物可引起慢性胃肠炎,消化不良,食欲不振,渐进性消瘦,甚至周期性疝痛。

3. 病理变化

大口柔线虫致病力最强,常在马胃腺区形成大的肿物,在肿物顶部有小孔,内为隐藏虫体的瘘管,轻压可排出含有虫体或幼虫的坏死物。继发细菌感染,导致肿物化脓(图10-9,见图版),严重的造成胃破裂,继发腹膜炎。蝇柔线虫和小口柔线虫机械地刺激胃黏膜,可见黏膜损伤和溃疡,胃腺体萎缩等病变。

4. 诊断

病马胃黏膜有脓肿或溃疡,在脓肿可检出胃线虫肠体。

二十九、马圆线虫病

马圆线虫病(equine strongylidosis)是指一些圆形科(Strongylidae)和毛缓科(Trichonematidae)线虫寄生于马的盲肠和大结肠中引起的一类消化道圆线虫病。由于这些线虫同属圆形亚目,故统称圆线虫。呈世界性分布,所有马属动物(马、驴、骡、斑马等)都有这类线虫寄生,而且是混合寄生。

1. 病原及其传播方式

马圆线虫呈灰红色或红褐色,具有发达的卵圆形口囊和叶冠,口领明显。无齿圆线虫呈深灰色或红褐色,形似马圆线虫,但头部稍大,口囊前宽后窄,囊内具背沟而无齿。普通圆线虫虫体较前两种小,呈深灰色或血红色。口囊底部有两个耳状的亚背侧齿,外叶冠边缘呈花边状结构。

该类线虫卵随宿主粪便排出体外,在自然环境中发育为第3期幼虫时,即有感染性,随宿主吃草或饮水吞入消化道,在十二指肠脱鞘后,不同种线虫各自采取特有的移行途径和发育过程。

马圆线虫幼虫钻入肠壁,在肠浆膜下形成结节,在其中蜕皮后,进入腹腔钻进肝实质,再次蜕皮后,经胰腺返回肠腔,在结肠中成熟。无齿圆线虫钻入肠黏膜,沿门静脉移行到肝脏蜕皮后,到腹膜下形成出血性结节。再沿结肠系膜到达盲、结肠肠壁再次形成出血性结节,最后返回肠腔发育成熟。普通圆线虫的幼虫钻入肠壁蜕皮后,第4期幼虫进入肠壁小动脉内膜下,向肠系膜动脉根移动,停留在动脉根部一些时期,再随血流返回盲、结肠壁小血管中,形成结节、蜕皮成第5期幼虫后回肠腔发育成熟。

2. 主要临床症状

感染马时有出现疝痛和后肢麻痹症状。幼驹腹泻及发育不良,成年马发生慢性消化机能紊乱、贫血、消瘦。幼虫寄生阶段引起内脏器官圆虫性结节形成和肠系膜动脉根血栓性栓塞。

3. 病理变化

圆虫性结节:

[剖检]　宿主常常混合感染各种圆虫,所以剖检时难于分清结节是哪一种圆虫所致。结节的分布以肝为常见,其次是肠壁和肺,偶见于心内膜、肺门淋巴结和纵隔淋巴结。肝脏结节多少不等,粟粒大、圆形,灰黄色。陈旧性结节钙化硬实、灰白色、有纤维膜包裹,刀切有沙粒感,故称"沙粒肝"(图10-10,见图版),结节易于剥脱。肠壁上结节量少,黄豆大、硬实。肺上结节多分布于尖叶和膈叶前下部,形似肝上的结节。

[镜检]　结节中央见幼虫残骸,周围有大量嗜酸性粒细胞及其碎片,外裹肉芽组织膜。随时间的延长,中央坏死组织浓缩,肉芽组织膜增厚,胶原化,或者结节中有多量马圆线虫病肝圆虫性结节的组织相钙盐沉积,周围上皮样细胞和异物巨细胞浸润(图10-11,见图版)。最后结节中央坏死组织吸收排除,由肉芽组织增生而机化。

圆线虫性结节的愈复方式有两种:一种是早期愈复,多见于细小的早期结节,即在结节中心坏死物的外周积聚多核巨细胞,它们伸出胞浆突起紧贴于坏死物周边,将坏死物吞噬、溶解、吸收,与此同时原来的固有组织(如肺泡)也开始再生,然后逐渐发育为新生的有生命的组织取代寄生虫结节。另一种愈复见于晚期钙化结节。在结节中央钙化区相邻接的透明化的胶原纤维内,产生一种梭形的"异物性上皮样细胞",后者融合成为多核巨细胞,能营变形运动。在紧贴钙化区的细胞表面可见类似上皮细胞"刷毛缘"的胞浆突起,起着对钙化物的溶解、吸收作用,致使钙化区出现大小不一、形态不规则的空隙,后者随即被新生的富有毛细血管的肉芽组织所填充。在清除钙化物及肉芽组织新生的同时,邻近组织或结节中的活组织不断地出现新生。例如,肺脏在钙化物被清除后,可见支气管再生和肺泡的再形成;肝脏则见再生的肝细胞排列成索状和岛状,并见毛细胆管形成,颇似胚胎早期的肝组织结构。

圆虫性动脉炎:主要是普通圆线虫在动脉内寄生所致。常见于前肠系膜动脉根和回、盲、结肠动脉。初见动脉内膜炎及血栓形成,继而中膜平滑肌变性、坏死、嗜酸性与中性粒细胞浸润。随着血管内血栓机化,血管壁弹力纤维断裂以及结缔组织增生,使管壁增厚,内壁粗糙,弹性降低,形成梭形或球形的局部扩张。犹如肿瘤外观,故称为"动脉瘤"。陈旧的动脉瘤可钙化、骨化,在血栓中可见虫体。

慢性卡他性肠炎:盲结肠黏膜肿胀、点状出血和小溃疡形成。肠内容物中有大量圆线虫。镜检见肠黏膜上皮不同程度坏死、脱落,固有层嗜酸性粒细胞和淋巴细胞浸润,肠腺萎缩,结缔组织增生。

4. 诊断

从病马粪便中检出虫卵,并计数每克粪便达 1000 个以上的虫卵,即可诊断为圆线虫病,应予以驱虫。直肠检查肠系膜动脉根部有无动脉瘤,有助于对普通圆线虫病的确诊。肺脏结节要与鼻疽结节鉴别。

三十、马脑脊髓丝虫病

马脑脊髓丝虫病(equine eerebrospinalfilariasis)是牛腹腔指状丝虫(*Setaria digitata*)的晚期丝虫(童虫)迷路侵入马脑脊髓引起的疾病,主要侵害腰髓支配的运动神经。临床呈现痿弱和共济失调症状,故又称"腰痿病"或"腰麻痹"。我国长江流域和华东沿海地区多见该病。骡、羊也有发生。

1. 病原及其传播方式

牛腹腔指状丝虫的童虫,为乳白色小线虫,长 1.6～5.8cm。成虫产生的微丝蚴出现在牛外周血液中,当蚊虫(雷氏按蚊、中华按蚊)叮咬吸血时,进入蚊体发育成为感染性第 3 期幼虫,随带虫蚊再吸血而传递给新宿主,使马(或羊)感染。幼虫随血流抵达脑脊髓发育成长为童虫,并引起脑脊髓损伤而发病。

2. 主要临床症状

发病多在多雨潮湿的季节。病马多因腰麻痹卧地不起,褥疮感染后发生败血症死亡。

3. 病理变化

[剖检] 基本病变是寄生虫性脑脊髓实质局灶性出血和软化。脑膜充血、出血和胶样浸润。病灶分布不定位、形状不规则和颜色不一致。脑与脊髓的白质与灰质均可见大小不等的红色、黄褐色或淡黄色胶冻状液化灶,或呈海绵状结构。多见于脑底部附近与胸腰部脊髓。病灶附近可见虫体和虫体移行遗留的条状缺损病变。

[镜检] 病灶组织断面周围组织变性、坏死和溶解,伴有出血、水肿。病区血管周围有嗜酸性粒细胞和淋巴细胞浸润形成的管套。陈旧的则以淋巴细胞为主的管套,散见吞噬含铁血黄素的巨噬细胞和神经胶质细胞增生。脊髓的神经纤维脱髓鞘。脑膜和脊髓血管扩张充血,硬脑膜、软脑膜均见有出血灶。蛛网膜下腔充满浆液纤维素性渗出物,有时也可见虫体的断面。

此外,肝淤血,肝小叶周边区细胞脂肪变性。肾间质性炎症,膀胱黏膜充血、出血、增厚。脾白髓增生,臀肌群萎缩等。

4. 诊断

用牛腹腔指状丝虫抗原作皮内试验反应,可作早期诊断。后期可以据流行病学、临床特征综合判断确诊。病理剖检及组织学检查可确诊此病。临床要与外伤、风湿症、骨软症相鉴别。

三十一、马胃蝇蛆病

马胃蝇蛆病(gasterophilidae myiasis in horses)是由双翅目、环裂亚目、胃蝇科、胃蝇属(*Gastrophilus*)的各种胃蝇幼虫寄生于马属动物的胃肠道内所引起的一种慢性寄生虫病。该病在我国特别是吉林、辽宁、甘肃、山西、陕西、内蒙古等地的草原马匹感染率极高。

1. 病原及其传播方式

马胃蝇蛆是肠胃蝇、红尾胃蝇等胃蝇的幼虫。呈红色或黄色,分节明显,每节有1~2列刺;幼虫前端稍尖,有一对发达的口前钩。后端齐平,有一对后气孔。寄生于马、驴、骡等单蹄动物外,也偶尔寄生于兔、犬、猪和人的胃内。

胃蝇产卵于马口鼻皮肤或饲料等处,经马舔食进入胃而感染。

2. 主要临床症状

幼虫感染初期,病马表现咳嗽、喷鼻或吞咽困难等症状,慢性病例呈现消化、吸收机能障碍及慢性胃炎和贫血、消瘦与使役能力降低。

3. 病理变化

[剖检]　幼虫感染的第一阶段,在感染马的咽、软腭、舌根和齿龈黏膜寄生的幼虫以口前钩叮附于黏膜,引起黏膜损伤、溃疡,有时发生水肿、炎症或黏膜坏死。随后幼虫进入胃和十二指肠,以其锐利的口钩刺入黏膜。寄生的虫体数目多少不等,少者1~2个,多时可达数百个(图10-12,见图版)。虫体寄生部黏膜充血、出血、水肿。在胃壁贲门无腺区形成喷火口状的溃疡,其中心深达4mm,严重时导致胃穿孔。

[镜检]　见胃、肠壁溃疡部有淋巴细胞和嗜酸性粒细胞浸润,黏膜下层见有水肿、出血及炎性细胞浸润和结缔组织增生。溃疡灶周边的鳞状上皮呈现过度增生。当幼虫移行至直肠黏膜寄生时,可引起直肠黏膜充血、出血和炎症反应,严重时也发生黏膜溃疡。

4. 诊断

见病马口腔、胃有蝇蛆寄生即可确诊。

第十一章 营养缺乏与代谢性疾病病理

目前世界各国畜禽的某些传染病和寄生虫病均得到了较好的控制,而代谢性疾病和营养性疾病就相对地显得比较突出,并且这些疾病的发病率和死亡率也较高,所以有必要对其进行深入研究。

一、维生素 A 缺乏症

维生素 A 缺乏症(hypovitaminosis A)可因饲料中缺乏维生素 A 或胡萝卜素以及因饲料贮存不当而使这些物质受到破坏而引起。其次,由于肝脏和胰腺疾患影响了胆汁或胰液的生成和排出,使脂溶性维生素吸收障碍而导致维生素 A 缺乏。此外,胃肠疾患和动物体内存在如氯化萘(chlorinated naphthalene)等抗维生素 A 物质,也能引起动物体内维生素 A 缺乏。维生素 A 缺乏所呈现的病理变化,概括有以下几方面。

(一)上皮的完整性受损伤

维生素 A 有维持上皮细胞生物膜结构完整及其正常功能的作用。维生素 A 的化学本质是环状不饱和一元醇,它参与组织细胞的氧化和还原过程。维生素 A 能激起细胞生物膜中不饱和脂肪酸的氧化作用,增强上皮细胞的呼吸和分泌功能。因此,维生素 A 缺乏时,上皮细胞质膜氧化还原过程减弱,导致其分泌功能降低,从而引起上皮细胞萎缩、变形以至化生为角化的鳞状上皮,并常引发下列一些疾病。

1. 夜盲症

视网膜内的杆状细胞在感光(感弱光)时,细胞内的视紫红质分解为视蛋白和视黄醛,后者随即被消耗而常要补充新的视黄醛与视蛋白结合重新合成视紫红质,以备感光之用。这种新的视黄醛补充必须由维生素 A 来完成,所以维生素 A 是维持视觉的必需物质。当发生维生素 A 缺乏症时,视紫红质不断分解,视黄醛大量消耗而得不到新的补充,因而杆状细胞内的视紫红质含量下降,所以病畜在暗处视物不清,即发生"夜盲症"。

2. 干眼症及角膜穿孔

维生素 A 缺乏可引起泪腺上皮细胞变化,泪液分泌减少,从而导致眼结膜干燥。泪液有抑菌作用,泪液缺乏可使局部易被细菌感染而致角膜软化甚至穿孔。

3. 皮肤角化增厚

维生素 A 缺乏可使皮肤过度角化而增厚,而且可使毛囊内根鞘的内鞘小皮和外根鞘的扁平细胞过度角化;角化物质充塞毛囊内腔并突出于毛囊之外,故于皮肤表面形成棘刺,影响毛的生长。

4. 内部器官的变化

鸡发生维生素 A 缺乏症时,其咽部黏膜和食管黏膜黏液腺及导管上皮发生鳞状上皮化生、增生和脱落而导致管腔堵塞,故常在黏膜表面存有白色脓疱样粟粒大的小结节。镜下观察为黏膜上皮消失,消化层增厚突出(图 11-1,见图版)。上述变化也常见于口腔黏膜、嗉囊黏膜和腺胃黏膜表面。

气管及支气管黏膜的假复层柱状纤毛上皮变为复层鳞状上皮,维生素 A 严重缺乏时也发生角化。

生殖系统和泌尿系统的变化表现为子宫黏膜上皮细胞变为复层鳞状上皮,使黏膜机能改变而影响受精卵着床,导致不孕乃至引起流产、死胎和畸形。肾盂、输尿管和膀胱的变移上皮常变为复层鳞状上皮,并以脱落的上皮为核芯沉积钙盐或形成结石。

(二)骨骼生长障碍

维生素 A 缺乏可影响膜内成骨和软骨内成骨。在结缔组织中的硫酸软骨素在生物合成过程中需要硫酸激酶催化,而维生素 A 是这种酶的辅酶;由于硫酸软骨素是软骨和骨的主要基质,因此维生素 A 缺乏时,对软骨和骨形成有显著影响,使骨骼生长障碍,故病畜表现体格矮小和发育不良。

维生素 A 缺乏时,由于动物的骨骼生长停滞,但中枢神经组织仍继续生长,故常使脑组织及脊髓组织被挤入椎间孔而发生神经麻痹、神经变性与坏死。

二、维生素 B 缺乏症

维生素 B 族是包括许多无统一特性而彼此之间又有一定联系的水溶性维生素。维生素 B 族中包括维生素 B_1、维生素 B_2、维生素 B_6、维生素 B_{12}、维生素 PP、叶酸、胆碱以及对氨基苯甲酸等。常见的维生素 B 缺乏症(hypovitaminosis B)有以下几种。

(一)硫胺缺乏症(thiamine deficiency)

硫胺又名维生素 B_1 或抗神经炎维生素,它广泛存在于酵母类、谷类、米糠、麦麸及青草中。在反刍动物瘤胃内,还能在细菌作用下合成硫胺。

硫胺被机体吸收后,在体内经过磷酸化变成焦磷酸硫胺,在细胞糖代谢过程中,焦磷酸硫胺是多种酶的辅酶,所以硫胺是细胞糖代谢过程中所必需的物质。例如,脱羧酶的辅酶是糖代谢过程中 α-酮酸氧化脱羧反应时不可缺少的物质。焦磷酸硫胺又是转酮基酶的辅酶,它在糖代谢过程中也起着重要作用。所以,硫胺缺乏症主要是由于焦磷酸硫胺缺乏而引起糖代谢和脂肪酸代谢障碍。

此外,焦磷酸硫胺对乙酰胆碱酯酶有抑制作用,并能促进乙酰胆碱合成。故硫胺缺乏时乙酰胆碱合成减少,导致胃肠蠕动弛缓和消化酶分泌减少;并由于糖代谢障碍时胃肠功能降低而引起消化不良和厌食等症状。

硫胺缺乏还能引发多发性神经炎病变。因神经所需的能量大部分来自糖代谢,所以糖代谢障碍时神经系统最易受损而常导致神经呈节段性髓鞘变性或脱失、施万细胞水泡变性、间质水肿和循环障碍等变化。后期由于施万细胞和神经轴突崩解而引起继发性炎症,故在局部见有巨噬细胞和白细胞浸润。由于神经的损伤,常导致感觉和运动障碍,呈现共济失调症状。

家禽患硫胺缺乏症时,初期表现厌食、精神不振、羽毛蓬松、体重减轻、脚软无力和步态不稳。当病变继续发展时,腿、翅膀和颈部骨骼肌发生麻痹,故病鸡呈坐地、缩颈和背头而呈所谓"望星"姿势,继而失去站立能力而卧倒在地。

毛皮动物(如蓝狐、银狐、水貂等)也常因在喂饲的鱼类动物性饲料中含有破坏硫胺的酶而发生痉挛、麻痹和昏迷等症状。

(二)核黄素缺乏症(riboflavin deficiency)

核黄素又称维生素 B_2,富含于酵母、苜蓿、牧草、发芽种子及动物性饲料中。核黄素在生物组织中分布很广,其大部分与蛋白质结合成黄素酶类。黄素酶是细胞的重要氧化还原酶,如心肌黄酶及 D-氨基酸氧化酶的辅基即是核黄素的二核苷酸。如果核黄素缺乏和组织内的黄素酶含量减少,细胞的氧化机能易发生障碍;核黄素还参与血红蛋白的形成。

禽类缺乏核黄素时表现生长缓慢,消瘦,脚趾向内侧弯曲和不愿走动。如强迫驱赶时病鸡常以翅膀和胫跗关节辅助走动甚至发生瘫痪。由患核黄素缺乏症母鸡所产的种蛋孵出的雏鸡,其体形矮小和绒毛发育不全,并因绒毛不能突破鞘而呈现卷曲状,即形成所谓"结节状绒毛"。坐骨神经和臂神经常表现肿胀和疏松,这主要是由于神经髓鞘的变性与脱失及神经轴突崩解所致。

猪缺乏核黄素时表现生长缓慢、皮肤发炎、皮肤溃疡及鬃毛脱落。严重的溃疡可波及蹄冠,甚至引起蹄匣脱落。有时还可呈现角膜混浊、角膜炎、白内障以及贫血等症状。

(三)烟酸缺乏症(nicotinic acid deficiency)

烟酸又称抗癞皮维生素或维生素 PP,存在于酵母、肉类和肝脏等组织中。此外,反刍动物、马、猪、狗和鸡等体内均能自行合成此种维生素。烟酸在动物体内可衍生为烟酰胺,是组成脱氢辅酶 Ⅰ、Ⅱ 的成分。脱氢酶在代谢过程中起着催化体内各种物质的脱氢氧化作用。烟酸缺乏时,引起组织呼吸氧化机能障碍。动物患烟酸缺乏症主要表现为"糙皮病",多发生于猪和家禽。其主要病变有皮肤炎、消化道病变及神经的损伤等。

1. 皮肤炎

烟酸缺乏时体内血卟啉(hematoporphyrin)增加,皮肤对光照的敏感性增强,所以在面部、耳、背臀部、四肢外侧及尾部等易受日光照射部位的皮肤易发生光过敏性皮炎。病变初期出现红斑,继之形成水疱,以后形成黑色结痂。镜检:可见表皮角化层增厚,真皮乳头层血管充血、水肿,血管周围有炎性细胞浸润。皮炎常为两侧对称性发生,界线明显。

2. 消化道病变

口腔及舌黏膜发炎。舌黏膜充血和形成溃疡(黑舌病)。肠黏膜也有糜烂和小溃疡灶,尤以结肠变化为重。此时在临床上常表现食欲减退、腹泻、消瘦和贫血等症状。

3. 神经系统病变

脊髓白质的神经纤维变性和脱髓鞘。脊髓腹角运动神经元肿胀和水泡变性,故临床上见有步态僵硬和举足困难等症状。

（四）泛酸缺乏症（pantothenic acid deficiency）

泛酸存在于酵母、苜蓿、谷物及肝组织中，玉米不含泛酸。泛酸在组织中是辅酶 A 的组成成分，并参与糖、脂肪和蛋白质代谢过程，因此各种组织细胞都需要有泛酸。机体缺乏泛酸时各器官系统都能引起损伤性变化。

1. 皮肤变化

患泛酸缺乏症的动物，皮肤粗糙，有鳞垢与落屑。此种病变多见于口角、眼睑及翅膀等部皮肤。在脚趾部皮肤发生破溃或裂痕。雏禽常呈羽毛褪色、松乱、断裂和脱落，爪部皮肤破溃（图 11-2，见图版）。

2. 内脏器官变化

胃肠表现黏液分泌增多；严重时黏膜呈现糜烂或溃疡和有时伴有出血。肝、肾呈轻度混浊肿胀。造血系统机能降低，呈现全身性贫血和脾萎缩。淋巴组织表现胸腺、法氏囊、脾及肠淋巴小结的淋巴细胞坏死。

3. 神经系统的损伤

脊髓的神经纤维发生变性、脱髓鞘及神经细胞肿胀和坏死，所以后肢常出现运动神经障碍而表现有特殊姿势。

（五）维生素 B_6 缺乏症（VB_6 deficiency）

维生素 B_6 包括吡哆醇、吡哆醛和吡哆胺，其与蛋白质代谢有密切关系。维生素 B_6 是氨基酸转氨基和脱羧作用的辅酶。

鸡患吡哆醇缺乏症时，雏鸡表现食欲下降，生长缓慢，骨短粗和弯曲。脊髓神经和周围神经的神经纤维发生变性和脱髓鞘。雏鸡走动时肢体表现神经性颤动或呈急跳的动作。有时出现扑动翅膀、无目的地到处乱飞或倒在地上，头和脚呈急剧摆动等惊厥症状。

猪患吡哆醇缺乏症时，病猪食欲减退，生长缓慢，骨短粗，体格矮小，皮肤呈鳞片状并增厚。眼、鼻和尾部皮肤发炎，被毛粗刚，眼视觉障碍。血液呈小红细胞性低色素型贫血。肝脏脂肪变性。由于病猪周围神经和脊髓神经发生变性及脱髓鞘变化，故表现行走困难以致瘫痪。有时也出现惊厥症状。

犬患吡哆醇缺乏症时，心肌的损伤较为明显，其他变化与猪基本相同。

三、维生素 C 缺乏症

维生素 C 即抗坏血酸（ascorbic acid），主要存在于胡萝卜、甜菜及白菜等新鲜绿色饲料中。牛、猪、犬和家禽自身能从糖类合成维生素 C，故上述动物很少发生维生素 C 缺乏症（hypovitaminosis C）。维生素 C 是极易氧化与还原的物质，在细胞氧化还原系统中具有一定作用。维生素 C 也能促进脯氨酸转变为羟脯氨酸，对胶原合成有重要作用。维生素 C 还参与硫酸软骨素的合成。所以维生素 C 缺乏时能引起以下病变。

1. 血管系统的损伤

维生素 C 缺乏可使构成毛细血管内皮细胞和基膜基质的糖蛋白溶解及毛细血管周围胶原消失，导致毛细血管的通透性增加，引起畜、禽的黏膜、浆膜、皮肤、长骨外膜下、骨干与骨骺交界处出血。

2. 结缔组织系统的损伤

维生素 C 缺乏时,胶原合成受到影响,骨基质形成减少,因而影响软骨细胞和成骨细胞发育以及骨样组织生成,所以骨质变得薄而脆弱。由于骨外膜胶原纤维减少和张力下降,所以骨外膜下的血管发生扩张充血或出血。

3. 血液的改变

维生素 C 缺乏对病畜表现为贫血。因为维生素 C 缺乏能影响铁的吸收而发生缺铁性低色素性贫血。此外,在叶酸还原为四氢叶酸过程中,维生素 C 是必需的物质。所以当维生素 C 缺乏时,此还原过程必然发生障碍而引起幼红细胞性贫血。维生素 C 缺乏时还影响成骨细胞的分化而表现高度增生;增生的骨细胞充填于骨髓内,使骨髓内的其他造血成分被挤压而减少,于是引起造血机能降低和促进贫血的发生。

四、维生素 D 缺乏与钙、磷比例失调

畜禽的维生素 D 缺乏是由于饲料中维生素 D 含量不足或得不到充分的阳光照射。此外,维生素 D 是脂溶性维生素,所以凡能影响脂肪吸收的一些消化系统疾病,如胆道阻塞和脂性下痢等也能影响维生素 D 的吸收。

维生素 D 能促进钙和磷在肠道内吸收,促进钙在骨质内沉积,促进肾小管重吸收钙和排出磷。当维生素 D 缺乏时,肠内钙、磷吸收减少,骨内钙盐沉积障碍,肾小管对钙的吸收和磷的排出减少,所以造成体内缺钙和钙、磷比例失调,易发生佝偻病和骨软症。

(一)佝偻病

佝偻病(rickets)是由于维生素 D 和钙缺乏所引起的幼龄畜、禽骨化障碍性疾病。患佝偻病的幼畜和幼禽骨组织内的钙含量明显下降,硬骨组织缺乏钙盐沉积,而软骨组织表现持续增生。钙化不全的四肢长骨因负重而易弯曲,骨端膨大,肋骨和肋软骨交界处呈串珠状肿大。

1. 病因与发病机理

佝偻病发生的主要原因是维生素 D 的不足或缺乏,特别是维生素 D_2(麦角钙化醇)和维生素 D_3(胆钙固醇)的不足。维生素 D_2 是从植物中的麦角固醇经日光照射后衍生的,维生素 D_3 是由贮存于动物体皮下的 7-脱氢胆固醇经日光照射而衍生的。所以幼畜长期舍饲、缺少日光或紫外线照射时,可以引起维生素 D 缺乏症。

维生素 D 有促进钙、磷在肠道内吸收、钙在骨组织内沉积及肾小管重吸收钙和排出磷等生理功能,所以当饲料中的钙、磷比例平衡时,机体并不需要大量的维生素 D 来参与钙、磷代谢;但当体内钙、磷比例失调时,幼畜对维生素 D 的缺乏则极为敏感,此时其成骨细胞的钙化过程延迟,甲状旁腺激素促进小肠对钙的吸收作用降低,骨样组织也随之增多,于是发展为佝偻病。

2. 主要临床症状

佝偻病病畜多半表现营养不良,胸骨下突,脊柱弯曲,关节增大,两前肢多向外弯曲形成 O 形腿或前肢下部跪在地上。

3. 病理变化

[剖检] 长骨骨干管径增粗,骨膜下骨样组织增多。骨骺软骨较正常增厚,骨骺线呈锯齿状弯曲。肋骨与肋软骨交界处呈串珠状肿大。

[镜检] 见骨骺软骨细胞显著增生、肥大,向干侧生长,致使骨骺软骨增厚,骨骺线参差不

齐。骨骺的血管增多,这是由于从软骨外膜来的血管大量侵入骨骺和原骨骺中的血管增生所致。成骨细胞增生或纤维组织的玻璃样变,致使增生的血管壁明显增厚。新生的骨小梁数目减少而横径增宽,其中有较多的骨样组织。

患佝偻病的幼龄畜、禽通常抵抗力下降,故易发生支气管炎和肺炎。

(二) 骨软症

骨软症(osteomalacia)是指成年动物骨化完成后,因维生素 D 缺乏所引起的骨质软化性疾病。骨软症与佝偻病无论是发病原因或发病机理都基本相同,只是前者是在骨化完成后,因维生素 D 和钙或磷缺乏所引起;而后者是幼畜的骨骼尚未经钙盐沉积而呈现骨的钙化。

骨软症常发生于妊娠后期或泌乳期的高产乳牛。因此时母体需要大量的钙盐供给胎儿骨骼形成和乳汁生成,所以从骨中吸收钙盐而致骨质软化,在临床上常表现跛行或易发生骨折。

骨软症的病理变化主要表现为骨质软化、脆弱,因而容易锯割。骨的横断面见骨髓腔扩张和骨质疏松。盆骨和肋骨易变形;并常见有关节炎、腱鞘炎和肌肉萎缩等变化。

(三) 纤维性营养不良

纤维性营养不良(osteodystrophiafibrosa)是一种营养不良性骨病。其发病机理与骨软症相似,二者的区别是:前者在骨钙脱失的同时,骨基质被破坏,并被增生的结缔组织所取代;而后者是骨钙脱失后仍遗留有骨样组织。该病多见于马属动物和猪,其他动物如牛、羊、犬等较少发生。

1. 病因与发病机理

纤维性骨营养不良的主要发生原因是饲料中的钙、磷比例失调。马饲料中钙、磷的正常比例在 1.2∶1～2∶1 的范围之内。如果用钙、磷为 1∶2 乃至更高比例的饲料喂饲马,不论其摄入钙的含量多少,均易引起马的纤维性骨营养不良。

由于饲料中钙、磷比例失调,大量的磷与钙结合,形成不溶性的磷酸钙随粪便排出体外,从而导致机体缺钙。血钙不足可引起甲状旁腺机能亢进和甲状旁腺素(PTH)分泌增多,激活腺苷酸环化酶系统,促使钙离子从线粒体透出到胞浆内和使细胞外液中的钙离子透入到血液中以维持血钙水平;PTH 分泌增多,也抑制了肾小管细胞对磷酸盐的重吸收,使尿中的磷酸盐排出增多以降低血磷含量。如病势继续发展,甲状旁腺的代谢失调,从骨骼中可动用的钙减少而不足以维持血钙水平,因而骨骼中的钙盐沉着减少甚至停止,此时由于结缔组织增生而发展为纤维性骨营养不良。

2. 病理变化

[剖检] 表现全身骨骼呈不同程度的骨质疏松、肿胀和变形,骨膜增厚并不易剥离,骨膜下的骨质无光泽,有时呈黄褐色;骨表面和切面均呈疏松状,尤以切面更为明显;骨的重量减轻,硬度降低,容易锯割或易用针刺入。全身骨组织的变化虽基本相似,但由于部位不同也有各自某些特点。

头骨肿大明显,由于面骨和鼻骨对称性肿大,故呈"河马头"样。下颌骨的两下颌支体呈海绵状肿胀,下颌间隙变窄;其横断面组织疏松,富含血液而湿润。颈椎、胸椎、腰椎和荐椎骨体肿大,骨质疏松,表面粗糙并凹凸不平。四肢长骨不仅表现肿胀和骨质疏松,而且与肌腱附着部由于牵拉而使局部变形。骨的横断面见骨髓腔扩张,骨干的密质骨变薄,骨膜增厚,在骨膜下的骨质中见有混浊的黄色斑驳。肋骨与肋软骨交界处呈串珠状肿胀。肋骨易受外力而骨折,骨折局部愈合后呈球状肿胀。掌骨和跖骨的后面常发生有骨刺,大掌骨与小掌骨和大跖骨与小跖骨常愈着。肩胛骨和骨盆骨也肿胀变形。

[镜检] 见密质骨组织中的哈氏管、伏氏管及骨小管扩张。前二者中的血管扩张充血,有时出血。哈氏管和伏氏管周围骨板中的骨细胞肿胀、变性和坏死,钙质脱出并呈远心性向外扩展,骨基质也同时受到破坏,被血管周围增生的结缔组织取代。在此病理过程中,既见有破骨细胞对骨组织呈陷凹状破坏吸收,同时也见有成骨细胞的再生修复(图 11-3,见图版)。在未受破坏的骨板中有残留的骨样组织。松质骨中的骨小梁也见钙质脱出、变细,有的被结缔组织取代。由于结缔组织增生,骨髓腔被纤维化而管腔变窄。

除骨组织变化外,还可见关节发炎而肿大,关节面软骨变性、坏死、脱落或形成虫蚀样溃疡灶。甲状旁腺肿大,主细胞增生。在肺泡壁、胃黏膜、肾小管上皮和血管壁的内弹性膜等处有蓝色块状钙盐沉积。至疾病的后期,由于骨髓造血机能减退,病畜发生贫血、水肿、消瘦和呈恶病质状态。

(四)羔羊弯腿病

羔羊弯腿病(bent-leg)是一种营养缺乏性疾病,因前肢长骨向外弯曲而得名。该病仅见于羔羊,多在春季发生,发病率较高,可达全群羔羊头数的 40%。该病多发生在未经改良的草场上放牧的羔羊。用磷酸钙施过肥的草地则无此病发生。此外,用含低钙、磷的饲料喂饲时也可引起类似的症状。病羔羊的血钙和血磷含量虽无明显改变,但目前认为该病是由于缺钙、缺磷或单纯缺磷所引起。而补饲钙、磷或单纯补饲磷以及改良草地均可使发病率降低。

羔羊弯腿病的特征是前肢弯曲而后肢较少发生。羔羊在生后 2~3 周龄开始见前肢自腕部开始向外侧弯曲,经过 4~5 周后则前肢变形而呈"O"形腿,到离乳时变化达到最严重。发病初期,前肢表现软弱无力;以后由于腿向外弯曲,使腿的支撑点改变,故蹄的外侧面常受磨损,致使蹄部变形。病肢关节肿大,关节腔内有大量的黄白色黏稠液体,关节面存有溃疡和缺损。骨骺软骨增厚,但骨骺线仍很明显;密质骨未见明显改变。光镜检查,见软骨内的骨化障碍,软骨增多。虽然羔羊弯腿病的变化与维生素 D 缺乏引起的骨质软化症相似,但补饲维生素 D 或多种微量元素的混合矿物质时,均不能使病症恢复,而补饲钙、磷或迁移至优质草场放牧时可使病羔逐渐康复。

(五)牛变性性关节病

牛变性性关节病(degenerative arthropathy)是以关节面损伤为特征的一种代谢性疾病,主要表现后肢跛行;严重时呈进行性消瘦,影响生长发育。肉用幼牛多发,呈散在发生。

1. 原因与发病机理

该病的发生原因尚无定论。一般认为饲料中的钙或维生素 D 的含量不足或缺乏、钙和磷的比例失调(过高)以及缺铜等均能成为该病的发生原因。因此,大量饲喂谷物、长期舍饲以及缺乏日光浴或紫外线照射等均易发生该病。铜是多种氧化酶的组成成分,其中单胺氧化酶即含有铜的成分。单胺氧化酶参与骨基质胶原和心血管系统的弹性蛋白的形成。饲料中缺铜,则单胺氧化酶活性降低,骨基质的胶原结构形成发生障碍,软骨内骨化机能不全。此外,牛的品种(肉牛)或遗传性(弯曲度小的后肢)等也是发生该病的潜在性因素。

2. 病理变化

关节囊肿大,关节腔内潴留混浊红褐色液体。关节囊增厚并常见钙化灶。关节面呈大面积糜烂,可深达松质骨中。在关节的骨表面有小的骨瘤增生,病变关节的骨骺变形。发病的关节多为负重较大、活动较强的髋关节和膝关节等。如病变发生在膝关节时,其半月板常因病变和磨损而变薄以至消失。

(六) 产后低钙血症

产后低钙血症(parturient hypocalcemia)又称为产后轻瘫(parturient paresis)或乳热症(milk fever),是成年母牛在分娩前后突然发生的一种代谢性疾病。该病的特征是低血钙症,全身肌肉无力,循环衰竭和四肢瘫痪。该病多发于高产奶牛,奶山羊也有发生。

产后低血钙症的发生,目前认为是因母牛在分娩前后的血清钙含量普遍下降,这是由于胎儿骨骼形成与泌乳消耗了大量的钙,因而从肠吸收的钙和从骨中动员的补充钙量不能满足所消耗的需要。或在妊娠期补饲了大量含钙的饲料,但未注意磷的补充,从而使磷钙比例失调,也能影响骨钙的调节。此外,甲状旁腺机能减弱,肝、肾疾患以及维生素 D 的不足等也与该病具有密切关系。

当血钙离子减少时,神经肌肉的兴奋性增高,故肌肉发生痉挛或搐搦现象。在血清钙离子含量逐渐下降的同时,血清镁的含量则相对升高,成为高镁血症。镁离子对中枢神经的兴奋性有抑制作用,故此时病畜呈现出衰弱、肌肉无力、沉郁和昏迷等症状,而此时由低钙血症引起的搐搦症状则被高镁血症所解除。如果在发生低钙血症的同时也存在低镁血症(放牧牛易发生季节性低镁血)时,则搐搦症状仍持续存在下去。所以,若以搐搦症为特征的产后低钙血症的病牛,其血镁水平是低的。如进一步发展时,致使心血管系统循环衰竭和肌肉损伤等变化出现,病牛则发展为"母牛卧地不起综合征"(the downer cow syndrome),表现为产后低血钙症,如无并发症时通常不伴有明显的病理形态学变化。

五、鸡痛风

鸡痛风(gout)是指由于核蛋白代谢障碍,引起以尿酸盐(主要是尿酸钠)沉着于体内一定部位(如软骨、腱鞘、滑膜及皮下结缔组织和内脏器官的浆膜面等)为特征的一种疾病。该病多发生于鸡,也可发生于水禽。

1. 原因与发病机理

尿酸是核酸或嘌呤的最终代谢分解产物。尿酸来源于体内合成的嘌呤类物质或来自核酸分解者称为内源性尿酸;若由食物中嘌呤类物质分解而生成者称为外源性尿酸。尿酸生成后主要经肾脏排出,其次是经肠道排泄。机体内核酸及嘌呤类物质发生代谢障碍时,尿酸即在体内沉积。

痛风发生的原因比较复杂,一般认为是由于饲料中核酸及嘌呤类物质含量过多、维生素 A 和 D 缺乏、矿物质的量配合不当、肾功能障碍或其他引起细胞内核酸大量分解的疾病。此外,禽舍拥挤、运动和日光照射不足也可诱发该病。

痛风病的尿酸主要沉着在软骨、腱鞘、韧带、滑膜和浆膜等部位,这与这些部位的理化学特性有关。尿酸在血液和组织液内保持溶解状态需要弱碱性环境,并与蛋白质结合成复合化合物。软骨和腱鞘等组织的血液供应较其他组织少,且血流比较缓慢,容易形成偏酸性环境而使尿酸盐难以溶解,并析出结晶。同时,软骨和腱富有钠离子,亦能影响尿酸钠在这些组织中的溶解度。

2. 主要临床症状

患痛风的病鸡在临床上表现为食欲减退，逐渐消瘦和衰竭，鸡冠和肉髯因贫血而苍白，产卵率下降或停止，粪便中含有多量尿酸盐，呈白色、半液状。

3. 病理变化

由于尿酸盐在体内沉积的部位不同，痛风可以分为关节型和内脏型两种病型；有时两者可以同时发生。

关节型痛风：其特征为脚趾和腿部关节肿胀，有疼痛感，行动软弱无力。

〔剖检〕 关节软骨（尤其是趾关节和腿部关节的软骨）、关节周围结缔组织、滑膜、腱鞘、韧带及骨骺等部位都见有尿酸盐沉着。随着炎症发展，尿酸盐沉着部周围的结缔组织逐渐增生、成熟和瘢痕化，形成致密、坚硬的痛风结节。结节切面中央为白色或稍黄色的团块，周围为伴有炎性反应的增生结缔组织。在关节中沉着尿酸盐时，可使关节肿大变形并形成尿酸石（痛风石）。

〔镜检〕 在尿酸盐沉着的部位，组织发生变性、坏死，周围发生炎性水肿、白细胞浸润等炎症反应，因而引起局部肿胀和质地变软。眼观的黄白色团块是由无定形的尿酸钠与尿酸结晶构成。

内脏型痛风：在鸡群中最为常见。

〔剖检〕 其特征为在胸、腹腔和心脏的浆膜面以及皮下结缔组织内有白色、粉末状、粟粒大的尿酸盐沉着。肾脏肿大，颜色变淡，表面和切面上形成散在的白色尿酸盐小点。输尿管肿大，管腔中充满石灰样沉淀物。严重的病例，在心、肝、脾和肠系膜上可见石灰样的尿酸盐沉着。沉着的尿酸盐多时，形成一层白色薄膜，覆盖在脏器表面。

〔镜检〕 腹膜尿酸盐呈针状或菱形结晶，往往伴发浆膜炎。实质脏器尿酸盐沉着部的实质细胞坏死、崩解，其周围的实质细胞变性、坏死和结缔组织增生，并见巨细胞与炎性细胞浸润（图11-4，见图版）。

六、硒和(或)维生素 E 缺乏症(hypovitaminosis E and or selenium deficiency)

硒是动物体内必需的微量元素。研究证明，畜、禽的饲料和畜禽组织内硒的含量有明显的相关性。植物低硒致使动物发生缺硒。已知世界很多国家和地区都广泛分布有低硒的土壤，我国东北、西北、西南、江浙等14个省区属于低硒地带，这些地区的牧草含硒量通常偏低。由于硒在生物学功能上与维生素 E 有协同作用，故已往研究多半是针对畜禽硒与维生素 E 合并缺乏而言的。迄今已发现约有 40 种动物因缺乏硒而致病。其最主要的疾病有幼畜的肌营养不良（白肌病）、猪的营养性肝病、仔猪桑椹心病、雏鸡的渗出性素质与胰腺萎缩等。

硒是谷胱甘肽过氧化物酶（GSH-PX）的必需组成成分，测定 GSH-PX 的活性可以诊断缺硒及缺硒性疾病。GSH-PX 能催化还原型谷胱甘肽变成氧化型谷胱甘肽，同时使有毒的过氧化物（ROOH）还原成无害的羟基化合物，并使 H_2O_2 分解，因而可以保护细胞膜的结构与功能不受过氧化物的损害。硒一方面通过形成 GSH-PX 分解过氧化物，防止对细胞的过氧化破坏反应，保护红细胞膜、肝线粒体膜、微粒体膜及溶酶体膜免遭损害；另一方面能加强维生素 E 的抗氧化作用，二者在这一生理功能上有协同作用。应用电镜和组织化学方法研究证实：缺硒时细胞膜上 Na^+、K^+、ATP 酶及 S-核苷酸的活性明显降低，含量减少，这被认为是引起肝坏死的原因，并可能与缺硒及维生素 E 引起的抗氧化作用降低有关。

虽然硒与维生素 E 均有抗氧化作用，但一个硒原子的抗氧化作用相当于 700～1000 个维生素 E 分子,它们的抗氧化作用机理也不相同;维生素 E 能抑制脂肪酸过氧化物的生成,防止细胞膜性结构遭受过氧化物的损害,而硒则是参与破坏已生成的过氧化物而起抗氧化作用。

各种生物种系中都有自由基广泛存在,而硒能通过 GSH-PX 阻止自由基产生的脂质过氧化反应(即氧化细胞上丰富的不饱和脂肪酸),因为这种反应过强,会损伤细胞及细胞膜的结构和功能,使 DNA、RNA、酶等产生种种生化异常变化,干扰核酸、蛋白质、黏多糖、酶的合成代谢,直接影响细胞的分裂、生长发育、繁殖与遗传。因此,硒在机体中主要生理功能包括抗氧化作用,保护细胞完整性,参与体内的糖代谢、脂肪代谢、生物氧化、蛋白质合成、核酸合成等生化过程,还与视力、神经传导、心血管系统的功能和免疫等有关。

硒缺乏症与低硒营养、维生素 E 不足、不饱和脂肪酸的水平、重金属的含量、共同对低硒耐受力和调解力强弱等因素有关。另外,不正常的肌肉活动、气候变化、饲料条件及并发某些疾病等都可以使之诱发。缺硒所呈现的组织器官的病变,主要是由微血管变化引起的渗出性素质、肌组织(骨骼肌、心肌、平滑肌)变质、肝坏死和胰纤维化(禽类)、淋巴器官(胸腺、脾、淋巴结、禽类的法氏囊等)发育受阻及淋巴组织变性、坏死,并因而引起相应的一系列机能变化。

现将各种动物硒缺乏症的主要病理变化分述如下。

(一) 仔猪硒缺乏症

硒缺乏症是由于饲料中硒含量不足所引起的营养代谢障碍综合征。仔猪硒缺乏症主要表现为营养性肝病和营养性肌病(白肌病和桑葚心病)。

营养性肝病

1. 主要临床症状

急性病例多见于营养良好、生长迅速的仔猪,以 3～15 周龄猪多发,常突然发病死亡。慢性病例的病程 3～7d 或更长,出现皮肤黄疸,水肿,不食,呕吐,腹泻与便秘交替,运动障碍,抽搐,尖叫,呼吸困难,个别病猪在耳、头、背部出现坏疽,体温一般不高。

2. 病理变化

[剖检]　肝脏肿大、淤血,被膜下常见淤点。多数病例有许多灰黄色或灰白色的坏死灶。被膜上可见纤维素附着。胆囊壁因水肿而显著增厚。

[镜检]　肝细胞呈颗粒变性、脂肪变性和凝固性坏死。坏死一般多位于肝小叶中央带,随后累及中间带、周边带以至整个肝小叶。坏死的肝细胞溶解消失后,由漏出的红细胞填充,故小叶内呈现不同程度的出血,并可见巨噬细胞、嗜酸性粒细胞、中性粒细胞、浆细胞和淋巴细胞等浸润。在肝小叶间小动脉内膜中可见 PAS 阳性物质沉着。病程较长者可见小叶间质结缔组织和小胆管增生。

[电镜观察]　肝糖原、微粒体、溶酶体、粗面与滑面内质网减少,核蛋白体脱落,细胞质膜结构模糊。线粒体肿胀、嵴断裂、溶解和出现空泡。

桑椹心病

1. 主要临床症状

病猪常突然死亡。有的病猪精神沉郁、黏膜紫绀,躺卧,强迫运动常立即死亡。体温无变化,心跳加快,心律失常。有的病猪两腿间的皮肤出现形态和大小不一的紫色斑点,甚至全身出现出血斑点。

2. 病理变化

[剖检]　表现心腔扩张,心肌混浊,色苍白或紫红;多数病例可见灰黄色的坏死条纹或灰

白色的结缔组织瘢痕,心外膜及心内膜常呈线状出血,沿肌纤维方向扩散,眼观似桑椹状。病变以左心室外膜下肌层最显著。肝脏肿大呈紫红与土黄相间斑驳状,切面呈槟榔样花纹。肺水肿,肺间质增宽,呈胶冻状。

〔镜检〕　见心房病变较心室严重且发病较早,左心室又比室中隔和右心室显著。心肌纤维呈现颗粒变性、空泡变性、凝固性坏死和溶解。少数病例的坏死肌纤维上有钙盐沉着。坏死灶内由于肌纤维溶解消失而残留间隙,形成空架,或在坏死灶内有大量的巨噬细胞出现以清除残余的肌浆碎屑。心肌的间质,特别是心房部常见结缔组织呈疏松水肿,毛细血管及小动脉受损,红细胞漏出于组织中,且常见小动脉发生纤维素样变及血栓形成。病程较长的病例,坏死灶内有大量的成纤维细胞和胶原纤维出现而逐渐形成瘢痕。

白肌病

1. 主要临床症状

多发于20d左右的仔猪。患病仔猪一般营养良好,体温正常,食欲减退,精神不振,呼吸促迫,常突然死亡。病程稍长者,可见后肢强硬,弓背。行走摇晃,肌肉发抖,步幅短而呈痛苦状;有时两前肢跪地移动,后躯麻痹。部分仔猪出现转圈运动或头向侧转。

2. 病理变化

〔剖检〕　肌肉多半呈对称性损害,病变以颈部和肩胛部肌肉以及后躯的半膜肌、半腱肌、内收肌、股二头肌、臀中肌和腰肌等最明显。患病肌纤维苍白、混浊,呈鱼肉状(图11-5,见图版),并可见灰黄色或灰白色的坏死条纹。部分病例皮下有大量浆液渗出。

〔镜检〕　肌纤维呈不同程度的变性、坏死,坏死肌纤维呈不均匀肿胀,肌浆呈均质状或破裂成团块与碎屑。部分病例有钙盐沉。在水肿的间质及坏死的肌纤维内可见弥漫性的巨噬细胞、嗜酸性粒细胞、中性粒细胞、淋巴细胞与浆细胞浸润。病程较长时,肌纤维再生现象明显,新生的成肌细胞核成串状排列或在断端集聚成花蕾状;同时间质中成纤维细胞与毛细血管大量增生,以取代坏死的肌纤维并逐渐形成瘢痕。扁桃体、胸腺、脾脏、淋巴结等淋巴网状内皮器官中,淋巴滤泡变小,淋巴细胞减少。红骨髓中多核成红细胞与双核成红细胞增多。

肺脏淤血、水肿。肾脏,部分病例皮质部表面与切面呈黑褐色,镜检呈中度或重度的血红蛋白性肾病,在肾小管上皮细胞尤其是近曲小管上皮细胞胞浆中可见无数大小不等的血红蛋白滴。在肾小球囊和肾小管管腔内亦可见血红蛋白液或管型。

(二) 羔羊硒缺乏症

羔羊硒缺乏症又称白肌病(white muscle disease)、营养性肌营养不良(nutritional muscular dystrophy)或僵羊病(stiff lamb disease)。羔羊白肌病是一种急性或亚急性代谢病,1~6周龄羔羊多发,以骨骼肌和心肌发生变性、坏死和肌间结缔组织增生为特征。该病有广阔的地理分布,发病率和死亡率均很高。

病理变化

〔剖检〕　主要限于骨骼肌与心肌。骨骼肌呈对称性受损,以背最长肌、腰肌、股二头肌及半腱肌等变性、坏死最明显。患病肌肉呈灰白色乃至白色,坏死肌纤维束呈线形的白色条纹,也可出现淤点、淤斑及水肿。心肌的病变一般以右心室较严重。心室壁变薄,心肌色淡,心内膜和外膜下有淡黄色混浊的坏死条纹或斑块。右心室内膜下还可见灰白色石灰样的坏死斑块。

〔镜检〕　初期肌纤维肿胀,横纹消失,以后断裂、坏死与溶解,肌间结缔组织增生,毛细血管充血,肌纤维间和肌纤维内有巨噬细胞、淋巴细胞及中性粒细胞浸润,最后肌纤维可完全或大部被增生的肉芽组织取代,在残余的肌纤维中可见再生现象。在右心内膜下心肌坏死、溶解和消失,残留的坏死肌纤维碎块上常见有钙盐沉着。心外膜下肌纤维被肉芽组织取代,残留的肌纤维发生变性、坏死。左心室表现心肌纤维萎缩、变性、断裂及间质结缔组织增生,并可见肌纤维溶解消失后留下不同程度塌陷的基质网架所构成的"肌溶灶"。肝脏见肝细胞呈脂肪变性,肝小叶中央带乃至中间带发生凝固性坏死。肺脏表现淤血和水肿。

(三) 犊牛硒缺乏症

多发于4~6周龄的肉牛。

[剖检]　通常见骨骼肌与心肌有显著坏死与钙化病变。当心脏广泛受损时,肋间肌与膈肌亦经常受损害,但其他部位的骨骼肌受损较轻。犊牛心脏的病变,通常左心室比右心室严重,表现心脏扩张,心外膜和心内膜下肌层有淡黄白色坏死斑点、条纹或片状的病灶。尤以心壁外层的病变最为显著。乳头肌的坏死、钙化部位呈奶油白色。骨骼肌受损最严重的部位为腿部和肩部肌肉,但其他的一些肌肉也可受损,病变为两侧对称性。幼龄动物经常在舌和颈部肌肉有广泛的病变。偶尔在直肠、尿道和咽部的平滑肌有病变。患病肌肉呈苍白色,存有不规则的混浊、黄色到奶白色的病灶。受损最严重的肌肉常具有一种黄白色条带形的外貌,有时出现出血的条纹和局部水肿。

[镜检]　心肌病灶可侵犯整个肌层或部分肌束。心肌的基本变化是肌纤维的变性、坏死、钙化、结缔组织增生及肌纤维再生等变化。骨骼肌纤维的病变是呈不均匀的肿胀、均质化和崩解,部分肌纤维变细,坏死和变性的肌纤维钙化也很常见,在变性、坏死肌纤维被清除的同时常伴有纤维结缔组织增生与肌纤维的再生。

[电镜观察]　最早出现的肌纤维病变是线粒体的变性,随着肌节的某些部分消失,小管系统崩解。用组织化学检查能判定I型肌纤维在肌束中最先变性。

(四) 马驹硒缺乏症

多发生于1岁以下的幼驹。主要症状为运动与吞咽障碍,骨骼肌对称性肿胀,心脏衰竭和尿液呈棕褐色。

[剖检]　见咬肌、颈肌、臂三头肌与膈肌中有呈条纹状或放射状灰白色或黄色变性、坏死区。心扩张,心外膜有小点状出血,左心室内膜下可见灰白色或黄白色变性区。心肌柔软而色变淡。心包内积有多量淡黄色液体。肝和肾肿大;肺充血、水肿;膀胱内积有棕色尿液。

[镜检]　病变与犊牛和猪相似。心肌和骨骼肌纤维变性、坏死和间质细胞增生。横纹肌纤维内见巨噬细胞、中性粒细胞浸润,肌纤维肿胀、变性、断裂或消失,并被增生的间质细胞代替。心肌纤维肿胀,肌浆溶解,间质细胞增生。肝小叶间质水肿,肝细胞索结构紊乱,细胞肿胀,部分细胞发生脂肪变性并散在出血灶。

(五) 雏鸡硒缺乏症

雏鸡硒缺乏症:其主要病变如下。

渗出性素质:是雏鸡缺硒病的特征性病变之一。渗出开始于胸部,以后发展至全身。在腿内侧和颈部皮下积有多量黄色或蓝绿色胶样水肿液,并有数量不等的巨噬细胞和异染性细胞浸润。小静脉及毛细血管充血、出血和血栓形成,小动脉内皮变性。

胰腺萎缩:胰腺是雏鸡硒缺乏病的靶器官,其严重的营养性萎缩与纤维化病变具有证病性意义。

［剖检］　见萎缩的胰腺呈苍白色而质硬。

［镜检］　病变从 7～9 日龄开始,逐渐向中央扩散至整个小叶。主要呈急性变性、坏死,外分泌腺表现为空泡变性、透明滴状变,继而胞质和胞核崩解,组织结构破坏。病变发展至 18 日龄时,被膜与小叶间结缔组织增生,并将腺小叶分隔成大小不等的假小叶,27 日龄时见纤维性结缔组织广泛增生,腺泡萎缩。

［电镜观察］　外分泌腺上皮细胞粗面内质网和线粒体的生物膜受到明显损害。粗面内质网出现脱粒现象,囊壁断裂,形成大的空泡,自噬泡形成。线粒体肿大,嵴变短或消失,后期见内质网皱缩,核染色质聚集和酶原颗粒显著减少。胰岛无明显变化。

心肌和骨骼肌病变:心肌松软,左右心室扩张,心腔积血,心内外膜下心肌纤维发生浊肿或断裂、溶解,间质有不同程度的水肿。

骨骼肌的病变以胸部和腿部最明显,表现混浊、苍白、水肿、出血及出现灰白色坏死条纹。病后期可见胸肌萎缩。

［镜检］　肌纤维出现肌浆凝固使肌纤维呈竹节状变性,纵纹及横纹消失,肌浆呈均质状,肌纤维断裂、溶解,核固缩、碎裂和消失。

淋巴、网状内皮器官病变:胸腺、脾、腔上囊和盲肠扁桃体等的淋巴细胞有不同程度的减少,或有局灶性或弥漫性坏死。

（六）雏鸭硒缺乏症

雏鸭患硒缺乏症时,皮下的胶样浸润不如雏鸡那样明显。心肌、肌胃、骨骼肌及肠壁肌肉均可见典型的肌坏死。肌胃的肌组织变性、坏死是雏鸭最明显的变化,可见肌胃壁肌层内有不同程度的混浊灰白色的坏死灶。胸腺、脾和腔上囊的变化与雏鸡相似,但通常有局灶性或弥漫性坏死,淋巴组织萎缩。肝脏病变较雏鸡严重,表现肿大、淤血并出现淡黄色花斑。组织学检查可见严重的脂肪变性。

（七）雏鸡营养性脑软化

该病也是由维生素 E 缺乏所致。

1. 主要临床症状

缺乏维生素 E 的雏鸡通常在 15～30 日龄发病,以运动失调为特征,头向后或向外扭曲,共济失调。

2. 病理变化

［剖检］　该病病变部位依次为小脑、纹状体、延髓与中脑。刚出现症状时剖杀的雏鸡,可见小脑脑膜水肿,表面经常可见淤点,脑实质柔软与肿胀,脑回平坦。出现症状后 1～2d,在小脑内可见淡绿黄色不透明的坏死区存在,和正常的脑组织分界明显。

［镜检］　脑组织病变包括循环紊乱、脱髓鞘与神经变性、脑软膜水肿、血管充血及血栓形成。小脑和大脑的血管显著充血。脑软化时,小脑白质和脊髓神经束脱髓鞘,呈现明显的局灶性或弥漫性脱髓鞘区,脑各部的神经原变性,以浦金野氏细胞与大的运动核内的神经原最明显,细胞皱缩、核深染呈三角形。

（八）黄脂病或脂肪组织类蜡质沉着

该病与喂鱼粉或喂含高浓度不饱和脂肪酸的饲料有关，见于猫、水貂、驹和猪。

类蜡质是脂肪氧化过程中的一种产物，也是不饱和脂肪酸的过氧化产物。维生素 E 是抗氧化剂，能防止或延缓不饱和脂肪酸的自身氧化作用，促使脂肪细胞把不饱和脂肪酸转变成贮存脂肪而预防黄脂病的发生，故维生素 E 缺乏可促使黄脂病的发生。类蜡质具有刺激性，可引起炎症反应（脂肪组织炎）。

［剖检］　类蜡质呈黄色或黄棕色，故其在脂肪组织内沉着时可使脂肪变为亮黄色以至淡黄棕色，质地变硬，称黄脂病。

［镜检］　在脂肪细胞之间的间质内出现类蜡质，大小可达一个脂肪细胞大，数量可能很多，为一种黄色或棕色的小滴或无定形的小体，均位于脂肪细胞的外面和脂肪组织炎性反应区的巨噬细胞的胞浆内，这种巨噬细胞可形成异物巨细胞。此外，这种类蜡质也可出现在肝脏枯否氏细胞内，有时也见于肝细胞的胞浆内，含有该色素的巨噬细胞偶见移行到局部淋巴结，甚至转移到脾脏。

七、维生素 K 缺乏症（hypovitaminosis K）

维生素 K 具有促进凝血的功能，故又称凝血维生素。常见的有 K_1、K_2、K_3。K_1 在绿色植物中及动物肝中的含量较丰富，K_2 是动物肠道细菌的代谢产物，故在自然条件下，一般不易发生维生素 K 缺乏。

维生素 K 的吸收需要胆酸盐和胰脂酶，通常由空肠经淋巴吸收。当动物患有慢性胆道阻塞性疾病时，由于肠道缺乏足够的胆汁而导致维生素 K 吸收降低，可引起散发的病例。另外，长期应用制菌药物或破坏肠道菌群，也可阻止维生素 K 合成。

猪维生素 K 缺乏可引起鼻出血和创伤出血不止。新生仔猪常见脐带出血和母畜分娩性损伤出血不止等。

雏火鸡、雏鸡、雏鸭维生素 K 缺乏时，肌肉有广泛性出血与血肿，凝血时间延长 1.5～2.5 倍。肌胃角质膜及其下层有多发性圆形或椭圆形出血，以后出血区发生炎症及凝固性坏死，变为均质无结构团块。因大多数病例有肌胃损伤，因此有人认为此种局灶性病灶具有证病性。

八、钴缺乏症（Cobalt deficiency）

钴是维生素 B_{12} 和其他钴化物的有效成分，发挥着高效能的生血作用。目前认为钴能促进胃肠道内铁的吸收，还能加速铁的贮存，并易进入骨髓而被利用；它还能抑制细胞内很多重要的呼吸酶而影响氧的代谢，引起细胞缺氧，促使红细胞生成素的合成量增加，产生代偿性造血功能亢进。维生素 B_{12} 参与核糖核酸及造血有关物质的代谢，作用于造血过程。

钴缺乏是由于饲料中钴不足引起的，此病常见于反刍动物。钴在瘤胃中参与维生素 B_{12} 的合成，反刍动物对维生素 B_{12} 的需要量比其他动物大得多。此病见于世界许多地方，常与磷和铜的缺乏同时发生。

钴缺乏可引起一种慢性消耗性疾病，绵羊较牛易感，羔羊与犊牛较成年家畜易感。病的特征是食欲减损，进行性消瘦，虽然饲草丰盛但常死于饥饿。欧洲称其为"舔病"（licking disease）。

钴缺乏的病理损害是贫血，肝、脾、肾和其他脏器呈明显的含铁血黄素沉着。含铁血黄素可能是代表铁贮存的一种形式,但这种铁不能被利用。肝的脂肪变性亦十分显著。肝脏的病变,早期为空泡性甘油三酯酸蓄积在肝细胞内,通常以小叶周边带最严重。此外,所有的病例有类蜡质出现,最初在肝细胞内,继后在窦状隙细胞内和基质的巨噬细胞内。脂肪变性在早期可能很严重,肝显著肿胀。胆管中度增生亦是常见的病症。

羊自然发生的钴缺乏性脂肪肝,患该病的羊表现厌食、贫血,偶尔伴有光敏感和黄疸。此种情况与肝的钴含量低和维生素 B_{12} 的血浆浓度低有关。1 岁以下羔羊比母羊较易患病,发病高峰在晚春和初夏。

九、铜缺乏症(Copper deficiency)

铜是细胞色素氧化酶、血浆铜蓝蛋白、酪氨酸酶、赖氨酰氧化酶、过氧化物歧化酶以及各种水解酶等许多具有不同功能的氧化酶所必需的一个辅助性元素。它在细胞电子传递、红细胞生成时铁的吸收与利用、神经传递介质的新陈代谢、变性弹力蛋白和胶原纤维的交联键形成过程中发挥着重要作用。

各种动物血液中铜含量大约为 $1\mu g/ml$,下降至 $0.5\mu g/ml$ 时表示铜明显缺乏;增加至 $1.5\mu g/ml$ 或更高时,有铜中毒的危险。机体内这种铜元素的动态平衡靠铜元素的摄入与排泄来维持。饲料中大约只有 5% 的铜可被肠道吸收入血,与血清白蛋白结合,迅速分布于肝脏、肾脏、心脏以及脑等组织中。肝脏、肾脏、骨髓具有贮存铜的功能。而其他器官,尤其是脑与神经组织中的铜具有代谢功能。体内的铜主要经胆管排出。任何能破坏体内铜动态平衡的因素都可导致铜代谢功能障碍。

动物缺铜多为地方性,主要见于羔羊、红鹿、梅花鹿、犊牛、猪、马驹和犬。成年动物症状比较轻,马对该病不敏感。缺铜可分为单纯型和并发型,前者是指牧场土壤、牧草或饲料中铜的缺乏,在动物中可能并不常见;后者是因拮抗剂的作用,使铜排泄过度或干扰铜代谢功能所致的体内铜储耗空。并发型缺铜在动物中常见。钼和铜在动物体内存在着拮抗关系,但需要硫酸盐的协作。高含量的钼干扰铜的利用与促进铜的排泄。碱性土壤可增加植物对土壤中钼的利用性。绵羊饲料中锌、镍、锰过多时,也能限制铜在肝脏内的积聚,它们相互间具有拮抗作用。

铜缺乏时,影响机体造血、造骨及影响角蛋白、胶原、弹性蛋白以及髓鞘生成,导致贫血、被毛性状改变、髓鞘脱失、骨质疏松等一系列病理变化。

贫血:贫血是地方性铜缺乏的重要特征,一般发生在缺铜的后期。贫血程度取决于缺铜程度、缺铜时间的长短和机体的生理性因素,如年龄、生长率、怀孕以及有无其他并发症与寄生虫感染等。贫血的形态学特征依动物而异。猪、羔羊、兔、大鼠为小细胞低色素性贫血;牛和成年羊为巨细胞低色素性贫血,犬为正细胞正色素性贫血。绵羊、梅花鹿与牛自然发生铜缺乏时,有严重的含铁血黄素沉着,说明有内源性铁利用障碍。猪实验性铜缺乏时,损伤肠道吸收铁的能力,故与铁缺乏综合征相似,引起血浆含铁量减少,红细胞数量下降,肝脏铁转化率降低。铁剂治疗时无效,补充铜剂后症状缓解。

被毛性状改变:缺铜动物被毛变形与褪色,它出现在其他缺铜症状之前,因此可作为动物缺铜的一个敏感指征。前角化蛋白的硫基在含铜赖氨酰氧化酶作用下,逐渐被氧化,形成交叉键的双硫基角化蛋白,使羊毛卷曲而富有弹性。缺铜时,赖氨酰氧化酶活性降低,前角化蛋白中游离硫基变为角化蛋白双硫基的化学转化率下降,富有弹性的前角化蛋白的原纤维变成无定向力的纤丝。这种纤丝的弹性、张力、着色性都降低,使被毛杂乱,羊毛卷曲消失而变成钢丝状的直毛。所有种属的动物在缺铜时均出现被毛褪色。黑牛被毛变成锈褐色,红色被毛变成暗褐色,梅花鹿的被毛失去鲜艳的花斑,眼周被毛变白好像戴眼镜一样;这一变化也明显地见于鹿。黑羊的羊毛变成灰色,这是由于缺铜时影响到含铜酪氨酸酶的代谢产物——黑色素的形成所致。对血液补铜或外敷铜剂后,被毛性状可以恢复。

骨、胶原与弹性蛋白生成障碍:含铜的赖氨酰氧化酶是胶原、弹性蛋白交叉连接和骨再生所必不可少的酶。缺铜时,胶原和弹性蛋白生成减少,导致腱与骨生成障碍,动脉结构发生改变。骨组织脆弱常见于自然发生或实验性缺铜的羔羊、犊牛、鹿、马驹、猪以及犬。主要表现长骨弯曲,关节膨大,骨骺肿大,自发性骨折,骨疏松。马驹骨骼变化通常见于单纯型缺铜的地区,只损害新生至6月龄驹,因肋软骨联合处肿大,义称为驹佝偻样病。病驹后肢关节膨大,跟腱挛缩,经常以蹄尖行走,呈踏高跷步态。动脉结构改变在缺铜猪尤为明显,引起致命性动脉破裂、心包积血。动脉破裂之前,弹力膜出现严重的组织断裂。最初症状为后肢扭曲,缺乏支撑力,贫血以及心肌肥大。

髓鞘生成障碍与脱髓鞘:髓鞘形成不足或脱髓鞘是羔羊、鹿、猪自然性缺铜症的重要病变。铜是细胞色素氧化酶的辅助因子。缺铜时,通过减少或终止呼吸酶的活力,导致磷脂和其他髓磷脂生成减少,已形成的髓磷脂失去稳定性而变性。

由于铜缺乏引起的常见疾病有以下几种。

(一)羔羊和梅花鹿地方性运动失调

羔羊和梅花鹿地方性运动失调(enzootic ataxia lambs)又称摇背病(sway-back)、梅花鹿"晃腰病"。是新生至3月龄羔羊及梅花鹿的一种代谢性疾病,由怀孕后期母羊缺铜所引起。该病在羔羊和梅花鹿中的发病率和死亡率都很高。临床特征为后肢无力,梅花鹿常由于快速跑向饲槽而后肢无法站住使后胯撞上饲槽。病畜运动失调,弛缓性麻痹,最后发展为前肢或四肢麻痹,骨质疏松,自发性骨折。病理学特点为中枢神经系统的神经原变性、坏死和脱髓鞘。该病可见于梅花鹿和各种不同品种的羊,我国新疆绵羊、吉林省的梅花鹿有发生该病的报道。

该病分单纯性和并发性两型。单纯性为土壤缺铜而引起饲草缺铜所致,因此为地方流行病。并发性缺铜的直接原因不是由于饲草中缺铜,而是土壤中钼过多所致。并发性缺铜和单纯性缺铜的病变基本相似,不过并发性还同时伴有钼中毒的症状,可资鉴别。

在新疆,该病发生于盐渍化芦苇滩放牧的母羊所产幼羔,并以第三年所产羔羊发病为多。3月龄以下的羔羊,发病率可达70%以上,死亡率为5%～80%,重症病例几乎全部死亡。发病羊的病程有急性型和慢性型。先天型表现为羔羊出生后即表现出沉郁,经常发生虚脱,不同程度的弛缓性麻痹,但尚保持某些反射活动。新生型羔羊出生后似乎正常,大约在1周龄至6月龄时出现症状。病羔后肢无力,运动不协调,步态异常,呈单侧性后肢摆动和跳跃。首先出现后肢瘫痪,逐渐发展到前肢,骨质疏松,易发生自发性骨折。该病的急性和慢性病例常见于羔羊新生型。一般来讲,羔羊越年幼,病程越短,病变越重,死亡率越高。在新疆急性型病例约占20%,慢性型约占80%,出现截瘫或全瘫症状的约占全部病例的一半。病羔不一定有贫血或仅有轻度贫血。病区无症状的羔羊可出现毛弯曲变少、变直(细毛羊),黑毛褪色变白(三白羊)。

病理变化

该病病变主要集中于大脑的白质和脊髓。

[剖检] 大脑半球的眼观病变多见于该病的先天型和新生型羔羊,3周龄羔羊也可出现眼

观病变,8周龄以上的羔羊则少见。大脑典型的眼观病变为白质液化灶。液化灶充满灰色、胶样易凝液体,或完全液化而形成空洞。最严重者空洞从枕叶伸展至额叶端。大脑灰质层为一薄壳包裹于空洞外,大脑表面脑回变平,有波动感,体积退缩。病变多为双侧性,单侧性者罕见。

[镜检]　大脑白质的大空洞有时附着一层由纤维性神经胶质网构成的膜,星形神经胶质细胞增生并不常见。胶样区域为疏松的神经胶质网和液态基质,基质内含有数量不等、大多缺乏髓鞘的神经纤维。

脊髓的变化主要侵犯紧密连接正中裂的体腹束、背角下的锥体背束和沿脊髓外侧的上行束(脊髓小脑背束及腹束)。脊柱不受侵犯。病变初期为髓鞘变性,出现类脂质与脂肪,可为类脂质与脂肪染料所着色。常规染色时,髓鞘腔扩大,出现大的空洞。最后轴突崩解,形成液化性坏死灶。

大脑、海马回、小脑、脑干、脊髓的神经细胞有严重的核染色质溶解、凝固性坏死或细胞溶解。年龄大的羔羊大脑皮质深层和海马回的神经细胞有慢性损伤。脊髓神经细胞的变性、坏死以颈膨大与腰膨大部两处明显,腹角神经原受损严重。一般无噬神经细胞现象与噬神经细胞结节。山羊羔脊髓的变化与绵羊羔类似,外周神经同样有脱髓鞘性变化。

成年羊的变化为羊毛失去弯曲而变直。母羊全身性营养不良,随后出现巨红细胞性、低色素性贫血和黑羊毛褪色,血红蛋白可降至4g,红细胞降至300万,同时伴有含铁血黄素沉着。母羊贫血的程度与羔羊的神经症状的轻重相一致,轻症羔羊的母羊可能不发生贫血,贫血通常在泌乳停止后恢复。

该病的诊断并不困难,可根据羊毛的性状改变、后肢运动失调、脑软化,必要时可进行病理组织学检查和血清、被毛与肝的铜含量测定等予以确诊。另外,测定血清铜蓝蛋白含量是较简捷的诊断方法,据报道母畜的血铜含量降低可以在5年前通过血清铜蓝蛋白含量的测定而获知。

在铜、硒和维生素E都缺乏的地区,应注意缺铜症没有肌肉的坏死变化;而白肌病无大脑白质液化灶及脊髓脱髓鞘变化。羔羊的先天型病例应注意与边界病、蓝舌病对胎儿的损伤和某些流行区内绵羊跳跃病相区别。

(二)犊牛消瘦病

犊牛消瘦病(emaciation of calves)又称牛的缺铜症,不同的国家和地区又有许多俗名。一般发生在6月龄以下的犊牛,发病率可达100%,2岁以上母牛也可发生。该病与羔羊地方性运动失调相似,在牛也分单纯性和并发性两种类型。单纯性缺铜见于荷兰、英国、澳大利亚。病犊表现发育不良、消瘦、虚弱、被毛褪色和呈现高跷样步态。新生和哺乳犊牛表现四肢与关节肿大。

[剖检]　不易与佝偻病相区别。骨质疏松,骨脆性增加,易跌倒和自发性骨折。

[镜检]　骨骺软骨细胞柱过度生长,排列紊乱,软骨板局灶性增厚,与干骺端交界曲折。由于不能生成类骨组织,钙化基质长久保持,在骨骺与干骺端之间形成钙化的软骨基质带。过度生长的软骨可伸出软骨舌到干骺端中。干骺端的网状骨稀疏,成骨细胞大多缺乏,破骨细胞增多,骨小梁的骨化通常不受损,因此没有维生素D缺乏时类骨组织过度沉着的现象,但在密接生长点的某些骨小梁周边有狭窄的类骨层。骨皮质部大为变薄。

母牛生长不良,矮小,出现暂时性发情抑止期和巨细胞性、低色素性贫血,循环性网质红细胞极少,缺乏正成红细胞。病牛可因心衰而迅速死亡。

〔剖检〕　心肌变薄、苍白、柔软。

〔镜检〕　心肌纤维呈进行性变性和纤维化。

并发性犊牛缺铜是由于钼过量所产生的拮抗作用,导致磷的负平衡。磷从骨中脱失,密质骨变脆,易于骨折。由于钼的过量常并发持续性腹泻,因此并发性犊牛缺铜出现了一些俗名,如荷兰的草场腹泻(pasture diarrhea)、英国的下泻(teart scours)、新西兰的泥沼地腹泻(peat-scouring)。严重的腹泻常出现在牧草生长旺季。病犊消瘦、虚弱,被毛杂乱、褪色,后者尤多见于眼睛周围;自发性骨折,罕见运动失调。血象与单纯性缺铜类似。成年牛出现流产和暂时性不育。补充铜剂或草场土表追施铜剂,效果良好,但应警惕铜剂过量时会引起中毒。

根据该病的流行特点、临床症状和病理变化可作出诊断。确诊需对草场土壤、牧草、组织器官、血清中铜含量进行测定。应注意与新生犊佝偻病和其他病因所致的慢性消耗性疾病、腹泻病相鉴别。

十、锌缺乏症(zine deficiency)

锌是动物必需的一种微量元素,它存在于全身的组织,特别是骨、齿、肌肉和皮肤。在皮肤内,毛的含锌量最高。锌参与碳酸酐酶、DNA 聚合酶、胸腺嘧啶核苷激酶、碱性磷酸酶、乳酸脱氢酶等重要酶的合成。缺锌后,各种含锌酶的活性降低,胱氨酸、蛋氨酸、亮氨酸的代谢紊乱,谷胱甘肽、DNA 和 RNA 的合成量减少,故能影响细胞的分裂、生长和再生。

锌缺乏可引起口腔黏膜增生及角化不全,上皮半衰期缩短而易于脱落,大量脱落的上皮细胞可掩盖和阻塞舌乳头中的味蕾小孔,使食物难以接触味蕾,不易引起味觉而影响食欲。食物利用降低,生长停滞,繁殖障碍,免疫应答降低,血液学异常,中枢神经发育受阻,创伤愈合延缓,表皮角化缺陷。在各种家畜和家禽均可发生此病,尤以猪、犬和鸡发病较多。

(一) 猪锌缺乏症和角化不全(zine deficiency and parakeratosis in swine)

猪对锌的需要量比较高,在日粮中不得少于 30mg/mL,甚至在很多实际日粮里为此量的 2~3 倍。皮肤、舌和食管黏膜的角化不全是锌缺乏的主要特征性病变。猪皮肤角化不全可能是由营养缺乏引起。

1. 病因

其发生原因不是一种单纯的锌缺乏,与饲料中植酸的存在而使锌的利用受影响有关。此外,饲料中高浓度的钙、低浓度的脂肪酸和肠内菌群的变化均能促使该病发生。锌缺乏还由于影响食欲和食物的利用可诱发一种继发性的维生素 A 缺乏。

2. 主要临床症状

猪不全角化症多发生于 2~4 月龄的生长仔猪,主要是在皮肤上出现红斑、丘疹和脓肿。

3. 病理变化

〔剖检〕　初期可见在腹下和大腿内侧的皮薄的皮肤上出现红斑,继之发展为丘疹,最后转变为一种灰棕色、干燥、隆起的鳞屑痂,其厚度达到 5~7mm。痂有深的裂缝,其间充满棕黑色的由皮脂、汗、土壤和其他成分构成的碎屑。病变区域可继发细菌感染,常常导致脓皮病和皮下脓肿。病变在下肢特别是关节以上和眼周围、耳、鼻、阴囊和尾等处最显著。严重病例,病变发展到全身。舌的背面"生苔",食管黏膜丧失其正常原有光泽,变得暗淡、苍白、无光泽。

〔镜检〕　表皮角质层显著肥厚,但表现为不全角化或过度角化。出现不断加重的棘皮病。

真皮血管扩张、水肿和细胞浸润。汗腺扩张,毛囊部分萎缩,皮脂腺肥大。舌和食管的变化与皮肤相同,表现黏膜的基底细胞增多,外层因留存皱缩、有核大的淡染细胞而增厚。黏膜下腺体常因导管阻塞而扩张。若并发细菌感染则出现结节性或弥漫性的脓性皮炎、脓性毛囊炎、毛囊周围炎或疖疮。

[诊断] 该病在肉眼上应注意与疥螨和渗出性皮炎相区分。前者通常有强烈的搔痒,后者通常发生在幼龄的猪群中。不全角化症罕有发生死亡,补锌后病猪很快康复。

(二) 犬锌缺乏症(zine deficiency in dog)

犬实验性锌缺乏可引起消瘦、虚弱、结膜炎、角膜炎和皮肤损害。皮肤损害包括糜烂和结痂,呈对称性发生。犬的实验性锌缺乏与猪的锌缺乏相比,眼观损害的范围和不全角化的程度都轻。犬自然发生锌缺乏性皮炎,皮肤的损害多发生于 1 岁龄之前,年龄较大的犬当发生妊娠、泌乳或并发病等,可以出现病变。病变包括鳞屑和结痂性皮炎,主要发生在面部、黏膜与皮肤结合处和足垫。伴发性脓皮病少见。组织学上表现为增生性皮炎和弥漫性不全角化与过度角化。

(三) 禽的锌缺乏症(zine deficiency in poultry)

禽锌缺乏症主要见于生长发育期雏鸡、雏火鸡及雏鸭。

[剖检] 病雏生长缓慢,羽毛变形呈弯曲、变脆、竖立甚至脱落;腿骨变得短粗,胫跗关节肿大,足和喙周围皮肤角化过度。

[镜检] 表皮角化层增厚,基底细胞增生;羽毛囊过度角化,羽毛囊鞘成为角化鞘,严重时羽毛囊变成角质团块,病程稍久病例见羽毛囊机化并形成瘢痕;腔上囊、胸腺、脾脏、盲肠和扁桃体淋巴组织均发生萎缩,淋巴细胞明显减少,网状细胞增生;食道上皮增厚,基底细胞和棘细胞增生,有些棘细胞内有透明角质蛋白沉着;胫骨骨骺端软骨增生区的软骨细胞肿大。

十一、麻痹性肌红蛋白尿病

麻痹性肌红蛋白尿病(paralytic myoglobinuria)又称氮尿病(azoturia),是由于肌肉中糖代谢紊乱而致肌乳酸大量蓄积的一种急性疾病;以后躯运动障碍和排出红褐色的肌红蛋白尿为主征;病变特点为在背腰部和臀部肌肉发生严重变性和坏死。该病多发于营养良好的壮龄马、牛,猪偶有发生。

该病的发生一般是由于动物休闲时饲喂过多含糖丰富的谷物饲料,使肌肉中有大量糖原贮备;随后突使重役,致使贮存的肌糖原在得不到足够氧的条件下迅速代谢为大量乳酸,从而导致乳酸蓄积。

大量乳酸在肌肉内堆积,使肌肉内酸度增高,肌纤维肿胀、变性和坏死,导致肌红蛋白从肌纤维内游离,经肾脏随尿排出而发生肌红蛋白尿。同时,肿胀的肌肉可压迫荐神经丛的臀前神经、臀后神经以及坐骨神经,引起臀、股部肌群的继发性变性,从而导致运动障碍;若长时间压迫局部神经组织,则可引起不同程度的后肢或后躯麻痹,后肢不能负重,出现犬坐姿势。

此外,肌纤维发生损伤时,肌细胞内的酶类如肌酸磷酸酶等大量释放入血,从而使血清中的酶谱发生改变;大量变性的肌红蛋白从肾脏排出时,可使肾脏发生不同程度的损伤和肾功能障碍,重者导致尿毒症。若肌乳酸大部分(约占乳酸量的 4/5)渗入血液后随血流进入肝脏,可在肝内形成肝糖原,但如乳酸产生过多而使肝脏难以转化时,则血液内酸度急剧增高,极易发生重剧的酸中毒和肝功能损害。当病畜长期躺卧,往往在骨骼突出的部位产生褥疮,极易继发感染,导致病畜败血症而引起死亡。

病理变化

麻痹性肌红蛋白尿病的主要病变位于骨骼肌和心肌。

〔剖检〕　病死动物机体多数部位的肌肉,特别是背腰部、臀部和股部肌肉的色泽变淡,犹如煮熟状或呈鱼肉色。肌纤维变粗,质地稍硬而脆弱。肌间结缔组织水肿,并常见有点状和线状的出血。肌肉变性多具有弥漫性的特征,但有的部位变性较轻的肌群呈黄红色,变性重的肌群呈土黄色,两者混杂在一起呈斑驳状。肌肉的病变一般以紧靠骨骼的肌肉变性较重。症状重剧的病例,还见头部咬肌、颈肌、肋间肌和膈肌等也呈显著的变性状态。心脏体积多半增大,心肌色泽呈淡红黄色或灰黄色,心肌质地脆弱,心腔扩张,心外膜常散在点状出血灶。此外,肾脏淤血,实质变性,肾髓质部有暗红色条纹。膀胱内贮有褐色肌红蛋白尿。肝脏淤血和变性。

〔镜检〕　见骨骼肌纤维肿胀、断裂、崩解呈碎块状。有的肌纤维仅保留肌膜或破碎的肌浆,间质增宽、水肿。未崩解肌纤维肌浆呈均质状淡染,纵、横纹消失,呈凝固性坏死状态(图11-6,见图版)。有的肌纤维内肌原纤维松散,肌浆呈颗粒状。坏死的肌纤维常常发生钙化。肌间结缔组织不同程度的增生。

第十二章 应激性疾病病理

应激是指机体在受到各种应激原的强烈刺激(或长期作用)而处于紧急状态时,立即出现的一系列神经内分泌反应,并由此引起机体各种机能和代谢的改变,以提高其适应能力和维持内环境的相对稳定,故它是机体的一种非特异性防御反应。刺激机体出现应激反应的因素称为"应激原",包括:突然的恐惧刺激、剧烈疼痛、过劳、温度过冷或过热、环境突然变换、密集饲养、长途运输以及创伤、烧伤、电离辐射、中毒和感染等。

应激原作用于机体后,引起的神经内分泌反应主要有:交感-肾上腺髓质系统兴奋,儿茶酚胺分泌增多;下丘脑垂体-肾上腺皮质系统兴奋,糖皮质激素、盐皮质激素以及垂体其他激素(如β-内啡肽、生长素和催乳素等)分泌增加;胰岛激素分泌抑制;组织激素和细胞因子也发生改变等。由于应激时机体神经-内分泌系统发生上述一系列变化,从而引起机体各种代谢及机能的改变,其主要表现为:机体内代谢率增高,耗能量增加;血糖升高甚至出现糖尿;血浆游离脂肪酸和酮体含量升高;机体出现负氮平衡。此外,血浆内急性期反应蛋白(如C反应蛋白)也大量增加,从而为机体应付"紧急情况"提供足够的能量,并有助于提高机体的免疫功能;但过强的反应和持续的刺激常使机体营养物质大量消耗,出现消瘦、贫血、免疫力降低等一系列不良后果。此外,交感-肾上腺髓质系统兴奋,使儿茶酚胺大量分泌,一方面可引起心率加快及心收缩加强,以促进循环功能增强,但同时又使心肌耗能增多,最终导致心肌结构损伤;另一方面还可造成胃黏膜因缺血及蠕动紊乱而出现消化性溃疡和消化功能紊乱。

因此,应激虽然是机体的一种适应性反应,但常因神经内分泌功能紊乱而引起动物的各种损害性病变。在畜禽临床上常见的猪、牛、羊、鸡等在运输过程中发生突然性死亡、消化道溃疡、肌肉坏死等,都属于应激导致的综合病征,即称为应激综合征或应激病。

一、突毙综合征

突毙综合征 (sudden death syndrome,SDS)一般是指畜禽在长途迁移、合圈过程中的咬斗、预防接种时的追逐、公畜配种、厩舍拥挤、急剧驱赶追捕等时所发生的突然死亡。有些牲畜在死亡前出现尾巴快速震颤,全身僵硬,张口呼吸,体温升高;白色猪还可见皮肤出现红斑;一般病程仅为 4～6min。死亡动物表现尸僵完全,尸体腐败迅速。

[剖检] 可见内脏充血,心包液增加,肺充血、水肿甚至出血,有的还可见臀中肌、股二头肌、背最长肌色泽变淡呈苍白色。该病的发生与交感-肾上腺髓质系统高度兴奋,使心率严重失常并迅速引起心肌缺血而导致突发性心力衰竭有关。

二、以肌肉病损为主的应激综合征

以肌肉病损为主的应激综合征(porcine stress syndrome,PSS)主要见于猪,多半是指以其肌肉病变症候群为主,但就其概念的科学范围而言,还应包括猪的其他应激性病损,如猪的突毙综合征、运输热、胃溃疡症等。我们在此只按其发生的特征性肌肉病变做分别叙述。

(一)恶性高温综合征

恶性高温综合征(malignant hyperthermia syndrome)最早报道是发生于用氟烷麻醉应激敏感的猪,或使用琥珀酰胆碱时,猪出现全身肌肉强直,肌肉糖酵解增强,乳酸大量积蓄;伴随氧耗量的剧增而使肌温骤然升高达41℃以上,pH下降至6以下。临床表现心动过速和心率不齐症状,严重者发生死亡。德国报道兰德端斯(Landrace)猪发生该综合征时以背最长肌呈急性坏死为特征。主要表现背肌肿胀、疼痛,脊柱拱起或向侧面弯曲,不愿活动。

[剖检]　可见猪肉苍白、松软而富有水分。病程持续两周后,肿胀、疼痛消退,但背脊随之萎缩而产生明显的脊柱崤,几个月以后肌肉可能出现一定程度的再生。

(二)PSE 猪肉

PSE猪肉该病变主要发生于猪宰前长途运输、饥饿、电棒驱赶或拥挤等情况下,亦可伴发于恶性高温综合征。应激反应强烈的猪,均表现有惊恐、肌肉和尾巴颤抖、呼吸困难、心悸亢进和体温升高等症状。死后15~30min,其肌肉即出现灰白色、柔软和有水分渗出等特征性病变。根据其眼观特征,丹麦称之为水猪肉(watery pork),法国称之为"褪色肌肉"或"白肌病"。我国称之为"白肌肉",也有称之为"运输性肌变性"。

PSE肉好发部位是背最长肌、半腱肌、半膜肌、眼肌,其次是腰肌、股肌和臀肌等。病变肌肉表面灰白,似经沸水烫过;肌肉内层为淡红色,质软,无弹性;断端富含水分,湿润而呈透明状;严重时有多量水分渗出;肌纤维松散,纹理粗糙,常呈透明变性及坏死。

[镜检]　肌纤维呈波纹状扭曲,横纹多半消失,肌纤维出现断裂和空隙并和肌膜分离,有时可见有收缩变粗的巨大肌纤维,还可见有淋巴细胞、浆细胞、单核细胞和嗜酸性粒细胞浸润。

该病变的发生可能与应激导致的肌糖原大量分解、肌肉温度升高、乳酸堆集和pH下降有关。据测定具有该病变的猪肉在宰后1h内,肉的pH可降至5.3以下,当肌肉pH下降至5.5时,肌动蛋白和肌球蛋白凝集收缩,呈颗粒状,游离水增多,肌肉系水性下降,加之高温使肌膜结构破坏,致细胞内水分容易流出。高温和pH下降,又可使胶原膨胀,组织脆弱,故PSE肉呈现松软、无弹性及多水。由于肌红蛋白凝集变性,所以肌肉色泽变浅。

(三)DFD 肉

DFD(dark firm dry)肉又称黑干肉,是指宰后牲畜肌肉呈暗褐、坚硬、干燥为特征的一种病变。

DFD肉最早发现于牛、羊,该征发生率以牛肉最高,其次是羊肉,猪肉发生较少。发生该病变的动物,多数在宰前受过长时间的应激性刺激,如饲喂规律紊乱、宰前绝食时间过长、环境温度剧变、长途运输或驱赶等。

DFD肉的主要特征是:宰后24h,肉pH保持在6.4以上;肉色变深呈深红色;系水性强,煮熟后肉香味不浓,适口性差。由于DFD肉的系水性强,所以在腌制与蒸发过程中盐分不易渗入深部,使微生物容易繁殖,不易保存,而且出现腌制色斑。该征发生机理可能是由于畜体肌糖原慢性长期消耗,使乳酸生成减少,因此肌肉pH升高,使细胞色素氧化酶活性增强致使鲜红的氧合肌红蛋白含量减少,故肉色变暗。另外,由于pH高于肌肉中各种蛋白质的等电点,所以肌肉中的蛋白质不发生凝集而与肌肉中的游离水结合得非常牢固,故系水性强。

(四)猪急性浆液性坏死性肌炎(腿肌坏死)

该病变特点与PSE肉外观相似,肌肉色泽苍白,切面多水,但质度较硬。

[镜检] 主要表现为急性浆液性坏死性肌炎,肌肉呈坏死、自溶及炎症变化。宰后45min,病变部肌肉pH可高达7.0～7.7以上。该病变主要发生于半腱肌和半膜肌,故又称为"腿肌坏死"(1eg muscle necrosis),主要见于长途运输后的屠宰猪。

三、其他类型的应激综合征

(一)猪胃食管区溃疡病(oesophagogastric ulceration of swine)

据各国屠宰场统计,猪胃食管区溃疡病变发生率高达25%,特别是生长快、瘦肉率高的猪最易发生。其病因除与饲料粗糙有关外,目前认为噪声、过多的骚扰、圈舍拥挤等应激因素是造成猪发生胃溃疡的重要原因。

病变特点为胃的食管区急性和慢性溃疡病变,或在黏膜表面形成黄褐色的硬固干痂,在黏膜下层有多量淡黄色浆液渗出。早期病变(潜在性病变)表现为黏膜角化过度,上皮脱落,但并不形成溃疡。

(二)猪咬尾症

猪咬尾症(bite tail syndrome of swine)多半发生于高度密集饲养或饲料、饮水不足等情况下。发病猪一般具有对外界刺激反应敏感、防卫性强,并有精神紧张和食欲不振等特征。发病时常见相互咬尾,有时咬连成串,使被咬猪变成秃尾。有时由于继发感染化脓而造成死亡。据报道,1974年日本一猪场有6700头猪,其中442头发生咬尾综合征,受害猪达3694头,死亡136头,淘汰率达68.5%。该综合征的发病机理还不清楚,可能与长期应激引起的微量元素代谢紊乱有关。

(三)运输热

运输热(transport thermia)是指牲畜在长途运输过程中,由于饲料、饮水不足及生活环境改变造成心理应激,而且因拥挤、通风不良等恶劣条件而造成热辐射。

病畜呼吸、脉搏加快,体温高达42～43℃,精神沉郁,全身颤抖,有时发生呕吐。动物出现体重减轻,肉质下降。据统计经100km运输,牛体重减轻达3.9%～19.7%,猪减重0.68%～10.6%。此外,可见血清抗坏血酸含量降低,而血清谷草转氨酶(GOT)、谷丙转氨酶(GPT)、磷酸肌(CPK)、乳酸脱氢酶(LDH)等活性升高,揭示牲畜存在应激反应及细胞损害变化。

[剖检] 见病畜有大叶性肺炎及肠炎。在猪还可见各种不同程度和不同类型的肌肉病变。

(四)肾多发性贫血性梗死及脾脏多发性出血性梗死

该病变常见于用电麻的屠宰猪,其肾脏发生多处大小、形状不一的贫血性梗死灶,色泽发灰,质稍坚实,其周边有明显的紫褐色出血带。脾脏边缘稍隆起,有暗红色的出血性梗死灶。这可能由于突然的电击,引起动物肾上腺素大量释放,而使肾脏和脾脏的小动脉强烈收缩及破裂所致。

第十三章　遗传性疾病病理

遗传病(hereditary disease,inherited disease 或 genetic disease)是指生殖细胞或受精卵的遗传物质的结构或功能发生突变(或畸变)所引起的疾病,通常具有垂直传递和终生性的特征。

先天性疾病(congenital disease)是指动物一出生就已显现的疾病,近年来习惯称之为出生缺陷(birth defect),主要是指出生时就有形态结构异常,即所谓先天畸形(congenital anomaly)。先天性疾病可能是由于致病基因所致的遗传性疾病,也可能是胎儿发育过程中受环境因素影响所引起。例如,受孕母畜吃了藜芦属植物引起胎儿的某些畸形;有时母畜注射疫苗也可能引起胎儿出现先天性疾病。应该指出,遗传性疾病多数是在出生时就已显症的,但亦有许多遗传病必须在出生后受一定的环境影响后才显示,所以常不能诊断其为先天性疾病。如牛遗传性骨关节炎,常在出生后 1～2 年内才显示明显的症状;又如羔羊遗传性光过敏症,一般在 5～7 周龄时,当它们开始采食叶绿素饲料后,才出现光过敏症状。

遗传性疾病与家族性疾病(familial disease)的概念亦不可通用,虽然遗传性疾病常常都有家族史,所以很多家族性疾病是遗传性疾病。但亦有许多表现为家族性的疾病却不是遗传性的,如硒、碘缺乏地区,常出现家族性白肌病或甲状腺肿等。有时一些无家族史可查的疾病(如许多隐性遗传病)却常常是真正的遗传病。所以遗传病不可能用家族病概念来代替。

遗传病主要可分为染色体病和基因病。具体见下表。

遗 传 性 疾 病 分 类

一、染色体病(染色体畸变综合征)	2. 常染色体隐性遗传
（一)染色体数目异常	3. 伴性遗传病
（二)染色体结构异常	X 伴性显性遗传病
二、基因病	X 伴性隐性遗传病
（一)单基因病	Y 伴性遗传
1. 常染色体显性遗传	（二)多基因病

一、染色体病

染色体病(chromosome disease)是指由于染色体畸变(chromosome aberration)引起机体结构和功能异常的疾病,亦称为染色体畸变综合征(chromosome aberration syndrome)。然而染色体病并非都是遗传性的,其多数属于先天性的,也有后天获得的,如电离辐射致染色体畸变等。这里我们主要介绍具有遗传特性的染色体遗传病,由于对动物染色体病研究较少,所以目前已确定的动物染色体遗传病还不多。

（一）染色体畸变的类型

1. 染色体数目异常

各种动物体细胞含有的染色体数，是各自亲代卵子和精子染色体数之和，故亦称二倍体（$2n$）。例如，牛体细胞染色体数 $2n=60$ 条，即其亲代的精、卵细胞染色体分别为 $n=30$ 条，羊体细胞染色体数 $2n=54$ 条，其亲代精、卵细胞染色体各为 $n=27$ 条，各种动物规律相同，而且都有固定的 $2n$ 数。染色体数目异常主要表现如下。

1）多倍体（polyploidy）　即体细胞内染色体数成倍增加，出现三倍体（triploidy；如牛 $3n=90$）、四倍体（tetraploidy；如牛 $4n=120$）等。出现多倍体的可能机制是：①双雄受精，即两个精子同时进入一个卵子而受精，此时的三倍体，一套来自母方，两套来自父方。②双雌受精，即卵细胞在减数分裂过程中未发生减数，使卵细胞中保留了两套染色体。③结合的精、卵细胞均为双倍体，结果产生四倍体。有关由多倍体引起的遗传性疾病报道极少，据 Fhibaut 1959 年报道，他认为在母猪发情 26h 后交配，受精卵有 21% 是三倍体，但所有的多倍体均在胚胎发育中期死亡。还有报道见于鸡雌雄间性，出现体细胞三倍体染色体及性染色体嵌合，临床表现生殖器缺陷，组织学检查发现有睾丸组织。四倍体组织细胞常见于肿瘤细胞。

2）非整倍体　非整倍体（aneuploid）是指染色体数目增加或减少一个或数个，减少者称亚二倍体，增多者称为超二倍体。如果在三倍体三倍基础上增加或减少，则称为超三倍体或亚三倍体，以此类推。非整倍体的常见类型有：①单体型（monommy），即某一对染色体减少一个。家畜中最常见的是马、驴杂交的后代骡，其染色体数 $2n=63$ 条，存在不成对的染色体，有人认为这是骡无生殖力的主要原因。②三体型（trisomy），即某对染色体增加一个，人类临床上最常见的三体型遗传病有 21 三体综合征、18 三体综合征和 13 三体综合征。在动物临床上，Herzo 等曾报道牛的三体型短颌综合征，染色体畸变动物临床特征为短颌畸形。此外，MeFeely 曾报道猪有 XXX、XXY、XYY 性染色体三体型，有 XX/XXX 嵌合的猪胎儿，常有 1/3 的可能死于胎儿期。③多体型（polysomy），指二倍体数目增加两个以上，使某对染色体成为 4 条（四体型 $2n+2$）、5 条（五体型 $2n+3$）等，这一类异常主要见于性染色体，如 XXXX、XXXY、XXXYY 等。这一类型的数目畸变，可能与细胞分裂时，特别是性细胞分裂过程中，某一对染色体不分离所致。

3）核内复制　核内复制（endoreduplication）是指染色体在细胞核内自行加倍，这时每条染色体都复制成为双份，表示每一条染色体都经历了两次连续复制，所以表现并列的 4 条染色单体。这种核内复制现象常见于肿瘤细胞。

4）嵌合体（chimera，movie）　一个个体同时存在两种以上不同染色体组型的细胞系（株），这种个体称为嵌合体。如果不同细胞系来源于同一受精卵，则称为同源嵌合体；如果来源于不同受精卵，则称为异源嵌合体。例如，二倍体与多倍体嵌合（$3n/2n$，$4n/2n$），即一个个体内，既含有 2 倍体细胞，又具有相当数量的多倍体细胞；非整倍体常染色体嵌合（人的 46/47＋G，46/47＋D）和非整倍体性染色体嵌合（牛的 59XY/60XY）；性染色体嵌合（60XY/60XX）等。嵌合体的形成可能与受精卵卵裂过程中或胚胎早期的细胞分裂过程中染色体不分离有关。

2. 染色体结构畸变

染色体结构畸变是指其基本形态发生改变，产生结构畸变的基本机理是染色体断裂和（或）重组。畸变可能是自发的，也可能是诱发的。电离辐射或化学物质常可诱发染色体畸变。

常见的染色体畸变类型如下。

1) 等臂染色体(isochromosome)　在细胞分裂过程中,染色体不发生纵裂而发生横裂,结果产生两条等臂染色体,其中一条只含短臂,另一条只有长臂。

2) 缺失(deletion)　染色体的一部分断裂后丢失。如果一条染色体的两个末端发生粘合,则形成环形染色体;如果两条或三条染色体断端粘合,则形成双或三着丝点染色体。

3) 易位(anslocation)　一条染色体断裂的片段移至另一条非同源染色体上称易位。断片移至末端的称末端移位;插入臂中间的称插入易位;有时甲的断片移至乙,乙的断片移至甲称为相互易位。动物细胞常见染色体罗伯逊易位(Robertsonion translocation),即两条端(或近端)着丝点染色体发生着丝点横断后,整个染色体的长、短臂之间发生相互易位,亦称平衡易位,分别形成两个大小不同的染色体,随后由两条短臂形成的小型染色体丢失,只留下一条由两条长臂形成的大型染色体。

4) 倒位(inversion)　染色体发生断裂后,断片旋转180°,又与原来的断片连接,结果断裂部分的遗传信息发生位置颠倒。

5) 重复(duplication)　同源染色体的一条染色体断片接到了另一条染色体上,使该染色体上的部分信息增加1倍。

(二) 与染色体畸变有关的遗传病

1. 雌雄间性(intersexuality)

根据 Hafez 的分类标准,可将动物间性分为:①母犊异性双胎不育(freemar tinism):病牛含有雄性化卵巢和卵睾,表型为雌性或间性(或半阴阳);②真性两性间性(true hermaphroidite):病畜有卵巢和卵丸或卵睾,表型为间性;③假性两性间性(pseudo hermaphroidite):通常有睾丸,但 I 临床表型为间性或雌性;④雌性假性两性间性(femalepseudo hermaphroidite):病畜有卵巢,但表型为雄性或间性;⑤雄性假性两性间性(male psetldohermaphroidite):病畜有睾丸,但表型为雌性或间性。

间性动物的染色体多数表现为多倍体和性染色体嵌合,但各种动物的临床及病变特征并不一致。

1) 母犊异性双胎不育　牛异性双胎其中母犊有2%细胞含有 XY 染色体组型,细胞遗传学为典型 XX/XY 嵌合体,但其同胎公犊则含有大量的带 XX 染色体的细胞。因此,可用细胞遗传学方法检出此种遗传病,比从临床上凭外生殖器异常作诊断更为可靠。

异性双胎不育母犊一般外生殖器正常,但有些显示短小阴道,大部分病例呈现阴蒂肿大,乳腺不发达。通常存在卵巢,但没有卵巢皮质,而且在卵巢髓质部保留有睾丸组织。大约至一岁龄之后,生殖腺发育成橘黄色的黄体,其中大部分是成纤维细胞,仅有少许残留的黄体组织。此外,还可见顽固性处女膜、双阴道、双子宫颈开口等生殖器异常变化。

此外,也有一些非异性双胎间性牛,具有二倍体、三倍体及性染色体嵌合。例如,60XX/90XXY 核型或 XXXY/XX/XY 核型,临床及剖检表现为间性,生殖器发育不全,有隐睾,或出现一侧黄体与子宫相连,另一侧卵睾与副睾相连等畸形病变。

2) 间性猪　猪间性是遗传性胚胎发育障碍的结果。根据其障碍程度或障碍发生的发育阶段不同而出现不同的表现。由于遗传性间性,在一些国家的屠宰场约有0.5%的猪肉判定为有性臭味而被废弃,从而造成一定的经济损失。目前确定的间性主要有三型:①38XX 核型,表型为雌性,但这种猪的兄弟中有一半具有隐睾;②37XO 核型,表型为雄性或间性,生殖器遗传性发育不良,与睾丸女性化综合征相似,属于显性遗传;③38XX 核型,但表型为雄性,在其兄弟中有 50% 带有隐睾,为一种隐性遗传,显症猪在临床上出现各种生殖器畸形。我国新疆地区报道新培育的白猪品种,雌雄间性发病率为 0.68%,染色体核型主要为 38XX/38XY 嵌合体。

3)间性羊 雌雄间性主要见于山羊。亦见有绵羊异性双胎不育母羔的报道。后者主要临床特征与牛相似,即有肿大的阴蒂,乳腺发育不全。剖检见有一侧性睾丸样卵巢,内生殖器发育不全。细胞遗传学特征是母羔的两条 X 染色体在端着丝点的顶部带有短臂,而公羊羔的 Y 染色体则成为一小的 X 状的中着丝点染色体。

山羊雌雄间性,据认为其发病率较任何动物都高,而且已经确认无角与发生间性有密切关系。双亲为元角山羊,其子代雌羔数量明显减少,而且出现间性羔羊,双亲为有角山羊,则不出现间性子代。雌雄间性山羊的主要特点是表型为雌性,但有卵睾组织,阴蒂肿大,有时发育成阴茎,无阴囊。表型为雄性者,常因睾丸发育不良或隐睾而成为不育症。

4)间性马 马雌雄间性发病率较低,雄性假两性畸形,显示后系部下方丘状肿胀,阴蒂过度发育,性色体为 XXXY。Leven 曾报道一匹公马的仔代中有 15 匹幼驹出现短小阴茎并呈弓状弯曲,腹腔内有睾丸组织,这些隐睾组织多数在成年时发生病变,这些幼驹的染色体为 64XX/65XXY 嵌合体。

间性马的细胞遗传特征极不一致,一般假性间性马为 XX/XXY 嵌合体,个别表型同时存在阴道和阴茎的间性马,可以具有 XX、XY、XXY 和 XO 4 种细胞。

5)间性鸡 由于鸡生命周期极短,所以间性症状一般不易发现,实际上鸡的各种遗传性雌雄间性畸型还是存在的。其中有一型表现极为特殊,即细胞遗传学检查呈典型三倍体染色体组型,而其主要表现为外周血红细胞明显增加,其细胞核与正常鸡相比,显得特殊的细长,这是仅出现在禽类中的唯一的与红细胞变化有关的两性畸形。间性鸡表型为雌性,但细胞遗传学检查存在雌性和雄性染色体嵌合,个别还有四倍体染色体细胞;病理组织学检查可发现卵睾存在。

2. 牛的染色体易位

牛的染色体易位(chromosome translocation in cattle)常见的有第 1 号染色体与第 29 号染色体易位融合成异常染色体,即 1/29 易位,带有此种染色体畸变的牛,常由于胚胎早期死亡而呈现繁殖力降低。遗传性 1/29 移位,主要见于夏洛来牛、无角红牛等。还有 13/21 易位主要见于西门塔尔牛;27/29 易位见于更赛牛,也有些公牛出现 2/4 易位。似乎各种类型的染色体易位都与繁殖力降低有关。原解放军农牧大学繁育教研室报道,自育的瘦肉型猪繁殖力降低,其染色体出现 13/17 及 8/X 易位。

3. 睾丸雌性综合征

严格地说,睾丸雌性综合征(testicular ferminization syndrome)实际上是间性的一种类型,属于雄性假性两性畸形,即病畜体内有睾丸组织,细胞遗传学特征为带有 XY 染色体的核型,但动物外表为雌性,即外生殖器及第二性特征均以雌性为主,以至与雌性动物不易区别。通常是睾丸发育越差,雌性特征越明显,组织学检查很难见到睾丸中有精原细胞。产生临床表型为雌性的机理,一般认为是由于胚胎期发育不良的睾丸产生的雄性激素水平太低,从而不能刺激雄性生殖器的发生,同时又不能抑制子宫、阴道等雌性生殖器的发育。至于睾丸发育不良的机理还不十分清楚。

睾丸雌性综合征常见于猪和牛,据统计约有一半的间性牛属于睾丸雌性化综合征,主要临床表现为缺乏性欲,无生育力。剖检见有睾丸,还有发育不全的子宫和成盲端的阴道等。该病的发生具有明显的家族性倾向。

二、基因突变所致的遗传病

就动物而言,明确确定 DNA 分子结构变异位点的遗传病尚未见报道,但经群体流行病学调查、系谱分析,以及测交试验或生化检测等手段,基本确认的基因病有以下几类。

(一)运动机能障碍性遗传病

1. 遗传性先天性小脑缺陷(inherited congenital cerebellar defects)

1)犊牛小脑发育不全　海福特牛、更赛牛、短角牛、荷斯坦牛等均有发生该病报道,似乎是一种常染色体隐性遗传病。病犊出生时就显症,临床主要表现为腿肌松弛,站立困难,辅助站起时四肢叉开,腿和颈伸直,出现震颤和侧向运动,有时见后向性眼球震颤。严重病例表现瞳孔扩大,无对光反射,甚至失明。

[剖检]　显示小脑完全缺失,橄榄核、脑桥和视神经发育不全,枕部皮质完全或不全缺失。轻度病变可见小脑体积变小或神经原减少。

2)马小脑性共济失调　见于阿拉伯马、澳大利亚小型马和我国蒙古马,具有常染色体隐性遗传的特征。一般在出生后 6~7 月龄时显症,表现头部垂直或呈水平方向震颤,特别在兴奋或快步行走时出现共济失调,有些病例出现"鹅步步态"。病理学检查,主要见小脑浦金野氏细胞广泛性缺乏以及神经胶质增生。

3)犊牛遗传性共济失调　为常染色体隐性遗传病,多见于娟姗牛、短角牛、荷斯坦牛等品种。犊牛出生后数天至数周发病,有的甚至于 5 月龄后才显症。主要表现为小脑性共济失调。病理学特征为小脑、丘脑和大脑皮质的神经原明显发育不全。小脑体积缩小,浦金野氏细胞明显变性。

此外,有报道夏洛来牛的进行性共济失调与遗传性小脑病损有关,病畜在 12 月龄时发病,步态僵硬蹒跚,逐渐发展为经常卧地、摆头及尿淋漓等症状。病理学检查可见小脑白质和内囊含有大量变性髓磷脂。

2. 癫痫(epilepsy)

到目前为止,家畜癫痫见报道的有牛、猪、绵羊、山羊、兔和鸡,主要特征是发作性强直痉挛和震颤。

1)牛癫痫　有人认为牛癫痫是一种常染色体致死性基因隐性遗传病,小牛和成年牛均有发生,小牛发病几乎全是致死性的,发病通常以进行性全身性震颤开始,病畜出现转圈运动,吞咽痉挛,眼球转动,口吐泡沫,逐渐失去知觉。病畜有食欲但不能进食,以致几天内死亡。尸体剖检无特征性病变,细菌学检查亦为阴性。

2)猪癫痫　据 Sonnenbrodt 报道曾发现一头公猪的仔代出现癫痫,有些小猪刚产下就出现痉挛,有些存活至一周后开始发病,还有些为产出的死胎。该公猪与另几头母猪所产仔猪亦都有痉挛症状,而这些母猪与别的公猪所产仔猪确认是健康的,经查明该公猪曾有过痉挛史,所以似乎是一种显性遗传,这与人类癫痫存在显性遗传有相似性。我国湖北亦曾报道两头来源于同一母猪的仔猪发生癫痫,它们为该母猪的相继两胎仔猪。

3）鸡癫痫　据 Mcgillon 报道不同品系鸡存在特征不一的癫痫,发病率为 2%～13%。病鸡的主要特征是阵发性痉挛性震颤,平衡失调,运动障碍,有的侧卧抽搐,一般在孵化出壳后存活不超过 8d。该症被认为是常染色体的"狂热"(crazy)基因隐性遗传。鹌鹑癫痫常表现为运动时头、颈痉挛颤动,属于半致死性遗传病。

3. 遗传性肢体痉挛或麻痹(inherited spasticity or paralysis of leg)

1）新生犊遗传性痉挛　犊牛出生后 2～5d 出现共济失调,眼睛突出,头颈偏斜,随后犊牛不能站立,受刺激立即出现惊厥及全身强直性痉挛,颈、躯干、四肢僵硬伸展,并发生明显的震颤。剖检无特征性病变,属常染色体隐性遗传。

2）牛遗传性周期性痉挛　该病主要见于成年荷兰牛、更赛牛等种公牛,其症状为站立时后肢明显向后伸展,背凹陷和后躯震颤,发病时运动障碍。尸体剖检有时可见脊椎损伤,病畜具有明显的家族性,遗传方式似乎属于常染色体隐性遗传。

3）牛遗传性后躯麻痹　挪威无角红牛表现为出生时就呈现后躯明显麻痹以及角弓反张和肌肉震颤,但无病理学变化。而丹麦红牛则表现为后肢强直痉挛,腱反射亢进。组织学显示运动核变性。据认为属常染色体隐性基因遗传病。

4）猪遗传性后躯麻痹　该病在欧洲及中国均有报道,主要症状为后肢无力,不能站立;病变主要表现为大脑皮质、中脑、小脑、延脑和脊髓的神经原明显变性,亦属常染色体隐性基因控制性遗传病。

4. 遗传性关节病(inherited articular disease)

1）牛遗传性关节炎　牛变性性髋关节炎和膝关节炎是遗传性疾病,在黑白花牛和娟姗牛中常见,主要表现为老龄牛后肢跛行,直至后肢不能弯曲,腿提不起来。膝关节处可听到捻发音,腿肌萎缩,关节增大,运动迟缓。

[剖检] 见有严重的骨关节炎,膝关节及髋关节液大量增加,关节软骨广泛性糜烂,周围有多发性骨赘。其他关节也可见到一些轻重不一致的病变。该病属常染色体隐性遗传病。

2）牛多发性关节强直　妊娠母牛于妊娠 6～7 个月时,腹部明显增大,羊水过多,呼吸困难,一般在妊娠至最后一个月时发生流产,流产胎儿颈短,颈椎关节僵硬,全身其他部位的关节也出现不同程度的强直,四肢固定在屈曲状态,脊柱弯曲。该病的遗传方式还未完全清楚。

3）遗传性多发性腱挛缩　该症在胎儿期犊牛就已发生,表现为四肢固定于屈曲或伸展状态,因此常造成难产。出生时存活的犊牛腿肌萎缩,关节不活动而不能站立,切断环绕于关节周围的腱或肌肉就能使关节自由,但犊牛一般在几天内死亡,剖检关节面无异常。该病属常染色体隐性遗传。

4）遗传性关节活动过度　该病仅见于娟姗牛,被认为是一种常染色体隐性遗传病,公牛普遍携带病理基因。病畜呈现所有的关节异常屈曲和伸展,特别是跗关节、膝关节、髋关节、腕关节、肘关节和肩关节,肌肉严重萎缩,所以关节显得很大。病犊不能站立,由于关节活动性极大,故四肢柔韧无比。若用手压易引起关节表面移位,移动可达 2cm 之多。病理学检查无其他特征性病变。

(二) 代谢紊乱性遗传病

1. 遗传性卟啉症

遗传性卟啉症(inherited porphyria)主要见于牛和猪,其遗传方式一般认为是常染色体隐性遗传,但也有人发现该病除有明显的家族性倾向外,甚至呈现代代发病的显性遗传特征。

病畜通常表现衰弱,生长停止,尿、粪及血浆卟啉含量明显增高,色泽变红,病牛尿卟啉含量常达(50~100)mg/100ml(正常牛只有1.84mg/100ml)。尿卟啉含量高的动物,常伴有溶血性贫血症状。

该病是由于遗传性尿卟啉异构酶不足或缺乏,使吡咯转化为卟啉 III 障碍,结果产生大量卟啉 I 蓄积于全身各组织所致。卟啉沉积于皮肤组织,引起对光过敏性皮炎;卟啉沉积于牙、骨质及骨骼中,使牙齿和骨骼染成紫红色或棕红色,特别是骨髓腔色泽变深,腔隙扩大,骨质变薄,容易发生骨折。骨折常见于骶骨、肋骨。骨片或牙齿在紫外线下出现红色荧光。

2. 遗传性甲状腺肿

遗传性甲状腺肿(hereditary goiter)在绵羊、山羊和牛均有发生,属于常染色体隐性遗传病。显症美利奴绵羊表现甲状腺素合成障碍,垂体促甲状腺素增加,甲状腺肿大,肿大的腺体最高可达 222g,有些羔羊出现光泽的丝样羊毛,有的还伴发耳水肿,前肢腕关节增大,向内或向外弯曲,鼻区背腹呈扁平等症状,病羊死亡率极高。我国内蒙古二狼山地区绒山羊亦有发生该病的报道,当双亲均为杂合子时,其子代有 1/4 出现致死性甲状腺肿病变,病羔羊甲状腺较正常羔羊增大 10~20 倍,出生后多在数分钟至数小时内死亡。肿大的甲状腺组织上皮细胞高度增生形成团块,缺乏滤泡腔,以免疫组化染色、定量图像分析证明腺体内 T_3、T_4 含量明显低于正常甲状腺组织。经测定证明,表型健康但带有隐性基因的杂合子山羊,其甲状腺吸碘率、血清总 T_3 和 T_4 以及游离甲状腺激素指数均较正常山羊低。

牛遗传性甲状腺肿与碘化酪氨酸脱羧酶基因控制失调有关。病畜尿中排出碘化酪氨酸,甲状腺呈现非炎性良性增生,常表现有甲状腺机能缺失与甲状腺机能不全(黏液性水肿)两种不同的表现形式。胎牛甲状腺肿有时引起分娩困难或由于肿大的甲状腺压迫气管而引起呼吸困难。近年来发现遗传性甲状腺肿病牛腺垂体呈现变性病变。美国及英国均报道牛遗传性甲状腺肿的后期代谢紊乱出现脂肪瘤,肿瘤主要发生在阴唇及乳头周围,有的发生在腹腔,可经直肠检查发现。

3. 甘露糖苷过多症

甘露糖苷过多症(mannofiodsis)又称神经原病或假脂类过多症,常见于安格斯牛、墨累灰牛等家畜,为常染色体隐性遗传病。病畜临床特征为共济失调,头部震颤摇摆,有攻击倾向,发育迟缓,营养不良,受刺激时神经症状加重并常有腹泻症状。表型健康家畜的组织及血浆中 α-甘露糖苷酶活性降低,常是隐性杂合携带者的佐证,因此可通过检测该酶活性水平来筛除隐性基因杂合子。

该病的发生是由于 α-甘露糖苷酶缺乏而导致富含甘露糖和葡糖胺的代谢产物在神经原、淋巴结的巨噬细胞和网状内皮细胞的次级溶酶体中积聚,因此该病亦属于一种溶酶体贮积病。以上代谢产物还可见在平滑肌细胞、纤维细胞以及胰腺、皱胃、泪腺和涎腺等外分泌细胞内沉积。当制作组织切片时,由于积聚物溶解,而使以上各种细胞呈现形态各异的空泡状。

4. GMI 神经节苷脂贮积病

GMI 神经节苷脂贮积病(GMI gangliosidosis)亦属于一种遗传性溶酶体贮积病,即由于神经组织中某些酶缺乏而使神经节苷脂在各脏器组织细胞内沉积。该病为常染色体隐性遗传病。牛、羊发生 GM_1 型神经节苷脂贮积症,主要是由于 β-半乳糖苷酶活性降低;犬、猪常发生 GM_2 型神经节苷脂贮积症,是由于氨基糖苷酶活性降低所致,结果导致不同类型神经节苷脂在肝、脾、淋巴结、骨髓的组织细胞及皮肤,尤其是神经原中贮积。病理组织学可见以上组织细胞增大并含空泡,特别是神经细胞肿大成球形的泡沫样细胞。临床上,病畜常呈现生长发育不良、运动障碍甚至失明等症状。大脑神经原发生明显病变的病畜多不能存活。

5. 全身性糖原贮积症

全身性糖原贮积症(generalized glycogenosis)属于常染色体隐性遗传,在动物见有两种类型。I型糖原积累病发生于牛和猪,由于葡萄糖-6-磷酸酶缺乏,使其分解减少而合成糖原增多,同时由于糖酵解过程增强而使体内乳酸堆集,伴发乳酸血症和酸中毒。II型糖原积累病见于牛、羊、犬,类似于人的I型糖原积累症。主要由于 α-1,4-葡萄糖苷酶缺乏所致,糖原在骨骼肌、心肌及中枢神经系统神经原溶酶体内蓄积,所以病畜常呈现肌肉无力,共济失调,动物站立困难,持久卧地不起,常因心力衰竭而死亡。

6. 半乳糖血症(galactosemia)

哺乳动物和人都有此病的报道,属于常染色体隐性遗传病。由于半乳糖-1-磷酸尿苷转移酶或半乳糖激酶缺乏,使半乳糖不能转化成 1-磷酸半乳糖和 1-磷酸葡萄糖而在体内蓄积而出现临床症状。通常在新生畜吸吮乳汁后 2～3d,出现腹泻。由于半乳糖沉积于肝脏,故表现肝肿大,并出现黄疸症状和肝功能障碍。随着血中半乳糖浓度升高,血糖的浓度下降并出现半乳糖尿。半乳糖在肾脏沉积,则引起肾功能障碍,甚至出现蛋白尿。如果继续喂乳,病畜常因眼球晶状体半乳糖醇沉积而呈现白内障,严重的可因半乳糖-1-磷酸在脑内蓄积而呈现神经功能紊乱。

7. 遗传性混合免疫缺陷

遗传性混合免疫缺陷(inherited combined immunodeficiency)最初发现于一匹阿拉伯马驹,为一种常染色体隐性遗传病。主要特征为淋巴细胞减少,免疫球蛋白合成不足,细胞免疫缺失,胸腺发育不全以及脾脏和淋巴结的淋巴细胞数明显下降。实验室检测可见外周血 T、B 淋巴细胞减少,缺乏 IgM 或 IgG。病驹于出生后容易发生多发性感染,常因病毒性肺炎、肝炎或肠炎等疾病过程难以治愈而死亡。

8. Chediak Higashi 综合征

该病常见于人、水貂和牛,为常染色体隐性遗传病。患病动物表现白细胞杀菌能力降低,血液涂片可见中性粒细胞、淋巴细胞、单核细胞和嗜酸性粒细胞的胞浆内有不规则膨胀的溶酶体,呈颗粒状,故该病也可认为是一种溶酶体贮积病。由于白细胞功能缺失,病畜常死于感染性败血症。此外,由于血小板代谢缺陷而致病畜凝血功能异常。

9. 遗传性红细胞增多症(inherited polycythemia)

遗传性红细胞增多症仅见于娟姗牛,属于常染色体隐性遗传。病犊呈现黏膜出血、呼吸困难、消化不良、生长停滞。血液学检查,红细胞增多达 1 倍以上,血红蛋白含量及血细胞压积容量均显著增加,血沉缓慢,血液黏度增大,白细胞和血小板正常或稍多。该病被认为是一种原发性红细胞增多症,病犊常早期死亡。

原中国人民解放军农牧大学曾报道一匹苏重挽顿河-蒙古杂种母驹发生真性红细胞增多症,表现可视黏膜发绀,食欲减退,精神沉郁。血检红细胞数、血红蛋白量及红细胞压积容量成倍增加。与上述娟姗牛原发性红细胞增多症相似,显示马亦有该种遗传存在的可能。

10. 血友病(hemophilia)

血友病 A 为性连锁隐性遗传病,犬、猪、马均有发生,主要由于凝血因子 VIII 遗传性缺乏,而致病畜易出血。血友病 B 和 C 都是凝血因子 IX 遗传性缺乏引起病畜出血性倾向的疾病,为常染色体隐性遗传或性连锁隐性遗传。除此之外,还见有犬遗传性凝血因子 V、VII、X 缺乏所导致的出血性倾向,常在手术时发生出血不止,被认为是常染色体隐性遗传病。

11. 遗传性非溶血性胆红素血症(hereditary nonhemolytic bilirubinemia)

曾报道于新西兰及美国南部的绵羊中发生该病。羔羊出生时正常,当进食含叶绿素饲料后,出现对光过敏、羞明甚至失明;如不避光,则于 2～3 周内死亡。其发生机理主要是肝脏不能形成和排出酯型胆红素,而使非酯型胆红素在循环血中蓄积,从而引起胆红素过多血症,并使皮肤、黏膜、结膜、骨膜、胸膜、腹膜、心内外膜、淋巴结等组织器官染成黄绿色。病畜同时伴有肾功能不全,出现肺水肿和胸腹腔积水等症状。该病被认为是常染色体隐性遗传病。

(三)结构畸形性遗传病

1. 消化道的遗传缺陷

1)遗传性唇裂(inherited harelip) 牛、羊唇裂有明显的家族性倾向,牛唇裂的遗传方式尚未确定,而特赛尔绵羊发生的唇裂及颌骨裂,似乎是常染色体隐性遗传。

2)遗传性颌裂(inherited jaw-wolf) 据报道该遗传缺陷见于马和牛,认为是多基因遗传病。原中国人民解放军农牧大学曾收治一例颚裂幼驹,软颚有一约 4cm 长、1cm 深的裂陷,致使病驹吮乳时奶汁从鼻孔逆出。

3)光舌病(smooth tongue) 见于黑白花牛和瑞士褐牛,主要特征是病牛舌的丝状乳头变小,唾液分泌过多,被毛稀少,犊牛发育不良,该病亦属于染色体隐性遗传,杂合子表型均正常,纯合子才显征。

4)消化道遗传性闭锁(inherited atresia of alimentary tract) 遗传性回肠闭锁主要见于瑞士山地牛,胎儿常呈现明显的腹部膨胀,肠内容物蓄积,并由此而产生难产。此外,有报道泼雪龙重挽马发生升结肠骨盆曲完全闭锁,病驹都在出生后几天内死亡。猪、羊、牛还有发生肛门闭锁的报道,常可用手术疗法纠正,但有些家畜肛门闭锁常伴有直肠缺失。以上各种动物出现消化道不同部位的遗传性闭锁,多与常染色体隐性遗传有关。

2. 肌肉及骨骼系统遗传缺陷

1)遗传性肌肉肥大(hereditary muscular hypertrophy) 常见于各品种牛,偶见于绵羊。其主要特征是臀肌、胸肌、鬐甲部肌肉、后肢肌肉甚至全身肌肉明显异常肥大。病畜皮肤变薄,皮下及肌间缺乏脂肪组织,各肌群间出现明显加深的肌沟;全身骨骼相应较短,病畜稍有过度运动即可死于心力衰竭,剖检可见肾脏皮质变薄,长骨骨密质变薄易折。怀有肌肥大畸形犊的母牛,常呈现妊娠期延长,临产时通常发生难产,产出的肌肥大犊牛还常伴有其他的先天性缺陷或畸形,如巨大舌、心脏畸形、佝偻病、足畸形等。

该遗传病显示明显的家族性,细胞遗传学检查发现多倍体细胞增多,但其遗传基因传递方式尚未完全弄清。

2)禽肌肉变性(myodegeneration in poultry) 该病主要见于各种品种肉鸡,火鸡及北京鸭亦有发生。变性肌肉主要发生于胸肌、二头肌及三头肌,变性肌肉表现水肿、断裂、脂肪沉积,肌肉呈深黄色。随日龄增长,变性肌肉发生萎缩变形,一般于 12 周龄左右病鸡出现翅膀僵硬,严重的运动障碍,不能飞动,甚至背卧于地不能侧身起立。该病属于常染色体隐性遗传,纯合子鸡表现严重的运动障碍,杂合子鸡常显示血清谷草转氨酶活性升高,因此常可用该指标来清除鸡群中的杂合子个体,尤其是种鸡。

3）先天性骨硬化病（congenital osteopetrosis） 该病见于牛和马，为常染色体隐性遗传病。患病犊牛的主要特征是下颌骨变短，舌伸出，长骨变短并且无骨髓腔，使该骨成为一种实心的杆状，又称"大理石骨"，以 X 射线透视极易检出病畜。

4）遗传性短颌（inherited brachygnathia） 遗传性下颌和下唇缩短是许多动物常见的一种遗传缺陷，有报道见于不同品种的牛以及猪、马、羊、犬等动物。属于常染色体单基因遗传，牛短颌常与致死性基因遗传有关。

短颌畸形犊牛下颌骨可能比正常犊牛的下颌短 3～8cm，严重者不能吸吮母乳。有的短下颌是由于上颌骨和上唇异常延伸所致，由于下颌短小，下排牙齿位置异常，特别是臼齿排列不规则，引起咀嚼障碍。畸形的外观呈鹦鹉嘴状，病犊一般于出生后数天内死亡。

猪上、下颌短颌畸形亦常见。例如，在选育约克夏短头品种猪过程中出现上颌上唇缩短的遗传性畸形。猪遗传性下颌短缺畸形还常伴随有后肢畸形。

马短颌畸形常出现牙磨灭异常，有些上颌突出的马，牙齿的咀嚼面异常磨损呈钩状，通常出现于第一对上切齿和第三对臼齿有程度不同的异常磨损。由于上、下牙接触不对位，以及未磨损牙过长等畸形而影响咀嚼，因此患有短颌畸形的成年马显然体质衰弱，而幼驹则生长缓慢。

5）遗传性弯曲腿（inherited crooked leg） 主要见于猪，纯合子仔猪通常为死胎或产下后立即死亡。畸形猪表现头骨畸形、短颌，腿末端水肿，趾部皲裂，皮肤出现浅黑色棘皮增生，特别是腹壁上多见。脊柱发生软骨愈着，故脊柱显示异常缩短，受脊柱影响肋骨亦出现畸形，胸部明显缩小，从而使呼吸严重障碍，这也许是病猪产后迅速死亡的主要原因。同时由于脊柱缩短，前后肢距离变小，两肢靠近而呈曲屈状。腹腔的位置和形状改变，使肝、肾、胰、肠等的大小和位置亦发生异常。

该畸形猪若病变稍轻微，少数可活到 6 月龄左右，因此被认为是属于致死性病理基因支配的遗传变异，病理基因以常染色体隐性遗传方式传递。

6）牛遗传性蜘蛛肢（inherited arachnophilia of cattle） 主要见于西门塔尔牛，属于常染色体隐性遗传病。病畜表现四肢下部过度细长，使病牛有一种蜘蛛状外观，因而得名蜘蛛肢。病畜骨骼脆弱，脊柱弯曲，下颌骨缩短，有的还可能有心血管缺损。

7）无肢畸形（amelia） 最早见有初生驹两前肢缺失的报道，以后陆续有牛、羊、猪、犬、猫、兔发生该种畸形的报道，为一种致死性突变基因控制的遗传病，多属于常染色体隐性遗传。我国曾有报道猪先天性四肢游离部缺失畸形，X 射线检查证明尚存在发育不良的肩胛骨及盆骨，而无肢体骨骼的痕迹。无肢畸胎还常带有腭裂和消化道阻塞等畸形，畸形猪多数是死胎，产后存活的亦由于不能哺乳而在 2～3d 内死亡。据记载畸胎畜都来自近交系群体而且显然与一定的公猪有关。

此外，还有报道猪先天性后肢股骨缺损。该畸形出现于同一窝仔猪中，8 头仔猪中有 3 头呈现同样缺损的死胎，属于致死性突变基因控制的染色体隐性遗传病。

亦有个别肢体缺损猪可以存活至肥育标准。单一的前肢或后肢缺失称为单臂或单肢缺失畸形，一般都与遗传因素有关。

除无肢畸形外，我国新疆地区近年报道了自育白猪四肢的结构畸变，如出现蛙泳后肢和鸭蹼状后肢等，一般均为死胎。畸形病例在近交第三代出现率升高，有体细胞染色体畸变，但无固定畸变类型或标记染色体，病理基因的传递方式尚未确定。

肢体畸形还表现有各种多肢畸形，如绵羊多肢、仔猪和鸡多肢等，但遗传类型尚不清楚。

8) 并趾(syndactylism)、无趾(adactylism)及多趾(polydactylism)畸形 并趾畸形见于牛、猪、羊、犬、猫、鸡和鼠等动物。据报道,牛、羊并趾畸形为染色体隐性遗传病。有人研究了并趾畸形的胚胎发育过程,发现纯合子胚胎在31~41d时就能显症,而且其出现并指的顺序是先右前肢,接着是左前肢,然后是右后肢。出生的并趾畸形动物常不能起立,体温偏高,心悸亢进,呼吸困难,食欲正常,有时出现血色尿,并具咬牙或呻吟等症状。能站立的病畜常因行走困难而出现皮肤缺损和继发感染。此外还常伴有变形足、球关节畸形、缺趾等病变。

洛克鸡并趾畸形常是致死性的,同时伴有无翅,肾、肺及气囊呈发育不全。

无趾畸形见于牛、羊、猪等动物,一般亦属于常染色体隐性遗传。牛无趾畸形见于近交第三代,特别是公牛为原来父本与女儿配偶所产犊牛发生率较高,病犊呈现四趾缺损,X射线检查有趾骨痕迹,多数趾骨发生融合。失肢体的断端有皮肤覆盖,但当病羔试图起立时,常使断端皮肤损伤而常死于创伤感染。这种肢体缺陷总是对称性的,而且75%是后肢缺失。偶然可见四肢蹄角质缺失,趾端只有暗色无毛的薄层皮肤覆盖,多数在出生后24h内死亡。

多趾畸形,见于马、猪、牛、犬等动物,多趾症曾被认为是一种返祖现象,其实该畸形属于常染色体显性遗传病,然而也有报道双亲正常而产出多趾犊牛的例子。多趾畸形常不是所有肢部都呈现多趾。例如,有报道一多趾畸形牛的一条后肢为6趾,而其右前肢为5趾,左前肢为3趾。但亦有报道在海福特牛群中出现四肢均为多趾的病犊,并且伴有唇腭裂、眼球突出和肾囊肿,被称为口面趾综合征(oro-facial-digital syndrome),安格斯牛亦有同样综合征。

9) 遗传性软骨发育不全性侏儒(inherited achondroplastic dwarfism) 该病于牛、马、羊、鸡、兔、犬等动物均有发生。

牛侏儒特别在海福特牛和亚伯丁安格斯牛常发,此两品种牛杂交常产生典型的侏儒动物。该遗传病多数属常染色体隐性遗传。在牛主要表现为头部短而宽,有些牛还出现下颌短小而影响采食;脊柱和四肢明显缩短;有些牛还出现无颌、脑水肿、无尿和四肢的部分缺失等综合征。海福特牛则表现死胎率高,而产下存活的犊牛体重明显较正常犊轻,并且头部严重短小,病犊常有呼吸困难和运动失调症状。

马侏儒症较少见,Hermans曾报道一匹软骨发育不全性矮马,表现四肢骨骼特别短,而且腕关节、跗关节等关节软骨都发生固着,病畜站立时腿外向,呈X状。由于发生例数极少,无法确定其遗传类型。

绵羊侏儒被认为是常染色体隐性遗传,病羊四肢短小,软骨发育不良,前肢肿大,眼睛突出,呼吸困难,由于食道和腭异常而影响吸乳,一般在出生后两月龄内死亡,存活羔羊常显著肥胖不能耐热。

禽软骨发育不全侏儒症属于性连锁隐性遗传,主要病变特征是所有的圆柱状骨缩短,胫骨变粗而躯干正常。由于其临床上呈现特殊的运动姿势,故又称鸡爬行症。杂合子鸡产蛋数量与正常鸡相似,但蛋小。侏儒鸡的体重亦明显较正常鸡轻。犬侏儒症常由于软骨样骨的骨化异常而导致骨骼缩短和畸形,甚至由于鼻甲弯曲而致头骨异常,侏儒个体具有肾硬化和肾结石的倾向。

3. 其他遗传性缺陷

1) 眼的遗传性缺损(inherited eye defect) 各种动物可能出现不同类型的遗传性眼缺损,娟姗牛、荷兰牛、短角牛存在遗传性虹膜缺失(虹膜完全或部分缺失),同时存在晶状体变小、晶状体异位以及白内障,为一种常染色体隐性遗传病。该病亦见于比利时重挽马,病驹于2月龄左右继发白内障,双眼虹膜完全缺失。

　　荷兰牛常发生遗传性角膜混浊,角膜呈蓝色。组织学检查可见角膜水肿和破裂等病变。另外,如日本黑牛发生遗传性失明,是由于先天性瞳孔、视网膜和视神经盘缺损所致。白化病牛甚至一些白色被毛的牛常发生多发性遗传性眼缺损,如视网膜剥脱、白内障、晶状体小、视乳头和玻璃体持久性出血等。

　　此外,还见有牛、猪、豚鼠及兔的遗传性独眼畸形(inherited cyclopia)。独眼畸形可能单独发生,如有报道一仔猪出现先天性独眼,并伴发鼻、口腔以及四肢畸形。

　　2)遗传性妊娠期延长(inherited prolonged gestation)　遗传性妊娠期延长伴随腺垂体发育不全见于牛和绵羊,在牛平均妊娠期可达400d以上,属于常染色体隐性遗传。妊娠期延长的母畜一般无特异症状,但产出的胎儿常出现明显的畸形,新生畜常呈现个体小,有不同程度的稀毛症,脑积水,空肠闭锁,骨发育不全,四肢短小,面部呈独眼、小眼、上颌缺失和单鼻孔畸形等。新生畜尸检都见脑垂体前叶部分或完全发育不全。

　　3)遗传性脑积水(inherited hydrocephalus)　该病见于牛和猪,均属常染色体隐性遗传。在牛有两种表现,一种显示脑脊液蓄积,使额膨胀而引起难产。犊牛眶上孔部分闭合,颅骨拱起,牙齿发育不全,小脑萎缩,有的流产犊显示小眼畸形和骨骼肌变性等。另一种类型病犊出生后不断大声号叫(也有无声哑犊),几天内死亡。尸检见侧脑室积水,受压大脑明显变薄,故头颅不增大。此外还可见视神经萎缩、视网膜剥离、白内障和玻璃体混浊等病变。

　　猪遗传性脑积水常表现为初生仔猪的不同程度脑膜突出,大脑半球脑组织穿过额缝突出到颅腔外,侧脑室和第三脑室积液并扩张。

第十四章　动物中毒性疾病病理

　　野生有毒植物、工业废水、废气和废渣造成的环境污染、农药、化肥不慎混入饲料、饲料加工和利用方法不合理,都可成为动物中毒性疾病发生的因素。动物中毒性疾病往往引起动物大批发病,死亡率很高,给畜牧养殖业和国民经济发展带来巨大损失。有些毒物还可经过食物链的生物浓缩,即饲料把浓缩的污染毒物转移到动物体,这些毒物在动物体内再浓缩,又通过动物的乳、肉、蛋、危害人类,这不仅是关系到吃肉者本身的健康,而且更为严重的是可以影响到人类子孙后代。所以研究动物中毒性疾病应引起足够的重视。本章现就常见的动物中毒性疾病叙述如下。

第一节　饲料中毒

一、亚硝酸盐中毒

亚硝酸盐中毒(nitrite poisoning)又称高铁血红蛋白血症(methemo globinemia,MHb)。家畜中猪对亚硝酸盐中毒最敏感。猪亚硝酸钠的中毒致死量是 $48\sim77mg/kg$,亚硝酸钾最小致死量约为 $20mg/kg$,硝酸钾最小致死量为 $4\sim7g/kg$。牛亚硝酸盐最小致死量为 $88\sim110mg/kg$,硝酸钾最小致死量则为 $0.6g/kg$;绵羊亚硝酸盐的致死量为 $40\sim50mg/kg$。因此,该病常发生于猪、牛,羊较少发生。由于猪患该病不分年龄、性别,多半是饱食青菜饲料后引起的急性中毒,往往在短时间内造成成群死亡,故有些地区称该病为"饱潲瘟"。

1. 病因与发病机理

青菜类饲料,包括白菜、萝卜叶、甜菜、菠菜、芥菜、甘蓝、苋菜、南瓜叶、红薯藤以及野菜等,均含有较多的硝酸盐(硝酸钾、硝酸钠)和微量亚硝酸盐(亚硝酸钾、亚硝酸钠等)。硝酸盐本身毒性较小,当其被还原成亚硝酸盐,并大量吸收入血液,则能迅速招致中毒发病。硝酸盐经还原菌或反硝化细菌的作用还原成亚硝酸盐。在空气、土壤、水和蔬菜中有 100 株具有还原硝酸盐能力的细菌,常见的有大肠杆菌、绿脓杆菌、副大肠杆菌、脱氧杆菌、荧光杆菌、放线菌以及霉菌中的青霉、白霉等。饲料中亚硝酸盐产生的多少,主要与下面几个因素有关。

1)温度和水分　新鲜菜类在 $20℃$ 左右且给适当水分,经 $12\sim20h$ 即有大量亚硝酸盐形成,温度或湿度有一个不合适都不产生亚硝酸盐。青饲料堆放 $1\sim2d$ 后开始腐烂并产生大量亚硝酸盐。含硝酸盐的饲料加温到超过 $30℃$,焖放 $24\sim48h$,亚硝酸盐的含量即可达高峰,如青菜可达 $1600mg/kg$。亚硝酸盐是一种耐热物质,如腐烂变质的菜叶已产生了亚硝酸盐,即使加热煮熟,也能引起中毒。

2)青饲料植物的生长环境　多施氮肥或硝酸铵、硝酸钾等化肥的土壤,有硝酸盐类的工业废物污染土壤,被化肥或细菌污染的饮水,光温不足;干旱、病虫害、除草剂,特别是 2,4-D(2,4-二氯苯氧基乙酚)的使用,均可提高植物中硝酸盐的含量。

3)亚硝酸盐的体内形成　硝酸盐可在动物胃肠道内被细菌还原成亚硝酸盐而引起中毒。长期给猪饲喂白菜、萝卜叶,硝酸盐可能在胃肠道内被还原成亚硝酸盐并吸收入血液。牛瘤胃内含有大量硝酸盐还原菌,当日粮中糖类饲料含量少,瘤胃内的酸碱度保持在 pH7 左右时,硝酸盐还原为亚硝酸盐过程活跃,从而容易造成亚硝酸盐蓄积;相反,当日粮中糖类饲料含量多,瘤胃内的 pH 低下时,亚硝酸盐被还原为氨,于是亚硝酸盐被充分利用。因此,反刍动物日粮中糖类饲料不足,往往会发生亚硝酸盐中毒。

亚硝酸盐是一种强氧化剂,当过量吸收入血液后,能使血红蛋白中的二价铁(Fe^{2+})被氧化为三价铁(Fe^{3+}),即高铁血红蛋白其三价铁同羟基结合牢固,不能再与氧结合,因而使血红蛋白丧失运载氧的能力,结果引起全身性缺氧。正常情况下,低铁血红蛋白转变为高铁血红蛋白是一种可逆反应,机体内的血红蛋白不断地从亚铁状态被代谢产物产生的氧化合物氧化为高铁,同时又通过还原型辅酶I(NADH)、还原型辅酶II(NADPH)以及谷胱甘肽系统,不断地还原成亚铁状态。氧化和还原的速度相等,体内高铁、亚铁血红蛋白含量保持稳定的水平。因此,少量亚硝酸盐进入血液生成的高铁血红蛋白,可通过上述还原机构而自行解毒。研究证明,亚硝酸盐中毒产生的高铁血红蛋白,每隔 90min 即减少 50%。当高铁血红蛋白形成量在

20％以下时，一般不一引起严重的缺氧症状，但如果在短时间内连续摄入大剂量亚硝酸盐，所形成的高铁血红蛋白量达到60％～70％以上时，则可导致动物严重缺氧而迅速死亡。

2. 主要临床症状

猪饱食青饲料后，大部分在十几分钟到半小时突然发病，表现流涎、呕吐、头低垂、呆立或步态跟跄，呼吸短促，心跳加快，皮肤、嘴唇、眼结膜初苍白，后变蓝紫色，瞳孔散大，体温下降，很快发生四肢无力，倒地不起，呈昏迷状态，间或发生全身抽搐，四肢乱动。重症病猪多在30min～2h死亡。

临床抢救中毒动物时，推荐用还原剂甲苯胺蓝(toluidine blue)5mg/kg及时静脉注射，其对还原高铁血红蛋白的速度和疗效优于美蓝和硫堇。此外还应注意保护心脏的机能。

3. 病理变化

[剖检] 病死动物皮肤、耳、肢端和可视黏膜呈蓝紫色，瞳孔散大，腹部膨隆。血液不凝固，呈巧克力色或酱油色。气管与支气管充满白色或淡红色泡沫样液体。肺脏膨满，肺胸膜散发点状出血，肺气肿明显，伴发肺淤血、水肿。肝、脾、肾等脏器均呈黑紫色，切面淤血显著。胃充满饲料，胃底腺部黏膜弥漫性充血，间或可见密集的点状出血，黏膜易于剥脱。肠管充气，小肠黏膜常有散在性点状出血，肠系膜血管充血。心外膜出血，心肌实质变性。脑除显示充血外，肉眼不见特殊病变。至于各脏器均显示明显的淤血，这是由于亚硝酸盐能使末梢动、静脉血管平滑肌弛缓，使大量血液淤滞于末梢血管内的缘故。

[镜检] 肺脏显示淤血、轻度水肿、气肿和出血，肝与肾脏淤血，实质细胞颗粒变性，胃肠黏膜充血，轻度出血，脾、胰等器官淤血。实验研究证明，亚硝酸盐中毒病例心肌病变明显，初期主要是心肌间质水肿，心肌纤维呈空泡变性，在肌原纤维间出现多数空泡，并逐渐扩大、融合，使心肌纤维呈蜂窝状，进而发展到心肌纤维的某一节段或整条心肌纤维被溶解。在空泡变性的同时，亦可见心肌纤维的颗粒变性与凝固性坏死，并有多量吞噬细胞进入已坏死的心肌纤维，对坏死物质进行吞噬、溶解吸收。病程较久者，则出现多发性灶状坏死，后者大多数分布在心室的内层心肌、乳头肌、肉柱和室中隔的左侧，严重时可累及右心室，心房的坏死通常较少见。

牛亚硝酸盐中毒，多半是采食多量含有硝酸盐的青饲料，如青割玉米、燕麦草、高粱幼苗以及含硝酸盐过多的饮水，经瘤胃内的微生物作用被还原为亚硝酸盐，吸收入血液，使血红蛋白转变成高铁血红蛋白，如达到30％～40％就可以致病，若达80％～90％，则可导致死亡。其急性中毒症状除出现频频排尿外，其他症状和猪相似。死后剖检，见尸体可视黏膜和皮肤发绀，各脏器浆膜和黏膜充血、出血，血液呈酱油色，心肌变性，肝、脾、肾淤血、肿大，胆囊扩张、胆汁稀薄而增量，膀胱收缩变硬、空虚无尿等变化。牛摄食大量硝酸盐而中毒时，由于直接腐蚀消化道黏膜，故往往呈现明显的急性胃肠炎变化。此外，还能引起溶血性贫血与肾实质变性。

[诊断] 亚硝酸盐中毒的诊断，可根据：①在发病前有无饱食青饲料的病史，调查青饲料有无长期堆放、腐烂，饲料调制方法是否适当，有无焖放等情况；②发病的特点和临床症状，死后剖检是否出现上述特殊病理变化，特别是血液是否呈巧克力色或酱油色；③取剩余饲料、呕吐物、胃肠内容物和血液，按下述Griss氏法检验亚硝酸盐。

原理：亚硝酸盐在酸性溶液中(pH2～2.5)能与对氨基苯磺酸作用，产生重氮化合物，再与甲-萘胺耦合即生成紫红色偶氮化合物(表14-1)。

试剂：取甲-萘胺1g，对氨基苯磺酸10g，酒石酸89g，于研钵内研细、研匀，贮于棕色瓶中备用。

方法：取上述被检物少许于试管内，加蒸馏水 2ml 稀释，再加 Griss 氏试剂 0.1～0.2g，摇动试管混匀后立即出现红色者则为阳性。根据显色深浅可判知 NO_2^- 含量。

表 14-1　亚硝酸盐含量测定的显色标准

色　调	NO_2^- 含量/(mg/L)
刚显玫瑰色	小于 0.01
淡玫瑰色	0.01～0.1
玫瑰色	0.1～0.2
鲜艳玫瑰色	0.2～0.5
深红色	大于 0.5

该法灵敏度较高，当被检物的呈色反应较深时即可确诊；如被检物的呈色较浅可结合临床症状和病理变化作出诊断。

另外，如条件许可时，可自刚死病畜的心脏抽取血液，以 1：9 蒸馏水稀释，在分光镜前观察。如在 C、D 线之间（即红色光谱区域内）620～625μm 处有一条暗色的吸光带，加两滴 5％氰化钾液立即消失，恢复正常红色，则证明检出物为高铁血红蛋白。

二、食盐中毒（salt poisoning）

食盐是动物，特别是草食动物日粮中不可缺少的成分，每千克体重 0.3～0.5g 食盐，可增进食欲，帮助消化，保证机体水盐代谢的平衡。但若摄入量过多，特别是限制饮水时，则可发生中毒。该病可发生于各种动物，常见于猪和鸡，其次是牛、羊和马，以消化道黏膜炎症、脑水肿、变性乃至坏死为特征；猪还伴有嗜酸性粒细胞性脑膜脑炎和大脑灰质层状坏死。

1. 病因与发病机理

各种动物的食盐中毒量和致死量，按每千克体重计算，其中毒量是：猪、牛，马为 1～2.2g；绵羊 3～6g；鸡 1～1.5g。致死量（成年，中等个体）：牛为 1500～3000g；马 1000～1500g，绵羊和猪 125～250g；犬 30～60 g，鸡 4.5g。

食盐中毒可发生于多种情况，如以含盐分过多的泔水，腌菜水、洗咸鱼水、酱渣、食堂残羹或含盐乳清等喂猪时，误饮碱泡水、自流井水、油井附近的污染水时；某些地区不得不用成水（氯化物咸水含盐量可达 1.3％；重碳酸盐咸水含盐量可达 0.5％）作为牲畜饮水时；在干旱季节为节省草料和预防阉割绵羊肾结石，饲喂大量食盐而未能随意饮水时；用食盐治疗马骡结症，用量过大且给水不足时；配料时误加过量食盐等。饲料中缺乏各种营养物质，如维生素 E、含硫氨基酸和钙镁时，能增加动物对食盐中毒的易感性。

饮水不足是食盐中毒的主要诱因。例如，给绵羊饲喂含 2％食盐的日粮并限制饮水，数日即可发生食盐中毒；而喂给含 13％食盐的日粮，但让其随意饮水，结果能在相当长的期间内耐受而不发病，仅呈现多尿和腹泻症状。

机体水盐代谢的具体状态，对食盐耐受量亦有影响。例如，幼猪和中雏体内水的相对储备量只有成年猪、禽的 1/5，因而对食盐的敏感性高，最容易发生中毒；高产乳牛在泌乳期对食盐的敏感性要比干乳期高得多；夏季炎热多汗，往往因耐受不了本来在冬季能够耐受的食盐量等。

除食盐外，实验性地给猪饲喂乳酸钠、丙酸钠以及含碳酸钠的粉皂，均可引起与食盐中毒相同的症状和病理变化。显然，钠离子是这些中毒的共同因素，因此所谓食盐中毒，实质上则为钠盐中毒（sodium salt poisoning）。

在摄入大量食盐且饮水不足时，首先呈现的是高浓度食盐对胃肠黏膜的直接刺激作用，引起胃肠黏膜发炎；同时由于胃肠内容物渗透压增高，使大量体液向胃肠内渗漏，机体则发生脱水。被吸收的食盐，可因机体失水、丘脑下部抗利尿素分泌增加，排尿量减少，不能经肾及时排除，而游离于循环血液中，积滞于组织细胞之间，造成高钠血症和机体的钠贮留，结果导致神经应激性增高，神经反射活动过强。

在食盐摄入量不大，但由于持续限制饮水（数日乃至数周）而发生所谓慢性中毒时，通常不会造成胃肠黏膜炎症和肠腔积液。此时，由于机体长期处于水的负平衡状态，钠离子逐渐贮留于各组织，特别是脑组织内，因脑内钠离子浓度升高，可继发脑水肿，以致颅内压增高而使脑组织缺氧。脑组织因氧供应不足，只好通过葡萄糖无氧酵解以获取能量。但是，脑内贮留的钠离子能加速三磷酸腺苷转变为单磷酸腺苷（AMP），同时还能延缓单磷酸腺苷通过磷酸化过程而被清除的速率，致使单磷酸腺苷发生蓄积，葡萄糖无氧酵解受到抑制。这就是说，贮留于脑内的钠离子不仅导致脑水肿而引起脑组织缺氧，而且还能通过对葡萄糖无氧酵解的抑制作用而引起脑组织的能量供应不足，从而导致分化程度高的神经细胞发生变性、坏死，而发生一系列神经症状。至于为何钠离子在猪脑内具有嗜酸性粒细胞的诱导作用，还没有弄清楚。

2. 主要临床症状

病猪表现烦渴、呕吐、腹痛、腹泻、滞呆、失明、耳聋、无目的的走动、角弓反张、旋转运动或以头抵墙、肌肉震颤、肢体麻痹以及昏迷等症状。

3. 病理变化

［剖检］　常无特异性变化，仅见软脑膜显著充血，脑回变平，脑实质偶有出血。胃肠黏膜呈现充血、出血、水肿，有时伴发纤维素性肠炎，猪常有胃溃疡。牛瓣胃和真胃病变比较明显，骨骼肌水肿，常伴发心包积液。慢性中毒时，胃肠病变多不明显，主要病变在脑，表现大脑皮层的软化、坏死。

［镜检］　病猪大脑软膜充血、水肿，有时轻度出血。脑膜中大血管壁及其周围有许多幼稚型嗜酸性粒细胞浸润，尤以脑沟深部最明显。

大脑灰质和白质毛细血管淤血及透明血栓形成。血管内皮细胞肿胀、增生，核空泡化，血管周围间隙因水肿而显著增宽。嗜酸性粒细胞经血管周围间隙浸润到脑的表面和脑内，大脑灰质的血管周围有明显的嗜酸性粒细胞管套，多至十几层细胞。在血管邻近的脑实质内也有少量嗜酸性粒细胞的浸润。管套中除嗜酸性粒细胞外，往往还混有淋巴细胞，有的病例尚见淋巴细胞性管套。病猪长期存活时，嗜酸性粒细胞则减少。另外，小胶质细胞呈弥漫性或结节性增生。

大脑灰质另一突出变化是急性层状或假层状坏死与液化，多发生于灰质的中层。第三、四、层还有散在的微细海绵状空腔化区。另有报道，延髓也有同样变化，但白质的变化则甚轻微。间脑、中脑及小脑无明显变化。

临床恢复的病猪，脑内嗜酸性粒细胞可完全消失，液化与空腔区可因大量星状胶质细胞增生而修复，有时则形成肉芽组织包囊。这种增生以大脑灰质的第四层最为明显，直至皮层的表层。

牛食盐中毒时，病理变化为大脑灰质的中层和深层微细空腔化与神经原缺血性坏死，小动脉壁坏死与中性粒细胞浸润。大脑皮层血管周围、大脑深层、纹状体、丘脑和中脑白质水肿。

绵羊食盐中毒时，虽有神经症状，但无大脑灰质层软化灶。鸡食盐中毒的病理变化通常表现为肾硬化。

　　［诊断］　该病的诊断可根据血清钠含量分析、脑的组织学检查以及存留的饲料中食盐含量的检测来确诊。嗜酸性粒细胞性脑膜脑炎可能见于猪桑葚心病的白质软化，以及其他原因引起的脑炎，但大脑灰质层状软化与嗜酸性粒细胞管套则为猪食盐中毒所特有。硫胺缺乏时大脑皮层层状坏死只见于3～6个月的犊牛，而食盐中毒则可见于成年牛。铅中毒所致脑灰质软化时，肝、肾等组织内含铅量增加，可资鉴别。

三、棉酚(棉籽饼)中毒

　　棉籽饼是动物的优良蛋白质饲料，常用于饲喂牛、羊、马、猪和骆驼，但其中含有少量棉酚(gossypol)，为0.02％～0.04％，如果过量饲喂（日量超过1～1.5kg）、长期连续饲喂（通常连喂半至一个月应停喂半个月），或其中的棉酚超过标准，则可引起中毒。棉酚中毒(gossypol poisoning)的主要剖检特征是全身性水肿、出血性胃肠炎、肺水肿、心肌和肝实质变性、坏死。

　　动物对棉酚的敏感性不同，其中以猪最为敏感，牛、马次之，羊则有相当耐受性。妊娠母畜和幼畜对棉酚特别敏感，犊牛有时只吮吸含微量棉酚的母乳即可发生中毒。饲料中缺乏钙、铁、蛋白质和维生素A时，也能促进中毒的发生。1955～1956年，先后在山东济宁、河南灵宝、陕西等地因棉酚中毒死亡耕牛1000余头，1956～1957年新疆开南农场两度发生猪棉酚中毒，死亡507头；江苏盐城畜牧场曾发生水牛中毒，江西、河北也曾发生猪棉叶中毒，均损失很大。

　　1. 病因与发病机理

　　棉酚是棉籽色素腺中的一种有毒的黄色色素，属于复杂的多元酚类化合物，具有几种异构体，分子式为$C_{30}H_{38}O_8$。纯品为黄色固体，不溶于水，易溶于有机溶剂，与碱类作用可形成盐。

　　棉籽饼中所含的棉酚有结合的和游离的两种。结合棉酚是棉籽经过蒸炒等高温加工之后，一部分棉酚与种子中的蛋白质、氨基酸、磷脂等结合而失去活性作用，且不易为肠道所吸收，因此它是无毒的。游离棉酚是未与蛋白质相结合，以游离状态而存在，它具有活性醛基和活性羟基，因而对动物具有毒害作用。棉籽饼中游离棉酚的含量视加工条件而异，如加工榨油时的温度低或用己烷(hexalle)法抽提，则游离棉酚含量高，有时可高达0.26％。

　　棉酚在动物体内比较稳定，不易破坏，同时排泄缓慢，有蓄积作用，因此长期连续饲喂，往往发生中毒。

　　棉酚是一种细胞毒、血液毒、血管毒和神经毒。摄入棉酚后，首先对胃肠黏膜发生刺激作用，引起出血性胃肠炎；吸收后，它可直接破坏红细胞，导致溶血，并毒害心、肝、肾等实质器官，使之发生变性和坏死；由于其在类脂中的易溶性，故常滞积于脑组织内，对神经系统发挥其毒害作用，使动物呈现种种神经症状。棉酚可作用于血管壁，使其通透性增强，引起水肿和出血等变化。此外，棉酚还可使子宫平滑肌发生剧烈收缩，引起妊娠母畜流产。

　　2. 主要临床症状

　　溶血性贫血，血尿，动物呈现种种神经症状，妊娠母畜流产。

　　3. 病理变化

　　［剖检］　病畜呈现全身性水肿变化，表现下颌间隙、颈部及胸腹部皮下组织有胶样浸润，胸腔、腹腔和心包腔蓄积多量淡红色透明液体。淋巴结肿大、出血。胃肠道，特别是真胃和小肠黏膜呈现明显的出血性坏死性炎，猪的肠壁常有溃烂变化。猪、牛的胆囊胀大，胆囊壁水肿伴发出血。心脏扩张，心肌柔软脆弱，心内外膜散布点状出血，病程较长的病例则可见心脏明显肥大。肝脏肿大、淤血，呈灰黄色或土黄色，实质脆弱，有时伴发坏死，表现中毒性肝营养不

良的病变特征。肺脏淤血、出血和水肿。肾脏肿大、实质变性,被膜散发点状出血。膀胱壁水肿,黏膜出血,充满红色尿液。约有 1/3 病猪的骨骼肌出现"白肌肉"现象,色泽苍白。此外,少数病例还可伴发黄疸。

[镜检] 病猪的肝脏表现肝小叶中心性坏死,肝细胞坏死后遗留的空隙充满血液。少数病例肝脏在周边正常细胞带和充满血液的中央坏死区之间,存有一条狭窄的脂肪变性带。这是由于急性心力衰竭造成肝细胞缺氧和棉酚的直接毒性共同作用所致。

心肌纤维发生变性或坏死,有些病例心肌纤维肌浆中出现大的空泡,有些肌纤维则极度萎缩。病程较长的病例,常见肥大的心肌纤维与变性的心肌纤维混杂一起。肥大的心肌纤维粗大,胞核形体亦增大。棉酚尚可损害生殖系统,表现公畜睾丸曲细精管生殖上皮萎缩消失,精液中不含精子;母鸡的卵巢退化,产卵停止。

四、油菜籽饼中毒(rapeseed cake poisoning)

油菜籽饼中主要有害成分是芥子苷或称硫葡萄糖苷(glucosinolate),虽然其本身无毒性,但在一定条件下受芥子酶的催化水解可产生有毒的异硫氰酸丙烯酯(芥子油)、噁唑烷硫酮(oxazolidinethione)和腈等,可引起动物中毒。

油菜籽饼本来是一种含蛋白质丰富的优质饲料,其中含粗蛋白质为 34%~38%,可消化蛋白质为 27.8%,比玉米高 2.8 倍,比米糠高 1.7 倍。如经去毒处理(有碱处理法、坑埋法及蒸煮法等)后喂猪或其他动物,不仅可节约粮食,催育肥猪,而且菜籽饼经过畜体消化分解后能提高肥效。但如不经去毒处理直接喂猪或喂牛,即可引起中毒。1.5~2.5kg 的菜籽饼能形成 40g 芥子油;犊牛喂菜籽饼 0.5g,猪喂 200g 多,就可发生中毒。

1. 病因与发病机理

油菜籽饼的含毒量因油菜品种、加工方法和土壤中含硫量而定。芥菜型品种含异硫氰酸丙烯酯较高,甘蓝型品种含噁唑烷硫酮较高,白菜型品种则两种毒素的含量均较高。

异硫氰酸丙烯酯和噁唑烷硫酮可抑制甲状腺对碘-131 的摄取,促进甲状腺机能亢进,形成甲状腺肿大;对肾上腺、脑垂体和肝脏也有毒害作用,并可使血液中硫氰基升高。异硫氰酸丙烯酯对皮肤和黏膜有显著的刺激作用,可引起严重胃肠炎,浓度高时可导致肺水肿。此外,还可使心容量和心律下降。一般说来,单胃动物对这些成分较反刍动物敏感。

2. 病理变化

犊牛中毒时,可视黏膜淤血,腹围膨大,肛门突出,皮下显著淤血。血液凝固不良,呈油漆状。浆膜腔积液,胃肠黏膜,特别是真胃和小肠黏膜表现明显的出血性炎。心脏扩张,心腔积留暗红色血凝块,心内、外膜出血,心肌实质变性。肺淤血、水肿及气肿。肝淤血及实质变性。肾实质变性,有时可出现梗死灶。脾被膜散布点状出血。肠系膜和胃淋巴结水肿,纵隔淋巴结淤血。

猪中毒时,剖检见尸僵不全,口流白色泡沫状液体,腹围膨大,头部和腹部皮肤呈青紫色。其他变化与病牛相同。

五、酒糟中毒(brewery grain poisoning)

酒糟是酿酒工业在蒸馏提酒后的残渣,因含有蛋白质和脂肪,还可促进食欲和消化,故我国历来用作动物饲料。但当长期饲喂或突然饲喂大量酒糟,有时则可引起动物中毒。

例如,河南省某农场曾用酒糟混合饲料(酒糟 62%、大麦 10%、杂草、粉渣、残汤 28%)喂猪

15d内发病,中毒52头,死亡13头。四川夹江县永河乡一猪场,每天给每头妊娠母猪饲喂酒糟1 kg,其中42头母猪10d后发生流产12窝,死胎3窝;停喂酒糟后再未见发生。河南郑州市一猪场也曾给24头猪饲喂大量酒糟造成全部发病,死亡18头。

1. 病因与发病情况

酒糟中毒主要发生于猪和牛,其发生的原因有:突然地饲喂大量酒糟;或对酒糟保管不当,被猪、牛大量偷吃;在缺乏其他饲料的搭配下,长期单一地饲喂酒糟;饲喂严重霉败变质的酒糟。

酒糟的主要有毒成分通常为残留的酒精。但如贮存过久或贮放方法不当,以致发酵酸败,则将逐渐形成多种游离酸(如醋酸、乳酸、酪酸)、杂醇油(如正丙醇、异丁醇、异戊醇)和醛等有毒物质。酒糟的毒性由于杂醇油的存在而加强。

2. 主要临床症状

急性中毒时病畜表现兴奋不安,食欲减退或废绝,初便秘后腹泻,呼吸困难,心动疾速,步态不稳或卧地不起,四肢麻痹,最后因呼吸中枢麻痹而死亡。

慢性中毒一般呈现消化不良,黏膜黄染,往往发生皮疹和皮炎。由于进入机体内的大量酸性产物,矿物质供给不足,可导致缺钙而出现骨质变脆。母畜不孕,孕畜则发生流产。

3. 病理变化

[剖检] 大多数酒糟中毒而死亡的猪皮肤发红,眼结膜潮红、出血,皮下组织干燥,血管扩张充血,伴发点状出血。咽喉黏膜潮红肿胀,胃内充满发放酒糟酸臭味的内容物,胃黏膜潮红、肿胀、被覆厚层黏液,黏膜密发点状、线状或斑块状出血,尤以胃底腺部和幽门腺部的黏膜最为明显。肠系膜与肠浆膜的血管扩张充血,散发点状出血。小肠黏膜潮红、肿胀,被覆多量黏液,并呈现弥漫性点状出血或充积血液凝块。大肠与直肠黏膜肿胀,散发点状出血。

[镜检] 呈现明显的出血性、坏死性胃肠炎变化。肠系膜淋巴结肿胀、充血及出血。肺脏淤血、水肿,伴发轻度出血。心脏扩张,心腔充满凝固不全的血液,心内膜、心外膜出血,心肌实质变性。肝脏和肾脏淤血及实质变性。脾脏轻度肿胀伴发淤血与出血。软脑膜和脑实质充血和轻度出血。

慢性中毒病例常常呈现肝硬变。酒糟中毒所致肝硬变与乙醇的中间代谢产物—乙醛的代谢有关:乙醇进入肝细胞后,先在乙醇脱氢酶和微粒体乙醇氧化系统作用下转变为乙醛,乙醛再转变为乙酸(或醋酸)。发酵酸败的酒糟中本来就含有较多的乙醛和乙酸,加之进入肝内的乙醇又转变为乙酸,从而使肝细胞的辅酶Ⅰ(NAD)大量转变成还原型辅酶Ⅰ(NADH),因而NAD减少,NADH增多,NAD/NADH比值即随之下降,其结果则抑制了肝细胞线粒体的三羧酸循环,肝细胞内的脂肪酸氧化则因之而减弱。同时NADH过多还可促进脂肪酸的合成。脂肪酸的氧化减弱和合成增加,终于导致肝细胞脂肪变性,进而发展为肝炎,最后可形成肝硬变。此外,慢性酒糟中毒的动物还常患慢性胃肠炎,使食物消化吸收障碍而加重营养缺乏;炎症在肠内形成的毒性物质被吸收后随血流转运至肝脏也可对肝细胞有一定损害作用,而导致肝硬变。

六、马铃薯中毒

动物采食多量马铃薯块根幼芽及其茎叶易引起马铃薯中毒(solanum tuberosum poisoning),其中的毒素为马铃薯素[龙葵素(solanine)],多发生于猪和牛,其他家畜较少见。

1. 病因与发病机理

当用大量发芽的或霉烂的马铃薯，以及由开花到结有绿果的茎叶饲喂动物，尤其是伴有胃肠炎时，极易引起中毒。

马铃薯茎叶除含有马铃薯素外，还含有 4.7% 的硝酸盐，后者可转变为亚硝酸盐而引起中毒。另外，霉烂的马铃薯也具有毒害作用。其中龙葵素的毒性作用类似皂角苷（saponinz），除对消化道黏膜有直接的刺激作用、吸收入血液可引起红细胞溶解外，也能引起中枢神经兴奋，随后抑制（包括呼吸和运动中枢的抑制）。大剂量时往往引起心脏骤然停止活动。

2. 主要临床症状

马铃薯中毒病畜，重剧中毒表现病初兴奋不安，继则转为沉郁，后躯无力，共济失调，甚至四肢麻痹。可视黏膜发绀，呼吸无力，心力衰竭，通常经 2～3d 死亡。较轻的或慢性中毒的病畜，多表现为流涎、呕吐、膨胀、腹痛、便秘或腹泻，有时还出现便血等胃肠炎症状。病畜精神沉郁，肌肉弛缓，极变衰竭。病猪头颈部和眼睑往往发生水肿，腹部皮下出现疹块。牛、羊多于口唇周围、肛门、尾根、四肢系凹部以及母畜的阴道和乳房等部位可见湿疹或水疱性皮炎（亦称马铃薯性斑疹）。有时四肢，特别是前肢皮肤发生坏疽。

3. 病理变化

除呈现出血性卡他性胃肠炎外，其他各器官均无明显的特征性变化，仅表现心、肝、肾等实质器官的实质细胞变性、淤血和轻度出血，软脑膜和脑实质充血。

七、肉毒梭菌毒素中毒

肉毒梭菌毒素（或肉毒）中毒（botulism）是由于动物采食了污染肉毒梭菌（*Clostridium botulinum*）外毒素的饲料而引起，临床表现以出现运动麻痹和肠道机能障碍为特征。该病主要发生于牛、马、绵羊和鸡，少见于山羊和猪。

1. 病因与发病机理

肉毒梭菌是 1896 年由 Van Ermengem 在火腿、香肠中发现的，并证明是引起食物中毒的病原菌，故将其称为腊肠中毒杆菌（*Bacillus botulinus*）。此菌为腐物寄生菌，不在动物体内生长，即使侵入胃肠道内也不发芽增殖，而是随粪便排出。其芽孢主要存在于土壤、蔬菜、饲料、干草、罐头及人畜粪便中，当在营养丰富、高度厌氧的条件下，芽孢即转变为菌体，产生强烈外毒素，人畜食了被此菌毒素污染的食物或饲料即可引起饲料、食物中毒。

肉毒梭菌为两端钝圆的粗大杆菌，有 5～30 根周身鞭毛，无荚膜，芽孢椭圆形，位于菌体的近端，革兰氏染色呈阳性。其芽孢和毒素有较强的抵抗力，正常胃液和消化酶于 24h 内不能将肉毒毒素破坏，在 pH3～6 范围内，毒性亦不减弱，能被胃肠道吸收而中毒。

根据毒素抗原性不同，可将肉毒梭菌分为 A、B、C、D、E、F、G7 个菌型，各型菌可产生相应的毒素，各型毒素的致病作用相同，但抗原性则各异，其毒性只能被相应型别的抗毒素血清中和。

肉毒毒素的性质稳定，是一种特殊的蛋白质，其毒力比氰化钾毒力大 1 万倍，是现今已知化学毒物和细菌毒素中毒性最强的一种。在自然条件下，马的中毒多由 B 型与 C 型毒素引起；牛由 C、D 型毒素引起；羊和禽类由 C 型毒素引起；人主要由 A、B、E 型毒素引起，少数由 F 型引起。

动物采食了含有本菌毒素的草料，或吸入了含毒素的气溶胶以后，经胃肠道或呼吸道进入血液,作用于中枢神经、颅神经核及外周神经-肌肉接头处以及植物神经末梢,阻碍胆碱能神经末梢释放乙酰胆碱,因而引起胆碱能神经支配的肌肉和骨骼肌麻痹,产生软瘫和麻痹。

2. 主要临床症状

动物采食或吸入肉毒素后,潜伏期一般为 12～16h,特征性的临床症状是眼睛出现复视、斜视、视力模糊,继而发展到发声障碍,咽部肌肉麻痹,咀嚼吞咽困难,膈肌麻痹,呼吸困难,流涎,肠蠕动亢进或便秘,步态踉跄,鸡则出现胸骨着地,颈部软弱(旋颈病),腿、翅麻痹等症状。

3. 病理变化

因该病而死亡的病例,有的缺乏剖检可见病变,但一般可见急性卡他性肠炎,肺淤血、水肿,伴发点状出血,偶见误咽性(或异物性)肺炎(马)。神经系统出血,特别是外周神经变化较明显。

第二节　有毒植物中毒

一、蕨中毒

蕨中毒(bracken poisoning)除发生于牛外,马、绵羊和猪亦可中毒,但牛蕨中毒的发病率和死亡率均较高。急性蕨中毒是指牛采食了大量蕨(*Pteridium aquilium*)或毛叶蕨(*P. revolutum*)发生的一种急性致死性中毒症。

牛蕨中毒发生于世界各地,以土耳其、保加利亚、前南斯拉夫、巴拿马、巴西、北美西北部、日本、澳大利亚、印度等国的一些山区为多见。我国江西、湖南、贵州、云南、四川、台湾等省山区亦屡有发生,给养牛业造成一定损失。

1. 病因与发病机理

蕨又叫蕨菜、蕨萁,为蕨类植物门、蕨纲、薄囊蕨亚纲、真蕨目、凤尾蕨科、蕨属的一种植物,广布于世界各地,我国各省亦都有这种植物分布,喜生长于山坡草地或湿润肥沃、土层较厚的林下草地。

蕨含有较多的硫胺酶是引起马等单胃动物中毒的主要因素。

牛蕨中毒与马等单胃动物蕨中毒的发病机理不同。马等单胃动物采食大量蕨后,在蕨内的硫胺酶作用下,可导致维生素 B_1 缺乏症。

牛由于前胃的强大合成作用,因此不造成维生素 B_1 缺乏。而蕨中毒病牛表现严重的骨髓损伤,这可能与"再生障碍性贫血因子"有关。有人认为蕨有一种拟放射作用,短期内的较大剂量可造成骨髓和胃肠的放射病状,而长期小剂量则可诱发肿瘤。蕨中毒可使骨髓和肝脏机能障碍,并因之而出现凝血不全,红细胞、粒细胞和血小减少,以及出血。血小板减少意味着血小板第Ⅲ因子缺乏,而肝机能障碍则可使凝血因子 Ⅱ、Ⅴ、Ⅷ、Ⅹ 的产生减少,结果导致凝血系统异常。此外,蕨中毒动物血清钙离子减少和肝素样物质增多,也是血凝不全的原因。血管壁被损害和血凝障碍是全身性出血病变的主要原因。

2. 主要临床症状

中毒牛主要表现为严重的全身骨髓损害和出血性素质。病牛高热、贫血、中性粒细胞缺乏、血小板减少、血液凝固性降低、全身泛发性出血以及腹痛等;慢性蕨中毒是指长期采食少量蕨引起的中毒,出现膀胱肿瘤和血尿。由于该病常呈地方流行性,故又称为牛地方流行性血尿症(bovine enzootic haematuria)。

中毒马主要表现：病初其兴奋，继而虚弱、垂头，步态蹒跚而不能站立，故称为"马蕨蹒跚"（brachen staggers）。

3. 病理变化

［剖检］　急性蕨中毒死亡的牛只，尸僵完全，体表皮肤和可视黏膜散布出血斑点，尤以耳壳、会阴部、头颈部及股外侧皮肤的出血最为明显。全身皮下、肌间、浆膜及黏膜均可见斑点状出血和水肿。心脏出血较为严重，出血面积可达心脏面积的 60%～70%，尤以左心外膜明显，有如密布血溅样斑点。流产胎儿也见全身出血。口鼻及消化道黏膜可见糜烂与溃疡。在出血、水肿和溃疡部的中、小动脉管壁增厚，显示玻璃样变和血栓形成。胸、腹腔蓄积血样液体，胸膜充血。

骨膜及骨髓有散在性出血，长骨黄骨髓胶样化，外观呈半透明淡灰黄色胶冻样。股骨和肋骨头及胸骨柄的红骨髓为黄骨髓所取代，呈淡灰红色。

肝脏被膜下及切面散发针头大的点状出血。肝实质有多发性灶状坏死，其周围境界不清晰。邻近的肝细胞脂肪变性，并见多处出血。

脾脏不肿大，呈轻度萎缩状，被膜散布点状出血，切面含血量少，白髓稍肿大。全身淋巴结稍肿大，切面湿润多汁及出血。肺脏水肿、出血及气肿。肾脏实质变性，被膜散发点状出血，肾周围脂肪组织呈浆液性萎缩。膀胱充满尿液，黏膜散发点状出血。脑与脊髓眼观无异常变化。

［镜检］　骨髓除呈现出血、水肿外，固有的造血组织萎缩、消失，细胞成分极度减少。巨核细胞缺乏，平均一个视野仅可见 0.09 个，原粒细胞和早幼粒细胞十分少见，原红细胞和早幼红细胞大为减少，仅有少数淋巴型细胞散在。脾脏呈现脾小梁增宽，白髓稍肿大伴发水肿、变性和坏死。红髓网状细胞轻度活化，有多量含铁血黄素沉着。淋巴结的淋巴窦扩张，充满红细胞。淋巴小结轻度水肿、变性。脑组织显示神经细胞变性变化。

血液学检查：血液稀薄，凝血时间延长。红细胞沉降率加速，血钙降低。白细胞锐减，通常为 5000 个/mm³ 以下，甚至低达 1000 个/mm³，其中以中性粒细胞显著减少，一般在 10～15 个视野仅发现 1～2 个，或完全缺如，而淋巴细胞则相对增多，可达 80%～90%，有时高达 98%。血小板亦明显减少，间接法计数为 10 万～20 万/mm³ 或以下。红细胞总数可减到 300 万～100 万/mm³，其脆性增加，大小不均。血红蛋白亦降低。

慢性蕨中毒常见于 4～12 岁的黄牛，水牛亦可发生。病牛呈进行性消瘦、贫血，以及长期间歇性血尿，尿液呈淡红色至鲜红色，有时排絮片状血凝块。剖检全身性出血性变化轻微，骨髓变化与急性病例相似。最突出的病变是膀胱肿瘤和血尿。肿瘤主要见于膀胱体或整个黏膜面，多呈乳头状、结节状、花椰菜样、息肉样，大小不一。肿瘤基部及周围常见程度不同的出血。

牛膀胱肿瘤的病理组织学特征，包括有单纯上皮性的、单纯间叶性的、复合间叶性的以及上皮与间叶成分复合性的多种类型。

1）单纯上皮型

（1）乳头状瘤。

［剖检］　瘤体有细带与膀胱黏膜相连，单个或多发，粟粒大至小儿拳头大。

［镜检］　膀胱黏膜上皮呈多级分支的树枝状突起，乳头中央为纤细的结缔组织，表面覆盖 3～6 层无明显渐变的变移上皮细胞，偶见腺样化生区。

（2）变移上皮癌：此类型膀胱癌比较多见，单个或多发，膀胱黏膜或肿块上常见斑点状出血。①原位癌的病例，仅见膀胱黏膜稍增厚。镜检见膀胱黏膜的变移上皮增生活跃，明显异型性。②呈乳头状的膀胱癌外观似乳头状瘤，但其基部较宽，乳头较粗并常彼此融合，表面可有出血、坏死。镜检，变移上皮细胞层次增加，极向紊乱，核拥挤，细胞异型性显著。③浸润型的肿块，外观为坚硬的丘状隆起。镜检，癌细胞向膀胱黏膜下组织及肌层浸润，形成癌细胞条索或团块，并穿入血管和淋巴管导致癌细胞栓。④乳头状伴发浸润型的癌瘤，外观肿块向膀胱腔内呈乳头状生长，还向基部浸润。镜检，癌性上皮凹陷向下呈多支乳头状，常见变移上皮细胞的腺样化生与鳞状化生，有时癌细胞还常循淋巴流与血流转移髂淋巴结、肾淋巴结以至纵隔淋巴结、肾、肝及肺等形成转移性癌灶。

（3）腺瘤与腺癌。

［剖检］　多呈乳头状，以腺癌多见。

［镜检］　腺瘤组织为分化良好的腺样组织，细胞富黏液；虽未表现为癌组织由多量腺样结构组成，但腺体的大小、形态颇不规则，腺上皮为单层或多层，明显间变，有或无黏液，增生的癌细胞往往向腺腔伸突，腺管周围有少量网状纤维。

（4）鳞状细胞癌及未分化癌。

［剖检］　为坚硬的丘状或溃疡型病灶。

［镜检］　鳞癌由浸润性生长的癌细胞团块或条索组成，部分癌巢中有角化珠或单个细胞角化。癌细胞大而圆，隐约可见细胞间桥。未分化癌是由深染的小圆形细胞组成，癌细胞多呈弥漫性分布，偶有成巢趋势。

2）单纯间叶型

（1）纤维瘤与纤维肉瘤：纤维瘤为单发或多发，呈灰白色坚韧的球形结节，粟粒大至黄豆大，与周围健康组织的境界清晰。镜检为分化良好的纤维组织组成。此型肿瘤较为常见。

（2）纤维肉瘤的肿块常呈较大的结节状，有时几乎充满整个膀胱腔，肿瘤有明显的浸润、出血及坏死，切面淡粉红色。

［镜检］　瘤组织由弥散分布的梭形或不规则形细胞构成，瘤细胞的分化不良，常见核分裂相，间有多少不定的胶原纤维。

（3）平滑肌瘤与平滑肌肉瘤：分化良好的平滑肌瘤较少见，而平滑肌肉瘤则较常见。后者的肿块较大，有的重达6kg，呈花椰菜状或结节状，往往以多个肿块的形式填充于膀胱腔，切面淡粉红色，伴有严重的出血和坏死。有时瘤组织向膀胱肌层呈广泛浸润，并可向浆膜面突出，往往引起输尿管开口处阻塞而导致肾盂积水。少数病例在尿道中也可发现同性质的肿块，有的甚至向髂淋巴结或远方淋巴结转移。镜检，瘤组织由梭形、椭圆形或不规则形细胞组成，有呈束状或漩涡状排列趋势，胞浆红色，核分裂相多见，偶见多量瘤巨细胞。

（4）横纹肌肉瘤：比较少见，眼观呈淡粉红色或半透明的葡萄串状、息肉状或结节状，肿块较大，表面有严重出血与坏死，偶向髂淋巴结转移。根据瘤细胞的分化程度和形态，镜检可分为两型：①胚胎性横纹肌肉瘤：瘤细胞呈圆形、不正圆形、梭形、蝌蚪状、球拍状及带状，胞浆较丰富，呈污红色细颗粒状，部分瘤细胞支突见纵纹或横纹，核异型性显著，分裂相多见。部分区域的瘤组织疏松呈黏液样变。②腺泡状横纹肌肉瘤：瘤细胞呈小圆形、多角形或不规则形，排列成类腺泡结构。

（5）血管瘤与血管肉瘤：血管瘤眼观呈红褐色或鲜红色，多位于膀胱的黏膜下，呈结节状或丘状隆起，与周围组织的境界较清楚。

［镜检］　瘤组织由大量密集的毛细血管或高度扩张的壁薄的血管构成，管腔内含有多少不定的红细胞。血管肉瘤亦呈红色，但瘤组织明显浸润到膀胱肌层乃至浆膜下，常引起膀胱的严重出血和溃疡形成，有时导致膀胱穿孔，偶见瘤组织突破膀胱浆膜直接蔓延于骨盆腔或向髂

淋巴结转移。镜检,瘤组织为形态不规则的、常互相连接的血管腔样结构,其中含有不同数量的红细胞。

(6)血管腔的内皮细胞高度增生,明显间变,往往向腔内呈乳头状伸突,部分区域尚见实心的细胞条索及团块形成。

(7)黏液瘤:比较少见,眼观呈半透明柔软的结节状物,切面湿润、黏稠,与周围组织无明显界线。

[镜检]　瘤细胞呈星芒状,梭形及多角形,互相连接成网眼,其中含有弱嗜碱性黏液,瘤组织内血管稀少。

3)复合间叶型　复合间叶型性肿瘤比较少见,即在同一膀胱内出现不同间叶成分的肿瘤,具有各自独立存在的特征,包括有纤维瘤复合血管瘤、纤维肉瘤复合血管瘤等,其眼观和镜检所见与上述相应的单纯间叶性肿瘤相同。

4)上皮与间叶成分复合型　即在同一患牛膀胱内出现2~3种上皮与间叶成分的肿瘤。癌与肉瘤复合时,其上皮成分多呈浸润型,两种肿瘤成分互相交错,融合为一体。此型复合瘤较常见的有以下几种。

(1)具有变移上皮癌成分的复合瘤:含有变移上皮癌复合纤维瘤、复合血管瘤、复合平滑肌肉瘤、复合血管肉瘤、复合横纹肌肉瘤等。

(2)具有腺癌成分的复合瘤:含有腺癌复合纤维瘤、复合血管瘤、复合平滑肌肉瘤、复合血管肉瘤、复合横纹肌肉瘤等。

(3)具有乳头状瘤成分的复合瘤:含有乳头状瘤复合纤维瘤、复合血管瘤等。

牛蕨中毒膀胱肿瘤的组织来源:膀胱的上皮性肿瘤来源于膀胱黏膜的变移上皮和冯布伦(Van Brunn)细胞巢(系膀胱黏膜腺,位于膀胱三角部,即在该处出现腺样上皮隐窝和由柱状上皮衬覆的腺体,膀胱体则无腺体)的恶性增生与异型化,而这些细胞的腺性化生或鳞状上皮化生,并进一步异型化增殖则可形成腺癌和鳞状细胞癌。膀胱的非上皮肿瘤则主要来源于不同的间叶成分。

马蕨中毒(braken poisoning of horse):其病理变化主要为外周神经的多发性神经炎,脑、脊髓无明显变化。外周神经包括:坐骨神经、胫神经及腓神经的起始部;前肢臂神经丛的一部分或全部,或由此分出的正中神经、尺神经、桡神经的起始部;颈椎神经、膈神经或肋间神经的一部分等。

[剖检]　这些外周神经和沿其通路的肌间结缔组织均呈现轻重程度不等的浆液浸润、充血、绿斑状出血或弥漫性出血,病势严重的可能成为大静脉管样外观。

[镜检]　上述各部位的外周神经呈现各种变性病变,有时还可发现列诺氏透明小体(Renaut's hyaline body)。

此外,病马还呈现淋巴细胞急剧减少,中性粒细胞增多,血清维生素 B_1 减少等,故用维生素 B_1 治疗有效。

二、氢氰酸中毒

氢氰酸中毒(hydrocyanic acid poisoning)是由于动物采食富含氰苷类植物,在氰糖酶作用下生成氢氰酸,使呼吸酶受到抑制,组织呼吸发生窒息的一种急剧性中毒病。该病多见于牛、羊,少发于马和猪,以发病突然、极度呼吸困难、全身抽搐、肌肉震颤、病程短促为临床特征;剖检血液呈鲜红色,可视黏膜樱桃红色,胃内容物散放苦杏仁味。

1. 病因与发病机理

动物采食富含氰苷的植物是氢氰酸中毒的主要原因。富含氰苷的植物有高粱和玉蜀黍的幼苗,尤其是刈割或遭灾之后再生幼苗;木薯,特别是木薯嫩叶和根皮部分;亚麻,主要是亚麻叶、亚麻籽及亚麻籽饼;各种豆类,包括豌豆、蚕豆等。此外,许多青草,如苏丹草(Sudan grass)、三叶草等也富含氰苷。亚麻籽饼中所含的氰苷是亚麻苦苷(linamarin),通过蒸煮可被破坏,如只用热水浸泡或饲喂后饮以大量温水,则亚麻苦苷易变成氢氰酸而造成中毒。

植物含氢氰酸超过 20mg/100g,动物采食后就能引起中毒。而某些富含氰苷的植物,氢氰酸生成量可高达 600mg/100g。动物对氢氰酸的致死量为每千克体重 1～2mg。

大多数含氰苷类植物本身舍有氰糖酶,通常在堆垛、青贮或霉败过程中,即可分解而产生氢氰酸;或在采食后,氰苷类物质在动物的胃肠道内,特别是在反刍动物的瘤胃内,水解生成氢氰酸。当吸收大量氢氰酸而超过肝脏的解毒功能时,则与细胞色素氧化酶、过氧化酶、氨基酸氧化酶、乳酸脱氢酶、磷酸酶等多种酶结合,破坏细胞氧化功能。氰基($-CN$)与细胞色素氧化酶中的三价铁结合,生成氰化高铁细胞色素氧化酶,使其中的铁保持三价状态,不能接受电子,细胞色素失去传递电子和激活氧的能力,组织的氧化磷酸化过程受阻,呼吸链中断而发生"细胞内窒息"。其特征是:因组织利用氧的能力降低,故静脉血氧含量升高,氧合血红蛋白增多而呈鲜红色,尸体皮肤及可视黏膜色泽鲜红。

2. 主要临床症状

中毒动物发病突然、极度呼吸困难、全身抽搐、肌肉震颤,病程短促。可视黏膜樱桃红色。

3. 病理变化

病畜的可视黏膜呈鲜红或深红色,血液呈鲜红色,凝固不良。各器官的浆膜和黏膜,特别是心内、外膜散布斑点状出血,浆膜腔积液,腹腔器官显著充血。肺充血、水肿,气管和支气管充满淡红色泡沫样液体。切开瘤胃,胃内容物散放出苦杏仁味。

牛和绵羊虽能在肝内使氢氰酸转变成硫氰化物,但硫氰化物长时间以低浓度存在于体内时则可导致甲状腺肿。

三、栎树叶中毒(oak poisoning)

栎又名橡或青冈,为壳斗科(Fagaceac)、槲栎属(*Quercus*),其中包括许多种,广泛分布于世界各地,在我国主要生长于云南、贵州、四川、陕西、甘肃、江西、湖南、湖北、江苏、安徽、河南、山东等省的丘陵地区。常引起动物中毒的栎树有袍栎(*Quercus glandulifera* Blume)、白栎(*Q. fabri* Hance)、槲树(*Q. dentata* Thunb)、槲栎(*Q. aliena* Blume)、麻栎(*Q. acutissima* Carr.)和沙地矮栎(*Q. havardi*)等,其茎、叶和籽实均含有有毒物质,可引起各种动物中毒,但危害最大的是牛,偶见于绵羊、山羊、马、猪和家兔。每年清明前后到立夏左右易发生该病,因哨食栎树的幼芽、嫩叶和新枝,或于深秋季节因采食散落于牧地上的栎树籽实而发生中毒。该病有急性、慢性之分,以反刍动物前胃弛缓、排粪迟滞及随后的出血性下痢等消化机能障碍和皮下水肿、浆膜腔积液及肾病为特征。

1. 病因及发病机理

栎树的有毒成分是鞣酸(tannin),主要是楮鞣酸(gallotannin),大量存在于幼芽、嫩叶和籽实中,属肾脏毒。它在反刍动物的瘤胃内进行生物降解,产生多种有毒的酚类化合物,可直接损害胃肠道黏膜引起出血性炎症,并吸收入血液经肾脏排出时导致以肾小管上皮细胞变性、坏死为特征的肾病(nephrosis),最后因肾功能衰竭诱发尿毒症而死亡。

2. 主要临床症状

中毒的反刍动物前胃弛缓、排粪迟滞及随后的出血性下痢等消化机能障碍,全身皮下水肿,体态呈圆球状。

3. 病理变化

中毒牛的主要病理变化是全身性水肿、肾病、出血性胃肠炎和浆、黏膜出血。

[剖检] 尸僵完全,血液凝固良好,鼻镜龟裂。颌下、垂皮、前胸、腹下、包皮、臀、股、会阴、阴唇等部一至数处皮下水肿,体表呈球形、半圆形、不规则或壁片的肿胀区。其皮下疏松结缔组织呈胶冻状,自切面流出大量无色或微黄色澄清的液体。浆膜水肿,以腹腔和骨盆腔浆膜特别明显。浆膜腔蓄积大量液体,肺萎陷而沉浮于胸水中。

肾脏:肾周围脂肪组织呈浆液性萎缩和出血。肾肿大,苍白色、混浊,切面见皮质与髓质境界不清楚。在其表面和切面上散布点状出血,皮质的切面有灰黄色混浊的坏死条纹。少数病例肾脏不肿大,甚至萎缩,切面皮质较薄,亦见点状或线状出血。

消化道:口腔黏膜和舌根处常见糜烂与溃疡。瘤胃、网胃无异常。瓣胃内容物干燥硬结,黏膜偶见大小不等的溃疡。真胃黏膜充血、水肿或溃疡。小肠和大肠黏膜充血、出血与水肿,尤其直肠壁明显水肿,可厚达 2~3cm。肠内容物混有黏液和血液,呈暗红色乃至咖啡色稀糊状;后段肠管含有黑色干粪块,被覆混有血液的厚层黏液及淡黄色凝卵样的纤维素性渗出物。

心脏:心外膜和心内膜散布点状出血,冠状沟与纵沟的脂肪组织呈浆液性萎缩。心脏扩张,心腔积有血凝块。心肌色变淡,混浊、质地脆弱。

肝脏:多数苍白贫血,少数伴发淤血和出血,偶见因肝实质脂肪变性而呈黄褐色。胆囊胀大达正常 2~3 倍或 5~6 倍,如鹅蛋大或婴儿头大,胆囊壁充血、水肿、胆汁呈暗绿色。

脾脏:散布少数点状出血,切面脾小梁轻度增生,白髓显示萎缩。

肺脏:多半体积缩小。有的病例则部分萎陷,部分呈肺泡气肿;或见淤血、水肿,伴发小叶性肺炎。

肾上腺:肿大,实质细胞变性,间质充血、水肿或有小出血灶。

淋巴结:肿大,切面隆突、多汁。

脑组织:脑膜充血,脑沟变浅,脑回变平。

[镜检] 肾脏的中毒性肾病病变,具有证病性意义,但由于病程长短不同而有差异。①肾小球病变不明显,肾小管,尤其近曲小管上皮细胞广泛发生凝固性坏死,胞核溶解或碎裂成颗粒状,胞浆浓染伊红呈均质状,管腔内充满蛋白质团块,并因其中混有胆红素或血红蛋白而呈棕褐色或红色。肾直小管上皮细胞颗粒变性或水泡变性;②管腔内多有絮状蛋白、透明滴状蛋白和透明管型、细胞管型。肾小球出现不同程度的病变,表现球囊扩张,肾小球被滤出液挤压而萎缩与贫血;或球囊壁上皮细胞增生,而出现上皮新月;或肾小球萎缩而发生纤维化。肾小管上皮显示萎缩、变性、坏死,以及再生现象,管腔中亦多有蛋白物和管型。间质毛细血管内皮细胞增生、贫血或见出血灶,结缔组织明显增生并有较多的淋巴细胞、浆细胞、巨噬细胞和中性粒细胞浸润。

心肌纤维颗粒变性与水泡变性,间质充血、出血及水肿,并有少量淋巴细胞浸润。

肝细胞变性,窦状隙贫血。少数病例的肝小叶可见小的凝固性坏死灶或肝细胞溶解灶,肝小叶中央带和中间带出血,周边带严重脂肪变性等中毒性肝营养不良变化。有时于肝小叶与间质内见有中性粒细胞、淋巴细胞和巨噬细胞浸润,而呈现中毒性肝炎变化。

脾脏被膜增厚,胶原纤维与平滑肌变性,伴发水肿。脾白髓减数、萎缩,稍现生发中心或无生发中心,网状细胞核空泡变性,白髓中淋巴细胞大为减少,甚至呈现核浓缩、破碎或着色不良等坏死景象,偶见自髓边缘区明显充血。中央动脉内皮肿胀,管壁平滑肌变性,外膜水肿。红髓含血量多少不定,鞘动脉壁和红髓的网状细胞核空泡变性或着色不良,红髓固有的白细胞含量减少,胞核亦多呈现变性、坏死现象。脾静脉窦稍扩张,窦内皮核浓缩或着色不良。小梁增多,变粗,其中的胶原纤维与平滑肌以及分散于红髓内的平滑肌均明显变性,小梁常因水肿浸润而显得疏松。

肺泡隔毛细血管呈不同程度充血,隔内的间质细胞稍肿胀、增生,致使肺泡隔增宽,肺泡因而萎陷,彼此密集,另一些肺泡则扩张为气肿,偶见肺泡内蓄积浆液或异物。各级细支气管显示扩张,黏膜上皮轻度变性、脱落,管腔含有数量不一的脱落上皮、红细胞、中性粒细胞或异物碎片,肌层轻度变性,外膜水肿,偶见少量淋巴细胞浸润。支气管动脉内皮细胞肿胀,中膜平滑肌玻璃样变或纤维素样变。外膜水肿,或偶见少量淋巴细胞浸润。肺间质增宽,间质内毛细血管充血,淋巴管扩张并浸润水肿液或浆液纤维素性渗出液。

脑实质血管周围间隙扩张,血管贫血。小胶质细胞轻度增生,神经细胞变性并见卫星现象。

骨骼肌:肌纤维呈不同程度的肿胀,横纹多半消失,胞核浓缩或消失,呈均质红染,有的纤维则呈波浪状弯曲,甚至溶崩断裂。肌束间淋巴管扩张,毛细血管充血,轻度水肿,小动脉壁平滑肌亦呈现变性。

四、毒芹(水毒芹)中毒

毒芹(水毒芹)中毒(cicuta virosa poisoning;water hemlock poisoning)主要发生于牛、羊和猪,其有毒物质主要侵害中枢神经系统和运动神经末梢,病畜呈现兴奋不安,全身肌肉痉挛,流涎、心悸,呼吸迫促,角弓反张,步态蹒跚或麻痹,严重时因呼吸中枢麻痹而突然死亡,我国东北、华北和西北地区均有动物发病报道。

1. 病因与发病机理

毒芹(*Cicuta virosa*)为伞形科植物,高达 1m 左右,多年生草本。其根状茎有节,叶呈2～3回羽状分裂、互生,前端尖锐,叶缘呈锯齿状。夏季开花,由许多小花组成为复伞形花序,呈白色。毒芹约有 10 种,分布于朝鲜、日本、西伯利亚、欧洲和北美洲。我国有 1 种,分布于东北、华北和西北各省(自治区、直辖市),生长于沼泽地、水边及沟边。

毒芹的有毒部位遍及全植株,其根状茎中含有毒芹碱(cicutine)、γ-去氢毒芹碱(γ-coniceinc,$C_8H_{15}N$)、羟基毒芹碱(conhydrine,$C_{18}H_{17}OH$)、N-甲基毒芹碱(N-methylconiine,$C_9H_{19}N$)等生物碱。全草含有毒芹毒素(cicutoxin,$C_{17}H_{22}O_2$)、毒芹醇(cicutol,$C_{17}H_{22}O$)以及毒芹甲素等。此外,尚含挥发油,其主要成分为毒芹醛、烃和酮类。这些毒素即使晒干后依然存在。其根茎致死量:牛为 200～250g,绵羊为 60～80g。毒芹根茎具有甜味,牛常爱吃,故易引起中毒。

2. 主要临床症状

中毒动物首先表现兴奋不安,渐渐出现全身肌肉痉挛,角弓反张;动物还表现呼吸困难、心动疾速、流涎、呕吐、腹泻等症状;继而因中枢神经的兴奋降低或抑制,则呈现步态蹒跚或麻痹,知觉丧失,瞳孔散大,体温下降;最后因延髓生命中枢被破坏而死亡。

3. 病理变化

牛、羊、猪的主要病理变化是：腹部显著膨胀，血液稀薄呈暗红色（溶血所致），皮下结缔组织散布点状出血。胃肠充满大量发酵的内容物和气体，若在其内容物中发现毒芹植物的残片，则将有助于诊断。肠系膜和胃肠浆膜血管强度扩张充血，胃肠道黏膜呈急性出血性卡他性炎变化。肺脏淤血、水肿，伴发出血。肝脏肿大、淤血、出血及实质变性。脾脏肿大、淤血。肾脏实质变性和淤血，膀胱黏膜出血。心脏扩张、心肌变性，心内膜和心外膜出血。脑及脑膜充血、出血伴发水肿。

［诊断］ 我国东北、西北和华北地区，每年早春季节缺乏青绿饲料时，若放牧的牛、羊、猪发生一种不明原因的疾病，可根据病畜是否采食过毒芹，有无反射机能亢进和强直性或阵发性痉挛等病征，以及有无皮下组织和内脏器官出血的病理变化，予以分析、判定是否为毒芹中毒。

毒芹毒素类化学物质呈黏稠的树脂状，于碱性溶液中溶解呈黄色，于乙醚、乙醇、氯仿、二硫化碳或冰乙酸中溶解后，若滴加浓硫酸，则呈紫色，这些化学反应对诊断毒芹中毒有一定意义。必要时还可采取病料，参照生物碱类检验方法做进一步检验，以便确诊。

五、猪屎豆中毒（crotalaria mucronata poisoning）

猪屎豆属植物的有毒物质可损害动物的肝脏、肾脏和中枢神经系统等，故病畜临床呈现兴奋、痉挛、黄疸、少尿和腹水等病征。

1. 病因与发病情况

猪屎豆（*Crotalaria mucronata* Desv.）属豆科植物，一年生半灌木状，主要用作绿肥。我国约有40种，绝大多数分布于华南、东南沿海及西南各省，全草与种子均有毒。其主要有毒化学物质为猪屎豆碱（mucronatine，$C_{18}H_{25}O_8N$）、牡荆素（vitexin，$C_{21}H_{20}O_{12}$）、芹菜素（apigenin，$C_{15}H_{19}O_5$），有的则含确野百合碱（mortocrotaline，$C_{18}H_{23}O_6N$）等。

2. 主要临床症状

牛发生中毒多为慢性，表现食欲减少，消化不良，反刍缓慢或停止，结膜黄染，瘤胃蠕动减弱或消失，血清谷丙转氨酶活性升高，尿量减少，尿沉渣中可发现红、白细胞或管型，有时狂躁不安或做圆圈运动；有时则突然倒地，痉挛抽搐。

猪急性中毒呈现呕吐、腹泻，粪便中带有黏液和血液，口吐白沫，兴奋不安，往往倒地痉挛，迅速死亡。慢性中毒时则表现贫血，食欲减少或废绝，便秘，结膜黄染，心跳徐缓，嗜眠，继而后肢软弱，肌肉震颤，有时肛门流血，经8～10d而死亡。

3. 病理变化

［剖检］ 中毒死亡动物皮肤和皮下组织出血。咽喉部黏膜点状出血。胃底部黏膜呈斑块出血。肠系膜淤血，肠管黏膜呈出血性卡他性炎。肝脏肿大、淤血、实质变性伴发小坏死灶，胆囊黏膜点状出血。肾脏实质变性，肾盂、输尿管和膀胱出血。脾脏淤血。肺脏淤血、水肿及出血。心肌实质变性，心外膜和心内膜出血。脑和软脑膜淤血、出血。全身淋巴结出血。

［镜检］ 肝脏中心静脉和窦状隙扩张淤血，肝细胞颗粒变性、脂肪变性，伴发坏死，并见一些肝细胞核呈现有丝分裂，形成肝巨细胞。肾脏呈现中毒性肾病变化：肾曲小管上皮细胞变性、坏死、脱落，肾曲小管内管型形成，间质水肿。

六、蓖麻子中毒（castor bean poisoning）

蓖麻（*Ricinus communis* L.）为大戟科（Euphorbiaceae）植物，几乎遍布于全国各地，其根、

叶可以入药,鲜叶可喂蓖麻蚕,籽实可榨油供工业、医药用。动物误食蓖麻子或饲喂多量未经处理的蓖麻子饼,即可引起中毒。该病可发生于各种动物,但一般常见于马,其次是绵羊、猪和牛,剖检以出血坏死性胃肠炎、小血管血栓形成、中毒性肝病和肾病以及脑神经细胞变性等为特征。

1. 病因与发病机理

蓖麻子除含有蓖麻油(oleum ricini)45%～60%外,尚含有蓖麻素(riein)2.8%～3.0%,蓖麻碱(ricinine)0.2%以及脂酶(lipase)、蛋白水解酶(proteolytic enzyme)等成分。动物中毒主要是由蓖麻素和蓖麻碱所致。

蓖麻素的毒力比士的宁、氢氰酸和砒霜还强,每千克体重用0.25mg即可使动物致死,但这种毒素经高温处理即可发生变性、凝固,因而失去毒性。因此冷榨的蓖麻子饼含毒,而热榨的蓖麻子饼则无毒。蓖麻素能刺激机体产生抗体,故用蓖麻子或未经处理的蓖麻子饼少量递增地饲喂动物,可获得抗蓖麻素的免疫力或耐受性。

蓖麻碱是一种白色结晶性生物碱,其分子式为$C_8H_8N_2O_2$,存在于蓖麻的全株,对动物的毒性比蓖麻素小。

蓖麻素中含有凝集素(agglutinin),是一种血液毒,能使纤维素原转变为纤维素,并能使红细胞发生凝集,因而一经吸收,就首先引起肠壁血管的血栓形成,导致肠黏膜出血、坏死或溃疡。进入体循环后,则造成各组织、器官,特别是心、肝、肾以及脑和脊髓的血栓性血管病变,使之发生出血、变性乃至坏死。

2. 主要临床症状

中毒动物表现高热、膈痉挛和急性出血性胃肠炎症状、神经系统症状以及心、肝、肾功能不全等全身性症状。

3. 病理变化

[剖检] 主要病理变化为:出血性坏死性胃肠炎和各实质器官的出血、变性和坏死。胃肠内容物染成血色并混有黏液和假膜,胃肠黏膜潮红、肿胀,被覆厚层血样黏液,黏膜面密发点状或斑块状出血,伴发糜烂或溃疡,有时覆有菏层灰黄色假膜。肝脏肿大,呈淡土黄色,被膜出血。肾脏实质变性,被膜下出血。

[镜检] 胃黏膜上皮细胞坏死、脱落,固有层和黏膜下层小血管强度扩张充血,小动脉管壁纤维素样变,常见血栓形成,并伴有明显的出血与水肿。肌层变性。心脏扩张,心内膜散发点状或斑状出血,心肌实质变性,肌束间的小血管壁纤维素样变及血管内血栓形成。肝细胞颗粒变性与脂肪变性及坏死,窦状隙、中央静脉及汇管区血管扩张充血、出血和血栓形成,血管壁纤维素样变。肾小管上皮细胞变性与坏死,叶间动脉亦见血栓形成,间质出血与水肿。肺脏淤血、出血与水肿。脑实质与软脑膜充血、出血,神经细胞变性、坏死及血管内血栓形成。

[诊断] 根据病畜有误食蓖麻子或饲喂蓖麻子饼的病史,伴有高热、膈痉挛和急性出血性胃肠炎的临床表现以及特征性病理变化并在胃肠内容物中发现有特殊条纹的蓖麻子皮壳,即可建立诊断。必要时,可取胃内容物作毒物检验:取胃内容物10～20g,加1倍量蒸馏水浸泡后过滤,取滤液5ml,加磷钼酸液(磷铝酸钠10g溶于硝酸中,加水使之成100ml)5ml,水浴上煮沸,呈绿色者为阳性反应。判定后放冷,再加15%氯化铵溶液,检液则由绿色变为蓝色,再在水浴上加热,变为无色,即证明有蓖麻素存在。

七、苦楝子中毒（melia fruit poisoning）

苦楝（*Melia azedarach* L.）属于楝科（Meliaceae）植物，我国尚有其同属植物——川楝（*M. toosendan* Sled），二者均为落叶乔木，其根、皮、果均可作为驱虫药，茎、叶可作农业杀虫剂和灭钉螺药。成熟的苦楝果实散落地面，常被猪采食而引起中毒。应用苦楝子或其根、皮作驱虫药时，若用量过多也可引起中毒。

1. 病因与发病机理

苦楝所含的成分较复杂。据分析，在其浆果中含有苦楝子根酮（melianone，$C_{30}H_{46}O_4$）、苦楝子醇（melianol，$C_{30}H_{38}O_4$）与苦楝子三醇（melianotriol，$C_{30}H_{50}O_5$）等三萜类化合物，并含有苦楝毒碱（aziridine）；在其种子中含有脂肪油与楝脂苦素（salannine）等多种苦味素；在根、皮中含有川楝素（toosendanin，$C_{30}H_{38}O_{11}$）、水溶性川楝素（$C_{31}H_{40}O_{12}$）、三萜类化合物的川楝酮（kulinone）、生物碱的苦楝碱（margosine）以及 β-谷甾醇等成分。但对这些成分的毒性作用还未完全查清。目前仅知在采食苦楝子后，对消化道有刺激性；有毒成分经吸收后可损害肝脏，并使血液的凝固性降低和血管壁通透性增高，进而由于内脏出血和血压降低，导致循环衰竭而死亡。

2. 主要临床症状

中毒后病猪表现骚动不安，嘶叫，口吐白沫或呕吐，腹痛，呼吸困难，步态失调，站立不稳，震颤及瘫痪，耳及四肢变冷，常在中毒后 1～2d 内死亡。严重中毒者一至数小时即死亡。

3. 病理变化

［剖检］　常在胃内可发现未被完全消化的苦楝子碎片，胃黏膜和小肠黏膜潮红、肿胀，散布点状或斑状出血，肝脏轻度肿大，呈黄褐色，被膜下散发细小的坏死灶。心内、外膜出血，心肌实质变性，心腔内积有不凝固的血液。肺脏淤血、水肿及出血。肾脏实质变性，伴发坏死与出血，脑实质与软脑膜充血与出血，脑脊液中含有血液。

［镜检］　胃肠呈出血性炎变化。肝细胞颗粒变性与脂肪变性，伴发凝固性坏死，窦状隙、中央静脉及叶间静脉淤血；汇管区和窦状隙内有数量不等的中性粒细胞与单核细胞浸润。肾脏呈出血性中毒性肾病变化。脑组织的神经细胞变性，血管充血、出血及轻度水肿。

八、夹竹桃中毒

夹竹桃中毒（oleander poisoning）多发生于牛、羊，猪和马亦有发生的，以急性出血性胃肠炎、重剧的心律失常和心力衰竭为特征。

1. 病因与发病机理

夹竹桃（*Nerium oleander*）是一种有毒的常绿灌木，常见的有红花、黄花和白花夹竹桃三种，一般栽培于公园和庭院中作为观赏，但南方各省也有作为篱墙、畜舍围栏或在道路两旁作为风景树而大量栽植。其有毒部分是叶、皮、花和种子。动物通常因误食其树叶（包括鲜叶片和枯叶片）或啃食其树皮而引起中毒。

夹竹桃的有毒成分为夹竹桃苷（oleandrin），属强心苷类，其毒理作用与洋地黄苷类似。中毒量：牛和马为体重的 0.005%，羊为 0.015%，即牛和马误食夹竹桃叶 10～20 片（15～25g），羊误食 2～4 片（3～5g）即可引起中毒。夹竹桃苷对胃肠道具有强烈的刺激作用，并可损伤肠壁的毛细血管，导致出血性胃肠炎。经吸收后，则直接作用于心肌，抑制心肌细胞膜上的 ATP

酶,使钠泵作用发生障碍,导致心肌细胞内钠的贮留。进而刺激钠-钙交换,使进入心肌细胞内的钙增多,同时肌浆网中结合的钙也变为游离的钙离子释放出来,结果心肌的兴奋-收缩偶联增强产生异位兴奋灶,而出现异位心律,甚至心室纤维颤动。另外,夹竹桃苷还能抑制心肌传导系统,兴奋支配心脏的迷走神经,致使心动传导阻滞,而出现心动过缓,甚至停顿。

2. 主要临床症状

中毒动物出现明显的心律失常和出血性腹泻。

3. 病理变化

[剖检]　主要病变表现在心脏和胃肠道。心脏扩张,心肌柔软、脆弱,心外膜和心内膜密布斑点状出血,尤以左心室最为明显,甚至出现心内膜下血肿。胃黏膜潮红、肿胀、散布点状出血,于其内容物中常可发现夹竹桃叶残片。小肠和大肠黏膜密布点状与斑状出血,有时积满血液凝块,尤以直肠的变化最为严重。肝、肾淤血与实质细胞变性。肺淤血、水肿及出血。其他各器官均见淤血与出血变化。

[镜检]　心肌纤维呈明显的颗粒变性和不同程度的坏死,肌束间充血与出血。

[诊断]　依据误食夹竹桃的病史,临床上呈现明显的心律失常和出血性腹泻,剖检在胃内容物中发现夹竹桃碎叶片,伴有严重的出血性胃肠炎等病理变化,即可作出诊断。

九、萱草根中毒

萱草(*Hemerollis callis fulva* L.)为百合科萱草属多年生草本植物。该属植物的花蕾,鲜品可供炒食,晾干则可作为肉类和料,俗称黄花菜或金针菜。萱草品种繁多,目前已知有小萱草或红萱(*H. minor* Mill)、北萱草(*H. esculenta* Koidz)、童氏萱草(*H. thunbergii* Barker)和萱草(*H. fulva* Linn.)4 种,其根毒性很大,可引起萱草根中毒(hemerollis root poisoning)。

该病主要发生于羊,偶见于牛和马。自然发病有明显的季节性,多在冬春季节刨根啃食时爆发,4 月初(清明前后)牧草返青后发病即自然停止。人工栽培黄花菜地区,发病往往是因随意抛弃的黄花菜根所致。中毒动物的主要病变特征为:脑和脊髓白质软化、视网膜、视神经变性、坏死。

1. 病因与发病机理

萱草根的有毒成分为萱草根素(hemerocallin),是一种双萘结构的酚类物质,为橘黄色粉末,加热至240℃变色,266～269℃熔融,可溶于氯仿。以萱草根素 1.0mg 给 20g 体重的小鼠灌服,可引起小鼠两眼失明、瘫痪、膀胱麻痹和死亡;绵羊口服萱草根素中毒致死量为 38.3 mg/kg体重,其症状与自然发病或口服萱草根粉的表现完全相同。口服萱草根粉的中毒量和致死量视生长季节而异。中毒剂量在发病季节采集者为(2.0±0.4)g/kg 体重,夏季萱草生长茂盛时期为 4.5g/kg 体重;致死量在发病季节采集者为(5.88±0.9)g/kg 体重,夏季采集者为 7.87 g/kg体重。

萱草根素对机体各器官均有毒害作用,但主要侵害神经系统与视网膜,引起大脑、小脑、延髓、脊髓、视神经与视网膜严重的退行性病变,同时对胃肠道、心血管、肝脏及肾脏等器官也都导致中毒性损害。

2. 主要临床症状

表现为瞳孔散大,双目失明,全身瘫痪,膀胱麻痹和尿液潴留,故民间称为"羊瞎眼病"。剖检主要以脑和脊髓白质软化、视网膜、视神经变性、坏死为特征。

3. 病理变化

[剖检]　病羊被毛粗乱,营养不良,可视黏膜暗红色,眼周皮肤稍肿胀,瞳孔散大,但角膜、晶状体、玻璃体和水样液均无变化。视网膜血管明显,散布斑点状出血。视乳头肿大、突出。视神经的任何一段均可受到损害,但通常以其两端(视乳头与视交叉附近),尤其在视孔局部的视神经变化最为明显,表现视神经稍肿胀或粗细不均或呈断裂状,质软、色暗,病变为双侧性,但不一定完全对称。

脑脊髓软膜血管扩张充血,散发点状出血,脑回变平、脑沟变浅,脑室扩张、积液。

皮下脂肪组织减少或消失,伴发胶样水肿。颈、背部等皮下组织显示大小不等的斑点状出血。心冠、肾周围以及肠系膜等部的脂肪组织均呈胶样水肿。体表与内脏淋巴结稍肿大、色红,切面多汁。

心包及胸、腹腔液体增量。心脏扩张,心内膜与心外膜散发点状或斑状出血,心肌实质变性。气管黏膜暗红色,管腔内积有较多的泡沫状液体。肺暗红色或紫红色,淤血、水肿,轻度出血。

皱胃和小肠黏膜潮红、肿胀,被覆较多的黏液,并散布斑点状出血。肝脏肿大,呈紫红色与灰黄色相间的斑驳状,切面多血,质地脆弱。胆囊胀大,充满黄绿色胆汁。胰脏散发点状出血。脾脏稍肿大,柔软,被膜轻度出血,切面多血。肾脏稍肿大,呈灰红色或灰黄色,被膜轻度点状出血,质地柔软、脆弱,切面多血,境界层呈暗红色,肾盂积水。

[镜检]

心脏:心肌纤维颗粒变性,心肌纤维间毛细血管充血,明显出血,伴发水肿,偶见淋巴细胞呈灶状性浸润。

肝脏:肝细胞颗粒变性与脂肪变性及坏死,窦状隙、中央静脉及叶间静脉扩张充血,窦状隙和汇管区有较多淋巴细胞、中性粒细胞和少量嗜酸性粒细胞浸润。

肺脏:肺泡壁毛细血管充血,肺泡腔充满浆液,其中混杂有红细胞、中性粒细胞和脱落的肺泡上皮细胞。支气管与细支气管黏膜上皮细胞变性、脱落,管腔内含有浆液、中性粒细胞与脱落的黏膜上皮细胞,支气管外膜有较多的淋巴细胞浸润。

肾脏:肾小管上皮细胞颗粒变性,乃至坏死、脱落。有的管腔扩张,积留尿液或圆柱。肾小球毛细血管充血,内皮细胞肿胀、增生,管腔内有较多的中性粒细胞。球囊腔充积蛋白质性液体并混有红细胞和中性粒细胞。间质充血、水肿及出血,尤以髓质部明显,偶见淋巴细胞呈局灶性浸润。

胃肠:皱胃与小肠黏膜上皮细胞变性、脱落,黏液分泌旺盛。固有层和黏膜下层充血、出血,伴发水肿,有少量中性粒细胞浸润。肌层变性。

肠系膜淋巴结:呈浆液性淋巴结炎变化,即淋巴组织轻度增生,血管充血,淋巴窦内皮细胞肿胀,窦内有多量浆液和较多的单核细胞。

脑与脊髓:大脑、小脑、延髓及脊髓广泛充血、出血和水肿,白质结构疏松或出现大的空腔而呈脑软化现象。神经原变性或呈溶崩状态,偶见噬神经细胞与卫星现象。

坐骨神经:神经纤维轻度变性。

视径:整个视觉传导径均有损害,但以视神经和视网膜最为严重。视神经的病变为双侧性。轻者,神经纤维部分断裂、崩解,出现大小不等的空洞;胶质细胞仅表现轻度核浓缩、破碎。病势严重的,除存留束间结缔组织支架外,神经纤维和胶质细胞均见坏死、崩解,或视神经结构全部破坏,变为松散无结构的物质。神经纤维坏死崩解所形成脂滴,常被巨噬细胞吞噬,而转变为泡沫细胞。束间结缔组织有多量淋巴细胞、浆细胞、巨噬细胞和少量中性粒细胞浸润。视网膜神经纤维松散,呈网孔状;血管扩张充血及出血。节细胞层呈密集的孔洞状,节细胞变性、坏死。内、外核层细胞分布不均,如出血严重时,则视网膜细胞层次不清,细胞排列散乱。视网膜中央动脉与静脉高度扩张充血,伴发出血。视交叉、视束、外膝状体、视放射以及视皮质的神经细胞和纤维也有退行性变化,但程度较轻。

概括以上所述,萱草根素的中毒性作用是全身性的,但各器官的受害程度则有轻重不同,其中以神经系统,特别是脑和脊髓白质以及视网膜与视神经的病变最为严重,而眼球折光体(角膜、水样液、晶状体和玻璃体)则无变化。由于视神经和视觉细胞坏死,视觉传导阻断,视觉功能丧失,故病畜出现双眼失明。由于脑和脊髓的运动神经病变以及植物神经受损害,因而呈现全身瘫痪和膀胱麻痹等症状。

[诊断] 该病常为群发,根据病史、特征性症状与病理变化,即可作出诊断。

十、棘豆中毒

棘豆中毒(oxytropis poisoning)是动物在早春或旱年由于贪青或饥饿而长期采食小花棘豆(*Oxytropis glabra* D. C.)、黄花棘豆(*O. ochrocephala* Bunge)或甘肃棘豆(*O. kansuensis*)等棘豆而引起的,是以神经系统与实质器官变性为主的慢性中毒性疾病。临床上以运动扰乱、贫血和衰竭为特征。马、绵羊和山羊最敏感,牛次之,猪耐受性最大。

1. 病因与发病机理

小花棘豆为多年生豆科棘豆属草本植物,分布于我国内蒙古、陕西、宁夏等地区。小花棘豆多生长在碱性钙质沙土地区,主根粗壮,根系发达,耐干旱。成年植株 4 月返青,具有细长而扩展分枝的茎,叶为奇数羽状复叶,基部有三角形托叶,小叶对生,长椭圆形,两面有灰色柔毛。6～7月开花,为总状花序,腋生,蓝紫色蝶形花冠。8～9月结长圆形荚果,在其腹缝线上具有深沟。

黄花棘豆分布于我国甘肃、青海等省牧区,根粗壮,茎基部有分枝,密生黄色长柔毛。托叶卵圆形,密生长柔毛,与叶柄分离,总状花序,腋生,呈圆筒状,花密集。果矩圆形,膨胀,密生短柔毛。

棘豆的有毒成分尚不明确。山羊采食割下一天后的新鲜小花棘豆 30～112kg(14～39d),即可引起轻度中毒;采食 79～149kg(35～49d),可出现重度中毒。

2. 主要临床症状

中毒的山羊被毛粗乱、营养不良,运动障碍为主的神经症状、贫血、水肿,最后卧地衰竭而死亡。母畜不孕、流产、死胎或胎儿畸形。

3. 病理变化

[剖检] 病畜尸体消瘦,除血液较稀薄、心脏扩张、心肌质软外,其他各器官的眼观病变均不明显。

[镜检] 大脑、海马回、脑桥、延髓、小脑和脊髓的神经细胞多数呈急性肿胀,少数固缩或溶崩状;胶质细胞轻度增生,偶见卫星现象、噬神经原现象和胶质细胞结节。脑桥、延髓和脊髓白质的神经纤维部分发生肿胀,髓鞘脱失,鞘膜断裂。坐骨神经部分神经纤维的轴突肿胀、淡染、粗细不均和髓鞘脱失。肝细胞、心肌纤维和浦金野氏纤维以及肾小管上皮细胞普遍发生水泡变性,有的则坏死。骨髓(股骨)各系造血细胞均减少。脾脏见髓外化生灶。肾上腺皮质与髓质细胞也发生水泡变性。

[诊断] 根据在长有大量小花棘豆或黄花棘豆的牧场放牧或采食混有棘豆的干草的情况,结合以运动障碍为主的神经症状和特征性病理组织学变化,可以作出诊断。

十一、草木樨中毒

草木樨中毒(sweet clover poisoning)是动物采食了发霉变质的草木樨,因后者含有双香豆素(dicoumarin)所引起的,其特征是凝血时间延长,组织广泛性出血,特别是在外伤或外科处理后往往招致严重的失血。该病常发生于牛,绵羊不敏感。

1. 病因与发病机理

草木樨(*Melilotus* spp.;sweet clover)为豆科草木属的草本植物,我国有6～9种,主要分布于西北、华北和东北地区。该属植物具有耐寒、耐干和抗盐碱特性,并富含蛋白质和脂类,是一种有价值的饲料植物。但草木樨植物含有香豆素(coumarin),尤以白花草木樨(*M. albus* Desr.)与黄花草木樨(*M. officianalis* Desr.)的含量较高(可达1%)。当草木樨收割后如处理不当而发霉变质时,其中的香豆素在霉菌的作用下可转变为具有毒性的双香豆素(dicoumarin)或类似物,这种毒性物质在结构上属于萘醌类衍生物,与维生素K相似,能溶于水。动物采食了发霉变质的草木樨,其所含的双香豆素经肠道吸收,循门静脉循环进入肝脏即竞争性地拮抗维生素K的作用,导致依赖维生素K的酶失去活性,使肝脏中凝血酶原前身蛋白不能正常地进行γ-羧化而形成凝血酶原(即凝血因子Ⅱ)。维生素K缺乏也可影响凝血因子Ⅶ、Ⅸ、Ⅹ的合成,故血液中凝血酶原和凝血因子水平下降。双香豆素对合成的凝血酶原和凝血因子无直接对抗作用,故其抗维生素K的作用比较缓慢,需待原来合成的凝血酶原和凝血因子逐渐消耗、减少之后才起作用,因而中毒多在食后2～3周发生。

2. 主要临床症状

草木樨中毒动物出现全身出血性素质和贫血,有时还出现跛行、轻瘫或麻痹以及瞎眼等症状。双香豆素还可通过胎盘屏障,引起胎儿的中毒。胎儿出生后,表现中毒变化。

3. 病理变化

[剖检]　病尸可视黏膜苍白,伴有斑点状出血。皮下组织湿润,含有血样液体;颈、背及臀部皮下还常见大小不等的出血灶。瘤胃臌气,致使腹部膨大。全身骨骼肌色泽变淡或呈苍白色,散发斑点状出血,切面流出稀薄、不凝固的血液。胸、腹腔蓄积多量血样液体,浆膜散在斑点状出血。

肝脏轻度肿大,质地柔软、脆弱,被膜散发大小不等、形态不一的出血灶。胆囊胀大,充满胆汁,黏膜点状出血,由于黏膜固有层内淋巴小结增生、肿大,突出于黏膜面,致使胆囊黏膜呈颗粒状外观。肾脏实质变性,被膜散发点状出血。脾脏不肿大,被膜散发点状出血。心脏扩张,心腔蓄积多量不凝固的血液,心肌色泽变淡,柔软、脆弱。心内膜和心外膜常见大小不等的斑点状出血。肺脏淤血、水肿与出血。胃肠浆膜和黏膜散发点状出血,黏膜肿胀,被覆多量黏液。全身淋巴结轻度肿胀,明显出血,切面湿润。

[镜检]　肝细胞颗粒变性、脂肪变性及水泡变性,小叶中心部的肝细胞呈现凝固性坏死,表现核消失,嗜染伊红。严重时,坏死可累及整个肝小叶。坏死灶周围通常不见炎性细胞浸润。窦状隙、中央静脉及叶间静脉等血管扩张充血,汇管区除见出血外,尚伴发水肿,有较多的淋巴细胞浸润。

肾脏皮质部有少数出血灶,肾小管上皮细胞颗粒变性、透明滴状变乃至坏死、脱落,一些肾小管内充满管型或透明滴状物。肾小球毛细血管和间质毛细血管充血,内皮细胞肿胀、增生,叶间动脉管壁变性,间质水肿。

脾白髓淋巴细胞变性、坏死,稍现生发中心或不明显,伴发出血。中央动脉内皮细胞肿胀、增生,管壁变性。红髓网状细胞肿胀,淋巴细胞变性,有少量含铁血黄素沉着。脾静脉窦扩张充血、出血,小梁平滑肌变性。

心肌纤维颗粒变性、坏死或呈溶崩状,肌束间小动脉管壁变性,内皮细胞肿胀,间质出血与水肿。

淋巴结呈急性出血性卡他性炎变化。淋巴结皮质淋巴小结稍肿大,生发中心明显,伴发淋巴细胞坏死。副皮质区和髓索网状细胞肿胀、活化,常见淋巴细胞变性或坏死与出血。淋巴窦扩张,窦内有较多单核细胞和红细胞。

脑充血、出血,轻度水肿,神经细胞变性。猪草木樨中毒时可见脊髓神经纤维有脱髓鞘现象。

第三节　化学物质中毒

一、砷中毒(arsenic poisoning)

砷化物包括有机砷化物和无机砷化物。

有机砷化物常用作防治农作物病虫害的杀菌剂,对人、畜都有较高的毒性。有机砷化物品种甚多,常用的有:甲基硫砷($C_3H_9As_3S_3$,又名阿苏仁或阿苏精)、甲基砷酸锌($CH_3O_3AsZn \cdot H_2O$,又名稻脚青或稻谷青)、退菌特($C_7H_{15}AsN_2S_4$,又名土斯特,Tuzet)、甲基砷酸铁铵[$(CH_3ASO_2)_3Fe \cdot (NH_4)n$,又名砷铁铵或田安]及甲基砷酸钙($CH_3O_3AsCa \cdot H_2O$,又名稻宁)等。

无机砷化物中最常引起中毒的是三氧化二砷(As_2O_3,又名信石或砒霜),我国农村多用其作杀虫剂或毒鼠剂。其他常用的砷化物尚有亚砷酸钠、砷酸钙、砷酸铝等,如用砷酸钙杀灭钉螺和棉苗害虫——蜗牛。某些含金属矿物的矿床,特别是铁矿和铜矿,含有大量砷。常因洗矿时的废水和冶炼时的烟尘污染周围牧地或水源,而引起慢性砷中毒。另外,制造含砷的农药、毛皮生产过程中用作消毒剂或脱毛剂以及玻璃工业中用作脱色剂的都是砷化物,若处理不当或生产流程中含砷废水污染周围环境,也可招致砷中毒。

1. 病因与发病机理

畜禽采食含砷农药处理过的种子、喷洒过的青草、蔬菜及其他农作物,误食了灭鼠的含砷毒饵,或饮用了被砷化物污染的水,采食了被砷化物污染的牧草或饲喂用盛过含砷农药的容器装的饲料,或为驱除体外寄生虫而以砷剂作药浴时,药液过浓、浸泡过久、皮肤有损伤药浴后舔吮等,都能成为畜禽急性与慢性砷中毒的原因。

砷化物是一种原浆毒物,能与丙酮酸脱氢酶系中的还原型硫辛酸、辅酶A以及乳酸脱氢酶和琥珀酸脱氢酶等巯基酶或辅酶分子中的巯基结合,而使以上的酶类失去活性,从而阻碍了细胞内的氧化代谢过程,组织细胞则发生变性乃至坏死。通常在胃肠壁、肝、肾、脾、肺、皮肤等容易发生砷沉积的部位或含巯基酶较丰富的器官损害最为严重。砷可直接损害毛细血管,特别是内脏毛细血管,引起毛细血管麻痹,通透性增加,导致血浆和血液外渗。砷中毒时胃肠炎的发生、发展主要是毛细血管极度扩张及受损害的结果。当砷含量较低而造成慢性中毒时,砷主要蓄积于肝、肾和胃肠壁,皮肤、脾、肺也有较大量的蓄积。

有机砷似乎对神经组织有特别亲嗜性,因而神经组织损害较明显。此外,砷还有明显的向交感神经作用,其小剂量可使交感神经兴奋,大剂量则使交感神经麻痹。

2. 主要临床症状

急性与亚急性砷中毒主要呈现胃肠炎症状,病畜表现可视黏膜潮红、流涎、呕吐(猪、犬和反刍动物),腹痛不安,腹泻,粪便中常混有血液与假膜。后期常伴有肌肉震颤、共济失调等神经症状。

慢性砷中毒,病畜表现消瘦,被毛粗刚,容易脱落,结膜、眼睑水肿,口腔黏膜红肿并有溃疡,腹泻与便秘交替,最后可因出现感觉神经麻痹和瘫痪而被淘汰。

猪有机砷慢性中毒时常呈现视力障碍、头部肌肉挛缩、共济失调等神经症状。严重的病例可出现失明和末梢神经麻痹。

3. 病理变化

[剖检]　死于急性与亚急性砷中毒的病畜,可见其口腔、咽喉黏膜潮红、肿胀,点状出血,有些病例有溃疡。腹腔蓄积多量混有血样的液体,腹膜、胃肠浆膜及肠系膜血管扩张充血,散发斑点状出血。出血性坏死胃肠炎是该病的突出病变,即胃(包括反刍动物的皱胃)、小肠和盲肠黏膜潮红、肿胀,密发斑点状出血、糜烂乃至溃疡形成,常被覆一层灰黄色假膜。有时在胃肠黏膜上还可发现黄色沉淀物,这是组织分解产生的硫化氢和砷化物化合所形成的硫化砷。

肝脏稍肿大,柔软脆弱,呈黄褐色。肾脏灰黄色,质地柔软、脆弱。心脏扩张,心肌实质变性,心内膜与心外膜散布斑点状或条纹状出血。肺脏淤血、轻度水肿,伴发出血,胸膜亦见斑点状出血。

[镜检]　胃肠黏膜上皮细胞坏死、脱落,黏膜固有层的腺上皮变性、坏死,固有层和黏膜下层小血管极度扩张充血,内皮细胞肿胀,伴发出血、水肿并有数量不等的中性粒细胞浸润。肝小叶中央明显脂肪变性和坏死,甚至发展为急性黄色肝萎缩。亚急性病例,可见汇管区结缔组织增生而发生肝硬变。胆囊胀大,充满胆汁,黏膜充血、出血和溃疡形成。肾小管上皮细胞颗粒变性、脂肪变性乃至坏死。肾小球毛细血管和间质毛细血管扩张充血,伴发出血和水肿。膀胱黏膜潮红,散在斑点状出血。肾上腺皮质球状带与束状带细胞萎缩,胞浆内类脂减少或消失。

慢性砷中毒多因长期采食小量砷化物而引起,或在急性中毒症状减退后发生:病畜通常表现贫血、消瘦和水肿,皮肤过度角化,胃肠黏膜呈慢性炎症变化,常遗留较陈旧性溃疡或瘢痕。肝脏实质变性、坏死乃至肝硬变,伴有胆色素沉着。肾脏呈现中毒性肾病变化。外周神经可见轴突变性、崩解,髓鞘脱失或碎裂,进而出现施万细胞增生、神经萎缩和间质纤维化等神经炎变化,其中以感觉神经纤维的变化较运动神经纤维明显。

有机砷中毒,眼观病变多不明显。但组织学检查可发现视神经及其传导神经以及外周神经发生变性。

[诊断]　根据病史、发病情况、临床症状和病理变化,不难作出诊断。必要时可采取饲料、饮水、乳汁、尿液、被毛、胃肠内容物以及肝、肾等器官送检,以测定含砷量。被毛正常砷含量一般不超过 0.5mg/kg,牛乳一般不超过 0.25mg/kg。肝和肾的砷含量(湿重)超过 $10\sim15$mg/kg 即可确定为砷中毒。

二、汞中毒

医药上常用的无机汞制剂有升汞(二氯化汞,$HgCl_2$)、甘汞(氯化亚汞,Hg_2Cl)、二碘化汞(HgI_2)等。有机汞化合物多作为防治农作物的细菌性与真菌性病害的杀菌剂,包括剧毒的西力生(Ceresan,氯化乙基汞,C_2H_5HgCl)、赛力散(PNA,乙酸苯汞,$C_8H_8O_2Hg$)和强毒的谷仁乐生[EMP,磷酸二乙基汞,$(C_2H_5Hg)_2HPO_4$]、富民隆(PMS,磺胺苯汞,$C_{10}HO_2NSHg$)等,不仅残毒量大,而且残效期长。

1. 病因与发病机理

动物舔食作为油膏剂外用的二碘化汞或氯化亚汞,误食经有机汞农药处理过的种子、污染有机汞农药的饲料或饮水,均可引起急性中毒。

汞矿的开采与冶炼、仪器制造业(如温度计、汞整流器及紫外线灯的制造业)、以汞做原料或催化剂的化学工业(如有机汞农药的生产、生产氯乙烯与乙酸乙烯工厂)以及制药工业(如生产升汞、甘汞、炼制中药轻粉)等,这些生产单位排出的废水都含有汞,如处理不当污染周围的牧草、农作物、水源或通过鱼类、贝类的富集,即可引起人和动物的汞中毒(mercury poisoning)。

汞化合物在常温下可升华产生汞蒸气,温度越高产生汞蒸气越快。因此,在汞制剂包装、运送、存放和使用过程中有任何失误,都会使空气被汞蒸气所污染,汞蒸气比空气重7倍,笼罩地面,易污染下风方向的饮水、牧草和农作物,亦可直接被动物吸入而引起中毒。

汞化合物除具有对组织细胞的直接腐蚀作用外,其毒性作用还主要在于汞离子能同机体内含巯基酶类的巯基结合,使之失去活性,破坏细胞正常代谢过程,引起中枢神经和植物性神经功能紊乱、消化道及肝、肾等各器官的损害。由于汞化合物易溶于类脂质,排泄速度缓慢,有蓄积作用,因而当有机汞农药或汞蒸气少量持续侵入,中毒取慢性经过时,常大量沉积于神经组织内,致使脑和外周神经重度损害。在此期间,体内70%的汞经肾脏随尿排泄,常可导致中毒性肾病,最终陷于尿毒症而死亡。另外,甲基汞还可通过胎盘进入胎儿体内使之先天性汞中毒而发生畸形。

2. 主要临床症状

因误食而发生中毒的病畜呈现呕吐、腹泻,粪便中混有黏液、血液或假膜,通常在数小时因休克和脱水而急速死亡。因吸入汞蒸气而引起的急性汞中毒,病畜出现咳嗽、流泪、流鼻液、呼吸促迫、呼出气体带臭味等症状。

此外,病畜还表现排尿减少,尿中含大量蛋白质、血液和管型,同时还表现肌肉震颤、共济失调或后躯麻痹等神经症状。

慢性汞中毒的病畜常呈现低垂头颈,闪动眼睑,共济失调,肌肉震颤,以及后躯瘫痪等神经症状。

3. 病理变化

[剖检]　因误食汞制剂而发生的急性汞中毒的病尸,可见严重胃肠炎病变:胃肠黏膜潮红、肿胀、出血、坏死以至溃疡形成。因吸入汞蒸气而中毒致死的动物,可见腐蚀性气管炎、支气管炎及细支气管炎、间质性肺炎、中毒性肺水肿、肺出血乃至灶状坏死,有时还伴发胸膜炎。因体表接触汞制剂而发生的汞中毒,常可见皮肤潮红、肿胀、出血、溃烂、坏死,皮下出血或胶样浸润等皮肤炎病变。

除上述病变外,急性汞中毒时还常呈现肝小叶中央区脂肪变性与坏死、中毒性肾病和中毒性脑水肿等变化。

慢性汞中毒时,除侵入门户肝脏和肾脏等器官的病变与急性汞中毒相似外,还常见尸体消瘦,皮肤局部脱毛,可视黏膜苍白,皮下浆液浸润,肌肉色淡并出血,体表淋巴结肿大,切面多汁和斑状出血。突出病变为口腔炎、齿龈炎,即口腔黏膜充血、肿胀与溃烂,齿龈肿胀、出血,齿牙松动乃至脱落,齿龈见有排列成线状的灰蓝色汞色素沉着(即汞线),为汞吸收的标志之一。口腔炎与齿龈炎的发生机理是由于汞经唾液腺排泄,形成汞的硫化物,刺激口腔黏膜所致。脑和脑膜有不同程度的出血和水肿,组织学检查可见大脑和小脑的神经细胞变性、小灶状出血、脑软化和血管周围胶质细胞增生,外周神经呈现神经炎变化。此外,还可发现间质性心肌炎。

[诊断]　根据接触汞制剂的病史以及脑、肾、胃肠损害的综合病征,不难作出诊断。必要时,采取可疑的饲料、饮水、胃肠内容物以及尿液送检;病料最好取肾脏送检。有机汞中毒时肾含汞量可达 100mg/kg 以上,猪慢性有机汞中毒时,肾含汞量高达 2000mg/kg。

三、铅中毒

铅污染环境,当人畜摄入量或体内蓄积量过多时即可引起铅中毒(lead poisoning)。各种动物中通常以牛、绵羊和马铅中毒多见,其次为山羊、鸡和猪,牛比羊敏感,羔羊比成年羊敏感。急性中毒剂量,每千克体重犊牛为 400～600mg、成年牛为 600～800mg、山羊为 400mg。慢性铅中毒的日摄入铅量,每千克体重牛为 6～7mg,绵羊须超过 4.5mg,猪为 33～66mg,历时 14 周才能引起死亡。

1. 病因与发病机理

短时间内摄食过量铅可引起急性铅中毒。例如,用砷酸铅给羊驱虫,用红丹防锈漆(四氧化三铅,Pb_3O_4)加汽油[含四乙基铅,$(C_2H_5)_4Pb$;防爆剂]喷涂厩舍,动物舔食废蓄电池,含铅软膏(醋酸铅),含铅颜料、机油、润滑油或吞吃铅块、漆布等,都可导致急性铅中毒。长期在被铅污染的草地上放牧,铅在体内逐渐蓄积可引起慢性铅中毒。

铅化合物进入消化道后由小肠吸收,经门静脉到达肝脏,部分随胆汁经粪便排出,部分进入血液,血液中的铅多半与磷酸根结合成磷酸氢铅($PbHPO_4$)、甘油磷酸化合物和蛋白质复合物,或呈铅离子参与循环,分布于全身,其中大多数以不溶解的正磷酸铅[$Pb_3(PO_4)_2$]形式贮存于骨组织内,仅少量在肝、脾、肺、肾等器官存留。在机体过劳、感染等情况下,体内酸性代谢产物增多,骨内不溶解的正磷酸铅转变为可溶性的磷酸氢铅而进入血液循环,可引起铅中毒症状加剧。

铅尘还可经呼吸道吸入,在肺泡弱酸性(H_2CO_3)环境下溶解,借助于弥散作用或被吞噬细胞吞噬而进入血液,其吸收程度远较消化道为高。无机铅除皮肤创伤外,一般难以透入健康皮肤,但有机铅(如四乙基铅)则可穿透皮肤进入体内。

铅可抑制 δ-氨基-γ 酮戊酸合成酶和脱水酶,抑制原卟啉与铁的合成,从而阻碍血红蛋白的合成。铅还可使红细胞膜的脆性增加,引发溶血性贫血,从而导致骨髓幼红细胞代偿性增生。此时,外周血彩点红细胞(具有嗜碱性颗粒的红细胞,其体积较正常红细胞大;彩点颗粒是铅与线粒体中核糖核酸的结合物)和网织红细胞增多。铅沉积于血管内皮细胞的胞浆中,引起血管壁玻璃样变。铅从肾脏排泄时可引起中毒性肾病和膜性肾小球肾炎,铅还可损害机体的免疫系统,使抗体产生明显下降。

2. 主要临床症状

病畜呈现流涎、失明、步态蹒跚、关节强拘以及后躯麻痹等神经症状。病畜还常出现腹痛、贫血、少尿和蛋白尿。

3. 病理变化

[剖检]　中毒羊尸体消瘦,被毛粗乱,尾部被毛多被稀粪污染。可视黏膜苍白,皮下组织湿润,骨骼肌色淡。切齿与白齿齿龈处均见明显的黑色铅线,这是由于牙垢产生的硫化氢与体内吸收的铅作用所形成的硫化铅所致。

口腔、咽喉及食管黏膜均未见变化。胃和小肠黏膜呈现不同程度的出血性卡他性炎。肠系膜淋巴结蚕豆大至拇指头大，灰黑色，柔软，切面湿润、稍隆突，亦呈灰黑色。

肝脏暗黄红色，边缘稍钝，质地柔软、脆弱，切面红黄色，小叶境界不清晰，含血量较多。大多数羊只的胆囊胀大，内贮存多量黄绿色胆汁，黏膜无变化。肝淋巴结不肿大，切面多呈黑色。

脾脏不肿大，暗灰紫色，边缘薄锐，较柔软，切面暗红褐色或黑红色，自髓不肿大或轻度肿大，刀刮切面刃上仅附有少量红色脾髓。脾淋巴结不肿大。

肾脏均呈现不同程度的肿胀，质地柔软、脆弱，黄褐色。切面隆突，边缘外翻，皮质部黄褐色，髓放线明显，境界呈暗红色或不清晰。被膜易剥离，表面平滑。肾淋巴结不肿大。肾盂与输尿管未见变化。膀胱空虚或有少量尿液，黏膜无变化。子宫、卵巢亦不见变化。

气管和支气管内偶见少量灰白色泡沫样液体，黏膜轻度充血。肺脏黄红色，稍膨满，除个别羊的尖叶、心叶和膈叶前下部出现化脓性支气管肺炎病灶外，肺脏实质散发肺泡气肿灶，未见其他变化。肺淋巴结蚕豆大，灰黑色，切面亦呈灰黑色，较湿润，细颗粒状。

心脏冠状沟和纵沟有少量脂肪组织，小血管扩张充血，心外膜黄红色，质地较柔软，右心壁轻度塌陷，心腔内有少量血凝块，心内膜偶见点状出血，瓣膜无变化。

脑脊液增量，脑软膜充血，脑回变平，脑沟略现增宽。坐骨神经和臂神经无明显变化。股骨纵断面在邻近骺端处见红骨髓呈不规则的块状增生。

[镜检]　胃肠道：皱胃黏膜上皮轻度脱落，固有层毛细血管和黏膜下层小静脉充血，血管壁平滑肌轻度变性，胃底腺无明显变化。十二指肠、空肠及回肠绒毛顶部坏死、脱落，固有层毛细血管充血，伴发不同程度的出血、水肿和间质增生，有多量淋巴细胞浸润。肠腺轻度萎缩，腺上皮细胞增生，杯状细胞肿大、增量，显示黏液分泌旺盛。黏膜下层的静脉充血，肌层平滑肌轻度变性，肌间神经丛的结构模糊。

肠系膜淋巴结的皮质淋巴小结肿大，境界不清晰，偶见生发中心和轻度浆液浸润。副皮质区扩大，淋巴细胞增量，网状细胞亦稍肿胀、增生。毛细血管后静脉内皮细胞肿胀，管壁呈现玻璃样变。皮质窦和髓质窦网状细胞肿胀、变圆，吞噬多量暗黄黑色细颗粒状铅微粒。小梁和小梁动静脉的平滑肌均显示变性。

肝脏：肝细胞索排列尚整齐，肝细胞显示颗粒变性和轻度脂肪变性，少数肝细胞核消失而陷于坏死，偶见不典型的核内包涵体。窦状隙轻度充血，星状细胞稍肿胀，亦偶见核内包涵体，有时在其胞浆和肝细胞胞浆内见黄褐色或黄黑色细颗粒状纤维粒沉着。中央静脉扩张充血。汇管区的叶间静脉充血，叶间静脉与叶间动脉内皮细胞肿胀、增生。

管壁平滑肌玻璃样变或纤维素样变。叶间胆管的上皮亦显示不同程度的肿胀、增生，有时尚见小胆管增生。部分病例的汇管区显示水肿，伴有较多的淋巴细胞浸润。

脾脏：脾白髓不肿胀，或轻度肿大，生发中心多不明显，网状细胞的胞浆内常见吞噬黄褐色细颗粒状铅微粒。中央动脉内皮细胞肿胀、增生，管壁平滑肌胞核空泡变性，或呈现玻璃样变。红髓有多量含铁血黄素和黄褐色细颗粒状铅微粒沉着。网状细胞轻度肿胀、增生，散布于红髓内的平滑肌纤维明显变性或坏死，呈均质红染。红髓中固有的淋巴细胞胞核浓缩，伴有少量中性粒细胞浸润。被膜和小梁的平滑肌变性或坏死。

肾脏：肾脏的组织变化具有证病性意义。皮质部肾小管上皮细胞肿胀、颗粒变性、脱落、坏死崩解成为嗜染伊红的颗粒状物质堵塞管腔；PAS染色见基膜变厚；胞核浓缩或破碎、消失；髓袢小管和远曲小管上皮细胞部分坏死，一些髓袢小管扩张，内贮透明圆柱或絮状蛋白质性物质，偶见钙盐沉积。在变性、坏死的肾小管上皮细胞胞浆内见有黄褐色颗粒状铅微粒沉着，许多肾小管（包括近曲、远曲和髓袢小管）上皮细胞胞核内可见圆形、椭圆形、不正形或块状的包涵体,苏木素、伊红染色呈墨淡红黄色,抗酸染色和 PAS 染色呈紫红色,其周边有一狭窄的空隙或亮晕。电镜观察,包涵体的中心浓染,周围呈细纤维状。

　　肾小球毛细血管充血,内皮细胞肿胀、增生,核浓缩,基膜呈不规则的增厚,PAS 染色为紫红色。肾小球囊腔变狭或消失。多数病例,肾小球囊壁层上皮不同程度的肿胀、增生、球囊外壁有蛋白质物质浸润而增厚。肾小管间毛细血管充血,内皮细胞肿胀、增生,叶间小动脉的内皮细胞亦肿胀、增生,管壁玻璃样变,血管外膜常见蛋白质性物质浸润。有些病例的肾小球和动脉周围以及肾小管之间见数量不等的淋巴细胞呈局灶性浸润。

　　髓质部,部分髓祥小管上皮细胞发生明显的变性与坏死,集合管上皮轻度颗粒变性,间质毛细血管高度扩张充血。

　　吸收的铅主要经肾脏排出,因此铅中毒时肾脏的病变最为明显,其肾小管上皮细胞内出现核内包涵体,为铅中毒时的证病性病变。包涵体内含有大量铅,说明铅中毒时形成的包涵体是一种铅-蛋白质复合物。在通过肝、肾组织时部分铅透过肝细胞或肾小管上皮细胞的核膜进入胞核,在那里形成铅-蛋白质复合物而不再弥散,从而降低胞浆内的铅浓度和对细胞器的毒性作用。

　　心肌:大多数心肌纤维横纹清晰,或隐约可见,少数心肌纤维显示溶崩、断裂,或呈嗜染伊红的均质状物,PTAH 染色横纹消失。浦金野氏纤维轻度变性,肌间毛细血管充血,小动脉内皮细胞肿胀、增生、管壁平滑肌变性或玻璃样变。部分病例,于心肌纤维间见少量淋巴细胞浸润。

　　肺脏:个别病例肺脏因误咽发生化脓性支气管肺炎,多数病例肺组织显示肺泡壁毛细血管轻度充血,间质细胞呈不同程度增生,有少量中性粒细胞浸润,肺泡壁增宽、部分肺泡萎陷或肺泡扩张为肺泡气肿。多数病例的细支气管管腔狭窄或闭锁,支气管动脉的平滑肌变性。肺门淋巴结的变化与肠系膜淋巴结相同。

　　脑:部分病例的大脑额叶分子层和锥体细胞层及小脑分子层散发小的软化灶,以及脑实质内偶见星状胶质细胞结节,所有病例脑各部位呈现脑软膜静脉充血和脑实质内毛细血管充血,血管周隙扩张,偶见轻度出血;脑实质内小动脉内皮细胞增生、肿胀,管壁呈现明显的玻璃样变;神经细胞轻度变性。

　　坐骨神经与臂神经:部分轴突肿胀变粗,呈节段性断裂或溶解,髓鞘显示轻度崩解,施万细胞轻度增生,神经外膜的小动脉管壁轻度玻璃样变。

　　〔诊断〕　根据有长期接触铅或一时摄入大量铅的病史,临床表现以消化和运动障碍为特征的症状,以及特征性病理变化,可以作出诊断,必要时还可采取被毛、血液、胃肠内容物、肝脏和肾脏送检含铅量,以作为确诊依据。

四、镉中毒(cadmium poisoning)

　　镉(Cd)在自然界中多与锌相伴,常以碳酸盐和硫化物的形式存在于锌矿石中。电镀、合金制造、电极、颜料等都含一定量镉。兽医临床用氧化镉和氨基苯甲酸镉作为驱蛔虫剂。琥珀酸镉、氯化镉和硫酸镉可用作草根和果树树皮的杀真菌剂。含镉工业排出的废水、烟尘和矿渣都可污染土壤和水源。例如,鱼类、贝类和水生生物从水中摄取镉,其体内镉浓度可比水体含镉量高 4500 倍,镉污染的土壤,可使农作物及其他植物含镉。人和动物长期接触镉及其化合物烟尘或食入含镉的动、植物,均可引起慢性镉中毒。

1. 病因与发病机理

长期采食含镉的牧草、农作物及饮水，使用镉盐驱虫时剂量过大，常年使用镀镉器皿饮喂牲畜都是引起镉中毒的原因。

经口摄入的镉有 1%～6% 被吸收，进入体内的镉容易蓄积于肾脏和肝脏，其次为胰、主动脉、心、肺、前列腺、脾、睾丸、骨骼等，脑中含镉量甚微。

Cd^{2+} 与含巯基酶类结合，引发细胞代谢障碍，致使组织细胞变性、坏死，尤以肝、肾最为明显。Cd^{2+} 在血液内极易通过红细胞膜与血红蛋白结合，并与 Cu^{2+} 和 Fe^{3+} 相拮抗，从而抑制骨髓造血机能而引起贫血；Cd^{2+} 能在酶分子中与 Zn^{2+} 竞争，使含锌酶类如碳酸酐酶、羧基肽酶、DNA 聚合酶、碱性磷酸酶、醇脱氢酶、醛脱氢酶及乳酸脱氢酶等的活性降低，其所致病变与营养性缺锌病相类似。

Cd^{2+} 可使近曲小管的上皮细胞溶酶体增多、增大，线粒体肿胀变形，因而尿浓缩机能减弱而排出蛋白尿、高酸尿和高钙尿，继续发展可导致负钙平衡，引起骨质疏松症，特别是当机体缺钙时，此种影响更为明显。

2. 主要临床症状

中毒动物食欲减少、腹泻和呕吐，贫血、黄疸与共济失调。骨质疏松，假性骨折，即所谓"骨痛病"，以及肾小管损害所致的蛋白尿。

3. 病理变化

脾脏肿大，胃黏膜溃疡，坏死性肠炎，肝、肾等实质器官脂肪变性与坏死。有人给大鼠皮下重复注射 0.03mol/L 氯化镉或乳酸镉溶液 1ml 可迅速损害睾丸组织，引起曲细精管的出血与坏死，其病变与营养性缺锌病时所出现的睾丸变化相类似。

慢性镉中毒的动物呈现严重贫血，体重减轻，生长停滞，牙齿和骨质疏松，失去光泽。心脏肥大，红骨髓增生，肝小叶及肾间质纤维化。

近年来有人还证实，镉中毒可诱发恶性肿瘤，如前列腺癌、睾丸间质细胞瘤和肺癌等；皮下注射镉化物，可在注射部位引起肉瘤。

五、硒中毒

硒是动物营养必需的一种微量元素，但摄食过量的硒则可引起硒中毒（selenium poisoning）。急性病例主要表现神经系统症状，兼有失明和蹒跚。慢性病例表现为消瘦、跛行和脱毛。

1. 病因与发病机理

动物采食含硒量高的植物，如黄芪（*Astragalus* spp.）、棘豆（*Oxytropis* spp.）、网状鸡眼藤（*Morinda reticulata*）等，就有可能引起硒中毒；另外，钴和蛋白质缺乏能增高动物对硒中毒的易感性；动物种属不同，对硒中毒的敏感性也不同。一般说来，牛比绵羊的耐受性大。在硒含量达 25mg/kg（干物质）的草地放牧数周，即可引起慢性硒中毒。牧草含硒高达 1000～6000mg/kg，动物采食数日即可发生急性中毒。日摄取量每千克体重 0.25mg 时牛和绵羊即可中毒，饲料含 44mg/kg 硒能引起马中毒，含 11mg/kg 硒能引起猪中毒，日摄取含 2mg/kg 硒的饲料对绵羊是临界的中毒量。一次口服的硒中毒剂量（以 mg/kg 体重计）：马和绵羊为 2.2mg/kg，牛为 9mg/kg，猪 15mg/kg，羔羊为 10～15mg/kg 可使之死亡。在预防地方性肌营养不良（白肌病）的过程中，常因在饲料中添加硒制剂而人为地造成动物硒中毒。

过量的硒在动物组织内可代取含硫氨基酸中的硫而抑制多种酶的活性，从而引起各器官的病理性损害。过量的硒还能干扰维生素 A 和抗坏血酸的代谢,引起各器官小动脉管壁发生玻璃样变或纤维素样变。硒通过肾脏随尿排出,常引起肾病和不同程度的肾小球肾炎。

2. 主要临床症状

急性硒中毒动物常因失明、无目的地游走,转圈,并以头抵住固定物体而被称为"瞎撞病"。病畜还有明显的腹痛症状,末期发生瘫痪。

慢性硒中毒俗称碱病,表现为迟钝、消瘦、缺乏活力、僵硬和跛行。在牛、马和骡的鬃毛、尾基部的毛和尾巴上的毛簇脱落;牛的尾毛脱落,全身被毛粗刚;猪可能发生全身性脱毛。蹄因角蛋白营养不良而出现异常,包括各种动物的蹄冠带肿胀,蹄变形,或蹄角质出现与蹄冠带平行的环形沟,每条沟相当于一个中毒期,较深的沟可引起深达感觉叶的龟裂,甚至引起蹄解离和脱落。新生的幼畜可能发生先天性的蹄变形。

3. 病理变化

[剖检]　急性中毒死亡病例肝脏充血和坏死,脑软化,肾髓质充血,心外膜点状出血,瘤胃积食,皱胃和小肠充血与坏死,有时形成溃疡。蹄无损害,但关节面可能糜烂,特别是胫骨的关节面。此外,有时还见胸腔积水和肺水肿。

慢性硒中毒,见心肌萎缩和心脏扩张,肝硬变和萎缩,肾小球性肾炎,轻度胃肠炎和关节面糜烂。

试验性硒中毒(以 0.1％亚硒酸钠连续 53～117d 给健康绵羊肌肉注射,总剂量达 198～668mg,引起绵羊硒中毒)病例的病理变化如下。

[剖检]　所有实验羊只营养中等或不良,被毛粗乱,容易成片拔下,可视黏膜苍白,眼结膜偶见点状出血。四肢蹄部除个别羊只呈现轻度变形外,多数不见明显变化。剥皮后皮下小血管扩张充血,血液稀薄,凝固不良。在颈部、前胸部、肩胛部、前肢内侧、腹部、背部以及臀部皮下屡见淡黄色胶样浸润,尤以前胸部皮下最为明显。四肢肌肉色泽变淡,关节软骨和关节囊未见异常变化。腹腔常蓄积较多的淡红色腹水。

胃肠:瘤胃有较多的内容物,网胃空虚,瓣胃内容物干燥,黏膜均无变化。皱胃有少量稀薄内容物,黏膜皱襞潮红、充血。十二指肠、空肠和回肠内容物稀薄,有的呈红豆汤样,黏膜潮红,散发细小的点状出血或斑状出血,被覆少量黏液。盲肠有多量粥样内容物,结肠内容物干燥,黏膜潮红,但不肿胀。直肠黏膜多不见明显变化。肠系膜和肠浆膜的血管明显充血。肠系膜淋巴结不肿大。

肝脏:黄褐色或暗红褐色,边缘钝圆,被膜粗糙屡见厚层纤维性绒毛或被覆纤维素性渗出物,常与膈发生不全粘连。部分羊只的被膜和肝实质内散发大小、形态不一的淡黄褐色坏死灶,其切面边缘不整齐,较干燥,亦呈淡黄褐色。多数羊只的肝被膜下和肝实质内可发现大小不一、圆形或不正形、暗红色类似血肿样病灶。有的羊只在右叶还散布圆形、大小不一、黄白色硬性结节,致使肝被膜呈凹凸不平的外观。触诊肝脏颇感坚实,刀切有抵抗力,切面富有血液,肝实质呈黄褐色、脆弱。有的羊只的肝脏,由于间质明显增生,故切面呈网纹样或斑驳状的花纹。胆管显示增生、肥厚,呈灰白色,在其管腔中和上述血肿样病灶内常可发现肝片吸虫寄生。胆囊胀大,内贮多量暗绿色较浓稠的胆汁,偶见结石形成,但胆囊黏膜则不见明显变化。肝淋巴结肿大,灰黄色,柔软,切面较湿润。

脾脏:蓝灰色或蓝紫色,边缘薄锐,被膜不紧张,质地柔软,切面不隆突,含血量较少,呈红褐色,刀刮不见刮下物。白髓不肿大,脾小梁较明显。脾淋巴结不肿大。

肾脏:黄红色或紫褐色,柔软。切面隆突,皮质部黄褐色,脆弱,髓放线明显,境界层暗红色,乳头部黄白色,肾盂无变化。被膜容易剥离,表面平滑。肾淋巴结不肿大。

膀胱:空虚,黏膜未见变化。

心脏:心包腔有少量淡黄色、较透明的心包液。冠状沟和纵沟有少量脂肪组织,但多呈胶冻样。心脏外观呈黄红色,心外膜小血管怒张充血,偶发点状出血。心脏的横径大于纵径,心腔积存多量暗红色血凝块,心内膜淡红黄色,不见出血变化,各瓣膜均无变化。心肌柔软、脆弱,切面缺乏光泽,较混浊,颇似沸水烫过样。

肺脏:左右肺较膨满,黄红色,尖叶、心叶与膈叶边缘散发气肿灶,偶见不正形暗红色实变区。肺胸膜下小血管充血。肺切面黄红色,含血量较多,间质稍增宽,密发肺泡气肿,刀刮切面刃上附有多量泡沫样液体。气管和支气管内常充满灰白色泡沫样液体,黏膜偶见充血和线状出血。肺淋巴结枣实大,柔软,切面不隆突,较湿润。

脑:大脑软膜充血,小脑软膜湿润,脑室稍增宽,脑实质肉眼未见变化。

[镜检]

胃:皱胃黏膜上皮呈不同程度坏死、脱落,颈部黏液细胞分泌机能旺盛。固有层毛细血管充血,轻度水肿,胃底腺的主细胞与壁细胞显示轻度变性,部分坏死。黏膜肌层和肌层变性。黏膜下层水肿,小静脉和动脉充血,血管壁玻璃样变或纤维素样变。

小肠(包括十二指肠、空肠和回肠):肠绒毛大都陷于凝固性坏死,仅遗存其轮廓;固有层的毛细血管充血,轻度水肿,偶见出血,有较多淋巴细胞、浆细胞和少量嗜酸性粒细胞浸润;肠腺呈不同程度的萎缩,腺上皮显示增生、脱落,核浓染苏木素,杯状细胞肿大、增数。部分羊只的空肠肠绒毛部见鸟毕血吸虫虫卵,固有层有虫卵性肉芽肿结节散在。黏膜肌层和肌层轻度变性,黏膜下层的小静脉和毛细血管扩张充血,轻度水肿,小动脉壁玻璃样变。

肝脏:被膜肥厚,间皮肿胀、增生,其表面常见角状的纤维性绒毛,有的伴发出血和水肿。由于被膜下、小叶间及汇管区结缔组织明显增生,并向肝小叶伸展,因此大多数羊只的肝实质被增生的间质分割成不规则的假小叶,呈现明显的肝硬变景象。假小叶内的中央静脉和窦状隙扩张充血,血液常呈分层状,红细胞数量很少。假小叶内的肝细胞索排列尚整齐,呈明显的颗粒变性,伴发脂肪变性、水泡变性和坏死。后者严重时往往使小叶中的大部分肝细胞均发生凝固性坏死,表现该处肝细胞核浓缩、破碎或溶崩消失,深染伊红而呈均质状,坏死灶的周缘不见炎性细胞反应。随着时间的推移,有的坏死灶内的肝组织发生溶崩消失,固有的窦状隙相互融合,则往往形成大的血窦,其中常见血栓形成,伴有多量核浓缩的中性粒细胞聚集,有时偶见肝片吸虫片段。此种变化即肉眼所见的血肿样病灶的镜下形象。在被膜下、小叶间及汇管区增生的间质内有多量淋巴细胞、浆细胞和嗜酸性粒细胞浸润。胶原纤维变性伴发水肿和金黄色胆汁色素沉着,中、小胆管明显增生,甚至形成腺瘤样结构,在少数较大的胆管内常可遇见肝片吸虫寄生。增生间质中的小静脉扩张充血,血液分层,偶见血栓形成。小动脉内皮肿胀,管壁显示玻璃样变或纤维素样变。

肾脏:皮质的近曲、远曲和髓袢小管上皮细胞呈现明显的颗粒变性、脱落。部分胞核消失,细胞呈溶崩状态。肾小管内蓄积絮状蛋白质性物质,透明圆柱或透明滴状物。部分严重病例,皮质肾小管上皮细胞大都陷于凝固性坏死,表现胞核浓缩、破碎与消失,细胞溶崩成红色或污红色颗粒状碎屑物,将管腔堵塞,但由于仍遗存其基底膜,故肾小管轮廓尚可辨认。这种坏死性变化以皮质近曲小管最为明显。髓质的肾小管和集合管上皮细胞亦显示颗粒变性,但坏死变化轻微。肾小管间毛细血管扩张充血,伴发不同程度的出血,以髓质充血较明显。小叶间动脉玻璃样变。肾小球显示轻重不同的肿胀,毛细血管充血(多呈溶血状),各种细胞成分的胞核浓染苏木素,球囊腔较狭窄,常见絮状蛋白质性物质或透明滴状物,偶见出血。

脾脏和淋巴结:脾白髓萎缩并减数,淋巴滤泡多不明显,不见生发中心,淋巴鞘周围有厚薄不一的、浓染苏木素的小淋巴细胞。中央动脉内皮细胞稍肿胀,管壁平滑肌细胞核亦肿胀、增数,轻度玻璃样变。红髓除个别羊只含血量较多,脾静脉窦扩张外,一般含血量较少;网状细胞稍现肿胀、增生,其他固有细胞成胞核深染苏木素,数量相对减少或不见明显变化。小梁稍增效,变粗,平滑肌轻度变性。淋巴结的变化与脾脏基本一致,主要是淋巴小结不同程度萎缩。

心脏:心肌纤维普遍呈现轻重不一的颗粒变性,部分肌纤维胞核浓缩或着色不良以至消失,致使肌纤维呈红色均质状;有的则表现肌原纤维溶解而淡染,呈斑驳状,分散于变性的心肌纤维之中。由于坏死的心肌纤维溶崩消失,继而代之以结缔组织增殖,往往形成细小的局灶性慢性心肌炎或局灶性纤维化景象。浦金野氏纤维呈程度不同的肿胀,部分胞核浓缩、着色不良或消失,肌原纤维和肌浆溶解,变为空腔状。心肌纤维间毛细血管扩张充血,伴发出血和轻度水肿,有少量淋巴细胞浸润。肌间小动脉壁玻璃样变或纤维素样变。

肺脏:肺泡壁毛细血管扩张充血,轻度出血,偶见少量中性粒细胞浸润。部分羊只的肺泡充积大量粉红色浆液,少量脱落的肺泡上皮或单核细胞,另一些肺泡则扩张为气肿。细支气管以下的各级支气管显示程度不同的扩张,黏膜上皮轻度增生、脱落、浓染苏木素,管腔内偶见少量黏液、脱落的上皮细胞和红细胞。小支气管亦多呈扩张状态,黏膜上皮中的杯状细胞肿胀、增数,固有层充血,肌层变性,黏膜下层轻度水肿,胶原纤维变性,有少量淋巴细胞和嗜酸性粒细胞浸润。混合腺上皮显示增生,杯状细胞增数,腺腔扩张,内含黏液。肺间质稍增宽,轻度水肿。支气管动、静脉和肺动脉充血,血液呈分层状,管壁玻璃样变或纤维素样变,尤以管径小的动脉最为明显。

脑:检查了前额叶、中央前回、中央后回、纹状体、颞叶、枕叶、海马回、丘脑、大脑脚、四叠体、脑桥、延髓(橄榄核部)、小脑及颈部脊髓等部位。各部位变化基本一致,主要表现脑软膜上皮脱落,软膜的动脉、静脉和毛细血管强度扩张充血,伴发轻度出血和水肿。脑实质的毛细血管亦扩张充血,偶见出血,血管周隙增宽。脑各部的小动脉显示明显的玻璃样变。神经细胞呈不同程度的变性,但未见噬神经现象。在一些羊只的大脑皮层、纹状体、海马回、丘脑、大脑脚等部位散在微细的软化灶。个别羊只在中央前回的锥体细胞层内发现数处小的钙化灶。钙化部呈深蓝色、不规则的片块状,其周围不见炎性反应,但呈现轻度出血。颈部脊髓腹角的运动神经原显示变性。

［诊断］　根据临床症状、特征性病理变化、有无含硒的指示植物和牧草,以及病畜被毛、血液、尿液、肝脏和肾脏的含硒量即可确诊。

六、铊中毒

铊盐,特别是乙酸铊(thallous acetate)和硫酸铊(thallous sulphate)常作为毒鼠剂。因有剧毒,如被动物误食,或犬、猫因捕食铊中毒的鼠,即可引起铊中毒(thallium poisoning)。

铊的中毒剂量因动物种类的不同而异,乙酸铊的中毒剂量为:马 27mg/kg、母牛 16mg/kg、犊牛 12mg/kg、绵羊 9mg/kg。硫酸铊的毒性比乙酸铊的低,各种动物的最小致死量为 15~20mg/kg。幼龄动物通常比成年动物对中毒敏感。犬是最常被引起的中毒动物。

铊盐具有蓄积性,可经肠管或皮肤吸收,随尿排出,故对可疑的中毒病例做尿的化学检验即可确诊。

1. 病因及发病机理

铊属重金属,必须与含硫氢基的化合物结合才能发挥其中毒作用,然而事实上这种结合物是不存在的。为保护大鼠抗铊的中毒作用和因铊所致的秃毛,胱氨酸和蛋氨酸常减少到最小限度,据此可认为铊能干扰胱氨酸的利用,也可能是阻止其与角蛋白结合。在皮肤的培养中,铊可使表皮完全变性,但在体内则有选择的亲毛囊性,使毛囊上皮变性,毛干变成无定形的物质,而后毛囊变性,毛生长停止而脱毛。在摄食铊后经 7～9d 开始出现秃毛,恢复缓慢,所以脱毛是慢性铊中毒的主要临床指标之一。

2. 主要临床症状

急性中毒的动物常呈现流泪、流涎、呕吐和腹泻等症状,多在 3～5d 内死亡。慢性中毒病例常出现皮肤红斑、坏死、棘皮病、脱毛。动物还表现沉郁、共济失调、失明、伴有痉挛的感觉过敏,最后迅速出现上行性痉挛性轻瘫,失明与眼反射丧失。

3. 病理变化

除毛囊变化外,铊还能使表皮的角蛋白形成障碍,而发生角化不全,伴发一定程度的棘皮病、海绵样变和真皮水肿,有时表皮内见脓肿形成,但表皮的基层通常保持良好。

急性中毒的动物常呈现结膜炎、口腔黏膜红肿与溃疡、胃肠黏膜出血性坏死性炎,伴有溃疡形成。慢性病例除有以上急性病例的病变外,还常见视网膜节细胞层的节细胞变性。视神经变性与萎缩(猫)。脑干的神经核显示水肿。神经原,特别是脊髓腹角的神经原胞体与核均肿大,尼氏小体分散于细胞的周边或消失,核染不良至完全消失,或仅遗存淡影。大脑皮层的神经原皱缩与嗜碱性着染,核偏位。继感觉过敏之后,外周神经则出现轴突与髓鞘变性和断裂。

七、氯化萘中毒

氯化萘是许多石油产品中的一种普通添加剂,在加工颗粒饲料时,机器使用含有五氯萘的润滑剂,这样常使饲料污染而使牛发生氯化萘中毒(chlorinated naphthalene poisoning)。

1. 病因及发病机理

当萘分子含有 4 个或 4 个以上的氯原子时,就能使牛中毒。1.0g 五氯萘或六氯萘可使体重 136kg 的犊牛致死。氯化萘容易在体内蓄积,所以无论一次还是多次食用,疾病的发生都是慢性的。

该类有毒化合物可扰乱胡萝卜素转化为维生素 A,引起维生素 A 缺乏症。所以中毒的最早证据是血浆中维生素 A 的水平降低。

2. 主要临床症状

病畜最早症状表现为流泪增多,面部常持续潮湿,食欲丧失,沉郁和消瘦。颈部、肩部及会阴部皮肤增厚,鳞屑增多,最后累及大部分皮肤,唯腿部皮肤免于受害。

3. 病理变化

中毒病畜口腔黏膜易遭受丘疹性口炎病毒和坏死杆菌感染。最慢性病例,皮肤变厚,形成持久的皱褶,后者在颈部则呈明显的长斜方形。角生长受阻,角基部呈锯齿形。

除上述全身性中毒变化外,还见腮腺管、下颌唾液腺管;公牛的精囊、壶腹、输精管和副睾;母牛卵巢的 Gartner 氏管等发生鳞状上皮化生。肾脏因皮质肾小管扩张而呈苍白色,切面湿润;胆囊和大胆管黏膜内有囊肿性增生,小胆管增生及轻度纤维化。

八、铜中毒

铜中毒（copper poisoning）是由于摄食铜过多，或因肝细胞受损铜在肝脏大量蓄积所引起。按病程可分为急性和慢性铜中毒，按原因则分为原发性和继发性铜中毒。畜禽都可发生铜中毒，其中绵羊比猪敏感，牛介予二者之间。

1. 病因与发病机理

原发性铜中毒，多因一时摄入过量或较长时间摄入少量铜而引起。绵羊和犊牛每公斤体重摄入铜 20～110mg，可引起急性铜中毒，每千克体重摄入铜 220～880mg，可使牛死亡，绵羊和犊牛，每千克体重摄入铜 3.5mg，可发生慢性铜中毒；日粮内含铜 15～20mg/kg，可使绵羊引起慢性铜中毒；断奶至 55kg 的猪，日粮内含铜 188mg/kg，95kg 猪 60mg/kg，铜便在肝脏内蓄积，当蓄积达临介量时，在应激、运输或饲料因素作用下，可突然爆发铜中毒。给予铜 0.08g 可引起鸡慢性铜中毒，给予 0.8g 则多在 48h 内死亡。马对铜的耐受力较大，小型马虽摄入铜 791mg/kg，肝脏内铜含量超过 4000mg/kg/时也不出现铜中毒症状。

动物是否发生铜中毒，还与草料内钼和硫的含量有关。铜与钼在消化道内能形成复合物，复合物中的铜则失去生物学作用。虽能被吸收，但不能在肝脏内蓄积，而随胆汁和尿液排出。当食物中硫酸盐含量增多时，胆汁和尿液中的排铜量亦增多。所以当饲料中含有钼和硫时，即使摄入较多的铜也不发生铜中毒。

急性原发性铜中毒发生于误食被含铜的杀真菌喷雾剂（如硫酸铜、石油酸铜、三氯酚铜等）污染的植物，或舐食含铜灭虱粉或误饮含铜浸液，如药浴液、浸提液；含铜饲料添加剂搅拌不均匀，一时采食过多等时。慢性原发性铜中毒，通常见于长期在高铜地区放牧或长期采食铜矿和炼铜厂附近的牧草或饮水；长期饲喂含铜高的饲料添加剂。继发性铜中毒，常因长期采食隐蔽三叶草（*Trifolium subterraneum*）、欧洲天芥菜（*Heliotropium europoeum*）、千里光（*Senecia* spp.）和蓝蓟（*Echium ptantagineum*）等植物，使肝细胞受损导致铜在肝脏蓄积而引起慢性中毒。

铜盐具有凝固蛋白质和腐蚀的作用，因此摄入过多时可刺激胃肠黏膜导致出血性坏死性炎；肝脏从血液中吸取的铜如超过其贮存限度，则可抑制多种酶的活性而导致肝细胞变性、坏死并使肝脏发生排铜功能障碍，以致铜贮存更多；肝脏释放大量铜入血流，随即进入红细胞中，红细胞内的铜浓度因而不断升高，则可降低红细胞中谷胱甘肽（GSH）的浓度，使红细胞脆性增加而发生血管内溶血；溶血时，肾铜浓度升高和肾小管被血红蛋白阻塞，可使肾单位坏死而导致肾功能衰竭和血红蛋白尿乃至发展为尿毒症，铜中毒时中枢神经系统的损害，主要是由于血液中的尿素和氨浓度升高所引起的。

2. 主要临床症状

中毒动物除表现精神、食欲等不良外，还可见明显的黄疸、腹泻以及不同程度的神经症状。

3. 病理变化

1）急性铜中毒

病程稍长的病例。

[剖检]　可见全身呈不同程度的黄疸症状。由于腹泻所致脱水，故皮下组织干燥。血液浓稠，容易凝固。胸腔、心包和腹腔积液。最为特征性病变是严重的急性胃肠炎，兼有糜烂和溃疡，尤以皱胃为甚。肠内容物中因含铜绿素而呈深绿色。肝、脾、肾充血。

　　［镜检］　见广泛的肝小叶中心部坏死和广泛的肾小管上皮细胞坏死。膀胱蓄积血红蛋白尿。

　　2）慢性铜中毒

　　［剖检］　特征性病变是溶血性贫血,全身性黄疸明显,血液呈巧克力色,血浆胆红质升高,血红蛋白尿;肝脏肿大,呈黄色,质地柔软、脆弱;胆囊胀大,内含浓稠棕绿色胆汁;脾脏肿大、柔软,切面呈深棕色至黑色;肾脏肿大,呈暗泡桐色,被膜散在斑点状出血,质地脆弱;心包积液,心外膜出血,心肌实质变性。

　　［镜检］　肝细胞颗粒变性与脂肪变性,伴有广泛的小叶中心部坏死、胆管增生和不同程度的肝硬变与肝细胞再生,并有较多的含铁血黄素和胆汁色素沉着。肾小管上皮细胞变性、坏死,管腔内充满血红蛋白或管型。脾脏散布破碎的红细胞,并有大量含铁血黄素沉着。脑表现神经细胞变性,白质呈海绵状。

　　当猪患慢性铜中毒时还伴有皮肤角化不全、皮肤湿疹样病变或丘疹,胃食管区黏膜溃疡,或大肠黏膜严重出血,红骨髓增量,脾脏可见髓外造血灶。

　　［诊断］　根据临床病史、病理剖检变化和血液、肝、肾的含铜量测定可作出诊断。

九、钼中毒

　　钼中毒(molybdenum poisoning)可引起继发性缺铜症,临床以持续性腹泻和被毛褪色为特征,剖检无特征性病变。该病多见于高钼地区的牛、羊,牛比绵羊对钼中毒更为敏感。

1. 病因与发病机理

　　钼中毒多发生于高钼地区放牧的动物。高钼地区的土壤含钼量为 $10\sim100mg/kg$。牧草含钼量高达 $3\sim10mg/kg$,则可引起动物钼中毒。牧草经霜冻后含钼量下降,12 月以后含量最少。

　　碱性土壤有利于植物吸收钼。土壤高磷、高氮和富有机质,也有利于植物吸收钼。另外,动物饲料内铜:钼最好是 $6:1\sim10:1$,如果铜:钼小于 $2:1$,即可引起牛钼中毒。对于绵羊,饲料中的无机硫酸盐含量减少时,尿钼减少,血钼增多。

　　钼对骨骼的毒性作用为:抑制骨骼发育所必需的酶系统活性,在骨骼中与磷竞争沉着导致骨质疏松。

2. 主要临床症状

　　中毒动物表现贫血、被毛褪色以及骨组织发育障碍。中毒牛,则出现持续性腹泻。

3. 病理变化

　　钼中毒的动物,剖检通常缺乏特征性肉眼可见病变或组织学病变,亦无明显的肠炎变化,仅呈现消瘦,贫血,被毛褪色、粗乱;有时皮肤出现斑状发红,该部皮下轻度水肿;病程缓慢的病例常伴有骨质疏松,幼畜则发育迟缓,骨质如佝偻病样;公兽的睾丸可能有明显的损害等。

　　［诊断］　根据采食高钼饲料的病史,临床出现持续腹泻和被毛褪色,以及肝脏的钼含量增高而铜含量降低,或以口服硫酸铜治疗(成年牛每天 2g 或每周 5g,成年绵羊 1.5g),经 $2\sim3d$ 腹泻停止,其他症状迅速改善,即可确诊。

十、氟中毒

　　人畜都可发生氟中毒(fluorine poisoning)性疾病。急性氟中毒多因短时间摄入多量可溶性氟化物或吸入大量含氟气体所引起,以重剧的胃肠炎、神经肌肉应激性增高、血液凝固性降低以及病程短急为特征。慢性氟中毒又称为氟病(fluorosis),是土壤高氟区和工业污染所致的一种地方病,是因长期摄食少量而超过安全极限的氟化物所造成。吉林省多个养鹿场曾因饲料添加未经脱氟的钙制剂,而发生梅花鹿氟中毒,造成鹿茸变形、大幅度减产,全身骨骼多发性骨瘤形成,给养鹿业造成严重的经济损失。正在生长(2~5岁)中的牲畜表现发育缓慢或停滞,因钙代谢障碍所致的氟斑牙(或釉斑齿)和门、臼齿过度磨损、骨质疏松及骨疣性成为特征。该病可发生于各种动物,但主要发生于牛和羊,其次是马,猪,鸡等畜禽发生较少。

1. 病因与发病机理

氟乙酰胺、氟乙酸钠(1080)等有机氟农药均有剧毒,通常用于防治农林害虫和草原灭鼠,若被动物误食即可引起急性中毒。

自然界中荧石(CaF_2)、冰晶石(Na_3AlF_6)、氟磷灰石[$Ca_5(PO_4)_3F$]是重要的工业原料,也常用作动物钙添加剂的原料,但若不经过严格科学的脱氟工艺过程,大量的氟就会存在于钙添加剂中,成为引起动物氟中毒的病原。我国沙漠地区边缘、多盐碱的盆地、戈壁凹地和内陆盐池周围是含高氟化物的土壤,在这些地区生长的植物,其根、茎、叶和种实中的含氟量超过安全极限,一般达40~100mg/kg,盆地中心区的牧草(包括芦苇)甚至可高达500mg/kg以上。上述高氟区的水塘、井水、泉水和来自温泉或深自流井的水源含氟量亦高。因此动物长期采食高氟区的牧草和饮水,即可导致地方性氟病。火山爆发喷流岩浆形成的火成岩及其尘埃含氟量高,该地区的人和动物常有慢性氟中毒症状,称为"火山灰病"。此外,炼铝、炼锡、磷肥生产,磷矿石加工和钢铁工厂,火力发电厂(煤中含氟),砖瓦、陶瓷、玻璃、氟和氟化盐生产,含氟药物、农药、塑料、橡胶、冷冻剂、火箭燃料制造以及铀和某些稀有金属元素的分离等,都可能有氟污染环境。氟污染以气态和尘态两种形式出现。铝厂周围大气中氟化物的组成是:气氟13%、尘氟64%、气溶胶23%(有人认为气氟13%~74%);磷矿石加工厂附近,气氟占13%~40%。其中气氟主要包括氟化氢(HF)和四氟化硅(SiF_4),二者都有高度毒性,它们能被植物叶面的气孔吸收。气溶胶多为氢氟酸,具有腐蚀和刺激作用,且常以微细尘粒长留于空气中而增加吸入机会。尘氟随风飘散降落到土壤、水源和植被表面后能逐渐积累而使其浓度增高,动物摄食被氟污染的草料、植物、饲料及饮水,都可能引起慢性氟中毒。

各种动物对氟的敏感性,最高是牛、羊,以下依次为猪、马和禽类。动物每天摄入氟的安全极限是1mg/kg体重。如摄氟超过2mg/(kg·d),经1~2个月,即可出现氟中毒症状。

大量氟化钠、四氟化硅、氟硅酸钠等可溶性无机氟,在胃酸的作用下即形成氢氟酸,刺激胃肠黏膜而引起急性出血性炎。大量氟被吸收后迅速与血浆中Ca^{2+}结合形成氟化钙,血钙即因之而降低,结果导致神经肌肉的应激性增高,血液凝固性降低。有机氟农药,如氟乙酸钠和氟乙酰胺,能抑制顺乌头酸酶,而致三羧酸循环中断,从而使心肌和中枢神经系统供能障碍,动物多急速死亡。

对于慢性氟中毒动物,摄入的氟化物在消化道内与钙盐结合,形成不溶解的氟化钙而阻止钙的吸收,还与磷酸盐结合而沉积于牙齿和骨骼中,且以骨膜表面沉积最多,影响骨骼发育和形成氟斑牙。随着血液和尿液中的氟水平升高,肝、肾、心肌、脑和肾上腺等组织器官也出现中毒性变化。

2. 主要临床症状

氟中毒病例常表现贫血、血钙降低、骨质软化、疏松、氟斑牙以及牙齿过度磨损,并因此而在吃草时常吐出草团等症状。此外,病畜还表现骨膜粗糙和骨疣形成。

若是通过呼吸道和皮肤接触氟而导致的氟中毒病例,则可见呼吸道黏膜发炎和接触性皮肤炎、角膜炎与结膜炎等症状。

3. 病理变化

[剖检]　急性氟中毒病例,见整个胃肠黏膜潮红、肿胀,密布斑点状出血,黏膜上皮细胞变性、坏死及脱落,黏膜固有层和黏膜下层充血、水肿及出血,呈明显的出血性坏死性炎变化。心脏扩张,心肌实质变性,伴发轻重不同的出血。肝脏肿大,呈土黄色,肝细胞颗粒变性与脂肪变性和坏死。肾脏肿大,实质变性与坏死,伴发出血。腹腔蓄积大量黄红色液体。

慢性氟中毒病例,尸体消瘦,贫血,血液稀薄,全身脂肪组织(皮下、腹壁、大网膜、肠系膜、肾周围及心冠等)呈胶样。牙齿、骨骼和肝、心等实质器官的病变具有证病意义。

慢性氟中毒病例的牙齿病变主要表现为:白垩化、氟斑牙和牙齿过度磨损。中毒牛的门齿及第一、二、三对前白齿病变明显,其牙釉质失去光泽、透明的外观,变成晦暗、粉白色、混浊如白垩状。此外,由于牙釉层内有色素沉着,在牙齿上出现的一种黄色、棕色或黑色的线条状、斑点状或斑块状的斑纹,称为氟斑牙(或釉斑齿)。这种色素同染着食物色素或牙垢(tartar)不同,它不限于沉着在牙齿的表面,还可以深入到牙本质内,而且也刮不掉。在牙釉发育不全区域,色素沉着更为显著,过度磨损以及牙釉质发育不全。

病牛的门齿大多松动,齿列不齐,高度磨损,臼齿磨损呈波状齿,特别是第一、二、三对前白齿严重磨平或脱落。病牙齿缩短,严重病例的牙齿几乎磨损至和牙龈相平。牙釉质发育不全,表现为牙齿缺乏牙釉和形成斑点状或水平沟状的凹陷,通常在牙齿的外侧面最明显。

[镜检]　齿磨片或切片可见牙釉质纤维纤细并形成缺损,基质钙化不全;牙本质小管靠近髓腔周围有局灶性断裂,断裂处呈空洞样坏死区,同时球间区的数量增多;牙骨质的骨陷窝境界不清或消失。

[电镜观察]　见牙本质胶原原纤维排列不整齐,着色不均匀。

慢性氟中毒病例的骨骼病变主要表现为:骨营养不良、骨质疏松和骨赘形成。骨营养不良,以四肢的远端骨(跖骨、掌骨)、颌骨、肋骨以及尾椎骨的病变最为经常和严重。中毒幼畜表现为骨骼发育停滞,病变与佝偻病相似,可见长骨骨端部和肋软骨连接部增大,骺板增宽并比正常柔软。老龄中毒病畜则表现为骨膜增生和骨基质的矿物化障碍。

[剖检]　见病变骨骼肿胀、疏松和变形,骨膜充血、增厚和粗糙不平,骨外观概无光泽而成无白色的白垩状,骨重量减轻,质地脆弱,容易折断,常有局限性或传播性骨疣形成等。头骨在鼻梁两侧肿胀、膨大。下颌骨表现肿大,边缘增厚,常见赘生的外生性骨疣。严重的上颌骨亦肿胀、浮起,骨质变软,致使头面变形。尾椎骨形状变为不整、大小不一,尤其最后几个尾椎骨(最后1~4个)甚至软化吸收而仅留痕迹。由于尾椎骨变形,故尾呈弯曲、扭转或呈S状。四肢各关节肿胀,关节囊增厚、变硬,关节液增量,关节面有不同程度的缺损。病势严重的病例常见关节囊愈着,并有大小不一、形态不整的骨疣增生,致使关节僵硬、明显变形。此种变化以腕关节、跗关节、膝关节最为常见。肋骨体部增宽或呈扁平状肿胰,在与肋软骨连接处常见大小不等的骨疣形成。掌骨与跖骨亦常有骨疣形成或发生骨折。

X射线检查,可见病畜下颌骨、盆骨、肋骨及四肢骨显示骨的密度增高,骨纹理增粗呈网状,骨膜增厚,边缘不齐而呈羽状或生骨疣,骨密质变窄,骨松质增宽,骨髓腔缩小。

[镜检]　骨组织切片见骨膜增生、肥厚,外环骨板增厚,位于表层者往往向骨外膜生长,构成骨外膜化骨的形象乃至骨疣形成,外环骨板逐渐过渡转变为哈佛氏骨板。哈佛氏骨板排列紊乱、疏松,骨陷窝大小不等,分布不均匀,有的陷窝不清或消失,故骨细胞显著减少。病变严

重部位,哈佛氏骨板受到破坏,骨陷窝、骨细胞和骨小管完全消失。哈佛氏管扩张,大小不一、数量减少。有的哈佛氏管出现纤维化和骨髓化,即在扩张的哈佛氏管中有网遮组织形成,原有的血管被挤压变小或消失,而在网状组织中又出现较多的小血管和骨髓组织。此时哈佛氏骨板往往断裂,成为粗大的、呈层状排列的骨小梁样结构,扩张的哈佛氏管管腔则变为不正形的骨髓腔。因此,原有的骨密质形象消失,而逐渐过渡为骨松质;原有的内环骨板结构消失;使骨密质与骨松质的界限难以划分。骨松质原有的骨小梁变小,数量减少,继而溶解消失而由深层的哈佛氏骨板残片所取代,骨髓腔变为狭小。骨骺部形成的软骨岛往往嵌入成骨组织之中。肋骨疣状物见骨质发生变性、坏死和严重的囊性变,呈现大小不等的囊腔,形似蜂窝状。此外,慢性氟中毒时骨组织的电镜观察,表现为骨基质内胶原原纤维排列不整齐、肿胀、断裂、着色不匀以及胶原原纤维周期性横纹变清晰。

慢性氟中毒时其他内脏的变化如下。

［剖检］

心脏:右心扩张,心腔充积血液凝块,心肌色泽变淡,质地柔软、脆弱。

肺脏:轻度淤血、水肿和出血,伴发支气管炎和支气管周围炎。

肝脏:轻度肿胀,呈黄褐色,质地柔软、脆弱,切面稍隆突,小叶境界不明显,含血量较多。

脾脏:不肿大,被膜增厚而松弛,切面含血量少,脾白髓不明显,小梁增多。

肾脏:轻度肿胀,呈黄褐色,柔软、脆弱,切面稍隆突,皮髓质界线不清。

胃肠:黏膜轻度潮红、肿胀,被覆少量黏液,显示轻度卡他性炎变化。

脑:脑脊液增量,软脑膜和脑实质充血,轻度水肿。

淋巴结:全身淋巴结轻度肿胀、切面湿润,呈轻度单纯性淋巴结炎变化。

［镜检］　心脏:心肌纤维颗粒变性乃至坏死、溶崩、肌束间的小血管充血、轻度水肿。浦金野氏纤维肿胀、变性。

肝脏:肝小叶周边的肝细胞颗粒变性,有的毛细胆管内含有胆栓,小叶中心部则显示凝固性坏死。中央静脉、叶间静脉及窦状隙扩张充血,星状细胞肿胀,常吞噬有胆汁色素。汇管区轻度水肿,有少量淋巴细胞浸润,叶间胆管上皮细胞变性、坏死。

脾脏:脾白髓不肿大,生发中心不明显,中央动脉内皮细胞肿胀,管壁增厚,轻度玻璃样变。红髓中有较多的淋巴细胞和浆细胞,少量巨噬细胞及含铁血黄素沉着。脾静脉窦轻度充血,脾小梁增生。

肾脏:近曲与远曲小管上皮细胞呈现明显的颗粒变性与坏死,并脱落。有的管腔扩张,潴留蛋白尿液。在髓袢小管的上皮细胞内见有粉末状或颗粒状结晶物沉积,该物质有的中心部色淡而稍透明,有的则呈黑色球状,可能为氟化物。集合管上皮细胞水泡变性,轻度坏死。肾小球的细胞成分亦呈不同程度的变性与坏死。叶间动脉管壁增厚,轻度玻璃样变,间质毛细血管充血,有少量淋巴细胞浸润。脑神经细胞轻度变性。

［诊断］　根据可能造成多氟的饲养环境,各种动物同时罹病的发生情况,齿牙与骨骼等特征性病变以及缓长的慢性病程,不难做出慢性氟中毒的诊断。必要时,可采食饲料、饮水、病畜血液、尿液及骨骼(尾骨或肋骨)测定氟含量。

十一、氨中毒

氨中毒(ammoniacal fertinlizer poisoning)指由氮肥,如硝酸铵(NH_4NO_3)、碳酸铵(NH_4HCO_3)、硫酸铵[$(NH_4)_2SO_4$]、氯化铵(NH_4Cl)以及氢氧化铵或氨水(NH_4OH)等引起

动物的中毒。

绵羊硫酸铵的中毒致死量为 $1\sim3.5g/kg$ 体重；硝酸铵的中毒致死量牛、马为 $250g$，羊、猪为 $30g$。各种动物均可发生氨中毒，尤以牛、猪最为多见。

1. 病因与发病机理

氨中毒可因食入、吸入和皮肤接触三种途径而引起。硝酸铵、硫酸铵、碳酸铵和氯化铵结晶，在外观上易因与硫酸钠、食盐等混淆，在化肥保管不严的情况下，有时因误用或被动物误食而引起中毒。氨水桶放置田头，无人看管，致使家畜特别是幼驹、犊牛偷饮，或因误饮刚经施用氨肥的田水，均可引起家畜中毒。氨水散发的氨气具有强烈的刺激性，故当氨肥厂或氨水池密闭不严时，其所散逸的大量氨气可使其附近系留的畜禽中毒。有的鸡舍用氨水作为熏蒸杀菌剂，熏蒸后如舍内未经充分换气，过早地放入家禽，极易发生氨气中毒。

低浓度的氨对皮肤、黏膜具有刺激，可引起黏膜、角膜和上呼吸道黏膜充血、水肿和分泌物增加。高浓度的氨则可使受接触的局部发生碱性化学灼伤，导致组织坏死。铵盐进入反刍动物的瘤胃，可迅速水解释放出氨气，除呈现局部刺激外，过量的氨可经瘤胃黏膜吸收进入肝脏，除通过鸟氨酸循环合成尿素外，还可与 α-酮戊二酸作用形成谷氨酸，后者再与氨作用产生无毒的谷胺酰胺，再经肾脏分解以铵盐形式随尿排出，但超过了机体这一解毒机能则多余的氨即入血流，使肺脏毛细血管壁通透性增高，导致肺充血、水肿而发生呼吸困难。若血氨过高时，则可干扰脑葡萄糖生物氧化过程的正常进行，使脑内神经介质（γ-氨基丁酸）发生改变，并对神经细胞膜上的 Na^+-K^+-ATP 酶有抑制作用，从而导致类似尿素中毒的神经症状或肝性脑病的症状（机理像肝性昏迷）。

2. 主要临床症状

病畜呼出气常有氨味，严重病例在鼻、唇边缘有白色氨盐结晶。晚期病例出现昏迷症状。

3. 病理变化

唇与口腔黏膜充血、肿胀，散布点状出血，伴有糜烂与溃疡。瘤胃臌气，内容物有氨臭，黏膜出血和糜烂。皱胃黏膜潮红、肿胀、出血及糜烂。小肠和大肠黏膜呈出血性卡他性炎。肝脏肿胀、淤血、出血和肝小叶坏死。脾脏肿大、淤血及出血。肾脏稍肿胀，柔软、脆弱，肾小管上皮细胞广泛坏死。心肌实质变性，心包与心外膜点状出血。肺脏淤血、水肿及出血，经时较久者往往继发化脓性支气管肺炎。脑充血、出血、水肿及神经细胞变性。

［诊断］　根据有误食氨水或氨肥的病史，临床上主要呈现消化道症状、肺水肿和一定的神经症状，结合测定血氨值升高和肝功能的异常变化，即可作出诊断。

十二、尿素中毒

尿素含氮量达 $45\%\sim46\%$，是一种中性高效化肥，呈白色或淡黄色的针状或棱柱状结晶，性质稳定。除用作肥料外，在畜牧业上因其能在反刍动物的瘤胃内依靠微生物的作用合成能被机体利用的蛋白质，有节约蛋白饲料的作用，因此早被世界各国广泛利用作为反刍动物的添加饲料。但如果大量误食或喂量过多，喂法不当，则可引起尿素中毒（urea poisoning）。尿素中毒实质上就是氨中毒。

尿素的安全量以乳牛为 $200\sim300g/d$、羊 $20\sim30g/d$ 为宜。尿素的中毒量，每千克体重为 $2.2g$，因此乳牛中毒量约为 $770g$，羊为 $110g$。

1. 病因与发病机理

反刍动物在饲喂尿素过程中，没有经过逐渐增量，而是按定量突然饲喂；或不按规定的控制用量；或添加的尿素同饲料混合不匀；或将尿素溶于水而大量饲喂，均可引起中毒。尿素堆放在饲料近旁，误当食盐使用或被动物偷吃，亦可引起中毒。饲喂尿素的同时饲喂大豆饼或蚕豆饼，于瘤胃中释放氨的速度增加，可加重中毒。另外，偶有动物饮服大量新鲜人尿（含尿素30％）而引起中毒的。

尿素在反刍动物瘤胃中尿素酶的作用下被分解产生氨，当瘤胃内容物的 pH 在 8 左右时尿素酶的作用最旺盛，尿素分解迅速，过多的氨经瘤胃壁吸收入血液，如同内源性氨一样，超过肝脏和肾脏等器官的解毒或处理机能，则可对中枢神经系统产生直接的损害。据测定血氨浓度达到 2％时，即出现显著的中毒症状，而当血氨值升高到 5％或以上时，则可引起动物死亡。

2. 病理变化

尸体常无特征性病变，胃肠和其他器官的病变与氨中毒时所见者基本相同。

［诊断］　根据过食尿素病史，明显的神经症状和重剧肺水肿，可初步建立诊断。必要时测定血氨值，可确定诊断。

十三、磷化锌中毒

磷化锌，化学名为二磷化三锌（Zn_2P_2），是一种带闪光的暗灰色粉末，不溶于水，能溶解在酸、碱和油中。在干燥情况下比较稳定，露置于空气中容易吸收水分，放出蒜臭味的磷化氢（PH_3）气体。磷化锌有剧毒，通常按 2.5％～ 5％的比例，同食物配制毒饵灭鼠。

畜禽磷化锌中毒（zinc phosphide poisoning），以家禽较多，其次为猪、犬和猫，其他大动物极少发生。各种动物口服致死量为每千克体重 20～40mg。

1. 病因与发病机理

畜禽磷化锌中毒，多因误食灭鼠毒饵或吃了沾染磷化锌的饲料所致。此外，犬、猫亦可因吃了磷化锌中毒的鼠而引起。食入的磷化锌在胃酸的作用下，立即释放出磷化氢气体和氯化锌：$Zn_3P_2 + 6HCl \longrightarrow 2PH_3 + 3ZnCl_2$

在上述反应中所产生的氯化锌量很少，对机体不致有显著影响，而磷化氢则具有剧毒和刺激作用，可损害胃肠黏膜引起急性出血性炎。磷化氢从胃肠道被吸收入血，它是一种原浆毒物，能抑制细胞的氧化过程并损害血管壁，从而引起全身各组织充血、水肿和出血，导致心、肝、肾等实质器官变性乃至坏死。

2. 主要临床症状

病畜呈现呕吐，腹痛、腹泻，呼吸困难，结膜发绀，心律失常，肾功能不全，最后则抽搐、昏迷而死。大剂量中毒多在数小时内死亡，一般持续 2～3d。

3. 病理变化

［剖检］　主要表现为休克型血液循环障碍。病程稍长病例，见口腔和咽部黏膜潮红、肿胀、出血，伴发糜烂，胃肠道黏膜肿胀、充血、出血乃至糜烂或溃疡形成。胃内容物常散发一种带蒜味或电石样臭味的气体，在暗处则发出磷光。肝脏肿大，质地脆弱，呈黄褐色。肾脏肿胀、柔软、脆弱。心脏扩张，心肌实质变性。肺脏淤血，水肿及灶状出血。脑充血，水肿，伴发出血。有些病例尚见胸水增量，皮下组织水肿以及浆膜点状出血等变化。

［镜检］　见窦状隙扩张充血，肝小叶周边带的肝细胞脂肪变性，毛细胆管内积有胆栓。严重的肝细胞则广泛脂肪变性乃至坏死，伴发出血，并有少量中性粒细胞和淋巴细胞浸润。肾脏、肾小管，特别是近曲小管上皮细胞呈显著颗粒变性与脂肪变性，部分胞浆内见有透明滴状

物。严重时,尚见肾小管上皮细胞坏死。心肌纤维颗粒变性和脂肪变性,肌束间血管充血,间质轻度水肿和出血。

［诊断］　根据病史、症状和病理变化可以作出诊断。

十四、有机磷农药中毒(organophosphatic insecticides poisoning)

有机磷农药有 100 多种,目前我国生产的已有数十种之多。由于其在植物体内残留时间较短,残留量少,因此它是一种广泛应用的农药。除用作杀虫剂外,尚用为杀菌剂及除草剂等。根据其毒性大小,大致可分为以下三类。

剧毒类:有甲拌磷(3911)、硫特普(苏化 203)、对硫磷(E605)、内吸磷(1059)、甲基对硫磷(甲基 E605)等。

强毒类:有敌敌畏(DDVP)、甲基内吸磷(甲基 1059)、异丙磷、二甲硫吸磷等。

低毒类:有乐果、杀螟磷(杀螟松)、马拉硫磷(4049,马拉松)、敌百虫等。

引起动物中毒的,主要是甲拌磷、对硫磷和内吸磷,其次是乐果、敌百虫和马拉硫磷。

1. 病因与发病机理

有机磷农药可经消化道、呼吸道或皮肤进入机体而引起中毒,常见的病因如下。

误食或偷食喷洒过有机磷农药不久的农作物、牧草、蔬菜等,特别是食入用药未被雨水冲刷过的,中毒更为严重;误用撒药地区附近的地面水,或误食拌过或浸泡过有机磷农药的种子;误将配制有机磷农药的容器当作饲槽或水桶而饮喂家畜;在配制或撒布有机磷农药时,飞散的粉末或药液的雾滴沾污附近或下风方向的畜舍、系留场、草料及饮水,被家畜舔吮、采食或吸入;用药不当,如滥用有机磷农药治疗外寄生虫病;超量灌服敌百虫驱除胃肠寄生虫,或完全阻塞性便秘时用敌百虫作为泻剂,应用过量即可引起中毒;违反使用、保管有机磷农药的安全操作规程。如在保管或运输当中对破损的包装,不按安全规定处理;或在同一库房贮存农药和饲料;或在饲料库内配制农药或拌种等,都有机会污染饲料而引起动物中毒。

有机磷农药中毒主要是它在体内和胆碱酯酶结合,形成磷酰化胆碱酯酶,从而抑制胆碱酯酶活性,使组织中乙酰胆碱过量蓄积,引起一系列以乙酰胆碱为传递介质的神经处于过度兴奋状态,主要是引起中枢性呼吸功能初期兴奋,后期麻痹。最后由于支气管平滑肌痉挛,肺水肿和呼吸肌麻痹而致死。

2. 主要临床症状

中毒病例严重呼吸困难,渐进性呼吸停止。

3. 病理变化

［剖检］　不同品种的有机磷农药中毒所引起的病理变化并无明显差异。外观尸僵显著,瞳孔明显缩小。毒物经消化道进入机体而引起的中毒病例,从胃内容物可嗅到某些有机磷农药所具有的特殊气味。但也有些有机磷化合物不具有任何气味。胃和小肠黏膜充血、肿胀,散在点状出血,有时可见糜烂。肺脏淤血、水肿及出血,伴发灶性气肿。右心扩张,心腔蓄积未凝固的血液。脾脏淤血,轻度肿胀。肾脏稍肿大,质柔软、脆弱。脑和软脑膜充血、水肿。

［镜检］　胃肠黏膜上皮细胞变性、坏死及脱落,固有层和黏膜下层充血、出血和水肿,有较多的中性粒细胞浸润。肠壁肌层常出现明显的收缩波,尤以小肠纵行肌层收缩较显著。肺脏的细支气管平滑肌层增厚,管腔狭窄,其黏膜呈皱襞状向管腔突起,形成花边状外观。心肌变性,肌束间充血、水肿。肝脏淤血,肝细胞颗粒变性与脂肪变性,汇管区轻度水肿。肾小管上皮细胞明显颗粒变性,间质充血,轻度水肿。胰腺、泪腺以及唾液腺等外分泌腺的分泌机能亢进,

腺泡上皮细胞内见空泡形成,颌下腺导管上皮细胞内充满嗜酸性颗粒(大鼠硫磷中毒),这可看成是乙酰胆碱蓄积于胆碱能神经末梢的结果。对于脑,病程较久的病例可能出现神经细胞变性、噬神经细胞和卫星现象。试验研究发现于2h中毒死亡的动物,在ＨＥ染色切片上,海马回神经细胞尚无明显的病理变化,但胆碱酯酶活性与对照组比较,则有明显降低。另外,鸡对有机磷化合物很敏感,如以丙胺氟磷(mipafox)、丙氟磷(DFP)和三邻甲酸磷酸酯(TOCP)服用,可引起鸡肢体瘫痪,镜检发现脊髓和外周神经发生脱髓鞘变性。

[诊断]　根据有无接触有机磷农药的病史,有无胆碱能神经兴奋效应为基础的临床表现,如流涎、出汗、瞳孔缩小、肌肉痉挛、肠音亢进、腹泻及呼吸困难等,以及某些特征性病理变化,可以作出初步诊断。必要时可采取血液进行血浆胆碱酯酶活性测定,采取肋间肌以胆碱酯酶染色法染色,如见运动终板的神经下装置呈阴性反应,即为胆碱酯酶活性抑制的标志;也可采取可疑饲料和胃内容物作有机磷农药的检验。紧急性时可作阿托品治疗性诊断,方法是在皮下或肌肉注射常用剂量的阿托品,如系有机磷农药中毒,则在注射后30min内心率不加快,原心率快者反而减慢,毒蕈碱样症状也有所减轻。否则很快出现口干、瞳孔散大,心率增快等现象。

十五、有机氯农药中毒(chlorinated hydrocarbons poisoning)

有机氯农药,即氯化烃类化合物,是人工合成的杀虫剂,多为固体或结晶,不溶或难溶于水,易溶于脂肪、植物油、煤油及乙醇等有机溶剂,挥发性小,化学性稳定,但遇碱即分解失效。此类农药在生物体内残效期长,残留量大,许多害虫可产生抗药性。因此,近年来国内外都先后有控制或停止生产这类农药的趋势。

有机氯农药可分为剧毒、强毒和低毒三类。属剧毒的,如艾耳丁(aldrin)、艾索丁(isodrin)、恩丁(endrin);强毒的,如毒杀芬(toxaphene)、狄厄尔丁(dieldrin)、林丹(丙体六六六、γ-BHC、lindane);低毒的,如滴滴涕(二氯二苯三氯乙烷、DDT)、六六六(六氯环己烷、BHC)、七氯(heptachlor)、氯丹(chlordane)等。其中应用最多的是滴滴涕和六六六,有机氯农药中毒也主要是滴滴涕中毒和六六六中毒。

1. 病因与发病机理

在畜舍内外或饲料库房、饮水处存放或已散包的有机氯农药而造成污染;畜禽误食拌过农药的种子;或曾用装过拌农药的种子的器具再用其盛饲料喂动物,均易引起中毒。采食沾污或残留此类农药的作物、蔬菜、牧草;在治疗外寄生虫时,应用滴滴涕和六六六涂擦面积过大或皮肤有创伤,经皮肤吸收或被动物舔食,亦可引起中毒。

有机氯农药是一类接触性毒物,可经消化道、呼吸道黏膜和皮肤吸收而使动物中毒。有机氯属于神经毒和肝脏毒,可使神经的应激性增高,肝脏等实质器官变性、坏死。在长期采食少量沾染毒物的饲料时,经胃肠道和皮肤吸收的氯化烃类,绝大部分逐渐蓄积在体内的脂肪组织和肾上腺等含脂类高的器官内,可存留达数月之久,以后可能在饥饿或发热等情况下,随体脂的消耗而游离进入血流,导致肝、肾、心等实质器官变性、坏死,并透过血脑屏障,造成脑组织的损伤,而使慢性病程急性发作。

氯化烃类毒物通常经肾随尿排泄,小部分由肝脏解毒,经胆汁随粪便排出。对于乳畜,则可蓄积于乳腺,结合乳脂,分泌于乳汁中。因此,如用慢性中毒病牛的高残毒乳汁哺育幼畜、饲喂实验动物或用其乳制品,特别是奶油作膳用,均可导致中毒。

2. 主要临床症状

中毒病牛食欲、反刍减少，排稀便。继而反刍停止，呼吸困难，交替出现兴奋和沉郁的神经症状。兴奋时表现烦躁不安，急进急退，或无目的走动，或呈圆圈运动，两眼凝视，眼球震颤，瞳孔缩小，四肢肌肉震颤，突然倒地痉挛而死。沉郁时表现站立不动或跪卧，有的则后躯麻痹。一般兴奋期短，沉郁期长。

3. 病理变化

有机氯农药急性中毒死亡病例，除见各脏器淤血和明显的肺水肿外，通常不见其他特殊病变。经数天后死亡的病畜，则可见胃肠黏膜的出血性坏死性炎，肝脏和肾脏的明显损害，表现为肝小叶中央部广泛坏死和严重的中毒性肾病，有时还并发支气管肺炎等病变。

由慢性中毒而死亡的牛只，见皱胃、小肠和大肠黏膜呈弥漫性坏死，尤以十二指肠的坏死最为严重，其深达黏膜下层。肝脏淤血，肝细胞呈散在性渐进性变性及坏死。肾脏淤血，肾小管，特别是近曲小管上皮细胞显示坏死。气管黏膜点状出血或见小血肿形成，肺脏淤血、水肿，伴发出血。心肌颗粒变性及出血。软脑膜与脑实质充血、出血，神经细胞固缩及脑水肿。肌肉呈暗褐色乃至暗紫色，肌膜散布点状出血，血液呈暗紫色，凝固不良。

犬实验性慢性滴滴涕中毒，当总累计药量达 1800mg/kg 体重后，肾上腺显著的进行性萎缩，仅留下完好的球状带和髓质，血清肾上腺皮质酮水平下降。在停止给药后 90d，可见肾上腺皮质细胞再生。

此外，毒物经皮肤吸收的病例，可见皮肤发炎、增厚，体表淋巴结肿大，有的伴发鼻镜糜烂或溃疡和角膜炎。

［诊断］ 根据接触有机氯农药的病史、以神经应激性增高为主的临床表现以及病理变化，即可作出诊断。必要时取可疑的饲料、饮水、乳汁、胃肠内容物及脂肪组织进行毒物化验。

第四节　真菌毒素中毒

一、黄曲霉毒素中毒

黄曲霉毒素中毒（aflatoxicosis）是由黄曲霉毒素（aflatoxin）引起的以肝脏病变，甚至诱发原发性肝癌为特征的中毒性疾病。

雏鸭、火鸡、兔、仔猪、小犬、水貂、豚鼠及大鼠等对黄曲霉毒素最敏感，其次是猪、犊牛、雏鸡及猴等，绵羊和小鼠的耐受性较强。此外，幼年和雄性动物较敏感。临床上以猪和鸭发生中毒的最多，其次是犊牛。

1. 病因与发病机理

黄曲霉菌的生长最低温度为 6~8℃，最适宜生长温度为 30~38℃，最高温度为 44~47℃，最适宜的相对湿度在 85% 以上，因此它是侵害含水量 17% 左右的粮食、种子（包括玉米、花生、大米、小麦和豆类等）的主要霉菌之一。在肝癌高发地区，食物被黄曲霉菌污染的情况往往很严重。

黄曲霉毒素是由黄曲霉（*Aspergillus flavus*）和寄生曲霉（*A. parasiticus*）所产生的有毒代谢产物。黄曲霉毒素的基本结构都有二呋喃环（difuran）和香豆素（coumarin）（氧杂萘邻酮）。目前已明确其结构的约有 20 多种。其毒性和结构有关，凡二呋喃环末端有双键的，毒性较强，并有致癌性。

2. 病理变化

黄曲霉毒素中毒可分为急性、亚急性和慢性三种类型。

1) 仔猪　仔猪对黄曲霉毒素 B 很敏感,黄曲霉毒素中毒常呈急性发作,出现一种出血性综合征,主要引起急性肝脏损害,伴有大量出血和液体渗出。

主要临床症状:一般在喂霉玉米后 3～5d 发病,仔猪表现为食欲消失,精神萎顿,黏膜苍白和黄染,血清谷草转氨酶、瓜氨酸转换酶升高,可以在数天死亡。病猪的耳、腹和四肢内侧皮肤常见出血性紫斑。

[剖检]　对于急性病例,肝脏表现急性中毒性肝炎和全身黄疸。肝脏肿大,呈苍白色或淡黄色以至红砖色,被膜偶有出血斑点,质度脆弱。胆囊多数瘪缩,囊壁有时因水肿而增厚,仅含有少量油状胆汁。病猪往往有腹水,浆膜显示出血斑点。

结肠肠系膜常发生明显水肿,外观呈透明胶冻样,肠壁亦因水肿而增厚,有时腹腔内蓄积多量血液。肾脏稍肿大,色泽苍白,有轻重不同的黄染现象,有时可见点状出血。膀胱黏膜充血或有少数点状出血。有的胃底部黏膜发生弥漫性出血,肠道黏膜呈出血性炎。对于出血严重的病例,肠内有游离血凝块,粪便因混有血液而呈煤焦油状。全身淋巴明显水肿、黄染,切面呈轻重不同的大理石样出血,颇似猪瘟的出血性淋巴结炎。心包积液,呈淡黄色或茶褐色。肺脏有时发生淤血、水肿。架子猪和仔猪常出现全身黄疸,可视黏膜、脂肪及浆膜呈不同程度的黄染。脑膜血管充血和轻度水肿,脑实质有时可见小点状出血。

[镜检]　肝细胞严重颗粒变性、脂肪变性和空泡变性,可见显著的气球样变。肝小叶中央的肝细胞坏死、出血,间质有淋巴细胞浸润。

对于亚急性和慢性黄曲霉中毒病例,病猪常见黄疸症状,尿液呈橘黄色或茶黄色,粪便干硬。血清碱性磷酸酶、谷草转氨酶升高,白蛋白和 α 及 β 球蛋白减少,γ 球蛋白可能升高。慢性中毒病猪可能诱发原发性肝癌,以中毒流行地区的留种母猪为常见。

[剖检]　肝脏往往呈橘黄色或棕色,故俗称为“黄肝病”。肝脏体积正常或稍肿大,质地坚实。随着病程的延长,常导致肝硬变。此时肝脏表面粗糙,呈细颗粒状以至结节状。胆囊缩小,不含胆汁或仅含质地较硬的胆汁小凝块。

[镜检]　肝细胞呈严重颗粒变性和脂肪变性,大部分病猪的肝切片中可见肝细胞发生玻璃样变,表现胞浆浓缩,浓染伊红或胞浆内出现大小不一、浓染伊红的透明圆珠(嗜酸性小体)。另外,肝内有广泛的结缔组织和小胆管增生,形成不规则的假小叶,并有很多再生肝细胞结节。肝细胞内尚见胆汁色素沉着。

2) 犊牛　犊牛在连续饲喂含有黄曲霉毒素的饲料后,最早表现的症状为生长减缓,死前数天发生严重的里急后重症状,有时直肠外翻。

[剖检]　主要病变为肝硬变、腹水和内脏器官水肿。肝脏质地坚实,色泽苍白,散在有出血斑块。胆囊胀大。腹腔内蓄积多量淡黄色液体,在空中容易凝固。瘤胃浆膜、肠系膜、皱胃黏膜以及直肠黏膜常发生水肿。

[镜检]　肝小叶结构破坏,小叶中央的肝细胞坏死,结缔组织广泛增生,并把残留的肝细胞分隔成孤立的细胞团块。很多中央静脉部分地或完全地被增生的结缔组织所堵塞。胆管上皮细胞显著增生,呈双行的细胞索状,显有管腔,散布在肝小叶内。生化学检验的主要特征是血清碱性磷酸酶活性增高和肝脏中几乎不含维生素 A。

3) 家禽　雏鸭和雏鸡一般都为急性中毒,特别是雏鸭对黄曲霉毒素最为敏感。雏鸡多发生在 2～6 周龄时。

　　临床症状：表现为食欲不振，生长不良，衰弱，贫血，排血色稀粪。雏鸭常见步态不稳，跛行，腿脚皮下出血而呈紫红色，死亡时头颈呈角弓反张姿态。成年鸭比雏鸭的耐受性强，急性中毒症状和雏鸭相似，半数致死量约每千克 $250\mu g$（B_1 毒素），常见病鸭为口渴增加和腹泻，排白色或绿色稀粪。慢性中毒的症状较不明显，主要表现为食欲减少，消瘦，贫血，呈全身恶病质征象。

　　[剖检]　对于急性中毒病例，肝脏肿大，色泽苍白变淡，有出血斑点，胆囊胀大，肾脏苍白肿大，胰腺也散布点状出血。在亚急性和慢性中毒时，肝脏由于胆管和结缔组织增生而变为坚实，呈棕黄色，表面粗糙呈颗粒状，病程长的可显现结节性肝硬变。

　　[镜检]　早期主要为肝细胞严重颗粒变性、空泡变性和脂肪变性，伴有散在性坏死灶。鸭中毒性肝炎的一个主要特征是卵圆细胞和小胆管显著增生。在人工试验中，摄食毒素 24h，即可见到卵圆细胞增生现象。增生的卵圆细胞可以转变为胆管上皮细胞，呈细胞索状，散布在肝细胞索之间，往往从汇管区伸向肝小叶中央，呈放射状排列；或是增生胆管在汇管区和中央静脉周围形成增生结节。在亚急性和慢性病例中，胆管上皮增生明显，有时肝组织几乎大部分被增生的胆管所取代。在增生胆管结节和肝小叶内可见有多量淋巴细胞浸润，有时形成淋巴小结形象，故眼观呈针头大的灰白色小点。汇管区和中央静脉周围亦有不同程度的结缔组织增生，但对于鸭则不如胆管上皮的增生显著。慢性中毒病例可见到多量再生性肝细胞结节。肝细胞胞浆内常有胆汁色素沉着。一年以上的慢性中毒病例容易诱发原发性肝癌。

　　4）原发性肝癌（primary carcinoma of liver）　可见于牛、猪、鸡及鸭，主要是黄曲霉毒素慢性中毒所致，特别是在鸭和猪中，往往地区性的发病率极高。病鸭的年龄分布是：1 年以内占 0.87%，1 年以上为 1.55%，2 年以上为 17.65%，3 年以上达 20%，4 年以上竟达 50%。这一现象说明受到致癌因素侵害的鸭，随年龄增长而发病率逐渐增高。猪的原发性肝癌多见于种公猪和母猪，年龄大多在 5 年以上的老猪。

　　原发性肝癌在大体解剖上可分为弥漫型、结节型和巨块型三种，其中以前两型多见。

　　弥漫型：其特征为在肝组织上不形成明显的结节。由于肝癌组织广泛地浸润于肝脏的各个部分，因此肝表面和切面肉眼可见许多不规则的灰白色或灰黄色的斑点或斑块。

　　结节型：此型肝癌特征为在肝组织内形成大小不一的结节。细小的结节仅粟粒大，大的结节直径可达几厘米。结节的硬度与肝组织相若，切面为灰白色或淡红色，与周围肝组织分界明显。

　　巨块型：此型肝癌的特征是于肝组织内由一些结节融合形成巨大癌块，癌块周围尚可见一些小的卫星状结节。巨块型肝癌常伴有出血和坏死。

　　以上三型肝癌有时可合并出现。原发性肝癌在组织学上区分为肝细胞性肝癌、胆管细胞性肝癌和混合性肝癌三种类型，其中猪以肝细胞性肝癌、鸭则以胆管细胞性肝癌最为多见。

　　肝细胞性肝癌：癌细胞来自肝细胞。癌细胞为多角形，胞浆淡染伊红，核大呈圆形或椭圆形，核仁粗大，分裂相较多见。癌细胞呈条索状或团块样排列，后者构成实体性癌巢。有些病例癌细胞则呈各式各样的腺管状排列。在肝细胞性肝癌中，常有瘤巨细胞出现，细胞团块之间有时可见结缔组织分隔。

　　胆管细胞性肝癌：癌细胞来自胆管上皮，为立方形或柱状，胞浆较少，呈嗜碱性或透明状，核较小，圆形或椭圆形，染色较深。癌细胞多呈腺管状排列，少数呈乳头状及双行细胞索状排列。分化差的胆管细胞性肝癌，癌细胞较大，多呈高柱状，排列不整齐，腺管大小不规则，核分裂相多见。胆管细胞性肝癌内一般结缔组织较多，并常有不同数量的淋巴细胞浸润。

混合性肝癌:癌细胞来自肝细胞和胆管上皮,既有肝细胞性肝癌成分,又有胆管细胞性肝癌成分,但一般以前一种成分为主。

[诊断]　根据该病的流行特点、肝脏的特征性变化,可以作出初步诊断。黄曲霉毒素中毒肝脏病变的特点是急性或慢性中毒性肝炎,肝细胞变性(脂变和空泡化)和坏死、出血,出现巨肝细胞,小胆管增生,并有多量淋巴细胞浸润,后期发生肝硬变,慢性中毒则可诱发原发性肝癌。

雏鸭肝脏病变有一定特征性,常用以作为黄曲霉毒素生物鉴定之用,7日龄之内雏鸭在一次口服急性中毒量后的病变如下。

(1)肝实质细胞坏死,在24~48h即可出现;如剂量大于半数致死量时,则常伴有肝实质和门静脉区出血。

(2)胆管增生,第一天即可见到,在门静脉区周围胆管上皮细胞增生,构成条索状或管腔,其增生程度随毒素量的增加而增加。

(3)肝细胞脂质消退延迟,正常雏鸭在出壳后4~5d即消退,黄曲霉毒素中毒后消退延迟。其中小胆管增生最具有特征性,结合薄层层析,可以作为黄曲霉毒素的诊断依据。

二、黑斑病甘薯中毒

黑斑病甘薯中毒(sweet potato ipomearon poisoning)是由于动物采食感染了黑斑病的甘薯而引起。剖检以肺泡与肺间质的严重气肿和急性肺水肿为特征,临床呈现极度的呼吸困难和不同程度的消化障碍,多发生于黄牛、水牛和乳牛,猪亦偶有发生。羊因不爱采食病薯,故在自然条件下发病的较少。

1. 病因与发病机理

甘薯黑斑病是由属于子囊菌纲、长喙壳科的长喙壳菌(*Ceratocystis fimbriata*)侵害甘薯所引起,从甘薯育苗到收获、窖藏的整个时期都能发生,尤以窖藏期最为严重。黑斑病甘薯病变部变黑、发硬,表面稍凹陷,呈圆形或不规则形黑褐色斑纹,稍经贮存即密生刚毛。切开病变部,黑斑深达2~3cm,有甘臭,味苦,这种苦味物质就是这种病菌产生的毒素,它溶解于醚、酒精、氯仿和冰乙酸中,耐高温,煮沸20min或经加工(薯粉、糖渣、酒糟)都不被破坏。严重黑斑化的甘薯1~1.5kg即可使牛发病。黑斑病甘薯中的毒素主要有以下四种。

(1)薯萜酮(ipomeamarone)(又名翁家酮,ngaione)是一种苦味质,属呋喃类物质,其化学结构为$C_{15}H_{22}O_3$。纯品为无色油状物,无异臭,对动物肝脏有毒性。对小鼠的毒性,经腹腔注射的半数致死量为230mg/kg体重。

(2)薯萜酮醇(ipomeamarone)为薯萜酮的衍生物,纯品为无色油状物,可能对肝脏也有毒性。

(3)4-薯醇(4-ipomeamarone)为薯萜酮的衍生物,纯品为无色油状物,经动物实验可致肺水肿及胸腔积液,受试动物在24h内死亡,因此称此毒素为"肺水肿因子"。对小鼠的口服半数致死量为(38±3)mg/kg体重。

(4)薯素(ipomeanine)又称甘薯宁,亦系薯萜酮衍生物,纯品为无色同体结晶,其毒性与4-薯酮相同。对小鼠口服半数致死量为(26±1)mg/kg体重。

毒素在消化道可引起出血及炎症反应,毒素被吸收进入血液,可使肝脏、胰腺及心肌变性和出血,特别是对延脑呼吸中枢的刺激,可抑制迷走神经及兴奋交感神经机能,能使支气管和肺泡壁弛缓和扩张,因而表现呼吸困难和肺气肿的形成,严重时由于肺泡的破裂,气体进入肺间质,并由肺基部窜入纵膈,然后沿着纵膈疏松结缔组织,侵入颈、肩、背、腰部肌间及皮下组织,构成皮下气肿。由于胰腺、肝脏的功能障碍及丘脑受毒素作用,致使物质代谢发生紊乱,脂肪及蛋白质的异化占优势,故病畜出现酮血症。

2. 主要临床症状

中毒牛极度呼吸困难,呼吸浅表而疾速,每分钟达 80～100 次,鼻翼煽动,头颈伸张,哼哼做声,甚至张口火喘,故俗称"牛喷气病"。

3. 病理变化

[剖检]　肺脏高度膨大,可达正常的 3 倍左右。肺胸膜变薄、透明、富光泽,肺胸膜下、肺小叶间质由于水肿和充满气体而增宽、撕裂,有时在肺间质内形成鸡蛋大或拳头大的气泡,因而肺外观上呈明显的网状花纹。切开肺脏时有大量血水和泡沫流出,切面见小叶间质因充气而呈蜂窝状,肺实质显示充血、出血、气肿和水肿。当泡沫状血水溢出后,肺组织即自行退缩。肺组织质地脆弱,稍加扯动或抓握,容易撕裂、破碎。气管黏膜充血,有时出血,管腔内积有大量白色泡沫状液体。

胸腔纵膈因肺间质充气也发生气肿,而呈气球状。支气管淋巴结和纵隔淋巴结的被膜下和实质内也有气肿,切开时有气体与泡沫涌出。

严重病例,在肩、背两侧,腰部的皮下组织和肌膜中,也可见到绿豆大至豌豆大的气泡聚积。

心包膜下也有气泡聚积。心脏冠状沟脂肪上常见淤斑、淤点,左心室内膜有点状或条纹状出血,右心室扩张,心肌质度软脆。

瘤胃膨大,充积饲料。瓣胃内容物干涸、硬结,真胃多空虚,黏膜弥漫性充血、出血或坏死。十二指肠黏膜亦弥漫性充血或出血,空肠、回肠空虚或有少量黏液,黏膜有段节性充血或出血,盲肠底黏膜呈弥漫性充血,结肠也有部分黏膜充血,直肠多无变化。

肝脏稍肿大,边缘较钝圆,呈深棕色,切开时有大量黑红色血液,切面似槟榔花纹。胆囊胀大 2～5 倍,充满深绿色而稀薄的胆汁。

脾脏除见被膜有小点状出血外,没有其他可见变化。

肾脏仅见充血,肾盂黏膜点状出血。肾周围脂肪和腹膜下亦见充气。

胰脏呈棕黄色。

[镜检]　肺泡和肺小叶间质因充气而呈大小不等的囊腔,肺泡隔变薄或断裂,呼吸性细支气管也破裂。多数肺泡壁毛细血管被压缩,少数仍曲张充血。肺泡和小支气管管腔内蓄积浆液、红细胞与白细胞,还见有吞噬棕黑色颗粒的巨噬细胞。肺胸膜下与间质的结缔组织水肿和气肿,伴有嗜酸性粒细胞浸润。在病程较长的病例中,肺泡壁因结缔组织增生而增厚,间质有大量淋巴细胞聚集。

支气管淋巴结和纵隔淋巴结被膜下水肿与气泡,皮质淋巴小结因气泡压迫而萎缩;有时在髓质窦中见散在的红细胞与棕黑色颗粒。

肝组织中央静脉与窦状隙均扩张,充满血液,有时可见中央静脉周围出血,其邻近的肝细胞坏死,而小叶周边的肝细胞则发生脂肪变性。在星状细胞与肝细胞内均见有散在的棕黑色颗粒。

脾脏红髓充血,白髓萎缩,巨噬细胞内吞噬大量棕黑色颗粒(铁反应阴性)。

肾脏仅见充血,肾盂黏膜点状出血。肾周围脂肪和腹膜下亦见充气。胰脏呈棕黄色。间质明显淤血和出血。

大脑皮层血管周围出血,毛细血管内皮细胞肿大。神经节细胞无明显变化。丘脑亦呈现充血与出血。

猪黑斑病甘薯中毒病例,除肺脏变化有特征性外,胃黏膜充血、出血,黏膜易剥脱,胃底部黏膜常见溃烂。

三、玉米赤霉毒素中毒

玉米赤霉毒素中毒(gibberella zeae toxin poisoning)是由于畜禽摄食被玉米赤霉毒素污染的谷物所引起的中毒,以呈现阴道炎、不孕、乳腺增大、子宫肥大以及睾丸萎缩,有的则发生胃肠炎等病变为特征。该病发生于猪、马、牛、羊、犬、兔、猫以及禽类,但以猪、马、鸽最敏感,并以猪最为多见。

1. 病因与发病机理

玉米赤霉(*Gibberella zeae*)是禾谷镰刀菌(*Fusarium graminearum*)有性期的学名,其孢子生存于土壤中,在气温 16～24℃、相对湿度 85％ 的谷物上最易繁殖。在适宜条件下,能侵染玉米、小麦、大麦和稻谷等禾本科植物,并产生有毒代谢产物——玉米赤霉烯酮(zearalenone)和单端孢霉烯族化合物(trichothecenes)[脱氧雪腐镰刀菌烯醇(deoxynivalenol)]等毒素。如果用这种霉变谷粒饲喂动物,就可引起中毒。赤霉病麦粒达 5.2％ 时,人、畜食用后都可中毒。

玉米赤霉烯酮的作用机理是促进子宫 DNA、RNA 和蛋白质的生物合成,促进氨基酸、尿苷(uridine)膜的透过性,并能与子宫上清组分中的雌性激素受体相结合,进而侵入核内,使染色体的信息机构开放。

2. 主要临床症状

玉米赤霉烯酮中毒的兔、鸡、羊、猪和牛等畜禽呈现以雌性发情、不育、流产为特征的类雌激素综合征。

3. 病理变化

[剖检] 母猪和去势母猪阴户肿胀,阴唇哆开,阴道黏膜充血、肿胀,分泌物增加,严重时阴道黏膜外翻,常因摩擦、感染而发生坏死。乳腺增大,泌乳母猪则乳汁分泌减少或无乳。子宫体积和重量增加。子宫颈黏膜上皮细胞呈多层鳞状,子宫角增大,子宫壁各层显著水肿和炎性细胞浸润,伴发肌层肥厚。卵巢发育不全,往往出现无黄体卵泡。对于病程较久的病例,可呈现卵巢萎缩,子宫、输卵管以及乳腺上皮鳞状化生。怀孕母猪常发生流产、胎儿吸收或木乃伊化。公猪和去势公猪则呈现雌性化,主要表现为乳腺增大似泌乳状,包皮水肿和睾丸萎缩。

牛呈现假性发情和不孕。羊可引起阴道炎和流产。鸡表现为输卵管扩张,泄殖腔外翻。

单端孢霉烯族毒素的类型较多,引起的症状也较复杂,其主要表现为急性胃肠炎和兴奋与抑制的神经症状。我国昆明地区马属动物于冬、春季节饲喂发霉饲料(包括稻草)所引起的霉菌性胃肠炎,经真菌的分离培养与鉴定认为与木贼镰刀菌等所产生的 T-2 毒素等单端孢霉烯族化合物有关。

病理变化

[剖检] 单端孢霉烯族毒素中毒死亡马表现如下。

胃黏膜潮红、肿胀,呈弥漫性或点状出血,黏膜易脱落,偶见坏死灶。

大小肠黏膜充血、出血、脱落,尤以盲肠和大结肠黏膜的出血性坏死性炎最明显。

[镜检] 小肠绒毛上皮细胞变性并脱落,杯状细胞肿胀、增数,黏液分泌亢进,固有层和黏

膜下层充血、出血,有较多的嗜酸性粒细胞浸润。

盲肠和大结肠黏膜上皮细胞变性、坏死、脱落,固有层和黏膜下层充血、出血和水肿,亦有较多的嗜酸性粒细胞浸润。肝脏、心肌和肾脏淤血、出血,实质细胞变性、坏死。

肝脏汇管区尚见淋巴细胞、组织细胞和嗜酸性粒细胞浸润,叶间胆管内潴留胆汁色素。

脾脏稍肿大、淤血,被膜点状出血,脾白髓萎缩。

肾上腺显著出血。肺脏淤血、水肿,伴有灶状性气肿。

软脑膜和脑实质充血、水肿,偶见大脑半球液化坏死灶。脑实质毛细血管充血,灶状出血,血管周隙增宽示明显水肿,神经细胞变性与坏死。

其他动物,除上述病变外,还可见白细胞减少,凝血时间延长,骨髓造血组织坏死,子宫和甲状腺萎缩,皮肤和口腔黏膜坏死等变化。

[诊断] 根据流行病学、临床症状和病理变化,可以作出初步诊断。必要时,采取可疑谷粒送有关单位进行镰刀菌的培养、分离、鉴定、生物实验与化学鉴定,予以确诊。

四、马霉玉米中毒

马霉玉米中毒(moldy corn poisoning)又称为马脑白质软化(leucogen cerebromalacia of horses),是马属动物采食霉玉米中的毒性镰刀菌毒素所引起的中毒性疾病。病畜在临床上呈现神经症状,剖检以脑白质软化为特征。

该病多发生于马属动物,以驴发病率较高,尤以壮龄驴和老龄驴发病为多(占 8.4% ～49%),而幼龄的则较少。该病的发生具有明显的季节性,多发生于玉米收获后的 9～11 月,其他月份仅呈零星发生。这显然与玉米收获期前后被雨水淋湿或贮藏期发霉有关。病畜死亡率可达 50%～80%。

1. 病因与发病机理

马霉玉米中毒所致的脑白质软化,主要是由玉米中的串珠镰刀菌(*Fusarium monili forme*)毒素所引起。该菌毒素作用于大脑,早期引起灰质软化,故中毒病畜临床上呈现狂暴型神经症状,后期引起脑白质软化,病畜出现沉郁型神经症状。因此,有人将"马脑白质软化"通称为镰刀菌毒素中毒(fusariotoxicosis)。

2. 主要临床症状

中毒动物早期呈现狂暴型神经症状,晚期出现精神沉郁。

3. 病理变化

[剖检] 病畜的硬脑膜下腔蓄积淡黄色透明或红色液体,狂暴型的病例有时在硬脑膜下腔还积留有血液凝块。软脑膜充血,散布斑点状出血。蛛网膜下腔、脑室和脊髓中央管内均见脑脊液增量。特征性变化为脑白质软化,表现为大脑半球、丘脑、脑桥、四叠体及延脑的白质均有大小不等的液化坏死灶,尤以大脑白质最为多见,少数亦见于灰质中。坏死灶表面的脑膜呈明显水肿和点状出血。大的坏死多为单侧性,从脑的表面触之有波动感。黄色的坏死灶,其内容物为稀糊状,周壁常有出血块。但也有的坏死灶不呈糊状,而为浅黄色柔软物。较早期的病变可能是大脑白质的水肿。脑切面散在点状出血,尤以白质明显。此外,脑内还可见较大的出血性坏死灶。

脊髓(以灰质为主)也可见小的凝固性或液化性坏死灶。

消化道的变化表现口腔黏膜、胃黏膜、小肠与盲肠黏膜充血和散在小的溃疡。

[镜检] 软脑膜和脑实质的血管扩张充血,内皮细胞肿胀、增生,血管周隙显著增宽,蓄积

水肿液和红细胞,形成环状出血。水肿液还常浸润到周围脑组织,使之呈浅色多孔蜂窝状。液化坏死灶内为大量水肿液所浸润,组织疏松并崩解为颗粒状物,但血管尚保存完好,没有炎性细胞反应。其邻近脑组织显示高度水肿,并见泡沫细胞(gitter cell)浸润和大片性胶质细胞增生,少数则形成胶质细胞结节。此种增生性变化,以病程较长的病例表现最为显著。脑各部的神经细胞均呈现变性,常见卫星现象和噬神经细胞现象。

肠黏膜上皮细胞变性、脱落;固有层充血,黏液分泌亢进。固有层和黏膜下层有较多的淋巴细胞和嗜酸性粒细胞浸润。

肝淤血,肝小叶周边带的肝细胞脂肪变性与颗粒变性。

肾小管上皮细胞颗粒变性和水泡变性,肾小球球囊积液与出血;心内、外膜出血。

心肌纤维颗粒变性;肺脏淤血、水肿与轻度气肿;脾自髓萎缩和红髓内红细胞淤积;膀胱黏膜点状出血。

〔诊断〕　根据饲料的发霉情况,结合流行病学(同样饲养条件下多数动物同时发病并有明显的季节性)、临床症状和特征性病理变化,可以作出诊断。必要时,采取发霉的饲料送化验单位进行霉菌分离与鉴定以及有毒物质的毒性和毒力动物实验等。

该病的临床症状与马流行性乙型脑炎极为相似,但后者具有典型的病毒性脑炎病变,故容易和该病相区别。

五、牛"蹄腿肿烂"病

牛"蹄腿肿烂"病(sore foot disease of cattle)又称"脚肿"病(四川)、"脚肿烂蹄"病(湖北)、"雪蹄或冻蹄"病(广东)或"烂蹄坏尾"病(安徽),是由镰刀菌属真菌产生的毒素所引起的一种疾病,以肢端、耳、尾尖坏死为主要特征。

该病主要散发于水稻产区和低洼潮湿盛产苇状羊茅草的牧区,发病季节为10月至次年4月,12月达发病高峰。这种季节性发病的特征与牧草(稻草)中真菌侵染情况有密切关系。一般秋季重新长出的苇状羊茅草受真菌侵染严重、毒素量最大。当年秋收季节(9～10月),阴雨较多,稻草霉变严重,则11～12月发病率高,一般次年3、4月以后,改喂青草即自行停止。

该病主要侵害牛,羊也可发生。水牛发病率占48%,黄牛则为13%。该病可发生于不同年龄和性别的牛,但青壮年牛因采食量大、使役重,故发病率高。公牛发病率亦高于母牛,哺乳犊牛不发病。奶牛、种公牛和山区以放牧为主的牛,因不喂发霉稻草亦不发病。

1. 病因与发病机理

该病主要是由于舍饲采食大量霉变稻草所引起。从发病地区霉败稻草中分离、鉴定出的真菌,有镰刀菌属有禾谷、木贼、串珠、半裸、烟草、尖孢、茄病和本色等镰刀菌、雪腐镰刀菌、砖红镰刀菌、青霉属、曲霉属,头孢霉属、芽枝霉属、交链孢霉属、葡萄穗霉属、毛霉属等28属真菌。通过试验筛选,其中木贼镰刀菌、半裸镰刀菌、拟枝孢镰刀菌均能引起水牛典型发病。

丁烯酸内酯是"蹄腿肿烂"病的致病真菌毒素,三线、木贼、梨孢、拟枝孢、半裸、砖红、雪腐、粉红等镰刀菌都可以产生这种毒素。用纯的丁烯酸内酯可以诱发动物发生中毒。

镰刀菌在气温较低的环境中,其代谢产物具有较强的毒性。因此,在冬季浸染了真菌的稻草被牛采食后,容易招致中毒。

2. 主要临床症状

病牛早期症状为步态僵硬,呈间歇性提举,蹄冠微热、微肿,系凹部皮肤出现横行裂隙而感疼痛。数日后,肿胀明显并蔓延至腕关节或跗关节,呈现明显跛行。随后,该部皮肤发凉,被毛脱落,表面有淡黄色透明液体渗出。如果病势继续发展,则肿胀部皮肤破溃、出血、化脓与坏死。病变多发生在蹄冠和系凹部,疮面久不愈合,最后可致蹄匣或指(趾)关节部脱落。少数病例肿胀可蔓延至前肢肩胛部和后肢的股部。肿胀消退后,皮肤往往形成硬痂,形似龟板。有些病例,肢端肿胀消退后发生干性坏疽,在跗关节以下,病变部与健康部呈明显的环形分界线,远端坏死部的皮肤紧箍于骨骼上,干硬如木棒状。

大部分病牛,多伴发不同程度的耳尖和尾尖坏死;耳尖坏死可长达 5cm,尾尖则可达 30cm,病变部与健康部的分界明显,病变部干硬呈暗褐色,最后脱落。

3. 病理变化

［剖检］　大部分尸体消瘦,皮毛干燥,体表多有褥疮。患肢肿胀部切面常流出多量淡黄色透明液体,皮下组织因水肿液积聚而疏松。蹄冠与系部血管扩张充血,部分血管内见血栓形成。患部肌肉呈灰红色或苍白色。病程较久的病例,患部皮肤常破溃,疮面附着脓、血,肌肉呈污红色,并可见增生的肉芽组织突出于疮面。

［镜检］　皮下肌肉均质红染,肌间水肿,毛细血管扩张充血。部分表皮坏死、脱落,小动脉管壁明显增厚,管腔狭窄,血管周围有淋巴细胞浸润,部分血管尚见由纤维素与崩解的白细胞组成的血栓。对于病程长的病例,则见肌间的成纤维细胞增生与毛细血管新生,伴有淋巴细胞浸润以及血管内的血栓机化和血管再疏通等变化。患部神经纤维显示变性。患肢的颈浅淋巴结和髂下淋巴结明显肿大,切面湿润呈灰黄色,散在点状出血。镜检呈单纯性淋巴结炎变化。

病牛的耳、尾尖初期肿胀,后期则干枯。镜检时,皮肤坏死、脱落,皮下有多量崩解的白细胞聚积,血管扩张充血和大片出血,红细胞溶解呈均质片状。有的小动脉管壁增厚,伴发血栓形成。肌肉呈玻璃样变。

其他各器官主要表现心、肝、肾等实质器官的细胞变性、轻度出血与坏死,肝汇管区和肾间质有数量不等的淋巴细胞浸润。皱胃黏膜稍肿胀,偶见烂斑。小肠黏膜充血,轻度点状出血,绒毛上皮细胞变性、坏死、脱落,固有层有不同数量的炎性细胞浸润。

［诊断］　根据发病的季节性、有饲喂霉变稻草的病史、特征性肢端、耳尖和尾尖坏死的临床症状和病理变化,可以作出初步诊断。必要时,采取霉变稻草进行真菌分离培养、鉴定及毒性试验。

该病应注意与贝诺孢子虫病、慢性硒中毒、麦角中毒、牛伊氏锥虫病与泰勒锥虫病以及坏死杆菌病相区别。

六、葡萄穗霉毒素中毒

葡萄穗霉毒素中毒(stachybotryotoxicosis)是由交链葡萄穗霉(*Stachybotrys alternans*)污染饲料产生的毒素所引起,其特征性病变是口腔黏膜和皮肤坏死或溃疡形成、卡他性坏死性胃肠炎、全身组织出血、粒细胞缺乏和血小板减少等。

该病早在 1931 年发生于苏联乌克兰马群,死亡马匹达数千匹,以后在美国、罗马尼亚和匈牙利等国均相继发现。我国华中和东北地区亦有类似该病的发生,并从土壤、种子、有机物残体以及草食动物的粪便中分离出黑葡萄穗霉(*S. atra*),从霉稻中分离出交链葡萄穗霉。

该病以马、骡多发,其次是牛、羊、猪、鸡。实验动物,如小鼠、豚鼠、兔、犬及野生动物等均可能中毒发病,人也有发病者。中毒一般多发生于晚秋和冬季的舍饲期,春季放牧开始后病情逐渐停息。

1. 病因与发病机理

该病的病原性真菌有两种：一种为交链葡萄穗霉（或分隔葡萄穗霉）；另一种为黑葡萄穗霉，它又分为有毒株和无毒株两种，但可因条件而互变。这两种病原性真菌主要寄生于藁秆、干草和谷糠里，当饲料堆积、存放不当，特别是在阴雨潮湿的季节最易滋生，并产生致病的霉菌毒素，动物采食此种发霉的饲料即可使之中毒。

葡萄穗霉毒素是一种类固醇物质，分子式为 $C_{25}H_{34}O_6$ 或 $C_{25}H_{38}O_6$，可溶于有机溶剂，对 120℃ 高温和酸都稳定，但易为高锰酸钾所氧化而形成丧失毒性的酸性产物。此外，黑葡萄穗霉毒素（satratoxin）也是一种近似类固醇物质。

动物采食被葡萄穗霉毒素污染的饲料，可损害消化道黏膜引起卡他性炎和坏死，而发生腹泻和腹痛。毒素经消化道吸收入血流，能直接损害毛细血管壁招致全身组织出血和坏死性病变；侵害中枢神经系统时则可引起脑充血、水肿和神经细胞变性而发生兴奋、抑制、感觉丧失和反射迟钝等神经症状。最为突出的是，此种毒素能损害骨髓的造血机能，特别是对粒细胞系和巨核细胞有明显的抑制作用，从而导致外周血液中粒细胞缺乏、血小板减少和淋巴细胞相对增多，其变化与牛蕨中毒相似。毒素作用于心脏和肝脏等实质器官可引起实质细胞变性，甚至坏死。

2. 主要临床症状

病畜结膜潮红充血，眼睑肿胀，伴发点状出血。口腔具有难闻的恶臭并大量流涎。鼻腔黏膜、肛门及阴道黏膜出血。血液凝固缓慢或不凝固，白细胞总数和血小板显著减少，淋巴细胞明显增多，粒细胞缺乏。体表无毛或少毛部位，如耳根、下腹部、股内侧、肛门区、乳房和乳头等处皮肤常见点状出血，有时尚见溃疡形成。

3. 病理变化

全身皮下组织、浆膜、黏膜及肌肉均呈现点状、带状或弥漫性出血。唇部，尤其是口角周围皮肤明显肿胀，皲裂，严重时上、下唇及颜面部高度肿胀，致使其头部形如河马状，尤以马属动物最为明显。猪鼻面部表皮脱落，鼻面横沟坏死或形成小的皲裂。口腔黏膜显著潮红、肿胀，常于齿龈、颊部、硬腭以及舌黏膜发生广泛的表在性坏死或糜烂。鼻腔黏膜除充血、出血外，有时亦见糜烂和溃疡。下颌淋巴结和咽后淋巴结肿胀，呈浆液出血性炎变化。咽部与食管黏膜肿胀、点状或线状出血并见有大小不等的溃疡。胃肠道黏膜潮红、肿胀、散布点状出血，被覆多量黏液，特别是大肠黏膜的出血、坏死性变化最为严重，有时坏死可深达肌层，坏死灶周围没有明显的界限。

脾脏不肿大，心脏、肝脏和肾脏等呈现实质细胞变性，伴发不同程度的坏死。肺脏淤血、水肿及出血。软脑膜和脑实质充血、水肿，出血及神经细胞变性。

［诊断］ 根据发病的季节性，采食霉败草料的病史，临床症状和特征性病理变化，如血液学变化、口腔黏膜的坏死性炎、全身性出血等，可以作出初步诊断。必要时采取霉败饲料送有关单位进行真菌的分离培养和动物试验以确诊之。

七、麦角中毒

麦角中毒（ergot poisoning）是由于畜禽采食被麦角菌（*Claviceps purpurea*）寄生的麦角类和其他禾本科植物而引起的，表现为中枢神经系统功能紊乱，小动脉收缩和毛细血管内皮细胞损伤，以中枢神经系统兴奋或末梢组织发生干性坏疽为特征。

牛、猪、绵羊、家禽和马属动物均可发病，但以牛、猪和家禽对麦角毒素最为敏感，马属动物的抵抗性较强。

1. 病因与发病机理

麦角菌属于子囊菌纲,主要寄生于大麦、燕麦和小麦等禾本科植物的子房内,在其中发育增殖形成菌丝体,呈角状或麦粒状,黑紫色,质坚硬,长 2~4cm、稍弯曲的物体。

麦角菌在潮湿、多雨和气候温暖的季节容易寄生、繁殖,新鲜的麦角菌毒性最大,其毒素具有较强的抵抗力,不易被高温破坏,毒性可保存达 4 年之久。

麦角的有毒成分为有旋光性的同质异构生物碱,主要有麦角毒碱(ergot-toxins)、麦角胺(ergotamine)和麦角新碱(ergonovine)等。前两种均不溶于水,毒性较强;后一种易溶于水,毒性较小,仅及前两种毒性的 1/4。

当麦角菌污染的糠麸和谷物粉料,或混入饲料中的麦角毒素,一旦被畜禽采食,即可引起中毒。摄食大量麦角生物碱,特别是麦角胺时,除对胃肠黏膜具有较强烈的刺激作用而引起胃肠炎外,毒素被吸收入血液可侵害中枢神经系统,引起其兴奋,因而病畜呈阵发性惊厥,伴有子宫与血管平滑肌的痉挛性收缩、血压升高和心律不齐。当长期摄入小量麦角生物碱时,除能直接作用于外周小动脉平滑肌引起其痉挛性收缩外,还能损害毛细血管的内皮细胞,从而导致体躯末梢部位,如肢体末端、尾和耳等局部组织的血流缓慢、血栓形成,进而发展为干性坏疽。

2. 主要临床症状

牛、绵羊、猪、马、犬和禽类摄食被麦角污染的饲料,其急性中毒病例,常呈现四肢屈肌紧张性挛缩,肌肉震颤,角弓反张,全身强直性痉挛,视力减弱或失明,耳聋,心律不齐,最后昏迷而死。

慢性中毒病例,病畜表现消化不良、腹痛、呕吐、下痢或便秘,脚部疼痛,尤以后肢明显,故呈现跛行、步态不稳。触诊患部有冷感,感觉迟钝。

3. 病理变化

[剖检]　慢性中毒病例,最突出的病变是四肢末端、尾和耳,禽类则是冠、舌和喙发生干性坏疽。存活的动物患部与邻近健康组织处有明显的分界线,并与健康组织分离,最终可能脱落。

实验性中毒的绵羊不出现四肢末端坏疽,但见舌、咽、瘤胃、皱胃及小肠黏膜发生溃疡和坏死。在猪往往表现母猪的乳房不发育和无乳,新生的小猪发生大量的死亡,存活的猪,以后可出现耳廓边缘和尾尖坏疽。

[诊断]　根据有采食麦角的病史、临床症状和病理变化,可以做出诊断。必要时,还可采取污染饲料进行麦角毒素的分析。在鉴别诊断上,应注意与冻伤、牛"肿腿烂蹄"病以及坏死杆菌病相区别。

八、马杜拉霉素中毒(maduramicin poisoning)

马杜拉霉素(maduramicin)是一种广谱、高效、用量极小的离子载体抗生素类抗球虫药,商品名为"抗球王"。仅用于肉鸡,拌料浓度为 5mg/kg,屠宰前 5d 停药。因为它具有高效抗球虫、价廉等特点,近几年在我国广泛使用。但此药应用剂量与中毒剂量非常接近,因此,其安全范围极窄,一些养鸡专业户常因使用不当造成大量家禽中毒事件。随着肉鸡饲养业的发展和马杜拉霉素的广泛应用,肉鸡中毒有上升趋势,造成严重的经济损失。

1. 病因及发病机理

马杜拉霉素是由土壤中分离的微生物(*Actinomad urayumaensis*)发酵产生的一价糖苷聚

醚类离子载体抗生素。其纯品为白色结晶粉末,熔点 165～167℃,可溶于大部分有机溶剂,不溶于水。对革兰氏阳性菌及密螺旋体有杀灭效果。具有高效的抗球虫效果,对柔嫩艾美耳球虫(E. tenella)尤其显著。优于氯苯胍、氯羟吡啶及尼卡巴嗪等抗球虫药,与其他离子载体药物无交叉耐药性,用量小,拌料浓度仅 5mg/kg,规定用于肉仔鸡,休药期 5d。该药 1990 年由美国氰胺公司在我国农业部登记注册,商品名为"加福"。现在国内也生产该药,以"抗球王"、"球杀死"、"杜球"、"克球皇"及"马杜拉霉素"在我国广泛使用,但因混乱使用造成多起畜禽中毒事件,且有逐年增加的趋势,中毒动物有肉鸡、蛋鸡、鹧鸪、鹅、鸭、火鸡、珍珠鸡、猪、兔、牛和羊等,鸡中毒最多,其次是兔和猪,常大群发病和死亡。马杜拉霉素对马属动物无毒。

马杜拉霉素中毒主要是由于对该药使用不当造成,即不按照药物使用说明,盲目加大剂量,饲料中药物搅拌不均匀,或以颗粒料拌药,致部分饲料中药物浓度过大。一些饲料厂家已在饲料中加入预防量的离子载体抗球虫剂,但包装上并未说明,用户再次投药而发生动物中毒,甚至有的饲料中药物本来已超标。曾有 113 户 10 万多羽肉鸡因饲喂某公司生产的含有马杜拉霉素的颗粒料发生中毒,死亡 13 260 羽,平均死亡率 12%。另外,用鸡粪作为反刍动物的经济蛋白饲料而造成牛、羊中毒。

马杜拉霉素能携带阳离子(主要是钠和钾)进入细胞,引起细胞内离子渗透压升高,从而吸收大量水分,使细胞膨胀、破裂(球虫细胞较宿主细胞敏感得多)。这是马杜拉霉素抗球虫的机理,其抗球虫效果也很显著。一般预防量对宿主很安全,量大时造成机体损伤。经口给药马杜拉霉素的 LD_{50} 值为:大鼠 33mg/kg,小鼠 35mg/kg,肉鸡 6mg/kg。马杜拉霉素对蛋鸡卵巢发育有不良影响。以马杜拉霉素 10mg/kg 给鸡饮服,中毒鸡的心/体、肝/体、肾/体及肺/体比变化不明显,而脾/体、法氏囊/体比显著降低,证明马杜拉霉素对鸡的免疫系统损害作用较大。马杜拉霉素中毒可引发肉鸡腹水症,药物浓度越高发生率越高。此外,50%以上死亡鸡右心室明显扩张、淤血等,可能是导致腹水症的重要因素。

马杜拉霉素的毒性与鸡的品种、日龄、饲养管理条件等因素有关,快育鸡较慢育鸡敏感,日龄越大对毒素越敏感。

肉鸡马杜拉霉素中毒

2. 主要临床症状

超急性死亡的动物几乎不出现任何症状即很快死亡。急性死亡(1～2d 内死亡)的动物一般会出现典型的中毒症状,如乱飞乱跳,口吐黏液,兴奋亢进等神经症状,或水样腹泻,腿软,行走及站立不稳,严重的两腿麻痹向后伸,昏睡直至死亡。慢性中毒表现为食欲不振,被毛紊乱,精神沉郁,腹泻,腿软,增重。一般轻度中毒鸡在停喂后数天即可康复。

3. 病理变化

[剖检] 病尸消瘦,爪干,嗉囊空虚或有少量食物,胸肌、腿肌充血、出血或苍白,弹性降低,部分鸡腹腔内有黄色腹水或胶冻状物,肝脏肿大、充血、出血、质脆。心包积液,部分鸡右心室扩张、变薄,心冠脉充血、扩张。脾脏小而色淡。肠管肿胀,肠系膜充血,十二指肠、小肠及直肠黏膜均有条状、块状或弥漫性出血。肾肿、充血或出血。输尿管内有白色尿酸盐沉积。

[镜检]

心肌:肌纤维肿胀、断裂、横纹消失、肌浆溶解、肌浆内出现大量红色细小颗粒,间质充血,并有较多异嗜性粒细胞浸润,在断端之间除出现巨噬细胞、异嗜性粒细胞外,有的肌细胞核增多,呈肌纤维再生现象,有的肌细胞核减少或消失,呈坏死现象。

骨骼肌:骨骼肌的变化与心肌相似,也呈肌肉变质性炎变化,但程度较心肌严重。

肾脏:肾小球毛细血管丛肿胀,内皮细胞和上皮细胞增生,并有巨噬细胞、异嗜性粒细胞和浆液纤维素性渗出,间质水肿,呈肾小球肾炎变化。肾小管上皮细胞肿胀,落入管腔,使管腔狭窄,胞浆出现大量红色细小颗粒,甚至流失于管腔,造成管腔阻塞。细胞核一般变化不大。远曲小管胞浆溶解淡染,呈网状。间质毛细血管充血。收集管上皮细胞脱落,在管腔出现巨噬细胞、异嗜性粒细胞和坏死细胞碎屑等。

肝脏:轻症病例的肝细胞肿胀,胞浆出现大量红色细小颗粒和小空泡,胞核一般变化不大。肝窦隙、中央静脉、小叶间静脉淤血,并出现较多的异嗜性粒细胞、巨噬细胞和淋巴细胞。重症病例的肝细胞颗粒变性和脂肪变性,呈局灶性坏死,并有浆液纤维素性渗出物与炎性细胞浸润,呈变质性肝炎变化。

脾脏:脾缺血,在脾窦内出现淋巴细胞、异嗜性粒细胞、浆细胞和巨噬细胞,有浆液纤维素样渗出物,网状细胞和成纤维细胞增生。白髓的脾小体和中央动脉周围淋巴套减少,其中淋巴细胞萎缩稀少。

法氏囊:淋巴滤泡髓质扩张,淋巴细胞减少,在淋巴滤泡内尤其是皮质部出现巨噬细胞,黏膜上皮完整。

日龄肉鸡马杜拉霉素中毒

2. 主要临床症状

出现头颈及其羽毛震颤,病鸡站立不稳,尖叫,突然死亡,日死亡率随用抗生素治疗增加。发病高峰多在 30 日龄以内,全群鸡精神沉郁,目光呆滞,采食量明显下降,羽毛蓬乱,脚软无力,行走不稳,喜卧,排水样稀便。重症病鸡饮食欲废绝,出现神经症状,伏地不起或狂蹦乱跳,手背触感全身冰凉,两腿尤甚。用手抓起时!头颈奋拉无力挣扎,拉水样稀粪,极个别拉绿色稀粪,或排蓄红色粪便,全身呈暗红色。严重病鸡站立不稳,也有的鸡瘫痪在地或头部震颤,有的鸡突然向前奔跑或尖叫,然后倒地死亡。

3. 病理变化

自然死亡的鸡双腿向后伸直,外观类似猝死症,尸体僵硬皮肤不易剥离,胸骨弯曲。实质脏器除暗红色外,无其他可见病变。肠黏膜有少量斑点状出血,肝淤血,以十二指肠严重,肝脏、心脏有出血斑点,有的肾脏充满尿酸盐,双腿骨骼肌与骨骼连接处呈弥漫状或小点状出血。跖骨软如橡皮。

产蛋鸡马杜拉霉素中毒

某养鸡户,笼养数百只产蛋鸡,体质、精神良好,产蛋率 94%。230 日龄时,发现个别鸡排红色血样粪便,随饲喂"抗球王"(含 1% 的马杜拉霉素)驱虫。连续投喂 3d。投药第 2 天即发现鸡群精神不好,食欲降低,产蛋减少。疑是鸡新城疫,又给新城疫系苗饮水,同时大剂量添加多种维生素拌料,连用两天病情反而更加重。21d 后出现死鸡。

2. 主要临诊症状

病鸡主要表现为大群同时发病,精神不振,食欲减退或废绝,鸡不愿站立,软脚,驱赶时站立不稳,走路摇摆等病态,个别病情严重鸡瘫痪。鸡群粪便稀、黄、白、绿色,死亡率不高。

3. 病理变化

病死鸡营养程度较好,胸腿部肌肉有轻微充血、出血、肝脏轻度肿大、淤血并有出血斑点,胆囊内存有较多胆汁,心脏表面血管充血,心脏严重出血,卵泡坏死、变色,肠道黏膜呈现弥漫性出血,其他脏器未见明显变化。

猪马杜拉霉素中毒

2. 主要临床症状

中毒猪表现厌食,腹泻,呼吸困难,血尿,共济失调,后肢麻痹或瘫痪。有些病猪鼻孔流血,呕吐及血尿,严重者昏迷,反应迟钝,死亡猪多呈趴卧状。

3. 病理变化

喉头和气管出血严重,鼻孔内有大量血沫。部分猪出现胸水和腹水,脑膜出血和血管充血。内脏广泛性充血、出血。

绵羊、牛马杜拉霉素中毒

2. 主要临床症状

绵羊主要表现肌肉僵直。牛主要表现心跳加快,心律不齐,呼吸困难及颈静脉怒张甚至充血性心衰症状,常突然倒地死亡。

3. 病理变化

牛表现心包积液,右心室扩张松弛,有的心肌苍白。腹腔积液,胸部皮下和颌下肉垂水肿,有的牛胸腔有红染的积液。心肌纤维变性或坏死。肝小叶中央静脉扩张,周围细胞变性和坏死,肾皮质、髓质充血,肾小管不同程度地坏死。骨骼肌颗粒变性,坏死和再生,绵羊骨骼肌病变较牛严重。

兔马杜拉霉素中毒

家兔对马杜拉霉素敏感,饲料中按 5mg/kg 剂量添加马杜拉霉素足以引起兔中毒。从发病时间来看,剂量越大,发病时间越短;用量越小,中毒出现的时间越迟。在养兔生产中最好不要使用马杜拉霉素。

2. 临床症状

最急性中毒兔一般在服食马杜拉霉素后 0.5~8.0h 发病。病兔突然兴奋不安,尖叫狂窜、乱跳,无目的地前冲后撞。出现头向后仰或头低耳耷、脖颈歪扭、转圈等神经症状,但体温正常或稍低。鼻流血沫,排血尿,倒地翻滚,角弓反张,痉挛,四肢呈游泳状划动后,有的兔角弓反张,挣扎后很快死亡。

急性中毒兔在服食马杜拉霉素后 10~36h 发病。病兔全身软瘫,趴伏在地,四肢外伸。颈软,头歪向一侧,耳、口、鼻发绀。嗜睡,驱赶时站不起来,排血尿,拉稀,很快死亡,死前无挣扎现象。有的后躯瘫痪,驱赶时后肢站不起来,两前肢支撑身体向前爬;有的前躯瘫痪,驱赶时两后肢撑起,拖着头、颈、前肢向后倒退,于数小时内死亡,死时呈趴伏状,鼻流血沫或血水。

慢性中毒兔在服食后 2~5d 发病。病兔精神沉郁,反应迟钝,厌食,异食,嗜睡。后躯发软,驱赶时站立不稳,共济失调,迈步无力,病程长的瘫痪,腹泻,排血尿。呼吸困难,数日内死亡。停喂含马杜拉霉素的饲料后,兔群的死亡现象仍可持续 10d 左右。未死亡的发育不良,生产性能下降。一般个体大、食欲旺盛的獭兔先发病死亡,采食量小的后发病。

3. 病理变化

兔鼻孔内有大量血沫,喉黏膜上皮有出血斑,气管内有大量血沫,气管环有间断性出血,肺表面有散在的斑点状出血,有的半个肺脏或整个肺脏呈紫红色。胸水和腹水增多,有的呈暗红色。心脏呈收缩状,色泽变淡,心包积液,心肌松软、心外膜血管呈树枝状充血。肝肿大,质脆,发乌,淤血、出血,有的有黄色条斑状病变。胆囊充盈,其内充满茶色胆汁。肾肿大、淤血出血,有的呈黑色。胃饱满,黏膜大片脱落,呈灰白色,包围在整个食团上,表面呈弥漫性出血,胃底出血尤为严重。肠道广泛性出血,小肠下段积液呈黄色,直肠内的粪便呈球状。脑膜水肿、充血,有的有出血点。膀胱积尿,充满橘红色或暗红色、酱色尿液。脑膜充血、淤血。

幼鸳鸯马杜拉霉素中毒

8日龄鸳鸯 600只,饲喂马杜拉霉素,5d后发病,死亡 19只。

2. 主要临床症状

精神沉郁、食欲废绝、呼吸困难、拉绿色稀便,有的行走困难、两腿瘫痪、两翅拍地而死。

3. 病理变化

嗉囊空虚、肝脏肿大淤血紫红色、胆囊肿大胆汁淤滞,肾脏肿大淤血,腺胃、十二指肠黏膜充血,胸腺肿大充血。

〔诊断及治疗〕 所有动物的马杜拉霉素中毒,主要可根据用药史和饲料生产厂家是否在饲料中添加马杜拉霉素及特征性临床症状(如厌食、腹泻、肢体无力等)和剖检变化,即可作出初诊。要确诊必须通过检测饲料中马杜拉霉素含量。对于家禽及兔等小动物,用同种、同龄健康动物做毒性试验,与自然发病动物的临床症状和剖检变化比较也可确诊。

马杜拉霉素中毒应与维生素 E 和硒缺乏的营养性肌病相鉴别。家禽中毒的一些症状如肢体无力或侧卧,在鸡的慢性新城疫,饲料中高氟磷酸钙盐中毒等疾病中也可见,且后两种疾病也是体况良好的鸡先出现,应比较鉴别,尤其应注意与慢性马杜拉霉素中毒区别。还有鸡的肉毒中毒,食盐中毒,真菌中毒等也应注意区别。猪马杜拉霉素中毒还应与棉酚中毒相鉴别,棉酚中毒猪也有尿血,但采食量直到死亡前都很好,而马杜拉霉素中毒猪一般厌食。兔马杜拉霉素中毒也应注意与兔瘟、球虫病、兔肉毒梭菌中毒症、兔病毒性出血症等引起兔急性死亡的疾病相鉴别。

马杜拉霉素中毒的治疗,首先应立即停喂拌有马杜拉霉素的饲料,大量饲喂青绿多汁饲料,在饲料中添加复合维生素 B(每千克饲料 6 片)。饮水中添加 5％的葡萄糖,每只兔注射 10％维生素 C_1 2ml。病重兔静脉注射10％葡萄糖注射液,加入 2ml 维生素 C 注射液。

第十五章　动物常见肿瘤病理学特征

　　肿瘤(tumour)是严重威胁人、畜健康及生命的一类疾病,自20世纪20年代以来,由于许多国家及地区发现动物肿瘤发病率逐年增长,甚至某些肿瘤,如奶牛白血病、鸡马立克氏病和猪、鸭肝癌等已成为一些地区畜禽的常见疾病之一,引起了人们注意。特别是近年来,由于对动物肿瘤研究的不断深入,及比较医学的迅速进展,人们发现有些地区的动物与人类肿瘤在流行病学和病理形态学特点上具有相关性。例如,人原发性肝癌高发地区,鸭、鸡肝癌的发病率亦很高;人食管癌高发地区,鸡的咽食管癌和山羊食管癌的发病率也高;人鼻咽癌高发地区,猪鼻咽癌和副鼻窦癌的发病率亦相应较高。此外,在对肿瘤病毒的研究中,发现白血病患犬及经常与白血病患儿接触的正常犬血液中都曾检出过C型致瘤病毒;动物的致瘤病毒(如鸡Rous肉瘤病毒),可致体外培养的人体细胞发生癌变以及人鼻咽癌病毒接种新生小鼠可使小鼠致癌。上述事实表明人、畜的许多肿瘤在流行病学、病因学等方面有着密切联系。因此,对动物肿瘤的研究已引起动物医学、公共卫生和医学界的普遍重视。

为进一步推动对动物肿瘤病的研究,本书特辟肿瘤病理学一章,将肿瘤的一般形态结构、代谢生长特点、病因学和发病学理论以及各器官组织的常见肿瘤做较系统、深入的介绍。

第一节　总　　论

一、肿瘤的概念

从现在人们一直沿用的名词 tumour 或 neoplasm 来看,前者来自拉丁语,原义是肿块;后者源于希腊语,意指新生物或赘生物。当然目前两词基本已成同义词。而恶性肿瘤一词来自拉丁字 Carb,即像螃蟹那样向四周伸展。以上名词只是从临床观察的角度,对某些肿瘤形态所做的描述。那么肿瘤的本质究竟是什么? 从当今人们通过病理学、生物化学、免疫学、细胞生物学以及分子遗传学等角度的深入研究,大体可将其概念归纳如下。

肿瘤是机体正常细胞在外界及体内某些致病因素的综合作用下,发生基因结构改变或基因表达机制失常,并逃脱机体排斥而在体内呈异常无限制地分裂增殖的细胞群。肿瘤细胞的分裂增殖速度较正常细胞快,故其分化、成熟程度低,形态幼稚、多变,并丧失正常细胞的生理功能。它们绝大多数在外观上形成形态各异的肿块,亦有些呈弥散性增生或在血液内散布(如白血病)。瘤组织常以压迫或侵融形式直接损害瘤体周围的健康组织;生长期较久的瘤体或恶性肿瘤,则常常破坏机体的整体功能而对机体造成严重危害。

二、肿瘤的形态

(一)肿瘤的外观形态

1. 形状

肿瘤的形状是多种多样的。这与肿瘤的种类、性质及发生的部位有关。发生在皮肤、黏膜、浆膜的良性肿瘤,通常呈外突性生长,表现为乳头状、息肉状、花椰菜状、结节状或疣状等外形,一般均有清晰的轮廓,有时也出现弥漫性增生。如是恶性肿瘤,除可见上述瘤体外形外,还常在瘤体表面发生出血、坏死、形成溃疡等病变。在组织内部发生的肿瘤,良性瘤一般以膨胀性生长为主,故常呈结节状、分叶状或囊状,多数有包囊形成,与周围组织界限清楚。而恶性肿瘤则多为浸润性生长,或呈迅速膨胀性生长。因此,其形态不定,与周围组织界限不清。但恶性肿瘤的转移灶则往往呈现界限清晰的结节状。

2. 大小

肿瘤的大小因其性质、生长时间及发生的部位等不同而有很大差别;小到米粒大小,甚至眼观不易发现;大的可达几十千克。如在体表或腹腔的肿瘤,若生长时间较长,可以长成巨大的肿瘤;而发生在狭小腔管(如脊椎管)内的肿瘤,因其增长受限,所以体积可能很小。此外,恶性肿瘤常在早期发生全身性转移而致机体衰竭、死亡,所以很少见到巨型恶性肿瘤。

3. 数量

机体发生肿瘤的数量无规律性,不过大多数良性肿瘤呈单中心性生长,所以常呈单发状态,但如果生长时间较长,也可能出现数个大小不等的结节状瘤团(如纤维瘤)。有时良性肿瘤也出现多中心性生长,在机体一个器官内的不同部位形成多个肿瘤病灶。恶性肿瘤初期常有一个原发病灶,而转移后可能在体内形成无法计数的多发性子瘤。

4. 颜色

肿瘤的色泽常取决于其组织成分及血管分布状况。一般纤维组织瘤、淋巴肉瘤、神经纤维瘤等,多呈灰白色,脂肪瘤呈黄色或黄白色,肌瘤常为灰红色,血管瘤显示红色或淡红色,黑色素瘤则为灰黑色或黑色,肾上腺瘤一般呈淡黄色。此外,瘤组织中如果血管丰富,则呈红色,胶原成分较多者为灰白色,如发生变性、出血、坏死等变化,则色泽变化就很不一致。

5. 质度

肿瘤的质度亦主要与瘤组织的构成成分有关。例如,由骨或软骨组织形成的肿瘤,其质度坚硬;肌组织肿瘤质度坚实;而脂肪瘤、黏液瘤则较柔软而富有光泽;囊腺瘤、海棉状血管瘤等还可能有波动感。此外,纤维瘤常比纤维肉瘤的质度坚硬,癌瘤要比肉瘤质度硬,含纤维结缔组织多的瘤组织多半较坚硬,而细胞成分占优势的瘤组织则较软。

(二)肿瘤的一般组织结构

1. 实质

肿瘤实质是决定该肿瘤性质的肿瘤细胞成分,是肿瘤的主要组织成分。各种肿瘤细胞通常由各组织的正常细胞转化而来,因此在形态上与原发组织有一定的相似性。据此可鉴别肿瘤的来源,并对肿瘤进行分类、命名。但是,不同性质的肿瘤,其瘤细胞与原发组织的相似性有较大的差别。一般说,良性肿瘤的瘤细胞分化成熟程度较高,与原发组织的细胞形态及组织结构比较相似,这类肿瘤又称同类性(homologe)或同型性(hotmotype)肿瘤,如纤维瘤、脂肪瘤等。而恶性肿瘤的瘤细胞分化成熟程度较低,与原发组织的细胞形态及组织结构不太相似或完全不同,这一类肿瘤又称为异类性(heterologe)或异型性(heterotype)肿瘤,如肉瘤、癌瘤等。肿瘤的实质细胞,一般是一种肿瘤含一种细胞,但有时也可能存在两种或多种瘤细胞,如畸胎瘤、混合瘤等。

2. 间质

肿瘤间质主要由结缔组织和血管组成,有时还含有淋巴管和神经纤维。瘤组织的结缔组织主要是疏松结缔组织,一般情况下,恶性肿瘤间质内胶原较少,而良性肿瘤或硬性肿瘤组织内胶原较丰富。瘤组织内的血管生长迅速,尤其在肿瘤边缘有丰富的新生血管。瘤细胞可以产生一种肿瘤血管发生因子(TAF),它可促使瘤组织内血管新生,并使瘤细胞获得较多的营养。肿瘤内神经纤维大多是原组织中遗留在肿瘤组织内的,亦有极少部分可能是新生的血管壁神经。肿瘤间质主要对瘤组织起支持及营养作用。

此外,在肿瘤间质及实质细胞间,常有淋巴细胞浸润。这些淋巴细胞能产生杀伤瘤细胞的淋巴因子。因此,有人将肿瘤内的淋巴细胞分离提取出来,在体外进行培养繁殖,然后再将这些淋巴细胞输入瘤体,达到消灭瘤细胞的目的。

(三)肿瘤细胞的形态学特征

1. 癌前病变

癌前病变或瘤前病变指正常细胞转化成瘤细胞前已经出现的先兆变化。癌肿的形成过程大体经过癌前病变,原位癌、早期癌各阶段,最后才发展成癌。识别癌前细胞的变化特征,对肿瘤的早期诊断及治疗具有重要意义。

细胞癌前病变特征主要为:细胞增生活跃,细胞核着色加深并大小不一,核仁增大、增多,核浆比例相对增大,胞浆嗜碱性,以及有程度不同的细胞排列与极向紊乱等倾向。

2. 肿瘤细胞的异型性

肿瘤细胞的异型性也称间变(anapla sia)是指肿瘤细胞形态结构与正常组织细胞的差异性。异型性的大小是肿瘤细胞分化高低和成熟程度的主要标志。良性肿瘤分化成熟程度高,异型性小;恶性肿瘤分化成熟程度低,异型性大。因此,识别异型性对确定肿瘤是良性还是恶性十分重要。

一般肿瘤细胞的体积大小不一,通常比正常细胞大,形态不规则,有时可见巨型细胞和畸形细胞。恶性肿瘤细胞体积较小,圆形,核染色深,胞浆较少,所以显得细胞排列非常密集。肿瘤细胞核通常较正常细胞大,有的成为巨核、双核或多核,形状多样而又不规则,有圆形、卵圆形、长圆形、杆形、三角形、多角形、分叶形以及其他奇形怪状的形态。核染色质颗粒粗大,分布不均,常附着于核膜,着色较深。核仁增大而明显,数量增多。核膜增厚,有时内陷成长管状或囊状。恶性肿瘤核分裂相明显增多。肿瘤细胞胞浆通常较正常细胞少,胞浆的染色常呈弱嗜酸性、嗜碱性或兼嗜性着染。

3. 肿瘤细胞的超微结构

1) 肿瘤细胞膜　扫描电镜显示瘤细胞表面有微绒毛、丝状伪足、泡状突起、褶皱、片层状伪足或叶状伪足等结构。这些结构与正常细胞不同的是无论哪一个分裂周期,其表面总是有丰富的微绒毛和泡状突起等结构。

2) 肿瘤细胞浆　①线粒体:肿瘤细胞的线粒体大小不一,有的比正常大几倍,有的比正常小。形态极不规则,有圆形、杆状、马蹄形、哑铃形、逗点状及不规则形等。线粒体嵴排列紊乱。②内质网:多数瘤细胞的内质网扩大呈管状或囊泡状,排列不规则,有同心圆状、指纹状、漩涡状或不规则分枝状等。③溶酶体:肿瘤细胞,溶酶体显著增多。

3) 肿瘤细胞核　肿瘤细胞核形态多变,核膜有不规则切迹及内陷,有时核膜边缘呈锯齿状,有的核膜内陷成管状或囊状。内陷处核膜成分可伸入核内,有时见核包涵体。有时也见局部外膜向外呈泡状突出。核内染色质增多,常见染色质周颗粒,颗粒周围有透明晕环绕。核仁大而数目多,是恶性瘤细胞的特点之一。核仁无膜,像一个线团或绳索样盘绕的致密颗粒,或密度不一的团块,位于核中央或一侧贴近核膜。核仁内有许多浅亮区域,外形不规则。

三、肿瘤细胞的代谢特性

(一)肿瘤细胞的糖代谢

肿瘤细胞主要通过糖原无氧酵解获取能量,瘤细胞分裂增殖速度越快,或恶性程度越大,其糖酵解过程亦越强,其过程中己糖激酶、磷酸果糖激酶和丙酮酸激酶等酶的活性也明显提高;而肿瘤细胞内糖原异生过程抑制,并且肿瘤细胞的生长速度越快,其糖原异生过程抑制也越明显,糖原异生酶的活性也越降低。总之,肿瘤细胞是糖原消耗增加,而糖原贮备减少。

(二)肿瘤细胞的核酸代谢

肿瘤细胞核酸代谢表现为核酸的合成过程增强,而分解过程减弱。因此,肿瘤细胞核苷酸含量升高。同时,肿瘤细胞内 DNA 聚合酶及 RNA 聚合酶的活性都较正常细胞高,而核酸分解酶活性降低。从而,肿瘤细胞内核酸含量增多,这对促进细胞分裂增殖起着重要作用。

（三）肿瘤细胞的蛋白质代谢

肿瘤细胞内的蛋白质合成和分解均增加,但合成比分解增加更明显。此外,肿瘤细胞还可与其他正常组织细胞争夺营养,对于肿瘤病畜,特别是恶性肿瘤病畜,容易发生恶病质。

四、肿瘤的生长及播散

（一）肿瘤细胞的生长特点

目前认为,肿瘤的生长是组织体积自稳控制紊乱所致,而不是由于瘤细胞增殖速度较快和细胞增周期缩短所造成的。

动物体内细胞的生理性更新,在数量上受到严格控制,即增殖分化到特定细胞类型,达到生理需要水平后即刻停止再殖。但肿瘤细胞的增殖在一定程度上是偏离了机体的生理需要所控制,而表现出无限分裂增殖的能力结果,并且这种增殖也不因细胞密度增加而停止。

（二）肿瘤的生长方式

肿瘤的生长方式如图 15-1 所示。

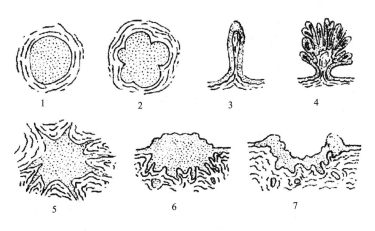

图 15-1　肿瘤的外形特征及生长方式示意图
1. 结节状膨胀性生长;2. 分叶状膨胀性生长;3. 外生性息肉状生长;4. 外生性花椰菜样生长;5. 内生性浸润性生长;6. 外生性浸润性生长;7. 溃疡性浸润性生长

1. 膨胀性生长(expansive growth)

瘤细胞生长缓慢,形成一个紧密相连的结节状细胞团块,但不侵入周围组织,仅排挤和压迫周围组织。在瘤组织周围形成一完整的结缔组织包膜,故瘤块与周围组织界限清晰而易切除。

2. 外突性生长(exophytic growth)

常见于皮肤、黏膜、浆膜发生的肿瘤。由于瘤细胞不断增生突向体表或管腔而形成乳头状、息肉状或花椰菜状等肿物,多见于良性肿瘤。恶性肿瘤亦可见上述外形,但基部瘤细胞常向四周组织浸润,无清晰的根蒂。囊性肿瘤的囊腔内呈乳头状生长时,称乳头状囊腺瘤或癌。有时乳头状物可以充满囊腔。

3. 内生（翻）性生长（endophytic growth）

有些上皮性肿瘤不是向体表或囊腔内生长，而是向基底部如真皮层、黏膜固有层内生长而形成内翻性的乳头状结构，称内生性生长。呈这种生长方式的肿瘤常有恶变倾向。

4. 侵袭性生长

侵袭性生长（invasive growth）是多数恶性肿瘤的生长方式。肿瘤细胞沿瘤组织周围的间隙，淋巴管、血管和神经鞘膜等像蟹足一样伸入和破坏四周组织，致使瘤细胞与正常组织间无一定界限。

（三）肿瘤细胞的播散

1. 直接蔓延

瘤细胞由原发部位向周围组织侵袭，侵入邻近与相接触的脏器并发展成继发瘤，称为直接蔓延。例如，胃癌，常在相应部位的浆膜面与之周围发生毗连的肝、胰等脏器内出现胃癌细胞。

2. 转移

瘤细胞经淋巴管、血管或体腔、管道等途径，到达远距离的部位，并在该处增殖形成新的瘤块，称为转移。转移只限瘤细胞，间质一般不转移。转移瘤的颜色、性状、组织结构、细胞形态等通常与原发瘤相似，而且与周围组织界限清楚，不向周围组织浸润；其形态多数呈圆形，并压迫周围组织形成"假包膜"。

1）淋巴道转移　瘤细胞侵入淋巴管后，首先被阻留于局部淋巴结，如肺癌转移到肺门淋巴结；乳腺癌转移到腋下淋巴结。癌细胞进入淋巴结边缘窦增殖，然后侵入中间窦，累及整个淋巴结。

2）血道转移　经血流转移的瘤细胞，一般由静脉侵入，多数经右心室最终停留于肺泡毛细血管并增殖，引起肺转移；侵入门静脉的瘤细胞引起肝转移；侵入肺静脉的瘤细胞，则经左心引起全身转移。

3）种植性转移　有自发性和手术接触两种。种植到某器官和组织的瘤细胞是否会生长，取决于瘤细胞的繁殖力和机体对瘤细胞的抵抗力。

（1）自发性种植：内脏器官肿瘤侵袭至浆膜后可脱落到浆膜腔，并可种植到其他器官上。一般由于重力关系，上部器官脱落的瘤细胞通常向下部器官种植。

（2）手术接触种植：一般瘤细胞移植到正常上皮表面不容易生长，但当手术切除肿瘤时，瘤细胞被带到手术创伤部位，就很容易成为肿瘤的种子而生长成转移瘤。

4）脑脊液转移　中枢神经系统的肿瘤，瘤细胞常侵犯脑脊髓膜表面和脑室系统，使瘤细胞容易进入脑脊液，并随脑脊液移行侵入中枢神经系统的不同部位。

五、肿瘤的命名与分类

（一）肿瘤的命名

肿瘤的命名原则上是根据肿瘤的组织来源和良性、恶性类型作命名，有时也可结合其形态特征和发生部位作命名（如乳头状、囊状等）。

1. 良性肿瘤的命名

良性肿瘤一般是在发生组织名称之后加一个"瘤"字（-oma）。例如，脂肪组织发生的良性瘤，称脂肪瘤（lipoma）；来源于软骨组织的良性瘤，称为软骨瘤（chondroma）；腺上皮形成的良性肿瘤,称腺瘤(adenoma)。另外,还可根据肿瘤形态、性状及发生部位给予命名。例如,发生在皮肤的类似乳头的上皮瘤,称为皮肤乳头状瘤(dermatic papilloma),后者常由于上皮角化,瘤质坚硬,故也称硬性乳头状瘤(scirrhous papilloma),而发生在黏膜的乳状瘤,一般质度较柔软,因此也称为软性乳头瘤(soft papilloma);某些腺瘤的腺腔内因蓄积大量分泌物,使腺腔扩张成囊状,称为囊瘤(cystoma)或囊腺瘤(cystadenoma);如果在囊腔内出现乳头状突起,则可称为乳头状囊腺瘤(papilloma cystadenoma)。

2. 恶性肿瘤的命名

恶性肿瘤的命名根据其组织来源不同而异。

(1)来源于上皮组织的恶性肿瘤称为"癌瘤"(carcinoma)。命名时在其前面冠以组织的名称或发生部位。例如,由皮肤复层扁平上皮形成的癌称为鳞状上皮癌(squamous cell carcinoma);由某些腺上皮发生的恶性肿瘤称为腺癌(adenocarcinoma),如乳腺癌(mammary carcinomas)、胃癌(gastric carcinoma)等。

(2)来源于间叶组织的恶性肿瘤称为"肉瘤"(sarcoma)。命名时也冠以发生组织的名称,如纤维肉瘤(fibrosarcoma)、骨肉瘤(osteosarcoma)、横纹肌肉瘤(rhabdomyosarcoma)、淋巴肉瘤(lymphosarcoma)等。

(3)来源于骨髓白细胞的恶性肿瘤称为白血病(leukemia),亦有称为"血癌"的。根据增殖细胞的不同类型,又分淋巴细胞性白血病、粒细胞性白血病和髓细胞性白血病等。

(4)由幼稚的胚胎组织或神经组织发生的恶性肿瘤称为"母细胞瘤"。命名时也要冠以发生器官或组织的名称,如肾母细胞瘤(nephroblastoma)、神经母细胞瘤(neuroblastoma)等。

此外,有一些不能确定组织来源或组织成分比较复杂的肿瘤,则按其特征或结构加"瘤"称之,如黑色素瘤(melanoma)、混合瘤(mixed tumor)、畸胎瘤(teratoma)等。如果是恶性肿瘤,则在这些名词前冠以"恶性"二字,如恶性黑色素瘤(malignant melanoma)。还有一些肿瘤,习惯以人名来命名,如鸡的马立克氏病(Marek's disease)、劳斯肉瘤(Roussarcoma)等。

3. 瘤样病变的命名

肿瘤样病变一般以发生组织名称,前面冠以"瘤样"二字。例如,瘤样淋巴组织增生(tumor-like lymphoid hyperplasia)。有时也可采用习惯命名,如骨髓增生紊乱(myeloproliferative disorder)、网状内皮组织增生病(reticuloendotheliosis)等。

(二) 肿瘤的分类

肿瘤分类方法很多,目前动物肿瘤基本都按世界卫生组织编写的《人体肿瘤国际组织学分类》和《家畜肿瘤国际组织学分类》原则进行分类,基本是以组织来源作为分类依据的,并将每一类组织来源的肿瘤,按照其分化程度及对机体的影响不同而分为良性和恶性两大类,此分类法在目前来说也有不够完善之处。例如,良性与恶性肿瘤之间的过渡形态在这各分类法中还不能反映出来,同时对一些组织来源不太确定的肿瘤亦无法统一划分类别。因此,要获一个完全理想的分类标准,还需对肿瘤本质的更深一步研究。现将目前通用分类法列表如表15-1。

表 15-1　肿瘤的分类

组织来源	良性肿瘤	恶性肿瘤
上皮组织		
乳头状瘤	乳头状瘤	鳞状细胞癌、基底细胞癌

续表

组织来源	良性肿瘤	恶性肿瘤
腺上皮	腺瘤	腺癌
移行上皮	乳头状瘤	移行上皮癌
间叶组织		
纤维结缔组织	纤维瘤	纤维肉瘤
黏液结缔组织	黏液瘤	黏液肉瘤
脂肪组织	脂肪瘤	脂肪肉瘤
骨组织	骨瘤	骨肉瘤
软骨组织	软骨瘤	软骨肉瘤
肌肉组织		
平滑肌	平滑肌瘤	平滑肌肉瘤
横纹肌	横纹肌瘤	横纹肌肉瘤
滑膜组织	滑膜瘤	滑膜肉瘤
淋巴造血组织		
淋巴组织	淋巴瘤	淋巴肉瘤(恶性淋巴瘤,造淋巴细胞组织增生病),网织细胞肉瘤
造血组织		白血病、造粒细胞增生病、骨髓瘤
脉管组织		
血管	血管瘤	血管肉瘤
淋巴管	淋巴管瘤	淋巴管肉瘤
间皮组织	间皮细胞瘤	间皮细胞肉瘤
神经组织		
神经节细胞	神经节细胞瘤	神经节细胞肉瘤
室管膜上皮	室管膜瘤	室管膜母细胞瘤
胶质细胞	胶质细胞瘤	多形性胶质母细胞瘤
神经鞘细胞	神经鞘瘤、神经纤维瘤	恶性神经鞘瘤
其他		
黑色素细胞	黑色素瘤	恶性黑色素瘤
三个胚叶组织	畸胎瘤	恶性畸胎瘤
几种组织	混合瘤	恶性混合瘤、癌肉瘤

（三）多原发恶性瘤

多原发恶性瘤(multiple primary malignant tumors)是指在一个病畜体内发现有两种以上原发性恶性肿瘤,而且发生在机体的不同部位及器官,每个肿瘤有其独特形态和转移途径。

在我国,动物的多原发恶性瘤并不罕见。有人在检查 800 头母猪群中,发现 41 个恶性肿瘤病例,含有 54 种恶性肿瘤,其中 9 例(21.9%)患有两种恶性肿瘤,主要是副鼻窦癌伴有原发性肝癌、鼻咽癌伴有原发性肝癌或鼻咽癌伴有副鼻窦癌。2 例(4.88%)患三种恶性肿瘤,即鼻咽癌伴有原发性肝癌与淋巴肉瘤、鼻咽癌伴有副窦癌与原发性肝癌。多原恶性瘤占肿瘤病例的 26.8%。

亦有报道鸡的多原发恶性瘤,如淋巴细胞性白血病伴骨石化病等。还有报道在一个组织器官内出现几种不同肿瘤,如在一个睾丸里发生三种肿瘤(精原细胞瘤、间质细胞瘤和支持细胞瘤)的病例。

六、肿瘤的病因学与发病学

(一)肿瘤的病因学

1. 肿瘤发生的内因

1)遗传因素

牛、猪、犬、猫和鸡的白血病与遗传因素有关。例如,已知牛白血病的初发性致瘤因子为 C 型病毒,但它只有在易感素质的个体才起致病作用。又如鸡马立克氏病,其病原对不同品系鸡的侵袭力不一样,目前还培养出了抗马立克氏病的鸡品系。

2)内分泌因素　机体由于内分泌失调,能使某些激素持续作用于靶器官,而致一些细胞增殖甚至癌变。

内分泌平衡紊乱引起肿瘤有两种情况。一是由于某一内分泌激素缺乏而引起肿瘤。例如,动物摘除甲状腺后,可使机体产生甲状腺组织增生及肿瘤形成,这是由于甲状腺素对垂体的反馈抑制作用消失的缘故。二是由于某些激素持久分泌而致靶器官产生肿瘤。例如,将大鼠两侧卵巢摘下后移植于脾脏,结果诱发了移植卵巢的颗粒层细胞瘤和黄体细胞瘤,这是由于一方面卵巢产生的雌激素经脾脏进入肝而遭灭活,因此循环血中缺乏雌激素,从而对垂体的反馈抑制消失。此外垂体产生大量促性腺激素,持续刺激卵巢颗粒层细胞和黄体细胞大量分裂增殖,结果形成肿瘤。

3)年龄与性别因素　多数畜龄较大的动物肿瘤发生率较高。例如,2～4 岁以上的老鸭原发性肝癌发生率特别高;2 岁以上的老母鸡多发卵巢癌;3～12 岁的猪或牛易发生各种副鼻窦癌;也有些肿瘤主要发生于 2 岁以下的青年动物,如犬、牛、马乳头状瘤。

动物肿瘤发生与性别有关,一般雌性动物肿瘤的总发生率较雄性动物高。有些肿瘤母畜发病率高于公畜,如母鸡患白血病、咽食管癌的检出率都比公鸡高,母牛淋巴肉瘤的发病率较公牛高。也有一些肿瘤雄性动物的发病率较雌性动物高。例如,肛周腺瘤主要发生于公犬,公猫的恶性淋巴瘤发病率较母猫高。

4)种属、品种和品系因素　动物的种属、品种与品系不同,肿瘤的发生亦不一致,好发的肿瘤类型也不同。例如,鸡常发白血病/肉瘤群、马立克氏病、卵巢腺癌等;马则好发纤维瘤、纤维肉瘤、乳头状瘤、恶性黑色素瘤和鳞状细胞癌;猪以淋巴肉瘤、肝细胞癌、肾峡细胞瘤等较为多见;牛多发乳头状瘤、淋巴造血组织肿瘤、间皮瘤、及肝癌等;羊则常见肺腺瘤;家兔多见肾母细胞瘤。犬的肿瘤发病率约是猫的 6 倍,其中皮肤及结缔组织肿瘤占 67.7%,母犬乳腺癌和公犬肛周腺瘤几乎占犬的全部肿瘤的 1/3。

同种动物不同品种、品系,肿瘤发生亦不一样。例如,纯种鸡白细胞组织增生病的发病率明显高于土种鸡;奶牛的肿瘤发生率比水牛高。所以,培育各种抗瘤品系的家畜、禽,对推动畜禽生产有重大意义。

5)机体的免疫状态　肿瘤细胞表面存在肿瘤特异性或相关性抗原,因此可以肯定机体对肿瘤细胞具有免疫应答,故当机体的免疫机能受到抑制或失去了对瘤细胞的免疫机能监视力,以及机体对肿瘤抗原产生免疫耐受,都可以成为肿瘤细胞在体内生长、发展的重要条件。

2. 肿瘤发生的外因

1)生物性因素　病毒、霉菌毒素、寄生虫等都可能引起动物肿瘤。例如,吸虫引起的犬和猫的胆囊肉瘤以及肝吸虫引起的牛和羊的肝脏肿瘤。畜禽许多肿瘤由病毒引起,其次与霉菌及其毒素有关。

(1) 病毒:目前已知有 150 多种病毒可能与动物肿瘤有关。例如,DNA 病毒中,鸡马立克病毒引起鸡淋巴细胞瘤;兔纤维黏液瘤病毒、猴痘病毒及猴 raba 病毒等,引起兔纤维瘤、纤维肉瘤、猴皮肤疣状瘤等;猴、鸟、牛腺病毒,分别引起猴类、鸟及小鼠肉瘤等恶性肿瘤;兔、牛、羊、犬乳头状瘤病毒,分别引起兔、牛、羊、犬等动物皮肤及黏膜的乳头状瘤。RNA 病毒,其中 C 型病毒包括有鸡白血病病毒、牛白血病病毒、长臂猿白血病病毒、猫白血病病毒、豚鼠白血病病毒、小鼠白血病病毒以及鸡肉瘤病毒(Rous 肉瘤)、猴肉瘤病毒、小鼠肉瘤病毒和哺乳动物乳腺瘤病毒等,分别引起以上各种动物的白血病以及肉瘤。乳腺瘤病毒主要引起犬、猴等动物乳腺肿瘤。B 型病毒主要有小鼠乳腺癌病毒,引起小鼠乳腺癌。慢病毒类主要有绵羊肺腺瘤病毒。泡沫病毒类主要有猴泡沫病毒、牛合胞体病毒和猫合胞体病毒等,都可以引起这些动物的不同类型肿瘤。

(2) 霉菌:已知的致动物肿瘤霉菌有几十种。致瘤作用主要是霉菌毒素(mycotoxin),因此多数资料都将其归于化学致癌因素类。引起动物肿瘤的霉菌有黄曲霉、寄生曲霉、温特曲霉等。

2) 化学性因素　目前已知的致癌化学物质约有 1000 多种,下面分述几类主要的化学致癌物。

(1) 芳香烃类:如苯和酚,1,2-苯蒽、7,12-二甲基苯蒽及 3-甲基胆蒽等,主要存在于烟熏食品、烟草烟雾中,大鼠口服可发生肺腺癌及肝癌,皮肤涂擦可发生皮肤癌,灌入膀胱可诱发膀胱癌。3,4-苯并芘,在煤焦油、沥青、烟草中都含有此类化合物,可诱发大鼠、小鼠、仓鼠、豚鼠的肺癌、皮下肉瘤、消化道肿瘤等。

(2) 芳香胺及偶氮染料类:如联苯胺及其衍生物,可引起犬及兔膀胱癌以及大鼠、小鼠、仓鼠肝癌,大鼠还可发生肠癌及乳癌;2-乙酰氨基芴对多种动物有致癌作用,饲料中含少量(0.01%～0.03%)的 2-乙酰氨芴,长期饲喂可引起雄鼠肝癌和雌鼠其他器官肿瘤;4-氨基偶氮苯是一种偶氮染料,可诱发动物肝癌、皮肤癌、肠癌。

(3) 亚硝胺类:亚硝胺对非哺乳动物(青蛙、鱼)及哺乳动物(大鼠、小鼠、仓鼠、豚鼠、兔、猪、犬等)均能引发肝、胃、肾及食道等各种组织器官的肿瘤。有的亚硝胺还可通过胎盘或乳汁对子代动物产生致癌作用。胎儿及新生动物对亚硝胺的敏感性常较成年者高,如给妊娠最后 4d 的小鼠注射二乙硝胺,其子代有 97% 以上可发生呼吸道肿瘤。

3. 肿瘤发生的综合性病因

肿瘤的发生并非由单一因素引起,可能是由几种因素协同作用的结果。其中有的是肿瘤发生不可缺少的因素,称为"致瘤因素",有的是对肿瘤发生起促进作用的,称为"肿瘤因素"。这些因素可能是同时或是依次起作用,也可能是持续地或间歇地起作用。它们的作用是相加或是协同的。

(二) 肿瘤的发病学

关于肿瘤发生的理论很多,现简介几种主要观点。

1. 增殖分化障碍

1) 基因突变　细胞内遗传物质基础 DNA 的分子结构受致癌因子作用发生突变,其所携带的遗传信息随之改变,引起细胞变异。细胞核染色体中遗传物质 DNA 的结构发生异常变异,引起细胞恶性繁殖。

2)基因表达失调　癌变是致癌物质的作用引起基因表达的调控失常。例如,分裂、分化调控失常,可使细胞持续分裂并失去分化成熟的能力,从而发生癌变。

3)病毒致癌学说　①DNA前病毒学说。致瘤RNA病毒在细胞内通过逆转录形成病毒DNA,并整合到宿主DNA上,此种病毒DNA带有致癌基因,可以使细胞癌变。②致癌基因学说。病毒基因在生物进化早期就成为遗传的组分,这种病毒基因是稳固存在的,以"垂直传播"方式传递给子代细胞,不需要经过转录及逆转录来传递信息,这种病毒基因包含一种"致瘤基因",正常时这种基因处于抑制状态下,在内外因素作用下,可被激活,使细胞癌变,此过程中致瘤RNA病毒也被释放出来。

以上两种观点,都认为病毒基因组必须成为受感染的细胞基因的一个组成部分,才能表现为致癌作用。

2. 细胞凋亡不足

肿瘤细胞的自发凋亡是机体抗肿瘤的一种保护机制,由于肿瘤细胞的分裂增殖及分化异常,失去了机体对其自发性凋亡的调控,使瘤细胞自发性凋亡不足,机体不能清除有害细胞。细胞凋亡的诱导与抑制是受遗传因素影响的,很多基因参与这一过程,其中包括多种癌基因与抑癌基因。这些基因调控失常可导致肿瘤细胞凋亡不足。

七、肿瘤的病理学诊断

病理学诊断是当前诊断肿瘤最为常用而且较为准确的方法。但肿瘤的诊断应该是综合性的,除对其进行病理形态学检验外,还必须对患肿瘤的畜、禽进行全面检查和综合分析、判断。

(一)肿瘤的观察、分析与诊断方法

1. 临床资料的分析

临床资料的分析包括动物类别、品种、性别、年龄、症状及病史等。不同种属、品种、性别、年龄及生活环境的动物,发生肿瘤的种类有明显差异。表15-2列出各种畜禽的常发肿瘤,供诊断参考。

表 15-2　畜禽常见肿瘤

动物	高发生率	中等发生率
马	类肉瘤、黑色素瘤	淋巴肉瘤、皮肤乳头状瘤、阴茎瘤、睾丸畸胎瘤
牛	白血病、淋巴肉瘤、皮肤乳头状瘤、膀胱肿瘤、眼鳞癌	肝癌、平滑肌瘤、间皮瘤、阴茎纤维瘤、食道乳头瘤、脂肪瘤、胸腺瘤、肾上腺瘤、神经纤维瘤、子宫癌、颗粒细胞瘤
羊		肺腺瘤病、淋巴肉瘤、皮肤癌、胆管腺癌
猪	淋巴肉瘤、黑色素瘤	肾母细胞瘤、肝肿瘤、鼻咽及副鼻窦癌
兔	肾母细胞瘤、淋巴肉瘤	乳头状瘤病、纤维瘤病、黏液瘤病、子宫腺癌、乳腺肿瘤
鸡	马立克氏病、白血病、卵巢癌	平滑肌瘤、肾母细胞瘤、胸腺瘤
鸭	肝癌	卵巢肿瘤、肾母细胞瘤
鹅		淋巴肉瘤

2. 剖检及大体标本检查

剖检时应注意检查肿瘤发生的部位、数量及分布。特别要注意肺、肝及局部淋巴结是否同时出现肿块。不同组织来源的原发性肿瘤,通常总是发生于富含其母组织的部位。例如,平滑肌瘤多发生于消化道及泌尿生殖道;淋巴肉瘤多见于淋巴结及富含淋巴组织的器官内;肾母细胞瘤则几乎无例外地发生于肾脏。某些肿瘤的发生亦有其部位倾向性。例如,犬的基底细胞瘤多见于头颈部皮肤;猫的淋巴肉瘤好发于纵隔及肠淋巴组织;马的黑色素瘤多原发于肛门周围。若肿瘤扩散蔓延至临近器官或向局部淋巴结及远隔器官转移,可毫无疑问地确定为恶性肿瘤。

肿瘤的大体检查包括外形、体积或重量、颜色、表面光泽度、硬度及周界等。体积以长×宽×高 cm 或 mm 表示,圆形肿块可测其直径,管腔器官测其周径及壁厚。瘤体的切开应暴露其最大面,切面应通过其中心。切面应注意颜色、硬度、结构及有无出血、坏死、囊腔等变化。然后检查瘤体周界、包膜、与脏器的关系及其侵害脏器的深度与广度。最后作出剖检初步诊断。

在做上述检查的同时选取制片组织块,切块应选取肿块与正常组织交界处,包括正常组织、肿块包膜及其外缘至深层和肿瘤中心的组织。怀疑为恶性的肿块,应采取多部位的组织,同时选取附近淋巴结,以便检查瘤细胞转移情况。

3. 显微镜检查

对肿瘤病理组织切片,一般先在低倍镜下观察肿瘤的结构、瘤细胞的排列及其与周围组织的关系,瘤组织有无出血、坏死等变化。然后用高倍镜观察瘤细胞形态、核形态、核分裂相、间质反应、淋巴管及血管内瘤栓。必要时可用油镜观察胞浆颗粒、内含物及核的结构等。瘤细胞的淋巴结转移,早期见于边缘窦,观察要细致全面,不要漏掉任何部分。

最后结合临床资料及剖检所见,作出初步诊断。例如,母鸡卵巢上的结节状或花椰菜样肿瘤,组织切片检查,瘤细胞呈立方形或低柱状,腺管状排列,间质中有丰富结缔组织及平滑肌,结合临床上2～7岁老鸡,进行性消瘦,减产或停产。尸检大量腹水及腹部器官表面大量种植转移瘤,则卵巢腺癌诊断可以成立。如果有必要可进一步做组织片特殊染色,免疫组化鉴定或做电镜检查等,直至找到鉴别特征,作出确切诊断。

(二) 肿瘤的鉴别

1. 肿瘤与炎症、增生性病变的鉴别

(1) 一般说来,肿瘤常持续增长,通常不会自然消退。炎症、增生性病变及畸形,在一定阶段即停止增长,并可自然消退。

(2) 除淋巴网状组织及未分化肿瘤呈弥漫性浸润外,大多数肿瘤的肿块其质度、颜色、结构常与周围组织显著不同,有时可见明显分界。镜检时,肿瘤组织增长时往往推开或完全摧毁局部原有组织。肿瘤内原有组织消失,仅在其边缘可残存部分原有组织。而炎症及组织增生常与周围组织无明显分界,逐渐过渡。镜检亦见不同程度保存原有组织轮廓。

(3) 绝大多数肿瘤实质(除畸胎瘤、胚胎性肿瘤及多成分肿瘤外)为特征较一致的瘤细胞组成。而大多数增生性炎症呈灶性分布,以一个或多个炎症灶为中心向周围增生。其增生的细胞成分由内向外逐渐成熟,取材部位不同,其结构、细胞成分及成熟程度有明显区别。

(4)绝大多数肿瘤无"器官样"结构(如腺体的小叶结构、腺泡、腺管组合等),无正常极性(如黏膜腺体与黏膜面的垂直分布、器官肌层的固有走向等),无正常连接(如腺泡与表面的连通等),而这些在炎症及增生时仍然保留。

2. 良性肿瘤与恶性肿瘤的鉴别

良性肿瘤与恶性肿瘤的鉴别要点见表 15-3。

表 15-3 良性肿瘤与恶性肿瘤的鉴别

	良性肿瘤	恶性肿瘤
组织分化程度	分化好,异型性小,与原有组织形态相似	分化不好,异型性大,与原有组织形态差异大
核分裂	无或稀少,不见病理核分裂相	多见,并可见病理核分裂相
生长速度	缓慢	较快
继发改变	很少发生坏死,出血	常发生坏死,出血
生长方式	膨胀性及外生性生长,常有包膜,与周围组织一般分界清楚,故常可推动	浸润性及外生性生长,无包膜,一般与周围组织分界不清,常不能推动
转移、复发	不转移,摘除后很少复发	可有转移,摘除后较多复发
对机体影响	小,主要为局部压迫或阻塞作用	较大,除阻塞压迫外,还破坏组织,引起出血合并感染,甚至造成恶病质

应当指出,良性与恶性肿瘤的区别是相对的,事实上一种具体肿瘤的表现很少在所有项目上均符合于良性或恶性。例如,犬乳腺腺癌分化良好,其预后却很差;犬皮肤组织细胞瘤为一种良性肿瘤,可以自然消退,可是其生长迅速,有丝分裂相与退行性变化亦很多。再如,动物血管瘤缺乏包膜;平滑肌瘤压迫周围组织而形成假包膜。犬的星形胶质细胞瘤与周围实质分界不清,有时病灶部呈弥漫肿胀,但却表现出既不侵入脑室,也不转移的良性特征。动物基底细胞癌尽管在组织学上表现出间变,但却很少转移,摘除后也极少复发。猪与兔肾母细胞瘤是恶性肿瘤,有时可以长得很大,但极少出现肾外转移。生长在颅内的良性肿瘤,随着增大而产生的压迫及水肿,对动物有致死性的影响,可以称为临床恶性。

有的肿瘤其表现介于良性与恶性二者之间,称为交界瘤或境界瘤。动物交界性肿瘤是客观存在的。绵羊肺腺瘤病为分化良好的细支气管肺泡性肿瘤,但偶然有局部淋巴结转移,又称为绵羊肺腺癌。马的类肉瘤,组织学上像纤维肉瘤,有核分裂相,局部侵润性生长,手术后可复发,但不转移。这些肿瘤都具有交界性肿瘤的特点。

良性肿瘤在其发展过程中可能转变为恶性,称为良性瘤的恶变。其判定的标准是在良性肿瘤的基础上找到组织与细胞出现异形性,核分裂相增多,特别是向外周侵袭等恶变根据。如牛的皮肤乳头瘤癌变时,通常在基底层细胞中出现高染色性胞核、核分裂增加、细胞的多形性,以及瘤细胞侵犯上皮下组织等。

第二节 皮 肤 肿 瘤

皮肤肿瘤是动物肿瘤中最常见的一类肿瘤。因为皮肤肿瘤比在身体其他部位发生的肿瘤较早发现并作出诊断。皮肤和皮下组织肿瘤占所有肿瘤中的 1/4。最常见的良性肿瘤是皮脂腺腺瘤、乳头状瘤;而最常见的恶性肿瘤是鳞状细胞癌。

一、上皮性肿瘤

（一）基底细胞上皮瘤

基底细胞上皮瘤(basal cell epithelioma)完全由基底细胞组成,它不向毛囊、皮脂腺或汗腺分化,又称基底细胞瘤(basal cell tumor)或基底细胞样瘤(basaloid tumor),常见于犬和猫。犬的基底细胞上皮瘤占肿瘤总数的 5%～10%。犬发病的平均年龄是 7 岁,猫发病的平均年龄是9 岁 6 个月。

[剖检] 肿瘤常呈单发,最常发生在头、颈和肩部的皮肤。头部的病变常位于口、眼、耳翼、颊和腭,病变大小直径不超过 2.5cm,偶尔也可看到 10cm 或更大的肿瘤。肿瘤轮廓明显,有包膜,在无毛部位表面呈红白色闪光,牢固地附着于皮肤,但不附着于肌膜。基底细胞上皮瘤有时含有黑色素,呈棕色或黑色。猫的基底细胞上皮瘤直径小于 2.6cm,肿瘤坚硬或呈囊肿状,有时有很多色素。

[镜检] 肿瘤细胞的核呈典型的卵圆形,瘤细胞胞质少而胞体小,大小不一。瘤细胞缺乏正常基底细胞有的"细胞间桥"。细胞边界不明显,因而出现核被埋在共浆团块中的特征。基底细胞瘤的组织学有相当大的差异,呈水母样型囊肿样、腺样和髓样等并往往在同一种肿瘤中有几种类型。基底细胞上皮瘤很少发生转移,但在不完全的外科切除后易复发。

（二）鳞状细胞癌

鳞状细胞癌(squamous cell carcinoma)是由鳞状上皮细胞组成的一种恶性肿瘤,可见于各种动物。但最常见于犬、马和猫,大部分发生于成年或老龄动物。皮肤鳞状细胞癌侵袭性强而且早期就扩散到局部淋巴结,经淋巴管系统或血源性转移;这种肿瘤可发生于动物皮肤的任何部位,但好发部位是躯干、腿、指、睾丸和唇的皮肤。在马和牛可发生于食道(图 15-2,见图版)和胃贲门部与胃底黏膜交界处、眼、阴茎和阴户等部位。猫鳞状细胞癌多发生在头部,常见于耳翼、鼻面、外鼻孔、唇或眼睑、特别多发于皮肤无色素区域。

[剖检] 皮肤鳞状细胞癌有增生型和糜烂型两种类型。增生型见有大小不同的乳头状增生物,其中有的外观颇似花椰菜样,表面易发生溃疡和出血。糜烂型最初出现浅的、有痂皮被覆的溃疡,如进一步发展,溃疡变深呈现火山口一样。

[镜检] 肿瘤是由不规则增生的表皮细胞团块或条索组成并侵害皮肤和皮下,细胞来源于角质蛋白,因此肿瘤形成角质蛋白。产生角质细胞的数量取决于肿瘤细胞的成熟程度。分化好的肿瘤,呈同心层排列的鳞状细胞形成"角珍珠"(癌珍珠)(图 15-3,见图版)。分化不良的肿瘤,间或见有个别的角质细胞。发生角质化的细胞体积大,呈圆形,胞浆强嗜酸性,核皱缩。另一特征是在所有肿瘤细胞之间均见有"桥",并常见有不典型的核分裂相。

[附]牛角核癌 (carcinoma of the horn core in cattle):公牛常见的一种角鳞状细胞癌,发病率为9.9‰,发病年龄为 5～10 岁,母牛很少发生。角核癌的发生原因可能与绳索、苍蝇、蠕虫等对角的刺激和角的断裂、涂料及激素等致癌因素有关。肿瘤仅侵害一只角,主要发生在皮肤与角交界处。最初的症状为角弯曲和倾斜,切开角时可看到髓腔中有肿瘤。病变进一步发展,前额骨角的部分发生骨溶解并侵害前额窦;有些病例扩展到鼻腔、鼻甲骨、脑盖骨、垂体窝和眼窝。在剖检 66 例角核癌病畜中见有 1/5 发生转移。此外还见病畜有肾上腺皮质增生,促肾上肾皮质激素分泌增多,这说明角核癌发生还与免疫抑制有关。

（三）乳头状瘤

乳头状瘤(papilloma)又称疣或纤维乳头状瘤,是由非传染性刺激物或乳多空病毒科的传染性 DNA 病毒引起的良性皮肤肿瘤。自然发生的非传染性乳头状瘤通常是单个的,常见于实验动物、犬和偶发于其他动物的体表。由病毒引起的传染性疣,分皮肤型和口型两种,见于牛、马、犬、绵羊和鹿等动物。

肿瘤呈乳头状或树枝状。瘤细胞下增生的结缔组织(肿瘤间质)呈树枝状或绒毛状。乳头状瘤的上皮与发生部位的上皮为同型,所以有复层上皮、变形上皮、柱状上皮及立方上皮等的乳头状瘤(图 15-4,见图版)。但有与原发组织发生异型状态。皮肤乳头状瘤可分两型。

1. 纤维乳头状瘤

纤维乳头状瘤(fibropapilloma)其形态特征为由成熟的结缔组织作为核芯,并有中等量棘上皮细胞覆盖。覆盖的上皮增厚,排列极不规则。眼观上呈数目不等的小结节状突起,有些肿瘤呈乳头状结构,是常见的良性肿瘤。

2. 鳞状细胞乳头状瘤(squamous cell papilloma)

鳞状细胞乳头状瘤与传染性疣相似,其特征是表皮明显增生,还常带有色素;基质内有结缔组织和血管,在变性的细胞内见有核内嗜碱性包涵体。

（四）皮脂腺肿瘤

皮脂腺肿瘤（sebaceous gland tumor)根据其细胞的成熟程度,可分为结节状增生、皮脂腺腺瘤、皮脂腺上皮瘤和皮脂腺腺瘤。

1. 结节状增生

结节状增生(nodular sebaceous gland hyperplasia)由于皮脂腺增生而形成多个结节。组织学特征为增生的成熟皮脂腺大量积聚。这种增生结节又称老龄性增生,常见于老龄公犬。

2. 皮脂腺腺瘤

皮脂腺腺瘤(sebaceous adenoma)主要发生在犬等动物。发病年龄平均是 9.5 岁。肿瘤最常发生在躯干的背部和侧面、腿、头和颈部,呈单个或多个生长,大小范围为直径从 0.5～3cm,无包膜,呈半球形或有蒂,中等硬度,呈微灰白色或黑色。挤压时,可挤出皮脂样物质,常发生溃疡。

［镜检］ 可见未分化的繁殖细胞和成熟的皮脂腺细胞(图 15-5,见图版)。前者常在正常皮脂腺周围。许多皮脂腺腺瘤的局部组织含有鳞状上皮和角质化。

3. 皮脂腺上皮瘤

皮脂腺上皮瘤(sebaceous elmthelioma)有包膜,质硬而轮廓明显,瘤体部的皮肤无毛和有溃疡,很少转移。镜检:肿块由不规则形的细胞团块组成,大部分细胞是未分化的基底细胞,此外,有不同数量细胞的胞浆中出现脂肪空泡的移行细胞;也有由分散的细胞形成的囊肿,囊内充满不定形物质。在基底细胞中有黑色素细胞,也有鳞状上皮和角质化区域。

4. 皮脂腺腺癌

皮脂腺腺癌(sebaceous adenocarcinoma)主要发生于犬,其他动物少见。犬的发病年龄是 8～12 岁,常发生在头部皮肤,有时也见于腹部和前肢。肿瘤呈单个或多个,直径一般小于 2cm,常发生溃疡,其周围组织发生炎症。

［镜检］ 细胞分化不良呈多形性,核分裂相多,核的大小和形状差异很大,核体积大而染色质多;胞浆中出现大小不一的空泡(胞浆呈嗜酸性)。有时局部有非典型的角质化细胞。此种腺癌可转移到局部淋巴结和肺脏等器官。

(五) 汗腺肿瘤

汗腺肿瘤(sweat gland tumor)主要见于犬,偶见于猫。可分为囊性增生、腺瘤和混合性腺瘤。顶泌性汗腺瘤最常发生在 8 岁以上的犬和猫,公犬比母犬多发。

［剖检］ 汗腺肿瘤发生于头、颈、背和腹胁部下。瘤体比较硬,轮廓不明显,有时形成有溃疡,单个或多个发生,直径 0.5～10cm,切面呈灰色或淡黄褐色,质地坚硬或出现大小和数量不同的囊肿。囊肿性增生呈单发或多发,囊内充满透明的黄色或棕色的浆液至胶质状物质。汗腺癌眼观上与腺瘤和混合瘤难以区别,但质地硬,弥散地浸润皮肤,故轮廓不明显,有的形成溃疡或发生出血。汗腺癌有时可转移到局部淋巴结和肺、骨、腑、心、肾、肝等内脏器官。

［镜检］ 可将动物汗腺瘤分为乳头状空洞性瘤、顶泌性汗腺的囊腺瘤、汗腺分泌细胞瘤、顶泌性汗腺混合瘤和包括乳头状、管状、实体的和图章戒指形的汗腺癌。汗腺腺瘤由排列紧密的导管或腺管组成,通常有两层细胞,内层是由有基底核的立方或柱状细胞组成,外层为肌上皮细胞层由扁平而不明显的细胞或由有透明胞浆的小立方形细胞组成,常发生明显的囊内乳头,在基质内见有很多的单核炎性细胞和中性粒细胞浸润,在肿瘤的导管中亦常发现中性粒细胞和巨噬细胞。囊肿性增生的特征是有很多囊性腺体,但其衬壁上皮细胞不同阶段的分泌细胞相似。混合瘤偶尔发生,其特征是在软骨样化生的黏液样基质中有肌上皮细胞增生。汗腺腺癌的导管和腔内的乳头是由多层单一的细胞类型组成。细胞染色质丰富,呈现中等度至多数核分裂相。汗腺腺癌与汗腺腺瘤之间的主要区别是有侵袭性,能侵袭到基质、淋巴管。侵袭至基质的瘤细胞形成细胞小索或细胞巢,对皮肤淋巴管的广泛侵袭可导致水肿、纤维化、溃疡和皮肤的炎症。

(六) 毛囊肿瘤

毛囊肿瘤(hairycyst tumor)分毛上皮瘤和毛基质瘤(或称钙化上皮瘤)两种。

1. 毛上皮瘤

毛上皮瘤(trichoepithelioma)常见于犬和猫。毛上皮瘤可发生于全身体各部位的皮肤和皮下,最常发生在背部。

［剖检］ 毛上皮瘤大部分与基底细胞上皮瘤相似,是一种良性、质地坚硬、轮廓明显的肿块,直径 1～10cm,在皮下能移动,皮肤表面无毛,常出现萎缩或溃疡;切面呈灰色,有数量不等的小白色病灶。

［镜检］ 大部分毛上皮瘤有两种细胞成分:基底细胞和鳞状细胞。基底细胞常形成角质囊肿,囊内充满角质化的中心,周围由小的嗜碱性细胞包围,其形象与基底细胞上皮瘤相似。分化不良的肿瘤有很多基底细胞组成的孤立小岛,仅有少量角质囊肿。分化良好的肿瘤,有时能见到不完整的毛发。由囊鞘分化的肿瘤,常见多量复层鳞状上皮。鳞状细胞像基底细胞一样,常排列成小岛状,中心有角质化。含有基底细胞和鳞状上皮细胞的肿瘤,有时称为基底-鳞状上皮肿瘤。另外见有黑色素沉着、钙化及巨噬细胞和多核巨细胞的异物反应。继发细菌感染有炎性细胞反应,肿瘤仅具局部侵袭性,经手术切除后,很少发生复发和转移。

2. 毛基质瘤

毛基质瘤(pilomatricoma)在犬又称钙化上皮瘤(calcifying epithelioma),主要发生在犬的肩部和四肢的真皮及皮下组织,其他动物罕见。

[剖检]　瘤体坚硬,轮廓明显,在皮下能移动,直径 2～10cm。瘤表面的皮肤薄、无毛或有溃疡形成。切面呈分叶状,内含白垩样的钙化区。

[镜检]　毛基质瘤由形状各异的上皮细胞组成,主要有两种细胞成分:嗜碱性细胞和"影子细胞"(shadow cell)。嗜碱性细胞与毛基质细胞相似,细胞小、深染,仅有少量胞浆,细胞边缘不明显,好像核包埋在同一胞浆的团块中。完全角化的影子细胞用苏木素伊红染色呈淡红色,细胞边界明显,但中心核部位不着染。有些区域可明显地看到从嗜碱性细胞演变为影子细胞的中间型细胞,后者仅呈部分角质,但仍具有嗜碱性细胞核。新生的肿瘤嗜碱性细胞明显;生长较久的肿瘤,则影子细胞明显。毛基质瘤常在影子细胞区域内发生钙化,但很少发生骨化。部分肿瘤在基质内出现异物性巨细胞反应。

毛基质瘤是良性肿瘤,预后良好。肿瘤生长缓慢,无侵袭性,不发生转移。

3. 皮内角化上皮瘤

皮内角化上皮瘤(intradermal keratinized epithelioma)又称为角化棘皮瘤(keratinized acanthoma),主要发生于犬。这种肿瘤很多方面与人的同类肿瘤相似。主要发生在 5 岁或 5 岁以下的公犬。该病有两种类型:一种类型呈单个生长;另一型是全身性的,形成大量不同发育阶段的生长物,最常发生在背、颈、胸和肩,少数发生在腿、尾和头部。该肿瘤不发生转移,是犬的一种自身限制性疾病。

[剖检]　许多发生在真皮和皮下的肿块,直径为 0.5～4.0cm,在皮肤表面开口,开口的部位通常含有一硬的角蛋白栓。

[镜检]　见位于真皮的肿瘤,是由充满角质蛋白的隐窝组成,在皮肤表面开口,隐窝壁是由厚层分化完全的复层鳞状上皮组成,细胞仍保持其极性,排列规则,角质蛋白呈同心性板层状排列。当肿瘤继续扩张时,中心的角质蛋白变得更明显,柱状或立方状细胞从表皮基底面进入真皮的基质,有些瘤细胞彼此互相交织成束状或柱状。

4. 囊肿(cyst)

1) 表皮样囊肿(epithelial cyst)　多半发生在犬的真皮和皮下,也见于猫、牛和马。单个或多发,其好发部位是头、颈和荐部。直径 0.2～0.3cm。表皮样囊肿有完整的表皮覆盖,经摩擦可使囊肿破裂,引起炎症反应和溃疡。

[剖检]　囊肿的内容物呈面团状或半液体状,灰色或棕色。

[镜检]　皮样囊肿的壁由复层鳞状上皮组成,腔内含有角质蛋白。肿瘤起因于毛囊阻塞或由于创伤性损伤所引起,通过切开活检可作出诊断。

2) 毛囊囊肿(follicular cyst)　它与表皮样囊肿的区别在其发生是由于排出管或毛囊堵塞后,因毛囊产物滞留而引起的。毛囊囊肿较小,位于浅表,而由上皮层形成的壁有单个小梁与表皮连接。囊肿常由于棘皮症或角化过度而影响毛囊及表皮所致。通常囊壁萎缩,被毛在病变早期就脱落,而囊腔是空的或含有板层状角质蛋白。

(七) 肛周腺肿瘤

肛周腺肿瘤(perianal gland tumor)又称类肝腺肿瘤(hepatoid tumor),通常分为结节状或弥漫性增生、腺瘤和腺癌三种类型。犬的肛周腺瘤是犬最常见的肿瘤之一,常发生在 8 岁或 8 岁以上的公犬。肿瘤呈单个或多个生长,有完整包膜,常位于肛门皮肤的真皮层,直径 0.5～10cm。大的肿瘤位于靠近与直肠黏膜交界处,可致肛门孔变形。肛周腺腺瘤常比腺癌大,多半呈恶性,可转移到肺、肝、腹部淋巴结、肾和骨。

[镜检]　结节状增生与腺瘤很难区别,故将呈结节状的肛周腺肿块,统称为腺瘤。腺瘤呈分叶状或大片的细胞索,细胞呈圆形或多角形,具有丰富的细颗粒状嗜酸性胞浆,核圆形,位于细胞中央,呈空泡状,核分裂相少见。小叶周围常见有成单行排列、胞体小、嗜碱性、圆形或立方形的贮备细胞(reserve cell)或基底细胞(basal cell)。在肿瘤的小叶中,偶见有类似导管横切面的小圆形层状结构。肿瘤细胞可发生鳞状化生。恶性肛周腺癌呈无次序生长和不形成小叶。有些癌仅见由一种大的多角形的癌细胞组成;而在另一些癌,可见多角形细胞和贮备细胞。恶性的另一重要组织学特征是存在侵袭性,在间隔的淋巴管或基质结缔组织中常见肿瘤细胞的团块。

二、黑色素细胞瘤(melanocytoma)

(一) 良性黑色素细胞瘤

良性黑色素细胞瘤(benign melanocytoma)最常见于犬、马和某些品种的猪等动物。犬的黑色素细胞瘤占所有肿瘤的 4%～7%,占皮肤肿瘤的 9%～20%,好发部位是口腔、黏膜与皮肤交界处。马的黑色素细胞瘤多发生于 6 岁以上的马匹,其发生率占皮肤肿瘤的 6%～15%,常见于灰马或青马,好发部位是肛门、阴户和尾根。猪的黑色素细胞瘤占屠宰猪中有色素的皮肤病变 3%～5%,常是先天性的或发生于幼龄猪。

[剖检]　其大小为直径 0.5～2cm,有深染的色素,呈半球形,表面光滑、无毛。虽然无包膜,但切面上肿瘤的境界明显。

[镜检]　分为纤维型或细胞型,有时出现混合型。

(1) 纤维型:树突状或扁平的黑色素细胞密集形成不规则的细胞束(有时与成纤维细胞混合在一起),细胞常与表皮平行,有不同数量的噬黑色素细胞,瘤细胞较大并含有较粗的黑色素颗粒。黑色素的分布均匀或呈斑点状,但黑色素靠近表面或血管周围尤较明显。

(2) 细胞型:瘤细胞呈圆形或梭形,紧密排列成小岛状。在犬中,瘤细胞是从毛囊迁移而来的。

(二) 恶性黑色素瘤

恶性黑色素瘤(malignant melanoma)比黑色素细胞瘤大,皮肤表面常有溃疡和继发感染,颜色从黑色到褐色或呈淡灰色。直径小于 1.0cm 的肿瘤通常是良性的,而直径超过 2.5cm 的常是恶性的。

1. 上皮样细胞型

发生在表皮的深层,黑色素细胞呈单个或不规则形细胞巢,常侵害表皮上层,可使表皮分离,最后发生溃疡,当发展到真皮内时,肿瘤细胞有相当大的异型性,从立方形到梭形,有时细胞排列呈腺泡状或不规则的分支索。

2. 梭形细胞型

此瘤多半发生于无黑色素细胞的部位。瘤细胞呈梭形(图 15-6,见图版),与纤维肉瘤相似,有时呈多角形,核呈圆形或卵圆形,核仁明显,基质少,有少量核分裂相,有时见到瘤巨细胞。

3. 混合型

常发生在皮肤或黏膜,在同一肿瘤组织中,可见到上皮样细胞型和梭形细胞型瘤细胞,但往往以某一种细胞类型占优势。该型肿瘤极易转移到全身各组织器官。

电镜观察发现,在噬黑色素肿瘤细胞中含有很多所谓"复合的黑色素小体",实际上,它是在异溶酶体中的很多黑色素颗粒。根据其发育程度,黑色素小体可分为Ⅰ、Ⅱ、Ⅲ和Ⅳ阶段,第Ⅳ阶段的黑色素小体就是成熟的黑色素颗粒。

第三节　软组织(间叶组织)肿瘤

一、纤维组织肿瘤

(一)纤维瘤

纤维瘤(fibroma)是动物最常见的良性肿瘤之一,能发生于所有成年和老龄动物,常见于马、骡、牛、犬和猫,家兔和松鼠发生的传染性皮肤纤维瘤由痘病毒引起;鹿的纤维瘤由乳多空病毒引起,马的类肉瘤也由病毒引起。纤维瘤可分为硬性纤维瘤和软性纤维瘤两种类型。

1. 硬性纤维瘤(fibroma durum)

常发生于皮肤、皮下,偶见于黏膜下,但也发生于任何有纤维性结缔组织的部位。

[剖检]　纤维瘤轮廓明显,质地坚实,肿瘤的形状呈多形性(图 15-7,见图版),一般呈圆形或卵圆形,在皮肤常呈半球形结节状隆起。有些肿瘤有蒂,肿瘤表面有时发生溃疡和继发感染。切面通常呈均质状灰白色,有些有透明黏液样区域。

[镜检]　纤维瘤由致密成纤维细胞和丰富的胶原纤维构成的呈螺旋形和互相交织的纤维束组成(图 15-8,见图版);肿瘤细胞呈梭形或星形;核呈卵圆形、淡染,常有多个核仁,核分裂相少见。肿瘤有时发生骨化生和软骨化生。

2. 软性纤维瘤(fibroma molle)

[剖检]　常发生于皮肤,尤以外阴部较多,常向表面突起形成带蒂的息肉状肿块,质地柔软,体积较小,表面皮肤常皱缩,切面呈水肿样。

[镜检]　瘤细胞排列疏松,胶原纤维少,有时夹杂多少不等的脂肪细胞。瘤细胞和纤维之间常发生水肿和黏液样变。肿瘤生长缓慢,切除后较少复发。

纤维瘤应该与其他纺锤形细胞区别开来,特别要注意与神经纤维瘤、血管周细胞瘤和纤维肉瘤相区别,可以通过组织学、组织化学及超微结构的特征来进行区别。

(二)纤维肉瘤

纤维肉瘤(fibro sarcoma)为动物最常见的软组织恶性肿瘤之一。纤维肉瘤的范畴不仅包括成纤维细胞的恶性肿瘤,也包括能产生胶原的未分化和混合性的间质细胞肿瘤(如未分化肉瘤或末分化梭形细胞肉瘤等)。纤维肉瘤可发生于各种动物,最常见于犬和猫。大部分发生于成年和老龄动物。犬纤维瘤最常发生于皮肤和皮下以及口腔和鼻腔。猫多数发生在皮下,起源于皮下的深层或筋膜。

[剖检]　纤维肉瘤大小不一,有些肿瘤非常大,有些则呈小结节状,分界不明显,无色泽,质地坚实或呈肉样外观,其中杂有坏死或溶解区域。皮肤和黏膜部肿瘤表面常有溃疡和继发

感染。肿瘤切面呈分叶状，或灰白色均质状，湿润，略似新鲜的鱼肉。若发生出血和坏死，则切面呈微红棕色。分化较好的肉瘤，质地坚韧，呈编织状结构。

[镜检]　纤维肉瘤的特征是在胶原的基质内混杂有纺锤形细胞束，它比纤维瘤有更多的细胞成分，但纤维成分较少(图 15-9，见图版)。有些纤维肉瘤有黏液样基质，肿瘤细胞呈梭形或星形。未分化的肿瘤也许出现多核巨细胞和形状奇异的细胞，核梭形或卵圆形并有过多的染色质，核仁明显，有 2～5 个核仁，核分裂牛常见。胞浆的数量小等，有时胞浆的边界与基质难以区分。

(三) 黏液瘤和黏液肉瘤

黏液瘤和黏液肉瘤(myxoma and myxosarcoma)在组织学上有相似性，其主要特征是在肿瘤细胞的间质中有大量的黏液，因此只能根据生物特点来决定肿瘤的良、恶性。各种动物都可发生该肿瘤。黏液瘤和黏液肉瘤来自退行性变的成纤维细胞，可在身体的任何部位发生。

[剖检]　黏液瘤质地柔软，有或无包膜，界限明显，切面黏滑、湿润并呈半透明，体积大小不等，发生于腹膜则体积较大(图 15-10，见图版)。兔的黏液瘤发生在鼻腔等天然孔和面部的皮下。犬的黏液瘤有时是混合瘤中的一种成分，如那些从乳腺衍生而来的肿瘤就含有黏液瘤组织。在犬偶见心脏发生黏液瘤，主要发生在右房室瓣，肿瘤扩散到肺动脉的根部。

[镜检]　瘤细胞大多呈星芒状，部分呈梭形，胞浆突起伸长，相互吻合，排列疏松(图15-11，见图版)，瘤细胞之间含有大量淡蓝色黏液，Alcian 蓝染色呈蓝色。主要为黏多糖成分，其间分布着纤细的网状纤维和少量胶原纤维，血管不丰富，核分裂相少见。

二、脂肪组织肿瘤

(一) 脂肪瘤

脂肪瘤(lipoma)最常见于犬的体壁皮下，也曾见于马、牛、绵羊、猪、猫和禽类。脂肪瘤似乎最常见于产生高白脱油脂肪的母牛。

[剖检]　脂肪瘤通常呈圆形或卵圆形，常是多叶的，大部分轮廓明显，有薄的包膜，组织柔软易碎。有些肿瘤由于存在有纤维性结缔组织、坏死或炎症而质地较硬。其大小为 0.5～20cm 或更大。位于皮下的脂肪瘤易于移动，不附着于筋膜和肌肉，用细针头抽出具有少量完整的脂肪细胞的油样物质。脂肪瘤的颜色呈白色或微黄色，脂肪坏死区域常呈干酪样或白垩土样。

[镜检]　脂肪瘤与正常脂肪组织难以区别，瘤细胞分化非常成熟(图 15-12，见图版)，一定要结合临床症状及大体标本进行区别。肿瘤中的脂肪细胞常形成不很明显的小叶。小叶间有少量纤维性血管间质。

脂肪瘤的特征是缓慢生长，但有些肿瘤也有迅速生长的病史。脂肪瘤完全切除后一般不复发。

(二) 脂肪肉瘤

脂肪肉瘤(liposarcoma)常见于股部、腹股沟等处深部肌肉或肌间。在犬最常发生于皮下脂肪，并可转移至肝和肺，有时转移至骨。

[剖检]　脂肪肉瘤不像良性脂肪瘤那样轮廓明显，无包膜，呈浸润性生长，质地比脂肪瘤坚实；切面呈灰色至白色或呈黏液样或鱼肉状，往往继发出血、坏死和囊性变。

［镜检］　脂肪肉瘤比脂肪瘤有较多的细胞成分,大部分细胞呈圆形,但有些呈多角形、星形或梭形,胞浆嗜酸性,胞浆含有细小的脂肪空泡,少数含有大的脂肪空泡。核呈圆形或卵圆形,深染,有异形性,具有单个大的核仁,并常发现巨核和多核细胞,核分裂相不常见。

脂肪肉瘤多半呈局部浸润性生长。如经血道转移,则可转移至肺、肝和骨骼。

三、血管和淋巴管肿瘤

（一）海绵状血管瘤

海绵状血管瘤(cavernous hemangioma)最常见于犬,也常发生于猫、马、奶牛、绵羊和猪。肿瘤常呈单个生长,也有呈多个生长的。由于肿瘤从血管内皮衍生而来,因此能发生在身体任何部位,在犬通常发生在腿、腹侧、颈、脸和眼睑的皮肤或皮下。海绵状血管瘤要与血管变形、大量的血管修复增生和炎症组织或与其他高度血管化的肿瘤区别开来。

［剖检］　肿瘤常位于皮下,大小是 0.5～3.0cm,呈卵圆形或圆盘形,中等硬度,轮廓明显呈微红黑色。切开时,血液从切面渗出。用甲醛溶液固定的标本,切面干燥多孔,呈黑色。皮肤血管瘤容易与黑色素瘤相混淆。

［镜检］　海绵状血管瘤的血管密集,管壁薄(图 15-13,见图版),由分化较好的单层扁平内皮细胞组成的充满血液的血管。该肿瘤常见血管床有血栓形成、机化、钙化或骨化。有时血管瘤团块被玻璃样变的结缔组织所分割。由于肿瘤的边缘轮廓明显,故经切除后一般不复发,也不转移。

（二）血管内皮肿瘤

1. 血管内皮瘤

血管内皮瘤(hemangioendo thelioma)最常发生在幼畜。该肿瘤内皮细胞增生活跃,血管腔被增生的内皮细胞所充塞,呈实体性小团或仅有很小管腔,增生的内皮很像胎儿期幼稚内皮细胞,无异型性或核分裂相。到一定阶段逐渐静止,预后良好。通过电镜观察,可见有的肿瘤中除有内皮增生外,同时还存在有纤维母细胞及周细胞。

2. 血管内皮肉瘤

血管内皮肉瘤(hemangioendo theliosarcoma)是一种恶性肿瘤,最常发生于犬,也偶发生于马和猫。公犬比母犬多发。临床上有时由于心脏受广泛性的肿瘤侵害或出血,引起突然发生心力衰竭。血管内皮肉瘤最常见于脾脏,也发生于右心房和右心室以及肝脏。血管内皮肉瘤也可发生于骨、中枢神经系统、肌肉和胃肠道等身体的任何部位。

［剖检］　肿瘤呈微红黑色出血外观;出现在皮下的肿瘤,质地柔软,呈轮廓不明显的海绵状。肿瘤直径为 1～10cm,若位于心内膜,由血栓覆盖,呈淡红灰色或黄色;位于右心房的肿瘤直径为 2～5cm。脾的血管内膜肉瘤很像脾的结节状增生或血肿,肿块为椭圆形,由于出血则呈淡红黑色,直径 15～20cm。切面有淡红灰色或淡红黑色海绵状区域,出血的部位由于红细胞溶解呈暗红色或黄色,有时出现含有红色或黄色透明液体的囊肿。

［镜检］　血管内膜肉瘤由不成熟的内皮细胞组成,管腔常像裂隙那样小,但有时像海绵状血管床;血管腔内含有不同量的血液和有时出现血栓。瘤细胞分化程度高的肿瘤,必须与纤维肉瘤区别开来。由肿瘤细胞所形成的血管易碎并且易破裂而发生出血。出血和坏死是该肿瘤最常见的变化。肿瘤细胞的大小和形状不同,常呈索形,比血管瘤细胞大而且呈多形性;核呈

圆形和软圆形,核中染色质过多,常见核分裂相。结缔组织基质数量不定,与肿瘤组织难以区分,有时出现充满有含铁血黄素的巨噬细胞。

(三) 血管周细胞瘤

血管周细胞瘤(hemangiopericytoma)或称血管外皮瘤。血管周细胞瘤多发生于犬,也偶见于其他动物。犬的发病年龄为 8～14 岁,大部分发生于母犬的四肢皮下,偶见于头、颈和尾部的皮肤。

[剖检]　肿瘤的大小为 0.5～25cm,平均为 10cm,肿瘤坚实,呈结节状。小的肿块界限明显,与皮肤游离;大的肿块界限不清,与皮肤固着,常与深部组织粘连。有时侵害肌组织。肿瘤部的皮肤表面形成溃疡,常发生继发感染。肿瘤的切面呈灰色或粉红色,有明显分叶。有些肿块软而湿润,偶尔有囊肿形成,呈局部侵袭性生长,手术切除后易复发,但很少发生远距离转移。

[镜检]　肿瘤细胞大部分呈梭形、纺锤形,在血管腔周围呈螺旋状环绕。网状纤维染色显示血管网的基膜以及 FactorⅧ染色呈阴性(免疫组化染色)可区别于血管内皮瘤。瘤细胞胞浆呈嗜酸性,细胞边界不明显,细胞核呈卵圆形,常有 1～2 个明显的核仁。

(四) 淋巴管肿瘤

1. 淋巴管瘤

淋巴管瘤(lymphangioma)较血管瘤少见,在动物是一种良性而又罕见的肿瘤;在马、牛、犬、猫、骡、猪和大鼠曾有过报道。常发生于皮肤、皮下组织、肝、心包、鼻咽、胸膜和横膈。此瘤按结构及淋巴管腔隙的大小,分为毛细血管型(单纯型)、海绵型、囊肿型及混合型。肿瘤的发生被认为是由于原发性淋巴管没有与静脉引起相通。

[镜检]　见囊肿型淋巴管瘤内的淋巴管呈高度囊状扩张,壁内含有少量平滑肌纤维,并有淋巴滤泡的形成(图 15-14,见图版)。

2. 淋巴管肉瘤

淋巴管肉瘤(lymphangiosarcma)常发生于长期淋巴水肿的情况下。淋巴管肉瘤是软性或坚硬性肿块,肿瘤呈膨胀性生长,压迫附近组织;若呈侵袭性生长,可转移至肺。

[镜检]　由具有不同间变程度的梭形细胞组成,形成实性团块或小管与裂隙。淋巴管肉瘤与血管内皮肉瘤相似,只是管腔内缺乏红细胞。肿瘤附近常有许多扩张的淋巴管,内皮细胞也增生肥大。此瘤生长迅速,常发生广泛性的血路转移,预后不良。

3. 肿瘤样病变

肿瘤样病变(tumourlike lesion)主要发生在动物的阴囊,由于阴囊的静脉曲张所引起。它同人的毛细血管扩张性疣(angiokeraloma mibelli)有某些相似之处,特别是静脉扩张。此瘤容易和海绵状血管瘤相混淆。但不同的是肿瘤总是定位在阴囊,这是鉴别于海绵状血管瘤的一项重要依据。

四、肌肉组织肿瘤

(一) 平滑肌肿瘤

1. 平滑肌瘤

平滑肌瘤(leiomyoma)最常见于犬。牛、绵羊、猪、马、猫和其他动物也有发生。平滑肌瘤多半是良性的,主要发生于消化道和泌尿生殖道。子宫平滑肌瘤最为多发。

[剖检]　发生在消化道和子宫的平滑肌肿瘤呈球形单个生长,界限清楚,其大小为直径几毫米至 10cm 或更大。生长在子宫和浆膜下的平滑肌瘤则体积较大。当肿瘤侵害阴道或阴户时通常有蒂,且常突出于阴户。有蒂的平滑肌瘤会引起母牛的子宫扭转,发生在犬的下段食管会引起持久呕吐。在马可引起怀孕子宫的阻塞;在犬、猫引起膀胱的阻塞。肿瘤表面平滑,呈粉红色或白色,质地较硬。陈旧性肿瘤由于常伴发大量胶原纤维的玻璃样变,故质地更硬。如伴发水肿、黏液样变、出血、囊性变时,质地柔软。瘤的切面呈纵横交错的编织状或漩状。大多边界分明,但缺乏真正的纤维性包膜。

[镜检]　平滑肌瘤的瘤细胞较正常平滑肌细胞密集。瘤细胞核的两端钝圆,胞浆较丰富,稍红染,细胞呈长梭形束状排列(图 15-15,见图版)。瘤组织中含有许多管壁较厚的小血管,并向瘤细胞逐渐过渡。这些血管本身就是平滑肌瘤的起源,并直接构成肿瘤的组成部分。用 Van Gieson、Masson 或 Mallory 氏磷钨酸苏木素染色,若显示胞浆中有纵行肌丝,可作为平滑肌性肿瘤的诊断依据。

2. 纤维平滑肌瘤

纤维平滑肌瘤(fibroleio-myoma)见于犬、猫的生殖道和母牛、母山羊或母马的阴道。纤维平滑肌瘤是平滑肌瘤的一种特殊类型,它有明显的纤维成分,呈多中心生长。这种肿瘤占母犬子宫、阴道和阴户肿瘤的 80%。发病年龄平均为 10 岁以上。临床症状不明显,除非瘤体突出于阴户外。一般不影响发情周期,也不增加假孕的发生。肿瘤的产生常认为是机体对激素功能紊乱(激素不平衡,如雌激素浓度过高)的一种组织应答反应。

[剖检]　与平滑肌瘤基本相似,纤维平滑肌瘤瘤体可向内或向外突出。此瘤在母犬常为多发性的,在母猫则呈单个生长,并可见于子宫、宫颈、阴道或阴户。瘤体与正常组织之间无明显分界。肿瘤的颜色比正常组织浅或与正常组织相似。

[镜检]　在不同瘤体之间或一个肿瘤的不同区域,平滑肌细胞、胶原和成纤维细胞的比例有差异。细胞外形正常但排列紊乱,核分裂相明显。

纤维平滑肌瘤手术切除后可复发。如在切除大的肿瘤同时再切除卵巢,小的瘤体会逐渐消失,肿瘤可治愈。

3. 平滑肌肉瘤

平滑肌肉瘤(leiomyo sarcoma)在总的平滑肌瘤中仅占 10% 左右。偶见于牛、羊和猪。平滑肌肉瘤的发生部位与平滑肌瘤相似,也可发生于无平滑肌组织的肾、卵巢和骨骼肌等部位。

[剖检]　取决于肿瘤的变性过程和程度。有些平滑肌肉瘤发生广泛性坏死,呈暗黑色并有凹陷。而另一些平滑肌肉瘤呈均匀一致的淡灰白色至粉红色。发生于膀胱的平滑肌肉瘤常阻塞尿道。

[镜检]　平滑肌肉瘤的肿瘤细胞形态差异性很大,良恶性不完全取决于细胞的多形性。例如,有一例母牛的平滑肌肉瘤迁移到肺时肿瘤细胞却分化较好。平滑肌肉瘤的主要特征是细胞分化不良,细胞数量较多,其特征为核呈梭形并淡染,有时出现多核巨细胞,核分裂相明显(图 15-16,见图版)。

(二)横纹肌肿瘤

1. 先天性横纹肌瘤

先天性横纹肌瘤(congential rhabdomyoma)在动物中有 1/3 见于心脏,并且多半是先天性的。母牛、猪和绵羊都可发生。有的动物在新生时发现，有些在成年后才发现，肿瘤的发生与性别、品种或地区有明显的关联，在猪可能与遗传有关。

[剖检]　瘤体一般不超过心脏容积的 1/6，肿瘤常有蒂，瘤体被包裹在心脏或埋在心肌内，甚至弥漫性分布于心肌的某些区域。主要侵害心室，尤以室间隔为最多，肿瘤使心脏体积增大，肿块与周围组织颜色为黄色至棕色，有时呈粉红色。肿瘤分叶，有时有包膜。

[镜检]　瘤细胞呈多形性，从成纤维细胞到多核巨细胞，有些瘤细胞胞浆内有纤丝状交叉的横纹。有些瘤细胞有大量肌芽细胞核(图 15-17，见图版)，核分裂相少见，但瘤细胞形态非常不一。瘤组织内含多量变性坏死的肌纤维。另一特征是胞浆内含大量糖原空泡，在先天性横纹肌瘤中含有 25%～30% 的糖原，这有助于对肿瘤的鉴定。有时瘤细胞的横纹不明显，可用偶氮胭脂红-苯胺蓝-橙 G 染色，则胞浆呈黄色；用麦洛来染色，则呈鲜红色。

2. 横纹肌肉瘤

横纹肌肉瘤(rhabdomyo sarcoma)以幼年动物发病率高，发病的平均年龄为 2～3 岁。母牛、绵羊、山羊、马、犬、猫和鸭都可发生，常发生在四肢，少数发生于舌、颊部以及咽喉、食管和胸、背部。

[剖检]　肿瘤呈淡红灰色的球状结节；如瘤体大小超过 1cm 时，常发生进行性坏死和出血。肿瘤常转移至周围淋巴结与内脏，包括肺、肝、脾、肾、肾上腺与骨骼肌。原发性肿瘤或转移性肿瘤都没有包膜或支持结缔组织，由肿瘤细胞本身充当结构支架。

[镜检]　瘤细胞极多样化，其细胞有胚胎型、成纤维细胞型、多型性、至带状或条状不等，有时呈蝌蚪形或网球拍状，胞浆可拖很长的"尾巴"，常伴有单核及多核巨细胞。胞浆一般较丰富，染色偏酸性，有些瘤细胞可查见纵纹和横纹，核分裂相多见，间质少，血管丰富。

五、肥大细胞瘤

(一) 犬肥大细胞瘤

犬肥大细胞瘤(canine mastocytoma) 常发生于较老的犬，并随年龄增加而增多，占所有皮肤肿瘤的 20%～50%。肥大细胞瘤可发生于身体任何部位的皮肤或皮下组织，但好发部位为后躯，尤以股部、会阴和阴囊部多见，也发生于脾、肝、肾等内脏器官，间或发生在淋巴结、喉、气管、纵隔和胃肠道。

[剖检]　肿瘤大小从直径几毫米至 10cm 以上。肿瘤轮廓明显，呈结节状；切面呈白色或灰色，有时看到红色或黄色条纹。

[镜检]　可分为成熟型、中间型和营养不良型三种。

成熟型肥大细胞瘤：瘤细胞呈圆形或卵圆形，细胞大小一致，胞浆边缘轮廓明显，核的形状一致，呈椭圆形。用甲苯胺蓝染色，胞浆中有大的蓝色颗粒，核分裂相罕见。细胞排列疏松，细胞间有胶原纤维束分隔；瘤细胞有时也排列成束状或巢状。

中间型肥大细胞瘤：肿瘤细胞大小有很大差异，胞浆不明显，细胞核大，有时有缺刻和小空泡，核分裂相不常见。瘤细胞很少排列成一大片，通常在胶原纤维之间呈索状排列或由胶原分隔成细胞巢。

营养不良型肥大细胞瘤：瘤细胞出现高度的多形性，核大、形状不规则并含有空泡，有 1～3 个明显的核仁，细胞浆仅含有少数大的颗粒或有很多细的像灰尘状的颗粒，有核分裂相，胞浆边缘不明显，细胞常排列成一大片。

（二）猫肥大细胞瘤

猫肥大细胞瘤（feline mastocytoma）可分为两种类型，一种起源于皮肤，并可转移至淋巴结与内脏；另一种起源于内脏器官，但侵害皮肤不明显，此型较常见。猫肥大细胞瘤的发生不如犬常见。多数肥大细胞瘤发生在成年猫，但也可发生在幼猫。公猫比母猫易感。

［剖检］　猫皮肤肥大细胞瘤趋向多发性，主要侵害头与颈部并可转移至淋巴结和内脏。最常见的为呈单个生长并形成坚实的结节。瘤的直径为 0.5～2.0cm。另一种类型为呈弥散性生长，没有界限，主要侵害皮肤与皮下组织。

［镜检］　与犬的相似。肥大细胞分化程度不一，通常在皮肤和皮下组织形成局限性的肿瘤细胞积聚。呈弥散性的皮肤肥大细胞瘤若伴有严重的炎症时，往往不易辨认；仔细观察才发现瘤细胞。其特征是核与胞浆的比例高，中等度的核分裂相，异形的核仁并存在多核的肥大细胞。猫的肥大细胞瘤与猫的嗜酸性肉芽肿容易发生混淆。嗜酸性肉芽肿常发生在猫的皮肤和口腔，嗜酸性细胞呈弥漫性浸润并见有肥大细胞的浸润，但这种肥大细胞是成熟的，细胞不发生局灶性聚集。也有人认为嗜酸性肉芽肿间或可发展为肥大细胞瘤。

（三）牛肥大细胞瘤

牛肥大细胞瘤（cattle mastocytoma）常发生在牛的皮肤与皮下组织，可发生于犊牛与成年牛。肿瘤可起源于皮肤或内脏器官，皮肤的肥大细胞瘤通常是多发性的，一般为直径 1～10cm 的肿块，常位于皮下组织。多数的肥大细胞瘤患牛在区域淋巴结、肝、脾、肺、心和肾伴有肥大细胞的聚集。肥大细胞瘤也发生在内脏器官而不侵害皮肤，主要侵害舌、真胃和网膜。镜检时与其他几种动物相似。

猪和羊的肥大细胞瘤报道甚少。在猪主要发生于仔猪，发病年龄为 6～18 个月。肿瘤局限于皮肤，呈单个或多个生长，大小为直径 0.5～2.5cm。镜检时与其他动物相似，未曾见到过转移。曾发现 2 只羊的肝肥大细胞瘤，但不知道是原发性的还是继发性的。

六、犬皮肤的组织细胞瘤

犬皮肤的组织细胞瘤（canine cutaneous histiocytoma）是由单核巨噬细胞系统的细胞衍发的良性肿瘤。该瘤主要侵害幼犬，常发生在颈、躯干和腿部的皮肤。

［剖检］　肿瘤较坚实，大小为直径 0.5～5.0cm，呈半球形或钮扣状，间或出现多个结节。肿瘤轮廓明显，生长迅速，常出现溃疡，由于出血肿瘤呈粉红色。

［镜检］　典型的组织细胞瘤是由相同类型的细胞浸润于皮下，取代了胶原纤维和皮肤的附件。皮肤深层的细胞排列致密，而靠近表皮排列疏松。肿瘤细胞呈圆形、卵圆形或多边形，当排列致密时，其境界多不清楚，核大，圆形、椭圆形或肾形，略呈泡状，核膜清晰，部分有较大的核仁。核分裂相多见，是该瘤的特征性变化。胞浆丰富，色淡呈粉红色，含有细小的颗粒或脂滴空泡，常常伸出胞浆突起而与相邻的胞体相连。较陈旧的病变往往发生退行性变化，有局灶性坏死和淋巴细胞浸润。

犬皮肤组织细胞瘤与肥大细胞瘤难以区别，但可用姬姆萨或甲苯胺蓝进行区别诊断。如是肥大细胞瘤，会在胞浆中出现紫红色颗粒。组织细胞瘤在 2～3 个月后自行消退。

第四节　骨和关节肿瘤

一、骨肿瘤

（一）成骨性肿瘤（osteoblastoma）

1. 骨瘤

骨瘤（osteoma）较常见于马和牛，多发生于颌骨、鼻窦、颜骨及颅骨等。呈膜内骨化的骨骼，骨瘤多在幼龄期发生，随年龄增长而逐渐长大，但到成龄后肿瘤体积则不再增大。

［剖检］　骨瘤外缘平整，常呈扁圆形，附于正常骨的表面，有结缔组织血管层覆盖。发生于鼻窦者，其覆盖的结缔组织血管层常呈黏液样或水肿样。牛、马的骨瘤直径超过14cm。骨瘤质地坚硬，切面由致密骨与松质骨或海绵骨组成。

［镜检］　多数骨瘤的外周为骨膜和一层不规则断续的骨板，内部有多少不等、粗细和长短不一、排列紊乱的成熟板状骨小梁（图15-18，见图版）。小梁之间为疏松结缔组织，偶见脂肪髓或红髓。

2. 骨肉瘤

骨肉瘤（osteosarcoma）是犬、猫骨原发性恶性肿瘤中最常见的一种肿瘤，约占犬全部骨肿瘤的80%，多见于骨停止生长后，若干年的中年和老年犬、猫的骨肉瘤绝大多数见于青年期。大型种和巨型种的犬、猫骨肉瘤的常发部位是长骨的骺端。小型犬，其主要发生部位为桡骨的下端和肱骨的上端。马、牛和绵羊的骨肉瘤，多数发生于头部。

骨肉瘤的发展速度，取决于其恶性程度。一方面肿瘤破坏原有的骨质，另一方面又产生瘤性骨质。有些骨肉瘤的瘤细胞分化程度低，如多形性骨肉瘤，形成瘤性骨质很少，而原有的骨质破坏则很显著，称此为"溶骨型骨肉瘤"。如果瘤细胞分化较成熟，可形成多量瘤性骨质，而原有骨质破坏较少，称此为"成骨型（或单纯型）骨肉瘤"。实际上多数骨肉瘤常为上述二者同时并存。肿瘤可逐渐侵入长骨骺区，并向骨干和骨髓腔扩展，进而浸润到骨皮质内的哈佛氏系统，沿血管周围组织穿过骨皮质而到骨膜下，将骨膜掀起，使骨膜与骨面剥离，产生反应性新骨增生。后期，反应性新生骨遭到破坏而消失。此时，肿瘤常穿过骨膜扩散到其周围的软组织，并可转移到局部淋巴结乃至肺脏等器官。

［剖检］　骨肉瘤大多富有血管，极易发生广泛性出血；通常在瘤体的中心区有大量瘤性骨质形成，而在其边缘区瘤性骨质数量较少。成骨显著的成骨肉瘤，质地坚硬，呈浅黄色。成骨少者，肿瘤呈灰白色或淡红色，质地较软，其中常混杂少量坚硬的骨质，往往伴发出血、坏死及囊性变，甚至形成大血窦。肿瘤无包膜，受累部分的骨组织常完全被破坏。

［镜检］　根据骨肉瘤细胞的异型性、产生瘤性骨样组织和骨组织的多少以及有无瘤性软骨组织、纤维组织或黏液样组织等，将该瘤分为单纯型骨肉瘤（simple osteosarcoma）、混合型骨肉瘤（compound osteosarcoma）及多形性骨肉瘤（pleomorphic osteosarcoma）三型。单纯型骨肉瘤的瘤细胞能产生胶原基质，进而形成瘤性骨样组织和骨组织；混合型骨肉瘤，瘤细胞除可形成瘤性骨样组织和瘤性骨组织外，还可产生瘤性软骨、纤维组织或黏液样组织；多形性骨肉瘤是一种分化程度低的肿瘤。

各型骨肉瘤的镜检基本变化为：具有明显异型性或间变的成骨细胞，后者能产生异常的骨样组织和骨组织，故称之为"肉瘤性成骨细胞"。未分化的瘤细胞是一种小圆形细胞，或呈短梭形、椭圆形,胞浆多少不定,核大、染色质丰富,分布均匀。核膜与核仁清楚。分化较高的瘤细胞,形似长梭形的成纤维细胞,但比正常的成骨细胞体积大,核形态奇异,分裂相多,能产生胶原纤维。有时瘤细胞还可形成单核或多核瘤巨细胞。肉瘤细胞散布于小梁之间、环绕于小梁周围或位于小梁之内。瘤性骨小梁和骨样小梁直接由骨肉瘤细胞产生。瘤性骨小梁形态很不规则,染色和钙化不均匀,不具层板结构,骨陷窝大小与排列也不规则,其中的瘤细胞有明显的异型性(图 15-19,见图版)。HE 染色瘤性骨样小梁呈淡红色,条带状、片块状或粗网状,穿插于瘤细胞之间,镀银染色可见胶原纤维丰富。骨肉瘤多起源于骨内间叶组织,由于间叶组织的多潜能性,故肿瘤组织内经常可见成熟或不成熟的软骨组织,在瘤性骨小梁之间,也可自成一片,形似软骨肉瘤。此外,骨肉瘤组织中还常见大小不一的血管或血窦,有的含有瘤细胞栓和新旧坏死和出血灶。

(二) 成软骨性肿瘤

1. 软骨瘤

软骨瘤(chondroma)是一种良性肿瘤。瘤组织的主要成分是成熟的透明软骨。起源于管状骨骨髓腔内的软骨组织者,称为内生性软骨瘤(enchondroma)或中心性软骨瘤(central chondroma);起源于骨外膜或骨外膜下结缔组织者,称为骨皮质旁软骨瘤(juxtacortical chondroma)或骨外膜性软骨瘤(periosteal chondroma);如为多发性软骨瘤时,则称为软骨瘤病(chondromatosis)。该瘤曾报道于成年至老龄的犬、猫和绵羊,通常扁平骨比长骨受累居多。软骨瘤生长缓慢,可使受损骨发生畸形。

[剖检]　内生性软骨瘤的患骨膨胀,骨外膜完整、光滑,骨皮质膨出变薄,骨皮质内膜面由于肿瘤侵蚀而显示不规则的骨嵴,瘤块质地坚实,为蓝白色透明软骨,有时见黏液小囊。骨皮质旁软骨瘤可侵蚀骨皮质,但很少穿破骨皮质侵入骨髓腔。瘤体大小不一,位于骨皮质外,坚实,表面覆盖纤维性包膜,切面呈分叶状,为蓝白色至乳白色透明软骨。

[镜检]　瘤组织为透明软骨组织,被结缔组织分隔为大小不等的小叶,小叶周边富含血管,小叶的中央部分无血管。小叶周边的瘤细胞小而密集,生长活跃,软骨基质较少。小叶中央部的瘤细胞为大而较成熟的软骨细胞,软骨基质丰富而均匀,可形成明显的软骨囊。囊中一般只有一个或两个软骨细胞,但也偶见成群、较小的软骨细胞(图 15-20,见图版)。小叶中央部还常见黏液样变,表现软骨基质液化,软骨细胞变成梭形或星形细胞。此外,还可见软骨基质伴有钙盐沉积,瘤细胞变性、坏死并被骨质取代等变化。

2. 软骨肉瘤

软骨肉瘤(chondrosarcoma)主要起源于软骨组织,但也发生于骨骼以外的间叶组织。从骨髓腔内发生的软骨肉瘤称为中心性或骨髓性软骨肉瘤(central or medullary chondrosarcoma);从骨外膜发生者称为骨外膜性(或周围性)软骨肉瘤(periosteal chondrosarcoma)。该瘤多见于犬和绵羊,猫和马较罕见。大多数患犬为 5~9 岁龄(平均为 6 岁)。绵羊多为成年与老龄母羊。犬和绵羊较常发于肋骨、胸骨、肩胛骨、鼻骨及盆骨等扁平骨,也可发生于长骨骺端。猫可发生于府胛骨、椎骨及四肢骨,其次为头骨,而肋骨与胸骨则少有发生。

[剖检]　肿瘤生长较缓慢。如是从骨髓腔内发生的肿瘤,早期多局限于骨内,患骨皮质轻度膨出,瘤体外观呈灰白色或灰蓝色,具有透明软骨特点,但分叶不如软骨瘤明显,常继发黏液样变、出血和坏死。病程久之,肿瘤可穿破骨皮质向周围软组织发展,以致局部骨干被巨大肿块所包绕,形成巨大肿块。若肿瘤发生于骨外膜,肿块可突出于周围软组织或将患骨包绕。

[镜检]　一般来说,高分化的软骨肉瘤,其组织学形态与软骨瘤相似。但瘤细胞较多,软骨基质浓厚而均匀,可形成软骨囊,易于钙化并继发骨化,胞核大小、形状不一、深染,核分裂相少。低分化软骨肉瘤,瘤细胞更多更密集,细胞和胞核的大小、形状差别很大,常见肥大核、双核或多核瘤巨细胞,有时还见粗大细胞与短梭形细胞,胞核浓染,核分裂相多少不一。软骨基质多少不等,往往伴发黏液样变。间叶性软骨肉瘤,瘤细胞形似未分化的间叶细胞,其体积小、密集、无一定的排列方式,胞核呈圆形或短梭形、深染,在瘤组织内散布多少不等、形态不一的透明软骨小岛。可见软骨囊和肉瘤细胞。

(三)骨髓源性肿瘤

骨髓源性肿瘤包括骨髓瘤(myeloma)或浆细胞性骨髓瘤(plasma cell myeloma)、未分化性网织细胞肉瘤(undifferentiated reticulum cell sarcoma)。

1. 骨髓瘤

骨髓瘤是由骨髓中原始的网织细胞发生的一种恶性肿瘤,常见于犬,无明显的年龄选择(1～10 岁都可发生),多发生于椎骨、盆骨、肋骨及长骨等。骨髓瘤也偶见于牛、猪、马和猫,患骨切面呈绿色。

[剖检]　病程早期,肿瘤组织多局限于骨髓腔。病程久之,肿瘤破坏骨皮质,穿出骨膜在周围软组织内形成结节状肿块,甚至转移到肝、脾、肾、淋巴结等器官形成结节状或弥漫性肿瘤病变。病畜血液和尿中球蛋白含量增高。

[镜检]　瘤组织主要由大量形似浆细胞的瘤细胞组成,间质很少。分化良好的瘤细胞与成熟的浆细胞相似,呈圆形或椭圆形胞浆丰富,胞浆嗜酸性、嗜碱性或嗜双色性,胞界清楚。核圆形,多偏位于一端,核周围有半透明晕。但核染色质常凝集为小块状弥散分布于核中央及边缘,很少排列成车轮状。分化较低的瘤细胞,体积较大,大致呈圆形,胞浆丰富、深染、常嗜酸性,也可嗜碱性或嗜双色性。偶见核内侧透明晕,有时在胞浆中见空泡或棒状闪光小体(可能是瘤细胞合成的一种蛋白)。核大,呈圆形、椭圆形或肾形,染色质颗粒分布均匀,染色较淡,核仁大,偶见核间变或双核,核分裂相不多见。

2. 未分化性网织细胞肉瘤

未分化性网织细胞肉瘤是由骨髓未分化的网织细胞发生的。在肿瘤发展过程中,瘤细胞一直保持着不分化的幼稚状态。

[剖检]　犬和猫好发生于长骨骺端。肿瘤可破坏骨皮质,穿出肿块尚可破坏关节软骨,并可转移到肺脏和其他器官。肿块柔软或似肉芽组织。切面灰白色,或因出血、坏死而呈暗红色或棕黄色,有时坏死组织崩解,形成假囊肿。

[镜检]　瘤细胞体直径约比淋巴细胞大 1 倍。瘤细胞大小、形态相当一致。胞浆稀少,胞界不清楚。核圆形或椭圆形,染色质呈颗粒状,分布均匀或不均匀,有 1～2 个核仁。瘤细胞密集,多无一定的排列方式,但常由纤维组织分隔成片块状,镀银染色证明瘤细胞之间很少有网状纤维(图 15-21,见图版)。

二、关节肿瘤

(一)纤维黄色瘤

纤维黄色瘤(fibroxanthoma)是一种局限性或弥漫性病变,主要由排列成轮层状能产生胶原的成纤维细胞、吞噬含铁血黄素的巨噬细胞与吞噬类脂的泡沫状细胞（统称为黄色瘤细胞）、多核巨细胞以及沉着的含铁血黄素所组成，可能还含有钙化的骨样组织，因此该病变非真性肿瘤。有报道犬的趾部和肩部以及马的关节发生该病变。其特征为滑膜腔增大，滑膜增厚，其上面长满大小不一的棕色结节或细长的绒毛，后者相互纠缠成为团块，充满滑膜腔。此种病变和人的色素性绒毛结节状滑膜炎（pigrnented villonodular synovitis）相似，有少数纤维黄色瘤因恶变而在局部呈现破坏性生长，并发生转移。

（二）滑膜肉瘤

滑膜肉瘤（synovial sarcoma）是由滑膜组织发生并具有双相性细胞形态的恶性肿瘤。可发生于各种年龄的犬，猫和牛也有发生。

［剖检］　通常发生于四肢关节的附近。外观呈结节状，切面呈粉红色或灰色，质地柔软或中等硬度，偶见小囊样或裂隙样空隙，内含透明液体。

［镜检］　瘤组织有两型瘤细胞（双相性分化）。一型瘤细胞呈短梭形，形似纤维肉瘤细胞，细胞大小不一，胞浆丰富，胞核深染，有明显异型性，核分裂相较多见。瘤细胞多呈错综排列，细胞之间有不等数量的胶原纤维和网状纤维。另一型瘤细胞为上皮样细胞，呈立方形、多边形或柱状，胞浆含有黏液，胞核圆形或椭圆形，染色质量中等，有小的核仁，核分裂相不多见。瘤细胞常形成索状、腺管、腺泡或片块状实性细胞巢，散在于梭形细胞之间，无基底膜环绕，腺腔内常含有黏液。有时在瘤细胞团块之间见有不规则的裂隙，甚至形成具大小不等乳头的囊肿样结构，乳头被覆单层或多层上皮样细胞。在裂隙和囊腔内亦常含黏液。网状纤维染色证明，上皮样瘤细胞之间有网状纤维，从而说明其来源于间叶组织。

上述两型瘤细胞之间尚可见过渡的形态，二者的比例随不同肿瘤而有很大差异。有的肿瘤以上皮样细胞为主（上皮样型），而另一些肿瘤常以梭形细胞为主（间质型）；如以上两型瘤细胞大致以均等比例存在于同一肿瘤中，则称为混合型。低分化的滑膜肉瘤，瘤细胞较小，大小比较一致，核分裂相较多见，仅具初步双相性分化。

第五节　淋巴与骨髓组织肿瘤

一、淋巴组织肿瘤

（一）淋巴肉瘤

淋巴肉瘤（lymphosarcoma）是淋巴组织最常见的一种恶性肿瘤。在同一动物不同部位的瘤细胞通常为同种类型，但是瘤细胞的分化程度有很大差异。在动物，按淋巴肉瘤发生的部位不同常常分为多中心型、胸腺型、消化道型、皮肤型及孤立型和白血病型等。任何一型都可由任何一种或两种淋巴肉瘤瘤细胞组成。淋巴肉瘤可发生于各种动物，但侵害的部位有所不同，现分别叙述如下。

1. 犬淋巴肉瘤

犬淋巴肉瘤（lymphosarcoma of the dog）是一种常见的恶性肿瘤，以 5～11 岁的犬发生率较高。患多中心型淋巴肉瘤的犬一般平均存活 10 周。临床主要表现为淋巴结、肝、脾迅速肿大以及皮下水肿。消化道型淋巴肉瘤则主要表现出消化道阻塞、腹泻、便血等症状。

犬淋巴肉瘤的病变主要见于淋巴结、脾脏和肝脏，也可发生于肾脏、骨髓、消化道等脏器。

［剖检］　淋巴结明显肿大,但与邻近组织不发生粘连;质稍硬或较软,有的则呈液状。断面光滑、发亮,呈灰红色、乳白色或淡棕褐色,皮质与髓质界限不清。脾脏呈结节性或弥漫性肿大,偶见梗死灶。肝脏肿大,散在白色小病灶;有的则可见数量不等的大肿瘤结节。病变发生于骨髓时,骨髓脂肪组织常被肿瘤组织取代,质地柔软,呈红色。肾脏可见白色结节状病灶,有的呈弥漫性肿大,颜色变淡。胃肠道肿瘤呈结节性或弥漫性增生。

［镜检］　犬淋巴肉瘤以幼淋巴细胞性、组织细胞性和淋巴母细胞性比较常见。淋巴结内的肿瘤细胞呈局灶性或弥漫性增生,使原有结构破坏,并侵及被膜和周围组织。脾脏的组织学变化有两种形式:一种是肿瘤细胞在淋巴小结处呈灶状增生;另一种是围绕小动脉和小梁动脉呈弥漫性增生。极少数淋巴细胞白血病型病例,肿瘤细胞积聚于红髓,使整个结构模糊不清。肝脏病变主要见于汇管区,其次为中央静脉周围。白血病型淋巴肉瘤,窦状隙内充满肿瘤细胞。肾脏病变最早发生于皮质血管周围,继之,病灶相互融合,使皮质结构消失,并侵入髓质。肿瘤细胞在间质增生可取代肾单位,并使局部血循障碍,导致肾细胞萎缩和坏死,肾被膜通常不受侵害。肺脏也可见肿瘤团块,但常见的是肿瘤细胞在血管和支气管周围浸润。肠管主要病变为集合淋巴小结的增生。眼睛病变发生于角膜、虹膜和眼缘,有时也见于眼肌。

2. 猫淋巴肉瘤

猫淋巴肉瘤(lymphosarcoma of the cat)比较常见,尤以5岁或5岁以下的猫多发,且雄性多于雌性。该病病程较短,一般于检出后8周内死亡。临床特征性变化为肝、脾、肾肿大,在体外即可触及。此外还伴有嗜眠、厌食、消瘦、贫血、反复发热以及病变侵害不同脏器所引起的继发症状。

引起该病的病原为C型致瘤病毒(C type oncornavirus)和猫白血病病毒(felv),在病猫体内存在于淋巴细胞,也可见于巨核细胞、血小板和其他造血细胞。此外,病毒在呼吸道、消化道和泌尿道上皮细胞内繁殖,因此表明该病是通过这些途径水平传播的,群养则可促进该病的扩散。由于血液中也存在有病毒,所以外寄生虫如蚤、蜱、蚊子或输血均可作为传播媒介。

猫淋巴肉瘤以消化道型最常见,其次是胸腺型、多中心型、白血病型和孤立型。

［剖检］　病变淋巴结尤其是肠系膜或纵隔淋巴结在早期即表现肿胀,皮质区呈均质样;晚期整个淋巴结变为均质肉样结构,呈奶油色。肠管发生淋巴肉瘤时,肠壁呈局灶性或弥漫性肿胀,并可侵及黏膜下层和肌层,使肠管呈环状增厚,引起肠管部分或完全阻塞。有的病例,肠管上仅见有几个大的肿瘤团块,肠壁弥漫性增厚或分布许多小结节的现象罕见。

胸腺型主要表现肿块占据头腹侧胸区,肿块质地坚实、色苍白。偶见肿块突入胸腔入口,导致气管和食管向背侧移位及心脏和肺向后移位。常见胸腔积水和肺膨胀不全。肝脏病变轻重不同。严重时,肝脏呈弥漫性肿大。肝小叶十分清楚。轻者则只在显微镜下才能识别。胆囊很少发生病变。脾呈不同程度肿大,轻者见脾自髓肿大,重者脾脏则呈均匀增厚。

肾脏病变常为双侧性。肾表面凸凹不平,剥去被膜,可见瘤灶突出于肾表面、其质地硬,色苍白。肿块一般发生于皮质,晚期可相互融合并扩延到髓质,使肾脏呈弥漫性肿大。被膜有时因肿瘤组织浸润而增厚,故很难剥离。其他器官如心、鼻道、喉、皮肤、唾液腺、舌、食管、尿道、脑、脊髓、胰腺、肾上腺、胸腺和扁桃体偶可发生病变。

［镜检］　猫消化道型淋巴肉瘤的组织学形态以淋巴母细胞性为主,也可见白血病型或其他细胞型。多中心型淋巴肉瘤为幼淋巴细胞性、组织细胞性或淋巴细胞性和组织细胞性的混合型。胸腺型淋巴肉瘤属于淋巴母细胞性或幼淋巴细胞性。Maekey和Jarrett(1972)通过对实验病例的研究认为,消化道型淋巴肉瘤,病变早期发生于淋巴小结的生发中心;脾脏肿瘤细

胞的增生是从淋巴小结的中心开始或从动脉周围鞘开始;肝脏肿瘤细胞常局限于汇管区;而胸腺型和多中心型肿瘤细胞的增生和浸润始于淋巴结的付皮质区。

骨髓的损害以白血病型最重,骨髓广泛由肿瘤细胞所取代,而其他类型的淋巴肉瘤,骨髓虽有不同程度侵害,但范围较小,血液中也不一定有肿瘤细胞的存在。此外,猫淋巴肉瘤有时可伴有膜性肾小球肾炎的变化。

3. 猫传染性纤维肉瘤

猫传染性纤维肉瘤(transmissible feline fibrosarcoma)由猫传染性纤维肉瘤病毒所致,在皮肤呈多中心性发展。用肿瘤无细胞浸出物给小猫和幼犬注射,可在接种部位形成类似肿瘤,但生长一定时期后则发生退化,这种退化与抗毒细胞表面膜的抗体水平增加有关。此外,猫传染性纤维肉瘤病毒也可使其他动物,如狨猴和鼠猴、新生猪、胎羊、新生羊发生肿瘤,其变化同上。肿瘤病毒可在小猫、犬、猪和人的培养细胞中繁殖,并引起这些细胞的形态学改变。实验证明,细胞继代培养的病毒对猫仍有感染性。

[镜检]　肿瘤内可见大量梭形细胞呈漩涡状排列,胞浆丰富,核分裂相多见。在退化的肿瘤中常见有淋巴细胞浸润。

[电镜观察]　肿瘤细胞胞浆内的病毒粒子,在形态上与猫淋巴肉瘤或骨髓增生病中的病毒粒子不易区分。

4. 牛淋巴肉瘤

牛淋巴肉瘤(lymphosarcoma in cattle)又称牛白血病或牛白细胞组织增生病(bovine leukosis)。该肉瘤的细胞学形态可呈现以上所述的任何一种。其解剖学形态除具单独的消化道型外,可表现任何一种解剖类型。该病的解剖类型与流行病学特征有相关性,但在其他动物不明显。6 个月龄以下的牛呈多中心型。青年牛(即 6 个月至 2 岁半的牛)明显表现为胸腺型。犊牛和青年牛的淋巴肉瘤一般为散发,而成年牛的多中心型常呈地方流行性。病变详见第八章牛白血病。

5. 绵羊淋巴肉瘤

绵羊淋巴肉瘤(lymphosarcoma in sheep)不太常见,但其发生率仅次于肝原发性肿瘤,在新西兰则仅次于小肠癌。我国内蒙古海拉尔曾有报道。绵羊淋巴肉瘤的病因学及发病机制很可能与牛淋巴肉瘤相似。

大部分病例为多中心型。淋巴结广泛受侵害,尤以髂淋巴结、纵隔淋巴结和颈淋巴结发病较多。此外,脾、肝、肾和心脏也是最易受侵害的脏器。有的病例主要以皱胃、小肠或其他腹腔脏器病变为主,但像牛淋巴肉瘤一样,还不能明确地将其列为消化道型。绵羊的淋巴肉瘤病例偶尔只发现肾脏病变。胸腺型不常见,罕见皮肤型。眼观变化与牛淋巴肉瘤一致,镜下变化也基本相似,其细胞类型可分为幼淋巴细胞性、淋巴细胞性、淋巴母细胞性和组织细胞性。

6. 马淋巴肉瘤

马淋巴肉瘤(lymphosarcoma of the horse)较少见,一般在屠宰时才被发现。约 50% 病例发生于 4～9 岁,常呈急性发作,病程短。临床表现为嗜眠、体重减轻和营养不良。此外,还可见各脏器病变引起的继发症状,如心功能不全、腹水、腹痛等。

马淋巴肉瘤以多中心型居多,其次是消化道型,胸腺型和皮肤型很少见。多中心型病例淋巴结表现中度到重度肿大,主要发生于腹腔和胸腔内的淋巴结,有时也见于浅表淋巴结。脾、肝脏和肾脏的病变较常见,有时脾严重肿大,重达 20kg 或以上。其他受侵脏器依次为心脏、小肠、肾脏、结肠、盲肠、膀胱、腹膜和骨髓。消化道型病例,以胃、肠或肠系膜发生单个肿瘤团块为特征。镜检,肿瘤内可见各种细胞类型,但不能确切地列入某种类型。

7. 猪淋巴肉瘤

猪淋巴肉瘤(lymphosarcoma of the pig)是猪最常见的肿瘤之一,其发生率比肾胚胎瘤还高。在美国和某些欧洲国家,该肿瘤占所有宰后检出肿瘤的 23%～41%。我国屠宰猪也时有检出。Mraggart 等发现该病的发生与常染色体隐性基因有关,而 Frazier 等报道,在肿瘤的淋巴细胞内发现有 C 型病毒粒子。

猪淋巴肉瘤可有各种解剖类型,其中以多中心型为主。通常内脏淋巴结受害较浅、表淋巴结较重。脾、肝、肾和骨髓常受侵害(图 15-22,见图版)。其他如肺、皮肤、浆膜、乳腺等脏器的病变较少见。

(二) 何杰金氏样病

何杰金氏样病(Hodgkin's disease)是一种恶性淋巴瘤,起源于具有多方向分化潜能的干细胞,即原始的网织细胞。肿瘤的主要成分是 Sternberg-Reed(S-R)氏细胞、异型组织细胞及异型网织细胞,其余为炎性细胞,如淋巴细胞、浆细胞、嗜酸性粒细胞等。S-R 氏细胞体积大,呈圆形或卵圆形,胞浆丰富,有不规则的胞浆突起。细胞核较大,呈圆形、分叶状或扭曲状。核可为单个或多个,对称性双核则称为镜影核,核膜清晰,核仁大而明显,似包涵体,嗜酸性着染,可见多个核仁,在核膜与核仁之间有一相对清亮或淡染区。典型的 S-R 氏细胞在何杰金氏病的诊断上有重要意义。该病在动物中主要见于犬。

〔剖检〕 犬何杰金氏样病的多数病例,肿瘤病变广泛分布于淋巴结、肝、脾和肺。而人何杰金氏样病则主要表现为某浅表淋巴结的肿大。有些犬还可有皮肤肿瘤。受害淋巴结明显肿大。质地坚硬,常发生纤维化,色灰白。其他脏器常见多个灰白色的小结节。

〔镜检〕 病变由多种细胞组成,其中以类似 S-R 氏细胞为主,细胞核明显呈泡状或多形性,但有时其核仁明显嗜碱性。散在不同数量的淋巴细胞、浆细胞、嗜酸性粒细胞和中性粒细胞。常见成熟的纤维组织呈灶状或弥漫性分布和成纤维细胞的增生,并可见散在的坏死灶。

(三) 胸腺瘤

胸腺瘤(thymoma)与胸腺淋巴肉瘤不同,是一种原发性良性肿瘤,呈局限性生长,发生于牛、绵羊、山羊、马、猪和犬,尤以成年和老龄动物多发。

〔剖检〕 胸腺瘤一般位于头腹侧胸区,可向后纵隔延伸,引起心脏或肺尖叶的移位压挤胸腔入口处。肿瘤常呈结节状,有包膜,质地坚硬或柔软,色灰白。此外,常伴有出血、坏死、囊肿及胸水等变化。

〔镜检〕 瘤组织主要由胸腺上皮细胞和淋巴细胞组成,二者的比例随病例不同而异。根据两种细胞比例可将胸腺瘤分为两类。

1. 上皮细胞型胸腺瘤

大多数胸腺瘤属于这种类型。

〔剖检〕 肿瘤呈团块结构,有纤维组织性分隔,通常外面都有包膜。

〔镜检〕 肿瘤细胞呈圆形、卵圆形或梭形。胞浆丰富。表现不同程度的嗜酸性。有些肿瘤细胞内可见对过碘酸雪夫氏反应呈阳性的颗粒。细胞核大,呈圆形或卵圆形,染色淡或为空泡状。核内有一明显的核仁,罕见核分裂相。肿瘤细胞常排列呈片块状、小梁状或漩涡状,偶见肿瘤细胞凝集形似哈塞尔氏小体（Hassall's corpuscle）。此外，有的肿瘤细胞呈立方形或柱状，染色较深，在血管或病变腔隙周围聚集形成明显的栅栏状结构。在犬和午的胸腺瘤中还可见血管瘤形成。

2. 淋巴细胞型胸腺瘤

肿瘤由小淋巴细胞团块构成，并有明显的纤维组织分隔。在淋巴细胞中可见到由上皮细胞构成的小索或小团。有些肿瘤内散布有局灶性、均质、嗜酸性基质。肿瘤中淋巴样细胞具有正常小淋巴细胞的形态，罕见核分裂相。

胸腺瘤虽然分为上述两种类型，但二者常混合存在，因此，在诊断时要注意寻找上皮细胞以区别胸腺淋巴肉瘤。另外，淋巴细胞的成熟程度也可作为二者的鉴别依据。

（四）脾结节性淋巴组织增生

脾结节性淋巴组织增生（nodular lymphoid hyperplasia of the spleen）常发生于犬和老龄动物。有人称之为"良性淋巴瘤"，但实际上它既不符合增生病变的标准，也没有发展为恶性肿瘤的倾向，从概念上讲它们介于增生性病变与良性肿瘤之间。

患犬脾脏散布单个或多个病灶，常突出于被膜表面，呈圆形或卵圆形，直径 0.5～3.0cm。结节较正常脾组织坚硬，呈深红色或灰红色。

［镜检］ 结节由增生的淋巴细胞和网状细胞构成，淋巴小结与正常脾脏相似，但网状纤维较多，且常见血管形成和出血。此外，在有些病灶内可见髓样细胞增生。

该病发生于牛、羊时，结节直径可达 5cm，较小的结节切面比正常脾结构致密、均匀，但色彩相似。较大的结节多数为血肿。镜检主要成分为富有深染的网状细胞的血管网，后者由胶原和网状纤维和淋巴细形成的精细支架所支持。较大的结节伴有血栓形成、出血和纤维化。

二、骨髓组织肿瘤

（一）骨髓性白血病

1. 粒细胞性白血病

粒细胞性白血病（granulocytic leukemia）又名骨髓白细胞增生症（myeloid leukosis）。可发生于各种动物，临床主要表现为贫血、消瘦、发热和肝、脾肿大。

［剖检］ 骨髓、脾、肝、淋巴结以及肾脏和肺脏病变较重。骨髓丰富，呈红色、粉红色或灰色，质地柔软似肉样。脾极度肿大，断面呈红色至褐红色，且比较均匀，有时可见梗死变化。肝中度肿大，肝小叶明显，色苍白。淋巴结不肿大或中度肿大。在肾皮质、肺和其他脏器偶见肉样或苍白色病灶。在严重受侵害部位（尤其是猪），肿瘤呈绿色外观，这是由于骨髓过氧化物酶所致。当肿瘤组织暴露于空气中时，绿色即消失，但用过氧化氢可使其重新出现。

［镜检］ 增生的粒细胞聚积于骨髓、脾窦、肝的窦状隙、汇管区或肝小叶中央区。晚期，骨髓和脾完全变成肿瘤组织，肝组织严重破坏或消失。淋巴结病变较轻，常见肿瘤细胞浸润于髓索，小梁和附近淋巴窦，偶见淋巴结完全由肿瘤细胞所取代。在肺泡毛细血管常见大量原始的细胞，肺和肾皮质间质血管周围肿瘤细胞的浸润则很少见。肿瘤细胞可为粒细胞系不同发育阶段的细胞，在肿瘤中各种细胞的比例不同，有的以成髓细胞为主，分裂相多见；有的则以分叶核粒细胞占优势。成髓细胞的胞浆少，嗜碱性，核呈泡状，内有 1～2 个核仁。粒细胞则因其发育阶段不同，细胞核的形态以及过氧化物酶阳性颗粒的形成和成熟程度各不相同。因此，用过

氧化物酶、苏丹黑等对骨髓、脾、肝的涂片或触片进行组织化学染色,有助于粒细胞性白血病的诊断,尤其适用于分化较差的粒细胞性白血病与淋巴母细胞性白血病,肥大细胞性白血病或其他骨髓性白血病或其他骨髓性白血病的鉴别诊断。

2. 单核细胞性白血病

单核细胞性白血病(monocytic letikemia)的一般特征与粒细胞性白血病相同,要确诊必须进行细胞成分的鉴别。单核细胞性白血病在动物极少见,已报道的有犬、猫和牛。

[镜检] 肿瘤细胞有一大的圆形、肾形或锯齿形核。胞浆丰富,呈"磨玻璃"样,含有嗜天青的精细颗粒。通过电镜观察,胞膜有明显的绒毛状突起,胞浆内有小泡、吞噬小体,但几乎没有溶酶体,此外可见大量多聚核糖懈而内质网和线粒体稀少,高尔基复合体较小。细胞化学染色证明,单核细胞有强的脂酶活性,而髓细胞和较成熟的中性粒细胞有强的氯乙酸酯酶活性。这些特征可用于粒细胞性白血病和单核细胞性白血病的鉴别诊断。

(二)红细胞性白血病

红细胞性白血病(erythroleukemia)是一种由红细胞系和粒细胞系异常增生所致的骨髓增生性疾病。已报道的病例中,以猫发生较多。临床主要表现为严重贫血和白细胞减少或中度增加,血液涂片可见有核红细胞、髓细胞或成髓细胞。

红细胞性白血病时,骨髓充满红细胞系和粒细胞系的原始细胞,伴有可识别的异染性红细胞、有核红细胞和粒细胞。肝窦状隙、脾红髓和淋巴结的髓质窦积聚有原始红细胞,重者脾结构消失,肝脏则因汇管区、中央静脉周围及窦状隙的肿瘤细胞浸润而变形,肝细胞变性和萎缩。

(三)红细胞增多性骨髓组织增生

红细胞增多性骨髓组织增生(erythremicmyelosis)是由类红细胞系构成的骨髓性白血病。在猫、犬、猪已有发生。该病与其他白血病一样,主要病变部位为骨髓、血液、肝、脾和淋巴结,其特征性变化是肿瘤细胞由红细胞系的不同发育期的细胞组成,包括原始红细胞、幼红细胞和正成红血细胞。该病与红细胞性白血病的区别在于后者可识别出早期粒细胞前体和红细胞前体,此外因叶酸和维生素 B 治疗无效也是诊断该病的依据。

(四)真性红细胞增多症

真性红细胞增多症(polycythemia vera) 其特征是红细胞绝对增多,并常伴有粒细胞、血小板增量和血容量过多。已报道的发病动物有鸟、犬、猫和牛,原解放军兽医大学曾报道一例马真性红细胞增多症。据记载,病马临床表现为鼻衄、嗜眠、烦渴、贪食和黏膜发紫。

[剖检] 骨髓呈深红色、胶冻样。

[镜检] 髓细胞与红细胞之比为 1.1：1,其中以异染性红细胞占优势。

(五)猫骨髓增生病

猫骨髓增生病(myeloproliferative disorder in the cat) 比较常见,但其发生原因还不十分清楚。病猫临床主要表现贫血,且对维生素 B_{12} 或叶酸的治疗无效。

[剖检] 脾肿大,有时长达 16cm,脾表面光滑,呈红紫色,切面脾髓凸出,质地坚硬,脾白髓减少,结构不清。肝脏受害较轻,呈淡红褐色或黄褐色,网状结构明显,有时切面可见直径 1～4cm 大的多个白色病灶。淋巴结正常或稍肿大,呈灰色或黄褐色,质地正常或稍坚硬。骨

髓似肉样,呈粉红色至红色,有时骨髓发生纤维化,呈灶状或弥漫性分布。灶内可见骨针。

〔镜检〕　在骨髓、脾、肝和淋巴结有不同程度的细胞增生。肝脏肿瘤细胞浸润见于窦状隙,也可集中于汇管区。严重病例,浸润细胞常于肝汇管区聚集成团,引起肝细胞萎缩和胆汁色素沉积。在脾脏,肿瘤细胞充满红髓窦。淋巴结内的肿瘤细胞位于髓索、小梁和淋巴窦,皮质淋巴小结增大,生发中心明显。肿瘤细胞一般直径为 $12\sim16\mu m$,核大、微红、偏心,胞浆灰蓝色或深蓝色。有的细胞没有核仁,类似红细胞的前体,有的细胞内有红色嗜天青颗粒,说明是早期颗粒细胞的前体。根据细胞成分不同可将猫分化较差的骨髓增生病分为红细胞性白血病(可同时检出红细胞和粒细胞前体)和红细胞性骨髓增生症(只检出红细胞前体)。此外有的病例可由一种转变为另一种,如由红细胞性骨髓增生症转变为红细胞性白血病,最终成为粒细胞性白血病。有的病例还可发展为骨髓纤维化伴发骨髓组织化生。

（六）肥大细胞性白血病

肥大细胞性白血病(mast cell leukemia)主要发生于猫,常见于 4～16 岁,尤以 8 岁以上的猫多发,雄性多于雌性。临床特征为脾肿大,故又称脾肥大细胞增生症。

猫肥大细胞性白血病的病变可见于骨髓、血液、脾、肝、腹腔淋巴结及其他部位。但最明显的变化是脾中度或极度肿大,呈棕褐色,肝脏散发小的或点状苍白色病灶。50％以上病例有胃或十二指肠溃疡,有时因溃疡出血或脾破裂而死亡。组织学检查,脾红髓充满增生的肥大细胞,有时伴有中性粒细胞,脾结构消失。骨髓和肝脏散在多个肿瘤细胞聚积灶。其他组织器官也可见肥大细胞浸润。

诊断时要注意与某些淋巴肉瘤或骨髓增生性疾病相鉴别,在组织切片中由于肥大细胞的异染颗粒溶解,所以镜检不易发现,难以和上述疾病区别。因此要确诊必须做血液、骨髓、脾、肝或淋巴结等组织的新鲜涂片检查。涂片用瑞氏或姬姆萨染色,可见肥大细胞呈球形,核圆形,位于正中或偏心,胞浆内有大小一致的紫红色颗粒,数量多时核部分被遮盖。此外,血液白细胞计数可发现白细胞增多(2000～3000 个/mm³),其中至少有一半为肥大细胞。

第六节　呼吸系统肿瘤

呼吸系统是动物好发肿瘤的一个解剖区域。常见的有原发性鼻腔、副鼻窦、鼻咽、支气管、肺和胸膜癌瘤。

动物呼吸系统的原发性肿瘤在牛、马、猪、羊、犬、兔和鼠等众多动物均可见到,其组织起源既有上皮性的,也有间胚性的,并证实有多群发性肿瘤的存在。此外,在我国人群中高发鼻咽癌的广东省,也检出了猪的鼻咽癌。

一、鼻腔肿瘤

（一）鼻腔腺癌

鼻腔腺癌(adenocarcinoma of nasal cavity)是动物鼻腔内最常见的一种恶性肿瘤,它起源于鼻腔黏膜的柱状上皮或腺体。

〔剖检〕　肿瘤外形不一,无包膜,表面与切面呈颗粒状,颜色灰白,质脆,无光泽。

〔镜检〕　瘤细胞为立方形、低柱状或柱状,核呈圆形或椭圆形,核仁明显,核染色质多边形,核膜增厚。瘤细胞围绕排列为单层或复层腺管样。可见腺腔,腔内常有积液。可发现腺管共壁现象。有的病例瘤细胞不呈腺管样排列。

(二)鼻腔鳞状细胞癌

鼻腔鳞状细胞癌(squamous cell carcinoma of nasal cavity)见于猪和马等动物。肿瘤起源于经鳞状化生的鼻黏膜上皮。

[剖检]　其外形、色彩、质度和出现的症状与鼻腔腺癌大致相似,也以生长于一侧鼻道为主。

[镜检]　鳞状细胞癌有高分化与低分化两个类型,前者癌细胞常呈巢状或索状排列,癌巢中有角化珠(癌珠)或癌细胞角化现象,细胞间桥(intercellular bridge)清晰可见。低分型鳞状细胞癌又称梭形细胞癌(spindle-cell carcinoma),镜检为癌细胞多呈梭形,分散或聚片排列,不形成癌巢与角化,不见细胞间桥。

(三)鼻腔息肉样腺瘤(adenoma of nasal cavity)

动物鼻腔息肉多数为炎性息肉,其表面光滑,质地柔软,呈淡红色或黄白色,甚至呈半透明状。镜检可见多量小血管、炎性细胞与水肿液,而无肿瘤的特殊结构。而鼻腔息肉样腺瘤的病变特点如下。

[剖检]　外观似黏膜的增厚,颜色灰白。

[镜检]　具腺瘤结构。瘤细胞呈立方形或低柱形与正常的腺上皮类似,无间变。细胞大多呈单层环绕排列为腺管状,有的并见有向管腔内生长并形成大小不等的乳头状突起,此称乳头腺瘤(papillary adenoma)。

二、鼻咽肿瘤

(一)鼻咽的原位癌

鼻咽的原位癌(carcinoma in situ)发生于鼻咽上皮及其陷窝,仅见于猪,其他动物未发现。癌变部位限于上皮层内,基底膜保持完整。

(二)鳞状细胞癌

截至目前,动物的鼻咽癌只见于猪,而未见于其他动物。猪的鼻咽癌在组织学上都是鳞状细胞癌(spuamous cell carcinoma)或未分化癌,尚未发现其他类型,而所有的鳞状细胞癌都是在鼻咽乳头状癌、鼻咽上皮异型性鳞状化生或基底细胞异型性增生进一步发展而来的。呈浸润性生长的鳞状细胞癌的病变很少局限于上皮层,而是突破基底膜向间质呈乳头状或有分支的索样浸润。按其浸润的深度与广度还可区分为微浸润癌与浸润癌两种。

三、肺肿瘤

在各种动物中,肺和胸膜的肿瘤已见记载的有母猫、犬、绵羊、牛、鼠、马、骡和禽类。

(一)支气管腺瘤

支气管腺瘤(bronchial adenoma)主要发生于犬、猫和鸭等动物,但较少见。

［剖检］　肿瘤大多位于肺门附近，这是因为大多数的支气管腺都位于这一解剖区域的缘故。

［镜检］　支气管腺瘤通常为腺样结构（图 15-23，见图版），肿瘤可能来自浆液腺，因为特殊染色不能证明黏液蛋白存在。此外，有一些支气管腺瘤有表皮样结构，因此可出现角化现象。

（二）肺癌（pulmonary carcinoma）

原发性肺癌主要发生于一些年龄较大的猫、犬和牛等动物。

肺癌的临床症状为持久的咳嗽和呼吸障碍。但在早期病例，这些症状比较轻微。多数的动物肺癌是在死后剖检时发现的。

［剖检］　癌肿的外形呈结节样团块或弥漫性分布，位于一个或多个肺叶上。肺癌无完整包膜，色灰白无光泽，质脆，往往累及胸膜并向支气管或纵隔淋巴结网以至远方器官转移。

［镜检］　多数的肺癌为腺癌（包括乳头状腺癌在内）。少数为鳞状细胞癌。癌细胞的分化程度不一。

第七节　消化系统肿瘤

一、口腔肿瘤

（一）口腔乳头状瘤

口腔乳头状瘤（papilloma of oral cavity）是牛、马、猫和犬等多种动物最常见的良性肿瘤。无论是生长在口腔黏膜上或位于口腔黏膜与表皮组织栅邻的乳头状瘤，均起源于复层扁平上皮。

［剖检］　口腔乳头状瘤有多发或单发。外形为结节状或分叶状；有时，肿瘤可由几个结节连接而呈不规则团块状。口腔内良性的乳头状瘤与周围组织分界清楚，表面光滑；如发生于和皮肤相连的部位，则通常表面粗糙，常有裂隙，质硬而脆，颜色呈深褐或灰黑色不等，有的易发生出血。

［镜检］　口腔乳头状瘤表层由呈外生性增生的鳞状上皮组成，增生的上皮少者数层，多者达数十层不等向黏膜表面呈乳头状突起。其表面的上皮很少发生角化或有时仅有薄层角化（图 15-4，见图版）。乳头中心则由纤维组织与血管构成。与皮肤相连的乳头状瘤则表层角化明显。口腔乳头状瘤的瘤细胞无异型性，核浆比率基本正常，罕见核分裂相，但其体积常较正常的大。鱼类的口腔乳头状瘤比较独特，由于它是一种病毒性肿瘤，因此它常和皮肤乳头状瘤同时生长。这种肿瘤在美洲西海岸、阿拉斯加湾西部、日本和波罗的海的一些水域的鱼类中广泛流行。受侵害的主要有川鲽、鳎、常鳗鲡、鲑、河鱼、巴刺鱼、段虎鱼、胡瓜鱼、双带海猪鱼和颏须石首鱼等。据文献记述，在大西洋捕获的鳗鱼中，曾经发现 15％患有此种肿瘤。鱼类的口腔乳头状瘤其组织学结构与家畜的相同，但可恶性变为癌。

（二）口腔癌（carcinoma of oral cavity）

动物的口腔癌在猪、牛、犬等动物中都有发生。肿瘤的组织起源也为口腔黏膜的复层扁平上皮。外形多呈不规则的团块状，无包膜，表面粗糙，色灰白，常有出血与形成久不愈合的溃疡；溃疡部周围组织呈堤样隆起。由于口腔癌常侵犯牙龈、颌骨或舌咽等处，因此往往不易准确判断其原发部位。多数动物的口腔癌镜下为分化程度高低不一的鳞状细胞癌。

二、咽和食管肿瘤

咽-食管癌与食管癌（pharynx-esophageal carcinoma）前者仅发生于鸡,而食管癌（esophageal carcinoma）除鸡外,还见于猪、牛、绵羊等许多动物。

鸡的咽-食管癌,通常是指癌肿的所在位置为口咽及其相连的食管与鼻咽无关,又无法准确判断它原发于口咽还是食管。由于口腔与食管的黏膜上皮均为复层扁平上皮,所以咽-食管癌的组织学类型为鳞状细胞癌。咽-食管癌和食管癌大多发生于年龄较大的动物。食管癌的生长位置在人常为食道的胸段或腹段,而动物的食管癌则多发生于颈段。

［剖检］　咽-食管癌或食管癌常呈花椰菜型（图 15-2,见图版）、结节型、浸润型与溃疡型等。花椰菜型:癌组织质硬而脆,表面常有出血、坏死,类似蕈伞状。结节型:癌肿呈大小不一的结节状,灰白色,少见坏死,表面有轻微糜烂。浸润型:癌组织呈浸润性分布,癌肿区域黏膜增厚或有颗粒状突起,病变与周围健康组织分界不清。有时病变部有灰黄色渗出物被覆。溃疡型:癌组织明显坏死,坏死组织四周同呈堤坝样突起。

［镜检］　各种动物的咽-食管癌大多为分化程度不一的鳞状细胞癌,只有少数是腺癌。腺癌的组织起源是食管腺。动物的食管癌很少发生转移。

三、胃的肿瘤

（一）胃乳头状瘤

胃乳头状瘤（gastric papilloma）多见于反刍动物的前胃,以及其他单胃动物的胃贲门部无腺区黏膜上。

［剖检］　肿瘤外观呈结节样、乳头样、条索样或表面为绒毛状,并多半有广、狭不一的基部（或蒂）与胃黏膜相连。胃乳头状瘤的体积一般不大。最小的仅在镜下可见,有单发或多发,灰白或淡红,质地比较坚实。

［镜检］　生长在反刍动物的前胃、马胃和猪胃的贲门部无腺区黏膜上的乳头状瘤,与发生在被覆复层扁平上皮的其他部位的乳头状瘤无明显区别（图 15-4,见图版）。肿瘤表面往往有薄层或厚层的角化物质。这种角化现象在牛（瘤胃）和穿山甲（chine pangolin）胃乳头状瘤尤其明显。

部分胃的乳头状瘤可以发生癌变而形成乳头状癌。癌变的细胞体积增大,核也增大并发生畸形,核染色质增多而深染。核仁粗大,核有丝分裂相多见;细胞排列紊乱。肿瘤细胞可向周围健康组织浸润扩展。

（二）胃鳞状细胞癌

胃鳞状细胞癌（spuamocellular carcinoma of stomach）多发生于动物的胃贲门无腺区,若胃底部或幽门部有鳞状细胞癌发生,则其黏膜上皮必须经过鳞状化生阶段。野生动物穿山甲由于其胃黏膜的表层大部分为复层扁平上皮,所以胃癌可发生于胃的任何部位,其检出率则也相当高。

［剖检］　肿瘤呈花椰菜样或团块样,颜色灰白色或灰红色,表面粗糙。肿瘤质地硬而脆,常有出血、糜烂或溃疡,边界不清。

〔镜检〕　胃的鳞状细胞癌多属高分化型。癌细胞大都为多角形、胞浆丰富，胞核肥大、深染、核分裂相多见。癌细胞排列为巢样或有分支的索状，细胞间桥清晰可见。部分癌巢中见角化珠，或者个别细胞出现角化现象。

（三）胃腺癌

胃腺癌（adenocarcinoma of stomach）是动物胃癌的主要类型。原发于胃底或胃幽门部位的癌大都是腺癌，它起源于黏膜的柱状上皮或胃的腺体。胃的腺癌只有个别的病例是由胃腺瘤恶性变而来。

〔剖检〕　胃腺癌的体积大小不一，呈灰白色或灰红色，其表面粗糙。常有出血或坏死。

〔镜检〕　凡分化较好的胃腺癌细胞都不同程度地表现出腺上皮的特点，即癌细胞呈立方状、低柱状或柱状；一部分则可为多边形或圆形。异型性明显。核仁粗大。癌细胞除呈腺管状排列（管型腺癌）外，还有单纯癌（carcinoma simplex）、髓样癌（medullary carcimona）、硬癌（scirrhous carcinoma）、乳头状腺癌（papillary adenocarcinonla）与黏液腺癌（mucous adenocarcinoma）之分。管型腺癌细胞呈单层与多层围绕，排列为腺管样，有清楚的腺腔可见，腔内常有分泌物。管型腺癌中镜下常可发现腺管共壁现象。

乳头状腺癌的癌细胞向黏膜面呈乳头状隆突，乳头中心有间质成分，每一乳头又可形成若干细小分支继续向腺腔内突起生长。

黏液腺癌的特点是癌细胞能产生多量黏液。存在于癌细胞胞浆内的黏液可压挤胞核使核移位于一侧，此种细胞称为印戒细胞，此类型肿瘤又称细胞内型黏液腺癌。有时，大量的黏液存在于细胞外，并汇集成片，致使一些癌细胞漂浮于黏液之中，此称细胞外型黏液腺癌。黏液腺癌可通过组织化学染色得以确认。

髓样癌癌细胞常排列为索状或腺样，癌细胞中间质成分很少，但可见一些炎性细胞浸润。

单纯癌即所谓实心癌，癌细胞不形成腺管样排列。

硬癌有时也见于胃的腺癌。特征为肿瘤的实质很少而间质成分很多。

四、肠肿瘤

猫、犬、牛、羊及多种动物甚至鱼类都见有肠道肿瘤发生。动物肠道常见的肿瘤主要有以下几种。

（一）肠腺瘤（intestinal adenoma）

在犬、猫、兔、猪、鸡甚至鱼类均可见到。它既发生于小肠，也见于大肠。犬的直肠腺瘤十分多见。

〔剖检〕　肠腺瘤大多以息肉样腺瘤类型出现，其体积大小很不一致，最细小的肠腺瘤直径只有1～2mm。这类肿瘤通常都有狭小或宽广的基部（或蒂）与肠黏膜相连。腺瘤瘤体一般表面光滑，边界清楚，只见一些体积较大的肠腺瘤有坏死现象发生。

〔镜检〕　肿瘤起源于肠黏膜上皮或腺体组织。瘤细胞为立方状、低柱状或柱状，无异型性，排列整齐，极向基本一致，多围绕排列为腺管样，可见清楚的腺腔（图15-24，见图版）。腺管间有纤维组织与血管等肿瘤间质成分。在猪结肠发现有息肉样腺瘤，并有癌变为黏液腺癌的病例。

（二）肠腺癌

肠腺癌（intestinal adenocarcinoma）主要发生在大肠，尤其是在结肠与直肠；在小肠则相对发生较少。在某些地区，3 岁以上的牛和绵羊的小肠腺癌相当普遍。犬、绵羊和牛经常在空肠发生腺癌。鸡肠腺癌也多见于空肠。猪的结肠癌是由结肠的息肉样腺瘤恶性变而来，在组织类型上它属黏液腺癌。

［剖检］　肠腺癌呈多种形状，一般为结节状或息肉状，色泽灰白或淡红，体积大小不一。肿瘤一旦发生，经常浸润到黏膜下层和肌层，并可向肠外生长，因此眼观可见肿瘤边界不清。

［镜检］　癌组织中有大量印戒状细胞，因又称为印戒细胞癌。

五、腹膜肿瘤

在腹膜常见的原发性肿瘤有脂肪瘤、间皮瘤或间皮肉瘤、淋巴瘤或淋巴肉瘤。腹膜发生的转移性肿瘤较为多见，但是它们的组织起源并非腹膜。

（一）腹膜间皮瘤与间皮肉瘤（peritoneal mesothelioma and mesotheliosarcoma）

腹膜间皮瘤（图 15-25，图 15-26，见图版）与间皮肉瘤按其起源、组织类型和形态特征，与发生在胸膜上的同类肿瘤基本相同。但是必须注意和雌性动物的卵巢、子宫或肠的癌瘤因腹膜上形成的各种转移灶相区别。此外，牛和绵羊患寄生虫病和创伤性瘤胃、网胃和瓣胃炎症时，由于伴发了增生性腹膜炎，腹膜表面可形成与间皮瘤相似的病灶，也应避免误诊。

（二）腹膜淋巴肉瘤（peritoneal lymphosarcoma）

牛和马最为多见。这种肿瘤起源于肠系膜的淋巴结。

［剖检］　其大小由拳头甚至人头大，严重病例肿瘤往往占据整个腹腔，此时在临床上病畜表现为腹部异常膨满，而全身则十分消瘦呈恶病质状态。肿瘤切面颜色灰白或为鱼肉样，有一定光泽，常见出血与坏死。

［镜检］　瘤组织的主要成分为成淋巴细胞、淋巴细胞与少量网状细胞。除滤泡型淋巴肉瘤（可见细胞核异常等肿瘤特征）外，在淋巴肿瘤组织内，还发现淋巴滤泡与淋巴窦。

六、肝胆肿瘤

（一）肝细胞瘤

肝细胞瘤（hepatoma）起源于正常的肝细胞。由于肝细胞在组织学上属于腺上皮，因此这种肿瘤镜检时以腺瘤形式出现。

［剖检］　各种动物的肝腺瘤通常为结节样，呈单发或多发，其体积差异很大。肿瘤一般有完整或较完整的包膜，色泽灰白色或淡红色。质地较坚实，很少发现有出血或坏死现象，与周围组织分界清楚，不见侵入相邻的肝组织。

［镜检］　瘤细胞与正常的肝细胞十分相似。胞浆丰富，偶见体积稍增大。细胞的核浆比率正常。有时仅见个别细胞的核染色质增多。几乎找不到核分裂相。肝腺瘤细胞呈腺样、条索状或团块样排列。瘤组织内不见中央静脉与呈放射状排列的肝索结构，其周围有厚薄不同的纤维组织分界。与瘤结节相邻的肝细胞常受到挤压而发生萎缩。

（二）原发性肝癌

原发性肝癌（primary hepatic carcinoma）在组织学上包括肝细胞性肝癌、胆管细胞性肝癌和混合性肝癌三种，而肝细胞性肝癌是其中最常见的类型，已见记载于猪、牛、山羊、绵羊、熊、猫、猴、马、骡、鼠、犬、鸽、鸡、鸭和鱼等许多动物。在一些地区，动物的原发性肝癌与人的肝癌发生率的上升有相应性的迹象。动物的原发性肝癌在外观形态上可区分为结节型、弥漫型和巨块型三种，但以前两型多见。

［剖检］　结节型肝癌的特征为：肝组织内形成大小不等的类圆形结节。最小的结节仅有粟粒大，最大的结节其直径常可达几厘米。肝癌结节通常以多个同时出现，不均匀地分布于各个肝叶，呈白色、淡红色、淡绿色或黄绿色不等，这往往和其中是否出血、坏死与胆汁有关。癌结节与周围肝组织分界清楚。

弥漫型原发性肝癌的特征为：一般不形成界限分明的结节。由于癌组织广泛浸润于肝叶各个部分，因此其表面和切面有许多不规则的灰白色或灰黄色的特殊斑点或斑块。

巨块型肝癌在动物或人类中都较少见。此型表现为在肝内形成巨大癌块。癌块的周围常有若干的卫星性结节。在一些病例中，有时可发现以上两型或三型同时存在。

［镜检］　见动物的原发性肝癌可区分为肝细胞性肝癌、胆管细胞性肝癌和混合型肝癌三种类型。

1. 肝细胞性肝癌

肝细胞性肝癌是动物和人原发性肝癌中的最常见类型。癌细胞的来源一般认为是肝细胞。分化比较好的肝癌细胞为多角形，体积通常比正常肝细胞为大，胞浆丰富；核大核仁粗大，核膜粗糙，核分裂相多见（图 15-27，见图版）；有时可见分泌胆汁。癌细胞呈条索状或构成实体性小巢，或作团块状排列（图 15-28，见图版）；索间或巢间可见血窦。有些病例还呈各种形状的腺样结构。在肝细胞性肝癌中，常有瘤巨细胞出现。

肝细胞性肝癌组织在用甲苯胺蓝作细胞的核酸染色时，可出现高嗜碱反应。在诱癌试验中用这种染色方法获得如下结果：肝的变性坏死区为低嗜碱着色；正常肝细胞和部分再生性肝细胞为嗜碱着色；癌前性再生性肝细胞结节和癌区细胞则呈高嗜碱着色，而这种呈高嗜碱反应的再生性肝细胞结节在用普通染色时，细胞形态不显异常，或仅呈早期间变。

2. 胆管细胞性肝癌

胆管细胞性肝癌较为少见，它起源于肝内胆管上皮者最多，故癌细胞的形态与肝细胞性肝癌相差甚大，为立方状、低柱状或高柱状，通常围绕排列成不规则的腺管样，可见腺腔；但也有不呈腺管状排列的。癌细胞中的染色质较少，且多边集，核仁明显，见分裂相。管腔内常有黏液积聚。

（三）胆管腺瘤

胆管腺瘤（cholangioadenoma）在羊、牛和兔中比较多见，其组织起源为肝内胆管上皮，故又称为肝内胆管腺瘤。

［剖检］　肿瘤外观一般为结节样，大小不一，经常为多发性；肿瘤结节在肝内密集或卫分散分布。结节质地比较坚实，与周围组织的分界多半明显。

［镜检］　瘤细胞呈立方状或低柱状，核呈圆形或椭圆形，核染色质多边集，瘤细胞无异型性表现，排列成腺管样或乳头状腺瘤样结构。

肝内寄生虫寄生可诱发胆管腺瘤,肝内胆小管上皮有艾美耳(Eimeria)球虫寄生的家兔,除了发现由于球虫寄生致胆管上皮破坏外,并见上皮显著增生及有乳头状腺瘤形成。增生类型包括单纯性增生和乳头状增生。部分家兔胆小管由增生发展形成为乳头状腺瘤。

第八节　泌尿系统肿瘤

一、肾脏肿瘤

(一) 肾实质上皮性肿瘤

1. 肾腺瘤

肾腺瘤(nephradenoma)为源于肾小管上皮的良性肿瘤,偶见于老龄动物,较多见于马和牛。

[剖检]　肾腺瘤常为单个边界清楚的灰白色或灰黄色结节状肿块,位于肾皮质内。直径一般小于2cm。马、牛肾腺瘤可能较大。多发生于一侧肾脏,两侧同时发生的情况十分罕见。

[镜检]　肿瘤由呈小管状、乳头状结构或上皮细胞团块构成。其间有少量的结缔组织构成肿瘤间质。肾腺瘤细胞呈立方形或柱状。前者细胞轮廓明显,胞浆少,嗜酸或嗜碱,核深染圆形,后者细胞淡染透明。细胞核分裂相罕见。

肾腺瘤通常不侵犯包膜,也不发生转移。但有的肾腺瘤部分组织学图像有向腺癌过渡的现象。因此有时两者不易区别。为了正确诊断,常需从肿瘤不同部位取材检查。

2. 肾细胞癌

肾细胞癌(renal cell carcinoma)为来源于肾小管上皮细胞的恶性肿瘤,又称为肾腺癌(nephradenocarcinoma)、恶性肾瘤(malignant nephroma)、肾上腺样瘤(hypernephroma)及Grawitz氏瘤等。

肾细胞癌多见于老龄的犬、猫及牛。患犬的平均年龄为8岁,但也可见于3岁的犬。猫的肾细胞癌无性别差异。在屠宰场检出的牛肾细胞癌似乎更多见于老龄母牛。此外。马、绵羊、猪等动物也偶见该瘤。

[剖检]　肿瘤常为单个的球形肿块,常呈单侧发生并多位于肾的前端。肿瘤界线清楚。有时与肾腺瘤不易区别(图15-29,见图版)。小的肿瘤可埋藏于肾皮质中,切开才能发现。大的肿瘤常突出于肾表面并部分或全部地取代肾的原有结构。牛的肾腺癌可重达40kg。在有些病例,瘤组织可侵犯肾盂、输尿管以及肾动脉、肾静脉、腔静脉及主动脉。也可与邻近器官发生粘连。肿瘤质地柔软,也有表现质硬而脆,常呈灰白色或灰黄色,伴发出血、坏死时呈红黄色。有时可形成囊状或乳头状结构,若有结缔组织长入时则呈分叶状。

[镜检]　根据癌瘤的组织学及细胞学形态,肾细胞癌又可进一步分成若干类型。但同一肿瘤的不同部位出现多种形态的情况也是很常见的。

乳头状癌(papillary carcinoma):癌细胞排列成乳头状突起。细胞大小形态一致,呈立方形或柱状,胞浆丰富,呈弱嗜碱性,无空泡。核位于中央,有丝分裂相不多。尽管分化良好,无明显间变,但犬的肾细胞乳头状癌恶性程度很高,容易侵入肾静脉,并进入后腔静脉而造成肺、心、脑及皮肤内转移。据统计,犬的肾细胞癌约有一半左右有肺的转移。

小管癌(duct carcinoma):癌组织由不规则的小管状结构组成,小管外有纤维基质包围。癌细胞常呈立方形或柱状,但其形状及大小常不一致。核大小不一,常可见核分裂相。

透明细胞癌(clear cell carcinoma):这类肾细胞癌的癌细胞体积较大,因在用 HE 染色的石蜡切片中胞浆透明,因而被称为透明细胞癌。

透明细胞癌多由细胞性团块构成,有的区域也可见腺管形态。癌细胞边界清楚,呈多边形、柱状或立方形。胞浆透明、淡染或呈空泡状。胞核小,圆而致密,位于细胞中央或基部。瘤组织中有纤细的纤维结缔组织分隔。其内血管丰富,易于出血和坏死。

患肾细胞癌的动物临床上有血尿、腰下区可触摸到肿块及腰痛症状。透视可见肾的大小或形状改变。泌尿道造影显示肾有占位性病变。穿刺活检有助于确诊但易造成肿瘤扩散。有时也要注意肾上腺癌转移到肾脏的可能性。

肾细胞癌常可侵犯肾盂、输尿管及肾血管,可转移到肾淋巴结及远方淋巴结,并常转移到肺、肝、肾上腺及椎骨等全身各器官。转移到肺时可引起咳嗽,而转移到椎骨时可致肢体麻痹。

(二)肾母细胞瘤

肾母细胞瘤(nephroblastoma)为幼龄动物的一种比较常见的肾肿瘤,曾被称为胚胎性肾瘤(embrynal nephroma)、胚胎性腺肉瘤(embrynaladenosareoma)、肾腺肉瘤(renaladenosarcoma)及 Wilm 氏瘤。最常见于猪、鸡及兔。

猪的肾母细胞瘤约有 77% 见于 1 岁以内的猪。鸡肾母细胞瘤自然发病多见于 2~6 月龄的鸡。随着肿瘤的长大,病鸡消瘦虚弱,当肿瘤压迫坐骨神经时,可发生瘫痪。家兔的肾母细胞瘤检出率高达 25.6%。牛的肾母细胞瘤也多见于 1 岁左右的犊牛,但也可见于胎牛及 3 月龄犊牛。除上述动物外,马、山羊、绵羊、猫、犬、鹦鹉、蝾螈、鲈鱼等也可发生该病。

[剖检] 肾母细胞瘤多呈结节状及分叶状。少数为囊内花椰菜样及浸润肿状。肿瘤的大小悬殊,从粟粒大小到巨形肿块。猪的肾母细胞瘤直径可从 0.3~60cm 不等,重量可超过 30kg。一例公鸡肾母细胞瘤的大小为 17cm×9cm×8cm,重达 750g;一例母鹅的肾母细胞瘤的大小为 28cm×17cm×9cm,重达 250g。据统计,猪肾母细胞瘤 70% 为单侧性的,而兔的 96% 为单侧性的,肿瘤多位于肾一端的皮质部,突出于肾表面并压迫或取代肾组织。有时巨大的肿块可游离于腹腔之中,以一细的纤维性蒂柄与肾脏相连接。体积较小的肿瘤可埋藏于肾实质中,需切开肾脏才能发现瘤体。有的肿瘤可内向性扩展至髓质、肾盂,残存的肾组织在肿瘤的外周似一层外壳。个别病例的瘤组织可弥散于肾实质中而使肾的体积均匀地增大。肿瘤切面结构均匀,色灰白,似生鱼肉样。有出血、坏死时瘤组织变软,呈灰黄色或棕红色。常可见结缔组织长入肿瘤。大的肿块内常见出血、坏死及钙化灶。有的可见大小不等的囊腔形成,状似蜂窝,内含半透明液体,囊内偶尔也可见花椰菜状肿物。猪肾母细胞瘤常可见有肌肉、骨及软骨组织的形成区。

[镜检] 在肿瘤的某些区域或胚芽细胞中,可见到上皮细胞呈团块状、条索状或巢状分布。上皮细胞也可分化成肾小管样结构。单层或多层上皮细胞可排列成菊形团样、腺管状或乳头分支状。细胞呈立方形或柱状,胞浆中等,嗜染伊红;核大,圆形,居中或近基部。分化良好的小管可见清晰的刷状缘及基底膜。偶尔上皮结构可形成囊腔,并可分泌黏液。有的上皮出现鳞状化生并有角质屑脱落至腔中。有时在瘤组织中可见到肾小球样结构,系原始细胞形成的一种圆形小体,偶尔在其一侧形成类似肾球囊的腔隙,极似胎儿的肾小球。但这种结构分化不成熟,通常无毛细血管。

肿瘤的间叶成分以混有胶原纤维的纤维肉瘤样成分最为常见。在一些病例中,也可见肿瘤内混有不同分化程度的多种间叶组织,如横纹肌、平滑肌、黏液、脂肪、骨及软骨等。这些成分或单独出现,或按不同比例及组合同时存在。

　　动物的肾母细胞瘤常在屠宰检查时发现。生前一般无明显临床异常。

　　猪的肾母细胞瘤可长得很大而转移却十分罕见。但犬、猫等其他动物的肾母细胞瘤则常常出现转移。肿瘤转移成分主要是其上皮及间叶组织。肿瘤分裂相的多少和细胞的间变程度与转移的倾向性无直接联系。肿瘤可转移到腰下、肾、肠系膜及支气管淋巴结,也可转移到肺、肝、腹膜殁对侧肾脏。

二、膀胱肿瘤

(一) 乳头状瘤

　　乳头状瘤(papilloma)多见于成年或老龄动物,无性别及品种差异。

　　[剖检]　膀胱乳头状瘤可以单发或多发。肿瘤呈纤细的乳头状或绒毛状,乳头漂浮于尿液中,很易折断脱落。如膀胱内有大量乳头状瘤散在时,可称为弥漫性乳头瘤病(diffuse papillomatosis)。

　　[镜检]　肿瘤呈多分支乳头状。乳头中央为纤细的纤维脉管间质,被覆规则的移行上皮。瘤细胞一般不超过6层。胞核大小一致,染色质分布正常。细胞无间变,由垂直于基底膜的柱状细胞逐渐过渡为表层胞浆透明的扁平细胞,仅偶尔在基底层细胞中具有个别核分裂现象。细胞不入侵基底膜。

　　由于膀胱乳头状瘤可源于膀胱黏膜的乳头状增生,并且有恶性变倾向性,其间还存在着过渡阶段,因而常需与慢性膀胱炎所致的上皮乳头状增生及乳头状移行细胞癌相鉴别。与前者主要通过乳头结构差异来区分。乳头状瘤的乳头大都呈柱状,多级分枝,各部乳头粗细较一致。而炎性增生的乳头大都呈圆钟形,乳头顶窄底宽,且一般很少分支。与后者的鉴别则要求多处取材,观察不同部位有无乳头状瘤的局部恶性变。

(二) 腺瘤

　　腺瘤(adenoma)为由腺上皮构成的良性肿瘤,偶尔见于牛及犬,无性别及品种差异。膀胱腺瘤或腺癌来源于移行上皮的腺样化生细胞。膀胱顶部的腺瘤可能来源于脐尿管残迹,而位于膀胱三角区或颈部的腺瘤则有可能来自前列腺及后尿道腺。

　　[剖检]　膀胱腺瘤常呈单个发生,也可像花椰菜样成堆存在,或以许多带柄的小体出现。有时与泌尿道上皮的乳头状瘤相似。

　　[镜检]　肿瘤由大量腺管结构组成,腺管之间由数量不等的结缔组织分隔。构成腺管的上皮均为单层柱状上皮。细胞内黏蛋白量多少不定,多位于细胞的近腔端,含量较多时可形成杯状细胞。腺腔常膨大成为薄壁的囊腔,其内充满黏蛋白及脱落细胞,腺管的上皮细胞排列整齐,核分裂相极罕见,瘤组织不侵犯膀胱肌层。

　　膀胱腺瘤有时需与腺癌及腺性膀胱炎(glandular cystitis)相区别。腺癌细胞常有明显的间变现象。腺性膀胱炎则是由于慢性炎症刺激致使黏膜上皮下陷形成布鲁氏细胞巢,这种细胞巢可进一步扩大为腺腔并有黏液分泌。因而腺性膀胱炎一般位于固有层内,周围有明显的炎症反应。

(三) 鳞状细胞癌

　　鳞状细胞癌(squamous cell carcinoma)为尿路移行上皮鳞状化生基础上发生的恶性肿瘤。

膀胱鳞状细胞癌在动物中并不少见。它在犬和牛的原发性膀胱癌中分别占14％和7％,多见于老龄动物,但似乎公犬比母犬多见。马的膀胱鳞癌发生率也较高。膀胱鳞癌易于浸润及转移。

　　膀胱鳞状细胞癌通常为溃疡状、丘状或结节状,质地坚硬。其组织学图像与机体其他部位发生的鳞癌相似,可见癌组织由浸润性生长的癌细胞团块和条索组成,细胞大而圆。癌巢中可见棘细胞及角化现象。分化高的区域可见“癌珠”形成,分化低的区域也隐约可见细胞间桥及单个细胞的角化现象。由于膀胱鳞癌源于鳞化的移行上皮,所以有人将移行上皮的鳞状化生视为一种癌前病变,但绝大多数鳞状化生区并不一定演化为癌。

（四）腺癌

　　腺癌(adenocarcinoma)在牛和犬的原发性膀胱癌中分别占10％和6％,一般认为,膀胱腺癌是来源于膀胱移行上皮的腺样化生。其形态呈扁平的溃疡状、丘状、乳头状或息肉状。在组织学上,癌组织由大小形状各异的腺体构成,腺上皮细胞呈柱状或立方形,单层或多层。有的区域细胞增生活跃可形成腺腔内突起,细胞明显异常。可见腺管的“共壁”及“背靠背”现象。有的腺癌细胞具有黏液分泌的能力,但黏液分泌量差异很大。有时可见一片黏液湖外面有不明显的上皮细胞包围。在腺管的周围有不定量的纤维结缔组织间质。网状纤维染色见癌性腺管周围有少量网状纤维缠绕。

第九节　生殖器官肿瘤

一、雄性生殖器官肿瘤

（一）睾丸肿瘤

1. 精原细胞瘤

　　精原细胞瘤(seminoma)又名生殖细胞癌(germinocarcinoma)常发生于犬,偶见于种公马和公羊。隐睾是该瘤的预置因素,约1/3的精原细胞瘤发生于隐睾。该瘤常在同一睾丸或对侧睾丸内与间质细胞瘤或支持细胞瘤并存。

　　[剖检]　瘤体的大小不一,多数直径为2～3cm。肿瘤常被纤细的纤维分隔成小叶状,质地坚韧,肿块隆突,为白色或灰红色,偶见褐色斑点。

　　[镜检]　犬精原细胞瘤是由曲细精管的生精上皮演化而来。瘤细胞较大,呈多边形或圆形,体积和形态颇一致,胞膜较清楚。胞浆中等,常淡染,有时呈细颗粒状,染色较深。核呈圆形,位于细胞中央,染色质颗粒较粗而深染,核膜及核仁皆清晰,偶见巨核和多核,分裂相常见(图15-30,见图版)。周围的曲细精管的生精细胞萎缩,常见坏死和出血。

　　瘤细胞可聚集成小团块或片块,由间质分隔,常无基底膜环绕,也可呈弥漫性散在。瘤细胞早期限于在曲细精管内增殖,有时沿睾丸网扩展,偶尔侵犯间质。间质常含丰富血管和淋巴细胞,甚至形成淋巴小结。

　　精原细胞瘤很少转移,偶见转移到腹股沟淋巴结、髂淋巴结、腰下淋巴结、主动脉周围淋巴结及肺脏等。

2. 支持细胞瘤

　　支持细胞瘤(sertoli cell tumer 或 sustentacular cell tumor)常见于犬,罕见于猫和马。病犬

最多发年龄为 6 岁,少数 3 岁亦见发生,隐睾病犬的发病年龄较小。约有 25% 以上的病犬,常呈现雌激素过多症,显示睾丸萎缩,曲细精管皱缩,皮肤表皮、皮脂腺和毛囊萎缩,并出现对称性秃毛;前列腺上皮停止分泌并发生鳞状化生或化脓性炎;乳房增殖,奶头变大;松果腺萎缩;包皮弛缓等雌性化症状。该瘤常以右侧睾丸多发,有一半以上发生于腹股沟管或腹腔内。

〔剖检〕 支持细胞瘤呈圆形或椭圆形,质地较硬,外表光滑或呈结节状,包有白色包膜,瘤体比精原细胞瘤小,但较间质细胞瘤大,其最大直径为 5cm,边界清楚,常被致密的纤维束分隔成叶,呈黄褐色至白色,质坚韧,偶见内含澄清液的囊腔。

〔镜检〕 大多数支持细胞瘤组织被厚层结缔组织分隔成小管状,小管内的瘤细胞为多层,通常以其长轴与小管基底膜呈垂直排列。小管中心部的瘤细胞常脱落,形成实性肿块,偶见坏死。呈栅栏状的瘤细胞为长梭形,具有薄的胞浆支突,边界不清晰,核狭长、圆形或卵圆形、弱嗜碱性,胞浆含有脂质空泡和脂褐素(图 15-31,见图版)。有些区域的瘤细胞可溢出小管浸润到基质,形成实性条索或片块。有些瘤细胞则排成多层,形成内含均质红染液的囊腔。恶性型瘤细胞常可浸润至白膜、睾丸网、附睾、局部淋巴管和静脉,其大小、形态不规则,呈圆形、多边形或卵圆形,很少排列成栅栏状,核大而深染,分裂相常见。另外,少数支持细胞瘤有类似精原细胞瘤区域。

支持细胞瘤偶见转移到腰下淋巴结、髂内淋巴结、腹股沟淋巴结、肠系膜淋巴结、主动脉周围淋巴结、脾脏、肾上腺、肝脏、肾脏及胰脏等。转移的瘤细胞除形成小管较少外,其形象与原发性肿瘤相似,亦可产生激素。

(二) 前列腺癌

前列腺癌(carcinoma of the prostate)仅发生于犬。病犬年龄为 2～12 岁,平均年龄为 10 岁,但 90% 的病犬为 8 岁或以上,无特殊的品种遗传因素。犬前列腺癌发生率通常很低,临床上病犬消瘦。后肢软弱无力或跛行,腰部疼痛,排粪或排尿困难,触摸前列腺肿大、坚韧,呈结节状或不规则状,正中线消失。肿瘤常牢固地贴附于盆腔壁上,可导致盆腔管狭窄。有些病犬还呈现烦渴和多尿。

〔剖检〕 受损的前列腺平均大小为 4.5～5.5cm,肿瘤常呈结节状与相邻的组织粘连。少数癌瘤可穿过前列腺包膜呈蕈样增生。瘤体坚韧,灰白色或黄色,并伴发囊肿、脓肿或出血。

〔镜检〕 癌细胞为圆形、多边形、卵圆形或细长形,都成腺管或腺泡排列。核多位于细胞底部、深染,核仁大,分裂相中等。按瘤细胞排列分为小泡乳头型、腺泡型和类器官型。

(1) 小泡乳头型:此型肿瘤是由瘤细胞形成乳头状小带,突入圆形、囊状、小泡状的空腔中所构成。空腔周围环绕结缔组织,其中常见瘤细胞浸润。此型肿瘤的瘤细胞胞浆较多,呈颗粒状,嗜染伊红。大多数瘤细胞常呈空泡化,将胞核挤压至边缘而变成印戒细胞,其内容物对爱新蓝和 PAS 染色呈阳性反应;表明瘤细胞具有分泌黏蛋白作用。有些瘤细胞胞浆内含有嗜伊红性蛋白质小滴,后者呈酸性磷酸酶阳性。核呈圆形或卵圆形,有 1～2 个核仁,间变较明显。小泡腔中常见中性粒细胞。

(2) 腺泡型:瘤细胞在间质内到处形成大小不一的腺泡,同时伴有明显的纤维肌肉性增生,因而使肿瘤具有硬化的外观。腺泡细胞通常很小,间变程度不一,很少见到印戒细胞。可见少量上皮的乳头状皱襞。上皮的厚度通常仅为一或两层细胞。大多数腺泡腔内含有数量不等的黏蛋白。基质里偶见单个瘤细胞。

（3）类器官型（或攻瑰花瓣状型）：此型癌瘤具有明显的小泡状结沟，在其间质内常见瘤细胞浸润。每个小泡充满由瘤细胞构成的实性团块或条索，形成小的攻瑰花瓣状，胞核位于细胞的周边部分，偶尔在花瓣状中央见有小空腔。瘤细胞通常较小，呈立方形至柱状，胞浆边界清晰，核圆形，有 1～2 个核仁。瘤块的中央部分常发生坏死。和其他类型的前列腺癌相反，此型的结缔组织增生和硬化现象都不显著。

前列腺癌有 70％～80％ 的病例发生转移。最常转移的部位是髂淋巴结、盆腔淋巴结、腰部淋巴结、肺脏及膀胱。另外，还可转移到肾脏、脑、心脏、肾上腺、脾脏、肝脏、睾丸、骨骼及体腔。转移经路是由小静脉转移到脊椎静脉丛，然后经内髂静脉至腔静脉而至各器官。直接扩散也常见到，可造成前列腺和膀胱、直肠及下结肠之间粘连。前列腺癌转移至骨的发生率也很高。由于前列腺癌的瘤细胞具有产生酸性磷酸酶功能，因此检查患犬血清中酸性磷酸酶活性对前列腺癌的诊断具有一定意义。

二、雌性生殖器官肿瘤

（一）卵巢肿瘤

1. 卵巢囊腺瘤与囊腺癌

动物的卵巢囊腺瘤与囊腺癌（cystadenoma and cystadenocarcinoma）偶见报道于马、犬、猫和牛，大多数为成龄或老龄动物。病犬的平均年龄约为 9 岁，无品种差异。

［剖检］　肿瘤常为单侧性，其特征是形成大小不一的囊肿与乳头，但也常见实性区。其直径通常为 7～10cm，有的还可穿越卵巢被膜而扩散，囊内含有褐色或澄清的水样液体（图 15-32，见图版）。其中液体可随癌细胞从原发性癌内溢出，产生腹水，并导致腹腔内肿瘤播植。外表多呈结节状，白色或黄褐色，质地坚实。

［镜检］　肿瘤可能是从被覆于卵巢表面的间皮演化而来，或是从卵巢皮质的上皮巢发生，也可能是来自粒层细胞区。腺瘤与腺癌的囊腔均充满由多中心性发生的多分支的乳头，衬覆单层或复层柱状或立方形上皮，乳头中心有微细的纤维血管组织支架。上皮细胞通常极性良好；核呈圆形或卵圆形，核仁大，分裂相少见。囊腔内常含有嗜染伊红的均质性物质，这表明瘤细胞具有分泌功能。

该瘤的良性与恶性，主要根据瘤体大小与瘤细胞的浸润性特点来鉴别。一般来说，癌瘤生长迅速，瘤体大，瘤细胞常向结缔组织支架、囊壁或周围的卵巢基质浸润。囊腔破裂或肿瘤穿越卵巢被膜侵袭时，可继发腹腔内播植。

鸡卵巢腺癌（adenocarcinoma of ovary ln fowl）：是鸡卵巢常发的肿瘤。鸡卵巢腺癌发展较慢，临床诊上病鸡渐进性消瘦，鸡冠与肉髯苍白，产蛋量渐减或停产。当癌瘤长大时，常有大量腹水、腹部常膨大，躯体后部膨大和下垂，触诊腹部常有波动感，此为该病的特征性症状之一。

［剖检］　卵巢腺癌可随病程和生长程度的不同而大小差异颇大。早期的病变由于其体积很小，如不细致检查易于漏检。中、晚期病例均能发现明显肿块。瘤体呈结节状、团块样或花椰菜样，色泽灰白，无光泽，无包膜。有的大癌肿，其厚度约 3cm，直径可达 10cm 以上。瘤组织中往往有大量结缔组织增生，因此硬度较大，其表面和切面显示粗糙不平外观。

此外，鸡卵巢腺癌还可以直接浸润或种植性转移方式累及腺胃、肌胃、肠管、输卵管等器官表面的浆膜及肠系膜，并于这些部位形成结节状或花椰菜样的继发瘤。一些病例的癌组织中可伴发出血和坏死。腹腔的广泛性种植性转移，主要见于大部分中、晚期的鸡卵巢癌病例。

［镜检］ 瘤细胞多表现出腺上皮的特点，呈柱状、低柱状或立方形，核圆形或卵圆形。核仁明显，分裂相不多见。其排列方式有：①癌细胞排列成单层或复层，围绕形成明显的腺管样，具有清晰的腺腔，内含嗜伊红、均质性液体，其周围环绕结缔组织。②癌细胞不形成腺管，而是聚集呈条索状或实性团块，呈单纯癌或实体癌，其周围也有结缔组织相间。③癌细胞呈分散弥漫性浸润，同时伴有大量结缔组织增生。

2. 粒层细胞瘤

粒层细胞瘤（granulosa cell tumor）为所有动物常见的肿瘤之一，多发生于一侧卵巢，常呈大而分叶的致密团块，切面黄白色，常伴发囊肿、出血和坏死。

［镜检］ 瘤组织由类似正常的粒层细胞组成。瘤细胞小，大小一致，呈多边形。胞浆少而淡染，胞膜不清楚。核小，呈圆形或卵圆形，有一个核仁，分裂相少见。低分化的瘤细胞多呈圆形或短梭形，往往失去其典型形态。瘤细胞的排列方式有：①滤泡型。此型瘤细胞无一定的极向，常常汇集成不规则的大小片块，周边常见一层栅栏状瘤细胞，其中有不等圆形的腔隙或小洞，内含嗜酸性蛋白质性物质，形似滤泡。此种结构与人粒层细胞瘤的 Call-Exner 氏小体相似，在小的良性瘤内特别容易见到。②条索状或小岛样，或吻合成小梁，或作实心腺泡样排列，其周边通常无栅栏状瘤细胞。③弥漫性肉瘤型，多为低分化、幼稚细胞瘤。瘤细胞为小的短梭形，呈纵横交错或排列成漩涡状，形似肉瘤。瘤组织内间质多少不等，常为纤维组织。

由于粒层细胞瘤可向不同方向分化，因而在粒层细胞瘤内常可遇见支持细胞区或黄体化区。后者瘤细胞为大型的多边形细胞，胞浆嗜染伊红、含丰富的类脂质。猫的粒层细胞瘤常是低分化的恶性瘤，病猫在临床上常呈现显著雌激素过多现象。母犬患该瘤时曾见囊肿性子宫内膜增生。此外，有些粒层细胞瘤还呈现睾丸的支持细胞瘤形象，很难与单纯的粒层细胞瘤相鉴别。瘤细胞呈梭形或高三角形。胞浆淡染、含有类脂质，胞膜不清楚。核小，着色较淡，分裂相少见。瘤细胞常位于基底膜上，此种肿瘤通常检查不到性激素。

3. 黄体瘤

黄体瘤（luteoma）曾见于母牛、母驴、母犬和母猫。黄体瘤有两种，即黄体瘤或脂质细胞瘤和间质黄体瘤（stromal luteoma）或类间质细胞瘤（leydiglike tumor）。这两种黄体瘤位于卵巢皮质或髓质。大小不一，边界清楚，无包膜，灰白色或棕黄色。

黄体瘤或脂质细胞瘤曾见于猫，瘤细胞大而一致，胞浆充满类脂质颇似肾上腺上皮细胞。核小而边界清楚。

间质黄体瘤的瘤细胞大，呈多边形，胞浆丰富、嗜染伊红、呈细颗粒状含有类脂质空泡。核小、卵圆形、深染，有小而偏心的核仁，偶见分裂相（图 15-33，见图版）。瘤细胞常聚集成片或呈团块，也可形成小梁。间质主要为细纤维和许多小血管，也可有纤维化和透明变性。此种肿瘤对动物可能具有雄激素效应。

4. 畸胎瘤

卵巢的畸胎瘤和睾丸的畸胎瘤一样，都是起源于原始的胚细胞，故肿瘤常具有三个胚层的组织成分。肿瘤的形象与睾丸畸胎瘤相同。瘤体可能为实性或呈囊状，内含毛发、皮肤、软骨、骨、牙齿、肌肉等。瘤体可能长得很大，也可以转移。皮样囊肿是囊性畸胎瘤的一种特殊形式，具有一个或一个以上的囊腔，衬以表皮和可以产生皮脂、汗腺和毛发的表皮附属物而堆积于囊腔内（图 15-34，见图版）。

（二）子宫肿瘤

1. 腺瘤

腺瘤是一种罕见的肿瘤，是由分化良好的子宫内膜腺体组织构成，呈散在的结节状或形成息肉样突起，隆突于子宫腔内。它有不同数量的纤维基质，可能类似腺肌瘤（adenomyoma）。

2. 腺癌

腺癌除牛与兔外，其他动物罕见。牛子宫腺癌发生于 6 岁以上的母牛，主要发生于子宫角，少数见于子宫体，罕见于子宫颈，常发生在一个子宫角的游离部。肿瘤尚可扩展到浆膜下或子宫内膜。

［剖检］　小的子宫癌病灶可能易被漏检。较大的肿瘤，子宫壁常呈弥漫性增厚可达 10cm 以上。病变坚硬，呈白色至黄色，子宫内膜表面常无损害，很少穿过浆膜。瘤体也可能呈扁平的结节状，被覆于肿瘤表面的子宫内膜上皮无溃疡和增生性变化。

［镜检］　肿瘤发生自子宫深部腺体，它与正常子宫腺有明显的差异，主要表现为癌瘤的腺体、腺腔不规则，大小不一，衬覆的上皮常为复层，缺乏极性。瘤细胞呈多形性，胞浆丰富，核大多呈空泡状，核分裂相多见。腺腔内常蓄积嗜酸性碎屑物。肿瘤组织周围有致密的胶原结缔组织增生，呈明显的硬性腺癌形象。癌细胞可向子宫壁各层弥散，肌层常有成簇的癌细胞散在，有时则位于血管间隙，淋巴管内亦常见瘤细胞栓。

肿瘤常转移到髂内淋巴结而使之肿大达 10 倍以上，外表呈结节状，坚硬。淋巴结的转移灶呈白色、黄色或橙黄色，有砂粒样结构。肿瘤还可转移到肺脏、肝脏及与子宫相邻的壁层与脏层腹膜。

其他动物的原自发性子宫腺癌仅见于母犬、母猫和母羊。犬的子宫腺癌常形成一种使黏膜变形的肿块，瘤组织为分化良好的腺体结构，腺腔衬以高柱状上皮。母羊子宫腺癌，瘤细胞为少分化性。常见分泌黏液的瘤细胞，肿瘤并转移到肺脏、膀胱、肠系膜、直肠和卵巢。猫的子宫腺癌，眼观为白色肿块，充满子宫腔。肿瘤起源于内膜腺体，由大的卵圆形、空泡状核的瘤细胞组成，偶见多核。瘤细胞排成条索状或形成腺体结构，偶见鳞状化生，常侵犯子宫肌层，基质纤维化也常见。肿瘤可转移到肺脏、脑、卵巢、肝脏、肾脏、淋巴结及眼。

三、乳腺肿瘤

（一）良性肿瘤

1. 乳头状腺瘤

［剖检］　为单瞥发或多发，最大直径达 4cm。呈圆形或卵圆形，境界清楚，具有包膜，常埋藏于乳腺实质内，偶见于乳头管或较大的导管。坚韧有时柔软，常见囊肿。实性区呈小叶状，灰白色或黄褐色。

［镜检］　瘤组织由小叶内腺泡、导管、小叶间导管及乳窦演化而来的。在扩张的腺泡、导管、乳窦或乳头管内常有乳头状结构，并被少量基质分隔；分隔破裂时小叶就变为一个具有乳头状突起的囊腔。乳头无柄或有柄，或呈息肉样，具有一个或多个附着点。扩张的导管衬覆单层或多层萎缩状的扁平上皮或立方形、柱状上皮，腔内常蓄积均质、红染的液体，偶见血液。乳头状突起由含有毛细血管的结缔组织支架所支持，其被覆的上皮为低立方形至高柱状不等。有些病例中，在乳头状支架内见有形似成纤维细胞的肌上皮细胞增生，形成粗大的团块，占据

整个囊腔,并常见其化生为软骨,此时则很难和良性混合瘤区别。

2. 腺纤维瘤

腺纤维瘤(adenofibroma)较为常见,常为单发或多发。

[剖检]　肿块呈圆形、卵圆形,质地坚韧,边界清楚,常具包膜。切面淡红色,稍向外突,呈颗粒状,常见小囊肿,有的则呈黏液样光泽和裂隙。

[镜检]　见乳管、腺泡和纤维组织都参与肿瘤形成,或分为管内型和围管型。管内型腺纤维瘤,为由小管的上皮下纤维组织层增生所发生的肿瘤。上皮下纤维组织呈灶状增生,细胞呈梭形,伴发黏液样变。增生的纤维组织常由一处突入,逐渐填充管腔。衬覆于腺管和被覆于突入的纤维组织的腺上皮呈两排密切相贴。因此,切面观察见纤维组织似生长在管内。腺上皮可能正常,也可以增生成乳头状,或萎缩、消失。围管型腺纤维瘤,主要为乳管弹力纤维层外的纤维组织增生。乳腺小叶结构部分或完全消失。小乳管或腺泡呈弥漫性散布,上皮正常或轻度增生,有时形成乳头状。增生的纤维组织较致密,环绕于乳管或腺泡周围。如果上述两型腺纤维瘤同时并存,则可称为混合型腺纤维瘤。

该瘤来自乳腺间质组织增生,而腺管的增生是继发的。就增生的间质组织来说,瘤细胞并不是成纤维细胞,而是血管外膜细胞,即血管外膜细胞离开血管而增生,便形成了光学显微镜下纤维组织样的结构。

(二) 恶性肿瘤

1. 癌瘤

癌瘤(carcinoma)为犬、猫常见的恶性肿瘤。

[剖检]　癌瘤生长迅速,常侵犯周围的正常组织,并与皮肤及其下面的筋膜粘连而不能自由移动。局部皮肤增厚、发皱或溃烂,有时与后肢内股区至胁腹区发生纤维性粘连。常侵犯局部淋巴管、皮肤或同侧的棚邻乳腺。癌瘤的大小、形态不一,直径通常为 2～20cm 不等,呈圆形、卵圆形、融形、蕈状或小定形。肿块可占据乳腺的大部,并常侵犯棚邻的乳腺,多无包膜。腺癌质地柔软,切面卫均质乳白色。乳头状癌有的表现质地坚韧,有的则柔软并呈海绵状。切面常呈分叶状,灰色或白色,伴有多发性囊肿。部分囊腔被向内生长的乳头堵塞,并充满黏性琥珀色液体。硬癌的外形不规则,质地坚韧,白色、灰色或黄褐色,有时尚见褐色至黄色的斑点,多与皮肤或其下面的筋膜粘连。大多数实性癌质地柔软,呈分叶状;切面呈白色或灰色。鳞癌外形不规则,坚硬,呈分叶状,灰色或白色,伴有黄色斑点。

[镜检]　犬乳腺癌组织大部分呈小管排列,瘤细胞与乳管上皮相似,也见有乳头状和(或)实性排列(图 15-35,见图版),或呈鳞状化生。细胞的多形性和核分裂相不一,常伴有坏死,基质通常很少,在肿瘤的周围常见数量小等的淋巴细胞与浆细胞浸润。

此外,犬、猫的乳腺癌组织也有呈乳头状,瘤细胞的多形性和核分裂相由中度至高度。常向皮肤、周围组织及淋巴管侵犯并伴发广泛坏死。腺腔内常见中性粒细胞,腺管周围有较多的淋巴细胞和浆细胞浸润。

有的瘤细胞为乳管上皮细胞或为肌上皮细胞,或有这两种细胞组成,常排列成片块状、细胞条索或团块,有中度至高度的多形性和核分裂相。有的细胞癌为梭形。

2. 肉瘤 (tumorcarneus)

乳腺肉瘤常见于犬,偶见于猫,发生转移的肉瘤只见于母犬。

腺纤维肉瘤:瘤体呈结节状,质坚韧,切面灰白色或微黄红色,常有大小不一的裂隙或囊腔,伴发出血、坏死或黏液样变。

　　[镜检]　肿瘤有上皮及纤维组织两种成分。上皮多无明显间变,增生显著时可形成乳头,突入扩张的管腔,上皮也可形成腺管。纤维组织常为该瘤的主要成分,可呈黏液样,主要呈编织状,亦可作平行、网状、漩涡状等排列。成纤维细胞呈灶状或普遍增多,间变明显。

第十节　神经系统肿瘤

一、中枢神经肿瘤

(一) 神经细胞肿瘤

　　神经节细胞瘤(paraganglioma)又名节细胞性神经瘤,该瘤曾见于犬和牛,多数是位于颅内,可发生脑或颅神经节,肿瘤生长缓慢,是良性瘤。

　　[剖检]　肿瘤为灰色或白色,质硬,切面呈分叶状并富有纤维组织。

　　[镜检]　瘤细胞为不同分化程度的神经节细胞,成团或单个分散存在于轴突束之间。瘤细胞呈卵圆形、锥体形或不规则形,具有一个大的胞核,通常是偏位的,其胞浆中缺乏尼氏小体。

　　牛神经节细胞瘤呈现从原始的神经母细胞到明显成熟细胞的不同分化程度,而且是由神经节细胞、神经膜细胞和神经纤维混合组成。

(二) 神经胶质肿瘤

1. 星状胶质细胞瘤

　　星状胶质细胞瘤(astrocytoma)是最常见的原发性颅内肿瘤,多发生于犬、猫和牛。最多见于大脑半球,也可见于丘脑、脑干、小脑和脊髓。按其分化程度不同可分为分化型和未分化型。

　　1) 分化型星状胶质细胞瘤

　　[剖检]　多呈结节状,质度较正常脑组织稍硬或稍软,呈白色或粉红色,瘤组织的边界不清楚。

　　[镜检]　肿瘤通常由形状比较一致或不同分化程度的细胞组成。瘤细胞密度不一,最常见的瘤细胞类型是分化比较成熟的纤维性星状胶质细胞,其体积较小,胞核大,呈圆形或椭圆形,染色较深,不见核分裂相,瘤组织中胶质纤维较丰富。此型肿瘤中分化比较成熟的原浆性星状胶质细胞,其胞体为圆形,胞浆较丰富,嗜碱性,胞突较短,胞核大,染色质呈细粒状,核分裂少,间质疏松,胶质纤维很少。

　　2) 未分化型星状胶质细胞瘤

　　[剖检]　常为多色斑驳状,其中瘤组织为灰白色,出血灶为红褐色,坏死区域为灰黄色。肿瘤的边界不清。此型肿瘤生长迅速,并能浸润和破坏周围组织。

　　[镜检]　瘤细胞密集,大小、形状和染色均不一致。瘤细胞形状多样,可呈梭形、多边形或圆形,还有单核和多核的瘤巨细胞。仅有少量瘤细胞可呈现类似成熟的星状胶质细胞的形象。核分裂相较多。瘤细胞有环绕血管周围排列的趋向,瘤组织中常见坏死、出血、囊肿和水肿,瘤细胞在坏死区的周围呈放射状环绕,有些呈栅栏状排列,即所谓假栅栏状改变。瘤组织内血管明显增生。

2. 少突胶质细胞瘤

少突胶质细胞瘤(oligodendroglioma)是动物中常见的神经外胚层肿瘤,多发生于犬,也见于猫和牛。多发生在大脑半球,其中以额叶和梨状叶最多,通常起源于白质,但可到达脑膜或室管膜的表面。

〔剖检〕　肿瘤为淡红色或灰色、质软、球状的结节,界限清楚。有时见继发性病变,如坏死、出血等,可使瘤体色泽改变。

〔镜检〕　瘤组织是由致密细胞组成,间质很少。瘤细胞大小一致,圆形或多角形,胞膜着染清楚,胞浆不着色或极淡染,其中央有一圆形、富有染色质而深染的胞核(图15-36,见图版)。这些胞核周围有一空晕的瘤细胞聚集成簇则可形成蜂窝样结构。核分裂相通常罕见,向周围浸润也不明显。常见水肿和囊肿形成;钙化点或钙化小结节可出现于一些肿瘤中,但广泛的坏死不多见。有些少突胶质细胞瘤中可见血管增生区,多呈肾小球增生带状,也可呈毛细血管丛状或窦状隙丛状。

二、外周神经肿瘤

(一) 神经鞘瘤

神经鞘瘤又名施万细胞瘤(Schwannoma),最常见于牛,也见于马、猫、犬、绵羊、山羊、猪和骡。各种年龄的牛均可发生,多数发生在4～6岁。其他动物通常发生于成年或老年,无品种和性别差异。

〔剖检〕　神经鞘瘤多呈卵圆形,也可为结节状团块,大小不一,有完整的包膜,境界清楚;质硬或质软,切面为乳白色或灰白色。富有光泽,有些可见纤维状纹理。发生于脊神经根的肿瘤有时可突出椎管外,形成哑铃状的神经鞘瘤。

〔镜检〕　瘤细胞多为梭形或长梭形,胞浆少位于胞核两端,细胞境界不清,胞核为椭圆形或梭形、深染,不见核分裂相。瘤细胞密集呈粗束状,错综排列,有些排列成漩涡状,有些彼此平行紧密排列,胞核处于同一平面,呈栅栏状,即束状型(Antoni A型)。在有些肿瘤或瘤组织的一些区域中,瘤细胞稀少,呈星形或椭圆形,排列成稀疏胞可排列成圆形漩涡状或波浪状,也有纵横交错。在瘤组织内常可见到神经轴突穿插其中。进入的瘤细胞团或条索的网状结构,细胞间有较大的间隙,常有小囊腔形成,偶尔见黏液样物质。这是神经鞘瘤的网状型(antoni B型)。束状型和网状型往往同时存在于同一肿瘤中(图15-37,见图版)。

(二) 神经纤维瘤

神经纤维瘤(neurofibroma)是由神经束膜细胞发生的肿瘤。此瘤多见于牛,老龄和幼犊均有发生,呈单发性或多发性。最常发生于臂神经丛、肋间神经、肝神经丛、心外膜神经丛和纵隔神经;也多见于交感神经节,特别是星状神经节和胸腔其他神经节;可能还发生于皮肤。

〔剖检〕　发生神经纤维瘤的神经干变粗,呈梭形或圆球形肿胀;发病的神经节肿大,直径可达几厘米;皮肤的病变为结节状。肿瘤边界清楚,但无完整包膜,质实,切面白色或淡灰白色,发生于神经节者可呈分叶状。

〔镜检〕　瘤细胞为长梭形,与纤维细胞相似,排列成小束,其以胶原纤维束为间界。瘤细胞可排列成圆形漩涡状或波浪状,也有纵横交错(图15-38,见图版)。在瘤组织内常可见到神经轴突穿插其中。

主要参考文献

陈怀涛,许乐仁. 2005. 兽医病理学. 北京:中国农业出版社

崔恒敏. 2007. 禽类营养代谢疾病病理学. 成都:四川科学技术出版社

高丰,贺文琦. 2008. 动物病理解剖学. 北京:科学出版社

金宁一,胡仲明,冯书章. 2007.新编人兽共患病学. 北京:科学出版社

李普霖. 1994. 动物病理学. 长春:吉林科学技术出版社

马学恩. 2007. 家畜病理学. 4 版. 北京:中国农业出版社

殷震,刘景华. 1997.动物病毒学. 北京:科学出版社

张亮,史耀旭,卫广森. 2008. 小反刍兽疫的研究进展. 中国动物检疫,5(10):46~49

郑世民. 2009. 动物病理学.北京:高等教育出版社

Al-Ani F K, Vestweber J G. 1984. Caprine arthritis-encephalitis syndrome (CAE):a review. Vet Res Commun, 8(4): 243~253

Barker I K, Van Dreumel A A, Palmer N. 1993. Diseases of tonsils. In:Jubb K V F, Kennedy P C, Palmer N. Pathology of domestic animals, Vol. 2, The Alimentary System. 4th ed. San Diego:Academic Press Inc.

Corrêa A M, Zlotowski P, de Barcellos D E, et al. 2007. Brain lesions in pigs affected with postweaning multisystemic wasting syndrome. J Vet Diagn Invest, 19(1):109~112

Gelmetti D, Meroni A, Brocchi E, et al. 2006. Pathogenesis of encephalomyocarditis experimental infection in young piglets:a potential animal model to study viral myocarditis. Vet Res,37(1):15~23

Hadlow W J. 1996. Differing neurohistologic images of scrapie, transmissible mink encephalopathy, and chronic wasting disease of mule deer and elk. In:The BSE Dilemma. Bovine Spongiform Encephalopathy. Gibbs CJ Jr. 122~137. New York:Springer-Verlag

Keel M K, Songer J G. 2006. The comparative pathology of Clostridium difficile-associated disease. Vet Pathol, 43(3):225~240

Maria A Q, Javier C, Pablo P, et al. 2008. Hemagglutinating encephalomyelitis coronavirus infection in pigs, Argentina. Emerging Infectious Diseases, 14 (3):484~486

Miller M W, Williams E S. 2004. Chronic wasting disease of cervids. In:Harris D A. Mad Cow Disease and Related Spongiform Encephalopathies. 193~214. New York:Springer-Verlag

Opriessnig T, Meng X J, Halbur P G. 2007.Porcine circovirus type 2 associated disease:update on current terminology, clinical manifestations, pathogenesis, diagnosis, and intervention strategies. J Vet Diagn Invest, 19 (6): 591~615

Pensaert M B. 2006. Hemagglutinating encephalomyelitis virus. In:Straw B L, Zimmerman J J, D'Allaire S et al. Diseases of Swine. 9th ed. Blackwell Publishers. 353~358

Tian K, Yu X, Zhao T, et al. 2007. Emergence of Fatal PRRSV Variants:Unparalleled Outbreaks of Atypical PRRS in China and Molecular Dissection of the Unique Hallmark. PLoS ONE. 2:e526

Vascellari M, Granato A, Trevisan L, et al. 2007.Pathologic findings of highly pathogenic avian influenza virus A/Duck/Vietnam/12/05 (H5N1) in experimentally infected pekin ducks, based on immunohistochemistry and *in situ* hybridization. Vet Pathol, 44(5):635~642

图　版

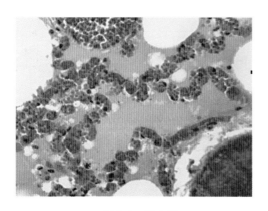

图 1-1 肺水肿

肺泡壁毛细血管蛇形扩张,肺泡腔内充满水肿液

(HE 20 ×)

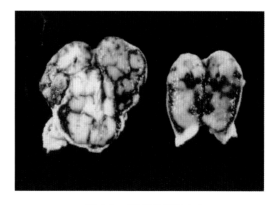

图 1-2 猪瘟淋巴结出血

淋巴结断面呈大理石样花纹

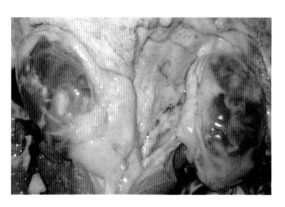

图 1-3 猪蓝耳病

两侧腹股沟淋巴结显著肿大,出血呈暗红色

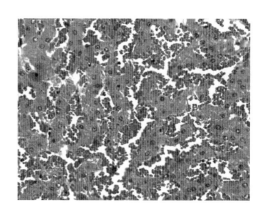

图 1-4 肝淤血

肝窦状隙高度扩张并充满红细胞 (HE 10 ×)

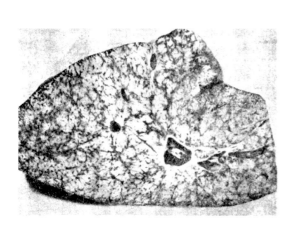

图 1-5 槟榔肝(马传贫供稿)

肝脏明显肿大,断面呈槟榔状花纹

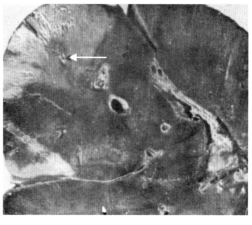

图 1-6 肾组织贫血性梗死

梗死灶灰白色呈扇形分布

箭头所示为栓塞血管

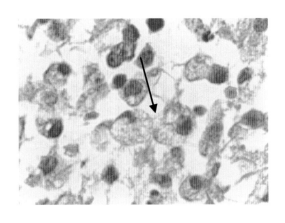

图 1-7　脑软化灶内的格子细胞

两个格子细胞(箭头所示)，胞体肿大，胞浆内
充满脂类空泡(HE 40 ×)

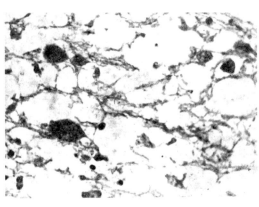

图 1-8　脑组织软化

神经细胞及胶质细胞固缩、消失，髓鞘呈气球样溃变，
脑组织呈稀网状(HE 40 ×)

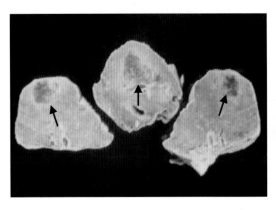

图 1-9　肺出血性梗死

肺被膜下有呈锥形出血性梗死灶(箭头所示)，梗死灶周围
有结缔组织增生

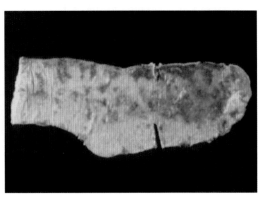

图 1-10　脾脏出血性梗死(猪瘟)

脾脏被膜下有大片呈黑色的出血性梗死灶，
脾边缘部梗死灶呈锥形，稍隆凸

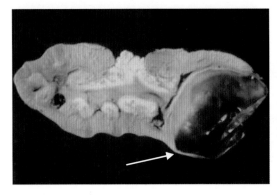

图 2-1　肾压迫性萎缩

肾脏一端有一大囊肿(箭头所示)压迫肾脏使其萎缩，萎缩
肾脏体积缩小、皮质变薄、表面凹凸不平

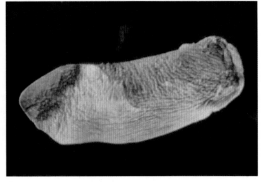

图 2-2　脾脏萎缩(马)

脾脏体积缩小、厚度变薄、边缘锐利、
被膜增厚而且皱缩

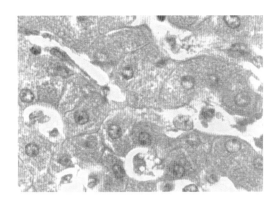

图 2-3 肝细胞颗粒变性

肝细胞高度肿胀，胞浆内充满嗜伊红颗粒

(HE 40 ×)

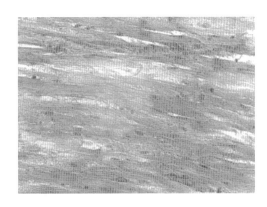

图 2-4 心肌纤维颗粒变性

心肌横纹消失、肿胀，肌浆呈颗粒状

(HE 40 ×)

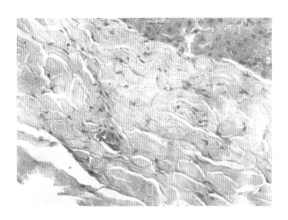

图 2-5 甲状腺被膜玻璃样变

甲状腺被膜结缔组织增厚，胶原增粗呈均质
玻璃样 （HE20 ×）

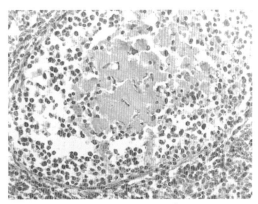

图 2-6 脾小体淀粉样变(王选年供稿)

在脾小体中心网状纤维上沉积大量均质状
淀粉样物质 （HE 20 ×）

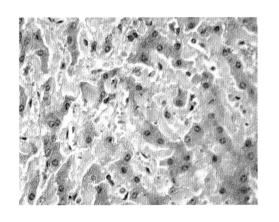

图 2-7 肝脏淀粉样变

肝细胞索间沉积大量淀粉样物，肝细胞
索受压迫萎缩，排列紊乱 （HE 40 ×）

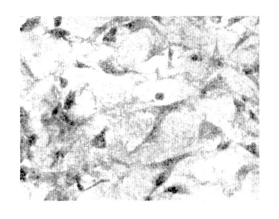

图 2-8 结缔组织黏液变性

变性结缔组织疏松，大量星芒状黏液细胞
连接成网，网眼内充满黏液（HE 40 ×）

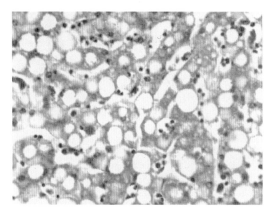

图 2-9　肝脏脂肪变性

肝细胞肿大，胞浆内球状脂肪滴，
胞核被挤到一边（HE 40 ×）

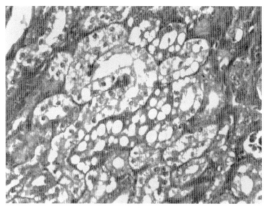

图 2-10　肾脏脂肪变性

肾曲小管上皮肿胀，胞浆内充满
脂肪滴管腔闭锁（HE 20 ×）

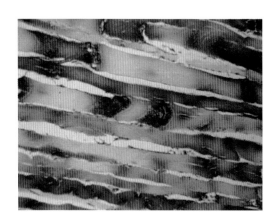

图 2-12　肌肉蜡样坏死(王选年供稿)

横纹肌纤维肿胀、横纹消失呈均质蜡样
（HE 40 ×）

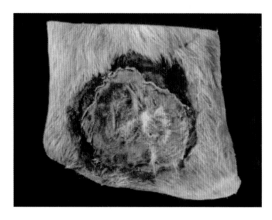

图 2-13　皮肤褥疮性干性坏疽(猪)

皮肤坏死组织干固、呈黑褐色皮革状

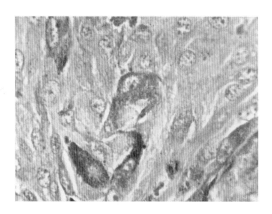

图 2-14　黑色素细胞

图中深色细胞为胞浆内沉积大量黑色素
颗粒的细胞，胞体肿大（HE 40 ×）

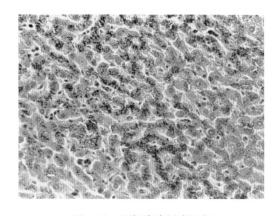

图 2-15　肝细胞脂褐素沉积

细胞体萎缩，胞核被脂褐素覆盖
（HE 20 ×）

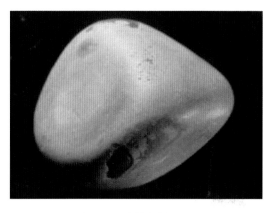

图 2-16 真性肠结石(马)

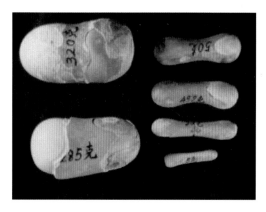

图 2-17 真性肠结石(骆驼)

图 2-18 假性肠结石(牛)

1. 毛球；2. 表面有薄层钙盐
沉着的纤维性毛球

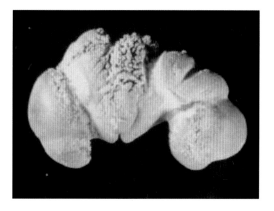

图 2-19 肾结石(马)

结石形状、大小与肾脏相似
肾组织已完全萎缩

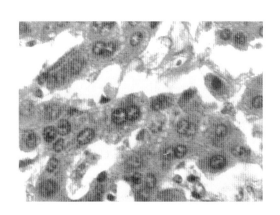

图 3-1 肝细胞再生
肝细胞核分裂使肝细胞呈双核状（HE 40 ×）

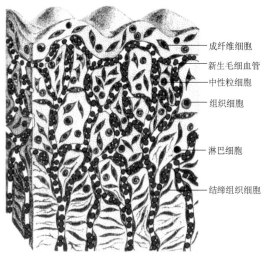

成纤维细胞
新生毛细血管
中性粒细胞
组织细胞
淋巴细胞
结缔组织细胞

图 3-3 肉芽组织模式图
肉芽内有大量的新生毛细血管形成网状，网眼内有多量结缔
组织细胞、成纤维细胞及炎性细胞，肉芽表面呈颗粒状

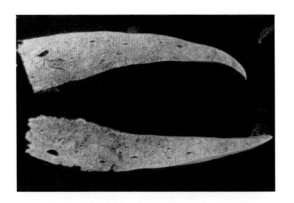

图 4-2　红色肝萎缩(马)

肝脏变薄、边缘锐利、断面肝细胞索变细、消失

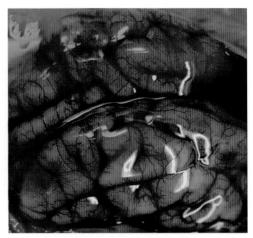

图 4-3　伪狂犬病(猪)(韩红卫供稿)

软脑膜血管扩张充血、水肿

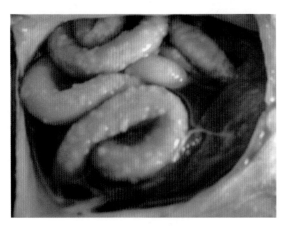

图 4-4　猫慢性腹膜炎

腹腔内积满黄褐色血浆样液体，腹腔脏器的
浆膜增厚、粗糙、失去光泽

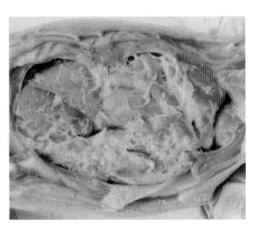

图 4-5　纤维素性腹膜炎(仔猪)(韩红卫供稿)

腹腔和盆腔脏器浆膜附着一层网状纤维蛋白，
各内脏浆膜增厚

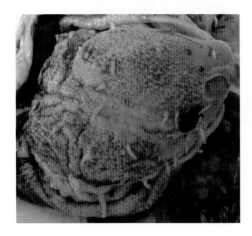

图 4-6　纤维素性心包炎(猪)(韩红卫供稿)

心外膜附着一层网状纤维蛋白，形成
纤维素性绒毛心

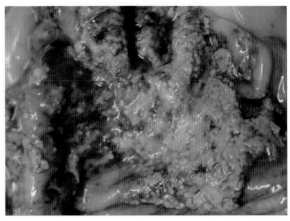

图 4-7　肠黏膜纤维素性炎(猪)(韩红卫供稿)

膜面覆盖一层灰白色纤维蛋白膜(假膜)，
假膜下肠黏膜充血、出血、坏死

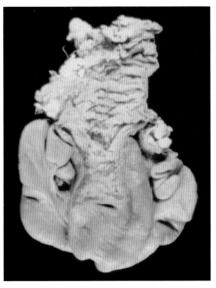

图 4-8　子宫蓄脓(马产道感染)
两侧子宫角肿大，子宫角内充满灰白色浓汁，
子宫黏膜肥厚

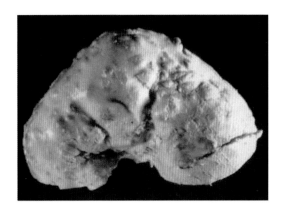

图 4-9　血源性化脓性肾炎(脓毒败血症)
肾皮质部布满大小相似的脓肿，表面不平

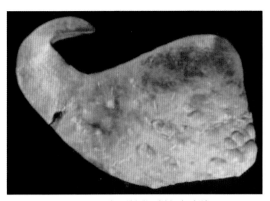

图 4-10　血源性化脓性脾脓肿
脾脏部布满大小相似的脓肿，表面不平

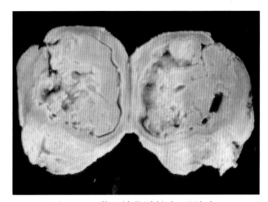

图 4-11　淋巴结化脓性炎(马腺疫)
淋巴结肿大，淋巴组织由干酪化脓肿取代

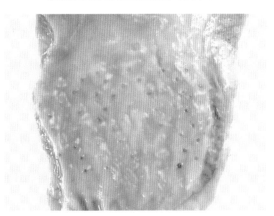

图 6-1　鸡新城疫(韩红卫供稿)
腺胃乳头状突起顶部出血

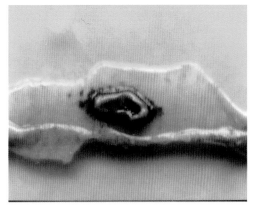

图 6-2　鸡新城疫小肠黏膜纤维素性坏死性
肠炎(王选年供稿)
肠壁坏死灶突起

图 6-3　禽流感(王选年供稿)

患鸡头面部浮肿

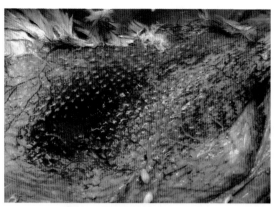

图 6-4　禽流感(王选年供稿)

皮肤出血

图 6-5　禽流感(韩红卫供稿)

爪部皮肤出血

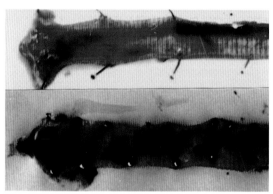

图 6-6　鸡传染性喉气管炎气管黏膜出血

(王选年供稿)

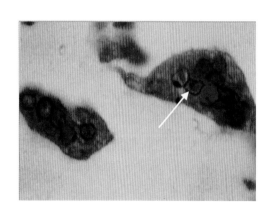

图 6-7　气管黏膜上皮细胞内的核内包涵体

(箭头所示) (王选年供稿)

图 6-8　鸽皮肤型痘症(韩红卫供稿)

病鸽眼睑、鼻孔周围等部有多个痘症结节

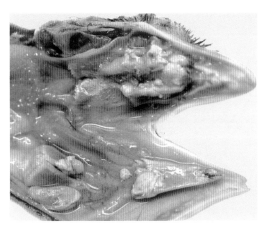

图 6-9　鸽黏膜型痘症 (韩红卫供稿)
病鸡口腔黏膜布满黄白色痘症结节

图 6-10　鸡传染性脑脊髓炎(王选年供稿)
软脑膜出血

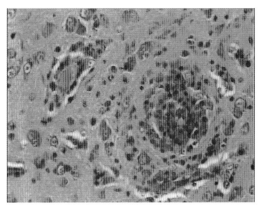

图 6-11　鸡传染性脑脊髓炎(王选年供稿)
脑组织内血管套形成 (HE 40 ×)

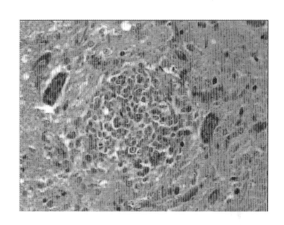

图 6-12　鸡传染性脑脊髓炎 (王选年供稿)
脑组织内胶质细胞结节形成 (HE 40 ×)

图 6-13　鸡马立克氏病临床呈劈叉姿势
(王选年供稿)

图 6-14　鸡马立克氏病皮肤型肿瘤结节
(王选年供稿)

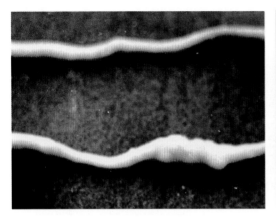

图 6-15　鸡马立克氏病(王选年供稿)

一侧坐骨神经肿胀

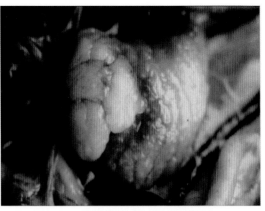

图 6-16　鸡马立克氏病(王选年供稿)

卵巢呈灰白色肿瘤

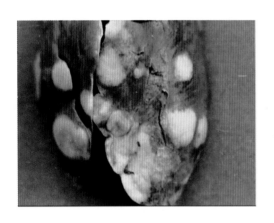

图 6-17　鸡马立克氏病(王选年供稿)

肝脏布满灰白色肿瘤结节

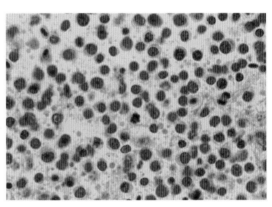

图 6-18　鸡马立克氏病肿瘤细胞成分(王选年供稿)

其中有多个核分裂相（HE 100 ×）

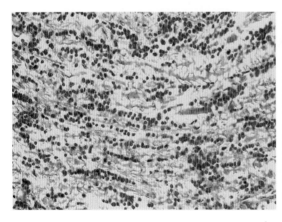

图 6-19　鸡马立克氏病(王选年供稿)

坐骨神经纤维变性，纤维间淋巴样细胞浸润（HE 40 ×）

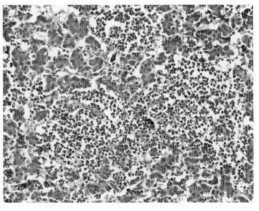

图 6-20　鸡马立克氏病(王选年供稿)

肝细胞索间肿瘤细胞灶状浸润，肝细胞萎缩（HE 40 ×）

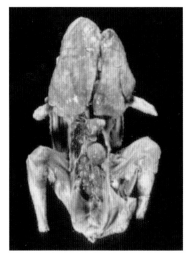

图 6-21　鸡淋巴白血病
肝、脾、肾肿大并有肿瘤结节

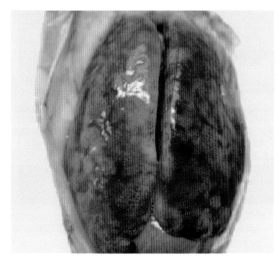

图 6-22　鸡淋巴白血病(韩红卫供稿)
肝脏高度肿大占满腹腔，呈灰白色油脂状、质地脆弱

图 6-23　鸡淋巴白血病(韩红卫供稿)
肝、脾肿大，布满灰白色油脂状、大小不一的肿瘤结节

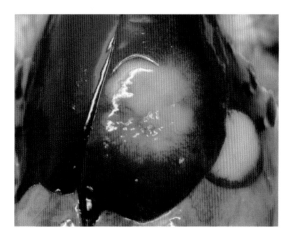

图 6-24　鸡网状细胞增生病 (韩红卫供稿)
病鸡肝脏有两个灰白色油脂样肿瘤，
其边缘界线不规则

图 6-25　鸡传染性法氏囊病(王选年供稿)
法氏囊肿大、出血呈暗紫色(图上方中、右)，
黏膜弥漫性出血(图下方)

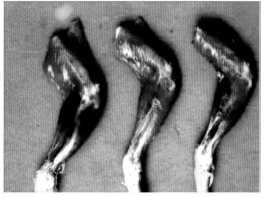

图 6-26　鸡传染性法氏囊病(王选年供稿)
小腿肌肉弥漫性出血呈暗紫色

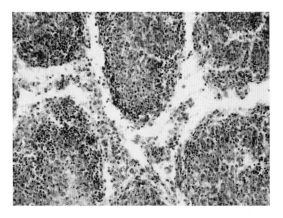

图 6-27　鸡传染性法氏囊病 I (王选年供稿)
法氏囊淋巴滤泡间质水肿 （HE 20 ×）

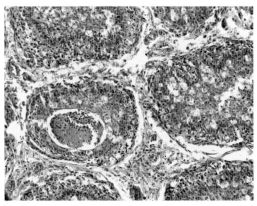

图 6-28　鸡传染性法氏囊病 II (王选年供稿)
法氏囊淋巴滤泡中心坏死 （HE 20 ×）

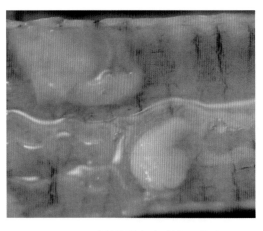

图 6-29　鸡传染性鼻炎(韩红卫供稿)
气管黏膜附有多量黏液和脓性分泌物

图 6-30　禽弯曲杆菌性肝炎(韩红卫供稿)
肝脏肿大，被膜下有大量大小不一的灰白色坏死灶

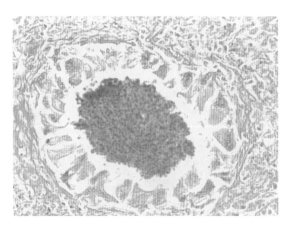

图 6-31　禽大肠杆菌肉芽肿病
肝组织内大肠杆菌性肉芽肿，中心为坏死组织，周围有上皮
细胞和多核巨细胞围绕 （HE 20 ×）

图 6-32　鸡副伤寒(韩红卫供稿)
肝脏布满灰黄色坏死灶

图 6-33　鸡副伤寒(韩红卫供稿)

盲肠腔内充满黄白色肠栓

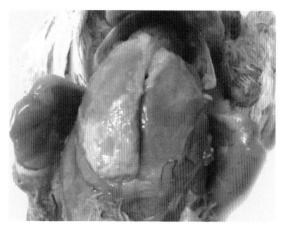

图 6-34　禽巴氏杆菌病(韩红卫供稿)

肝脏肿大，肝被膜附着多量浆液性、纤维素性渗出物

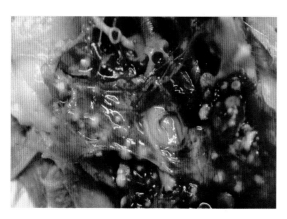

图 6-35　鸡曲霉菌病(韩红卫供稿)

鸡胸、腹部浆膜下及气囊布满黄白色肉芽肿结节

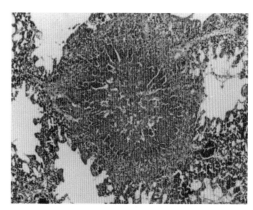

图 6-36　鸡曲霉菌病肺肉芽肿

结节中心为坏死组织，外周有上皮样细胞、异嗜性粒细胞
和多核巨细胞（HE 10×）

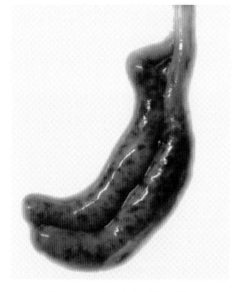

图 6-37　鸡球虫病(韩红卫供稿)

盲肠不对称肿大、出血

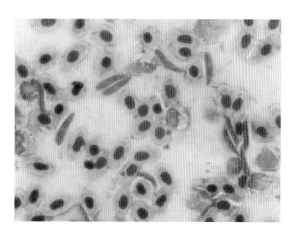

图 6-38　鸡球虫病盲肠血样内容物涂片

有许多香蕉形球虫裂殖子和大量红细胞（瑞特氏染色 100×）

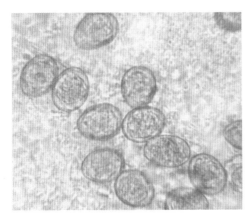

图 6-39 鸡球虫病

由病鸡粪便漂浮法检出的球虫卵（100×）

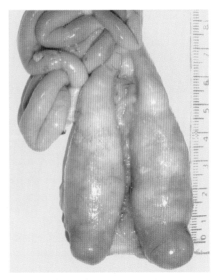

图 6-40 仔孔雀组织滴虫病

盲肠极度肿大、硬实，肠壁不均匀增厚

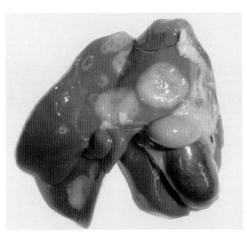

图 6-41 仔孔雀组织滴虫病

肝脏有圆形黄白色坏死灶，大小不一，中央稍凹陷，
胆囊极度膨大。脾脏色泽变淡

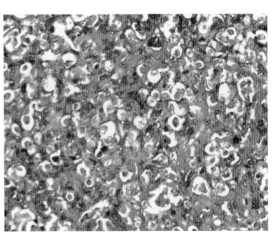

图 6-42 仔孔雀组织滴虫病

肝组织内有大量圆形红染的组织滴虫，肝细胞
均已坏死溶解（HE 40×）

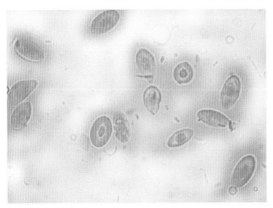

图 6-43 仔孔雀血便中的组织滴虫虫卵

虫卵的大小、形状多变，与球虫卵不同

图 6-44 鸭瘟(王选年供稿)

头部肿胀鼻腔有出血性黏液流出

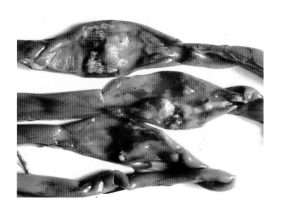

图 6-45　鸭瘟 (王选年供稿)

肠黏膜出血并有隆突的坏死灶

图 6-46　鸭病毒性肝炎(王选年供稿)

病鸭呈角弓反张姿势

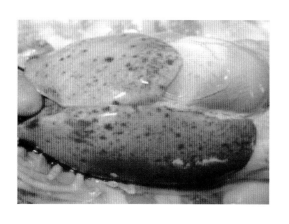

图 6-47　鸭病毒性肝炎(王选年供稿)

肝脏肿胀，斑驳状出血

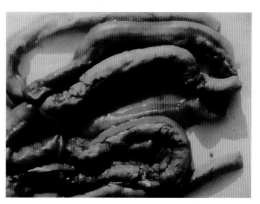

图 6-48　小鹅瘟(王选年供稿)

小肠纤维素性肠炎肠腔栓子形成，肠管呈香肠状

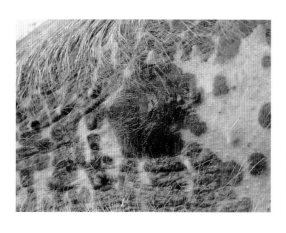

图 7-1　猪瘟皮肤斑块状出血(韩红卫供稿)

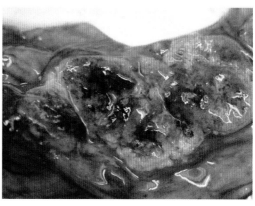

图 7-2　猪瘟肠集合淋巴小结坏死(韩红卫供稿)

图 7-3　猪瘟会厌软骨出血(韩红卫供稿)

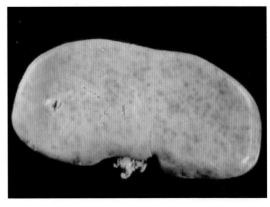

图 7-4　猪瘟肾脏出血(麻雀卵肾)

图 7-5　猪瘟膀胱黏膜出血(韩红卫供稿)

图 7-6　猪瘟脾脏边缘出血性梗死(韩红卫供稿)

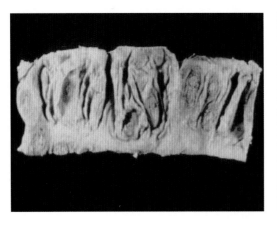

图 7-7　猪瘟肠黏膜扣状肿

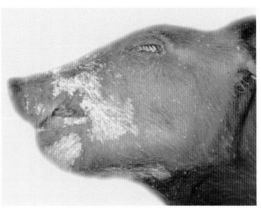

图 7-8　猪血凝性脑脊髓炎
病死猪口腔及面颊沾染大量呕吐物

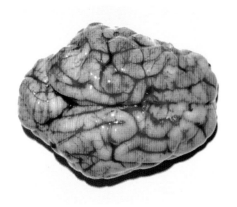

图 7-9　猪血凝性脑脊髓炎
病死猪软脑膜充血、出血

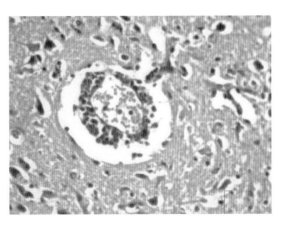

图 7-10　猪凝血性脑脊髓炎
神经组织内血管套形成（HE 20 ×）

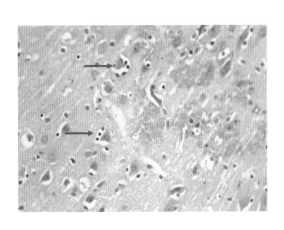

图 7-11　猪凝血性脑脊髓炎
神经组织内的噬神经原现象(箭头所示)(HE 20 ×)

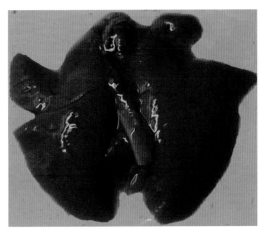

图 7-12　猪伪狂犬病(韩红卫供稿)
肺淤血、水肿，肺脏呈暗红色、湿润

图 7-13　猪伪狂犬病(韩红卫供稿)
肝脏密布黄白色坏死小点

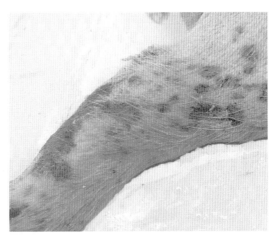

图 7-14　猪传染性水疱病(韩红卫供稿)
后肢皮肤水疱破溃形成浅表糜烂

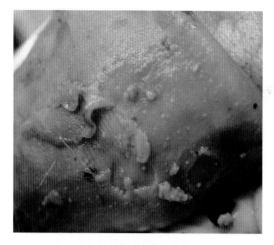

图 7-15　猪传染性水疱病(韩红卫供稿)
舌黏膜水疱破溃形成糜烂

图 7-16　猪口蹄疫(韩红卫供稿)
蹄壳脱落

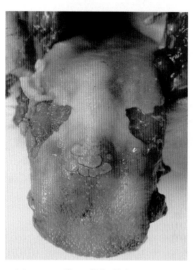

图 7-17　猪口蹄疫(韩红卫供稿)
舌黏膜烂斑

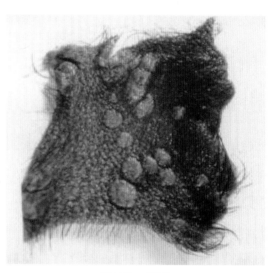

图 7-18　猪痘
皮肤表面有许多顶端平整的痘症结节

图 7-19　猪蓝耳病
病猪两耳呈蓝紫色，鼻腔充满灰白色泡沫样液体

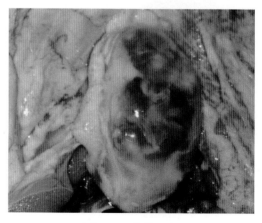

图 7-20　猪蓝耳病
病猪腹股沟淋巴结高度肿大、出血

图 7-21　猪蓝耳病

肺脏淤血、出血、气肿、水肿呈大理石状

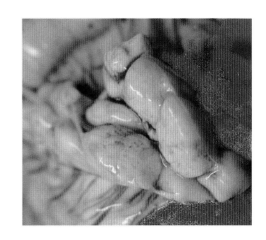

图 7-22　猪圆环病毒病(韩红卫供稿)

肠系膜淋巴结肿大呈灰黄色肉样

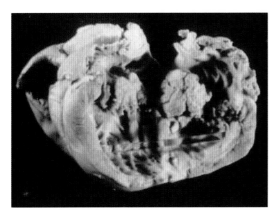

图 7-23　猪丹毒疣性心内膜炎

左心室二尖瓣部有一菜花样增生物

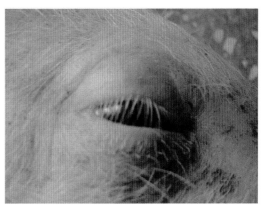

图 7-24　猪水肿病(韩红卫供稿)

病猪眼睑和颜面浮肿

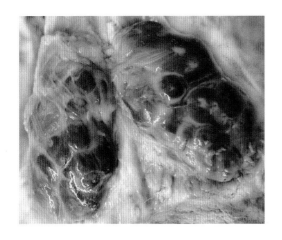

图 7-25　仔猪败血型副伤寒(韩红卫供稿)

肠系膜淋巴结高度肿大出血呈暗紫色

图 7-26　仔猪亚急性、慢性副伤寒(韩红卫供稿)

肠黏膜纤维素性坏死性肠炎呈污黄绿糠麸样

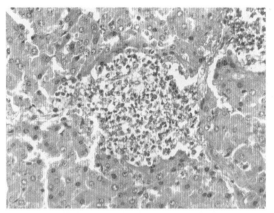

图 7-27　仔猪副伤寒

肝组织内副伤寒结节(图中心部)由大量网状细胞、
单核细胞和少量中性粒细胞组成（HE 40 ×）

图 7-28　猪肺疫(韩红卫供稿)

全身皮肤淤血发绀、颈脖肿大(大红脖)

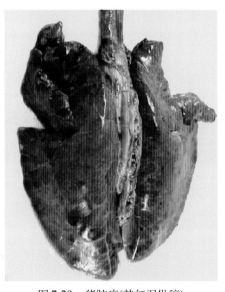

图 7-29　猪肺疫(韩红卫供稿)

肺膈叶前部、心叶呈紫红色实变

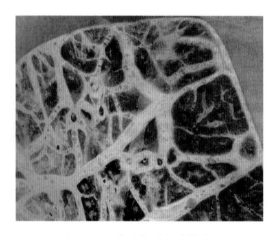

图 7-30　猪肺疫(陈怀涛供稿)

肺膈叶前部、心叶断面呈大理石样花纹

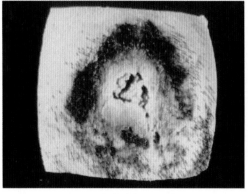

图 7-31　猪皮肤坏死杆菌病

皮肤溃烂、窗口边缘不整、创底不平

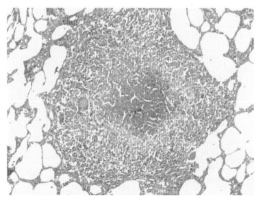

图 7-32　猪肺增生性结核结节

结节中心为坏死组织外周为上皮样细胞及朗罕氏细胞
（HE 20 ×）

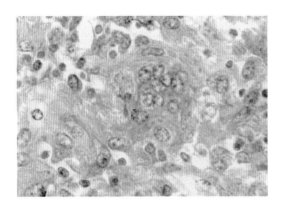

图 7-33　猪肺增生性结核结节

结节内的上皮样细胞及朗罕氏细胞(HE 40 ×)

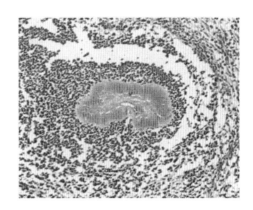

图 7-34　猪放线菌病

肉芽肿中央有呈菊花瓣样放线菌落(HE 20 ×)

图 7-35　猪喘气病(韩红卫供稿)

肺脏心叶、尖叶、中间叶呈两侧对称性实变

图 7-36　猪支原体性多发性关节炎(韩红卫供稿)

病猪肩、肘、腕关节和膝、跗关节炎症，关节明显肿胀变形

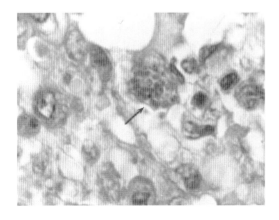

图 7-37　猪弓形体病

在肺组织的巨噬细胞胞浆内有大量弓形体滋养体(箭头所示)
(HE 40 ×)

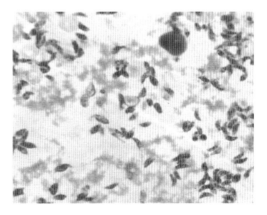

图 7-38　猪弓形体病

腹水涂片中的弓形体(瑞特氏染色 100 ×)

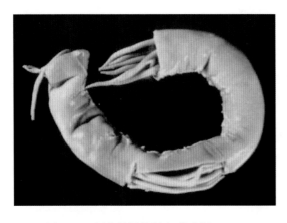

图 7-39　蛔虫性肠管阻塞(猪小肠)

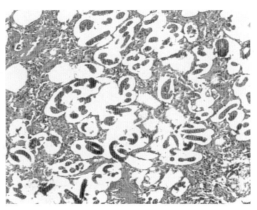

图 7-40　猪肺丝虫病

在扩张的肺泡和支气管腔内有大量虫体断面(HE 20 ×)

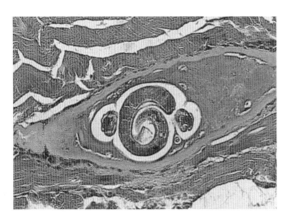

图 7-41　猪肌肉纤维间旋毛虫包囊

包囊呈梭形，中心为虫体断面，两端有囊角
(HE 10 ×)

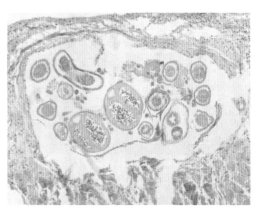

图 7-42　猪浆膜丝虫病

在心外膜下扩张的淋巴管腔内有大量虫体断面
(HE 20 ×)

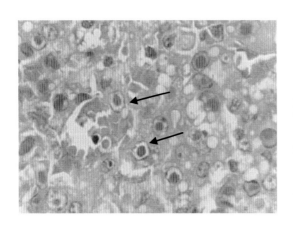

图 8-1　犬传染性肝炎

许多肝细胞含核内包涵体(箭头所示)
(HE 100 ×)

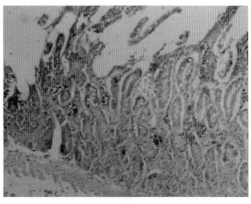

图 8-2　犬肠炎型细小病毒感染(陈怀涛供稿)

肠绒毛坏死脱落绒毛固有层出血
(HE 20 ×)

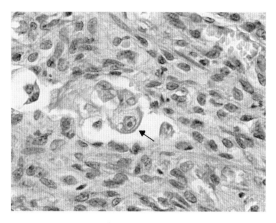

图 8-3　犬细小病毒感染(陈怀涛供稿)
肠黏膜固有层增生的结缔组织细胞内见核内
包涵体（HE 40 ×）

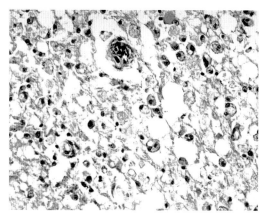

图 8-4　犬瘟热脑组织海绵样变(陈怀涛供稿)
神经纤维溶解呈不规则的海绵状孔眼
(HE 20 ×)

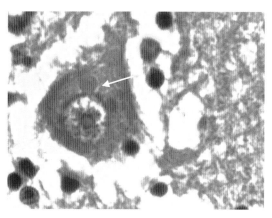

图 8-5　狂犬病神经细胞内核内包涵体
在浦肯野细胞胞浆内的包涵体与胞浆间有亮晕(箭头所示)
(HE 100 ×)

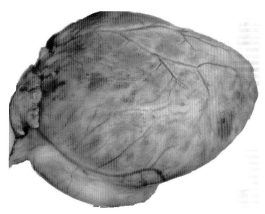

图 8-6　川金丝猴柯萨奇病毒感染
心肌切面和表面可见大量的白色坏死灶和
出血斑点

图 8-7　川金丝猴柯萨奇病毒感染
肺脏膨胀，充血、淤血

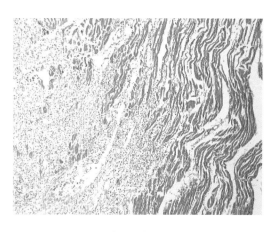

图 8-8　川金丝猴柯萨奇病毒感染
心肌纤维间有大量的炎性细胞浸润，部分心肌纤维断裂、
变性和坏死(HE 10 ×)

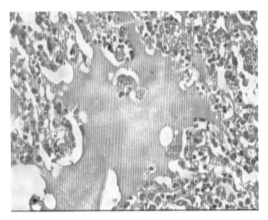

图8-9　川金丝猴柯萨奇病毒感染

肺泡腔内充满粉红色的浆液性渗出物

(HE 40 ×)

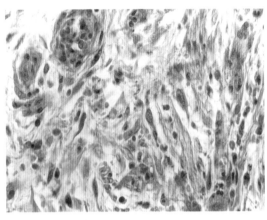

图8-10　兔黏液瘤病(陈怀涛供稿)

黏液瘤组织由大小不一的星形、梭形细胞组成，细胞间充满

黏蛋白，血管内皮细胞肿胀增生，管腔堵塞（HE 40 ×）

图9-1　山羊痘(韩红卫供稿)

在鼻唇部皮肤有多量灰白色痘症结节

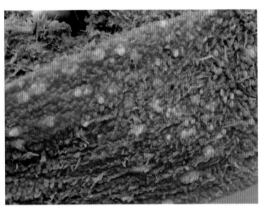

图9-2　山羊痘(韩红卫供稿)

在瘤胃黏膜有多量灰白色痘症结节

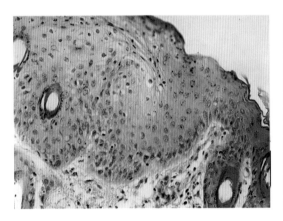

图9-3　羊痘皮肤(陈怀涛供稿)

痘症部表皮棘细胞增生而明显增厚，

图右下角是正常表皮结构（HE 20 ×）

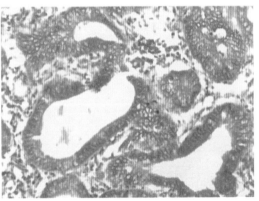

图9-4　绵羊肺腺瘤

支气管上皮密集增生并形成团块状腺管

(HE 20 ×)

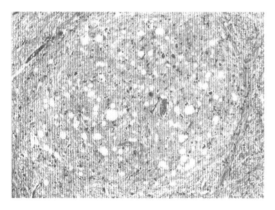

图 9-5　牛海绵状脑病(赵德明供稿)

脑干神经纤维网散在中等量圆形、卵圆形
空泡（HE 20 ×）

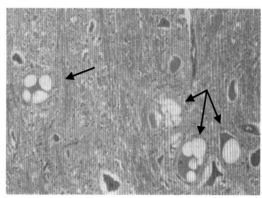

图 9-6　牛海绵状脑病

脑干神经原胞浆内充满圆形、卵圆形空泡(箭头所示)
（HE 40 ×）

图 9-7　羊肠毒血症(韩红卫供稿)

十二指肠和空肠黏膜出血，透过浆膜见该部肠管呈紫黑色

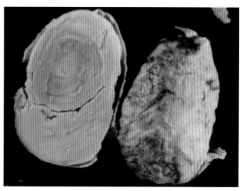

图 9-8　羊干酪样淋巴结炎

淋巴结高度肿大，断面干酪样物呈同心圆状

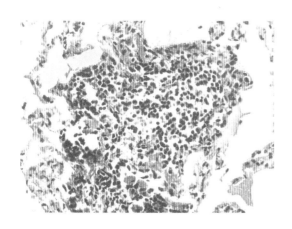

图 9-9　羊肺组织布氏杆菌结节

结节显示有大量上皮样细胞增生及淋巴细胞浸润
（HE 20 ×）

图 9-10　鹿肺结核节结(韩红卫供稿)

肺组织内有大小不一的黄白色结核结节和集性结节，
结节断面呈灰白色干酪样

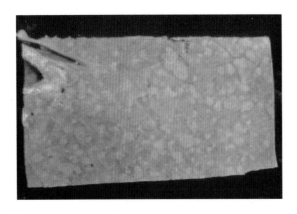

图 9-11　肺粟粒性结核结节

肺组织断面密布由粟粒大至豌豆大灰白色结核结节

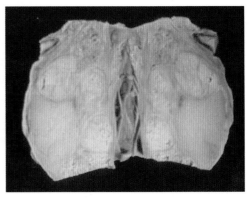

图 9-12　牛淋巴结结核

淋巴结断面有呈干酪样及钙化的结核结节

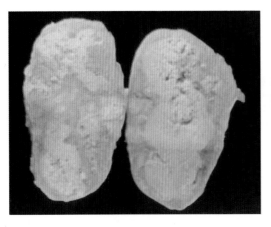

图 9-13　渗出性淋巴结结核(牛)

淋巴结肿大，断面呈大片黄白色干酪状坏死

图 9-14　牛浆膜结核——珍珠病

图下部为肺被膜上大小不一的珍珠状结核结节

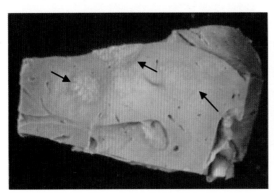

图 9-15　牛肝脏结核结节(牛)

肝脏可见多个含钙化的灰白色结核结节(箭头所示)

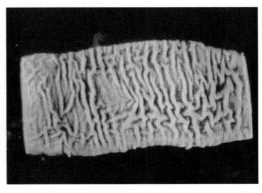

图 9-16　牛副结核

肠黏膜折叠成脑回状皱襞

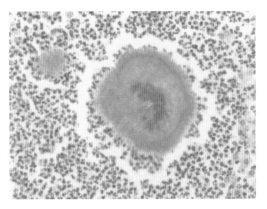

图 9-17　牛放线菌病脓灶内的放线菌团块
周边有放射状棒状物
(HE 20 ×)

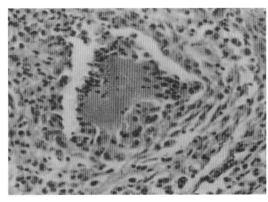

图 9-18　牛颈部皮下放线菌肿
中心放线菌团块开始被吸收，周围有结缔组织围绕增生
(HE 40 ×)

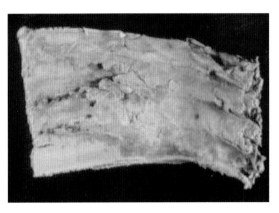

图 9-19　牛肺疫
肋胸膜有大量纤维素附着呈粗糙
无光泽状并明显增厚

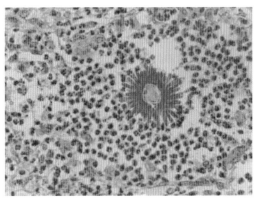

图 9-20　球孢子菌病(驯鹿)
肺脏化脓灶内有一球孢子菌，其小球体周围有放射状棒状
物围绕（HE 40 ×）

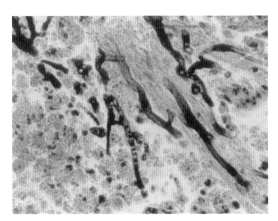

图 9-21　牛白色念珠菌病
胎盘中见有大量芽生孢子和假菌丝（HE 40 ×）

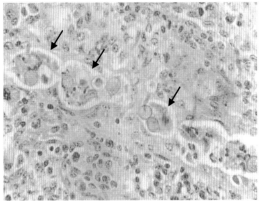

图 9-22　犊牛球虫病
大肠黏膜上皮细胞内含有不同发育阶段的
球虫(箭头所示)(HE 40 ×)

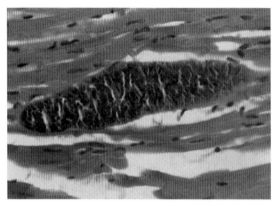

图 9-23　羊横纹肌肉孢子虫囊
在肌纤维间有一长梭型虫囊，囊内充满裂殖子
(HE 40 ×)

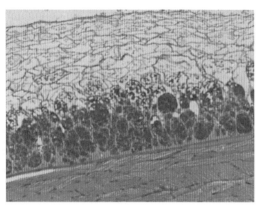

图 9-24　羊食道黏膜下肉孢子虫囊
在食道黏膜下布满肉孢子虫囊
(HE 20 ×)

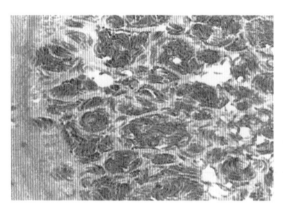

图 9-25　羊食道黏膜下肉孢子虫囊
在食道黏膜下布满肉孢子虫囊，囊内充满香蕉形裂殖子
(HE 40 ×)

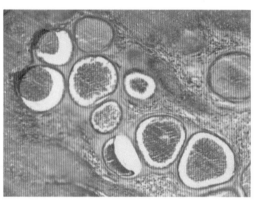

图 9-26　牛皮肤球孢子虫病
在皮下结缔组织和真皮乳头层内有大量
球孢子虫包囊 (HE 20 ×)

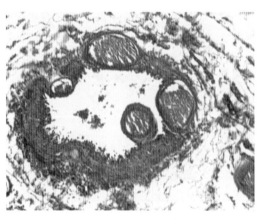

图 9-27　牛血管球孢子虫病
在皮肤小动脉壁上有大量球孢子虫包囊 (HE 20 ×)

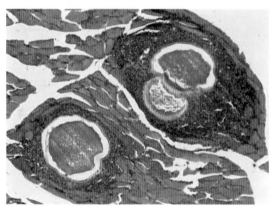

图 9-28　牛肌肉内的球孢子虫虫囊
(HE 20 ×)

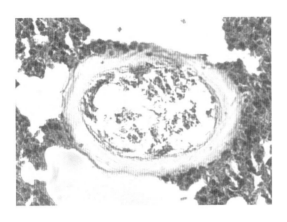

图 9-29　牛肺内的球孢子虫虫囊

虫囊壁发生玻璃样变

(HE 20 ×)

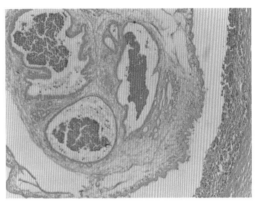

图 9-30　绵羊脑多头蚴

寄生结节中有多个蚴虫的头节和囊泡

(HE 10 ×)

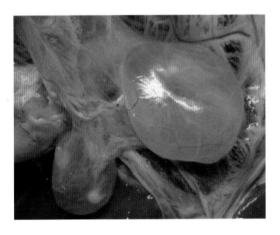

图 9-31　羊肠系膜细颈囊尾蚴(韩红卫供稿)

肠系膜上有两个囊尾蚴,内充满透明液

并各有一灰白色结节(头节)

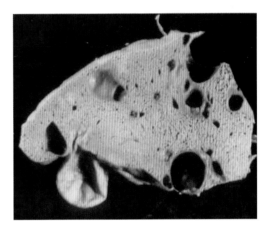

图 9-32　肝脏细颈囊尾蚴

肝组织内含大量囊尾蚴囊泡,肝细胞受压迫而萎缩,

个别囊泡在肝表面游离

图 10-1　马传染性贫血

肾脏表面密发暗红色小点状出血

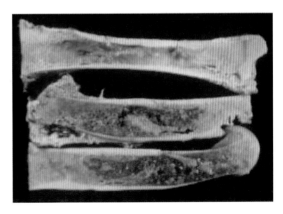

图 10-2　马传染性贫血

长骨红骨髓增生及出血

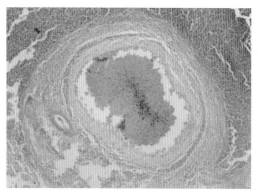

图 10-3　增生性鼻疽结节

结节中心是细胞坏死片和鼻疽杆菌，其外周是网状细胞，
再外层是淋巴细胞和成纤维细胞（HE 20 ×）

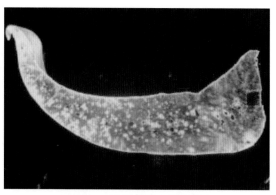

图 10-4　马鼻疽性支气管肺炎

病变肺断面暗红色，密发黄豆至核桃大灰白色
鼻疽性肺炎病灶

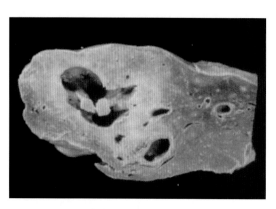

图 10-5　鼻疽性肺空洞和鼻疽性肺硬结

图左则肺组织出现较大的空洞，其周围大片肺组织由增生的
结缔组织取代形成肺硬结

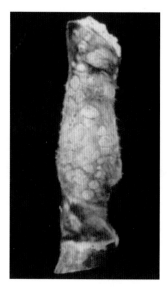

图 10-6　马皮肤流行性淋巴管炎

皮肤上出现串珠状蘑菇状结节

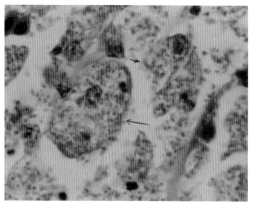

图 10-7　马流行性淋巴管炎

病变部巨噬细胞胞浆内有大量圆形和卵圆形中央有红染
颗粒的家畜皮疽囊球菌（箭头所示）（HE 40 ×）

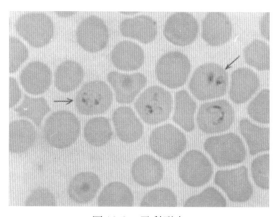

图 10-8　马梨形虫

图中箭头所示为马血液涂片红细胞内
成对存在的梨形虫（HE 100 ×）

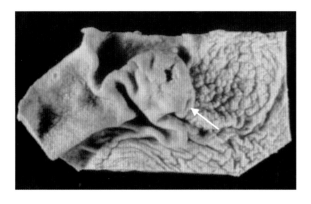

图 10-9　马胃大口柔线虫病

箭头所示为线虫寄生部胃壁肿胀、化脓、破溃

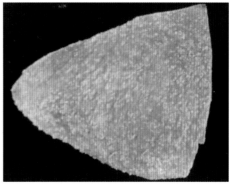

图 10-10　马圆虫幼虫寄生引起的"沙粒肝"

肝脏坚硬如石，布满灰白色粟粒大砂粒样结节

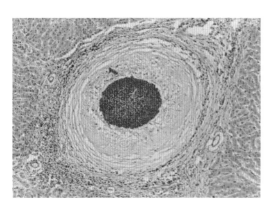

图 10-11　马肝脏内圆虫结节

中心为死亡虫体和嗜酸性粒细胞，周围围绕已发生玻璃样
变的结缔组织，再外周有大量淋巴细胞浸润（HE 20 ×）

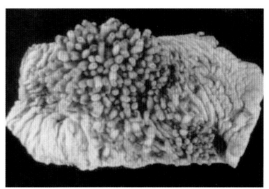

图 10-12　马胃蝇蛆病

图中在马胃黏膜上叮附着大量马胃蝇的幼虫，
胃黏膜增厚

图 11-1　维生素 A 缺乏口腔黏膜上皮过度角化

图中黏膜上皮细胞消失，角化层增厚突出（HE 10 ×）

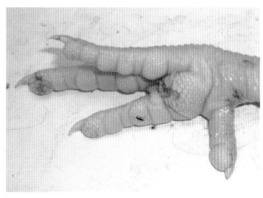

图 11-2　鸡泛酸缺乏(韩红卫供稿)

爪心及爪尖部皮肤破溃

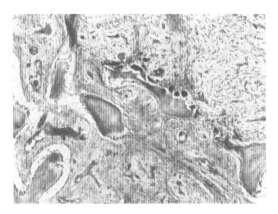

图 11-3　纤维性骨营养不良

骨组织结构疏松，基质由大量结缔组织取代，骨小梁
断裂，骨板周围有破骨细胞呈凹状吸收，有的
有成骨细胞增生（HE 20 ×）

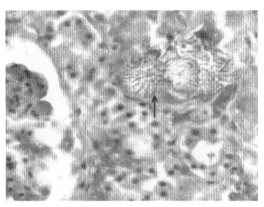

图 11-4　内脏型痛风

图右上角箭头所示为沉积在肾曲小管
上的尿酸盐结晶

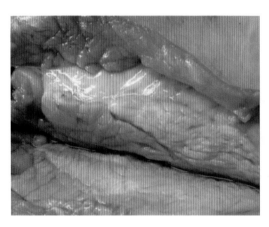

图 11-5　仔猪白肌病(韩红卫供稿)

肌肉色泽变淡，图的中、下部肌肉断面苍白，
似鱼肉状无光泽

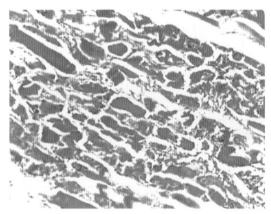

图 11-6　马麻痹性肌红蛋白尿病

肌纤维凝固性坏死，肌间结缔组织增生及
淋巴细胞浸润（HE 20 ×）

图 15-2　马食道黏膜鳞状上皮癌

在食道黏膜上长满花菜样肿瘤组织阻塞食管

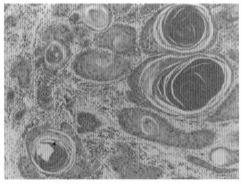

图 15-3　鳞状上皮癌组织图

瘤细胞巢呈不规则团块，细胞巢中心有同心层状癌珠
（HE 20 ×）

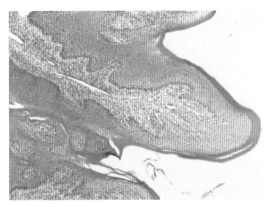

图 15-4　皮肤乳头状瘤

瘤体表面呈乳头状或树枝状，上皮细胞增生间质结缔组织突入
增生上皮间呈不规则分支状（HE 10 ×）

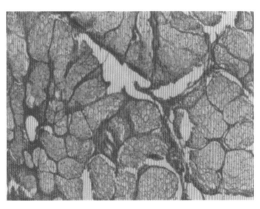

图 15-5　皮脂腺瘤(驴)

成熟的皮脂腺细胞呈小叶状增生并聚集成团块
（HE 20 ×）

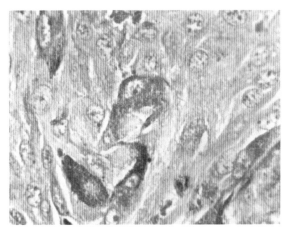

图 15-6　梭形细胞黑色素瘤

瘤细胞呈梭形及多角形，核圆形或椭圆形，核仁明显，胞浆内
含大量黑色素颗粒（HE 40 ×）

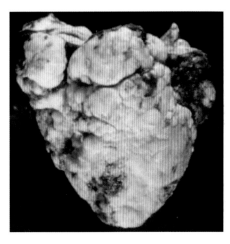

图 15-7　硬性纤维瘤(骡)

瘤体灰白色坚硬，表面呈结节状

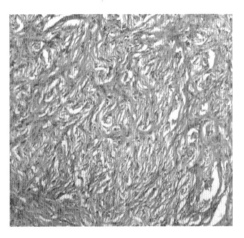

图 15-8　硬性纤维瘤(骡)

瘤组织呈漩涡状及索状排列，由致密成纤维
细胞及胶原组成（HE 20 ×）

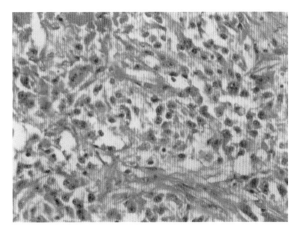

图 15-9　纤维肉瘤

在梭形成纤维细胞间含大量形态各异的细胞
（HE 40 ×）

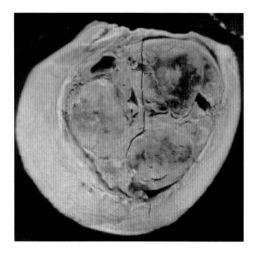

图 15-10　黏液瘤(猪腹部皮下)
断面见三个色泽不一的瘤块，质度
较软，富有黏液

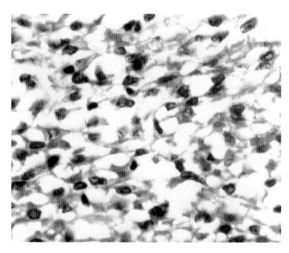

图 15-11　黏液瘤
瘤组织由多角形细胞互连成网，网眼内含有黏液
（HE 20 ×）

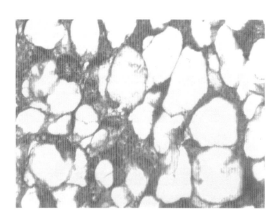

图 15-12　脂肪瘤
瘤组织由大小不一的脂肪空泡组成，空泡间血管丰富
（HE 20 ×）

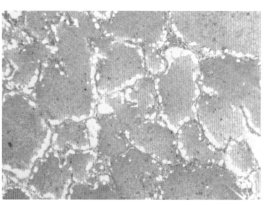

图 15-13　海绵状血管瘤
瘤组织由密集的呈海绵状的血管组成（HE 20 ×）

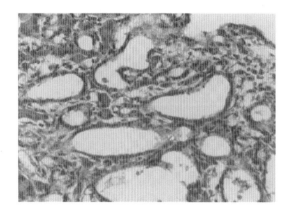

图 15-14　淋巴管瘤
瘤组织由大量扩张呈囊状的淋巴管组成（HE 20 ×）

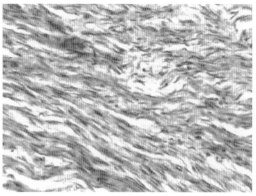

图 15-15　平滑肌瘤
瘤细胞呈长梭状密集排列成索（HE 20 ×）

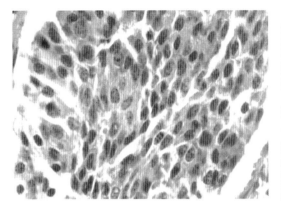

图 15-16　平滑肌肉瘤

瘤细胞多形性，分化不良核分裂相多（HE 40 ×）

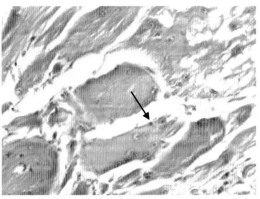

图 15-17　横纹肌瘤

瘤细胞呈多形性，有的瘤细胞含大量
肌芽细胞核(箭头所示) (HE 40 ×)

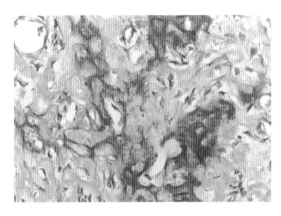

图 15-18　骨瘤

瘤组织内骨板大小、形态不一，排列紊乱，结构疏松，
有区域性的钙盐沉着（HE 40 ×）

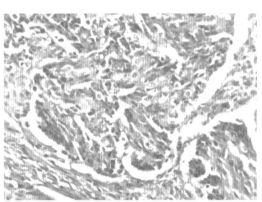

图 15-19　骨肉瘤

瘤组织血管丰富，瘤细胞异形性高，可见排列不规则的
骨小梁（HE 20 ×）

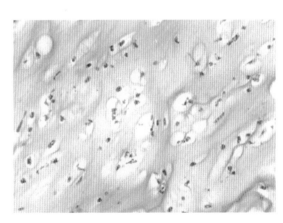

图 15-20　软骨瘤

软骨基质丰富，有明显的软骨囊，囊内可见大小、
数量不等的软骨细胞（HE 20 ×）

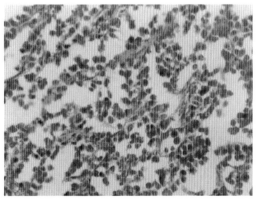

图 15-21　网织细胞肉瘤

细胞形状、大小较一致，胞浆少细胞界线不清，
有纤维组织分割成片（HE 20 ×）

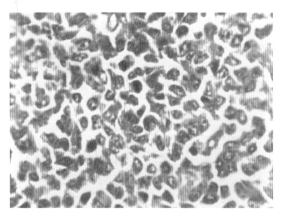

图 15-22　猪肝脏淋巴肉瘤

瘤细胞为多形性淋巴母细胞，形态及

分化程度差别很大（HE 40 ×）

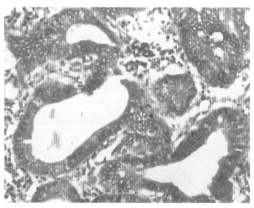

图 15-23　肺腺瘤(绵羊)

瘤组织呈腺管样，腺管上皮增殖

呈密集的细胞团块（HE 20 ×）

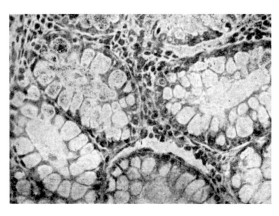

图 15-24　肠腺瘤

瘤细胞为立方或柱状排列呈腺管状，有清晰的管腔

(HE 40 ×)

图 15-25　间皮细胞瘤(鸡腹壁)

腹膜增厚密发粟粒大至黄豆大灰白色稍硬的肿瘤结节

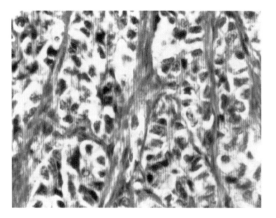

图 15-26　间皮细胞瘤(鸡肠浆膜)

瘤细胞为大小形态不一的间皮细胞并被网状纤维分割成区域

(HE 40 ×)

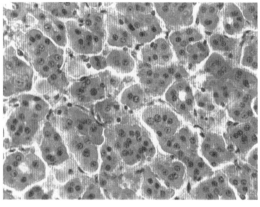

图 15-27　肝细胞性肝癌

癌细胞为多角形，核分裂相多，细胞界限部明显

(HE 40 ×)

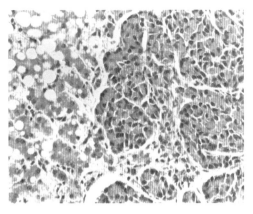

图 15-28　肝细胞性肝癌
癌细胞呈条索状形成细胞巢，周围肝细胞
萎缩、脂变（HE 20 ×）

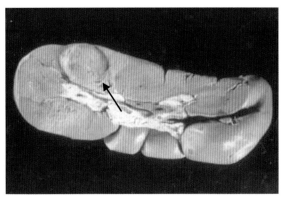

图 15-29　肾细胞癌(牛)
箭头所示为肾皮质部切面所显示的肿瘤，
稍隆突，与肾实质色泽相似

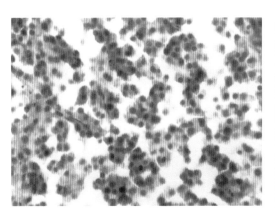

图 15-30　睾丸精原细胞瘤(犬)
瘤细胞呈圆形或多边形聚集成团无基底膜
核分裂相多，可见多核和巨核（HE 40 ×）

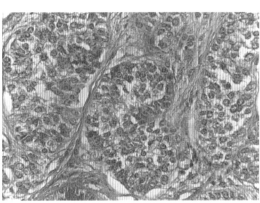

图 15-31　睾丸支持细胞瘤(犬)
瘤细胞由厚层结缔组织分隔成管状，管内瘤细胞多层排列，
小管中心瘤细胞有脱落、坏死（HE 40 ×）

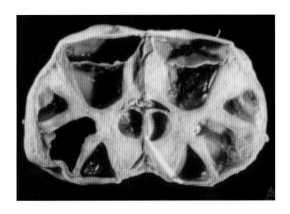

图 15-32　卵巢囊腺瘤(马)
卵巢肿大，实质呈多囊腔状

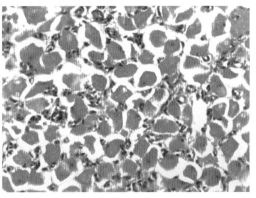

图 15-33　卵巢黄体瘤
瘤细胞呈多边形，胞浆丰富，嗜染伊红，核小而浓染，
偶见核分裂相（HE 20 ×）

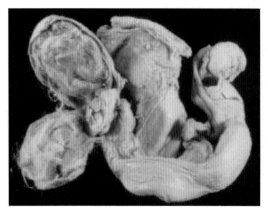

图 15-34 卵巢的畸胎瘤

图左则为一卵巢切面，内含皮肤、毛发等胚胎组织，
卵巢组织被挤压成薄膜状

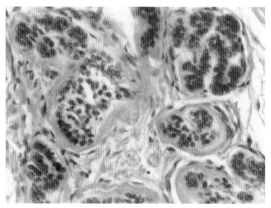

图 15-35 乳腺癌

癌细胞呈巢状，团块状或腺管样排列
(HE 20 ×)

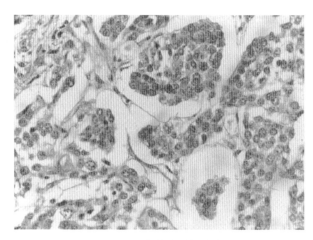

图 15-36 少突胶质细胞瘤

瘤细胞排列致密、大小一致、胞浆少、胞核深染
(HE 40 ×)

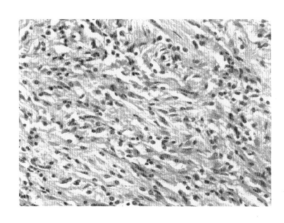

图 15-37 神经鞘瘤

瘤细胞为梭形胞浆少，呈束状和
漩涡状排列 (HE 20 ×)

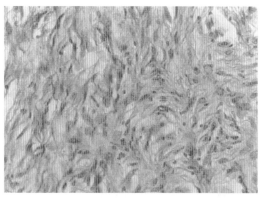

图 15-38 神经纤维瘤

瘤细胞为长梭形，核多呈细梭状，似纤维细胞，
排列各异，可见神经轴突 (HE 20 ×)